IP路由协议疑难解析

CCIE Professional Development
Troubleshooting
IP Routing Protocols

cisco press.com

〔美〕
Zaheer Aziz, CCIE #4127
Johnson Liu, CCIE #2637
Abe Martey, CCIE #2373
Faraz Shamim, CCIE #4131

著

孙余强 译

人民邮电出版社

北京

图书在版编目（CIP）数据

IP路由协议疑难解析 /（美）阿齐兹（Aziz,Z.）等著；孙余强译. -- 北京：人民邮电出版社，2013.7（2022.2重印）
ISBN 978-7-115-31810-7

Ⅰ. ①I… Ⅱ. ①阿… ②孙… Ⅲ. ①计算机网络—通信协议—路由选择 Ⅳ. ①TN915.04

中国版本图书馆CIP数据核字(2013)第088900号

版权声明

Troubleshooting IP Routing Protocols (ISBN: 1587143720)

Copyright © 2012 Pearson Education, Inc.

Authorized translation from the English language edition published by Cisco Press.

All rights reserved.

本书中文简体字版由美国 Cisco Press 授权人民邮电出版社出版。未经出版者书面许可，对本书任何部分不得以任何方式复制或抄袭。

版权所有，侵权必究。

◆ 著   [美] Zaheer Aziz, CCIE #4127
         Johnson Liu, CCIE #2637
         Abe Martey, CCIE #2373
         Faraz Shamim, CCIE #4131

  译   孙余强

  责任编辑 傅道坤

  责任印制 程彦红 焦志炜

◆ 人民邮电出版社出版发行   北京市丰台区成寿寺路 11 号
  邮编 100164 电子邮件 315@ptpress.com.cn
  网址 http://www.ptpress.com.cn
  北京天宇星印刷厂印刷

◆ 开本：800×1000 1/16
  印张：46.75   2013 年 7 月第 1 版
  字数：1041 千字   2022 年 2 月北京第 8 次印刷

著作权合同登记号 图字：01-2012-3992 号

定价：118.00 元
读者服务热线：(010)81055410 印装质量热线：(010)81055316
反盗版热线：(010)81055315
广告经营许可证：京东市监广登字 20170147 号

内容提要

本书是一本详尽而又实用的 IP 路由协议故障排除手册,内容层次分明、阐述清晰、分析透彻、理论与实践并重,能够帮助读者解决实战中所遇到的各种 IP 路由协议常见故障。本书涉及了各种新式和老式 IP 路由协议,包括:RIP、EIGRP、OSPF、IS-IS、BGP 和 PIM 等。作者在讲述如何排除上述路由协议故障时,非常注重理论与实战的紧密结合。

本书适合从事计算机网络技术、管理和运维工作的工程技术人员阅读,同样可以作为高校计算机和通信专业本科生研习网络技术的参考资料。

关于作者

Faraz Shamim，CCIE #4131，Cisco 公司服务提供商高级网络服务团队（ANS-SP）的网络咨询工程师，负责为多家 Internet 服务提供商提供技术咨询服务。CCO（Cisco 在线连接）（www.cisco.com）上的许多与 ODR、OSPF、RIP、IGRP、EIGRP 以及 BGP 等路由协议有关的文档、白皮书和技术指南都出自 Faraz 之手。Faraz 还言传身教，参与 Cisco 公司新入职工程师的岗前培训工作，负责制定并讲授"Cisco 互联网络基础知识（Cisco Internetworking Basic）"等培训课程。此外，他还为美国科罗拉多大学博尔德分校（BU）和巴基斯坦卡拉奇的赛尔·赛义德工程与技术大学（SSUET）的硕士研究生讲授过"Cisco 互联网络技术入门（Cisco Internetworking Bootcamp）"等课程。Faraz 曾在 SSUET 当过客座教授，并在巴基斯坦拉哈尔的管理与科学大学（LUMS）发表过有关 OSPF 的演讲。Faraz 还参与设计了 CCIE LAB 考试，并担任 CCIE LAB 考试的考官。Faraz 曾多次在 Cisco Networker 年会上发表 OSPF 主题方面的演讲。与本书其他作者一样，Faraz 刚加盟 Cisco 公司时，也是在 Cisco TAC（技术支援中心）为客户提供 IP 路由协议方面的技术支持工作。目前，Faraz 已经为 Cisco 公司效力了 5 年。

Zaheer Aziz，CCIE #4127，Cisco 公司 Internet 基础设施服务团队的网络咨询工程师，负责为大型 ISP 提供 MPLS 和 IP 路由协议方面的技术咨询服务。在 Cisco 效力的最近 5 年里，Zaheer 在 Cisco Networker 年会以及多场 Cisco 技术活动中都发表过演讲。他有时还会为《Cisco Packet》杂志和巴基斯坦 Spider Internet 杂志供稿，在杂志上发表一些以 MPLS 和 BGP 为主题的文章。Zaheer 持有堪萨斯州威奇塔州立大学的电子工程学硕士学位，喜欢打板球和乒乓球，并热衷于阅读。Zaheer 目前婚姻状态美满，有一个可爱的 5 岁儿子 Taha Aziz。

Johnson Liu，CCIE #2637，在 Cisco 公司高级网络服务团队担任支持企业客户的资深客户网络工程师。他在南加利福尼亚大学获得了电子工程学硕士（MSEE）学位，为 Cisco 公司效力了 5 年之久。他还是 Cisco Press 多部书籍（包括 *Internet Routing Architecture* 和 *Large-Scale IP Network Solutions* 等）的技术编辑。Johnson 曾参过多家大企业和网络服务提供商的大型 IP 网络项目的设计工作，这些项目都涉及 EIGRP、OSPF 和 BGP 等路由协议。Johnson 还定期在 Networker 年会上就 EIGRP 的部署和排障等主题发表演讲。

Abe Martey，CCIE #2373，Cisco 公司 12000 系列 Internet 路由器的产品经理，专攻高速 IP 路由技术和高速 IP 路由系统。担任产品经理之前，他在 Cisco TAC 担任技术支持工程师，尤其擅长 IP 路由技术。随后，又进入 ISP 团队（现为基础设施工程服务团队），专门与顶级 Internet 服务提供商打交道。Abe 持有电子工程学硕士学位，在 Cisco 公司效力了 6 年之久。Abe 还是 *IS-IS Design Solutions* 一书的作者。

关于技术审稿人

Brain Morgan，**CCIE #4865**，**CCSI**，Allegiance 电信公司数据网络工程部主任，在业界工作了 12 年之久。加盟 Allegiance 公司之前，他担任过讲授 ICND、BSCN、BSCI、CATM、CVOICE 以及 BCRAN 课程的讲师/咨询师。他还与他人合著了 *Cisco CCNP Remote Access Exam Certification Guide* 一书，同时也是多本 Cisco Press 图书的技术编辑。

Harold Ritter，**CCIE #4168**，Cisco 公司高级网络服务部的网络咨询工程师，负责 Cisco 公司大客户的网络设计和实施工作，并参与排除各种路由协议故障。他有 8 年以上的网络工程实施经验。

John Tiso，**CCIE #5162**，Cisco 公司银牌合作伙伴 NIS 公司的资深技术专家。他持有 Adeph 大学自然科学专业的学士学位。Tiso 还持有 CCDP 证书，并通过了 Cisco 安全和语音访问专业认证以及 Sun、Microsoft 和 Novell 的认证。

献辞

Zaheer Aziz:

把此书献给已故慈父（愿上帝保佑他的阴灵），感谢他为改善我们的生活质量而付出的努力。父亲的一生是独立自强、勇于奋斗、艰难困苦的一生，对于我目前相对舒适的工作而言，这算是一种鞭策，它将伴随我的一生。天若有情，父亲一定会为看到此书而高兴，可他已不在人世；毫无疑问，流淌着空军血液的父亲一定会为看到此书而热血沸腾，可他已不在人世；如果能看到此书，他势必会为我振臂欢呼，可他已不在人世。因此，我愿同样为我们辛劳一生的母亲能为我的这一成就而感到自豪。我们这个家能有今天，母亲居功至伟，祝她幸福、长寿。

Johnson Liu:

把此书连同我最深的爱献给我的妻子 Cisco Liu，她赋予我著书立说的灵感和动力。

Abe Martey:

把此书献给驻扎在全球各地的 Cisco TAC 以前和现在的全体同仁。感谢你们用非凡的热情，无私的奉献精神，为世界上任何一个角落的网络运维人员所提供的最优良的技术支持和故障排除服务。

Faraz Shamim:

把此书献给我的父母，他们给我的关爱，我永生难报。我还要感谢他们一直给予我的祈祷。我要感谢我的妻子，每当我厌倦写作时，她总会给我鼓励；同样要感谢我的儿子 Ayaan 和 Ameel，你们总是在耐心地期待我的关注。

致 谢

Faraz Shamim：

感谢真主，感谢你给我著书立说的机会，我希望本书能够帮助读者解决有关 IP 路由协议的故障。

感谢我的顶头上司 Sronivas，以及前任领导兼师傅 Andrew Maximov 在我写作本书期间所给予的关照。特别要感谢 Bob Vigil，他恩准我在 RIP 章节中采用由他编写的某些演讲素材。还要感谢 Alex Zinin，他帮助我明确了本书涉及的某些 OSPF 概念。要感谢本书的其他几位作者 Zaheer Aziz、Abe Martey 和 Johnson Liu，感谢你们在交稿期来临之际对我喋喋不休的包容。最后要感谢 Cisco Press 的 Chris Cleveland 和 Amy Lewis，感谢二位能一次次容忍我们推迟交稿。

Zaheer Aziz：

感谢上帝赐予我完成本书的动力。

我要真心感谢我的妻子，感谢你对我的支持、宽容以及对于我长期致力于写作本书的理解。感谢我所效力的 Cisco 公司的弹性工作制，特别要感谢我的顶头上司 Srinivas Vegesna，感谢你们让我工作、著书两不误。还要感谢 Faraz Shamim（本书第一作者），感谢你从 San Jose 打电话邀我合著本书，当时我正在 Washington 出席 1999 年 IETF 第 46 次会议。感谢 Moiz Moizuddin，感谢你独立审阅了我所著章节技术方面的内容。我要感谢我的师傅 Syed Khalid Raza，感谢你在技术上对我的栽培，是你把我引入了 BGP 这扇门。最后，我要感谢促成本书出版的 Cisco Press，尤其要感谢 Christopher Cleveland 和 Brain Morgan，二位的建议不仅大大提高了本书的质量，还使得本书的写作过程更为顺利。

Johnson Liu：

我要感谢我在 Cisco 公司的朋友和同仁，感谢你们陪我一起加班加点，排除 IP 路由协议故障。你们的敬业精神和专业技能都无可挑剔。特别要感谢我的顶头上司 Andrew Maximow 和 Raja Sundaram，感谢二位在我为 Cisco 公司效力的那些年里所给予的关照。最后，要感谢本书的技术编辑，感谢你们为提高本书的质量所提出的宝贵建议，以及所付出的努力。

Abe Martey：

首先，我要向本书的其他几位作者兼我的同僚 Faraz、Johnson 和 Zaheer 表示诚挚的感谢，感谢你们构思了这样一个题材，并邀我参与其中。我们都曾在 CiscoTAC 下辖的路由协议团队共事，在这里，我们都学到了丰富的 IP 路由协议排障经验。我们谨通过本书向非 Cisco 公司的网络工程师分享我们的排障经验。

自加盟 Cisco 公司以来，许多 TAC 工程师、研发工程师，以及我在 TAC 的直接和非直接领导不但对我关照有加，而且还在技术上给予我大量的指导和帮助。我要对这个培养出大量优秀人才的摇篮致以崇高的敬意。没有 Cisco 公司培养出的这些人才，Internet 将达不到今天这样的规模。我还要感谢许多其他同事（人名太多，无法一一列出），感谢多年来你们无私分享的与网络技术有关的点点滴滴。

在我的职业生涯里，我与世界各地的许多网络从业人员都建立了良好的个人关系，其中有一些是 Cisco 公司的客户，而另外一些则是通过 IETF、NANOG、IEEE 以及其他网络技术会议和论坛所结识。我要真心感谢你们所分享的知识和经验，以及你们对网络技术未来发展的专业见解和设想。

我还要向 Cisco Press 的编辑 Amy Lewis、Chris Cleveland，以及一干技术审稿人表示最诚挚的感谢，感谢你们为本书的出版所给予的帮助。最后要感谢我的几位家人，感谢你们在本书写作期间给我的支持与鼓励。

序

坐在 Cisco 公司 K 座 3 楼的办公室里，我正在阅读一封 Cisco Press 的 Kathy Trace 发给我的电子邮件，信中问我是否有兴趣写一本网络技术书籍。她说她曾读过我在 Cisco CCO 上发表的有关网络技术的心得体会，她觉得我很有"前途"，也想把我培养成 Cisco Press 的技术作者。我对这事儿很感兴趣，自言自语道"太棒了，那就这么着吧！"但应该选择什么样题材呢？

我首先想到的就是 OSPF。Johnson 刚好在我前排就坐，我问他："嘿，Johnson，想和我一起写本书么？"他回应道："写书？"我说："是的，写书，你是怎么想的？"他考虑了片刻，点头道："好吧！那写点什么呢？Cisco Press 出过的网络技术书籍虽然涵盖了 IP 路由协议的方方面面，但还有一个主题尚未涉及，那就是如何排除 IP 路由协议故障。"

显而易见，Johnson 的想法跟他的老婆有关。每当 Johnson 的老婆上班时间给他打电话时，Johnson 总会因为忙着解决客户的网络故障而让她久等。于是，Johnson 的老婆（她的名字刚好也叫 Cisco）给他出了个主意，那就是让他写一本以排除路由协议故障为主题的书，授人以渔，让客户的工程师读过之后能自行排除网络故障。有了这本书，Cisco TAC 一定会少接不少 CASE，这样的话，Johnson 在上班时间就有空接老婆电话了。

这个想法实在是太妙了！此前还没有谁写过这种题材的书呢。我马上又打电话给正在华盛顿参加 IETF 第 46 次会议的 Zaheer，告诉他我们写书的意图。他欣然接受了我们的邀请。我们随即成立了一个由三名 Cisco TAC 工程师组成的作者团队。在过去三、四年间，我们三人都在 TAC 处理与路由协议有关的各种网络故障，而我们当中的每个人都至少精通一到两种 IP 路由协议。顶头上司 Raja Sundaram 也常说"我希望你们三人能分别专攻一种路由协议，并成为该领域内的顶尖高手！"我最擅长的路由协议是 OSPF，Johnson 则精通 EIGRP 和多播路由协议，而 Zaheer 擅长的是 BGP。很快，我们就意识到，还疏忽了一种非常重要的路由协议：IS-IS。我们几个对 IS-IS 的认知，还远达不到去著书立说，教读者如何排除其故障的水平。因此，Zaheer 建议，与 IS-IS 有关的内容由 Abe Martey 来完成。Abe 当时已答应为 Cisco Press 写一本以 IS-IS 为主题的书，但他还是被我们的热情所打动，同意加入我们这个作者团队。

开始相关章节的写作时，我们就立志要把本书写成一本能帮助网管人员解决各种 IP 路由协议故障的书籍，而许多网管人员也渴望在市面上能买到这样的书。书中的内容都是取自过去二十多年来，我们为各行各业的客户排除 IP 路由协议故障时所积累的实战经验。我们想让本书成为"一站式"的 IP 路由协议排障手册和参考指南。为此，在设计本书的章节时，我们不但为各种路由协议设立了一章"故障排除"，还添加了一章"理解协议"，以帮助读者回顾相关路由协议的原理。本书同样可以作为 CCIE 认证考试的备考书籍。本书向读者传授的是如何解决网络中发生的各种 IP 路由协议故障。本书不可能虑及所有故障场景，但所提供的故障排除思路和技巧有助于帮助读者排除网络中发生的常见故障。

Syed Faraz Shamim

前　言

随着 Internet 的极速发展，网络工程师在网络的构建、维护和排障方面所要付出的努力也将成倍增长。由于网络故障的排除工作是一项需要项目经验积累的实用性技能，因此为了满足快速增长的 Internet 的运维需求，降低网络技术的学习难度，让网络工程师尽快掌握各种排障技能，就成为了重中之重。IP 路由技术是 Internet 技术的基石，能否尽快排除 IP 路由协议故障将成为降低网络停运时间的关键。降低网络停运时间也随着由 Internet 承担的关键性应用程序的增多而变得倍加重要。本书将细述如何排除网络故障，也会深入探讨维护网络完整性的诀窍。

本书向读者提供了排除 IP 路由协议故障的独门秘籍，侧重于例举典型的 IP 路由协议故障场景，同时会详尽展示排障方法。本书集 Cisco TAC 团队多年排障经验之大成，提供的排障方法涉及 BGP、OSPF、IGRP、EIGRP、IS-IS、RIP 和 PIM 等 IP 路由协议，首先会介绍上述每一种路由协议的基本概念，随后会顺着网络工程师接手解决各种 IP 路由协议故障时的思路，一步步地给出排障过程。本书能让读者全面掌握各种 IP 路由协议的排障技能和相关实战经验，还能帮助读者顺利通过 CCIE 考试，成为货真价实的 CCIE。

读者对象

本书的读者水平应为中级以上，本书假设读者已对构建 IP 网络时用到的各种 IP 路由技术，以及其他相关协议和技术都有着一般性的了解。

本书的读者对象应该是负责保障网络高可用性的网络管理员、网络运维工程师，以及准备参加 CCIE 考试的考生。

本书的组织结构

本书设计灵活，读者既可从头到尾通读，也可根据工作需要，在章、节之间自由翻阅。

- 第 1 章，"理解 IP 路由选择"——本章介绍了 IP 路由协议的基本概念，重点关注以下主题：
    - ——IP 编址概念；
    - ——静态路由和动态路由；
    - ——动态路由；
    - ——路由协议的管理距离；
    - ——路由器快速转发。

本书其余章节则是以两章为一组，每组针对一种具体的路由协议。每组中的第一章会介绍相关路由协议的基本概念，第二章则介绍符合实战要求的排障方法。以下列出了本书其余各章的具体内容：

- 第 2 章，"理解 RIP 路由协议"——本章重点关注排除 RIP 故障所要必备的相关基本概念，主要包括以下内容：
    - ——度量；
    - ——计时器；
    - ——水平分割；
    - ——含毒性逆转的水平分割；
    - ——RIP-1 数据包格式；
    - ——RIP 的运作方式；
    - ——RIP 为什么不支持非连续网络；
    - ——RIP 为什么不支持可变长子网掩码；
    - ——RIP 与默认路由；
    - ——RIP 协议的扩展功能；
    - ——兼容性问题。

- 第 3 章，"排除 RIP 故障"——本章提供了各种排除 RIP 常见故障的方法，主要包括以下内容：
    - ——排除 RIP 路由安装故障；
    - ——排除 RIP 路由通告故障；
    - ——排除 RIP 中的路由汇总故障；
    - ——解决 RIP 路由重分发问题；
    - ——解决与 RIP 有关的按需拨号（DDR）路由问题；
    - ——排除与 RIP 有关的路由翻动问题。

- 第 4 章，"理解 EIGRP 路由协议"——本章重点关注排除 EIGRP 故障所要必备的相关基本概念，主要包括以下内容：

——度量；

——EIGRP 邻居关系；

——扩散更新算法 DUAL；

——DUAL 有限状态机；

——EIGRP 可靠传输协议；

——EIGRP 数据包格式；

——EIGRP 的运作方式；

——EIGRP 路由汇总；

——EIGRP 查询过程；

——EIGRP 与默认路由；

——运行 EIGRP 时的非等代价负载均衡。

- 第 5 章，"排除 EIGRP 故障"——本章提供了各种排除 EIGRP 常见故障的方法，主要包括以下内容：

——排除 EIGRP 邻居关系建立故障；

——排除 EIGRP 路由通告故障；

——排除 EIGRP 路由安装故障；

——排除 EIGRP 路由翻动故障；

——排除 EIGRP 路由汇总故障；

——排除与 EIGRP 有关的路由重分发故障；

——排除与 EIGRP 有关的拨号备份故障；

——EIGRP 错误消息。

- 第 6 章，"理解 OSPF 路由协议"——本章重点关注排除 OSPF 故障所要必备的相关基本概念，主要包括以下内容：

——OSPF 数据包；

——OSPF LSA；

——OSPF 区域；

——OSPF 介质类型；

——OSPF 邻接状态。

- 第 7 章，"排除 OSPF 故障"——本章提供了各种排除 OSPF 常见故障的方法，主要包括以下内容：

——排除 OSPF 邻居关系建立故障；

——排除 OSPF 路由通告故障；

——排除 OSPF 路由安装故障；

——排除与 OSPF 有关的路由重分发故障；

——排除 OSPF 路由汇总故障；

——排除 CPUHOG 故障；

——排除与 OSPF 有关的按需拨号路由（DDR）故障；
——排除 SPF 计算及路由翻动故障；
——常见 OSPF 错误消息。

- 第 8 章，"理解 IS-IS 路由协议"——本章重点关注排除 IS-IS 故障所要必备的相关基本概念，主要包括以下内容：
——IS-IS 路由协议入门；
——IS-IS 路由协议概念；
——IS-IS 链路状态数据库；
——配置 IS-IS 路由协议，路由 IP 数据包。

- 第 9 章，"排除 IS-IS 故障"——本章提供了各种排除 IS-IS 常见故障的方法，主要包括以下内容：
——排除 IS-IS 邻接关系建立故障；
——排除 IS-IS 路由更新故障；
——路由器生成的与 IS-IS 路由协议有关的错误消息；
——CLNS **ping** 及 **traceroute** 命令；
——案例分析：ISDN 配置故障。

- 第 10 章，"理解 PIM 协议"——本章重点关注排除 PIM 故障所要必备的相关基本概念，主要包括以下内容：
——IGMPv1/v2 及逆向路径转发（RPF）的基本原理；
——PIM 密集模式；
——PIM 稀疏模式；
——IGMP 和 PIM 数据包的格式。

- 第 11 章，"排除 PIM 故障"——本章提供了各种排除 PIM 常见故障的方法，主要包括以下内容：
——排除 IGMP 加入故障；
——排除 PIM 密集模式故障；
——排除 PIM 稀疏模式故障。

- 第 12 章，"理解 BGP-4 路由协议"——本章重点关注排除 BGP-4 故障所要必备的相关基本概念，主要包括以下内容：
——BGP-4 路由协议的规范及功能；
——邻居关系；
——通告路由；
——同步；
——接收路由；
——策略控制；
——组建高可扩展性的 IBGP 网络（BGP 路由反射器及 BGP 联盟）；

——最优路径计算。
- 第 13 章，"排除 BGP 故障"——本章提供了各种排除 BGP 常见故障的方法，主要包括以下内容：
——排除 BGP 邻居关系建立故障；
——排除 BGP 路由通告/生成及接收故障；
——排除 BGP 路由未"进驻"路由表故障；
——排除与 BGP 路由反射器部署有关的故障；
——排除因 BGP 路由策略所导致的流量出站故障；
——排除小型 BGP 网络中的流量负载均衡故障；
——排除因 BGP 路由策略所导致的流量入站故障；
——排除 BGP 最优路由计算故障；
——排除 BGP 路由过滤故障。

书中所用图标

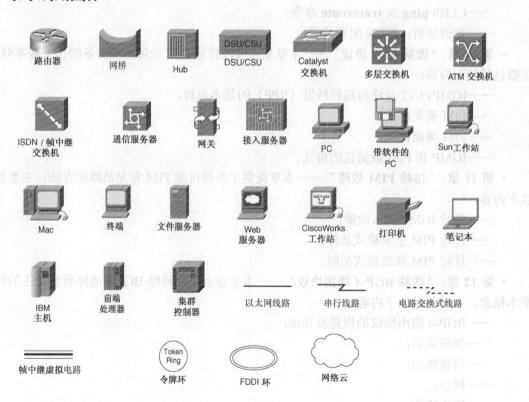

命令语法惯例

本书命令语法遵循的惯例与 IOS 命令手册使用的惯例相同。命令手册对这些惯例的描述如下。

- **粗体字**表示照原样输入的命令和关键字,在实际的设置和输出(非常规命令语法)中,粗体字表示命令由用户手动输入(如 **show** 命令)。
- *斜体字*表示用户应提供的具体值参数。
- 竖线(|)用于分隔可选的、互斥的选项。
- 方括号([])表示任选项。
- 花括号({})表示必选项。
- 方括号中的花括号([{}])表示必须在任选项中选择一个。

目 录

第1章 理解 IP 路由选择 ... 1
1.1 IP 编址的概念 ... 3
1.1.1 IPv4 地址类别 ... 3
1.1.2 IPv4 私有地址空间 ... 5
1.1.3 子网划分和可变长子网掩码 ... 5
1.1.4 无类别域间路由 ... 7
1.2 静态路由和动态路由 ... 7
1.3 动态路由 ... 8
1.3.1 单/多播 IP 路由选择 ... 9
1.3.2 无类 IP 路由协议与有类 IP 路由协议的对比 ... 11
1.3.3 内部和外部网关协议 ... 12
1.3.4 距离矢量路由协议和链路状态路由协议 ... 14
1.4 路由协议的管理距离 ... 19
1.5 路由器内部的快速转发 ... 20
1.6 小结 ... 20
1.7 习题 ... 21
1.8 参考文献 ... 21

第2章 理解 RIP 路由协议 ... 25
2.1 度量 ... 26
2.2 计时器 ... 26
2.3 水平分割 ... 27

2.4 含毒性逆转的水平分割 ... 27
2.5 RIP-1 数据包格式 ... 27
2.6 RIP 的运作方式 ... 28
2.6.1 发送 RIP 路由更新时所要遵守的规则 ... 28
2.6.2 接收 RIP 路由更新时所要遵循的规则 ... 30
2.6.3 RIP 路由更新发送示例 ... 31
2.6.4 RIP 路由更新接收示例 ... 32
2.7 RIP 为什么不支持非连续网络 ... 32
2.8 RIP 为什么不支持可变长子网掩码 ... 34
2.9 默认路由和 RIP ... 35
2.10 对 RIP 的改进 ... 37
2.10.1 路由标记 ... 37
2.10.2 子网掩码 ... 38
2.10.3 下一跳 ... 38
2.10.4 用多播发送协议数据包 ... 39
2.10.5 认证 ... 39
2.11 兼容性问题 ... 40
2.12 小结 ... 41
2.13 复习题 ... 41
2.14 进阶阅读 ... 42

第 3 章 排除 RIP 故障 ... 45
3.1 RIP 常见故障排障流程 ... 46
3.2 排除 RIP 路由安装故障 ... 50
3.2.1 故障：RIP 路由未"进驻"路由表 ... 50
3.2.2 故障：路由器未安装可能存在的所有等价 RIP 路由——原因：路由器上配置的 maximum-path 命令，限制了多条 RIP 路由的安装 ... 80
3.3 排除 RIP 路由通告故障 ... 82
3.3.1 故障：路由通告方未通告 RIP 路由 ... 82
3.3.2 故障：R2 的路由表缺少子网路由——原因：执行了路由自动汇总 ... 101
3.4 排除 RIP 路由汇总故障 ... 103

3.4.1 故障：RIP-2 路由表过大——原因：禁用了路由自动汇总特性 ········ 104
3.4.2 故障：RIP-2 路由表过大——原因：未配置 ip summary-address 命令 ······· 106
3.5 排除与 RIP 有关的路由重分发故障 ······················· 108
3.6 排除与 RIP 有关的按需拨号路由故障 ····················· 111
3.6.1 故障：由 RIP 引发的广播流量"莫名其妙"地激活 ISDN 链路——原因：定义感兴趣流量时，未考虑 RIP 广播流量 ············· 111
3.6.2 故障：拨号接口不能外发 RIP 路由更新——原因：dialer map 语句未包含 broadcast 关键字 ········· 115
3.7 排除与 RIP 有关的路由翻动故障 ························ 116

第 4 章 理解 EIGRP 路由协议 ······················· 121
4.1 度量 ···································· 123
4.2 EIGRP 路由器间的邻居关系 ························ 123
4.3 扩散更新算法 ······························· 125
4.4 DUAL 有限状态机 ···························· 127
4.5 用于 EIGRP 的可靠传输协议 ······················ 128
4.6 EIGRP 的包格式 ···························· 129
4.7 EIGRP 的运作方式 ··························· 132
4.8 EIGRP 路由汇总 ···························· 132
4.9 EIGRP 查询过程 ···························· 133
4.10 EIGRP 与默认路由 ·························· 134
4.11 EIGRP 与非等价负载均衡 ······················· 135
4.12 小结 ·································· 137
4.13 复习题 ································· 137

第 5 章 排除 EIGRP 故障 ························ 139
5.1 排除 EIGRP 邻居关系建立故障 ····················· 139
5.1.1 检查路由器日志，掌握与 EIGRP 邻居关系变动有关的信息 ········ 140
5.1.2 EIGRP 邻居关系建立故障——原因：单向链路（链路只具备单向连通性）··· 143
5.1.3 EIGRP 邻居关系建立故障——原因：互连接口 IP 地址不共处同一子网 ······ 144
5.1.4 EIGRP 邻居关系建立故障——原因：子网掩码不匹配 ············ 147
5.1.5 EIGRP 邻居关系建立故障——原因：K 值不匹配 ·············· 149

- 5.1.6 EIGRP 邻居关系建立故障——原因：AS 号不匹配 ············150
- 5.1.7 EIGRP 邻居关系建立故障——原因：路由"停滞"于活跃状态（stuck-in-active） ············151
- 5.2 排除 EIGRP 路由通告故障 ············160
  - 5.2.1 EIGRP 路由器未向邻居路由器通告网管人员要想通告的路由 ············161
  - 5.2.2 EIGRP 路由器向邻居路由器通告了网管人员不想通告的路由 ············166
  - 5.2.3 路由器以非预期的度量值通告了 EIGRP 路由 ············169
- 5.3 排除 EIGRP 路由安装故障 ············173
  - 5.3.1 EIGRP 路由安装故障——原因：自动或者手动路由汇总 ············174
  - 5.3.2 EIGRP 路由安装故障——原因：路由的管理距离值过高 ············175
  - 5.3.3 EIGRP 路由安装故障——原因：Router-ID 冲突 ············177
- 5.4 排除 EIGRP 路由翻动故障 ············180
- 5.5 排除 EIGRP 路由汇总故障 ············184
  - 5.5.1 EIGRP 路由汇总故障——原因：路由表中不存在隶属于汇总路由的明细路由 ············185
  - 5.5.2 EIGRP 路由汇总故障——原因：路由汇总过度 ············186
- 5.6 排除 EIGRP 路由重分发故障 ············188
- 5.7 排除 EIGRP 拨号备份故障 ············194
- 5.8 EIGRP 错误消息 ············198
- 5.9 小结 ············199

第 6 章 理解 OSPF 路由协议 ············201

- 6.1 OSPF 数据包 ············202
  - 6.1.1 Hello 数据包 ············203
  - 6.1.2 数据库描述（DBD）数据包 ············205
  - 6.1.3 链路状态请求（LSR）数据包 ············206
  - 6.1.4 链路状态更新（LSU）数据包 ············207
  - 6.1.5 链路状态确认（LSack）数据包 ············207
- 6.2 OSPF LSA ············208
  - 6.2.1 路由器 LSA ············209
  - 6.2.2 网络 LSA ············212

6.2.3 汇总 LSA 213
　　6.2.4 外部 LSA 217
6.3 OSPF 区域 219
　　6.3.1 常规区域 222
　　6.3.2 stub 区域 223
　　6.3.3 totally stubby 区域 224
　　6.3.4 Not-So-Stubby 区域（NSSA） 225
6.4 OSPF 介质类型 230
　　6.4.1 多路访问介质 231
　　6.4.2 点到点介质 231
　　6.4.3 非广播多路访问介质 232
　　6.4.4 按需电路（Demand Circuit） 235
　　6.4.5 OSPF 介质类型一览表 237
6.5 OSPF 邻接状态 238
　　6.5.1 OSPF Down 状态 239
　　6.5.2 OSPF Attempt 状态 239
　　6.5.3 OSPF Init 状态 239
　　6.5.4 OSPF 2-way 状态 240
　　6.5.5 OSPF Exstart 状态 240
　　6.5.6 OSPF Exchange 状态 240
　　6.5.7 OSPF Loading 状态 241
　　6.5.8 OSPF Full 状态 242
6.6 小结 242
6.7 复习题 242

第 7 章 排除 OSPF 故障 245
7.1 OSPF 常见故障排障流程 246
　　7.1.1 排除 OSPF 邻居关系建立故障 246
　　7.1.2 排除 OSPF 路由通告故障 248
　　7.1.3 排除 OSPF 路由安装故障 250
　　7.1.4 排障与 OSPF 有关的路由重分发故障 250

7.1.5	排除 OSPF 路由汇总故障	251
7.1.6	排除 "CPUHOG" 故障	251
7.1.7	排除与 OSPF 有关的按需拨号路由（DDR）故障	252
7.1.8	排除 SPF 计算及路由翻动故障	252

7.2 排除 OSPF 邻居关系建立故障 253

7.2.1	故障：OSPF 邻居列表为空	253
7.2.2	故障：OSPF 邻居路由器逗留于 Attempt 状态	282
7.2.3	故障：OSPF 邻居路由器逗留于 Init 状态	286
7.2.4	故障：OSPF 邻居逗留于 2-way 状态——原因：把所有路由器上相关接口的 OSPF 优先级值都设成了 0	296
7.2.5	故障：OSPF 邻居逗留于 Exstart/Exchange 状态	298
7.2.6	故障：OSPF 邻居停滞于 Loading 状态	314

7.3 排除 OSPF 路由通告故障 318

7.3.1	故障：OSPF 邻居路由器不通告路由	319
7.3.2	故障：OSPF 邻居路由器（ABR）不通告汇总路由	327
7.3.3	故障：OSPF 邻居路由器不通告外部路由	335
7.3.4	故障：OSPF 路由器不通告默认路由	344

7.4 排除 OSPF 路由安装故障 355

7.4.1	故障：路由器未在路由表中安装所有类型的 OSPF 路由	356
7.4.2	故障：路由器未在路由表中安装 OSPF 外部路由	371

7.5 排除 OSPF 路由重分发故障 379

故障：OSPF 路由器未通告外部路由 380

7.6 排除 OSPF 路由汇总故障 385

7.6.1	故障：路由器未汇总区域间路由——原因：ABR 上未设 area range 命令	385
7.6.2	故障：路由器未能汇总 OSPF 外部路由——原因：ASBR 上未设 summary-address 命令	388

7.7 排除 CPUHOG 故障 390

7.7.1	故障：路由器在 OSPF 邻接关系建立过程中，生成了 CPUHOG 消息——原因：路由器运行的 IOS 版本不支持 Packet-Pacing（数据包步调）功能	391
7.7.2	故障：路由器在 LSA 刷新期间生成了 CPUHOG 消息——原因：路由器运行的 IOS 版本不支持 LSA group pacing（LSA 组步调）功能	392

7.8 排除事关 OSPF 的 DDR（按需拨号路由）故障 ·········· 394
　　7.8.1 故障：OSPF Hello 数据包不必要地接通按需拨号链路——原因：OSPF Hello 数据包被路由器当成了感兴趣流量 ·········· 394
　　7.8.2 故障：在启用了 OSPF 按需电路（Demand Circuit）特性的情况下，按需拨号链路仍处于接通状态 ·········· 396
7.9 排除 SPF 计算及路由翻动故障 ·········· 407
　　7.9.1 路由器频繁执行 SPF 计算——原因：路由器接口翻动 ·········· 408
　　7.9.2 路由器频繁执行 SPF 计算——原因：邻居路由器"时隐时现" ·········· 410
　　7.9.3 路由器频繁执行 SPF 计算——原因：Router-ID 冲突 ·········· 413
　　7.9.4 常见的 OSPF 错误消息 ·········· 417
　　7.9.5 错误消息 "Unknown routing Protocol" ·········· 418
　　7.9.6 错误消息 "OSPF：Could not allocate routerid" ·········· 418
　　7.9.7 类型 6（LSA）错误消息 "%OSPF-4-BADLSATYPE：Invalid lsa：Bad LSA type" ·········· 418
　　7.9.8 错误消息 "OSPF-4-ERRRCV" ·········· 419

第 8 章　理解 IS-IS 路由协议 ·········· 423

8.1 IS-IS 路由协议入门 ·········· 423
　　IS-IS 路由协议 ·········· 425
8.2 IS-IS 路由协议概念 ·········· 425
　　8.2.1 IS-IS 节点、链路和区域 ·········· 426
　　8.2.2 邻接关系 ·········· 427
　　8.2.3 分层路由选择 ·········· 430
　　8.2.4 IS-IS 数据包 ·········· 431
　　8.2.5 IS-IS 度量 ·········· 434
　　8.2.6 IS-IS 认证 ·········· 436
　　8.2.7 ISO CLNP 编址 ·········· 437
8.3 IS-IS 链路状态数据库 ·········· 439
　　8.3.1 简述 IS-IS 链路状态数据库 ·········· 440
　　8.3.2 泛洪及数据库同步 ·········· 442
　　8.3.3 最短路径优先（SPF）算法及 IS-IS 路由计算 ·········· 445
8.4 配置 IS-IS，完成 IP 路由选择 ·········· 445

8.4.1	点到点网络环境中的 IS-IS 配置	446
8.4.2	ATM 配置示例	452
8.4.3	通告 IP 默认路由	455
8.4.4	路由重分发	456
8.4.5	IP 路由汇总	458

8.5 小结 ... 459

8.6 IS-IS 数据包的附加信息 ... 460

8.6.1	IS-IS 数据包字段（按首字母排序）	461
8.6.2	Hello 数据包	462
8.6.3	链路状态数据包	463
8.6.4	序列号数据包	463

8.7 复习题 ... 464

第 9 章　排除 IS-IS 故障　467

9.1 排除 IS-IS 邻接关系建立故障 ... 469

9.1.1	故障 1：部分或全部 IS-IS 邻接关系未处于 UP 状态	472
9.1.2	故障 2：邻接关系"卡"在 INIT 状态	477
9.1.3	故障 3：IS-IS 邻接关系未能建立，只建立起了 ES-IS 邻接关系	486

9.2 排除 IS-IS 路由通告故障 ... 487

9.2.1	路由通告故障	488
9.2.2	路由重分发以及 level 2 到 level 1 的路由泄漏故障	492
9.2.3	路由翻动故障	493

9.3 IS-IS 错误消息 ... 497

9.4 CLNS ping 及 traceroute ... 498

9.5 案例分析：ISDN 配置故障 ... 500

9.6 IS-IS 排障命令汇总 ... 503

9.7 总结 ... 504

第 10 章　理解 PIM 协议　507

10.1 IGMP 版本 1、2 及逆向路径转发的基本原理 ... 508

10.1.1	IGMP 版本 1	508
10.1.2	IGMP 版本 2	509

10.1.3 多播转发（逆向路径转发） ················ 511
10.2 PIM 密集模式 ·································· 512
10.3 PIM 稀疏模式 ·································· 514
10.4 IGMP 数据包和 PIM 数据包的格式 ········ 516
    10.4.1 IGMP 数据包的格式 ···················· 516
    10.4.2 PIM 数据包及包格式 ···················· 517
10.5 小结 ··· 520
10.6 复习题 ·· 521

第 11 章 排除 PIM 协议故障 ······················ 523
11.1 排除 IGMP 加入故障 ·························· 523
11.2 排除 PIM 密集模式故障 ······················ 526
    PIM 密集模式故障排障方法 ···················· 530
11.3 排除 PIM 稀疏模式故障 ······················ 531
    PIM 稀疏模式故障排障方法 ···················· 536
11.4 小结 ··· 536

第 12 章 理解 BGP-4 路由协议 ···················· 539
12.1 BGP-4 协议规范及功能 ······················· 543
12.2 邻居关系 ·· 543
    12.2.1 EBGP 邻居关系 ·························· 545
    12.2.2 IBGP 邻居关系 ··························· 547
12.3 通告路由 ·· 548
12.4 接收路由 ·· 552
12.5 BGP 路由策略 ·································· 552
    12.5.1 利用 BGP 属性来实施 BGP 路由策略 ······· 554
    12.5.2 通过 route-map 配置路由策略 ··········· 570
    12.5.3 用 filter-list、distribute-list、prefix-list、团体属性以及出站路由过滤（ORF）特性来执行 BGP 路由策略 ················· 574
    12.5.4 路由抑制 ································· 582
12.6 大型网络中高可扩展性的 IBGP 会话的建立——BGP 路由反射器及 BGP 联盟 ··· 586
    12.6.1 路由反射 ································· 587

12.6.2　AS 联盟 ··· 590
12.7　最优路由计算 ··· 593
12.8　小结 ··· 595
12.9　复习题 ·· 596

第 13 章　排除 BGP 故障 ·· 599
13.1　BGP 常见故障排障流程 ·· 600
13.2　排除 BGP 相关故障时常用的 show 命令和 debug 命令 ······························· 605
13.3　排除 BGP 邻居关系建立故障 ··· 607
　　13.3.1　故障：直连的 EBGP 邻居之间未建立起邻居关系 ·························· 607
　　13.3.2　故障：非直连的 EBGP 邻居之间未建立起邻居关系 ······················ 611
　　13.3.3　故障：IBGP 邻居之间未建立起邻居关系 ···································· 620
　　13.3.4　故障：IBGP/EBGP 邻居之间未建立起邻居关系——原因：应用于路由器接口的访问列表拦截了 BGP 协议数据包 ·· 620
13.4　排除 BGP 路由通告、生成及接收故障 ··· 621
　　13.4.1　故障：路由器无法生成 BGP 路由 ··· 622
　　13.4.2　无法向 IBGP/EBGP 邻居传播/生成 BGP 路由——原因：路由过滤器配置有误 ··· 629
　　13.4.3　路由只能通告给 EBGP 邻居，但却无法传播给 IBGP 邻居——原因：路由学自另一 IBGP 邻居 ·· 631
　　13.4.4　无法向 IBGP/EBGP 邻居传播学自 IBGP 的路由——原因：IBGP 路由未同步 ··· 637
13.5　排除 BGP 路由无法"进驻"路由表故障 ··· 639
　　13.5.1　故障：路由器未把 IBGP 路由安装进 IP 路由表 ··························· 639
　　13.5.2　故障：EBGP 路由未"进驻"IP 路由表 ···································· 647
13.6　排除与 BGP 路由反射器部署有关的故障 ·· 655
　　13.6.1　故障：配置有误——原因：未把 IBGP 邻居配置为路由反射客户端 ··· 655
　　13.6.2　故障：路由反射器客户存储了多余的 BGP 路由更新——原因：路由反射客户端之间的路由反射 ·· 657
　　13.6.3　故障：路由反射器和路由反射客户端之间路由收敛时间过长——解决方法：启用对等体组 ·· 659
　　13.6.4　故障：路由反射器和路由反射客户端之间丧失了冗余性——原因：因 RR 对（附

着于 BGP 路由的）Cluster-List 属性的检查，而导致另一 RR 所通告的冗余路由惨遭丢弃 ··· 661

13.7 排除因 BGP 路由策略而导致的 IP 流量出站故障 ································· 666

13.7.1 故障：AS 内部署了多台边界（流量进、出口）路由器，但流量却总是从一两台边界路由器外流——原因：BGP 路由策略配置不当 ····················· 666

13.7.2 故障：路由器外发流量的接口与路由表的显示不符——原因：通过另一条路径才能将流量转发至相关 BGP 路由的下一跳 IP 地址 ·································· 671

13.7.3 故障：通过多条链路与同一邻居 AS 互连，但流量却只从一条链路外流——原因：邻居 AS 在通告路由时以设置 MED 属性值或在 AS_PATH 属性中前置 AS 号的方式，影响了本 AS 的出站流量 ··· 674

13.7.4 故障：当网络中部署了 NAT 设备或运行了延迟敏感型应用程序时，因非对称路由问题所导致的应用程序交付故障——原因：本 AS 在接收及通告 BGP 路由更新时，"步调"不一致 ·· 678

13.8 排除小型 BGP 网络中的流量负载均衡故障 ·· 681

13.8.1 故障：单路由器以双宿主方式连接到同一 ISP 时，出站流量无法在两条链路间负载均衡——原因：路由器只在路由表中安装了一条通往同一目的网络的最优路由 ·· 681

13.8.2 故障：无法仰仗 IBGP 路由，实现流量的多链路负载均衡——原因：默认情况下，即便路由器学得多条通往同一目的网络的等价 IBGP 路由，也只会将其中的一条安装进 IP 路由表 ·· 684

13.9 排除因 BGP 路由策略所导致的 IP 流量入站故障 ···································· 687

13.9.1 故障：有多台边界路由器（通过多条链路）与某 AS 的多台 EBGP 邻居互连，但来自该 AS 的所有流量都固定从某台边界路由器流入——原因：与该边界路由器对等的 EBGP 邻居设有 BGP 路由策略，这一 BGP 路由策略影响了该 EBGP 邻居的出站流量，或只将本 AS 的路由通告给了与该边界路由器对等的 EBGP 邻居 ·· 687

13.9.2 故障：通过多条链路与若干邻居 AS 互连，但绝大多数从 Internet 发往本 AS 特定目的网络的流量总是从某个邻居 AS 流入——原因：本 AS 在通告相应的 BGP 路由时设置的 BGP 属性，导致了 Internet 流量总是从该邻居 AS 流入 ··········· 693

13.10 排除 BGP 最优路由计算故障 ··· 694

13.10.1 故障：由 RID 最低的路由器所通告的 BGP 路由未成为最优路由 ·············· 695

13.10.2 故障：MED 值最低的路由未成为最优路由 ··· 698

13.11 排除 BGP 路由过滤故障 ··· 701

13.11.1 故障：使用标准访问列表过滤 BGP 路由失败 ·················· 702
13.11.2 故障：用扩展访问列表执行 BGP 路由过滤时，未能正确匹配路由的
       子网掩码 ·· 704
13.11.3 故障：用正则表达式，根据 BGP 路由的 AS_PATH 属性，执行路由过滤 ··· 708
13.12 总结 ··· 709
附录 习题答案 ··· 711

本书侧重于讲解如何排除与 Cisco 路由器有关的 IP 路由协议故障。为此，后文将介绍为人所熟知的几种 IP 路由协议，例如：
- 开放式最短路径优先（OSPF）协议；
- 集成的中间系统到中间系统（IS-IS）协议；
- 边界网关协议（BGP）；
- 协议无关多播（PIM）路由协议。

第 1 章 理解 IP 路由选择

本章会介绍 IP 路由选择相关知识，侧重于讲解基本概念，如 IP 编址及 IP 路由协议的分类等。此外，还会概述路由协议的实现与配置，同时涉及路由过滤和路由重分发。

TCP/IP（传输控制协议/Internet 协议）协议族是 Internet 信息交换的根基（底层技术）。TCP/IP 也使用类似于开放系统互联（Open System Intenconnection，OSI）参考模型的分层方法，来实现计算机间的通信，但其层数却低于 7。图 1-1 并排显示了 OSI 参考模型和 TCP/IP 栈，标出了两种协议栈之间相对应的层次。

IP 运行在 TCP/IP 族的 Internet 层，对应于 OSI 参考模型的网络层。IP 层可提供无连接数据传输服务，即先将信息分割为数据单元（俗称数据包[packet]或数据报[datagram]），然后再从网络的一端传送至另一端。数据报交付服务模型的本质是，在网络的两个端点之间传递数据时，无需预先建立端点间的永久数据传输路径。在基于包交换的网络中，传输任一数据包时，沿途的每一台路由器都会针对通往目的网络的最佳路径，独立执行本机转发决策。路由器会根据转发信息（既可以通过路由协议动态获悉，也可以是人工录入的静态路由条目）来做出数据包的转发决策。

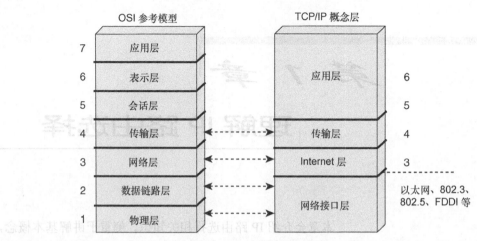

图 1-1 OSI 参考模型和 TCP/IP 协议栈

编址是数据转发过程中的重要一环。只要是定向通信，都有信源和信宿。有了编址，进行定向通信时，信源可"定位"信宿，信宿亦可识别信源。之所以说编址在数据报交付操作模式中尤为重要，是因为数据报每次在同一源、目端之间传输时，途经的中间节点都不固定，IP 数据包的转发就是如此。

如前所述，在 IP 数据报服务基础设施的内部，信息在设备之间传递之前，会被首先分割为数据包。每个数据包都由 IP 报头、传输层（TCP 或 UDP）报头和有效荷载组成，有效荷载就是原始信息的一部分。每个 IP 数据包都是自包含的，会沿着一条转发路径（由"一串"网络设备构成），独立转发至最终目的网络。

网络中的路由器会依靠动态路由协议或人工录入的静态路由信息，以数据流的形式将数据报转发至既定目的网络。无论数据包的目的地址为何，数据转发路径中的每台设备都只关心数据包的流出接口以及本机确立（或由特殊的转发策略指明）的通往目的网络的最优路径。IP 数据包的转发机制通常也称为基于目的地址的逐跳（hop-by-hop）转发机制。这就是说，在正常情况下，数据转发链路沿途的每一跳路由器都会根据目的 IP 地址来转发数据包。不过，新型路由器还可依托特殊的路由策略，来控制数据包的转发，比如，根据源 IP 地址，执行 IP 流量的转发。

目的节点会将归属于同一个数据流的数据包重组为原始数据信息。IP 编址将在下一节"IP 编址概念"中再做讨论。

在无连接的网络中，根据三层地址（IP 地址）在节点间转发数据包的过程称为路由选择。路由器是指具备路由选择功能的专用网络设备。

对穿梭于互联网络中的数据包来说，路由器到底是如何做出转发决策（如何转发、发往何处）的呢？路由器做出转发决策的方法多种多样。既可以在路由器上提前配置预先确立的路径信息（亦称设置静态路由）；也可以让路由器运行特殊的应用程序，依靠其来自动学习并"分享"路由信息，这些在前文都已提及。后一种获取及传播路由信息的方法称为动态路由选择。

1.1 IP 编址的概念

编址是 IP 协议的关键。在图 1-1 所示的 TCP/IP 协议栈中，有一个通向底层（物理层和数据链路层）的网络接口层，IP 协议的介质无关性就仰仗于该层。IP 协议之所以能被人们广泛接受，介质无关性可能是重要原因之一。IP 有自己的一套编址方案，独立于用来互连网络设备的局域网（LAN）或广域网（WAN）介质，这也暗合其介质无关性的架构。因此，IP 可成功地运行在由各种各样的介质所组成的网络基础设施之上。IP 协议栈的这种灵活性，兼之其简单性，也是促使该协议得到广泛使用的主要原因。

IP 编址的原理是，为网络设备的每个网络接口（网卡）分配地址（即基于链路的地址分配方法），并不是为整台设备分配单一地址（即基于主机的地址分配方法）。设备的各个接口与名为子网络（或子网）的网络链路相连，并设有子网地址。接口的 IP 地址从其直连链路的子网地址空间中分配。基于链路的地址分配方法的优点是，路由器只需跟踪 IP 路由表中的 IP 子网，就能够汇总路由信息，而无需追踪到网络中的每台主机。这在诸如以太网之类的广播链路网络环境中会非常高效，在此类网络环境中，会同时连接多台设备。在运行 IP 的以太网络中，还会利用地址解析协议（Address Resolution Protocol，ARP）将直连主机的 IP 地址解析为相应的数据链路层地址。

目前，IP 地址分为两类：IPv4 地址和 IPv6 地址。在 IPv6 未得到正式启用之前，目前在用的 IPv4 地址用 32 位来表示。确切说来，32 位编址方案可提供多达 2^{32}（4 294 967 295）个独一无二的主机地址。随着全球 Internet 规模的不断扩张，32 位的 IPv4 编址方案已不能满足未来的发展，于是，128 位的 IPv6 编址方案应运而生。在 IPv4 网络环境中排除 IP 路由协议故障是本书的主要内容。因此，本章只讨论 IPv4 编址结构及相关概念，但其中的大多数内容仍适用于 IPv6。稍后几节将讨论下列与 IPv4 编址有关的主题：

- IPv4 地址类别；
- 私有 IPv4 地址空间；
- IPv4 子网划分和可变长子网掩码；
- 无类别域间路由。

1.1.1 IPv4 地址类别

如前所述，IPv4 地址的 32 位编址方案可容纳大量的主机地址。但是，IP 编址方案基于链路，要求网络链路与一组 IP 地址相关联，而与链路直连的主机则设有具体的 IP 地址。这组 IP 地址称为地址前缀，俗称 IP 网络号（IP network number）。

起初，定义 IP 网络号时，可以说是壁垒森严——有严格的类别之分。对 IP 地址进行分类，其目的是要"划分"出能够支持各种数量级主机的 IP 地址组，从而提高 IP 地址空间的分配效率。这样一来，IP 地址就可以根据链路上的主机数量"专类专用"。对 IP 地址进行分类的另外一项好处是，可使地址分配过程更为简单，更容易控制。

IP 地址分为 A、B、C、D、E 等 5 大类，由 IP 地址第一字节的几个最高位来定义和区分。每类地址都含若干 IPv4 地址子网，每个子网均可容纳一定数量的主机。表 1-1 所列为 5 类 IPv4 地址。

表 1-1　　　　　　　　　　　IP 地址分类和表示

地址类别	首字节置位方式	首字节十进制表示方式	以点分十进制表示的主机地址分配范围
A	0xxxxxxx	1～127	1.0.0.1～126.255.255.254
B	10xxxxxx	128～191	128.0.0.1～191.255.255.254
C	110xxxxx	192～223	192.0.0.1～223.255.255.254
D	1110xxxx	224～239	224.0.0.1～239.255.255.254
E	11110xxx	240～255	240.0.0.1～255.255.255.255

由表 1-1 可知，IP 地址首字节的置位方式不同，与之相对应的地址类别以及地址范围也有所不同。

在这 5 类地址中，A、B、C 三类属于单播地址，用来实现单一信源与单一信宿之间的通信。D 类地址专为 IP 多播应用而预留，多播是指单一信源与多个信宿之间的通信。E 类地址则是出于实验目的而做预留。

为了使各类单播地址（A、B、C 类）所能容纳的主机尽可能的多，人们把 32 位 IP 地址进一步划分为了网络标识符（网络 ID）和主机标识符（主机 ID）两个大块，如下所示。

- **A 类地址**：8 位网络 ID，24 位主机 ID。
- **B 类地址**：16 位网络 ID，16 位主机 ID。
- **C 类地址**：24 位网络 ID，8 位主机 ID。

图 1-2 所示为 32 位 A 类地址的划分情况。其首字节中的最高位固定为 0，用整个首字节来表示网络 ID，随后的 3 字节表示主机 ID。

图 1-2　A 类地址的位分配情况

这一按严格的界限给 IP 地址分类的理念也称为有类 IP 地址划分。人们用掩码来"圈定" IP 地址中的主机 ID 和网络 ID。IP 地址的结构经过多次改进，才进化成了现在这个样子，这些改进也使得 IP 地址分配在实战中更加高效。本章 1.1.3 节会对此作详细介绍。

为了易于识别，IP 地址使用点分十进制的形式来表示。用点分十进制来表示时，32 位 IP 地址以 8 位编为一组，每组之间用点号分开。然后，再将每个字节（八位组）转换为等值的十进制数。表 1-1 中的最后一列所示为各类 IP 地址类所属地址范围的点分十进制表示。

虽然有类编址的引入使得 IPv4 地址空间得到了较为充分的利用，但是地址分类界限太过严格也导致了 IP 地址空间使用效率低下。有鉴于此，有类编址逐渐被更为高效和更加灵活的无类编址取代。

使用无类编址时，任何 IP 网络号都可以用特定长度的前缀来表示。这一前缀表示法除了更加灵活以外，还可以使得 IPv4 地址空间得到更为充分的利用。以 A 类地址这一巨大的有类地址块为例，使用有类编址方案时，一个 A 类地址块只能分配给一个组织，而采用无类编址方案，则可将其剖成多个小地址块，分配给多个组织；与此相反，无类编址方案还允许对多个 C 类地址块做聚合处理，而无需"分别对待"。为节省资源，Internet 路由器都会对路由表中的路由做地址聚合，这种路由聚合方式称为无类别域间路由（CIDR）。1.1.4 节会对此展开深入讨论。

1.1.2 IPv4 私有地址空间

人们对 IPv4 单播地址空间的某些地址块进行了预留，并将其指定为私有地址。私有地址空间专为不与公网（Internet）相连的网络而预留。RFC 1918 将下列地址块定义为 IPv4 私有地址：

- 10.0.0.0～10.255.255.255；
- 172.16.0.0～172.31.255.255；
- 192.168.0.0～192.168.255.255。

RFC 1700 载有已预留及已分配（Internet 相关）参数的通用信息，包括已预留的 IP 地址信息[①]。使用网络地址转换（Network Address Translation，NAT）技术，启用了 IPv4 私有地址空间的私有网络仍然可以连接到公网（Internet）。

1.1.3 子网划分和可变长子网掩码

CIDR 诞生之前，每个有类网络只能分配给一个组织。在组织内部，可用子网划分技术将有类地址块分割为多个小地址块，供同一网域内的不同网段使用。

IP 子网划分是指把有类 IP 地址的某些主机位"并入"网络 ID，从而在 IP 地址类别中引入了另一层级。这一经过扩展的网络 ID 称为子网号或 IP 子网。试举一例，可"借用" B 类网络地址主机 ID 字段两字节中的一个，来创建出 255 个子网，用剩下的那个字节来表示每个子网的主机 ID，如图 1-3 所示。

执行 IP 子网划分时，会对有待分配的有类网络的掩码进行调整，以反映出新创建子网的

---

① 原文是 "RFC 1700 provides general information on reserved or allocated parameters, including reserved addresses."——译者注

网络号和主机号。图 1-4 所示为划分 B 类地址时，新创建的子网及与之相对应的掩码。掩码中一连串的 1 和 0 分别表示网络位和主机位。通常，书写 IP 地址时，也可以用前缀长度表示法，即指明子网掩码中 1 的个数。比如，可把 172.16.1.0 255.255.255.0 写为 172.16.1.0/24。

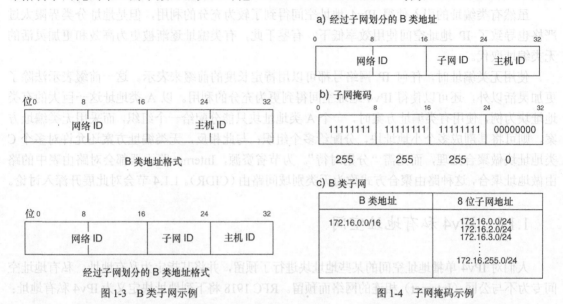

图 1-3　B 类子网示例

图 1-4　子网掩码示例

虽然有类编址方案支持子网划分，能够满足地址块之内的高效地址分配需求，但在有类网络环境中，要求所使用的子网掩码一致，这属于硬性规定。VLSM 属于更深层次的子网划分，允许同一（主类）网络号"配搭"不同的子网掩码，这样一来，便可根据网域内不同网段的使用方式，更加灵活地分配不同大小的 IP 地址块。比方说，利用 VLSM，可把 B 类地址 172.16.0.0/16 划分为多个子网掩码为 24 位的"小型"子网，即"借用"了这一 B 类地址中的 8 位主机位作为子网位。然后，还可以对新生成的首个子网 172.16.1.0/24，做进一步的子网划分，例如，可再次"借用"其 8 位主机位中的 4 位作为子网位。于是，便划分出了更小的地址块，如 172.16.1.0/28、172.16.1.16/28、172.16.1.32/28 等。只有无类网络环境才支持 VLSM，在此类网络环境中，运行于路由器上的路由协议及相关路由软件都支持无类编址。图 1-5 演示了如何用 VLSM 实施子网划分。

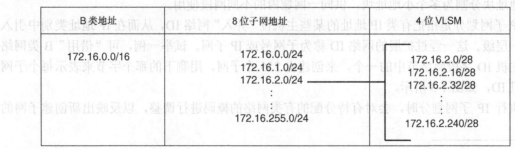

图 1-5　VLSM 示例

1.1.4 无类别域间路由

VLSM 虽有助于提高已分配地址块的 IP 地址使用效率，但不能解决为各个组织有效分配 IP 地址的难题。有许多组织都分配有多个 C 类网络，而非单个 B 类网络，这不但会使得有类 IP 地址块的使用效率极低，而且还导致全球 Internet 路由表的有类路由条数迅猛增长。如此一来，IP 地址很快将会消耗殆尽，于是无类别域间路由（Classless InterDomain Routing，CIDR）技术应运而生。

CIDR 支持任意长度的 IP 网络号，完全摒弃了有类网络中网络号与主机号"界限分明"的概念。图 1-6 列举了 CIDR 的两大优点。打破了地址类别这一概念之后，就可以很方便地用 192.168.0.0/16 来表示从 192.168.0.0 到 192.168.255.0 这样一个个零散的 C 类地址块。再说具体一点，这就意味着上述 256 个"老式"的 C 类地址块可聚合为单一地址块，此类地址块也称为 CIDR 地址块或超网（supernet）。

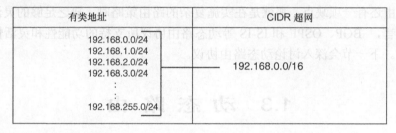

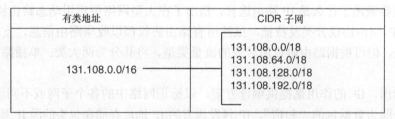

图 1-6 用 CIDR 实施地址聚合与子网划分示例

CIDR 还能非常灵活地支持对（IP 地址中的）网络号进行子网划分，划分出来的子网可分配给不同的组织，以实现域间路由信息的交换。比如，可将地址块 131.108.0.0/16 划分为 4 个"二级"地址块（131.108.0.0/18、131.108.64.0/18、131.108.128.0/18 和 131.108.192.0/18），然后，再分配给 4 个不同的组织。

1.2 静态路由和动态路由

可在路由器上手工（静态）设定（用来转发数据包的）路径信息（即静态路由），迫使路由器通过某特定端口或下一跳 IP 地址，转发匹配（静态路由中所包含的）目的 IP 地址的数据包。可设置静态路由，来匹配"各式各样"的目的 IP 网络地址。还有一种让路由器获取路由信息的手段，那就是在其上运行分布式的应用程序，来自动收集，并在路由器间彼此共享路由信息。此类分布式应用程序不仅能自动收集路由信息，还能实时跟踪网络连通性状态，并会尽量提供实时而又有效的路由信息，故称为动态路由协议。

由于静态路由为手工配置，因此一旦（数据包转发）路径发生改变，就需要人为干预，重新配置路由器。与其相比，对网管人员来说，动态路由协议处理路由信息时则要便捷的多。但便捷的代价是配置的复杂性和故障排除的难度。就路由器而言，动态路由协议属于资源密集型，会消耗大量的内存和处理器资源。此外，要想玩转动态路由协议，网管人员在网络设计、路由器配置、配置调优，以及故障排除方面，必需具备丰富的知识储备和实战经验。

虽说静态路由既不会过多占用路由器系统资源，对网管人员的配置技能和故障排除能力也要求甚低，但只要网络规模一大，路由全靠人工添加，则未免不太现实。显而易见，对于目前靠 IP 网络来开展或提供业务的现代化大型企业和 ISP 来说，在网络中启用静态路由并非明智之举。静态路由还有一项缺点，那就是在实施复杂的路由策略时，缺乏足够的灵活性。就路由策略的实施而言，BGP、OSPF 和 IS-IS 等动态路由协议所支持的功能性和灵活性是静态路由所无法匹敌的。下一节会深入讨论动态路由协议。

1.3 动态路由

上一节简要概述了什么是 IP 路由选择，指出了在大型网络中启用动态路由协议的必要性。本节将讨论 IP 路由协议分类及特征。虽然所有路由协议都以收集路由信息，支撑路由器转发数据包为己任，但可根据路由协议所转发的流量类型，将其分为两大类：单播路由协议和多播路由协议。

前文已指出，IP 的作用是提供编址方案，以标识网络中的各个子网或不同场所。IP 包头中的目的地址即为数据包的"归宿"。IP 包发送方的 IP 地址存储在包头的源 IP 地址字段内。IP 子网（或简称为子网）是一个重要概念，也是理解 IP 编址概念的先决条件。IP 编址的概念已在上一节介绍 IP 子网时顺带提及。说直白一点，一个 IP 子网可容纳一组互相连接的网络设备，这些设备的接口 IP 地址共享同一网络号，并配之以相同子网掩码。

在"IPv4 编址类别"一节中已经讨论过了单/多播地址的概念。单播地址空间用来编址网络设备，多播地址空间则是用来明确定义从同一多播应用程序接收信息的一组或多个用户。

对于任一 IP 单播子网，隶属于其的最后一个地址，如 192.168.1.255/24，称为广播地址。可利用该地址同时向子网内的所有节点发送数据，故其也称为定向广播地址。

单播路由协议适用于处理单播网络信息，可让路由器以智能化的方式将 IP 数据包转发到相应的单播目的地址。就概念而言，多播转发则全然不同于单播转发，路由器要转发多播数据包，需运行特殊的路由选择应用程序。

1.3.1 单/多播 IP 路由选择

在 IP 网络中,两台设备之间最为常见的通信方式是:向对方的 IP 地址发送单播流量。一个 IP 节点(设备)可拥有多个可用接口(网卡),每个接口(每块网卡)所配 IP 地址,需取自单播 IP 地址空间。设在(IP 设备)接口上的 IP 地址,则在该接口所处子网内唯一地标识该 IP 设备。

Cisco 路由器还支持 secondary 逻辑子网的概念。路由器接口除可配置一个 primary 地址之外,还能配置多个 secondary 逻辑子网地址。此外,还可在 Cisco 路由器上激活隧道和 loopback 接口,来实现 IP 单播连通性。对于 IP 单播数据包,路由器会检查包头中的目的 IP 地址字段,并根据 IP 路由表所含信息,执行相应转发操作。可在 Cisco 路由器上执行 **show ip route** 命令,查看其单播 IP 路由表的内容。

对于多播数据包(包头中的目的字段值来自多播[D 类]地址空间),则其潜在的接收者为多个,路由器会按多播数据包的转发流程进行转发。为提高网络资源的利用率,路由器会使用专门的机制来执行多播数据包的转发。若某款应用程序是为了向多处目标发送流量而设计,当通过单播路由技术来转发其流量时,在源端会不必要的重复发送多次流量,从而导致网络资源的浪费。可利用多播路由技术,来避免这一资源浪费情况。多播路由一经启用,路由器将只会在"挂接"了多播接收主机的网络分支(设备)上,进行必要的多播流量复制。

图 1-7 所示为路由器如何用单播转发方式,将数据包从 SRC1(源端)转发给两个单独的接收者 RCV1 和 RCV2。

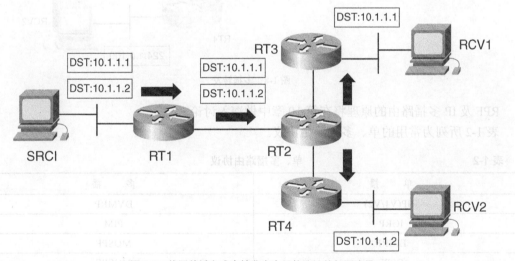

图 1-7 使用单播方式来转发多个目的地址的相同流量

在此情形,SRC1 将生成两条"一模一样"的数据流,流中数据包的目的地址分别为 10.1.1.1 和 10.1.1.2。RT1 和 RT2 会单独处理每条数据流内的数据包,并送达各自的目的主机。这就大大耗费了这两条数据流沿途路径中的网络资源(带宽资源和路由器处理资源)。若采用多播转发机制，情形将全然不同，如图 1-8 所示。

多播转发在信息交付方面效率会更高，具体机制是，支持多播转发的路由器只在网络的"分枝路由器"上复制数据包，"分枝路由器"是指有多条链路连接了多播接收主机的路由器。因此，采用多播转发机制时，如图 1-8 所示，SRC1 只会生成一条数据流，流中的数据包由 RT1 和 RT2 转发。但只在"分枝路由器"RT2 上才会被复制，然后分别发送至多播接收主机 RCV1 和 RCV2。

就运作方式而言，单、多播路由协议截然不同，在支持多播转发的路由器上，需借助一种名为逆向路径转发（Reverse Path Forwarding，RPF）的机制，来建立多播转发状态表项。RPF 的作用是：确保多播数据包是从通向多播源的正确路由器接口抵达，这就等于说路由器能够遵循单播路由表，通过多播数据包的接收接口将单播数据包转发至多播源主机（意即路由器能通过多播数据的接收接口与多播源主机建立起单播 IP 连通性）。

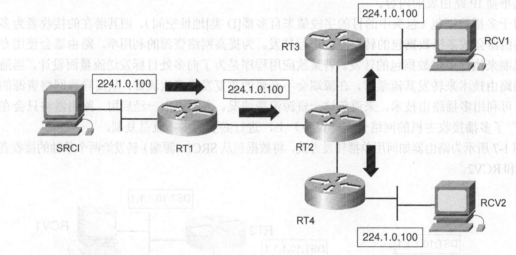

图 1-8　多播转发

RPF 及 IP 多播路由的原理将在第 10 章中做深入讨论。

表 1-2 所列为常用的单、多播路由协议。

表 1-2　　　　　　　　　　　单、多播路由协议

单　播	多　播
RIP(V1/V2)	DVMRP
IGRP	PIM
EIGRP	MOSPF
OSPF	MOSPF
IS-IS	MSDP
BGP	

Cisco IOS 软件支持以上所有单播路由协议。但在以上所列多播路由协议中，Cisco IOS 软

件只支持协议无关多播（Protocol Independent Multicast，PIM）路由协议（包括[稀疏模式和密集模式（Sparse Mode/Dense Mode，SM/DM]）、多播源发现协议（Mutlicast Source Discovery Protocol，MSDP）以及多协议 BGP。

要想在网络中实现对多播流量的路由选择，Internet 网关多播协议（Internet Gateway Multicast Protocol，IGMP）必不可缺。运行 IOS 的 Cisco 路由器不支持多播 OSPF（Multicast OSPF，MOSPF）协议，但具备与运行距离矢量多播路由协议（Distance Vector Mutlicast Routing Protocol，DVMRP）的设备互操作的能力。

写作本书之际，多播路由协议还未在 Internet 上广泛部署。但是，随着诸如无线电广播、视频流、远程培训、视频会议和游戏等大量基于多播的应用出现，多播在 Internet 上的流行将指日可待。

1.3.2 无类 IP 路由协议与有类 IP 路由协议的对比

无类与有类 IP 路由协议的概念得自于 IP 编址方案最初的制定方式。

根据有类编址规则，除非在划分 IP 子网时，明确指定了子网掩码，否则 IP 网络号就必需配搭"原生态"子网掩码。而早期的路由协议（诸如 RIP）也只能用在同一网域内处理含单一类型子网掩码（即"原生态"子网掩码，或位长保持一致的子网掩码）的 IP 地址。RIP 之类的路由协议不能处理含多种类型子网掩码（如 VLSM）的 IP 地址。此类协议统称为有类路由协议（classful protocol）（见表 1-3）。有类路由协议之所以不支持 VLSM，是由于设计方面的"缺陷"——其路由更新消息中只包含了 IP 目的网络信息，未包含与之"配套"的子网掩码信息，运行有类路由协议的路由器只能凭简单而又直观的机制，来"凭空臆断"所学路由的目的 IP 网络配套的子网掩码。

随着 Internet 在全球范围内的极速蔓延，要求高效利用有限 IPv4 地址空间的呼声也越来越高。在 IP 地址"越用越少"的同时，人们又发明了前文介绍过的 VLSM 和 CIDR 这样的"无类"技术，来更为有效地分配和使用 IPv4 地址。人们还对路由协议的功能不断改进，以支持无类 IP 编址环境，让这些路由协议能在无类网络环境中运行，并识得 VLSM 型 IP 地址，且能处理 CIDR 的路由协议，因此，人们将它们称为无类路由协议（classless routing protocol）。

表 1-3 所列为各种有类及无类路由协议。RIP-1 和 IGRP 属于有类属于协议，较新的 RIP-2、EIGRP、OSPF、IS-IS 和 BGP 都属于无类路由协议。外部网关协议（Exterior Gateway Protocol，EGP）是边界网关协议（Border Gateway Protocol，BGP）的前身，早已"功成身退"，也属于有类路由协议。

表 1-3　　　　　　　　　　　有类及无类 IP 路由协议

有类路由协议	无类路由协议
RIP-1	RIP-2
IGRP	EIGRP

有类路由协议	无类路由协议
EGP	OSPF
	集成 IS-IS
	BGP

1.3.3 内部和外部网关协议

虽然早期的 ARPANET（Internet 的前身）开发出了多种单播路由协议，但只有路由信息协议（Routing Information Protocol，RIP）仍在广泛使用。作为 ARPANET 项目的丰硕成果，很多由政府科研机构及各类高校建设的独立网络同样用 RIP，来行使行动态路由协议之职。从 ARPANET 到 Internet 的演变过程中，也必须要使用更为健壮的路由协议来互连大量"网络孤岛"。为此，外部网关协议（EGP）横空出世。EGP 提供了有效机制来互连不同的 RIP 路由进程域。因此，人们又根据 RIP 和 EGP 的"定位"，对两者的功能分别进行了优化。RIP 用来执行域内路由选择，EGP 则用来执行域间路由选择。后来，EGP 逐渐演变为边界网关协议（BGP），而 RIP 也慢慢被另一些更为健壮的域内路由协议取代。由 IETF 开发出的开放式最短路径优先（Open Shortest Path First，OSPF）协议是域内路由协议中的佼佼者。OSPF 具备 RIP 所力不能及的诸多特性，比如，高效的度量路由（优劣）的手段、快捷的收敛速度，以及对无类网络环境的支持。因此，还可将动态路由协议分为：内部网关路由协议（用在路由进程域之内的完成路由选择）和外部网关路由协议（在路由进程域之间完成路由选择）。

图 1-9 所示为两个路由进程域：AS 65001 和 AS 65002，重叠部分（阴影部分）为各个路由进程域的边界路由器之间的互联区域。用规范的术语来说，路由进程域也称为自治系统(Autonomous System, AS)。一个自治系统是一个受控于单一管理机构的独立路由进程域。

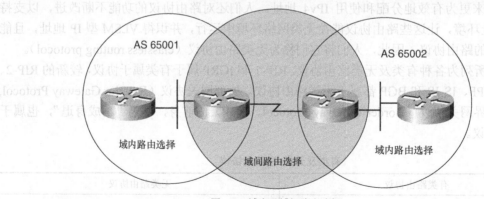

图 1-9 域内及域间路由选择

如前所述，外部网关协议可让两个路由进程域彼此共享路由信息。BGP 协议是用来互连全球 Internet 中各个自治系统的独一无二的 IP 域间路由协议，此协议的当前版本号为 4。在每个自制系统内，则用内部网关协议来完成路由选择。Internet 中的各个自治系统可运行任何一种适用于自己的 IGP。除 EGP（早已"功成身退"的外部网关协议）和 BGP 外，其余所有单播路由协议，如 IGRP、EIGRP、RIP、OSPF 和 IS-IS 等，都是 IGP（见表 1-4）。

表 1-4　　　　　　　　　　　　　　IGP 和 EGP 的种类

内部网关协议			外部网关协议
距离矢量协议	高级距离矢量协议	链路状态协议	路径矢量协议
RIP-1	EIGRP	OSPF	BGP
RIP-2		集成 IS-IS	
IGRP			

内部网关路由协议（IGRP）为 Cisco 专有，其度量路由优劣的手段要比 RIP "丰富"的多（RIP 只能用跳数来度量路由的优劣）。IGRP 引入了由以下几种"指标"值组成的复合型路由度量手段：

- 带宽；
- 延迟；
- 可靠性；
- 负载；
- 最大传输单元（Maximum Transmission Unit，MTU）。

Cisco 又进一步将 IGRP "改造"为增强型内部网关路由协议（EIGRP）。EIGRP 支持一种名为可行后继路由（feasible successor）机制的备份路由机制，故其收敛速度要远快于 IGRP。EIGRP 路由器可事先安装（通往同一目的网络的）备份路由，一旦优选路由失效，便即刻启用。此外，与 IGRP 不同，EIGRP 还支持 VLSM。

OSPF 和 IS-IS 都是在大型 IP 网络中经常使用的 IGP 协议。起初，IS-IS 只是人们针对无连接网络协议（Connectionless Network Protocol，CLNP）而设计的路由协议，但后来被用来传递 IP 路由信息，与此同时，IETF 也对 OSPF 协议进行了标准化。OSPF 和 IS-IS 均为链路状态路由协议，而 RIP、IGRP 和 EIGRP 都是距离矢量路由协议。

执行路由计算时，OSPF 和 IS-IS 这两种链路状态路由协议使用的都是最短路径优先（Shortest Path First，SPF）算法（得名于其发明人 Dijkstra），可在网络发生变化时，快速收敛。

两种协议都支持两级分层式路由选择。OSPF 和 IS-IS 极为相似，所具备的功能几乎相同。两者只是在架构上略有不同，与此有关的内容已超出本书范围。

有意思的是，OSPF 专为（路由）IP（数据包）而设计，OSPF 协议数据包封装在 IP 数据包内传递。而 IS-IS 专为（路由）CLNP（数据包）而设计，支持 IP 路由只是其"兼项"。IS-IS 协议数据包并非封装在 IP 数据包内传递，而是直接由数据链路层协议封装。

下一节会探讨路由协议的另一种分类形式：距离矢量路由协议和链路状态路由协议。

1.3.4 距离矢量路由协议和链路状态路由协议

本节会从另一视角审视路由协议。上一节介绍了路由协议的常规分类：有类路由协议和无类路由协议，顺带点出了 IGP 和 EGP 区别。本节会讨论路由协议根据设计和运作的分类情况。表 1-4 的第二行列出了 4 类路由协议，有两类较为特殊——距离矢量协议和链路状态协议。由此表可知，这两类路由协议多与 IGP 有关。

与 IGRP 相同，EIGRP 基本上算是一种距离矢量路由协议，因其具备很多优点，比如，收敛迅速及支持无类路由选择等，所以自成一类，属于高级距离矢量协议。BGP "贵为"域间路由协议，也自成一类，属于路径矢量路由协议，用 AS-path 属性作为比较路由优劣的重要手段，AS-path 属性是指路由在传播过程中所途经的自制系统的编号列表。

RIPv1/v2 及 IGRP 因使用 Bellman-Ford 算法作为路由计算方法，故属于距离矢量协议。Bellman-Ford 算法在图论中用来计算有向图中两个顶点间的最短距离。有向图是指通过有向链路互联的点的集合（如网络中的节点和链路）。运行距离矢量路由协议的路由器，会用 Bellman-Ford 算法来确定通向网络中所有已知节点的最短路径。

OSPF 和集成 IS-IS 都是链路状态协议，用最短路径优先算法（Dijkstra 算法）来计算路由。与 Bellman-Ford 算法相同，Dijkstra 算法是另外一种用来计算有向图中两点间的最短距离的方法。

EIGRP 未步其前身 IGRP 的后尘，使用的不是 Bellman-Ford 算法，而是用 Cisco 公司的专利算法——扩散更新算法（Diffusing Update Algorithm，DUAL），来优化路由计算。

路由协议用来执行路由计算的算法类型，对路由协议本身的运行效率及收敛速度有极大的影响。以下内容将讨论距离矢量路由协议和链路状态路由协议的基本概念和运作原理。

1. 距离矢量路由协议的概念

本节会介绍"支撑"距离矢量路由协议运行的重要概念，如度量（路由优劣的手段）、计数到无穷大、水平分割、路由保持机制（hold-down）和触发更新等。这些概念与路由协议的基本功能（比如，稳定性、收敛速度和环路避免）密切相关。

度量距离矢量路由协议的标准

运行 Bellman-Ford 算法的每台路由器都会向所有邻居路由器，通告自己所认为的通往已知目的网络的最佳路径。（通往已知目的网络的）路由器间的链路都被赋予一个名为开销或度量的值。度量值的大小由链路的特征（如跳数、带宽、延迟、可靠程度、流量转发成本）来决定。与直连节点间链路相关联的跳数可为任意值（由管理员指定），但一般都是 1。对任一路由器而言，与通往已知目的网络的特定路径相关联的度量值，都是沿途路径中所有链路的度量值之和。一般而言，具有最低度量值的路径都是最优路径。一台路由器可能会有很多邻居，因此可能会收到通往同一目的网络的多条路由（路径）。然后，路由器会计算出每条路径的度量值，再根据预先设立的标准（比如，最低的度量值）选择最优路径。

RIP 路由器用跳数来度量（评判）路由的优劣，对 RIP 路由而言，通往可达目的网络的最多跳数为 15 跳。跳数（度量值）高于或等于 16，则表示目的网络不可达。因此，RIP 网络的最大宽度为 15 台路由器（15 跳）。这样一来，就限制住了 RIP 网络的规模，令 RIP 只适用于较小的平面型网络。此处，跳数特指在特定源网络与特定目的网络间"加塞"的三层设备数，与网络的实际特征（如链路的带宽、延迟和流量转发成本等）无关。

IGRP 亦为距离矢量路由协议，使用能够反映出网络相关特征的一套度量指标值（比如，链路的带宽、最大传输单元、可靠程度和路径延迟等），来度量路由的优劣。在流量出站方向上分配给每条链路的度量值，要通过把各度量指标值带入公式计算得出。这种综合性的度量值也称为复合型度量值。

不管从任何角度来看，Bellman-Ford 算法都得使用由开销（度量）和下一跳信息组成的向量（距离矢量），在网络中确定（流量转发的）最优路径。路由器会通过一个迭代的过程针对收到的任意目的网络信息，计算所有流量转发路径的成本（开销），为（通往每个目的网络的）路由选择成本最低的向量。因此，用 Bellman-Ford 算法执行路由计算的路由协议称为距离矢量路由协议（请见表 1-4）。

路由收敛

网络拓扑发生变化时，路由器可能会先把之前学得的某些最优路由"作废"。此后，路由器会根据新获悉及已掌握的信息，来确定通向所有受影响站点的目的网络的替代最优路径。网络拓扑变化时，路由器重新执行路由计算，发现替代路由，"弄清"网络变化的行为称为路由收敛（routing convergence）。路由器故障、链路失效或调整路由的度量值等事件，都会触发路由收敛。

与链路状态路由协议相比，RIP 和 IGRP 等距离矢量路由协议要相对简单。但是，简单也有代价。因为运行距离矢量路由协议的路由器都根据邻居路由器所通告的最优路径，来确定自己通往相关目的网络的最优路径，因此很容易形成路由环路。路由环路是指，网络中的两个节点在根据路由信息转发目的网络相同的流量时，将对方视为下一跳。路由环路对网络产生的最重要的影响是：加剧了路由器判定路由失效，以及选择替代路径的时间。路由环路还会对路由的收敛时间产生影响。因此，只要网络拓扑发生变化，路由器就应该尽快将无效路由清出路由表。下面将讨论距离矢量路由协议用来防止或限制路由环路的影响，以及加快路由收敛速度的几种方法。具体方法如下所列：

- 计数到无穷大；
- holddown 机制；
- 水平分割和毒性逆转；
- 触发更新。

环路避免

收到邻居路由器通告的路由之后，运行距离矢量路由协议的路由器会判断本机相对于邻居路由器的最佳路径。距离矢量路由协议的运行机制，尤其是通告路由的方式，使得网络非常容易出现路由环路。比如，一台运行距离矢量协议的路由器会通过所有参与此路由协议进程的接口，以广播方式外发路由更新。当路由器以这种方式，向外通告所有已知路由时，很可能会把自己学到的某些路由，通告回生成这些路由的路由来源（路由器）。因此，只要稍有闪失，两台互为邻居的路由节点就有可能会把对方视为通往某特定目的网络的最优路径的下一跳。这样一来，势必会发生路由环路，如图 1-10 所示。

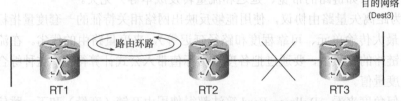

图 1-10　距离矢量路由环境中发生的路由环路

图 1-10 中的 RT1、RT2 和 RT3 呈一字型连接，并同时将跳数作为度量路由优劣的手段（即用跳数作为路由的度量值）。RT3 以广播的方式，将通往目的网络（Dest3）的路由通告给了 RT2，此路由的跳数为 1。RT2 收到通往 Dest3 的路由之后，会把路由的跳数加 1，然后通告给 RT1。当 RT1 收到通往 Dest3 的路由之后，会再将其跳数加 1（现路由跳数为 3），并把 RT2 视为流量转发的下一跳。此后，RT1 还会把通往 Dest3 的路由，以广播的方式通告回 RT2。对 RT2 而言，这条路由的度量值（跳数）为 4，大于其接收自 RT3 的通往同一目的网络 dest3 的路由度量值 2。因此，RT2 会对 RT1 通告的路由"视而不见"。可是，一旦 RT2 和 RT3 之间的链路故障，RT2 就会从路由表中删除度量值为 2 的路由，并安装度量为 4，且通往同一目的网络 Dest3 的路由，此时，路由的下一跳为 RT1。同时，RT1 也会把 RT2 作为路由 Dest3 的下一跳设备。路由环路就此生成，此后，由 RT1 或 RT2 负责转发的目的网络为 Dest3 的所有数据包，将会像乒乓球比赛的用球那样在这两台路由器之间来回传递，直至包头的生存时间（Time To Live, TTL）字段值递减为零。路由环路会破坏流量的转发，应力争将路由环路扼杀于摇篮。为限制路由环路的影响，距离矢量协议采用了一种名为计数到无穷大的方法，下面将介绍该方法。

计数到无穷大

为了防止不定期发生的路由环路，距离矢量路由协议都会设置路由的度量值上限，并会让路由器把度量值达到上限值的路由置为无效状态。在图 1-10 所示的路由环路场景中，RT1 和 RT4 会彼此通告通往 Dest3 的路由，每次收到路由，两者都会将路由的度量值加 1，然后重新向对方通告。这样一来，与目的网络 Dest3 有关的路由的度量值会持续增加。因距离矢量路由协议有计数到无穷大这一特性，故会为路由的度量值设定上限值，只要路由的度量值超限，路由器会认定其不可达，并将其置入失效状态。RIP 路由器的度量值上限为 15。

holddown 机制

当主用路由失效时，holddown 机制用来抑制路由的响应行为，以发现一条替代路由[①]。若

---

① 原文是 "Holddown is used to dampen a route's response action to finding an alternate route when a primary route is no longer usable." 译文按字面意思直译。——译者注

路由器认为某条路由失效，会在一段时间内将此路由置为 holddown 状态，这段时间称为路由器保质期（holddown time）。在 holddown time 内，即便替代路由可用，路由器也不会启用之。在通告处于 holddown 状态的路由时，路由器会将其度量值置为无穷大，并尝试将其清理出网络。清除失效路由有利于降低路由环路对网络的影响。

下面以图 1-10 为例，来解释这一机制。当 RT2 因自己与 RT3 间的链路故障，而认为学自 RT3 的路由失效时，会把通往目的网络 Dest3 的路由置为 holddown 状态。当通往 Dest3 的路由处于 holddown 状态时，RT2 不会启用学自 RT1 的通往同一目的网络的替代路由，而是会以特殊的度量值附着以通往 Dest3 的路由，并通告给 RT1。这就会促使 RT1 让通往 Dest3 的路由从路由表中"退位"。只要"保质期（holddown time）"一过，RT1 和 RT2 就会将通往 Dest3 的路由从路由表内彻底移除，这就避免了潜在的路由环路。

启用 holddown 机制的另一项好处是，可防止路由器对设备相关的瞬时性故障所导致的链路翻动，做出不必要的响应。其缺点是显著延长了距离矢量路由协议的收敛时间。

水平分割和毒性逆转

路由被通告回生成其的来源（生成路由的路由器），是引发路由环路的主要原因。以图 1-10 为例，只要 RT1 把通往 Dest3 的路由又通告回 RT2，就会让后者误以为前者是通往 DEST3 的流量转发路径上的"备用"下一跳转发设备，这就为 RT1 和 RT2 间的路由环路"埋下了伏笔"。

水平分割的作用是防止路由器将接收自某接口的路由，从同一接口重新向外通告。还是以图 1-10 为例，若启用了水平分割，RT1 就不会把目的网络为 Dest3 的路由通过自己与 RT3 之间的互连链路，通告给 RT3 了。

毒性逆转与水平分割的原理基本相通，只是启用了前者的路由器会从路由的接收接口，重新将其向外通告，但会以不可达路由的形式通告（即通告路由时，为路由赋予无穷大的度量值）。这样一来，邻居路由器会反向抑制路由。还是拿图 1-10 说事，只要启用了毒性逆转，RT1 就会把目的网络为 Dest3 的路由通告给 RT2，但将其度量值设为无穷大（对于 RIP 路由，会将其度量值设为 16 跳）。

毒性逆转的运作机制会造成不必要的带宽浪费，当向路由来源通告过量中毒路由时，则尤为如此。但启用了毒性逆转之后，就可以消除失效路由的"保质期（holddown time）"，加速路由的收敛。在此情形，主用路由一旦失效，通告回路由来源的路由会附着"显眼"的无穷大的度量值，因此，会简化路由器搜索替代路径的过程。

定时更新和触发更新

运行距离矢量路由协议（比如，RIP 和 IGRP）的路由器会按固定的间隔时间通告其整张路由表。在大型网络中，路由器之间定期以广播方式通告超大的路由表，会严重影响网络的性能。比方说，在路由无任何变化的情况下，RIP 路由器也会每隔 30 秒（默认设置），从自己的每个有效接口通告所有路由。IGRP 路由的默认定期更新时间间隔期为 90 秒。

此外，倘若路由更新只是定期通告，那么网络的变化情况就不能得到及时的反映，最终将影响网络的收敛时间。此外，由于路由的"保质期（holddown time）"一般都会与路由更新的间隔期紧密挂钩，因此间隔期越长，路由更新流量所消耗的带宽就越少，但网络的收敛时间会越长。

触发（或闪电）更新的机制是：在网络发生变化之后，（路由器会）立刻发出路由更新，而不是坐等定时更新计时器到期，并以此来缩短网络的收敛延迟。闪电更新会在路由器之间以"接力"的方式运作，直至传遍整个网络，因此可在全网范围内降低路由协议的收敛时长，只是有时降低的幅度不是太大。

定时更新和触发更新交互时，可能会导致非预期的行为。

2．链路状态协议

链路状态路由协议相对来说要更为先进，由于在设计时就添加了不少新功能，因此能够克服先前提到的距离矢量路由协议的许多缺点。就功能而言，链路状态路由协议要更加强大，但要想充分发挥其效力，却需要消耗（路由器）更多的内存及 CPU 资源。链路状态路由协议凭借着快速收敛、增量更新以及分层式架构等本质方面的诸多优点，对大型网络尤为适用。OSPF 和 IS-IS 是 IP 网络中最常用的两种链路状态路由协议。

不同于共享已知最优路由信息的距离矢量路由协议，链路状态路由协议会令路由器之间相互交换拓扑（链路状态）信息，路由器会根据拓扑信息"描绘"出网络拓扑的布局图。在运行链路状态路由器协议的网络中，路由器会迅速响应网络拓扑的变化，不受环路避免、路由的"保质期（holddown time）"或计数到无穷大等机制的限制。比方说，收敛时间以分钟为单位是 RIP 和 IGRP 这两种协议的典型特征，而 OSPF 和 IS-IS 路由器协议的收敛时间则以秒为单位。

出于高可扩展性的目的，链路状态路由协议支持将网络划分为区域(area)的方式，来构建路由层级（见图 1-11）。区域内路由选择属于第一层路由层级。各区域之间通过一个骨干区域互连，骨干区域内的路由选择够成了第二级路由层级。

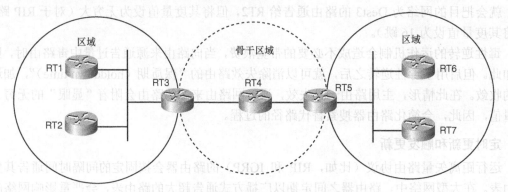

图 1-11　链路状态路由协议中的区域和路由层级

同一区域或骨干区域内的路由器会共享构成链路状态数据库的链路状态信息。每台路由器会针对各自的数据库，运行最短路径优先算法，以了解区域或骨干区域的拓扑结构。在上述过程中，路由器还会生成"进驻"IP 路由表及转发表的最优路由。第 6 章和第 8 章将会介绍链路状态路由协议的运作方式，还会分别细述每一种路由协议。

链路状态路由协议度量路由优劣的手段

OSPF 和 IS-IS 都使用根据链路带宽"推算"出的度量值（metric），来度量路由的优劣。与 IS-IS 相比，OSPF 度量路由优劣的手段要更胜一筹，支持接口带宽和链路开销之间的自动转换。默认情况下，所有路由器接口的 IS-IS 路由的度量值都是 10。无论是 OSPF 还是 IS-IS，都支持手动配置与链路相关联的（通往特定目的网络的）路由的度量值。（通往特定目的网络的）路由的度量值是指：路由器转发相关数据包（数据包的目的地址对应于路由的目的网络）所要付出的成本（开销），其值为设在（数据包转发路径）沿途所有路由器的发包（outgoing）接口上的度量值之和。

更多与 OSPF 及 IS-IS 路由度量值有关的内容将在第 6 章和第 8 章细述。

1.4 路由协议的管理距离

本章之前各节从设计、架构和运作等角度简要介绍了 IP 路由协议。本节会简单论述一些与实现相关，影响路由协议在 Cisco 路由器上运作的问题。每种路由协议的运作及配置细节请见描述具体路由协议的相关章节。

Cisco IOS 软件提供了一套统一的命令来配置和激活 IP 路由协议的相关功能。诸如 **distance**、**distribute-list**、**redistribute**、**route-map**、**policy-map**、**access-list**、**prefix-list**、**offset-list** 之类的命令，由于可用来激活 CiscoIOS 的各种特性（其中包括路由协议特性），因此也称为协议无关命令（prolocol-independent command）。应用于路由协议时，协议无关命令可帮助路由器完成路由过滤、路由重分发、默认路由的设置以及应用各种路由策略的功能。上述命令的使用指南详见 www.cisco.com。本节将介绍 **distance** 命令，及其所完成的配置功能——配置路由协议的管理距离（administrative distance）值。

在 Cisco 路由器上，之前介绍过的各种 IP 路由协议既可以单独运行，也可以同时启用，"并肩"运行。通常，对于 IP 网络，只需启用一种 IGP（OSPF 或 IS-IS）与 BGP "并肩"运行。当然，也可以根据网络的现状和渊源，启用多种 IGP 协议，来满足路由数据包的需求。

"管理距离"作为路由协议的一项特性，为 Cisco 路由器独有，可用其来区分学自不同路由来源的通往相同目的网络的路由。该特性为路由器提供了一种简单机制，以评估学自不同路由信息来源的路由的可信度。Cisco IOS 为每一种路由来源分配了一个表示优先程度的数值，好让路由器根据数值的高低，来选择学自多个路由来源的通往同一目的网络的路由。路由来源的管理距离值越低，越容易受到路由器的"青睐"。路由器若从多种路由协议（路由来源）学到了通往同一目的网络的路由，则会把管理距离值最低的路由来源通告的路由，安装进路由表。表 1-5 所列为各种 IP 路由来源的默认管理距离值。可以用 **distance** 命令，来修改路由协议的默认管理距离值。

表 1-5　　　　　　　　　　IP 路由协议的管理距离值

路 由 来 源	管理距离值
连接路由	0
下一跳为路由器接口的静态路由	1
静态路由	1
EIGRP 汇总路由	5
外部 BGP	20
内部 EIGRP	90
IGRP	100
OSPF	110
IS-IS	115
RIP-1/RIP-2	120
EGP	140
外部 EIGRP	170
内部 BGP	200
未知	255

1.5　路由器内部的快速转发

　　本书讨论的虽然是路由协议及其排障方法，但是本节仍将简要介绍当今网络对于流量快速转发所提出的需求，以及针对该需求所研发出的路由器在处理流量方面的几种独特方法，这些方法在很大程度上提升了基本的流量转发决策（根据 IP 路由表所做出的流量转发决策）的效率。路由器在路由数据包（转发流量）时，路由表将起到举足轻重的作用，但路由器并不直接使用路由表所包含的信息，而是会对路由表中的信息加以转换，以数据结构的形式进行存储，并以此来优化数据包的转发效率。Cisco 路由器支持多种高速流量转发机制，如快速交换、最优交换和 Cisco 特快转发（Cisco Fxpress Forwarding，CEF）等。

　　一般而言，排除路由器协议故障时，都需要与路由器的快速转发表（比如，CEF 转发信息库[Forwarding Information Base，FIB]）和邻接数据库打交道。本书不会对路由器所采用的快速转发机制展开深入讨论。与此有关的信息详见 Cisco 官网 www.cisco.com。

1.6　小　　结

　　本章简要回顾了底层 IP 路由选择的概念，解释了路由选择在无连接网络环境中对信息传输的重要影响。通过本章的学习，读者应该知道像 IP 那样提供信息的无连接交付的协议，都会以数据报的方式成块传送数据。IP 数据报也称为数据包。数据包由数据净荷和包头组成。IP 数据包包头包含有信息交付的目标地址，借此，在通往目的网络的沿途路径上，路由器可以根据已知的最优路径，独立自主地路由数据包。IP 属于网络层协议；负责处理和转发数据包的路由器会运行的路由协议，而路由协议的功能就是自动收集网络互联所需的信息。

IP 有类和无类编址的理念又引出了事关 VLSM 和 CIDR 的论述。本章还介绍了与 VLSM 和 CIDR 有关的高效地址分配方法，以及两者的用途。

随后，本章又讨论了动态路由协议的各种分类方法。动态路由协议有单播和多播、无类和有类、内部和外部，以及距离矢量和链路状态之分。本章对距离矢量及链路状态路由协议的重要特征进行了讨论和比较。

本章第 4 节简要介绍 Cisco IOS 支持的协议无关命令，以及与路由协议密不可分的管理距离的概念。管理距离是一种 Cisco 路由器用来区分路由来源的机制，该机制可让 IOS 与各种路由协议建立最基本的"信任"关系，但"信任"程度随路由协议的种类而异。

本章最后一节介绍了路由协议如何为路由器收集其转发流量所"仰仗"的信息，同时还指出了 Cisco 路由器为实现快速流量转发，会将其路由表中的信息转换为经过优化的数据结构。

1.7 习　　题

1. 什么是无连接数据网络？
2. 在无连接网络环境中，为什么离不开路由选择？例举路由器为将数据包路由至其目的网络，而获取路由信息的两种方法。
3. 内部网关协议（IGP）和外部网关协议（EGP）在功能方面有哪些差异？
4. 根据运作方式及路由算法，例举两类主要的 IP 路由协议。每一类具体包含有哪几种路由协议，试举两例？
5. 简述链路状态路由协议的运作方式。
6. 无类路由协议和有类路由协议的最主要区别是什么？上述两类路由协议具体包含有哪几种路由协议，试各举一例。
7. 对 Cisco 路由器而言，路由协议的管理距离有何作用？
8. IS-IS 和 OSPF 的管理距离值分别为多少？
9. 若路由器同时运行 OSPF 和 IS-IS 协议，且通过以上两种协议学到了通往相同目的网络的路由，那么哪种路由协议提供的路由信息会"进驻" IP 路由表？

1.8 参　考　文　献

Bates, T., R. Chandra, Y. Rekhter, and D. Katz. "Multi-Protocol Extensions for BGP4." RFC

2858, 2000.

Bennett, Geoff. *Designing TCP/IP Internetworks*. New York, NY: John Wiley & Sons;1997.

Callon, R. "Use of OSI IS-IS for Routing in TCP/IP and Dual Environments." RFC1195. IETF 1990.

Fuller, V., T. Li, J. Yu, and K. Varadhan. "Classless Interdomain Routing (CIDR): AnAddress Assignment and Aggregation Strategy." RFC 1519. IETF 1992.

Hall, Eric A. *Internet Core Protocols: The Definitive Guide*. Sebastopol, CA: O'Reillyand Associates, 2000.

Hedrick, C. "Routing Information Protocol." STD 34, RFC 1058, 1988.

http://www.6bone.net/http://www.cisco.com/warp/customer/701/3.html. "Understanding IP Addresses."http://www.cisco.com/warp/public/103/index.shtml Huitema, Christian. *Routing in the Internet, 2nd Edition*. Upper Saddle River, NJ:Prentice Hall, 2000.

ISO 10589. "Intermediate System-to-Intermediate System Intradomain Routing Information Exchange Protocol for Use in Conjunction with the Protocol for Providing the Connectionless-mode Network Service." (ISO 8473.)

Li, Rekhter. "Border Gateway Protocol Version 4 (BGP 4)." RFC 1771, 1995.

Maufer, Thomas. *Deploying IP Multicast in the Internet*. Upper Saddle River, NJ: Prentice Hall, 1997.

Miller, Philip. *TCP/IP Explained*. Woburn, MA: Digital Press, 1997.

Naugle, Mathew. *Network Protocol Handbook*. New York, NY: McGraw Hill, 1994.

Perlman, Radia. *Interconnections 2nd Edition*. Reading, MA: Addison Wesley, 1999.

Reynolds, J. and Postel, J. "Assigned Numbers." RFC 1700. IETF 1994.

Rekhter, Y., B. Moskowitz, D. Karrenberg, G. J. de Groot, and E. Lear. "Address Allocation for Private Internets." RFC 1918. IETF 1996.

本章涵盖下列有关 RIP 的重要主题：
- 度量；
- 计时器；
- 水平分割；
- 含毒性逆转的水平分割；
- RIP-1 数据包格式；
- RIP 的运作方式；
- RIP 为什么不支持非连续网络；
- RIP 为什么不支持可变长子网掩码；
- RIP 与默认路由；
- RIP 协议的扩展功能；
- 兼容性问题。

第 2 章
理解 RIP 路由协议

RIP（Routing Information Protocol，路由信息协议）是一种距离矢量路由协议，用跳数来度量（路由的优劣）。该路由协议非常简单，尤其适用于小型网络。就功能性而言，RIP 类似于随 UNIX FreeBSD 版所发布的程序 gated。在定义 RIP 版本 1（RIP-1）的 RFC 付梓之前，流传有若干种 RIP 版本。

注意：所谓跳数，是指数据包从源(网络)发送至目的（网络）所途经的路由器台数。试举一例，跳数为 2，意谓数据包的目的网络与源网络之间有两台路由器"加塞"[①]。

RIP 属于有类路由协议，这就是说，RIP 路由更新消息不含子网掩码信息。因此，RIP 不支持可变长子网掩码和非连续网络。启用了 RIP 功能的设备（简称 RIP 路由器）之间可交换各自的直连网络信息，以及从别的 RIP 路由器学到的任何其他网络信息。

RIP 路由器每隔 30 秒外发一次路由信息，30 秒为 RIP 更新计时器的默认值。此计时器值可人工配置。保持计时器（hold-down timer）值决定了路由器在刷新路由表信息之前，所要等待的时间。

RFC 1058 作为 RIP 的标准文档之一，规定使用 Bellman-Ford 算法来计算 RIP 路由的度量值。

[①] 原文是 "Hop count refers to the number of routers being traversed. For example, a hop count of 2 means that the destination is two routers away." ——译者注

2.1 度 量

路由器会根据跳数来衡（度）量 RIP 路由的优劣，跳数（度量值）的取值范围为 1～15。度量值为 16，表示路由的"成本"无穷大，亦即与此路由相对应的目的网络不可达。问题是为什么要用度量值 16 来表示路由的"成本"无穷大呢？怎么不是 17 或 18 呢？RIP-1 数据包中的度量值字段的长度可是 32 位啊。就理论而言，RIP 路由的度量值最多可达 $2^{32}-1$ 跳。虽然度量值字段的取值范围可以很大，但将（有效）RIP 路由的度量值上限定为 15，是为了避免计数到无穷大（即路由环路）问题。在拥有数百台路由器的大型网络中，若将 RIP 路由的度量值上限（无穷大值）定得过高，一旦发生路由环路，就会使得路由的收敛时间过长[①]。将 RIP 路由的度量值上限（无穷大值）定义为 16，是为了缩短路由收敛时间。此外，把（有效）RIP 路由的度量值（跳数）限制为 15，还有另外一个原因，那就是 RIP 路由协议专为小型网络而设计，不适用于数据包转发路径中路由器台数过 15 的大型网络。

2.2 计 时 器

与任一距离矢量路由协议一样，运行 RIP 的路由器也会定时（每隔 30 秒）发送路由更新（消息）。定时更新是指 RIP 路由器定期以广播的方式通告其整张路由表。这 30 秒的时间周期由路由更新计时器掌控。以下所列为 RIP 使用的计时器。

- **路由更新（update）计时器**——RIP 路由更新消息的发送间隔时间。该计时器值可人工配置，默认值为 30 秒。
- **路由失效（invalid）计时器**——非受信路由（suspect route）变为失效路由所经历的时间。该计时器值默认为 180 秒。
- **保持（hold-down）计时器**——该计时器值默认为 180 秒，路由器会用其来降低在路由表中安装非健康路由（defective route）的可能性。
- **路由清空（flush）计时器**——路由器将路由从路由表中删除所等待的时间。该计时器值默认为 240 秒。

---

① 原文是 "In a large network with a few hundred routers, a routing loop results in a long time for convergence if the metric for infinity has a large value." 译文为直译。——译者注

2.3 水平分割

水平分割是一种用来预防路由环路的技术。水平分割一经启用，路由器就不会把从某接口学得的路由，通过同一接口向外通告。试举一例，如图 2-1 所示，路由器 1 从与其邻接的路由器 2 收到度量值为 1、目的网络为 X 的路由器更新。只要启用了水平分割，路由器 1 就不会将目的网络为 X 的路由信息（再通过同一接口）通告给路由器 2。若未启用水平分割，路由器 1 则会向路由器 2 通告度量值为 2、目的网络为 X 的路由。在此情形，一旦网络 X 失效，路由器 2 势必认为通过路由器 1，仍能访问到网络 X，因此会将目的网络为 X 的流量发送给路由器 1，路由黑洞就此产生。

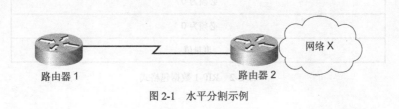

图 2-1 水平分割示例

2.4 含毒性逆转的水平分割

另一项用来预防路由环路的技术名为含毒性逆转的水平分割。启用该特性时，路由器会把从某接口学到的路由，从同一接口向外通告，但会将此类路由标为"中毒"，即把路由的度量值设为 16（表明与此路由相对应的目的网络不可达）。回到图 2-1，路由器 1 从其路由协议邻居路由器 2，收到与网络 X 相对应的路由更新消息，其度量值为 1。若路由器 1 启用了含毒性逆转的水平分割特性，就会"回头"把与网络 X 相对应的路由向路由器 2 通告，但会将其度量值设置为 16，表明路由不可达。

含毒性逆转的水平分割特性只应在链接故障时使用。该特性也能在一般情况下使用，但不推荐使用，因其会让路由表的规模变大。

2.5 RIP-1 数据包格式

RIP 数据报最长为 512 字节。第一个字节为命令字段，所谓的"命令"，既可以是 **rip update request**（请求 rip 路由的更新），也可以是 **rip update response**（响应 rip 路由的更新）。第二个字节是版本字段，值为 1 时，表示（路由更新消息）是 RIP-1 消息。其后的两个字节必须为 0。第五和第六个字节为地址家族标识符字段，接下来的 14 个字节用作网络地址字段，如图 2-2 所示。如网络层协议为 IP[①]，这 14 字节中只会用上其中的 4 字节，以表示 IP 地址，其余 10 字节保留。在 RIP-2 数据包中，这 10 个字节则有其他用途。随后的 4 字节为 RIP 度量值字段，最大值为 16。在一个 RIP 数据报中，从"地址家族标识符"字段到"度量值"字段可以重复出现 25 次，也就是说，RIP 数据报的最大长度为 512 字节[②]。

图 2-2　RIP-1 数据包格式

2.6　RIP 的运作方式

运行 RIP 的路由器在收发 RIP 路由更新消息时，会遵守一定的规则。本节将细述这些规则。

2.6.1　发送 RIP 路由更新时所要遵守的规则

发送 RIP 路由更新时，路由器会执行若干项检查。如图 2-3 所示，图中两台路由器都运行 RIP。路由器 1 连接了两个主类网络 131.108.0.0/16 和 137.99.0.0/16。主类网络 131.108.0.0 则被进一步划分为了两个子网：131.108.5.0/24 和 131.108.2.0/24，路由器 2 实际上只与后者直连。

[①] RIP 路由协议与 EIGRP 和 IS-IS 协议一样，可用来路由非 IP 数据包。——译者注

[②] 作者似乎不会算算术。如图 2-2 所示，从"地址家族标识符"字段到"度量值"字段为 20 字节，20×25=500，再加上最开始的 4 字节，应该为 504 字节。作者所说的 512 字节应该是指 RIP UDP 数据报的长度，即 504 字节加上 8 字节的 UDP 报头。此外，作者的表述极不严谨。本段第一句的原文是"The maximum datagram size in RIP is 512 octets."，最后一句的原文是"The next 4 bytes are used for the RIP metric, which can be up to 16..The portion from the address family identifier up to the Metric field can be repeated 25 times, to yield the maximum RIP packet size of 512 bytes."前面说"RIP 数据报最长为 512 字节"，后面却说"RIP 路由协议数据包最长为 512 字节"，如果是 RIP 路由协议数据包的话，其长度应该为 512 字节+20 字节的 IP 包头=532 字节。——译者注

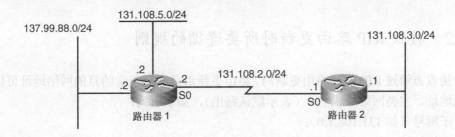

图 2-3 RIP 运作方式示例

图 2-4 所列为路由器 1 向路由器 2 发送 RIP 更新之前所要进行的检查。

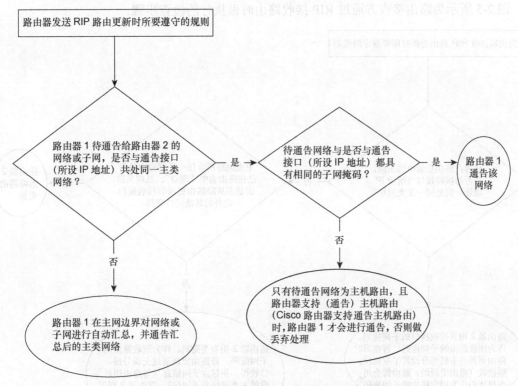

图 2-4 用流程图来解释路由器发送 RIP 路由更新时所要遵守的规则

运行 RIP 的路由器（以下简称 RIP 路由器）在发送路由更新时，会检查待通告的目的网络或目的子网与发送 RIP 数据包的接口（的 IP 地址）是否隶属同一主类网络。若否，RIP 路由器在通告时会做自动聚合处理。这就是说，RIP 路由器在其发送的路由更新消息中只会包含主类网络信息。试举一例，如图 2-3 所示，路由器 1 向路由器 2 发送 RIP 更新消息时，会自动将子网 137.99.88.0 聚合为 137.99.0.0。若待通告的目的网络或目的子网与发送 RIP 数据包的接口（的 IP 地址）隶属同一主类网络，RIP 路由器则要判断两者的子网掩码是否相同。若是，RIP 路由器通告该网络；若否，做丢弃处理。

2.6.2 接收 RIP 路由更新时所要遵循的规则

路由接收方通过 RIP 收到路由更新时，路由更新消息中所包含的目的网络地址可以是子网号、主机地址、主类网络号或全 0（表示默认路由），如下所列：

- 子网号（如 131.108.1.0）；
- 主机地址（如 131.108.1.1）；
- 网络号（如 131.108.0.0）；
- 默认路由（如 0.0.0.0）。

图 2-5 所示为路由接收方通过 RIP 接收路由时做执行的检查步骤。

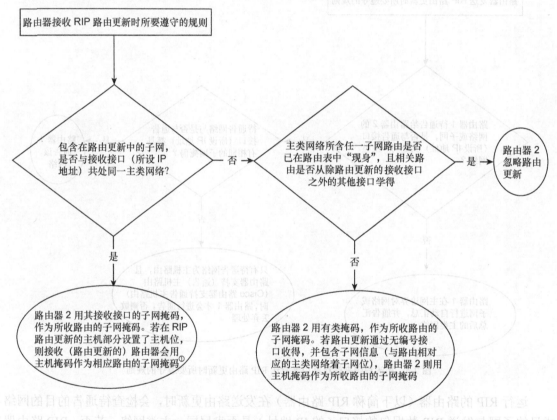

图 2-5 用流程图来解释路由器接收 RIP 路由更新时所要遵守的规则

接收路由更新消息时，RIP 路由器需确定路由更新中所包含的子网地址，与接收接口（所设 IP 地址）是否隶属于同一主类网络。

---

① 原文是 "Router 2 applies the mask of the receiving interface. If the host bit is set in the host portion of the RIP update, the receiving router applies the host mask." 译文直译。——译者注

若是,路由器 2 会用接收接口所设掩码作为相应 RIP 路由的掩码。若 RIP 路由更新消息的主机部分设置了主机位,则接收(路由更新的)路由器会用主机掩码(作为)相应路由的子网掩码。

若否,RIP 路由器会检查该主类网络所包含的任一子网路由是否在本机路由表中"现身",并会判断那些子网路由是否从其他接口而非接收 RIP 路由更新的接口收得。请注意,在这种情况下,RIP 路由更新中所包含的目的网络一定会是主类网络。若隶属于该主类网络的任一子网路由在路由表中"现身",路由器 2 会对其"视而不见"。若未在路由表中"现身",路由器 2 将使用有类掩码作为相应路由的子网掩码。

若 RIP 路由更新从无编号接口(链路)收得,则子网信息必须包含于其内(必须将网络地址的子网部分置位)。此时,路由器 2 将使用主机掩码作为相应路由的子网掩码。若路由更新携带了子网广播地址(比如,131.108.5.127/25),或 D、E 类地址,RIP 路由器则必须对其"视而不见"。

2.6.3 RIP 路由更新发送示例

本节将举例说明 RIP 路由更新的发送原理。图 2-6 所示为两台运行 RIP 协议的路由器。路由器 1 和 2 间的 WAN 互连网段为 131.108.0.0。路由器 1 的以太网接口 IP 地址也隶属于 131.108.0.0。路由器 1 还连接了另一个主类网络 137.99.0.0。

如图 2-6 所示,路由器 1 向路由器 2 通告 RIP 路由更新时,会进行下列检查。

1. 网络 131.108.5.0/24 与生成 RIP 路由更新的(路由器接口所处)网络 131.108.2.0/24,是否隶属于同一主类网络?

2. 是。131.108.5.0/24 与生成 RIP 路由更新的(路由器接口所处)网络 131.108.2.0/24,是否具有相同的子网掩码?

3. 是。路由器 1 通告网络 131.108.5.0/24。

4. 网络 137.99.88.0/24 与生成 RIP 路由更新的(路由器接口所处)网络 131.108.2.0/24,是否隶属于同一主类网络?

5. 否。路由器 1 在主网边界对 137.99.88.0/24 执行路由汇总,同时通告路由 137.99.0.0。

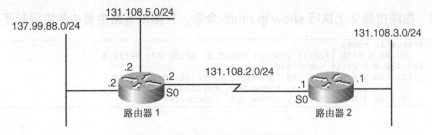

图 2-6 RIP 路由更新的收发原理

上述过程执行完毕之后,路由器 1 会在其 RIP 路由更新中"纳入"目的网络号 131.108.5.0 和 137.99.0.0,然后向路由器 2 通告。在路由器 1 上执行 **debug ip rip** 命令,观查其输出,可对此一览无余,如例 2-1 所示。

例 2-1 用 debug ip rip 命令来揭示 RIP 路由更新的发送原理

```
Router1#debug ip rip
RIP: sending v1 update to 255.255.255.255 via Serial0 (131.108.2.2)
      subnet 131.108.5.0, metric 1
      network 137.99.0.0, metric 1
```

2.6.4 RIP 路由更新接收示例

例 2-2 所示 **debug ip rip** 命令的输出显示了路由器 2 从路由器 1 接收 RIP 路由更新时的情况。

例 2-2 用 debug ip rip 命令，来显示 RIP 路由更新的接收原理

```
Router2#debug ip rip
RIP: received v1 update from 131.108.2.2 on Serial0
      131.108.5.0 in 1 hops
      137.99.0.0 in 1 hops
```

图 2-6 中所示的路由器 2 会进行下列检查，来确定为其接收的路由"配备"什么样的子网掩码：

1. 所收主网路由 137.99.0.0 与接收 RIP 路由更新的（路由器接口所处）网络 131.108.2.0，是否相同？

2. 否。查询路由表，检查是否通过其他接口学得该主类网络所含任一子网路由？

3. 否。因路由 137.99.0.0 属于 B 类网络，故路由器 2 用原生态掩码（/16）作为其子网掩码。

4. 所收子网路由 131.108.5.0 与接收 RIP 路由更新的（路由器接口所处）网络 131.108.2.0，是否隶属于同一主类网络？

5. 是。路由器 2 用接收 RIP 路由更新的接口所设掩码/24，作为路由 131.108.5.0 的子网掩码。

上述过程执行完毕之后，路由器 2 的路由表中会同时"进驻"主网和子网路由，可执行 **show ip route** 命令来加以验证（如例 2-3 所示）。

例 2-3 在路由器 2 上执行 show ip route 命令，来揭示其路由表中的主网和子网路由

```
Router2#show ip route
R       137.99.0.0/16 [120/1] via 131.108.2.2, 00:00:07, Serial0
        131.108.0.0/24 is subnetted, 3 subnets
R       131.108.5.0 [120/1] via 131.108.2.2, 00:00:08, Serial0
C       131.108.2.0 is directly connected, Serial0
C       131.108.3.0 is directly connected, Ethernet0
```

2.7 RIP 为什么不支持非连续网络

若主类网络 A 包含了多个子网，但这些子网却被主类网络 B 隔开，则前者就称为非连续

网络。如图 2-7 所示，主类网络 131.108.0.0 被另一主类网络 137.99.0.0 的一个子网"分割"；此处，网络 131.108.0.0 就是一个非连续网络。

RIP 属于有类路由协议。当 RIP 路由器在不同的主网边界之间通告路由信息时，会对待通告的路由执行路由汇总。在图 2-7 中，当路由器 1"跨"网络 137.99.88.0，向路由器 2 通告包含子网 131.108.5.0 的路由更新时，会把子网地址 131.108.5.0/24 转换为主网地址 131.108.0.0/16。这一转换过程称为路由的自动汇总。

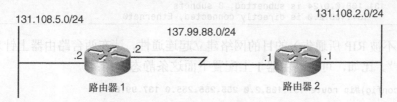

图 2-7 非连续网络示例

以下所列为路由器 1 向路由器 2 发送 RIP 路由更新之前，所采取的动作。

1. 会检查网络 131.108.5.0/24 与生成 RIP 路由更新的（接口所处）网络 137.99.88.0/24，是否隶属于同一主类网络？

2. 否。路由器 1 会对 131.108.5.0/24 执行路由汇总，并通告路由 131.108.0.0/16。

在路由器 1 上执行 **debug ip rip** 命令，可清楚地显示其发送（通告）RIP 路由更新的情况，如例 2-4 所示。

例 2-4 通过观察 debug ip rip 命令的输出，了解图 2-7 中路由器 1 发送 RIP 路由更新的情况

```
Router1#debug ip rip
RIP: sending v1 update to 255.255.255.255 via Serial0 (137.99.88.2)
     network 131.108.0.0, metric 1
```

以下所列为路由器 2 在接收路由器 1 所通告的 RIP 路由更新之前，所采取的动作。

1. 会检查路由更新中所包含的主类网络（131.108.0.0），是否就是接收 RIP 路由更新的（路由器接口所处）网络 137.99.88.0/24 的主类网络？

2. 否。检查路由器表中是否已出现了此主类网络（131.108.0.0）所含任一子网路由，并验证相关路由是否学自其他接口（除接收该 RIP 路由更新的接口）？

3. 是。路由器 2 对该 RIP 路由更新"视而不见"。

在路由器 2 上执行 **debug ip rip** 命令，可清楚地显示其接收 RIP 路由更新的情况，如例 2-5 所示。

例 2-5 通过观察 debug ip rip 命令的输出，了解图 2-7 中路由器 2 接收 RIP 路由更新的情况

```
Router2#debug ip rip
RIP: received v1 update from 137.99.88.1 on Serial0
     131.108.0.0 in 1 hops
```

例 2-6 所示为执行 **show ip route** 命令所获得的路由器 2 路由表的输出。由输出可知，RIP

更新（131.108.0.0）已被忽略。在路由器 2 的路由表中，唯一一条隶属于 131.108.0.0 的（子网或主网）路由是与 Ethernet0 接口相对应的直接路由。

例 2-6 在图 2-7 中的路由器 2 上执行 show ip route 命令，观察其输出，可知路由表中并未安装路由器 1 所通告的路由

```
137.99.0.0/24 is subnetted, 1 subnets
C      137.99.88.0 is directly connected, Serial0
     131.108.0.0/24 is subnetted, 3 subnets
C      131.108.2.0 is directly connected, Ethernet0
```

要想与（不被 RIP 所通告）的目的网络建立起连通性，请在两台路由器上针对特定的子网配置静态路由①。比如，可在路由器 1 上配置下面这条静态路由：

```
Router1(config)#ip route 131.108.2.0 255.255.255.0 137.99.88.1
```

在路由器 2 上配置的静态路由如下所列：

```
Router2(config)#ip route 131.108.5.0 255.255.255.0 137.99.88.2
```

2.8　RIP 为什么不支持可变长子网掩码

所谓路由协议支持可变长子网掩码（Variable-length Subnet Masking，VLSM），是指其能够传递并识别网络号相同但子网掩码不同的路由信息②。RIP 和 IGRP 都属于有类路由协议，此类协议的路由更新不包含任何子网掩码信息。运行 RIP 和 IGRP 的路由器发送路由更新之前，会用生成路由更新的接口所设子网掩码，与待通告网络的子网掩码进行比对。若两者不匹配，则丢弃该路由更新。

下例将对此进行说明。如图 2-8 所示，路由器 1 连接了三个子网，这三个子网使用了两种子网掩码（/24 和 /30）。

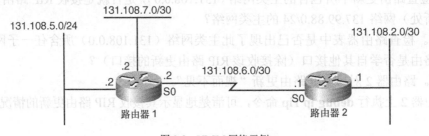

图 2-8　VLSM 网络示例

---

① 原文是："To avoid having updates ignored, configure a static route on both routers that points toward the specific subnets."原文 "2" 到了极点。——译者注

② 原文是："The capability to specify a different subnet mask for the same network number is called variable-length subnet masking (VLSM)."一看作者的文字，就知其是"粗人"，译文酌改。——译者注

路由器 1 向路由器 2 发送路由更新之前，所要执行的操作步骤如下所列。

1. 路由器 1 检查网络 131.108.5.0/24 与 131.108.6.0/30 是否隶属同一主类网络，后者是路由器 1 通告路由更新的接口所处网络。

2. 由于两者隶属同一主类网络，因此路由器1还得确认网络 131.108.5.0/24 与 131.108.6.0/30 的子网掩码是否相同。

3. 由于两者子网掩码不同，因此路由器 1 不会通告目的网络 131.108.5.0/24。

4. 路由器 1 检查网络 131.108.7.0/30 与 131.108.6.0/30 是否隶属于属于同一主类网络，再说一遍，后者是路由器 1 通告路由更新的接口所处网络。

5. 由于两者隶属于同一主类网络，因此路由器 1 会进一步确认网络 131.108.7.0/30 与 131.108.6.0/30 的子网掩码是否相同。

6. 由于两者子网掩码相同，因此路由器1将通告目的网络 131.108.7.0/30。

在执行过上述检查步骤之后，路由器 1 只会把网络 131.108.7.0 置入 RIP 路由更新消息，通告给路由器 2。执行 **debug ip rip** 命令，可清楚地显示出路由器 1 通告的路由更新消息，如例 2-7 所示。

例 2-7 在图 2-8 中的路由器 1 上执行 debug ip rip 命令，可观察到其通告给路由器 2 的 RIP 路由更新信息

```
RIP: sending v1 update to 255.255.255.255 via Serial0 (131.108.6.2)
        subnet 131.108.7.0, metric 1
```

注意，由例 2-7 的 debug 输出可知，路由更新中所含子网只有 131.108.7.0。子网 131.108.5.0 的子网掩码不同于通告路由更新的路由器接口（所设子网掩码），因此并未包括在此路由更新之内。路由器 2 会据此生成相应的路由表项，可执行 **show ip route** 命令，来显示路由器 2 的路由表，如例 2-8 所示。

例 2-8 在路由器 2 上执行 show ip route 命令，观察其输出，可知路由表中未包含子网 131.108.5.0/25

```
Router2#show ip route
        131.108.0.0/30 is subnetted, 3 subnets
R       131.108.7.0 [120/1] via 131.108.2.2, 00:00:08, Serial0
C       131.108.6.0 is directly connected, Serial0
C       131.108.2.0 is directly connected, Ethernet0
```

要想与（不被 RIP 所通告）的目的网络建立起连通性，请在两台路由器上针对特定的子网配置静态路由；或为 RIP 网络中的各个子网分配相同的子网掩码，让 RIP 通告相关网络。

2.9 默认路由和 RIP

Cisco IOS 的 RIP 实现支持默认路由（0.0.0.0/0）的传播。运行 RIP 的 Cisco 路由器只要在

路由表中发现了默认路由，就会自动在 RIP 路由更新中进行通告。

请别忘了，一定要为默认路由分配一个有效的 RIP 度量值，这一点非常重要。试举一例，若在 RIP 路由器上同时开启了 OSPF，并通过 OSPF 学得默认路由，其度量值为 20，则此默认路由在 RIP 路由进程域中传播时，其度量值将会是无穷大（16）。因此，对于此类情况，必须在 **router rip** 配置模式下，执行 **default-metric** 命令，以确保为默认路由分配有效的度量值。

路由器在转发数据包时，遵循有类还是无类 IP 路由选择规则可谓是至关重要，特别是在仰仗默认路由转发数据包时。遵循有类 IP 路由选择规则时，若路由器所收数据包的目的地址不匹配明细路由，但与明细路由隶属于同一主类网络，即便路由表中包含了默认路由，路由器仍会做丢包处理①。图 2-9 演示了路由器遵循有类 IP 路由选择规则转发数据包的行为。

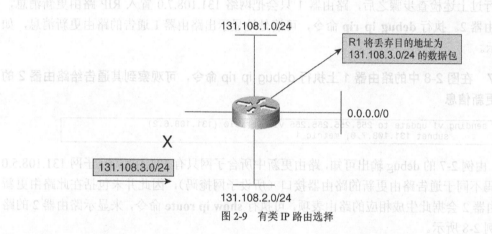

图 2-9 有类 IP 路由选择

如图 2-9 所示，主机 X 发出目的地址为 131.108.3.0/24 的流量。此类流量将遭到丢弃，因 R1 不包含通往网络 131.108.3.0/24 的路由。R1 所遵循的有类路由选择规则这一"天性"（131.108.3.0/24 与 R1 所持明细路由 131.108.1.0/24、131.108.2.0/24 隶属于同一主类网络），也决定其不会"动用"默认路由转发相关流量②。

若在 R1 上开启了 IP 无类路由选择功能，则其一定会动用默认路由，转发目的地址为 131.108.3.0/24 的流量③。

---

① 原文是 "With classful IP routing, if the router receives a packet destined for a subnet that it does not recognize and the network default route is missing in the routing table, the router discards the packet." 作者的表达能力实在让人难以满意，译文如果不改，应该无人能懂。——译者注

② 整段原文为 "Here, Host X is sending traffic to the 131.108.3.0/24 subnet. Router R1 will discard these packets because it does not have a route for 131.108.3.0/24. Traffic will not be send to the default route because of the classful nature of routing." 译文通篇改写，如有不妥，请指正。——译者注

③ 原文为 "If R1 enables IP classless routing, R1 will forward traffic to the default route." 译文酌改，如有不妥，请指正。——译者注

当需要动用默认网络或默认路由转发不匹配明细路由的流量时，建议开启路由器的 IP 无类路由选择功能。

2.10 对 RIP 的改进

RIP 版本 2（RIP-2）增强并改进了 RIP-1 的功能。RIP-2 支持 VLSM 和非连续网络，其增强功能如下所列：

- 支持路由标记；
- 支持子网掩码；
- 支持下一跳度量值。
- 支持用多播发送协议数据包。
- 支持认证。

图 2-10 所列为 RIP-2 数据包的格式。本节会详述 RIP-2 的每一项增强功能，以及新的协议数据包字段。

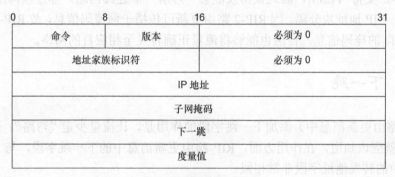

图 2-10 RIP-2 数据包格式

2.10.1 路由标记

路由标记字段为两字节，可利用这两个字节为 RIP 路由分配一个唯一的整数标记值。在路由表的输出中可以看到为每条 RIP 路由分配的路由标记值（前提是为 RIP 路由分配了路由标记值）。将路由重分发进 RIP 时，路由标记会起到非常重要的作用。要想区分出 RIP 路由到底属于"内部路由"还是"外部路由"，就必须让重分发进 RIP 的路由携带路由标记。

只要为重分发进 RIP 的路由分配了路由标记值，在向其他路由协议执行重分发操作时，就可以很方便地根据路由标记值来控制路由。此时，路由器只需检查 RIP 路由的标记值，而不用逐一"核对"每条 RIP 路由了。

假设，在路由器 A 上，把 10 条静态路由重分发进 RIP，并让此类路由携带路由标记值 20。这 10 条（经过重分发的）静态路由将一律携带路由标记值 20，并以外部路由的方式在 RIP 路由进程域内传播。若在路由器 B 上，需要把 RIP 路由重分发进 OSPF，但要求是只能对那 10 条（经过重分发的）静态路由执行重分发操作，此时，只须简单地匹配路由标记值 20，而不用再通过路由重分发命令逐一列出全部 10 条静态路由了。此外，要是在路由器 C 上需要把 OSPF 路由再重分发进 RIP，在配置时，应拒绝路由标记值为 20 的路由传播进 RIP 路由进程域。因此，还可以利用路由标记来避免 IP 路由环路。

2.10.2 子网掩码

与 RIP-1 不同，RIP-2 路由更新消息包含 IP 网络号和子网掩码信息。若使用可变长子网掩码技术对某 IP 网络进行了划分，向邻居通告路由时，RIP-2 路由器会在路由更新消息中填入各个子网的子网掩码。尽管路由更新消息中所包含的子网掩码长度可变（如/8、/15 及/24 等），但网络中的 RIP-2 路由器仍会在路由表中安装相应的路由。

由于 RIP-2 支持 VLSM，因此该协议能够"理解"非连续网络。非连续网络是指某个 IP 主类网络被另一 IP 地址块分隔。因 RIP-2 路由更新可传播子网掩码信息，故 RIP-2 路由器所收路由都包含实际的掩码信息，自然也能够将流量正确转发至相应目的网络。

2.10.3 下一跳

（在 RIP 路由更新消息中）添加下一跳字段的作用是，让流量少走"弯路"。要是读者熟悉 OSPF 的话，就应该知道，在作用方面，RIP 路由更新消息中的下一跳字段，与 OSPF 自制系统外部 LSA 中的转发地址字段非常相似。

如图 2-11 所示，路由器 2、5 运行 OSPF，路由器 2、3 及两者身后的其他路由器都运行 RIP。在路由器 2 上执行了 OSPF 和 RIP 间的路由重分发操作。现在，当路由器 2 收到路由器 1 发出的目的地址隶属于 OSPF 网络的数据包时，会将包转发至路由器 5。

当路由器 3 收到路由器 4 发出的目的地址相同的数据包时，若路由器 3 不掌握相应路由的下一跳信息（假定运行的是 RIP-1），就会将包先转发至路由器 2，因为路由器 2 是重分发点，会通告经过重分发的 OSPF 路由。然后，再由路由器 2 将包发送至路由器 5。对路由器 3 来说，可直接将包送达 OSPF 网络中的路由器 5，"绕道"路由器 2 纯属多余。在 RIP 数据包中引入下一跳字段之后，路由器 2 在向路由器 3 通告目的地址隶属于 OSPF 网络的路由时，会将其下一跳地址设置为路由器 5 而非路由器 2 的 IP 地址。如此一来，当路由器 3 收到发往 OSPF 网络的流量时，就不会再转发至路由器 2，而会直接转发给路由器 5。

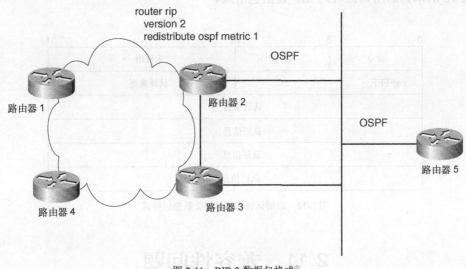

图 2-11 RIP-2 数据包格式①

2.10.4 用多播发送协议数据包

RIP-2 路由器向其邻居发送路由更新时，会使用多播。这大大降低了网络中不必要的广播流量。RIP-2 路由器用来发送路由更新的多播 IP 地址是 224.0.0.9。

网络中运行 RIP-2 的所有设备都会侦听目的 IP 地址为 224.0.0.9，目的 MAC 地址为 01-00-5E-00-00-09 的 RIP-2 多播数据包。不运行 RIP-2 的设备根本收不到 RIP-2 路由更新，从而减少了资源消耗。

2.10.5 认证

RIP-2 支持简单密码认证，来确认 RIP-2 邻居是否可信。RIP-2 路由器会检查 RIP-2 数据包中的地址家族标识符（AFI）字段，来判断是否启用了认证。RIP-2 数据包中的 AFI 字段用来确定"认证类型"字段之后的 16 个字节会出现哪种（地址家族的）地址。

若 AFI 字段值为 0xFFFF，则表明"认证类型"字段之后的 16 个字节包含的都是认证信息②。

---

① 图 2-11 名为 "RIP-2 Packet Format"，简直匪夷所思。——译者注
② 原文是 "If the AFI value is 0xFFFF, this means that the remainder of the entire RIP packet contains authentication information." 译者认为原文有误，酌改。作者在前文并未讲清 RIP 数据包的格式。RIP 数据包其实是由两部分组成：第一部分是 RIP 报头，由 1 字节的"命令"、1 字节的"版本号"以及 2 字节的预留字段组成；第二部分称为 "route entry[路由条目]"，由 2 字节的"AFI"、2 字节的"路由标记"以及 16 字节的路由属性字段组成，用来通告路由信息，共 20 字节。这 20 字节的 route entry 可在 RIP 数据包中重复出现多达 25 次。执行 RIP-2 认证时，RIP 数据包中的第一个 route entry 会用来执行认证功能，其格式如图 2-12 所示。其后的 24 个 route entry，则用来通告路由信息。——译者注

图 2-12 所示为启用认证时的 RIP 数据包格式。

0	8	16	31
命令	版本	未使用	
0xFFFF		认证类型	
认证信息			
认证信息			
认证信息			
认证信息			

图 2-12 启用认证时的 RIP-2 数据包格式

2.11 兼容性问题

RIP-1 和 RIP-2 可在同一个网络内运行。在网络中同时运行这两种路由协议时，有以下几点需密切关注。

- **自动汇总**——RIP-1 和 RIP-2 可在同一网络中并肩运行。同时运行两种协议时，定义 RIP-2 的 RFC 1723 建议关闭自动汇总功能。
- **子网路由的通告**——若 RIP-1 路由器收到了一条更精确的路由，就会误以为是主机路由。
- **查询**——收到 RIP-1 路由器发出的查询请求时，RIP-2 路由器会回复以 RIP-1 路由更新消息。但若将 RIP-2 路由器配置为只发送 RIP-2 路由更新消息，则其会对 RIP-1 路由器发出的查询请求视而不见。
- **版本字段**——路由器会根据 RIP 数据包中的版本字段来决定如何处理 RIP-1 和 RIP-2 数据包。
  —若 RIP 数据包中的版本字段值为 0，则丢弃该报，而不管接收路由器运行的是哪个 RIP 版本。
  —若 RIP 数据包中的版本字段值为 1，则接收路由器会检查所有"必须为 0"的字段（详见图 2-9）。如果版本号非 0，数据包将被丢弃，不管接收路由器运行的是哪个版本。
  —若运行 RIP-1 的路由器收到版本字段值为 2 的 RIP 数据包，则接收路由器只会"关注"数据包中的"必要"信息，不会检查所有"必须为 0"的字段。

2.12 小　　结

RIP 是一种距离矢量路由协议，借用 Bellman-Ford 算法来动态地计算 IP 路由。拜路由跳数为 15 的限制所赐，RIP 只适合在小型网络中运行。RIP 的设计非常简单，RIP 路由器之间会在固定时间间隔（30 秒）内交换完整的路由表。在 IP 路由条数众多的大型网络中，每隔 30 秒发送一次完整的路由表纯属天方夜谭。这不但会给发送和接收路由器带来沉重的负担，还会浪费大量的带宽和宝贵的 CPU 处理时间。因此，RIP 只能用在路由跳数低于 15，且路由条数相对较少的小型网络中。

RIP 通过水平分割和毒性逆转来避免路由环路。用水平分割来切断路由环路的方法是：让路由器不把路由从接收此路由的接口向外通告。而毒性逆转是指，让路由器度量值 16 来通告 RIP 路由，并以此来"摈弃"可能会引发环路或已经失效的 RIP 路由。

使用 RIP 作为路由协议时，网络中发生任何变化，都至少需要 30 秒才能被传播出去，而路由保持（holddown）的概念则会让 RIP 路由器等待三倍的路由通告时间间隔，才能在路由表中反映出相应的变化。RIP 的上述实现方式适用于：因 RIP 路由刚过 30 秒就失效，而尚未被通告的情况。在此情形，接收该路由的路由器需要等待 90 秒，才能让其从路由表中"退位"。若此路由在 90 秒之内生效，路由器则会让其重新"进驻"路由表，并向整个网络通告。

在早期的 IP 网络的建设中，RIP 是小型 IP 网络的选择。从那以后，人们又开发出多种比 RIP 更健壮、更灵活的新型 IP 路由协议；这些路由协议可以很好的在数据包转发路径中路由器台数超过 15 的网络中运行。如今，随着 OSPF、IS-IS 和 EIGRP 等新路由协议的"粉墨登场"，也使得 RIP 在大型网络中"销声匿迹"。那些新型路由协议在收敛速度和可扩展性等方面都比 RIP 不止高出一筹，而且还支持 RIP-1 所不支持的 VLSM 和非连续网络。

RIP-2 虽然做出了诸多改进，增加许多 RIP-1 所不支持的新特性（比如，路由标记、路由查询、子网掩码、下一跳、多播和认证等），但在大型网络中，人们还是倾向于选择使用 OSPF、IS-IS 和 EIGRP 这样的 IP 路由协议。

2.13 复　习　题

1. RIP 路由的最大度量值是多少？
2. RIP 为什么不支持非连续网络？
3. RIP 为什么不支持 VLSM？
4. 默认情况下，RIP 路由更新的发送时间间隔是多少？
5. RIP 路由器发送路由更新时，使用哪一种传输层协议，端口号是多少？
6. 水平分割技术的作用是什么？

7. 默认情况下，RIPv2 能解决非连续网络问题吗？
8. RIPv2 路由器也使用广播发送路由更新消息吗？
9. RIP 支持认证功能吗？

2.14 进阶阅读

可阅读下列 RFC，来获取更多与 RIP 有关的知识。所有的 RFC 文档都可通过 www.isi.edu/in-notes/rfc*xxxx*.txt 在线阅读，其中 *xxxx* 是指 RFC 的文档编号。

RFC 1058，"Routing Information Protocol"
RFC 1723，"RIP Version 2"
RFC 2453，"RIP Version 2"
RFC 1582，"Extensions to RIP to Support Demand Circuits"
RFC 2091，"Triggered Extensions to RIP to Support Demand Circuits"
RFC 2082，"RIP-2 MD5 Authentication"

本章涵盖下列关键主题：
- 排除 RIP 路由安装故障；
- 排除 RIP 路由通告故障；
- 排除 RIP 中的路由汇总故障；
- 解决 RIP 路由重分发问题；
- 解决与 RIP 有关的按需拨号（DDR）路由问题；
- 排除与 RIP 有关的路由翻动故障。

第 3 章
排除 RIP 故障

本章将讨论与 RIP 有关的常见故障及解决方法。故障出现时，应凭借（路由器生成的）与 RIP 有关的错误消息来帮助定位故障的原因。因此，解决故障时，需设法获取 debug 输出、路由器配置信息以及有用的 **show** 命令输出。对此，本章会在必要之处予以介绍。本章还会提供用来解决常见 RIP 故障的排障流程。

对路由器而言，debug 操作一般都属于 CPU 密集型操作，只要稍有不慎，就有可能会对网络造成严重影响。因此，笔者不建议在大型网络（即 RIP 路由条数过百的网络）的 RIP 路由器上执行 debug 操作。有时，多种原因或许都会导致同一类网络故障——比如，数据链路层故障、**network** 语句配置有误，以及在通告 RIP 路由的路由器上漏配 **network** 语句都会造成同一类故障。当数据链路层恢复正常，且调整了 **network** 语句之后，若网络问题依然得不到解决，则可能是因为在通告 RIP 路由的路由器上漏配了 **network** 语句[①]。也就是说，排除网络故障的方法并非一成不变，要是一种方法行不通，就得另试它法。本章提及的术语 RIP，既是指 RIP 版本 1（RIP-1），也是指 RIP 版本 2（RIP-2）。本章所讨论的故障除非指明是 RIP-2，否则都是 RIP-1 故障。

---

① 以上两句的原文是 "Sometimes, there could be multiple causes for the same problem—for example, Layer 2 is down, the **network** statement is wrong, and the sender is missing the **network** statement. Bringing up Layer 2 and fixing the **network** statement might not fix the network problem because the sender is still missing the **network** statement." 译者的写作能力太一般，译文还是按字面意思翻译。——译者注

3.1 RIP 常见故障排障流程

RIP 路由安装故障排障流程 1

RIP 路由安装故障排障流程 2

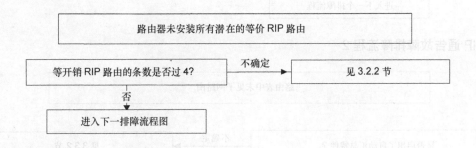

RIP 路由通告故障排障流程 1

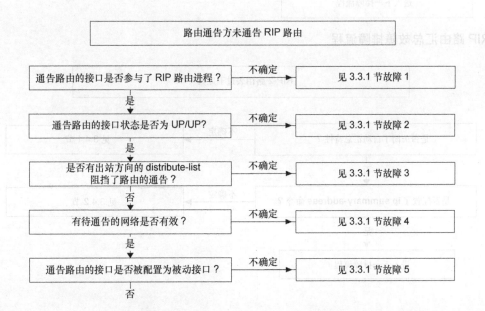

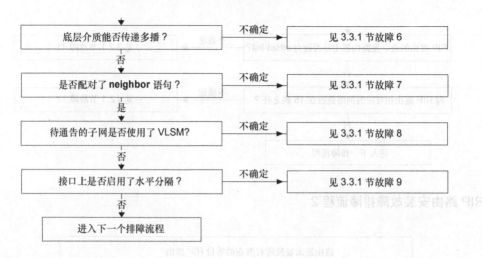

RIP 通告故障排障流程 2

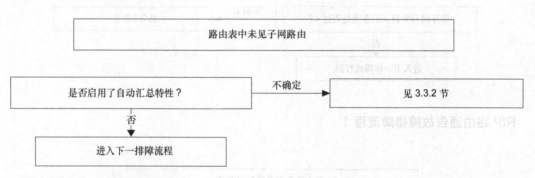

RIP 路由汇总故障排障流程

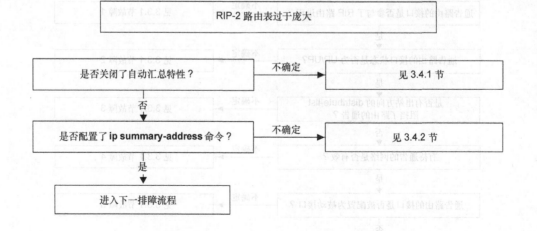

RIP 路由重分发故障排障流程

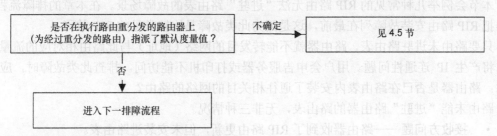

与 RIP 有关的按需拨号路由故障排障流程

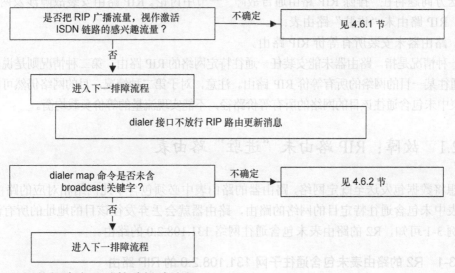

与 RIP 相关的路由翻动故障排障流程

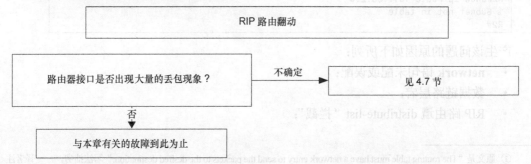

3.2 排除 RIP 路由安装故障

本节会例举几种常见的 RIP 路由无法"进驻"路由表的故障场景。在本章的排障流程中，将会把 RIP 路由安装故障列在最前，这是因为此类故障是比较常见的 RIP 故障。

只要路由未进驻路由表，路由器就不能转发目的网络（地址）与此路由相对应的流量。此时，将产生 IP 连通性问题。用户会申告服务器或打印机不能访问。排查此类故障时，应首先考虑：路由器是否已在路由表内安装了通往相关目的网络的路由？

路由未能"进驻"路由器的路由表，无非三种情况。

- **接收方问题**——路由器收到了 RIP 路由更新，但未安装进路由表。
- **介质（第 2 层）问题**——多与第 2 层有关，路由通告方已通告了 RIP 路由更新，但在介质上传丢了，致使接收方未收到路由。
- **发送方问题**——发送方根本未通告 RIP 路由，导致接收方路由表内未包含相应的路由。

发送方问题将在"排除 RIP 路由通告故障"一节中讨论。RIP 路由安装故障涉及两种情形：

- RIP 路由未"进驻"路由表；
- 路由器未安装所有等价 RIP 路由。

第一种情况是指，路由器未能安装任一通往特定网络的 RIP 路由。第二种情况则是说，路由器未安装通往某一目的网络的所有等价 RIP 路由。注意，对于第二种情况，目的网络仍然可以访问，但路由表中未包含通往该目的网络的所有等价路径，不能实现流量的等价负载均衡。

3.2.1 故障：RIP 路由未"进驻"路由表

要想将数据包发送至既定网络，路由器的路由表中必须包含于此网络相对应的路由表项[①]。若路由表中未包含通往特定目的网络的路由，路由器就会丢弃发往该目的地址的所有流量。

由例 3-1 可知，R2 的路由表未包含通往网络 131.108.2.0 的路由。

例 3-1 R2 的路由表未包含通往子网 131.108.2.0 的 RIP 路由

```
R2#show ip route 131.108.2.0
% Subnet not in table
R2#
```

产生该问题的原因如下所列：

- **network** 语句未配或误配；
- 数据链路层宕；
- RIP 路由遭 distribute-list "拦截"；

[①] 原文是 "The routing table must have a network entry to send the packets to the desired destination." 写法拙劣。——译者注

- 访问列表拒绝了 RIP 路由更新数据包的源 IP 地址；
- 访问列表拒绝了 RIP 广播或多播地址；
- RIP 版本不兼容；
- 认证密钥不匹配（RIP-2）；
- 非连续网络；
- 路由来源无效；
- 数据链路层（交换机、帧中继链路或其他第 2 层介质）问题；
- offset-list 中的度量值设置过高；
- 路由的跳数达到了上限；
- 路由发送方问题（下一节讨论）。

接下来，笔者会围绕图 3-1 所示网络场景，来演示由先前列出的各种原因所导致的 RIP 路由未"进驻"路由表故障。随后几节会针对故障的具体原因，展开深入讨论。

在图 3-1 所示的网络场景中，路由器 1 和路由器 2 之间运行 RIP。

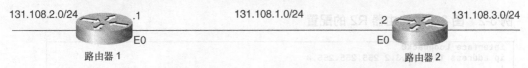

图 3-1 用来演示 RIP 路由未"进驻"路由表故障中的拓扑示例

1. RIP 路由未"进驻"路由表——原因：未配或误配 network 语句

在确定了路由表中缺少 RIP 路由之后，应立刻寻找原因。路由表中缺少路由的原因会有很多。读者可利用本章开篇所列的排障流程，并根据自身的网络情况，去进行相关故障排除工作。

发现路由表中缺少路由之后，应第一时间检查路由器配置，需着重检查位列 **router rip** 命令之后的 **network** 语句是否正确。

对 RIP 而言，配置 **network** 语句的作用主要两点[①]：

- 让接口参与 RIP 进程，并使其具备收、发 RIP 路由更新消息的能力；
- 通过 RIP 路由更新消息，通告并传播 **network** 语句所指明的网络[②]。

在 **router rip** 命令之后，只要 **network** 语句未配或错配，便会导致相关 RIP 路由无法"进驻"路由表。

图 3-2 所示的排障流程适用于由本原因所导致的 RIP 路由安装故障。

（1）debug 与验证

例 3-2 所示为路由器 R2 的配置（详见图 3-1）。在本例以及本章许多其他示例中，都会利用路由器 loopback 接口的 IP 地址（来模拟相关路由）[③]。若用其他类型的接口来替代 loopback 接口，所起到的演示效果也应该相同。请读者将 loopback 接口视为已设有有效 IP 地址，且已

[①] 原文是 "When the network statement is configured, it does two things" 译文酌改，如有不妥，请指正。——译者注
[②] 原文是 "Advertises that network in a RIP update packet ." 译文酌改。——译者注
[③] 原文是 "The loopback interface is used in this example and many other examples throughout the chapter." ——译者注

处于 UP 状态的"常规"路由器接口。

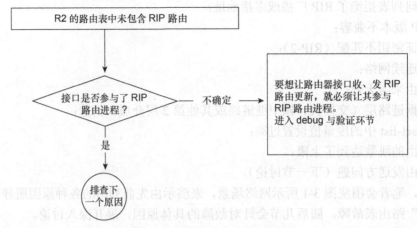

图 3-2 RIP 路由安装故障排障流程

例 3-2 图 3-1 中路由器 R2 的配置

```
interface Loopback0
ip address 131.108.3.2 255.255.255.0
!
interface Ethernet0
ip address 131.108.1.2 255.255.255.0
!
router rip
network 131.107.0.0
!
```

请仔细核对图 3-1 与例 3-2 所示 R2 的配置，可以发现 router rip 下的 **network** 语句中未包含网络 131.108.0.0。

例 3-3 所示为在 R2 上执行 **show ip protocols** 命令的输出。由此输出中"Routing Information Sources"字样下的"gateway"字段值可知，R1 未将 131.108.1.1 视为网关（gateway）。

例 3-3 由 show ip protocols 命令的输出可知，R2 未掌握提供路由信息来源（Routing Information Sources）的网关 IP 地址

```
R2#show ip protocols
Routing Protocol is "rip"
  Sending updates every 30 seconds, next due in 11 seconds
  Invalid after 180 seconds, hold down 180, flushed after 240
  Outgoing update filter list for all interfaces is
  Incoming update filter list for all interfaces is
  Redistributing: rip
  Default version control: send version 1, receive any version
  Automatic network summarization is in effect
  Routing for Networks:
    131.107.0.0
  Routing Information Sources:
    Gateway         Distance       Last Update
  Distance: (default is 120)
```

debug 命令

例 3-4 所示为 **debug ip rip** 命令的输出。由输出可知，R2 忽略了来自 R1 的 RIP 路由更新，原因是其 Ethernet 0 接口未参与 RIP 路由进程。故障起因显而易见：在 R2 的 router 配置模式命令 **router rip** 下，未配置命令 **network131.108.0.0**。

例 3-4　由 debug ip rip 命令的输出可知，R2 忽略了来自 R1 的 RIP 路由更新

```
R2#debug ip rip
RIP protocol debugging is on
R2#
RIP: ignored v1 packet from 131.108.1.1 (not enabled on Ethernet0)
R2#
```

（2）故障解决方法

因路由器 2 的配置（见例 3-2）中少配了一条 network 语句，故其会忽略 Ethernet 0 接口收到的 RIP 路由更新（例 3-4 所示 debug 输出已证实了这一点）。要是 network 语句配置有误，也会出现类似故障。以 C 类地址为例。经常有人会把命令 **network 209.1.1.0** 误配成 **network 209.1.0.0**，并"想当然"地认为"209.1.0.0"中的第三字节"0"，可匹配 0～255 之间的任一数字。请别忘了，RIP-1 是有类路由协议，也就是说，与之"配套"的 network 语句所指明的网络地址，应该也是有类网络地址。若企图在 network 命令中指明 CIDR 型网络地址，RIP 将不会按那些人所预期的方式运作[①]。

对于本例，要想解决问题，需要在 R2 的配置中增加一条 network 语句。

例 3-5 所示为可解决上述问题的路由器 2 的新配置。

例 3-5　可解决上述问题的 R2 的新配置

```
interface Loopback0
ip address 131.108.3.2 255.255.255.0
!
interface Ethernet0
ip address 131.108.1.2 255.255.255.0
!
router rip
network 131.107.0.0
network 131.108.0.0
```

例 3-6 所示为在 R2 上执行 **show ip protocols** 命令的输出。在输出中可以看见网关（gateway）信息。

---

① 整段原文为 "Because the network statement is missing on Router 2, as shown in Example 3-2, it ignores RIP updates arriving on its Ethernet 0 interface, as seen in the debug output in Example 3-4. This problem can also happen if incorrect network statements are configured. Take a Class C address, for example. Instead of configuring 209.1.1.0, you configure 209.1.0.0, assuming that 0 will cover anything in the third octet. RIP-1 is a classful protocol, and it assumes the classful network statements. If a cidr statement is configured instead, RIP will not function properly." 原文是笑话，译文酌改。——译者注

例3-6 通过 show ip protocols 命令的输出，可以得知将 RIP 路由通告给 R2 的网关 IP 地址（路由器 R1 E0 接口的 IP 地址）

```
R2#show ip protocols
Routing Protocol is "rip"
  Sending updates every 30 seconds, next due in 12 seconds
  Invalid after 180 seconds, hold down 180, flushed after 240
  Outgoing update filter list for all interfaces is
  Incoming update filter list for all interfaces is
  Redistributing: rip
  Default version control: send version 1, receive any version
    Interface         Send  Recv  Triggered RIP  Key-chain
    Ethernet0          1     1 2
    Loopback0          1     1 2
  Automatic network summarization is in effect
  Routing for Networks:
    131.108.0.0
  Routing Information Sources:
    Gateway         Distance      Last Update
    131.108.1.1          120      00:00:09
  Distance: (default is 120)
```

例3-7 所列为在 R2 上执行 **show ip route** 命令的输出，由输出可知，更改过 R2 的配置之后，R2 能够学到 RIP 路由了。

例3-7 通过 show ip route 命令的输出，来了解故障排除之后，R2 学习 RIP 路由的情况

```
R2#show ip route 131.108.2.0
Routing entry for 131.108.2.0/24
  Known via "rip", distance 120, metric 1
  Redistributing via rip
  Last update from 131.108.1.1 on Ethernet0, 00:00:11 ago
  Routing Descriptor Blocks:
  * 131.108.1.1, from 131.108.1.1, 00:00:11 ago, via Ethernet0
      Route metric is 1, traffic share count is 1
```

2. RIP 路由未"进驻"路由表——原因：路由器接口第 1/2 层宕

（路由器接口的）物理层或数据链路层状态为宕（down），也会导致 RIP 路由无法"进驻"路由表。若物理层或数据链路层出现问题，则故障本身与 RIP 无关。以下所列为导致路由器接口第一、二层（物理层、数据链路层[线协议]）故障的常见原因：

- （路由器接口）未接电缆；
- 电缆松动；
- 电缆损坏；
- transceiver（以太网接口转换器）损坏；
- 端口故障；
- 路由器接口卡损坏；
- 由电信运营商所导致的第二层故障，比如其提供的 WAN 链路中断；
- （路由器间）以背靠背串行电缆连接时，未（在 DCE 那端）配置接口配置模式命令 **clock**。

图 3-3 所示为由路由器接口第一、二层宕所引起的 RIP 路由安装故障排障流程。

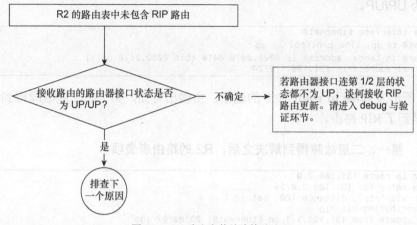

图 3-3 RIP 路由安装故障排障流程

（1）debug 与验证

由例 3-8 所示 **show interface** 命令的输出可知，路由器 R2 E0 接口的线协议状态为 down，这就是说问题出在第一、二层。

例 3-8　show interface 命令的输出表明接口的线协议为宕

```
R2#show interface ethernet 0
Ethernet0 is up, line protocol is down
Hardware is Lance, address is 0000.0c70.d41e (bia 0000.0c70.d41e)
   Internet address is 131.108.1.2/24
```

debug

例 3-9 给所示为 **debug ip rip** 命令的输出。由输出可知，R2 既未发送也未收到任何 RIP 路由更新，因其参与 RIP 路由进程的 E0 接口出现了故障。

例 3-9　debug ip rip 命令的输出表明 R2 未发送任何 RIP 路由更新

```
R2#debug ip rip
RIP protocol debugging is on
R2#
```

（2）故障解决方法

RIP（协议数据包）依靠 IP（数据包来发送），因此 RIP 是属于第 2 层以上的协议。只要收、发 RIP 路由更新消息的路由器接口第二层状态为 down，RIP 路由更新便无法传播。

要想正常传播 RIP 路由更新，需先解决第二层故障。第二层故障的原因可能非常简单，如线缆松动；也可能非常复杂，如硬件损坏。对于后一种情况，则须更换相关硬件。

例 3-10 所示为解决了 R2 E0 接口第二层故障之后，执行 **show interface Ethernet 0** 命令的输出。由输出可知，路由器 R2 的 E0 接口状态为 UP/UP。

例 3-10 解决第一、二层故障之后，在 R2 上执行 show interface 命令，可知其 Ethernet 0 接口状态为 UP/UP。

```
R2#show interface Ethernet0
Ethernet0 is up, line protocol is up
 Hardware is Lance, address is 0000.0c70.d41e (bia 0000.0c70.d41e)
 Internet address is 131.108.1.2/24
```

例 3-11 所示为 **show ip route** 命令的输出。由输出可知，第一、二层故障得到解决之后，路由器 R2 学到了 RIP 路由。

例 3-11 第一、二层故障得到解决之后，R2 的路由表表项

```
R2#show ip route 131.108.2.0
Routing entry for 131.108.2.0/24
 Known via "rip", distance 120, metric 1
 Redistributing via rip
 Last update from 131.108.1.1 on Ethernet0, 00:00:07 ago
 Routing Descriptor Blocks:
 * 131.108.1.1, from 131.108.1.1, 00:00:07 ago, via Ethernet0
   Route metric is 1, traffic share count is 1
```

3. RIP 路由未"进驻"路由表——原因：路由遭到了入站方向的 distribute-list 的拒绝

distribute-list 是一种用来过滤路由更新的机制。路由器在执行 distribute-list 时，会调用访问列表，并根据其来检查是否允许（接收）相关路由。若访问列表未含任何网络，路由器会自动拒绝（接收）路由更新。distribute-list 可作用于出站或入站方向的路由更新（可用来过滤本机通告或接收的路由更新）。

本例中，在路由器 R2 上配置了入站方向的 **distribute-list**（用来过滤本机接收的路由更新）。由于供其调用的访问列表未包含允许网络 131.108.0.0 的 ACE（**permit 131.108.0.0 0.0.255.255**），因此 R2 不会在路由表中安装与此目的网络相对应的路由。

图 3-4 所列为由此原因所导致的 RIP 路由安装故障排障流程。

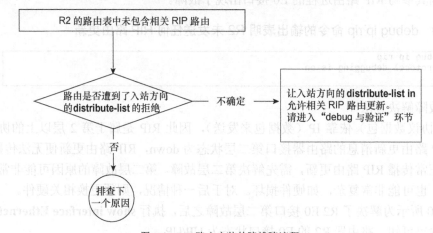

图 3-4 RIP 路由安装故障排障流程

（1）debug 与验证

例 3-12 所示为路由器 R2 的当前配置。配置中所包含的 **access-list 1** 的作用是：允许网络 131.107.0.0。但由于每个访问列表的末尾有暗伏一条 ACE：deny any，于是，access-list 1 会拒绝网络 131.108.0.0。这就是说，路由器 R2 不会安装隶属于 131.108.0.0 的任何子网路由。

例 3-12　由 R2 的配置可知，网络 131.108.0.0 遭"潜伏"在 access-list 1 末尾的 deny 语句的拒绝

```
interface Loopback0
ip address 131.108.3.2 255.255.255.0
!
interface Ethernet0
ip address 131.108.1.2 255.255.255.0
!
router rip
network 131.108.0.0
distribute-list 1 in
!
access-list 1 permit 131.107.0.0 0.0.255.255
```

（2）故障解决方法

使用 distribute-list 时，应再三检查访问列表，以确定访问列表未拒绝任何有效路由。例 3-12 中的 access-list 1 包含了一条"潜伏"的 ACE：deny any，故其只允许目的网络 131.107.0.0，拒绝掉了所有其他目的网络。要想解决路由安装故障，只需在 **access-list 1** 中添加一条 ACE：**permit 131.108.0.0**。

例 3-13 所示为路由器 R2 的新配置：在 access-list 1 中添加了一条 ACE，允许网络 131.108.0.0。

例 3-13　修改 R2 的配置，以解决路由安装故障

```
interface Loopback0
ip address 131.108.3.2 255.255.255.0
!
interface Ethernet0
ip address 131.108.1.2 255.255.255.0
!
router rip
network 131.108.0.0
distribute-list 1 in
!
access-list 1 permit 131.107.0.0 0.0.255.255
access-list 1 permit 131.108.0.0 0.0.255.255
```

由例 3-14 所示 **show ip route** 命令的输出可知，配置更改之后，路由器 R2 可以学到 RIP 路由 131.108.2.0 了。

例 3-14 修改 R2 的配置之后，RIP 路由 131.108.2.0 在其路由表中"现身"了

```
R2#show ip route 131.108.2.0
Routing entry for 131.108.2.0/24
  Known via "rip", distance 120, metric 1
  Redistributing via rip
  Last update from 131.108.1.1 on Ethernet0, 00:00:07 ago
  Routing Descriptor Blocks:
  * 131.108.1.1, from 131.108.1.1, 00:00:07 ago, via Ethernet0
      Route metric is 1, traffic share count is 1
```

4. RIP 路由未"进驻"路由表——原因：访问列表拒绝了 RIP 路由更新数据包的源 IP 地址

标准访问列表可根据源 IP 地址来过滤流量，而扩展访问列表可根据源和/或目的 IP 地址来过滤流量。为过滤出/入站流量，可通过接口配置模式命令，把以上两种访问列表应用于路由器接口：

  ip access-group *access-list number* {**in** | **out**}

在运行 RIP 路由协议的路由器上应用访问列表时，需确保其未拒绝 RIP 路由更新数据包的源 IP 地址。本例，R2 未在路由表中安装 RIP 路由，因其接口 E0 上配置的 **access-list 1** 拒绝了源 IP 地址为 R1 的 RIP 路由更新数据包。

图 3-5 所示为由此原因导致的 RIP 路由安装故障排障流程。

（1）debug 与验证

例 3-15 所列为路由器 R2 的当前配置。由配置可知，R2 E0 接口上的访问列表拒绝了源 IP 地址为 131.108.1.1 的 RIP 路由更新数据包。由图 3-1 可知，R1 发出的 RIP 路由更新数据包的源 IP 地址正是 131.108.1.1。此访问列表拒绝 IP 地址 131.108.1.1 的原因是，其末尾"潜伏"有一条 **deny any** 的 ACE。

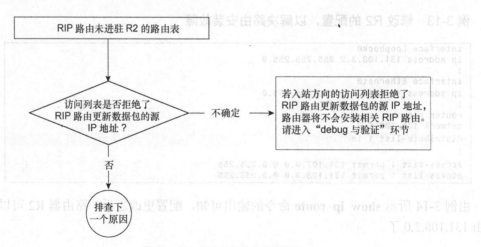

图 3-5 RIP 路由安装故障排障流程

例 3-15　access-list 1 拒绝了 RIP 路由更新数据包的源 IP 地址

```
R2#
interface Loopback0
ip address 131.108.3.2 255.255.255.0
!
interface Ethernet0
ip address 131.108.1.2 255.255.255.0
ip access-group 1 in
!
router rip
network 131.108.0.0
!
access-list 1 permit 131.107.0.0 0.0.255.255
```

Debug

由例 3-16 所示 **debug ip rip** 命令的输出可知，R2 只能发出 RIP 路由更新，但收不到任何路由信息，这是因为配置于 R2 E0 接口上的入站方向的访问列表拒绝了 RIP 路由更新数据包的源 IP 地址 131.108.1.1。

例 3-16　观察 debug ip rip 命令的输出，可知 R2 收不到任何 RIP 路由更新

```
R2#debug ip rip
RIP: sending v1 update to 255.255.255.255 via Ethernet0 (131.108.1.2)
RIP: build update entries
      subnet 131.108.3.0 metric 1
RIP: sending v1 update to 255.255.255.255 via Loopback0 (131.108.3.1)
RIP: build update entries
      subnet 131.108.1.0 metric 1RIP: sending v1 update to 255.255.255.255 via
Ethernet0 (131.108.1.2)
RIP: build update entries
      subnet 131.108.3.0 metric 1
RIP: sending v1 update to 255.255.255.255 via Loopback0 (131.108.3.1)
RIP: build update entries
      subnet 131.108.1.0 metric 1
R2#
```

（2）解决方案

标准访问列表只能根据源 IP 地址对数据包进行过滤，源 IP 地址可在 ACE 中指明[①]。本例中，RIP 路由更新数据包的源 IP 地址为 131.108.1.1，这也是 R1 用来发送 RIP 路由更新的接口的 IP 地址。配置于 R2 E0 接口上的标准访问列表拒绝了这一 RIP 路由更新数据包的源 IP 地址，故 R2 不会将相关 RIP 路由安装进路由表。为了解决该问题，应让 access-list 1 "允许" IP 地址 131.108.1.1。

例 3-17 所列为解决该问题的新配置。

---

① 原文是 "The standard access list specifies the source address." 作者似乎总是表述不清。——译者注

例 3-17　经过修改的访问列表允许 RIP 路由更新数据包的源 IP 地址

```
R2#
interface Loopback0
ip address 131.108.3.2 255.255.255.0
!
interface Ethernet0
ip address 131.108.1.2 255.255.255.0
ip access-group 1 in
!
router rip
network 131.108.0.0
!
access-list 1 permit 131.107.0.0 0.0.255.255
access-list 1 permit 131.108.1.1 0.0.0.0
```

使用扩展访问列表时，若拒绝了路由更新数据包的源 IP 地址，也会出现同样问题。上述解决方案对扩展访问列表同样适用。其主旨在于：要让访问列表"允许"RIP 路由更新数据包的源 IP 地址。

例 3-18 所列为使用扩展访问列表时的配置。

例 3-18　使用扩展访问列表时的正确配置

```
R2#
interface Loopback0
ip address 131.108.3.2 255.255.255.0
!
interface Ethernet0
ip address 131.108.1.2 255.255.255.0
ip access-group 100 in
!
router rip
network 131.108.0.0
!
access-list 100 permit ip 131.107.0.0 0.0.255.255 any
access-list 100 permit ip host 131.108.1.1 any
```

例 3-19 所列为路由器 R2 的路由表输出，由输出可知，修改配置之后，R2 学到了 RIP 路由。

例 3-19　修改了访问列表配置之后，R2 收到了 RIP 路由

```
R2#show ip route 131.108.2.0
Routing entry for 131.108.2.0/24
  Known via "rip", distance 120, metric 1
  Redistributing via rip
  Last update from 131.108.1.1 on Ethernet0, 00:00:07 ago
  Routing Descriptor Blocks:
  * 131.108.1.1, from 131.108.1.1, 00:00:07 ago, via Ethernet0
      Route metric is 1, traffic share count is 1
```

5. RIP 路由未"进驻"路由表——原因：访问列表阻止了用来发送 RIP 路由更新的广播或多播（RIP-2）流量

可利用访问列表来过滤特殊类型的数据包。在接口的入站方向应用访问列表时，需确保其未阻止用来通告 RIP 路由更新的广播流量（对于 RIP-2，则为多播流量），或端口号为 520 的

UDP 流量（RIP-1 和 RIP-2）[①]。

若应用于路由器接口入站方向的访问列表阻止了上述流量，RIP 路由器将不可能从相关接口学得 RIP 路由，自然也不会将相应路由安装进路由表。

图 3-6 所示为由此原因导致的 RIP 路由安装故障排障流程。

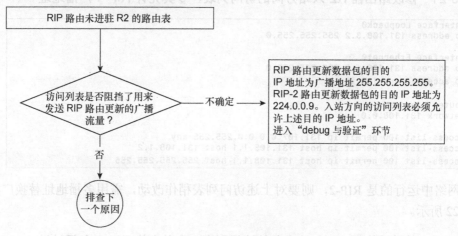

图 3-6 RIP 路由安装故障排障流程

（1）debug 与验证

例 3-20 所列为路由器 R2 的当前配置。由配置可知，access-list 100 拒绝了 RIP 路由更新数据包的目的地址 255.255.255.255。这将导致 RIP 路由进驻不了 R2 的路由表，因为 R2 不会接收由 R1 发出的目的地址为 255.255.255.255 的 RIP 路由更新数据包。

例 3-20　R2 上配置的访问列表拒绝了 RIP-1 路由更新数据包的广播地址

```
R2#
interface Loopback0
ip address 131.108.3.2 255.255.255.0
!
interface Ethernet0
ip address 131.108.1.2 255.255.255.0
ip access-group 100 in
!
router rip
network 131.108.0.0
!
access-list 100 permit ip 131.107.0.0 0.0.255.255 any
access-list 100 permit ip host 131.108.1.1 host 131.108.1.2
```

（2）解决方案

RIP 路由器会以广播方式通告 RIP-1 路由更新，其目的 IP 地址为 255.255.255.255。对于接收路由更新的 RIP 路由器来说，其接口入站方向所设访问列表必须允许这一广播地址，只有如

---

① 原文是 "When using access lists on the interface inbound, always make sure that they are not blocking the RIP broadcast or UDP port 520, which is used by RIP-1 and RIP-2 (or the RIP multicast address, in cases of RIP-2)."作者表述不清，译文酌改。
——译者注

此，才能收到 RIP 路由更新。

例 3-21 所示为路由器 R2 的新配置。修改了设在其 E0 接口上的 access-list 100，以允许此前遭拒的 RIP 广播地址。

例 3-21 修改路由器 R2 入站方向的访问列表，令其允许 RIP-1 广播地址

```
interface Loopback0
ip address 131.108.3.2 255.255.255.0
!
interface Ethernet0
ip address 131.108.1.2 255.255.255.0
ip access-group 100 in
!
router rip
network 131.108.0.0
!
access-list 100 permit ip 131.107.0.0 0.0.255.255 any
access-list 100 permit ip host 131.108.1.1 host 131.108.1.2
access-list 100 permit ip host 131.108.1.1 host 255.255.255.255
```

若网络中运行的是 RIP-2，则要对上述访问列表稍作改动，需用多播地址替换广播地址，如例 3-22 所示。

例 3-22 修改路由器 R2 入站方向的访问列表，令其允许 RIP-2 多播地址

```
interface Loopback0
ip address 131.108.3.2 255.255.255.0
!
interface Ethernet0
ip address 131.108.1.2 255.255.255.0
ip access-group 100 in
!
router rip
version 2
network 131.108.0.0
!
access-list 100 permit ip 131.107.0.0 0.0.255.255 any
access-list 100 permit ip host 131.108.1.1 host 131.108.1.2
access-list 100 permit ip host 131.108.1.1 host 224.0.0.9
```

例 3-23 所示为修改配置之后路由器 R2 的路由表。

例 3-23 修改访问列表后 R2 的路由表，由此表可知，R2 学到了 RIP 路由

```
R2#show ip route 131.108.2.0
Routing entry for 131.108.2.0/24
  Known via "rip", distance 120, metric 1
  Redistributing via rip
  Last update from 131.108.1.1 on Ethernet0, 00:00:07 ago
  Routing Descriptor Blocks:
  * 131.108.1.1, from 131.108.1.1, 00:00:07 ago, via Ethernet0
      Route metric is 1, traffic share count is 1
```

6. RIP 路由未"进驻"路由表——原因：RIP 版本不兼容

在路由器上配置 RIP 时，默认启动的版本为 RIPv1，这就是说，路由器的所有接口只能发送和接收 RIP-1 数据包。要想运行 RIP-2，需在 **router rip** 命令之后添加一条 **version 2** 命令。RIP-1 路由器收到 RIP-2 路由器发送的路由更新时，将视而不见，不会把相应的路由安装进路由表。要想让路由器接受 RIP-2 路由，需让其接收路由更新的接口参与 RIP-2 路由进程。

图 3-7 所示为由此原因导致的 RIP 路由安装故障排障流程。

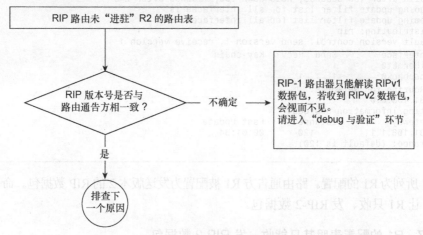

图 3-7　RIP 路由安装故障排障流程

（1）debug 与验证

例 3-24 所列为路由器 R2 的当前配置。由配置可知，R2 只能收、发 RIPv1 数据包。

例 3-24　R2 的配置表明其运行的是 RIP-1，这也是 Cisco 路由器的默认行为

```
R2#
interface Loopback0
ip address 131.108.3.2 255.255.255.0
!
interface Ethernet0
ip address 131.108.1.2 255.255.255.0
!
router rip
 network 131.108.0.0
!
```

例 3-25 所示为 **debug ip rip** 命令的输出。由输出可知，R2 从 R1 收到了 RIP 数据包，但 R1 被配置为发送版本 2 的 RIP 路由更新。

例 3-25　debug ip rip 命令的输出表明 R2 收到了版本不兼容的 RIP 路由更新

```
R2#debug ip rip
RIP protocol debugging is on
RIP: ignored v2 packet from 131.108.1.1 (illegal version)
```

例 3-26 所示为 **show ip protocols** 命令的输出。由输出可知，R2 Ethernet 0 接口只能收、发 RIPv1 数据包。这意味着，当此接口接收到 RIPv2 数据包时，必会视而不见，因其只能收、发 RIPv1 数据包。

例 3-26 show ip protocols 命令的输出表明，R2 Ethernet 0 接口只能收、发 RIPv1 数据包

```
R2#show ip protocols
Routing Protocol is "rip"
  Sending updates every 30 seconds, next due in 9 seconds
  Invalid after 180 seconds, hold down 180, flushed after 240
  Outgoing update filter list for all interfaces is
  Incoming update filter list for all interfaces is
  Redistributing: rip
  Default version control: send version 1, receive version 1
    Interface          Send  Recv  Key-chain
    Ethernet0           1     1
    Loopback0           1     1
  Routing for Networks:
    131.108.0.0
  Routing Information Sources:
    Gateway         Distance       Last Update
    131.108.1.1         120        00:01:34
  Distance: (default is 120)
R2#
```

例 3-27 所列为 R1 的配置。路由通告方 R1 被配置为发送版本 2 的 RIP 数据包。命令 **version 2** 的作用是，让 R1 只收、发 RIP-2 数据包。

例 3-27 R1 的配置表明其只能收、发 RIP-2 数据包

```
R1#
router rip
 version 2
 network 131.108.0.0
```

例 3-28 所示为 **show ip protocols** 命令的输出。由输出可知，路由通告方 R1 只能收、发版本 2 的 RIP 数据包，这是拜 **router rip** 配置模式下的 **version 2** 命令所赐。

例 3-28 show ip protocols 命令的输出表明 R1 只能收、发 RIP-2 数据包

```
R1#show ip protocols
Routing Protocol is "rip"
  Sending updates every 30 seconds, next due in 13 seconds
  Invalid after 180 seconds, hold down 180, flushed after 240
  Outgoing update filter list for all interfaces is
  Incoming update filter list for all interfaces is
  Redistributing: rip
  Default version control: send version 2, receive version 2
    Interface          Send  Recv  Key-chain
    Ethernet0/1         2     2
    Loopback1           2     2
  Routing for Networks:
    131.108.0.0
  Routing Information Sources:
    Gateway         Distance       Last Update
    131.108.1.2         120        00:04:09
  Distance: (default is 120)
```

（2）解决方案

若将路由接收方 R2 配置为只接收 RIPv1 数据包，则其必会对 RIPv2 路由更新视而不见。需将路由通告方 R1 配置为同时发送版本 1 和版本 2 的 RIP 数据包。当 R2 收到版本 1 的 RIP 数据包

时,则会在路由表中安装相应路由。R2 会忽略 RIPv2 数据包,因其被配置为只接收 RIPv1 数据包。

例 3-29 所示为 R1 的新配置。由配置可知,已将路由通告方 R1 的以太网接口配置为同时收、发 RIPv1 和 RIPv2 数据包。

例 3-29 R1 的新配置可让其同时收、发版本 1 和版本 2 的 RIP 数据包

```
R1#
interface Loopback0
ip address 131.108.2.1 255.255.255.0
!
interface Ethernet0
ip address 131.108.1.1 255.255.255.0
ip rip send version 1 2
ip rip receive version 1 2
!
router rip
version 2
network 131.108.0.0
```

例 3-30 所示为 **show ip protocols** 命令的输出。由输出可知,R1 Ethernet 0 接口可同时收、发版本 1 和版本 2 的 RIP 数据包。如此行事的好处是,同一以太网段内的任何一台只运行 RIP-1 或 RIP-2 的路由器都可以与 R1 "互通有无"。

例 3-30 show ip protocols 命令的输出表明 R1 Ethernet 0 接口可同时收、发 RIPv1 和 RIPv2 数据包

```
R1#show ip protocols
Routing Protocol is "rip"
  Sending updates every 30 seconds, next due in 4 seconds
  Invalid after 180 seconds, hold down 180, flushed after 240
  Outgoing update filter list for all interfaces is
  Incoming update filter list for all interfaces is
  Redistributing: rip
  Default version control: send version 2, receive version 2
    Interface         Send  Recv  Key-chain
    Ethernet0         1 2   1 2
    Loopback0         2     2
  Routing for Networks:
    131.108.0.0
  Routing Information Sources:
    Gateway          Distance       Last Update
    131.108.1.2        120           00:00:07
  Distance: (default is 120)
R1#
```

例 3-31 所示为配置变更之后路由器 R2 的路由表。

例 3-31 将 R1 配置为可同时收、发 RIPv1 和 RIPv2 数据包之后,R2 的路由表

```
R2#show ip route 131.108.2.0
Routing entry for 131.108.2.0/24
  Known via "rip", distance 120, metric 1
  Redistributing via rip
  Last update from 131.108.1.1 on Ethernet0, 00:00:07 ago
  Routing Descriptor Blocks:
  * 131.108.1.1, from 131.108.1.1, 00:00:07 ago, via Ethernet0
      Route metric is 1, traffic share count is 1
```

7. RIP 路由未"进驻"路由表——原因：认证密钥不匹配（RIP-2）

RIP-2 有一功能，可用来提高安全性，但需在路由器上开启这一功能，对 RIP-2 路由更新执行认证。启用 RIP-2 认证功能时，路由收、发方都要配置密码。密码也称为认证密钥。若双方所配密钥不匹配，便会各自忽略对方通告的 RIP-2 更新。

图 3-8 所示为由此原因导致的 RIP 路由安装故障排障流程。

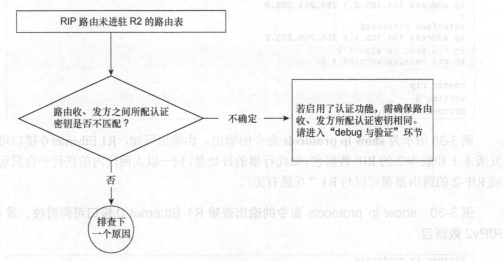

图 3-8 RIP 路由安装故障排障流程

（1）debug 与验证

例 3-32 所示为故障发生时路由器 R1 和 R2 的配置。由配置可知，R1 和 R2 上所设 RIP 认证密钥不匹配。在 R2 以太网接口上，将认证密钥配成了"cisco1"，而在 R1 上却将其配置为"cisco"。因认证密钥不匹配，故导致 R1 和 R1 彼此忽略对方发出的 RIP 路由更新，两者自然也不会将相应路由安装进路由表。

例 3-32 R1 和 R2 的配置表明两者所配认证密钥不匹配

```
R2#
interface Loopback0
ip address 131.108.3.2 255.255.255.0
!
interface Ethernet0
ip address 131.108.1.2 255.255.255.0
ip rip authentication key-chain cisco1
!
router rip
 version 2
 network 131.108.0.0
!
```

```
R1#
interface Loopback0
 ip address 131.108.2.1 255.255.255.0
!
interface Ethernet0
 ip address 131.108.1.1 255.255.255.0
 ip rip authentication key-chain cisco
!
router rip
 version 2
 network 131.108.0.0
!
```

例 3-33 所示为在 R2 上执行 **debug ip rip** 命令的输出。由输出可知，R2 从 R1 收到了 RIP 数据包，但附着于其的认证密钥与本机所配不符。这表明路由收、发方所配认证密钥不匹配。

例 3-33 debug ip rip 命令的输出表明 R2 收到的 RIP-2 数据包未能通过认证

```
R2#debug ip rip
RIP protocol debugging is on
RIP: ignored v2 packet from 131.108.1.1 (invalid authentication)
```

（2）解决方案

启用 RIP 认证时，需确保路由收、发方设有相同的认证密钥。即便在密钥的末尾多敲了一个空格，也会导致认证失败，因为空格也被视为一个有效字符。更糟的是，果真如此的话，即便查看配置，也看不出个所以然来。

通过 debug，可以弄清故障是否由认证密钥不匹配所引起。要解决此类故障，需在路由收、发方配置相同的密钥，或重新输入认证密钥，并确保在结尾处未误敲空格。

例 3-34 所示为可解决该问题的新配置。在路由器 R2 上，重配了与路由器 R1 相同的认证密钥。

例 3-34 在 R2 上配置正确的认证密钥

```
R2#
interface Loopback0
 ip address 131.108.3.2 255.255.255.0
!
interface Ethernet0
 ip address 131.108.1.2 255.255.255.0
 ip rip authentication key-chain cisco
!
router rip
 version 2
 network 131.108.0.0
!
```

例 3-35 所示为配置更改之后路由器 R2 的路由表。

例 3-35　重配认证密钥之后 R2 的路由表

```
R2#show ip route 131.108.2.0
Routing entry for 131.108.2.0/24
  Known via "rip", distance 120, metric 1
  Redistributing via rip
  Last update from 131.108.1.1 on Ethernet0, 00:00:07 ago
  Routing Descriptor Blocks:
  * 131.108.1.1, from 131.108.1.1, 00:00:07 ago, via Ethernet0
      Route metric is 1, traffic share count is 1
```

8. RIP 路由未"进驻"路由表——原因：非连续网络

非连续网络是指一个主类网络被另一个主类网络从中"加塞"。第 2 章对 RIP 为什么不支持非连续网络做了深入细致的讲解。

图 3-9 给所示为非连续网络示例：一个主类网络被另一个主类网络从中"加塞"。

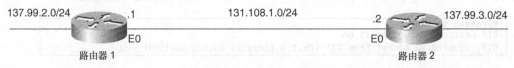

图 3-9　非连续网络示例

图 3-10 所示为由此原因导致的 RIP 路由安装故障排障流程。

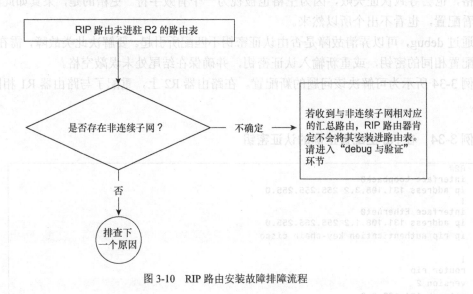

图 3-10　RIP 路由安装故障排障流程

（1）debug 与验证

例 3-36 所列为路由器 R1 和 R2 的配置。由配置可知，通过 **network** 命令，在路由器 R1 和 R2 的以太网接口上激活了 RIP。

例 3-36　非连续网络环境中 R1 和 R2 的配置

```
R2#
interface Loopback0
ip address 137.99.3.2 255.255.255.0
!
interface Ethernet0
ip address 131.108.1.2 255.255.255.0
!
router rip
 network 131.108.0.0
 network 137.99.0.0
!
```

```
R1#
interface Loopback0
ip address 137.99.2.1 255.255.255.0
!
interface Ethernet0
ip address 131.108.1.1 255.255.255.0
!
router rip
network 131.108.0.0
network 137.99.0.0
```

例 3-37 所示为在路由器 R1 和 R2 上执行 **debug ip rip** 命令时的输出。由输出可知，两者都通告了目的网络为 137.99.0.0 的路由更新消息。

例 3-37　debug ip rip 命令的输出表明 R1 和 R2 都通告了经过汇总的主网路由

```
R2#debug ip rip
RIP protocol debugging is on
RIP: received v1 update from 131.108.1.1 on Ethernet0
      137.99.0.0 in 1 hops
RIP: sending v1 update to 255.255.255.255 via Ethernet0 (131.108.1.2)
RIP: build update entries
      network 137.99.0.0 metric 1
R2#
```

```
R1#debug ip rip
RIP protocol debugging is on
R1#
RIP: received v1 update from 131.108.1.2 on Ethernet0
      137.99.0.0 in 1 hops
RIP: sending v1 update to 255.255.255.255 via Ethernet0 (131.108.1.1)
RIP: build update entries
      network 137.99.0.0 metric 1
```

于是，R1 和 R2 会彼此忽略对方通告的路由更新 137.99.0.0，因两者都与主类网络 137.99.0.0 直连。

（2）解决方案

R1 和 R2 未在路由表中安装路由 137.99.0.0，是因为 RIP 不支持非连续网络，这在前文已多次提及。解决该问题的方法有几种。最快的方法是在每台路由器上配置 137.99.0.0 所含子网的明细静态路由。第二种方法是启用 RIP-2。当然，还可以启用其他支持非连续网络的 IP 路由协议（如 OSPF、IS-IS、EIGRP 等），以取代 RIP。

例 3-38 所示为能解决问题的路由器 R1 和 R2 的配置变更。由配置可知，在 R1 和 R2 上分别互指了与非连续子网相对应的明细静态路由。在非连续网络环境中运行 RIP-1 时，无法传播子网路由信息，唯一的解决方案只能是互指静态路由。

例 3-38　配置静态路由可解决该问题

```
R1#
interface Loopback0
ip address 137.99.2.1 255.255.255.0
!
interface Ethernet0
ip address 131.108.1.1 255.255.255.0
!
router rip
 network 131.108.0.0
 network 137.99.0.0
!
ip route 137.99.3.0 255.255.255.0 131.108.1.2
```

```
R2#
interface Loopback0
ip address 137.99.3.2 255.255.255.0
!
interface Ethernet0
ip address 131.108.1.2 255.255.255.0
!
router rip
 network 131.108.0.0
 network 137.99.0.0
!
ip route 137.99.2.0 255.255.255.0 131.108.1.1
```

例 3-39 所示为通过启用 RIP-2，来解决这一问题的第二种方法。该解决方案是在路由器上先启用 RIP-2 功能，然后再执行 **no auto-summary** 命令。**no auto-summary** 命令配妥之后，RIP-2 路由器跨主网边界通告时，将不会执行路由汇总操作。精确的子网路由信息由此得以传送。

例 3-39　在非连续网络环境中启用 RIP-2 的配置

```
router rip
 version 2
 network 131.108.0.0
 network 137.99.0.0
 no auto-summary
```

例 3-40 所示为该问题解决之后 R2 的路由表。

例 3-40　由 R2 的路由表输出可知，配置了 no auto-summary 命令之后，R2 通过 RIP-2 学到了路由 137.99.2.0/24

```
R2#show ip route 137.99.2.0
Routing entry for 13799.2.0/24
  Known via "rip", distance 120, metric 1
  Redistributing via rip
  Last update from 131.108.1.1 on Ethernet0, 00:00:07 ago
  Routing Descriptor Blocks:
  * 131.108.1.1, from 131.108.1.1, 00:00:07 ago, via Ethernet0
      Route metric is 1, traffic share count is 1
```

9. RIP 路由未"进驻"路由表——原因：无效的路由来源

RIP 路由器在路由表中安装路由时，会对路由来源的有效性执行检查。若路由更新数据包的源 IP 地址与本机接口所设 IP 地址不隶属同一子网，RIP 路由器将忽略该路由更新消息，自然也不会将由这一源 IP 地址通告的 RIP 路由安装进路由表。

图 3-11 所示为可能会产生无效路由来源故障的网络拓扑。

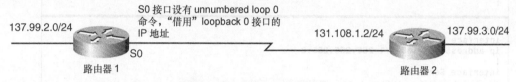

图 3-11 无效路由来源网络拓扑

如图 3-11 所示，路由器 1 Serial 0 接口设有 **unnumbered loop 0** 命令，意在"借用"loopback 0 接口的 IP 地址；而路由器 2 的 Serial 0 接口则明确设有 IP 地址。当路由器 2 从路由器 1 收到 RIP 路由更新时，会认路由来源无效，因为 RIP 路由更新数据包的源 IP 地址与路由器 2 Serial 0 接口所设 IP 地址不隶属同一子网。

图 3-12 所示为由此原因导致的 RIP 路由安装故障排障流程。

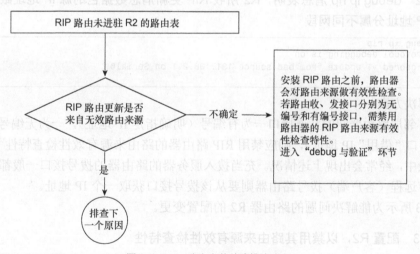

图 3-12 RIP 路由安装故障排障流程

（1）debug 与验证

例 3-41 所示为路由器 R1 和 R2 的配置。由配置可知，因路由器 R1 Serial 0 接口的 IP 地址"借用"自 loopback 0 接口，故 Serial 0 接口属于无编号接口；而 R2 Serial 0 接口则明确设有 IP 地址，为有编号接口。

例 3-41 R1 和 R2 的配置表明，两者的 Serial 0 接口一为无编号，一为有编号

```
R2#
interface Loopback0
 ip address 131.108.3.2 255.255.255.0
!
interface Serial0
 ip address 131.108.1.2 255.255.255.0
!
router rip
 network 131.108.0.0
```

```
R1#
interface Loopback0
 ip address 131.108.2.1 255.255.255.0
!
interface Serial0
 ip unnumbered Loopback0
!
router rip
 network 131.108.0.0
```

由例 3-42 所示 **debug ip rip** 命令的输出可知，R2 忽略了 R1 通告的 RIP 路由更新，因其通不过路由来源的有效性检查。R1 通告的 RIP 路由更新数据包的源 IP 地址，与 R2 S0 接口所设 IP 地址不隶属于同一子网，R2 不会将相应路由安装进路由表[①]。

例 3-42 debug ip rip 消息表明，R2 所收 RIP 更新消息数据包的源 IP 地址跟自己的接收接口所设 IP 地址分属不同网段

```
R2#debug ip rip
RIP protocol debugging is on
RIP: ignored v1 update from bad source 131.108.2.1 on Serial0
R2#
```

（2）解决方案

若 RIP 邻居路由器间的互连接口一为有编号（明确指定 IP 地址），一为无编号（比如，从 loopback 接口"借用" IP 地址），则应禁用 RIP 路由器的路由来源有效性检查特性[②]。在远程拨号访问场景中，经常会出现上述情况。充当拨入服务器的路由器的拨号接口一般都是无编号接口，而所有远程（客户端）拨号路由器则要从该拨号接口获取一个 IP 地址。

例 3-43 所示为能解决问题的路由器 R2 的配置变更。

例 3-43 配置 R2，以禁用其路由来源有效性检查特性

```
R2#
interface Loopback0
 ip address 131.108.3.2 255.255.255.0
```

（待续）

[①] 原文是"The RIP update coming from R1 is not on the same subnet, so R2 will not install any routes in the routing table."——译者注

[②] 原文是"When one side is numbered and the other side is unnumbered, this check must be turned off."技术书籍的写作，不是作者懂点技术就能胜任的。——译者注

```
!
interface Serial0
ip address 131.108.1.2 255.255.255.0
!
router rip
no validate-update-source
network 131.108.0.0
!
```

由例 3-44 可知，修改过 R2 的配置之后，RIP 路由已"进驻"其路由表。

例 3-44　禁用路由来源有效性检查特性之后 R2 的路由表

```
R2#show ip route 131.108.2.0
Routing entry for 131.108.2.0/24
  Known via "rip", distance 120, metric 1
  Redistributing via rip
  Last update from 131.108.1.1 00:00:01 ago
  Routing Descriptor Blocks:
  * 131.108.1.1, from 131.108.1.1, 00:00:07 ago
      Route metric is 1, traffic share count is 1
```

10. RIP 路由未"进驻"路由表——原因：第 2 层故障（交换机、帧中继，以及其他第 2 层介质）

有时，多播（或广播）会受阻于第二层，从而会继续影响第 3 层多播，导致 RIP 无法正常运作。第 3 层广播/多播会进一步转换为第 2 层广播/多播[①]。若第 2 层无法处理多播或广播（流量），则势必影响 RIP 路由更新的传播。借助于 debug 命令，可清楚地了解广播或多播流量从一端生成，但无法穿第二层链路发送。

图 3-13 所示为在出故障的帧中继网络环境中运行 RIP 的场景。由图 3-13 可知，路由器 1 和路由器 2 通过第 2 层介质（本例为帧中继，对 X.25、以太网或 FDDI 等技术同样适用）互连。

图 3-13　帧中继网络环境中运行 RIP 的两台路由器

图 3-14 所示为由此原因导致的 RIP 路由安装故障排障流程。

（1）debug 与验证

例 3-45 所示为 **debug ip rip** 命令的输出。由输出可知，R1 收、发 RIP 路由更新并无任何问题。而 R2 则只能正常发送 RIP 路由更新，但却无法正常接收。这表明 RIP 路由更新在第 2 层传丢。

---

① 原文是 "The Layer 3 broadcast/multicast is further converted into Layer 2 broadcast/multicast." 译文为直译。——译者注

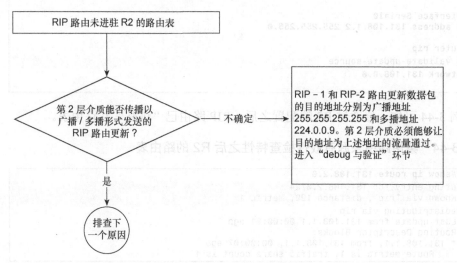

图3-14 RIP路由安装故障排障流程

例3-45 带限定条件（挂接了access-list 100）的debug ip packet命令的输出表明，R1在线路上发出了RIP路由更新，但R2却没有收到

```
R1#debug ip packet 100 detail
IP packet debugging is on (detailed) for access list 100
R1#
IP: s=131.108.1.1 (Ethernet0), d=255.255.255.255, len 132, sending broadcast/
    multicast
    UDP src=520, dst=520
IP: s=131.108.1.1 (Ethernet0), d=255.255.255.255, len 132, rcvd 2
    UDP src=520, dst=520

R2#debug ip packet 100 detail
IP packet debugging is on (detailed) for access list 100
R2#
IP: s=131.108.1.2 (Ethernet0), d=255.255.255.255, len 132, sending broadcast/
    multicast
    UDP src=520, dst=520
IP: s=131.108.1.2 (Ethernet0), d=255.255.255.255, len 132, sending broadcast/
    multicast
    UDP src=520, dst=520
```

例3-46所示为 **access-list 100** 的配置，在 **debug ip packet** 命令中，正是挂接了该ACL，以"筛选"出RIP路由更新数据包（广播/多播）。

例3-46 用在debug ip packet命令中，精确"筛选"出RIP路由更新数据包的access-list 100的配置①

```
access-list 100 permit ip any host 255.255.255.255
access-list 100 permit ip any host 224.0.0.9
```

例3-47所示为运行RIP-2时，定位第二层故障的一种方法。在R2上ping多播地址224.0.0.9

---

① 原文是"access-list 100 Is Used Against the Debugs to Minimize the Traffic"——译者注

的用意是，若该地址 ping 不通（邻居路由器未作回应），则表明第 2 层在传递多播流量时出现了问题。

例 3-47 ping 不通作为 RIP-2 路由更新数据包目的地址的多播地址，即表明 R2 发出的 RIP-2 路由更新在第 2 层传丢

```
R2#ping 224.0.0.9

Type escape sequence to abort.
Sending 1, 100-byte ICMP Echos to 224.0.0.9, timeout is 2 seconds:
.....
R2#
```

（2）解决方案

RIP-1 和 RIP-2 路由更新数据包的目的地址分别为广播地址 255.255.255.2555，和多播地址 224.0.0.9[①]。若目的地址为这两个地址的流量受阻于网络的第 2 层，或不能在网络的第 2 层传送，RIP 自然也不可能正常运作。这里所说的第 2 层网络既可以是一台简单的以太网交换设备，也可以是一个帧中继或桥接式网络云。如何解决第 2 层网络故障，不在本书范围之列。

又例 3-48 可知，解决第 2 层网络故障后，R2 就可以将 RIP 路由安装进路由表了。

例 3-48 解决第 2 层网络故障后，R2 将 RIP 路由安装进了路由表

```
R2#show ip route 131.108.2.0
Routing entry for 131.108.2.0/24
  Known via "rip", distance 120, metric 1
  Redistributing via rip
  Last update from 131.108.1.1 00:00:01 ago
  Routing Descriptor Blocks:
  * 131.108.1.1, from 131.108.1.1, 00:00:07 ago
      Route metric is 1, traffic share count is 1
```

11. RIP 路由未"进驻"路由表——原因：offset-list 定义的度量值过高

可利用 offset-list 来调整（增加）出/入站 RIP 路由更新的度量值。对 offset-list 的使用会对路由表中的路由表项产生直接影响。可让 offset-list 作用于特定目的网络的路由，具体的网络号可通过访问列表来定义。若 offset-list 定义的 RIP 路由度量值过高（如 14 或 15），则相关路由在"途经"两台路由器之后，度量值就会达到无穷大。这也正是应将 offset-list 所定义的 RIP 路由的度量值尽量保持最低的原因所在。

在图 3-15 所示的网络中，因 offset-list 配置错误，而导致了 RIP 路由安装故障。

图 3-15 用来演示因 offset-list 错误配置，而导致 RIP 路由安装问题的网络拓扑

[①] 原文是 "RIP-1 sends an update on a broadcast address of 255.255.255.255. In the case of RIP-2, the update is sent on a multicast address of 224.0.0.9." ——译者注

由例 3-49 可知,精确路由 131.108.6.0 未"进驻"R2 的路由表。

例 3-49　R3 身后的子网路由未"进驻"R2 的路由表

```
R2#show ip route 131.108.6.0
% Subnet not in table
```

图 3-16 所示为由此原因导致的 RIP 路由安装故障排障流程。

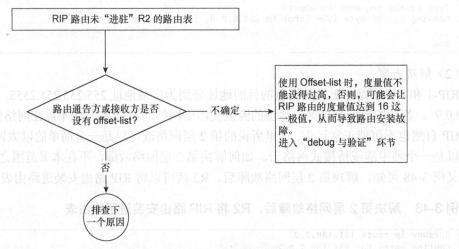

图 3-16　RIP 路由安装故障排障流程

（1）debug 与验证

必须对 RIP 的正常运作方式了如指掌,才能排除此类故障。

由例 3-50 可知,R2 收到了除 131.108.6.0/24 之外的其他 RIP 路由。

例 3-50　R2 的路由表中未包含 RIP 路由 131.108.6.0/24

```
R2#show ip route RIP
     131.108.0.0/24 is subnetted, 4 subnets
R       131.108.5.0 [120/1] via 131.108.1.1, 00:00:06, Ethernet1
R       131.108.3.0 [120/1] via 131.108.1.1, 00:00:06, Ethernet1
```

可以判断,故障只涉及特定目的网络（131.108.6.0/24）,不属于一般性 RIP 故障。R3 能正常接收 R1 通告的其他 RIP 路由,这表明 R1 可正常通告 RIP 路由更新。

例 3-51 所列为 R1 的路由表,路由 131.108.6.0/24 位列其中。

例 3-51　路由 131.108.6.0/24 在 R1 的路由表中"露面"

```
R1#show ip route 131.108.6.0
Routing entry for 131.108.6.0/24
  Known via "rip", distance 120, metric 1
```

那为什么 R2 却不能安装路由 131.108.6.0/24 呢?原因不出以下所列:

- R1 未向 R2 通告路由 131.108.6.0/24；
- R1 通告了路由 131.108.6.0/24，但 R2 未能收到；
- R2 收到了路由 131.108.6.0/24，但因度量值过高而将之丢弃。

排除此类故障最直接的方法就是检查一下路由器的配置。

例 3-52 所列为路由器 R1 的配置

例 3-52　设置于 R1 上的 offset-list，将路由 131.108.6.0/24 的度量值定得过高

```
R1#
router rip
 version 2
 offset-list 1 out 15 Ethernet0/1
 network 131.108.0.0
!
access-list 1 permit 131.108.6.0
```

网络管理员配置的这一 offset-list，将路由 131.108.6.0/24 的度量值定得过高。offset-list 的作用是调整 RIP 路由的度量值。

根据上述配置，可以看出：匹配 **access-list 1** 的所有路由的度量值都会递增 15。例 3-52 中最下面的 **access-list 1**"允许"的网络正是 131.108.6.0。这就是说，offset-list 会把路由 131.108.6.0 的度量值提高到 16，度量值为 16 的 RIP 路由为无效路由。接收度量值为 16 的路由更新之后，R2 会"拒之门外"。

在 R2 上执行 **debug ip rip** 命令，可证实这一点，如例 3-53 所示。

例 3-53　在 R2 上执行 debug ip rip 命令，据其输出可知，R2 所收路由 131.108.6.0 的度量值无穷大

```
R2#debug ip RIP
RIP: received v2 update from 131.108.1.1 on Ethernet1
       131.108.6.0/24 -> 0.0.0.0 in 16 hops (inaccessible)
```

对 RIP 而言，路由的度量值为 16 即表示相关目的网络不可达，因此 R2 不会让路由 131.108.6.0/24 "进驻"路由表。

（2）解决方案

在运行 RIP 网络中，一般用不到 offset-list。只有当网络中存在多条等开销路径，且在转发特定目的网络流量时，欲让其中的某条路径优于其他路径，才会考虑使用 offset-list。

试举一例，假如，R1 和 R2 之间通过两条链路互连，其中的一条链路因为拥塞而变得延迟较高。

此时，网络管理员可能需要在短时间之内，强制让发往某些特定子网的 IP 流量"走"另外一条空闲的链路，以充分利用网络带宽，改善链路的拥塞状况。要想达到这个目的，就可以在那条连接了拥塞链路的路由器接口上配置 offset-list，增加通往特定目的子网的路由的 RIP 度量值。

例 3-54 所示为路由器 R1 的新配置。

解决问题的关键在于，要配置 offset-list，使 RIP 路由的度量值（跳数）不会达到其极值。

例 3-54　R1 的新配置，在 Offset-list 1 中为 RIP 路由设置了适当的值

```
R1#
router rip
 version 2
 offset-list 1 out 1 Ethernet0/1
 network 131.108.0.0
!
access-list 1 permit 131.108.6.0
```

例 3-55 所示为故障解决之后，路由器 R2 的路由表。

例 3-55　调整 offset-list 配置之后，R2 的路由表包含了路由表项 131.108.6.0/24

```
R2#show ip route 131.108.6.0
Routing entry for 131.108.6.0/24
  Known via "rip", distance 120, metric 1
```

12. RIP 路由未"进驻"路由表中——原因：RIP 路由的跳数达到了极值

RIP 路由器的度量值最高为 15 跳。若网络中数据包"途经"的路由器超过了 15 台，最好不要选用 RIP 作为路由协议。

图 3-17 所示为一个有 RIP 跳数限制问题的网络。

图 3-17　有 RIP 跳数限制问题的网络

在该网络中，R2（从 R1）接收跳数过高（高于 15 跳）的 RIP 路由更新。由例 3-56 可知，R2 未将 RIP 路由 131.108.6.0 安装进路由表。

例 3-56　RIP 路由 131.108.6.0 未"进驻"R2 的路由表

```
R2#show ip route 131.108.6.0
% Subnet not in table
```

图 3-18 所示为由此原因导致的 RIP 路由安装故障排障流程。

（1）debug 与验证

排除此类故障最理想的着手点就是 R1 开始查起，应检查其能否收到 RIP 路由 131.108.6.0/24。

由例 3-57 可知，路由器 R1 收到了 RIP 路由 131.108.6.0/24。

第 3 章 排除 RIP 故障

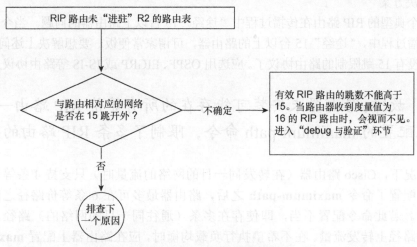

图 3-18 RIP 路由安装故障排障流程

例 3-57 R1 的路由表包含了度量值为 15 (最高 RIP 度量值) 的 RIP 路由 131.108.6.0/24

```
R1#show ip route 131.108.6.0
Routing entry for 131.108.6.0/24
Known via "rip", distance 120, metric 15
```

R1 能够收到路由 131.108.6.0/24，但其度量值为 15。向 R2 通告之前，R1 会把此路由的度量值加 1，使其度量值变为无穷大，最终将导致 R1 放弃在路由表中安装相关路由。

要想证明这一点，可登录 R1，执行 **debug ip rip** 命令，实时观察其收、发 RIP 路由的情况。

例 3-58 所示为在路由器 R1 上执行 **debup ip rip** 命令的输出。

例 3-58 debug ip rip 命令的输出表明，R1 所通告的 RIP 路由 131.108.6.0/24 的度量值为 16

```
R1#debug ip rip
RIP protocol debugging is on
RIP: sending v2 update to 224.0.0.9 via Ethernet1 (131.108.1.1)
     131.108.6.0/24 -> 0.0.0.0, metric 16, tag 0
```

例 3-59 所示为在路由器 R2 上执行 **debug ip rip** 的输出。由输出可知，路由器 R2 收到了 RIP 路由 131.108.6.0/24，但因其度量值过高，而认为网络 131.108.6.0/24 "遥不可及"，故将相应路由丢弃。

例 3-59 在 R2 上执行 debug ip rip 命令，其输出表明 R2 收到度量值为无穷大的 RIP 路由 131.108.6.0/24

```
R2#debug ip rip
RIP protocol debugging is on
RIP: received v2 update from 131.108.1.1 on Ethernet1
     131.108.6.0/24 -> 0.0.0.0 in 16 hops (inaccessible)
```

（2）解决方案

这是一个典型的 RIP 路由在传播过程中"途经"15 台以上路由器的问题。当今的 IP 网络，在路由的传播过程中，"途经"15 台以上的路由器，可谓家常便饭。要想解决上述问题，那就只有另选一种没有 15 跳限制的路由协议了。应选用 OSPF、EIGRP 或 IS-IS 等路由协议来取代 RIP。

3.2.2 故障：路由器未安装可能存在的所有等价 RIP 路由——原因：路由器上配置的 maximum-path 命令，限制了多条 RIP 路由的安装

默认情况下，Cisco 路由器（在转发同一目的网络的流量时）只支持 4 条等价路径间的负载均衡。配置了命令 maximum-path 之后，路由器最多可在 6 条等价路径之间对流量执行负载均衡。若此命令配置不当，即使存在多条（通往同一目的网络的）路径，路由器也只会在 1 条路径上转发流量。在不希望执行负载均衡时，应在路由器上配置 **maximum-path 1** 命令。

图 3-19 例 3-60 所示为受 **maximum-path** 命令的限制，路由器未能安装可能存在的所有等价 RIP 路由的故障场景。本节会详述如何排除此类故障。

在图 3-19 所示场景中，存在路由器不能安装所有等价 RIP 路由的问题。

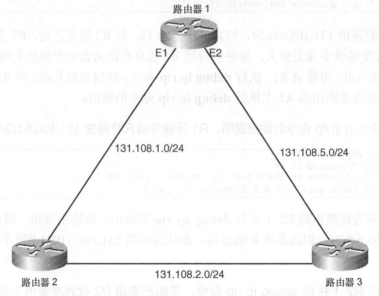

图 3-19 容易产生等价 RIP 路由安装不全的网络场景

例 3-60 所示为路由器 R1 的路由表，不难发现，路由表中只存在 1 条通往目的网络 131.108.2.0/24 的路由。默认情况下，所有路由协议都支持（通往同一目的网络的）等价多路径（即在转发同一目的网络的流量时，可在多条路径之间实现负载均衡）。只要存在（通往同一目的网络的）多条等价路径，路由器一定会全都安装进路由表。

例 3-60 R1 只安装了一条通往 131.108.2.0/24 的 RIP 路由

```
R1#show ip route rip
131.108.0.0/24 is subnetted, 1 subnets
R     131.108.2.0 [120/1] via 131.108.5.3, 00:00:09, Ethernet2
```

图 3-20 所示为由此原因导致的 RIP 路由安装故障排障流程。

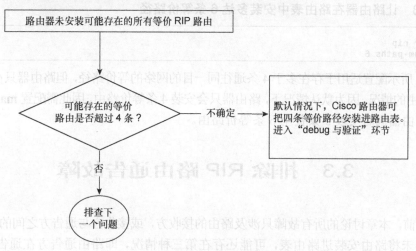

图 3-20 RIP 路由安装故障排障流程

（1）debug 与验证

例 3-61 所列为在路由表 R1 上执行 **debug ip rip** 命令的输出。由输出可知，R1 收到了两条通往目的网络 131.108.2.0/24 的等价路由。

例 3-61 在 R1 上执行 debug ip rip 命令，其输出表明 R1 接收到了两条通往目的网络 131.108.2.0 的 RIP 路由

```
R1#debug ip rip
RIP protocol debugging is on
R1#
RIP: received v2 update from 131.108.5.3 on Ethernet2
     131.108.2.0/24 -> 0.0.0.0 in 1 hops
RIP: received v2 update from 131.108.1.2 on Ethernet1
     131.108.2.0/24 -> 0.0.0.0 in 1 hops
```

R1 只在路由表中安装了一条路由。读者将会了解到，R1 之所以只在路由表中安装一条而不是两条路由，全都是 **maximum-paths 1** 命令"从中作祟"。

例 3-62 所列为路由器 R1 的当前配置。

例 3-62 R1 的配置中包含了 **maximum-paths 1** 命令

```
R1#
router rip
 version 2
 network 131.108.0.0
 maximum-paths 1
```

（2）解决方案

默认情况下，Cisco 路由器能在路由表中安装多达 4 条（通往同一目的网络的）等价路由。若按照例 3-63 来配置 Cisco 路由器，则可将等价路由的安装条数增加到 6 条。

例 3-63 所示为让路由器在路由表中安装 6 条等价路由的配置。

例 3-63　让路由器在路由表中安装多达 6 条等价路径

```
R1#
router rip
maximum-paths 6
```

例 3-63 所示配置适用于存在多于 4 条通往同一目的网络的等价路径，但路由器只在路由表中安装了 4 条路由的情况。因为默认情况下，路由器只会安装 4 条等价路由，因此需配置 **maximum-paths** 命令，让路由器同时安装 5 条甚至 6 条等价路由。

3.3　排除 RIP 路由通告故障

截止目前，本章讨论的所有故障只涉及路由的接收方，或接收方与通告方之间的第 2 层网络。

路由器未将路由安装进路由表，可能还存在第三种情况，即路由通告方在通告路由时出现故障，这也会导致路由接收方无法将 RIP 路由安装进路由表。本节将讨论发生在路由通告方的 RIP 故障。

本节会讨论几种可能会引发 RIP 路由通告故障的情形。其中的某些场景与前文介绍的路由器安装故障重叠，比如，忘配了相关 **network** 语句，或路由器接口故障。本节的重点将放在除上一节所涉故障之外的故障情形。本节会给出解决这些故障的建议。

以下所列为两种最为常见的影响 RIP 路由通告的故障，这两种故障都与路由通告方有关：

- 路由通告方未通告 RIP 路由；
- 未通告子网路由。

3.3.1　故障：路由通告方未通告 RIP 路由

一般而言，在运行 RIP 的 IP 网络中，所有 RIP 路由器的路由表应具备一致性。也就是说，所有 RIP 路由器的路由表都应包含通往本网络内所有 IP 子网的完整的可达性信息。要是在网络内的部分 RIP 路由器上实施路由过滤，以过滤某些子网的路由信息，则网络中所有 RIP 路由器的路由表将不具备一致性。而在理想情况下，网络中的所有 RIP 路由器都应该握有整个网络的路由信息。

若网络内某台路由器的路由信息与另一台路由器不同，原因不外以下两种：

- 某些路由器未通告 RIP 路由；
- 某些路由器未收到 RIP 路由。

本节将重点介绍与通告 RIP 路由的路由器有关的故障。

接下来，笔者将围绕图 3-21 所示网络场景，来讲解由下列原因所导致的路由通告方未通告 RIP 路由故障：

- 忘配或误配了相关 **network** 语句；
- 通告 RIP 路由的路由器接口宕；
- 出站方向的 **distribute-list** 阻止了 RIP 路由的通告；
- 有待通告的网络（接口）失效；
- 通告 RIP 路由接口被设成了 **passive** 模式；
- 多播流量无法传递（比如，帧中继网络中的封装故障）；
- 误配了 **neighbor** 语句；
- 有待通告的子网附着的是可变长子网掩码（VLSM）；
- 启用了水平分割。

图 3-21 所示为路由器 R1 未向 R2 通告 RIP 路由。

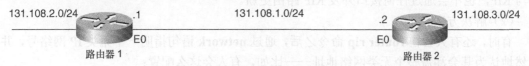

图 3-21　路由器 R1 未向 R2 通告 RIP 路由

1. 路由通告方未通告 RIP 路由——原因：忘配或误配了 network 语句

要想让路由器接口参与 RIP 进程，需在 **router rip** 命令之后添加相关 **network** 语句。让哪个路由器接口参与 RIP 路由进程，则要视 **network** 语句的具体配置而定。若忘配或误配相关 **network** 语句，路由器就不会让相关接口参与 RIP 进程，RIP 路由自然也不会通过该接口向外通告。

图 3-22 所示为路由通告方未通告 RIP 路由故障排障流程。

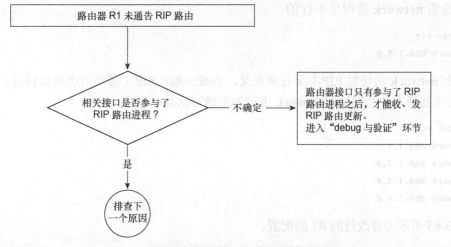

图 3-22　路由通告方未通告 RIP 路由故障排障流程

(1) debug 与验证

例 3-64 所示为路由器 R1 的当前配置。

例 3-64　R1 的配置表明 network 语句所指明的网络号有误

```
R1#
interface Loopback0
ip address 131.108.2.1 255.255.255.0
!
interface Ethernet0
ip address 131.108.1.1 255.255.255.0
!
router rip
network 131.107.0.0
```

由例 3-64 可知，紧随 **router rip** 命令之后的 **network** 语句所指定的 IP 网络号有误。应指定的网络号为 131.108.0.0，可是实际配置的却是 131.107.0.0。这将导致 R1 既不会让任何接口参与 RIP，也不会通过任何接口外发 RIP 路由更新。

(2) 解决方案

有时，还有人会在 **router rip** 命令之后，通过 **network** 语句指明一个无类 IP 网络号，并想当然地认为其会涵盖整个无类网络地址——比如，有人会这么配置：

```
router rip
network 131.0.0.0
```

配置 RIP 时，路由器可不会认为上面这条 **network** 语句所指明的无类 IP 网络号涵盖了 131.0.0.0～131.255.255.255 之间的所有地址，理由非常简单：131.0.0.0/8 是无类网络号，而 RIP 是有类路由协议。同理，在指明多个 C 类地址时，也不能图省事，用一条 **network** 语句包含所有有待通告的网络。试举一例，要想通告 200.1.1.0～200.1.4.0 这 4 个 C 类网络，用下面这条 **network** 语句是不行的：

```
router rip
network 200.1.0.0
```

以上 **network** 语句对 RIP-1 无任何意义，再说一遍，RIP-1 属于有类路由协议。要想通过 RIP 通告上述所有 4 个网络，**network** 语句的正确写法是：

```
router rip
network 200.1.1.0
network 200.1.2.0
network 200.1.3.0
network 200.1.4.0
```

例 3-65 所示为修改过的 R1 的配置。

例 3-65　经过修改的 R1 上的 network 语句

```
R1#
interface Loopback0
ip address 131.108.2.1 255.255.255.0
!
interface Ethernet0
ip address 131.108.1.1 255.255.255.0
!
router rip
network 131.108.0.0
```

由例 3-66 所示的路由器 R2 的路由表可知，R2 已经学到了 RIP 路由。

例 3-66　由 R2 的路由表可知，修改过 network 语句之后，R2 学到了 RIP 路由

```
R2#show ip route 131.108.2.0
Routing entry for 131.108.2.0/24
  Known via "rip", distance 120, metric 1
  Redistributing via rip
  Last update from 131.108.1.1 on Ethernet0, 00:00:11 ago
  Routing Descriptor Blocks:
  * 131.108.1.1, from 131.108.1.1, 00:00:11 ago, via Ethernet0
      Route metric is 1, traffic share count is 1
```

2. 路由通告方未通告 RIP 路由——原因：路由通告接口失效

RIP 是一种运行于第 3 层以上的路由协议。路由器不可能通过失效的接口（第一、二层状态为 down）通告 RIP 路由[①]。以下所列为路由器接口失效时的几种"症状"：

- 接口状态 up，线协议状态 down。
- 接口状态 down，线协议状态 down。
- 接口状态为人为 shutdown（administratively down），线协议状态 down。

若路由器接口表现出上述任一"症状"，RIP 路由更新都不可能通过该接口外发。有一点需要强调，那就是这三种"症状"都有一个共同特点：线协议状态一律为 down。根据路由器接口的线协议状态，可判断出路由器之间是否通过此接口建立了第 2 层连通性。

图 3-23 所示为路由通告方未通告 RIP 路由故障排障流程。

（1）debug 与验证

由例 3-67 可知，R1 Ethernet 0 接口的线协议状态为 down。

例 3-67　R1 用来通告 RIP 路由更新的 Ethernet 0 接口的线协议状态为 down

```
R1#show interface ethernet 0
Ethernet0 is up, line protocol is down
Hardware is Lance, address is 0000.0c70.d31e (bia 0000.0c70.d31e)
  Internet address is 131.108.1.1/24
```

[①] 原文是 "RIP is the routing protocol that runs on Layer 3. RIP cannot send updates across an interface if the outgoing interface is down."作者的文字总让人捉摸不定。——译者注

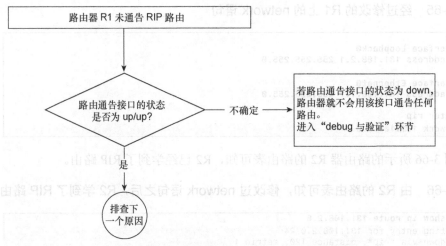

图 3-23　路由通告方未通告 RIP 路由故障排障流程

例 3-68 所示 **debug ip rip** 命令的输出。由输出可知，R1 既收不到，也发不出任何 RIP 路由更新，因其与别的 RIP 路由器建立不了第 2 层连通性。

例 3-68　debug ip rip 命令的输出表明，R1 Ethernet 0 接口既收不到，也发不出任何 RIP 路由更新

```
R1#debug ip rip
RIP protocol debugging is on
R1#
```

有上例可知，执行 debug 命令时，R1 未生成任何输出，这归因于通告 RIP 路由的接口 E0 故障。

（2）解决方案

（RIP 路由器之间）只有先建立起了第二层连通性，才能互相交换 RIP 路由更新数据包。若第二层故障，则 RIP 路由器将（不能通过相关接口）收、发任何路由更新。

只有先解决了第一、二层故障，才能谈到排除 RIP 故障。第一、二层故障的原因可能非常简单，比如，线缆松动或损坏，对于后一种情况须更换线缆；也可能非常复杂，比如，硬件损坏，此时需更换硬件。

例 3-69 所示为修复了第二层故障之后，R1 Ethernet 0 接口的状态。

例 3-69　修复了第 2 层故障之后，R1 用来通告 RIP 路由更新的 Ethernet 0 接口恢复正常

```
R1#
Ethernet0 is up, line protocol is up
  Hardware is Lance, address is 0000.0c70.d31e (bia 0000.0c70.d31e)
  Internet address is 131.108.1.1/24
```

例 3-70 所示为 R2 的路由表。

例 3-70　Ethernet 0 接口恢复正常之后，R1 便能够通过该接口通告 RIP 路由更新，于是，R2 就收到了 RIP 路由，并安装进了路由表

```
R2#show ip route 131.108.2.0
Routing entry for 131.108.2.0/24
  Known via "rip", distance 120, metric 1
  Redistributing via rip
  Last update from 131.108.1.1 on Ethernet0, 00:00:07 ago
  Routing Descriptor Blocks:
  * 131.108.1.1, from 131.108.1.1, 00:00:07 ago, via Ethernet0
      Route metric is 1, traffic share count is 1
```

3. 路由通告方未通告 RIP 路由——原因：出站方向的 distribute-list 阻挡了 RIP 路由的通告

人们常用出站方向的 **distribute-list** 来过滤路由器接口向外通告的路由。如果路由接收方未收到某条本该收到的路由，那就应该检查路由通告方是否设有出站方向的 **distribute-list**，过滤了相应的路由。若果真如此，则需修改为 **distribute-list** 所调用的访问列表。

图 3-24 所示为路由通告方未通告 RIP 路由故障排障流程。

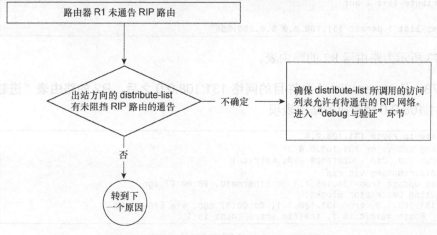

图 3-24　路由通告方未通告 RIP 路由故障排障流程

（1）debug 与验证

例 3-71 所示为路由器 R1 的配置。由配置可知，**access-list 1** 拒绝了 IP 目的网络 131.108.0.0，因此 R1 不会接收通往目的网络 131.108.X.X 的 RIP 路由，而 131.108.2.0/24 也在其列。

例 3-71　access-list 1 拒绝了网络 131.108.0.0

```
R1#
interface Loopback0
 ip address 131.108.2.1 255.255.255.0
!
interface Ethernet0
 ip address 131.108.1.1 255.255.255.0
!
router rip
 network 131.108.0.0
 distribute-list 1 out
!
access-list 1 permit 131.107.0.0 0.0.255.255
```

（2）解决方案

应用 distribute-list 时，应再三检查其所调用的访问列表，以确保访问列表包含的 ACE 明确允许有待通告的 IP 目的网络。否则，相关路由将遭到拒绝。例 3-72 所示配置中包含的访问列表只允许目的网络 131.107.0.0。每个访问列表的末尾都会"潜伏"一条 **deny any** 的 ACE，这将使得目的网络 131.108.0.0 遭到了拒绝。要想解决问题，就得让 **access-list 1** 允许目的网络 131.108.0.0，如例 3-72 所示。

例 3-72 重配 access-list 1，令其允许网络 131.108.0.0

```
interface Loopback0
ip address 131.108.2.1 255.255.255.0
!
interface Ethernet0
ip address 131.108.1.1 255.255.255.0
!
router rip
 network 131.108.0.0
 distribute-list 1 out
!
access-list 1 permit 131.108.0.0 0.0.255.255
```

例 3-73 所示为路由器 R2 的路由表。

例 3-73 让 access-list 1 允许目的网络 131.108.0.0 之后，R2 的路由表"进驻"了与目的网络 131.108.2.0 相对应的路由表项

```
R2#show ip route 131.108.2.0
Routing entry for 131.108.2.0/24
  Known via "rip", distance 120, metric 1
  Redistributing via rip
  Last update from 131.108.1.1 on Ethernet0, 00:00:07 ago
  Routing Descriptor Blocks:
  * 131.108.1.1, from 131.108.1.1, 00:00:07 ago, via Ethernet0
      Route metric is 1, traffic share count is 1
```

4．路由通告方未通告 RIP 路由——原因：有待通告的网络失效

只要路由器的接口失效（状态为 down），与该接口相对应的直连路由就会从路由表中"退位"[①]。在此情形，路由器在通告与本机接口相对应的 RIP 路由时，会将其度量值设置为 16（无穷大），等 hold-down timer（保持计时器）超时之后，便不再通告该路由。当与有待通告的 RIP 路由相对应的接口恢复（状态为 UP）时，路由器则会再次通告该 RIP 路由。

图 3-25 所示为本故障排障流量。

（1）debug 与验证

由例 3-74 可知，R1 Ethernet 1 接口的线协议状态为 down，这表明存在第二层故障。此以太网接口与有待通告的目的网络直连。因此，R1 不会将相关目的网络通告给邻居路由器。

---

① 原文是"The network that is being advertised might be down, and the connected route has been removed from the routing table."原文太差，译文酌改。——译者注

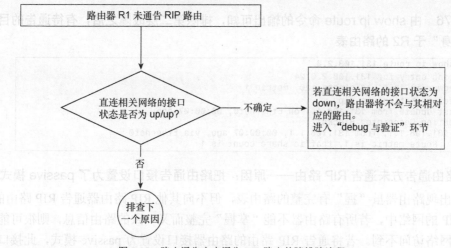

图 3-25 路由通告方未通告 RIP 路由故障排查流程

例 3-74 show interface 命令的输出表明，R1 与有待通告的目的网络直接相连的接口失效（线协议状态为 down）

```
R1#show interface Ethernet 1
Ethernet1 is up, line protocol is down
Hardware is Lance, address is 0000.0c70.d51e (bia 0000.0c70.d51e)
   Internet address is 131.108.2.1/24
```

只要路由器上直连有待通告的目的网络的接口失效（状态为 down），RIP 路由进程就能感知到这一点。于是，会迫使路由器不再发送 RIP 路由更新通告相关目的网络。由例 3-74 可知，R1 Ethernet 1 接口失效（状态为 down），这会导致 R1 不再发送 RIP 路由更新，通告与 E1 接口直连的目的网络 131.108.2.0/24。

（2）解决方法

需排除第一、二层故障。故障原因可能非常简单，如线缆松动；也可能极度复杂，如硬件损坏，此时，需更换硬件。待第二层故障排除之后，再次执行 **show interface** 命令，查看 R1 E1 接口的当前状态，以验证其是否为 up/up。

由例 3-75 可知，R1 与有待通告的目的网络直接相连的接口已经恢复（线协议状态为 up）。

例 3-75 show interface 命令的输出表明，排除了第 2 层故障之后，R1 Ethernet 1 接口的线协议状态变为 up

```
R1#show interface Ethernet 1
Ethernet1 is up, line protocol is up
Hardware is Lance, address is 0000.0c70.d51e (bia 0000.0c70.d51e)
   Internet address is 131.108.2.1/24
```

接口恢复之后，路由器就会通过 RIP 通告与其直接相连的目的网络。由例 3-76 可知，出故障的路由又重新"进驻"了 R2 的路由表。

例 3-76 由 show ip route 命令的输出可知，排除第二层故障之后，有待通告的目的网络再次"现身"于 R2 的路由表

```
R2#show ip route 131.108.2.0
Routing entry for 131.108.2.0/24
  Known via "rip", distance 120, metric 1
  Redistributing via rip
  Last update from 131.108.1.1 on Ethernet0, 00:00:07 ago
  Routing Descriptor Blocks:
  * 131.108.1.1, from 131.108.1.1, 00:00:07 ago, via Ethernet0
      Route metric is 1, traffic share count is 1
```

5．路由通告方未通告 RIP 路由——原因：把路由通告接口设置为了 passive 模式

可能出现路由器虽"握"有完整的路由表，但不向其他 RIP 路由器通告 RIP 路由的情况。在运行 RIP 的网络中，若所有路由器不能"掌握"完整而又一致的路由信息，则很可能会导致部分目的网络访问不到。若将通告 RIP 路由的路由器接口设置为 passive 模式，此接口将不会通告任何 RIP 路由更新。

图 3-26 所示为解决此类故障的排障流程。

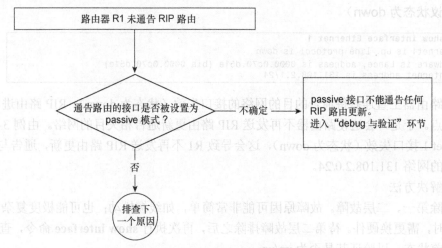

图 3-26 路由通告方未通告 RIP 路由故障排障流程

（1）debug 与验证

例 3-77 所示为 **show ip protocols** 命令的输出。由输出可知，通告 RIP 路由的 E0 接口被设置为了 passive 模式。

例 3-77 show ip protocols 命令的输出表明，R1 用来通告 RIP 路由更新的接口 E0 为 passive 接口

```
R1#show ip protocols
Routing Protocol is "rip"
  Sending updates every 30 seconds, next due in 26 seconds
  Invalid after 180 seconds, hold down 180, flushed after 240
```

（待续）

```
Outgoing update filter list for all interfaces is
Incoming update filter list for all interfaces is
Redistributing: rip
Default version control: send version 1, receive any version
  Interface        Send  Recv  Key-chain
  Loopback0         1     1 2
Routing for Networks:
  131.108.0.0
Passive Interface(s) Ethernet0
Routing Information Sources:
  Gateway          Distance      Last Update
  131.108.1.2         120         00:00:26
Distance: (default is 120)
```

例 3-78 所示为路由器 R1 的配置。由输出可知，接口 E0 被设置为了 passive 模式。

例 3-78   将路由器接口配置为 RIP passive 模式的命令 passive interface

```
router rip
 passive-interface Ethernet0
 network 131.108.0.0
```

（2）解决方案

在 router RIP 配置模式下，一旦将某接口定义 passive 模式，该接口就只能接收但不能发送 RIP 路由更新了。

由例 3-78 可知，接口 Ethernet 0 被设置为了 passive 模式，故 R1 不能通过 Ethernet 0 接口通告任何 RIP 路由更新。因此，在通告目的网络时，如要屏蔽（过滤）其中的某些网络，千万不要把相关路由器接口配置为 passive 模式，应考虑使用 distribute-list，选择性地过滤 RIP 路由更新。

若误将接口配置为了 passive 模式，可用 **passive-interface** 命令的 **no** 形式来纠正错误。

例 3-79 所示为 no 掉 **passive-interface** 命令后的新配置。

例 3-79   解决 passive 模式接口问题

```
router rip
 network 131.108.0.0
```

例 3-80 所示为 no 掉 **passive-interface** 命令之后，R2 的路由表。

例 3-80   no 掉 passive-interface 命令之后，R2 的路由表

```
R2#show ip route 131.108.2.0
Routing entry for 131.108.2.0/24
  Known via "rip", distance 120, metric 1
  Redistributing via rip
  Last update from 131.108.1.1 on Serial0, 00:00:07 ago
  Routing Descriptor Blocks:
  * 131.108.1.1, from 131.108.1.1, 00:00:07 ago, via Serial0
      Route metric is 1, traffic share count is 1
```

6. 路由通告方未通告 RIP 路由——原因：（帧中继网络）不能传递多播

在某些网络中，除非明确配置，否则路由器接口将不能自动传播多播或广播流量。这可能会导致 RIP 路由通告故障，因为默认情况下，RIPv1/v2 路由器分别通过广播和多播发送路由更新。只有赋予相关路由器接口发送广播或多播的能力之后，才能够令 RIP 路由器在网络中通告 RIP 路由信息。在 NBMA（非广播多路访问）帧中继网络环境中，路由器接口"天生"就不能发送广播或多播流量。

现在笔者故意将图 3-27 所示网络配置为不能传递多播流量，以模拟 R1 不能通过帧中继网络（接口）传递 RIP 路由更新的场景。

如图 3-27 所示，路由器 1 和路由器 2 通过帧中继相连。路由器 1 不向路由器 2 通告 RIP 路由。

图 3-27　NBMA 帧中继网络经常会发生多播流量无法传送的问题

图 3-28 所示为本故障排障流程。

（1）debug 与验证

例 3-81 所示为路由器 R1 的配置。本例，路由器的串行接口被封装成了帧中继接口①。由配置可知，**frame- relay map** 命令未含关键字 **broadcast**，因此，R1 S3 接口不能发送任何广播或多播流量。只有在 **frame- relay map** 命令中包含了关键字 **broadcast**，路由器才会通过帧中继线路发送多播或广播流量。

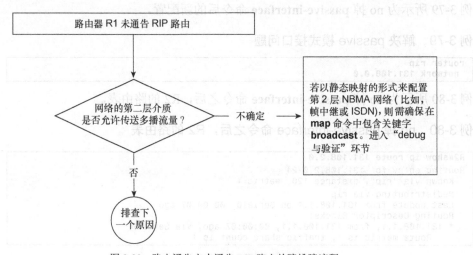

图 3-28　路由通告方未通告 RIP 路由故障排障流程

---

① 原文是"In this example, Frame Relay provides the Layer 2 encapsulation."——译者注

例 3-81　R1 s3 接口的 frame-relay map 命令不含关键字 broadcast

```
R1#
interface Serial3
 ip address 131.108.1.1 255.255.255.0
 encapsulation frame-relay
 frame-relay map ip 131.108.1.2 16
 !
```

例 3-83 所示为 **debug ip packet** 命令的输出。输出结果只"涉及"由 R1 发出的广播流量，这要拜赐于执行此命令时所挂接的 **access-list 100**，此访问列表的具体配置如例 3-82 所示。

例 3-82　用来筛选 debug 输出的 access-list 100

```
R1#:
access-list 100 permit ip host 131.108.1.1 host 255.255.255.255
```

R1 上配置的 **access-list 100** 的作用是：匹配所有源地址为 131.108.1.1，目的地址为 255.255.255.255 的 IP 广播包。如例 3-83 所示，在 R1 上运行了挂接 **access-list 100** 的 **debug ip packet detail** 命令，来"筛选"由 R1 发出的目的 IP 地址为 255.255.255.255 的流量。例 3-83 中 debug 命令的输出结果表明，存在链路封装问题，即由 R1 发出的广播数据包不能被封装进第二层帧。

例 3-83　在 R1 上执行 debug ip packet 命令，由输出可知，RIP 路由更新数据包未能封装进第二层帧中发送

```
R1#debug ip packet 100 detail
IP packet debugging is on (detailed) for access list 100
R1#
IP: s=131.108.1.1 (local), d=255.255.255.255 (Serial3), len 112, sending broad/
        multicast
 UDP src=520, dst=520
IP: s=131.108.1.1 (local), d=255.255.255.255 (Serial3), len 112, encapsulation
        failed
 UDP src=520, dst=520
```

（2）解决方案

要想在帧中继（NBMA）网络环境中运行 RIP，就必须将第二层配置为支持广播流量，否则 RIP 路由更新数据包便无法发送。配置静态 IP 地址到 DLCI 号之间的对应关系时，请确保在 **frame-relay map** 命令中添加关键字 **broadcast**。

例 3-84 所列为包含正确 **frame-relay map** 命令的路由器 R1 的新配置。

例 3-84　NBMA 网络环境中允许发送广播流量的正确配置

```
R1#:
interface Serial3
 ip address 131.108.1.1 255.255.255.0
 encapsulation frame-relay
 frame-relay map ip 131.108.1.2 16 broadcast
 !
```

由例 3-85 可知，R2 的路由表包含了 RIP 路由。

例 3-85 在 R1 上调整了 frame-relay map 命令之后，R2 的路由表中包含了 RIP 路由

```
R2#show ip route 131.108.2.0
Routing entry for 131.108.2.0/24
  Known via "rip", distance 120, metric 1
  Redistributed via rip
  Last update from 131.108.1.1 on Serial0, 00:00:07 ago
  Routing Descriptor Blocks:
  * 131.108.1.1, from 131.108.1.1, 00:00:07 ago, via Serial0
    Route metric is 1, traffic share count is 1
```

7. 路由通告方未通告 RIP 路由——原因：neighbor 语句配置有误

在非广播网络环境中，可配置路由器，令其用单播方式发送 RIP 路由更新[①]。要想让路由器以单播方式发送 RIP 路由更新，配置 neighbor 语句时需慎之又慎。若 neighbor 语句中邻居路由器的 IP 地址配置有误，路由器就不能把单播 RIP 路由更新送达邻居路由器。

图 3-29 所示为解决此类故障的排障流程。

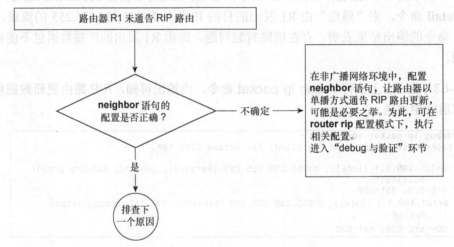

图 3-29 路由通告方未通告 RIP 路由故障排障流程

（1）debug 与验证

例 3-86 所示为路由器 R1 的 RIP 相关配置。不难发现，neighbor 命令所引用的 IP 地址配置有误。neighbor 语句应"指向"RIP 邻居路由器 131.108.1.2，但实际上却"指向"了并不存在的 131.108.1.3。

例 3-86 路由器 R1 的配置，其 neighbor 语句所引用的 IP 地址配置有误

```
router rip
 network 131.108.0.0
 neighbor 131.108.1.3
```

---

① 原文是"In a nonbroadcast environment, RIP utilizes a unicast method to send RIP updates."原文连"主、谓、宾"都安排不好，译文酌改。——译者注

（2）解决方案

由例 3-86 可知，按此配置，路由器 R1 将会向其实并不存在的 RIP 邻居路由器 131.108.1.3，发送单播 RIP 路由更新。

要解决本故障，需重配 **neighbor** 语句。

例 3-87 所示为路由器 R1 的正确配置。

例 3-87　路由器 R1 的配置，其 neighbor 语句配置正确

```
R1# router rip
 network 131.108.0.0
 neighbor 131.108.1.2
```

由例 3-88 可知，R2 在路由表中安装了 RIP 路由 131.108.2.0。

例 3-88　RIP neighbor 语句配置正确之后，R2 的路由表包含了 RIP 路由表项。

```
R2#show ip route 131.108.2.0
Routing entry for 131.108.2.0/24
  Known via "rip", distance 120, metric 1
  Redistributing via rip
  Last update from 131.108.1.1 on Serial0, 00:00:07 ago
  Routing Descriptor Blocks:
  * 131.108.1.1, from 131.108.1.1, 00:00:07 ago, via Serial0
      Route metric is 1, traffic share count is 1
```

8．路由通告方未通告 RIP 路由——原因：待通告网络的为 VLSM 型子网

为高效利用 IP 地址空间，几乎所有的 IP 网络管理员都会用 VLSM（可变长子网掩码）技术，对"原始的"IP 地址块进行子网划分。因 RIP-1 不支持 VLSM，故与 VLSM 型网络有关的路由选择问题成为了 RIP 网络中的常见问题。

在图 3-30 所示网络中，就存在 VLSM 型子网，从而导致了 RIP 路由通告问题。由该图可知，路由器 1 有一个接口，与其 IP 地址配对的子网掩码为/25。请注意，子网 131.108.1.0/24 和 131.108.2.0/25 是用可变长子网掩码技术，从主类网络 131.108.0.0 中划分而得。

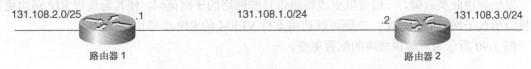

图 3-30　因 VLSM 型子网而产生的 RIP 故障示例

RIP-1 路由更新消息中不包含子网掩码信息，故 RIP-1 不支持 VLSM，路由器也没办法让子网掩码为/24 的接口，通告子网掩码为/25 的目的网络。

图 3-31 所示本故障排障流程。

（1）debug 与验证

例 3-89 所示为 R1 loopback0 接口的子网掩码被配成了/25（255.255.255.128），而通告 RIP 路由更新的接口 E0 所设子网掩码为/24（255.255.255.0）。

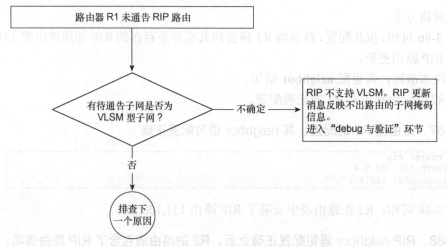

图 3-31　路由通告方未通告 RIP 路由故障排障流程

例 3-89　设有 VLSM 型 IP 地址的路由器接口

```
R1#:
interface Loopback0
ip address 131.108.2.1 255.255.255.128
!
interface Ethernet0
ip address 131.108.1.1 255.255.255.0
!
router rip
network 131.108.0.0
```

（2）解决方案

RIP-1 路由更新消息不包含目的网络的子网掩码信息。因此，只要待通告目的网络的子网掩码，不同于通告 RIP 路由更新的接口所设子网掩码，路由器便无法通告。通告 RIP 路由更新之前，路由器会进行检查，以确保有待通告的目的网络的子网掩码，与通告 RIP 路由更新的接口所设子网掩码相匹配。若检查通不过，路由器便不会通告相关 RIP 路由。

要想解决此类故障，一则可以更改待通告目的网络的子网掩码，使其与通告 RIP 路由更新的接口所设子网掩码相匹配；二则可以选用支持 VLSM 的 RIPv2 路由协议。

例 3-90 所示为可解决故障的配置更变。

例 3-90　配置 R1 令其通告 VLSM 路由

```
R1#:
interface Loopback0
ip address 131.108.2.1 255.255.255.0
!
interface Ethernet0
ip address 131.108.1.1 255.255.255.0
!
router rip
version 2
network 131.108.0.0
```

例 3-91 所示为故障解决之后，路由器 R2 的路由表。

例 3-91 解决 VLSM 的支持问题之后，路由器 R2 的路由表

```
R2#show ip route 131.108.2.0
Routing entry for 131.108.2.0/25
  Known via "rip", distance 120, metric 1
  Redistributing via rip
  Last update from 131.108.1.1 on Ethernet0, 00:00:07 ago
  Routing Descriptor Blocks:
  * 131.108.1.1, from 131.108.1.1, 00:00:07 ago, via Ethernet0
      Route metric is 1, traffic share count is 1
```

9. 路由通告方未通告 RIP 路由——原因：启用了水平分割

水平分割是一项 RIP 用来控制路由环路的特性。在某些情况下，为避免路由环路，启用水平分割是必要之举。譬如，启用水平分割的目的，是要让路由器不把从某接口收到的路由更新，再从同一接口外发。在一般情况下，都应启用这一特性。不过，在某些网络场景中，则需要禁用水平分割。试举一例，对拓扑结构为 hub-and-spoke（中心-分支）的帧中继网络环境而言，因 Spoke 路由器之间并链路直接相连，彼此通信时，需"借道" Hub 路由器，如图 3-32 所示。在这种网络环境中，要运行 RIP，就得禁用水平分割。

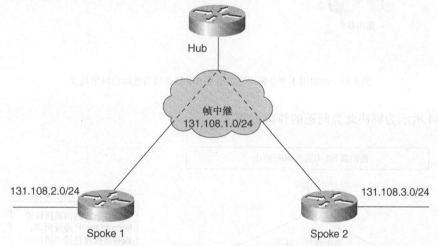

图 3-32 在拓扑为 hub-and-spoke 的帧中继网络环境中，应禁用水平分割功能

还有一个值得一提的特殊情况，即当 RIP 路由器通过其他路由协议，从某接口学得"外部"路由（非 RIP 路由）时，如要将此"外部"路由通过同一接口向其他 RIP 路由器通告，就会出现问题。当该 RIP 路由器将"外部"路由重分发进 RIP 时，会因水平分割功能的启用，而不能通过"外部"路由接收接口重新向外通告[①]。此外，若 RIP 路由器的接口设有 secondary 地址，

---

① 原文是 "Another unique situation worth mentioning is one in which a router has an external route that has a next-hop address also known through some interface where other RIP routers are sitting. When those external routes are redistributed into RIP, the router doesn't advertise that route out the same interface because split horizon is enabled." ——译者注

也应禁用水平分割特性，否则，这一 secondary 地址网段将不会由此接口通告给其他路由器。

图 3-33 所示网络展示了因启用水平分割功能，而导致的 RIP 路由通告故障。图中，路由器 1 未向路由器 3 "倾囊相授" 其所有 RIP 路由。

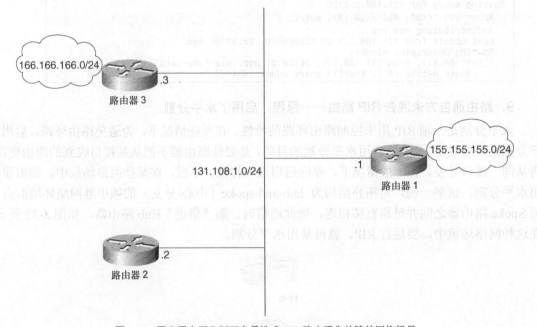

图 3-33 因启用水平分割而容易造成 RIP 路由通告故障的网络场景

图 3-34 所示为解决此类问题的排障流程。

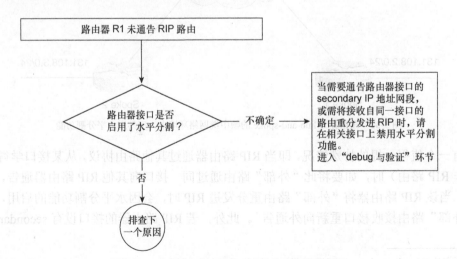

图 3-34 路由通告方未通告 RIP 路由故障排障流程

（1）debug 与验证

例 3-92 所示为 R1 的当前配置。

例 3-92　在 R1 上将静态路由 166.166.166.0/24 重分发进 RIP

```
R1#
router rip
 redistribute static
 network 131.108.0.0
!
ip route 155.155.0.0 255.255.0.0 10.10.10.4
ip route 166.166.166.0 255.255.255.0 131.108.1.3
```

由例 3-93 可知，路由器 R2 的路由表中未包含 RIP 路由 166.166.166.0/24，但却包含了 155.155.155.0/24。

例 3-93　RIP 路由 166.166.166.0/24 未进驻 R2 的路由表

```
R2#show ip route rip
R    155.155.0.0/16 [120/1] via 131.108.1.1, 00:00:07, Ethernet0
```

例 3-94 所示为在路由器 R1 上执行 **debug ip rip** 命令的输出。由输出可知，R1 只通告了目的网络 155.155.0.0/16，并未通告 166.166.166.0/24。因此，R2 的路由表不可能包含通往目的网络 166.166.166.0/24 的 RIP 路由。

例 3-94　debug ip rip 命令的输出表明，R1 未通告 RIP 路由 166.166.166.0

```
R1#debug ip rip
RIP protocol debugging is on

RIP: sending v1 update to 255.255.255.255 via Ethernet0 (131.108.1.1)
RIP: build update entries
 network 155.155.0.0 metric 1
```

（2）解决方案

R1 上所设静态路由 166.166.166.0/24 的下一跳 IP 地址为 131.108.1.3，恰好与 R1 E0 接口所设 IP 地址处于同一子网，在启用水平分割功能的情况下，R1 不会通过 RIP 将这条经过重分发的静态路由器从 E0 接口向外通告。请注意，R2 能够收到由 R1 通过 RIP 通告的另一条经过重分发的静态路由 155.155.155.0/24。这是因为通往目的网络 155.155.155.0/24 的静态路由的下一跳 IP 地址为 10.10.10.4，与 R1 通告 RIP 路由的接口 E0 所设 IP 地址分属不同的子网。

在 R1 Ethernet 0 接口上禁用水平分割功能，即能解决上述 RIP 路由通告故障。

若将 R1 e0 接口的 secondary 地址设为 166.166.166.0/24，在未禁用水平分割功能的情况下，也会导致相同的故障：R1 不会通过 e0 接口在 RIP 更新中通告 secondary IP 地址网段。

例 3-95 能够解决故障的路由器 R1 的新配置。

例 3-95　在 R1 Ethernet 0 接口上禁用水平分割

```
R1#
interface Ethernet0
 ip address 131.108.1.1 255.255.255.0
 no ip split-horizon
```

由例 3-96 可知，修改了 R1 的配置之后，R2 便收到了通往目的网络网络 166.166.166.0/24 的 RIP 路由。

例 3-96 禁用水平分割功能之后，R2 收到了通往目的网络 166.166.166.0/24 的 RIP 路由

```
R2#show ip route rip
R      155.155.0.0/16 [120/1] via 131.108.1.1, 00:00:08, Ethernet0
R      166.166.0.0/16 [120/1] via 131.108.1.1, 00:00:08, Ethernet0
```

当 R1 的 E0 接口设有 secondary IP 地址时，若未禁用水平分割功能，也会造成 RIP 路由通告故障。

例 3-97 给出了如何在 R1 的 E0 接口上配置 secondary IP 地址。

例 3-97 在接口上配置 secondary IP 地址

```
R1#
interface Ethernet0
 ip address 131.108.2.1 255.255.255.0 secondary
 ip address 131.108.1.1 255.255.255.0
```

只要启用了水平分割功能，R1 就不会通过 E0 接口通告其 secondary IP 地址网段。

再来研究一个相似的 RIP 路由通告故障场景，网络拓扑如图 3-35 所示，该网络中的三台路由器 R1、R2 和 R3 都连接到了同一 LAN。

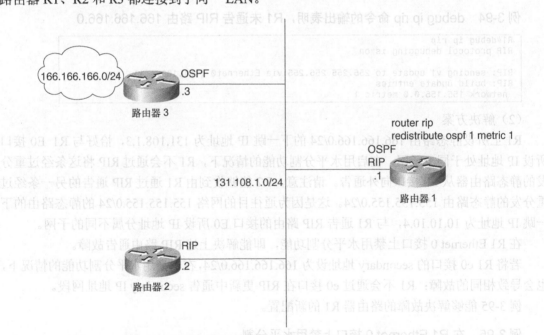

图 3-35 因启用水平分割功能，而导致 RIP 路由通告故障的另一场景

R1 和 R3 运行 OSPF，R1 和 R2 运行 RIP。R3 向 R1 通告了某些 OSPF 路由，R1 须将这些 OSPF 路由重分发进 RIP。但因水平分割功能的开启，导致 R1 无法将那些 OSPF 路由注入 RIP。

解决问题的办法是，需在 R1 E0 接口上禁用水平分割功能。

实战中，一般会因上述三种情形而禁用（相关 RIP 路由器个别接口的）水平分割功能。除这三种情况之外，只要禁用了 RIP 路由器的水平分割功能，将极有可能导致路由环路。

3.3.2 故障：R2 的路由表缺少子网路由——原因：执行了路由自动汇总

有时，可能会碰到子网路由无法通告进 RIP 的情况。无论何时，只要路由器跨主网边界通告 RIP 路由更新，就会自动执行路由汇总操作。其实，这也是 RIP 路由器的正常行为，如此行事，可降低路由表的规模。

在图 3-36 所示网络中，R1 连接了一个隶属于主类网络 155.155.0.0 的 IP 子网 155.155.155.0/24，但与其相对应的 RIP 路由却未在 R2 的路由表中 "现身"。这既有可能是因为 R1 未向 R2 通告，也有可能是因为 R2 未能收到。但 R1 未通告隶属于主类网络 155.155.0.0/16 的子网明细路由的可能性更大。

由例 3-98 可知，R2 的路由表包含了主网路由 155.155.0.0/16，但缺少隶属于其的子网路由 155.155.155.0/24。由此可见，R1 并不是没有通告相关路由，而是在通告子网路由 155.155.155.0/24 时，将其汇总成了 155.155.0.0/16。

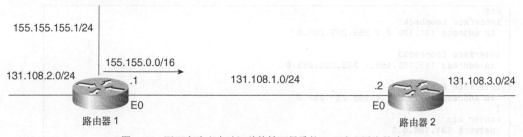

图 3-36　因开启路由自动汇总特性而导致的 RIP 路由通告故障

例 3-98　由 R2 的路由表可知，子网路由 "失踪"

```
R2#show ip route 155.155.155.0 255.255.255.0
% Subnet not in table

R2#show ip route 155.155.0.0
Routing entry for 155.155.0.0/16
  Known via "rip", distance 120, metric 1
  Redistributing via rip
  Advertised by rip (self originated)
  Last update from 131.108.1.1 on Ethernet0, 00:00:01 ago
  Routing Descriptor Blocks:
  * 131.108.1.1, from 131.108.1.1, 00:00:01 ago, via Ethernet0
      Route metric is 1, traffic share count is 1
```

图 3-37 所示的排障流程用来解决因启用路由自动汇总特性而造成的 RIP 路由通告故障。

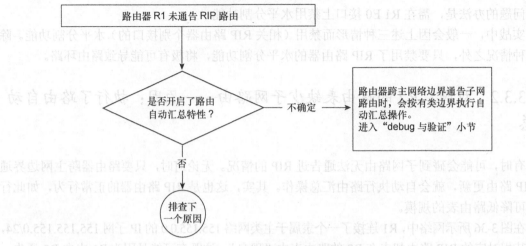

图 3-37 RIP 路由通告故障排障流程

(1) debug 与验证

例 3-99 所示为 R1 运行 RIP-1 时的相关配置。RIP-1 属于有类路由协议,(RIP-1 路由器)跨主网边界通告路由时,总会按有类边界(对有待通告的子网路由)进行自动汇总。

例 3-99 R1 运行 RIPv1 时的相关配置

```
R1#
interface Loopback1
 ip address 131.108.2.1 255.255.255.0
!
interface Loopback3
 ip address 155.155.155.1 255.255.255.0
!
interface Ethernet0
 ip address 131.108.1.1 255.255.255.0
!
router rip
 network 131.108.0.0
 network 155.155.0.0
```

例 3-100 所列为路由器 R2 的路由表。请注意,R2 收到的 RIP 路由是 155.155.0.0/16,而非与 R1 loopback3 接口所设 IP 地址相对应的子网路由 155.155.155.0/24。R2 收到的另一条 RIP 路由为 131.108.2.0/24,该路由的目的网络与其 Ethernet 0 接口所设 IP 地址隶属于同一主类网络(131.108.0.0/16),R1 和 R2 正是通过该主类网络互连。

例 3-100 观察 R2 的路由表,可获知 RIP 路由器如何根据有类边界,对子网路由进行汇总

```
R2#show ip route RIP
R    155.155.0.0/16 [120/1] via 131.108.1.1, 00:00:22, Ethernet0
     131.108.0.0/24 is subnetted, 3 subnets
R       131.108.2.0 [120/1] via 131.108.1.1, 00:00:22, Ethernet0
```

(2) 解决方案

只要运行 RIP-1,就没有任何解决方案,因为 RIP-1 属于有类路由协议。运行 RIP-1 的路由器在跨主网边界，通告子网路由时（即跨某一主类网络，通告隶属于另一主类网络的子网路由），会按"纯天然"的有类边界，执行自动汇总操作。

例 3-100 所示为 R2 的路由表，由其可知，R2 向 R1 通告子网路由 155.155.155.0/24 时，路由信息的通告接口为 E0，其所设 IP 地址为 131.108.1.1/24，隶属于主类网络 131.108.0.0。这样一来，R2 将会按 B 类网络边界，把子网路由 155.155.155.0/24，汇总为 155.155.0.0/16（向 R1 通告）。

RIP-1 所拥有的路由自动汇总特性并不能算是缺点，RIP-1 属于有类协议，在选择路由协议时就应事先考虑到路由协议的各种特征。在运行 RIP-2 的 Cisco 路由器上，可通过命令行来禁用路由自动汇总特性。

需要对 R1 的配置进行修改，在其上开启 RIP-2（并停掉其 RIP-1）路由进程。

例 3-101 所示为 R1 的 RIP-2 相关配置，按此配置，可解决前述由自动路由汇总特性所导致的 RIP 路由通告故障。

例 3-101　在运行 RIP-2 的路由器上禁用路由自动汇总特性

```
router rip
 version 2
 network 131.108.0.0
 network 155.155.0.0
 no auto-summary
```

例 3-102 所示为路由器 R2 的路由表输出，由输出可知，R2 收到了正确的子网路由 155.155.155.0/24。

例 3-102　由路由器 R2 的路由表可知，路由器 2 收到了子网路由 155.155.155.0/24

```
R2#show ip route 155.155.0.0
155.155.0.0/24 is subnetted, 1 subnets
R       155.155.155.0 [120/1] via 131.108.1.1, 00:00:21, Ethernet0
        131.108.0.0/24 is subnetted, 3 subnets
R       131.108.2.0 [120/1] via 131.108.1.1, 00:00:21, Ethernet0
```

3.4　排除 RIP 路由汇总故障

路由汇总是指在路由器的路由表中用一条路由"取代"多条路由的行为，其目的是要达成降低路由表的规模。比如，可用一条路由（31.108.0.0/16 或 131.108.0.0/22），来代替 131.108.1.0/24、131.108.2.0/24、131.108.3.0/24 这三条路由。而 131.108.0.0/22 只涵盖了那三条路由[①]。请牢记，路由汇总（本节内容既涉及自动汇总，也包括手动汇总）的最大作用就是降低路由器路由表中的路由条数。本节将讨论与路由汇总有相关的故障——RIP-2 路由表规模过大。以下所列为最有可能导致该故障的两个原因：

- 禁用了路由自动汇总特性；

---

① 应该还涵盖了零子网路由 131.108.0.0/24。——译者注

- 未配置 ip summary-address 命令。

图 3-38 所示为可能会导致 RIP-2 路由器的路由表"超编"的网络拓扑。

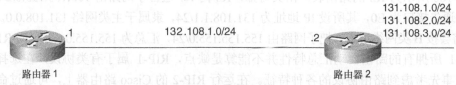

图 3-38　可能会导致 RIP-2 路由器的路由表"超编"的网络拓扑

3.4.1　故障：RIP-2 路由表过大——原因：禁用了路由自动汇总特性

当 RIP 路由器跨主类网络，通告子网路由时，会按有类边界，执行路由汇总。比方说，当路由器 A 通过 RIP，向路由器 B 通告 131.108.1.0/24、131.108.2.0/24、131.108.3.0/24 这三条子网路由时，只要路由器 A、B 间的互连接口 IP 地址不隶属主类网络 131.108.0.0/16，路由器 A 就会把那三条子网路由自动汇总为一条主网路由 131.108.0.0/16。因此，若在路由器 A 上禁用了路由自动汇总特性，则会使得路由器 B 的 RIP 路由表过大。但有时（比如，当存在前述非连续网络时），仍需禁用该特性。

图 3-39 所示为解决本故障的排障流程。

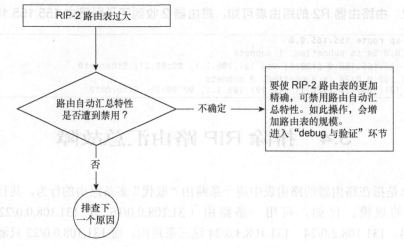

图 3-39　RIP-2 路由表过大排障流程

（1）debug 与验证

例 3-103 所示为发生 RIP-2 路由表过大问题时，路由器 R2 的配置。由配置可知，在 R2 上禁用了自动汇总特性。

例 3-103 R2 上的 RIP 路由自动汇总特性遭到了禁用

```
R2#
router rip
 version 2
 network 132.108.0.0
 network 131.108.0.0
 no auto-summary
```

例 3-104 所示为 R1 的路由表。此表虽然只包含了 4 条 RIP 路由[①]，但要是在实战中，像例 3-103 那样配置，R1 的路由表应该会包含几百条 RIP 路由。R1 收到了主类网络 131.108.0.0/16 所包含的多条子网路由。本例，R1 虽然只收到了 3 条子网路由，但在实战中，可就远不止区区 3 条路由了。

例 3-104 路由器 R1 的路由表包含了多条子网路由

```
R1#show ip route rip
     131.108.0.0/24 is subnetted, 3 subnets
R       131.108.3.0 [120/1] via 132.108.1.2, 00:00:24, Serial3
R       131.108.2.0 [120/1] via 132.108.1.2, 00:00:24, Serial3
R       131.108.1.0 [120/1] via 132.108.1.2, 00:00:24, Serial3
R1#
```

（2）解决方案

因有人在 R2 上禁用了 RIP 路由自动汇总特性，故导致 R1 的路由表包含了多条子网路由。只要在 R2 上启用 RIP 路由自动汇总特性，就能让 R1 路由表中的所有子网路由消失。

例 3-105 所示为经过修改的 R2 的配置。为降低路由表的规模，在 R2 上启用了 RIP 路由自动汇总特性。对运行 RIP 的 Cisco 路由器而言，路由自动汇总特性为默认启用，因此相关命令不会在路由器的配置中"露面"。要想启用 RIP 路由自动汇总特性，请在 **router rip** 模式下，执行 **auto-summary** 命令。

例 3-105 在 R2 上启用 RIP 路由自动汇总特性，以降低 R1 的路由表规模

```
R2#
router rip
 version 2
 network 132.108.0.0
 network 131.108.0.0
```

例 3-106 所示为在 R2 上启用了 RIP 路由自动汇总特性之后，R1 的路由表。

例 3-106 在 R2 上启用 RIP 路由自动汇总特性，以降低 R1 的路由表规模

```
R1#show ip route rip
R    131.108.0.0/16 [120/1] via 132.108.1.2, 00:00:01, Serial3
R1#
```

[①] 原文有误，应该只包含了 3 条 RIP 路由。——译者注

3.4.2 故障：RIP-2 路由表过大——原因：未配置 ip summary-address 命令

在图 3-40 所示网络拓扑中，也有可能会发生 RIP-2 路由器的路由表过大问题。

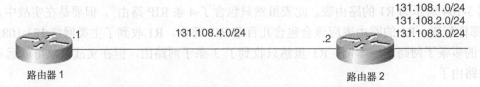

图 3-40 可能会使得 RIP-2 路由器的路由表过大的网络拓扑

由图 3-40 可知，R2 要把主类网络 131.108.0.0 所包含的多条子网路由通告给 R1。请注意，R1 和 R2 互连接口所处 IP 网络也隶属于主类网络 131.108.0.0，因此不能利用 RIP 路由自动汇总特性，来解决 R1 所碰到的接收可被汇总的多条子网路由问题。只有当 R1 和 R2 互连接口所处 IP 网络，与 R2 所要通告的多个（可被汇总的）IP 子网，分属不同的主类网络时，才能使用 RIP 路由自动汇总特性。

图 3-41 所示为解决此类故障的排障流程。

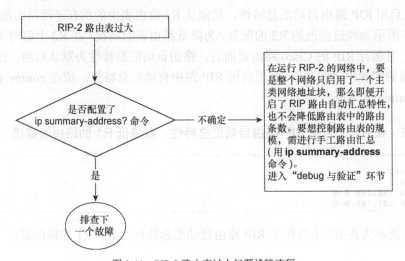

图 3-41 RIP-2 路由表过大问题排障流程

（1）debug 与验证

由从例 3-107 可知，并未在 R2 S1 接口下配置 ip summary-address 命令，对 RIP 路由进行手工汇总。

例 3-107　未在 R2 S1 接口下配置 ip summary-address 命令

```
R2#
interface Serial1
 ip address 131.108.4.2 255.255.255.0
!
router rip
 version 2
 network 131.108.0.0
```

例 3-108 所示为 R1 的路由表。此路由表虽然只包含了 3 条 RIP 路由，但要是在实战中，还是像例 3-107 那样配置，R1 的路由表势必将包含几百条 RIP 路由。

例 3-108　R1 的路由表中包含了多条子网路由

```
R1#show ip route rip
     131.108.0.0/24 is subnetted, 3 subnets
R       131.108.3.0 [120/1] via 131.108.4.2, 00:00:04, Serial3
R       131.108.2.0 [120/1] via 131.108.4.2, 00:00:04, Serial3
R       131.108.1.0 [120/1] via 131.108.4.2, 00:00:04, Serial3

R1#
```

(2) 解决方案

对于前述场景，要想降低 R1 所收 RIP 路由的条数，在 R2 上开启 RIP 路由自动汇总特性，不会起到任何效果，因为整个网络只启用了一个主类网络地址块。对一个启用了 B 类地址空间的网络来说，可能会包含一两百个 C 类子网。在这样的网络中，开启 RIP 路由自动汇总特性，根本就起不到到降低路由表规模的效果，因为与那些 C 类子网相对应的路由并未跨不同的主类网络边界通告。自 12.0.7 T 版本起，Cisco 在 IOS 中引入了一项与 RIP 路由汇总有关的新特性。该特性类似于 EIGRP 的手工路由汇总特性。

例 3-109 所示为能够解决本故障的 R2 的新配置。只需按此配置，就能够减少 R1 路由表中 RIP 路由的条数。此命令包含了不同的子网掩码选项，可使得 RIP-2 路由器在通告路由时，用一条路由取代多条连续的子网路由，以起到降低（路由接收方）路由表规模的效果。

例 3-109　手工汇总 RIP 路由

```
R2#:
interface Serial1
 ip address 131.108.4.2 255.255.255.0
 ip summary-address rip 131.108.0.0 255.255.252.0
!
router rip
 version 2
 network 131.108.0.0
```

由例 3-109 可知，已在 R2 S1 接口上配置了手工汇总 RIP 路由的命令。该命令一配，路由器 R2 通过 S1 接口通告隶属于主类网络 131.108.0.0 的任一子网路由时，都会汇总为一条路由（其网络地址为 131.108.0.0，子网掩码为 255.255.252.0）。也就是说，R2 只会（通过 S1 接口）通告一条汇总路由 131.108.0.0/22，并抑制主类网络 131.108.0.0 所含任一子网路由的通告。

例 3-110 所示为 R1 的路由表，拜路由汇总所赐，其规模已大幅"缩水"。

例 3-110　手工汇总 RIP 路由之后，R1 的路由表规模已大幅"缩水"

```
R1#show ip route rip
R    131.108.0.0/22 [120/1] via 131.108.4.2, 00:00:01, Serial3
R1#
```

3.5　排除与 RIP 有关的路由重分发故障

本节讨论将（其他路由协议）路由重分发进 RIP 时，可能会发生的故障。路由重分发是指将一种（动态）路由协议（所学路由）或静态/直连路由注入另一种路由协议的过程[①]。执行与 RIP 有关的路由重分发操作时，一定要注意避免路由环路。此外，还应在重分发之前，定义好（有待重分发的路由的）度量值（跳数），以免发生意外。

将路由重分发进 RIP 时，最为常见的故障就是：经过重分发的路由未"进驻"理应接收其的路由器的路由表。只要通往相关目的网络的路由未在路由器的路由表内"现身"，该路由器就无法将相关数据包转发至其目的网络。（将路由重分发进 RIP 时，）导致该故障的最常见的原因就是，未定义有待重分发的路由的 RIP 度量值。

路由器会根据 RIP 路由的跳数来度量（评判）其优劣。RIP 路由的跳数所指为 RIP 路由在传播过程中所途经的路由器的台数。RIP 路由的跳数最多只能为 15 跳，这在上一章已多此提及。RIP 路由器会把跳数超过 15 的路由视为不可达，收到此类路由之后，会做丢弃处理。

图 3-42 所示为可能会发生与 RIP 有关的路由重分发故障的场景，即经过重分发的路由不能"进驻"路由接收方的路由表。

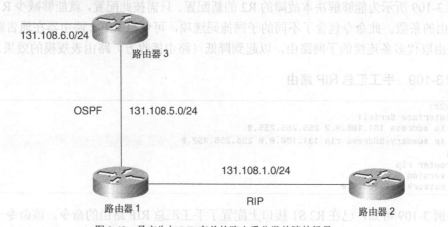

图 3-42　易产生与 RIP 有关的路由重分发故障的场景

---

① 原文是 "Redistribution refers to the case when another routing protocol or a static route or connected route is being injected into RIP." 译文酌改。——译者注

图中，R1 和 R3 在区域 0 内运行 OSPF，R1 和 R2 运行 RIP。R3 通过 OSPF，宣告路由 131.108.6.0/24。R1 收到此 OSPF 路由之后，将其重分发进了 RIP，但 R2 却不能通过 RIP 收到这一经过重分发的 OSPF 路由 131.108.6.0/24。

图 3-43 所示为本故障排障流程。

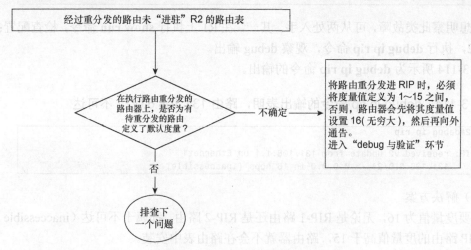

图 3-43　路由重分发故障排障流程

（1）debug 与验证

要想解决上述故障，需要先弄清 R1 是否收到了 OSPF 路由 131.108.6.0/24。

由例 3-111 可知，R3 通过 OSPF，将路由 131.108.6.0/24 通告给了 R1。

例 3-111　show ip route 命令的输出表明，OSPF 运转正常，R1 收到了 OSPF 路由 131.108.6.0/24

```
R1#show ip route 131.108.6.0
Routing entry for 131.108.6.0/24
  Known via "ospf 1", distance 110, metric 20, type intra area
```

还需配置 R1，令其把 OSPF 路由重分发进 RIP。由例 3-112 可知，已配置 R1，令其将 OSPF 路由重分发进了 RIP。

例 3-112　配置 R1，令其将 OSPF 路由重分发进 RIP

```
R1#
router rip
 version 2
 redistribute ospf 1
 network 131.108.0.0
```

现在，还得检查 R2 是否收到了经过重分发的 OSPF 路由 131.108.6.0/24。

由例 3-113 可知，经过重分发的 OSPF 路由 131.108.6.0/24 未在 R2 的 RIP 路由表中"露面"。

例 3-113　R2 的路由表未包含经过重分发的 OSPF 路由 131.108.6.0/24

```
R2#show ip route 131.108.6.0
% Subnet not in table
```

要想明察此类故障，可从两处入手。其一，在 R1 上执行 **show run** 命令，检查配置；其二、登录 R2，执行 **debug ip rip** 命令，观察 debug 输出。

例 3-114 所示为 **debug ip rip** 命令的输出。

例 3-114　debug ip rip 命令的输出表明，路由 131.108.6.0/24 不可达

```
R2#debug ip rip
RIP: received v2 update from 131.108.1.1 on Ethernet1
     131.108.6.0/24 -> 0.0.0.0 in 16 hops (inaccessible)
```

（2）解决方案

只要度量值为 16，无论是 RIP-1 路由还是 RIP-2 路由，都属于不可达（inaccessible）路由。只要 RIP 路由的度量值高于 15，路由器就不会在路由表中安装。

本例，R1 收到的 OSPF 路由 131.108.6.0/24 的度量值为 20。在 R2 上，将此路由重分发进 RIP 时，其 OSPF 度量值 20 会"原封不动"的保留，此值超出了 RIP 路由的度量值上限。OSPF 和 RIP 分别用"开销"和"跳数"来作为度量路由优劣的手段，两种路由协议之间并无任何度量值转换的机制，因此执行从 OSPF 到 RIP 的路由重分发时，网管人员必须为有待重分发的 OSPF 路由指定 RIP 度量值。

若未在 R1 上为有待重分发的 OSPF 路由分配默认的 RIP 度量值，R2 一旦收到与此相对应的 RIP 路由更新，那就只能认为其度量值过高，而将其视为不可达路由，如例 3-114 所示。

要想解决此类故障，需在 R1 上为有待重分发的 OSPF 路由分配一个有效的 RIP 度量值，如例 3-115 所示。

例 3-115　为有待重分发的路由分配有效的度量值，以排除路由重分发故障

```
R1#
router rip
 version 2
 redistribute ospf 1 metric 1
 network 131.108.0.0
```

例 3-115 所示为 R1 的配置，由配置可知，所有重分发进 RIP 的 OSPF 路由的度量值都将被设置为 1。R2 会将此值视为经过重分发的 OSPF 路由的跳数。

由例 3-116 可知，R2 接收到了度量值为 1 的有效路由 131.108.6.0。

例 3-116 debug ip rip 命令的输出表明，R1 的新配置已经生效，R2 也成功接收到了经过重分发的 OSPF 路由 131.108.6.0。

```
R2#debug ip rip
RIP: received v2 update from 131.108.1.1 on Ethernet1
     131.108.6.0/24 -> 0.0.0.0 in 1 hops
```

例 3-117 所示为安装进 R2 路由表中的路由 131.108.6.0。

例 3-117 由 R2 的路由表可知，OSPF 路由 131.108.6.0/24 已成功地重分发进了 RIP

```
R2#show ip route 131.108.6.0
Routing entry for 131.108.6.0/24
  Known via "rip", distance 120, metric 1
```

3.6 排除与 RIP 有关的按需拨号路由故障

将 ISDN 线路或类似的拨号线路作为备份链路使用时，使用按需拨号路由（Dial-on-Demand Routing，DDR）技术可谓家常便饭。在有主、备链路的网络环境中，主链路中断时，备份链路会取而代之。若网络中运行的路由协议为 RIP，则主链路中断之后，RIP 路由更新将会在备份链路上传播。
有以下两种方法可让拨号链路成为固定（主）链路的备份链路：

- 用 **backup interface** 命令；
- 用浮动静态路由，并辅之以匹配感兴趣流量的拨号映射。

第一种方法非常简单：只需在拨号接口下执行那条命令，令其成为主用接口的备份接口。
第二种方法需设置管理距离值（如 130）高于 RIP 路由协议的浮动静态路由。此外，还得"圈定"能让备份拨号链路自动"激活"的感兴趣流量。最后，要配置拨号映射，令其拒绝 RIP 路由更新数据包的目的广播地址 255.255.255.255，以使得备份拨号链路不会被"莫名其妙"地激活。
在 DDR 场景中运行 RIP 时，需考虑诸多因素。其中涉及因 RIP 路由更新的发送，而导致 ISDN（或异步）线路被"毫无必要"的激活。而另外一些因素则与路由器配置有关。本节将讨论两种最为常见的与 RIP 有关的拨号故障：

- 由 RIP 触发的广播流量"莫名其妙"地激活 ISDN（或异步）备份线路；
- 拨号接口不能外发 RIP 路由更新。

3.6.1 故障：由 RIP 引发的广播流量"莫名其妙"地激活 ISDN 链路——原因：定义感兴趣流量时，未考虑 RIP 广播流量

实战中，通常会把会把 ISDN 链路作为备用链路，在主用（固定）链路中断时使用。在这样的网络环境中，Cisco 路由器所运行的 IOS 需能感知到何种流量可激活 ISDN 链路。此类流

量称为感兴趣流量。一般而言，网管人员都会把数据平面流量视为感兴趣流量，并用其激活 ISDN 链路。请不要将如 RIP 或其他路由协议所触发的控制平面流量，视为感兴趣流量。否则，一旦路由器所运行的路由协议（本例为 RIP）进程生成了路由更新消息，就会毫无必要的"激活"ISDN 链。ISDN 链路属于低速链路，若在高速主用链路未中断之前，将其激活，势必会导致不少数据平面流量从其流过，这显然并不可取。

图 3-44 所示为易发生与 RIP 有关的 DDR 故障的网络场景。

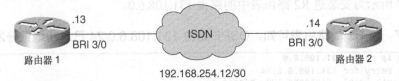

图 3-44 易发生与 RIP 有关的 DDR 故障的网络场景

图 3-45 所示为本故障排障流程。

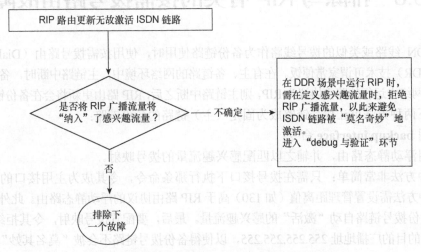

图 3-45 RIP 广播流量无故激活 ISDN 链路故障排障流程

（1）debug 与验证

例 3-118 所示为此类故障发生时路由器 R1 的配置。由配置可知，拨号列表（dialer-list 1）所调用的访问列表（access-list 10）只拒绝了 TCP 流量。这意味着，TCP 流量不会激活 BRI3/0 接口。RIP 路由更新属于 UDP 流量，目的端口号为 520。由于拨号列表所调用的 access-list 100 包含有 ACE **permit ip any any**，因此目的端口号为 520 的 UDP 流量并不会遭其拒绝。于是，RIP 路由更新流量将被 R1 视为（激活 BRI3/0 接口的）感兴趣流量。

在例 3-118 所示配置中，通过接口配置模式命令 **dialer-map**，将接口 BRI 3/0 配成了拨号接口，其拨号目的端 IP 地址和被叫号码分别为 192.168.254.14（R2）和 57654。在接口配置命令 **dialer-group** 中，调用了 **dialer-list 1**；而在 **dialer-list 1** 中，又继续调用了 **access-list 100**，并以此来定义感兴趣流量。本例，**access-list 100** 的作用是：拒绝所有 TCP 流量，允许其他所有 IP 流量。这表明，只有 TCP 流量不会让 R1 激活 ISDN 链路，所有其他流量，包括 RIP 路由协议流量，都会将此链路激活。

例 3-118   在 ISDN 接口上执行 dialer-group 命令，定义（激活此接口）的感兴趣流量

```
R1#
interface BRI3/0
ip address 192.168.254.13 255.255.255.252
encapsulation ppp
dialer map ip 192.168.254.14 name R2 broadcast 57654
dialer-group 1
isdn switch-type basic-net3
ppp authentication chap

access-list 100 deny tcp any any
access-list 100 permit ip any any
dialer-list 1 protocol ip list 100
```

例 3-119 所示为 **show dialer** 命令的输出。可据此判断出，是 RIP 广播流量导致了 R1 BRI1/1:1 接口被无故激活。

例 3-119   show dialer 命令的输出表明，RIP 广播流量激活了 ISDN 链路

```
R1#show dialer
BRI1/1:1 - dialer type = ISDN
Idle timer (120 secs), Fast idle timer (20 secs)
Wait for carrier (30 secs), Re-enable (2 secs)
Dialer state is data link layer up
Dial reason: ip (s=192.168.254.13, d=255.255.255.255)
Current call connected 00:00:08
Connected to 57654 (R2)
```

由例 3-119 可知，"**Dial reason**（拨号原因）"一行中的"255.255.255.255"，正是（激活 BRI1/1:1 接口的）感兴趣流量的目的 IP 地址，这表明导致该接口被激活的"罪魁祸首"是 RIP-1 广播流量。

（2）解决方案

在 DDR 场景中运行 RIP 时，需在访问列表中正确指明（激活拨号链路的）感兴趣流量。例 3-118 所示访问列表只拒绝了 TCP 流量，允许其他所有 IP 流量。R1 用目的地址为 255.255.255.255 的 IP 广播数据包发送 RIP 路由更新消息，因此一定要在访问列表中拒绝这一目的地址，以防止每隔 30 秒因路由器通告 RIP 路由，而"无故"激活拨号链路。在访问列表中拒绝目的地址 255.255.255.255，即可防止所有广播流量激活拨号链路。而拒绝目的端口号为 520 的 UDP 流量，则是明确拒绝了所有 RIP-1 和 RIP-2 路由更新流量。只要如此行事，一旦主用链路中断，拨号备份链路只会被数据平面流量激活，而控制平面流量（RIP 路由协议数据包）则可自由穿行于其上。由于 RIP 路由协议数据包不属于感兴趣流量，因此不会"无故"激活拨号备份链路。

例 3-120 所示为路由器 R1 的正确配置。由配置可知，所有目的地址为 255.255.255.255 的流量都将被 R1 拒收。由于 R1 拒收所有广播流量，因此在调整配置之后，RIP-1 路由协议流量就不可能再激活 BRI3/0 接口了。

例 3-120　路由器 R1 所设 access-list 100 的配置，该访问列表拒绝了 RIP-1 路由协议生成的广播流量

```
R1#
access-list 100 deny ip any 255.255.255.255
access-list 100 permit ip any any
dialer-list 1 protocol ip list 100
```

读者应该记牢 RIP-1 和 RIP-2 路由协议数据包的目的 IP 地址，这两个地址分别是 255.255.255.255 和 224.0.0.9。若网络中运行的是 RIP-2，就需要让访问列表拒绝所有目的地址为 224.0.0.9 的多播流量，此类流量不应成为激活拨号接口的感兴趣流量，相关访问列表的配置如例 3-121 所示。

例 3-121　在路由器 R1 上配置 access-list 100，以此来拒绝 RIP-2 路由协议流量

```
R1#
access-list 100 deny ip any 224.0.0.9
access-list 100 permit ip any any
```

在同时运行 RIP-1 和 RIP-2 的网络环境中，拒绝两种路由协议流量的访问列表的配置如例 3-122 所示。

例 3-122　配置路由器 R1，用 access-list 100 来拒绝 RIP-1 广播及 RIP-2 多播流量

```
access-list 100 deny ip any 255.255.255.255
access-list 100 deny ip any 224.0.0.9
access-list 100 permit ip any any
```

由于 RIP-1 和 RIP-2 路由协议流量的目的 UDP 端口号都是 520，因此在访问列表中拒绝目的端口号为 520 的 UDP 流量，效率更高。具体配置请见例 3-123。

例 3-123　配置路由器 R1，用访问列表来拒绝目的 UDP 端口号为 520 的 RIP-1 和 RIP-2 路由更新流量

```
R1#
access-list 100 deny udp any any eq 520
access-list 100 permit ip any any
```

最后，给出 R1 正确的配置，如例 3-124 所示。

例 3-124　不让 RIP-1 和 RIP-2 路由协议流量成为（激活拨号链路的）感兴趣流量的 R1 的正确配置

```
R1#
interface BRI3/0
ip address 192.168.254.13 255.255.255.252
encapsulation ppp
dialer map ip 192.168.254.14 name R2 broadcast 57654
dialer-group 1
isdn switch-type basic-net3
ppp authentication chap
!
access-list 100 deny udp any any eq 520
access-list 100 permit ip any any
!
dialer-list 1 protocol ip list 100
```

3.6.2 故障:拨号接口不能外发RIP路由更新——原因:dialer map 语句未包含broadcast关键字

当(主用链路故障,)拨号备份链路(如ISDN链路)激活时,可能仍需利用其运行动态路由协议。虽然亦可配置静态路由来完成相同任务,但在大型网络环境中,只要路由条数一多,静态路由还是难堪大任。因此,仍有必要借助RIP等动态路由协议,通过备份链路,通告相关路由。但此时,可能会发生备用ISDN链路已经激活,RIP路由更新消息却不能通过其传播的情况。若RIP路由更新消息无法在备用链路上传播,路由器便不能将流量送达与这些路由相对应的目的网络。在备用ISDN链路已经激活的情况下,若不能相关传递流量,也就起不到"备份"主用链路的作用。因此,上述故障必须得到解决。

图3-46所示本故障排障流程。

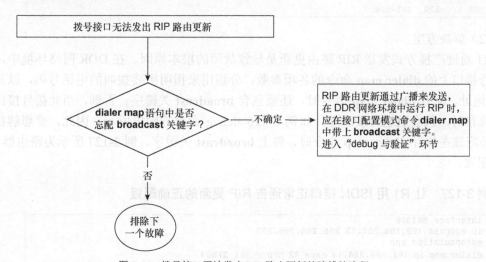

图3-46 拨号接口无法发出RIP路由更新故障排障流程

(1) debug与验证

例3-125所示为故障发生时,R1的配置。

例3-125 ISDN接口无法发送路由更新时,R1的配置

```
R1#
interface BRI3/0
ip address 192.168.254.13 255.255.255.252
encapsulation ppp
dialer map ip 192.168.254.14 name R2 57654
dialer-group 1
isdn switch-type basic-net3
ppp authentication chap
```

由例 3-126 所示 debug 命令的输出可知，R1 企图以广播方式向 R2 发送 RIP 路由更新时，因 BRI3/0 接口出现了第二层封装故障（encapsulation failed），而导致了 RIP 路由更新无法发送。例 3-126 还给出了 R1 的 access-list 100 的配置，此访问列表的作用是"过滤"**debup ip packet** 命令的输出，让 R1 生成的 debug 消息只涉及 UDP 目的端口号为 520 的流量。所有 RIP-1 和 RIP-2 路由协议数据包的 UDP 目的端口号都是 520。

例 3-126 查明 ISDN 接口不发 RIP 路由更新消息的原因

```
R1#
access-list 100 permit udp any any eq 520
access-list 100 deny ip any any

R1#debug ip packet 100 detail
IP: s=192.168.254.13 (local), d=255.255.255.255 (BRI3/0), len 46, sending
    broad/multicast
UDP src=520, dst=520
IP: s=192.168.254.13 (local), d=255.255.255.255 (BRI3/0), len 72, encapsulation
    failed
UDP src=520, dst=520
```

（2）解决方案

R1 通过广播方式发送 RIP 路由更新是导致故障的根本原因。在 DDR 网络环境中，配置在拨号接口上的 **dialer map** 命令的各项参数，分别用来指明所要拨叫的电话号码，以及下一跳 IP 地址。配置 **dialer map** 命令时，还须包含 **broadcast** 关键字；否则，当此拨号接口外发广播流量时，就会遭遇封装故障，如例 3-126 debug 命令的输出所示。因此，要想解决本故障，经应该在执行 **dialer map** 命令时，带上 **broadcast** 关键字，例 3-127 所示为路由器 R1 的正确配置。

例 3-127 让 R1 用 ISDN 接口正常通告 RIP 更新的正确配置

```
interface BRI3/0
ip address 192.168.254.13 255.255.255.252
encapsulation ppp
dialer map ip 192.168.254.14 name R2 broadcast 57654
dialer-group 1
isdn switch-type basic-net3
ppp authentication chap
```

3.7 排除与 RIP 有关的路由翻动故障

在复杂的网络环境中运行 RIP 时，一定会经常发生路由翻动故障。路由翻动是指某条路由在路由器的路由表中"时隐时现"。要想得知某条路由是否经常翻动，只需检查其"进驻"路由表的时间。若此路由"进驻"路由表的时间总被重置为 00:00:00，则说明其经常翻动。有一个常见原因会导致 RIP 路由翻动，那就是路由通告方或接收方接口（链路）出现丢包现象，本节将以此为例进行讲解。本节会以帧中继链路为例，因为这种介质极易导致路由器接口丢包。可在路由器上执行 **show interface** 命令，观察输出中与数据包丢失有关的统计信息是否持续增长，来判断相关接口是否丢包。

图 3-47 所示为可能会发生 RIP 路由翻动故障的网络场景。

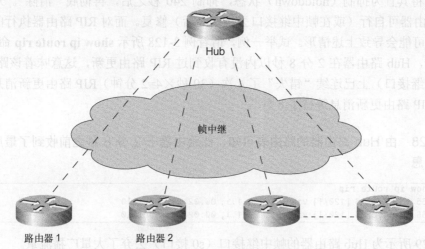

图 3-47　易发生 RIP 路由翻动故障的网络

图 3-48 所示为 RIP 路由翻动故障排障流程。

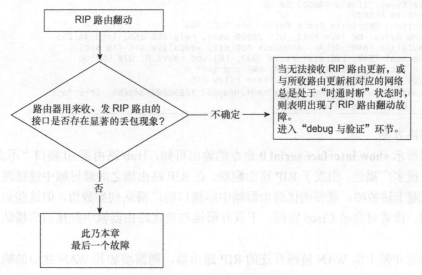

图 3-48　RIP 路由翻动故障排障流程

（1）debug 与验证

在通过"纵横交错"的帧中继电路互连的大型网络中，如选用 RIP，则 RIP 路由器上的帧中继接口传丢 RIP 路由更新消息的现象一定会时有发生。这种现象也有可能会发生在其他几种第二层介质上，但以帧中继介质最为常见。RIP 路由更新消息一旦传丢，必会导致路由器路由表内的 RIP 路由"时隐时现"。对 RIP 路由器而言，若 180 秒内未收到某条（之前收到过的）路由，便会将其置为抑制（holddown）状态，抑制 240 秒之后，再彻底"清除"。对于上述情形，RIP 路由器可自行（或在帧中继接口丢包期之后）修复。而对 RIP 路由器执行的必要配置变更，也有可能会导致上述情形。试举一例，请看例 3-128 所示 **show ip route rip** 命令的输出，由输出可知，Hub 路由器在 2 分 8 秒以内没有收到过 RIP 路由更新，这意味着该路由器在 S0 接口（帧中继接口）上已连续"错失"了 4 次（30 秒×4=2 分钟）RIP 路由更新消息，且为接收第 5 次 RIP 路由更新消息等待了 8 秒[①]。

例 3-128 由 Hub 路由器的路由表可知，此路由器于 2 分 8 秒之前收到了最后一次 RIP 路由更新消息

```
Hub#show ip route rip
R    155.155.0.0/16 [120/1] via 131.108.1.1, 00:02:08, Serial0
R    166.166.0.0/16 [120/1] via 131.108.1.1, 00:02:08, Serial0
```

例 3-129 所示为 Hub 路由器的帧中继接口（s0 接口）丢弃了大量广播流量。

例 3-129 show interface serial 0 命令的输出表明，此接口丢弃了大量广播流量

```
Hub#show interfaces serial 0
Serial0 is up, line protocol is up
Hardware is MK5025
Description: Charlotte Frame Relay Port DLCI 100
MTU 1500 bytes, BW 1024 Kbit, DLY 20000 usec, rely 255/255, load 44/255
Encapsulation FRAME-RELAY, loopback not set, keepalive set (10 sec)
LMI enq sent 7940, LMI stat recvd 7937, LMI upd recvd 0, DTE LMI up
LMI enq recvd 0, LMI stat sent 0, LMI upd sent 0
LMI DLCI 1023 LMI type is CISCO frame relay DTE
Broadcast queue 64/64, broadcasts sent/dropped 1769202/1849660, interface
         broadcasts 3579215
```

（2）解决方案

由上例所示 **show interface serial 0** 命令的输出可知，Hub 路由器 s0 接口"不太正常"。此接口丢弃了很多广播包，引发了 RIP 路由翻动。在 RIP 路由器之间通过帧中继链路互连的情况下，要想规避上述故障，就得调优路由器帧中继接口的广播队列参数值，但这些知识已超出了本书的范围。读者可登录 Cisco 官网，下载并研读与调优路由器帧中继接口广播队列参数值有关的文章。

对于通过非帧中继 WAN 链路互连的 RIP 路由器，则需增加其 WAN 接口的输入和输出保持队列（input or output hold queue）参数值。

例 3-130 所示为调优过 S0 接口的广播队列参数值之后，在 Hub 路由器上执行 **show**

[①] 原文是"This means that four RIP updates have been missed, and we are 8 seconds into the fifth update."——译者注

interfaces serial 0 命令的输出。

例 3-130　调整 S0 接口的广播队列参数值之后，在 Hub 路由器上执行 show interface 命令的输出

```
Hub#show interfaces serial 0
Serial0 is up, line protocol is up
Hardware is MK5025
Description: Charlotte Frame Relay Port DLCI 100
MTU 1500 bytes, BW 1024 Kbit, DLY 20000 usec, rely 255/255, load 44/255
Encapsulation FRAME-RELAY, loopback not set, keepalive set (10 sec)
LMI enq sent 7940, LMI stat recvd 7937, LMI upd recvd 0, DTE LMI up
LMI enq recvd 0, LMI stat sent 0, LMI upd sent 0
LMI DLCI 1023 LMI type is CISCO frame relay DTE
Broadcast queue 0/256, broadcasts sent/dropped 1769202/0, interface broadcasts
        3579215
```

由例 3-131 所示 **show ip routes** 命令的输出可知，Hub 路由器路由表内的 RIP 路由已不再翻动，其计时器值都低于 30 秒。

例 3-131　show ip routes 命令的输出表明 RIP 路由已经稳定

```
Hub#show ip route rip
R    155.155.0.0/16 [120/1] via 131.108.1.1, 00:00:07, Serial0
R    166.166.0.0/16 [120/1] via 131.108.1.1, 00:00:07, Serial0
```

本章涵盖下列与 EIGRP 有关的关键主题：
- 度量；
- EIGRP 邻居关系；
- 扩散更新算法 DUAL；
- DUAL 有限状态机；
- EIGRP 可靠传输协议；
- EIGRP 数据包格式；
- EIGRP 的运作方式；
- EIGRP 路由汇总；
- EIGRP 查询过程；
- EIGRP 与默认路由；
- 运行 EIGRP 时的非等代价负载均衡。

第 4 章

理解 EIGRP 路由协议

随着网络规模日益扩大，传统的距离矢量路由协议（如 IGRP 和 RIP 等）已逐渐"力不从心"，不再能够满足网络发展的需要。IGRP 和 RIP 都存在着不少致命的可扩展性问题，如下所列。

- **路由器之间定期执行的完整路由信息的交换，极大消耗了网络带宽**——RIP 路由器之间，每隔 30 秒就会交换一次完整的路由表；而 IGRP 路由器之间，则每隔 90 秒交换一次完整的路由表。这一路由信息交换的运作机制将极大地消耗网络带宽。
- **RIP 路由有 15 跳的限制**——在当今的网络中，RIP 路由协议的这一限制是其"命门"所在，因为对于大多数中等规模的网络，在其内部的流量转发路径沿途，都远不止 15 台路由器。
- **不支持 VLSM 和非连续网络**——这决定了 RIP 和 IGRP 绝不适用于大型网络。正因如此，也很难支持路由汇总。
- **收敛时间过慢**——由于 RIP 和 IGRP 所采用的路由信息发送机制为"定期更新"，因此如网络中有部分子网故障，则网络内其他子网需花费很长时间才知其不再有效。
- **不能完全防止路由环路**——RIP 和 IGRP 没有自己的网络拓扑表，故并无任何机制来确保两者的路由表能百分之百的无环。

由于 IGRP 和 RIP 的上述种种缺陷，Cisco 推出一种新型路由协议——IGRP 的增强版本。此协议不仅弥补了 IGRP 和 RIP 的上述缺陷，还具备极高的可扩展性，足能适应当今网络规模的高速发展。这一新型路由协议称为增强型内部网关路由协议（Enhanced Interior Gateway Protocol，EIGRP）。

EIGRP 既不属于传统的距离矢量路由路由协议，也不算是链路状态路由协议——它兼具两种路由协议的优点，摒弃了其中的缺点。EIGRP 路由器既要从其邻居路由器获悉路由更新（类似于距离矢量路由协议）；亦需握有一张保存了待通告路由的拓扑信息表，然后，（在转发流量时）通过扩散更新算法（Difussing Update Algorithm，DUAL）来选择一条无环路径（类似于链路状态路由协议）。网络的收敛时间是指，网络内所有路由器就网络变化达成"共识"，所消耗的时间。收敛时间越快，路由器就能更快地"感知"网络拓扑结构的变化。与传统的距离矢量路由协议不同，EIGRP 协议的收敛时间极快，运行其的路由器也不用定期发送完整的路由更新信息。EIGRP 路由器并不知道整个网络的完整拓扑，其所知信息也是"道听途说"（要靠邻路由器通告），这又不同于标准的链路状态路由协议。由此可知，EIGRP 兼具距离矢量路由协议和链路状态路由协议的特性，于是，Cisco 将其归类为高级距离矢量路由协议。

EIGRP 的优点如下所列。

- **能够完全预防环路**——只要整个网络都隶属同一自治系统，EIGRP 就能确保为路由器够造出一张完全无环的转发表。
- **配置简单**——EIGRP 的配置极其简单，基本配置理念与 IGRP 和 RIP 相同。
- **收敛迅速**——EIGRP 的收敛时间要比 RIP 和 IGRP 快很多。
- **增量更新**——在 EIGRP 网络中，除非网络发生变化，否则路由器之间不会交换路由更新。此外，路由器只会通告发生变化的路由信息，而不是通告其整张路由表。这样一来，就极大节省了路由器的 CPU 资源。
- **使用多播地址（来通告路由更新信息）**——IGRP 和 RIP 路由器用广播地址 255.255.255.255，来发送协议数据包。这意味着同一广播域内的所有设备都会收到路由更新信息。而 EIGRP 路由器用多播目的地址 224.0.0.10，来发送 EIGRP 数据包，这使得只有运行了 EIGRP 的设备才能收到 EIGRP 数据包。
- **提高了链路带宽利用率**——EIGRP 进程可从外发 EIGRP 数据包的路由器接口获取其带宽配置参数。这一参数值可基于每接口来配置。默认情况下，所有路由器串行端口的带宽都是 1544kbit/s。运行 EIGRP 的路由器最多只能用接口带宽的 50%来发送 EIGRP 协议数据包，这就保证了当网络发生重大收敛事件时，控制平面的 EIGRP 流量不会阻碍数据平面流量的发送。而 RIP 和 IGRP 不具备这一功能，因此大量的 RIP 和 IGRP 控制平面流量可能会与常规数据平面流量"争抢"带宽。
- **支持 VLSM 和非连续网络**——与 RIP 和 IGRP 不同，EIGRP 支持 VLSM 和非连续网络。这保证了 EIGRP 不但可在现代化网络中平稳运行，而且还具备良好的可扩展性，以适应网络规模的发展。

4.1 度量

EIGRP 路由的度量值计算公式等同于 IGRP，但前者的度量值是后者的 256 倍。这就是说：

$$\text{EIGRP 度量值} = \text{IGRP 度量值} \times 256$$

IGRP 路由的度量值计算如公式 6-1 所示。

默认情况下，常数 K 值中的 K1 和 K3 值都为 0，因此，经过简化的 EIGRP 度量值计算公式如下所示：

$$\text{EIGRP 路由的度量值} = [(10^7/\text{沿途路径中较低的带宽值}) + (\text{延迟值的总和})] \times 256$$

公式 4-1 IGRP 路由的度量值计算公式

$$\text{IGRP路由的度量值} = \left[K1 \times BW + \frac{(K2 + BW)}{(256 - \text{负载值})} + K3 \times \text{延迟值} \right] \times \frac{K5}{(\text{可靠性状态值} + K4)}$$

K1, K2, K3, K4, K5 = 常数

默认值: K1=K3=1, K2=K4=K5=0

BW（带宽值）= 10^7/(沿途路径中的最小带宽值，单位为 kbit/s)

Delay（延迟值）=(沿途路径延迟总和，单位为微秒) /10

Load（负载值） = 路由器接口的负载状况值

Reli （可靠性状态值）=路由器接口的可靠性状态值

EIGRP 路由的度量值之所以是 IGRP 路由的 256 倍，要拜两种路由协议更新消息中的 Metric 字段值所赐：前者为 32 位，后者为 24 位。Metric 字段值的 8 位之差导致了 EIGRP 路由的度量值为 IGRP 路由的 256 倍[①]。试举一例，假设路由器将数据包转发至与 IGRP 路由相对应的目的网络所耗成本（IGRP 度量值）为 8586，若此路由为 EIGRP 学得，则其转发成本（EIGRP 度量值）就是 8586×256 = 2 198 016。

4.2 EIGRP 路由器间的邻居关系

EIGRP 路由器必须在发送路由更新信息之前，先建妥邻居关系，这有别于 IGRP。EIGRP

---

① 计算 EIGRP 路由的度量值时，一般只考虑"延迟"和"带宽"这两个指标值，两值对应于 EIGRP 更新（update）消息所含 IP 内/外部路由 TLV 中的"延迟"和"带宽"这两个 4 字节字段值。——译者注

进程一经激活，路由器之间就会互发目的地址为 244.0.0.10 的 EIGRP Hello 数据包。收到由对方发出的 Hello 数据包之后，EIGRP 路由器之间就会建立起邻居关系。在局域网之类的广播介质（比如，以太网、令牌环网或 FDDI 等）环境中，EIGRP 路由器每隔 5 秒发送一次 Hello 数据包。在带宽高于 T1 链路的 WAN 多点接口以及点对点子接口（链路）上，Hello 数据包也是每隔 5 秒发送一次。带宽不高于 T1 链路的 WAN 多点接口称为低带宽接口，在此类接口上，EIGRP Hello 数据包每隔 60 秒发送一次。

除 Hello 时间以外，还有另外一个时间（计时器）概念，名为保持时间（hold time）。保持时间是指：（邻居关系建妥之后，）EIGRP 路由器因未从邻居路由器收到 Hello 数据包，而重置（拆除）与其所建邻居关系之前，所要等待的时间。这就是说，若 EIGRP 路由器在超出保持时间之后，仍未从邻居路由器收到 Hello 数据包，就会重置与其所建的邻居关系。保持时间的默认值为 Hello 时间的三倍。这意味着，在 LAN 广播介质上，若 EIGRP Hello 时间为 5 秒，则保持时间就是 15 秒；而在低速 WAN 链路上，若 EIGRP Hello 时间为 60 秒，则保持时间默认值为 180 秒。请谨记，EIGRP Hello 时间和保持时间这两个参数值都是可以配置的。只有满足下列条件，EIGRP 路由器之间才能建立起邻居关系：

- 接收 Hello 数据包的路由器会拿包头中的源 IP 地址，与接收接口所设 IP 地址进行比较，以确定两地址是否隶属同一子网；
- 接收 Hello 数据包的路由器会拿包中的各项 K 常数字段值，与自己所配的值进行比较，以确定各项 K 值是否匹配；
- 接收 Hello 数据包的路由器必须与发包路由器隶属同一自治系统。

例 4-1 显示了在邻居关系建妥之后，在一台 EIGRP 路由器上执行 **show ip eigrp neighbor** 命令的输出。

例 4-1 show ip eigrp neighbor 命令的输出

```
Router_1#show ip eigrp neighbor
IP-EIGRP neighbors for process 1
H   Address        Interface     Hold Uptime   SRTT  RTO  Q   Seq
                                 (sec)         (ms)  Cnt  Num
1   5.5.5.4        Et0           11   00:00:22  1     4500 0   3
0   192.168.9.5    Et1           10   00:00:23  372   2232 0   2
```

以下是对输出中各项标题的解释。

- **H**——邻居路由器列表，按"获悉"的先后顺序排列。
- **Address**——邻居路由器的 IP 地址。
- **Interface**——学得邻居路由器的接口。
- **Hold**——针对邻居路由器而设的保持时间计时器值。若此计时器值为 0，则表明邻居关系被拆除。
- **Uptime**——此计时器用来跟踪与邻居路由器所建邻居关系的时长。

- **平滑路径往返时间（Smooth Round Trip Time，SRTT）**——可靠收、发 EIGRP 数据包的平均时间。
- **往返超时时间（Round Trip Timeout，RTO）**[①]——若未收到 EIGRP 确认（acknowledgment）消息，路由器重传 EIGRP 可靠数据包之前，所要等待的时间。
- **Q Count（Q 计数）**——（重传队列中）待发至邻居路由器的 EIGRP 数据包的数量。
- **序列号**——从邻居路由收到的最新的 EIGRP 可靠数据包的序列号，其意在确保按序从邻居路由器接收（EIGRP 可靠）数据包。

4.3 扩散更新算法

DUAL（扩散更新算法）是 EIGRP 的核心。该算法的作用是，跟踪由邻居路由器通告的所有路由，然后（为 EIGRP 路由器）挑选一条通往目的网络的无环（流量转发）路径。探究 DUAL 之前，读者必须先吃透下列术语及概念。

- **可行距离（Feasible Distance，FD）**——可行距离是指 EIGRP 路由器将数据包转发至目的网络，所消耗的最低成本（即若路由器学到通往同一目的网络的多条 EIGRP 路由，则最优路由的度量值称为可行距离）。图 4-1 所示为路由器 A 为将流量转发至网络 7，而分别选择其各邻居路由器作为下一跳时的最低转发最低成本（可行距离）的计算方式。

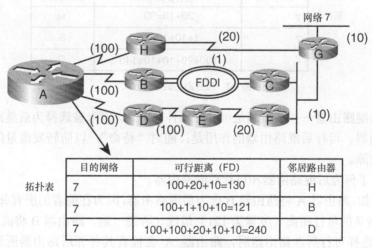

图 4-1 可行距离的计算方式

---

① 应为重传超时时间。——译者注

- **报告距离（Reported Distance，RD）**——有时也称为通告距离，通往（亦即将流量转发至）目的网络的成本（度量），其值由上游邻居路由器通告。也就是说，报告距离是指邻居路由器将流量转发至目的网络的成本（度量）。图 4-2 所示为路由器 A 的邻居路由器计算出的将流量转发至网络 7 的报告距离。
- **可行性条件（Feasaibility Condition，FC）**——报告距离（RD）小于可行距离（FD）即表明满足可行性条件。换言之，当邻居路由器将流量转发至目的网络所耗成本（度量）低于本路由器所耗成本（度量）时，则表明满足可行性条件。该条件非常重要，用来确保无环的流量转发路径。
- **EIGRP 后继路由器**——后继路由器是指，既满足可行性条件（FC），又离目的网络最近的一台邻居路由器。"距目的网络最近"意谓，将流量转发至该目的网络的成本（度量）最低。EIGRP 路由器会选用后继路由器作为下一跳设备，将流量转发至最终目的地。

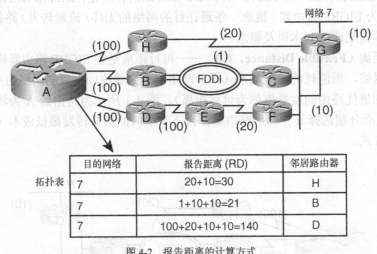

目的网络	报告距离 (RD)	邻居路由器
7	20+10=30	H
7	1+10+10=21	B
7	100+20+10+10=140	D

图 4-2 报告距离的计算方式

- **可行后继路由器**——是指满足可行性条件（FC），但未被选择为后继路由器的一台邻居路由器。可行后继路由器的作用是：随时"待命"，以防转发流量的主用下一跳路由器故障。

图 4-3 说明了何为后继路由器和可行后继路由器。

由图 4-3 可知，路由器 A 将路由器 B 选为后继路由器，因为在前者的所有邻居路由器当中，路由器 B 距网络 7 的可行距离（度量为 121）最低（再说一遍，路由器 B 将流量转发至网络 7 的成本最低）。选择可行后继路由器时，路由器 A 会检查其各邻居路由器所通告的报告距离（RD），是否低于其选择后继路由器（转发流量）时的可行距离 121。对于本例，对网络 7 而言，路由器 H 通告的报告距离是 30，故路由器 A 选择路由器 H 作为可行后继路由器。路由器 D 既不是后继路由器，也不能作为可行后继路由器，因其所通告的报告距离为 140，高于（路由器

A 选择路由器 H 作为后继路由器，转发目的网络为 7 的流量时的）可行距离 121，而不满足可行性条件。

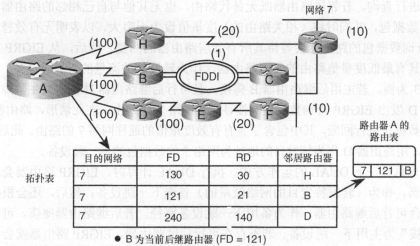

图 4-3　后继路由器和可行后继路由器

- **passive** 路由（处于被动状态的路由）——EIGRP 术语 passive 路由意指：EIGRP 路由器有一台有效后继路由器，可用来转发目的地址与此路由相对应的流量，且 EIGRP 运转正常。
- **active** 路由（处于活动状态的路由）——EIGRP 术语 active 路由意指：EIGRP 路由器用来转发目的地址与此路由相对应的流量的后继路由器失效，且不能使用任何有效可行后继路由器继续转发流量，为使网络收敛，此路由器正积极搜寻替代路由。

4.4　DUAL 有限状态机

当后继路由器或主路由器失效时，EIGRP 路由器会立刻查寻拓扑表，寻找是否还有有效可行后继路由器，并试图让网络重新收敛。若发现了有效可行后继路由器，EIGRP 路由器会立即将其"提拔"为后继路由器，并同时把这次"提拔"向所有邻居路由器通报，此可行后继路由器会变为转发相关流量的下一跳设备。这一 EIGRP 路由器本机收敛的过程，由于不涉及其他路由器，因而被称为本机计算（local computation）。如此行事还能节省 CPU 资源，其原因是所有可行后继路由器在主路由故障之前就已经选妥了（如图 4-3 所示）。如果主路由（器）（路由器 D）因故瘫痪，提前选妥的可行后继路由器 H 会立即代路由器 D，成为主路由（器）。

若主路由（器）故障，且无有效可行后继路由器，EIGRP 路由器将执行扩散计算（diffused computation）。执行扩散计算时，EIGRP 路由器会向所有邻居路由器发送 EIGRP 查询（query）

数据包，"索要"遗失的路由，此路由器会"陷入"活跃（active）状态。若邻居路由器掌握了与遗失的路由有关的信息，便会回复 EIGRP 应答（reply）数据包；否则，就会向自己的所有邻居路由器进行查询。若邻居路由器既无替代路由，也无其他与自己相邻的路由器，便会回复 EIGRP 应答数据包，并同时将（相关路由的）度量值设为无穷大，以表明无有效替代路由。发送 EIGRP 查询数据包的路由器会等待其所有邻居路由器的回复，然后，从 EIGRP 应答数据包中选择通告具有最低度量值路由的邻居路由器，作为转发相关流量的下一跳设备。

以图 4-3 为例，若主用后继路由器 B 瘫痪，且可行后继路由器 H 同时发生故障，路由器 A 会向路由器 D 发出 EIGRP 查询数据包，搜寻通往网络 7 的路由。在此情形，路由器 D 只需用 EIGRP 应答数据包进行回应，其中包含了具有有效度量值的通往网络 7 的路由。此后，路由器 A 会立刻收敛，用路由器 D 作为转发目的地址为网络 7 的数据包的下一跳设备。

现在，来总结一下 DUAL 的运作方式。执行 DUAL 计算时，EIGRP 路由器会首先选择一台后继路由器，作为（转发特定目的网络流量的）首选下一跳设备；然后，还会根据可行性条件，选择一台可行后继路由器，作为备用下一跳设备路径。若后继路由器瘫痪，可行后继路由器将被"提拔"为主用下一跳设备。若不存在可行后继路由器，EIGRP 路由器就会向所有邻居路由器发出 EIGRP 查询数据包，并根据"答复"（邻居路由器回应的 EIGRP 应答数据包），计算出一台新的后继路由器。因此，在 EIGRP 网络中，上述查询机制的快慢是影响网络收敛速度的唯一因素。

Jeff Doyle 的大作 Routing TCP/IP, Volume 1（Cisco Press 出版）第 8 章对 EIGRP DUAL 算法有着精彩绝伦的详细描述。

4.5 用于 EIGRP 的可靠传输协议

EIGRP 协议数据包有五种，根据可靠性，可分为可靠数据包和不可靠数据包两大类。EIGRP 可靠数据包有以下三种。

- **EIGRP 更新（update）数据包**——包含了发往 EIGRP 邻居路由器的 EIGRP 路由更新。
- **EIGRP 查询（query）数据包**——当某条路由失效，且 EIGRP 路由器为快速收敛，而需查询此路由的状态时，便会向邻居路由器发送 EIGRP 查询数据包。
- **EIGRP 应答（reply）**——是对 EIGRP 查询数据包的响应，包含了被查询路由的状态。

EIGRP 不可靠数据包有以下两种。

- **EIGRP Hello 数据包**——用来跨链路，建立 EIGRP 路由器间的邻居关系。
- **EIGRP 确认（Acknowledgment）数据包**——用来确保 EIGRP 数据包的可靠交付。

但凡 EIGRP 协议数据包，大都使用 EIGRP 多播地址 224.0.0.10 作为目的地址；每台运行 EIGRP 的路由器都会自动侦听这一多播地址。用多播地址发送 EIGRP 数据包时，许多设备都会同时收到，因此 EIGRP 还需要有自己的一套传输协议来确保协议数据包的可靠交付，于是，Cisco 开发出了 EIGRP 可靠传输协议（Reliable Transport Protocol, RTP）。其精髓在于，EIGRP

路由器会分别针对每台邻居路由器，保存一份（EIGRP 数据包）传输列表。当 EIGRP 路由器将 EIGRP 可靠数据包发给某台邻居路由器时，会同时期待此邻居路由器回发一个 EIGRP 确认数据包，以表明其收到了 EIGRP 可靠数据包。EIGRP RTP 所维护的 EIGRP 数据包传输窗口只能"容纳"一个未经确认的 EIGRP 数据包。因此，在发出下一个 EIGRP 可靠数据包之前，上一个可靠数据包必须得到确认。要是得不到确认，EIGRP 路由器就会重发未经确认的 EIGRP 数据包。若一直得不到确认，EIGRP 路由器最多只会重发 16 次。重发 16 次之后，要是仍未得到确认，EIGRP 路由器将重置（拆除）邻居关系。

在支持多路访问的 LAN 环境中，若 EIGRP RTP 所维护的 EIGRP 数据包传输窗口只能容纳一个未经确认的数据包，很可能就会产生问题。如前文所述，EIGRP 路由器以"可靠"的方式发送多播流量时，只要前一个多播包未得到所有对等体的确认，下一个多播包就不能发出。因此，在 LAN 那样的多路访问网络中，若有一个或多个邻居路由器确认稍慢，或未能确认，便会影响所有其他邻居路由器对 EIGRP 路由信息的获取。

试举一例，在一以太网段内有三台路由器，当路由器 1 发出一个多播 EIGRP 更新数据包后，除非收到其余两台路由器的 EIGRP 确认数据包，否则将不会再在此以太网段内发出第二个多播 EIGRP 更新数据包。现假设路由器 2 成功地向路由器 1 发出了 EIGRP 确认数据包，而路由器 3 在发送确认数据包时发生了问题，那么路由器 1 将会停发任何其他 EIGRP 更新数据包。这就是说，即便只有路由器 3 发生了故障，但也会致使路由器 2 无法从路由器 1 "收齐"所有 EIGRP 路由。EIGRP RTP 规避这一问题的方法是：让 EIGRP 路由器以单播的方式，向此前"没有反应"的邻居路由器，重传未经其确认的 EIGRP 更新，并继续向那些"有反应"的邻居路由器发送 EIGRP 多播数据包。EIGRP 路由器会以单播的形式，向此前"没有反应"的邻居路由器重传 16 次 EIGRP 更新数据包。如果在 16 次重传之后，此邻居路由器仍然没有"反应"，EIGRP 路由器将会重置与其所建立的邻居关系，前述过程将重新开始。16 次重传超时周期通常介于 50～80 秒之间。

4.6 EIGRP 的包格式

图 4-4 所示为 EIGRP 数据包包头。请注意自治系统号字段之后的 Type/Length/Value（TLV）字段。TLV 字段既可用来"承载"实际的路由信息，也可作为 DUAL 过程管理的信息字段。常见的 TLV 字段包括：EIGRP 参数 TLV、IP 内部路由 TLV 和 IP 外部路由 TLV 等。

以下是对 EIGRP 数据包包头中各字段的解释。

- 版本——用来指明不同的 EIGRP 版本。EIGRP 版本 2 实现于 10.3（11）、11.0（8）和 11.0（3）版本的 Cisco IOS。版本 2 是 EIGRP 的最新版本，包含了对 EIGRP 的稳定性和可扩展性等方面的诸多改进。
- 操作代码——指明了所包含的 EIGRP 数据包的类型。该字段值为 1 时，表示 EIGRP 更新数据包；为 3 时，表示 EIGRP 查询数据包；为 4 时，表示 EIGRP 应答数据包；

为 5 时，表示 EIGRP Hello 数据包。

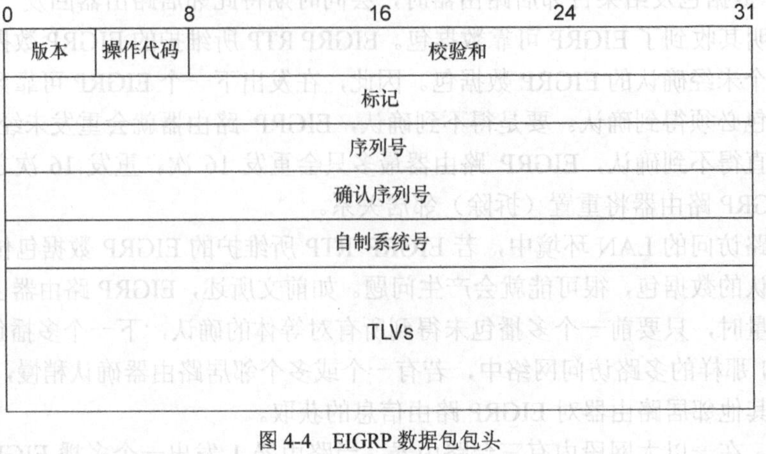

0	8	16	24	31
版本	操作代码	校验和		
标记				
序列号				
确认序列号				
自制系统号				
TLVs				

图 4-4　EIGRP 数据包包头

- **校验和**——标准的 IP 校验和，根据除 IP 包头外的整个 EIGRP 数据包计算得出。
- **标记**——目前，只有两种置位方法。init 位置位（0x00000001），表明承载的路由是新建邻居关系中所通告的第一条路由；条件接收位置位（0x00000002），则用于 EIGRP RTP 计算。
- **序列号**——为 EIGRP RTP 所用的序列号。
- **确认信息**——用来确认对 EIGRP 可靠数据包的接收。
- **自治系统号**——指明用来标识 EIGRP 网络范围的编号。

最常见的 EIGRP TLV 要数 EIGRP 参数 TLV 了，它包含了路由器建立 EIGRP 邻居关系不可或缺的参数，其格式如图 4-5 所示。K 常数值就包含在此 TLV 之内，保持时间值也包含其内。两台路由器之间要想建立起 EIGRP 邻居关系，K 值必须匹配。

0	8	16	24	31
类型 = 0x0001		长度		
K1	K2	K3	K4	
K5	预留	保持时间		

图 4-5　EIGRP 参数 TLV

图 4-6 和图 4-7 示出了另外两种常见的 EIGRP TLV——IP 内部路由 TLV 和 IP 外部路由 TLV。对于路由器收到的 EIGRP 路由来说，只要生成此路由的自治系统号，与路由器归属的自制系统号相同，就属于 EIGRP 内部路由。而 EIGRP 外部路由是指被重分发进本 EIGRP 自治系统的路由。

EIGRP IP 内部路由 TLV 包含下列信息（字段）。

- **下一跳**——下一跳设备的 IP 地址，应该将（匹配目的地址字段的）数据包转发至该地址。

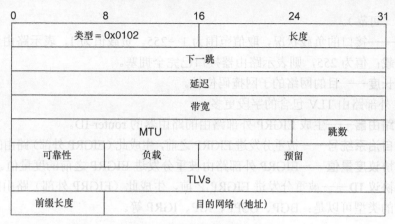

图 4-6 EIGRP 内部路由 TLV

图 4-7 EIGRP 外部路由 TLV

- **延迟**——度量路由（优劣）的延迟参数值。该值是指通往目的网络沿途路径中的所有路由接口的延迟值之和。
- **带宽**——度量路由（优劣）的带宽参数值。此值来源于路由器接口，其值为通往目的网络沿途路径中的路由器接口的最低带宽值。
- **MTU**——度量路由（优劣）的路由器接口 MTU 参数值。
- **跳数**——通往目的网络沿途路径中的路由器台数。
- **可靠性**——路由器接口可靠（稳定）程度，取值范围为 1～255。可靠性值为 1，表示路由器接口的可靠（稳定）程度为 1/255；值为 255，则表示路由器接口百分之百的稳定（可靠）。
- 负载——接口的负载状况，取值范围为 1～255。负载值为 1，表示路由器接口基本没有负载；值为 255，则表示路由器接口已完全拥塞。
- 前缀长度——目的网络的子网掩码位长。

EIGRP IP 外部路由 TLV 包含的字段更多。
- 起源路由器——生成 EIGRP 外部路由的路由器的 router-ID。
- 起源自治系统号——被重分发进 EIGRP 之前，生成此（EIGRP 外部）路由的自治系统号。
- 外部协议度量值——EIGRP 外部路由被重分发进 EIGRP 之前的度量值。
- 外部协议 ID——被重分发进 EIGRP 之前，生成此（EIGRP 外部）路由的路由协议类型。路由协议的类型可以是：BGP、OSPF、RIP、IGRP 等。

4.7　EIGRP 的运作方式

与 IGRP 不同，EIGRP 属于高级距离矢量协议，运行其的路由器外发路由更新数据包时，会通告网络的子网掩码信息。因此，EIGRP 支持非连续网络和可变长子网掩码（VLSM）。要想知道什么是非连续网络和 VLSM，请参考本书第 2 章。图 4-8 所示为用来演示 EIGRP 能够支持非连续网络的拓扑图。

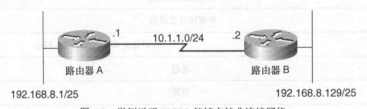

图 4-8　举例说明 EIGRP 能够支持非连续网络

图 4-8 所示为两台通过串口互接的路由器。路由器 B 需要跨串行接口（链路）所在网络 10.1.1.0/24，将路由信息（目的网络）192.168.8.128/25 通告给路由器 A。默认情况，EIGRP 属于有类路由协议，路由器 B 会在主网边界，自动汇总所要通告的路由。因此，路由器 B 会把主网路由 192.168.8.0/24 通告给路由器 A，路由器 A 将对其"视而不见"。要让 EIGRP 支持非连续网络，需要 **router eigrp** 配置模式下执行 **no auto-summary** 命令。**no auto-summary** 命令一配，路由器 B 就会将子网路由 192.168.8.128/25 通告给路由器 A，路由器 A 会为其创建一条路由表项。EIGRP 就是这样支持非连续网络的。

4.8　EIGRP 路由汇总

EIGRP 路由汇总有自动和手动之分。自动汇总路由是 EIGRP 的"天性"，IGRP 和 RIP 亦然。当路由器跨主网边界，通告 EIGRP 路由更新时，会按待通告路由的主网边界，自动执行路由汇总。图 4-9 所示为自动路由汇总的示例。如图 4-9 所示，路由器 R1 需要跨主类网络 192.168.2.0，将路由 132.168.1.0 通告给路由器 R2。通告路由 132.168.1.0 时，R1 会严格按主网边界进行汇总，并将有类网络 132.168.0.0 通告给 R2。受某些路由协议的自动汇总特性所扰，设计网络时，应避免出现非连续网络。

对 EIGRP 而言，可在网络中的任何一台路由器上，以每接口为基础，配置手动路由汇总。在 EIGRP 路由器上，开启手动路由汇

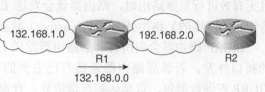

图 4-9 自动路由汇总示例

总的命令是 **ip summary address eigrp** autonomous-system-number address mask。运行 EIGRP 时，路由汇总可在网络中的任一路由器及任一路由器接口上执行，而 OSPF 则全然不同——路由汇总只能在区域边界路由器（Area Border Router，ABR）或自治系统边界路由器（Autonomous System Border Router，ASBR）上执行。在路由器接口上配置了手动路由汇总之后，EIGRP 路由器会立即创建一条管理距离值为 5 的指向 null0 的汇总静态路由。这是为了防止因执行路由器汇总而产生的流量转发环路。最后要说的是，当此汇总静态路由所包含的最后一条明细路由失效之后，路由器会将之删除。例 4-2 所示为在图 4-10 所示网络中，执行 EIGRP 手动路由汇总的配置。

例 4-2 执行 EIGRP 手动路由汇总

```
interface s0
 ip address 192.168.11.1 255.255.255.252
 ip summary-address eigrp 1 192.168.8.0 255.255.252.0
```

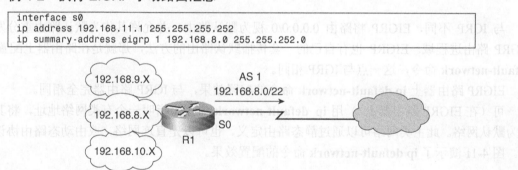

图 4-10 EIGRP 手动汇总示例

例 4-2 演示了如何在图 4-10 中的路由器 R1 上，将网络 192.168.8.0/24、192.168.9.0/24 和 192.168.10.0/24 汇总为一条路由更新 192.168.08.0/22。执行 EIGRP 路由汇总，可降低路由表的规模，以及在网络中传播的路由更新的数量。此外，如此行事还能限制 EIGRP 路由器的"查询"范围，有利于保持和提高大型网络的稳定性和可扩展性。

4.9 EIGRP 查询过程

虽然 EIGRP 属于高级距离矢量路由协议，其收敛时间也非常之快，但 EIGRP 路由器仍要

依靠邻居路由器来通告路由信息。要实现快速收敛，EIGRP 就不能"走"IGRP 的老路，依赖刷新（flush）计时器，而需要主动寻回丢掉的路由。这一主动搜寻路由的过程称为查询过程，前几节已做过简要介绍。在查询（路由的）过程中，当（通往特定目的网络的）主路由"退位"，且无有效可行后继路由时，路由器就会发送 EIGRP 查询数据包。在此阶段，可以说（通往该特定目的网络的）路由处于活跃（active）状态。

EIGRP 路由器会向所有邻居路由器发送 EIGRP 查询数据包，但不会从连接了后继路由器的接口外发。若邻居路由器未持有已丢失的相关路由信息，就会向自己的邻居路由器发送 EIGRP 查询数据包，直至达到查询边界。查询边界既可以是网络边界，也可以是 distribute-list 边界或路由汇总边界。distribute-list 边界及路由汇总边界由设有 distribute-list 和路由汇总命令的 EIGRP 路由器"圈定"。发出 EIGRP 查询数据包之后，计算后继路由（器）相关信息之前，EIGRP 路由器需静候所有邻居路由器回复的 EIGRP 应答数据包。若任一邻居路由器未能在三分钟之内回复 EIGRP 应答数据包，则可以说被查路由卡在了活跃状态（Stuck in Active，SIA），EIGRP 路由器将会重置与此邻居路由器所建立的邻居关系。第 5 章将着重讨论 SIA 故障，并会细述如何排除此类故障。

4.10　EIGRP 与默认路由

与 IGRP 不同，EIGRP 将路由 0.0.0.0/0 视为默认路由，并允许其作为默认路由重分发进 EIGRP 路由进程域。EIGRP 也有自己的一套传播默认路由的方法，那就是在路由器上配置 **ip default-network** 命令，这一点与 IGRP 相同。

EIGRP 路由器上 **ip default-network** 命令的配置效果，与 IGRP 路由器完全相同。

可（在 EIGRP 路由器上，）用 **ip default-network** 命令来指明一个有类网络地址，将其标记为默认网络。此主类网络可以通过静态路由定义，也可以是直连网络，或由动态路由协议学得。图 4-11 演示了 **ip default-network** 命令的配置效果。

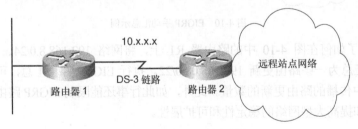

图 4-11　传播 IGRP 默认路由

在图 4-11 中，路由器 1 通过一条 DS-3 链路与一远程站点相连。现在，路由器 1 需要向路由器 2 以及远程站点网络中的所有路由器，通告一条默认路由。对于 IGRP 路由器而言，不能将通向 0.0.0.0 的路由识别为默认路由；相反的是，必须在路由器 1 上配置 **ip default-network**

192.168.1.0 命令，将路由 192.168.1.0 标为默认路由。这就是说，路由器 1 会发出包含网络 192.168.1.0 的路由更新，并将其标为默认路由。当远程站点网络内的路由器收到包含网络 192.168.1.0 的路由更新消息时，就会将此路由标为默认路由，然后会在路由表中安装这条通往 192.168.1.0 的路由，并视其为最后求助网关（gateway of last resort）。

4.11 EIGRP 与非等价负载均衡

EIGRP 和 IGRP 路由度量值的计算公式完全相同，运行这两种协议的路由器在执行流量的非等价负载均衡时，处理方式也一模一样。与 IGRP 路由器一样，为实现流量的负载均衡，EIGRP 路由器也会（在路由表中）安装最多 6 条（通往相同目的网络）的并行等价路径。在执行流量的非等价路径负载均衡时，在 EIGRP 路由器上也需要配置 **variance** 命令，IGRP 路由器亦然。

请读者仔细观察图 4-12 所示网络。

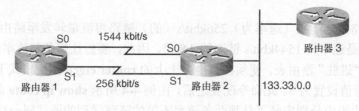

图 4-12 非等价负载均衡示例

请牢记下列 EIGRP 路由器在多条路径之间分担流量的规则[①]。

- 作为替代下一跳转发设备的邻居路由器必须更"接近"目的网络（也就是说，对于通往特定的目的网络的路由，此邻居路由器所通告的路由度量值要低于本路由器）。这可以避免邻居路由器将发往此目的网络的流量，再传回本路由器，从而造成路由环路[②]。
- 邻居路由器所通告的（通往特定目的网络的）路由度量值，必须低于本路由器所掌握的路由度量值的差异变量（variance）。差异变量 = 差异变量因子×本机路由度量值。

当路由器 1 计算其将流量转发至路由器 3 的 EIGRP 度量值时，让流量"走"1544bit/s 链路的 EIGRP 度量值为：

EIGRP 度量值=256(6476+2100)=2 195 456

让流量"走"256 kbit/s 链路的 EIGRP 度量值为：

EIGRP 度量值=256(39 062+2100)=10 537 472

若不支持非等价负载均衡，路由器 1 只会选择 1544bit/s 链路将流量转发到路由器 3，如例 4-3 所示。

---

① 原文是 "Remember the rules for multipath operation:" 作者是在写文言文。——译者注
② 原文是 "It's not possible to go back to go forward."，作者是文言文大师，译文酌改，如有不妥请指正。——译者注

例 4-3 show ip route 命令的输出表明，在未启用非等价负载均衡特性时，路由器 1 只选择了一条最优路径，将流量转发至路由器 3

```
Router_1#show ip route 133.33.0.0
Routing entry for 133.33.0.0/16
  Known via "eigrp 1", distance 90, metric 2195456
  Redistributing via eigrp 1
  Advertised by eigrp 1 (self originated)
  Last update from 192.168.6.2 on Serial0, 00:00:20 ago
  Routing Descriptor Blocks:
  * 192.168.6.2, from 192.168.6.2, 00:00:20 ago, via Serial0
      Route metric is 2195456, traffic share count is 1
      Total delay is 21000 microseconds, minimum bandwidth is 1544 Kbit
      Reliability 255/255, minimum MTU 1500 bytes
      Loading 1/255, Hops 0
```

要想启用 EIGRP 的非等价负载均衡特性，需在路由器上配置 **varaince** 命令。varaince（差异变量）值为一倍数因子，用来反映某条路由的度量值与此路由最低度量值的差异程度。该值必须为整数，默认值为 1，意谓要执行等价负载均衡，即通往同一目的网络的各条路由的度量值必须相等。

续接前例，路由器 1 用（速率为）256kbit/s（的）链路将流量转发至路由器所耗成本（路由度量值），将会是速率为 1544kbit/s 链路的 4.8 倍，因此，要想让那条与速率为 256kbit/s 的链路相对应的路由"进驻"路由表，便须在路由器 1 上的 **router eigrp** 匹配模式下添加 **variance 5** 命令，将差异变量值设置为 5。此命令配妥之后，由例 4-4 所示 **show ip route** 命令的输出可知，路由器 1 在其路由表中分别安装了从那两条速率不等的链路学到的通往同一目的网络的路由。

例 4-4 EIGRP 非等价负载均衡

```
Router_1#show ip route 133.33.0.0
Routing entry for 133.33.0.0/16
  Known via "eigrp 1", distance90, metric 2195456
  Redistributing via eigrp 1
  Advertised by eigrp 1 (self originated)
  Last update from 10.1.1.2 on Serial1, 00:01:02 ago
  Routing Descriptor Blocks:
  * 192.168.6.2, from 192.168.6.2, 00:01:02 ago, via Serial0
      Route metric is2195456, traffic share count is 5
      Total delay is 21000 microseconds, minimum bandwidth is 1544 Kbit
      Reliability 255/255, minimum MTU 1500 bytes
      Loading 1/255, Hops 0
    10.1.1.2, from 10.1.1.2, 00:01:02 ago, via Serial1
      Route metric is10537472, traffic share count is 1
      Total delay is 21000 microseconds, minimum bandwidth is 256Kbit
      Reliability 255/255, minimum MTU 1500 bytes
      Loading 1/255, Hops 0
```

由例 4-4 可知，在转发目的网络为 133.133.0.0 的数据包时，对路由器 1 而言，与 Serial 0 接口相连的那条路径的"traffic share count"为 5，而与 Serial 1 接口相通的另一条路径的"traffic share count"为 1。这表明路由器 1 在传递目的网络为 133.133.0.0 的流量时，其 Serial 0 接口要承载 5 倍于 Serial 1 接口的流量。

4.12 小　　结

EIGRP 和 IGRP 既有相似之处，也有不少区别。EIGRP 和 IGRP 既使用相同的公式来计算通往目的网络的度量值（即将数据包转发到特定目的网络的成本），也使用同样的技术来实现流量的负载均衡。但 EIGRP 会保存一张网络拓扑表，并利用 DUAL 算法来选择无环路径。EIGRP 路由器还会借助于后继路由器和可行后继路由器的概念，以及特有的查询过程，来实现快速收敛。EIGRP 路由器在通告路由更新的同时，会在其中包含子网掩码信息，这充分说明了 EIGRP 协议不但能够支持非连续网络和 VLSM，而且亦是一种扩展性极高的路由协议，能够满足当今的网络发展需求。表 4-1 所示为对 IGRP 与 EIGRP 的总结性比较。

表 4-1　　　　　　　　　　　IGRP 与 EIGRP 的对比

IGRP	EIGRP
路由度量值计算公式： IGRP 路由度量值= [K1× 带宽值+(K2× 带宽值)+K3× 延迟值]× K5 ──────────────────── （256−负载值）　　　　（可靠性状态值+K4）	路由度量值计算公式： IGRP 度量值×256
不支持 VLSM 和非连续网络	支持 VLSM 和非连续网络
不建立邻居关系	在邻居表中保存邻居关系
容易造成路由环路	握有网络拓扑表，并通过 DUAL 算法来选择无环路径
收敛时间较长	因可行后继路由器及查询过程的存在，而使得路由收敛时间极短
不重传丢失的 IGRP 更新数据包	通过可靠的传输机制，来重传丢失的 EIGRP 更新数据包
不支持手动路由汇总及无类路由聚合	支持手动路由汇总及无类路由聚合
不将 0.0.0.0/0 视为默认路由	将 0.0.0.0/0 视为默认路由

4.13 复　习　题

1. IGRP 路由与 EIGRP 路由的度量值计算方法有何不同？
2. 何为 EIGRP 查询？其用途何在？
3. 术语"active 路由（处于活动状态的路由）"所指为何？
4. 何为可行后继路由器？
5. EIGRP 多播地址为何？
6. 何为可行性条件？
7. 何为"卡"在活跃状态（stuck in active）？

本章涵盖以下关键主题：
- 排除 EIGRP 邻居关系建立故障；
- 排除 EIGRP 路由通告故障；
- 排除 EIGRP 路由安装故障；
- 排除 EIGRP 路由翻动故障；
- 排除 EIGRP 路由汇总故障；
- 排除与 EIGRP 有关的路由重分发故障；
- 排除与 EIGRP 有关的拨号备份故障；
- EIGRP 错误消息。

第 5 章

排除 EIGRP 故障

本章讨论事关 EIGRP 的常见故障，及排障方法。在必要之处会给出 debug 命令、show 命令以及相关配置输出。

> 注意：在 Cisco 路由器上执行 debug 命令，会消耗大量 CPU 资源，可能会对网络造成负面影响。因此，若非由 Cisco 技术支援中心（Technical Assistance Center, TAC）网络工程师亲自指导，否则不建议在生产网络设备上进行 debug 操作。

有时，多种原因可能会导致相同的故障。因此，排除网络故障时，要是一种方法行不通，就得另试它法。

5.1 排除 EIGRP 邻居关系建立故障

本节会讨论排除 EIGRP 邻居关系建立故障的方法。下面列出了可能会导致 EIGRP 邻居关系建立故障的最常见原因。

- 单向链路（EIGRP 邻居间的互连链路只具备单向连通性）。
- EIGRP 邻居间互连接口的 IP 地址不共处同一子网，或主 IP 地址和 secondary IP 地址不匹配。
- 子网掩码不匹配。
- K 值不匹配。
- AS 号不匹配。

- 路由滞留于活跃状态（stuck in active）。
- 数据链路层故障。
- 访问列表拒绝了多播数据包。
- 人为故障（执行路由汇总的路由器的配置、路由度量值以及路由过滤器被人为修改）[①]。

图 5-1 所列为 EIGRP 邻居关系建立故障常规排障流程。

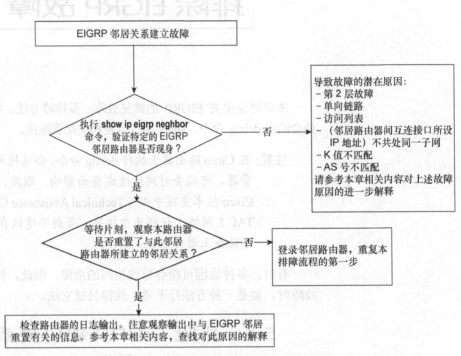

图 5-1　EIGRP 邻居关系建立故障排障流程

5.1.1　检查路由器日志，掌握与 EIGRP 邻居关系变动有关的信息

只要 EIGRP 邻居关系遭到重置，路由器就会将具体原因"录入"日志。但在运行老版本 Cisco IOS 的路由器上，必需在 **router eigrp** 配置模式下，明确配置 **eigrp log-neighbor-change** 命令，才能激活日志记录功能。若路由器运行的 IOS 版本不低于 12.1.3，**eigrp log-neighbor-change** 命令则会成为其默认配置。以下为一条事关 EIGRP 邻居建立的路由器日志消息示例：

---

① 原文是"Manual change (summary router, metric change, route filter)"。原文无头无脑，译文为译者杜撰，如有不妥，请指正。——译者注

%DUAL-5-NBRCHANGE: IP-EIGRP *EIGRP AS number*: Neighbor *neighbor IP address* is down: *reason for neighbor down*.

表 5-1 所列为可能会在路由器日志消息中"露面"的各种 EIGRP 邻居关系建立状态及其含义,外加根据日志消息解决相应故障时,应采取的应对措施。

表 5-1　　　　　路由器日志消息所记载的 EIGRP 邻居关系变化状态

日 志 消 息	含　　　义	排 障 措 施
NEW ADJACENCY	表示已与一新邻居路由器建立起了邻居关系	无需采取任何措施
PEER RESTARTED	表示有一邻居路由器发起了邻居关系重置操作。生成此条消息的路由器并非主动重置 EIGRP 邻居关系的路由器	在生成此消息的路由器上无需采取任何措施。应登录邻居路由器,收集与 EIGRP 邻居关系变动有关的日志信息
HOLD TIME EXPIRED	表示在保持时间范围内,路由器未有收到由特定邻居发出的任何 EIGRP 数据包	涉及丢包,应检查是否是数据链路层故障所导致。请参考图 5-2 所示排障流程。
RETRY LIMIT EXCEEDED	表示路由器未收到由特定邻居路由器发出的对 EIGRP 可靠数据包的确认消息,且前者已尝试重传 EIGRP 可靠数据包 16 次,但未成功一次	请参考图 5-3 所示排障流程
ROUTE FILTER CHANGED	表示更改了与 EIGRP 有关的路由过滤器(在 router eigrp 配置模式下执行了 **distribute-list** 命令),导致 EIGRP 路由器重置了与其邻居所建立的邻居关系	无需采取任何措施。此乃 EIGRP 路由器的正常行为,只要修改了与 EIGRP 有关的路由过滤器,就会重置 EIGRP 邻居关系,此后,EIGRP 邻居路由器之间还需重新同步 EIGRP 拓扑表
INTERFACE DELAY CHANGED	表示手动修改了路由器接口的延迟参数值,导致 EIGRP 邻居关系遭重置	无需采取任何措施。此乃 EIGRP 路由器的正常行为,只要修改了路由器接口的延迟参数值,就会重置 EIGRP 邻居路由器间的邻居关系
INTERFACE BANDWIDTH CHANGED	表示手动修改了路由器接口的带宽参数值,导致 EIGRP 邻居关系遭重置	无需采取任何措施。此乃 EIGRP 路由器的正常行为,只要修改了路由器接口的带宽参数值,就会重置 EIGRP 邻居路由器间的邻居关系
STUCK IN ACTIVE	表示某条(某些)EIGRP 路由受阻于活跃状态,导致 EIGRP 邻居关系遭重置。丧失邻接关系的邻居路由器是路由受阻于活跃状态的"罪魁祸首"	需按 EIGRP 路由受阻于活跃状态的思路,来解决故障。请参考本章"EIGRP 邻居关系建立故障——原因:路由受阻于活跃状态"一节

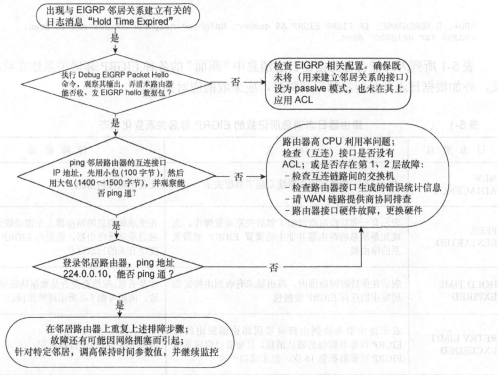

图 5-2 在路由器日志消息中出现"HOLD TIME EXPIRED"字样时,EIGRP 邻居关系建立故障排障流程

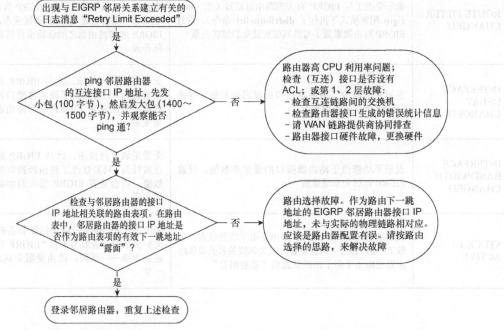

图 5-3 在路由器日志消息中出现"RETRY LIMIT EXCEEDED"字样时,EIGRP 邻居关系建立故障排障流程

5.1.2 EIGRP邻居关系建立故障——原因：单向链路（链路只具备单向连通性）

有时，WAN链路故障会致使EIGRP路由器之间的邻居关系只能单向建立。EIGRP邻居关系只能单向建立，大都要拜赐于路由器间的互连链路只具备单向连通性。一般而言，链路的单向连通性故障都与数据链路层故障密不可分。链路的单向连通性故障所表现出的征兆是：路由器相关接口的统计信息出现了许多CRC错误；链路中间的交换机故障；（在链路的一端）用大/小包ping链路对端接口的IP地址时，发生丢包（或ping不通）现象。在此情形，有必要让负责提供链路的运营商来检查链路的质量。当然，（若在链路一端的）路由器接口"误挂"了访问列表，也有可能会导致EIGRP路由器间只能建立起单向邻居关系。图5-4例举了一个因路由器间的互连链路只具备单向连通性，而引发的EIGRP邻居关系建立故障。

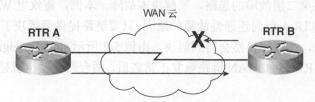

图 5-4 容易因单向链路故障，而引发EIGRP邻居关系建立故障的网络拓扑

如图5-4所示，路由器RTR A和RTR B通过一条WAN链路互连。从RTR A到RTR B方向的链路连通性正常，但从RTR B到RTR A方向的链路连通性出现了故障。在RTR A上，执行 **show ip eigrp neighbor** 命令，不会得到任何输出，因为RTR B无法将EIGRP Hello数据包送达RTR A。例5-1所示为在RTR B上执行 **show ip eigrp neighbor** 命令的输出。

例5-1 在RTR B上执行 show ip eigrp neighbor 命令的输出

```
RtrB#show ip eigrp neighbors
IP-EIGRP neighbors for process 1
H Address      Interface Hold Uptime   SRTT  RTO  Q   Seq
                         (sec)         (ms)  (ms) Cnt Num
1 10.88.18.2   S0        14   00:00:15 0     5000 4   0
```

由例5-1可知，RTR B将RTR A视为EIGRP邻居，因为RTR A能够将EIGRP Hello数据包发送至RTR B。从 **show ip eigrp neighbors** 命令的输出还可获知：SRTT值为0毫秒；重传超时（retransmission timeout，RTO）计时器值为5000毫秒；Q count值为4（再多执行几次 **show ip eigrp neighbors** 命令，此值并无任何递减）。这三个数值是判断是否遭遇单向链路故障的最重要依据。再来重温一下SRTT、RTO和Q计时器的含义：

- 平滑往返时间（smooth round-trip time，SRTT）——单位为毫秒，表示EIGRP数据包送达此邻居路由器，以及本路由器收到该包的确认所耗时间。

- **重传超时时间（retransmission timeout，RTO）**——单位为毫秒，表示从重传队列向此邻居路由器，重传 EIGRP 数据包之前，EIGRP 进程所等待的时间。
- **Q count（Q 计数）**——表示 EIGRP 进程（即重传队列中）等待发送的 EIGRP 数据包（EIGRP 更新[Update]、查询[Query]及应答[Reply]数据包）的数量。

回头再看例 5-1，SRTT 计时器值为 0，表明 RTB 未收到任何 EIGRP 确认数据包。连续执行数次 **show ip eigrp neighbor** 命令之后，Q count 值并无任何递减，这表明 RTB 总是试图发送 EIGRP 数据包，但却未从 RTA 收到任何 EIGRP 确认数据包。RTB 会尝试重发 16 次；若仍不能收到 EIGRP 确认数据包，就会重置与 RTA 所建邻居关系，并在其日志中记录"RETRY LIMIT EXCEEDED"事件，然后再次执行上述过程。此外，同一个 EIGRP 数据包的 16 次重传，是以单播而非多播方式发送，这一点恳请读者务必牢记。因此，只要看见路由器日志中出现"RETRY LIMIT EXCEEDED"事件，首先应检查相关链路是否发生了多播数据包的传输故障，这一般都与网络的第一、二层故障密切相关。

应按照排除网络第二层故障的思路，来解决本故障。本例，需致电 WAN 链路提供商，令其查明从 RTR B 到 RTR A 单向连通性故障的原因。只要链路提供商解决了 RTR B 到 RTR A 的单向链路连通性问题，本故障自然会得到解决。由例 5-2 所示 **show ip eigrp neighbors** 命令的输出可知，RTRA 和 RTAB 间 WAN 链路恢复正常之后，两台路由器也就建立起了 EIGRP 邻居关系。

例 5-2 show ip eigrp neighbor 命令的输出表明故障得到解决

```
RtrB#show ip eigrp neighbors
IP-EIGRP neighbors for process 1
H Address      Interface Hold Uptime   SRTT  RTO  Q   Seq
                         (sec)         (ms)       Cnt Num
1 10.88.18.2   S0        14   01:26:30 149   894  0   291
```

请注意，Q count 值现在为 0，而 SRTT 和 RTO 值也都是有效值。

5.1.3 EIGRP 邻居关系建立故障——原因：互连接口 IP 地址不共处同一子网

只要 EIGRP 路由器间的互连接口 IP 地址不共处同一子网，EIGRP 邻居关系就无法建立。一般而言，此类故障都是因路由器配置有误所致。建立 EIGRP 邻居关系时，只要互连接口 IP 地址不共处同一子网，路由器就会生成以下错误消息：

IP-EIGRP: Neighbor *ip address* not on common subnet for *interface*

图 5-5 所示为路由器日志消息中出现"Neighbor not on common subnet"字样时的排障流程。

由图 5-5 所示排障流程可知，路由器生成"EIGRP neighbor not on common subnet"错误消息的原因有三，如下所列：

- 路由器接口的 IP 地址配置有误；
- EIGRP 路由器间互连接口两端的主 IP 和 secondary IP 地址不匹配；

- 接口主IP地址不隶属同一IP子网的EIGRP路由器连接到了同一台交换机（或Hub）上。

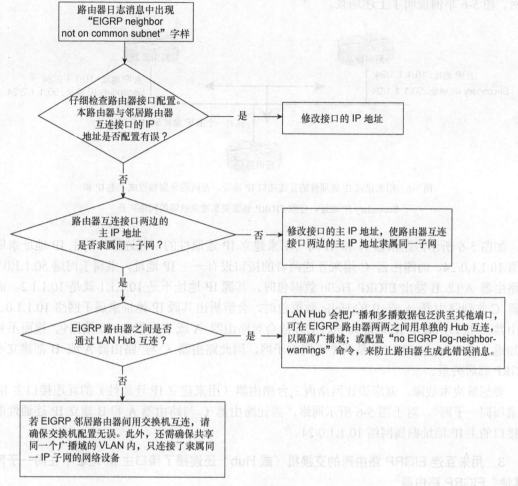

图 5-5 排障流程

1. 互连接口 IP 地址配置有误

有时，EIGRP 路由器之间建立不了邻居关系，只是因为互连接口 IP 地址配置有误。比如，网管人员可能把接口 IP 地址 192.168.3.1 255.255.255.252 误配成 192.168.3.11 255.255.255.252，这就会导致路由器生成有关 EIGRP 的日志消息，报告邻居路由器的互连接口 IP 地址与自己不共处同一子网。

2. 互连接口两边的主 IP 和 secondary IP 地址不匹配

如上一章所述，EIGRP 路由器会用接口的主 IP 地址，作为该接口所发 EIGRP Hello 数据包的源 IP 地址。若 EIGRP 路由器 A、B 间用来建立 IP 连通性的互连接口 IP 地址，在 A 上被设为接口的主 IP 地址，在 B 上被设为接口的 secondary IP 地址，则两者间的 EIGRP 邻居关系将无从建立。此外,路由器 A、B 都会生成日志消息,报告自己与邻居路由器不共处同一 IP 子网。图 5-6 举例说明了上述场景。

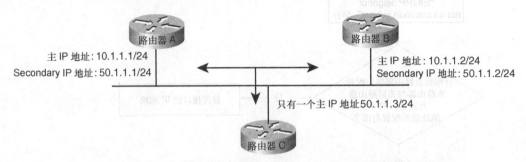

图 5-6　用来建立 IP 连通性的互连接口 IP 地址,在两端分别被设成了主 IP 和 Secondary IP 地址,导致 EIGRP 邻居关系建立故障的网络拓扑

如图 5-6 所示,路由器 A 和 B 间(用来建立 IP 连通性的)互连接口的主 IP 地址隶属于网络 10.1.1.0/24,而路由器 C 用来互连两者的接口设有一主 IP 地址,隶属于网络 50.1.1.0/24。当路由器 A 或 B 发出 EIGRP Hello 数据包时,其源 IP 地址不是 10.1.1.1 就是 10.1.1.2。而路由器 C 收到路由器 A 或 B 的 Hello 数据包时,会解析出其源 IP 地址隶属于网络 10.1.1.0。因路由器 C 接口所设主 IP 地址为 50.1.1.3,故会对路由器 A 或 B 所发 Hello 数据包"视而不见"。要知道,10.1.1.0 与 50.1.1.0 是两个不同的子网,因此路由器 C 与 路由器 A 或 B 都建立不了 EIGRP 邻居关系。

要想解决本故障,就应该让网络内三台路由器(用来建立 IP 连通性)的互连接口主 IP 地址隶属同一子网[1]。对于图 5-6 所示网络,需让路由器 C 与路由器 A 和 B 建立 IP 连通性的互连接口的主 IP 地址归属网络 10.1.1.0/24。

3. 用来互连 EIGRP 路由器的交换机(或 Hub)还连接了接口主 IP 地址不在同一子网的"其他" EIGRP 路由器[2]

若 EIGRP 路由器间(用来建立 IP 连通性)的互连接口的 IP 地址配置正确,(但路由器仍不断生成含"EIGRP neighbor not on common subnet"字样的日志消息),就应该检查互连交换机或 Hub 的配置及连接情况[3]。若一台 LAN Hub 连接了接口(主)IP 地址分属不同 IP 子网的多台 EIGRP 路由器,拜 Hub 在所有端口泛洪多播及广播数据包这一天性所赐,不同 IP 子网间的 EIGRP 路由器在发送多播 EIGRP hello 数据包时,会相互"干扰"。该问题其实并非故障,

---

① 原文是 "The solution for this example is to match all the IP addresses on the segment to the primary address space." 译文酌改,如有不妥,请指正。——译者注

② 原文是 "Switch or Hub Between EIGRP Neighbor Connection Is Misconfigured or Is Leaking Multicast Packets to Other Ports." 译文酌改,如有不妥,请指正。——译者注——译者注

③ 原文是 "If the IP address configuration is correct on the interface between EIGRP neighbors, you might want to check the configuration on the switch or the hub that connects the EIGRP neighbors." 括号中的译文为译者自行添加。如有不妥,请指正。——译者注

有以下两种解决方法：一，分别用不同的 Hub 来互连接口 IP 地址隶属同一子网的 EIGRP 路由器，Hub 之间物理隔离；二，在每台 EIGRP 路由器的 router 配置模式下，配置 **no eigrp log-neighbor-warnings** 命令，防止上述日志消息的生成。

若用 LAN 交换机来互连 EIGRP 路由器，则需检查交换机的配置及连接情况。请确保把分属不同 IP 子网的 EIGRP 路由器，连接到隶属于不同 VLAN 的端口。

5.1.4 EIGRP 邻居关系建立故障——原因：子网掩码不匹配

有时，EIGRP 路由器间互连接口所设子网掩码配置有误，也会导致 EIGRP 邻居关系建立故障。图 5-7 所示为此类故障的一个场景。

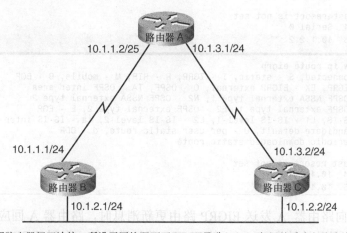

图 5-7 因路由器间互连接口所设子网掩码不匹配，而导致 EIGRP 邻居关系建立故障的网络拓扑

例 5-3 所示为图中路由器 A、B、C 的配置。

例 5-3 图 5-7 所示网络中的路由器 A、B、C 的配置

```
Router A#interface  serial  0
 ip address 10.1.1.2 255.255.255.128
 interface   serial  1
 ip address 10.1.3.1 255.255.255.0

Router B#interface  serial  0
 ip address 10.1.1.1 255.255.255.0
 interface ethernet 0
 ip address 10.1.2.1 255.255.255.0

Router C#interface ethernet 0
 ip address 10.1.2.2 255.255.255.0
 interface   serial  0
 ip address 10.1.3.2 255.255.255.0
```

由配置可知，路由器 A 和 B 间用来互连的串行接口所设子网掩码不匹配。路由器 A S0

接口的子网掩码为 255.255.255.128，而路由器 B S0 接口的子网掩码为 255.255.255.0。如此配置，在路由器 A 和 B 刚开始建立 EIGRP 邻居关系时，并不会发生任何问题，因为两者互连接口的 IP 地址 10.1.1.1 和 10.1.1.2 隶属同一子网。邻居关系建妥之后，当路由器 A 和 B 之间开始交换 EIGRP 拓扑表，并根据此表安装路由时，就会发生故障，如例 5-4 所示。

例 5-4 路由器 B 和 C 的路由表

```
Router B#show ip route
Codes: C - connected, S - static, I - IGRP, R - RIP, M - mobile, B - BGP
       D - EIGRP, EX - EIGRP external, O - OSPF, IA - OSPF inter area
       N1 - OSPF NSSA external type 1, N2 - OSPF NSSA external type 2
       E1 - OSPF external type 1, E2 - OSPF external type 2, E - EGP
       i - IS-IS, L1 - IS-IS level-1, L2 - IS-IS level-2, ia - IS-IS inter area
       * - candidate default, U - per-user static route, o - ODR
       P - periodic downloaded static route

Gateway of last resort is not set
C  10.1.1.0/24  Serial 0
D  10.1.1.0/25  10.1.2.2
```

```
Router c#show ip route eigrp
Codes: C - connected, S - static, I - IGRP, R - RIP, M - mobile, B - BGP
       D - EIGRP, EX - EIGRP external, O - OSPF, IA - OSPF inter area
       N1 - OSPF NSSA external type 1, N2 - OSPF NSSA external type 2
       E1 - OSPF external type 1, E2 - OSPF external type 2, E - EGP
       i - IS-IS, L1 - IS-IS level-1, L2 - IS-IS level-2, ia - IS-IS inter area
       * - candidate default, U - per-user static route, o - ODR
       P - periodic downloaded static route

Gateway of last resort is not set
D  10.1.1.0/24  10.1.2.1
D  10.1.1.0/25  10.1.3.1
```

当路由器 B 向路由器 A 发送 EIGRP 路由更新消息时，路由器 A 回应路由器 B 的方法是，向其回发一个目的地址为 10.1.1.1 的 EIGRP 确认数据包。收到 EIGRP 确认数据包之后，由于路由器 B 有一条（匹配 10.1.1.1 的）更为精确的路由，该路由由路由器 C 通告，因此路由器 B 会把该 EIGRP 确认数据包"转发"给路由器 C，而不会对其做任何处理。路由器 B 所拥有的那条更为精确的路由是 10.1.1.0/25，其下一跳为 10.1.2.2。对路由器来说，/25 的路由要比/24 的路由"精确"，因此必会优选前者（转发相应目的网络的流量）。当路由器 C 收到路由器 B 发出的 EIGRP 确认数据包时，会在自己的路由表中查找目的网络为 10.1.1.1 的路由器表项，这条路由的下一跳却指向了路由器 A。于是，路由器 C 会把此 EIGRP 确认数据包转发给路由器 A。数据包转发环路就此形成。目的地址为 10.1.1.1 的（EIGRP）确认数据包先由路由器 A 发给路由器 B，再从路由器 B 发至路由器 C，最后又从路由器 C 回到了路由器 A，这样一来，就形成了一条数据包转发环路。结果是，路由器 B 不但不会处理路由器 A 发出的 EIGRP 确认数据包，而且还会认定路由器 A 从未确认过自己发出的 EIGRP 路由更新数据包，"折腾"过 16 次之后，路由器 B 就会重置自己与路由器 A 建立起的 EIGRP 邻居关系。

解决本故障的方法是：将路由器 A Serial 0 接口的子网掩码配成 255.255.255.0。

5.1.5　EIGRP 邻居关系建立故障——原因：K 值不匹配

路由器之间建立 EIGRP 邻居关系时，邻居双方用来操纵 EIGRP 路由度量值的各项常数值 K 值必须匹配。默认情况下，在 EIGRP 路由度量值的计算过程中，只使用路由器接口的带宽值和延迟值作为计算路由度量值的"指标"。有时，网管人员可能会启用其他"指标"（比如，路由器接口的负载值和可靠性状态值）来决定 EIGRP 路由器度量值。因此，可能会碰到需要调整某几项 K 值的情况。而在默认情况下，只有带宽值和延迟值会作为 EIGRP 路由度量值计算的"指标"，所以其余各项 K 值都会被设置为 0。不过，要想在路由器之间建立起 EIGRP 邻居关系，邻居双方的各项 K 值必须匹配，否则邻居关系无从建立。图 5-8 所示为因 K 值项不匹配而无法建立 EIGRP 邻居关系的例子。

请看图 5-8 所示网络，K1=1 和 K3=1 表示：把带宽值和延迟值作为计算 EIGRP 路由度量值的指标值。该网络的网管人员把 RTR B 的 K1-K4 值全都设置为 1，但保留 RTR A 的各项 K 值为默认值，即只有 K1 和 K3 值为 1。本例中，由于 RTR A 和 RTR B 的各项 K 值不匹配，因此两者之间建立不了 EIGRP 邻居关系。例 5-5 所示为 RTR B 的配置。

图 5-8　用来演示因 K 值不匹配，而导致 EIGRP 邻居关系无从建立的网络拓扑

例 5-5　图 5-8 中 RTR B 的配置

```
RTR B#router eigrp 1
network xxxx
metric weights 0 1 1 1 1 0
```

RTR B 的配置包括了一条附加命令 **metric weights**。此命令的第一个参数值为服务类型（Type of Service，ToS）值，因 IOS 软件不支持，故其被设置为 0。ToS 参数后的 5 个数字表示从 K1 项到 K5 项的值。

要想排除此类故障，需先仔细揣摩路由器的配置，然后让 EIGRP 邻居双方的各项 K 值配置。本例中，只需登录路由器 A，调整 K2 和 K4 值，令 K1-K4 值匹配路由器 B 即可，如例 5-6 所示。

例 5-6　调整路由器 A 的 K2 和 K4 值，令 K1-K4 值匹配路由器 B

```
RTR A#router eigrp 1
network xxxx
metric weights 0 1 1 1 1 0
```

5.1.6 EIGRP 邻居关系建立故障——原因：AS号不匹配

若两台 EIGRP 路由器不隶属同一 AS（自治系统），无论怎样，都建立不了 EIGRP 邻居关系[①]。一般而言，此类故障都是因路由器配置有误所致。图 5-9 演示了因 AS 号不匹配，而导致的 EIGRP 邻居关系建立故障。

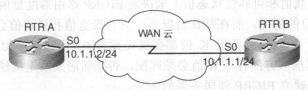

图 5-9　用来演示因 AS 号不匹配，而导致 EIGRP 邻居关系不能建立的网络拓扑

在图 5-9 所示网络中，RTR A 和 RTR B 应隶属于 EIGRP AS 1，**network** 语句也已正确配置，但 RTR A 和 RTR B 之间却建立不起 EIGRP 邻居关系。先检查 RTR A 和 RTR B 的配置，如例 5-7 所示。

例 5-7　图 5-9 中 RTR A 和 RTR B 的配置

```
RTR B#show running-config
interface serial 0
IP address 10.1.1.1 255.255.255.0
router eigrp 11
network 10.0.0.0
```

```
RTR A#show running-config
Interface serial 0
IP address 10.1.1.2 255.255.255.0
router eigrp 1
network 10.0.0.0
```

错误应该一看便知——RTR B Serial 0 接口被置入了 EIGRP AS 11，而 RTR A Serial 0 却隶属于 EIGRP AS 1。由于两台路由器互连接口所隶属的 AS 号不匹配，因此不可能建立起 EIGRP 邻居关系。要解决本故障，就得把两台路由器所隶属的 EIGRP AS 号改成一样，如例 5-8 所示。现在，那两台路由器都隶属 EIGRP AS 1 了。

例 5-8　把两台路由器的 EIGRP AS 号配成一致

```
RTR A#router eigrp 1
network 10.0.0.0
```

```
RTR B#router eigrp 1
network 10.0.0.0
```

---

① 原文是"EIGRP won't form any neighbor relationships with neighbors in different autonomous systems. If the AS numbers are mismatched, no adjacency is formed."译文两句变一句，如有不妥，请指正。——译者注

5.1.7　EIGRP 邻居关系建立故障——原因：路由"停滞"于活跃状态（stuck-in-active）

有时，EIGRP 邻居关系会伴随着含"stuck-in-active"字样的日志消息而被重置。以下所列为具体的路由器日志消息：

```
%DUAL-3-SIA: Route network mask stuck-in-active state in IP-EIGRP AS. Cleaning up
```

本节将讨论如排除 EIGRP 路由"停滞"于活跃状态的故障。

1. 回顾 EIGRP DUAL 过程

为了让 EIGRP"脱离"活跃状态，需弄清 EIGRP 的 DUAL 过程。上一章详述了 DUAL 过程，此处只做简单回顾。

EIGRP 属于高级距离矢量路由协议，不采用 OSPF 或其他链路状态协议所使用的 LSA 泛洪机制，来报告网络的"全景"[①]。EIGRP 路由器只能从邻居路由器那里，获取与目的网络相关的可达性及有效性信息。EIGRP 路由器都会保存一份名为可行后继路由（器）的备份路由（器）列表。当主用路由（器）（通往目的网络的主用下一跳设备）失效时，EIGRP 路由器会立刻启用可行后继路由（器），作为备用路由（器）。如此一来，就极大缩短了路由收敛时间。而当主用路由（器）失效，且无有效可行后继路由（器）时，通往相应目的网络的路由就会陷入活跃状态。此时，对 EIGRP 而言，欲达成快速收敛，唯一方法就是向邻居路由器查询失效路由的状况。若邻居路由器不知此路由的状态，则会向自己的邻居"询问"，并一直继续，直至"问"到网络边界。若发生以下情形之一，则"询问"结束：

- 所有邻居路由器都"答复"了所有"询问"；
- "问"到了网络的边界；
- 邻居路由器不知失效路由的状态。

问题的关键在于，若无查询的终止条件，只要路由失效，网络中的所有 EIGRP 路由器可能都会被"询问"。当某台 EIGRP 路由器首先开始查询其邻居路由器时，会启动一个 stuck-in-active 计时器。默认情况下，此计时器时长为 3 分钟。若在 3 分钟之内，EIGRP 路由器未收到其所有邻居路由器回复的 EIGRP 应答数据包，则可以说被查路由陷入了活跃状态。此时，该 EIGRP 路由器会重置与未响应查询（即未回复 EIGRP 应答数据包）的邻居路由器所建立起的 EIGRP 邻居关系。图 5-10 演示了路由失效时，EIGRP 路由器的查询过程。

由图 5-10 可知，路由器 A 有一 Ethernet 接口失效。由于此接口所学路由无相对应的可行后继路由，因此路由器 A 将其置为活跃状态，并发出 EIGRP 查询数据包，让自己的邻居路由

---

① 原文是"EIGRP is an advanced distance-vector protocol; it doesn't have LSA flooding, like OSPF, or a link-state protocol to tell the protocol the overall view of the network."这种文字可笑至极，译文酌改。——译者注

器（路由器 B 和 C）查询相关路由。而路由器 B 也不知如何"抵达（将数据包转发至）"与此失效路由相对应的目的网络，因此会询问自己的邻居路由器 D 和 E。同理，路由器 C 也将询问自己的邻居路由器 F 和 G。由于路由器 D、E、F 和 G 都不知如何"抵达"上述目的网络，因此还会向自己的下游邻居发出 EIGRP 查询数据包。"问"到了网络边界之后，边界路由器再无任何其他邻居可"问"。于是，边界路由器会向路由器 D、E、F 和 G 回复 EIGRP 应答数据包。上述 4 台路由器也会发出 EIGRP 应答数据包回复路由器 B 和 C，直至路由器 A 收到路由器 B 和 C 发出的 EIGRP 应答数据包。至此，查询过程结束。图 5-10 展示了 EIGRP 查询过程所带来的连带效应，在此过程中，查询（EIGRP 查询数据包）将从丢失路由的路由器扩散到网络边界，随后，对查询的回应（EIGRP 应答数据包）将逐层返回，直至最初发出查询的路由器。

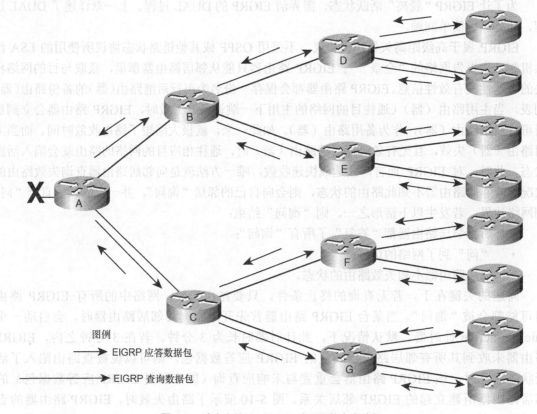

图 5-10　路由失效时，EIGRP 路由器的查询过程

2. 通过 **show ip eigrp topology active** 命令，来确定活跃状态/滞留于活跃状态的路由

要想排除 EIGRP 路由器停滞于活跃状态的故障，需先回答以下两个问题：

- 路由为什么会活跃（active）？
- 路由为何滞留于活跃状态？

第 5 章 排除 EIGRP 故障

确定路由为何活跃并不困难。有时，路由不停地活跃可能只是因为链路翻动。或者，若活跃路由为主机路由（/32 路由）时，则有可能是因为相关拨号主机断开了拨号连接。但要想确定路由为何"死死卡在"活跃状态，不但困难得多，而且也很有必要弄清其本质。一般而言，EIGRP 路由"死死卡在"活动状态都不出于以下原因之一：

- 链路质量不佳或链路拥塞；
- 路由器资源不足，路由器的内存或 CPU 资源将要耗尽；
- 查询范围过大；
- （链路、路由器）冗余过度[①]。

默认情况下，stuck-in-active 计时器时长只有 3 分钟。这就是说，给 EIGRP 邻居路由器 3 分钟的时间，让其用 EIGRP 应答数据包回应查询，若未予"理睬"，（本路由器）就重置与其建立的 EIGRP 邻居关系。这样一来，就增加了排除 EIGRP 停滞于活跃状态故障的难度，因为每当一条路由死死卡在活跃状态时，只有 3 分钟的时间来跟踪与此活跃路由相对应的查询路径，并弄清原因所在。

show ip eigrp topology active 命令是排除 EIGRP 滞留于活越状态故障的最重要的工具。其输出会显示出当前哪些路由为活跃路由，以及路由处于活跃状态的时长。根据这条命令的输出，还可获知已响应和未响应查询的邻居路由器，此后，便可登录到未响应查询的邻居路由器上，通过跟踪 EIGRP 查询数据包的发送路径，来弄清其未响应查询的原因。例 5-9 所示为 **show ip eigrp topology active** 命令的输出。

例 5-9　show ip eigrp topology active 命令的输出

```
Router#show ip eigrp topology active
IP-EIGRP Topology Table for AS(1)/ID(10.1.4.2)
A 20.2.1.0/24, 1 successors, FD is Inaccessible, Q
  1 replies, active 00:01:43, query-origin: Successor Origin
    via 10.1.3.1 (Infinity/Infinity), Serial1/0
    via 10.1.4.1 (Infinity/Infinity), Serial1/1, serno 146
  Remaining replies:
    Via 10.1.5.2, r, Serial1/2
```

由例 5-9 可知，路由 20.2.1.0 处于活跃状态，且在此状态逗留了 1 分 43 秒。"query-origin"为"Successor Origin"，意谓此路由的后继路由器（Successor）向本路由器发出了 EIGRP 查询数据包。本路由器收到了邻居路由器 10.1.3.1 和 10.1.4.1 的 EIGRP 应答数据包；由其后的"Infinity/Infinity"字段值可知，那两台路由器也不知路由 20.2.1.0 的状态。**show ip eigrp topology active** 命令输出中最重要的内容都位列"Remaining replies:"之下。由例 5-9 可知，本路由器已清楚地表明：其 Serial 1/2 接口所连接的邻居路由器 10.1.5.2 未响应查询。

为进一步查明故障原因，须先通过 Telnet 登录进路由器 10.1.5.2，再执行 **show ip eigrp topology active** 命令，了解其处于活跃状态的 EIGRP 路由的情况。

有时，在 EIGRP 路由器上执行上述命令时，其输出可能未在"Remaining replies:"下显示

---

① 原文是"Excessive redundancy"。——译者注

出未响应查询的邻居路由器。例 5-10 所示为在另一台路由器上执行 **show ip eigrp topology active** 命令的输出。

例 5-10　另外一例 show ip eigrp topology active 命令的输出

```
Router#show ip eigrp topology active
IP-EIGRP Topology Table for AS(110)/ID(175.62.8.1)
A 11.11.11.0/24, 1 successors, FD is Inaccessible
    1 replies,active 00:02:06, query-origin: Successor Origin
         via 1.1.1.2 (Infinity/Infinity), r, Serial1/0, serno 171
         via 10.1.1.2 (Infinity/Infinity), Serial1/1, serno 173
```

　　与例 5-9 相比，在例 5-10 所示 **show ip eigrp topology active** 命令的输出中未包含"Remaining replies:"内容，这也是两份输出的唯一不同之处。但这并不表示此路由器的所有邻居路由器都响应了查询。由例 5-10 可知，邻居路由器"1.1.1.2"后跟了一个标志 r。这同样表示此邻居路由器未响应查询。换句话说，**show ip eigrp topology active** 命令的输出会以两种方法来来显示未响应查询的邻居路由器。第一种方法是，将那些路由器列在"Remaining replies:"之下；第二种方法是让一个标志"r"跟在邻居路由器的（接口）IP 地址之后。执行此命令时，EIGRP 路由器可通过上述两种方法的任一（或组合）方式，来"指出"未响应查询的邻居路由器，如例 5-11 所示。

例 5-11　show ip eigrp topology active 命令的输出以"组合"表示法，来"指出"未响应查询请求的邻居路由器

```
Router#show ip eigrp topology active
IP-EIGRP Topology Table for AS(110)/ID(175.62.8.1)
A 11.11.11.0/24, 1 successors, FD is Inaccessible
    1 replies, active 00:02:06, query-origin: Successor Origin
         via 1.1.1.2(Infinity/Infinity),r , Serial1/0, serno 171
         via 10.1.1.2 (Infinity/Infinity), Serial1/1, serno 173
    Remaining replies:
         via 10.1.5.2, r, Serial1/2
```

　　由例 5-11 可知，未响应查询的邻居路由器是 1.1.1.2 和 10.1.5.2。列在"Remaining replies:"之后的（未响应查询请求的）邻居路由器只有一台：10.1.5.2；还有一台（未响应查询请求的）邻居 1.1.1.2 则与那台响应了查询请求的邻居路由器列在了一起。总而言之，执行 **show ip eigrp topology active** 命令，观查其输出时，最重要的就是要找到未响应查询请求的邻居路由器的 IP 地址。为此，需要在输出中找出哪个 IP 地址之后附着了标记"r"。

　　3．排除路由陷入活跃状态故障之法

　　当 EIGRP（路由）死死卡在活跃状态时，要想查明原因，那就只能依靠 **show ip eigrp topology active** 命令，以及本章所要介绍的故障排除方法。当路由脱离活跃状态，网络稳定时，再想弄清故障发生的根本原因，可以说是绝无可能。

　　图 5-11 所示为 EIGRP（路由）停滞于活跃状态故障排障流程。

　　图 5-12 所示为排除 EIGRP（路由）陷入活跃状态故障的网络场景。

第 5 章 排除 EIGRP 故障

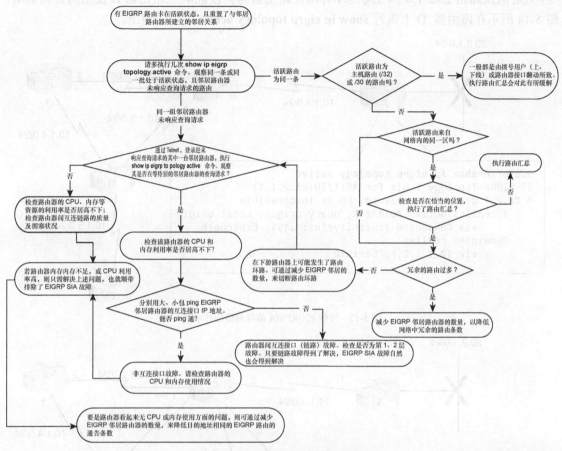

图 5-11 EIGRP SIA 故障排障流程

如图 5-12 所示，路由器 A 有一以太网接口失效，其所设 IP 地址隶属于 IP 子网 20.2.1.0/24。由于路由器 A 无此直连路由的可行后继路由，因此无备用路由可用。路由器 A 别无选择，只能将路由 20.2.1.0/24 置为活跃状态，并向其邻居路由器 B 发出 EIGRP 查询数据包。请注意，根据在路由器 A 上执行 **show ip eigrp topology active** 命令的输出可知，路由 20.2.1.0/24 已在活跃状态"逗留"了 1 分 12 秒，路由器 A Serial 0 接口所连邻居路由器 10.1.1.2（即路由器 B）未响应其发出的 EIGRP 查询数据包。接下来，需通过 Telnet，登录进路由器 B，执行同一条命令，查看路由器 B 所掌握的活跃路由的状态信息。图 5-13 所示为在路由器 B 上执行 **show ip eigrp topology active** 命令，得到的活跃路由的状态信息。

图 5-13 所示为在路由器 B 上执行 **show ip eigrp topology active** 命令的输出，由输出可知，路由 20.2.1.0/24 处于活跃状态，且已"活跃"了 1 分 23 秒。重要的是，该命令的输出还反映出路由器 B 无法"回应"路由器 A 针对此路由的"查询"，只因前者仍在等待连接于 Serial 1/2 接口，IP 地址为 10.1.3.2 的邻居路由器 D 的回应。之后，登录进路由器 D，执行同一条命

令，查看活跃路由 20.2.1.0/24 的状态，弄清此路由器为何没能响应路由器 B 发出的查询请求。图 5-14 所示在路由器 D 上执行 **show ip eigrp topology active** 命令的输出。

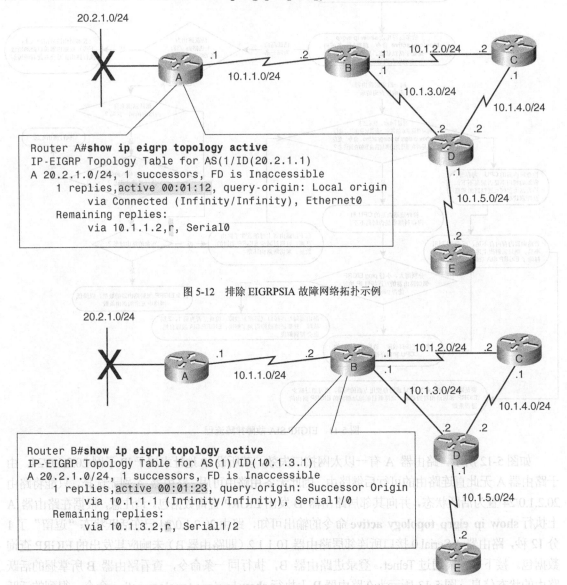

图 5-12　排除 EIGRPSIA 故障网络拓扑示例

图 5-13　排除 EIGRPSIA 故障网络拓扑示例：在路由器 B 上检查活跃路由的状态

由图 5-4 可知，路由器 D 也将路由 20.2.1.0/24 置为了活跃状态，此路由已"活跃"了 1 分 43 秒。路由器 D 之所以不能回应路由器 B 发出的（针对路由 20.2.1.0/24 的）查询请求，是因为前者要等待连接于 Serial 1/2 接口，IP 地址为 10.1.5.2 的邻居路由器 E 对这一查询消息的回应。于是，只有再登录进路由器 E，查看活跃路由 20.2.1.0/24 的状态，弄清此路由器为何没能响应路由器 D 针对此路由的查询请求。图 5-15 所示为在路由器 E 上执行 **show ip eigrp topology active** 命令的输出。

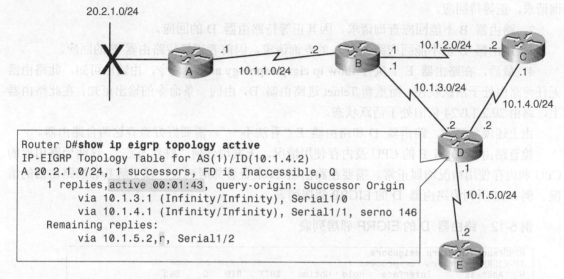

```
Router D#show ip eigrp topology active
IP-EIGRP Topology Table for AS(1)/ID(10.1.4.2)
A 20.2.1.0/24, 1 successors, FD is Inaccessible, Q
    1 replies,active 00:01:43, query-origin: Successor Origin
        via 10.1.3.1 (Infinity/Infinity), Serial1/0
        via 10.1.4.1 (Infinity/Infinity), Serial1/1, serno 146
    Remaining replies:
        via 10.1.5.2,r, Serial1/2
```

图 5-14 排除 EIGRPSIA 故障网络拓扑示例：在路由器 D 上检查活跃路由的状态

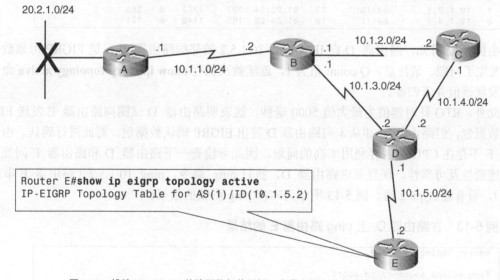

```
Router E#show ip eigrp topology active
IP-EIGRP Topology Table for AS(1)/ID(10.1.5.2)
```

图 5-15 排除 EIGRPSIA 故障网络拓扑示例：在路由器 E 上检查活跃路由的状态

由图 5-15 可知，在路由器 E 上，执行此命令，未生成任何输出，故无任何路由处于活跃状态。现在，应重新 Telnet 进路由器 D，检查路由 20.2.1.0/24 是否依旧处于活跃状态。Telnet 进路由器 D，执行 **show ip eigrp topology active** 命令，由其输出可知，路由 20.2.1.0/24 仍处于活跃状态，但在路由器 E 上，无任何路由处于活跃状态。这究竟是怎么回事呢？

以下几点是对之前排障操作的总结。

1. 在路由器 A 上，路由 20.2.1.0/24 处于活跃状态，且此路由器已向路由器 B 发出了查询请求，正等待回应。

2. 路由器 B 不能回应查询请求，因其正等待路由器 D 的回应。

3. 路由器 D 也不能回应路由器 B 的查询请求，因前者正等待路由器 E 的回应。

4. 最后，在路由器 E 上执行 **show ip eigrp topology active** 命令，由输出可知，此路由器无任何路由处于活跃状态，而重新 Telnet 进路由器 D，由同一条命令的输出可知，在此路由器上，路由 20.2.1.0/24 依旧处于活跃状态。

由上述现象可知，路由器 D 和路由器 E "看法不一"，需要好好查查这两台路由器。

检查路由器 D 和 E 的 CPU 及内存使用情况，未发现任何 "蛛丝马迹"。这两台路由器的 CPU 和内存使用情况均属正常。需要在路由器 D 上查看邻居列表，以了解其邻居路由器的情况。例 5-12 所列为路由器 D 的 EIGRP 邻居列表。

例 5-12　路由器 D 的 EIGRP 邻居列表

```
RTRD#show ip eigrp neighbors
IP-EIGRP neighbors for process 1
H   Address     Interface   Hold  Uptime     SRTT   RTO    Q    Seq
                            (sec)            (ms)         Cnt   Num
2   10.1.5.2    Se1/2       13    00:00:14   0      5000   1    0
1   10.1.3.1    Se1/0       13    01:22:54   227    1362   0    385
0   10.1.4.1    Se1/1       10    01:24:08   182    1140   0    171
```

由例 5-12 可知，路由器 D 向 IP 地址为 10.1.5.2 的邻居路由器 E 发送 EIGRP 可靠数据包时，发生了问题。请注意，Q count 值为 1，连续数次执行 **show ip eigrp topology active** 命令之后，发现该值并未归零。

此外，RTO 计时器值为最大值 5000 毫秒，这表明路由器 D 试图向路由器 E 发送 EIGRP 可靠数据包，但路由器 E 却从未向路由器 D 发出 EIGRP 确认数据包，对此进行确认。由于路由器 E 不存在 CPU 或内存利用率高的问题，因此应检查一下路由器 D 和路由器 E 间互连链路的连通性及可靠性。现登录进路由器 D，执行 ping 命令，ping 10.1.5.2（路由器 E 串口 IP 地址），看看能否 ping 通。例 5-13 所示为本次 ping 测试的结果。

例 5-13　在路由器 D 上 ping 路由器 E 的结果

```
Router D#ping 10.1.5.2

Type escape sequence to abort.
Sending 5, 100-byte ICMP Echos to 10.1.5.2, timeout is 2 seconds:
.....
Success rate is 0 percent (0/5)
```

由例 5-13 可知，本次 ping 测试的丢包率为 100%。这表明路由器 D 和 E 之间的互连链路中断。路由器 D 和 E 要想成功建立 EIGRP 邻居关系，需通过这条链路互发 EIGRP 多播数据包，但此链路连传送单播数据包都有问题。因此，对于本例，EIGRP 路由器间的互连链路中断才是 EIGRP（路由器）滞留于活跃状态的根本原因。解决这一 EIGRP SIA 故障的方法就是："逆"着活跃路由的接收路径，在沿途中的每一跳路由器上检查活跃路由的状态。

以上内容介绍了排除 EIGRP SIA 故障的基本方法。

有时，"逆"着活跃路由的接收路径，登录路径沿途中的每一台路由器，检查活跃路由的状态时，会陷入"死循环"；或者，也可能会碰到这样一种情况，有多台邻居路由器都未能响应针对活跃路由的查询。对于以上两种情况，可通过降低网络的冗余程度，来简化 EIGRP 拓扑的复杂性。EIGRP 拓扑越简单，排除 EIGRP SIA 故障就越容易。

要想彻底杜绝 EIGRP SIA 故障的发生，需做到：一、尽一切可能手动汇总路由；二、层次化的网络设计。对 EIGRP 路由汇总执行得越坚决，发生重大路由收敛事件时，EIGRP 路由器的计算量也就越小。于是，便会显著降低所要发送的 EIGRP 查询数据包的数量，最终必然能降低 EIGRP SIA 故障发生的概率。图 5-16 所示为一个糟糕的网络设计示例，图中所示网络无法扩展为大型 EIGRP 网络。

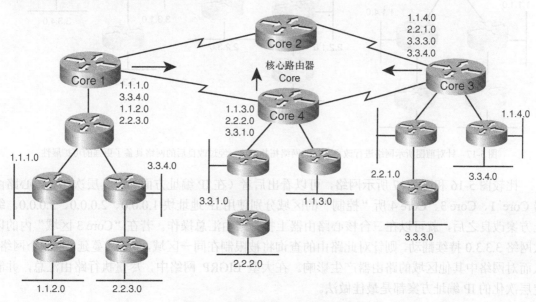

图 5-16　不可扩展的 EIGRP 网络示例

在图 5-16 所示网络中，每一台核心路由器都"掌管"着全网中的一个区域，由此网络的 IP 编址方案可知，其 IP 地址属于胡乱分配。路由器 Core 1 将路由 1.1.1.0、3.3.4.0、1.1.2.0 和 2.2.3.0 注入核心网络。与这些路由相对应的网络并不"紧凑"，不可能执行地手动汇总。Core 3 和 Core 4 等其他核心路由器也面临相同的问题，不能"面向"核心网络执行路由汇总操作。如此一来，若网络 3.3.3.0 所处以太网链路持续翻动，则对此路由的查询会"蔓延"至核心路由器 Core 3，然后，还会"扩散"进路由器 Core 1 和 Core 4 所在区域。最终，网络内的所有 EIGRP 路由器都会收到相关 EIGRP 查询数据包；这将大大增加 EIGRP SIA 故障发生的概率。重新制定 IP 编址规划,是规避此类故障的最佳做法。让网络的区域统一使用同一 IP 地址块;这样一来,就能在"掌管"各区域的核心路由器上执行路由汇总,从而降低核心路由器的路由表规模,最终可把 EIGRP 路由器对路由的"查询"操作限制在各区域之内。图 5-17 所示为针对前图所示网络进行改良之后的网络拓扑,这一经过改良后的网络具备了更强的可扩展性。

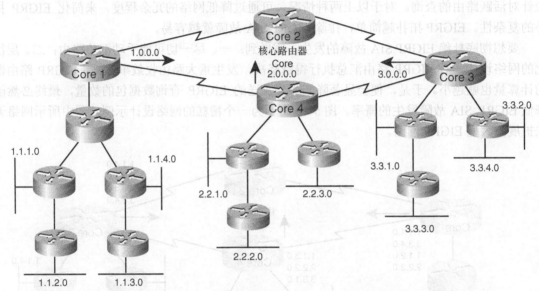

图 5-17 针对前图所示网络进行改良之后的网络拓扑,这一经过改良后的网络具备了更强的可扩展性

比较图 5-16 和图 5-17 所示网络,可以看出后者(在 IP 编址方面)更具层次化。核心路由器 Core 1、Core 3、Core 4 所"控制"的区域分别使用 IP 地址块 1.0.0.0、2.0.0.0、3.0.0.0。编址方案改良之后,就可以在三台核心路由器上执行路由汇总操作。若在"Core 3 区域"内的以太网络 3.3.3.0 持续翻动,则针对此路由的查询将被限制在同一区域,不会"蔓延"至整个网络,从而对网络中其他区域的路由器产生影响。在大型 EIGRP 网络中,尽量执行路由汇总,并制定层次化的 IP 编址方案都是最佳做法。

5.2 排除 EIGRP 路由通告故障

与 EIGRP 路由通告有关的故障也属于频发故障。本节将讨论排除 EIGRP 路由通告故障的方法,此类故障又可以分为以下几个子类。

- EIGRP 路由器未向邻居路由器通告网管人员想要通告的路由。
- EIGRP 路由器向邻居路由器通告了网管人员不想通告的路由。
- EIGRP 路由器用"莫名其妙"的度量值通告路由。

5.2.1　EIGRP 路由器未向邻居路由器通告网管人员要想通告的路由

本节将讨论的排障方法涉及 EIGRP 路由器未向邻居路由器通告路由。图 5-18 所示为此类故障的排障流程。

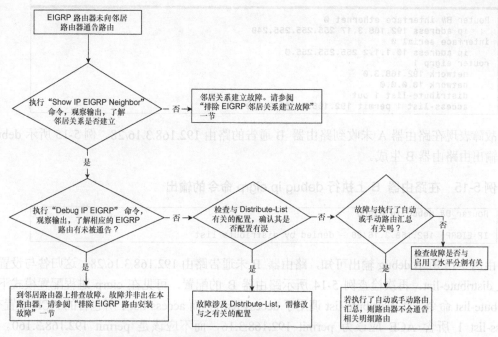

图 5-18　EIGRP 路由器未向邻居路由器通告路由故障排障流程

1. EIGRP 路由器未向邻居路由器通告路由——原因：Distribute-List

在图 5-19 所示网络中，因 Distribute-List 的配置而导致 EIGRP 路由器未向邻居路由器通告特定的路由。例 5-14 所示为此网络中路由器 A 和 B 的配置。

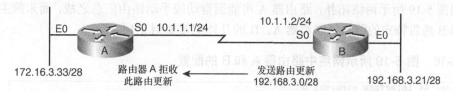

图 5-19　因 Distribute-List 配置有误，EIGRP 路由器未能将路由通告给邻居路由器[1]

---

[1] 此图的说明文字有误。不是路由器 A 拒收路由更新，而是路由器 B 未通告路由更新。——译者注

例 5-14　图 5-19 所示网络中路由器 A 和 B 的配置

```
Router A# interface ethernet 0
    ip address 172.16.3.1 255.255.255.0
interface serial 0
    ip address 10.1.1.1 255.255.255.0
router eigrp 1
    network 172.16.0.0
    network 10.0.0.0
```

```
Router B# interface ethernet 0
    ip address 192.168.3.17 255.255.255.240
interface serial 0
    ip address 10.1.1.2 255.255.255.0
router eigrp 1
    network 192.168.3.0
    network 10.0.0.0
    distribute-list 1 out
    access-list 1 permit 192.168.3.160 0.0.0.15
```

故障表现在路由器 A 未收到路由器 B 通告的路由 192.168.3.16/28。例 5-15 所示 debug 命令的输出由路由器 B 生成。

例 5-15　在路由器 B 上执行 debug ip eigrp 命令的输出

```
Router_B# debug ip eigrp
IP-EIGRP: 192.168.3.16/28 - denied by distribute list
```

由例 5-15 所示 debug 输出可知，路由器 B 未通告路由 192.168.3.16/28，这归咎与设置于其上的 distribute-list。再次检查例 5-14 所示路由器 B 的配置，可见在 eigrp 进程配置模式下设有 distribute-list 命令，此 distribute-list 调用了 access-list 1，而 access-list 1 所包含的 ACE 配置有误。access-list 1 所含 ACE 应该为 permit 192.168.3.16，而不应该是 permit 192.168.3.160。由于 192.168.3.16 未包含在此 ACE 的 **permit** 语句中，因此"潜伏"在 access-list 1 末尾的 ACE 所包含的 **deny any** 语句"拒绝"了目的网络 192.168.3.16/28。

解决本故障的方法是，调整 access-list 1 的配置，将其从 permit 192.168.3.160 改成 permit 192.168.3.16。配置更改之后，也就解决了本故障。

2．EIGRP 路由器未向邻居路由器通告路由——原因：非连续网络

沿用图 5-19 所示网络拓扑，路由器 A 可能因自动或手动路由汇总之故，而未跨主网边界，向路由器 B 通告特定的路由，路由器 A、B 的具体配置如例 5-16 所示。

例 5-16　图 5-19 所示网络中路由器 A 和 B 的配置

```
Router A# interface ethernet 0
    ip address 192.168.3.33 255.255.255.240
interface serial 0
    ip address 10.1.1.1 255.255.255.0
router eigrp 1
    network 192.168.3.0
    network 10.0.0.0
```

第 5 章　排除 EIGRP 故障

```
Router B# interface ethernet 0
    ip address 192.168.3.21 255.255.255.240
interface serial 0
    ip address 10.1.1.2 255.255.255.0
router eigrp 1
    network 192.168.3.0
    network 10.0.0.0
```

故障现象是路由器 A 未收到路由器 B 通告的路由 192.168.3.16/28。例 5-17 所示 debug 命令的输出由路由器 B 生成。

例 5-17　路由器 B 上执行 debug ip eigrp 命令的输出

```
Router B# debug ip eigrp

IP-EIGRP: 192.168.3.16/28 -don't advertise out Serial0
IP-EIGRP: 192.168.3.0/24 - do advertise out Serial0
```

由 debug 命令的输出可知，路由器 B 未通过其 s0 接口通告通往目的网络 192.168.3.16/28 的（明细）路由；只是向路由器 A 通告了主网路由 192.168.3.0/24。回头检查例 5-16 所示路由器 A 和 B 的配置，由配置代码可知，这两台路由器连接了非连续网络。路由器 A 和 B 的 Ethernet0 接口分别连接了网络 192.168.3.32/28 和 192.168.3.16/28，这两个（隶属于 192.168.3.0/24 的）网络又被（另外一个主类）网络 10.1.1.0/24 隔开。因此，路由器 B 跨主网边界 10.1.1.0，通告（明细）路由 192.168.3.16/28 时，只会向路由器 A 通告主网路由 192.168.3.0/24。当路由器 A 收到主网路由 192.168.3.0/24 时，并不会将其安装进拓扑表，因为此路由器的 Ethernet 接口已与网络 192.168.3.0 直连。

解决此类非连续网络故障的方法有两种。第一种解法是，在路由器 B 的 **router eigrp** 配置模式下执行 **no auto-summary** 命令。这条命令的作用是，不让路由器 B 在主网边界执行路由自动汇总。经过修改的路由器 B 的配置如例 5-18 所示。

例 5-18　在路由器 B 上禁用自动路由汇总特性，以防范因非连续网络而导致的路由通告故障

```
Router B# router EIGRP 1
network 192.168.3.0
network 10.0.0.0
no auto-summary
```

第二种方法是，让两台路由器互连串行接口的 IP 地址隶属于网络 192.168.3.0。试举一例，可把两台路由器的串行接口 IP 地址改为 192.168.3.65/28 和 192.168.3.66/28。这么一改，路由器 B 就不会把所要通告的路由自动汇总为 192.168.3.0/24，因为子网路由未跨另外一个主网边界通告。

3. EIGRP 路由器未向邻居路由器通告路由——原因：水平分割

EIGRP 也有专门的启用水平分割的命令。此命令在路由器的接口配置模式下配置，如下所示：

[**no**] **ip split-horizon eigrp** *autonomous-system*

屏蔽路由器接口的 IP 水平分割功能，并不能禁用其 EIGRP 水平分割功能。在图 5-20 所示的网络中极容易出现与 EIGRP 有关的水平分割故障。

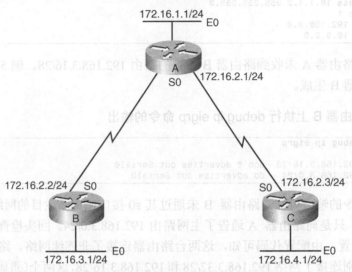

图 5-20　易发生 EIGRP 水平分割故障的网络

例 5-19 给出了图 5-20 所示 hub-and-spoke（中心-分支）网络拓扑中路由器 A、B、C 的配置。

例 5-19　图 5-20 中的路由器 A、B、C 的配置

```
Router A# interface ethernet 0
     ip address 172.16.1.1 255.255.255.0
interface serial 0
     ip address 172.16.2.1 255.255.255.0
router eigrp 1
     network 172.16.0.0
```

```
Router B# interface ethernet 0
     ip address 172.16.3.1 255.255.255.0
interface serial 0
     ip address 172.16.2.2 255.255.255.0
router eigrp 1
     network 172.16.0.0
```

```
Router C# interface ethernet 0
     ip address 172.16.4.1 255.255.255.0
interface serial 0
     ip address 172.16.2.3 255.255.255.0
router eigrp 1
     network 172.16.0.0
```

图 5-20 所示为一种常见的帧中继 hub-and-spoke 型网络拓扑结构，图中的 Hub 路由器（路由器 A）未用帧中继子接口与各 spoke 站点路由器互连。也就是说，Hub 路由器用主（物理）接口连接那两个 spoke 站点。故障现象是，路由器 B 未收到路由器 C 的 LAN 路由 172.16.4.0/24，而路由器 C 也未收到路由器 B 的 LAN 路由 172.16.3.0/24。故障一定与 Hub 路由器有关。hub 路由器学到了上述所有路由，但未将路由器 B 的 LAN 路由通告给路由器 C，反之亦然。例 5-20

所示为在 Hub 路由器（路由器 A）上执行 debug 命令的输出。

例 5-20　路由器 A 生成的 debug ip eigrp 命令的输出

```
Router A# debug ip eigrp
IP-EIGRP: 172.16.1.0/24 - do advertise out Serial0
IP-EIGRP: Processing incoming UPDATE packet
IP-EIGRP: Int 172.16.3.0/24
IP-EIGRP: Int 172.16.4.0/24
```

由 debug 输出可知，Hub 路由器只通过 Serial 0 接口通告了路由 172.16.1.0/24。该路由器分别从路由器 B 和 C 收到了路由 172.16.3.0/24 和 172.16.4.0/24，但却未通过 Serial 0 接口通告这两条路由。再次检查例 5-19 所示路由器 A、B、C 的配置，由配置可知，三台路由器（用来互连）的串行接口全都隶属于同一子网，但在物理上未建立全互连的拓扑结构。Hub 路由器从 Serial 0 接口收到了由路由器 B 和 C 通告的路由之后，却未通过同一接口重新向外通告[①]。

为解决这一由水平分割引起的 EIGRP 路由通告故障，最简单的方法就是（在 Hub 路由器上）禁用 EIGRP 水平分割功能。例 5-21 所示为在路由器 A 上禁用 EIGRP 水平分割后的配置。

例 5-21　在 Hub 路由器上禁用 EIGRP 水平分割

```
Router A# interface ethernet 0
    ip address 172.16.1.1 255.255.255.0
interface serial 0
    ip address 172.16.2.1 255.255.255.0
    no IP split-horizon EIGRP 1
router EIGRP 1
    network 172.16.0.0
```

例 5-22 所示为路由器 A 配置修改之后，在其上执行 **debug ip eigrp** 命令的输出。

例 5-22　在路由器 A 上禁用 EIGRP 水平分割之后，验证故障是否得到解决

```
Router A# debug ip eigrp
IP-EIGRP: 172.16.1.0/24 - do advertise out Serial0
IP-EIGRP: 172.16.3.0/24 - do advertise out Serial0
IP-EIGRP: 172.16.4.0/24 - do advertise out Serial0
IP-EIGRP: Processing incoming UPDATE packet
IP-EIGRP: Int 172.16.3.0/24
IP-EIGRP: Int 172.16.4.0/24
```

现在，在 spoke 路由器 B 和 C 上能够"见到"此前未"露面"的路由了。还有一种方法也能解决与 EIGRP 水平分割有关的路由通告故障，那就是让 Hub 路由器通过串行子接口与 spoke 路由器互连，且让每个子接口隶属不同的 IP 子网。请别忘了，串行子接口只能用来连接 PVC 类型（如 ATM 和帧中继）的 WAN 电路。例 5-23 所示为可规避 EIGRP 水平分割问题的路由器配置。

[①] 原文是"Therefore, the hub router receives the routes from Serial0 from Router B and Router C but won't readvertise those routes on Serial0"。Hub 路由器的这一行为遵循的是水平分割原则（路由器不会把从某接口收到的路由，再从同一接口向外通告。——译者注

例 5-23　用串行子接口，并为之分配不同网段的 IP 地址，来规避 EIGRP 水平分割问题

```
Router A# interface ethernet 0
    ip address 172.16.1.1 255.255.255.0
interface serial 0.1 point-to-point
    description connection to router B
ip address 172.16.2.1 255.255.255.0
interface serial 0.2 point-to-point
    description connection to router C
    ip address 172.16.5.1 255.255.255.0
router eigrp 1
    network 172.16.0.0
```

```
Router B# interface ethernet 0
    ip address 172.16.3.1 255.255.255.0
interface serial 0
    ip address 172.16.2.2 255.255.255.0
router eigrp 1
    network 172.16.0.0
```

```
Router C# interface ethernet 0
    ip address 172.16.4.1 255.255.255.0
interface serial 0
    ip address 172.16.5.2 255.255.255.0
router eigrp 1
    network 172.16.0.0
```

当路由器 A 以串行子接口的形式分别连接路由器 B 和 C 时，就等于路由器 A-B 和 A-C 之间通过相互隔离的逻辑链路互连。路由器 A-B 和 A-C 的互连链路 IP 地址也分属不同的子网。路由器 A 分别通过子接口 Serial 0.1 和 Serial 0.2，连接路由器 B 和 C，互连 IP 地址段分别为 172.16.2.0/2 和 172.16.5.0/24。由于路由器 A 分别用"不同"的逻辑接口（链路），连接路由器 B 和 C，因此不受水平分割原则的约束，路由器 A 会把学到的所有路由向路由器 B 和 C "倾囊相授"，如例 5-24 所示。

例 5-24　验证用串行子接口，并为之分配不同网段的 IP 地址，能否规避水平分割问题

```
Router A# debug ip eigrp
IP-EIGRP: 172.16.1.0/24 - do advertise out Serial0.1
IP-EIGRP: 172.16.4.0/24 - do advertise out Serial0.1
IP-EIGRP: 172.16.5.0/24 - do advertise out Serial0.1
IP-EIGRP: 172.16.1.0/24 - do advertise out Serial0.2
IP-EIGRP: 172.16.2.0/24 - do advertise out Serial0.2
IP-EIGRP: 172.16.3.0/24 - do advertise out Serial0.2
```

坐等路由器 A 向远程路由器通告完所有路由之后，路由器 B 和 C LAN 间的 IP 连通性应能得以建立。

5.2.2　EIGRP 路由器向邻居路由器通告了网管人员不想通告的路由

有时，EIGRP 路由器会向邻居路由器通告不符合网管人员心意的路由。图 5-21 所示为此类故障的排障流程。

还是以图 5-19 所示网络为例。例 5-25 所示为路由器 A 和 B 的配置。

第 5 章 排除 EIGRP 故障

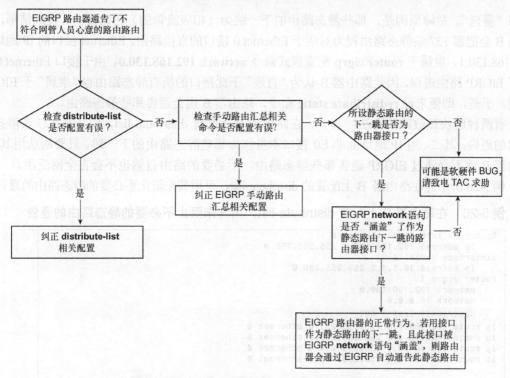

图 5-21 EIGRP 路由器"胡乱"通告路由故障排查流程

例 5-25 图 5-19 中的路由器 A 和 B 的配置

```
Router A# interface ethernet 0
    ip address 172.16.3.1 255.255.255.0
interface serial 0
    ip address 10.1.1.1 255.255.255.0
router eigrp 1
    network 172.16.0.0
    network 10.0.0.0

Router B# interface ethernet 0
    ip address 192.168.130.1 255.255.255.0
interface serial 0
    ip address 10.1.1.2 255.255.255.0
router eigrp 1
    network 192.168.130.0
    network 10.0.0.0
ip route 192.168.1.0 255.255.255.0 ethernet 0
ip route 192.168.2.0 255.255.255.0 ethernet 0
ip route 192.168.3.0 255.255.255.0 ethernet 0
ip route 192.168.4.0 255.255.255.0 ethernet 0
.
.
.
ip route 192.168.127.0 255.255.255.0 ethernet 0
```

故障现象是：虽未在 **router eigrp** 配置模式下执行 **redistribute static** 命令，但路由器 B 仍会自动将那 127 条已设静态路由重分发进 EIGRP，并通告给路由器 A。这将导致不必要的路由向全网"蔓延"。故障原因是，那些静态路由的下一跳为（相应流量的）出站接口。在此情形，路由器 B 会把那 127 条静态路由视为对应于 Ethernet 0 接口的直接路由。Ethernet 接口的 IP 地址为 192.168.130.1，隶属于 **router eigrp** 配置模式命令 **network 192.168.130.0**。由于接口 Ethernet 0 参与了 EIGRP 路由进程，因此路由器 B 认为"直连"于此接口的所有静态路由也"隶属"于 EIGRP 进程。于是，即便未设 **redistribute static** 命令，路由器 B 也会通告那些静态路由。

有两种解决该故障的方法：其一、在路由器 B 上配置 distribute-list，阻止那 127 条静态路由器的通告；其二、用 IP 地址而非 E0 接口本身作为那些静态路由的下一跳。只要两法用其一，路由器 B 就不会通过 EIGRP 通告那些静态路由，不必要的路由自然也不会在全网泛洪。

例 5-26 所示为在路由器 B 上配置的 distribute-list，可用其来防止不必要的静态路由的通告。

例 5-26 在路由器 B 上配置 distribute-list，用其来阻止不必要的静态路由的通告

```
Router B# interface ethernet 0
    ip address 192.168.130.1 255.255.255.0
iinterface serial 0
    ip address 10.1.1.2 255.255.255.0
router eigrp 1
    network 192.168.130.0
    network 10.0.0.0
    distribute-list 1 out
ip route 192.168.1.0 255.255.255.0 ethernet 0
ip route 192.168.2.0 255.255.255.0 ethernet 0
ip route 192.168.3.0 255.255.255.0 ethernet 0
ip route 192.168.4.0 255.255.255.0 ethernet 0
.
.
ip route 192.168.127.0 255.255.255.0 ethernet 0
access-list 1 deny 192.168.0.0 0.0.127.255
access-list 1 permit any
```

由例 5-26 可知，该 distribute-list 调用了 access-list 1。access-list 1 的作用是：允许除 192.168.0.0/24-192.168.127.0/24 范围以内的任何路由。distribute-list 一配，路由器 B 就不会将不必要的静态路由重分发进 EIGRP 了。例 5-27 所示为在路由器 B 上执行 debug 命令的输出，由输出可知，路由器 B 未向其 EIGRP 邻居通告那些静态路由，这是因为在其上配置了 distribute-list。

例 5-27 配置了 distribute-list 之后，验证路由器 B 是否仍然通告那 127 条静态路由

```
Router B# debug ip eigrp
IP-EIGRP: 192.168.1.0/24 - denied by distribute list
IP-EIGRP: 192.168.2.0/24 - denied by distribute list
IP-EIGRP: 192.168.3.0/24 - denied by distribute list
IP-EIGRP: 192.168.4.0/24 - denied by distribute list
IP-EIGRP: 192.168.5.0/24 - denied by distribute list
IP-EIGRP: 192.168.6.0/24 - denied by distribute list
.
.
.
IP-EIGRP: 192.168.127.0/24 - denied by distribute list
```

解决本故障的另一种方法是重配那些静态路由，用 IP 地址作为下一跳，放弃使用 E0 接口。例 5-28 所示为经过修改的路由器 B 的静态路由配置，配置更改之后，路由器 B 将不再通过 EIGRP 通告相应的静态路由了。

例 5-28 在路由器 B 上，将那 127 条静态路由器的下一跳从 E0 接口自身更改为对端互连接口的 IP 地址，来阻止 EIGRP 通告不必要的静态路由

```
Router B# interface ethernet 0
    ip address 192.168.130.1 255.255.255.0
iinterface serial 0
    ip address 10.1.1.2 255.255.255.0
router eigrp 1
    network 192.168.130.0
    network 10.0.0.0
    distribute-list 1 out
ip route 192.168.1.0 255.255.255.0 192.168.130.2
ip route 192.168.2.0 255.255.255.0 192.168.130.2
ip route 192.168.3.0 255.255.255.0 192.168.130.2
ip route 192.168.4.0 255.255.255.0 192.168.130.2
    .
    .
    .
ip route 192.168.127.0 255.255.255.0 192.168.130.2
```

5.2.3 路由器以非预期的度量值通告了 EIGRP 路由

EIGRP 路由器不但会向邻居路由器通告 "不该通告" 的路由，而且还可能以非预期的度量值向邻居路由器通告路由。度量值是路由器根据学到的 EIGRP 路由，选择相关流量转发路径的基础，路由器会优先选择度量值最低的 EIGRP 路由，将流量送达目的网络。路由器无论是通告还是接收了非预期度量值的 EIGRP 路由，都有可能会改变自己（或其他路由器）的 "选路" 标准。最终，将会导致次优路由选择故障（即路由器未按最优 "路线" 转发流量）。图 5-22 所示为解决此类故障的排障流程。

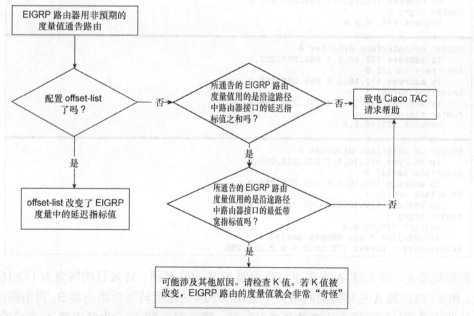

图 5-22 用非预期的度量值通告 EIGRP 路由故障排障流程

接下来，笔者会例举一个 offset-list 配置不当的例子，此 offset-list 致使路由器遵循次优路由转发流量。**offset-list** 命令的作用是，为相关路由追加一个偏移度量值。可配此命令来操纵特定路由的度量值，这样一来，路由器就能够"优选"或"弃选"特定路由协议的某些特定路由。图 5-23 所示为一个易于产生非预期路由度量值故障的网络场景。

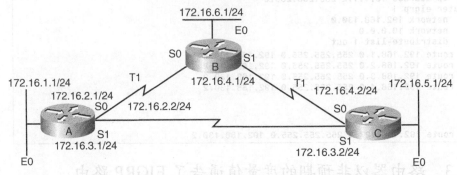

图 5-23 容易产生"莫名其妙"的 EIGRP 路由度量值故障的网络

例 5-29 所示为图 5-23 中路由器 A、B、C 的配置。

例 5-29 图 5-23 中路由器 A、B、C 的配置

```
Router A# interface ethernet 0
    ip address 172.16.1.1 255.255.255.0
interface serial 0
    ip address 172.16.2.1 255.255.255.0
interface serial 1
    ip address 172.16.3.1 255.255.255.0
router eigrp 1
    network 172.16.0.0

Router B# interface ethernet 0
    ip address 172.16.6.1 255.255.255.0
interface serial 0
    ip address 172.16.2.2 255.255.255.0
interface serial 1
    ip address 172.16.4.1 255.255.255.0
router eigrp 1
    network 172.16.0.0

Router C# interface ethernet 0
    ip address 172.16.5.1 255.255.255.0
interface serial 0
    ip address 172.16.4.2 255.255.255.0
interface serial 1
    ip address 172.16.3.2 255.255.255.0
router eigrp 1
    network 172.16.0.0
    offset-list 1 out 600000 serial 1
access-list 1 permit 172.16.0.0 0.0.255.255
```

故障现象是，路由器 A 未采用与路由器 C 的直接链路，转发目的网络为 172.16.5.0/24 的流量。相反，路由器 A 先将目的网络为 172.16.5.0/24 的流量转发至路由器 B，再由路由器 B "转交"给路由器 C。这就等于让流量多"走"了一跳。例 5-30 所示为路由器 A 生成的与目的网络 172.16.5.0 255.255.255.0 有关的路由表项和 EIGRP 拓扑表项。

例 5-30 在路由器 A 上执行 show ip route 和 show ip eigrp topology 命令，由输出可知，路由器 A 未用直连路由器 C 的链路转发目的网络为 172.16.5.0/24 的流量

```
Router_A#show ip route 172.16.5.0
Routing entry for 172.16.5.0/24
    Known via "eigrp 1", distance 90, metric 2707456, type internal
    Redistributing via eigrp 1
    Last update from 172.16.2.2 on Serial0, 01:08:13 ago
    Routing Descriptor Blocks:
    *172.16.2.2, from 172.16.2.2, 01:08:13 ago, via Serial0
        Route metric is 2707456, traffic share count is 1
        Total delay is 41000 microseconds, minimum bandwidth is 1544 Kbit
        Reliability 255/255, minimum MTU 1500 bytes
        Loading 1/255, Hops 2

Router_A# show ip eigrp topology 172.16.5.0 255.255.255.0IP-EIGRP topology
    entry for 172.16.5.0/24
State is Passive, Query origin flag is 1, 1 Successor(s), FD is 2707456
Routing Descriptor Blocks:
172.16.2.2 (Serial0), from 172.16.2.2, Send flag is 0x0
    Composite metric is (2707456/2195456), Route is Internal
    Vector metric:
    Minimum bandwidth is 1544 Kbit
    Total delay is 41000 microseconds
    Reliability is 255/255
    Load is 1/255
    Minimum MTU is 1500
    Hop count is 2

172.16.3.2 (Serial1), from 172.16.3.2, Send flag is 0x0
    Composite metric is (2795456/281600), Route is Internal
    Vector metric:
    Minimum bandwidth is 1544 Kbit
    Total delay is 44437 microseconds
    Reliability is 255/255
    Load is 1/255
    Minimum MTU is 1500
    Hop count is 1
```

由例 5-30 可知，路由器 A 在转发目的网络为 172.16.5.0/24 的流量时，将路由器 B 视为下一跳，因为路由器 B 通告的 172.16.5.0/24 路由的 EIGRP 路由度量值比路由器 C 更低。在路由器 A 上细查路由 172.16.5.0/24 的 EIGRP 拓扑表表项，可知路由器 A-C 间链路的延迟值高于路由器 A-B 间链路，但这两条链路可都是 T1 链路啊。检查路由器 C 与串行接口有关的配置，未发现手动更改延迟值的迹象。深入检查路由器 C 的其他配置时，却发现在 **router eigrp** 配置模式下包含了 offset-list 语句。

路由器 C 上的这一 offset-list 的作用是：为通过 Serial 1 接口向外通告的路由追加度量值 600 000。现在，总算找到了故障的真正原因。当路由器 C 向路由器 A 通告 EIGRP 路由时，offset-list 所引用的偏移值会使得路由度量值中的延迟指标值增加，从而导致路由器 A 优选由路由器 B 通告的目的网络相同的路由。

要想解决本故障，那就只能删除路由器 C 上配置的 offset-list。要删除此 offset-list，请按

例 5-31 配置路由器 C。

例 5-31　将路由器 C 上的 offset-list 删除

```
Router_C# config term
Router_C(config)#router eigrp 1
Router_C(config-router)#no offset-list 1 out 600000 serial 1
```

例 5-32 所示为在路由器 C 上删除 offset-list 之后，路由器 A 上与目的网络 172.16.5.0/24 相对应的路由表项和 EIGRP 拓扑表项。

例 5-32　在路由器 A 上执行 show ip route 和 show ip eigrp topology 命令，由输出可知，路由器 A 已采用最优路由（直连路由器 C 的链路）来转发目的网络为 172.16.5.0/24 的流量

```
Router_A#show ip route 172.16.5.0
Routing entry for 172.16.5.0/24
  Known via "eigrp 1", distance 90, metric 2195456, type internal
  Redistributing via eigrp 1
  Last update from 172.16.3.2 on Serial1, 00:08:23 ago
  Routing Descriptor Blocks:
  *172.16.3.2, from 172.16.3.2, 00:08:23 ago, via Serial1
      Route metric is 2195456, traffic share count is 1
      Total delay is 21000 microseconds, minimum bandwidth is 1544 Kbit
      Reliability 255/255, minimum MTU 1500 bytes
      Loading 1/255, Hops 1

Router_A# show ip eigrp topology 172.16.5.0 255.255.255.0
         IP-EIGRP topology entry for 172.16.5.0/24
State is Passive, Query origin flag is 1, 1 Successor(s), FD is 2195456
Routing Descriptor Blocks:
172.16.3.2 (Serial1), from 172.16.3.2, Send flag is 0x0
    Composite metric is (2195456/281600), Route is Internal
    Vector metric:
    Minimum bandwidth is 1544 Kbit
    Total delay is 21000 microseconds
    Reliability is 255/255
    Load is 1/255
    Minimum MTU is 1500
    Hop count is 1

172.16.2.2 (Serial1), from 172.16.2.2, Send flag is 0x0
    Composite metric is (2707456/2195456), Route is Internal
    Vector metric:
    Minimum bandwidth is 1544 Kbit
    Total delay is 41000 microseconds
    Reliability is 255/255
    Load is 1/255
    Minimum MTU is 1500
    Hop count is 2
```

由例 5-32 可知，路由器 A 在转发目的网络为 172.16.5.0/24 的流量时，将路由器 C (172.16.3.2) 作为下一跳，采用了最优路径。请再次对例 5-30 和例 5-32 所示的 EIGRP 拓扑表项做一番比较，比较之后应该不难发现，由邻居路由器 172.16.3.2（路由器 C）通告的目的网络为 172.16.5.0/24 的 EIGRP 路由度量值已从 2 795 456 降至 2 195 456。路由度量值降低了 600 000，正是因为删除了路由器 C 上的 offset-list。此例给我们的启发是，一旦发现网络异常，应仔细检查路由器配置。向 Cisco TAC 开 CASE 时，应首先提供路由器配置。

5.3 排除 EIGRP 路由安装故障

上一节讨论了如何排除 EIGRP 路由通告故障，本节将讨论如何排除路由器未在路由表中安装 EIGRP 路由故障。以下所列为引起这一故障的最常见原因：
- 自动路由汇总，或配置了手动路由汇总。
- EIGRP 的管理距离值过高。
- 路由器 ID 冲突。

下面几节将细述 EIGRP 路由安装相关故障，以及解决办法。图 5-24 所示为更加全面的 EIGRP 路由安装故障排障流程。

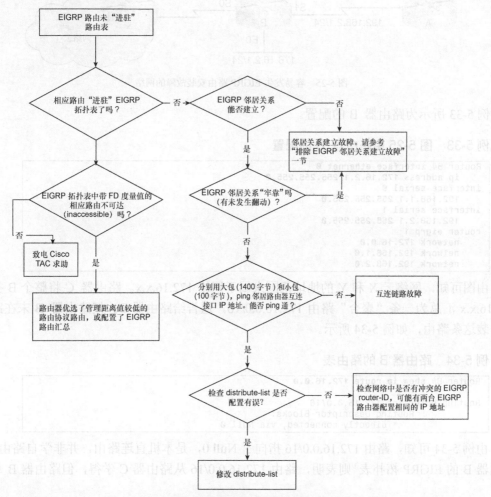

图 5-24　EIGRP 路由安装故障排障流程

5.3.1 EIGRP 路由安装故障——原因：自动或者手动路由汇总

当路由器未在路由表中安装 EIGRP 路由时，因首先检查 EIGRP 拓扑表。图 5-25 所示为本例所使用的网络拓扑。

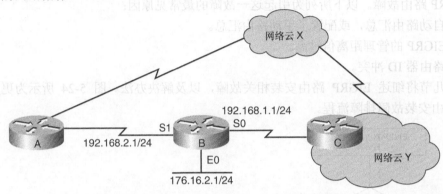

图 5-25 容易发生 EIGRP 路由安装故障的网络

例 5-33 所示为路由器 B 的配置。

例 5-33 图 5-25 中路由器 B 的配置

```
Router B# interface ethernet 0
    ip address 172.16.2.1 255.255.255.0
interface serial 0
    192.168.1.1 255.255.255.0
interface serial 1
    192.168.2.1 255.255.255.0
router eigrp 1
    network 172.16.0.0
    network 192.168.1.0
    network 192.168.2.0
```

由图可知，网络云 X 和 Y 的地址范围隶属于网络 172.16.x.x。路由器 C 将整个 B 类网络 172.16.x.x 汇总为一条"聚合"路由 172.16.0.0/16，通告给路由器 B。但路由器 B 未在路由表中安装这条路由，如例 5-34 所示。

例 5-34 路由器 B 的路由表

```
Router B# show ip route 172.16.0.0

Routing entry for 172.16.0.0/16
        Routing Descriptor Blocks:
        * directly connected, via Null 0
```

由例 5-34 可知，路由 172.16.0.0/16 指向了 Null 0，是本机直连路由，并非学自路由器 C。路由器 B 的 EIGRP 拓扑表[①]则表明，路由 172.16.0.0/16 从路由器 C 学得，但路由器 B 却将其

---

① 作者未给出路由器 B 的 EIGRP 拓扑表的输出。——译者注

以"直连"路由的形式安装。这条指向 Null 0，通往目的网络 172.16.0.0/16 的路由的管理距离值为 5，为执行路由汇总操作时，EIGRP 进程自动生成。由路由器 B 的配置可知，因未在其上禁用 EIGRP 自动路由汇总特性，从而导致 EIGRP 进程生成了这条汇总路由 172.16.0.0/16。只要针对 EIGRP 路由执行了自动或手动汇总操作，EIGRP 路由器都会在路由表中安装一条相应目的网络的直连汇总路由，其下一跳全都指向 Null 0。该机制是为了防范执行 EIGRP 路由（自动或手动）汇总操作时，所引发的路由环路。本例出现的故障现象是，路由器 B 未安装邻居路由器 C 通告的 EIGRP 汇总路由，与这条路由相对应的目的网络刚好指向 Null 0 的直连路由相同。

综上所述，本故障与网络设计有关。请读者牢记，一定不要让网络中的那两处"网络云"相互通告通往同一目的网络的汇总路由。本例，需在路由器 B 上配置 **no auto-summary** 命令，禁用自动路由汇总特性，让那条指向 Null 0 的直连汇总路由在路由表中"退位"，并接受路由器 C 通告的汇总路由。例 5-35 所示为为解决本故障，在路由器 B 上所做的配置变更。

例 5-35　为解决图 5-25 所示故障，而在路由器 B 上所做的配置变更

```
Router B# interface ethernet 0
    ip address 172.16.2.1 255.255.255.0
interface serial 0
    192.168.1.1 255.255.255.0
interface serial 1
    192.168.2.1 255.255.255.0
router eigrp 1
    network 172.16.0.0
    network 192.168.1.0
    network 192.168.2.0
    no auto-summary
```

修改过路由器 B 的配置之后，路由器 B 的路由表中便出现了由路由器 C 通告的汇总路由 172.16.0.0/16，如图 5-36 所示。

例 5-36　由路由器 C 通告的汇总路由 172.16.0.0/16 在路由器 B 的路由表中"现身"

```
Router_B#show ip route 172.16.0.0 255.255.0.0
Routing entry for 172.16.0.0/16
  Known via "eigrp 1", distance 90, metric 2195456, type internal
  Redistributing via eigrp 1
  Last update from 192.168.1.2 on Serial0, 00:16:24 ago
  Routing Descriptor Blocks:
  *192.168.1.2, from 192.168.1.2, 00:16:24 ago, via Serial0
      Route metric is 2195456, traffic share count is 1
      Total delay is 21000 microseconds, minimum bandwidth is 1544 Kbit
      Reliability 255/255, minimum MTU 1500 bytes
      Loading 1/255, Hops 1
```

5.3.2　EIGRP 路由安装故障——原因：路由的管理距离值过高

继续沿用图 5-25 所示网络拓扑。若网络云 Y 向路由器 B 通告了通往目的网络 150.150.0.0/16 的 EIGRP 外部路由，而路由器 B 同时运行着 RIP 和 EIGRP 两种路由协议，并通过 RIP 从路由器 A 收到了通往同一目的网络的 RIP 路由。此时，将会发生另外一种类型的 EIGRP 路由安装故障。由于RIP的管理距离值为120,低于EIGRP外部路由的管理距离值170,因此路由器B只会在路由表中安装路由器A通告的通往目的网络150.150.0.0/16的RIP路由。例5-37所示为路由器B的EIGRP拓扑表。

例5-37 路由器B上对应于路由150.150.0.0/16的EIGRP拓扑表表项

```
Router B# show ip eigrp topology 150.150.0.0 255.255.0.0

IP-EIGRP topology entry for 150.150.0.0/16
State is Passive, Query origin flag is 1, 0 Successor(s), FD is 4294967295
Routing Descriptor Blocks:
192.168.1.2 (Serial0), from 192.168.1.2, Send flag is 0x0
    Composite metric is (2707456/2195456), Route is External
    Vector metric:
        Minimum bandwidth is 1544 Kbit
        Total delay is 41000 microseconds
        Reliability is 255/255
        Load is 1/255
        Minimum MTU is 1500
        Hop count is 3
    External data:
        Originating router is 155.155.155.1
        AS number of routes is 0
        External protocol is OSPF, external metric is 64
        Administrator tag is 0
```

由例5-37可知,通向目的网络150.150.0.0/16的EIGRP路由的可行距离(Feasible Distance,FD)值为4294967295,这表明该路由为不可达路由;这条路由为EIGRP外部路由,由OSPF重分发而来。也就是说,路由器B收到了路由器C通告的通往目的网络150.150.0.0/16的EIGRP外部路由,但却将其FD值设置为4294967295,理由是路由器B并未在路由表中安装这条EIGRP路由。实际上,路由器B在路由表中安装的通往目的网络150.150.0.0/16的路由为RIP路由,如例5-38所示。换言之,当路由器在EIGRP拓扑表中把某条路由的FD值设置为4294967295,将其标为不可达路由时,就表明不会在路由表中安装该路由。一般而言,对于通过不同路由协议学到的通往同一目的网络的多条路由,路由器都会在路由表中安装管理距离值最低的那条。

例5-38 路由器B在路由表中安装了目的网络为150.150.0.0/16的RIP路由

```
Router_B#show ip route 150.150.0.0
Routing entry for 150.150.0.0/16
    Known via "rip", distance 120, metric 5
    Redistributing via rip
    Last update from 192.168.2.2 on Serial1, 00:00:24 ago
    Routing Descriptor Blocks:
    *192.168.2.2, from 192.168.2.2, 00:00:24 ago, via Serial1
        Route metric is 5, traffic share count is 1
```

要想让路由器B安装EIGRP路由,就必须改变EIGRP外部路由的管理距离值,让路由表优先选取相关路由。为此,需在路由器B上执行**distance**命令,修改相关路由的管理距离值。例5-39所示为为了让路由器B安装EIGRP(外部)路由,对其所做的配置变更。

例 5-39 在路由器 B 上调整相关路由的管理距离值，让其安装 EIGRP（外部）路由

```
Router B# interface ethernet 0
    ip address 172.16.2.1 255.255.255.0
interface serial 0
    192.168.1.1 255.255.255.0
interface serial 1
    192.168.2.1 255.255.255.0
router eigrp 1
    network 172.16.0.0
    network 192.168.1.0
    network 192.168.2.0
router rip
    network 172.16.0.0
    network 192.168.2.0
    distance 180 192.168.2.2 255.255.255.255
```

如例 5-39 所示，**distance** 命令的作用是：把源于 192.168.2.2 的任何 RIP 路由更新的管理距离值提升至 180。这样一来，对路由器 B 而言，由路由器 C 通告的 EIGRP 外部路由 150.150.0.0/16 的管理距离值为 170，低（优）于其学到的通往同一目的网络的 RIP 路由。例 5-40 所示路由器 B 最终的"选路"结果。

例 5-40 路由器 B 在路由表中安装了路由器 C 通告的 EIGRP 路由 150.150.0.0/16

```
Router_B#show ip route 150.150.0.0
Routing entry for 150.150.0.0/16
    Known via "eigrp 1", distance 90, metric 2195456, type internal
    Redistributing via eigrp 1
    Last update from 192.168.1.2 on Serial0, 00:26:14 ago
    Routing Descriptor Blocks:
    *192.168.1.2, from 192.168.1.2, 00:26:14 ago, via Serial0
        Route metric is 2195456, traffic share count is 1
        Total delay is 21000 microseconds, minimum bandwidth is 1544 Kbit
        Reliability 255/255, minimum MTU 1500 bytes
        Loading 1/255, Hops 1
```

5.3.3 EIGRP 路由安装故障——原因：Router-ID 冲突

EIGRP 路由器经常会因 Router-ID（与别的路由器）冲突，而不在路由表内安装 EIGRP 路由。EIGRP 不像 OSPF 那样对 Router-ID 有很强的依赖性，只是把 Router-ID 用来预防外部路由环路。EIGRP 路由器的 Router-ID 取自其 IP 地址最高的 loopback 接口。若未在 EIGRP 路由器上创建任何 loopback 接口，Router-ID 则取自其 IP 地址最高的有效接口。图 5-26 所示为容易因

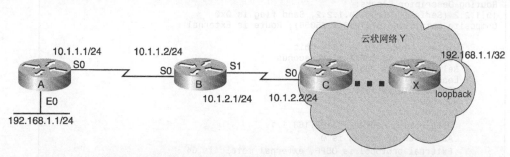

图 5-26 因 Router-ID 冲突，而导致 EIGRP 路由安装故障的网络场景

EIGRP Router-ID 冲突而导致路由安装故障的网络场景。

例 5-41 所示为图 5-26 中路由器 A、B、C 的相关配置。

例 5-41　图 5-26 中路由器 A、B、C 及 X 的配置

```
Router A# interface ethernet 0
    ip address 192.168.1.1 255.255.255.0
interface serial 0
    ip address 10.1.1.1 255.255.255.0

Router B# interface serial 0
    IP address 10.1.1.2 255.255.255.0
interface serial 1
    IP address 10.1.2.1 255.255.255.0

Router C# interface serial 0
    ip address 10.1.2.2 255.255.255.0

Router X# interface loopback 0
    ip address 192.168.1.1 255.255.255.255
```

路由器 X 将源于 OSPF 的路由 150.150.0.0/16，重分发进了 EIGRP。这一经过重分发的 OSPF 路由传播了几跳之后，被路由器 C 接收。接收之后，路由器 C 将此路由作为 EIGRP 外部路由，通告给了路由器 B。把这条路由安装进路由表之后，路由器 B 又继续向路由器 A 通告。例 5-42 所示 debug 输出清楚地表明了路由器 B 是如何将这条通往目的网络 150.150.0.0/16 的路由通告给路由器 A 的。

例 5-42　在路由器 B 上执行 debug ip eigrp 命令的输出

```
Router B# debug ip eigrp

IP-EIGRP: 150.150.0.0/16 - do advertise out serial 0
```

故障现象是，路由器 A 未将上述通往目的网络 150.150.0.0/16 的路由安装进路由表。退一步来讲，路由 150.150.0.0/16 甚至都没有在路由器 A 的 EIGRP 拓扑表中"露面"。登录路由器 B，查看其 EIGRP 拓扑表，发现路由 150.150.0.0/16 已然就位，如例 5-43 所示。

例 5-43　路由器 B 上与路由 150.150.0.0/16 相对应的 EIGRP 拓扑表表项

```
Router B# show ip eigrp topology 150.150.0.0 255.255.0.0

IP-EIGRP topology entry for 150.150.0.0/16
State is Passive, Query origin flag is 1, 1 Successor(s), FD is 3757056
Routing Descriptor Blocks:
10.1.2.2 (Serial1), from 10.1.2.2, Send flag is 0x0
    Composite metric is (3757056/3245056), Route is External
    Vector metric:
        Minimum bandwidth is 1544 Kbit
        Total delay is 82000 microseconds
        Reliability is 255/255
        Load is 1/255
        Minimum MTU is 1500
        Hop count is 7
    External data:
        Originating router is 192.168.1.1
        AS number of routes is 0
        External protocol is OSPF, external metric is 64
        Administrator tag is 0
```

由例 5-43 可知，路由 150.150.0.0/16 是路由器 B 从路由器 C 接收。由位列"External data:"之下的内容可知，生成此路由的路由器为 192.168.1.1，与路由器 B 相隔 7 跳。这条通往目的网络 150.150.0.0/16 的路由最先是由 OSPF 路由协议生成，其（外部）度量值为 64。再次检查例 5-41 所示路由器 A 的配置，可以看见，路由器 A Ethernet 0 接口所设 IP 地址也是 192.168.1.1，这一 IP 地址为路由器 A 所有有效接口所设最高 IP 地址。这就充分说明了路由器 A 拒绝安装路由 150.150.0.0/16，是因为在 EIGRP 路由进程域中，自己的 Router-ID 与别的路由器发生了冲突。本例，路由器 X 和路由器 A 的 Router-ID 相同（同为 192.168.1.1）。当路由器 A 收到由路由器 B 通告的 EIGRP 外部路由 150.150.0.0/16 时，会"核实"其生成路由器的 IP 地址（即例 5-43 所示"External data:"之后的内容）。一旦发现生成此路由的路由器 IP 地址为 192.168.1.1 时，路由器 A 便会拒绝将其置入 EIGRP 拓扑表。理由很简单：路由器 A 认为目的网络为 150.150.0.0/16 的路由由本机生成，但却从邻居路由器重新收到了目的网络相同的路由，这摆明着是发生了路由环路。为了避免路由环路，路由器 A 不会让目的网络为 150.150.0.0/16 的路由"进驻"EIGRP 拓扑表，此目的网络自然也不能在 IP 路由表中"露面"了。

路由器 A 将会拒绝"接纳"由路由器 X 生成的任何 EIGRP 外部路由，因为用来传递那些路由的 EIGRP 更新数据包包含的是路由器 A 自己的 Router-ID。不过，路由器 A 仍将"接纳"路由器 X 生成的 EIGRP 内部路由，Router-ID 冲突只会对其 EIGRP 外部路由的安装产生影响。

无论是更改路由器 X loopback 接口所设 IP 地址，还是改变路由器 A Ethernet 0 接口所设 IP 地址，都能解决 Router-ID 冲突问题。在网络工程实施中，千万不要让网络设备的 IP 地址发生冲突，请读者一定要牢记这一点。现在，把路由器 X loopback 接口所设 IP 地址更改为 192.168.9.1/32 之后，就解决了本故障（见例 5-44）。

更改了路由器 X loopback 接口所设 IP 地址之后，路由器 A 一定会在路由表中安装路由 150.150.0.0/16，如例 5-45 所示。

例 5-44 为避免 Router-ID 冲突，改掉了路由器 X loopback 接口的 IP 地址

```
Router X#interface Loopback 0
 IP address 192.168.9.1 255.255.255.255
```

例 5-45 登录路由器 A，观察与路由 150.150.0.0/16 相对应的路由表项和 EIGRP 表项，以验证是否解决了故障

```
Router_A#show ip route 150.150.0.0
Routing entry for 150.150.0.0/16
  Known via "eigrp 1", distance 170, metric 4269056, type external
  Redistributing via eigrp 1
  Last update from 10.1.1.2 on Serial0, 00:06:14 ago
  Routing Descriptor Blocks:
  *10.1.1.2, from 10.1.1.2, 00:06:14 ago, via Serial0
      Route metric is 4269056, traffic share count is 1
      Total delay is 102000 microseconds, minimum bandwidth is 1544 Kbit
      Reliability 255/255, minimum MTU 1500 bytes
      Loading 1/255, Hops 8

Router A# show ip eigrp topology 150.150.0.0 255.255.0.0
IP-EIGRP topology entry for 150.150.0.0/16
```

（待续）

```
State is Passive, Query origin flag is 1, 1 Successor(s), FD is 4269056
Routing Descriptor Blocks:
10.1.1.2 (Serial0), from 10.1.1.2, Send flag is 0x0
    Composite metric is (4269056/3757056), Route is External
    Vector metric:
      Minimum bandwidth is 1544 Kbit
      Total delay is 102000 microseconds
      Reliability is 255/255
      Load is 1/255
      Minimum MTU is 1500
      Hop count is 8
    External data:
      Originating router is 192.168.9.1
      AS number of routes is 0
      External protocol is OSPF, external metric is 64
      Administrator tag is 0
```

5.4 排除 EIGRP 路由翻动故障

本节将讨论如何排除"连绵不断"的 EIGRP 路由翻动故障。**show ip eigrp event** 命令是解决此类故障最重要的工具。根据该命令的输出,不但能够了解哪台 EIGRP 邻居路由器正在通告路由更新,还能获悉随路由更新一并传播的路由度量信息。图 5-27 所示为排除 EIGRP 路由翻动故障排障流程。

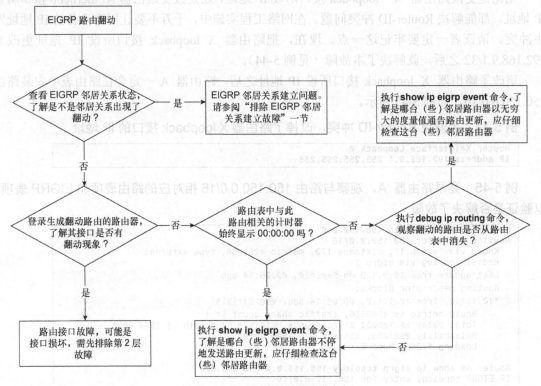

图 5-27 EIGRP 路由翻动故障排障流程

排除 EIGRP 路由翻动故障时，要是发现路由表中跟某条路由"挂钩"的计时器显示为"00:00:00"（见例 5-46 中做高亮显示的内容），并不表示该路由已从路由表中"退位"。

例 5-46   显示更新计时器始终处于 00:00:00 的路由表例子

```
Router A# show ip route 150.150.0.0

Routing entry for 150.150.0.0/16
Known via "eigrp 1", distance 90, metric 304128, type internal
  Last update from 10.1.1.2 on  Ethernet 0, 00:00:00 ago
```

当路由表中跟某条路由"挂钩"的计时器总是显示为"00:00:00"时，也并不一定意谓着路由器正"忙着"不停地删除并重新安装该路由。这只能说明某台 EIGIP 邻居路由器不停地向本路由器发送与该路由相对应的 EIGIP 路由更新消息。这台不断发送路由更新消息的邻居路由器（所通告的流量转发路径）也未必就是最优路径，可能只是一条备选路径。路由器不停地刷新与路由"挂钩"的计时器，只是表明其从某台 EIGRP 邻居路由器收到了相应的路由更新消息。要想真正弄清路由器是不是把某条（些）路由在路由表里"删了又装，装了又删"，需凭借 **debug ip routing** 命令的输出来判断。例 5-47 所示为在路由器 B 上执行这条 debug 命令的输出。

例 5-47   通过 debug ip routing 命令的输出来判断路由器是不是把某条（些）路由"删了又装，装了又删"

```
Router B# debug ip routing

RT: add 150.150.0.0/16 via 10.1.1.2, eigrp metric [90/304128]
RT: delete route to 150.150.0.0 via 10.1.1.2, eigrp metric [90/304128]
```

尽管上述 debug 命令的输出可能会"弄瘫"路由器，但却能清楚地显示出被路由器"删了又装，装了又删"的所有路由。可在执行此 debug 命令时挂接访问列表，缩小 debug 输出的规模。比如，要是只想知道路由器是不是把路由 192.168.1.0/24"删了又装，装了又删"，则可在执行上述 debug 命令时挂接例 5-48 所示访问列表。

例 5-48   用访问列表，限制 debug ip routing 命令的输出规模

```
Router B#debug ip routing 1
access-list 1 permit 192.168.1.0 0.0.0.255
access-list 1 deny any
```

show ip eigrp event 命令是排除 EIGRP 路由翻动故障的最好工具，这在前文已经提及。默认情况下，路由器会保存一份事关所有 EIGRP 事件的日志，但日志的长度只有区区 500 行，只能记录下最近（几百毫秒之内）发生的 EIGRP 事件。通过 **show ip eigrp event** 命令的输出，只能对业已发生的 EIGRP 事件"管中窥豹"，输出中会包含不停地向本路由器通告已识别路由的邻居路由器，以及由邻居路由器通告的已识别路由的路由度量信息。

现在，来研究一下图 5-28 所示网络。

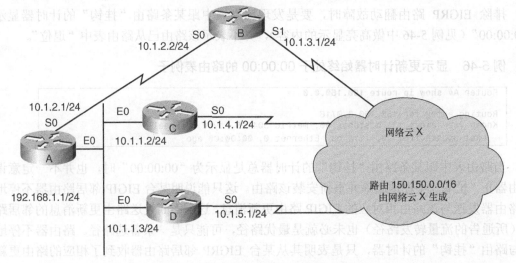

图 5-28　易发生 EIGRP 路由翻动故障的网络

如图 5-28 所示，通向网络云 X 中目的网络 150.150.0.0/16 的路由可从路由器 B、C、D 传递至路由器 A。路由器 A 选择路由器 C 作为发送目的网络为 150.150.0.0/16 的流量的实际下一跳转发路由器，并把路由器 B 和 D 设为转发目的网络为 150.150.0.0/16 的流量的可行后继路由器。例 5-49 所示为上述 4 台路由器的相关配置。

例 5-49　图 5-28 中路由器 A、B、C、D 的配置

```
Router A# interface ethernet 0
    ip address 10.1.1.1 255.255.255.0
interface serial 0
    ip address 10.1.2.1 255.255.255.0

Router B# interface serial 0
    ip address 10.1.2.2 255.255.255.0
interface serial 1
    ip address 10.1.3.1 255.255.255.0

Router C# interface ethernet 0
    ip address 10.1.1.2 255.255.255.0
interface serial 0
    ip address 10.1.4.1 255.255.255.0

Router D# interface ethernet 0
    ip address 10.1.1.3 255.255.255.0
interface serial 0
    ip address 10.1.5.1 255.255.255.0
```

故障发生在路由器 A 上，在其路由表内，路由 150.150.0.0/16 的路由计时器值始终为"00:00:00"。检查路由器 C（此路由的实际下一跳），可知由其所通告的路由处于稳定状态，并未发生翻动。路由器 A 与各邻居路由器所建立的邻居关系也处于稳定状态，其所有接口也全都处于稳定状态，无任何接口翻动的迹象。下一步，检查事关 EIGRP 的事件日志，看看到底哪台邻居路由器不停地向路由器 A 发送目的网络为 150.150.0.0/16 的路由更新。例 5-50

所示为路由器 A 生成的事关 EIGRP 事件的日志消息内容。

例 5-50　在路由器 A 上执行 show ip eigrp event 命令的输出

```
Router A# show ip eigrp event

20:47:13.2 Rcv update dest/nh: 150.150.0.0/16 10.1.1.3
20:47:13.2 Metric set: 150.150.0.0/16 4872198
20:47:13.2 Rcv update dest/nh: 150.150.0.0/16 10.1.1.3
20:47:13.2 Metric set: 150.150.0.0/16 4872198
```

　　show ip eigrp event 命令的输出会包含许多内容，例 5-50 只示出了最重要的内容。要想确定路由器 A 到底有没有不停地发送同一条路由更新，需多执行几次 **show ip eigrp event** 命令。应检查输出中左边的日志时间戳是否不停地发生改变。若是，则表明路由器所运行的 EIGRP 进程正不停地执行 DUAL 计算。EIGRP 事件日志的阅读顺序为自下而上，事件越新则越靠前。由例 5-50 所示事件日志可知，路由器 A 不停地从 10.1.1.3（路由器 D）收到目的网络为 150.150.0.0/16 的路由更新。应留意输出中不让路由器 A 重置路由计时器的下一跳路由器（的 IP 地址）。只要 EIGRP 路由器收到了任一可行后继路由器通告的路由更新消息，就会重置路由表内与此路由更新相对应的路由的计时器。因此，对于本例，虽然路由 150.150.0.0/16 的计时器被重置，但此路由仍牢牢地"稳居"路由表内，不会影响路由器 A 转发目的网络为 150.150.0.0/16 的数据包。

　　由 EIGRP 事件日志可知，是路由器 D 不停地向路由器 A 通告路由更新消息。应登录路由器 D，看看它为什么不停地向路由器 A 通告路由更新。可能性之一是，路由器 D 与网络云 X 中的某台路由器在通告路由 150.150.0.0/16 时，形成了路由环路，导致互相通告这条路由。要是网络中发生了路由环路，就需要按照网络拓扑图逐一排查所有路由器，定位路由环路发生在哪两台路由器之间。

　　还有另外一种可能性，那就是路由器 A Ethernet 0 接口所连 LAN 交换机发生了生成树故障，路由器 D 不停地向路由器 A 发送 EIGRP 协议数据包，则有可能是拜 LAN 生成树环路所赐。

　　若网络中既未形成路由环路，LAN 交换机上也未出现生成树故障，则还有第三种可能——路由器 D 运行的 IOS 代码有 Bug，致使其毫无缘由地向路由器 A 不停地发送路由更新。对 Cisco 路由器而言，若其所运行的 IOS 有 ID 为 CSCdt15109 的 Bug，便会不停地向 EIGRP 邻居路由器发送无任何变化的 EIGRP 路由更新消息。12.1.7 及其后续版本的 Cisco IOS 已经修复了这一 Bug；不过，笔者还是建议读者请教 Cisco TAC 工程师，询问此类故障是否真由软件 BUG 所引起。

　　本例，路由器 D 的 IOS 软件碰巧就有上面提及的那个 Bug。请注意，路由器 A 不是罪魁祸首，故障出在路由器 D 上。路由器 D 不停地向路由器 A 发送路由更新，导致路由器 A 不断地刷新相应路由的计时器。路由器 A 的这番"举动"要归咎于路由器 D。升级路由器 D 的 Cisco IOS 软件之后，路由器 A 也就不再不停地刷新其路由计时器了，如例 5-51 所示。此外，连续多次执行 **show ip eigrp event** 命令，观察其输出中的事件时间戳，可凭时间戳并未发生改变，来断定 EIGRP 进程处于稳定状态，也就是说，路由器 A 不再从邻居路由器收到不必要的路由更新了。

例 5-51 在路由器 A 上观察与目的网络 150.150.0.0/16 相对应的路由表项，来判断故障是否得到了解决

```
Router_A#show ip route 150.150.0.0
Routing entry for 150.150.0.0/16
  Known via "eigrp 1", distance 90, metric 4269056, type internal
  Redistributing via eigrp 1
  Last update from 10.1.1.2          on ethernet 0,  00:03:18 ago
  Routing Descriptor Blocks:
  *10.1.1.2, from 10.1.1.2,           00:03:18 ago, v ia ethernet0
      Route metric is 4269056, traffic share count is 1
      Total delay is 102000 microseconds, minimum bandwidth is 1544 Kbit
      Reliability 255/255, minimum MTU 1500 bytes
      Loading 1/255, Hops 4
```

5.5 排除 EIGRP 路由汇总故障

能否对通过 EIGRP 通告的路由进行汇总，是评判 EIGRP 网络设计优劣的重要依据。要想杜绝 EIGRP SIA 故障，路由汇总是最有效的预防手段之一。绝大多数与路由汇总有关的故障，都与路由器配置有误息息相关。图 5-29 所示为 EIGRP 汇总故障排障流程。

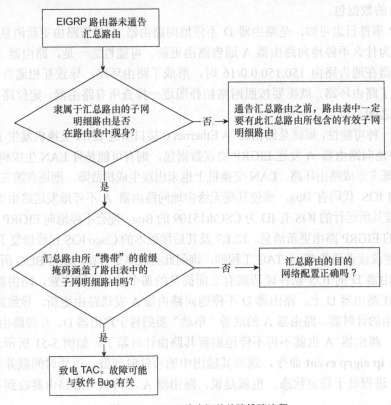

图 5-29　EIGRP 路由汇总故障排障流程

5.5.1 EIGRP 路由汇总故障——原因：路由表中不存在隶属于汇总路由的明细路由

如图 5-30 所示，已配置路由器 A，令其通过 Ethernet 0 接口，向路由器 B 通告汇总路由 172.16.80.0 255.255.240.0。例 5-52 所示为路由器 A 的配置。但在路由器 B 的 IP 路由表里却看不见通往目的网络 172.16.80.0 255.255.240.0 的汇总路由，这条汇总路由甚至在路由器 B 的 EIGRP 拓扑表内都没有"露面"。例 5-53 所示为路由器 A 的路由表快照。

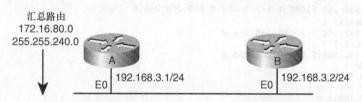

图 5-30 用来研究 EIGRP 路由汇总故障的网络拓扑

例 5-52 图 5-30 中路由器 A 的配置

```
Router_A#interface ethernet 0
ip address 192.168.3.1 255.255.255.0
ip summary-address EIGRP 1 172.16.80.0 255.255.240.0
interface Serial 0
ip address 192.168.1.2 255.255.255.0
interface Serial 1
ip address 192.168.2.2 255.255.255.0
router EIGRP 1
network 192.168.1.0
network 192.168.2.0
network 192.168.3.0
```

例 5-53 路由器 A 的路由表快照

```
Router_A# show ip route
C    192.168.1.0/24 is directly connected, Serial 0
C    192.168.2.0/24 is directly connected, Serial 1
C    192.168.3.0/24 is directly connected, Ethernet 0
D    172.16.99.0/24 [90/409600] via 192.168.1.1, Serial 0
D    172.16.97.0/24 [90/409600] via 192.168.1.1, Serial 0
D    172.16.79.0/24 [90/409600] via 192.168.1.1, Serial 0
D    172.16.70.0/24 [90/409600] via 192.168.1.1, Serial 0
D    172.16.103.0/24 [90/409600] via 192.168.1.1, Serial 0
D    172.16.76.0/24 [90/409600] via 192.168.1.1, Serial 0
D    172.16.98.0/24 [90/409600] via 192.168.1.1, Serial 0
```

由例 5-52 可知，在路由器 A 上，已通过命令 **ip summary-address eigrp 1 172.16.80.0 255.255.240.0**，"创建"了一条汇总路由 172.16.80.0 255.255.240.0。此汇总路由所含网络地址范围为 172.16.80.~172.16.95.255。不过，由例 5-53 可知，路由器 A 的路由表中并不包含隶属于这一网络地址范围的明细路由。也就是说，只要汇总路由所包含的子网明细路由未在路由表中"露面"，路由器就绝不会生成并通告这条汇总路由。

此故障的解决办法之一是，把路由器 A 上某个接口的 IP 地址设在 172.16.80.0 255.255.240.0 范围之内。为此，可在路由器 A 上创建一个 loopback 接口，为其分配 IP 地址 172.16.81.1 255.255.255.0。这将会使得路由器 A 通过 Ethernet 0 通告那条汇总路由。例 5-54 所示为经过修改的路由器 A 的配置，配置修改之后，上述手动路由汇总故障就得到了解决。

例 5-54 修改路由器 A 的配置，以解决手动路由汇总故障

```
Router_A#interface loopback 0
ip address 172.16.81.1 255.255.255.0
interface Ethernet 0
ip address 192.168.3.1 255.255.255.0
ip Summary-address EIGRP 1 172.16.80.0 255.255.240.0
interface Serial 0
ip address 192.168.1.2 255.255.255.0
Interface Serial 1
ip address 192.168.2.2 255.255.255.0
router EIGRP 1
network 172.16.0.0
network 192.168.1.0
network 192.168.2.0
network 192.168.3.0
```

配置修改之后，以手动方式汇总的路由 172.16.80.0 255.255.240.0 在路由器 A 的路由表里"露面"了，如例 5-55 所示。

例 5-55 配置修改之后，由路由器 A 的路由表快照可知，故障已得到解决

```
Router_A# show ip route
C    192.168.1.0/24 is directly connected, Serial 0
C    192.168.2.0/24 is directly connected, Serial 1
C    192.168.3.0/24 is directly connected, Ethernet 0
C    172.16.81.1/24 is directly connected, Loopback 0
D    172.16.99.0/24 [90/409600] via 192.168.1.1, Serial 0
D    172.16.97.0/24 [90/409600] via 192.168.1.1, Serial 0
D    172.16.79.0/24 [90/409600] via 192.168.1.1, Serial 0
D    172.16.70.0/24 [90/409600] via 192.168.1.1, Serial 0
D    172.16.103.0/24 [90/409600] via 192.168.1.1, Serial 0
D    172.16.76.0/24 [90/409600] via 192.168.1.1, Serial 0
D    172.16.80.0/20 is a summary, 00:03:24, Null 0
D    172.16.98.0/24 [90/409600] via 192.168.1.1, Serial 0
```

5.5.2 EIGRP 路由汇总故障——原因：路由汇总过度

若路由汇总过度，就会衍生出另外一种 EIGRP 路由汇总故障。路由汇总过度是指汇总了不该汇总的子网路由。图 5-31 所示的网络拓扑很好的诠释了路由汇总过度所导致的路由汇总故障。

如图 5-31 所示，路由器 B 连接的网络云包含目的网络 172.16.1.0/24-172.16.15.0/24。网管人员在路由器 B 上，将这些目的网络汇总为 172.16.0.0/16，并通告给了路由器 A。由于路由器 A 连接到了核心网络，因此被配置为向路由器 B 通告默认路由 0.0.0.0 0.0.0.0。若核心网络

中有主机试图访问目的网络 172.16.40.0/24（该目的网络其实并不存在）时，就会导致故障。当核心网络中的这台主机试图 **ping** 或 **traceroute** 目的网络 172.16.40.0 内的某台主机 IP 地址时，由此产生的 ICMP 流量就会路由器 A 和 B 之间"循环往复"。

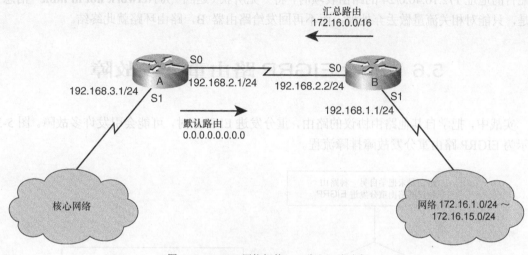

图 5-31　EIGRP 网络拓扑——路由汇总过度

例 5-56 所示为路由器 A 上与目的网络 172.16.40.0 相对应的路由表表项。

例 5-56　路由器 A 上与目的网络 172.16.40.0 相对应的路由表表项

```
Router A# show ip route 172.16.40.0

Routing entry for 172.16.0.0/16
    Known via "EIGRP 1", distance 90, metric 409600,    type internal
    Last update from  192.168.2.2 on Serial0, 00:20:25 ago
    Routing Descriptor Blocks:
    *  192.168.2.2 from192.168.2.2, 00:20:25 ago, via Serial 0
       Route metric is 409600, traffic share count is 1
       Total delay is 6000 microseconds, minimum bandwidth is 10000 Kbit
       Reliability 255/255, minimum MTU 1500 bytes
       Loading 1/255, Hops 1
```

由例 5-56 可知，路由器 A 会仰仗路由器 B 所通告的汇总路由 172.16.0.0/16，来转发目的网络为 172.16.40.0 的流量。因此，路由器 A 会把 **ping** 或 **traceroute** 所触发的 ICMP 流量转发给路由器 B。但路由器 B 未掌握匹配 172.16.40.0 的明细路由，便会动用那条指向路由器 A 的默认路由，将 ICMP 流量回传给路由器 A。结论是，只要由路由器 A 所转发的流量的目的 IP 地址隶属于主类网络 172.16.0.0/16 中不存在的目子网，那些流量就会在路由器 A 和 B 之间"循环往复"。

上述故障与网络设计密切相关。故障的诱因是路由器 B 对路由汇总的"太过"，其所通告的汇总路由包含了不存在（不应该汇总）的子网。凑巧的是，路由器 A 也向路由器 B 通告了一条最不精确的汇总路由（默认路由）。本故障的解决方法是，配置路由器 B，令其只通告包含目的网络 172.16.1.0-172.16.15.0 的汇总路由。换言之，就是让路由器 B 向路由器 A 通告汇总路由 172.16.0.0 255.255.240.0，而非 172.16.0.0 255.255.0.0。这样一来，当路由器 A 在路由表中查找匹配目的地址 172.16.40.0/24 的路由表项时，将一无所获（返回 "% **Network not in table**" 消息），于是，只能对相关流量做丢弃处理，而不再回发给路由器 B，路由环路就此终结。

5.6 排除 EIGRP 路由重分发故障

实战中，把学自其他路由协议的路由，重分发进 EIGRP 时，可能会引发许多故障。图 5-32 所示为 EIGRP 路由重分发故障排障流程。

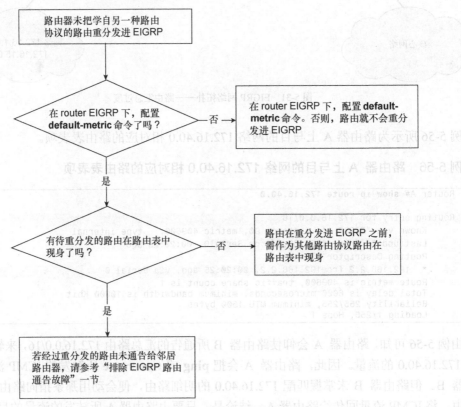

图 5-32　EIGRP 路由重分发排障流程

请考虑图 5-33 所示网络，图中的路由器 A 是三个路由进程域 RIP、OSPF 和 EIGRP 之间的边界路由器。

例 5-57 所示为路由器 A 的配置。

第 5 章 排除 EIGRP 故障

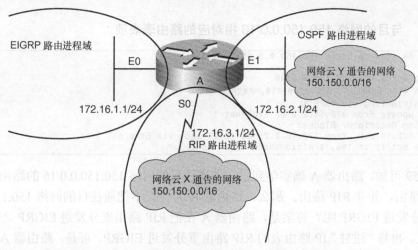

图 5-33 易发生 EIGRP 路由重分发故障的网络

例 5-57　图 5-33 中路由器 A 的配置

```
Router A# interface ethernet 0
    ip address 172.16.1.1 255.255.255.0
interface ethernet 1
    ip address 172.16.2.1 255.255.255.0
interface serial 0
    ip address 172.16.3.1 255.255.255.0
router ospf 1
    network 172.16.0.0 0.0.255.255 area 0
router rip
    network 172.16.0.0
    passive-interface ethernet 1
router eigrp 1
    network 172.16.0.0
    redistribute rip
    default-metric 10000 100 255 1 1500
```

网管人员要在路由器 A 上，把 RIP 路由进程域中的所有路由，都重分发进 EIGRP 路由进程域。故障现象是，通往目的网络 150.150.0.0/16 的路由未能重分发进 EIGRP 路由进程域。

由图 5-33 可知，RIP 和 OSPF 路由进程域都包含有目的网络 150.150.0.0/16。请读者牢记，任何路由，只有先"进驻"（执行重分发的路由器的）EIGRP 拓扑表，才能被重分发进 EIGRP 路由进程域。因此，要登录执行 EIGRP 重分发的路由器 A，检查其 EIGRP 拓扑表是否包含了与目的网络 150.150.0.0/16 相对应的表项。

例 5-58　与目的网络 150.150.0.0/16 相对应的 EIGRP 拓扑表表项

```
Router A# show ip eigrp topology 150.150.0.0 255.255.0.0
% Route not in topology table
```

由以上输出可知，路由 150.150.0.0/16 根本未"进驻"路由器 A 的 EIGRP 拓扑表。例 5-59 所示为路由器 A 所拥有的与目的网络 150.150.0.0/16 相对应的路由表表项。

例 5-59　与目的网络 150.150.0.0/16 相对应的路由表表项

```
Router A# show ip route 150.150.0.0 255.255.0.0

Routing entry for 150.150.0.0/16
  Known via "OSPF 1", distance 110, metric 186
  Redistributing via OSPF 1
  Last update from 172.16.2.2 on Ethernet 1
  Routing Descriptor Blocks:
  *   172.16.2.2, from 172.16.2.2, 00:10:23 ago, via Ethernet 1
      Route metric is 186, traffic share count is 1
```

由例 5-59 可知，路由器 A 确实学到了一条通往目的网络 150.150.0.0/16 的路由，但这条路由是 OSPF 路由，并非 RIP 路由。那么，路由器 A 为什么不把通往目的网络 150.150.0.0/16 的 RIP 路由重分发进 EIGRP 呢？答案是，路由器 A 在把 RIP 路由重分发进 EIGRP 之前，会先检查 IP 路由表，再将"进驻"IP 路由表的 RIP 路由重分发进 EIGRP。可是，路由器 A 通过 OSPF 和 RIP 两种路由协议同时收到了通往目的网络 150.150.0.0/16 的路由更新消息。由于 OSPF 路由协议的管理距离值低于 RIP，因此路由器 A 只会让 OSPF 路由进驻其 IP 路由表。也就是说，只要通往目的网络 150.150.0.0/16 的路由以 OSPF 路由的形式在 IP 路由表中"露面"，路由器 A 就绝不会将通往同一目的网络的 RIP 路由重分发进 EIGRP。换言之，路由器 A 只会把在本地 IP 路由表中现身的 RIP 路由，重发进 EIGRP 路由进程域。

解决本故障的基本思路是，要设法让通往目的网络 150.150.0.0/16 的 RIP 路由而非 OSPF 进驻路由器 A 的 IP 路由表。为此，可在路由器 A 的 OSPF 路由进程下配置一个 distribute-list，令其不安装通往目的网络 150.150.0.0/16 的 OSPF 路由，如例 5-60 所示。

例 5-60　在 OSPF 路由进程下配置一个 distribute-list，阻止路由器 A 安装 OSPF 路由 150.150.0.0/16

```
router OSPF 1
    network 172.16.0.0 0.0.255.255 area 0
distribute-list 1 out
access-list 1 deny 150.150.0.0 0.0.255.255
access-list 1 permit any
```

distribute-list 配妥之后，路由器 A 所掌握的与目的网络 150.150.0.0/16 相对应的路由表表项应如例 5-61 所示。

例 5-61　配妥例 5-60 所示 distribute-list 之后，路由器 A 所掌握的与目的网络 150.150.0.0/16 相对应的路由表表项

```
Router A# show ip route 150.150.0.0 255.255.0.0

Routing entry for 150.150.0.0/16
  Known via "RIP", distance 120, metric 4
  Redistributing via RIP
  Last update from 172.16.3.2 on Serial 0
  Routing Descriptor Blocks:
  *   172.16.3.2, from 172.16.3.2, 00:00:23 ago, via Serial 0
      Route metric is 4, traffic share count is 1
```

由例 5-61 可知，在路由器 A 的 IP 路由表中，通往目的网络 150.150.0.0/16 的路由已经变成了 RIP 路由。于是，通往目的网络 150.150.0.0/16 的路由势必能被重分发进 EIGRP 了，图 5-62 所示为路由器 A 所掌握的通往目的网络 150.150.0.0/16 的 EIGRP 拓扑表表项。

例 5-62 配妥例 5-60 所示 distribute-list 之后，路由器 A 所掌握的通往目的网络 150.150.0.0/16 的 EIGRP 拓扑表表项

```
Router A# show ip eigrp topology 150.150.0.0 255.255.0.0
IP-EIGRP topology entry for 150.150.0.0/16
State is Passive, Query origin flag is 1, 1 Successor(s), FD is 281600
Routing Descriptor Blocks:
0.0.0.0, from RIP, Send flag is 0x0
Composite metric is (281600/0), Route is External
    Vector metric:
    Minimum bandwidth is 10000 Kbit
    Total delay is 1000 microseconds
    Reliability is 255/255
    Load is 1/255
    Minimum MTU is 1500
    Hop count is 0
    External data:
    Originating router is 172.16.3.1 (this system)
    AS number of routes is 0
    External protocol is RIP, external metric is 4
    Administrator tag is 0
```

由例 5-62 可知，通往目的网络的 150.150.0.0/16 路由已重分发进了 EIGRP 路由进程域，其外部路由协议为 RIP（External protocol is RIP），生成这条路由的路由器 IP 地址为 172.16.3.1（Originating router is 172.16.3.1），即路由器 A。

再来看另外一个场景，其网络拓扑如图 5-34 所示。故障现象是源于 OSPF 路由进程域的路由无法重分发进 EIGRP 路由进程域。

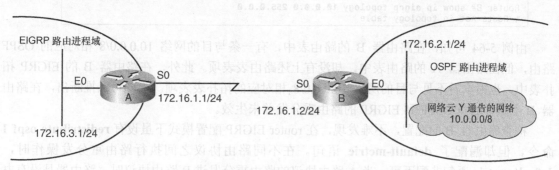

图 5-34 用来演示从 OSPF 到 EIGRP 路由分发故障的网络拓扑

由图 5-34 可知，网管人员在路由器 B 上将 OSPF 路由重分发进了 EIGRP。通向目的网络 10.0.0.0/8 的路由源于 OSPF 路由进程域，路由器 B 将这条路由重分发进了 EIGRP 路由进程域。但这条经过重分发的路由却并未在路由器 A 的 IP 路由表内"现身"。例 5-63 所示为路由器 A、

B 的配置，例 5-64 所示为路由器 A、B 上与目的网络 10.0.0.0/8 相对应的路由表表项。

例 5-63 图 5-34 中路由器 A、B 的配置

```
Router_A# interface ethernet 0
    ip address 172.16.3.1 255.255.255.0
interface serial 0
    ip address 172.16.1.1 255.255.255.0
router eigrp 1
    network 172.16.0.0

Router_B# interface ethernet 0
    ip address 172.16.2.1 255.255.255.0
interface serial 0
    ip address 172.16.1.2 255.255.255.0
router ospf 1
    network 172.16.0.0 0.0.255.255 area 0
router eigrp 1
    network 172.16.0.0
    redistribute ospf 1
```

例 5-64 路由器 A、B 上与目的网络 10.0.0.0/8 相对应的路由表表项和 EIGRP 拓扑表表项

```
Router_A#show ip route 10.0.0.0 255.0.0.0
% Network not in table

Router_A# show ip eigrp topology 10.0.0.0 255.0.0.0
% Route not in topology table

Router_B# show ip route 10.0.0.0 255.0.0.0
Routing entry for 10.0.0.0/8
  Known via "OSPF 1", distance 110, metric 206
  Redistributing via OSPF 1
  Last update from 172.16.2.2 on Ethernet 0
  Routing Descriptor Blocks:
  *  172.16.2.2, from 172.16.2.2, 00:18:13 ago, via Ethernet 0
     Route metric is 206, traffic share count is 1

Router_B# show ip eigrp topology 10.0.0.0 255.0.0.0
% Route not in topology table
```

由例 5-64 可知，在路由器 B 的路由表中，有一条与目的网络 10.0.0.0/8 相对应的 OSPF 路由，但在路由器 A 的路由表中，却没有上述路由表表项。此外，在路由器 B 的 EIGRP 拓扑表中，也根本看不见与目的网络 10.0.0.0/8 相对应的拓扑表表项。由此可以推断出，在路由器 B 上执行的从 OSPF 到 EIGRP 的路由重分发并未生效。

检查路由器 B 的配置，不难发现，在 router EIGRP 配置模式下虽设有 **redistribute ospf 1** 命令，但却漏配了 **default-metric** 语句。在不同路由协议之间执行路由重分发操作时，**default-metric** 语句非配不可。当 A 路由协议的路由重分发进 B 路由协议时，路由器是没有办法在 A、B 两种路由之间，自动转换（有待重分发的）路由的度量值的。**default-metric** 语句的作用是，让网管人员在路由重分发期间，手动指明（有待重分发的）路由的初始度量值。因此，解决本故障的方法是：登录路由器 B，在 router EIGRP 配置模式下，执行 **default-metric** 命令，为（有待重分发的）路由指定默认度量值。例 5-65 所示为经过修改的路由器 B 的配置。

例 5-65 修改路由器 B 的配置，以解决图 5-34 所示路由重分发故障

```
Router B# interface ethernet 0
    ip address 172.16.2.1 255.255.255.0
interface serial 0
    ip address 172.16.1.2 255.255.255.0
router ospf 1
    network 172.16.0.0 0.0.255.255 area 0
router eigrp 1
    network 172.16.0.0
    redistribute ospf 1
    default-metric 10000 100 255 1 1500
```

由例 5-65 可知，为（有待重分发的）路由分配的默认度量值为 **default-metric 10000 100 255 1 1500**。10000 表示链路带宽，单位为 kbit/s；100 表示链路延迟，单位为毫秒；255 表示接口的可靠性，本例取值 255，表示接口为 100%可靠；1 表示接口的负载状况，若取值 255，则表示接口 100%拥塞；最后一个数字 1500 表示接口的 MTU 值。因通往目的网络 10.0.0.0/8 的路由是由路由器 B 的 Ethernet 接口通告，故 **default-metric** 命令中各项参数的取值符合 Ethernet 链路的"特征"——即路由通告接口的带宽为 10Mbit/s，延迟为 1000 毫秒，链路可靠程度为 100%，接口的负载状况为 1/255，接口 MTU 值为 1500 字节。请牢记，路由器会接受通过 **default-metric** 命令所指派的任意参数值，甚至连 1 1 1 1 1 这样的参数值都能接受。退一步来说，根据网络的实际情况，通过 **default-metric** 语句为有待重分发的路由分配默认度量值，也有利于路由器做出最佳转发决策。例 5-66 所示为修改过路由器 B 的配置之后，路由器 A 所掌握的与目的网络 10.0.0.0/8 相对应的路由表表项。

例 5-66 路由器 A 所掌握的通往目的网络 10.0.0.0/8 的路由表表项，路由器 B 所掌握的通往目的网络 10.0.0.0/8 的 EIGRP 拓扑表表项

```
Router_A#show ip route 10.0.0.0
Routing entry for 10.0.0.0/8
  Known via "eigrp 1", distance 170, metric 2195456, type external
  Redistributing via eigrp 1
  Last update from 172.16.1.2 on Serial0, 00:16:37 ago
  Routing Descriptor Blocks:
  *172.16.1.2, from 172.16.1.2, 00:16:37 ago, via Serial0
      Route metric is 2195456, traffic share count is 1
      Total delay is 21000 microseconds, minimum bandwidth is 1544 Kbit
      Reliability 255/255, minimum MTU 1500 bytes
      Loading 1/255, Hops 1

Router B# show ip eigrp topology 10.0.0.0 255.0.0.0
IP-EIGRP topology entry for 10.0.0.0/8
State is Passive, Query origin flag is 1, 1 Successor(s), FD is 281600
Routing Descriptor Blocks:
0.0.0.0, from Redistributed, Send flag is 0x0
    Composite metric is (281600/0), Route is External
    Vector metric:
      Minimum bandwidth is 10000 Kbit
      Total delay is 1000 microseconds
      Reliability is 255/255
      Load is 1/255
      Minimum MTU is 1500
      Hop count is 0
    External data:
      Originating router is 172.16.2.1 (this system)
      AS number of routes is 1
      External protocol is OSPF, external metric is 206
      Administrator tag is 0
```

由例 5-66 可知，路由器 A 将通往目的网络 10.0.0.0/8 的路由视为 EIGRP 外部路由，而在路由器 B 的 EIGRP 拓扑表中，也有与目的网络 10.0.0.0/8 相对应的表项"露面"。现在可以说，通往目的网络 10.0.0.0/8 的路由已成功地从 OSPF 路由进程域重分发进了 EIGRP 路由进程域了。

5.7 排除 EIGRP 拨号备份故障

拨号备份是远程接入路由器上经常开启的一项功能。当主用链路失效时，拨号备份链路可取而代之，继续承担流量的转发任务。本节将讨论事关 EIGRP 的拨号备份故障，着重讲解如何解决路由器在主用链路恢复之后，拨号备用链路不能自动"挂断"的问题。图 5-35 所示为 EIGRP 拨号备份故障排障流程。

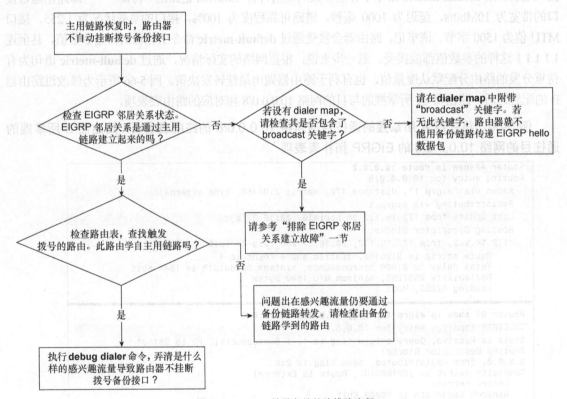

图 5-35　EIGRP 拨号备份故障排障流程

图 5-36 所示为用来讲解排除 EIGRP 拨号备份故障的示例网络。

由图 5-36 可知，路由器 A、B 间主用互连链路为 T1 链路。若主用 T1 链路故障，两者就会发起 ISDN 拨号，建立备份链路。例 5-67 所示为路由器 A、B 的配置。

第 5 章 排除 EIGRP 故障

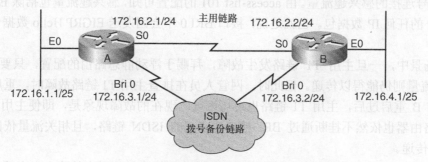

图 5-36 易发生事关 EIGRP 的拨号备份故障的网络

例 5-67 图 5-36 中路由器 A、B 的配置

```
Router A# isdn switch-type basic-5ess
interface ethernet 0
    ip address 172.16.1.1 255.255.255.128
interface serial 0
    ip address 172.16.2.1 255.255.255.0

interface bri 0
    ip address 172.16.3.1 255.255.255.0
    encapsulation ppp
    dialer map ip 172.16.3.2 name Router B broadcast 1234567
    ppp authentication chap
dialer-group 1
router EIGRP 1
    network 172.16.0.0
access-list 101 deny eigrp any any
access-list 101 permit ip any any
dialer-list 1 protocol ip list 101
ip route 172.16.4.0 255.255.255.128 172.16.3.2 200

Router B# isdn switch-type basic-5ess
interface ethernet 0
    ip address 172.16.4.1 255.255.255.128
interface serial 0
    ip address 172.16.2.2 255.255.255.0
interface bri 0
    ip address 172.16.3.2 255.255.255.0
    encapsulation ppp
    dialer map IP 172.16.3.1 name Router_A broadcast 3456789
    ppp authentication chap
dialer-group 1
router eigrp 1
    network 172.16.0.0
access-list 101 deny eigrp any any
access-list 101 permit ip any any
dialer-list 1 protocol ip list 101
ip route 172.16.1.0 255.255.255.128 172.16.3.1 200
```

由例 5-76 可知，当主用 T1 链路中断时，路由器 A、B 之间会启用浮动静态路由（设置浮动静态路由的命令请见配置的最后一行），来转发相关流量。当主用链路（或 Serial 0 接口）故障时，EIGRP 路由自然也会失效，路由器 A、B 会把浮动静态路由（其下一跳接口为 BRI0）安装进路由表。在（作用于 BRI0 接口的）dialer-list1 中调用了 access-list 101，其用途是"圈

定"发起拨号连接的感兴趣流量。由 access-list 101 的配置可知，感兴趣流量包括除 EIGRP Hello 数据包以外的任何 IP 数据包。也就是说，接口 BRI 0 不会因发送 EIGRP Hello 数据包，而不停地拨号。

在本场景中，一旦主用 T1 链路发生故障，拜赐于浮动静态路由的配置，只要 BRI 接口 UP，相关流量则仍能得以传递。但此时，网管人员在排查主用 T1 链路故障时，重启过路由器 B。路由器 B 重启过后，主用 T1 链路也凑巧恢复。现在的故障现象是，即便主用 T1 链路已经恢复，路由器也依然不挂断通过 BRI 接口建立起的 ISDN 链路，且相关流量依旧通过备用 ISDN 链路传递。

首先，应登录路由器 A，检查与备用 ISDN 链路所传流量相对应的路由表表项是否正确。例 5-68 所示为在路由器 A 上执行 **show ip route 172.16.4.0** 命令的输出。

例 5-68　与目的网络 172.16.4.0 相对应的路由表项

```
Router A# show ip route 172.16.4.0

Routing entry for 172.16.4.0/25
  Known via "static", distance 200, metric 0
  Routing Descriptor Blocks:
  * 172.16.3.2
      Route metric is 0, traffic share count is 1
```

由例 5-68 可知，路由器 A 仍把通往路由器 B Ethernet 网络 172.16.4.0 的路由，以浮动静态路由的形式安装进了路由表。接下来，应检查路由器 A 能否通过主用 S0 接口与路由器 B 正确建立 EIGRP 邻居关系。可（分别在路由器 A、B 上）执行 **show ip eigrp neighbor** 命令，进行检查，如例 5-69 所示。

例 5-69　验证路由器 A 和 B 间建立的 EIGRP 邻居关系

```
Router A# show ip eigrp neighbor

IP-EIGRP neighbors for process 1
H   Address       Interface   Hold    Uptime     SRTT   RTO   Q     Seq
                              (sec)   (ms)                    Cnt   Num
0   172.16.2.2    S0          12      00:10:23   21     200   0     23
1   172.16.3.2    BRI0        12      00:10:23   40     240   0     50

Router B# show ip eigrp neighbor

IP-EIGRP neighbors for process 1
H   Address       Interface   Hold    Uptime     SRTT   RTO   Q     Seq
                              (sec)   (ms)                    Cnt   Num
0   172.16.2.1    S0          12      00:10:30   21     200   0     24
1   172.16.3.1    BRI0        12      00:10:30   40     240   0     51
```

从以上输出来看，EIGRP 邻居关系建立正常。路由器 A 和 B 都"表示"EIGRP 邻居关系已正常建立，未出现任何问题。现在，登录路由器 B，检查其配置。例 5-70 所示为路由器 B 重启之后的配置。

例 5-70　路由器 B 重启之后的配置

```
Router B# interface ethernet 0
    ip address 172.16.4.1 255.255.255.0
interface serial 0
    ip address 172.16.2.2 255.255.255.0
interface bri 0
    ip address 172.16.3.2 255.255.255.0
    encapsulation PPP
    dialer map IP 172.16.3.1 name Router A broadcast xxx
    ppp authentication chap
dialer-group 1
router eigrp 1
    network 172.16.0.0
access-list 101 deny eigrp any any
access-list 101 permit IP any any
dialer-list 1 protocol IP list 101
ip route 172.16.1.0 255.255.255.128 172.16.3.1 200
```

请注意路由器 B Ethernet 0 接口的配置，其 IP 地址为 172.16.4.1 255.255.255.0；子网掩码已经从/25 变成了/24。这下算是逮住了故障的原因。当路由器 B（通过 EIGRP，）将其 Ethernet 0 接口所处 IP 子网的路由通告给路由器 A 时，所通告的目的网络为 172.16.4.0/24。而路由器 A 安装的浮动静态路由的目的网络为 172.16.4.0/25，其子网掩码更长，因此也就更加精确。当网管人员重启路由器 B 后，路由器 B 启用的并非是重启之前的运行配置。此前，曾做过网络配置变更，配置变更期间，网管人员把路由器 B Ethernet 0 接口的子网掩码从/24 改成了/25，但改过之后忘了"存盘"。

要想解决故障，就得将路由器 B Ethernet 0 接口的子网掩码从/24 改回/25。例 5-71 所示为经过修改的路由器 B Ethernet 0 接口的配置。

例 5-71　路由器 B Ethernet 0 接口正确的子网掩码配置

```
Router B# interface ethernet 0
    ip address 172.16.4.1 255.255.255.128
```

配置更改之后，路由器 B 就会向路由器 A 通告通往目的网络 172.16.4.0/25 的 EIGRP 路由更新，"逼迫"其路由表内通往同一目的网络的浮动静态路由"退位"，并把 EIGRP 路由安装进路由表。例 5-72 所示为路由器 A 所掌握的通往目的网络 172.16.4.0/25 的最新 IP 路由表表项。

例 5-72　按照例 5-71 修改了路由器 B 的配置之后，路由器 A 所掌握的通往目的网络 172.16.4.0 的路由表表项

```
Router A# show ip route 172.16.4.0

Routing entry for 172.16.4.0/25
Known via "EIGRP 1", distance 90, metric 2195456, type internal
Redistributing via eigrp 1
Last update from 172.16.2.2 on Serial 0, 00:10:30 ago
Routing Descriptor Blocks:
* 172.16.2.2, from 172.16.2.2, 00:10:30 ago, via Serial 0
    Route metric is 2195456, traffic share count is 1
Total delay is 21000 microseconds, minimum bandwidth is 1544 Kbit
Reliability 255/255, minimum MTU 1500 bytes
Loading 1/255, Hops 1
```

现在，网络 172.16.1.0/25 和 172.16.4.0/25 之间的流量将不再会"走"路由器 A 和 B 间的 ISDN 拨号链路，会重"走"主用 T1 链路。于是，路由器会"命令"BRI 接口"挂断"ISDN 拨号链路，令此接口会重新处于备份模式。

5.8 EIGRP 错误消息

许多网管人员可能都会对路由器所"记录"的某些 EIGRP 错误消息"一头雾水"，本节将解开某些常见的 EIGRP 错误消息背后的"疑团"。

- **DUAL-3-SIA**——此消息表示主用路由失效，且无有效可行后继路由。本路由器已向邻居路由器发送了 EIGRP 查询数据包，但在三分钟之后还没有收到来自特定邻居路由器的 EIGRP 应答数据包。相关路由现已"卡"在活跃状态。"排除 EIGRP 邻居关系建立故障"一节对此错误消息有更加详细的讨论。

- **Neighbor not on common subnet**——此消息表示本路由器已收到邻居路由器发出的 EIGRP hello 数据包，但邻居双方（的互连接口 IP 地址）不共处同一 IP 子网。事关此错误消息的详细论述也可见"排除 EIGRP 邻居关系建立故障"一节。

- **DUAL-3-BADCOUNT**——"badcount"的意思是：在本 EIGRP 路由器看来，对于通往某特定目的网络的路由，其所知条数要多于实际存在的条数。一般而言（并非总是如此），此错误消息会与 DUAL-3-SIA 一同浮现，但 EIGRP 路由器并不认为此错误消息会导致任何问题。

- **Unequal, <route>, dndb=<metric>, query=<metric>**——此消息只起通知作用，属于"informational"型日志消息，意在指出本机所要查询的路由的度量值，跟自己收到的 EIGRP 应答数据包中路由的度量值不匹配。

- **DUAL-3-INTERNAL: IP-EIGRP Internal Error**——此消息表示发生了 EIGRP 内部错误。但路由器所运行的代码可完全恢复此错误。此 EIGRP 内部错误由 IOS 软件 BUG 所致，不应影响路由器的正常操作。路由器生成此消息的目的是要向 Cisco TAC 报告软件 BUG，好让后台的专家解码 traceback 消息。在专家们确定了 Bug 编号之后，可针对性地升级 Cisco IOS。

- **IP-EIGRP: Callback: callbackup_routes**——此消息生成时，EIGRP 路由器正试图在路由表内安装通往某目的网络的 EIGRP 路由，但安装失败。安装失败的常见原因是，本路由器学到了由管理距离值更低的路由协议所通告的通往同一目的网络的路由。在此情形，EIGRP 进程会把该路由作为备份路由"记录在案"。当更优的路由从路由表中"退位"时，路由器会通过 callback_routes 调用 EIGRP 进程，令其在路由表内重新安装保存在拓扑表中的备份路由。

- **Error EIGRP: DDB not configured on *interface***——此消息表示：当路由器收到 EIGRP hello 数据包，且将此包与接收接口的 DDB（DUAL 描述符块，DUAL Descriptor Block）

进行关联时，未发现与之匹配的 DDB。这说明路由器接收 EIGRP hello 数据包的接口，未参与 EIGRP 进程。
- **Poison squashed**——表示路由器为响应某条路由更新消息，以路由中毒的形式在 EIGRP 拓扑表内安装了相关表项（此路由器启用了毒性逆转功能）。路由器在构造含毒性逆转路由信息的 EIGRP 数据包时，意识到，无需将该包向外通告。试举一例，若 EIGRP 路由器从其邻居路由器收到一 EIGRP 查询数据包，查询某条路由的时，却发现该路由已"中毒"，故而不予"理会"。

5.9 小　　结

本章讨论了各种排除 EIGRP 故障之法，针对各类 EIGRP 故障的排障流程为读者提供了正确的排障指导建议。在路由器上执行开启 debug 时，请牢记此类操作可能会令路由器无法"招架"，debug 操作只能在路由器 CPU 利用率较低时执行，最好是在维护时间窗内进行。如本章前半段内容所述，通过各种 show 命令足能定位大多数 EIGRP 故障。因此，请读者多花点时间"消化"本章所介绍的各种 show 命令的输出格式及内容。只有肯在这方面下苦功，故障发生时，才能快速定位并排除故障。

本章涵盖下列有关 OSPF 路由协议的关键主题：
- OSPF（协议）数据包；
- OSPF LSA；
- OSPF 区域；
- OSPF 介质类型；
- OSPF 邻接状态。

第 6 章

理解 OSPF 路由协议

OSPF是一种适用于大型复杂网络的链路状态型内部网关路由协议。作为 IETF 的标准，OSPF 广泛部署于许多大型网络。此协议开发于1987年。1991年，随着RFC1247的发布，也确立了 OSPF 的版本，即 OSPFv2。开发 OSPF 的目的，是要实现一种比 RIP 更高效，更具可扩展性的链路状态路由协议。RFC 2328（1998 年 4 月）对 OSPFv2 做了最新修订。

OSPF 直接运行于 IP 层之上，其协议号为 89，在运行层次上与 TCP 相同，TCP 也是直接运行于 IP 层之上，只是协议号为 6。OSPF 不使用任何传输层协议（例如 TCP）来保证其可靠性。OSPF 自身内置有可靠传输机制。

OSPF 属于无类路由协议，支持可变长子网掩码（VLSM）和非连续网络。OSPF 用多播目的地址 224.0.0.5（所有 SPF 路由器[all SPF routers]地址）和 224.0.0.6（指定路由器[DR]和备份指定路由器[BDR]地址）来发送 Hello 及路由更新数据包。OSPF 还支持两种类型的认证（authentication）机制——明文认证和消息摘要算法 5（MD5）认证。

在 OSPF 路由计算过程中采用的是 Dijkstra 算法。OSPF 路由器会利用此算法来计算出最短路径树（SPT）。每台 OSPF 路由器都会发送一种易于解读的报文——链路状态通告（LSA），向邻居路由器描述本机以及本机所连接的链路。根据与最短路径树有关的信息，OSPF 路由器就能够"勾勒"出网络拓扑结构。

运行 OSPF 协议的每台路由器之间会互相交换各自的链路开销（cost）、链路类型以及其他网络信息。这一信息交换过程称为链路状态通告（LSA）交换，本章后文会做详细讨论。

6.1 OSPF 数据包

OSPF 路由器会发出 5 种用途不一的 OSPF 协议数据包。表 6-1 所列为各种 OSPF 数据包的名称及用途。

表 6-1　　　　　　　　　　　各类 OSPF 数据包

类型	描述	用途
1	Hello	用来发现邻居、选举 DR/BDR，以及在 OSPF 邻居路由器间交换能力参数
2	数据库描述（DBD）	用在数据库交换过程中，确立主/从关系、交换 LSA 包头，以及确定首个序列号
3	链路状态请求（LSR）	用在 DBD 交换过程中，请求本路由器已知的特定 LSA
4	链路状态更新（LSU）	用来向已发出 LSR 数据包，以请求特定 LSA 的邻居，发送完整的 LSA。此包也同样用于（LSA）泛洪
5	链路状态确认（LSack）	用来确认本路由器已收到的 LSU 数据包

所有类型的 OSPF 数据包都有一个 24 字节①的 OSPF 公共包头。图 6-1 所示为 OSPF 协议数据包公共包头的格式。

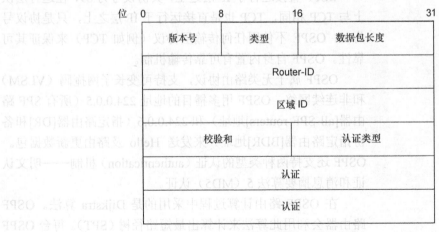

图 6-1　OSPF 协议数据包公共包头格式

以下是对 OSPF 协议数据包公共包头中各字段的解释。

---

① 原文是 20 字节，酌改。——译者注

- 版本号——此字段标明了 OSPF 协议的当前版本号。OSPF 的最新版本为 2。OSPF 版本 1 和版本 2 互不兼容。
- 类型——此字段指明了跟在包头之后是哪一类 OSPF 数据包，OSPF 数据包的类型一共有 5 种。
- 数据包长度——此字段指明了包括包头在内的整个 OSPF 数据包的长度。
- Router-ID——此字段值长度为 4 字节，一般都是 OSPF 路由器（接口）的 IP 地址。Router-ID 用在自治系统（OSPF 路由进程域）内标识 OSPF 路由器的唯一性。对运行 OSPF 的 Cisco 路由器而言，此字段值取自路由器上 IP 地址最高的接口。若在路由器上创建了 loopback 接口，则取自 IP 地址最高的 loopback 接口。Router-ID 一旦选定，就"雷打不动"，除非路由器（OSPF 进程）重启、"贡献"Router-ID 的接口失效，或其 IP 地址被删除或替换。
- 区域 ID——此字段指明了生成 OSPF 数据包的 OSPF 区域。此字段值的长度为 4 字节。OSPF 邻居双方要想建立起邻接关系，就必须互发区域 ID 字段值相同的 OSPF 数据包。OSPF 区域 ID 的写法有两种：区域 1 或区域 0.0.0.1，两者之间无任何区别。
- 校验和——此字段值为（针对）整个 OSPF 数据包（计算得出）的校验和，在计算校验和时，并不包括用来防止数据损坏的认证字段。
- 认证类型——此字段包含有与已启用的认证模式相关联的认证类型代码值：
  — 0 表示虚认证（null authentication），即不检查该字段值。
  — 1 表示认证模式为明文认证。
  — 2 表示认证模式为 MD5 认证。
- 认证——若启用的是明文认证（认证类型字段值=1），则此 64 位字段值即为认证密钥。若启用 MD5 认证（认证类型字段值=2），则此 64 位认证字段会进一步划分为 4 个子字段，每个子字段都被赋予了特殊含义。请查阅 RFC 2328 附录 D，来了解事关 OSPF MD5 认证方案的详情。

6.1.1 Hello 数据包

Hello 数据包是 OSPF 1 类数据包。图 6-2 所示为 Hello 数据包的格式。Hello 数据包的作用是，让两台 OSPF 路由器建立起邻居关系。在链路介质为广播/非广播的网络环境中，还得借助 Hello 数据包选举 OSPF 指定（DR）和备份指定（BDR）路由器。通过广播介质发送时，Hello 数据包的目的 IP 地址为 224.0.0.5；通过非广播介质发送，其目的 IP 地址为单播 IP 地址。

以下是对 Hello 数据包中各字段的解释。

- 网络掩码——表示发送 Hello 数据包（参与 OSPF 进程）的路由器接口的网络掩码。只有在广播介质上才会检查此字段值。

图 6-2 Hello 数据包的格式

- **Hello 间隔（Hello interval）**——表示每隔多长时间发送一次 Hello 数据包，单位为秒。对两台尝试建立 OSPF 邻接关系的路由器来说，Hello 数据包的发送时间间隔必须相同（即邻居路由器间互相发送的 Hello 数据包中 Hello interval 字段值必须相同）。对于广播介质或点到点介质，此字段值为 10 秒；对于其他介质，此字段值为 30 秒。
- **选项**——表示（发送 Hello 数据包的）路由器所支持的能力。选项字段的格式如下所列：

| * | O | DC | EA | N/P | MC | E | T |

  — O 位用于不透明 LSA（opaque LSA），详见 RFC 2370。
  — DC 位表示路由器支持按需电路（demand circuit）特性，详见 RFC 1793。
  — EA 位表示路由器支持（接收及转发）外部属性 LSA。
  — N/P 位表示路由器支持非完全端区域（not-so-stubby area，NSSA），详见 RFC 1587。
  — MC 位表示路由器具备多播 OSPF 能力。
  — E 位，E 位置位时，表示路由器具备接收外部 LSA 的能力。
  — T 位 表示路由器支持 ToS（其值通常为 0）。

  选项字段的首位被预留，以备将来使用（此位现为 DN 位，为 MPLS/VPN 所用）。Cisco 路由器不会将 OSPF Hello 数据包选项字段中的 EA 和 MC 位置位。
- **路由器优先级**——默认情况下，此字段值被设置为 1。在选举 DR 和 BDR 时，此字段起重要作用。OSPF 路由器发出的 Hello 数据包中路由器优先级字段值越高，越有可能成为 DR。此字段值为 0，则表示发包路由器不参与 DR 的选举。
- **路由器 Dead Interval（失效间隔）**——表示一段以秒为单位的时间。生成 Hello 数据包的 OSPF 路由器在这段时间内未收到邻居路由器发出的 Hello 数据包，便会宣布该邻居路由器失效。默认情况下，此字段值是 Hello interval 字段值的 4 倍。
- **指定路由器**——表示指定路由器的 IP 地址。若 DR 不存在或尚未发现，此字段值为

0.0.0.0。DR 通过 Hello 协议选举而出。具有最高优先级的路由器（所发 Hello 数据包中路由器优先级字段值最高的路由器）将成为发包接口所处网络内的 DR[①]。在路由器优先级字段值相等的情况下，Router-ID 值最高的路由器（所发 Hello 数据包中指定路由器字段值最高的路由器）将成为（发包接口所处网络内的）DR。选举 DR 的目的是要在介质为多路访问类型的网络中降低（LSA 的）泛洪量。DR 会利 IP 多播机制，来降低（LSA 的）泛洪量。所有路由器都会向 DR 泛洪自己所掌握的链路状态数据库信息，收到这些信息之后，DR 又会向网段中的其他路由器泛洪。在介质类型为点到点或点到多点的网络中，不存在 DR 或 BDR（不推举 DR 或 BDR）。

- **备份指定路由器**——标识 BDR，指明 BDR 的接口 IP 地址。若无 BDR，此字段值为 0.0.0.0。BDR 也是通过 Hello 协议选举而出。选举 BDR 的目的是为防 DR "不测"，在 DR 失效的情况下，BDR 将会平稳接管 DR 的功能。（当 DR "健在"时），BDR 不参与 LSA 泛洪。
- **邻居路由器**——包含通过 Hello 数据包获知的邻居路由器的 Router-ID。

6.1.2 数据库描述（DBD）数据包

DBD 数据包是 OSPF 数据包的第 2 种类型，常用在（OSPF 邻居路由器间的）数据库交换期间。（邻居路由器之间互发的）首个 DBD 数据包用来建立主/从（master and slave）关系（确立主、从路由器），推举出的"主（master）"路由器亦会用此包来设置（确定）初始序列号。Router-ID 值最高的路由器会成为"主"路由器，并发起数据库同步。"主"路由器会在 DBD 数据包中设置 DBD 序列号字段值，收到 DBD 数据包后，"从"路由器会根据 DBD 序列号字段值进行确认[②]。确立了主、从路由器之后，OSPF 邻居路由器之间就会拉开数据库同步的序幕，在此过程中，邻居双方（即主、从路由器）会交换各自所持的 OSPF LSA 数据包包头。图 6-3 所示为 DBD 数据包的格式。

以下是对 DBD 数据包中各字段的解释。

- **接口 MTU**——此字段值指明发包接口（发送 DBD 数据包的路由器接口）所能发出的数据包的最大长度，单位为字节。此字段定义于 RFC 2178。由 OSPF 虚链路发出的 DBD 数据包的接口 MTU 字段值必须设置为 0。
- **选项**——与 Hello 数据包所含选项字段相同，详情请见上一节。
- **I 位**——此位置 1 时，则表示邻居双方发出的首个 DBD 数据包。
- **M 位**——此位置 1 时，表示 DBD 数据包尚未发送完毕。
- **MS 位**——主、从（master and slave）位。此位置 1 时，表示在 DBD 交换过程中，发包路由器为"主"路由器，此位置 0 时，则为"从"路由器。

[①] 原文是 "The router with the highest priority becomes the DR." 作者行文很不严谨，极易误导读者，译文酌补。——译者注
[②] 原文是 "master sends the sequence number, and the slave acknowledges it." 译文酌改，如有不妥，请指正。——译者注

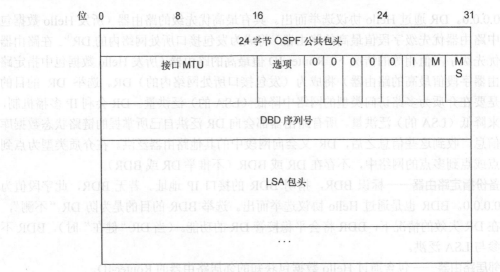

图 6-3　数据库描述数据包的格式

- **DBD 序列号**——此字段包含由"主"路由器设置的唯一值（序列号），在数据库交换过程中使用。只有"主"路由器才能增加此字段的值（序列号的值）。
- **LSA 包头**——此字段包含若干链路状态数据库包头。

6.1.3　链路状态请求（LSR）数据包

链路状态请求数据包是 OSPF 数据包的第 3 种类型，在部分路由数据库信息"遗失"或"过时"的情况下发送。LSR 数据包用来重新取回"遗失"的路由数据库中的精确信息。DBD 交换过程完毕之后，邻居双方（主/从路由器）还会互发 LSR 数据包，请求对方发送在 DBD 交换过程中通告过的 LSA。图 6-4 所示为 LSR 数据包的格式。

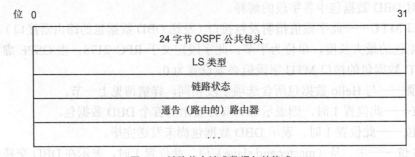

图 6-4　链路状态请求数据包的格式

以下是对链路状态请求数据包中各字段的解释。

- **LS 类型**——标识所请求的 LSA 类型。
- **链路状态 ID**——表示特定 LSA 的链路状态 ID。链路状态 ID 将在本章稍后讨论。

- **通告路由器**——包含生成 LSA 的路由器的 Router-ID。

6.1.4 链路状态更新（LSU）数据包

链路状态更新数据包是 OSPF 数据包第 4 种类型，OSPF 路由器会发此类数据包来实施 LSA 的泛洪。单个 LSU 数据包内会包含多条 LSA。OSPF 路由器也会发送 LSU 数据包，来回应（邻居路由器发出的）LSU 数据包。以泛洪方式发出的 LSA 由 LSA 确认数据包进行确认。只要有一条未经确认的 LSA，（OSPF 路由器就会）每隔重传间隔时间（retransmit interval）（默认为 5 秒）重传一次。图 6-5 所示为链路状态更新数据包的格式。

由图 6-5 可知，LSU 数据包内（除 OSPF 公共包头之外），只有 LSA 条数字段（如 10 或 20 条 LSA），外加 LSA 本身。

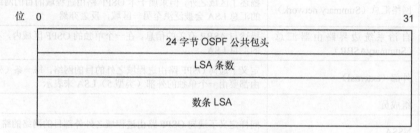

图 6-5　链路状态更新数据包的格式

6.1.5 链路状态确认（LSack）数据包

链路状态确认数据包是 OSPF 数据包的第 5 种也是最后一种类型，用来对每条 LSA 进行确认。OSPF 路由器也会发送 LSack 数据包，来应答 LSU 数据包。（OSPF 路由器）可用单个 LSack 数据包（一次性）确认（收到的）多条 LSA。LSack 数据包负责 LSU 数据包的可靠传输。图 6-6 所示为链路状态确认数据包的格式。

图 6-6　链路状态确认数据包的格式

链路状态确认数据包以多播方式发送。若（发送 LSack 数据包的）路由器为 DR 或 BDR，则其 IP 包头的多播目的 IP 地址为 224.0.0.5（所有 SPF 路由器地址）。否则，LSack 数据包 IP 包头的多播目的 IP 地址为 224.0.0.6（DR 和 BDR 地址）。

6.2 OSPF LSA

LSA 也分好几类。本节会讨论表 6-2 列出的 9 类 LSA。

表 6-2　　　　　　　　　　　　　　LSA 类型

类　型	LSA	功　能
1	路由器	指明了通向邻居路由器的链路的状态和开销，以及与点到点链路相关联的 IP 前缀
2	网络	指明了附接到（路由器接口）所在网段的路由器的数量，提供了与此网段有关的子网掩码的信息
3	网络汇总（Summary network）	描述了区域之外，但隶属于本 OSPF 路由进程域的目的网络。一个区域的汇总 LSA 会被泛洪至另一区域，反之亦然
4	自治系统边界路由器汇总（SummaryASBR）	描述与 ASBR 有关的信息。在一个单独的 OSPF 区域内，不存在类型 4 的汇总 LSA
5	外部（external）	定义了通向 OSPF 路由进程域之外的目的网络，每一条（外部）子网路由都要由一个单独的外部（类型 5）LSA 来表示
6*	组成员	
7	NSSA	同样定义了通向 OSPF 路由进程域之外外部目的网络的路由，但以名为类型 7 的"专用"格式来表示
8*	未使用	
9～11*	不透明	

*类型 6 LSA 为多播 OSPF（MOSPF）组成员 LSA，Cisco 路由器不支持此类 LSA。类型 8 LSA 未使用，LSA 类型 9-11 为不透明 LSA，不用于路由计算，在 MPLS 流量工程中使用，不在本书探讨范围之内。更多与不透明 LSA 有关的信息请见 RFC 2370。

每种 LSA 都有一个 20 字节的 LSA 公共包头，包头的格式如图 6-7 所示。

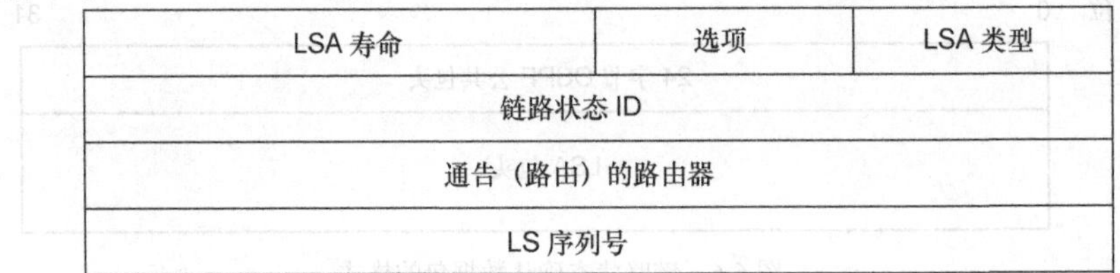

位	0	8	16	24	31
	LSA 寿命		选项		LSA 类型
	链路状态 ID				
	通告（路由）的路由器				
	LS 序列号				
	LS 校验和			长度	

图 6-7　LSA 公共包头的格式

以下是对 LSA 公共包头中各字段的解释。

- **LSA 寿命**——表示 LSA 自生成以来所"存活"的时间，单位为秒。最"长寿"的 LSA

也只能"存活"3600 秒；LSA 刷新时间为 1800 秒。只要 LSA"存活"了 3600 秒，路由器就必须将其"驱逐"出数据库。
- 选项——请见本章"Hello 数据包"一节。
- **LSA 类型**——表示 LSA 的类型，LSA 的具体类型请见表 6-2。
- **链路状态 ID**——标识由 LSA 所描述的 OSPF 路由进程域的一部分（网络集合）。此字段的具体含义随 LS 类型字段值而变。
- **通告（路由）的路由器**——表示生成本 LSA 的路由器的 Router-ID。
- **LS 序列号**——用来检测"过期"或重复的 LSA。每当 LSA 有新实例"诞生"时，其序列号值也会递增。LS 序列号字段的最大值以 0x7FFFFFFF 来表示，第一个序列号总是 0x80000001。序列号值 0x80000000 被保留。
- **LS 校验和**——用来执行对 LSA 的校验，计算校验和时，不考虑 LS 寿命字段。LSA 在路由器存储期间，或泛洪过程中，都有可能造成损坏，因此必须执行校验和计算。此字段值不能为 0，若为 0 则表示未对 LSA 执行校验和计算。路由器会在生成或接收 LSA 时，执行校验和计算。此外，路由器还会在检查寿命时间间隔期（CheckAge interval）内（默认为每隔 10 分钟），执校验和计算。
- **长度**——包括 20 字节包头在内的 LSA 的长度。

6.2.1 路由器 LSA

路由器 LSA 由每台 OSPF 路由器为其所隶属的 OSPF 区域生成。此类数据包描述了路由器连接到某 OSPF 区域的链路的状态，只能在生成其的区域内泛洪。对一台 OSPF 路由器来说，其连接到某 OSPF 区域的所有链路必须用一条 LSA 来描述。

路由器 LSA 只能在整个生成其的整个 OSPF 区域内泛洪；其泛洪范围受限于单一区域。路由器 LSA 不能泄露到生成其的区域之外；否则，OSPF 路由进程域内的每台路由器都得保存"数量巨大，内容详尽"的路由信息。对单台路由器而言，只要知道本区域内的"内容详尽"的路由信息就够了。OSPF 路由器会申明自己是否是区域边界路由器（ABR）、自治系统边界路由器（ASBR）或虚链路端点（终结虚链路的 OSPF 路由）。

图 6-8 所示为路由器 LSA 的格式。

以下是对路由器 LSA 中各字段的解释。
- **V 位**——用来确定（生成路由器 LSA 的）路由器是否为虚链路端点。
- **E 位**——用来确定（生成路由器 LSA 的）路由器是否为自治系统边界路由器（ASBR）。
- **B 位**——用来确定（生成路由器 LSA 的）路由器是否为区域边界路由器（ABR）。
- **链路数量**——指明了本路由器 LSA 所描述的路由器链路的数量。请注意，要用单条 LSA 来描述一台路由器上归属某 OSPF 区域的所有链路[①]。

[①] 原文是 "This includes the number of router links. Note that the router LSA includes all the router links in a single LSA for an area."译文酌改，如有不妥，请指正。——译者注

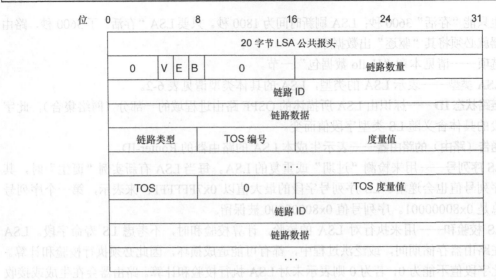

图 6-8 路由器 LSA 的格式

- **链路 ID、链路数据和链路类型**——链路类型字段用来表示 4 种路由器链路类型（路由器链路类型如表 6-4 所列）。另外两个字段，链路 ID 和链路数据字段，都是 4 字节值，具体含义及如何取值则要视类型字段值而定[①]。此处，还有一事值得一提，那就是可能存在的两种点到点链路类型：有编号（numbered）和无编号（unnumbered）。对于有编号点到点链路，链路数据字段值会包含用来互连邻居路由器的接口的 IP 地址。对于无编号点到点链路，链路数据字段值会包含 MIBII Ifindex 值，这是一个与每个接口相关联的独一无二的值。其值通常从 0 开始，比如，0.0.0.17。表 6-3 所列为链路 ID 和链路数据字段的所有可能值。

表 6-3 各种路由器链路类型

链路类型字段值	描 述	链路 ID 字段值	链路数据字段值
1	通向另一路由器的点到点有编号连接	邻居路由器的 Router-ID	生成此路由器 LSA 的路由器的接口 IP 地址
1	通向另一路由器的点到点无编号连接	邻居路由器的 Router-ID	生成此路由器 LSA 的路由器的接口 MIBII IfIndex 值
2	通向穿越（transit）网络的连接	DR 接口的 IP 地址	生成此路由器 LSA 的路由器的接口 IP 地址
3	通向 stub 网络的连接	IP 网络（子网）号	IP 网络号或子网掩码
4	虚链路	邻居路由器的 Router-ID	生成此路由器 LSA 的路由器的接口 IP 地址

---

① 原文是 "The other two fields, Link ID and Link Data, represent the 4-byte IP address value, depending on the network type"。——译者注

- **ToS 和 ToS 度量（Metric）**——这两个字段表示服务类型，通常都设置为 0。
- **度量**——此字段值定义了某特定链路（转发数据包所要花费）的成本（OSPF 开销值）。默认情况下，OSPF 开销值的计算公式（即此字段值的计算公式）为 10^8/链路带宽。譬如，FE 链路（接口）的 OSPF 开销值为 1。度量字段值（OSPF 开销值）由路由器接口（链路）带宽直接决定，接口带宽是可配置的。这一用来计算度量字段值（OSPF 开销值）的公式可用两种方法来"颠覆"。第一种方法是在路由器接口上应用 **ip ospf cost** *cost* 命令，明确指定接口（链路）的 OSPF 路由开销值。第二种方法是在 **router ospf** 配置模式下，执行 **auto-cost reference-band width** *reference-bandwidth* 命令，以实际的参考带宽（reference-bandwidth）参数值来替代 OSPF 度量值计算公式中的常数 10^8。

路由器 LSA 示例

例 6-1 所示为 Cisco 路由器生成的路由器 LSA 的输出。

例 6-1　路由器 LSA 的输出

```
RouterB#show ip ospf database router 141.108.1.21
  LS age: 1362
  Options: (No TOS-capability, DC)
  LS Type: Router Links
  Link State ID: 141.108.1.21
  Advertising Router: 141.108.1.21
  LS Seq Number: 80000085
  Checksum: 0xE914
  Length: 60
  Area Border Router
   Number of Links: 3

    Link connected to: another Router (point-to-point)
     (Link ID) Neighboring Router ID: 141.108.1.3
     (Link Data) Router Interface address: 141.108.1.2
      Number of TOS metrics: 0
       TOS 0 Metrics: 64

    Link connected to: another Router (point-to-point)
     (Link ID) Neighboring Router ID: 141.108.3.1
     (Link Data) Router Interface address: 141.108.1.2
      Number of TOS metrics: 0
       TOS 0 Metrics: 64

    Link connected to: a Stub Network
     (Link ID) Network/subnet number: 141.108.1.2
     (Link Data) Network Mask: 255.255.255.255
      Number of TOS metrics: 0
       TOS 0 Metrics: 0
```

由例 6-1 可知，此 LSA 包含的链路数为 3（"Number of Links: 3"），也可以说其链路数量字段值为 3。以下是对输出中的重要内容（例中已做高亮显示）的解读。

- 正常情况下，LS 寿命字段值应小于 1800。
- 对于路由器 LSA 而言，其链路状态 ID 字段值和通告路由器字段值应该相同，如例 6-1 所示。
- 路由器 B 行使 ABR 的功能，有 3 条路由器链路。

对于每条点到点链路，都要有一条 stub 链路用来提供链路的子网掩码。对于本例，由于 OSPF 网络类型为 point-to-multipoint（点到多点），因此有两条点到点链路，外加一条与两者相关联的 stub 链路。要是有 300 条点到点链路，路由器就会生成 300 条点到点链路外加 300 条 stub 链路，来"组建"与每条点到点链路相关联的子网。本例将 OSPF 网络类型设为 point-to-multipoint，有以下两个好处：

- 每个 point-to-multipoint 网络只需要一个子网；
- 由于只会用一条 stub 链路去"组建"点到多点网络中的子网，因此路由器 LSA 的规模将会减半。此类链路往往都是一个主机地址。

若按上述信息来描绘一幅网络拓扑图，则可"勾勒"出 OSPF 网络的"冰山一角"，如图 6-9 所示。

图 6-9 根据路由器 LSA 所含信息"勾勒"出的网络拓扑

6.2.2 网络 LSA

网络 LSA 由 DR 生成。要是不存在 DR（比如，点到点或点到多点网络就不存在 DR），那便不会"诞生"网络 LSA。网络 LSA 用来描述所有附接到某个网络的路由器。与路由器 LSA 相同，网络 LSA 也只会在生成自己的区域内泛洪[①]。图 6-10 所示为网络 LSA 的格式。

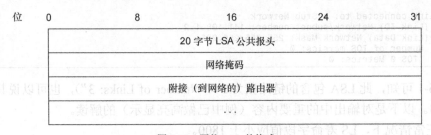

图 6-10 网络 LSA 的格式

---

① 原文是 "This LSA is flooded in the area that contains the network, just like the router LSA." 译文酌改，如有不妥，请指正。——译者注

网络 LSA 有两个重要字段：
- **网络掩码**——此字段指明了为网络所用的地址或子网掩码；
- **附接路由器**——此字段包含连接到多路访问网络，且与 DR 形成 FULL 邻接关系的每台路由器的 Router-ID，同时包含 DR 自身的 Router-ID。

网络 LSA 示例

例 6-2 所示为 Cisco 路由器生成的网络 LSA 的输出。

例 6-2　网络 LSA 的输出

```
RouterA#show ip ospf database network 141.108.1.1
  Routing Bit Set on this LSA
  LS age: 1169
  Options: (No TOS-capability, DC)
  LS Type: Network Links
  Link State ID: 141.108.1.1 (address of Designated Router)
  Advertising Router: 141.108.3.1
  LS Seq Number: 80000002
  Checksum: 0xC76E
  Length: 36
  Network Mask: /29
    Attached Router: 141.108.3.1
    Attached Router: 141.108.1.21
    Attached Router: 141.108.1.3
```

由例 6-2 所示输出的最后三行可知，有三台路由器附接到这一多路访问网络。此多路访问网络的网络掩码为/29。对于网络 LSA，其 LSA 包头中有以下两个重要字段，下面是对这两个字段的解释：

- 链路状态 ID 字段包含的总是 DR 的 IP 地址；
- 通告（路由的）路由器字段包含的总是 DR 的 Router-ID。

同样能够根据包含在网络 LSA 中的信息，来"勾勒"一幅网络拓扑，以反映出附接路由器的数量，以及多路访问网络的网络掩码。

图 6-11 所示为根据网络 LSA 所含信息，"描绘"出的网络拓扑。

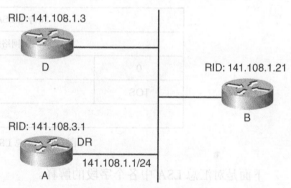

图 6-11　根据路由器 LSA 所含信息，"勾勒"出的网络拓扑

6.2.3　汇总 LSA

汇总 LSA（summary LSA）用来描述区域之外，但隶属于本自治系统的目的网络。当 OSPF 路由进程域被划分为多个 OSPF 区域，且创建了区域 0 时，就会诞生网络汇总 LSA。网络汇总 LSA 的作用是向区域之外通告"精简"的路由拓扑信息。要是不能把网络划分为多个区域（即不能形成"众星拱月"[多个非骨干区域连接到一个骨干区域]般层级化的网络架构），在单一区

域内就会生成海量路由拓扑信息,从而使得网络很难扩展[1]。汇总 LSA 并不承载任何详细的路由拓扑信息,只承载 IP 前缀。此类 LSA 由 ABR 生成。

- ABR 会从非骨干区域(nonbackbone)向骨干区域(backbone)生成汇总 LSA,目的是要通告非骨干区域内的:
  — 直连路由(connected routes);
  — 本区域内的路由(intra-area routes)。

注意:为避免路由环路,只有区域内部路由才会被通告进骨干区域。只要有任何来自非骨干区域的区域间路由,则表明骨干区域未"连成一气"。在 OSPF 网络中,不允许未"连成一气"的骨干区域存在。

- ABR 会从骨干区域向非骨干区域产成汇总 LSA,目的是要通告骨干区域内的:
  — 直连路由;
  — 区域内部路由(区域 0 的内部路由);
  — 区域间路由(interarea routes)(其他非骨干区域的路由)。

汇总 LSA 分两类:
- **类型 3(网络汇总 LSA)**——用来通告网络前缀信息;
- **类型 4(ASBR 汇总 LSA)**——用来通告 ASBR 的信息。

图 6-12 所示为汇总 LSA 的格式。

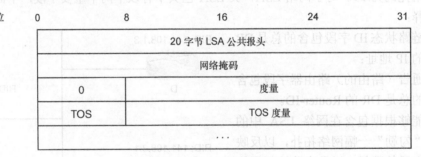

图 6-12 汇总 LSA 的格式

下面是对汇总 LSA 中各个字段的解释。
- **网络掩码**——对于网络汇总 LSA,此字段包含待通告网络的地址或网络掩码。对于 ASBR 汇总 LSA,此字段无任何意义,其值必须为 0.0.0.0。
- **度量**——此字段表示(将流量转发至)目的网络的成本(开销)。
- **ToS 和 ToS 度量**——这两个字段一般都设置为 0

类型 3 和类型 4 汇总 LSA 的格式相同。以下与类型 3 和类型 4 汇总 LSA 有关的要务恳请读者牢记:

---

[1] 原文是 "Without an area hierarchy, it will be difficult to scale the huge topological information in a single area." 译者未按字面意思翻译,如有不妥,请指正。——译者注

- 类型 3 LSA 的网络掩码字段包含的是待通告网络的地址或子网掩码；
- 类型 4 LSA 的网络掩码字段值必须为 0.0.0.0；
- 类型 3 LSA 包头的链路状态 ID 字段值一定是待通告网络或子网的 IP 地址；
- 类型 4 LSA 包头的链路状态 ID 字段值一定是 ASBR 的 Router-ID；
- LSA 包头的通告（路由的）路由器字段值一定是生成本汇总 LSA 的 ABR 的 Router-ID。类型 3 和类型 4 LSA 都是如此。

当 stub 区域的 ABR 生成默认汇总路由时，与此对应的汇总 LSA 则属特例。对于这一特例，LSA 包头的链路状态 ID 字段值和 LSA 本身的网络掩码字段值都必须为 0.0.0.0。

汇总 LSA 示例

例 6-3 所示为来自 Cisco 路由器的汇总 LSA 的输出。

例 6-3　网络汇总 LSA 的输出

```
RouterB#show ip ospf database summary 9.9.9.0
LS age: 1261
  Options: (No TOS-capability, DC)
  LS Type: Summary Links(Network)
  Link State ID: 9.9.9.0 (summary Network Number)
  Advertising Router: 141.108.1.21
  LS Seq Number: 80000001
  Checksum: 0xC542
  Length: 28
  Network Mask: /24
       TOS: 0  Metric: 10
```

由例 6-3 可知，此网络汇总 LSA 包头的链路状态 ID 字段值为网络号 9.9.9.0，LSA 本身的网络掩码字段值为 255.255.255.0（/24）。类型 3 汇总 LSA 包头的链路状态 ID 字段值总应为待通告网络的网络号，LSA 本身的网络掩码字段值为待通告网络的网络掩码。路由器 B 生成这条汇总 LSA 的目的是要通告网络 9.9.9.0/24，如图 6-13 所示。

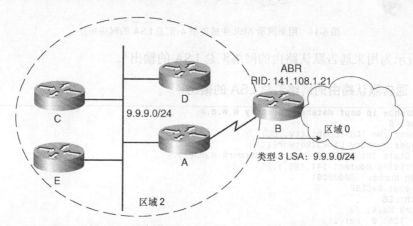

图 6-13　用来演示 ABR 生成汇总 LSA 的网络拓扑图

例 6-4 所示为 ASBR 汇总 LSA 的输出。

例 6-4 ASBR 汇总 LSA 的输出

```
RouterB#show ip ospf database asbr-summary 141.108.1.21
  LS age: 1183
  Options: (No TOS-capability, No DC)
  LS Type: Summary Links(AS Boundary Router)
  Link State ID: 141.108.1.21 (AS Boundary Router address)
  Advertising Router: 141.108.1.1
  LS Seq Number: 80000001
  Checksum: 0x57E4
  Length: 28
  Network Mask: /0
        TOS: 0  Metric: 14
```

由例 6-4 可知，此 LSA 为类型 4 汇总 LSA。其网络掩码字段值为 0，（包头内的）链路状态 ID 字段值为 ASBR 的 Router-ID。对于类型 4 汇总 LSA，其包头内的链路状态 ID 字段值总是 ASBR 的 Router-ID。由于 ABR 生成类型 4 汇总 LSA 的目的，是要指明 ASBR 之所在（ASBR 的 IP 地址），并不是要通告一个网络，因此其网络掩码字段值总为 0。图 6-14 所示为根据例 6-4 中的类型 4 汇总 LSA 的输出示例，绘制而成的网络拓扑。

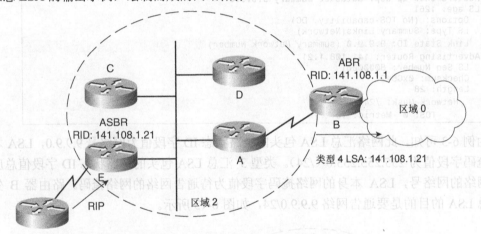

图 6-14 用来演示 ABR 生成类型 4 汇总 LSA 的网络拓扑

例 6-5 所示为用来通告默认路由的网络汇总 LSA 的输出①。

例 6-5 通告默认路由的网络汇总 LSA 的输出

```
RouterB#show ip ospf database summary 0.0.0.0
  LS age: 6
  Options: (No TOS-capability, DC)
  LS Type: Summary Links(Network)
  Link State ID: 0.0.0.0 (summary Network Number)
  Advertising Router: 141.108.1.21
  LS Seq Number: 80000001
  Checksum: 0xCE5F
  Length: 28
  Network Mask: /0
        TOS: 0  Metric: 1
```

---

① 原文是 "Example 6-5 shows the default summary ASBR LSA output" 译文酌改，如有不妥请指正。——译者注

由例 6-5 可知，此 LSA 的网络掩码字段值及其包头的链路状态 ID 字段值都是 0.0.0.0。由于此网络汇总 LSA 意在通告默认路由，因此其包头的链路状态 ID 字段值必须为 0.0.0.0，其网络掩码字段值也必须为 0.0.0.0。通过这两个字段值所反映出的信息，其他 OSPF 路由器就知道此 LSA 通告的是默认路由 0.0.0.0/0。在 stub 区域内，ABR 需要用网络汇总 LSA 通告默认路由，如图 6-15 所示。

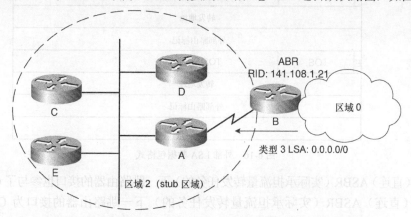

图 6-15　用来演示 ABR 生成通告默认路由的网络汇总 LSA 的网络拓扑

6.2.4　外部 LSA

外部（类型 5）LSA 用来通告通向自治系统之外的目的网络的路由。在路由进程域范围内，同样可以把默认路由作为外部路由引入。外部 LSA 会在除 stub 区域外的所有 OSPF 区域内泛洪。只有满足以下两个基本条件，路由器才会在路由表中安装 OSPF 外部路由（LSA）。

- 执行路由计算的路由器必须通过区域内或区域间路由 "定位" 到 ASBR。这就是说，路由器必须要通过类型 1LSA 或类型 4 LSA（OSPF 多区域）获知通往 ASBR 的路由。
- 路由器必须通过区域内或区域间路由，获知通往转发地址（外部 LSA 的转发地址字段所包含的 IP 地址）的路由。

图 6-16 所示为外部 LSA 的格式。

下面是对外部 LSA 中各字段的解释。

- 网络掩码——指明了（有待通告的）外部网络的网络掩码。
- E 位——指明了外部路由类型。若该位置位，表明此 LSA 所通告的是外部类型 2 路由，否则为外部类型 1 路由。这两类外部路由之间的差异是：外部类型 1 路由的度量值的计算方法类似于普通 OSPF 路由的度量值——路由开销值在每台路由器上都会有所不同；外部类型 2 路由的度量值总是固定不变，在同一 OSPF 路由进程域内的每台路由器上都是如此。
- 转发地址——指明应将流量送达的 IP 地址，此处所言流量的 "归宿"（目的 IP 网络）即为此外部 LSA 所要通告的网络。若该字段值被设置为 0.0.0.0，则表示必须将流量转发至 ASBR。很可能会出现转发地址字段值为非 0.0.0.0 的情况，其目的是要避免次优路由选择（suboptimal routing）。以下所列为可能会出现转发地址字段值为非 0.0.0.0 的情况。

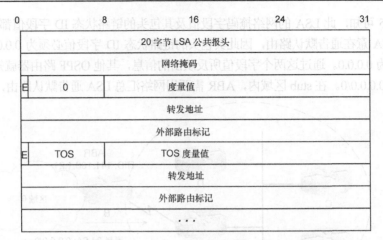

图 6-16 外部 LSA 数据包格式

— (直连) ASBR (实际承担流量转发任务的) 下一跳路由器的接口也参与了 OSPF 进程[①]。
— (直连) ASBR (实际承担流量转发任务的) 下一跳路由器的接口为 OSPF 非被动 (nonpassive) 模式接口[②]。
— (直连) ASBR (实际承担流量转发任务的) 下一跳路由器的接口,其 OSPF 网络类型为非 point-to-point 或 point-to-multipoint。
— (直连) ASBR (实际承担流量转发任务的) 下一跳路由器接口所设 IP 地址属于 OSPF 网络范围之内[③]。

- 外部路由标记——该字段 OSPF 协议本身并没有任何作用。

一般而言,没有任何一家厂商的设备会支持 ToS 和 ToS 度量值字段。

外部 LSA 示例

例 6-6 所示为 Cisco 路由器生成的外部 LSA 的输出。

例 6-6 外部 LSA 的输出

```
RouterE#show ip ospf database external 10.10.10.0
  LS age: 954
  Options: (No TOS-capability, DC)
  LS Type: AS External Link
  Link State ID: 10.10.10.0 (External Network Number)
  Advertising Router: 141.108.1.21
  LS Seq Number: 80000003
  Checksum: 0x97D8
  Length: 36
  Network Mask: /24
        Metric Type: 2 (Larger than any link state path)
        TOS: 0
        Metric: 20
        Forward Address: 0.0.0.0
        External Route Tag: 0
```

---

① 原文是 "OSPF is enabled on the ASBR's next-hop interface."——译者注
② 原文是 "The ASBR's next-hop interface is nonpassive to OSPF."——译者注
③ 原文是 "The ASBR's next-hop interface address falls into the OSPF network range."——译者注

由例 6-6 可知,此外部 LSA 用来通告目的网络 10.10.10.0/24,这是一个类型 2 的外部 LSA。有以下要务恳请读者牢记。

- 外部 LSA 包头的链路状态 ID 字段用来表示外部目的网络号。
- 外部 LSA 包头的通告(路由的)路由器字段包含的是 ASBR 的 Router-ID。
- 例中外部 LSA 的度量类型为 2("Metric Type: 2")(外部类型 2 路由),表示其度量值(本例度量值为 20)在整个 OSPF 路由进程域内的所有 OSPF 路由器上保持不变。
- 例中外部 LSA 的转发地址字段值为 0.0.0.0,表示应将目的网络为 10.10.10.0/24 的直接转发至 ASBR。
- 若外部 LSA 的转发地址字段值为非 0.0.0.0,则与该字段值相对应的路由(即路由的目的网络为该字段所含 IP 地址)须以区域内或区域间路由的形式,传遍整个 OSPF 路由进程域;否则,OSPF 路由器不会在路由表内安装相关外部路由。

在图 6-17 所示网络中,路由器 E(ASBR)生成了一条类型 5 LSA。在路由器 E 上,将 RIP 路由重分发进了 OSPF,故其会为每条 RIP 子网路由生成一条类型 5 LSA。类型 5 LSA 会传遍整个 OSPF 路由进程域。

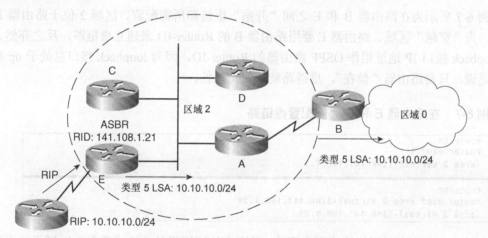

图 6-17 用来演示 ASBR 把 RIP 路由重分发进 OSPF,并生成类型 5 LSA 的网络拓扑

6.3 OSPF 区域

在 OSPF 路由进程域内,可用划分区域的方式,来支持两层路由级别[①]。每个区域都有一个 32 位的编号,既能以 IP 地址的格式来表示,如"area 0.0.0.0";也可用十进制数字的格式来表示,如"area 0"。区域 0 表示骨干区域,若把 OSPF 路由进程域划分为多个区域,区域 0 必不可缺。所有区域都必须直连区域 0;否则,就需要建立虚链路,如图 6-18 所示。

---

① 原文是"OSPF provides two levels of hierarchy throughout an area."译文酌改,如有不妥,请指正。——译者注

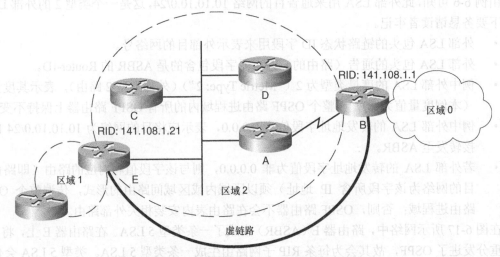

图 6-18 用虚链路将非骨干区域连接到骨干区域

例 6-7 所示为在路由器 B 和 E 之间"开凿"虚链路所需配置。区域 2 位于路由器 E 和 B 之间,为"穿越"区域。路由器 E 要用路由器 B 的 Router-ID 来建立虚链路,反之亦然。建议将 loopback 接口 IP 地址用作 OSPF 路由器的 Router-ID,因为 loopback 接口总处于 up 状态;这就是说,只要路由器"健在",虚链路就能保持通畅。

例 6-7 在路由器 E 和 B 之间配置虚链路

```
RouterE#
router ospf 1
 area 2 virtual-link 141.108.1.1

RouterB#
router ospf area 2 virtual-link 141.108.1.21
 area 2 virtual-link 141.108.1.21
```

虚链路本身不会对网络造成不良影响。但不良的网络设计会造成非骨干区域无法直连区域 0 的情况,此时就得用虚链路来弥补设计缺陷,如图 6-18 所示。虚链路在某些情况下非常有用。图 6-19 就显示了这样一个场景,可在路由器 A 和 B 之间建立虚链路,作为路由器 A 和 ABR 间直连链路的备用"链路"。这样一来,当路由器 A 和 ABR 间直连链路中断时,区域 3 的连通性仍能得到保障。同理,当路由器 E 和 F 间的直连链路中断时,路由器 C 和 D 间的虚链路仍能让区域 1 连接到骨干区域。

例 6-8 所示为路由器 A、B、C、D 的配置。路由器 A 和 D 之间建立了一条穿越区域 2 的虚链路;路由器 C 和 D 之间也建立了一条虚链路,此虚链路穿区域 1 而过。路由器 A、B 间的虚链路用作区域 3 连接骨干区域的备用"链路";路由器 C、D 间的虚链路在路由器 E、F 间直连链路失效时,则作为区域 1 连接区域 0 的备用"链路"。

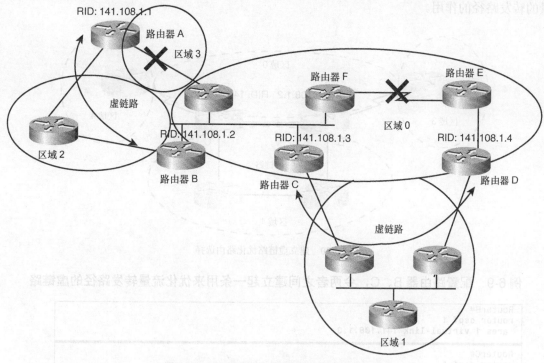

图 6-19 用虚链路作为接入骨干区域的备用链路

例 6-8 路由器 A、B 之间和路由器 C、D 之间配置虚链路

```
RouterA#
router ospf 1
 area 2 virtual-link 141.108.1.2

RouterB#
router ospf 1
 area 2 virtual-link 141.108.1.1

RouterC#
router ospf 1
 area 1 virtual-link 141.108.1.4

RouterD#
router ospf 1
 area 1 virtual-link 141.108.1.3
```

图 6-20 所示为另一个使用虚链路的例子，图中的那条虚链路非常有用，可用来优化路由选择。若把图中路由器 B、C 间直连链路置入区域 1，则区域 0 内会产生次优路由选择问题；若将此链路置入区域 0，则区域 1 内会产生次优路由选择问题。要想解决这一次优路由选择问题，可把路由器 B、C 间直连链路置入区域 1，然后在路由器 B、C 之间建立一条虚链路，这样一来，此链路就能够同时承担区域 0 和区域 1 的流量了。

例 6-9 所示为在路由器 B、C 之间建立一条虚链路所需的配置。这条虚链路可起到优化流量的转发路径的作用。

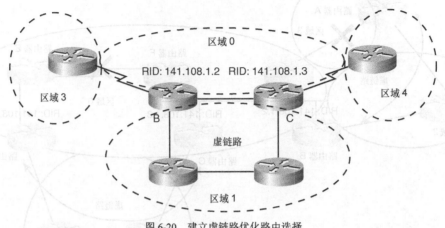

图 6-20 建立虚链路优化路由选择

例 6-9 配置路由器 B、C，令两者之间建立起一条用来优化流量转发路径的虚链路

```
RouterB#
router ospf 1
 area 1 virtual-link 141.108.1.3
```

```
RouterC#
router ospf 1
 area 1 virtual-link 141.108.1.2
```

OSPF 区域类型有以下若干种，可根据网络的实际需求来配置。
- 常规区域。
- stub 区域。
- totally stubby 区域。
- not-so-stubby 区域（NSSA）。
- totally not-so-stubby 区域。

以下几节会详细介绍以上几种 OSPF 区域。

6.3.1 常规区域

在路由器上创建 OSPF 区域时，常规区域为默认配置。OSPF 常规区域的特征如下：
- 可注入来自其他区域的汇总 LSA；
- 可注入外部 LSA；
- 可注入用来通告默认路由的外部 LSA。

图 6-21 中的区域 1 和区域 2 均为常规区域。可把 IGRP 路由重分发进区域 1，把 RIP 路由重分发进区域 2。

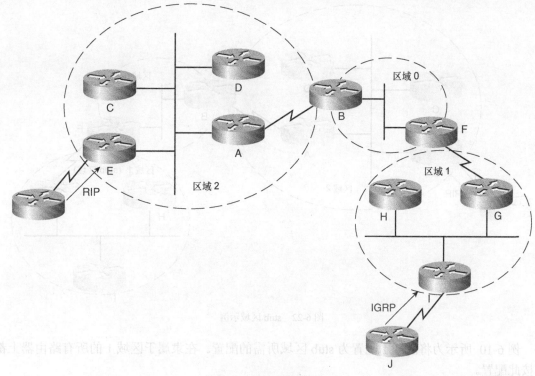

图 6-21　OSPF 常规区域示例

6.3.2　stub 区域

在 stub 区域内，不允许外部 LSA 的存在。读者还记得 OSPF Hello 数据包所包含的选项字段吗，此字段包含有 E 位。若路由器身处 stub 区域，其发送 Hello 数据包时，就会把 E 位置 0，表明此区域不能注入任何外部 LSA。

以下所列为 OSPF stub 区域的特征：

- 可注入来自其他区域的汇总 LSA；
- 可以路由汇总的方式，注入默认路由；
- 不可注入外部 LSA。

图 6-22 中的区域 1 被配置为了 stub 区域。在路由器 I、H、G 上都不能将其他路由协议的路由重分发进 OSPF，因为 stub 区域不允许类型 5 LSA 的存在。同理，路由器 F 会阻止由路由器 E 重分发进 OSPF 的 RIP 路由传播进区域 1，但区域 1 仍将收到由路由器 F（ABR）生成的区域 2 的汇总 LSA。ABR（路由器 F）还会通过汇总 LSA，将一条默认路由注入区域 1。这就是说，若路由器 I、H、G 要把数据包发送给外部目的网络（比如，由路由器 E 通告的 RIP 网络），就需要先将包转发至离己最近的 ABR，本例中的 ABR 就是路由器 F。

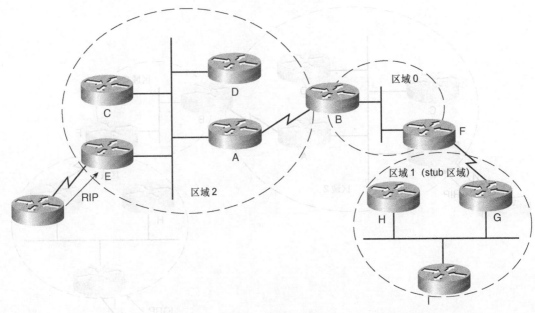

图 6-22 stub 区域示例

例 6-10 所示为将区域 1 配置为 stub 区域所需的配置。在隶属于区域 1 的所有路由器上都需按此配置。

例 6-10 将区域 1（内的路由器）配置为 stub 区域

```
RouterF#
router ospf 1
 area 1 stub
```

6.3.3 totally stubby 区域

totally stubby 区域是各类 OSPF 区域中受"约束"最多的一种区域。隶属于此类区域的路由器只能依仗由 ABR 注入的默认路由，来转发目的网络在本区域之外的流量，其路由表里再无其他区域或路由进程域之外的路由信息了。totally stubby 区域是 stub 区域的"极端"形式，对此类区域来说，stub 区域的所有特性仍然适用。totally stubby 区域有如下特征：

- 不允许汇总 LSA 的存在；
- 不允许外部 LSA 的存在；
- 可以汇总 LSA 的形式注入默认路由。

图 6-22 中的区域 1 将接收不到任何其他区域或本路由进程域以外的路由。区域 1 内的路由器只拥有本区域内的路由（在路由表里以"O"来标识），以及由 ABR 注入的默认路由（在路由表里以"O IA"来标识）。

例 6-11 所示为将区域 1 设置为 totally stubby 区域，需要在 ABR 上完成的配置。请注意，stub 区域和 totally stubby 区域之间的差别在于：ABR 不会把汇总 LSA 传播进后者。由于只有 ABR 才能生成汇总 LSA，因此所有与 totally stubby 区域有关的配置只需在 ABR 上完成。在区域 1 内所有包含 stub 选项（即设有 area 1 stub 命令）的 OSPF 路由器上，无需做任何配置变更。**area** 命令所含关键字 **no-summary** 的意思是：不让 ABR 向区域 1 传播任何汇总 LSA。

例 6-11　在 ABR（路由器 F）上配置 totally stubby 区域

```
RouterF#
router ospf 1
 area 1 stub no-summary
```

6.3.4　Not-So-Stubby 区域（NSSA）

Not-So-Stubby 区域也是 stub 区域的一个变种。现假定将图 6-22 中的区域 1 设置为 stub 区域之后，还有在其内重分发 IGRP 路由的需求。然而，在一般情况下，只要把区域 1 配成了 stub 区域，便不能在其内执行路由重分发操作。要想在区域 1 内将 IGRP 路由重分发进 OSPF，就必须将区域 1 更改为 NSSA 区域。把区域 1 配置为 NSSA 区域之后，便能够在其内将 IGRP 路由重分发进 OSPF 了，经过重分发的 IGRP 路由会以类型 7 LSA 的形式在此 NSSA 区域内传播。

NSSA 区域的作用就是要让 stub 区域也能引入外部路由（能在完全隶属于 stub 区域的路由器上执行路由重分发操作）。在 NSSA 区域内，当 ASBR 将外部路由注入 OSPF 时，会生成类型 7 LSA。NSSA 区域的 ABR 会将类型 7 LSA 转换为类型 5 LSA，然后再传播进其他区域。类型 7 LSA 的泛洪范围被限制在了 NSSA 区域之内。

Cisco IOS 软件自 11.2 版本起开始支持 NSSA。NSSA 区域的特征如下所列。

- NSSA 区域内的外部路由信息由类型 7 LSA 承载。
- NSSA 的 ABR 会把类型 7 LSA 转换为类型 5 LSA，然后向其他区域通告。
- 不允许类型 5 LSA 的存在。
- 可注入汇总 LSA。

由于 Not-So-Stubby 区域是 stub 区域的一个变种，因此 RIP 路由不会以 OSPF 外部路由的形式被传播进区域 1；但经过重分发的 IGRP 路由将会以类型 7 LSA 的形式在区域 1 内传播。

例 6-12 所示为 NSSA 区域的配置示例。在隶属于区域 1 的所有路由器上，执行 area 命令时，必须包含关键字 **nssa**，如例 6-12 所示。

例 6-12　在区域 1 内的所有路由器上配置 NSSA 区域

```
RouterF#
router ospf 1
 area 1 nssa
```

1. 类型 7 LSA

类型 7 LSA 的格式酷似类型 5 LSA。两者之间只有三处不同，如下所示。

- 类型 7 LSA 包头的类型字段值为 7 而不为 5，用来指明本 LSA 为类型 7 LSA。
- 类型 7 LSA 的转发地址字段值的选择依据是：
  若（由本类型 7 LSA 所通告的）路由（即被 NSSA ASBR 重分发的路由）带下一跳地址（对[经过重分发的]直连路由不适用），ASBR 会尝试将该下一跳地址填入转发地址字段。这适用于 NSSA ASBR 与相邻自制系统间的"互连链路"子网路由也以 OSPF 内部路由的形式"露面"的情况。本章对类型 5 LSA 转发地址字段值的选择标准的解释同样适用于类型 7 LSA。若出现了不满足上述解释的情况，则 NSSA ASBR 不会把路由的下一跳地址填入类型 7 LSA 的转发地址字段。在此情形，NSSA ASBR 会按以下两条规则来填充类型 7 LSA 的转发地址字段：
  —在宣告类型 7 LSA 的区域内，用（自己的）loopback 接口 IP 地址之一（此 loopback 接口的状态必须为 UP，且参与了 OSPF 进程），填充类型 7 LSA 的转发地址字段。
  —若未创建 loopback 接口，则用隶属于该区域的第一个接口的 IP 地址，填充类型 7 LSA 的转发地址字段。
- 对类型 7 LSA 的 P 位的解释随后奉上。

2. NSSA LSA 示例

例 6-13 所示为来自图 6-23 中路由器 I 的 NSSA LSA 的输出。路由器 I 就是把 IGRP 路由重分发进 OSPF 的 NSSA ASBR。

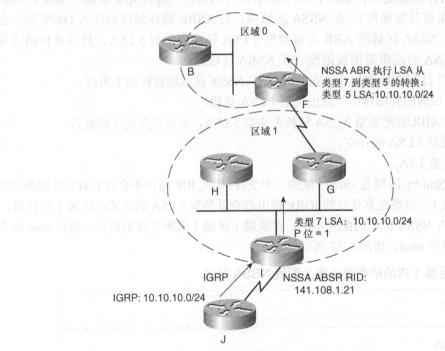

图 6-23 用来演示类型 7 LSA 如何生成的网络

路由器 I 生成了类型 7 LSA，并将其传播进了区域 1，NSSA ABR 又将该类型 7LSA 转换为了类型 5 LSA，向区域外通告，NSSA ABR 为路由器 F。

例 6-13　NSSA LSA 的输出

```
RouterI#show ip ospf database nssa-external 10.10.10.0
  LS age: 36
  Options: (No TOS-capability, Type 7/5 translation, DC)
  LS Type: AS External Link
  Link State ID: 10.10.10.0 (External Network Number)
  Advertising Router: 141.108.1.21
  LS Seq Number: 80000001
  Checksum: 0x4309
  Length: 36
  Network Mask: /24
        Metric Type: 2 (Larger than any link state path)
        TOS: 0
        Metric: 20
        Forward Address: 141.108.1.21
        External Route Tag: 0
```

在 Cisco 路由器上，NSSA LSA 的输出和类型 5 LSA 的输出极为相似，但读者还应注意与 P 位有关的重要事宜。

- NSSA ABR 会根据 P 位的置位情况，来决定是否要把类型 7 LSA 转换为类型 5 LSA。此位已经在本章"Hello 数据包"一节中介绍 Hello 数据包的选项字段时做过介绍。
- P 位=0，表示 NSSA ABR 不执行 LSA 类型 7/5 间的转换。
- P 位=1，表示执行 LSA 类型 7/5 间的转换。
- 若 P 位=0，NSSA ABR 则不得把类型 7 LSA 转换为类型 5 LSA，这适用于 NSSA ASBR 身兼 NSSA ABR 的情况。
- 若 P 位=1，NSSA ABR 则必须把类型 7 LSA 转换为类型 5 LSA（在 NSSA 区域有多台 NSSA ABR 的情况下，由 Router-ID 最低的那台 NSSA ABR "出面"执行 LSA 类型 7/5 间的转换）。

P 表示英文单词传播（propagation）。因此，此位的作用就是"控制（路由的）传播"。ABR 会根据 P 位置位与否，来控制路由的传播。

3. NSSA 配置示例

例 6-14 所示为配置 NSSA 区域的示例。在隶属于区域 1 的所有 OSPF 路由器上，都需按此配置，如图 6-23 所示。

例 6-14　配置 NSSA 区域

```
RouterF#
router ospf 1
  area 1 nssa
```

将图 6-23 中的区域 1 配置为 NSSA 区域之后，区域 1 的特征如下。

- 区域 1 中不允许类型 5 LSA 的存在。这就是说，区域 1 中不允许 RIP 路由的存在[①]。
- 所有 IGRP 路由都以类型 7 LSA 的形式被重分发进了区域 1。只有 NSSA 区域才能存在类型 7 LSA。
- NSSA ABR（路由器 F）会先把所有类型 7 LSA 转换为类型 5 LSA，再在 OSPF 路由进程域内传播。

4. Totally NSSA（Not-So-Stubby）区域

Totally NSSA 区域是 NSSA 区域的"变种"。在整个 NSSA 区域只有一个流量进出点（边界路由器）的情况下，强烈建议将此区域配置为 Totally NSSA 区域。在图 6-23 中，若把区域 1 配置为 Totally NSSA 区域，则会发生以下情况。

- （经过重分发的）RIP 路由无法传播进区域 1，因为此类路由为 OSPF 外部路由。
- 来自其他区域的汇总 LSA 无法传播进区域 1，因 Totally NSSA 区域内不允许此类路由的存在。
- ABR（路由器 F）将会以汇总 LSA 的形式，向区域 1 生成一条默认路由。

Totally NSSA 区域的特征如下。
- 不允许汇总 LSA 的存在。
- 不允许外部 LSA 的存在。
- 会以汇总 LSA 的形式，传播进一条默认路由。
- NSSA ABR 会把类型 7 LSA，转换为类型 5 LSA，然后向其他区域通告。

例 6-15 所示为 NSSA ABR 上所需的配置。与配置 totally stubby 区域相同，只需在 ABR 上执行 **no-summary** 命令，因为汇总 LSA 由 ABR 生成。

例 6-15 在 NSSA ABR（路由器 F）上配置 Totally NSSA 区域

```
RouterF#
router ospf 1
 area 1 nssa no-summary
```

5. NSSA 区域中的路由过滤

在某些情况下，无需将外部路由以类型 7 LSA 的形式，注入 NSSA 区域。当 ASBR 同时"身兼"NSSA ABR 时，就属于这种情况。

此时，一旦执行路由重分发，ASBR（即 NSSA ABR）将同时生成类型 5 和类型 7 LSA。在图 6-24 中的路由器 A 上[②]，执行 **area** 命令，配置区域 1 时包含了 **no-redistribution** 参数。

如此一来，（路由器 A 会把）所有 IGRP 路由重分发进区域 0，但不会向区域 1 生成类型 7 LSA。例 6-16 所示为不让 ASBR（路由器 A，同时身兼 NSSA ABR）为经过重分发的 IGRP 路由，生成类型 7 LSA 的配置。

---

① 原文是 "This means that no RIP routes are allowed in Area 1." 请问作者，图 6-23 中哪儿有 RIP 路由？——译者注
② 请问作者，图中哪来的路由器 A？——译者注

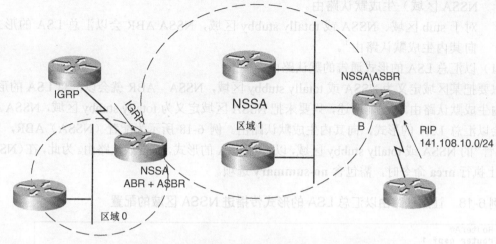

图 6-24 可在 NSSA 区域内过滤类型 7 路由的场景

例 6-16　在 NSSA 区域中，过滤类型 7 LSA 的配置

```
RouterA#
router ospf 1
 area 1 nssa no-redistribution
```

在 NSSA ABR（同时亦为 ASBR）上配置 area 命令时，请包含 no-redistribution 选项[①]。

还有一种需要在 NSSA 区域内执行路由过滤的情况，那就是为了防止某些类型 7 LSA 被"转换"出 NSSA 区域。换言之，就是控制哪些类型 7 LSA 可以被转换为类型 5 LSA。试举一例，图 6-24 为示为在 OSPF NSSA 区域 1 内，注入了一条 RIP 路由 141.108.10.0/24。要是不想把这条路由泄露进其他所有 OSPF 区域，则可使用例 6-17 所示命令，来防止 NSSA ABR 将此经过重分发的 RIP 路由转换为类型 5 LSA。此命令设于路由器 A 或 B 上，都能起到相同的效果。

例 6-17　控制 LSA 类型 7/5 间转换的配置

```
RouterA#
router ospf 1
 summary-address 141.108.10.0 255.255.255.0 not-advertise
```

例中 summary-address 命令的作用是，让 ASBR 照样针对网络 141.108.10.0/24 生成类型 7 LSA，但会阻止 NSSA ABR 将这条类型 7 LSA 转换为类型 5 LSA。

6. NSSA 区域内的默认路由

可用两种方式将默认路由传播进 NSSA 区域[②]。

- 将某区域配置为 NSSA 区域时，默认情况下，NSSA ABR 不以汇总 LSA 的形式（向

---

① 原文是 "Configure the no-redistribution command on an NSSA ABR that's also an ASBR." 这行文字上下不接也就不说了，请问作者，no-redistribution 是命令（command）吗？——译者注

② 原文是 "There are two ways to have a default route in an NSSA:" 此文与以下两点不匹配，请读者留意。——译者注

NSSA 区域）生成默认路由。
- 对于 stub 区域、NSSA 或 totally stubby 区域，NSSA ABR 会以汇总 LSA 的形式，向其内生成默认路由[①]。

（1）以汇总 LSA 的形式通告的默认路由

只要把某区域定义为 NSSA 或 totally stubby 区域，NSSA ABR 就会以汇总 LSA 的形式，向其内生成默认路由[②]。如前所述，只要未把 NSSA 区域定义为 totally stubby 区域，NSSA ABR 就不会以汇总 LSA 的形式，向其内生成默认路由。例 6-18 所示为配置（NSSA）ABR，向其所"掌管"的 NSSA 或 totally stubby 区域，以汇总 LSA 的形式，通告默认路由。为此，在（NSSA）ABR 上执行 **area** 命令时，需包含 **no-summary** 选项。

例 6-18 让默认路由以汇总 LSA 的形式传播进 NSSA 区域的配置

```
RouterA#
router ospf 1
 area 1 nssa no-summary
```

（2）以类型 7 LSA 的形式通告的默认路由

例 6-19 所示为将默认路由以类型 7 LSA 的形式传播进 NSSA 区域的命令。可在任一 NSSA ASBR 或 NSSA ABR 上执行此命令，但受以下条件的约束：

- 只有当路由表内有一条默认路由时，NSSA ASBR 才能向 NSSA 区域生成默认路由；
- 无论路由表内有或没有默认路由，NSSA ABR 都能向 NSSA 区域生成默认路由[③]。

例 6-19 配置 NSSA ASBR，令其以类型 7 LSA 的方式，将默认路由传播进 NSSA 区域

```
RouterA#
router ospf 1
 area 1 nssa default-information-originate
```

6.4 OSPF 介质类型

OSPF 可在多种介质上运行。对于某些介质（比如，多路访问或点到点介质），只需使用默认的 OSPF 网络类型。因此，无需针对这些介质，配置任何 OSPF 网络类型。

本节将深入讨论 OSPF 与每种介质的关系，以及如何针对每种介质配置 OSPF 网络类型。OSPF 把介质分为 4 类：

[①] 原文是 "In the case of a stub area or an NSSA, totally stubby area, the NSSA ABR generates a default summary route." 不晓得作者葫芦里卖的是什么药，译文按字面意思直译。——译者注

[②] 原文是 "By defining an area as an NSSA, totally stubby area, the NSSA ABR generates a default summary route." 译文按字面意思直译。——译者注

[③] 原文是 "NSSA ABR can generate a default route with or without a default route in its own routing table." 译文按字面意思直译。以上涉及 NSSA 区域内默认路由的内容有很多错误，为"尊重"原文，译者未作改动，请读者自行查阅 Routing TCP/IP, volume 1 ——译者注

- 多路访问介质；
- 点到点介质；
- 非广播多路访问介质；
- 按需电路。

6.4.1 多路访问介质

多路访问介质包括以太网、快速以太网、吉比特以太网、FDDI、令牌环等介质[①]。OSPF 会把此类介质识别为广播网络。只要在此类介质上运行，OSPF 路由器默认开启的网络类型就是 broadcast（广播网络）。

在广播网络中运行 OSPF，需要推举 DR 和 BDR 来降低网络中的（LSA）泛洪量。OSPF 路由器会借助多播来建立 OSPF 邻接关系，以及将路由信息高效地发布给网络内的其他路由器。在广播网络中，OSPF 邻居路由器之间会通过互发 Hello 数据包的方式，来检查互连接口的子网掩码。如果子网掩码不匹配，OSPF 邻接关系就无法建立。

在默认情况下，Cisco 路由器会针对广播多路访问介质，自动开启 OSPF 广播网络类型，因此无需为此执行特殊配置。图 6-25 所示为在多路访问介质上运行 OSPF 的例子。路由器 A 被选举为 DR，因其（接口所设）OSPF 优先级最高。路由器 B 被选举作 BDR。由于路由器 B 和 C 的（接口所设）OSPF 优先级相同，因此 BDR 选举要通过比较 Router-ID 的高低来决定。（连接在多路访问介质上的）所有路由器都会与 DR 和 BDR 建立 OSPF 邻接

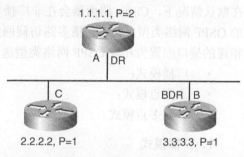

图 6-25 多路访问介质示例

关系。DR 和 BDR 会监听（目的地址为）多播地址 224.0.0.6（所有 DR 路由器）的数据包，而所有 OSPF 路由器则会监听（目的地址为）多播地址 224.0.0.5（所有 SPF 路由器）的数据包。

6.4.2 点到点介质

点到点介质类型（的接口或链路）包括以 HDLC 和 PPP 封装的接口（链路），以及帧中继/ATM 点到点子接口之类的接口。

在默认情况下，Cisco 路由器会在点到点介质的接口上，自动开启名为 point-to-point 的 OSPF 网络类型。连接到点到点介质上的 OSPF 路由器不选举 DR 或 BDR。在此类介质上，所有 OSPF 数据包都以多播形式发送。因为，在某些无编号点对点链路上，对端路由器互连接口的单播 IP 地址未明确设置。图 6-26 所示为四台连接到点到点介质的路由器。路由器 A 通过点到点链路

---

① 原文是 "Multiaccess media includes Ethernet, Fast Ethernet, Gigabit Ethernet, FDDI, Token Ring, and similar multiaccess media."——译者注

分别与其他 3 台路由器相连。路由器 A 跟路由器 B、C、D 之间分别建立起了邻接关系。

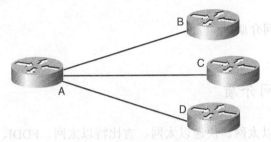

图 6-26 OSPF 点到点介质示例

6.4.3 非广播多路访问介质

许多介质都属于非广播多路访问介质（NBMA）类型，其中包括：帧中继、X.25、SMDS 和 ATM 等。要想让连接到此类介质的接口参与 OSPF 进程，就需要对路由器执行额外的配置[①]。在默认情况下，Cisco 路由器会在非广播多路访问介质的接口上，自动开启名为 nonbroadcast 的 OSPF 网络类型。在非广播多路访问网络场景中，可选择把路由器上与非广播多路访问介质相连的接口配置为几种 OSPF 网络类型选项之一，如下所列：

- 广播模式；
- 点到点模式；
- 点到多点模式。

1. 广播模式

（让 OSPF 路由器上与非广播多路访问介质相连的接口）以广播模式模式运行时，需要"模拟"广播网络环境，因此需要选举 DR 和 BDR。模拟广播模式的方式有以下两种：

- 将路由器接口（连接非广播多路访问介质的接口）的 OSPF 网络类型，配置为广播网络；
- 配置 **neighbor** 命令，令 OSPF 路由器以单播方式，发送 OSPF 协议数据包。

图 6-27 所示为一种 NBMA 网络模式。路由器之间的介质为帧中继。路由器 A 通过帧中继 PVC 连接到所有其他路由器；但路由器 B、C、D、E 只与路由器 A 相连，相互之间并未直连。只有当所有路由器之间通过 PVC 形成全互连时，才推荐使用广播模式。在路由器之间只形成部分互连的情况下（如图 6-27 所示拓扑），则不建议运行广播模式。

例 6-20 所示配置适用于图 6-27 中的路由器通过 PVC 形成全互连时场景，需要在图中的每一台路由器上都按此配置。由例 6-27 可知，帧中继接口的 OSPF 网络类型被设置为了广播网络。还有一个问题值得关注，那就是在对端路由器接口 IP 地址与 DLCI 号之间，手动建立映射关系时，需要在 frame-relay map 中包含关键字 **broadcast**；否则，OSPF 多播 Hello 数据包将无法通

[①] 原文是 "Additional configuration is required for this type of medium." 直译为 "这种类型的介质需要额外的配置"。——译者注

过帧中继 PVC 传送。

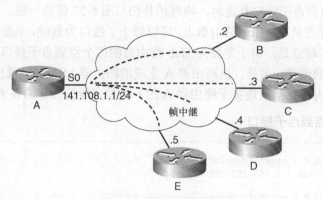

图 6-27　NBMA 介质示例

例 6-20　将路由器接口的 OSPF 网络类型配置为广播网络

```
RouterA#
interface serial 0
 encapsualtion frame-relay
 ip ospf network-type broadcast
```

在所有路由器的帧中继接口上，都得配置 **ip ospf network-type broadcast** 命令。

第二种模拟广播模式的办法是，借助 **neighbor** 命令，令 OSPF 路由器以单播方式，发送 OSPF 协议数据包，如例 6-21 所示。**neighbor** 语句须在 Hub（中心）路由器上配置，本例 Hub 路由器为路由器 A。此外，还应将路由器 A 的帧中继接口的 OSPF 优先级调高，令其在帧中继（NBMA）网络中担当 DR 之职。

例 6-21　在 hub 路由器上配置 neighbor 命令

```
RouterA#
interface serial 0
 encapsulation frame-relay
 ip address 141.108.1.1 255.255.255.0
 ip ospf priority 10
!
router ospf 1
 neighbor 141.108.1.2
 neighbor 141.108.1.3
 neighbor 141.108.1.4
 neighbor 141.108.1.5
```

2．点到点模式

要（让 OSPF 路由器上与非广播多路访问介质相连的接口）运行点到点模式，就必须在网络中的 Hub 路由器上，将其物理串行接口先划分为点到点子接口，然后用单独的子接口来连接每条 PVC；这就是说，每个点到点子接口都对应一个单独的 IP 子网。例 6-22 所示为在 Hub 路由器（路由器 A）上创建点到点子接口所需的配置。在子接口下无需配置 OSPF 网络类型，OSPF

网络类型为 point-to-point，正是 Cisco 路由器上点到点子接口的默认配置。路由器 A 跟路由器 B、C、D、E 间用点到点子接口互连时，物理拓扑仍与图 6-27 保持一致。

点到点模式的优点是，在 Hub 路由器上，可以每个子接口为基础，来配置各条虚电路（VC）的 OSPF 开销值。其缺点是，由于需要为 Hub 路由器的每个点到点子接口分配 IP 地址，因此会造成 IP 地址资源的浪费。另外，由路由器 A 生成的路由器 LSA 的"规模"会相当之巨，因为这条路由器 LSA 内会包括（连接于路由器 A 的）类型字段值为 3 的各条点到点 stub 链路。

例 6-22　配置点到点子接口

```
RouterA#
Interface Serial 0.1 point-to-point
 ip address 141.108.1.1 255.255.255.252
!
Interface Serial 0.2 point-to-point
 ip address 141.108.1.5 255.255.255.252
```

还可继续创建连接路由器 D、E 的子接口。

3．点到多点模式

（让 OSPF 路由器上与非广播多路访问介质相连的接口）以点到多点模式运行时，网络内的 OSPF 路由器之间只要通过（物理/逻辑）链路互相连接，就必须建立 OSPF 邻接关系[①]。将连接到 NBMA 网络的路由器接口的 OSPF 网络类型配置为 point-to-multipoint 之后，NBMA 网络内的 OSPF 路由器将不再选举 DR 或 BDR。为发现邻居路由器，NBMA 网络内的 OSPF 路由器会通过多播方式，发送 Hello 数据包，因此（用来组建 NBMA 网络的）第 2 层介质必须具备传递多播/广播流量的能力。此外，NBMA 网络云内路由器之间的互连接口应该全都隶属于同一 IP 子网，如图 6-27 所示。

例 6-23 所示为将路由器接口的 OSPF 网络类型设置为 point-to-multipoint 的配置。由配置可知，路由器 A S0 接口的 OSPF 网络类型被设成了 point-to-multipoint。在远端路由器 B、C、D、E 连接路由器 A 的接口上也得按此配置。

例 6-23　将路由器接口的 OSPF 网络类型配置为 point-to-multipoint

```
RouterA#
interface serial 0
 encapsulation frame-relay
 ip address 141.108.1.1 255.255.255.0
 ip ospf network-type point-to-multipoint
```

在路由器之间为非全互连（部分互连）的 NBMA 网络中，point-to-multipoint 是推荐使用的 OSPF 网络类型。有时，在介质类型为 NBMA，但不支持多播的情况下，OSPF 网络类型 point-to-multipoint 就不能使用。于是，人们针对此类介质，引入了另一种 OSPF 网络类型，名为 point-to-multipoint nonbroadcast（点到多点非广播）。若图 6-27 中的 NBMA 网络不支持多播，

---

① 原文是"In a point-to-multipoint model, each router that has connectivity with another router forms an adjacency with that router."——译者注

就得启用这一新的 OSPF 网络类型。例 6-24 所示为启用这一新的 OSPF 网络类型所需配置。需将图中路由器 A S0 接口的 OSPF 网络类型配置为 point-to-multipoint nonbroadcast，此外，在所有远程路由器的串行接口上也需要如法炮制。一旦将路由器接口的 OSPF 网络类型配成了 point-to-multipoint nonbroadcast，便需在 ospf 进程配置模式下添加相应的 **neighbor** 命令，让路由器以单播方式发送 OSPF 协议数据包，在此情形，路由器之间也不会选举 DR 和 BDR。

例 6-24 配置 OSPF point-to-multipoint nonbroadcast 网络类型

```
RouterA#
interface serial 0
 encapsulation frame-relay
 ip address 141.108.1.1 255.255.255.0
 ip ospf network-type point-to-multipoint non-broadcast
!
router ospf 1
 neighbor 141.108.1.2
 neighbor 141.108.1.3
 neighbor 141.108.1.4
 neighbor 141.108.1.5
```

6.4.4 按需电路（Demand Circuit）

Cisco IOS 自版本 11.2 起，开始支持 OSPF 按虚电路特性。（OSPF 邻居路由器之间）通过按需电路建立 OSPF 邻接关系时，各自的 OSPF 数据库的信息会在邻接关系建立之初交换。此后，当（用来决断 LSA 老化与否的）dead timer 发挥效力时，通过（按需电路建立起来的）OSPF 邻接关系仍能得以维系，哪怕（按需电路的）第 2 层连接断开。这一机制可防止为建立 OSPF 邻接关系，而毫无必要的定期激活按需电路，增加通信成本。ISDN 链路就是按需电路中最杰出的"代表"。只要接通 ISDN 链路，电信公司就开始计费。

就 OSPF 的运作方式而言，按需电路与普通电路之间主要有以下几处区别：

- 通过按需电路互连的 OSPF 邻居路由器之间，不会定期互发 Hello 数据包；
- LSA 的定期刷新机制也将被抑制。

只有把 OSPF 邻居路由器间的按需电路接口的 OSPF 网络类型配置为 point-to-point 或 point-to-multipoint，才能抑制 Hello 数据包的定期发送。若配置为其他 OSPF 网络类型，Hello 数据包会定期照发不误。

每隔 30 分钟一次的 LSA 定期刷新也不会在按需电路上发生，因为按需电路一经建立，DC 位（请见本章"Hello 数据包"一节，此处是指 LSA 包头中选项字段的 DC 位）和 Do Not Age（DNA）位（LSA 包头中 LSA 寿命字段的最高位）同时置位的 LSA 数据包会跨链路发送。若（通过按需电路互连的）两台路由器协商（Hello 数据包中的）DC 位成功，两者就会将自己发出的 LSA 中的 DC 位和 DNA 位同时置位。DNA 位一经置位，跨按需电路发送的 LSA 将"万寿无疆"，因此路由更新将不会定期发送。

在以下两种情况下，跨按需电路发送的 LSA 仍将会定性刷新：

- 网络拓扑有变；
- OSPF 路由进程域中有路由器不支持按需电路。

对于第一情况，由于路由器必须跨按需电路发送 LSA 的最新拷贝，告知其邻居路由器拓扑发生改变，因此纯属正常。对于第二种情况，可通过一种特别的方法来加以应对。

如图 6-28 所示，ABR 路由器（位于路由器 A、C 之间）"知道"路由器 C 无法解读 DNA LSA（DNA 位置位的 LSA）的原因是：在路由器 C 生成的 LSA 的选项字段中，DC 位没有置位。在此情形，ABR 会"通知"支持按需电路的其他 OSPF 路由器不要生成 DNA LSA，理由是网络中出现了不能解读 DNA LSA 的路由器。为此，ABR 会在骨干区域内生成指示 LSA（indication LSA），告知骨干区域内的每台路由器，不要再生成任何 DNA LSA。例 6-25 所示为路由器 A 生成的指示 LSA。这是一条类型 4 汇总 LSA，其 LSA 包头中的链路状态 ID 字段是 ABR 自身的 Router-ID 而非 ASBR 的 Router-ID。

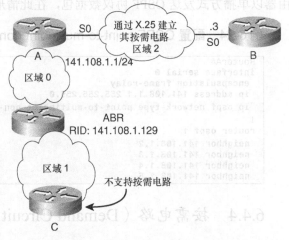

图 6-28 跨按需电路定期刷新 LSA 的场景

例 6-25 指示 LSA 示例

```
RouterA#show ip ospf database asbr-summary
Adv Router is not-reachable
  LS age: 971
  Options: (No TOS-capability, No DC)
  LS Type: Summary Links(AS Boundary Router)
  Link State ID: 141.108.1.129 (AS Boundary Router address)
  Advertising Router: 141.108.1.129
  LS Seq Number: 80000004
  Checksum: 0xA287
  Length: 28
  Network Mask: /0
        TOS: 0  Metric: 16777215
```

由例 6-25 可知，指示 LSA 的度量值字段被设置为了无穷大，其包头中的链路状态 ID 字段值总是生成自己的 ABR 的 Router-ID。由图 6-28 可知，路由器 A、B 间的链路被配置成了 OSPF 按需电路，但因区域 1 中有一台路由器不能解读 DNA LSA，故区域 2 内的路由器将不被允许生成 DNA LSA。最终，路由器 A、B 会定期通过那条按需电路刷新 LSA。

可把区域 1 配置为 stub 或者 NSSA 区域，来作为一种解决方案。定义 OSPF 按需电路的标准 RFC 1793 的 2.5.1 节如是说："当且仅当 OSPF 路由进程域内的所有路由器（不包括 stub 和 NSSA 区域内的路由器），都能处理 DoNotAge 位置位的 LSA 的情况下，在普通 OSPF 区域内，才允许 DoNotAge 位置位的 LSA 存在。"因此，对于图 6-28 所示网络，若将区域 1 配置为

stub 或 NSSA 区域，则区域 2 内的路由器将获准生成 DNA LSA。

再重点提一个与网络设计有关的建议，那就是应尽量把按需电路置入非骨干区域。否则，只要出现类似于图 6-28 所示情形，而此时按需电路又隶属于骨干区域的话，由于无法将骨干区域配置为 stub 或 NSSA 区域，因此只要整个 OSPF 路由进程域内有路由器不支持按需电路，骨干区域内的路由器就不能生成 DNA LSA。把按需电路置入 stub 区域的好处是，若其他 OSPF 区域内有路由器不能解读 DNA LSA，由 ABR 生成的指示 LSA 也绝不可能传播进此 stub 区域。也就是说，支持按需电路的路由器仍将在此 stub 区域内"我行我素"（生成 DNA LSA）。例 6-26 所示为将路由器接口设置为按需电路接口，所需要的配置。只需在按需电路一端的路由器接口上配置 **demand circuit** 命令，因为若链路对端路由器支持按需电路，就会通过 Hello 数据包自动协商两者间的按需电路能力；若对端路由器不支持按需电路，则会对 Hello 数据包选项字段中的 DC 位"视而不见"。

例 6-26　配置按需电路

```
RouterA#
interface serial 0
 encapsulation frame-relay
 ip address 141.108.1.1 255.255.255.0
 ip ospf network-type point-to-multipoint
 ip ospf demand-circuit
```

按需电路可运行于配置了任何一种 OSPF 网络类型的路由器接口（链路）之上。若路由器接口的 OSPF 网络类型不是 point-to-point 或 point-to-multipoint，则 Hello 数据包仍会在此接口所连按需电路上定期发送；但运行于此类介质（介质类型不为点到点或点到多点）之上的 OSPF 路由器仍享有在按需电路上泛洪 LSA 的"优越性"，即不会跨按需电路定期刷新 LSA。

6.4.5　OSPF 介质类型一览表

表 6-4 所列为 Cisco 路由器针对每种介质预设的默认配置，同时给出了推荐配置。

表 6-4　介质类型和可能的与之"配套"的 OSPF 网络类型

介 质 类 型	OSPF 网络类型的默认配置	OSPF 网络类型的推荐配置
多路访问	广播	广播
点到点	point-to-point	point-to-point
非广播多路访问	nonbroadcast	nonbroadcast、point-to-multipoint、point-to-multipoint nonbroadcast、point-to-point
按需电路	—	point-to-point、point-to-multipoint

6.5 OSPF 邻接状态

OSPF 邻居路由器之间之所以要建立邻接关系，是为了相互交换路由信息。在广播网络环境中，并非每台邻居路由器之间都要建立"齐备的"OSPF 邻接关系。OSPF 邻居路由器之间会通过 Hello 协议（互发 Hello 数据包），来建立和维持邻接关系。

路由器会从所有参与 OSPF 进程的接口定期外发 Hello 数据包。当本路由器（的 Router-ID）被邻居路由器列入其 Hello 数据包的邻居路由器字段时，则表明建立起了双向（two-way）通信[①]。在广播和 NBMA 网络环境中，OSPF 路由器之间还会利用 Hello 数据包来选举 DR/BDR。

与邻居路由器建立起 two-way 通信（关系）之后，本 OSPF 路由器会做出是否与其建立邻接关系的决定。建不建立邻接关系，则要视邻居路由器的状态和 OSPF 网络类型而定。若（用来连接 OSPF 邻居关系的路由器接口的）OSPF 网络类型为 broadcast 或 nonbroadcast，则 OSPF 路由器只会跟 DR 及 BDR 建立邻接关系。而若 OSPF 网络类型为其他任意类型，则 OSPF 邻居路由器之间会两两建立起 OSPF 邻接关系。

完成数据库的同步，是建立 OSPF 邻接关系的第一步。为此，每台路由器都会互发 DBD 数据包，包中的内容是对路由器本身所掌握的链路状态数据库信息的简要描述。也就是说，OSPF 邻居路由器之间只会交换 LSA 包头。在数据库的交换过程中，还会发生"主/从"路由器的选举。每台路由器会对自己在 DBD 交换过程中收到的 LSA 包头进行记录。在 DBD 交换的最后阶段，OSPF 路由器会发送 LSR 数据包，向邻居路由器请求相关 LSA，这些 LSA 的包头则在 DBD 交换过程中获知。邻居路由器会回复以 LSU 数据包，其中会包含其所请求的 LSA 的完整内容。收到 LSU 数据包之后，OSPF 路由器会发送 LSack 数据包进行确认。至此，OSPF 邻居双方将自己所掌握的数据库信息相互交换完毕，邻接关系也将进入 Full 状态。

OSPF 路由器可与邻居路由器维系多种邻居状态，如下所列：

- Down 状态；
- Attempt 状态；
- Init 状态；
- 2-way 状态；
- Exstart 状态；
- Exchange 状态；
- Loading 状态；
- Full 状态。

下面几节会对以上各种 OSPF 邻居关系状态加以细述。

---

① 原文是"Two-way communication is established when the router is listed in the neighbor's Hello packet."内容越关键，作者越要闷在肚子里，译文酌改，如有不妥，请指正。——译者注

6.5.1 OSPF Down 状态

如图 6-29 所示，R1 和 R2 都运行 OSPF。邻居状态显示为 Down 状态，表明 OSPF 路由器尚未从邻居路由器收到任何 OSPF 协议数据包。

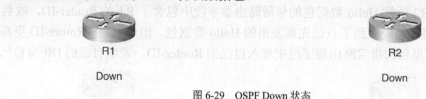

图 6-29 OSPF Down 状态

6.5.2 OSPF Attempt 状态

只有在 NBMA 网络环境中，才会出现 Attempt 状态。若一台 OSPF 路由器将其邻居路由器显示为 Attempt 状态，则表示未从该邻居路由器收到任何 OSPF 协议数据包，但自己已"尽其所能"地（serious effort）"联络"过该邻居路由器。"尽其所能"意谓：此 OSPF 路由器会定期（按 Hello 数据包中 Hello interval 字段所指明的时间值）连续发出 Hello 数据包，来"联络"邻居路由器。如图 6-30 所示，R1 发出了 Hello 数据包，表明自己既未发现其他路由器，也不知 DR 何在。

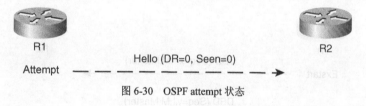

图 6-30 OSPF attempt 状态

6.5.3 OSPF Init 状态

Init 状态表示有一方收到了 Hello 数据包。如图 6-31 所示，R1 发出了 Hello 数据包。收到此 Hello 数据包之后，由于 R2 在其所含邻居路由器字段中未发现自己的 Router-ID，因此邻居双方会步入单向（接收）状态。

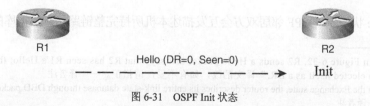

图 6-31 OSPF Init 状态

6.5.4 OSPF 2-way 状态

当 OSPF 邻居双方都收到了对方发出的 Hello 数据包之后，就会建立起 2-way 状态，这也就拉开了 OSPF 邻接关系建立的序幕。在 2-way 状态的建立过程中，会选举出了 DR 和 BDR。如图 6-32 所示，R2 所发 Hello 数据包的邻居路由器字段中包含了 R1 的 Router-ID，收到此包之后，R1 就知道 R2 已经收到了自己先前发出的 Hello 数据包。由于 R2 的 Router-ID 更高，因此会在此 Hello 数据包的指定路由器字段中填入自己的 Router-ID，表明自己的 DR 身份[①]。

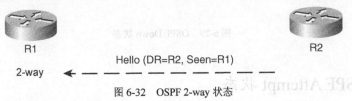

图 6-32　OSPF 2-way 状态

6.5.5 OSPF Exstart 状态

在此状态下，OSPF 邻居双方会发起数据库同步过程。此外，还会选举出主/从路由器。为 DBD 交换所用的第一个序列号也会在 Exstart 状态下确定。

如图 6-33 所示，R1 和 R2 都发出了自己的第一个 DBD 数据包。Router-ID 最高的路由器被推举成为主路由器。本例，R2 的 Router-ID 更高，故成为主路由器。

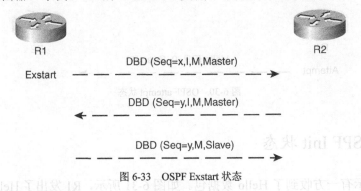

图 6-33　OSPF Exstart 状态

6.5.6 OSPF Exchange 状态

在 Exchange 状态下，OSPF 邻居双方会互发描述本机所持完整链路状态数据库的 DBD 数据包[②]。

---

① 原文是 "In Figure 6-32, R2 sends a Hello packet that says that R2 has seen R1's Hello; the router ID of R2 is higher, so it has also elected itself as a DR."译文酌改，如有不妥，请指正。——译者注

② 原文是 "In the Exchange state, the router describes its entire link-state database through DBD packets."译文酌改，如有不妥，请指正。——译者注

每个 DBD 数据包都必须明确得到确认。只允许存在一个未经确认的（在途）DBD 数据包。在此状态下，OSPF 路由器还会发出 LSR 数据包，来请求新的 LSA 实例。图 6-34 所示为 OSPF 邻居双方在 Exchange 状态下的"所作所为"。由图 6-34 可知，R1 和 R2 正交换各自的链路状态数据库信息。此外，还可获知 R2 将其发出的最后一个 DBD 数据包中的 M 位置 0（图中最后一个箭头），表明"主"路由器已无更多 DBD 数据包要发。在此情形，R1（"从"路由器）会发送其余的 DD 数据包，发完之后，也会顺带在最后一个 DD 数据包中将 M 位置 0。此时，便标志着 OSPF 邻居双方已经交换完描述各自链路状态数据库的完整信息了。

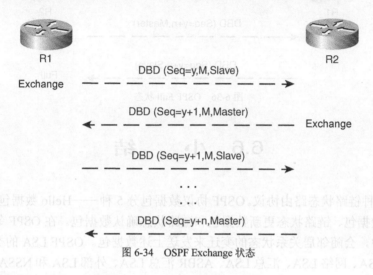

图 6-34　OSPF Exchange 状态

6.5.7　OSPF Loading 状态

在 Loading 状态下，OSPF 邻居双方会互发 LSR 数据包，以请求在 Exchange 状态下（由对方通过 DBD 数据包通告，但自己）未曾收到的 LSA 的最新实例。由图 6-35 可知，R1 正处于 Loading 状态，且已发出 LSR 数据包，要求 R2 向其发出某条 LSA 的最新实例。

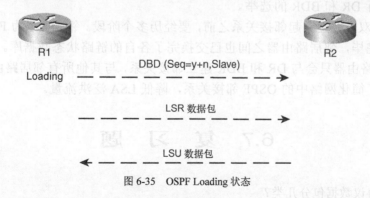

图 6-35　OSPF Loading 状态

6.5.8 OSPF Full 状态

此状态表示 OSPF 邻居双方已经交换了完整的信息。如图 6-36 所示，R1 和 R2 已经交换完了各自的链路状态数据库信息，且同处于 Full 状态。

图 6-36 OSPF Full 状态

6.6 小 结

OSPF 是一种链路状态路由协议。OSPF 协议数据包分 5 种——Hello 数据包、DBD 数据包、链路状态请求数据包、链路状态更新数据包和链路状态确认数据包。在 OSPF 邻居双方建立邻接关系的过程中，会随邻居关系状态的变迁来发送上述数据包。OSPF LSA 的类型也有数种，包括：路由器 LSA、网络 LSA、汇总 LSA、ASBR 汇总 LSA、外部 LSA 和 NSSA LSA 等。OSPF 支持多种区域类型，包括普通区域、stub 区域、totally stub 区域、NSSA 区域以及 totally NSSA 区域。可根据网络设计需求来构建上述区域。stub 区域受到的限制最多，只能依仗 ABR 以汇总 LSA 形式通告的默认路由，来转发目的网络在本区域之外的流量。

OSPF 可在多种介质上运行，包括：多路访问介质、点到点介质、NBMA 介质和按需电路。在部分互连的 NBMA 网络环境中，推荐使用的 OSPF 网络类型为 point-to-multipoint。当介质不支持多播时，才建议使用 OSPF point-to-multipoint nonbroadcast 网络类型。在此情形，不会进行 DR 和 BDR 的选举。

OSPF 邻居双方在建立起邻接关系之前，要经历多个阶段。邻居关系为 Full 状态则表明邻接关系建立完毕，邻居路由器之间也已交换完了各自的链路状态数据库。广播介质网络环境中，OSPF 路由器只会与 DR 和 BDR 建立邻接关系，与其他所有邻居路由器维系 2-way 状态。这是为了简化网络中的 OSPF 邻接关系，降低 LSA 泛洪流量。

6.7 复 习 题

1. OSPF 协议数据包分几类？

2. 哪种 LSA 包含转发地址字段？
3. 哪种 LSA 不允许在 totally stubby 区域内"露面"？
4. AllSPFRouters 多播地址是什么？
5. 哪种 OSPF 协议数据包用来选举主/从路由器？
6. 路由器会用哪种 OSPF 协议数据包，来实施 LSA 泛洪？
7. 当一条 LSA"寿终正寝"（即此 LSA 包头内的 LS 寿命字段值达到 MAXAGED 值）时，其"存活时长"为多少？
8. LSA 公共包头的长度为多少字节？

本章涵盖下列关键主题：
- 排除 OSPF 邻居关系建立故障；
- 排除 OSPF 路由通告故障；
- 排除 OSPF 路由安装故障；
- 排除与 OSPF 有关的路由重分发故障；
- 排除 OSPF 路由汇总故障；
- 排除 CPUHOG 故障；
- 排除与 OSPF 有关的按需拨号路由（DDR）故障；
- 排除 SPF 计算及路由翻动故障；
- 常见 OSPF 错误消息。

第 7 章

排除 OSPF 故障

本章讨论各种 OSPF 常见故障，同时会给出相应的排障方法。与 RIP 和 IGRP 相比，OSPF 更加复杂。有时，排除 OSPF 故障可谓"举手之劳"，只需对路由器配置稍加更改。而大多数时候，故障原因都非常复杂，排障难度也会随之增大，此刻，可能需要高人施以援手。

本章会先把 OSPF 故障"分门别类"，然后再加以讨论。本章所举示例都是笔者多年来从用户的真实网络环境中搜集整理而成。

排除某些 OSPF 故障时，需在路由器上执行 debug 操作。针对 OSPF 的 debug 操作通常都不会占用路由器太多 CPU 资源，但前提是所要排除的故障未对 OSPF 网络产生全面影响。试举一例，若只是一对 OSPF 邻居之间未能建立起邻接关系，执行 **debug ip ospf adj** 命令，以求定位故障，并不会消耗多少路由器 CPU 资源，但要是同时有 300 对邻居的 OSPF 邻接关系未能建立，那就不可如此行事了。

本章以下各节中，对于每一类 OSPF 常见故障，都会先示出排障流程，其后再给出排障方法。

7.1 OSPF 常见故障排障流程

7.1.1 排除 OSPF 邻居关系建立故障

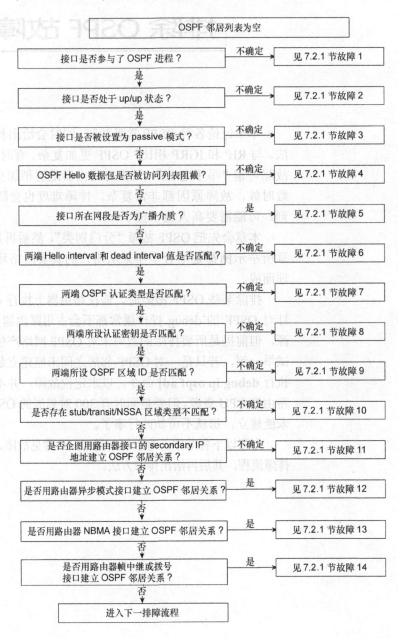

第 7 章 排除 OSPF 故障

```
            ┌─────────────────────────────┐
            │ OSPF 邻居逗留于 Attempt 状态 │
            └──────────────┬──────────────┘
                           ▼
    ┌──────────────────────────────┐  不确定   ┌──────────────────┐
    │ neighbor 命令是否配置正确？  │ ───────▶ │ 见 7.2.2 节故障 1│
    └──────────────┬───────────────┘           └──────────────────┘
                   │ 是
                   ▼
    ┌──────────────────────────────┐  不确定   ┌──────────────────┐
    │ 能否 ping 通邻居路由器？     │ ───────▶ │ 见 7.2.2 节故障 2│
    └──────────────┬───────────────┘           └──────────────────┘
                   │ 是
                   ▼
           ┌──────────────────┐
           │ 进入下一排障流程 │
           └──────────────────┘

            ┌─────────────────────────────┐
            │   OSPF 邻居逗留于 Init 状态 │
            └──────────────┬──────────────┘
                           ▼
    ┌──────────────────────────────────────────────┐  不确定   ┌──────────────────┐
    │ 访问列表是否"单向"拦截了 OSPF Hello 数据包？ │ ───────▶ │ 见 7.2.3 节故障 1│
    └──────────────┬───────────────────────────────┘           └──────────────────┘
                   │ 否
                   ▼
    ┌──────────────────────────────┐    是     ┌──────────────────┐
    │ OSPF 邻居路由器间是否有      │ ───────▶ │ 见 7.2.3 节故障 2│
    │ Catalyst 6500 交换机"加塞"？ │           └──────────────────┘
    └──────────────┬───────────────┘
                   │ 否
                   ▼
    ┌──────────────────────────────┐  不确定   ┌──────────────────┐
    │ OSPF 认证功能是否只在一端启用？│ ─────▶  │ 见 7.2.3 节故障 3│
    └──────────────┬───────────────┘           └──────────────────┘
                   │ 否
                   ▼
    ┌──────────────────────────────────┐  不确定   ┌──────────────────┐
    │ 在配置 frame-relay map 或 dialer-map│ ────▶ │ 见 7.2.3 节故障 4│
    │ 命令时，是否包含了 broadcast 关键字？│        └──────────────────┘
    └──────────────┬───────────────────┘
                   │ 否
                   ▼
    ┌──────────────────────────────────┐  不确定   ┌──────────────────┐
    │ OSPF Hello 数据包是否在一方的第 2 层传丢？│ ▶ │ 见 7.2.3 节故障 5│
    └──────────────┬───────────────────┘           └──────────────────┘
                   │ 否
                   ▼
           ┌──────────────────┐
           │ 进入下一排障流程 │
           └──────────────────┘

            ┌─────────────────────────────┐
            │  OSPF 邻居逗留于 2-way 状态 │
            └──────────────┬──────────────┘
                           ▼
    ┌──────────────────────────────────────────┐  不确定   ┌────────────┐
    │ 是否在所有路由器相关接口上配置了 priority 0 命令？│ ▶ │ 见 7.2.4 节│
    └──────────────┬───────────────────────────┘           └────────────┘
                   │ 否
                   ▼
           ┌──────────────────┐
           │ 进入下一排障流程 │
           └──────────────────┘
```

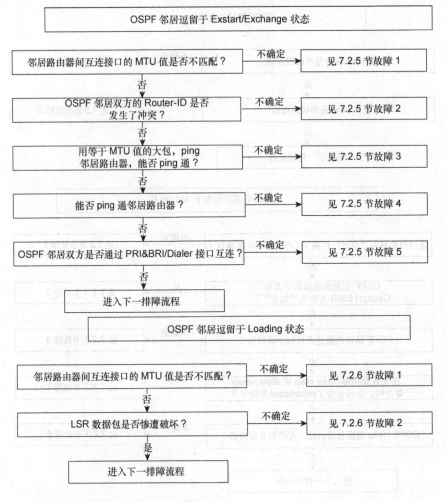

7.1.2 排除 OSPF 路由通告故障

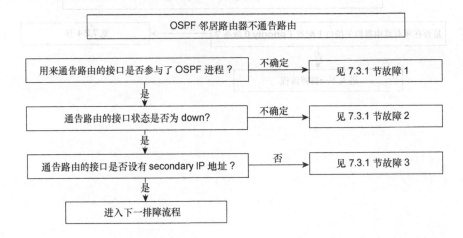

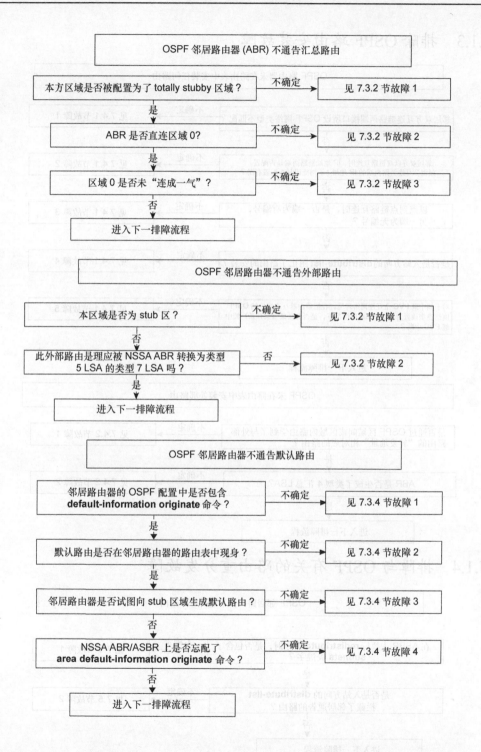

7.1.3 排除 OSPF 路由安装故障

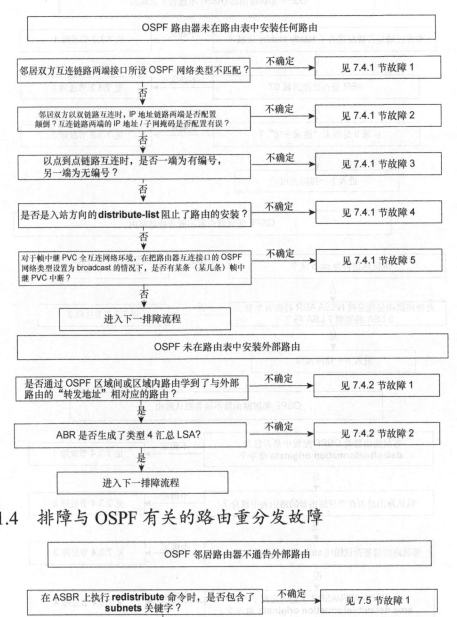

7.1.4 排障与 OSPF 有关的路由重分发故障

7.1.5 排除 OSPF 路由汇总故障

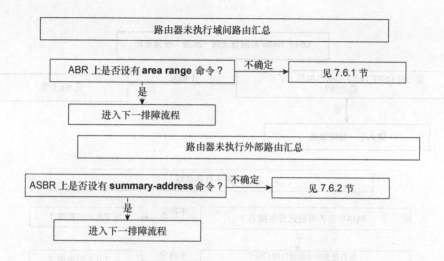

7.1.6 排除 "CPUHOG" 故障

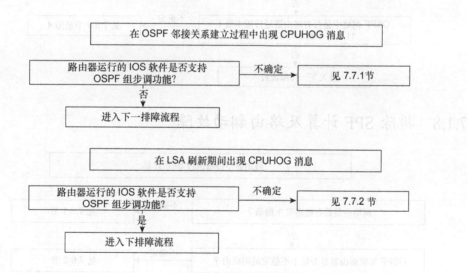

7.1.7 排除与 OSPF 有关的按需拨号路由（DDR）故障

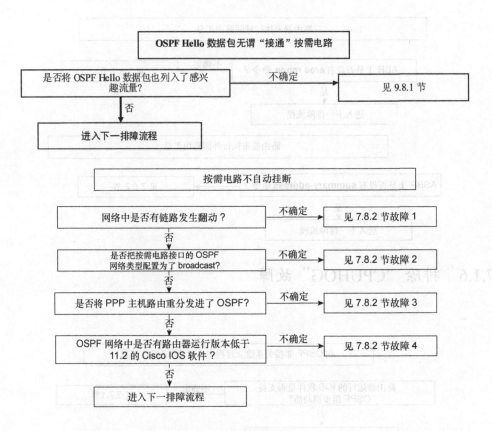

7.1.8 排除 SPF 计算及路由翻动故障

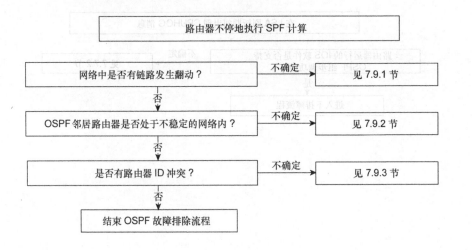

7.2 排除 OSPF 邻居关系建立故障

本节将介绍如何排除与 OSPF 邻居关系建立有关的故障。OSPF 邻居关系建立故障的表象有很多。既有可能是邻居列表为空（即 OSPF 邻居双方都收不到对方发出的 Hello 数据包）[①]，也有可能是某台邻居路由器逗留于某一特定的状态。阅读过上一章的读者一定知道，正常的 OSPF 邻接关系状态应该为 Full。只要邻居路由器的状态不为 Full，且在别的状态逗留的时间过久，那就表明存在故障。

之所以将排除 OSPF 邻居关系建立故障安排在本章第一节，是因为邻居路由器间的邻接关系是运行 OSPF 路由协议的重中之重。只要 OSPF 邻居双方未建立起邻接关系，或邻居路由器长期逗留于非 FULL 状态，OSPF 路由就不可能进驻路由器的路由表。因此，排除 OSPF 故障时，应首先确保邻居路由器能正常运行（up）。

以下所列为几种常见的事关 OSPF 邻居关系建立的故障：

- OSPF 邻居列表为空；
- OSPF 邻居路由器逗留于 Attempt 状态；
- OSPF 邻居逗留于 Init 状态；
- OSPF 邻居逗留于 2-way 状态；
- OSPF 邻居逗留于 Exstart/Exchange 状态；
- OSPF 邻居逗留于 Loading 状态。

不能说只要发现 OSPF 邻居路由器处于上述状态，就表示一定发生了故障，但若某台邻居路由器长期逗留于上述状态，则应视其为故障，且必须迅速查明原因；否则，OSPF 将不能正常运作。

7.2.1 故障：OSPF 邻居列表为空

这是与 OSPF 邻居关系建立有关的最常见故障。故障原因往往都涉及路由器配置，不是配置有误，就是少配了几条命令。若 OSPF 邻居列表为空，本路由器就绝不可能和任何邻居路由器建立 OSPF 邻接关系。

引起此类故障的常见原因如下所列：

- 路由器接口未参与 OSPF 进程；
- 网络的第一、二层故障；
- 路由器接口被设置为了 OSPF passive 模式；
- OSPF Hello 数据包被访问列表拦截；
- 广播链路两端的 IP 子网/子网掩码不匹配；
- OSPF 邻居双方所发 Hello 数据包的 Hello/dead interval 字段值不匹配；

[①] 所谓"邻居列表为空"是指，在 show ip ospf nei 命令的输出中，OSPF 邻居不见影踪。——译者注

- 认证类型（明文或 MD5）不匹配；
- 认证密钥不匹配；
- 区域 ID 不匹配；
- stub/transit/NSSA 区域选项不匹配；
- 企图用接口的 secondary IP 地址建立 OSPF 邻接关系；
- 通过路由器的异步接口建立 OSPF 邻居关系；
- 未在连接 NBMA 网络（帧中继、X.25、SMDS 等）的接口上定义 OSPF 网络类型，或未用 neighbor 命令指明 OSPF 邻居路由器的单播 IP 地址；
- 在邻居双方配置 frame-relay map/dialer map 命令时，未包含 broadcast 关键字。

图 7-1 所示为两台运行 OSPF 的路由器。在 R2 上执行 **Show ip ospf neighbor** 命令，其输出中未见任何 OSPF 邻居路由器。而在正常情况下，此命令的输出能显示出 OSPF 邻居路由器的状态。本小节所要讨论的大多数事关 OSPF 邻居列表为空的故障场景都使用图 7-1 所示网络拓扑。

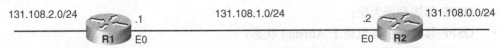

图 7-1 用来演示 OSPF 邻居列表为空的网络拓扑

例 7-1 所示为在 R2 上执行 **show ip ospf neighbor** 命令的输出。由输出可知，R2 的邻居列表空空如也。

例 7-1　show ip ospf neighbor 命令的输出为空

```
R2#show ip ospf neighbor
R2#
```

1. OSPF 邻居列表为空——原因：未让（用来建立 OSPF 邻接关系的）接口参与 OSPF 路由进程

可让路由器的每个接口分别参与 OSPF 路由进程。要想让任一接口参与 OSFP 进程，请在 **router ospf** 配置模式下，配置 **network** 命令，在此命令中需包含网络地址和通配符掩码（wildcard mask）作为参数。配置 **network** 命令时，应仔细检查通配掩码参数，弄清其所覆盖的网络地址范围。图 7-2 所示为了解决此类故障所要遵循的排障流程。

（1）debug 与验证

例 7-2 所示为路由器 R2 的配置。由配置可知，因 **network** 命令中包含的网络掩码配置有误，故而使得 R2 只让接口 loopback 0 参与了 OSPF 进程，并隶属于区域 0。配置 OSPF 时，**network** 命令中的网络地址和（逆向）子网掩码的作用是："圈定"隶属于某个 OSPF 区域的 IP 地址范围，IP 地址落在此范围内的路由器接口会"加盟"此 OSPF 区域，并同时参与 OSPF 进程。说这两个参数的作用等同于访问列表也不为过。由例 7-2 可知，包含通配符掩码参数 0.0.0.255 和网络地址参数 131.108.0.0 的 **network** 命令"圈定"的地址范围为 131.108.0.0～131.108.0.255，而 131.108.1.2 不在其列。因此，IP 地址为 131.108.1.2 的 E0 接口既无法"加盟" OSPF 区域 0，也未能参与 OSPF 进程。

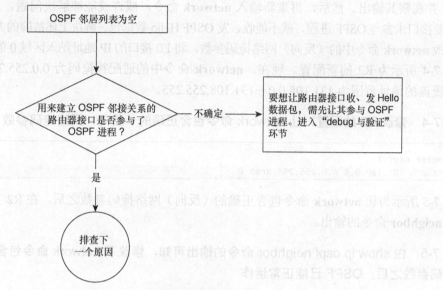

图 7-2　故障排障流程

例 7-2　network 命令中的子网掩码参数配置有误

```
R2#
interface Loopback0
ip address 131.108.0.1 255.255.255.0
!
interface Ethernet0
ip address 131.108.1.2 255.255.255.0
!
router ospf 1
 network 131.108.0.0 0.0.0.255 area 0
!
```

例 7-3 所示为路由器 R2 E0 接口参与 OSPF 进程的情况[①]。由例 7-3 可知，R2 E0 接口并未参与 OSPF 进程。

例 7-3　R2 Ethernet 0 接口未参与 OSPF 进程

```
R2#show ip ospf interface Ethernet 0
Ethernet0 is up, line protocol is up
  OSPF not enabled on this interface
```

（2）解决方法

有时，当检查路由器配置时，配置输出中所显示出的 **network** 命令的（反向）子网掩码参数并未配错，但 OSPF 邻居列表却总是为空。这种情况非常罕见。在 router OSPF 配置模式下

---

① 原文是 "Example 7-3 shows the configuration of Router R2." 译文酌改。——译者注

更改 network 命令的过程中，对命令的剪切和粘贴都有可能会导致上述问题。因此，要想弄清某特定接口是否参与了 OSPF 进程，请执行 show ip ospf interface 命令（参数为接口类型+接口编号），并观察其输出。然后，再重新输入 network 命令，或许就能够解决问题。

只要接口未参与 OSPF 进程，就不能收、发 OSPF Hello 数据包。解决上述故障的方法是，登录 R2，修改 network 命令中的（反向）网络掩码参数，将 E0 接口的 IP 地址纳入区域 0 的地址范围。

例 7-4 所示为 R2 的新配置。现在，network 命令中的通配符掩码为 0.0.255.255，这表示此命令覆盖的地址范围为 131.108.0.0～131.108.255.255。

例 7-4 修改 R2 的配置，让 network 命令包含正确的（反向）网络掩码参数

```
R2#
router ospf 1
network 131.108.0.0 0.0.255.255 area 0
```

例 7-5 所示为让 network 命令包含正确的（反向）网络掩码参数之后，在 R2 上执行 show ip ospf neighbor 命令的输出。

例 7-5 由 show ip ospf neighbor 命令的输出可知，修改了 network 命令包含的（反向）网络掩码参数之后，OSPF 已能正常运作

```
R2#show ip ospf neighbor
Neighbor ID     Pri   State      Dead Time    Address        Interface
131.108.2.1     1     FULL/DR    00:00:38     131.108.1.1    Ethernet0
```

对于灌有不低于 IOS 12.0 版本的 Cisco 路由器而言，若未让其接口参与 OSPF 进程，执行 show ip ospf interface 命令将不会得到任何输出。

2. OSPF 邻居列表为空——原因：第一、二层故障

OSPF 运行于第 3 层。若故障发生在第 2 层，OSPF 路由器也将不能收、发任何 Hello 数据包。第一、二层网络故障同样是导致 OSPF 路由器之间不能建立邻接关系的原因之一。若故障发生在网络的第 1 层或第 2 层，则故障本身与 OSPF 无直接干系。

图 7-3 所示为此类故障的排障流程。

（1）debug 与验证

例 7-6 所示为在 R2 执行 show ip ospf interface 命令，查看其 Ethernet 0 接口参与 OSPF 进程情况的输出。由输出可知，R2 E0 接口的线协议为 down。

例 7-6 show ip ospf interface 命令的输出显示 R2 E0 接口的线协议为 down

```
R2#show ip ospf interface Ethernet 0
Ethernet0 is up, line protocol is down
  Internet Address 131.108.1.2/24, Area 0
  Process ID 1, Router ID 131.108.1.2, Network Type BROADCAST, Cost: 10
  Transmit Delay is 1 sec, State DOWN, Priority 1
  No designated router on this network
  No backup designated router on this network
  Timer intervals configured, Hello 10, Dead 40, Wait 40, Retransmit 5
```

第 7 章 排除 OSPF 故障

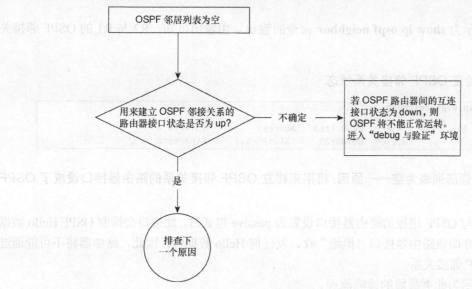

图 7-3 排障流程

(2) 解决方法

造成网络第一、二层故障的原因很多。以下给出了一些最常见的原因，当路由器接口状态或线协议状态为 down 时，需逐一排查这些原因。

- 电缆未插。
- 电缆松动。
- 电缆损坏。
- transceiver 损坏。
- 端口损坏。
- 接口卡损坏。
- 因运营商故障，导致 WAN 链路中断。
- 以背靠背的方式互连路由器串行接口时，忘配了 clock 命令。

要想解决网络的第一、二层，需逐一排查先前所列的各种原因。例 7-7 所示为解决了网络的第 2 层故障之后，在 R2 上执行 **show ip ospf interface Ethernet 0** 命令的输出。

例 7-7 检查参与 OSPF 进程的路由器接口的状态是否 UP

```
R2#show ip ospf interface Ethernet 0
Ethernet0 is up, line protocol is up
  Internet Address 131.108.1.2/24, Area 4
  Process ID 1, Router ID 131.108.1.2, Network Type BROADCAST, Cost: 10
  Transmit Delay is 1 sec, State BDR, Priority 1
  Designated Router (ID) 131.108.2.1, Interface address 131.108.1.1
  Backup Designated router (ID) 131.108.1.2, Interface address 131.108.1.2
  Timer intervals configured, Hello 10, Dead 40, Wait 40, Retransmit 5
    Hello due in 00:00:07
  Neighbor Count is 1, Adjacent neighbor count is 1
    Adjacent with neighbor 131.108.1.1  (Designated Router)
  Suppress hello for 0 neighbor(s)
```

例 7-8 所示为 show ip ospf neighbor 命令的输出。由输出可知，R2 与 R1 的 OSPF 邻接关系状态为 Full。

例 7-8　验证 OSPF 邻接关系状态

```
R2#show ip ospf neighbor
Neighbor ID     Pri   State      Dead Time    Address        Interface
131.108.2.1      1    FULL/DR    00:00:39     131.108.1.1    Ethernet0
```

3. OSPF 邻居列表为空——原因：将用来建立 OSPF 邻接关系的路由器接口设成了 OSPF passive 模式

将某个参与 OSPF 进程的路由器接口设置为 passive 模式时，此接口会抑制 OSPF Hello 数据包的收、发。亦即该路由器接口"拒绝"收、发任何 Hello 数据包。因此，路由器将不可能通过其建立起 OSPF 邻接关系。

图 7-4 所示为此类故障的排障流程。

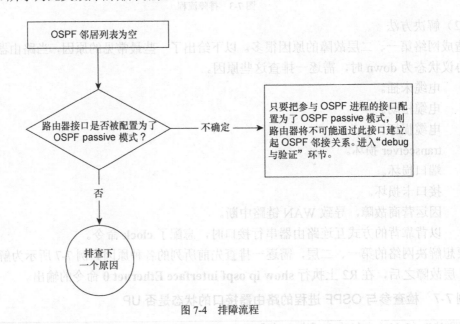

图 7-4　排障流程

（1）debug 与验证

例 7-9 所示为在路由器 R2 上执行 show ip ospf interface Ethernet 0 命令的输出。由输出可知，Ethernet 0 接口被设置为了 OSPF passive 模式。

例 7-9　确定路由器接口是否被配置为了 OSPF passive 模式

```
R2#show ip ospf interface Ethernet 0
Ethernet0 is up, line protocol is up
Internet Address 131.108.1.2/24, Area 0
Process ID 1, Router ID 131.108.1.2, Network Type BROADCAST, Cost: 10
Transmit Delay is 1 sec, State DR, Priority 1
Designated Router (ID) 131.108.1.2, Interface address 131.108.1.2
No backup designated router on this network
Timer intervals configured, Hello 10, Dead 40, Wait 40, Retransmit 5
 No Hellos (Passive interface)
Neighbor Count is 0, Adjacent neighbor count is 0
Suppress hello for 0 neighbor(s)
```

例 7-10 所示为路由器 R2 的配置。由配置可知，有人把 R2 Ethernet 0 接口配置为了 OSPF passive 模式。

例 7-10　R2 Ethernet 0 接口被配置为了 OSPF passive 模式

```
R2#
interface Loopback0
ip address 131.108.0.1 255.255.255.0
!
interface Ethernet0
ip address 131.108.1.2 255.255.255.0
router ospf 1
 passive-interface Ethernet0
 network 131.108.0.0 0.0.255.255 area 0
```

（2）解决方法

要想解决此类故障，就得在 R2 的 OSPF 配置模式下 "no" 掉 **passive-interface** 命令。**passive-interface** 命令的主要应用场景是：一、让特定路由器接口（上述命令所引用的接口）不参与 OSPF 进程；二、在不通过特定路由器接口建立任何 OSPF 邻接关系的同时，而又能通过 OSPF 通告这些接口所处 IP 子网的路由。

在 RIP 或 IGRP 的路由器上，配置 **passive-interface** 命令的用意是：让特定接口不通告任何路由更新的同时，能接收到所有路由更新。换句话讲，在 RIP 或 IGRP 路由器上执行 **passive-interface** 命令的效果，与 OSPF 或 EIGRP 路由器不同。在 OSPF 路由器上，将某接口设为 passive 模式，就表示"此接口不能收、发 OSFP Hello 数据包"。因此，配置 OSPF 时，切莫以为将某接口设置为 passive 模式，此接口只是不能外发任何路由更新，但却能收到所有路由更新。

例 7-11 所示为路由器 R2 的新配置，在配置中 "no" 掉了 **passive-interface** 命令。

例 7-11　在路由器的接口配置下，"no" 掉 passive-interface 命令

```
router ospf 1
 no passive-interface Ethernet0
 network 131.108.0.0 0.0.255.255 area 0
```

例 7-12 所示为 "no" 掉 **passive-interface** 命令之后，R2 与 R1 建立起了 OSPF 邻接关系。

例 7-12 确认故障得到了解决

```
R2#show ip ospf neighbor

Neighbor ID     Pri   State      Dead Time    Address        Interface
131.108.2.1     1     FULL/DR    00:00:37     131.108.1.1    Ethernet0
```

4. OSPF 邻居列表为空——原因：OSPF 邻居双方互连接口所设访问列表拦截了 OSPF Hello 数据包

OSPF Hello 数据包的目的 IP 地址为多播地址 224.0.0.5。所有参与 OSPF 进程的接口，都会监听这一多播地址。出于安全性考虑，在路由器接口挂接访问列表过滤特定流量的做法可谓相当普遍。在此情形，请确保访问列表允许 OSPF Hello 数据包的多播目的地址；否则，一旦 OSPF Hello 数据包被访问列表拦截，那么路由器将不能通过挂接了访问列表的接口建立 OSPF 邻接关系。

此处只讨论在 OSPF 邻居双方都设有访问列表，并拦截了 Hello 数据包的情况。要是 OSPF Hello 数据包被一端路由器所设访问列表拦截，**show ip ospf neighbor** 命令的输出将会表明邻居路由器逗留于 Init 状态。对于后一种情况，将在本章稍后讨论。

图 7-5 所示为此类故障的排障流程。

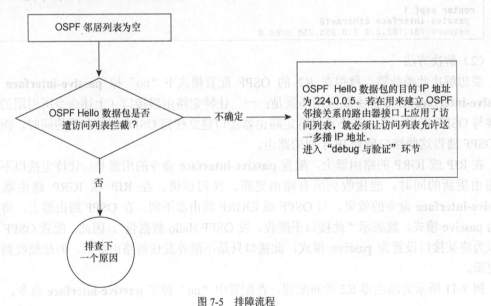

图 7-5 排障流程

（1）debug 与验证

例 7-13 所示为路由器 R1 和 R2 的配置，由配置可知，ACL100 只"放行"了 TCP 和 UDP 流量。应用于接口入站方向的访问列表会检查流入该接口的数据包的目的 IP 地址。由于每个访问列表的结尾都会暗伏一条 **deny any any** 的 ACE，因此目的多播 IP 地址为 224.0.0.5 的

OSPF Hello 数据包遭到了拒绝。例 7-13 中另外一个访问列表 ACL101 的作用是：供执行 debug 命令时调用，以限制 debug 输出的规模。该访问列表匹配源 IP 地址为 131.108.1.0~255，目的地址为 OSPF 多播 IP 地址 224.0.0.5 的 IP 流量。

例 7-13 R1 和 R2 上访问列表的配置

```
R1#
interface Ethernet0
ip address 131.108.1.1 255.255.255.0
ip access-group 100 in
!
access-list 100 permit tcp any any
access-list 100 permit udp any any

access-list 101 permit ip 131.108.1.0 0.0.0.255 host 224.0.0.5

R2#
interface Ethernet0
ip address 131.108.1.2 255.255.255.0
ip access-group 100 in
!
access-list 100 permit tcp any any
access-list 100 permit udp any any

access-list 101 permit ip 131.108.1.0 0.0.0.255 host 224.0.0.5
```

例 7-14 所示为在 R2 上执行 **debug ip packet 101 detail** 命令的输出。由于该 debug 命令挂接了 ACL101，因此其输出只会显示出源自于 R2 E0 接口所在以太网段的 OSPF Hello 数据包。由此 debug 命令的输出可知，路由器 R1 所发的 OSPF Hello 数据包遭 R2 拒收。

例 7-14 debug 命令的输出显示出 OSPF 多播数据包遭 R2 拒收

```
R2#debug ip packet 101 detail
IP packet debugging is on (detailed) for access list 101
IP: s=131.108.1.2 (Ethernet0), d=224.0.0.5, len 68, access denied, proto=89
```

（2）解决方法

要想解决本故障，就得修改访问列表，令其允许 OSPF 多播 Hello 数据包。例 7-15 所示为可解决本故障的配置。由配置可知，ACL100 中包含了放行 OSPF 多播 Hello 数据包通过的 ACE。

例 7-15 重配访问列表，令其包含允许 OSPF 多播地址的 ACE

```
interface Ethernet0
ip address 131.108.1.2 255.255.255.0
ip access-group 100 in
!
access-list 100 permit tcp any any
access-list 100 permit udp any any
access-list 100 permit ip any host 224.0.0.5
```

同理，还得修改 R1 的访问列表，令其包含让 OSPF Hello 数据包通过的 ACE。例 7-16 所示为故障解决之后，R2 与 R1 之间 OSPF 邻居状态为 Full。

例 7-16 重配访问列表之后，验证故障是否解决

```
R2#show ip ospf neighbor

Neighbor ID      Pri   State      Dead Time    Address        Interface
131.108.2.1       1    FULL/DR    00:00:37     131.108.1.1    Ethernet0
```

5. OSPF 邻居列表为空——原因：跨广播链路建立 OSPF 邻居关系时，路由器接口所设 IP 子网号/网络掩码不匹配

OSPF RFC 2328 10.5 节规定，建立 OSPF 邻接关系时，OSPF 邻居双方应检查互连接口所设 IP 子网号和网络掩码否匹配。当互连链路的介质为点到点链路或虚链路时，则不执行相关检查。这就是说，当互连链路的介质为以太网，且互连接口的 OSPF 网络类型为 broadcast 时，OSPF 路由器必须检查邻居路由器互连接口的 IP 子网号和网络掩码。Hello 数据包中设立一个名为网络掩码的字段，其值取自配置于 OSPF 路由器发包接口的网络掩码。OSPF 路由器通过无编号点到点链路或虚链路互连时，相关 Hello 数据包中的该字段值将被设置为 0.0.0.0。通过以太网链路互连时，只要邻居双方互连接口所设子网掩码不匹配，OSPF 邻接关系就无法建立。

图 7-6 所示为此类的排障流程。

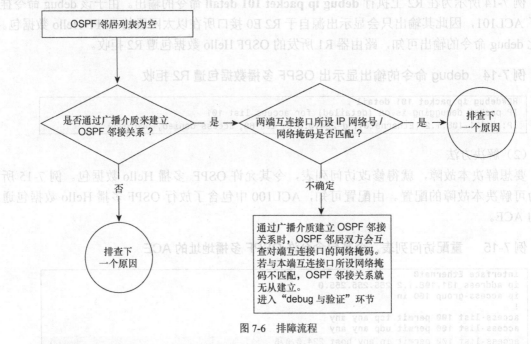

图 7-6 排障流程

（1）debug 与验证

例 7-17 所示为在 R2 上执行 **debug ip ospf adj** 命令的输出。由输出可知，R1 和 R2 互发的 Hello 数据包中出现了字段值不匹配的情况。邻居路由器（R1）E0 接口所设子网掩码为

255.255.255.252，而路由器 R2 E0 接口的子网掩码为 255.255.255.0。

例 7-17 命令 debug ip ospf adj 的输出表明，R1 和 R2 互发的 Hello 数据包中出现了字段值不匹配

```
R2##debug ip ospf adj
OSPF adjacency events debugging is on
R2#
OSPF: Rcv hello from 131.108.2.1 area 4 from Ethernet0 131.108.1.1
OSPF: Mismatched hello parameters from 131.108.2.1
Dead R 40 C 40, Hello R 10 C 10  Mask R 255.255.255.248 C 255.255.255.0
```

请注意以上 debug 输出中的最后一行，字母 R 表示 "邻居路由器互连接口的配置"，而字母 C 表示 "本路由器互连接口的配置"。若邻居双方互连接口所设 IP 地址隶属于不同的子网，执行上述 dubug 命令时，路由器生成的输出将会像下面这个样子：

```
OSPF: Rcv pkt from 131.108.1.1, Ethernet0, area 0.0.0.1 : src not on the same network
```

例 7-18 所示为路由器 R1 和 R2 的配置。由配置可知，两台路由器互连（e0）接口所设子网掩码不匹配。

例 7-18 R1 和 R2 互连接口的子网掩码不配置

```
R2#
interface Ethernet0
 ip address 131.108.1.2 255.255.255.0
R1#
interface Ethernet0
 ip address 131.108.1.1 255.255.248.0
```

（2）解决方法

要解决本故障，需要更改邻居路由器（R1）E0 接口的子网掩码，令其与路由器 R2 E0 接口所设子网掩码匹配，更改路由器 R2 E0 接口的配置亦可起到相同效果。现笔者将 R1 E0 接口的子网掩码更改为 255.255.255.0，以匹配 R2 E0 接口所设子网掩码。

由例 7-19 所示可知，更改了 R1 E0 接口的子网掩码之后，R1 与 R2 间的 OSPF 邻接关系状态为 Full。

例 7-19 更改 R1 E0 接口的子网掩码之后，验证 OSPF 邻居关系的建立情况

```
R2#show ip ospf neighbor

Neighbor ID     Pri   State       Dead Time   Address        Interface
131.108.2.1     1     FULL/DR     00:00:31    131.108.1.1    Ethernet0
```

6. OSPF 邻居列表为空——原因：Hello/Dead Interval 字段值不匹配

OSPF 邻居路由器之间会定期交换 Hello 数据包，以建立并维持邻居关系。OSPF Hello 数据包包含 Hello Interval 和 Dead Interval 字段，OSPF 路由器会把与发包接口相关联的

HelloInterval 和 Dead Interval 值填入这两个字段。OSPF 邻居双方所发 Hello 数据包的 HelloInterval 和 Dead Interval 字段值必须匹配；否则，将建立不起 OSPF 邻接关系。

图 7-7 所示为解决此类问题的排障流程。

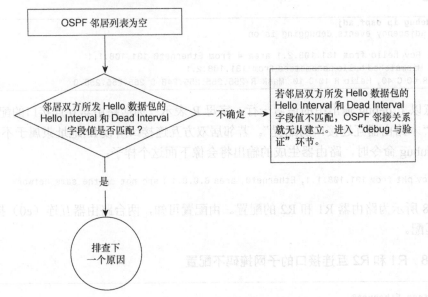

图 7-7 排障流程

（1）debug 与验证

例 7-20 所示为在 R2 上执行 **debug ip ospf adj** 命令的输出。由输出可知，R2 与 R1 所发 Hello 数据包的 Hello Interval 字段值不匹配。

例 7-20 验证 OSPF 邻居双方所发 Hello 数据包的 Hello Interval 字段值是否匹配

```
R2#debug ip ospf adj
OSPF adjacency events debugging is on
R2#
OSPF: Rcv hello from 131.108.2.1 area 4 from Ethernet0 131.108.1.1
OSPF: Mismatched hello parameters from 131.108.2.1
Dead R 40 C 40, Hello R 15 C 10  Mask R 255.255.255.0 C 255.255.255.0
```

例 7-21 所示为路由器 R1 和 R2 的配置。由配置可知，在 R1 上，将 E0 接口所发 Hello 数据包的 Hello Interval 字段值配置为了 15 秒。在 R2 上，该值被配置为了 10 秒。

例 7-21 R1 和 R2 E0 接口所发 Hello 数据包的 Hello Interval 字段值的配置

```
R2#
interface Ethernet0

R1#
interface Ethernet0
ip address 131.108.1.1 255.255.248.0
ip ospf hello-interval 15
```

（2）解决方法

本例是要说明 OSPF 邻居双方所发 Hello 数据包的 Hello Interval 字段值不匹配时，就会出现 OSPF 邻接关系建立故障。当 Dead Interval 字段值不匹配时，也会发生同样的故障。如遇到上述故障，解决方法是调整 OSPF 邻居之一所发 Hello 数据包的 Hello Interval/Dead Interval 字段值，使两端匹配。默认情况下，若无特殊原因，就不应该调整 OSPF 路由器事关 Hello/Dead Interval 值的默认配置。

例 7-22 所示为更改 R1 E0 接口的配置，将此接口所发 Hello 数据包的 Hello Interval 字段值，还原为 OSPF 广播网络的默认值（10 秒）。

例 7-22　还原 R1 所发 Hello 数据包的 Hello Interval 字段值为默认值

```
R1#
interface Ethernet0
ip address 131.108.1.1 255.255.248.0
no ip ospf hello-interval 15
```

由例 7-23 所示输出可知，修改 R1 的配置之后，R1 与 R2 建立起了 OSPF 邻接关系。

例 7-23　R1 与 R2 所发 Hello 数据包的 Hello Interval/Dead Interval 字段值匹配之后，两者建立起 OSPF 邻居关系

```
R2#show ip ospf neighbor
Neighbor ID     Pri   State      Dead Time   Address       Interface
131.108.2.1     1     FULL/DR    00:00:32    131.108.1.1   Ethernet0
```

7．OSPF 邻居列表为空——原因：认证类型不匹配

通过两种方法来执行 OSPF 路由器间的认证，这两种方法是明文认证（类型 1）和 MD5（类型 2）认证。类型 0 则称为虚认证（null authentication），即不认证。若 OSPF 邻居路由器之一启用了明文认证，则另一邻居路由器也需如法炮制。只有 OSPF 邻居双方启用了同一种认证方法，两者间才能建立起 OSPF 邻接关系。

有时，OSPF 邻居路由器之一启用了明文或 MD5 认证，但其对端未启用任何一种认证方法，就会导致其中的一台 OSPF 邻居路由器逗留于 INIT 状态，此类场景将在本章后文讨论。

图 7-8 所示为解决本故障的排障流程。

（1）debug 与验证

例 7-24 所示为在 R2 上执行 **debug ip ospf adj** 命令的输出。由输出可知，R2 的邻居路由器 R1 启用了 MD5 认证，但 R2 只启用了明文认证。

例 7-24　debug 输出表明，OSPF 邻居双方所启用的认证类型不匹配

```
R2#debug ip ospf adj
OSPF adjacency events debugging is on
R2#
OSPF: Rcv pkt from 131.108.1.1, Ethernet0 : Mismatch Authentication type. Input packet
specified type 2, we use type 1
```

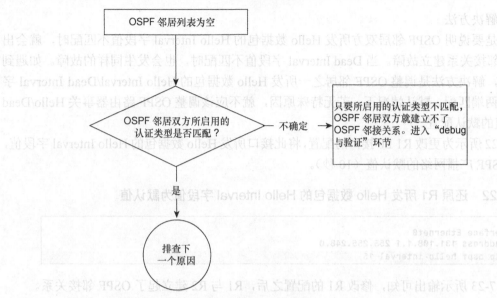

图 7-8 排障流程

例 7-25 所示为路由器 R1 和 R2 的配置，由配置可知，R2 启用的是明文认证，而 R1 则启用了 MD5 验证。

例 7-25　R1 和 R2 所启用的 OSPF 认证类型的配置

```
R2#
router ospf 1
 area 0 authentication
 network 131.108.0.0 0.0.255.255 area 0
```

```
R1#
router ospf 1
 area 0 authentication message-digest
 network 131.108.0.0 0.0.255.255 area 0
```

（2）解决方法

要想解决本故障，需确保 R1 和 R2 启用相同的 OSPF 认证方法。使 9-26 所示为当 R1 和 R2 启用了相同的 OSPF 认证方法之后，就建立起了 OSPF 邻接关系，两者的 OSPF 邻接关系状态现在为 Full。

例 7-26　验证 OSPF 邻居双方所启用的 OSPF 认证类型是否一致

```
R2#show ip ospf neighbor
Neighbor ID     Pri   State       Dead Time   Address       Interface
131.108.2.1     1     FULL/DR     00:00:32    131.108.1.1   Ethernet0
```

8．OSPF 邻居列表为空——原因：OSPF 认证密钥不匹配

在 OSPF 路由器上开启 OSPF 认证功能之后，还需在接口配置模式下，配置认证密钥。原先，只能以每区域为基础来启用 OSPF 认证功能，但自 RFC 2328 发布之后，OSPF 认证功能可

第 7 章 排除 OSPF 故障

根据每路由器端口来启用。版本不低于 12.0.8 的 Cisco IOS 软件支持该特性。

若 OSPF 邻居双方未同时启用认证功能，路由器将会生成 OSPF 认证类型不匹配的错误信息。有时，OSPF 邻居双方所设认证密钥看似无误，但 **debug ip ospf adj** 命令的输出仍显示 OSPF 认证类型不匹配。对于此类情况，则应重配 **authentication-key** 命令，原因是此命令所引用的密钥字符可能包含可空格，而在路由器配置中也很难看出密钥是否包含了字符"空格"。

还有可能会发生另一种与 OSPF 认证类型不匹配有关的故障，那就是在启用明文认证的情况下，OSPF 邻居路由器之一设有明文密钥，而其对端则设有 MD5 密钥。在此情形，对后者而言，因尚未启用 MD5 认证，MD5 密钥配了等于没配，这就等于未在其接口上配置任何明文密钥。更多与 OSPF 认证有关的内容，详见上一章。

图 7-9 所示为解决此类故障的排障流程。

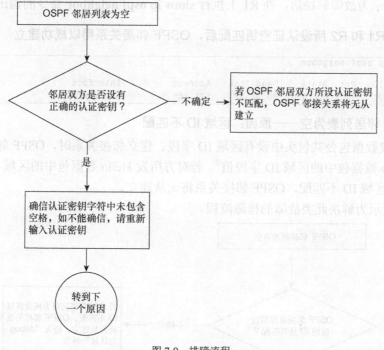

图 7-9 排障流程

（1）debug 与验证

例 7-27 所示为 **debug ip ospf adj** 命令的输出。由输出可知，存在 OSPF 认证密钥不匹配现象。

例 7-27 检测到认证密钥不匹配

```
R2#debug ip ospf adj
OSPF adjacency events debugging is on
R2#
OSPF: Rcv pkt from 131.108.1.1, Ethernet0 : Mismatch Authentication Key - Clear Text
```

例 7-28 所显示为 R1 和 R2 的配置。请注意，R2 未设任何 OSPF 认证密钥，而 R1 则设有 OSPF 认证密钥。

例 7-28 R1 和 R2 的配置

```
R2#
interface Ethernet0
ip address 131.108.1.2 255.255.255.0
```

```
R1#
interface Ethernet0
ip address 131.108.1.1 255.255.248.0
ip ospf authentication-key Cisco
```

（2）解决方法

要解决该故障，需确保 R1 和 R2 设有相同类型的认证密钥。若路由器配置表明 R1 和 R2 所设认证密钥匹配，但故障仍未解决，则需重新输入认证密钥，因为在敲路由器配置时，有可能会在 OSPF 认证密钥字符串中包含字符"空格"。

例 7-29 所示为故障解决后，在 R1 上执行 **show ip ospf neighbor** 命令的输出。

例 7-29 R1 和 R2 所设认证密钥匹配后，OSPF 邻居关系得以成功建立

```
R2#show ip ospf neighbor
Neighbor ID     Pri   State      Dead Time   Address         Interface
131.108.2.1      1    FULL/DR    00:00:32    131.108.1.1     Ethernet0
```

9. OSPF 邻居列表为空——原因：区域 ID 不匹配

OSPF 协议数据包公共包头中设有区域 ID 字段。建立邻接关系时，OSPF 邻居双方会检测对方所发 Hello 数据包中的区域 ID 字段值[①]。若对方所发 Hello 数据包中的区域 ID 字段值与本方（配置的）区域 ID 不匹配，OSPF 邻接关系将无从建立。

图 7-10 所示为解决此类故障的排障流程。

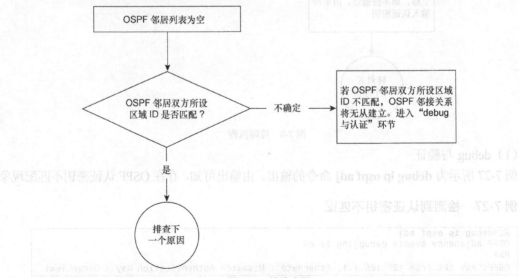

图 7-10 排障流程

---

① 原文是 "OSPF sends area information in the Hello packets." 译文酌改，如有不妥，请指正。——译者注

(1) debug 与验证

例 7-30 所示为 R2 和 R1 的配置。如图 7-1 所示，若将 R1 和 R2 的 E0 接口分别"划归"区域 0 和区域 1，就会导致 R1 和 R2 因区域 ID 不匹配，而建立不了 OSPF 邻接关系的情况。

例 7-30 R1 和 R2 涉及 OSPF 区域的配置

```
R2#
interface Ethernet0
ip address 131.108.1.2 255.255.255.0
!
router ospf 1
network 131.108.0.0 0.0.255.255 area 1
```

```
R1#
interface Ethernet0
ip address 131.108.1.1 255.255.255.0
!
router ospf 1
network 131.108.0.0 0.0.255.255 area 0
```

例 7-31 所示为在 R1 上执行 **debug ip ospf adj** 命令的输出。由输出可知，R1 收到了 R2 发送的 OSPF 数据包，包头中的区域 ID 字段值为 0.0.0.1。这就是说，对端路由器互连接口隶属于区域 0.0.0.1，而非区域 0。此时，不用检查对端路由器的配置，就应该能够判断出故障的原因了。

例 7-31 确定 OSPF 邻居路由器（接口）所归属的 OSPF 区域

```
R1#debug ip ospf adj
OSPF adjacency events debugging is on
R1#
OSPF: Rcv pkt from 131.108.1.2, Ethernet0, area 0.0.0.0
      mismatch area 0.0.0.1 in the header
```

例 7-32 所示为 R2 的控制台生成的日志消息。由日志消息可知，R2 收到了 R1 发出的 OSPF 数据包，其包头中的区域 ID 字段值为 0.0.0.0。因未在 R2 上配置 OSPF 区域 0，故其控制台生成了这条日志消息。要想发现 OSPF 邻居之间是否存在 OSPF 区域 ID 不匹配的情况，就需要在其中一台路由器上执行 **debug ip ospf adj** 命令，并仔细观察输出。

例 7-32 R2 的控制台生成了日志消息，表明邻居路由器的区域 ID 与本端不匹配

```
R2#show log
%OSPF-4-ERRRCV: Received invalid packet: mismatch area ID, from backbone area must b
      virtual-link but not found from 131.108.1.1, Ethernet0
```

(2) 解决方法

要解决本故障，就要让 OSPF 邻居路由器双方的互连接口归属同一区域。现更改 R1 的配置，让 R1 E0 接口所属区域的区域 ID 与 R2 匹配。

例 7-33 修改 R1 的配置

```
R1#
interface Ethernet0
ip address 131.108.1.1 255.255.255.0
!
router ospf 1
no network 131.108.0.0 0.0.255.255 area 0
network 131.108.0.0 0.0.255.255 area 1
```

例 7-34 所示为修改配置之后，R1 和 R2 建立起了 OSPF 邻接关系。

例 7-34 让 R1 和 R2 间互连链路归属同一区域之后，OSPF 邻居关系得以建立

```
R2#show ip ospf neighbor

Neighbor ID     Pri   State        Dead Time   Address       Interface
131.108.2.1     1     FULL/DR      00:00:32    131.108.1.1   Ethernet0
```

10. OSPF 邻居列表为空——原因 stub/Transit/NSSA 区域类型不匹配

OSPF 邻居路由器之间交换 Hello 数据包时，会检查对方所发 Hello 数据包中选项字段的 E 位设置情况，E 位为 OSPF Stub 区域标记位。若路由器所发 hello 数据包中选项字段的 E 位置 0，则此路由器（发包接口）归属 stub 区域，在 stub 区域内，禁止外部（类型 5）LSA 传播。

建立 OSPF 邻接关系时，若 OSPF 邻居双方中的一方所发 Hello 数据包中选项字段的 E 位置 0，而另一方所发 Hello 数据包中选项字段的 E 位置 1，OSPF 邻接关系将无从建立。这称为 OSPF 邻居双方可选能力不匹配（optional capability mismatch）。若 OSPF 邻居双方中的一方"宣称"可接收外部路由，而另一方则"自称"不能接收外部路由，将会导致邻居双方建立不了 OSPF 邻居关系。

图 7-11 所示为解决此类故障的排障流程。

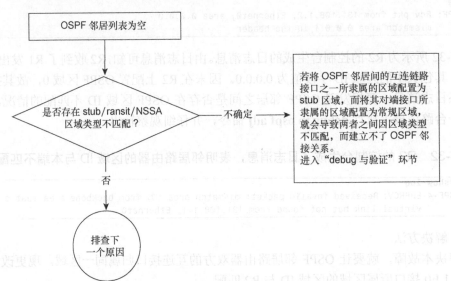

图 7-11 排障流程

（1）debug 与验证

例 7-35 所示为路由器 R1 和 R2 的配置。由配置可知，在 R2 上，将区域 1 配成了 stub 区域；但在 R1 上，区域 1 则是常规区域。

例 7-35   R1 和 R2 与 OSPF 区域有关的配置

```
R2#
interface Ethernet0
ip address 131.108.1.2 255.255.255.0
!
router ospf 1
area 1 stub
network 131.108.0.0 0.0.255.255 area 1
```

```
R1#
interface Ethernet0
ip address 131.108.1.1 255.255.255.0
!
router ospf 1
network 131.108.0.0 0.0.255.255 area 1
```

例 7-36 所示为在 R1 上执行 **debug ip ospf adj** 命令的输出。由输出可知，故障原因为 stub/transit 区域类型不匹配。

例 7-36   通过 debug ip ospf adj 命令的输出来判断邻居路由器间的 stub/transit 区域类型不匹配

```
R1#debug ip ospf adj
OSPF adjacency events debugging is on
R1#
OSPF: Rcv hello from 131.108.0.1 area 1 from Ethernet0 131.108.1.2
OSPF: Hello from 131.108.1.2 with mismatched Stub/Transit area option bit
```

（2）解决方法

要解决此类故障，需让 OSPF 邻居双方互连接口所属 OSPF 区域保持一致。本例只涉及常规区域和 stub 区域，若将 OSPF 邻居双方中的一方接口所在区域配置为 stub 区域，另一方接口所在区域配置为 OSPF NSSA 区域，也会引发类似故障。当然，将一方接口所在区域配置为 NSSA 区域，另一方接口配置为常规区域，情况也大致相同。无论何时，只要 OSPF 邻居双方互连接口所隶属的 OSPF 区域类型不一致，OSPF 邻接关系就无法建立。

例 7-37 所示为当 R2 接口所属区域为 NSSA 区域时，在 R1 上执行 **debug ip ospf adj** 命令的输出。

例 7-37   debug ip ospf adj 命令的输出表明 R2 E0 接口所属区域为 NSSA 区域类型

```
R1#debug ip ospf adj
OSPF adjacency events debugging is on
R1#
OSPF: Rcv hello from 131.108.0.1 area 1 from Ethernet0 131.108.1.2
OSPF: Hello from 131.108.1.2 with mismatched NSSA option bit
```

例 7-38 所示为经过修改的 R1 的配置。由配置可知，在 R1 上，将 E0 接口所处的区域 1 配置为了 stub 区域。

例 7-38 修改 R1 的配置，解决 OSPF 区域类型不匹配故障

```
R1#
interface Ethernet0
ip address 131.108.1.1 255.255.255.0
!
router ospf 1
area 1 stub
network 131.108.0.0 0.0.255.255 area 1
```

例 7-39 所示为故障排除之后，在 R2 上执行 **show ip ospf neighbor** 命令的输出。

例 7-39 排除 OSPF 区域类型不匹配故障之后，验证 OSPF 邻居关系状态是否为 Full

```
R2#show ip ospf neighbor
Neighbor ID     Pri   State         Dead Time   Address         Interface
131.108.2.1     1     FULL/DR       00:00:32    131.108.1.1     Ethernet0
```

11. OSPF 邻居列表为空——原因：企图用接口的 Secondary IP 地址建立 OSPF 邻接关系

此类故障常见诸于用 C 类地址作为局域网段地址的场景。当局域网段内的主机数超出 254 台之后，网管人员会启用另一个 C 类 IP 子网，并在路由器接口上设置 Secondary IP 地址，作为这一新 IP 子网的网关。当此局域网段内只有一台 OSPF 路由器时，那将一切无恙。可若在该网段内再新增一台 OSPF 路由器，并将其 LAN 接口主 IP 地址配置为新 IP 子网地址时，两台路由器间的 OSPF Hello/路由更新数据包的交换就会受到影响，如图 7-12 所示。图中，两台路由器 R1 和 R2 通过一台 2 层交换机相连。

图 7-12 两台路由器连接到同一台交换机，一台路由器 LAN 接口的主 IP 地址与另一台路由器 LAN 接口的 Secondary IP 地址隶属同一 IP 子网[①]

图 7-13 所示为解决此类故障的排障流程。

（1）debug 与验证

例 7-40 所示为 R1 和 R2 的配置。由配置可知，R2 FE0/0 接口设有一个主 IP 地址和一个 Secondary IP 地址，这一 Secondary IP 地址与 R1 E0 接口的主 IP 地址隶属同一子网。

---

① 原文是 "Two Routers Connected Through a Switch, with One Side's Primary Interface IP Address Identical to the Other Side's Secondary." 作者的表述不准确，译文酌改。——译者注

第 7 章 排除 OSPF 故障

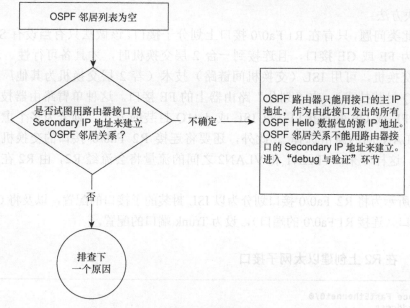

图 7-13 排障流程

例 7-40 R2 FE0/0 接口的 Secondary IP 地址与 R1 E0 接口的主 IP 地址隶属于同一 IP 子网

```
R2#
interface FastEthernet0/0
ip address 131.108.1.2 255.255.255.0 secondary
ip address 131.108.4.2 255.255.255.0
```

```
R1#
interface Ethernet0
ip address 131.108.1.1 255.255.255.0
```

例 7-41 所示为在 R2 上执行 **debug ip ospf adj** 命令的输出。当 OSPF 邻居间互连接口的 IP 地址不隶属同一 IP 子网时，执行 **debug ip ospf adj** 命令，也会看见内容相似的输出。R2 之所以会生成这条 debug 消息，是因为收到 R1 发出的 OSPF Hello 数据包之后，R2 会得知此包的源 IP 地址为 131.108.1.1，这一 IP 地址与自己的收包接口（Fa0/0 接口）所设主 IP 地址隶属于不同的 IP 子网[1]。

例 7-41 debug ip ospf adj 命令的输出表明，OSPF 邻居双方互连接口的 IP 地址不在同一子网[1]

```
R2#debug ip ospf adj
OSPF adjacency events debugging is on
R2#
OSPF: Rcv pkt from 131.108.1.1, FastEthernet0/0, area 0.0.0.1 : src not on the same
      network
```

---

[1] 原文是"This is because, when R1 receives a Hello packet from R2, the source address will be 131.108.4.2, which is a different subnet than its connected interface. As a result, R1 will complain."文字描述与例 7-41 中 debug 命令的输出不符，译文酌改。——译者注

[1] 原文是"debug ip ospf adj Command Output Indicates an IP Address Conflict."请问作者，debug 命令的输出表明"IP Address Conflict（IP 地址冲突）"？——译者注

（2）解决方法

要解决此类问题，只有在 R1 Fa0/0 接口上划分子接口。该做法只有当设有 Secondary IP 地址的接口为 FE 或 GE 接口，且连接到一台 2 层交换机时，才具备可行性。若 2 层交换机为 Cisco 交换机，可用 ISL（交换机间链路）技术（若 2 层交换机为其他厂商交换机，则可用 dot1Q 封装技术），来"划分"路由器上的 FE 接口。这种单臂路由器技术（即把路由器的单个 FE 或 GE 物理接口，以 ISL 或 dot1Q 封装的方式，划分为多个虚拟子接口）用来实现 VLAN 间的路由选择[1]。此外，还要将连接 R2 Fa0/0 接口的交换机端口配置为 Trunk 端口，这样一来，VLAN1 和 VLAN2 之间的流量将会流经 R2，由 R2 在两者之间执行路由选择。

例 7-42 所示为将 R2 Fa0/0 接口划分为以 ISL 封装的子接口的配置，以及将 Cisco 交换机 port 11/10 端口（连接 R1 Fa0/0 的端口），设为 Trunk 端口的配置。

例 7-42 在 R2 上创建以太网子接口

```
R2#
interface FastEthernet0/0
no ip address
full-duplex
!
interface FastEthernet0/0.1
encapsulation isl 2
ip address 131.108.1.2 255.255.255.0
!
interface FastEthernet0/0.2
encapsulation isl 1
ip address 131.108.4.2 255.255.255.0
cat-5k-1> (enable) set trunk 11/10 on
Port(s)   11/10 trunk mode set to on
```

例 7-42 给出了在路由器上创建以太网子接口，以及在 Cisco Catalyst 交换机创建 Trunk 端口的配置示例。R1 的 E0 接口隶属于 VLAN 2[2]，而 R2 的子接口 Fa 0/0.1 也隶属于 VLAN2。由于连接 R2 Fa0/0 的交换机端口 port 11/10 亦被设为 Trunk 端口，故此端口可同时承载 VLAN 1 和 VLAN 2 的流量。类似的单臂路由器配置也可用 802.1Q 封装技术来实现。图 7-14 所示为配置改变之后的逻辑网络拓扑图。R2 FE 0/0.1 接口是一个通过 ISL 封装的以太网子接口。

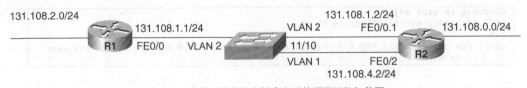

图 7-14 启用了单臂路由技术之后的逻辑网络拓扑图

---

① 原文是"ISL or dot1Q encapsulation is used to route between two separate VLANs."——译者注
② 原文是"R1's Fast Ethernet interface is included in VLAN 2"，例 7-40 中 R1 的以太网接口是"Ethernet0"。——译者注

配置改变之后，R2 会通过 FE 0/0.1 接口与 R1 建立 OSPF 邻接关系。R2 上的其他以太网子接口（如隶属于 VLAN1 的 Fa0/0.2 接口）可与 VLAN 1 内的其他路由器建立 OSPF 邻接关系。

R2 上的 FE 0/0.1 和 FE 0/0.2 接口都是逻辑子接口，这意味着两者都是连接到交换机 port 11/10 端口的单个物理以太网接口（Fa0/0）的一个虚拟接口。例 7-43 所示为配置更改之后，在 R2 上执行 **show ip ospf neighbor** 命令的输出。

例 7-43 在 R2 上创建以太网子接口之后，R1 和 R2 建立起了 OSPF 邻居关系

```
R2#show ip ospf neighbor

Neighbor ID   Pri   State       Dead Time   Address       Interface
131.108.2.1   1     FULL/DR     00:00:32    131.108.1.1   FastEthernet0/0.1
```

12. OSPF 邻居列表为空——原因：OSPF 邻接关系通过路由器异步模式接口建立

只要 OSPF 路由器之间通过异步模式接口建立 OSPF 邻居关系，就必须在（用来互连的）异步模式接口上激活异步默认路由或异步动态路由（asynchronous default or dynamic routing）特性[①]。**async default routing** 命令一经配置（异步默认路由选择功能一经激活），路由器就会通过异步模式接口发送路由协议数据包[②]。在需要输入 **ppp** 命令来建立 PPP 会话的交互式异步连接网络场景中，则可以（在接口配置模式下）执行 **async dynamic routing** 命令（以激活异步动态路由选择功能），但随后还得执行 **ppp/routing** 命令，激活相关异步模式接口的路由选择功能[③]。否则，路由器就不能通过异步模式接口建立任何 OSPF 邻接关系。

图 7-15 所示为两台路由器通过异步模式接口建立 OSPF 邻居关系。

图 7-15 路由器间通过异步模式接口建立 OSPF 邻居关系

图 7-16 所示为事关路由器异步模式接口的 OSPF 故障排障流程。

（1）debug 与验证

例 7-44 所示为 R1 和 R2 的配置。由配置可知，并未在两台路由器的 Async1 接口上激活异步默认/动态路由功能。

---

① 原文是 "You must enable asynchronous default or dynamic routing when OSPF is enabled between two routers over asynchronous interface."——译者注

② 原文是 "When async default routing is enabled, the router always sends routing packets over an asynchronous interface."——译者注

③ 原文是 "In case of interactive asynchronous connections for which users have to type ppp to establish the PPP session, the async dynamic routing command can be used, but then users must type ppp/routing to enable routing over the asynchronous interface."——译者注

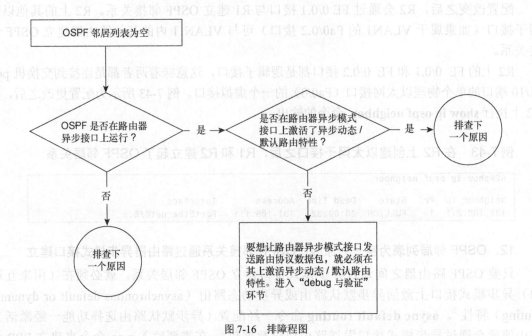

图 7-16 排障程图

例 7-44 验证是否在 R1 和 R2 的异步模式接口上激活了异步默认/动态路由功能

```
R1#
interface Async1
  description ASYNC LINE TO R2
  ip address 131.108.1.1 255.255.255.0
  encapsulation ppp
  async mode dedicated
  dialer in-band
  dialer map ip 131.108.1.2 name Router2 broadcast
  dialer-group 1
  ppp authentication chap

R2#
interface Async1
  description ASYNC LINE TO R1
  ip address 131.108.1.2 255.255.255.0
  encapsulation ppp
  async mode dedicated
  dialer in-band
  dialer map ip 131.108.1.1 name Router2 broadcast
  dialer-group 1
  ppp authentication chap
```

（2）解决方法

本例中，可在 R1 和 R2 用来互连的异步模式接口上执行 **async default routing** 或 **async dynamic routing** 命令，来解决 OSPF 邻居关系建立故障。

例 7-45 所示为在 Async1 接口上添加过接口配置模式命令 **async default routing** 之后，R1 和 R2 的配置。

例 7-45　在 R1 和 R2 的接口配置模式下添加 async default frouting 命令

```
R1#
interface Async1
  description ASYNC LINE TO R2
  ip address 131.108.1.1 255.255.255.0
  encapsulation ppp
  async default routing
  async mode dedicated
    dialer in-band
    dialer map ip 131.108.1.2 name Router2 broadcast
    dialer-group 1
    ppp authentication chap

R2#
interface Async1
  description ASYNC LINE TO R1
  ip address 131.108.1.2 255.255.255.0
  encapsulation ppp
  async default routing
  async mode dedicated
    dialer in-band
    dialer map ip 131.108.1.1 name Router2 broadcast
    dialer-group 1
    ppp authentication chap
```

例 7-46 所示为配置更改之后，R1 和 R2 建立起了 OSPF 邻居关系。

例 7-46　验证执行过 async default routing 命令之后，R1 和 R2 是否建立起了 OSPF 邻居关系

```
R2#show ip ospf neighbor

Neighbor ID   Pri   State     Dead Time   Address       Interface
131.108.2.1    1    FULL/-    00:00:32    131.108.1.1   Async1
```

13. OSPF 邻居列表为空——原因：未设置路由器 NBMA 接口的 OSPF 网络类型，或未指明邻居路由器的单播 IP 地址

本故障是一个经典故障，在 NBMA 网络环境中运行 OSPF 时很容易遇到。在 NBMA 网络环境中运行 OSPF 时，若未配置 **neighbor** 语句，或未将路由器 NBMA 接口的 OSPF 网络类型更改为 broadcast 或 point-to-multipoint，OSPF 路由器就既接收不到，也发送不了任何 Hello 数据包。配置了 **neighbor** 命令后，路由器则会以单播方式发送 OSPF Hello 数据包，OSPF 邻居关系便能借此得以建立。而改变路由器接口的 OSPF 网络类型，也就改变了 OSPF 在相关接口上的运作方式；只要将路由器 NBMA 接口的 OSPF 网络类型更改为 broadcast，路由器就会开始收、发 OSPF Hello 数据包。对 OSPF 网络类型的详细说明请见上一章。

图 7-17 所示为两台路由器跨帧中继网络云建立 OSPF 邻居关系。本节所描述的 OSPF 故障除了经常发生在帧中继网络环境之外，还有可能会发生在任何非广播网络环境中，比如 X.25 和 SMDS 等网络环境。

图 7-17　跨非广播介质建立 OSPF 邻接关系

图 7-18 所示为解决此类故障的排障流程。

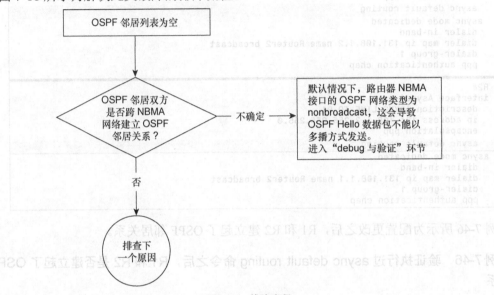

图 7-18　排障流程

（1）debug 与验证

例 7-47 所示为在 R2 上执行 **show interface serial0** 命令的输出。由输出可知，R2 S0 接口的 OSPF 网络类型为 nonbroadcast。对于任何非广播类型接口——比如，在 X.25、SMDS 或帧中继接口上——Cisco 路由器总会把 OSPF 网络类型显示为 nonbroadcast。

例 7-47　确定 R2 Serial0 接口的 OSPF 网络类型

```
R2#show ip ospf interface serial0
Serial0 is up, line protocol is up
  Internet Address 131.108.1.2/24, Area 1
  Process ID 1, Router ID 131.108.1.2, Network Type NON_BROADCAST, Cost: 64
  Transmit Delay is 1 sec, State DR, Priority 1
  Designated Router (ID) 131.108.1.2, Interface address 131.108.1.2
  No backup designated router on this network
  Timer intervals configured, Hello 30, Dead 120, Wait 120, Retransmit 5
    Hello due in 00:00:00
  Neighbor Count is 0, Adjacent neighbor count is 0
  Suppress hello for 0 neighbor(s)
```

（2）解决方法

要解决本故障[①]，需在 **router ospf** 配置模式下添加 **neighbor** 命令，如例 7-48 所示。**neighbor**

---

① 原文只是说 R2 S0 接口的 OSPF 网络类型为 nonbroadcast，还未描述故障现象，就急着要解决故障了。作者的性子可真够急啊！——译者注

命令一添加,R2 就会以单播而非多播方式发送 OSPF Hello 数据包。要想让路由器在不支持多播的介质上以单播方式发送 OSPF Hello 数据包,就得配置 **neighbor** 命令。需确保 **neighbor** 命令所引用的 IP 地址为 OSPF 邻居路由器的 IP 地址,否则 OSPF Hello 数据包将无法送达邻居路由器。

例 7-48　包含 neighbor 命令的 OSPF 相关配置

```
R2#
router ospf 1
 network 131.108.0.0 0.0.255.255 area 1
 neighbor 131.108.1.1 priority 1
```

通过其他方法,也能解决本故障,那就是将 R2 S0 接口的 OSPF 网络类型更改为 broadcast 或 point-to-multipoint。这么一改,R2 就会通过 S0 接口发送多播 OSPF Hello 数据包。

例 7-49 所示为如何将 R2 S0 接口的 OSPF 网络类型更改为 broadcast,由紧随其后的 **show interface serial0** 命令的输出可知,R2 S0 接口的 OSPF 网络类型为 broadcast。

例 7-49　验证 R2 S0 接口的 OSPF 网络类型是否为 broadcast

```
R2#
interface Serial 0
 ip ospf network broadcast

R2#show ip ospf interface serial0
Serial0 is up, line protocol is up
  Internet Address 131.108.1.2, Area 1
  Process ID 1, Router ID 131.108.1.2, Network Type BROADCAST, Cost: 64
  Transmit Delay is 1 sec, State BDR, Priority 1
  Designated Router (ID) 131.108.2.1, Interface address 131.108.1.1
  Backup Designated router (ID) 131.108.1.2, Interface address 131.108.1.2
  Timer intervals configured, Hello 10, Dead 40, Wait 40, Retransmit 5
    Hello due in 00:00:05
  Neighbor Count is 1, Adjacent neighbor count is 1
    Adjacent with neighbor 131.108.2.1  (Designated Router)
  Suppress hello for 0 neighbor(s)
```

同理,将 R2 S0 接口的 OSPF 网络类型更改为 point-to-multipoint,也能起到相同的效果。例 7-50 所示为如何将 R2 S0 接口的 OSPF 网络类型更改为 point-to-multipoint,由紧随其后的 **show ip ospf neighbor** 命令的输出可知,配置更改之后,R2 通过 S0 接口与 R1 建立起了状态为 FULL 的 OSPF 邻接关系。

例 7-50　验证将 R2 S0 接口的 OSPF 网络类型更改为 point-to-multipoint 之后,R1 和 R2 是否建立起了 OSPF 邻接关系

```
R2#
interface Serial 0
 ip ospf network point-to-multipoint

R2#show ip ospf neighbor

Neighbor ID   Pri  State     Dead Time   Address       Interface
131.108.2.1    1   FULL/-    00:01:42    131.108.1.1   Serial0
```

14. OSPF 邻居列表为空——原因：在互连 OSPF 邻居双方的帧中继/拨号接口的相关命令中未包含 broadcast 关键字

OSPF 邻居双方要通过发送多播 Hello 数据包来建立 OSPF 邻接关系。其他类型的动态路由协议（比如，RIP 和 EIGRP）也要利用广播或多播来建立邻居关系。若 OSPF 邻居双方通过帧中继或拨号接口互连，就必须在互连接口上的 **frame-relay map** 或 **dialer-map** 命令中包含 **broadcast** 关键字，只有如此，OSPF Hello 数据包才能以多播发送方式穿越互连链路。上述两条映射（map）命令，只有在路由器接口模式实际为多点（multipoint）模式的情况下才能生效。比方说，默认情况下，路由器帧中继接口模式即为多点模式。此外，BRI 接口也属于多点模式接口，因其能拨叫多个号码。

在此，有一要务恳请读者关注，那就是只有当互连 OSPF 邻居双方的帧中继/拨号接口两端的 **frame-relay map** 或 **dialer-map** 命令中同时缺少 **broadcast** 关键字时，才会发生此类故障现象（即执行 show ip ospf nei 命令时，路由器生成不了任何输出）。若只有一端接口的相关命令缺少 **broadcast** 关键字，在对端路由器上执行 show ip ospf nei 命令时，可以发现前者处于 INIT 状态，但 OSPF 邻居双方绝建立不了 OSPF 邻接关系。此类情况会在本章后文"故障：OSPF 邻居逗留于 Init 状态"一节再做讨论。

图 7-19 所示为解决此类故障的排障流程。

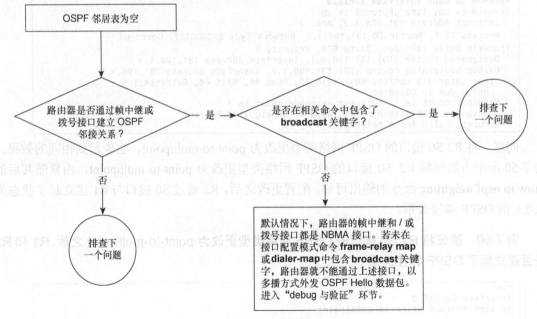

图 7-19　排障流程

（1）debug 与验证

例 7-51 所示为在 R1 上执行 **debug ip packet 100 detail** 命令的输出。由输出可知，R1 生成的 OSPF Hello 数据包因封装故障（encapsulation failed）而未能成功发送。例中所示访问列表只供 debug 命令使用，让 R1 只生成源 IP 地址为 131.108.1.1 或 131.108.1.2，目的 IP 地址为 224.0.0.5 的 IP 流量的 debug 输出。

例 7-51　因封装故障，导致 OSPF Hello 数据包未能成功发送

```
R1#show access-list 100
Extended IP access list 100
    permit ip 131.108.1.0 0.0.0.3 host 224.0.0.5 (8 matches)
R1#debug ip packet 100 detail
IP packet debugging is on (detailed) for access list 100
R1#
IP: s=131.108.1.2 (Serial0), d=224.0.0.5, len 64, rcvd 0, proto=89
IP: s=131.108.1.1 (local), d=224.0.0.5 (Serial0), len 68, sending broad/multicast,
proto=
89
IP: s=131.108.1.1 (local), d=224.0.0.5 (Serial0), len 68, encapsulation failed, proto=
    89
```

例 7-52 所示为 R1 和 R2 的配置。由配置可知，接口配置模式命令 **frame-relay map** 未包含 **broadcast** 关键字。

例 7-52　R1 和 R2 的配置显示接口配置模式命令 frame-relay map 未包含 broadcast 关键字

```
R1#
interface Serial0
 ip address 131.108.1.1 255.255.255.0
 encapsulation frame-relay
 frame-relay map ip 131.108.1.2 16
```

```
R2#
interface Serial0
 ip address 131.108.1.2 255.255.255.0
 encapsulation frame-relay
 frame-relay map ip 131.108.1.1 16
```

（2）解决方法

例 7-53 所示为经过修改的 R1 和 R2 的配置，配置修改过后，故障顿时得到了解决。再次重申，必须让 R1 和 R2 的 **frame-relay map** 命令同时包含 **broadcast** 关键字。若只让一台路由器的 **frame-relay map** 命令包含 **broadcast** 关键字，将会导致 OSPF 邻居路由器逗留于 Init 状态故障，本章后文将会对此展开讨论。

例 7-53　在 R1 和 R2 的 frame-relay map 命令中添加 broadcast 关键字

```
R1#
interface Serial0
 ip address 131.108.1.1 255.255.255.0
 encapsulation frame-relay
 ip ospf network broadcast
 frame-relay map ip 131.108.1.2 16 broadcast
```

```
R2#
interface Serial0
 ip address 131.108.1.2 255.255.255.0
 encapsulation frame-relay
 ip ospf network broadcast
 frame-relay map ip 131.108.1.1 16 broadcast
```

在路由器拨号接口上也需如法炮制，如例 7-54 所示。

例 7-54　在 R1 和 R2 的 dialer map 命令中添加 broadcast 关键字

```
R1#
interface BRI0
 ip address 131.108.1.1 255.255.255.0
 encapsulation ppp
 dialer map ip 131.108.1.2 broadcast name R2 76444

R2#
interface BRI0
 ip address 131.108.1.2 255.255.255.0
 encapsulation ppp
 dialer map ip 131.108.1.1 broadcast name R1 76555
```

例 7-55 所示为在相关命令中添加了 **broadcast** 关键字之后，R1 和 R2 通过以帧中继封装的 S0 接口，建立起了 OSPF 邻接关系。

例 7-55　验证新配置能否解决故障

```
R2#show ip ospf neighbor
Neighbor ID   Pri  State      Dead Time  Address      Interface
131.108.2.1   1    FULL/DR    00:00:32   131.108.1.1  Serial0
```

7.2.2　故障：OSPF 邻居路由器逗留于 Attempt 状态

本故障只会发生在 NMBA 网络环境中设有 **neighbor** 命令的 OSPF 路由器上。邻居路由器逗留于 Attempt 状态意谓：本路由器试图发出 Hello 数据包联络邻居路由器，但却未收到任何回应。邻居路由器短暂逗留于 Attempt 状态也属正常，因为在 NBMA 网络中，路由器之间的邻接关系要达到 Full 状态，就必须经历 Attempt 状态；但若邻居路由器长时间停滞于于 Attempt 状态，则说明出现了故障。上一章细述了 OSPF 邻接关系建立过程中所经历的 Attempt 状态。

以下给出了可能会导致本故障的最常原因：

- **neighbor** 命令配置有误；
- NBMA 网络环境中的 IP 单播连通性遭到了破坏。

图 7-20 所示为一个由两台 OSPF 路由器所组成的网络。笔者会利用这一网络布局，来"制造"有关 OSPF 邻居路由器停滞于 Attempt 状态的故障。

图 7-20　容易导致 OSPF 邻居路由器逗留于 Attempt 状态的网络环境

例 7-56 所示为 **show ip ospf neighbor** 命令的输出。由输出可知，邻居路由器（R1）停滞于 Attempt 状态。不难发现，邻居 ID 字段值（neighbor ID）为"N/A"，表示 R2 不知道与其邻居路由器有关的任何信息——这也正是该字段值为"N/A"的原因所在；否则，其值将会是邻居路由器的 router-ID。

例 7-56 OSPF 邻居路由器逗留于 Attempt 状态

```
R2#show ip ospf neighbor

Neighbor ID     Pri   State              Dead Time   Address       Interface
N/A             0     ATTEMPT/DROTHER    00:01:57    131.108.1.1   Serial0
```

1. OSPF 邻居路由器逗留于 Attempt 状态——原因：neighbor 命令配置有误

若在 **router ospf** 配置模式下，配置了 **neighbor** 命令，OSPF 路由器将会通过 NBMA 接口以单播方式发送 OSPF 协议数据包。**neighbor** 命令所引用的 IP 地址既是 OSPF 邻居路由器的 IP 地址，也是 OSPF 协议数据包的目的 IP 地址。若 **neighbor** 命令所引用的 IP 地址有误，OSPF 路由器就不能将 OSPF 协议数据包送达邻居路由器。此类配置错误非常常见，因此，完成配置之后，若在一段时间之内，邻居路由器（的 router-ID）还未在 **show ip ospf neighbor** 命令的输出中"露面"，就应该检查 OSPF 配置中的 **neighbor** 命令是否正确。若 **show ip ospf neighbor** 命令的输出显示邻居路由器处于 Attempt 状态，则表明本路由器正试图发送 OSPF Hello 数据包与其联络，但却未收到任何回应。

图 7-21 所示为解决本故障的排障流程。

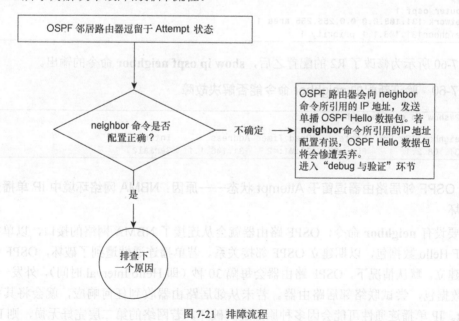

图 7-21 排障流程

（1）debug 与验证

例 7-57 所示为在 R2 上执行 **show ip ospf neighbor** 命令的输出。由输出可知，邻居路由器

（R1）逗留于 Attempt 状态。虽然 R2 设有 neighbor 命令，但所引用的 IP 地址有误，正确的 IP 地址是 131.108.1.1（见图 7-20），可例 7-57 的输出中显示的却是 131.108.1.11。

例 7-57 show ip ospf neighbor 命令的输出表明 OSPF 邻居路由器逗留于 ATTEMPT 状态

```
R2#show ip ospf neighbor

Neighbor ID   Pri   State             Dead Time   Address        Interface
N/A             0   ATTEMPT/DROTHER   00:01:57    131.108.1.11   Serial0
```

例 7-58 所示为 R2 的配置，由配置可知，neighbor 命令配置有误。

例 7-58 配置在 R2 上的 neighbor 命令所引用的 IP 地址有误

```
R2#
router ospf 1
network 131.108.0.0 0.0.255.255 area 1
neighbor 131.108.1.11 priority 1
```

（2）解决方法

要想解决本故障，需要在相关 neighbor 命令中引用正确的 IP 地址。例 7-59 所示为可解决本故障的 R2 的新配置。

例 7-59 修改设置在 R2 上的 neighbor 命令，以解决故障

```
R2#
router ospf 1
network 131.108.0.0 0.0.255.255 area 1
neighbor 131.108.1.1 priority 1
```

例 7-60 所示为修改了 R2 的配置之后，show ip ospf neighbor 命令的输出。

例 7-60 验证新配的 neighbor 命令能否解决故障

```
R2#show ip ospf neighbor

Neighbor ID   Pri   State       Dead Time   Address       Interface
131.108.2.1     1   FULL/DR     00:01:42    131.108.1.1   Serial0
```

2. OSPF 邻居路由器逗留于 Attempt 状态——原因：NBMA 网络环境中 IP 单播连通性遭到了破坏

只要设有 neighbor 命令，OSPF 路由器就会从连接了 NBMA 网络的接口，以单播方式外发 OSPF Hello 数据包，以期建立 OSPF 邻接关系。若单播连通性遭到了破坏，OSPF 邻接关系将无从建立。默认情况下，OSPF 路由器会每隔 30 秒（即 Hello Interval 时间），外发一次 OSPF Hello 数据包，尝试联络邻居路由器。若未从邻居路由器收到任何响应，就会将其状态置为 Attempt。IP 单播连通性可能会因多种原因遭到破坏。若网络的第二层完好无损，则 IP 单播连通性可能会因下列原因遭到破坏：

- 帧中继或 ATM 交换机上映射错了 DLCI 或 VPI/VCI 编号；

- 访问列表破坏了单播连通性；
- 单播 OSPF 协议数据包包头中的 IP 地址经过了 NAT 转换①。

图 7-22 所示为解决此类故障的排障流程。

（1）debug 与验证

例 7-61 所示为在 R2 上 ping R1 互连接口 IP 地址的输出。由输出可知，丢包率为 100%。由于 ping 包为 ICMP 数据包，且所 ping 目的 IP 地址为单播 IP 地址，因此可断定 R1 与 R2 之间丧失了单播 IP 连通性。

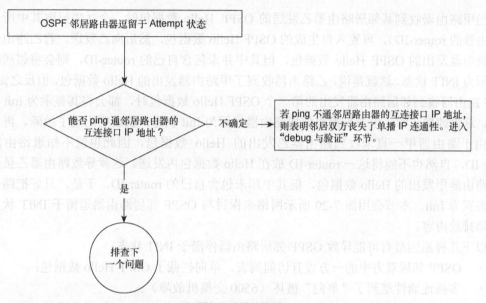

图 7-22 排障流程

例 7-61 ping 不通邻居路由器的互连接口 IP 地址，表明邻居双方丧失了单播 IP 连通性

```
R2#ping 131.108.1.1

Type escape sequence to abort.
Sending 5, 100-byte ICMP Echos to 131.108.1.1, timeout is 2 seconds:
.....
Success rate is 0 percent (0/5)
R2#
```

（2）解决方法

单播连通性丧失可能拜多种原因所赐，这一点前文已经提及。若 DLCI 或 VC 编号映射有误，则应仔细检查，并纠正错误。若单播连通性遭访问列表破坏，请修改访问列表，令其允许相关单播 IP 地址。例 7-62 所示为 R1 和 R2 之间的单播连通性恢复之后，在 R2 上执行 **show ip ospf neighbor** 命令的输出。

---

① 原文是"NAT is translating the unicast."直译为"NAT 转换了单播。"——译者注

例 7-62　单播连通性恢复之后，R1 与 R2 建立起了 OSPF 邻居关系

```
R2#show ip ospf neighbor

Neighbor ID   Pri   State       Dead Time   Address       Interface
131.108.2.1   1     FULL/DR     00:01:42    131.108.1.1   Serial0
```

7.2.3　故障：OSPF 邻居路由器逗留于 Init 状态

当甲路由器收到其邻居路由器乙发送的 OSPF Hello 数据包时，会（先提取其中所包含的乙路由器的 router-ID），再置入自生成的 OSPF Hello 数据包，然后向乙发送。若乙路由器收到了甲路由器发出的 OSPF Hello 数据包，但其中并未包含自己的 router-ID，则会将邻居路由器甲显示为 INIT 状态。这就是说，乙路由器收到了甲路由器发出的 Hello 数据包，但反之则不然。OSPF 路由器收到邻居路由器发出的第一个 OSPF Hello 数据包时，都会将其显示为 Init 状态。其实，这也纯属正常，但若长期将邻居路由器显示为 Init 状态，就表明出现了故障。再说透一点，由于路由器甲一直未收到路由器乙发出的 Hello 数据包，因此也就不知道路由器乙的 router-ID，自然也不能将这一 router-ID 放在 Hello 数据包内发送。这就导致路由器乙虽然总能收到路由器甲发出的 Hello 数据包，但其中却未包含自己的 router-ID，于是，只好把路由器甲的状态置为 Init。本节会用图 7-20 所示网络来探讨与 OSPF 邻居路由器逗留于 INIT 状态有关的故障排除内容。

以下几种原因最有可能导致 OSPF 邻居路由器停滞于 INIT 状态：

- OSPF 邻居双方中的一方设有访问列表，单向拦截了 OSPF Hello 数据包；
- 多播连通性遭到了"单向"破坏（6500 交换机故障）；
- 单方启用 OSPF 认证功能（邻居双方通过虚链路建立 OSPF 邻居关系）；
- **fame-relay map/dialer map** 命令中未包含 **broadcast** 关键字；
- 第二层故障导致 Hello 数据包单向丢包。

例 7-63 所示为 **show ip ospf neighbor** 命令的输出。由输出可知，R2 的 OSPF 邻居（R1）逗留于 Init 状态。

例 7-63　show ip ospf neighbor 命令输出表明，R2 的邻居（R1）逗留于 Init 状态

```
R2#show ip ospf neighbor

Neighbor ID   Pri   State      Dead Time   Address       Interface
131.108.2.1   1     INIT/-     00:00:33    131.108.1.1   Ethernet0
```

1. OSPF 邻居路由器停滞于 Init 状态——原因：访问列表单向拦截了 OSPF Hello 数据包

OSPF Hello 数据包的收、发都要依仗多播地址 224.0.0.5。若某路由器接口"挂接"了访问列表，且该接口参与了 OSPF 进程，那就应该在访问列表中明确允许多播地址 224.0.0.5；否则，就有可能会让 OSPF 邻居路由器停滞于 Init 状态。只有 OSPF Hello 数据包遭到单向拦截的时候，

才会发生本故障现象。若 OSPF Hello 数据包遭到双向拦截，执行 **show ip ospf neighbor** 命令时，则不会生成任何输出（邻居列表为空）。

图 7-23 所示为解决此类故障的排障流程。

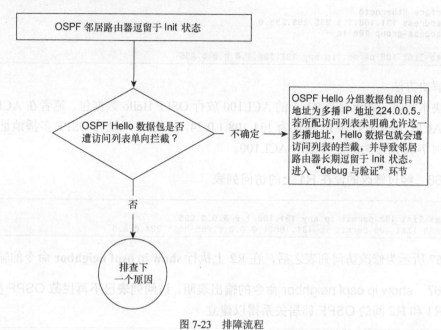

图 7-23 排障流程

（1）debug 与验证

例 7-64 所示为在 R1 上执行 **show access-list 101** 和 **debug ip packet 101 detail** 命令的输出。ACL101 的作用是，只让 R1 和 R2 之间交换的 OSPF Hello 数据包在 debug 输出中"露面"。

例 7-64　debug 命令的输出表明，OSPF Hello 数据包遭到了拦截

```
R1#show access-list 101
Extended IP access list 101
    permit ip 131.108.1.0 0.0.0.3 host 224.0.0.5 (8 matches)
R1#debug ip packet 101 detail
IP packet debugging is on (detailed) for access list 101
R1#
IP: s=131.108.1.1 (local), d=224.0.0.5 (Ethernet0), len 60, sending broad/multicast, proto
 =89
IP: s=131.108.1.2 (Ethernet0), d=224.0.0.5, len 82, access denied, proto=89
IP: s=131.108.1.1 (local), d=224.0.0.5 (Ethernet0), len 60, sending broad/multicast, proto
 =89
IP: s=131.108.1.2 (Ethernet0), d=224.0.0.5, len 82, access denied, proto=89
```

例 7-65 所示为 R1 的配置。由配置可知，ACL100 只允许目的网络为 131.108.1.0/24 的流量；拒绝所有其他流量，OSPF Hello 数据包也在拒绝之列。配置于路由器 R1 上的 ACL101 只是用来限制 debug 命令的输出，并没有起到放行 OSPF Hello 数据包的作用。

例 7-65 设在 R1 上的访问列表拦截了 OSPF Hello 数据包

```
R1#
!
interface Ethernet0
 ip address 131.108.1.1 255.255.255.0
 ip access-group 100 in
!
access-list 100 permit ip any 131.108.1.0 0.0.0.255
```

（2）解决方法

要解决本故障，需让设在 R1 上的 ACL100 放行 OSPF Hello 数据包。笔者在 ACL100 中新添了一条 ACE，用来放行源 IP 地址为 131.108.1.0/24，目的 IP 地址为 OSPF 多播地址 224.0.0.5 的流量。例 7-66 所示为经过修改的 ACL100。

例 7-66 经过修改的设在 R1 上的访问列表

```
R1#
access-list 100 permit ip any 131.108.1.0 0.0.0.255
 access-list 100 permit ip 131.108.1.0 0.0.0.255 host 224.0.0.5
```

例 7-67 所示为修改访问列表之后，在 R2 上执行 **show ip ospf neighbor** 命令的输出。

例 7-67 show ip ospf neighbor 命令的输出表明，访问列表已不再拦截 OSPF 多播 Hello 数据包，R1 和 R2 间的 OSPF 邻居关系得以建立

```
R2#show ip ospf neighbor
Neighbor ID     Pri   State       Dead Time   Address        Interface
131.108.2.1      1    FULL/DR     00:00:39    131.108.1.1    Ethernet0
```

2. OSPF 邻居路由器逗留于 Init 状态——原因：多播连通性遭到了单向破坏（6500 交换机故障）

此类故障为一特例，只会发生在部署了配有多层交换特性卡（MSFC）的 Catalyst 6500 交换机的网络。故障现象是，OSPF 邻居路由器之一收不到对方发出的 OSPF Hello 数据包。请看图 7-24 所示网络设拓扑。

图 7-24 易出现因多播连通性遭到破坏，而导致 OSPF 邻居路由器逗留于 Init 状态的网络

在本场景中，只要在 6500 交换机上执行 **set protocolfilter enabled** 命令，就会发生上述故障。默认情况下，6500 交换机的 protocol filter（协议过滤）特性为禁用状态。只要启用该特性，就改变发往/来自 MSFC 和 Flex WAN 模块（可安装在 6500 交换机机箱内的一种 WAN 模块）上的端口适配器的多播帧。图 7-25 所示为解决此类故障的排障流程。

第 7 章 排除 OSPF 故障

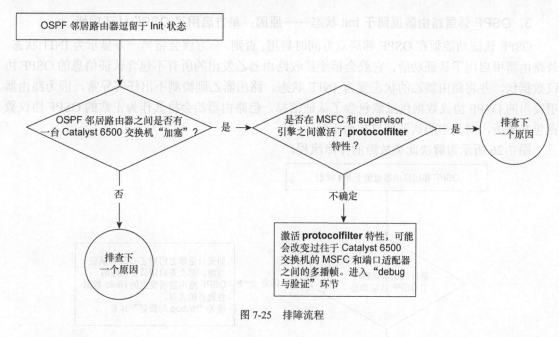

图 7-25 排障流程

(1) debug 与验证

例 7-68 所示为在 R2 上执行 **show ip ospf neighbor** 命令的输出。由输出可知，其 OSPF 邻居路由器（R1）逗留于 Init 状态，而连接 R1 和 R2 的交换机则是配备了 MSFC 的 Catalyst 6500，如图 7-24 所示。

例 7-68　OSPF 邻居逗留于 Init 状态

```
R2#show ip ospf neighbor

Neighbor ID     Pri   State      Dead Time    Address       Interface
131.108.2.1      1 x  INIT/-     00:00:33     131.108.1.1   FastEthernet0/0
```

(2) 解决方法

要解决上述故障，需在 6500 交换机上执行下面这条命令，来禁用 protocol filter 特性：

```
CAT6k(enable) set protocolfilter disable
```

例 7-69 所示为执行上述命令之后，R1 和 R2 间的 OSPF 邻居关系状态为 FULL。

例 7-69　在 6500 交换机上禁用 protocol filter 特性之后，验证 R1 和 R2 是否建立起了 OSPF 邻居关系

```
R2#show ip ospf neighbor

Neighbor ID     Pri   State        Dead Time    Address       Interface
131.108.2.1      1    FULL/DR      00:00:33     131.108.1.1   FastEthernet0/0
```

3. OSPF 邻居路由器逗留于 Init 状态——原因：单方启用了 OSPF 认证功能

OSPF 认证功能须在 OSPF 邻居双方同时启用；否则，一方就会将另一方显示为 INIT 状态。若路由器甲启用了认证功能，它就会拒绝接收路由器乙发出的所有不包含认证信息的 OSPF 协议数据包，并将路由器乙的状态置为 INIT 状态。路由器乙则检测不出任何异常，因为路由器甲发出的 OSPF 协议数据包虽然包含了认证信息，但路由器乙会将其作为正常的 OSPF 协议数据包来解析，对其中的认证信息视而不见。

图 7-26 所示为解决此类故障的排障流程。

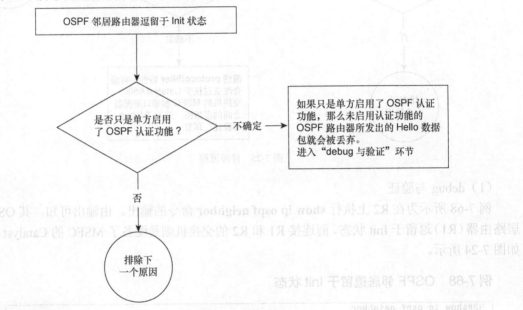

图 7-26　排障流程

（1）debug 与验证

例 7-70 所示为在 R2 上执行 **debug ip ospf adj** 命令的输出，由输出可知，R2 启用了 OSPF 明文认证，但 R1 发出的 OSPF 协议数据包未包含认证信息。因此，R2 会拒绝接收 R1 发出的 OSPF 数据包。若 R2 启用的是 OSPF MD5 认证，debug 的输出将会显示 "**we use type 2**"。

例 7-70　debug ip ospf adj 命令的输出表明，邻居路由器之间 OSPF 认证类型不匹配

```
R2#debug ip ospf adj
OSPF adjacency events debugging is on
R2#
 OSPF: Rcv pkt from 131.108.1.1, Ethernet0 : Mismatch Authentication type. Input packet
      specified type 0, we use type 1
```

例 7-71 所示为 R2 的配置。由配置可知，R2 在区域 1 内启用了 OSPF 明文认证。无论有没有在接口配置模式下设置 OSPF 认证密钥，上述故障都会出现。若未在接口配置模式下配置密钥，路由器会启用默认密钥。

例 7-71　R2 在区域 1 内启用了明文认证

```
R2#
router ospf 1
 network 131.108.1.0 0.0.0.255 area 1
 area 1 authentication
```

（2）解决方法

要解决上述故障，需要在邻居双方同时启用 OSPF 认证功能，并配置认证密钥。例 7-72 所示为经过修改的 R1 和 R2 的配置，配置更改之后，上述故障得到了解决。

例 7-72　在 R1 和 R2 上同时启用 OSPF 认证功能，来解决上述故障

```
R2#
!
interface Ethernet0
 ip address 131.108.1.2 255.255.255.0
 ip ospf authentication-key cisco
!
router ospf 1
 network 131.108.1.0 0.0.0.255 area 1
 area 1 authentication
R1#
!
interface Ethernet0
 ip address 131.108.1.1 255.255.255.0
 ip ospf authentication-key cisco
!
router ospf 1
 network 131.108.1.0 0.0.0.255 area 1
 area 1 authentication
```

例 7-73 所示为配置更改之后，R1 和 R2 的 OSPF 邻接关系状态。

例 7-73　配置修改之后，通过 show ip ospf neighbor 命令的输出来验证故障是否得到了解决

```
R2#show ip ospf neighbor

Neighbor ID     Pri   State      Dead Time   Address        Interface
131.108.2.1       1   FULL/DR    00:00:33    131.108.1.1    Ethernet0
```

类似故障也有可能发生在虚链路场景中。在 OSPF 虚链路网络场景中，只要在 OSPF 骨干路由器启用了认证功能，网管人员就经常会犯这样一个错误，那就是未在互连两个不同区域的路由器上启用认证功能。此类路由器会在虚链路建立之后，担当虚拟 ABR 之职；因此，也得在这台虚拟 ABR 上针对区域 0 启用 OSPF 认证功能，哪怕此路由器上并未手动配置区域 0。

4．OSPF 邻居路由器停滞于 Init 状态——原因：邻居路由器之一的 fame-relay map/dialer map 命令中未包含 broadcast 关键字

OSPF 邻居双方都要依仗多播地址 224.0.0.5 来交换 OSPF Hello 数据包。只要其中的一台路由器不能通过多播收、发 OSPFHello 数据包,就会导致 OSPF 邻接关系停滞于 INIT 状态。读者需要留意的是,邻居双方只有一方无法通过多播收、发 OSPF Hello 数据包的情况。如图 7-27 所示,R1 可以正常接收邻居路由器(R2)发出的 Hello 数据包,但在 R1 上执行 **show ip ospf neighbor** 命令,其输出总是把 R2 显示为 Init 状态。因为 R1 用来连接 R2 的帧中继接口(S0 接口)发送不了任何广播或多播数据包,所以 R1 无法将 OSPF Hello 数据包送达 R2,R2 自然也会把自己与 R1 的 OSPF 邻接关系状态置为 Init 状态。这一切都要归咎于设在 R1 S0 接口上的 **frame-relay map** 命令未包含 **broadcast** 关键字。要是设在路由器 ISDN 或拨号接口上的 **dialer map** 命令未包含关键字 **broadcast**,那么也会发生类似故障。

图 7-27 易导致 OSPF 邻居路由器逗留于 Init 状态的网络

图 7-28 所示为解决此类故障的排障流程。

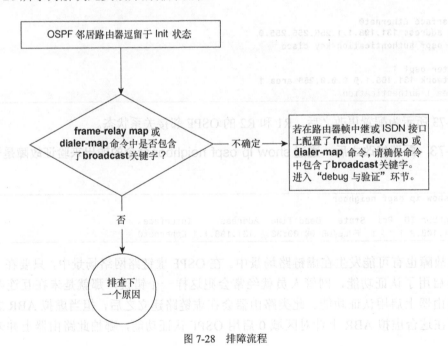

图 7-28 排障流程

(1) debug 与验证

例 7-74 所示为在 R1 上执行 **debug ip packet 100 detail** 命令的输出。由输出可知,R1 生成的 OSPF Hello 数据包因封装故障,而无法跨帧中继网络发送。

例 7-74　封装故障导致 R1 无法外发 OSPF Hello 数据包

```
R1#show access-list 100
Extended IP access list 100
    permit ip 131.108.1.0 0.0.0.3 host 224.0.0.5 (8 matches)
R1#debug ip packet 100 detail
IP packet debugging is on (detailed) for access list 100
R1#
IP: s=131.108.1.2 (Serial0), d=224.0.0.5, len 64, rcvd 0, proto=89
IP: s=131.108.1.1 (local), d=224.0.0.5 (Serial0), len 68, sending broad/multicast,
        proto=89
IP: s=131.108.1.1 (local), d=224.0.0.5 (Serial0), len 68, encapsulation failed,
        proto=89
```

例 7-75 所示为 R1 和 R2 的配置。由配置可知，设在 R1 S0 接口上的 **frame-relay map** 命令未包含 broadcast 关键字，但 R2 S0 接口的 **frame-relay map** 命令却配置正确。

例 7-75　R1 和 R2 的配置，设在 R1 S0 接口上的 frame-relay map 命令未包含 broadcast 关键字

```
R1#
interface Serial0
 ip address 131.108.1.1 255.255.255.0
 encapsulation frame-relay
 frame-relay map ip 131.108.1.2 16

R2#
interface Serial0
 ip address 131.108.1.2 255.255.255.0
 encapsulation frame-relay
 frame-relay map ip 131.108.1.1 16 broadcast
```

（2）解决方法

要解决此类故障，需确保在接口配置模式命令 **frame-relay map** 和 **dialer-map** 中包含 broadcast 关键字。例 7-76 所示为经过修改的 R1 和 R2 的新配置。

例 7-76　修改设在 R1 S0 接口上的 frame-relay map 命令，令其包含了 broadcast 关键字

```
R1#
interface Serial0
 ip address 131.108.1.1 255.255.255.0
 encapsulation frame-relay
 ip ospf network broadcast
 frame-relay map ip 131.108.1.2 16 broadcast

R2#
interface Serial0
 ip address 131.108.1.2 255.255.255.0
 encapsulation frame-relay
 ip ospf network broadcast
 frame-relay map ip 131.108.1.1 16 broadcast
```

例 7-77 所示为配置修改之后，R1 通过以帧中继方式封装（encapsulation frame-relay）的串行接口 S0，与 R2 建立起了 OSPF 邻接关系。

例 7-77 show ip ospf neighbor 命令的输出表明，R1 和 R2 建立起了 OSPF 邻接关系

```
R2#show ip ospf neighbor

Neighbor ID     Pri    State        Dead Time    Address         Interface
131.108.2.1      1     FULL/BDR     00:00:32     131.108.1.1     Serial0
```

5. OSPF 邻居路由器逗留于 Init 状态——原因：OSPF Hello 数据包单方丢失

此类故障往往伴随着第 2 层介质故障，比如，帧中继交换机因故单向阻断了多播流量。在此情形，图 7-27 中的 R2 将收不到 R1 发出的 OSPF Hello 数据包，这样一来，在 R2 上执行 **show ip ospf neighbor** 命令，输出中将看不见任何邻居路由器（的 Router-ID）。可此时，R1 却总能收到 R2 发出的 OSPF Hello 数据包，但包中的邻居路由器字段并未包含本机（R1 自身的）Router-ID；因此，只要在 R1 上执行 **ip ospf neighbor** 命令，其输出就会把 R2 显示为 INIT 状态。

图 7-29 所示为此类故障的排障流程。

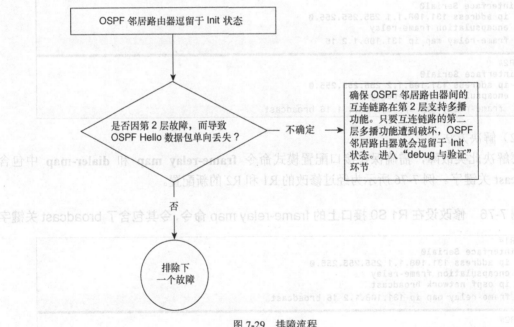

图 7-29 排障流程

（1）debug 与验证

例 7-78 所示为在 R1 和 R2 上执行 **debug ip packet detail** 命令的输出。此 debug 命令挂接了 ACL100，由此 debug 命令的输出可知，R1 可以正常收、发 OSPF Hello 数据包，但是 R2 只能发送，但却不能接收任何 OSPF Hello 数据包。

例 7-78 debug 输出表明，R2 只能发送，但却从未收到 R1 发出的任何 Hello 数据包

```
R1#show access-list 100
Extended IP access list 100
    permit ip 131.108.1.0 0.0.0.3 host 224.0.0.5 (8 matches)
R1#debug ip packet 100 detail
IP packet debugging is on (detailed) for access list 100
R1#
IP: s=131.108.1.2 (Serial0), d=224.0.0.5, len 64, rcvd 0, proto=89
IP: s=131.108.1.1 (local), d=224.0.0.5 (Serial0), len 68, sending broad/multicast,
        proto=89
```

```
R2#show access-list 100
Extended IP access list 100
    permit ip 131.108.1.0 0.0.0.3 host 224.0.0.5 (8 matches)
R2#debug ip packet 100 detail
IP packet debugging is on (detailed) for access list 100
R1#
IP: s=131.108.1.1 (local), d=224.0.0.5 (Serial0), len 68, sending broad/multicast,
        proto=89
 IP: s=131.108.1.1 (local), d=224.0.0.5 (Serial0), len 68, sending broad/multicast,
        proto=89
```

R2 可正常发送 OSPF Hello 数据包，但却从未收到 R1 发出的任何 Hello 数据包。由 debug 命令的输出可知，R1 可正常收、发 OSPF Hello 数据包，这就意味着 R1 发出的 Hello 数据包半路"失踪"。

（2）解决方法

在 OSPF 邻居双方同时执行 debug 命令，可以很清楚地看见 R1 和 R2 都能正常发送 Hello 数据包，但 R1 发出的 Hello 数据包却在途中丢失。这很可能是因为帧中继云或其他第 2 层介质单向阻断了多播流量。对此，可在线路上部署抓包工具（sniffer）来进行验证。

要解决此类故障，就得先排除第 2 层多播流量发送故障，这些内容已超出本书范围。此外，还可以使用以下两步"权宜之策"（临时性解决方案）。

步骤 1 将 OSPF 邻居双方互连接口的 OSPF 网络类型同时更改为 nonbroadcast。

步骤 2 在 OSPF 邻居双方之一的 Router OSPF 配置模式下添加 **neighbor** 命令。

例 7-79 所示为经过修改的 R1 和 R2 的 S0 接口配置，由配置可知，将两者 S0 接口的 OSPF 网络类型改成了 nonbroadcast。然后，还需也只需在其中一台路由器的 Router OSPF 配置模式下添加一条 **neighbor** 命令，即可临时性地解决故障了。**neighbor** 命令一设，OSPF 路由器就会向该命令所引用的 IP 地址发送单播 OSPF Hello 数据包。在任何第二层多播功能遭到破坏的网络场景中，这一权宜之策都是最为奏效的应急措施。

例 7-79 将 OSPF 邻居双方互连接口的 OSPF 网络类型更改为 nonbroadcast

```
R1#
interface Serial0
 ip address 131.108.1.1 255.255.255.0
 encapsulation frame-relay
 ip ospf network non-broadcast
 frame-relay map ip 131.108.1.2 16 broadcast
```

（待续）

```
R2#
interface Serial0
 ip address 131.108.1.2 255.255.255.0
 encapsulation frame-relay
 ip ospf network non-broadcast
 frame-relay map ip 131.108.1.1 16 broadcast
```

例 7-80 所示为 neighbor 命令的配置。配妥该命令之后，R1 就会向 R2 发送单播 OSPF Hello 数据包。

例 7-80　配置 neighbor 命令，让 R1 向 R2 发送单播 OSPF Hello 数据包

```
R1#
router ospf 1
 network 131.108.1.0 0.0.0.255 area 1
 neighbor 131.108.1.2
```

上面介绍的解决方法只是权宜之计，并不能从根本上解决第 2 层（多播流量受阻）故障。将 OSPF 邻居双方互连接口的 OSPF 网络类型更改为 nonbroadcast（如例 7-79 中所示），OSPF 路由器就会以单播而非多播方式，来（向 neighbor 命令所引用的 IP 地址）发送 OSPF Hello 数据包。因此，若发生了与第 2 层多播功能失效有关的故障，只需将 OSPF 邻居双方互连接口的 OSPF 网络类型更改为 nonbroadcast，并在其中一台路由器上添加一条 neighbor 命令，就能让两者跨多播功能失效的链路建立起 OSPF 邻居关系。

例 7-81 所示为配置更改之后，R1 和 R2 通过串行接口 S0，建立起了 OSPF 邻接关系。

例 7-81　配置修改之后，验证是否解决了 OSPF 邻居路由器逗留于 INIT 状态故障

```
R2#show ip ospf neighbor

Neighbor ID   Pri  State       Dead Time  Address       Interface
131.108.2.1   1    FULL/DR     00:00:32   131.108.1.1   Serial0
```

7.2.4　故障：OSPF 邻居逗留于 2-way 状态——原因：把所有路由器上相关接口的 OSPF 优先级值都设成了 0

2-way 状态在广播网络环境中属于 OSPF 邻居之间的正常邻接状态，因为 OSPF 邻接关系并不会在连接到此类网络环境的每台路由器之间两两建立。在广播网络环境内，每台路由器会与 DR 和 BDR 建立状态为 FULL 的邻接关系（在既非 DR 也非 BDR 的路由器之间，将建立状态为 2-way 的 OSPF 邻接关系）。

在图 7-30 所示以太网内部署了两台路由器，有人把两者 E0 接口（连接该以太网的接口）的 OSPF 优先级值都设成了 0。也就是说，这两台路由器都不会参加 OSPF DR/BDR 选举。当网络中部署有低端路由器，且不想让其成为所在网段的 DR 时，就应该如此配置。默认情况下，路由器接口的 OSPF 优先级值为 1。接口 OSPF 优先级值最高的路由器将赢得其所在网段内的 DR 选举。若网段内所有路由器接口的 OSPF 优先级值都保持默认设置，则 router-ID 值最高的

第 7 章 排除 OSPF 故障

路由器将成为（该网段内的）DR。更多与 DR 和 BDR 选举有关的信息，请见上一章。

在某以太网段内，若把所有路由器接口的 OSPF 优先级值都配置为 0，则其中的每一台路由器都不会与任何其他路由器建立起状态为 FULL 的 OSPF 邻接关系。这就是故障所在。在此以太网段内，必须至少在一台路由器上，将其（连接该以太网段的）接口的 OSPF 优先级值设置为≥1。

图 7-30 所示为易产生本故障的网络。

图 7-30　易产生 OSPF 邻居路由器逗留于 2-way 状态故障的网络

图 7-31 所示为解决此类故障的排障流程。

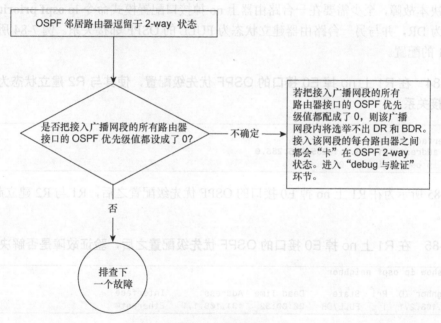

图 7-31　排障流程

（1）debug 与验证

例 7-82 所示为在 R2 上执行 **show ip ospf neighbor** 命令的输出。由输出可知，R2 未能通过 E0 接口与邻居路由器（R1）建立起状态为 FULL 的 OSPF 邻居关系。

例 7-82　show ip ospf neighbor 命令的输出表明，R1 和 R2 之间的 OSPF 邻接关系"卡"在了 2-way 状态

```
R2#show ip ospf neighbor

Neighbor ID     Pri   State           Dead Time   Address       Interface
131.108.2.1     0     2-WAY/DROTHER   00:00:32    131.108.1.1   Ethernet0
```

例 7-83 所示为 R1 和 R2 的配置，由配置可知，R1 和 R2 E0 接口的 OSPF 优先级值都被配成了 0。

例 7-83　R1 和 R2 Ethernet 0 接口的 OSPF 优先级值的设置

```
R1#
interface Ethernet0
 ip address 131.108.1.1 255.255.255.0
 ip ospf priority 0

R2#
interface Ethernet0
 ip address 131.108.1.1 255.255.255.0
 ip ospf priority 0
```

（2）解决方法

要解决本故障，至少需要在一台路由器上 no 掉接口配置模式命令 **ip ospf priority 0**，令此路由器成为 DR，并与另一台路由器建立状态为 FULL 的 OSPF 邻接关系。例 7-84 所示为经过修改的 R1 的配置。

例 7-84　在 R1 上 no 掉 E0 接口的 OSPF 优先级配置，使其与 R2 建立状态为 FULL 的 OSPF 邻接关系

```
R1#
interface Ethernet0
 ip address 131.108.1.1 255.255.255.0
 no ip ospf priority 0
```

例 7-85 所示为在 R1 上 no 掉 E0 接口的 OSPF 优先级配置之后，R1 与 R2 建立起了 OSPF 邻接关系。

例 7-85　在 R1 上 no 掉 E0 接口的 OSPF 优先级配置之后，验证故障是否解决

```
R2#show ip ospf neighbor

Neighbor ID     Pri   State        Dead Time   Address       Interface
131.108.2.1     1     FULL/DR      00:00:32    131.108.1.1   Ethernet0
```

7.2.5　故障：OSPF 邻居逗留于 Exstart/Exchange 状态

Exstart/Exchange 状态是 OSPF 邻接关系建立过程中的重要环节。在这两个状态下，邻居路由器之间会发起主/从路由器的推举进程，并"拍板"（DBD 数据包的）初始序列号。此外，双方还会交换各自所持的完整的链路状态数据库。若邻居路由器长期逗留于 Exstart/Exchange 状态，则表示发生了故障。欲了解更多与 Exstart/Exchange 状态有关的信息，请参考上一章。

引发此类故障的常见原因如下所列：

- OSPF 邻居路由器接口之间的 MTU 值不匹配；
- OSPF 邻居路由器间 router-ID 冲突；
- （OSPF 路由器用来建立邻接关系的）接口不能发送长度超出接口 MTU 值的数据包；
- 因下列原因而导致的 IP 单播连通性丧失：
  ——帧中继/ATM 交换机上 VC/DLCI 映射有误；
  ——访问列表阻止了单播流量；
  ——NAT 设备转换了单播数据包包头中的 IP 地址[①]。
- 路由器 PRI 和 BRI 拨号接口的 OSPF 网络类型为 point-to-point。

图 7-32 所示为部署了两台 OSPF 路由器的网络。此类网络极易导致 OSPF 邻居路由器之间"卡"在 Exstart/Exchange 状态。

图 7-32 易发生 OSPF 邻居路由器逗留于 Exstart/Exchange 状态的网络

例 7-86 所示为在 R2 上执行 **show ip ospf neighbor** 命令的输出。由输出可知，邻居路由器（R1）"卡"在了 EXSTART 状态。

例 7-86 show ip ospf neighbor 命令输出表明，邻居路由器逗留于 Exstart 状态

```
R2#show ip ospf neighbor
Neighbor ID     Pri   State        Dead Time   Address       Interface
131.108.2.1      1    EXSTART/-    00:00:33    131.108.1.1   Serial0
```

1. OSPF 邻居逗留于 Exstart/Exchange 状态——原因：邻居路由器接口之间的 MTU 值不匹配

在构成 OSPF DBD 数据包的各个字段中，有一个名为"接口 MTU"的字段。若 OSPF 邻居双方互发的 OSPF DBD 数据包中的接口 MTU 字段值不匹配，OSPF 邻接关系将无从建立。DBD 数据包中的接口 MTU 字段定义于 RFC 2178。灌有老版本 IOS 的 Cisco 路由器并不支持检测 DBD 数据包中接口 MTU 字段值是否匹配的机制。自版本 12.0.3 起，Cisco 在 IOS 中引入了这一检测机制。

图 7-33 所示为解决本故障的排障流程。

（1）debug 与验证

例 7-87 所示为在 R1 上执行 **debug ip ospf adj** 命令的输出。由输出可知，设于邻居路由器（R2）互连接口的 MTU 值更大。因此，OSPF 邻接关系无法建立。

---

① 原文是 "NAT translating the unicast."——译者注

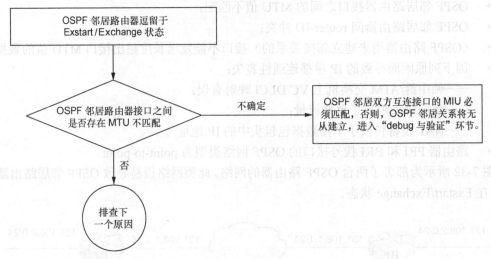

图 7-33 排障流程

例 7-87 debug ip ospf adj 命令的输出表明，OSPF 邻居路由器接口间的 MTU 值不匹配

```
R1#debug ip ospf adj
OSPF: Retransmitting DBD to 131.108.1.2 on Serial0.1
OSPF: Send DBD to 131.108.1.2 on Serial0.1 seq 0x1E55 opt 0x2 flag 0x7 len 32
OSPF: Rcv DBD from 131.108.1.2 on Serial0.1 seq 0x22AB opt 0x2 flag 0x7 len 32  mtu 1500
state EXSTART
OSPF: Nbr 131.108.1.2 has larger interface MTU
```

例 7-88 所示为在 R1 和 R2 上执行 **show ip interface** 命令的输出。由输出可知，有人把 R1 S0.1 接口的 IP（数据包的）MTU 值设成了 1400 字节[①]，而 R2 S0.1 接口的 IP MTU 值却为 1500 字节。这就导致了 R1 和 R2 互发的 OSPF DBD 数据包中接口 MTU 字段值不匹配。

例 7-88 在 R1 和 R2 上执行 show ip interface 命令，根据输出可判断出两者互连接口的 MTU 值不匹配

```
R1#show ip interface serial 0.1
Serial0.1 is up, line protocol is up
  Internet address is 131.108.1.1/24
  Broadcast address is 255.255.255.255
  MTU is 1400 bytes

R2#show ip interface serial 0.1
Serial0.1 is up, line protocol is up
  Internet address is 131.108.1.2/24
  Broadcast address is 255.255.255.255
  MTU is 1500 bytes
```

（2）解决方法

对于 IOS 版本号不低于 12.0.3 的 Cisco 路由器而言，只要在 OSPF 邻接关系建立过程中，检测到了接口 MTU 字段值不匹配现象（邻居路由器发出的 OSPF DBD 数据包中的 MTU 字段

---

① 原文是 "The IP interface MTU on R1 is set to 1400"，"IP 接口 MTU" 这都是什么话？——译者注

值与本机所发不符),就会生成相关的 debug 信息,如例 7-87 所示。若 R2 S0.1 接口的 MTU 值低于 R1 S0.1 接口,在 R1 上执行 **debug ip ospf adj** 命令时,将不会生成类似信息。若 R1 运行的 IOS 版本低于 12.0.3,执行上述命令时,也不会生成类似信息。登录互为邻居的 OSPF 路由器,检查互连接口的配置,是查明接口 MTU 值不匹配的行之有效的方法。

要解决该故障,需确保 OSPF 邻居双方互连接口所设 MTU 值相同。例 7-89 所示为经过修改的 R1 的配置。

例 7-89　将 R1 S0.1 接口的 MTU 值设置成跟 R2 S0.1 接口一样

```
R1#
interface Serial0.1 multipoint
ip address 141.108.10.3 255.255.255.248
mtu 1500
```

当路由器通过 FDDI 接口连接到内置了路由交换模块(RSM)的交换机时,也有可能会发生类似故障,如图 7-34 所示。

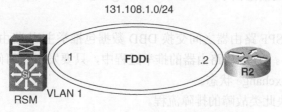

图 7-34　易产生 MTU 不匹配问题的网络设置

由例 7-90 所示配置可知,交换机 RSM 的 VLAN1 SVI 接口为虚拟以太网接口,其 MTU 值为 1500 字节,而 R2 FDDI0 接口的 MTU 值为 4470 字节。

例 7-90　交换机 RSM 的 SVI 接口和 R2 FDDI 接口的 MTU 值不匹配

```
RSM#show interface vlan 1
Vlan1 is up, line protocol is up
  Hardware is Cat5k RP Virtual Ethernet, address is 0030.f2c9.8338 (bia 0030.f2)
  Internet address is 131.108.1.1/24
  MTU 1500 bytes, BW 10000 Kbit, DLY 1000 usec,

R2#show interface fddi 0
Fddi0 is up, line protocol is up
  Hardware is DAS FDDI, address is 0000.0c17.acbf (bia 0000.0c17.acbf)
  Internet address is 131.108.1.2/24
  MTU 4470 bytes, BW 100000 Kbit, DLY 100 usec, rely 255/255, load 1/255
```

在部署了 Catalyst 交换机的网络中,其网络布局大多都会按图 7-34 所示设计。通过 FDDI 接口收到(R2 发出的)数据包时,交换机会用背板将包传递至安装了 RSM 的槽位。其间,在交换机内部,会发生 FDDI 帧到以太网帧的转换及分片行为。

只要交换机 RSM 与路由器启用了 MTU 不匹配检测(MUT mismatch-detection)特性,则两者之间就建立不起 OSPF 邻接关系。为应对这一特殊情况，Cisco 在版本不低于 12.1.3 的 IOS 中，引入了接口配置模式命令 **ip ospf mtu-ignore**（来禁用 OSPF 路由器的 MTU 不匹配检测特性）。此命令在 RSM 的 SVI 接口上一配，RSM 与就不会检查路由器发出的 DBD 数据包中的接口 MTU 字段值。不过，除上述场景之外，该命令不宜在任何其他场合中配置，因为 OSPF 路由器的 MTU 不匹配检测特性对排除网络故障相当重要。**ip ospf mtu-ignore** 命令，属于接口配置模式命令。本例中，应将其应用于交换机 RSM 的 VLAN 1 SVI 接口。

例 7-91 所示为 MTU 不匹配故障得到解决之后，在 R2 上执行 **show ip ospf neighbor** 命令的输出。

例 7-91　验证 MTU 不匹配故障是否得到了解决

```
R2#show ip ospf neighbor
Neighbor ID    Pri  State        Dead Time   Address       Interface
131.108.2.1    1    FULL/DR      00:00:32    131.108.1.1   Fddi0
```

2. OSPF 邻居路由器逗留于 Exstart/Exchange 状态——原因：邻居路由器间 router-ID 冲突

Exstart 状态下，OSPF 路由器之间交换 DBD 数据包推举主/从路由器时，router-ID 最高的路由器会成为主路由器。在主/从路由器的推举过程中，只要发生任何问题，OSPF 邻居间的状态就会逗留于 Exstart/Exchange 状态。

图 7-35 所示为解决此类故障的排障流程。

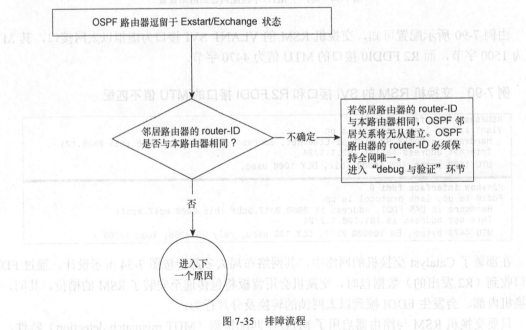

图 7-35　排障流程

（1）debug 与验证

例 7-92 所示为在 R2 上执行 **show ip ospf neighbor** 命令的输出，由输出可知，邻居路由器（R1）卡在了 EXSTART 状态。

例 7-92　show ip ospf neighbor 命令的输出表明，R1 卡在了 Exstart 状态

```
R2#show ip ospf neighbor

Neighbor ID     Pri   State         Dead Time    Address         Interface
131.108.2.1      1    EXSTART/-     00:00:33     131.108.1.1     Serial0
```

例 7-93 所示为在 R2 上执行 **debug ip ospf adj** 命令的输出。若在 debug 输出中见到（本路由器）持续重传 OSPF DBD 数据包，且 flag 值总是为 7，则表明肯定存在问题。这意味着，OSPF 邻居之间推举不出主/从路由器。debug 输出中的 flag 值表示的是 DBD 数据中的 I、M 及 MS 位的值。flag 值为 7，表示 DBD 数据包中的 I、M 及 MS 位同时置 1。更多与 DBD 数据包 I、M 及 MS 位有关的信息，请参考上一章。

例 7-93　debug 命令的输出表明，OSPF 邻居双方推举不出主/从路由器

```
R2#debug ip ospf adj
OSPF: Retransmitting DBD to 131.108.2.1 on Serial0
OSPF: Send DBD to 131.108.2.1 on Serial0 seq 0x793 opt 0x2 flag 0x7 len 32
OSPF: Rcv DBD from 131.108.2.1 on Serial0 seq 0x25F7 opt 0x2 flag 0x7 len 32 mtu 0 state
  EXSTART
OSPF: First DBD and we are not SLAVE
```

例 7-94 所示为在 R2 上执行 **show ip ospf interface serial0** 命令的输出。由输出可知，R2 的 router-ID 为 131.108.2.1——与 R1 相同。邻居路由器间 Router-ID 冲突，势必会影响主/从路由器的选举。

例 7-94　R2 的 router-ID 与 R1 相同

```
R2#show ip ospf interface serial 0
Serial0 is up, line protocol is up
  Internet Address 131.108.1.2/24, Area 1
  Process ID 1, Router ID 131.108.2.1, Network Type POINT_TO_POINT, Cost: 64
```

（2）解决方法

例 7-93 所示 debug 输出表明，R2 不停发出 flag 值为 7 的 DBD 数据包——声称自己是主路由器。与此同时，R2 也收到了 R1 发出的表明其为主路由器的 DBD 数据包。比较了 R1 所发 DBD 数据包包头中的 router-ID 字段值之后，R2 发现该值并不高于自己的 router-ID 值，于是会继续向 R1 发送 DBD 数据包，声称自己是主路由器。最终，这两台路由器为争当主路由器而"斗来斗去"，但却因 router-ID 值相同而陷入 Exstart 状态。

要解决此类故障，需仔细检查 OSPF 邻居双方的 Router-ID 值是否相同，若相同，则必须更改其中一台路由器的 router-ID，并重启 OSPF 进程，令配置生效。

注意：版本不低于 12.0 的 IOS 会在发生 OSPF router-ID 冲突时生成告警信息：OSPF-3-DUP_RTRID。

例 7-95 所示为故障解决之后，在 R2 上执行 **show ip ospf neighbor** 命令的输出。

例 7-95 OSPF router-ID 冲突问题得到解决之后，验证 R1 和 R2 的 OSPF 邻接关系能否正常建立

```
R2#show ip ospf neighbor
Neighbor ID     Pri   State       Dead Time   Address       Interface
131.108.2.1      1    FULL/-      00:00:32    131.108.1.1   Serial0
```

3. OSPF 邻居逗留于 Exstart/Exchange 状态——原因：网络介质所能传输的数据包的最大长度低于 OSPF 路由器用来建立邻接关系的接口的 MTU 值

OSPF 路由器与其邻居建立邻接关系时，会历经几个状态。在 Exstart 状态下，会"决出"主/从路由器。主/从路由器决出之后，OSPF 邻居双方就会以互发 DBD 数据包的形式，交换 LSA 数据包包头的信息。倘若所要交换的 LSA 条数过多，OSPF 路由器就会根据（路由通告）接口的 MTU 值的设置，以大包（数据包的大小为接口 MTU 值）的方式"尽力"发送数据。若网络的第 2 层介质存在大数据包的收、发问题，也就是说，第二层介质无法传送包长为（路由通告）接口 MTU 值的数据包时，OSPF 邻居双方之间的邻接关系就会卡在 Exchange 状态。

图 7-36 所示为易发生上述故障的网络。图中并未示出网络的第二层介质类型，因为此类故障可能会在任何一种第二层介质上发生。

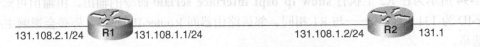

图 7-36 易产生 MTU 问题的网络

例 7-96 所示为在 R2 上执行 **show ip ospf neighbor** 命令的输出。由输出可知，R2 与 R1 通过串行链路建立 OSPF 邻接关系时，卡在了 Exchange 状态，这表明主、从路由器的选举已经完成。

例 7-96 show ip ospf neighbor 命令的输出表明，R2 逗留于 Exchange 状态

```
R2#show ip ospf neighbor
Neighbor ID     Pri   State        Dead Time   Address       Interface
131.108.2.1      1    EXCHANGE/-   00:00:46    131.108.1.2   Serial0/0
```

图 7-37 所示为解决此类故障的排障流程。

（1）debug 与验证

例 7-97 所示为在 R2 上执行 **debug ip ospf adj** 命令的输出。由 debug 输出可知，R2 "坚持"每隔 5 秒向 R1 重发一次 DBD 数据包，但从未收到任何响应，这 5 秒的时间间隔为默认设置。请注意，R2 所发 DBD 数据包的长度为 1274 字节，flag 值为 3；据此可判断出 R2 为主路由器。如前所述，flag 值为 3，表示 DBD 数据包中的 M 和 MS 位置 1。

第 7 章 排除 OSPF 故障

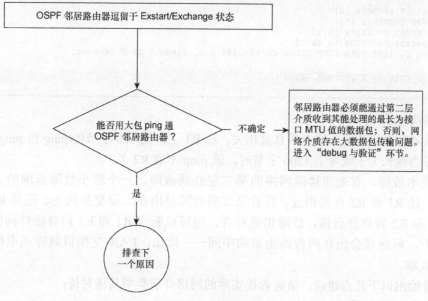

图 7-37 排障流程

例 7-97 debug ip ospf adj 命令的输出表明，R2 不停地重发 OSPF DBD 数据包

```
R2#debug ip ospf adj
OSPF: Send DBD to 131.108.2.1 on Serial0 seq 0x793 opt 0x2 flag 0x3 len 1274
OSPF: Retransmitting DBD to 131.108.2.1 on Serial0
OSPF: Send DBD to 131.108.2.1 on Serial0 seq 0x793 opt 0x2 flag 0x3 len 1274
OSPF: Retransmitting DBD to 131.108.2.1 on Serial0
OSPF: Send DBD to 131.108.2.1 on Serial0 seq 0x793 opt 0x2 flag 0x3 len 1274
OSPF: Retransmitting DBD to 131.108.2.1 on Serial0
OSPF: Send DBD to 131.108.2.1 on Serial0 seq 0x793 opt 0x2 flag 0x3 len 1274
OSPF: Retransmitting DBD to 131.108.2.1 on Serial0
```

例 7-98 所示为在 R1 上用常规及扩展 ping 命令 ping R2 的输出。由输出可知，在 R1 上，只要 ping 包的长度超过了 1200 字节，就 ping 不通 R2 了。这说明网络的第二层介质存在大数据包传输问题。

例 7-98 用小包可以 ping 通 R2，但用 1200 字节的大包则不然

```
R1#ping 131.108.1.2

Type escape sequence to abort.
Sending 5, 100-byte ICMP Echos to 131.108.1.2, timeout is 2 seconds:
!!!!!
Success rate is 100 percent (5/5), round-trip min/avg/max = 1/1/1 ms
R1#


R1#ping ip
Target IP address: 131.108.1.2
Repeat count [5]:
Datagram size [100]: 1200
```

（待续）

```
Timeout in seconds [2]:
Extended commands [n]:
Sweep range of sizes [n]:
Type escape sequence to abort.
Sending 5, 1200-byte ICMP Echos to 131.108.1.2, timeout is 2 seconds:
.....
Success rate is 0 percent (0/5)
R1#
```

（2）解决方法

此类故障与网络的第二层介质息息相关。在 R1 上，用 100 字节的 ping 包 ping R2，能够 ping 通，可当包长大于或等于 1200 字节时，就 ping 不通 R2 了。

要解决本故障，首先应排除网络的第二层介质故障。一个缩小故障范围的方法是，抛开交换机，让 R1 和 R2 直接相连，看看第二层故障是出在二层交换机上，还是 R1 和 R2 自身。若 R1 和 R2 背靠背直接，故障仍然存在，则可以断言 R1 和 R2 自身硬件问题。而在大多数情况下，问题都会出在两台路由器的中间——比如，LAN 交换机故障或电信运营商提供的电路故障。

现笔者给出以下几点建议，请读者视实际的网络介质类型具体对待：

- 对于 LAN 介质：
  ——请检查交换机配置中的接口 MTU 值的设置。
  ——更换交换机端口。
- 对于 WAN 介质：
  ——若使用自建的 WAN 链路组网，请检查第二层故障出现在 WAN 链路沿途的哪一台设备上。
  ——若从电信运营商租用 WAN 链路，需请求电信运营商协同检查 WAN 链路沿途的第二层故障。

4．OSPF 邻居路由器逗留于 Exstart/Exchange 状态——原因：IP 单播连通性丧失

当 OSPF 邻居双方开始交换 OSPF DBD 数据包时，在 Exstart/Exchange 状态下，会以单播方式完成数据包的交换。但这只会发生于邻居双方的互连链路为非点对点链路的情况下。若互连链路为点对点链路，邻居双方则会以多播方式，互发 OSPF DBD 数据包。对于非点对点链路，只要单播连通性遭到破坏，OSPF 邻居双方的邻接关系将会卡在 Exstart 状态。

图 7-38 所示为解决此类故障的排障流程。

（1）debug 与验证

例 7-99 所示为在 R1 上 ping R2（互连接口 IP 地址）的输出。由输出可知，长度为 100 字节的 ICMP echo request 数据包全都遭到了丢弃。

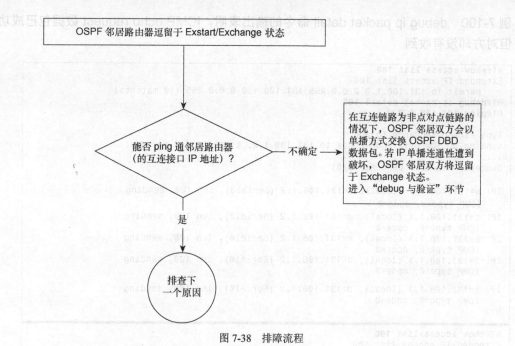

图 7-38 排障流程

例 7-99 ping 不通邻居路由器互连接口的 IP 地址，表明存在 IP 单播连通性故障

```
R1#ping 131.108.1.2

Type escape sequence to abort.
Sending 5, 100-byte ICMP Echos to 131.108.1.2, timeout is 2 seconds:
.....
Success rate is 0 percent (0/5)
R1#
```

（2）解决方法

ping 不通邻居路由器互连接口的 IP 地址，主要原因如下所列：
- 在帧中继或 ATM 交换机上，DLCI 或 VPI/VCI 映射配置有误；
- 访问列表拦截了单播数据包；
- NAT 设备转换了单播数据包包头中的 IP 地址。

DLCI 或 VPI/VCI 映射配置有误

以帧中继或 ATM 电路作为 OSPF 邻居路由器间的 WAN 互连链路时，这样的配置错误非常常见。OSPF 协议数据包将会"消失"在帧中继或 ATM 云内。要想进一步确定原因，可先在 OSPF 邻居双方同时执行挂接了 ACL 的 **debug ip packet detail** 命令，然后再到其中的一台路由器上执行上述 ping 命令。

例 7-100 所示为令 R1 与 R2 互 ping 的同时，由两者生成的 **debug ip packet detail** 命令的输出。debug 输出表明，ICMP echo request 数据包已经进入了帧中继网络云，但有进无出。

例 7-100 debug ip packet detail 命令的输出表明，ICMP echo request 数据包已成功发送，但对方却没有收到

```
R1#show access-list 100
Extended IP access list 100
    permit ip 131.108.1.0 0.0.0.255 131.108.1.0 0.0.0.255 (10 matches)
R1#debug ip packet detail 100
R1#ping 131.108.1.2

Type escape sequence to abort.
Sending 5, 100-byte ICMP Echos to 131.108.1.2, timeout is 2 seconds:
.....
Success rate is 0 percent (0/5)

IP: s=131.108.1.1 (local), d=131.108.1.2 (Serial0), len 100, sending
    ICMP type=8, code=0
IP: s=131.108.1.1 (local), d=131.108.1.2 (Serial0), len 100, sending
    ICMP type=8, code=0
IP: s=131.108.1.1 (local), d=131.108.1.2 (Serial0), len 100, sending
    ICMP type=8, code=0
IP: s=131.108.1.1 (local), d=131.108.1.2 (Serial0), len 100, sending
    ICMP type=8, code=0
IP: s=131.108.1.1 (local), d=131.108.1.2 (Serial0), len 100, sending
    ICMP type=8, code=0
R1#
```

```
R2#show access-list 100
Extended IP access list 100
    permit ip 131.108.1.0 0.0.0.255 131.108.1.0 0.0.0.255 (10 matches)
R2#debug ip packet detail 100
R2#ping 131.108.1.1

Type escape sequence to abort.
Sending 5, 100-byte ICMP Echos to 131.108.1.1, timeout is 2 seconds:
.....
Success rate is 0 percent (0/5)

IP: s=131.108.1.2 (local), d=131.108.1.1 (Serial0), len 100, sending
    ICMP type=8, code=0
IP: s=131.108.1.2 (local), d=131.108.1.1 (Serial0), len 100, sending
    ICMP type=8, code=0
IP: s=131.108.1.2 (local), d=131.108.1.1 (Serial0), len 100, sending
    ICMP type=8, code=0
IP: s=131.108.1.2 (local), d=131.108.1.1 (Serial0), len 100, sending
    ICMP type=8, code=0
IP: s=131.108.1.2 (local), d=131.108.1.1 (Serial0), len 100, sending
    ICMP type=8, code=0
R2#
```

要解决此类故障，应致电电信运营商，令其查明原因。因 Cisco 路由器自身的软/硬件缺陷，而导致丢包的故障极少发生。而导致故障的任何其他原因则都会在路由器 debug 输出中"露面"。比如，若路由器上的帧中继映射配置有误，由其生成 debug 输出中会出现类似于"encapsulation failure（封装故障）"的字样。

访问列表拦截了单播数据包

若 OSPF 邻居双方中的一方配置了访问列表，请确保其未拦截特定的单播流量。例 7-101 所示为在 R2 上执行 **debug ip packet detail 100** 命令的输出。由输出可知，源 IP 为 131.108.1.2，

目的 IP 为 131.108.1.1 的单播流量遭到了拦截。由设在 R1 上的 ACL101 的配置可知，只有 OSPF 多播流量获准发送，而源于 131.108.1.0 的单播数据包都遭到了拒绝，因为每一个 ACL 的末尾都暗伏一条 deny any any 的 ACE。

例 7-101　OSPF 邻居双方互连接口间的单播流量遭到了拦截

```
R1#show access-list 100
Extended IP access list 100
    permit ip 131.108.1.0 0.0.0.255 131.108.1.0 0.0.0.255
R1#show access-list 101
Extended IP access list 101
    permit ip 141.108.10.0 0.0.0.255 any
    permit ip 141.108.20.0 0.0.0.255 any
    permit ip 141.108.30.0 0.0.0.255 any
    permit ip 131.108.1.0 0.0.0.255 host 224.0.0.5
R1#debug ip packet 100 detail
IP packet debugging is on (detailed) for access list 100
R1#
IP: s=131.108.1.2 (Serial0.2), d=131.108.1.1, len 100, access denied
    ICMP type=8, code=0
IP: s=131.108.1.1 (local), d=131.108.1.2 (Serial0.2), len 56, sending
    ICMP type=3, code=13
R1#
IP: s=131.108.1.2 (Serial0.2), d=131.108.1.1, len 100, access denied
    ICMP type=8, code=0
IP: s=131.108.1.1 (local), d=131.108.1.2 (Serial0.2), len 56, sending
    ICMP type=3, code=13
R1#
IP: s=131.108.1.2 (Serial0.2), d=131.108.1.1, len 100, access denied
    ICMP type=8, code=0
IP: s=131.108.1.1 (local), d=131.108.1.2 (Serial0.2), len 56, sending
    ICMP type=3, code=13
R1#
```

例 7-101 所示输出清楚地表明了 ACL 是拦截（OSPF 邻居双方互连接口间的）单播数据包的罪魁祸首。所有 ACL 的末尾都暗伏一条 deny any any 的 ACE，用来拒绝一切未经明确允许的数据包（对于本场景，拒绝了 OSPF 邻居双方互连接口间的单播流量）。这就导致了 OSPF 邻居双方卡在了 Exchange 状态[1]。

解决故障，需修改 ACL 101，令其允许源 IP 为 131.108.1.2，目的 IP 为 131.108.1.1 的单播流量。例 7-102 所示为经过修改的 ACL101。

例 7-102　修改 ACL101，令其不再拦截 OSPF 邻居双方互连接口间的单播流量

```
R1#show access-list 101
Extended IP access list 101
    permit ip 141.108.10.0 0.0.0.255 any
    permit ip 141.108.20.0 0.0.0.255 any
    permit ip 141.108.30.0 0.0.0.255 any
    permit ip 131.108.1.0 0.0.0.255 host 224.0.0.5
    permit ip 131.108.1.0 0.0.0.255 131.108.1.0 0.0.0.255
```

NAT 设备转换了单播 OSPF 数据包包头的 IP 地址[2]

启用 NAT 也有可能会影响 OSPF 邻居路由器之间的邻接关系建立。只要 NAT 配置有误，

---

[1] 本节开头却说会卡在 EXSTART 状态。——译者注
[2] 原文是 "NAT Is Translating the Unicast（NAT 转换了单播）"，请问作者，你是想表达 "NAT 把单播转换成了多播或广播" 吗？——译者注

路由器就会转换相关 OSPF 单播数据包包头中的 IP 地址,乃至影响 OSPF 邻接关系的建立。例 7-103 所示为 R1 开启 NAT 功能的配置。R1 的 outside 接口为 Serial0.2,用来连接 R2。图 7-39 所示为 R1 与 R2 互连,在 R1 上开启了 NAT 功能[①]。

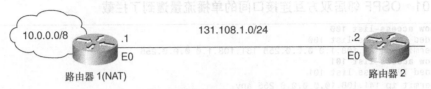

图 7-39　在 OSPF 路由器上开启 NAT 功能的网络

当 R2 将 IP 单播数据包送达 R1 时,R1 会试图对包头中的目的地址进行转换,因此 R2 通过互连接口的 IP 地址 131.108.1.2 与 R1 建立不了 OSPF 邻接关系。需要重点关注的就是与 NAT 挂钩的 ACL。只要 ACL 配置不当,就会导致故障。例 7-98 所示为在 R1 上的 NAT 配置。

例 7-103　NAT 配置导致单播数据包被转换

```
R1#
interface Ethernet 0
ip nat outside
!
ip nat inside source list 1 interface E0 overload
!
access-list 1 permit any
```

要解决故障,就得更改 access-list 1,令路由器只转换 IP 地址匹配其的数据包,例 7-104 所示为经过修改的 ACL 的配置。访问列表的配置随网络而异,读者需根据实际情况完成配置。配置的主导思想是,ACL 所包含的 **permit** 语句不应"覆盖" OSPF 邻居路由器互连接口的 IP 地址。在例 7-104 所示 ACL 的配置中,只允许了 inside 网络的 IP 地址 10.0.0.0/8。这意味着 R1 将不再转换地址范围为 131.108.1.0/24 的数据包。

例 7-104　修改访问列表,以解决 OSPF 邻接关系建立故障

```
R1#
interface Ethernet 0
ip address 131.108.1.1 255.255.255.0
ip nat outside
!
ip nat inside source list 1 interface Serial0.2 overload
!
access-list 1 permit 10.0.0.0 0.255.255.255
```

---

① 整段原文为"This is another common problem that occurs when NAT is configured on the router. If NAT is misconfigured, it will start translating the unicast packet coming toward it, which will break the unicast connectivity. Example 7-103 shows that R1 is configured with NAT. The outside interface of R1 is Serial 0.2, which connects to R2. Figure 7-39 shows R1 and R2 connected to each other, with R1 running NAT."本书讲述的是如何排除网络故障,而翻译本书也是在不停地排除故障,是排除作者思路、文字乃至语法方面的故障。由图 7-39 可知,R1 与 R2 通过以太网接口 E0 互连。——译者注

例 7-105 所示为在 R2 上执行 **show ip ospf neighbor** 的输出。由输出可知，修改了 access-list 1 之后，R1 和 R2 建立起了状态为 FULL 的 OSPF 邻接关系。

例 7-105　验证 OSPF 邻接关系是否建立

```
R2#show ip ospf neighbor
Neighbor ID    Pri   State      Dead Time   Address       Interface
131.108.2.1    1     FULL/-     00:00:32    131.108.1.1   Ethernet0
```

5. OSPF 邻居路由器逗留于 Exstart/Exchange 状态——原因：路由器 PRI 和 BRI 拨号接口的 OSPF 网络类型为 point-to-point

当 OSPF 邻居双方分别用 ISDN PRI 接口和 BRI 接口建立 OSPF 邻接关系时，若把 PRI/BRI 接口的 OSPF 网络类型配置为 point-to-point，在 OSPF 邻接关系建立过程中，即便 OSPF 邻居双方过渡到了 2-way 状态之后，也还是会以多播的方式互发 OSPF DBD 数据包。若 OSPF 路由器只通过 PRI 接口，下连了一台配备了 BRI 接口的 OSPF 邻居路由器，把 PRI/BRI 接口的 OSPF 网络类型配置为 point-to-point 则不会出现任何问题。可当前者通过 PRI 接口下连了多台配备 BRI 接口的 OSPF 邻居路由器时，拜 PRI/BRI 接口的 OSPF 网络类型为 point-to-point 所赐，OSPF 邻接关系将无从建立。由于所有的 OSPF DBD 数据包都会以多播的方式，在"点到点"链路上发送，因此配备了 PRI 接口的 OSPF 路由器将从多台配备了 BRI 接口的邻居路由器收到 OSPF DBD 数据包，这就会导致前者将多个后者一并置入 Exstart 状态。

图 7-40 所示为易发生此类故障的网络。R1 配备了 PRI 接口，R2 和 R3 通过 BRI 接口拨入 R1 的 PRI 接口。只要把 PRI/BRI 接口的 OSPF 网络类型配置为 point-to-point，就会触发故障。

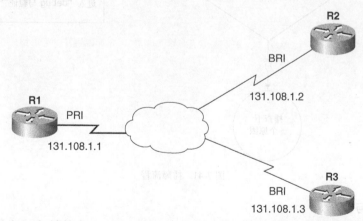

图 7-40　在 BRI 接口拨入 PRI 接口的场景中，将 PRI/BRI 接口的 OSPF 网络类型配置为 point-to-point

例 7-106 所示为在 R1 上执行 **show ip ospf neighbor** 命令的输出。由输出可知，R1 通过 ISDN

链路连接的两个 OSPF 邻居（R2 和 R3）都卡在了 EXSTART 状态。若 R2 和 R3 长期逗留于 Exstart 状态，则表明发生了故障。

例 7-106 通过 PRI 接口连接的 OSPF 邻居路由器逗留于 Exstart 状态

```
R1#show ip ospf neighbor
Neighbor ID       Pri   State        Dead Time   Address       Interface
131.108.1.2       1     EXSTART/-    00:00:38    131.108.1.2   Serial0/0:23
131.108.1.3       1     EXSTART/-    00:00:32    131.108.1.3   Serial0/0:23
```

图 7-41 所示为解决此类故障的排障流程。

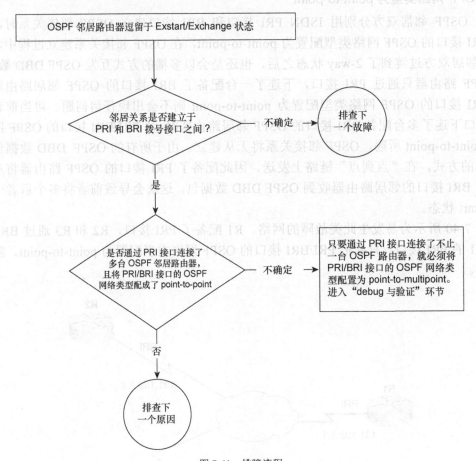

图 7-41 排障流程

（1）debug 与验证

例 7-107 所示为在 R2 上执行 **show ip ospf interface bri0** 命令的输出。由输出可知，R2 用来建立 OSPF 邻接关系的 BRI0 接口的 OSPF 网络类型为 point-to-point。

例 7-107　确认 R2 bri0 接口的 OSPF 网络类型

```
R2#show ip ospf interface bri0
    BRI0 is up, line protocol is up (spoofing)
    Internet Address 131.108.1.2/24, Area 2
    Process ID 1, Router ID 131.108.1.2, Network Type POINT_TO_POINT, Cost: 1562
    Transmit Delay is 1 sec, State POINT_TO_POINT,
    Timer intervals configured, Hello 10, Dead 40, Wait 40, Retransmit 5
        Hello due in 00:00:06
    index 1/1, flood queue length 0
    Next 0x0(0)/0x0(0)
    Last flood scan length is 1, maximum is 1
    Last flood scan time is 0 msec, maximum is 0 msec
    Neighbor Count is 1, Adjacent neighbor count is 0
    Suppress hello for 0 neighbor(s)
```

例 7-108 所示为在 R2 上执行 **debug ip ospf adj** 命令的输出。debug 输出表明，R2 通过 OSPF 网络类型为 point-to-point 的接口收到了两种不同的 OSPF DBD 数据包。问题出在 R1 以多播方式向 R2 和 R3 发送 OSPF DBD 数据包之时，这是因为 R1 PRI 接口的 OSPF 网络类型被配置成了 point-to-point。只要路由器接口的 OSPF 网络类型为 point-to-point，由其发出的 OSPF 协议数据包都会以多播方式传送。于是，便导致了 R2 收到 R1 原本要发给 R3 的 DBD 数据包，而 R3 也会收到 R1 原本要发给 R2 的 DBD 数据包。

当 R2 收到 R1 原本要发给 R3 的 DBD 数据包时，会"不解其意"，因为其中的序列号和 flag 值都"乱了套"。最终，R1 与 R2 之间的 OSPF 邻接关系将回退至 Exstart 状态。该过程会循环往复。

例 7-108　debug 输出表明，R2 收到了 R1 原本要发给 R3 的 DBD 数据包，从而导致故障

```
R2#debug ip ospf adj
Send DBD to 131.108.1.1 on BRI0 seq 0xB41 opt 0x42 flag 0x7 len 32
Rcv DBD from 131.108.1.1 on BRI0 seq 0x1D06 opt 0x42 flag 0x7 len 32  mtu 1500 state
    EXSTART
First DBD and we are not SLAVE
Rcv DBD from 131.108.1.1 on BRI0 seq 0xB41 opt 0x42 flag 0x2 len 92  mtu 1500 state
    EXSTART
NBR Negotiation Done. We are the MASTER
Send DBD to 131.108.1.1 on BRI0 seq 0xB42 opt 0x42 flag 0x3 len 92
Database request to 131.108.1.1
sent LS REQ packet to 131.108.1.1, length 12
Rcv DBD from 131.108.1.1 on BRI0 seq 0x250 opt 0x42 flag 0x7 len 32  mtu 1500 state
    EXCHANGE
EXCHANGE - inconsistent in MASTER/SLAVE
Bad seq received from 131.108.1.1 on BRI0
Send DBD to 131.108.1.1 on BRI0 seq 0x2441 opt 0x42 flag 0x7 len 32
Rcv DBD from 131.108.1.1 on BRI0 seq 0x152C opt 0x42 flag 0x2 len 92  mtu 1500 state
    EXSTART
Unrecognized dbd for EXSTART
Rcv DBD from 131.108.1.1 on BRI0 seq 0xB42 opt 0x42 flag 0x0 len 32  mtu 1500 state
    EXSTART
Unrecognized dbd for EXSTART
```

（2）解决方法

要解决故障，需要把邻居双方的 PRI 和 BRI 接口的 OSPF 网络类型改为 point-to-multipoint。例 7-109 所示为执行上述操作的接口配置模式命令，其后给出了在 R2 上执行 **show ip ospf** interface 命令的输出。

例 7-109 确认 R2 bri 0 接口的 OSPF 网络类型

```
R2#
interface BRI0
 ip ospf network point-to-multipoint

R2#show ip ospf interface bri0
 BRI0 is up, line protocol is up (spoofing)
 Internet Address 131.108.1.2/24, Area 2
 Process ID 1, Router ID 131.108.1.2, Network Type POINT_TO_MULTIPOINT, Cost: 1562
 Transmit Delay is 1 sec, State POINT_TO_MULTIPOINT,
 Timer intervals configured, Hello 30, Dead 120, Wait 120, Retransmit 5
   Hello due in 00:00:06
 index 1/1, flood queue length 0
 Next 0x0(0)/0x0(0)
 Last flood scan length is 1, maximum is 1
 Last flood scan time is 0 msec, maximum is 0 msec
 Neighbor Count is 1, Adjacent neighbor count is 1
 Suppress hello for 0 neighbor(s)
```

必须在接入 ISDN 网络的所有路由器的 ISDN 接口上执行上述配置。只要将 ISDN 接口（PRI/BRI 接口）的 OSPF 网络类型更改为 point-to-multipoint，OSPF 邻居双方在过渡到 2-way 状态之后，就会以单播而非多播方式互发 DBD 数据包，对于本例，R2 就不会再收到 R1 原本要发给 R3 的数据包了。

7.2.6 故障：OSPF 邻居停滞于 Loading 状态

此类故障在 OSPF 邻居关系建立故障中比较少见。当邻居逗留于 Loading 状态时，则表明本路由器已经向其发出了 LSR 数据包，去请求过期或丢失的 LSA，并等待其回复 LSU 数据包。若邻居路由器未回复 LSU 数据包，或数据包在途中丢失，则 OSPF 邻居双方的状态就会停滞于 Loading 状态。

下面列出了引发此类故障的常见原因：
- （邻居双方互连接口的）MTU 值不匹配；
- LSR 数据包遭到了破坏。

图 7-42 所示为由两台 OSPF 路由器组成的网络，在 R2 上执行 **show ip ospf neighbor** 命令，输出表明，R1 停滞于 Loading 状态。

图 7-42 易发生 OSPF 邻居路由器逗留于 Loading 状态故障的网络

例 7-110 所示为来自 R2 的 **show ip ospf neighbor** 命令的输出。由输出可知，邻居路由器（R1）处于 Loading 状态。

例 7-110 show ip ospf neighbor 命令的输出表明，R1 卡在了 Loading 状态

```
R2#show ip ospf neighbor
Neighbor ID     Pri   State          Dead Time    Address           Interface
131.108.2.1      1    LOADING/-      00:00:37     131.108.1.1       Serial0
```

1. OSPF 邻居停滞于 Loading 状态——原因：（OSPF 邻居双方互连接口的）MTU 值不匹配

本节所描述的故障为（OSPF 邻居双方互连接口的）MTU 值不匹配时，发生的特殊情况。若互连链路两端接口的 MTU 值不匹配，就会发生故障。说透一点，邻居路由器双方互连接口的 MTU 值一高一低，高的那方就会根据自身接口的 MTU 配置，生成较大的 LSU 数据包。因此，MTU 值低的那方根本不能接收其邻居路由器发出的 LSU 数据包，最终，会将邻居路由器置为 Loading 状态。

图 7-42 所示为本故障排障流程。

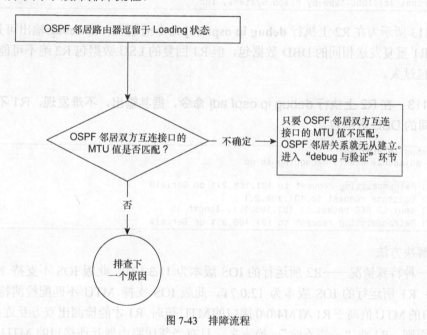

图 7-43 排障流程

（1）debug 与验证

例 7-111 所示为 R1 和 R2 互连接口的配置。由配置可知，两边的 MTU 值不匹配。

例 7-111 R1 和 R2 互连接口的 MTU 值配置不一

```
R2#show interface Serial0
Serial0/0 is up, line protocol is up
  Hardware is PQUICC with Fractional T1 CSU/DSU
  MTU 2048 bytes, BW 256 Kbit, DLY 20000 usec,

R1#show interface ATM4/0/0
ATM4/0/0 is up, line protocol is up
  Hardware is cyBus ATM
  MTU 4470 bytes, sub MTU 4470, BW 155520 Kbit, DLY 80 usec,
```

例 7-112 所示为 R1 和 R2 运行的 Cisco IOS 版本。因 R2 运行的 IOS 版本为 11.3（10）T，低于 12.0.3，故不支持 MTU 不匹配检测特性。MTU 不匹配检测标准定义于 RFC 2178，版本不低于 12.0.3 的 IOS 软件才支持这一标准。

例 7-112　确认 R1 和 R2 所运行的 IOS 版本

```
R2#show version
Cisco Internetwork Operating System Software
IOS (tm) C2600 Software (C2600-I-M), Version 11.3(10)T, RELEASE SOFTWARE (fc1)
Copyright (c) 1986-1999 by cisco Systems, Inc.

R1#show version
Cisco Internetwork Operating System Software
IOS (tm) RSP Software (RSP-JSV-M), Version 12.0(7)T, RELEASE SOFTWARE (fc2)
Copyright (c) 1986-1999 by cisco Systems, Inc.
```

例 7-113 所示为在 R2 上执行 **debug ip ospf adj** 命令的输出。由 debug 输出可知，R2 源源不断地向 R1 重复发送相同的 DBD 数据包，但 R1 回复的 LSU 数据包 R2 绝不可能接收，因为 LSU 数据包过大。

例 7-113　在 R2 上执行 debug ip ospf adj 命令，据其输出，不难发现，R1 不断向 R2 重复发送相同的 DBD 数据包

```
R2#debug ip ospf adj
OSPF adjacency events debugging is on
R2#
OSPF: Retransmitting request to 131.108.2.1 on Serial0
OSPF: Database request to 131.108.2.1
OSPF: sent LS REQ packet to 131.108.1.1, length 12
OSPF: Retransmitting request to 131.108.2.1 on Serial0
```

（2）解决方法

这是一种特殊情况——R2 所运行的 IOS 版本为 11.3.10T，此版 IOS 不支持 MTU 不匹配检测特性；R1 所运行的 IOS 版本为 12.0.7T，此版 IOS 支持 MTU 不匹配检测特性。只有当 R2 S0 接口的 MTU 值高于 R1 ATM4/0/0 接口的 MTU 值时，R1 才能检测出双方互连接口的 MTU 不匹配；否则，R1 将"一声不吭"。换言之，只有当邻居路由器互连接口的 MTU 值更高时，本路由器 IOS 中内置的 MTU 不匹配检测特性才能发挥效用。

本例，R2 S0 接口的 MTU 值为 2048。亦即，虽然 R1 运行的 IOS 支持 OSPF MTU 不匹配检测特性，但也检测不出双方互连接口的 MTU 值不匹配，因为 R2 ATM4/0/0 接口的 MTU 值低于 R1 S0 接口的 MTU 值。

当 R2 为请求 LSA 的新实例，而发出 LSU 数据包时，R1 会回复一个大于 2048 字节的 LSU 数据包，由于该数据包"过长"，因此 R2 不可能接收该包。要解决故障，需确保让 R1 和 R2 互连接口的 MTU 值匹配。为此，只需更改互连接口之一（本例中，更改的是 R2 Serial0 接口）的 MTU 值，请执行以下接口配置模式命令：

```
interface serial 0
mtu 4470
```

例 7-114 所示为在 R2 上执行 **show ip ospf neighbor** 命令的输出。由输出可知，互连接口 MTU 值匹配之后，R1 和 R2 建立起了状态为 FULL 的 OSPF 邻接关系。

例 7-114 解决 MTU 不匹配故障之后，R1 与 R2 建立起了 OSPF 邻居关系

```
R2#show ip ospf neighbor
Neighbor ID     Pri   State       Dead Time   Address       Interface
131.108.2.1     1     FULL/-      00:00:32    131.108.1.1   Serial0
```

2. OSPF 邻居停滞于 Loading 状态——原因：LSR 数据包损坏

当本路由器发出的 LSR 数据包遭损坏时，邻居路由器会将之丢弃，且不会回复以相应的 LSU 数据包，这将导致 OSPF 邻居双方停滞于 Loading 状态。

LSR 数据包常因以下原因而遭到损坏：

- 被邻居路由器之间的设备（如交换机）破坏；
- 遭发包方路由器损坏。换句话讲，不是发包方路由器的接口出了硬件故障，就是其所运行的 IOS 产生了 Bug；
- LSR 数据包通不过收包方路由器的校验和计算。也就是说，不是收包方路由器的接口出了硬件故障，就是其所运行的 IOS 产生了 Bug。上述情况出现的概率极低。

图 7-44 所示为解决本故障的排障流程。

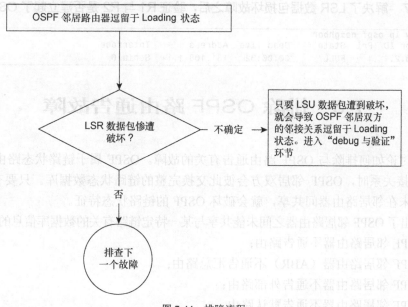

图 7-44 排障流程

（1）debug 与验证

例 7-115 所示为 R2 生成的日志消息。由日志消息的内容可知，R2 收到的 OSPF 数据包通不过校验和计算。这就说明 OSPF 数据包出现了损坏情况。

例7-115 日志表明，R2 收到了遭到破坏的 OSPF 数据包

```
R2#show log
%OSPF-4-ERRRCV: Received invalid packet: Bad Checksum from 131.108.1.1, Serial0
%OSPF-4-ERRRCV: Received invalid packet: Bad Checksum from 131.108.1.1, Serial0
```

由例 7-116 可知，R2 不停地重传 LSR 数据包，且未收到任何回应，因其发出的 LSR 数据包出现了损坏情况，邻居路由器无法回复以相应的 LSU 数据包[①]。

例7-116 由于R2 发出的LSR 数据包损坏，因此无法收到R1 回复的相对应的 LSU 数据包

```
R2#debug ip ospf adj
OSPF adjacency events debugging is on
R2#
OSPF: Retransmitting request to 131.108.2.1 on Serial0
OSPF: Database request to 131.108.2.1
OSPF: sent LS REQ packet to 131.108.1.1, length 12
OSPF: Retransmitting request to 131.108.2.1 on Serial0
```

（2）解决方法

大多数情况下，此类故障都可以通过更换硬件来解决。这种故障一般都是因交换机上的某个端口出现了硬件故障，或 OSPF 协议数据包发送/接收方路由器上的接口模块硬件故障所引起。

例 7-117 所示为在 R2 上执行 **show ip ospf neighbor** 命令的输出。输出表明，更换硬件解决了 LSR 数据包损坏故障之后，R1 与 R2 建立起了状态为 Full 的 OSPF 邻接关系。

例7-117 解决了LSR 数据包损坏故障之后，验证R1 与 R2 是否建立起了 OSPF 邻接关系

```
R2#show ip ospf neighbor
Neighbor ID    Pri   State     Dead Time   Address       Interface
131.108.2.1     1    FULL/-    00:00:32    131.108.1.1   Serial0
```

7.3 排除 OSPF 路由通告故障

本节会讨论如何排除与 OSPF 路由通告有关的故障。OSPF 属于链路状态路由器协议。建立 OSPF 邻接关系时，OSPF 邻居双方会彼此交换完整的链路状态数据库。只要有任何 OSPF 数据库信息未在邻居路由器间共享，就会破坏 OSPF 的链路状态特征。

下面给出了 OSPF 邻居路由器之间未能共享与某一特定链路有关的数据库信息的常见故障：
- OSPF 邻居路由器不通告路由；
- OSPF 邻居路由器（ABR）不通告汇总路由；
- OSPF 邻居路由器不通告外部路由；
- OSPF 邻居路由器不通告默认路由。

---

① 原文是 "Example 7-116 shows that R2 is retransmitting the LS request packet and is not getting any replies because the replies are getting corrupted." 原文的字面意思是：（邻居路由器）回应 LSR 的数据包遭到了破坏（replies are getting corrupted）。众所周知，邻居路由器会以 LSU 数据包来回应 LSR 数据包，这表明损坏的是 LSU 数据包，而不是列于本节标题的 LSR 数据包。译者为了"配合"本节标题，更改了译文，如有不妥，请指正。——译者注

下面几节会针对上述故障，分别细述其起因及故障解决方法。

7.3.1 故障：OSPF 邻居路由器不通告路由

只要邻居路由器不通告 OSPF 路由，路由就不会在本机路由表中"露面"。也就是讲，邻居路由器未将路由纳入其 OSPF 数据库，否则，本路由器一定会收到相应的路由。

以下列出了可能会引起该故障的最常见的原因：

- 用来通告路由的路由器接口未参与 OSPF 进程；
- 通告路由的路由器接口失效（down）；
- 路由器同一接口的主 IP 地址和 secondary IP 地址分别"参与"了不同的 OSPF 区域[①]。

图 7-45 所示为用来演示本故障的 OSPF 网络。

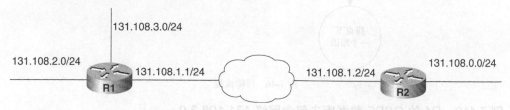

图 7-45　用来演示路由未经成功通告的 OSPF 网络

例 7-118 所示为在 R2 上执行 **show ip route 131.108.3.0** 命令的输出。输出表明，路由器 R2 的路由表中未包含路由 131.108.3.0。

例 7-118　R2 的路由表未包含路由 131.108.3.0

```
R2#show ip route 131.108.3.0
% Network not in table
R2#
```

1. OSPF 邻居路由器不通告路由——原因：用来通告路由的路由器接口未参与 OSPF 进程

只要路由器有接口参与了 OSPF 进程，与此接口 IP 地址相对应的子网路由就会"进驻"OSPF 数据库。导致路由器的某个接口参与不了 OSPF 进程的原因可能有两种：**network** 命令所引用的 IP 地址/掩码未涵盖分配给该接口的 IP 地址；未针对该接口所设 IP 地址，配置相应的 **network** 命令。无论哪种原因，路由器都不会将与该接口 IP 地址相对应的子网路由"纳入"OSPF 数据库，并通告给其邻居路由器。

图 7-46 所示为解决此类故障的排障流程。

（1）debug 与验证

例 7-119 所示为在 R1 上执行 **show ip ospf database router** 命令的输出。由输出可知，R1

---

① 原文是"The secondary interface is in a different area than the primary interface."作者啊，再想省事也不能这么写吧？译文酌改。——译者注

的 OSPF 数据库未包含网络 131.108.3.0/24。

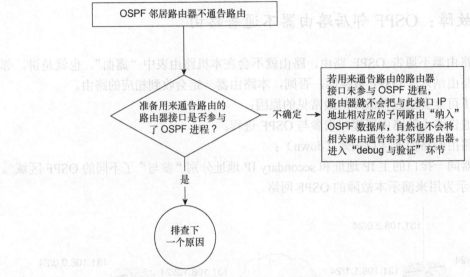

图 7-46 排障流程

例 7-119 R1 的 OSPF 数据库未包含网络 131.108.3.0

```
R1#show ip ospf database router 131.108.2.1
        OSPF Router with ID (131.108.1.2) (Process ID 1)

                Router Link States (Area 0)

  LS age: 301
  Options: (No TOS-capability, DC)
  LS Type: Router Links
  Link State ID: 131.108.2.1
  Advertising Router: 131.108.2.1
  LS Seq Number: 80000148
  Checksum: 0x1672
  Length: 48
   Number of Links: 2

    Link connected to: another Router (point-to-point)
     (Link ID) Neighboring Router ID: 131.108.1.2
     (Link Data) Router Interface address: 131.108.1.1
      Number of TOS metrics: 0
       TOS 0 Metrics: 64

    Link connected to: a Stub Network
     (Link ID) Network/subnet number: 131.108.1.0
     (Link Data) Network Mask: 255.255.255.0
      Number of TOS metrics: 0
       TOS 0 Metrics: 0

    Link connected to: a Stub Network
     (Link ID) Network/subnet number: 131.108.2.0
     (Link Data) Network Mask: 255.255.255.0
      Number of TOS metrics: 0
       TOS 0 Metrics: 10
```

例 7-120 所示为在 R1 上执行 **show ip ospf interface e0** 命令的输出。输出表明，e0 接口未参与 OSPF 进程。在 IOS 版本不低于 12.0 的 Cisco 路由器上执行上述命令时，若接口未参与 OSPF 进程，将看不见任何输出。

例 7-120　R1 Ethernet 0 接口未参与 OSPF 进程

```
R1#show ip ospf interface Ethernet 0
Ethernet0 is up, line protocol is up
  OSPF not enabled on this interface
```

例 7-121 所示为 R1 的配置。配置表明，未针对 e0 接口所在子网 131.108.3.0/24 设置 **network** 命令。

例 7-121　R1 的配置未包含对应于 e0 接口 IP 地址的 network 命令

```
R1#
router ospf 1
 network 131.108.1.0 0.0.0.255 area 0
 network 131.108.2.0 0.0.0.255 area 0
```

（2）解决方法

R1 未通过路由器（类型 1）LSA 通告与其 Ethernet 0 接口所处 IP 网段相对应的路由，**show ip ospf database router** 命令的输出也表明其 e0 接口子网路由未被通告。

问题出在未针对 R1 e0 接口的 IP 地址设置相应的 **network** 命令。因此，R1 不会将与 e0 接口所处 IP 子网相对应的路由"纳入"路由器 LSA[1]；当 R2 收到 R1 通告的路由器 LSA 时，那条与 R1 e0 接口所处 IP 子网相对应的路由肯定未纳入其中。

要解决故障，需确保 **network** 命令配置无误，让 R1 e0 接口参与 OSPF 进程，这样一来，R1 就会把与此接口所处 IP 子网相对应的路由 131.108.3.0/24，"纳入" OSPF 路由器 LSA。

例 7-122 所示为正确的 **network** 命令的配置。

例 7-122　修改 R1 的配置，让其 e0 接口参与 OSPF 进程

```
R1#
router ospf 1
 network 131.108.1.0 0.0.0.255 area 0
 network 131.108.2.0 0.0.0.255 area 0
 network 131.108.3.0 0.0.0.255 area 0
```

例 7-123 所示为配置修改之后，R1 的 OSPF 路由器 LSA 的输出。由输出可知，R1 现以 stub 网络的形式，把子网路由 131.108.3.0 纳入了 OSPF 路由器 LSA。

---

[1] 原文是 "OSPF will not include that particular interface into the router LSA"，字面意思是 "OSPF 不会将特定的接口包括进路由器 LSA"，真是神了，"路由器接口" 都能 "包括进" OSPF LSA 了。译文酌改，如有不妥，请指正。——译者注

例 7-123　目的网络 131.108.3.0/24 已"进驻"OSPF 数据库

```
 1#show ip ospf database router 131.108.2.1

        OSPF Router with ID (131.108.1.2) (Process ID 1)

              Router Link States (Area 0)

  LS age: 301
  Options: (No TOS-capability, DC)
  LS Type: Router Links
  Link State ID: 131.108.2.1
  Advertising Router: 131.108.2.1
  LS Seq Number: 80000148
  Checksum: 0x1672
  Length: 48
   Number of Links: 2

    Link connected to: another Router (point-to-point)
     (Link ID) Neighboring Router ID: 131.108.1.2
     (Link Data) Router Interface address: 131.108.1.1
      Number of TOS metrics: 0
        TOS 0 Metrics: 64

    Link connected to: a Stub Network
     (Link ID) Network/subnet number: 131.108.1.0
     (Link Data) Network Mask: 255.255.255.0
      Number of TOS metrics: 0
        TOS 0 Metrics: 0
R
    Link connected to: a Stub Network
     (Link ID) Network/subnet number: 131.108.2.0
     (Link Data) Network Mask: 255.255.255.0
      Number of TOS metrics: 0
        TOS 0 Metrics: 10

    Link connected to: a Stub Network
     (Link ID) Network/subnet number: 131.108.3.0
     (Link Data) Network Mask: 255.255.255.0
      Number of TOS metrics: 0
        TOS 0 Metrics: 10
```

例 7-124 所示为在 R2 上执行 **show ip route 131.108.3.0** 命令的输出。由输出可知，修改了 R1 的配置之后，R2 学到了路由 131.108.3.0/24。

例 7-124　确认 R2 学到了路由 131.108.3.0

```
R2#show ip route 131.108.3.0
Routing entry for 131.108.3.0/24
  Known via "ospf 1", distance 110, metric 64, type intra area
  Redistributing via ospf 1
  Last update from 131.108.1.1 on Serial0, 04:22:21 ago
  Routing Descriptor Blocks:
  * 131.108.1.1, from 131.108.2.1, 04:22:21 ago, via Serial0
      Route metric is 64, traffic share count is 1
```

2．OSPF 邻居路由器不通告路由——原因：通告路由的路由器接口失效（状态为 down）

路由器不会通过 OSPF 通告与失效接口所处 IP 网络相对应的路由。若路由器的某个接口失效,路由器将不会通过路由器(类型 1)LSA 通告与该接口所处 IP 网络相对应的路由。

图 7-47 所示本故障排障流程。

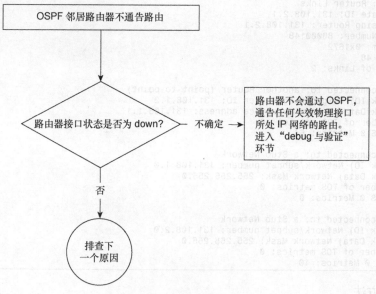

图 7-47 排障流程

(1) debug 与验证

回到图 7-45,R1 Ethernet 0 接口所处 IP 子网为 131.108.3.0/24。若此接口状态为 down,R1 就不会将与其相对应的路由纳入 OSPF 数据库。

例 7-125 所示为在 R1 上执行 **show ip ospf interface Ethernet 0** 命令的输出。输出表明,E0 接口的线协议状态为 down。

例 7-125 show ip ospf interface 命令的输出表明,R1 Ethernet 0 接口的线协议状态为 down

```
R1#show ospf interface Ethernet 0
Ethernet0 is up, line protocol is down
Internet Address 131.108.3.1/24, Area 0
  Process ID 1, Router ID 131.108.2.1, Network Type BROADCAST, Cost: 10
  Transmit Delay is 1 sec, State DOWN, Priority 1
  No designated router on this network
  No backup designated router on this network
  Timer intervals configured, Hello 10, Dead 40, Wait 40, Retransmit 5
```

由例 7-126 所示输出可知,R1 并未将其 Ethernet 0 接口所处 IP 子网路由 131.108.3.0/24,"纳入"路由器 LSA。

例 7-126 R1 并未将与其 Ethernet 0 接口所处 IP 子网相对应的路由,"纳入"路由器 LSA

```
R2#show ip ospf database router 131.108.2.1
       OSPF Router with ID (131.108.1.2) (Process ID 1)
```

(待续)

```
                Router Link States (Area 0)

  LS age: 301
  Options: (No TOS-capability, DC)
  LS Type: Router Links
  Link State ID: 131.108.2.1
  Advertising Router: 131.108.2.1
  LS Seq Number: 80000148
  Checksum: 0x1672
  Length: 48
   Number of Links: 2

    Link connected to: another Router (point-to-point)
     (Link ID) Neighboring Router ID: 131.108.1.2
     (Link Data) Router Interface address: 131.108.1.1
      Number of TOS metrics: 0
       TOS 0 Metrics: 64

    Link connected to: a Stub Network
     (Link ID) Network/subnet number: 131.108.1.0
     (Link Data) Network Mask: 255.255.255.0
      Number of TOS metrics: 0
       TOS 0 Metrics: 0

    Link connected to: a Stub Network
     (Link ID) Network/subnet number: 131.108.2.0
     (Link Data) Network Mask: 255.255.255.0
      Number of TOS metrics: 0
       TOS 0 Metrics: 10
```

（2）解决方法

要解决故障，需设法"激活"R1 Ethernet 0 接口。例 7-127 所示为解决第二层故障之后，在 R1 上执行 show ip ospf interface Ethernet 0 命令的输出。与排除第二层网络故障有关的讨论详见第 9.3.2 节"OSPF 邻居列表为空——原因：第一、二层故障"。

例 7-127　确认故障接口的线协议状态是否重新 UP

```
R1#show ip ospf interface Ethernet 0
Ethernet0 is up, line protocol is up
  Internet Address 131.108.3.1/24, Area 0
  Process ID 1, Router ID 131.108.2.1, Network Type BROADCAST, Cost: 10
```

例 7-128 所示为在 R2 上执行 show ip route 131.108.3.0 命令的输出。由输出可知，让接口的线协议状态 UP 之后，OSPF 路由 131.108.3.0 又重新在路由表中露面了。

例 7-128　确认 OSPF 路由 131.108.3.0 是否重新在路由表中露面

```
R2#show ip route 131.108.3.0
Routing entry for 131.108.3.0/24
Known via "ospf 1", distance 110, metric 64, type intra area
  Redistributing via ospf 1
  Last update from 131.108.1.1 on Serial0, 04:22:21 ago
  Routing Descriptor Blocks:
  * 131.108.1.1, from 131.108.2.1, 04:22:21 ago, via Serial0
      Route metric is 64, traffic share count is 1
R2#
```

3. OSPF 邻居路由器不通告路由——原因：路由器同一接口的主 IP 地址和 secondary IP 地址分别"参与"了不同的 OSPF 区域

根据规定，应该让路由器接口的主 IP 地址和 secondary IP 地址"参与"同一 OSPF 区域。否则，路由器就不会通过路由器 LSA，通告与此接口 secondary IP 地址相对应的路由。

图 7-48 所示为用来演示此类故障的网络。

图 7-48 用来演示 OSPF 路由器不通告接口 secondary IP 子网路由故障的网络

图 7-49 所示为本故障排障流程。

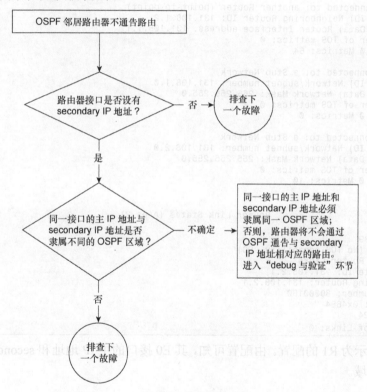

图 7-49 排障流程

（1）debug 与验证

例 7-129 所示为 R1 的路由器（类型 1）LSA 的输出。由输出可知，通向目的网络 131.108.3.0/24 的路由并未进驻 OSPF 数据库。还可以观察到，R1 为区域 2 生成了与该目的网络相对应的路由器 LSA。但由于 R1 E0 接口的 secondary IP 地址为区域 2 内唯一的 IP 地址，因此便导致了 R1 所生成的路由器 LSA 的"链路数量"（Number of Links）字段值为 0。这自然要归咎于 R1 E0 接口的主 IP 地址和 secondary IP 地址分属不同的 OSPF 区域。

例 7-129 所示为 R1 生成的路由器 LSA 的输出

```
R1#show ip ospf database router 131.108.2.1
         OSPF Router with ID (131.108.1.2) (Process ID 1)

                Router Link States (Area 0)

  LS age: 301
  Options: (No TOS-capability, DC)
  LS Type: Router Links
  Link State ID: 131.108.2.1
  Advertising Router: 131.108.2.1
  LS Seq Number: 80000148
  Checksum: 0x1672
  Length: 48
   Number of Links: 2

    Link connected to: another Router (point-to-point)
     (Link ID) Neighboring Router ID: 131.108.1.2
     (Link Data) Router Interface address: 131.108.1.1
      Number of TOS metrics: 0
       TOS 0 Metrics: 64

    Link connected to: a Stub Network
     (Link ID) Network/subnet number: 131.108.1.0
     (Link Data) Network Mask: 255.255.255.0
      Number of TOS metrics: 0
       TOS 0 Metrics: 0

    Link connected to: a Stub Network
     (Link ID) Network/subnet number: 131.108.2.0
     (Link Data) Network Mask: 255.255.255.0
      Number of TOS metrics: 0
       TOS 0 Metrics: 10

                Router Link States (Area 2)

  LS age: 39
  Options: (No TOS-capability, DC)
  LS Type: Router Links
  Link State ID: 131.108.2.1
  Advertising Router: 131.108.2.1
  LS Seq Number: 800001B0
  Checksum: 0x46E4
  Length: 24
   Number of Links: 0
```

例 7-130 所示为 R1 的配置。由配置可知，其 E0 接口的主 IP 地址和 secondary IP 地址分属不同的 OSPF 区域。

例 7-130 R1 E0 接口的主 IP 地址和 secondary IP 地址的配置

```
R1#
interface Ethernet0
 ip address 131.108.3.1 255.255.255.0 secondary
 ip address 131.108.2.1 255.255.255.0
!
router ospf 1
 network 131.108.1.0 0.0.0.255 area 0
 network 131.108.2.0 0.0.0.255 area 0
 network 131.108.3.0 0.0.0.255 area 2
```

（2）解决方法

要解决故障，就得更改 R1 的配置，将其 E0 接口的 secondary IP 地址"划归"区域 0。例 7-131 所示为经过修改的 R1 的配置。由配置可知，其 E0 接口的主 IP 地址和 secondary IP 地址隶属于同一 OSPF 区域。

例 7-131 修改 R1 的配置，令其 E0 接口的 secondary IP 地址与主 IP 地址归属相同的 OSPF 区域

```
R1#
interface Ethernet0
 ip address 131.108.3.1 255.255.255.0 secondary
 ip address 131.108.2.1 255.255.255.0
!
router ospf 1
 network 131.108.1.0 0.0.0.255 area 0
 network 131.108.2.0 0.0.0.255 area 0
 network 131.108.3.0 0.0.0.255 area 0
```

例 7-132 所示为在 R2 上执行 **show ip route 131.108.3.0** 命令的输出。由输出可知，修改过 R1 的配置之后，与 R1 E0 接口 secondary IP 地址相对应的路由在路由表中"露面"了。

例 7-132 确认路由 131.108.3.0 被再次向外通告

```
R2#show ip route 131.108.3.0
Routing entry for 131.108.3.0/24
  Known via "ospf 1", distance 110, metric 64, type intra area
  Redistributing via ospf 1
  Last update from 131.108.1.1 on Serial0, 04:22:21 ago
  Routing Descriptor Blocks:
  * 131.108.1.1, from 131.108.2.1, 04:22:21 ago, via Serial0
      Route metric is 64, traffic share count is 1
R2#
```

7.3.2 故障：OSPF 邻居路由器（ABR）不通告汇总路由

将网络划分为多个 OSPF 区域时，其中必须要有骨干区域（区域 0）。用来连接骨干区域与任一其他区域的路由器都可称为区域边界路由器（ABR）。ABR 的作用是在 OSPF 区域之间传播汇总（类型 3/4）LSA。只要 ABR 未能将汇总 LSA 传播进某区域，那么该区域就会"孤立于"其他区域。

以下给出了可能会导致本故障的常见原因：
- 将常规区域误配成了 totally stubby 区域；
- ABR 未能与区域 0 直接相连；
- 区域 0 未能"连成一气"。

1. OSPF ABR 不通告汇总路由——原因：将常规区域误配成了 totally stubby 区域

将常规区域配置为 stub 区域时，会导致外部（类型 5）LSA 不"踏足"该区域。同理，将

常规区域配置为 totally stubby 区域时，则会造成外部 LSA 及汇总 LSA 都不"踏足"该区域。

图 7-50 所示为用来演示本故障的 OSPF 网络。R1 为 ABR，区域 2 被配置为了 totally stubby 区域。

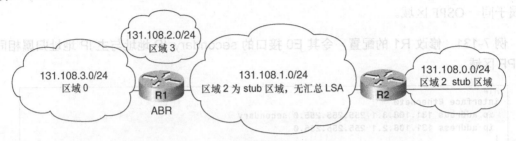

图 7-50 用来演示故障的 OSPF 网络

图 7-51 所示为本故障排障流程。

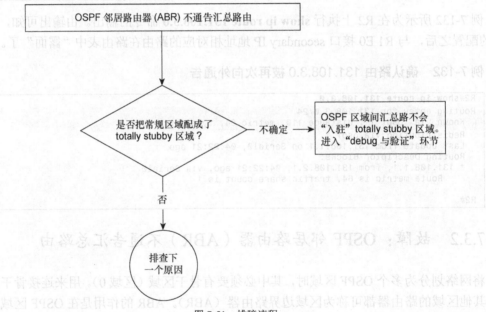

图 7-51 排障流程

（1）debug 与验证

例 7-133 所示为 R1 的配置。由配置可知，区域 2 被配置为了 totally stubby 区域。

例 7-133 显示 R1 的配置，弄清区域类型

```
R1#
router ospf 1
 network 131.108.1.0 0.0.0.255 area 2
 network 131.108.2.0 0.0.0.255 area 3
 network 131.108.3.0 0.0.0.255 area 0
 area 2 stub no-summary
```

例 7-134 所示为在 R1 上执行 **show ip ospf database summary 131.108.2.0** 命令的输出。由输出可知，R1 只在区域 0 内生成了汇总 LSA，而未在区域 2 内生成汇总 LSA。

例 7-134 通过 show ip ospf database summary 命令的输出，来弄清 R1 是如何生成汇总 LSA 的

```
R1#show ip ospf database summary 131.108.2.0

            OSPF Router with ID (131.108.3.1) (Process ID 1)

                Summary Net Link States (Area 0)

  LS age: 58
  Options: (No TOS-capability, DC)
  LS Type: Summary Links(Network)
  Link State ID: 131.108.2.0 (summary Network Number)
  Advertising Router: 131.108.3.1
  LS Seq Number: 8000000E
  Checksum: 0x4042
  Length: 28
  Network Mask: /24
       TOS: 0  Metric: 1
```

（2）解决方法

本例中，由于有人将区域 2 配成了 totally stubby 区域，因此由 ABR 生成的汇总 LSA 不会传播进该区域。

若区域 2 内只部署了一台流量进出口路由器（ABR），其实也没有必要通过接收汇总 LSA 的方式获悉明细路由；只需接收默认汇总路由 0.0.0.0 即可。这一规则对 totally stubby NSSA 区域同样适用。

由于此乃 OSPF 的正常行为，因此并不能算是故障，用不着解决。不过，若在区域 2 内部署了多台 ABR（流量进出口路由器），则需要通过接收汇总 LSA 的方式获取收明细路由，来规避次优路由选择。此时，就应该在 ABR 上，将 **area** 命令中的关键字 **no-summary** 剔除。剔除该关键字之后，区域 2 将会变为 stub 区域，所有与明细路由相对应的汇总 LSA 就能够传播进该区域了。

2. OSPF 邻居路由器(ABR)不通告汇总路由——原因：ABR 未直连区域 0

路由器只要与多个 OSPF 区域相连，其中必有一个区域是区域 0。若未能成功连接到区域 0，ABR 则不会生成汇总 LSA，这也是 OSPF 路由器的标准行为。

图 7-52 所示为一个在网络设计方面存在问题的 OSPF 网络。R1 位居区域 2 和区域 3 之间，未连接到区域 0。

图 7-52 ABR 未直连区域 0 的网络

图 7-53 所示为填补这一网络设计"缺陷"所要遵循的流程。

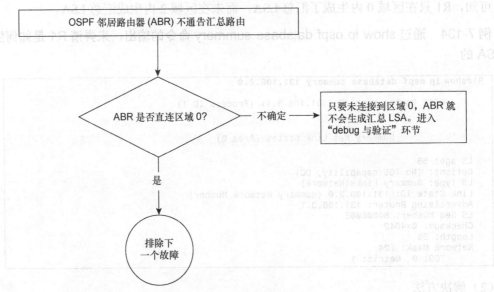

图 7-53 排障流程

（1）debug 与验证

由例 7-135 可知，R1 未生成任何汇总 LSA。

例 7-135 R1 未生成汇总路由

```
R1#show ip ospf database summary
        OSPF Router with ID (131.108.3.1) (Process ID 1)
R1#
```

例 7-136 所示为 R1 的配置。由配置可知，R1 未与区域 0 直连。

例 7-136 R1 的配置表明其未连接到区域 0

```
router R1#
router ospf 1
 network 131.108.1.0 0.0.0.255 area 2
 network 131.108.3.0 0.0.0.255 area 3
```

还能用另外一种方法来判断路由器是否连接到了骨干区域。例 7-137 所示为在 R1 上执行 **show ip ospf** 命令的输出。若路由器连接到了区域 0，该命令的输出将会包含 "It is an area border router." 字样。

例 7-137 通过 show ip ospf 命令的输出，来判断路由器是否为 ABR

```
R1#show ip ospf
 Routing Process "ospf 1" with ID 131.108.3.1
 Supports only single TOS(TOS0) routes
 SPF schedule delay 5 secs, Hold time between two SPFs 10 secs
 Minimum LSA interval 5 secs. Minimum LSA arrival 1 secs
```

(2) 解决方法

要填补这一网络设计方面的"缺陷",就需要在网络中创建 OSPF 骨干区域。只要在 R1 上新建一个骨干区域,R1 就会生成汇总 LSA。

若网络中本来就不存在区域 0,则只需要将某个区域更改为区域 0,OSPF 便能够正常运作。

例 7-138 所示为经过修改的 R1 的配置。由配置可知,在 R1 上将 IP 地址隶属于 131.108.3.0/24 的接口从区域 3 挪到了区域 0,这么一挪,就等于让 R1 连接到了区域 0。

例 7-138 配置 R1,令其直连区域 0

```
R1#
router ospf 1
 network 131.108.1.0 0.0.0.255 area 2
 network 131.108.3.0 0.0.0.255 area 0
```

若网络中已存在区域 0,则要在 R1 和距其最近的一台 ABR 之间打通一条虚链路,如例 7-139 所示。

例 7-139 在 R1 和距其最近的 ABR 之间"开通"一条虚链路

```
R1#
router ospf 1
 network 131.108.1.0 0.0.0.255 area 2
 network 131.108.3.0 0.0.0.255 area 3
 area 2 virtual-link 141.108.1.1
```

例 7-140 所示为在 R1 上执行 **show ip ospf** 命令的输出。输出表明,R1 已"变身"为 ABR。

例 7-140 验证 R1 是否为 ABR

```
R1#show ip ospf
 Routing Process "ospf 1" with ID 131.108.3.1
 Supports only single TOS(TOS0) routes
 It is an area border router
 SPF schedule delay 5 secs, Hold time between two SPFs 10 secs
 Minimum LSA interval 5 secs. Minimum LSA arrival 1 secs
```

由例 7-141 可知,R1 已经生成了汇总 LSA。

例 7-141 验证 R1 能否生成汇总 LSA

```
R1#show ip ospf database summary
     OSPF Router with ID (131.108.3.1) (Process ID 1)
            Summary Net Link States (Area 0)
 LS age: 58
 Options: (No TOS-capability, DC)
 LS Type: Summary Links(Network)
 Link State ID: 131.108.1.0 (summary Network Number)
 Advertising Router: 131.108.3.1
```

(待续)

```
        LS Seq Number: 8000000E
        Checksum: 0x4042
        Length: 28
        Network Mask: /24
              TOS: 0  Metric: 1

                  Summary Net Link States (Area 2)

        LS age: 58
        Options: (No TOS-capability, DC)
        LS Type: Summary Links(Network)
        Link State ID: 131.108.3.0 (summary Network Number)
        Advertising Router: 131.108.3.1
        LS Seq Number: 8000000E
        Checksum: 0x4042
        Length: 28
        Network Mask: /24
              TOS: 0  Metric: 1
```

3. OSPF 邻居路由器（ABR）不通告汇总路由——原因：区域 0 未"连成一气"

图 7-54 所示为一个发生了此类故障的 OSPF 网络。由于 R1 和 R2 间的链路失效，故而导致了区域 0 未能"连成一气"。

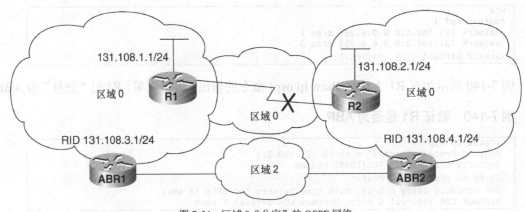

图 7-54　区域 0 "分家" 的 OSPF 网络

图 7-55 所示为本故障排障流程。

（1）debug 与验证

例 7-142 所示为 ABR2 的一条路由表项。由输出可知，路由 131.108.1.0/24 以区域间路由的形式在 ABR2 的路由表中"露面"。路由 131.108.1.0 其实生成自骨干区域，但因骨干区域未能"连成一气"，故此路由"穿越"区域 2，以区域间路由的形式被传播给了 ABR 2。由于 ABR2 将路由 131.108.1.0 视为区域间路由，因此不会针对此路由生成汇总 LSA。

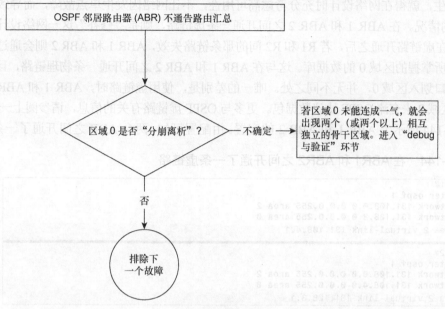

图 7-55 排障流程

例 7-142 由于骨干区域未"连成一气",导致 ABR2 把路由 131.108.1.0/24 当成了区域间路由

```
ABR2#show ip route 131.108.1.0
Routing entry for 131.108.1.0/24
  Known via "ospf 1", distance 110, metric 129, type inter area
  Redistributing via ospf 1
  Last update from 131.108.0.1 on Serial0.1, 00:56:02 ago
  Routing Descriptor Blocks:
  * 131.108.0.1, from 131.108.3.1, 00:56:02 ago, via Serial0.1
      Route metric is 129, traffic share count is 1
```

例 7-143 所示为 ABR 2 未针对路由 131.108.1.0,向(自己所把持的)区域 0 内生成汇总 LSA。

例 7-143 ABR2 未针对路由 131.108.1.0,向(自己所把持的)区域 0 内生成汇总 LSA

```
ABR2#show ip ospf database summary 131.108.1.0
        OSPF Router with ID (131.108.4.1) (Process ID 1)
ABR2#
```

(2) 解决方法

很明显,这同样属于网络设计缺陷。骨干区域路由器之间只用单链路互连,只要这条链路出现故障,区域 0 就会"分家"。从 ABR 1 收到所谓的"区域间"路由之后,ABR 2 不会在自己所把持的区域 0 内针对这些路由,生成汇总 LSA。这也符合 OSPF RFC 2328 的规定:不应将区域间路由以汇总 LSA 的形式注入骨干区域。

把区域间路由以汇总 LSA 的形式注入骨干区域,会使骨干区域相互"分裂"。要避免上述故障的发生，就得在网络设计时充分考虑高可用性，不让网络因发生单点故障，而导致骨干区域"分家"的情况。在 ABR 1 和 ABR 2 之间开通一条虚链路，则是"修补"这一网络设计缺陷的应对措施。在虚链路开通之后，若 R1 和 R2 间的那条链路失效，ABR 1 和 ABR 2 则会通过虚链路来同步自己所掌握的区域 0 的数据库。这与在 ABR 1 和 ABR 2 之间开通一条物理链路，且将连接此链路的接口划入区域 0，并无不同之处。唯一的差别是，使用虚链路时，ABR 1 和 ABR 2 之间要"借用"区域 2 来交流 OSPF 协议数据包。更多与 OSPF 虚链路有关的信息，请参阅上一章。

例 7-144 所示为 ABR 1 和 ABR 2 的配置。由配置可知，两台 ABR 之间开通了一条虚链路。

例 7-144　在 ABR1 和 ABR2 之间开通了一条虚链路

```
ABR1#
router ospf 1
 network 131.108.0.0 0.0.0.255 area 2
 network 131.108.3.0 0.0.0.255 area 0
 area 2 virtual-link 131.108.4.1

ABR2#
router ospf 1
 network 131.108.0.0 0.0.0.255 area 2
 network 131.108.4.0 0.0.0.255 area 0
 area 2 virtual-link 131.108.3.1
```

配置虚链路的第一步是要定义穿越（transit）区域。这是两台 ABR 之间的公共区域。ABR 之间会利用此区域来建立虚拟 OSPF 邻接关系。本例，穿越区域为区域 2。为此，在 ABR1 的 router OSPF 配置模式下添加了 **area 2 virtual-link 131.108.4.1** 命令，其地址参数所引用的 IP 地址"131.108.4.1"为 ABR 2 的 Router-ID。同理，在 ABR2 上也要添加相同的命令，其地址参数所引用的 IP 地址"131.108.3.1"则为 ABR 1 的 router-ID。router-ID 取自路由器上设有最高 IP 地址的有效接口，若 OSPF 路由器上还创建有 loopback 接口，则最高 loopback 接口 IP 地址将成为 OSPF router-ID。强烈建议在路由器上创建 loopback 接口，并令其 IP 地址成为 OSPF router-ID。如此行事的原因是：若 OSPF router-ID 取自路由器物理接口而非 loopback 接口 IP 地址，一旦（物理接口所连）链路失效，router-ID 将被迫发生改变。router-ID 一变，虚链路也将随即中断。反之，若 router-ID 取自 loopback 接口 IP 地址，则无论物理链路失效与否，router-ID 都不会发生变化。

由例 7-145 所示输出可知，打通了虚链路之后，ABR 2 便能够通过区域 0 接收包括链路 131.108.1.0/24 在内的路由器 LSA 了。

例 7-145　验证 ABR 2 是否通过区域 0 收到了包括链路 131.108.1.0/24 在内的路由器 LSA

```
ABR2#show ip ospf database router 131.108.1.1
      OSPF Router with ID (131.108.3.1) (Process ID 1)

              Router Link States (Area 0)
```

（待续）

```
   Routing Bit Set on this LSA
   LS age: 6 (DoNotAge)
   Options: (No TOS-capability, DC)
   LS Type: Router Links
   Link State ID: 131.108.1.1
   Advertising Router: 131.108.1.1
   LS Seq Number: 80000002
   Checksum: 0xC375
   Length: 48
    Number of Links: 3

     Link connected to: a point-to-point Link
      (Link ID) Neighboring Router ID: 131.108.3.1
      (Link Data) Router Interface address: 131.108.3.2
       Number of TOS metrics: 0
        TOS 0 Metrics: 64

     Link connected to: a Stub Network
      (Link ID) Network/subnet number: 131.108.3.0
      (Link Data) Network Mask: 255.255.255.0
       Number of TOS metrics: 0
        TOS 0 Metrics: 1

     Link connected to: a Stub Network
      (Link ID) Network/subnet number: 131.108.1.0
      (Link Data) Network Mask: 255.255.255.0
       Number of TOS metrics: 0
        TOS 0 Metrics: 1
```

由例 7-146 可知，虚链路开通之后，R2 就能够收到根据链路 131.108.1.0/24 生成的区域内路由了。

例 7-146 确认 R2 接收发往 131.108.1.0/24 的区域内路由

```
ABR2#show ip route 131.108.1.0
Routing entry for 131.108.1.0/24
  Known via "ospf 1", distance 110, metric 193, type intra area
  Redistributing via ospf 1
  Last update from 131.108.4.1 on Serial0.1, 00:56:02 ago
  Routing Descriptor Blocks:
  * 131.108.4.1, from 131.108.4.1, 00:56:02 ago, via Serial0.1
      Route metric is 193, traffic share count is 1
```

7.3.3 故障：OSPF 邻居路由器不通告外部路由

被重分发进 OSPF 的路由，会以外部（类型 5）LSA 的形式"露面"（只要把路由重分发进了 OSPF，ASBR 就会生成与其相对应的外部［类型 5］LSA），此类 LSA 会在整个 OSPF 路由进程域内泛洪。外部 LSA 不会在 stub 区域、totally stubby 区域以及 NSSA 区域内"露面"。

以下列出了可能会导致本故障的常见原因：
- 把 OSPF 常规区域配成了 stub 区域或 NSSA 区域；
- NSSA ABR 未能将类型 7 LSA 转换为类型 5 LSA。

1. OSPF 邻居路由器不通告外部路由——原因：把常规区域配成了 stub 区域或 NSSA 区域

在 OSPF 网络中，类型 5 LSA 不允许传播进 stub 区域或 NSSA 区域。在完全身处 stub 区或 NSSA 区域的路由器上输入 **redistribute** 命令时，路由器会生成告警消息。即便在那些路由器上配置了 redistribute 命令，也不能将任何外部 LSA 引入 stub 区域或 NSSA 区域。

图 7-56 所示为本故障排障流程。

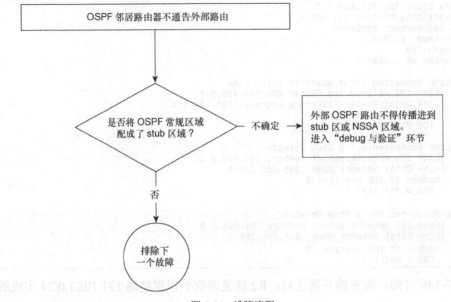

图 7-56　排障流程

（1）debug 与验证

例 7-147 所示为在完全隶属于 stub 区域的路由器上将 RIP 路由重分发进 OSPF 路由协议时，路由器生成的告警信息。

例 7-147　在完全"委身于" stub 区域的路由器上将路由重分发进 OSPF 时，路由器所生成的告警信息

```
R1(config)#router ospf 1
R1(config-router)#redistribute rip subnets
Warning: Router is currently an ASBR while having only one area which is a stub area
```

例 7-148 所示为 R1 的配置。尽管配置命令表明 RIP 路由被重分发进了 OSPF，但 R1 却不会为 RIP 路由生成类型 5 LSA，因为 R1 完全"委身于" stub 区域。更多与类型 5 LSA 有关的信息请参阅上一章。

例 7-148　将常规 OSPF 区域配置为 stub 区域的同时，把 RIP 路由重分发进 OSPF

```
R1#
router ospf 1
 redistribute rip subnets
 network 131.108.1.0 0.0.0.255 area 2
 network 131.108.2.0 0.0.0.255 area 2
 area 2 stub
```

由例 7-149 可知，R1 未生成任何外部 LSA，因其完全隶属于 stub 区域 2。R1 根本就"不理睬" redistribution 命令。

例 7-149 R1 未生成外部 LSA

```
R1#show ip ospf database external 132.108.3.0
        OSPF Router with ID (131.108.2.1) (Process ID 1)
R1#
```

(2) 解决方法

有两种方法可解决上述问题。方法一是：登录参与区域 2 的所有路由器，no 掉 **area 2 stub** 命令，将区域 2 变成为常规 OSPF 区域。但这并非明智之举，理由是某些 OSPF 区域根本就不需要接收外部 LSA。

方法二是首选解决方案——需要将整个区域 2 变为 NSSA 区域，因为在隶属于 NSSA 区域的路由器上，是允许执行路由重分发操作的。不过，在 NSSA 区域内，并不会生成类型 5 LSA，生成的是类型 7 LSA，NSSA ABR 会把类型 7 LSA 转换为类型 5 LSA，然后向外传播。与 OSPF NSSA 区域有关的内容请见上一章。

例 7-150 所示为将 stub 区域转换为 NSSA 区域的配置。在参与 NSSA 区域的所有路由器上，都需要执行 **area** *id* **nssa** 命令。

例 7-150 将 stub 区域转换 NSSA 区域，以允许路由重分发操作

```
R1#
router ospf 1
 redistribute rip subnets
 network 131.108.1.0 0.0.0.255 area 2
 network 131.108.2.0 0.0.0.255 area 2
 area 2 nssa
```

由例 7-151 可知，R1 在 NSSA 区域内为两条 RIP 路由生成了类型 7 LSA。NSSA ABR 会先将这两条类型 7 LSA 转换成类型 5 LSA，然后再泛洪到 OSPF 路由进程域所辖其他 OSPF 区域。

例 7-151 R1 为 RIP 路由生成了类型 7 LSA

```
R1#show ip ospf database nssa-external 132.108.3.0
        OSPF Router with ID (131.108.2.1) (Process ID 1)

                Type-7 AS External Link States (Area 2)

  LS age: 1161
  Options: (No TOS-capability, Type 7/5 translation, DC)
  LS Type: AS External Link
  Link State ID: 132.108.3.0 (External Network Number )
  Advertising Router: 131.108.2.1
  LS Seq Number: 80000001
  Checksum: 0x550
  Length: 36
  Network Mask: /24
        Metric Type: 2 (Larger than any link state path)
        TOS: 0
        Metric: 1
```

（待续）

```
                    Forward Address: 0.0.0.0
                    External Route Tag: 1
R1#
R1#show ip ospf database nssa-external 132.108.4.0

            OSPF Router with ID (131.108.2.1) (Process ID 1)

                    Type-7 AS External Link States (Area 2)

  LS age: 1161
  Options: (No TOS-capability, Type 7/5 translation, DC)
  LS Type: AS External Link
  Link State ID: 132.108.4.0 (External Network Number )
  Advertising Router: 131.108.2.1
  LS Seq Number: 80000001
  Checksum: 0x550
  Length: 36
  Network Mask: /24
        Metric Type: 2 (Larger than any link state path)
        TOS: 0
        Metric: 1
        Forward Address: 0.0.0.0
        External Route Tag: 1
R1#
```

2. OSPF 邻居路由器不通告外部路由——原因：NSSA ABR 未将类型 7 LSA 转换为类型 5 LSA

NSSA RFC 1587 规定，隶属同一 NSSA 区域的所有 NSSA ABR 会互相比较各自的 router-ID[①]。router-ID 最高的 ABR 将负责执行 LSA 类型 7/5 间的转换任务。要是 NSSA ABR 未完成 LSA 类型 7/5 间的转换任务，那么 NSSA 区域之外的路由器就学不到重分发进 NSSA 区域内的外部路由。果真如此的话，NSSA 区域也就失去了存在的必要。

图 7-57 所示为发生上述故障的 OSPF 网络。路由器 2 为 NSSA ABR，但其未完成 LSA 类型 7/5 间的转换任务。

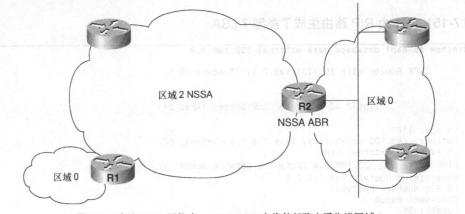

图 7-57　在该 OSPF 网络中，NSSA ABR 未将外部路由通告进区域 0

---

① 原文是 "NSSA RFC 1587 states that before NSSA ABR converts from Type 7 into Type 5, all NSSA ABRs must examine all NSSA ABRs for a particular NSSA."——译者注

图 7-58 所示为本故障排障流程。

（1）debug 与验证

例 7-152 所示为在 R2 上执行 **show ip ospf database nssa-external 132.108.4.0** 命令的输出，输出表明，R2 生成了类型 7 LSA。

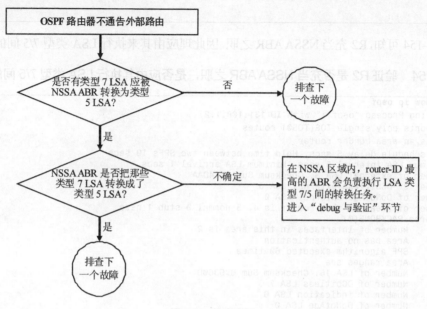

图 7-58 排障流程

例 7-152 show ip ospf database nssa-external 命令的输出表明，R2 生成了类型 7 LSA

```
R2#show ip ospf database nssa-external 132.108.4.0

      OSPF Router with ID (131.108.1.2) (Process ID 1)

              Type-7 AS External Link States (Area 2)

  LS age: 1161
  Options: (No TOS-capability, Type 7/5 translation, DC)
  LS Type: AS External Link
  Link State ID: 132.108.4.0 (External Network Number )
  Advertising Router: 131.108.1.2
  LS Seq Number: 80000001
  Checksum: 0x550
  Length: 36
  Network Mask: /24
        Metric Type: 2 (Larger than any link state path)
        TOS: 0
        Metric: 1
        Forward Address: 0.0.0.0
        External Route Tag: 1
```

例 7-153 所示为在 R2 上执行 **show ip ospf database external 132.108.4.0** 命令的输出。输出表明，R2 未执行 LSA 类型 7/5 间的转换。

例 7-153 show ip ospf database external 命令的输出表明，R2 未执行 LSA 类型 7/5 间的转换

```
R2#show ip ospf database external 132.108.4.0

       OSPF Router with ID (131.1081.2) (Process ID 1)

R2#
```

由例 7-154 可知，R2 充当 NSSA ABR 之职，因此理应由其来执行 LSA 类型 7/5 间的转换任务。

例 7-154 验证 R2 是否充当 NSSA ABR 之职，是否应由其执行 LSA 类型 7/5 间的转换任务

```
R2#show ip ospf
 Routing Process "ospf 1" with ID 131.108.1.2
 Supports only single TOS(TOS0) routes
 It is an area border router
 SPF schedule delay 5 secs, Hold time between two SPFs 10 secs
 Minimum LSA interval 5 secs. Minimum LSA arrival 1 secs
 Number of external LSA 3. Checksum Sum 0x14DAA
 Number of DCbitless external LSA 0
 Number of DoNotAge external LSA 0
 Number of areas in this router is 4. 3 normal 0 stub 1 nssa
    Area BACKBONE(0)
        Number of interfaces in this area is 2
        Area has no authentication
        SPF algorithm executed 60 times
        Area ranges are
        Number of LSA 16. Checksum Sum 0x9360D
        Number of DCbitless LSA 7
        Number of indication LSA 0
        Number of DoNotAge LSA 0
    Area 2
        Number of interfaces in this area is 1
        It is a NSSA area
        Perform type-7/type-5 LSA translation
        Area has no authentication
        SPF algorithm executed 54 times
        Area ranges are
        Number of LSA 11. Checksum Sum 0x7A449
        Number of DCbitless LSA 0
        Number of indication LSA 0
        Number of DoNotAge LSA 0
```

例 7-155 所示为在 NSSA 区域内的另一台路由器 R1 上执行 **show ip ospf** 命令的输出。输出表明，R1 也"自称"ABR。然而，此路由器为根本不是 ABR，因其未与区域 0 相连。

例 7-155 show ip ospf 命令的输出表明，R1 自称 ABR

```
R1#show ip ospf
 Routing Process "ospf 1" with ID 131.108.2.1
 Supports only single TOS(TOS0) routes
 It is an area border router
 Summary Link update interval is 00:30:00 and the update due in 00:29:48
 External Link update interval is 00:30:00 and the update due in 00:19:43
 SPF schedule delay 5 secs, Hold time between two SPFs 10 secs
 Number of DCbitless external LSA 0
 Number of DoNotAge external LSA 0
 Number of areas in this router is 2. 1 normal 0 stub 1 nssa
```

（待续）

```
        Area BACKBONE(0) (Inactive)
            Number of interfaces in this area is 1
            Area has no authentication
            SPF algorithm executed 2 times
            Area ranges are
            Link State Update Interval is 00:30:00 and due in 00:29:47
            Link State Age Interval is 00:20:00 and due in 00:19:47
            Number of DCbitless LSA 0
            Number of indication LSA 0
            Number of DoNotAge LSA 0
        Area 2
            Number of interfaces in this area is 1
            It is a NSSA area
            Area has no authentication
            SPF algorithm executed 65 times
            Area ranges are
            Link State Update Interval is 00:30:00 and due in 00:16:27
            Link State Age Interval is 00:20:00 and due in 00:14:39
            Number of DCbitless LSA 0
            Number of indication LSA 0
            Number of DoNotAge LSA 0
```

由例 7-156 可知，R1"越俎代庖"，替 R2 完成了 LSA 类型 7/5 间的转换任务。

例 7-156　R1 代替 R2 将类型 7 LSA 转换成类型 5 LSA

```
R1#show ip ospf database external 132.108.3.0

        OSPF Router with ID (131.108.2.1) (Process ID 1)

                Type-5 AS External Link States

    LS age: 1161
    Options: (No TOS-capability, DC)
    LS Type: AS External Link
    Link State ID: 132.108.3.0 (External Network Number )
    Advertising Router: 131.108.2.1
    LS Seq Number: 80000001
    Checksum: 0x550
    Length: 36
    Network Mask: /24
        Metric Type: 2 (Larger than any link state path)
        TOS: 0
        Metric: 1
        Forward Address: 0.0.0.0
        External Route Tag: 1

R1#

R1#show ip ospf database external 132.108.4.0

        OSPF Router with ID (131.108.2.1) (Process ID 1)

                Type-5 AS External Link States

    LS age: 1161
    Options: (No TOS-capability, DC)
    LS Type: AS External Link
    Link State ID: 132.108.4.0 (External Network Number )
    Advertising Router: 131.108.2.1
    LS Seq Number: 80000001
```

（待续）

```
        Checksum: 0x550
        Length: 36
        Network Mask: /24
              Metric Type: 2 (Larger than any link state path)
              TOS: 0
              Metric: 1
              Forward Address: 0.0.0.0
              External Route Tag: 1
R1#
```

例 7-157 所示为 R1 的 OSPF 配置。由配置可知,有一条 **network** 命令将 R1 的某个接口"圈入"了区域 0。这条 **network** 命令配置有误,显而易见,R1 的所有接口都不属于骨干区域。

例 7-157 R1 的 OSPF 配置表明,其有一个接口隶属于区域 0

```
R1#
router ospf 1
 network 131.108.1.0 0.0.0.255 area 2
 network 131.108.2.0 0.0.0.255 area 2
 network 131.108.5.0 0.0.0.255 area 0
 area 2 nssa
```

(2) 解决方法

由例 7-154 和例 7-155 的输出可知,在 R1 "充当" ABR 的情况下,由于其 router-ID (RID) 为 131.108.2.1,高于 R2 的 router-ID 131.108.1.2,导致了 R1 "越俎代庖",执行了 LSA 类型 7/5 间的转换任务,最终造成类型 5 LSA "失踪"。

下面给出了几种解决上述故障的方法:

- 在 R1 上 no 掉误配的 **network** 命令;
- 调整 R1 的 router-ID,令其低于 R2;
- 调整 R2 的 router-ID,令其高于 R1。

例 7-158 所示为最简单的解决方法,即在 R1 上 no 掉误配的 **network** 命令。

例 7-158 修改 R1 的配置,让 R2 执行 LSA 类型 7/5 间的转换工作

```
R1#
router ospf 1
network 131.108.1.0 0.0.0.255 area 2
network 131.108.2.0 0.0.0.255 area 2
no network 131.108.5.0 0.0.0.255 area 0
area 2 nssa
```

其他的解决方法还有调整 R1 或 R2 的 router-ID 值,让 R1 的 router-ID 低于 R2,或让 R2 的 router-ID 高于 R1[①]。具体做法是,可分别在 R1 和 R2 上新建一个 loopback 接口,再各分配一个 IP 地址,让前者低于后者。之后,进入 router ospf 配置模式,执行 **router-id** 命令(命令的参数为 loopback 接口 IP 地址)。最后,重启 OSPF 进程。重启 OSPF 进程会让网络有几秒钟的中断。重启路由器 OSPF 进程的速度越快,网络中断的时间也就越短。版本不低于 12.0 的 Cisco IOS 支持用 router-ID 命令手动配置 OSPF router-ID,但此后需重启 OSPF 进程。例 7-159

---

① 其实后半句是废话。——译者注

所示为如何在版本为 12.0 的 IOS 中更改路由器的 OSPF router-ID。

例 7-159　更改 R1 的 Router-ID，令其低于 R2

```
R1(config)#router ospf 1
R1(config-router)#router-id 131.108.0.1
R1(config-router)#end
R2#clear ip ospf process
```

例 7-160 所示为修改 R1 的配置之后，R2 开始正常执行 LSA 类型 7/5 间的转换任务了。在 R2 上执行 **show ip ospf database external** 命令，输出表明，R2 生成了类型 5 LSA。在 R1 上执行 **show ip ospf database external** 命令，由输出可知，其学到了类型 5 LSA。

例 7-160　验证 LSA 类型转换故障是否得到了解决

```
R2#show ip ospf database external 132.108.3.0

            OSPF Router with ID (131.108.1.2) (Process ID 1)

                Type-5 AS External Link States

  LS age: 1161
  Options: (No TOS-capability, DC)
  LS Type: AS External Link
  Link State ID: 132.108.3.0 (External Network Number )
  Advertising Router: 131.108.1.2
  LS Seq Number: 80000001
  Checksum: 0x550
  Length: 36
  Network Mask: /24
        Metric Type: 2 (Larger than any link state path)
        TOS: 0
        Metric: 1
        Forward Address: 0.0.0.0
        External Route Tag: 1

R1#

R1#show ip ospf database external 132.108.4.0

            OSPF Router with ID (131.108.1.2) (Process ID 1)

                Type-5 AS External Link States

  LS age: 1161
  Options: (No TOS-capability, DC)
  LS Type: AS External Link
  Link State ID: 132.108.4.0 (External Network Number )
  Advertising Router: 131.108.1.2
  LS Seq Number: 80000001
  Checksum: 0x550
  Length: 36
  Network Mask: /24
        Metric Type: 2 (Larger than any link state path)
        TOS: 0
        Metric: 1
        Forward Address: 0.0.0.0
        External Route Tag: 1

R1#
```

7.3.4 故障：OSPF 路由器不通告默认路由

有时，需把默认路由通告进 OSPF 路由进程域，以便域内的 OSPF 路由器遵循默认路由，转发目的网络不匹配 OSPF 明细路由的流量。在大多数情况下，那些不匹配 OSPF 明细路由的目的网络都是 OSPF 路由进程域之外的网络。因此，要让 OSPF 路由进程域内的路由器能将流量转发至域外，则无需注入所有外部（类型 5）明细路由，只需注入一条外部（类型 5）默认路由。OSPF 路由进程域内一旦缺少这么一条默认路由，那么所有发往外部目的网络，且不匹配 OSPF 明细路由的流量都将惨遭丢弃。

以下所列为 OSPF 路由器不通告默认路由的常见原因：

- ASBR 路由器上未设 **default-information originate** 命令。
- ASBR 路由器上设有 **default-information originate** 命令，但其路由表不包含默认路由[①]。
- 试图让 stub 区域内的 OSPF 路由器（以类型 5 LSA 的方式）注入默认路由。
- NSSA ABR/ASBR 路由器生成不了类型 7 默认路由。

1. OSPF 路由器不通告默认路由——原因：（ASBR 路由器上）未设 default-information originate 命令

若未设 **default-information originate** 命令，ASBR 路由器就不会通过 OSPF 生成默认路由。只有配置了该命令的 ASBR 路由器才会通过 OSPF 进程生成默认路由，要想生成 OSPF 默认路由，除此别无它法。图 7-59 所示为用来演示此类故障的网络。

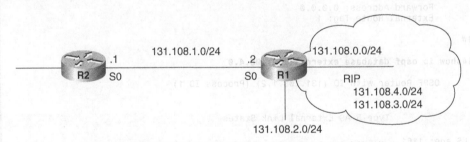

图 7-59　用来演示 OSPF ASBR 路由器不通告默认路由故障的网络

图 7-60 所示为解决此类问题的排障流程。

（1）debug 与验证

例 7-161 所示为 R1 通过 RIP，收到了一条默认路由。这一点非常重要，因为若 R1（OSPF 默认路由的生成路由器）的路由表内不含默认路由，它就不能向 OSPF 路由进程域内生成默认路由。

---

① 原文是 "The default route is missing from the neighbor's routing table."——译者注

第 7 章 排除 OSPF 故障 345

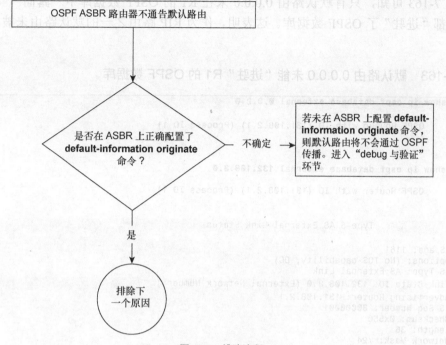

图 7-60 排障流程

例 7-161 R1 通过 RIP 收到了一条默认路由

```
R1#show ip route 0.0.0.0
Routing entry for 0.0.0.0/0, supernet
  Known via "rip", distance 120, metric 1, candidate default path
  Redistributing via rip
  Last update from 132.108.0.2 on Serial0, 00:00:16 ago
  Routing Descriptor Blocks:
    132.108.0.2, from 132.108.0.2, 00:00:16 ago, via Serial0
      Route metric is 1, traffic share count is 1
```

例 7-162 所示为 R1 的配置。由配置可知，R1 已将所有 RIP 路由重分发进了 OSPF。如前所述，只有配置了 **default-information originate** 命令的 ASBR 才能把默认路由注入 OSPF。换句话说，在 ASBR 上，只执行 **redistribute** 命令，"看似"是把默认路由"重分发"进了 OSPF，但实际上是生成不了 OSPF 默认路由的。

例 7-162 在 R1 上把所有 RIP 路由重分发进 OSPF

```
R1#
router ospf 1
 redistribute rip subnets
 network 131.108.1.0 0.0.0.255 area 0
 network 131.108.2.0 0.0.0.255 area 0
!
router rip
 network 132.108.0.0
!
```

由例 7-163 可知，只有默认路由 0.0.0.0 未在 R1 的 OSPF 数据库中"露面"，其他所有 RIP 路由都"进驻"了 OSPF 数据库。这表明，作为 RIP 路由之一的默认路由未被重分发进 OSPF。

例 7-163 默认路由 0.0.0.0 未能"进驻" R1 的 OSPF 数据库

```
R1#show ip ospf database external 0.0.0.0

       OSPF Router with ID (131.108.2.1) (Process ID 1)
R1#
R1#show ip ospf database external 132.108.3.0

       OSPF Router with ID (131.108.2.1) (Process ID 1)

                Type-5 AS External Link States

  LS age: 1161
  Options: (No TOS-capability, DC)
  LS Type: AS External Link
  Link State ID: 132.108.3.0 (External Network Number )
  Advertising Router: 131.108.2.1
  LS Seq Number: 80000001
  Checksum: 0x550
  Length: 36
  Network Mask: /24
        Metric Type: 2 (Larger than any link state path)
        TOS: 0
        Metric: 1
        Forward Address: 0.0.0.0
        External Route Tag: 1

R1#
R1#show ip ospf database external 132.108.4.0

       OSPF Router with ID (131.108.2.1) (Process ID 1)

                Type-5 AS External Link States

  LS age: 1161
  Options: (No TOS-capability, DC)
  LS Type: AS External Link
  Link State ID: 132.108.4.0 (External Network Number )
  Advertising Router: 131.108.2.1
  LS Seq Number: 80000001
  Checksum: 0x550
  Length: 36
  Network Mask: /24
        Metric Type: 2 (Larger than any link state path)
        TOS: 0
        Metric: 1
        Forward Address: 0.0.0.0
        External Route Tag: 1
```

例 7-164 所示为 R1 的配置。由配置可知，此路由器未设 **default-information originate** 命令。

例 7-164 R1 未设 default-information originate 命令

```
R1#
router ospf 1
 redistribute rip subnets
 network 131.108.1.0 0.0.0.255 area 0
 network 131.108.2.0 0.0.0.255 area 0
```

(2) 解决方法

本例中，R1 即便通过 RIP 收到了一条默认路由，且使用 **redistribute** 命令执行了重分发操作，也不会在 OSPF 路由进程域内生成默认路由。

要想解决这一故障，需登录 R1，进入 **router ospf** 配置模式，执行 **default-information originate** 命令。例 7-165 所示为经过修改的 R1 的配置。

例 7-165 在 R1 的配置中添加 default-information originate 命令

```
R1#
router ospf 1
 redistribute rip subnets
 network 131.108.1.0 0.0.0.255 area 0
 network 131.108.2.0 0.0.0.255 area 0
 default-information originate
```

例 7-166 所示为配置修改之后，R1 在自己的 OSPF 数据库中生成了默认路由。

例 7-166 修改 R1 的配置之后，默认路由通告故障得以解决

```
R1#show ip ospf database external 0.0.0.0

      OSPF Router with ID (131.108.2.1) (Process ID 1)

          Type-5 AS External Link States

  LS age: 1161
  Options: (No TOS-capability, DC)
  LS Type: AS External Link
  Link State ID: 0.0.0.0 (External Network Number )
  Advertising Router: 131.108.2.1
  LS Seq Number: 80000001
  Checksum: 0x550
  Length: 36
  Network Mask: /0
        Metric Type: 2 (Larger than any link state path)
        TOS: 0
        Metric: 1
        Forward Address: 0.0.0.0
        External Route Tag: 1
```

修改过 R1 的配置之后，R2 便收到了 R1 通告的默认路由，如例 7-167 所示。

例 7-167 确认 R2 收到了 R1 通告的默认路由

```
R2#show ip route 0.0.0.0
Routing entry for 0.0.0.0/0, supernet
  Known via "ospf 1", distance 110, metric 1, candidate default path
  Tag 1, type extern 2, forward metric 128
  Redistributing via ospf 1
  Last update from 131.108.1.2 on Serial0, 00:54:59 ago
  Routing Descriptor Blocks:
  * 131.108.1.2, from 131.108.2.1, 00:54:59 ago, via Serial0
      Route metric is 1, traffic share count is 1
```

2. OSPF 路由器不通告默认路由——原因：（ASBR 路由器上）设有 default-information originate 命令，但其路由表里没有默认路由

前面说过，只有 ASBR 设有 **default-information originate** 命令的情况下，才能在 OSPF 路由进程域内注入默认路由。但这句话还有一个前提条件，那就是：ASBR 的路由表内必须包含一条默认路由，才能通过上述方法在 OSPF 路由进程域内生成默认路由。

图 7-61 所示为本故障排障流程。

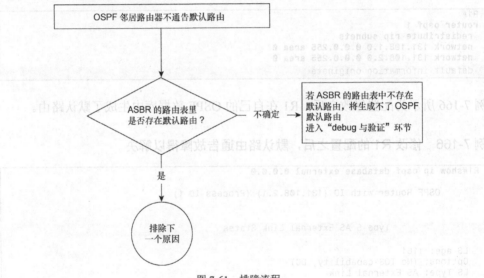

图 7-61 排障流程

（1）debug 与验证

还是以图 7-56 所示网络为例。由例 7-168 可知，R1 无法生成 OSPF 默认路由，因其路由表中不含默认路由。

例 7-168 R1 生成不了 OSPF 默认路由

```
R1#show ip route 0.0.0.0
% Network not in table
R1#

R1#show ip ospf database external 0.0.0.0

      OSPF Router with ID (131.108.2.1) (Process ID 1)

R1#
```

由例 7-169 可知，R1 设有 **default-information originate** 命令，因此不存在前一节提到的问题。

例 7-169 R1 设有 default-information originate 命令

```
R1#
router ospf 1
 redistribute rip subnets
 network 131.108.1.0 0.0.0.255 area 0
 network 131.108.2.0 0.0.0.255 area 0
 default-information originate
```

（2）解决方法

有两种方法可解决上述故障。第一种是确保 R1 的路由表内存在默认路由，具体做法是：可在 R1 上手工设置默认静态路由，也可令 R1 通过任何其他路由协议学习默认路由。

例 7-170 所示为让默认路由"进驻"R1 的路由表之后，R1 就生成了目的网络为 0.0.0.0 的 OSPF 外部 LSA。

例 7-170 默认路由"入住"路由表之后，R1 生成了目的网络为 0.0.0.0 的外部 LSA

```
R1#show ip route 0.0.0.0
Routing entry for 0.0.0.0/0, supernet
  Known via "rip", distance 120, metric 1, candidate default path
  Redistributing via rip
  Last update from 132.108.1.1 on Serial1, 00:00:16 ago
  Routing Descriptor Blocks:
    132.108.1.1, from 132.108.1.1, 00:00:16 ago, via Serial0
      Route metric is 1, traffic share count is 1

R1#show ip ospf database external 0.0.0.0

     OSPF Router with ID (131.108.2.1) (Process ID 1)

          Type-5 AS External Link States

  LS age: 1161
  Options: (No TOS-capability, DC)
  LS Type: AS External Link
  Link State ID: 0.0.0.0 (External Network Number )
  Advertising Router: 131.108.2.1
  LS Seq Number: 80000001
  Checksum: 0x550
  Length: 36
  Network Mask: /0
        Metric Type: 2 (Larger than any link state path)
        TOS: 0
        Metric: 1
        Forward Address: 0.0.0.0
        External Route Tag: 1
```

第二种方法是让 R1 所设 **default-information originate** 命令，包含 **always** 关键字。带 **always** 关键字执行过 **default-information** 命令之后，OSPF ASBR 将一定会生成 OSPF 默认路由，不论其路由表中是否包含默认路由。

例 7-171 所示为"强迫"R1 生成默认路由的配置。

例 7-171 在 default-information 命令中添加 always 关键字，"强迫" R1 生成 OSPF 默认路由

```
R1#
router ospf 1
 redistribute rip subnets
 network 131.108.1.0 0.0.0.255 area 0
 network 131.108.2.0 0.0.0.255 area 0
 default-information originate always
```

由例 7-172 可知，R1 生成了 OSPF 默认路由。

例 7-172 验证 R1 是否生成了 OSPF 默认路由

```
R1#show ip ospf database external 0.0.0.0
        OSPF Router with ID (131.108.2.1) (Process ID 1)

              Type-5 AS External Link States

  LS age: 1161
  Options: (No TOS-capability, DC)
  LS Type: AS External Link
  Link State ID: 0.0.0.0 (External Network Number )
  Advertising Router: 131.108.2.1
  LS Seq Number: 80000001
  Checksum: 0x550
  Length: 36
  Network Mask: /0
        Metric Type: 2 (Larger than any link state path)
        TOS: 0
        Metric: 1
        Forward Address: 0.0.0.0
        External Route Tag: 1
```

由例 7-173 可知，更改了 R1 的配置之后，R2 就能够收到 R1 通告的 OSPF 默认路由了。

例 7-173 R2 收到了 R1 通告的 OSPF 默认路由

```
R2#show ip route 0.0.0.0
Routing entry for 0.0.0.0/0, supernet
  Known via "ospf 1", distance 110, metric 1, candidate default path
  Tag 1, type extern 2, forward metric 128
  Redistributing via ospf 1
  Last update from 131.108.1.2 on Serial0, 00:54:59 ago
  Routing Descriptor Blocks:
  * 131.108.1.2, from 131.108.2.1, 00:54:59 ago, via Serial0
      Route metric is 1, traffic share count is 1
```

3. OSPF 路由器不通告默认路由——试图让 OSPF 路由器向 stub 区域（以类型 5 LSA 的方式）生成默认路由

只要把 OSPF 常规区域配成了 stub 区域，外部（类型 5）路由便不得而入。这自然也包括了在 ASBR 上用 **default-information originate** 命令生成的类型 5 默认路由。默认情况下，ABR 会自动在 stub 区域内以类型 3 汇总 LSA 的形式生成默认路由；可要是在 ABR 或非 ABR 上配

置了 **default-information originate** 命令，按理说，ABR 或非 ABR 将生成类型 5 LSA，但由于类型 5 LSA 不允许传播进 stub 区域，因此由此生成的默认路由也传播不进 stub 区域。如图 7-62 中的网络所示，R1 完全"委身于"区域 2，但却把区域 2 配成了 stub 区域。

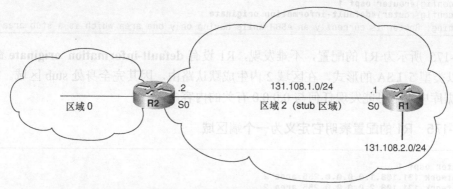

图 7-62　用来演示故障的网络拓扑

图 7-63 所示为本故障排排障流程。

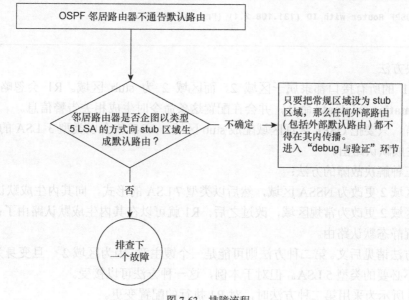

图 7-63　排障流程

（1）debug 与验证

例 7-174 所示为企图用 **default-information originate** 命令，让 R1 向 sutb 区域通告默认路由时，R1 生成的告警消息。R1 的所有接口都隶属于区域 2，但区域 2 却被配置成了 sutb 区域，也就是说，不能通过 **default-information originate** 命令，把 R1 "改造"为 ASBR。

例 7-174 在 stub 区域路由器上，用 default-information originate 命令试图让 R1 生成默认路由时，R1 生成的告警消息

```
R1(config)#router ospf 1
R1(config-router)#default-information originate
Warning: Router is currently an ASBR while having only one area which is a stub area
```

例 7-175 所示为 R1 的配置，不难发现，R1 设有 **default-information originate** 命令。但 R1 不会以类型 5 LSA 的形式，在区域 2 内生成默认路由，因其完全身处 stub 区域。在 R1 的 OSPF 数据库中也不可能发现任何与 0.0.0.0 有关的内容。

例 7-175 R1 的配置表明它定义为一个端区域

```
R1#
router ospf 1
 network 131.108.1.0 0.0.0.255 area 2
 network 131.108.2.0 0.0.0.255 area 2
 default-information originate
 area 2 stub

R1#show ip ospf database external 0.0.0.0

       OSPF Router with ID (131.108.2.1) (Process ID 1)

R1#
```

（2）解决方法

本例，R1 的所有接口都隶属于区域 2，而区域 2 为 stub 区域。R1 会忽略设于其上的 **default-information originate** 命令，并会在配置这条命令时生成相关告警信息。

一般而言，只要把 OSPF 常规区域配成 stub 区域，ABR 就会以类型 3 LSA 的形式，在该 stub 区域内生成默认路由。

有以下三种解决故障的方法：
- 将区域 2 更改为 NSSA 区域，然后以类型 7 LSA 的形式，向其内生成默认路由；
- 将区域 2 更改为常规区域，改过之后，R1 就可以在其内生成默认路由了；
- 配置静态默认路由。

第一种方法请见后文。第二种方法则可能是一个馊主意，因为区域 2 一旦变身为常规区域，就会传播进不必要的类型 5 LSA。但对于本例，这一种方法可以接受。

例 7-176 所示为采用第二种方法时，对 R1 执行的配置变更。

例 7-176 配置 R1，让区域 2 为成常规区域，向其内生成默认路由

```
R1#
router ospf 1
 network 131.108.1.0 0.0.0.255 area 2
 network 131.108.2.0 0.0.0.255 area 2
 default-information originate
 no area 2 stub
```

由例 7-177 可知，修改过 R1 的配置之后，R2 收到了 R1 通告的默认路由。

例 7-177 改妥了 R1 的配置，让区域 2 成为常规区域之后，验证故障是否得到了解决

```
R2#show ip route 0.0.0.0
Routing entry for 0.0.0.0/0, supernet
  Known via "ospf 1", distance 110, metric 1, candidate default path
  Tag 1, type extern 2, forward metric 128
  Redistributing via ospf 1
  Last update from 131.108.1.1 on Serial0, 00:54:59 ago
  Routing Descriptor Blocks:
  * 131.108.1.1, from 131.108.2.1, 00:54:59 ago, via Serial0
      Route metric is 1, traffic share count is 1
```

第三种故障解决方法实现起来要相对容易一点。在区域 2 为 stub 区域的情况下，只需设置一条静态默认路由，并令其优先级胜过（管理距离值低于）由 ABR 通告的类型 3 默认路由。要是只希望保有那条由 ABR 通告的类型 3 默认路由，则无需更改任何 OSPF 相关配置。

例 7-178 所示为在 R1 上配置的那条静态默认路由。要想让区域 2 内的所有路由器都对由 ABR 通告的类型 3 默认路由"视而不见"，则要逐一配置静态默认路由。这也是本解决方法不太实用的主要原因。

例 7-178 在 R1 上配置静态默认路由

```
R1(config)#ip route 0.0.0.0 0.0.0.0 131.108.2.2
R1#show ip route 0.0.0.0
Routing entry for 0.0.0.0/0, supernet
  Known via "static", distance 1, metric 0, candidate default path
  Routing Descriptor Blocks:
  * 131.108.2.2
      Route metric is 0, traffic share count is 1
```

4. OSPF 路由器不通告默认路由——原因：NSSA ABR/ASBR 路由器生成不了类型 7 默认路由

默认情况下，NSSA ABR 不会向 NSSA 区域内生成任何默认路由。这有别于 stub 区域或 totally stubby 区域的 ABR。将常规 OSPF 区域定义为 stub 区域时，ABR 会以汇总（类型 3）LSA 的形式向其内生成默认路由。这是因为任何类型 5 LSA 都不准进入 stub 区域，所以在 stub 区域内传播的 OSPF 默认路由不可能是类型 5 LSA。totally stubby 区域内的情况也与此类似。

在 NSSA ABR 上，用 **area** 命令将 OSPF 常规区域配置为 NSSA 区域时，若包含了 **no-summary** 选项，该 ABR 就会自动生成类型 3 默认路由。这也随之创建了 totally NSSA 区域。如图 7-64 所示，R1 为 NSSA ASBR，笔者试图令其在区域 2 内生成默认路由，区域 2 为 NSSA 区域。

图 7-65 所示为本故障排障流程。

（1）debug 与验证

例 7-179 所示为 R1 的配置。由配置可知，R1 "试图"在区域 2 内生成默认路由。

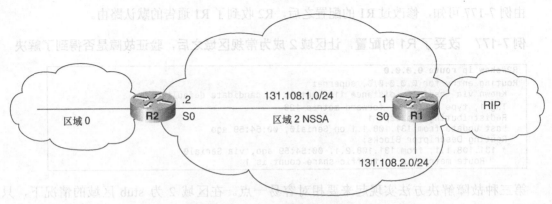

图 7-64 用来演示故障的网络拓扑

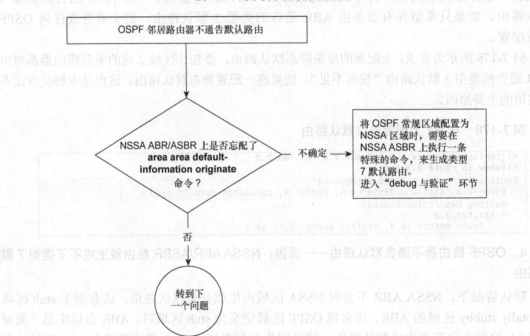

图 7-65 排障流程

例 7-179 R1 配置有误，无法生成默认路由

```
R1#
router ospf 1
 network 131.108.1.0 0.0.0.255 area 2
 network 131.108.2.0 0.0.0.255 area 2
 default-information originate
 area 2 nssa
```

例 7-180 所示输出表明，R1 并未生成默认路由。

例 7-180　R1 未生成默认路由

```
R1#show ip ospf database external 0.0.0.0
        OSPF Router with ID (131.108.2.1) (Process ID 1)
R1#
R1#show ip ospf database nssa-external 0.0.0.0
        OSPF Router with ID (131.108.2.1) (Process ID 1)
R1#
```

(2) 解决方法

只要在 R1 上执行例 7-181 中做高亮显示的命令，就能让 R1 在 NSSA 区域内生成默认路由。此命令只能在 NSSA ABR 或 NSSA ASBR 上配置。

例 7-181　在 NSSA 区域内生成默认路由

```
R1#
router ospf 1
 network 131.108.1.0 0.0.0.255 area 2
 network 131.108.2.0 0.0.0.255 area 2
 area 2 nssa default-information originate
```

以前，例 7-181 中做高亮显示的那条命令还只能在 NSSA ABR 上配置，但现在，在运行 12.0.11 版本和 12.1.2 版本 IOS 的 NSSA ASBR 路由器上，也支持配置该命令。

例 7-182 所示为在 R1 上执行上述命令之后，R2 收到了 R1 通告的默认路由。

例 7-182　R1 成功生成了默认路由

```
R2#show ip route 0.0.0.0
Routing entry for 0.0.0.0/0, supernet
  Known via "ospf 1", distance 120, metric 1, candidate default path, type NSSA extern 2,
  forward metric 64
    Redistributing via ospf 1
    Last update from 131.108.1.1 on Serial0, 00:00:03 ago
    Routing Descriptor Blocks:
    * 131.108.1.1, from 131.108.2.1, 00:00:03 ago, via Serial0
        Route metric is 1, traffic share count is 1
```

7.4　排除 OSPF 路由安装故障

本节将讨论与 OSPF 路由安装有关的故障。此类故障是指 OSPF 邻居双方已完全同步了各自的 OSPF 数据库，但其中一方未将相关路由安装进路由表。

有多种原因会导致路由器将 OSPF 路由纳入数据库后，不往路由表里安装。本节会仔细分析这些原因，同时给出排障办法。

路由器未在路由表中安装 OSPF 路由还分以下两种情况：

- 路由器未在路由表中安装所有类型的 OSPF 路由；
- 路由器未在路由表中安装 OSPF 外部路由。

7.4.1 故障：路由器未在路由表中安装所有类型的 OSPF 路由

路由"进驻"了 OSPF 数据库，但路由器却未将其安装进路由表，也属于常见的 OSPF 故障。只要路由器发现 OSPF 数据库中的路由存在任何"异常"现象，就不会将其安装进路由表。在本节用来举例的场景中，假定路由器通告方已经通告了在 OSPF 数据库中"露面"的路由。要是路由通告方未通告路由，或路由未在 OSPF 数据库中"露面"，那就得先解决以上两类故障。上一节已经介绍过了 OSPF 路由器不通告路由的故障排除方法。

以下给出可能会导致本故障的常见原因。

- OSPF 邻居双方互连接口的 OSPF 网络类型不匹配。
- 当 OSPF 邻居双方用两条串行链路互连时，路由器接口的 IP 地址配置颠倒，或存在 IP 子网/掩码不匹配问题。
- 通过点到点链路互连时，OSPF 邻居间的互连接口一端为有编号，另一端为无编号。
- distribute-list 阻止路由器安装 OSPF 路由。
- 在以帧中继 PVC 全互连的方式所组建的 WAN 环境中，把 OSPF 邻居双方互连接口的 OSPF 网络类型配置为 broadcast 时，发生了 PVC 中断的现象。

图 7-66 所示为用来演示 OSPF 路由安装故障的网络拓扑。图中，路由器之间的网络云由什么样的电路类型构成都无关紧要，即可以是帧中继、PPP HDLC 或其他电路类型，但本场景为一条点到点 WAN 链路。

图 7-66 用来演示 OSPF 路由安装故障的网络

由例 7-183 可知，R2 未在路由表中安装任何路由。

例 7-183 R2 未在路由表中安装任何路由

```
R2#show ip route ospf
R2#
```

1. 路由器未在路由表中安装任何 OSPF 路由——原因：OSPF 邻居双方互连接口的 OSPF 网络类型不匹配

（R1 与 R2 间 WAN 互连接口的）OSPF 网络类型不匹配，导致了 R1 OSPF 数据库中的路由异常，因此 R1 未在路由表中安装相关 OSPF 路由。这种情况在 NBMA 网络环境中非常常见，比方说，OSPF 邻居双方互连接口的 OSPF 网络类型分别被配置成了 broadcast 和 point-to-point。

此外，当 OSPF 邻居路由器间互连接口的 OSPF 网络类型分别被配置为 point-to-multipoint 和 nonbroadcast 时，也会发生类似情况。

本例中，R1 和 R2 间互连接口的 OSPF 网络类型分别为 broadcast 和 point-to-point。当接口的 OSPF 网络类型被配置成 broadcast 时，路由器会认为该接口所连链路为 transit 链路，并会以 transit 链路的形式，将与其相对应的目的网络"收容"进自己的路由器（类型 1）LSA。

图 7-67 所示为解决此类故障的排障流程。

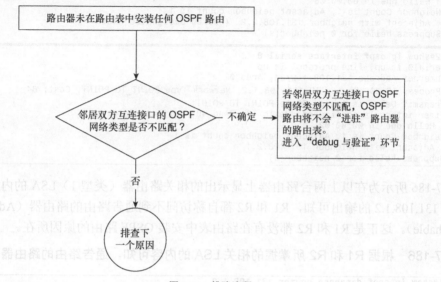

图 7-67 排障流程

（1）debug 与验证

例 7-184 所示为 R1 和 R2 互连接口的配置。配置表明，R1 s0 接口的 OSPF 网络类型为 broadcast，而 R2 s0 接口的 OSPF 网络类型则为默认的 point-to-point[①]。

例 7-184　R1 和 R2 互连接口的 OSPF 网络类型

```
R1#
interface Serial0
 ip address 131.108.1.1 255.255.255.0
 ip ospf network broadcast
!

R2#
interface Serial0
 ip address 131.108.1.2 255.255.255.0
```

例 7-185 所示为在两台路由器上执行的 **show ip ospf interface Serial 0** 命令的输出，输出表明，两者互连接口的 OSPF 网络类型不匹配。

[①] 原文是"The R1 serial interface network type is broadcast, while R2 uses the default network type, which is nonbroadcast."前面才说 R2 s0 接口的 OSPF 为 point-to-point，这么快就变成 nonbroadcast 了？译文酌改。——译者注

例 7-185 验证 R1 和 R2 Serial 0 接口的 OSPF 网络类型是否匹配

```
R1#show ip ospf interface serial 0
Serial0 is up, line protocol is up
 Internet Address 131.108.1.1/24, Area 0
 Process ID 20, Router ID 131.108.2.1, Network Type BROADCAST, Cost: 64
 Transmit Delay is 1 sec, State DR, Priority 1
 Designated Router (ID) 131.108.2.1, Interface address 131.108.1.1
 Backup Designated router (ID) 131.108.2.2, Interface address 131.108.2.2
 Timer intervals configured, Hello 10, Dead 40, Wait 40, Retransmit 5
   Hello due in 00:00:08
 Neighbor Count is 1, Adjacent neighbor count is 1
   Adjacent with neighbor 131.108.2.2  (Backup Designated Router)
 Suppress hello for 0 neighbor(s)

R2#show ip ospf interface serial 0
Serial0 is up, line protocol is up
 Internet Address 131.108.1.2/24, Area 0
 Process ID 20, Router ID 131.108.1.2, Network Type POINT_TO_POINT, Cost: 64
 Transmit Delay is 1 sec, State POINT_TO_POINT,
 Timer intervals configured, Hello 10, Dead 40, Wait 40, Retransmit 5
   Hello due in 00:00:02
 Neighbor Count is 1, Adjacent neighbor count is 1
   Adjacent with neighbor 131.108.2.1
 Suppress hello for 0 neighbor(s)
```

例 7-186 所示为在以上两台路由器上显示出的相关路由器（类型 1）LSA 的内容。由路由器 LSA 131.108.1.2 的输出可知，R1 和 R2 都自称访问不到通告路由的路由器（Adv Router is not-reachable）。这正是 R1 和 R2 都没有在路由表中安装 OSPF 路由的原因所在。

例 7-186 根据 R1 和 R2 所掌握的相关 LSA 的内容可知，通告路由的路由器不可达

```
R1#show ip ospf database router 131.108.1.2

   Adv Router is not-reachable
   LS age: 418
   Options: (No TOS-capability, DC)
   LS Type: Router Links
   Link State ID: 131.108.1.2
   Advertising Router: 131.108.1.2
   LS Seq Number: 80000002
   Checksum: 0xFA63
   Length: 60
   Number of Links: 3

    Link connected to: another Router (point-to-point)
    (Link ID) Neighboring Router ID: 131.108.2.1
    (Link Data) Router Interface address: 131.108.1.2
     Number of TOS metrics: 0
      TOS 0 Metrics: 64

    Link connected to: a Stub Network
    (Link ID) Network/subnet number: 131.108.1.0
    (Link Data) Network Mask: 255.255.255.0
     Number of TOS metrics: 0
      TOS 0 Metrics: 64

    Link connected to: a Stub Network
    (Link ID) Network/subnet number: 131.108.0.0
    (Link Data) Network Mask: 255.255.255.0
     Number of TOS metrics: 0
```

（待续）

```
            TOS 0 Metrics: 10
R2#show ip ospf database router 131.108.2.1
    Adv Router is not-reachable
    LS age: 357
    Options: (No TOS-capability, DC)
    LS Type: Router Links
    Link State ID: 131.108.2.1
    Advertising Router: 131.108.2.1
    LS Seq Number: 8000000A
    Checksum: 0xD4AA
    Length: 48
     Number of Links: 2

      Link connected to: a Transit Network
      (Link ID) Designated Router address: 131.108.1.1
      (Link Data) Router Interface address: 131.108.1.1
       Number of TOS metrics: 0
        TOS 0 Metrics: 64

      Link connected to: a Stub Network
      (Link ID) Network/subnet number: 131.108.2.0
      (Link Data) Network Mask: 255.255.255.0
       Number of TOS metrics: 0
        TOS 0 Metrics: 10
```

（2）解决方法

本例中，由 R1 所掌握的相关路由器 LSA 的输出内容可知，互连链路对端的链路类型为点到点链路；由 R2 所掌握的相关路由器 LSA 的输出内容可知，互连链路对端的链路类型为 transit 链路。这就导致了 R1 和 R2 的 OSPF 数据库中的路由异常，于是，两者都不会在路由表中安装（对方通告的）任何 OSPF 路由。

要解决故障，就得把 R1 S0 接口的 OSPF 网络类型改回默认类型，即 point-to-point。例 7-187 所示为如何将 R1 S0 接口的 OSPF 网络类型改回 point-to-point。

例 7-187　将 R1 s0 接口的 OSPF 网络类型改回 point-to-point

```
R1#
interface Serial0
 ip address 131.108.1.1 255.255.255.0
 no ip ospf network broadcast
```

例 7-188 所示为在 R1 上执行 **show ip ospf interface s0** 命令的输出。输出表明，s0 接口的 OSPF 网络类型为 point-to-point。

例 7-188　验证 R1 serial 0 接口的 OSPF 网络类型是否已改成了 point-to-point

```
R1#show ip ospf interface serial 0
Serial0 is up, line protocol is up
 Internet Address 131.108.1.1/24, Area 0
 Process ID 20, Router ID 131.108.2.1, Network Type POINT_TO_POINT, Cost: 64
 Transmit Delay is 1 sec, State POINT_TO_POINT,
 Timer intervals configured, Hello 10, Dead 40, Wait 40, Retransmit 5
   Hello due in 00:00:02
 Neighbor Count is 1, Adjacent neighbor count is 1
   Adjacent with neighbor 131.108.1.2
 Suppress hello for 0 neighbor(s)
```

由例 7-189 可知，R2 已在路由表中安装了（R1 通告的）OSPF 路由。

例 7-189　验证 R2 是否将 OSPF 路由安装进了路由表[①]

```
R2#show ip route 131.108.3.0
Routing entry for 131.108.3.0/24
  Known via "ospf 1", distance 130, metric 74, type intra area
  Redistributing via ospf 1
  Last update from 131.108.1.1 on Serial0, 01:39:09 ago
  Routing Descriptor Blocks:
  * 131.108.1.1, from 131.108.2.1, 14:39:09 ago, via Serial0
      Route metric is 64, traffic share count is 1
```

2. 路由器未在路由表中安装任何 OSPF 路由——原因：当 OSPF 邻居双方用两条串行链路互连时，路由器接口的 IP 地址配置颠倒。

OSPF 邻居双方用双串行链路互连时，倘若一方串行接口的 IP 地址配置颠倒，就可能会引发此类故障。在此情形，虽然 OSPF 邻居双方能够建立起状态为 Full 的邻接关系（由于两台 OSPF 路由器都能收到对方发出的 OSPF 协议数据包），但却会导致 OSPF 数据库中的路由异常。

此外，若一方串行接口的 IP 子网号或子网掩码配置错误，也会引发类似故障，因为这同样会导致 OSPF 数据库中的路由异常。

由图 7-68 所示的网络可知，R2 用来互连 R1 的那两个串行接口的 IP 地址配置颠倒。意即，R1 Serial 0 接口的 IP 地址为 131.108.1.1/24，与其互连的 R2 Serial 0 接口的 IP 地址本该为 131.108.1.2/24，但却被配成了 131.108.2.1/24。同理，在 R1 与 R2 之间的另一条串行链路上，互连 IP 地址也被分别配置为 131.108.2.1/24 和 131.108.1.2/24。这就是所谓的 IP 地址配置颠倒。

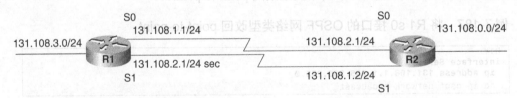

图 7-68　OSPF 邻居双方用两条串行链路互连时，其中一方互连接口的 IP 地址配置颠倒

由例 7-190 可知，R2 未在路由表中安装任何 OSPF 路由，这显然要归咎于 OSPF 数据库中的路由异常。

例 7-190　R2 未在路由表中安装任何 OSPF 路由

```
R2#show ip route ospf
R2#
```

图 7-69 所示为解决此类问题的排障流程。

---

① 根据图 7-66 所示网络拓扑，译者认为，R2 根本不可能学到路由 131.108.3.0。——译者注

第 7 章 排除 OSPF 故障

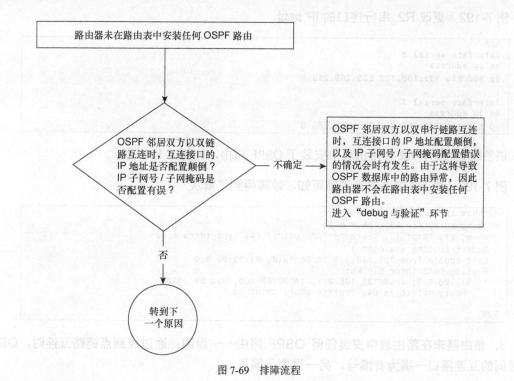

图 7-69 排障流程

（1）debug 与验证

例 7-191 所示为 **show ip ospf neighbor** 的输出。输出表明，R1 和 R2 通过那两条串行链路，建立起了状态为 Full 的 OSPF 邻接关系。然而，输出中的"address"一栏却显示：邻居路由器的接口地址"颠倒"。由例 7-191 可知，R2 有两个 OSPF 邻居。R2 Serial 0 接口所处的 IP 地址段为 131.108.2.0/24（如图 7-68 所示），其邻居 R1 Serial 0 的 IP 地址也应隶属于同一地址段，但输出中显示的 IP 地址却为 131.108.1.1。R2 Serial 1 接口的情况也与之类似。

例 7-191　show ip ospf neighbor 命令的输出表明，R1 与 R2 通过串行链路建立起了 OSPF 邻接关系

```
R2#show ip ospf neighbor

Neighbor ID     Pri   State       Dead Time   Address        Interface
131.108.2.1      1    FULL/  -    00:00:37    131.108.1.1    Serial0
131.108.2.1      1    FULL/  -    00:00:31    131.108.2.1    Serial1
```

（2）解决方法

要解决故障，需确保 R1 和 R2 间互连接口的 IP 地址配置正确。既可以更改 R1 串行接口的 IP 地址，也可以更改 R2 串行接口的 IP 地址。本例，更改 R2 串行接口的 IP 地址，以迎合 R1 的编址策略。由例 7-192 可知，已把 R2 Serial 0 和 Serial 1 接口的 IP 地址"互换"。

例 7-192 更改 R2 串行接口的 IP 地址

```
R2#
interface serial 0
no ip address
ip address 131.108.1.2 255.255.255.0
!
interface serial 1
no ip address
ip address 131.108.2.1 255.255.255.0
```

调整配置之后，R2 在路由表中安装了 OSPF 路由，如例 7-193 所示。

例 7-193 由 R2 的路由表表项可知，故障得到了解决

```
R2#show ip route 131.108.3.0
Routing entry for 131.108.3.0/24
  Known via "ospf 1", distance 130, metric 74, type intra area
  Redistributing via ospf 1
  Last update from 131.108.1.1 on Serial0, 01:39:09 ago
  Routing Descriptor Blocks:
  * 131.108.1.1, from 131.108.2.1, 14:39:09 ago, via Serial0
      Route metric is 64, traffic share count is 1
R2#
```

3. 路由器未在路由表中安装任何 OSPF 路由——原因：通过点到点链路互连时，OSPF 邻居间的互连接口一端为有编号，另一端为无编号

当 OSPF 路由器针对点到点链路（所处 IP 目的子网）创建路由器（类型 1）LSA 时，会按以下原则来填充其中的链路 ID 字段和链路数据字段（见表 7-1）。

表 7-1 OSPF 点到点有编号和点到点无编号链路的链路 ID 和链路数据字段值

LSA 类型	描述	链路 ID 字段	链路数据字段
1	点到点有编号	邻居路由器的 router-ID	点到点接口的 IP 地址
1	点到点无编号	邻居路由器的 router-ID	点到点接口的 MIB-II ifIndex 值

由表 7-1 可知，OSPF 路由器针对无编号点到点链路生成路由器 LSA 时，会把该链路的 MIB-II ifIndex 值填入路由器 LSA 的链路数据字段。通过点到点链路互连时，若 OSPF 邻居间的互连接口一端为有编号，另一端为无编号，则邻居双方据此生成的路由器 LSA 中的链路数据字段势必不相匹配，于是会导致 OSPF 数据库中路由异常。

在图 7-70 所示网络中，R1 的 S0 接口为无编号接口，其 IP 地址借用自 loopback0 接口，而 R2 s0 接口为有编号接口（明确设有 IP 地址）。

图 7-70 OSPF 邻居间的互连接口一端为有编号，另一端为无编号

图 7-71 所示为本故障排障流程。

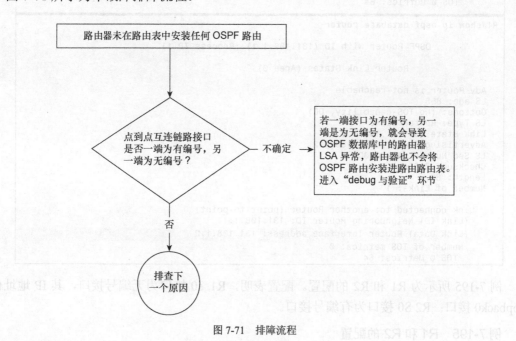

图 7-71 排障流程

（1）debug 与验证

由例 7-194 可知，R1 和 R2 为串行链路（所处目的 IP 子网）生成的路由器（类型 1）LSA 不一致。R1 生成的路由器 LSA 中的链路数据字段值取自 Serial 0 接口所连链路的 MIB-II IfIndex 值；而 R2 生成的路由器 LSA 中的链路数据字段值取自 S0 接口的 IP 地址。

例 7-194　检查 OSPF 数据库中路由的异常情况

```
R2#show ip ospf database router

          OSPF Router with ID (131.108.1.2) (Process ID 1)

                Router Link States (Area 0)

Adv Router is not-reachable
LS age: 855
Options: (No TOS-capability, DC)
LS Type: Router Links
Link State ID: 131.108.1.1
Advertising Router: 131.108.1.1
LS Seq Number: 8000000D
Checksum: 0x55AD
Length: 60
Number of Links: 1

  Link connected to: another Router (point-to-point)
   (Link ID) Neighboring Router ID: 131.108.1.2
   (Link Data) Router Interface address: 0.0.0.4
```

（待续）

```
       Number of TOS metrics: 0
        TOS 0 Metrics: 64

R1#show ip ospf database router

        OSPF Router with ID (131.108.1.1) (Process ID 1)

             Router Link States (Area 0)

  Adv Router is not-reachable
  LS age: 855
  Options: (No TOS-capability, DC)
  LS Type: Router Links
  Link State ID: 131.108.1.2
  Advertising Router: 131.108.1.2
  LS Seq Number: 8000000D
  Checksum: 0x55AD
  Length: 60
  Number of Links: 1

   Link connected to: another Router (point-to-point)
    (Link ID) Neighboring Router ID: 131.108.1.1
    (Link Data) Router Interface address: 131.108.1.2
     Number of TOS metrics: 0
      TOS 0 Metrics: 64
```

例 7-195 所示为 R1 和 R2 的配置。配置表明，R1 s0 接口为无编号接口，其 IP 地址借用 loopback0 接口；R2 S0 接口为有编号接口。

例 7-195 R1 和 R2 的配置

```
R1#
interface Loopback0
 ip address 131.108.1.1 255.255.255.0
!
interface Serial0
 ip unnumbered Loopback0
!
router ospf 1
 network 131.108.0.0 0.0.255.255 area 0

R2#
interface Serial0
 ip address 131.108.1.2 255.255.255.0
!
router ospf 1
 network 131.108.0.0 0.0.255.255 area 0
```

（2）解决方法

要解决故障，需确保互连 R1 和 R2 的点到点链路接口要么都是有编号接口，要么都是无编号接口。例 7-196 所示为经过修改的配置。本例中，为 R1 s0 接口明确分配了一个 IP 地址。

例 7-196 为 R1 s0 接口明确分配一个 IP 地址，此串行接口以前为无编号接口

```
R1#
interface Serial0
 ip address 131.108.1.1 255.255.255.0
!
router ospf 1
```

（待续）

```
 network 131.108.0.0 0.0.255.255 area 0
R2#
interface Serial0
 ip address 131.108.1.2 255.255.255.0
!
router ospf 1
 network 131.108.0.0 0.0.255.255 area 0
```

例 7-197 所示为配置修改之后，R2 在路由表中安装了 OSPF 路由。

例 7-197　验证 R2 是否在路由器表中安装了 OSPF 路由

```
R2#show ip route 131.108.3.0
Routing entry for 131.108.3.0/24
  Known via "ospf 1", distance 130, metric 74, type intra area
  Redistributing via ospf 1
  Last update from 131.108.1.1 on Serial0, 01:39:09 ago
  Routing Descriptor Blocks:
  * 131.108.1.1, from 131.108.2.1, 14:39:09 ago, via Serial0
      Route metric is 64, traffic share count is 1
R2#
```

4．路由器未在路由表中安装任何 OSPF 路由——原因：distribute-list 阻止路由器安装 OSPF 路由

OSPF 属于链路状态路由协议，OSPF 邻居双方建立邻接关系时，会相互同步各自的 OSPF 数据库。要想过滤 OSPF 路由，绝不可能基于 OSPF 数据库中的 LSA 来执行过滤，OSPF 可不是距离矢量路由协议。

在 OSPF 路由器上配置 **distribute-list in** 命令，只能阻止 OSPF 路由"进驻"IP 路由表。也就是说，被该命令过滤掉的路由并没有从 OSPF 数据库中"退位"。distribute-list in 命令的作用是，让路由器根据 distribute-list 的配置，对 OSPF 数据库中的路由进行筛选，只把那些为 distribute-list 所允许的路由安装进 IP 路由表。不管怎样，配置 distribute-list，并不能阻止 LSA "入驻" OSPF 数据库。

在图 7-72 所示网络中，有一台路由器无法在路由器表中安装任何 OSPF 路由。说准确一点，在 R2 的路由表中看不到任何 OSPF 路由。

图 7-72　用来演示 OSPF 路由安装故障的网络

（1）debug 与验证

例 7-198 所示为 R2 的配置，配置表明，R2 上设有 **distribute-list in** 命令，导致其未在路由表中安装任何 OSPF 路由。distribute-list 所调用的 access-list 1 只允许网络 10.0.0.0/8 和 20.0.0.0/8，只有目的网络匹配那两个网络的 OSPF 路由才能进驻 IP 路由表，其余的 OSPF 路由都将被拒。例 7-198 所示为 R2 的路由表，输出表明，路由 131.108.3.0 未进驻 IP 路由表，因为与其相对应的目的网络被 **distribute-list** 拒绝。

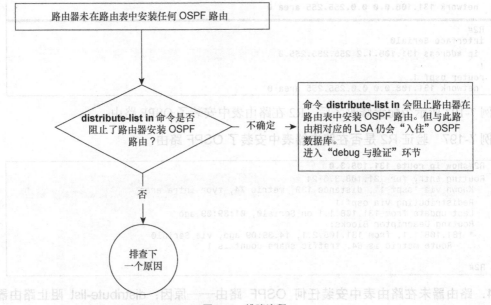

图 7-73 排障流程

例 7-198 R2 设有入站方向的 distribute-list

```
R2#
!
router ospf 1
 network 131.108.0.0 0.0.255.255 area 0
 distribute-list 1 in
!
access-list 1 permit 10.0.0.0
access-list 1 permit 20.0.0.0

R2#show ip route 131.108.3.0
%Network not in table
R2#
```

（2）解决方法

若通往某目的网络的路由在 OSPF 数据库中"露面"，但却无法"进驻" IP 路由表，就应该检查 distribute-list，看看该目的网络有没有被 distribute-list 所调用的访问列表拒绝。

例 7-199 所示为经过修改的 R2 的配置。由配置可知，distribute-list 所调用的 access-list 1 允许了网络 131.108.3.0。

例 7-199 修改 R2 的 distribute-list 所调用的 ACL，以允许网络 131.108.3.0/24

```
R2#
!
router ospf 1
 network 131.108.0.0 0.0.255.255 area 0
 distribute-list 1 in
!
access-list 1 permit 10.0.0.0
access-list 1 permit 20.0.0.0
access-list 1 permit 131.108.3.0 0.0.0.255
```

例 7-200 所示为配置修改之后，通往目的网络 131.108.3.0/24 的 OSPF 路由在 R2 的路由表中"露面"了。

例 7-200　检查 R2 的路由表，验证其是否安装了 OSPF 路由 131.108.3.0

```
R2#show ip route 131.108.3.0
Routing entry for 131.108.3.0/24
  Known via "ospf 1", distance 130, metric 74, type intra area
  Redistributing via ospf 1
  Last update from 131.108.1.1 on Serial0, 01:09:19 ago
  Routing Descriptor Blocks:
  * 131.108.1.1, from 131.108.2.1, 14:39:09 ago, via Serial0
      Route metric is 64, traffic share count is 1
R2#
```

5. 路由器未在路由表中安装任何 OSPF 路由——原因：在以帧中继 PVC 全互连的方式所组建的 WAN 环境中，把 OSPF 邻居双方互连接口的 OSPF 网络类型配置为 broadcast 时，发生了 PVC 中断的现象

在以帧中继 PVC（或类似介质）互连的多台 OSPF 路由器之间，若未通过相关逻辑链路形成完全互连，则绝不要将互连接口的 OSPF 网络类型配置为 broadcast。有时，OSPF 路由器之间即便通过帧中继 PVC 逻辑链路形成了完全互连，但只要第 2 层链路（PVC）故障，就会破坏路由器间逻辑链路的全互连状态，从而导致 OSPF 数据库中的路由异常。

图 7-74 所示为一个面临上述问题的网络。R1、R2 和 R3 之间通过帧中继 PVC 逻辑链路形成了完全互连，在 R1 和 R2 间的 PVC 中断之前，R2 为该帧中继网络内的 DR，而 R3 为 BDR。

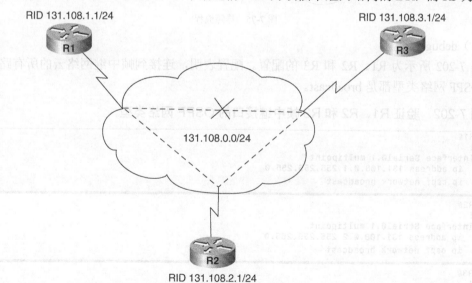

图 7-74　在以帧中继 PVC 全互连的方式所组建的 WAN 环境中，把 OSPF 邻居双方互连接口的 OSPF 网络类型配置为 broadcast 时，出现了 PVC 中断的现象

由例 7-201 可知，R1 未在路由表中安装任何 OSPF 路由。

例 7-201 R1 未安装任何 OSPF 路由

```
R1#show ip route ospf
R1#
```

图 7-75 所示为本故障排障流程。

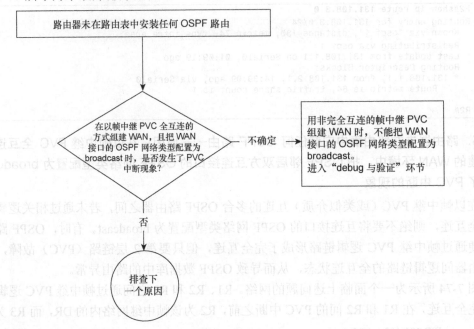

图 7-75 排障流程

（1）debug 与验证

例 7-202 所示为 R1、R2 和 R3 的配置。配置表明，连接到帧中继网络云的所有路由器接口的 OSPF 网络类型都是 broadcast。

例 7-202 验证 R1、R2 和 R3 帧中继接口的 OSPF 网络类型

```
R1#
!
interface Serial0.1 multipoint
   ip address 131.108.0.1 255.255.255.0
   ip ospf network broadcast
```

```
R2#
!
interface Serial0.1 multipoint
   ip address 131.108.0.2 255.255.255.0
   ip ospf network broadcast
```

```
R3#
!
interface Serial0.1 multipoint
   ip address 131.108.0.3 255.255.255.0
   ip ospf network broadcast
```

例 7-203 所示为在 3 台路由器上执行 **show ip ospf neighbor** 命令的输出。在 R1 看来，R2

为 DR。可实际上 DR 应该是 R3，因其 router-ID 最高，如图 7-74 所示。由于 R1 和 R3 间的 PVC 中断，所以才导致 R1 "误"把 R2 当成了 DR。

例 7-203　确认帧中继网络中的指定路由器（Designated Router）

```
R1#show ip ospf neighbor
Neighbor ID    Pri   State         Dead Time   Address       Interface
131.108.2.11         FULL/DR       00:00:31    131.108.0.2   Serial0.1

R2#show ip ospf neighbor
Neighbor ID    Pri   State         Dead Time   Address       Interface
131.108.1.11         FULL/DROTHER  00:00:34    131.108.0.1   Serial0.1
131.108.3.11         FULL/DR       00:00:33    131.108.0.3   Serial0.1

R3#show ip ospf neighbor
Neighbor ID    Pri   State         Dead Time   Address       Interface
131.108.2.11         FULL/BDR      00:00:31    131.108.0.2   Serial0.1
```

例 7-204 所示为 R1 所持路由器 LSA 的输出，输出展示了由 R1 自生成，以及由 R2 和 R3 通告的路由器 LSA。在 R1 看来，DR 仍就是 R2 而非 R3[①]。因 R1 未能在 OSPF 数据库中发现任何由 R2 生成的网络（类型 2）LSA，故而将该帧中继网络视为 stub 网络。而在 R2 和 R3 看来，该帧中继网络为 transit 网络。这就是说，R1、R2 和 R3 针对该帧中继网络（所处 IP 子网）生成路由器 LSA 时，产生了"分歧"。

例 7-204　R1、R2 和 R3 针对该帧中继网络生成路由器 LSA 时，产生了"分歧"

```
R1#show ip ospf database router

        OSPF Router with ID (131.108.1.1) (Process ID 1)

                Router Link States (Area 0)

  LS age: 148
  Options: (No TOS-capability, DC)
  LS Type: Router Links
  Link State ID: 131.108.1.1
  Advertising Router: 131.108.1.1
  LS Seq Number: 8000000B
  Checksum: 0x55A
  Length: 48
   Number of Links: 2

     Link connected to: a Stub Network
     (Link ID) Network/subnet number: 131.108.0.0
     (Link Data) Network Mask: 255.255.255.0
      Number of TOS metrics: 0
       TOS 0 Metrics: 64

     Link connected to: a Stub Network
     (Link ID) Network/subnet number: 131.108.1.1
     (Link Data) Network Mask: 255.255.255.255
```

（待续）

---

① 原文是 "R1 still considers R2 the DR instead of R3."不知作者凭例 7-204 所示 **show ip ospf database router** 命令输出中的哪一点判断出"R1 把 R2 视为 DR。"——译者注

```
        Number of TOS metrics: 0
        TOS 0 Metrics: 1

   Adv Router is not-reachable
   LS age: 1081
   Options: (No TOS-capability, DC)
   LS Type: Router Links
   Link State ID: 131.108.2.1
   Advertising Router: 131.108.2.1
   LS Seq Number: 80000006
   Checksum: 0x4F72
   Length: 48
    Number of Links: 2

      Link connected to: a Stub Network
      (Link ID) Network/subnet number: 131.108.2.1
      (Link Data) Network Mask: 255.255.255.255
       Number of TOS metrics: 0
       TOS 0 Metrics: 1

      Link connected to: a Transit Network
      (Link ID) Designated Router address: 131.108.0.3
      (Link Data) Router Interface address: 131.108.0.2
       Number of TOS metrics: 0
       TOS 0 Metrics: 64

   Adv Router is not-reachable
   LS age: 306
   Options: (No TOS-capability, DC)
   LS Type: Router Links
   Link State ID: 131.108.3.1
   Advertising Router: 131.108.3.1
   LS Seq Number: 80000007
   Checksum: 0xC185
   Length: 48
    Number of Links: 2

      Link connected to: a Stub Network
      (Link ID) Network/subnet number: 131.108.3.1
      (Link Data) Network Mask: 255.255.255.255
       Number of TOS metrics: 0
       TOS 0 Metrics: 1

      Link connected to: a Transit Network
      (Link ID) Designated Router address: 131.108.0.3
      (Link Data) Router Interface address: 131.108.0.3
       Number of TOS metrics: 0
       TOS 0 Metrics: 64
```

(2)解决方法

对于此类场景，排障方法是，要把 R1、R2 和 R3 间互连接口的 OSPF 网络类型更改为 point-to-multipoint。这样一改，就避免了三者间 DR/BDR 的选举，但代价是增加了帧中继网络中的 LSA 泛洪量。此举的好处是，即便是出现了 PVC 逻辑链路中断的情况，也不会导致任何流量黑洞。

此处，需要在网络稳定性的提升与 LSA 泛洪量的增加之间，权衡利弊。在 PVC 容易中断的帧中继网络中，把帧中继接口的 OSPF 网络类型设置为 point-to-multipoint，可以增加路由协议的稳定性；而若设置为 broadcast，虽可降低 LSA 的泛洪量，但却在第 2 层链路（PVC）中断时，容易导致 OSPF 数据库中的路由异常。

图 7-205 所示为经过修改的 R1、R2 和 R3 的配置。现在，三者帧中继接口的 OSPF 网络类型都被改成了 point-to-multipoint。

例 7-205 将 R1、R2 和 R3 帧中继接口的 OSPF 网络类型配置为 point-to-multipoint

```
R1#
!
interface Serial0.1 multipoint
  ip address 131.108.0.1 255.255.255.0
  ip ospf network point-to-multipoint

R2#
!
interface Serial0.1 multipoint
  ip address 131.108.0.2 255.255.255.0
  ip ospf network point-to-multipoint

R3#
!
interface Serial0.1 multipoint
  ip address 131.108.0.3 255.255.255.0
  ip ospf network point-to-multipoint
```

由例 7-206 所示 IP 路由表表项可知，更改配置之后，R1 收到了由 R2 通告的 OSPF 路由 131.108.3.0。

例 7-206 验证 R1 能否从 R2 接收到 OSPF 路由

```
R1#show ip route 131.108.3.0
Routing entry for 131.108.3.0/24
  Known via "ospf 1", distance 130, metric 129, type intra area
  Redistributing via ospf 1
  Last update from 131.108.0.2 on Serial0.1, 00:00:19 ago
  Routing Descriptor Blocks:
  * 131.108.0.2, from 131.108.3.1, 14:39:09 ago, via Serial0.1
      Route metric is 64, traffic share count is 1
R1#
```

7.4.2 故障：路由器未在路由表中安装 OSPF 外部路由

重分发进 OSPF 的任何路由，不论其来源于直连、静态或其他路由协议，都会以类型 5 LSA 的形式"露面"。类型 5 LSA 将会被泛洪至（OSPF 路由进程域内的）每台路由器，但（完全）"委身于" stub 区域或 NSSA 区域的路由器除外。有时，可能会出现外部路由已"入住" OSPF 数据库，但未被路由器安装进路由表的情况。

以下给出了导致上述故障的常见原因。

- 无法仰仗 OSPF 区域内或区域间路由，与 OSPF 外部（类型 5）路由的转发地址建立起 IP 连通性[①]。

---

① 原文是 "The forwarding address is not known through the intra-area or interarea route."——译者注

- ABR 未生成类型 4 汇总 LSA。

1. 路由器未在路由表中安装 OSPF 外部路由——原因：无法仰仗 OSPF 区域内或区域间路由与（外部[类型 5]路由的）转发地址建立起 IP 连通性

学到外部（类型 5）LSA 时，OSPF 路由器在把与之相对应的路由安装进路由表之前，需确保能依仗 OSPF 区域内或区域间路由，与（外部路由的）转发地址（转发地址是指类型 5 LSA 中所包含的"转发地址"字段值）建立起 IP 连通性。若不能通过 OSPF 区域内或区域间路由将流量送达（外部路由的）转发地址（能将流量送达转发地址，即表示与转发地址建立起了 IP 连通性），OSPF 路由器就不会在路由表中安装相关 OSPF 外部路由。作为 OSPF 标准的 RFC 2328 也是如此规定。

本节将围绕图 7-76 所示网络进行讲解，以下所列为图中各台路由器所行使的功能。

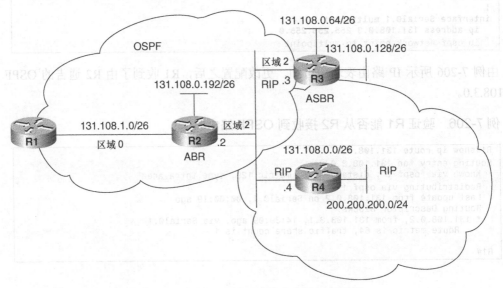

图 7-76 用来演示 OSPF 外部路由安装故障的网络

- R3 为 ASBR，在其上把 RIP 路由重分发进了 OSPF。
- R4 与 R3 之间运行 RIP。
- R4 通过 RIP 学到了通往目的网络 200.200.200.0/24 的路由。
- R2 与 R3 之间运行 OSPF。
- R2 为 ABR。

例 7-207 所示为在 R1 上执行 **show ip route 200.200.200.0** 命令的输出。网络 200.200.200.0 隶属于 RIP 路由进程域。由于在 R3 上已把 RIP 路由重分发进了 OSPF，因此所有 OSPF 路由器都会将通往目的网络 200.200.200.0 的路由视为 OSPF 外部路由。不过，该路由未在 R1 的路由表中"露面"。

例 7-207 通往目的网络 200.200.200.0 的路由未"进驻"R1 的路由表

```
R1#show ip route 200.200.200.0
% Network not in table
R1#
```

图 7-77 所示为解决此类故障的排障流程。

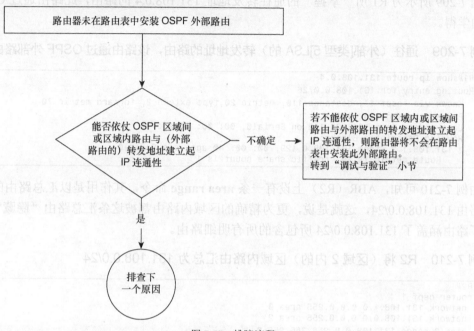

图 7-77 排障流程

（1）debug 与验证

例 7-208 所示为 R1 "掌握"的与目的网络 200.200.200.0 相对应的外部 LSA。该外部 LSA "入驻"到了 OSPF 数据库，但 R1 却未将与其相对应的路由安装进路由表。需要注意的是，这条外部 LSA 所包含的转发地址字段值（Forward Address: 131.108.0.4）。

例 7-208 与 RIP 路由 200.200.200.0 相对应的 OSPF 外部 LSA

```
R1#show ip ospf database external 200.200.200.0

      OSPF Router with ID (131.108.1.1) (Process ID 1)

           Type-5 AS External Link States

  LS age: 14
  Options: (No TOS-capability, DC)
  LS Type: AS External Link
  Link State ID: 200.200.200.0 (External Network Number )
  Advertising Router: 131.108.0.129
  LS Seq Number: 80000001
  Checksum: 0x88BE
  Length: 36
```

（待续）

```
         Network Mask: /24
         Metric Type: 2 (Larger than any link state path)
         TOS: 0
         Metric: 20
         Forward Address: 131.108.0.4
         External Route Tag: 0
```

例 7-209 所示为 R1 所"掌握"的通往转发地址 131.108.0.4 的路由,此路由通过 OSPF 外部路由学得。

例 7-209 通往(外部[类型 5]LSA 的)转发地址的路由,该路由通过 OSPF 外部路由学得

```
R1#show ip route 131.108.0.4
Routing entry for 131.108.0.0/26
  Known via "ospf 1", distance 110, metric 20,type extern 2, forward metric 70
  Redistributing via ospf 1
  Last update from 131.108.1.2 on Serial0, 00: 00: 40 ago
  Routing Descriptor Blocks:
  * 131.108.1.2, from 131.108.0.129, 00: 00: 40 ago, via Serial0
      Route metric is 20, traffic share count is 1
```

由例 7-210 可知,ABR(R2)上设有一条 **area range** 命令,其作用是以汇总路由的方式,通告路由 131.108.0.0/24,这就是说,更为精确的区域内路由都被这条汇总路由"隐藏"。这条汇总了路由涵盖了 131.108.0.0/24 所包含的所有明细路由。

例 7-210 R2 将(区域 2 内的)区域内路由汇总为 131.108.0.0/24

```
R2#
router ospf 1
 network 131.108.1.0 0.0.0.255 area 0
 network 131.108.0.0 0.0.0.255 area 2
 area 2 range 131.108.0.0 255.255.255.0
```

由例 7-211 所示 R3 的配置可知,在 R3(ASBR)上将 RIP 路由重分发进了 OSPF。R3 重分发进 OSPF 的 RIP 路由包括了其与 R4 互连链路子网路由 131.108.0.0/26,这要拜赐于网管人员在 router RIP 配置模式下,配置的那条 network 131.108.0.0 命令。这一被重分发进 OSPF 的互连链路子网路由"涵盖"了 R4 e0 接口(R4 与 R3 的互连接口)的 IP 地址 131.108.0.4/26,该 IP 地址恰好是 OSPF 外部路由 200.200.200.0 的转发地址,如例 7-208 所示。

例 7-211 R3 将(其与 R4 之间的互连链路)子网路由 131.108.0.0/26,也作为 RIP 路由重分发进了 OSPF

```
R3#
router ospf 1
 redistribute rip subnets
 network 0.0.0.0 255.255.255.255 area 2
!
router rip
 network 131.108.0.0
```

(2)解决方法

R1 之所以能通过 OSPF 外部路由获悉到(通往目的网络 200.200.200.0 的类型 5 LSA 的)

转发地址,要归咎于 R3 上 **router ospf** 配置模式下的那条 **redistributer rip** 命令。配置该命令的后果是,R3 会把自己与 R4 间的互连链路子网 131.108.0.0/26 以精确路由的形式,注入 OSPF。而(OSPF 外部路由 200.200.200.0 的)转发地址 131.108.0.4(R4 连接 R3 的 E0 接口的 IP 地址)恰好隶属于这一 IP 子网。拜赐于 R2 对路由 131.108.0.0/24 所执行的汇总操作,导致了通往目的网络 131.108.0.0/26 的 OSPF 区域内(明细)路由遭 R2 的抑制。而 R1 与外部路由 200.200.200.0 的转发地址 131.108.0.4 建立 IP 连通性时,一定会仰仗更为精确的 OSPF 外部路由 131.108.0.0/26,而非 OSPF 区域间汇总路由 131.108.0.0/24。

本故障有以下两种解决方法。

- 不在 ABR(R2)上执行路由汇总操作。
- 在 ASBR(R3)上执行路由过滤,不让 R3 与 R4 间的互连链路子网路由 131.108.0.0/26 重分发进 OSPF。

要选择第一种解决方法,需登录 ABR(R2),在其上 no 掉 **area range** 命令。

例 7-212 所示为经过修改的 ABR(R2)的配置。

例 7-212 不在 ABR(R2)上执行路由汇总操作

```
R2#
router ospf 1
 network 131.108.1.0 0.0.0.255 area 0
 network 131.108.0.0 0.0.0.255 area 2
 no area 2 range 131.108.0.0 255.255.255.0
```

要用第二种解决方法,需登录 ASBR(R3),在路由重分发期间执行路由过滤。

例 7-213 所示为经过修改的 ASBR(R3)的配置。由配置可知,已在 OSPF 进程下新增了一个名为 no_connected 的 route-map,其所包含的 ACL1 只允许目的网络 200.200.200.0/24,这样一来,R3 就不会将自己的直连子网路由 131.108.0.0/26 重分发进 OSPF 了。

例 7-213 在 ASBR(R3)上执行路由过滤,不让自己的直连子网路由 131.108.0.0/26 重分发进 OSPF

```
R3#
router ospf 1
 redistribute rip subnets route-map no_connected
 network 0.0.0.0 255.255.255.255 area 2
!
router rip
 network 131.108.0.0
!
route-map no_connected permit 10
 match ip address 1
!
access-list 1 permit 200.200.200.0 0.0.0.255
```

由例 7-214 可知,修改了 ASBR(R3)的配置之后,R1 在路由表中安装了 OSPF 外部路由 200.200.200.0/24,因此时 R1 已能仰仗 OSPF 区域间路由与该 OSPF 外部路由的转发地址建立起 IP 连通性了。

例 7-214　验证 R1 是否在路由表内安装了通往目的网络 200.200.200.0/24 的 OSPF 外部路由

```
R1#show ip route 200.200.200.0
Routing entry for 200.200.200.0/24
  Known via "ospf 2", distance 110, metric 20, type extern 2, forward metric 128
  Redistributing via ospf 2
  Last update from 131.108.1.2 on Serial0.1, 00:47:24 ago
  Routing Descriptor Blocks:
  * 131.108.1.2, from 131.108.0.29, 00:47:24 ago, via Serial0.1
      Route metric is 20, traffic share count is 1
```

由例 7-215 可知，R1 学到的通往（OSPF 外部路由的）转发地址 131.108.0.4 的路由，为 OSPF 区域间路由并非 OSPF 外部路由。

例 7-215　R1 可通过 OSPF 区域间路由与（OSPF 外部路由的）转发地址建立起 IP 连通性

```
R1#show ip route 131.108.0.4
Routing entry for 131.108.0.4/26
  Known via "ospf 2", distance 110, metric 64, type inter area
  Redistributing via ospf 2
  Last update from 131.108.1.2 on Serial0.1, 00:50:25 ago
  Routing Descriptor Blocks:
  * 131.108.1.2, from 131.108.0.193, 00:50:25 ago, via Serial0.1
      Route metric is 64, traffic share count is 1
```

2. 路由器未在路由表中安装 OSPF 外部路由——原因：ABR 未生成类型 4 汇总 LSA

类型 4 汇总 LSA 有一个很重要作用，那就是向其他区域内的路由器宣告 ASBR 的位置。若 ASBR 与其他 OSPF 路由器共处于同一区域，则类型 4 LSA 也就失去了存在的意义。

若 ASBR 未与区域 0 相连，（且同时担当 ABR），则其将不能生成类型 4 汇总 LSA[①]。要想生成类型 3 或类型 4 汇总 LSA，路由器就必须与区域 0 相连，并同时担当 ABR。否则，OSPF 外部路由即便能在 OSPF 路由进程域内传播，域内的 OSPF 路由器无法在路由表中将其安装[②]。上一章细述了什么是 OSPF 类型 3 和类型 4 LSA。

在图 7-78 所示网络中，在 R3 上把 RIP 路由重分发进了 OSPF。

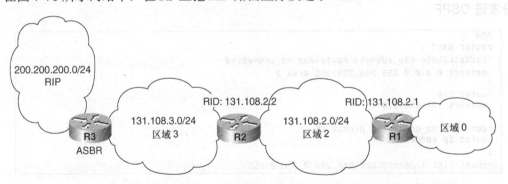

图 7-78　因缺少类型 4 汇总 LSA，OSPF 路由进程域内的路由器未安装 OSPF 外部路由

---

① 原文是 "The ASBR doesn't generate the Type 4 summary LSA if it's not connected to area 0"。——译者注
② 原文是 "As a result, the external routes will not be installed in the network."译文酌改。——译者注

第 7 章 排除 OSPF 故障

由例 7-216 可知,R1 未能在路由表中安装 OSPF 外部路由 200.200.200.0/24。

例 7-216 R1 未安装 OSPF 外部路由 200.200.200.0

```
R1#show ip route 200.200.200.0
% Network not in table
R1#
```

图 7-79 所示为本故障排障流程。

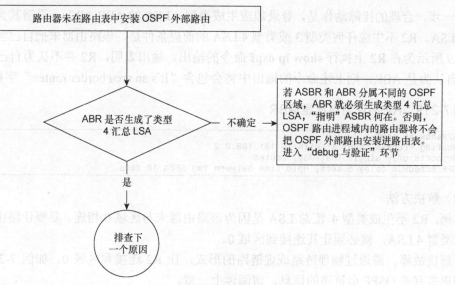

图 7-79 排障流程

(1) debug 与验证

由例 7-217 可知,外部路由 200.200.200.0 已"入住"了 R1 的 OSPF 数据库。

例 7-217 验证 OSPF 外部路由 200.200.200.0 是否"入住"了 R1 的 OSPF 数据库

```
R1#show ip ospf database external 200.200.200.0

            OSPF Router with ID (131.108.2.1) (Process ID 1)

                Type-5 AS External Link States

  LS age: 199
  Options: (No TOS-capability, DC)
  LS Type: AS External Link
  Link State ID: 200.200.200.0 (External Network Number )
  Advertising Router: 131.108.3.3
  LS Seq Number: 80000001
  Checksum: 0x4B3A
  Length: 36
  Network Mask: /24
        Metric Type: 2 (Larger than any link state path)
        TOS: 0
        Metric: 20
        Forward Address: 0.0.0.0
        External Route Tag: 0
```

由例 7-218 可知，在 R1 的 OSPF 数据库中，没有与外部路由 200.200.200.0 "配套" 的类型 4 LSA。

例 7-218　R1 未学到与外部路由 200.200.200.0 "配套" 的类型 4 LSA

```
R1#show ip ospf database asbr-summary 131.108.3.3
         OSPF Router with ID (131.108.2.1) (Process ID 1)
```

下一步，合理的排障动作是，登录理应生成类型 4 LSA 的 ABR（R2），弄清其为何不生成类型 4 LSA。R2 不生成任何类型 3 或类型 4 LSA 的前提条件是，该路由器未把自己当成 ABR。例 7-219 所示为在 R2 上执行 **show ip ospf** 命令的输出。输出表明，R2 并不认为自己是 ABR。若 R2 自认为是 ABR，则上述命令的输出中将会包含 "It's an area border router." 字样。

例 7-219　R2 不认为自己是 ABR

```
R2#show ip ospf
Routing Process "ospf 1" with ID 131.108.2.2
Supports only single TOS(TOS0) routes
SPF schedule delay 5 secs, Hold time between two SPFs 10 secs
```

（2）解决方法

本例，R2 不生成类型 4 汇总 LSA 是因为该路由器未与区域 0 相连。要要让路由器生成类型 3 或类型 4 LSA，就必须让其连接到区域 0。

要解决故障，需通过物理链路或虚链路的形式，让 R2 连接到区域 0，如例 7-220 所示。欲了解更多有关 OSPF 虚链路的信息，请阅读上一章。

例 7-220　在 R2 和 R1 之间创建一条 OSPF 虚链路

```
R1#
router ospf 1
area 2 virtual-link 131.108.2.2

R2#
router ospf 1
area 2 virtual-link 131.108.2.1
```

虚链路创建之后，R2 就等同于以逻辑链路的方式连接到了区域 0；现在，R2 会以 ABR 自居。例 7-221 所示为把 R2 连接至区域 0 之后，在其上执行 **show ip ospf** 命令的输出。输出表明，R2 已经把自己当作 ABR 了。请读者将本例所示输出与例 7-219 所示输出做一翻比较，以了解两例间的差别。

例 7-221　验证 R1 是否以 ABR 自居

```
R2#show ip ospf
Routing Process "ospf 1" with ID 131.108.2.2
Supports only single TOS(TOS0) routes
It is an area border router
SPF schedule delay 5 secs, Hold time between two SPFs 10 secs
```

现在，再登录 R1，验证其否收到了类型 4 LSA。由例 7-222 可知，修改过 R2 的配置之后，由其生成的类型 4 汇总 LSA 已经传播进区域 2 了。

例 7-222　由 R2 生成的类型 4 LSA 传播进了区域 2，并为 R1 所接收

```
R1#show ip ospf database asbr-summary

       OSPF Router with ID (131.108.2.1) (Process ID 1)

             Summary ASB Link States (Area 2)

  LS age: 17
  Options: (No TOS-capability, DC)
  LS Type: Summary Links(AS Boundary Router)
  Link State ID: 131.108.3.3 (AS Boundary Router address)
  Advertising Router: 131.108.2.2
  LS Seq Number: 80000001
  Checksum: 0xE269
  Length: 28
  Network Mask: /0
        TOS: 0  Metric: 64
```

收到了类型 4 LSA 之后，R1 自然会在路由表中"配套"安装外部路由 200.200.200.0 了。由例 7-223 可知，外部路由 200.200.200.0/24 已在 R1 的路由表中"露面"了。

例 7-223　外部路由 200.200.200.0 已在 R1 的路由表中现身

```
R1#show ip route 200.200.200.0
Routing entry for 200.200.200.0/24
  Known via "ospf 2", distance 110, metric 20, type extern 2, forward metric 128
  Redistributing via ospf 2
  Last update from 131.108.2.2 on Serial0.1, 00:47:24 ago
  Routing Descriptor Blocks:
  * 131.108.2.2, from 131.108.3.3, 00:47:24 ago, via Serial0.1
      Route metric is 20, traffic share count is 1
```

7.5　排除 OSPF 路由重分发故障

本节介绍如何排除与 OSPF 路由重分发有关的故障。把（其他类型的）路由重分发进 OSPF 路由进程域的 OSPF 路由器称为 ASBR。能重分发进 OSPF 的路由，既可以是直连或静态路由，也可以是通过动态方式从其他路由协议或另一 OSPF 进程学到的路由。

下面给出了执行 OSPF 路由重分发时的常见故障：

- ASBR 未通告经过重分发的路由；
- 路由器未在路由表中安装 OSPF 外部路由。

第二类故障已在上一节排除 OSPF 路由安装故障的中做过讨论。本节只会讨论 OSPF 路由重分发的第一类故障。

故障：OSPF 路由器未通告外部路由

只要将路由重分发进了 OSPF，无论此其出处（无论路由的来源是直连、静态还是其他任何路由协议），ASBR 都会生成与之相对应的外部 LSA。在完成了路由重分发操作之后，若未生成相应的 OSPF 外部路由，则表示执行路由重分发的 OSPF 路由器发生了故障。在大多数情况下，导致故障的原因都与配置有关。

以下给出了导致故障的常见原因：

- ASBR 上 router OSPF 配置模式命令 **redistribute** 未包含 **subnets** 关键字。
- ASBR 上出站方向的 **distribute-list** 命令阻止了外部路由的通告。

图 7-80 所示为易发生此类故障的网络。R1 的以太网接口参与了 RIP 路由进程，此外，还在 R1 上将 RIP 路由重分发进了 OSPF[①]。

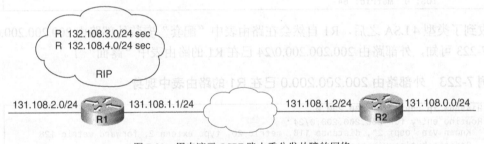

图 7-80　用来演示 OSPF 路由重分发故障的网络

1．OSPF 邻居未通告外部路由——原因：设于 ASBR 的 router OSPF 配置模式命令 redistribute 未包含 subnets 关键字

将源自于任何其他路由协议的路由重分发进 OSPF 时，若有待重分发的路由为子网路由，那就必须在 **redistribute** 命令中包含 **subnets** 关键字。无此关键字，ASBR 在生成外部 LSA 时，会对有待重分发的所有子网路由"视而不见"。

将直连或静态路由重分发进 OSPF 时，若 **redistribute** 命令未含 **subnets** 关键字，也会发生上述情况。因此，只要把路由重分发进 OSPF，就必须让 **redistribute** 命令包含 **subnets** 关键字。

图 7-81 所示为解决此类故障的排障流程。

（1）debug 与验证

例 7-224 所示为在 R1 上执行 **show ip ospf database external 132.108.3.0** 命令的输出。由输出可知，R1 并没有为目的网络 132.108.3.0 生成外部 LSA。

---

① 请问作者，根据图 7-80，能看出 R1 的哪个接口是以太网接口吗？——译者注

第 7 章 排除 OSPF 故障

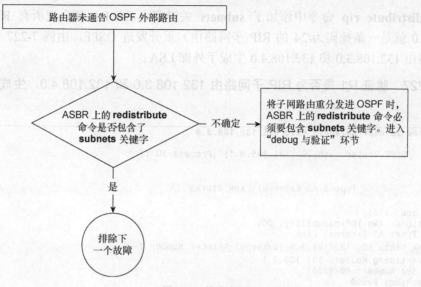

图 7-81 排障流程

例 7-224 R1 没有为目的网络 132.108.3.0，生成外部 LSA

```
R1#show ip ospf database external 132.108.3.0
      OSPF Router with ID (131.108.2.1) (Process ID 1)
R1#
```

例 7-225 所示为 R1 的 OSPF 相关配置。配置表明，**redistribute rip** 命令未包含 **subnets** 关键字。

例 7-225 R1 的 router ospf 配置模式命令 redistribute rip 中未包含 subnets 关键字

```
R1#
router ospf 1
 redistribute rip
 network 131.108.1.0 0.0.0.255 area 0
 network 131.108.2.0 0.0.0.255 area 0
 !
router rip
 network 132.108.0.0
 !
```

（2）解决方法

要解决故障，需在 **redistribute rip** 命令中添加 **subnets** 关键字。例 7-226 所示为能解决故障的正确配置。

例 7-226 在 R1 的 redistribute rip 命令中添加 subnets 关键字

```
R1#
router ospf 1
 redistribute rip subnets
 network 131.108.1.0 0.0.0.255 area 0
 network 131.108.2.0 0.0.0.255 area 0
```

在 **redistribute rip** 命令中添加了 **subnets** 关键字之后，R1 就会把所有 RIP 子网路由（131.108.3.0 就是一条掩码为 /24 的 RIP 子网路由）重分发进 OSPF。由例 7-227 可知，R1 为 RIP 子网路由 132.108.3.0 和 132.108.4.0 生成了外部 LSA。

例 7-227 验证 R1 是否为 RIP 子网路由 132.108.3.0 和 132.108.4.0，生成了 OSPF 外部路由

```
R1#show ip ospf database external 132.108.3.0

      OSPF Router with ID (131.108.2.1) (Process ID 1)

              Type-5 AS External Link States

  LS age: 1161
  Options: (No TOS-capability, DC)
  LS Type: AS External Link
  Link State ID: 132.108.3.0 (External Network Number )
  Advertising Router: 131.108.2.1
  LS Seq Number: 80000001
  Checksum: 0x550
  Length: 36
  Network Mask: /24
        Metric Type: 2 (Larger than any link state path)
        TOS: 0
        Metric: 1
        Forward Address: 0.0.0.0
        External Route Tag: 1
R1#

R1#show ip ospf database external 132.108.4.0

      OSPF Router with ID (131.108.2.1) (Process ID 1)

              Type-5 AS External Link States

  LS age: 1161
  Options: (No TOS-capability, DC)
  LS Type: AS External Link
  Link State ID: 132.108.4.0 (External Network Number )
  Advertising Router: 131.108.2.1
  LS Seq Number: 80000001
  Checksum: 0x550
  Length: 36
  Network Mask: /24
        Metric Type: 2 (Larger than any link state path)
        TOS: 0
        Metric: 1
        Forward Address: 0.0.0.0
        External Route Tag: 1
R1#
```

2. 路由器未通告 OSPF 外部路由——原因：出站方向的 distribute-list 命令阻止了外部路由的通告

在 ASBR 上，只要设有出站方向的 distribute-list，经其调用的访问列表就会受到检查，ASBR

只会为访问列表所明确允许的目的网络生成外部（类型 5）LSA，不会为遭访问列表拒绝的所有其他目的网络生成外部 LSA。

图 7-82 所示为解决此类故障的排障流程。

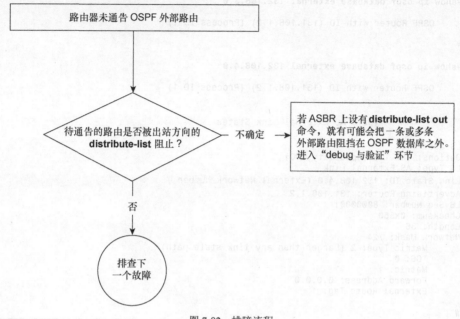

图 7-82 排障流程

（1）debug 与验证

网络出故障时，应首先检查路由器配置。请注意，前例是由于 **redistribute** 命令未包含关键字 **subnets**，从而导致了 ASBR 未把某些外部路由安装进路由表。本例，**distribute-list** 命令是阻止 ASBR 把外部路由 131.108.3.0 重分发进 OSPF 的罪魁祸首。例 7-228 所示为 R1 的配置，配置中包含了 **distribute-list out** 命令，正是这条命令阻止了路由 132.108.3.0 "进驻" OSPF 数据库。

例 7-228 设在 R1 上的 distribute-list 命令阻止了外部路由 132.108.3.0 "进驻" OSPF 数据库

```
R1#
router ospf 1
 redistribute rip subnets
 network 131.108.1.0 0.0.0.255 area 2
 network 131.108.2.0 0.0.0.255 area 2
 distribute-list 1 out
!
access-list 1 permit 132.108.4.0 0.0.0.255
```

由例 7-229 可知，R1 只为目的网络 132.108.4.0 生成了外部（类型 5）LSA，并没有为 132.108.3.0 生成外部 LSA，这是因为 **distribute-list** 命令所调用的 access list1 拒绝了目的网络

131.108.3.0。

例 7-229　验证 R1 为哪些重分发而来的路由生成了外部 LSA

```
R1#show ip ospf database external 132.108.3.0
        OSPF Router with ID (131.108.1.2) (Process ID 1)
R1#
R1#show ip ospf database external 132.108.4.0
        OSPF Router with ID (131.108.1.2) (Process ID 1)

                Type-5 AS External Link States

  LS age: 1161
  Options: (No TOS-capability, DC)
  LS Type: AS External Link
  Link State ID: 132.108.4.0 (External Network Number )
  Advertising Router: 131.108.1.2
  LS Seq Number: 80000001
  Checksum: 0x550
  Length: 36
  Network Mask: /24
        Metric Type: 2 (Larger than any link state path)
        TOS: 0
        Metric: 1
        Forward Address: 0.0.0.0
        External Route Tag: 1
R1#
```

（2）解决方法

要解决故障，就得在 R1 上 no 掉 **distribute-list** 命令，令其为所有经过重分发的 RIP 路由生成外部（类型 5）LSA。当然，也可以修改 **distribute-list** 命令所调用的 ACL，令该 ACL 所允许的目的网络匹配所有有待重分发的外部路由。在使用路由映射替代 distribute-list 执行路由过滤时，也有可能会发生类似故障。无论哪种情况，都要确保让访问列表允许与有待重分发的外部路由相对应的目的网络。

例 7-230 所示为经过修改的 R1 的配置。由配置可知，access-list 1 允许了目的网络 132.108.3.0，R1 需要为此目的网络生成外部 LSA。

例 7-230　修改 R1 的配置，让 distribute-list 所调用的 ACL 允许目的网络 132.108.3.0

```
R1#
router ospf 1
 redistribute rip subnets
 network 131.108.1.0 0.0.0.255 area 2
 network 131.108.2.0 0.0.0.255 area 2
 distribute-list 1 out
!
access-list 1 permit 132.108.4.0 0.0.0.255
access-list 1 permit 132.108.3.0 0.0.0.255
```

修改过 R1 的配置之后，应检查其是否为经过重分发的 RIP 路由 131.108.3.0 生成了外部

LSA。由例 7-231 可知，R1 已经为外部目的网络 132.108.3.0，生成了外部 LSA。

例 7-231 验证 R1 是否为外部目的网络 132.108.3.0 生成了外部 LSA

```
R1#show ip ospf database external 132.108.3.0

       OSPF Router with ID (131.108.1.2) (Process ID 1)

            Type-5 AS External Link States

  LS age: 1161
  Options: (No TOS-capability, DC)
  LS Type: AS External Link
  Link State ID: 132.108.3.0 (External Network Number)
  Advertising Router: 131.108.1.2
  LS Seq Number: 80000001
  Checksum: 0x550
  Length: 36
  Network Mask: /24
        Metric Type: 2 (Larger than any link state path)
        TOS: 0
        Metric: 1
        Forward Address: 0.0.0.0
        External Route Tag: 1
R1#
```

7.6 排除 OSPF 路由汇总故障

本节会讨论如何排除与 OSPF 路由汇总（route summarization）有关的故障。路由汇总的理念是，若有待通告的目的网络在数字上连续，就可以"放"到一起，以一条或少数几条路由的形式通告，而不是每个目的网络单独通告。该特性能有效降低路由表的规模。路由表的规模一降，网络收敛的时间也会随之而降，从而能显著提高 OSPF 的运行效率。因此，需根据实际情况，在路由器上手动执行路由汇总操作。

OSPF 路由汇总的方式分两种：

- 可在 ABR 上，对区域间路由进行汇总；
- 可在 ASBR 上，对外部汇总进行汇总。

与 OSPF 路由汇总有关的常见故障也有两种：

- 路由器未汇总区域间路由；
- 路由器未汇总外部路由。

7.6.1 故障：路由器未汇总区域间路由——原因：ABR 上未设 area range 命令

要想汇总 OSPF 路由，就必须在路由器上配置 **area range** 命令。汇总区域间路由的任务只能由 ABR 来完成。执行路由汇总任务的 ABR 不会为有待汇总的每个目的网络单独生成 LSA，而是会生成汇总（类型 3）LSA 来"包含"有待汇总的所有目的网络。

配置 **area range** 命令时，若网络掩码参数配置有误，路由器将生成不了汇总 LSA。读者需要留意的是，该命令所包含的网络掩码参数的写法是前缀掩码格式而非通配掩码格式（即 255.255.255.0 而非 0.0.0.255）。

图 7-83 所示为易发生路由汇总故障的网络。R1 设有命令 **area range**。这条命令只应在连接到"特定区域"的路由器上配置，"特定区域"是指生成待汇总路由的区域。此外，设有这条命令的路由器必需是 ABR。

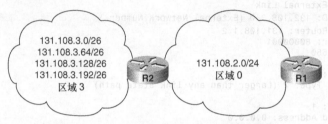

图 7-83 发生区域间路由汇总故障的 OSPF 网络

图 7-84 所示为本故障排障流程。

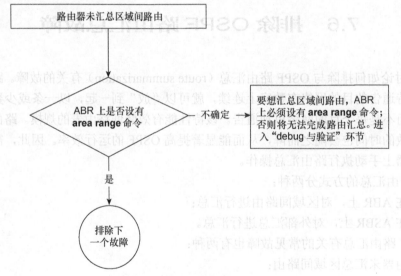

图 7-84 排障流程

（1）debug 与验证

例 7-232 所示为 R1 的配置。配置中的 **area range** 命令做了高亮显示，此命令的作用是让 R1 来汇总区域 3 的路由，即让 R1 把 131.108.3.0/26、131.108.3.64/26、131.108.3.128/26 和 131.108.3.192/26 这 4 条路由汇总为一条路由 131.108.3.0/24。请注意，命令中网络掩码参数的格式是 255.255.255.0，并不是 0.0.0.255。逆向掩码格式 0.0.0.255 在访问列表中使用，作用是"圈定"访问列表所要"拒绝"或"允许"的地址范围,执行 OSPF 路由汇总时,网络掩码的正确写法应该是 255.255.255.0。

area range 命令并没有配错,但故障出在 R1 而非 ABR(R2)上。R1 虽然连接到了区域 0,但未与区域 3 相连,因此不能汇总区域 3 的路由。

例 7-232 R1 汇总的是区域 3 的路由

```
R1#
router ospf 1
 network 131.108.2.0 0.0.0.255 area 0
 area 3 range 131.108.3.0 255.255.255.0
```

有一个非常简单的方法来验证路由器是否正确地汇总了路由。例 7-233 所示为在 R1 上执行 **show ip ospf** 命令的输出。输出表明,区域 3 的汇总路由 131.108.3.0/24 的状态为 passive("Area ranges are 131.108.3.0/24 Passive")。也就是讲,区域 3 内并没有目的网络隶属于 131.108.3.0/24 的路由。其实 R1 学到了目的网络隶属于 131.108.3.0/24 的路由,只是 R1 未连接到区域 3,因此汇总路由 131.108.3.0/24 的状态被标记成了"passive"状态。读者还应注意的是,R1 隶属于区域 3 的接口数为 0("Number of interfaces in this area is 0"),显而易见,R1 并未连接到区域 3。因此,R1 不能汇总区域 3 的路由。

例 7-233 R1 隶属于区域 3 的接口数为 0

```
R1#show ip ospf
   Area 3
       Number of interfaces in this area is 0
       Area has no authentication
       SPF algorithm executed 1 times
       Area ranges are
          131.108.3.0/24 Passive
```

由于 R1 执行路由汇总任务失败,因此"进驻"其路由表的是 4 条明细路由,而非一条汇总路由。例 7-234 所示为进驻 R1 路由表的 4 条明细路由,这 4 条路由都以 OSPF 区域间路由的形式"露面"。

例 7-234 在 R1 路由表中露面的是 4 条明细路由而非一条汇总路由

```
R1#show ip route
...
O IA    131.108.3.0/26 [110/64] via 131.108.2.2, 00:01:35, Serial0
O IA    131.108.3.64/26 [110/64] via 131.108.2.2, 00:01:35, Serial0
O IA    131.108.3.128/26 [110/64] via 131.108.2.2, 00:01:35, Serial0
O IA    131.108.3.192/26 [110/64] via 131.108.2.2, 00:01:35, Serial0
```

(2)解决方法

要想只让 R1 学到一条汇总路由,**area range** 命令需在 R2 上配置。因为 R2 既连接到了区域 3,也充当 ABR 之职。例 7-235 所示为在 ABR(R2)上配置的 **area range** 命令。

例 7-235　在 R2（ABR）上配置 area range 命令

```
R2#
router ospf 1
  network 131.108.3.0 0.0.0.255 area 3
  network 131.108.2.0 0.0.0.255 area 0
  area 3 range 131.108.3.0 255.255.255.0
```

配妥了汇总路由的目的网络地址范围之后，还应检查其状态是 active 还是 passive。若为 active 状态，则表明 ABR 已经履行了路由汇总任务。例 7-236 所示为在 R2 上执行 **show ip ospf** 命令的输出。输出表明，区域 3 拥有目的网络隶属于 131.108.3.0/24 的汇总路由，且其状态为 active。

例 7-236　验证区域 3 的汇总路由的状态

```
R2#show ip ospf
…
    Area 3
        Number of interfaces in this area is 4
        Area has no authentication
        SPF algorithm executed 1 times
        Area ranges are
            131.108.3.0/24 Active (64)
```

核实过 R2 确实履行了路由汇总的职责，且其所生成的汇总路由状态为 active 之后，应检查 R1 的路由表，了解路由的接收情况。例 7-237 所示为在 R2 上成功执行了路由汇总操作之后，R1 就只能收到一条汇总路由，收不到原先的那 4 条明细路由了。

例 7-237　R1 只能收到一条汇总路由

```
R1#show ip route
…
O IA    131.108.3.0/24 [110/64] via 131.108.2.2, 00:01:35, Serial0
```

7.6.2　故障：路由器未能汇总 OSPF 外部路由——原因：ASBR 上未设 summary-address 命令

将任何静态、直连或学自其他路由协议的路由重分发进 OSPF 时，OSPF ASBR 都会为此生成外部 LSA。由于外部 LSA 都是由 ASBR 生成，因此针对外部路由执行汇总操作时，**summary-address** 命令只应在 ASBR 上配置；否则，路由汇总操作将以失败而告终。此外，**summary-address** 命令包含的网络掩码参数的格式与 **area range** 命令相同（即格式为前缀掩码 255.255.255.0 而非逆向掩码 0.0.0.255）。

如图 7-85 所示，该网络中的外部路由不能正确汇总。R2 充当 ASBR，网管人员在其上将 RIP 路由重分发进了 OSPF。

图 7-86 所示为本故障排障排障流程。

第 7 章 排除 OSPF 故障

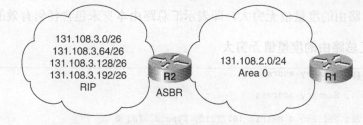

图 7-85 发生外部路由不能正确汇总的 OSPF 网络

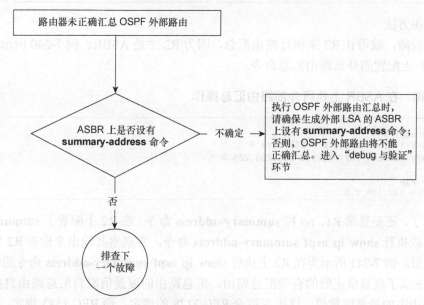

图 7-86 排障流程

（1）debug 与验证

例 7-238 所示为 R1 的配置，配置中包含了 **summary-address** 命令。请注意，R1 不是 ASBR。还要注意的是，要汇总/24 的路由，**summary-address** 命令所含网络掩码参数的格式应该为 255.255.255.0，不应写成 0.0.0.255，其格式与汇总区域间路由的命令 **area range** 相同。此外，读者也应该知道，**area range** 命令只能用来汇总区域间路由，不能用来汇总外部路由。要汇总 OSPF 外部路由，必须使用 **summary-address** 命令。

例 7-238 尽管 R1 并非 ASBR，但仍在其上配置了 OSPF 外部路由汇总

```
R1#
router ospf 1
 network 131.108.2.0 0.0.0.255 area 0
 summary-address 132.108.3.0 255.255.255.0
```

例 7-239 所示为在 R1 上执行 **show ip ospf summary-address** 命令的输出。输出表明，R1 生成的这条汇总路由的度量值为 16777215，即度量值无穷大。读者应该记得，OSPF 外部 LSA 中的度量值字段的长度是 24 位，也就是说，16 777 215（2^{24}-1）是 OSPF 外部路由的最大度量

值了。OSPF 汇总路由的度量值无穷大，即表示汇总路由本身未包含任何有效的明细路由。

例 7-239　汇总路由的度量值无穷大

```
R1#show ip ospf summary-address
OSPF Process 1, Summary-address

132.108.3.0/255.255.255.0 Metric 16777215, Type 0, Tag 0
R1#
```

（2）解决方法

要解决故障，就得让 R2 来执行路由汇总，因为 R2 才是 ASBR。例 7-240 所示为在 OSPF ASBR（R2）上配置的外部路由汇总命令。

例 7-240　在 ASBR 上执行外部路由汇总操作

```
R2#
router ospf 1
 network 131.108.2.0 0.0.0.255 area 0
 summary-address 132.108.3.0 255.255.255.0
!
router rip
 network 132.108.0.0
```

请别忘了，还要登录 R1，no 掉 summary-address 命令。在 R2 上配置了 **summary-address** 命令之后，应执行 **show ip ospf summary-address** 命令，并观察其输出来检查 R2 生成的汇总路由的度量值。例 7-241 所示为在 R2 上执行 **show ip ospf summary-address** 命令的输出。输出表明，R2 生成了度量值正确的有效汇总路由。汇总路由的度量值取自汇总路由自身所包含的所有明细路由中的最高度量值。这也正符合 RFC 2178 的规定。而 RFC 1583 规定，OSPF 汇总路由的度量值应取自汇总路由本身所包含的所有明细路由中的最低度量值。

例 7-241　验证 ASBR（R2）生成的汇总路由是否生效

```
R2#show ip ospf summary-address
OSPF Process 1, Summary-address

132.108.3.0/255.255.255.0 Metric 5, Type 0, Tag 0
R2#
```

7.7　排除 CPUHOG 故障

建立 OSPF 邻接关系时，OSPF 邻居双方会相互泛洪所有的 LSU（链路状态更新）数据包。路由泛洪过程则时快时慢，快慢程度随路由器的资源使用情况而定。若路由泛洪消耗了路由器太多资源，其 CPU 利用率将会居高不下，在日志中，还会"留下"CPUHOG 消息。

路由器通常会在以下两个重要时间点生成 CPUHOG 消息：

- OSPF 邻居关系建立过程中；
- LSA 刷新过程中。

本节将围绕以下两个 CPUHOG 实例，来讨论可能的解决方法：

- 路由器在 OSPF 邻接关系建立过程中，生成了 CPUHOG 消息；
- 路由器在 LSA 刷新阶段，生成了 CPUHOG 消息。

7.7.1 故障：路由器在 OSPF 邻接关系建立过程中，生成了 CPUHOG 消息——原因：路由器运行的 IOS 版本不支持 Packet-Pacing（数据包步调）功能

OSPF 邻居双方建立 OSPF 邻接关系时，会相互泛洪所有的链路状态（更新）数据包。有时，在泛洪过程中，路由器会消耗大量 CPU 资源。版本低于 12.0T 的 IOS 不支持 packet-pacing 特性，灌有这些低版本 IOS 的 Cisco 路由器会力图尽快将数据包从接口（链路）外发。若 OSPF 邻居间的互连链路为低速链路（或其中的一端为低速链路），则链路状态更新（LSU）数据包很可能无法尽快得到确认，于是便会导致 LSA 的重传，最终，频繁重传 LSA 的路由器会消耗大量 CPU 资源，生成 CPUHOG 消息。packet-pacing 特性引入了 pacing interval（步调间隔时间）参数，支持该特性的路由器会以此来调控 LSU 数据包的发送速度。具体做法是，不会一次性地泛洪所有 LSU 数据包，而是会每隔几毫秒，以平稳的方式发出 LSU 数据包。

图 7-87 所示为本故障排障流程。

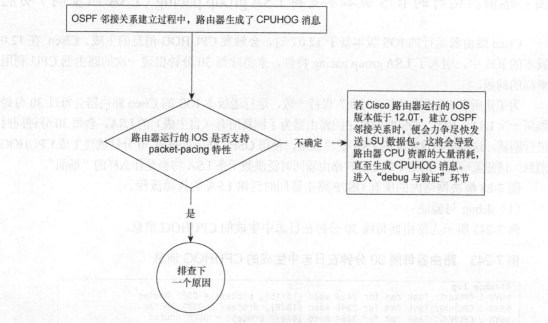

图 7-87　排障流程

（1）debug 与验证

建立 OSPF 邻接关系的过程中，CPUHOG 消息会在 OSPF 路由器的控制台"露面"，可执行 **show log** 命令来查看 CPUHOG 消息。例 7-242 所示为一台路由器在日志中记录的 CPUHOG 消息。

例 7-242　OSPF 路由器在日志中记录的 CPUHOG 消息

```
R1#show log
%SYS-3-CPUHOG: Task ran for 2424 msec (15/15), process = OSPF Router
%SYS-3-CPUHOG: Task ran for 2340 msec (10/9), process = OSPF Router
%SYS-3-CPUHOG: Task ran for 2264 msec (0/0), process = OSPF Router
```

（2）解决方法

支持 packet-pacing 特性的路由器会每隔 33 毫秒发送一次 LSU 数据包，每隔 66 毫秒重传一次未经确定的 LSA 数据包。这一掌控 LSA 发送速度的方式会降低路由器生成 CPUHOG 消息的概率，加快 OSPF 邻接关系的建立。packet-pacing 特性在版本不低于 12.0T 的 IOS 中默认开启。

版本低于 12.0T 的 IOS 软件不支持 packet-pacing 特性，若路由器运行的 IOS 版本低于 12.0T，且在建立 OSPF 邻接关系时生成了 CPUHOG 消息，请将 IOS 升级至 12.0T 或更高版本，利用默认开启的 packet-pacing 特性来规避故障。

7.7.2　故障：路由器在 LSA 刷新期间生成了 CPUHOG 消息——原因：路由器运行的 IOS 版本不支持 LSA group pacing（LSA 组步调）功能

Cisco 路由器运行的 IOS 版本低于 12.0T 时，会触发 CPUHOG 消息的生成。Cisco 在 12.0 版本的 IOS 中，引入了 LSA group pacing 特性，来消除每 30 分钟出现一次的路由器 CPU 利用率高的问题。

为了让所有 LSA 的"存活时间"保持一致，运行老版本 IOS 的 Cisco 路由器会每过 30 分钟刷新一次 LSA。因此，OSPF 网络中的路由器为了刷新所有（自生成）的 LSA，会每 30 分钟同时进行刷新，这将会招致密集的 LSA 泛洪流量，使得 OSPF 路由器每隔 30 分钟就要生成 CPUHOG 消息。请想象一下，网络中的 OSPF 路由器同时泛洪数千条 LSA 将会是什么样的"场面"。

图 7-88 解决网络内的所有 OSPF 路由器同时泛洪 LSA 的排障流程。

（1）debug 与验证

例 7-243 所示为路由器每隔 30 分钟在日志中生成的 CPUHOG 消息。

例 7-243　路由器每隔 30 分钟在日志中生成的 CPUHOG 消息

```
R1#show log
%SYS-3-CPUHOG: Task ran for 2424 msec (15/15), process = OSPF Router
%SYS-3-CPUHOG: Task ran for 2340 msec (10/9), process = OSPF Router
%SYS-3-CPUHOG: Task ran for 2264 msec (0/0), process = OSPF Router
```

第 7 章 排除 OSPF 故障

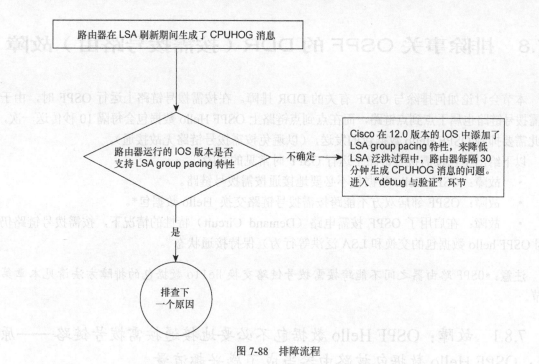

图 7-88 排障流程

（2）解决方法

支持 LSA group pacing 特性的路由器会定期（默认情况下为每隔 4 分钟）检查（自生成的）LSA，且只刷新那些过了刷新时间的 LSA。这是一种分批泛洪 LSA，避免网络中的路由器同时刷新 LSA 的有效方法。与 LSA group pacing 特性挂钩的参数无需额外配置，但若 LSA 的数量过多（一般为不低于 10 000 条），则建议调低与其挂钩的计时器参数值（比如，将该值调整为 2 分钟）；若 LSA 的数量只有几百条，则可调高其计时器参数值（比如，20 分钟）。

若有 10 000 条 LSA 需要刷新，则调低计时器参数值，让路由器每隔 2-4 分钟就检查一次 OSPF 数据库，以掌握到底有多少条 LSA "寿命到头"（达到了 30 分钟的刷新时间）。按此频率进行检查的好处是，路由器只需每隔 2-4 分钟刷新少量的 LSA，而不会定期（每隔 30 分钟）引发一次 LSA 刷新风暴。若 LSA 数量较低，则与 LSA group pacing 特性挂钩的计时器值为 2 分钟还是 20 分钟都无所谓。换句话讲，当 LSA 数量屈指可数时，应调高该计时器值，好让路由器一次性刷新为数不多的几条 LSA。

例 7-244 配置与 LSA group pacing 特性挂钩的计时器值（LSA 组步调延迟值）

```
R1(config)#router ospf 1
R1(config-router)#timer lsa-group-pacing ?
  <10-1800>  Interval between group of LSA being refreshed or maxaged
```

7.8 排除事关 OSPF 的 DDR（按需拨号路由）故障

本节会讨论如何排除与 OSPF 有关的 DDR 排障。在按需拨号链路上运行 OSPF 时，由于按需拨号链路也属于点到点链路，而在点到点链路上 OSPF Hello 数据包会每隔 10 秒传送一次，因此需要抑制 OSPF Hello 数据包的发送，（以避免按需拨号链路无故接通）。

以下给出了在按需拨号链路上运行 OSPF 时常见的故障。

- 故障：OSPF Hello 数据包不必要地接通按需拨号链路。
- 故障：OSPF 邻居双方不能跨按需拨号链路交换 Hello 数据包*。
- 故障：在启用了 OSPF 按需电路（Demand Circuit）特性的情况下，按需拨号链路仍（因 OSPF hello 数据包的交换和 LSA 泛洪等行为）保持接通状态[①]。

注意：*OSPF 路由器之间不能跨按需拨号链路交换 Hello 数据包的排障方法请见本章第 2 节。

7.8.1 故障：OSPF Hello 数据包不必要地接通按需拨号链路——原因：OSPF Hello 数据包被路由器当成了感兴趣流量

出于拨号备份的用途，而在按需拨号链路上运行 OSPF 时，要定义访问列表来明确允许（用来激活按需拨号链路）的感兴趣流量。OSPF Hello 数据包的多播目的地址为 224.0.0.5，因此必须在访问列表中明确拒绝目的地址为 224.0.0.5 的多播流量，只有如此，OSPF 路由器才不会每隔 10 秒钟接通一次按需拨号链路。

图 7-89 所示为一个按需拨号链路无法"挂断"的网络。

图 7-89　因 OSPF 导致的按需拨号链路无法挂断的故障

图 7-90 所示为解决此类故障的排障流程。

（1）debug 与验证

例 7-245 所示为图 7-89 中 R1 的配置。由配置可知，dialer-list 1 所调用的 access-list 只拒绝了 TCP 流量，也就是说，ISDN 链路不会因 TCP 流量而接通，但其他任何 IP 流量都能"激活"这条链路。

---

① 原文是"Problem: Demand circuit keeps bringing up the link"，译文酌改，如有不妥，请指正。——译者注

第 7 章 排除 OSPF 故障 395

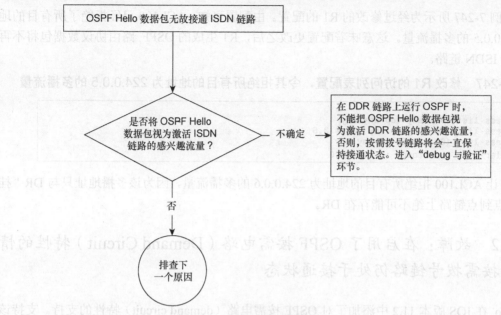

图 7-90 排障流程

例 7-245 配置在 R1 上的访问列表只是拒绝了 TCP 流量

```
R1#
interface BRI3/0
ip address 192.168.254.13 255.255.255.252
encapsulation ppp
dialer map ip 192.168.254.14 name R2 broadcast 57654
dialer-group 1
isdn switch-type basic-net3
ppp authentication chap

access-list 100 deny tcp any any
access-list 100 permit ip any any
dialer-list 1 protocol ip list 100
```

例 7-246 所示为在 R1 上执行 **show dialer** 命令的输出。输出表明，激活此 ISDN 链路的原因是，(R1 自生成的) OSPF 多播 Hello 数据包被当成了感兴趣流量。

例 7-246 确定 DDR 链路被"无故"激活的原因

```
R1#show dialer
BRI1/1:1 - dialer type = ISDN
Idle timer (120 secs), Fast idle timer (20 secs)
Wait for carrier (30 secs), Re-enable (2 secs)
Dialer state is data link layer up
Dial reason: ip (s=192.168.254.13, d=224.0.0.5)
Current call connected 00:00:08
Connected to 57654 (R2)
```

(2) 解决方法

要解决上述故障，需在激活 ISDN 链路的感兴趣流量中排除所有目的地址为 224.0.0.5 的多播流量。例 7-247 所示为经过修改的 R1 的配置。由配置可知，ACL100 已经拒绝了所有目的地址为 224.0.0.5 的多播流量。这意味着配置更改之后，R1 生成的 OSPF 路由协议数据包将不再激活这条 ISDN 链路。

例 7-247 修改 R1 的访问列表配置，令其拒绝所有目的地址为 224.0.0.5 的多播流量

```
R1#
access-list 100 deny tcp any any
access-list 100 deny ip any 224.0.0.5
access-list 100 permit ip any any
dialer-list 1 protocol ip list 100
```

无需让 ACL100 拒绝所有目的地址为 224.0.0.6 的多播流量，因为该多播地址只与 DR "挂钩"，而点到点链路上绝不可能存在 DR。

7.8.2 故障：在启用了 OSPF 按需电路（Demand Circuit）特性的情况下，按需拨号链路仍处于接通状态

Cisco 在 IOS 版本 11.2 中添加了对 OSPF 按需电路（demand circuit）特性的支持。支持该特性的 OSPF 路由器之间只要通过按需拨号链路建立起了 OSPF 邻接关系，即便此后链路的第二层状态为 down，两者仍能保持此前建立起来的邻接关系。OSPF 按需电路特性的用途是，抑制按需拨号链路上的 OSPF Hello 数据包的交换，以及 LSA 泛洪等行为，来避免因链路接通及（OSPF 协议）流量的发送而产生的链路使用费用。

下面给出了导致此类故障的常见原因：

- 网络中存在链路翻动；
- 按需拨号链路的 OSPF 网络类型被设成了 broadcast；
- 把（与按需拨号链路 IP 地址相对应的）PPP 主机路由重分发进了 OSPF；
- 网络中某台 OSPF 路由器不支持 OSPF 按需电路特性。

1. 在启用了 OSPF 按需电路特性的情况下，按需拨号链路仍（因 OSPF hello 数据包的交换和 LSA 泛洪等行为）处于接通状态——原因：OSPF 网络中存在链路翻动

在启用了 OSPF 按需电路特性的情况下，若按需拨号链路（在不需要传递用户数据的情况下，）仍保持接通状态，最常见的原因可能就是网络中发生了链路翻动。链路翻动是指链路（路由器接口）状态一会 up，一会 down。在 OSPF 网络中，这会导致路由器改变自己所保存的 OSPF 数据库的内容。当某条链路的状态"起伏不定"（一会 up，一会 down）时，路由器就必须通过按需拨号链路向邻居泛洪 LSA，以表明自己的 OSPF 数据库内容有变，（哪怕已启用了 OSPF 按需电路特性）。如图 7-91 所示，图中网络中发生了链路翻动。由于一条隶属于区域 0 的链路"起伏不定"，从而引发该区域内的 OSPF 路由器执行 SPF 计算。由于 R1 也连接到了区域 0，因此也会执行 SPF 计算。此外，R1 还会激活 BRI1/1 接口（接通这条按需拨号链路），向 R2 发送 LSA，以反映出自己的 OSPF 数据库有变。

第 7 章　排除 OSPF 故障　　397

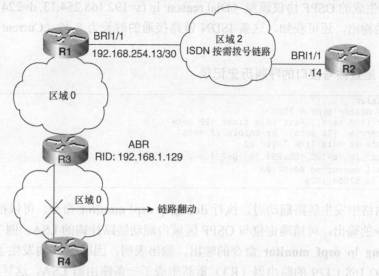

图 7-91　因链路翻动而导致按需拨号链路被"无故"接通的 OSPF 网络

图 7-92 所示为本故障排障流程。

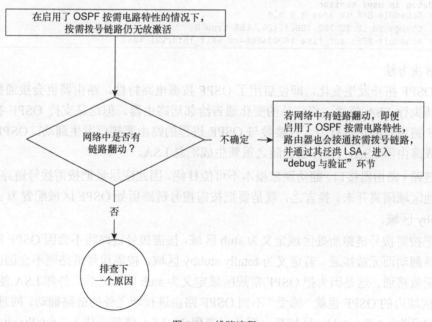

图 7-92　排障流程

（1）debug 与验证

例 7-248 所示为在 R1 上执行 **show dialer** 命令的输出。输出表明，这条 ISDN 链路最后一次接通要拜 R1 生成的 OSPF 协议流量（Dial reason: ip (s=192.168.254.13, d=224.0.0.5)）所赐。通过这条命令的输出，还可获知，这条 ISDN 链路接通的时长为 8 秒（Current call connected 00:00:08）。

例 7-248　追查拨号接口的呼叫历史记录

```
R1#show dialer
BRI1/1:1 - dialer type = ISDN
Idle timer (120 secs), Fast idle timer (20 secs)
Wait for carrier (30 secs), Re-enable (2 secs)
Dialer state is data link layer up
Dial reason: ip (s=192.168.254.13, d=224.0.0.5)
Current call connected 00:00:08
Connected to 57654 (R2)
```

当 OSPF 网络中发生链路翻动时，执行 **debug ip ospf monitor** 命令，可以很容易查明其原因。通过该命令的输出，可精确定位与 OSPF 区域内翻动链路挂钩的 LSA。例 7-249 所示为在 R1 上执行 **debug ip ospf monitor** 命令的输出。输出表明，因区域 0 内发生了链路翻动，故 Router-ID 为 192.168.1.129 的路由器（R3）重新生成了一条路由器 LSA，这导致 R1"被迫"改变了自己的 OSPF 数据库。

例 7-249　通过 debug 输出来定位发生链路翻动的路由器

```
R1# debug ip ospf monitor
OSPF: Schedule SPF in area 0.0.0.0
      Change in LS ID 192.168.1.129, LSA type R,
OSPF: schedule SPF: spf_time 1620348064ms wait_interval 10s
```

（2）解决方法

只要 OSPF 拓扑发生变化，即便启用了 OSPF 按需电路特性，路由器也会接通按需拨号链路，通过其执行 LSA 泛洪，将拓扑的变化通告给邻居路由器。但这是支持 OSPF 按需电路特性的 OSPF 路由器的正常行为。只要参与 OSPF 进程的路由器接口发生翻动，OSPF 路由器就会重新生成路由器 LSA，ABR 也会随之重新生成汇总 LSA。

由于链路（路由器接口）翻动现象根本不可能杜绝，因此应尽量把按需拨号链路所处 OSPF 区域与其他区域隔离开来。换言之，就是要把按需拨号链路所处 OSPF 区域配置为 stub 区域或 totally stubby 区域。

只要把按需拨号链路所处区域定义为 stub 区域，按需拨号链路将不会因 OSPF 路由进程域以外的链路翻动而无故接通。若定义为 totally stubby 区域，按需拨号链路则不会因区域外的链路翻动而无故接通。这是因为把 OSPF 常规区域定义为 stub 区域之后，外部 LSA 便无法传入，因此 stub 区域内的 OSPF 也就"感受"不到 OSPF 路由进程域之外的链路翻动。同理，把 OSPF 常规区域定义为 totally stubby 区域后，汇总（类型 3）LSA 便禁止传入，totally stubby 区域内的 OSPF 路由器自然也"感受"不到区域外的链路翻动了。

例 7-250 所示为将区域 2 配成 totally stub 区域，让 ISDN 链路不会因区域外的链路翻动而不必要地接通。

例 7-250 把区域 2 配置为 totally stub 区域，以避免 ISDN 链路因区域外的链路翻动而"无故"接通

```
On R1 and R2:
router ospf 1
 network 192.168.254.0 0.0.0.255 area 2
 area 2 stub no-summary
```

命令 **no-summary** 在 R2 上可配可不配，在 R1 上则非配不可。

2. 在启用了 OSPF 按需电路特性的情况下，按需拨号链路仍（因 OSPF hello 数据包的交换和 LSA 泛洪等行为）处于接通状态——原因：把按需拨号接口的 OSPF 网络类型配成了 broadcast

只要把按需拨号接口的 OSPF 网络类型定义为 broadcast，即便启用了 OSPF 按需电路（Demand Circuit）特性，也抑制不了按需拨号链路上的 OSPF Hello 数据包的交换，但却可以抑制每隔 30 分钟发生的 LSA 泛洪。也就是说，把按需拨号接口的 OSPF 网络类型配置为 broadcast，只能优化 LSA 的泛洪行为，但按需拨号链路仍会因 Hello 数据包的交换而毫无必要的接通。

图 7-93 所示为解决此类故障的排障流程。

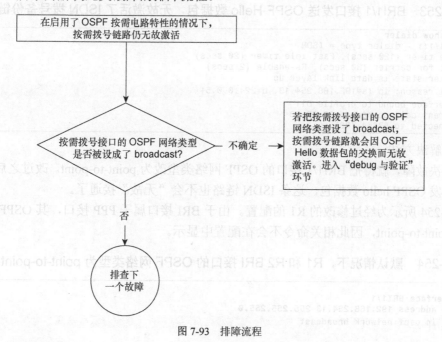

图 7-93 排障流程

（1）debug 与验证

PPP 接口的默认 OSPF 网络类型为 point-to-point，但有人可能会将其更改为 broadcast。例 7-251 所示为 R1 的配置，配置表明，BRI1/1 接口的 OSPF 网络类型为 broadcast。

例 7-251　R1 BRI1/1 接口的 OSPF 网络类型被设成了 broadcast

```
R1#
interface BRI1/1
 ip address 192.168.254.13 255.255.255.0
 ip ospf network broadcast
!
```

例 7-252 所示为在 R1 上执行 **show ip ospf interface BRI1/1** 命令的输出。由输出可知，BRI1/1 接口仍按照 Hello 计时器的设置，定期发送 Hello 数据包。

例 7-252　show ip ospf interface 命令的输出表明，BRI1/1 接口仍在发送 OSPF Hello 数据包

```
R1#show ip ospf interface bri1/1
BRI1/1 is up, line protocol is up
  Internet Address 192.168.254.13/24, Area 1
  Process ID 1, Router ID 192.168.254.13, Network Type BROADCAST, Cost: 64
  Transmit Delay is 1 sec, State BDR, Priority 240
  Designated Router (ID) 192.168.254.14, Interface address 192.168.254.14
  Backup Designated router (ID) 192.168.254.13, Interface address 192.168.254.13
  Timer intervals configured, Hello 30, Dead 120, Wait 120, Retransmit 5
    Hello due in 00:00:21
```

由例 7-253 所示输出可知，这条 ISDN 拨号备份链路因 BRI1/1 接口发送 OSPF Hello 数据包而被"无故"激活。

例 7-253　BRI1/1 接口发送 OSPF Hello 数据包，无故激活了 ISDN 拨号备份链路

```
R1#show dialer
BRI1/1:1 - dialer type = ISDN
Idle timer (120 secs), Fast idle timer (20 secs)
Wait for carrier (30 secs), Re-enable (2 secs)
Dialer state is data link layer up
Dial reason: ip (s=192.168.254.13, d=224.0.0.5)
Interface bound to profile Di1
Current call connected 00:00:08
Connected to 57654 (R2)
```

（2）解决方法

要解决故障，就得把 BRI1/1 接口的 OSPF 网络类型改为 point-to-point。改过之后，BRI1/1 接口将停发 OSPF hello 数据包，这条 ISDN 链路也不会"无故"接通了。

例 7-254 所示为经过修改的 R1 的配置。由于 BRI 接口属于 PPP 接口，其 OSPF 网络类型默认为 point-to-point，因此相关命令不会在配置中显示。

例 7-254　默认情况下，R1 和 R2 BRI 接口的 OSPF 网络类型为 point-to-point

```
R1#
interface BRI1/1
 ip address 192.168.254.13 255.255.255.0
 no ip ospf network broadcast
!
```

```
R2#
interface BRI0/1
 ip address 192.168.254.14 255.255.255.0
 no ip ospf network broadcast
!
```

例 7-255 所示为将 BRI1/1 接口的 OSPF 网络类型改成 point-to-point 后，在 R1 上执行 **show ip ospf interface BRI1/1** 命令的输出。由输出可知，BRI1/1 接口不会通过该 ISDN 链路向其邻居发送 Hello 数据包。输出中有三处重要的地方做了高亮显示：

- BRI1/1 接口的 OSPF 网络类型现为 point-to-point；
- 在 BRI1/1 接口上，激活了按需电路特性；
- BRI1/1 接口不会发送 OSPF Hello 数据包。

例 7-255 不让 R1 BRI1/1 接口发送 OSPF Hello 数据包

```
R1#show ip ospf interface BRI1/1
BRI1/1 is up, line protocol is up
  Internet Address 192.168.254.13/24, Area 1
  Process ID 1, Router ID 192.168.254.13, Network Type POINT_TO_POINT, Cost: 64
  Configured as demand circuit.
  Run as demand circuit.
  DoNotAge LSA allowed.
  Transmit Delay is 1 sec, State POINT_TO_POINT,
  Timer intervals configured, Hello 10, Dead 40, Wait 40, Retransmit 5
    Hello due in 00:00:06
  Neighbor Count is 1, Adjacent neighbor count is 1
    Adjacent with neighbor 192.168.254.14   (Hello suppressed)
  Suppress hello for 1 neighbor(s)
```

3. 在启用了 OSPF 按需电路特性的情况下，按需拨号链路仍（因 OSPF hello 数据包的交换和 LSA 泛洪等行为）处于接通状态——原因：把（与按需拨号链路 IP 地址相对应的）PPP 主机路由重分发进了 OSPF

路由器之间通过 PPP 封装的按需拨号链路互连时，需各自把与 PPP 链路 IP 地址相对应的主机路由安装进路由表。只要两台路由器之间用 PPP 封装的按需拨号链路互连，便需如此行事。但切勿将上述主机路由重分发进 OSPF。说具体点，在按需拨号链路上运行 OSPF 时，只要把（与按需拨号链路 IP 地址相对应）的主机路由注入 OSPF，就会导致该按需拨号链路"时起时伏"（不停地 up/down）。在图 7-94 所示网络中，因把 PPP 主机路由重分发进了 OSPF，从而导致按需拨号链路莫名其妙地"起起伏伏"。

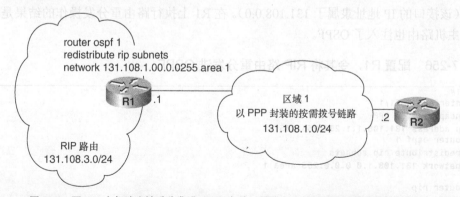

图 7-94 因 PPP 主机路由被重分发进 OSPF 之故，导致 PPP 按需拨号链路"起起伏伏"

图中的 R1 同时运行 RIP 和 OSPF，并把 RIP 路由重分发进了 OSPF。由于与 PPP 链路 IP 地址相对应的主机路由隶属于 RIP 路由进程域（即 PPP 接口参与了 RIP 路由进程），因此也被重分发进了 OSPF。由于这条经过重分发的 RIP 主机路由在 OSPF 路由进程域内以外部路由的形式"露面"，从而导致那条 PPP 按需拨号链路"时起时伏"。

图 7-95 所示为解决此类故障的排障流程。

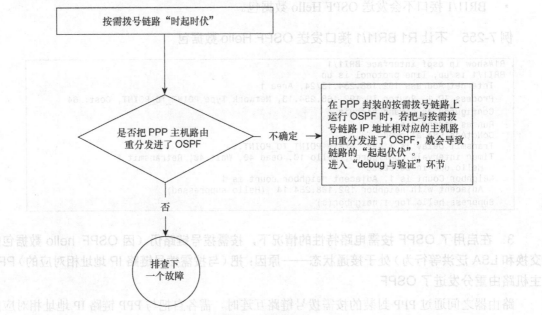

图 7-95 排障流程

（1）debug 与验证

首先，应检查 R1 的配置，核实按需拨号链路是否经过了 PPP 封装。例 7-256 所示为 R1 的配置。由配置可知，R1 BRI1/1 接口经过了 PPP 封装。此外，R1 还把 RIP 路由重分发进了 OSPF，拜 router RIP 配置模式下的 **network 131.108.0.0** 命令所赐，BRI1/1 接口也参与 RIP 路由进程（该接口的 IP 地址隶属于 131.108.0.0）。在 R1 上执行路由重分发操作的结果是，"顺带"把 PPP 主机路由也注入了 OSPF。

例 7-256　配置 R1，令其将 RIP 路由重分发进 OSPF

```
R1#
interface BRI1/1
 encapsulation PPP
 ip address 131.108.1.1 255.255.255.0
router ospf 1
 redistribute rip subnets
 network 131.108.1.0 0.0.0.255 area 1
!
router rip
 network 131.108.0.0
```

由例 7-257 可知,R1 在路由表中安装了一条通往目的主机地址 131.108.1.2 的/32 路由,这是与按需拨号链路相对应的指向 R2 BRI 接口的主机路由。

例 7-257　R1 在路由表内安装了一条通向 R2 的 PPP 主机路由

```
R1#show ip route 131.108.1.2
Routing entry for 131.108.1.2/32
  Known via "connected", distance 0, metric 0 (connected, via interface)
  Routing Descriptor Blocks:
  * directly connected, via BRI1/1
      Route metric is 0, traffic share count is 1
```

在 R1 上,IP 地址隶属于 131.108.0.0/16 的接口都参与了 RIP 路由进程,因此与那些接口相对应的直连路由也为 RIP 路由进程所"把持"。在 R1 上把 RIP 路由重分发进 OSPF 时,与 BRI0/0 接口相对应的直连主机路由将会以外部路由的形式注入 OSPF。由例 7-258 可知,该直连主机路由"进驻"了 OSPF 数据库,这要拜赐于 router RIP 配置模式下的那条 **network** 命令,该命令所引用的 IP 网络参数包括了那条 PPP 主机路由。

例 7-258　把 PPP 主机路由重分发进了 OSPF

```
R1#show ip ospf database external 131.108.1.2

  OSPF Router with ID (131.108.3.1) (Process ID 1)

              Type-5 AS External Link States

  LS age: 298
  Options: (No TOS-capability, DC)
  LS Type: AS External Link
  Link State ID: 131.108.1.2 (External Network Number )
  Advertising Router: 131.108.3.1
  LS Seq Number: 80000001
  Checksum: 0xDC2B
  Length: 36
  Network Mask: /32
        Metric Type: 2 (Larger than any link state path)
        TOS: 0
        Metric: 20
        Forward Address: 0.0.0.0
        External Route Tag: 0
```

(2) 解决方法

在 R1 的 Router RIP 配置模式下,设有 **network131.108.0.0** 命令,该命令是导致故障的罪魁祸首。该命令的作用是,让 IP 地址隶属于 131.108.0.0/16 的接口都参与 RIP 路由进程,这意味着,与那些接口相对应的直连路由都会通过 RIP 进行通告。与 R2 建立起 PPP 连接时,R1 会通过 PPP 生成一条/32 的主机路由。由于 R1 用来建立 PPP 连接的 BRI 接口 IP 地址为 131.108.1.1,隶属于 131.108.0.0/16,因此与该接口相对应的主机路由自然也落入了 131.108.0.0/16。当 RIP 路由被重分发进 OSPF 时,这一/32 主机路由也会随之注入 OSPF。PPP 链路断开时,该主机路由就会失效,R1 也会将其从 OSPF 数据库中清除,于是便会发生路由收敛事件。

R1 把那条主机路由"逐出"OSPF 数据库时，OSPF 数据库的内容必然会发生改变，而为了向 R2"汇报情况"，R1 将会再次激活 BRI1/1 接口。

有以下三种解决故障的方法。

- 若 R1 运行的 IOS 版本不低于 11.3，可在其 BRI1/1 接口下执行 **no peer neighbor-route** 命令。
- 为 PPP 按需拨号链路分配 131.108.0.0/16 以外的 IP 地址。
- 执行路由重分发时，过滤掉 PPP 主机路由。

第一种解决方法依赖于 Cisco 路由器所运行的 IOS 版本。例 7-259 所示为经过修改的 R1 的配置。

例 7-259 在 R1 上删除 PPP 主机路由

```
R1# interface BRI1/1
 ip address 131.108.1.1 255.255.255.0
 encapsulation ppp
 no peer neighbor-route
```

执行过例中的命令之后，R1 就不会在路由表中安装主机路由 131.108.1.2/32；因此故障将不再发生。

第二种解决方法实施起来较为困难，可一旦落实，R1 BRI1/1 接口便不再参与 RIP 路由进程，与此接口相对应的 PPP 主机路由自然也不会注入 OSPF。

第三种解决方法由于不依赖于 IOS 版本，因此算是最佳解决方法。例 7-260 所示为启用该解决方法时 R1 的新配置。由配置可知，在 R1 上把 RIP 路由重分发进 OSPF 时，"挂接"了一个路由映射，用来过滤 PPP 主机路由。执行路由重分发操作时，经常会使用路由映射来过滤路由。在路由映射中，还会调用访问列表，用来匹配有待过滤的路由的目的网络；本例中，所调用的访问列表 access-list 1 匹配的是有待过滤的 PPP 主机路由的目的网络地址段。

例 7-260 执行路由重分发时，过滤 PPP 主机路由

```
R1#
router ospf 1
 redistribute rip subnets route-map rip_filter
 network 131.108.1.0 0.0.0.255 area 1
!
router rip
 network 131.108.0.0
!
route-map rip_filter permit 10
 match ip address 1
!
access-list 1 permit 131.108.3.0 0.0.0.255
```

4. 在启用了 OSPF 按需电路特性的情况下，按需拨号链路仍（因 OSPF hello 数据包的交换和 LSA 的泛洪等行为）处于接通状态——原因：网络中的某台 OSPF 路由器不支持 OSPF 按需电路特性。

在启用了按需电路特性的情况下，只有当 OSPF 网络中的任何一台路由器都能"理解"DNA

第 7 章 排除 OSPF 故障

LSA 时，按需拨号链路才不会因 OSPF hello 数据包的交换和 LSA 的泛洪，而被激活。上一章已经详细介绍了什么是 DNA LSA。上述现象一般都会在以下两种情况下发生。

- OSPF 网络中部署了不支持按需电路特性的其他厂商路由器。
- OSPF 网络中部署有不支持按需电路特性的 Cisco 路由器，那些路由器所运行的 IOS 版本低于 11.2。

在图 7-96 所示网络中，因某台路由器（R1）不支持按需电路特性，而导致那条按需拨号链路"时起时伏"。R1 运行的 Cisco IOS 版本为 11.1.20，此版 IOS 不支持按需电路特性。图中所有路由器都隶属于区域 1。

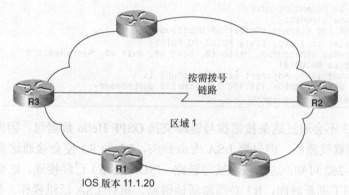

图 7-96 部署有不支持按需电路特性的路由器的 OSPF 网络

图 7-97 所示为本故障排障流程。

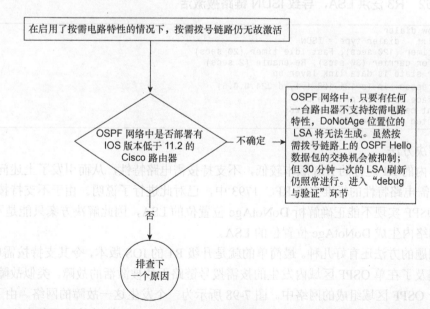

图 7-97 排障流程

(1) debug 与验证

由例 7-261 可知，R3 BRI 接口上虽然启用了按需电路特性，但区域 1 内不允许出现 DoNotAge 位置位的 LSA（DNA LSA）。

例 7-261　虽然区域 1 内不允许出现 DNA LSA，但 R2 和 R3 不会通过这条按需拨号链路的交换 Hello 数据包

```
R3#show ip ospf interface BRI1/1
BRI1/1 is up, line protocol is up
  Internet Address 131.108.1.1/24, Area 1
  Process ID 1, Router ID 131.108.3.3, Network Type POINT_TO_POINT, Cost: 64
  Configured as demand circuit.
  Run as demand circuit.
  DoNotAge LSA not allowed (Number of DCbitless LSA is 1).
  Transmit Delay is 1 sec, State POINT_TO_POINT,
  Timer intervals configured, Hello 10, Dead 40, Wait 40, Retransmit 5
    Hello due in 00:00:01
  Neighbor Count is 1, Adjacent neighbor count is 1
    Adjacent with neighbor 131.108.2.2  (Hello suppressed)
  Suppress hello for 1 neighbor(s)
```

由于 R2 和 R3 不会通过这条按需拨号链路交换 OSPF Hello 数据包，因此这条链路不会每逢 Hello 间隔周期就被激活；但只要 LSA 寿命到头，R2 和 R3 便会接通这条链路，执行 LSA 泛洪操作。由例 7-262 可知，这条按需拨号链路（ISDN 链路）已经接通，这要归咎于一条 LSA "寿终正寝"，达到了刷新时间，R3 必须激活该链路，执行 LSA 泛洪操作。例 7-262 的输出也清楚地表明，R3 发出了 OSPF 协议数据包，导致这条 ISDN 链路被激活。

例 7-262　R3 泛洪 LSA，导致 ISDN 链路被激活

```
R3#show dialer
BRI1/1:1 - dialer type = ISDN
Idle timer (120 secs), Fast idle timer (20 secs)
Wait for carrier (30 secs), Re-enable (2 secs)
Dialer state is data link layer up
Dial reason: ip (s=131.108.1.1, d=224.0.0.5)
Interface bound to profile Di1
Current call connected 00:00:08
Connected to 57654 (R2)
```

(2) 解决方法

区域 1 内的 R1 运行的 IOS 版本较低，不支持按需电路特性，从而引发了上述问题。在定义 OSPF 按需电路特性的标准文档 RFC 1793 中，已对此进行了说明。由于不支持按需电路特性的 IOS OSPF 实现不能正确解析 DoNotAge 位置位的 LSA，因此解决方案只能是不让 OSPF 路由器在网络内生成 DoNotAge 位置位的 LSA。

搞定问题的方法还有好几种。最简单的就是升级 R1 的 IOS 版本，令其支持按需电路特性。

前例提及了在单 OSPF 区域内发生的按需拨号链路无故被激活的故障。类似故障同样会发生在由多个 OSPF 区域组成的网络中。图 7-98 所示为一个发生这一故障的网络。由于 R1 不能正确解读 DNA LSA，从而导致 R3 无故接通了 ISDN 链路。这一特殊故障现象在上一章"按需

电路"一节中有过详细讨论。

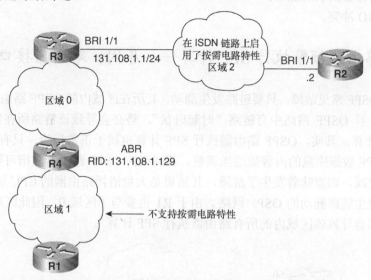

图 7-98 OSPF 多区域按需拨号链路"无故"激活故障

本故障的解决方法是，将区域 2 配置为 totally stubby 区域。区域 2 被定义为 totally stubby 区域之后，外部或汇总 LSA 便无法传入。换言之，即便是指示（indication）LSA，也无法"踏足"区域 2。上一章已经介绍过了什么是指示 LSA。例 7-263 所示为将区域 2 定义为 totally stubby 区域的配置。请注意，必须在"委身于"区域 2 的所有路由器上，把区域 2 更改为 stub 区域；否则，R3 不会与区域 2 内任一其他路由器建立起 OSPF 邻接关系。

例 7-263 把区域 2 定义为 stub 区域

```
R3#
router ospf 1
 network 131.108.1.0 0.0.0.255 area 2
 area 2 stub no-summary
```

在 R3 的 router 配置模式下，必须执行包含 **no-summary** 选项的 **area** 命令；在区域 2 内的所有其他 OSPF 路由器上，只需配置不含 **no-summary** 选项的 **area 2 stub** 命令。

7.9 排除 SPF 计算及路由翻动故障

本节会解释导致 OSPF 路由翻动，触发路由器执行 SPF 计算的常见原因。只要网络拓扑发生改变，OSPF 路由器就会执行 SPF 算法，重新计算最短路径优先树。若 OSPF 网络中的链路"时起时伏"，便会导致路由器频繁执行 SPF 计算。

OSPF 网络中的路由器频繁执行 SPF 计算，通常都是由以下原因所致：

- 路由器接口翻动；

- 邻居路由器的状态翻动；
- router-ID 冲突。

7.9.1 路由器频繁执行 SPF 计算——原因：路由器接口翻动

本故障是 OSPF 常见故障。只要链路发生翻动，其所在区域内的 OSPF 路由器就会执行 SPF 计算。因此，一旦 OSPF 网络中有链路"时起时伏"，势必会导致该链路所在区域内的路由器频繁执行 SPF 计算。其实，OSPF 路由器执行 SPF 计算也属于正常行为。只有如此，OSPF 路由器才能对 OSPF 数据库里的内容做适当调整。若网络内 OSPF 路由器屈指可数，但 SPF 计算的次数还有增无减，则意味着发生了故障，其结果是大量消耗路由器的 CPU 资源。图 7-99 所示为一个经常发生链路翻动的 OSPF 网络。由于 R1 也参与了区域 0，因此区域 0 内的发生任何链路翻动，都会导致该区域内的所有路由器执行 SPF 计算①。

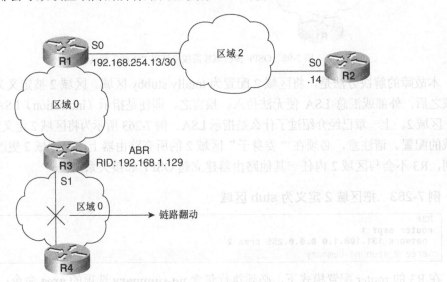

图 7-99　因链路翻动，导致区域 0 内的所有路由器执行 SPF 计算

图 7-100 所示为本故障排障流程。

（1）debug 与验证

只要链路翻动，就会导致该链路所在 OSPF 区域内的路由器执行 SPF 计算。若链路翻动频繁发生，则该链路所在区域内的路由器执行 SPF 计算的次数，也会显著增加。路由器定期执行 SPF 计算纯属正常；但若计算次数不断增加，就表明发生了故障。

例 7-264 所示为在 R1 上执行 **show ip ospf** 命令的输出。输出表明，区域 0 内的 OSPF 路由器执行 SPF 计算的次数太过频繁。

---

① 原文是"Because R1 also is included in area 0, any link flap in area 0 causes all routers in area 0 to run SPF."原文如此，直译。——译者注

第 7 章 排除 OSPF 故障

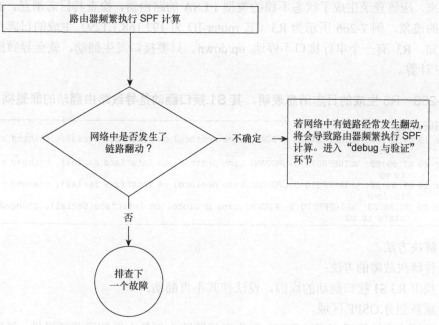

图 7-100 排障流程

例 7-264 弄清路由器执行 SPF 计算的次数

```
R1#show ip ospf
 Routing Process "ospf 1" with ID 192.168.254.13
 Supports only single TOS(TOS0) routes
 It is an area border
 SPF schedule delay 5 secs, Hold time between two SPFs 10 secs
 Minimum LSA interval 5 secs. Minimum LSA arrival 1 secs
 Number of external LSA 8. Checksum Sum 0x48C3E
 Number of DCbitless external LSA 0
 Number of DoNotAge external LSA 0
 Number of areas in this router is 3. 2 normal 1 stub 0 nssa
    Area BACKBONE(0)
        Number of interfaces in this area is 1
        Area has no authentication
        SPF algorithm executed 2668 times
```

执行 **debug ip ospf monitor** 命令，观察其输出，就能发现与特定 LSA "挂钩" 的链路是否发生过翻动。通过该命令的输出，还能精确判断出哪条 LSA 在 OSPF 数据库中 "时隐时现"。例 7-265 所示为在 R1 上执行 **debug ip ospf monitor** 命令的输出，输出表明，区域 0 内有一条类型 1（路由器）LSA 的状态不停地在变。

例 7-265 debug ip ospf monitor 命令的输出表明网络中发生了路由翻动

```
R1# debug ip ospf monitor
OSPF: Schedule SPF in area 0.0.0.0
      Change in LS ID 192.168.1.129, LSA type R,
OSPF: schedule SPF: spf_time 1620348064ms wait_interval 10s
```

接下来，应该登录生成了状态不稳的类型 1 LSA 的路由器，检查其日志消息，看看有没有接口翻动的迹象。例 7-266 所示为 R3（其 router-ID 为 192.168.1.129）生成的日志消息。由日志消息可知，R3 有一个串行接口不停地 up/down。只要接口发生翻动，就会导致路由器执行 OSPF SPF 计算。

例 7-266 R3 生成的日志消息表明，其 S1 接口翻动是导致路由翻动的罪魁祸首

```
R3#show log
*Mar 29 01:59:07: %LINEPROTO-5-UPDOWN: Line protocol on Interface Serial1, changed state
        to down
*Mar 29 01:59:09: %LINEPROTO-5-UPDOWN: Line protocol on Interface Serial1, changed state
        to up
*Mar 29 01:59:30: %LINEPROTO-5-UPDOWN: Line protocol on Interface Serial1, changed state
        to down
*Mar 29 02:00:03: %LINEPROTO-5-UPDOWN: Line protocol on Interface Serial1, changed
        state to up
```

（2）解决方法

有两种解决故障的方法：

- 找出 R3 S1 接口翻动的原因，设法使其不再翻动；
- 重新划分 OSPF 区域。

第一种解决方法属于不可控范畴，因为串行链路大都是由电信运营商提供，链路翻动可能要归咎于电信运营商所控制的网络设备故障。链路发生翻动时，应临时性 shutdown 该链路连接的路由器接口。

第二种方法需要对网络重新设计。若路由器接口（链路）翻动频繁，那就有可能需要重新划分 OSPF 区域，将频繁翻动的路由器接口划入 totally stubby 区域，但这说起来容易，做起来难。

要想完全杜绝链路翻动，可以说是几无可能；若某 OSPF 区域内有多条链路频繁翻动，则应考虑减少该区域内的路由器台数，降低链路翻动的影响范围。

7.9.2 路由器频繁执行 SPF 计算——原因：邻居路由器"时隐时现"

邻居路由器"时隐时现"（频繁上下线），也会导致 SPF 计算。邻居路由器"时隐时现"的原因很多，本章已对此有过讨论。若两台 OSPF 路由器间的互连链路故障，则等同于 OSPF 邻居"隐身"（失效）。OSPF 邻居路由器一旦"隐身"，则意味着网络拓扑发生了改变，会触发网络中的其他路由器执行 SPF 计算。在图 7-101 所示网络中，R3 的 OSPF 邻居"时隐时现"，导致区域 0 内的所有其他路由器都因此而频繁地执行 SPF 计算。

图 7-102 所示为本故障排障流程。

（1）debug 与验证

通过例 7-267 所示 **show ip ospf** 命令的输出，不难发现，区域 0 内的路由器频繁执行 SPF 计算。

第 7 章 排除 OSPF 故障

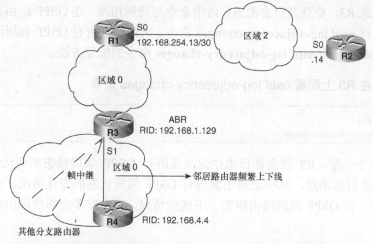

图 7-101　OSPF 邻居路由器频繁上下线，导致区域内的其他路由器执行 SPF 计算

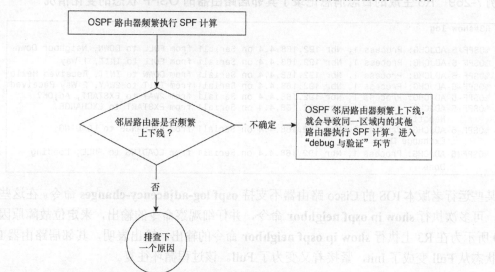

图 7-102　排障流程

例 7-267　确定 SPF 计算执行的次数

```
R1#show ip ospf
 Routing Process "ospf 1" with ID 192.168.254.13
 Supports only single TOS(TOS0) routes
 It is an area border
 SPF schedule delay 5 secs, Hold time between two SPFs 10 secs
 Minimum LSA interval 5 secs. Minimum LSA arrival 1 secs
 Number of external LSA 8. Checksum Sum 0x48C3E
 Number of DCbitless external LSA 0
 Number of DoNotAge external LSA 0
 Number of areas in this router is 3. 2 normal 1 stub 0 nssa
    Area BACKBONE(0)
        Number of interfaces in this area is 1
        Area has no authentication
        SPF algorithm executed 2458 times
```

现在，应登录 R3，检查其日志消息，所用命令与前例相同。在 OSPF 路由器的 **router ospf** 配置模式下，执行 **ospf log-adjacency-changes** 命令，来跟踪其所有 OSPF 邻居路由器的状态变化情况。例 7-268 所示为 **ospf log-adjacency-changes** 命令的配置方法。

例 7-268　在 R3 上配置 ospf log-adjacency-changes 命令

```
R3#
router ospf 1
 ospf log-adjacency-changes
```

上面那条命令一配，R3 就会在日志中记录其所有 OSPF 邻居状态的变化情况。例 7-269 所示为 R3 生成的日志消息，其中记录了其所有 OSPF 邻居状态的变化情况。本例所示日志消息只示出了其中一台 OSPF 邻居路由频繁上下线的情况，其实有多台邻居路由器都出现了频繁上下线的情况。

例 7-269　R3 生成的日志消息记录了其邻居路由器的 OSPF 状态的变化情况

```
R3#show log

%OSPF-5-ADJCHG: Process 1, Nbr 192.168.4.4 on Serial1 from FULL to DOWN, Neighbor Down
%OSPF-5-ADJCHG: Process 1, Nbr 192.168.4.4 on Serial1 from FULL to INIT, 1-Way
%OSPF-5-ADJCHG: Process 1, Nbr 192.168.4.4 on Serial1 from DOWN to INIT, Received Hello
%OSPF-5-ADJCHG: Process 1, Nbr 192.168.4.4 on Serial1 from INIT to 2WAY, 2-Way Received
%OSPF-5-ADJCHG: Process 1, Nbr 192.168.4.4 on Serial1 from 2WAY to EXSTART, AdjOK?
%OSPF-5-ADJCHG: Process 1, Nbr 192.168.4.4 on Serial1 from EXSTART to EXCHANGE,
        Negotiation Done
%OSPF-5-ADJCHG: Process 1, Nbr 192.168.4.4 on Serial1 from EXCHANGE to LOADING,
        Exchange Done
%OSPF-5-ADJCHG: Process 1, Nbr 192.168.4.4 on Serial1 from LOADING to FULL, Loading
        Done
```

某些运行老版本 IOS 的 Cisco 路由器不支持 **ospf log-adjacency-changes** 命令。在这些路由器上，可多次执行 **show ip ospf neighbor** 命令，并仔细观察命令的输出，来定位故障原因。例 7-270 所示为在 R3 上执行 **show ip ospf neighbor** 命令的输出。输出表明，其邻居路由器 R4 的邻居状态从 Full 变成了 Init，紧接着又变为了 Full。该过程循环往复。

例 7-270　检查邻居路由器的状态

```
R3#show ip ospf neighbor
Neighbor ID     Pri   State       Dead Time   Address         Interface
192.168.4.4       1   FULL/-      00:00:34    131.108.1.1     Serial1.1

R2#show ip ospf neighbor
Neighbor ID     Pri   State       Dead Time   Address         Interface
192.168.4.4       1   INIT/-      00:00:33    131.108.1.1     Serial1.1

R2#show ip ospf neighbor
Neighbor ID     Pri   State       Dead Time   Address         Interface
192.168.4.4       1   FULL/-      00:00:37    131.108.1.1     Serial1.1
```

（2）解决方法

本故障在拓扑结构为中心到分支（hub-and-spoke）的帧中继网络环境中极为常见。若中心

（Hub）路由器通过帧中继 WAN 链路连接的分支（spoke）路由器台数过多，交换于中心和分支路由器之间的 OSPF Hello 数据包可能会因链路带宽不足而遭到丢弃。在此类网络环境中，可调整中心路由器 WAN 接口的广播队列，以降低 OSPF Hello 数据包的丢弃概率。对于 R3 而言，当其与 OSPF 邻居 R2 建立了状态为 Full 的 OSPF 邻接关系之后，会因为连续"错失"三次 Hello 数据包，而"重返" Init 状态。对此，可登录 R3 执行 **show interface s1** 命令，并观察命令输出中的广播包的丢包统计数据来确定。例 7-271 所示为在 R1 上执行 **show interface Serial1** 命令的输出。输出表明，此帧中继接口广播队列中有相当数量的数据包遭到了丢弃。

例 7-271 显示帧中继接口的广播队列状态

```
R3#show interface Serial1
Serial1 is up, line protocol is up
Hardware is MK5025
Description: Charlotte Frame Relay Port DLCI 100
MTU 1500 bytes, BW 1024 Kbit, DLY 20000 usec, rely 255/255, load 44/255
Encapsulation FRAME-RELAY, loopback not set, keepalive set (10 sec)
LMI enq sent 7940, LMI stat recvd 7937, LMI upd recvd 0, DTE LMI up
LMI enq recvd 0, LMI stat sent 0, LMI upd sent 0
LMI DLCI 1023 LMI type is CISCO frame relay DTE
Broadcast queue 64/64, broadcasts sent/dropped 1769202/1849660, interface broadcasts
    3579215
```

例 7-271 所示输出进一步证明了 R3 帧中继接口发生了故障，该接口丢弃的数据包过多，从而引发了路由翻动。要解决故障，就必须调整帧中继接口的广播队列的"深度"。至于如何调整帧中继广播队列，其内容不在本书探讨范围之内，Cisco 官网上有多篇与此有关的文章。要对此做进一步研究的读者可通过以下 URL 查阅这些文章：

www.cisco.com/warp/partner/synchronicd/cc/techno/media/wan/frame/prodlit/256_pb.htm
www.cisco.com/warp/public/125/20.html

由例 7-272 可知，解决 R3 S1 接口丢包故障之后，路由翻动现象随之消失。笔者已将 R3 S1 接口的广播队列"深度"从 64 调成了 256。与设置路由器接口广播队列深度有关的内容，请阅读笔者前文给出的 URL 所链接的文章。

例 7-272 确认路由器接口是否仍然丢弃广播包

```
R3#show interface Serial1
Serial1 is up, line protocol is up
Hardware is MK5025
Description: Charlotte Frame Relay Port DLCI 100
MTU 1500 bytes, BW 1024 Kbit, DLY 20000 usec, rely 255/255, load 44/255
Encapsulation FRAME-RELAY, loopback not set, keepalive set (10 sec)
LMI enq sent 7940, LMI stat recvd 7937, LMI upd recvd 0, DTE LMI up
LMI enq recvd 0, LMI stat sent 0, LMI upd sent 0
LMI DLCI 1023 LMI type is CISCO frame relay DTE
Broadcast queue 0/256, broadcasts sent/dropped 1769202/0 , interface broadcasts 3579215
```

7.9.3 路由器频繁执行 SPF 计算——原因：router-ID 冲突

本故障为常见 OSPF 故障。当网络中有两台 OSPF 路由器的 router-ID 一模一样时，就会影响其他路由器的 OSPF 拓扑数据库——OSPF 路由（LSA）会不停地在数据库中"进进出出"。此类故障的表象为 LSA 的 LS Age 字段值过低。

导致此类故障的一般原因是，网管人员在配置路由器时，将复制自一台路由器的配置"原封不动"的粘贴进了另一台路由器，从而导致两台路由器的 router-ID 相同。在图 7-103 所示网络中，R2 和 R3 的 router-ID 一模一样，同为 192.168.1.129。

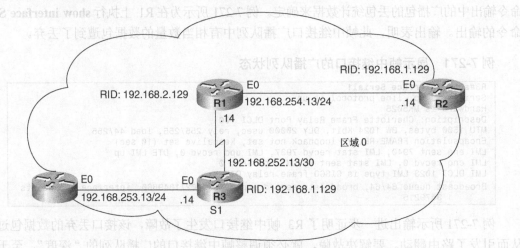

图 7-103　发生了 Router-ID 冲突的 OSPF 网络

图 9-104 所示为解决 router-ID 冲突的流程。

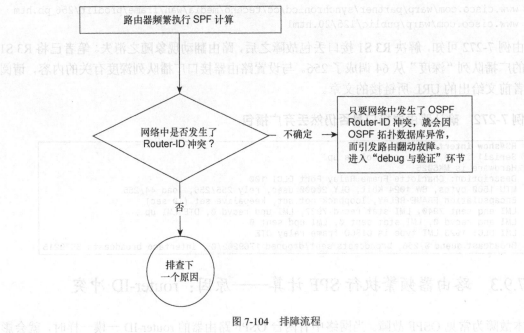

图 7-104　排障流程

第 7 章 排除 OSPF 故障

（1）debug 与验证

网络中只要发生了 OSPF router-ID 冲突，肯定会导致路由器频繁执行 SPF 计算。在故障得到解决之前，执行 **show ip ospf** 命令，可以清楚地显示出，与 SPF 计算"挂钩"的计数器会不停地增加。由例 7-273 可知，区域 0 内的 R1 已经执行了 2446 次 SPF 计算，2446 是一个很高的数字了。

例 7-273 确定 SPF 计算执行的次数

```
R1#show ip ospf
 Routing Process "ospf 1" with ID 192.168.2.129
 Supports only single TOS(TOS0) routes
 It is an area border
 SPF schedule delay 5 secs, Hold time between two SPFs 10 secs
 Minimum LSA interval 5 secs. Minimum LSA arrival 1 secs
 Number of external LSA 8. Checksum Sum 0x48C3E
 Number of DCbitless external LSA 0
 Number of DoNotAge external LSA 0
 Number of areas in this router is 4. 1 normal 0 stub 0 nssa
    Area BACKBONE(0)
        Number of interfaces in this area is 1
        Area has no authentication
        SPF algorithm executed 2446 times
```

接下来，需在 R1 上执行 **debug ip ospf monitor** 命令，并观察其输出。输出会明确显示出状态不稳的 LSA。例 7-274 所示为 **debug ip ospf monitor** 命令的输出。由输出可知，应该好好查一查 router-ID 为 192.168.1.129 的 OSPF 路由器。此外，通这条命令的输出，还可以判断出是类型 1（路由器）LSA（"LSA type R"）的状态不稳。

例 7-274 通过 debug ip ospf monitor 命令的输出，来定位导致故障的 OSPF 路由器

```
R1# debug ip ospf monitor
OSPF: Schedule SPF in area 0.0.0.0
      Change in LS ID 192.168.1.129, LSA type R,
OSPF: schedule SPF: spf_time 1620348064ms wait_interval 10s
```

例 7-275 所示为在 R1 上查看这条状态不稳的类型 1 LSA 的输出。两次执行 **show ip ospf database router 192.168.1.129** 命令的时间间隔为 15 秒。由第一次输出可知，这条 LSA 通告的链路数为 1（Number of Links：1）；而第二次输出所显示出的链路数为 3（Number of Links: 3）。两次输出前后不一，这说明网络中一定有两台路由器的 OSPF router-ID 存在冲突。那两台 router-ID 相同的路由器，会各自生成"相同的"LSA，这导致了由"同一条"LSA 所通告的链路数每 15 秒就变化一次。相互冲突的 LSA 的 LS Age 字段值总是低于 10 秒。

本例第一条命令的输出显示的是 R2 生成的路由器 LSA；第二条命令的输出显示的是 R3 生成的路由器 LSA。

例 7-275 确定由不同路由器生成的"同一条"路由器 LSA 之间的差别

```
R1#show ip ospf database router 192.168.1.129

      OSPF Router with ID (192.168.2.129) (Process ID 1)
```

（待续）

```
                 Router Link States (Area 0.0.0.0)

  LS age: 9
  Options: (No TOS-capability, DC)
  LS Type: Router Links
  Link State ID: 192.168.1.129
  Advertising Router: 192.168.1.129
  LS Seq Number: 80067682
  Checksum: 0xC456
  Length: 36
   Number of Links: 1

    Link connected to: a Transit Network
     (Link ID) Designated Router address: 192.168.254.14
     (Link Data) Router Interface address: 192.168.254.14
      Number of TOS metrics: 0
       TOS 0 Metrics: 10

R1#show ip ospf database router 192.168.1.129

            OSPF Router with ID (192.168.2.129) (Process ID 1)

                 Router Link States (Area 0.0.0.0)

  LS age: 7
  Options: (No TOS-capability, DC)
  LS Type: Router Links
  Link State ID: 192.168.1.129
  Advertising Router: 192.168.1.129
  LS Seq Number: 80067683
  Checksum: 0xA7D8
  Length: 60
   Number of Links: 3

    Link connected to: another Router (point-to-point)
     (Link ID) Neighboring Router ID: 192.168.2.129
     (Link Data) Router Interface address: 192.168.252.13
      Number of TOS metrics: 0
       TOS 0 Metrics: 66

    Link connected to: a Stub Network
     (Link ID) Network/subnet number: 192.168.252.12
     (Link Data) Network Mask: 255.255.255.252
      Number of TOS metrics: 0
       TOS 0 Metrics: 66

    Link connected to: a Transit Network
     (Link ID) Designated Router address: 192.168.253.14
     (Link Data) Router Interface address: 192.168.253.14
      Number of TOS metrics: 0
       TOS 0 Metrics: 1
R1#
```

由例 7-276 可知，R2 和 R3 的 router-ID 相同。

例 7-276 确定网络中发生了 OSPF router-ID 冲突

```
R2#show ip ospf
 Routing Process "ospf 1" with ID 192.168.1.129

R3#show ip ospf
 Routing Process "ospf 1" with ID 192.168.1.129
```

(2) 解决方法

要解决故障，必须要更改 R2 或 R3 的 router-ID。例 7-277 所示为如何更改 R3 的 router-ID，并通过 **show ip ospf** 命令的输出来确认新 router-ID 已经生效。

例 7-277　更改 R3 的 router-ID

```
R3(config)#interface loopback 0
R3(config-if)#ip address 192.168.3.129 255.255.255.255
R3(config-if)#end

R3#show ip ospf
Routing Process "ospf 1" with ID 192.168.3.129
```

例 7-278 所示为改妥了 R3 的 router-ID 之后，R2（192.168.1.129）生成的路由器 LSA 的"存活时间"（LS age 字段值）就变得稳定了。LS age 字段值为 90 秒，预示着相关 LSA 的状态回稳。

例 7-278　状态不稳的 LSA 的 LS age 字段值回稳

```
R1#show ip ospf database router 192.168.1.129

            OSPF Router with ID (192.168.2.129) (Process ID 1)

                Router Link States (Area 0.0.0.0)

  LS age: 90
  Options: (No TOS-capability, DC)
  LS Type: Router Links
  Link State ID: 192.168.1.129
  Advertising Router: 192.168.1.129
  LS Seq Number: 80067686
  Checksum: 0xC456
  Length: 36
  Number of Links: 1

  Link connected to: a Transit Network
    (Link ID) Designated Router address: 192.168.254.14
    (Link Data) Router Interface address: 192.168.254.14
    Number of TOS metrics: 0
       TOS 0 Metrics: 10
```

7.9.4　常见的 OSPF 错误消息

本节会讨论常见的 OSPF 错误消息。其中的某些消息预示着路由器存在软硬件 Bug。与 Cisco 路由器软硬件 BUG 有关的内容不在本节探讨范围之内。而另外一些消息的意思，则一看便知，如下所示：

```
Warning: Router is currently an ASBR while having only one area which is a stub area
```

上这条告警（waring）消息的意思是，有人试图在 stub 区域内执行路由重分发。

本节会介绍以下错误消息的含义。

- "Unknown routing protocol"。
- "OSPF: Could not allocate router id"。
- "%OSPF-4-BADLSATYPE"。
- "%OSPF-4-ERRRCV"。

7.9.5 错误消息"Unknown routing Protocol"

在路由器上执行 **router ospf 1** 命令，激活 OSPF 进程时，路由器可能会生成该错误消息。这表示路由器硬件或所运行的 IOS 不支持 OSPF。一般型号的低端路由器（如 1000 和 1600 系列路由器）需灌有具备附加特性集的 IOS，才能支持 OSPF。而某几款低端路由器（如 800 系列路由器），其硬件本身不支持 OSPF。

7.9.6 错误消息"OSPF：Could not allocate routerid"

引发路由器生成此消息的常见原因有两种：

- 配置 OSPF 时，路由器上设有有效 IP 地址的接口全都为 down；
- 配置 OSPF 多进程时，设有有效 IP 地址且状态为 up 的接口数低于 OSPF 进程数。

配置 OSPF 时，路由器上必须至少有一个状态为 up/up，且设有有效 IP 地址的接口，为 OSPF 进程"贡献"router-ID。若路由器无法获取 OSPF Router-ID，便启动不了 OSPF 进程。为此，可在路由器上创建 loopback 接口并为之分配 IP 地址，让 loopback 接口为 OSPF 进程"贡献"router-ID。

loopback 接口解决方案同时适用于以上两种情况。在 OSPF 路由器上，需要为每个 OSPF 进程创建一个 loopback 接口。创建 OSPF 多进程时，则需创建多个 loopback 接口。

7.9.7 类型 6（LSA）错误消息"%OSPF-4-BADLSATYPE：Invalid lsa：Bad LSA type"

收到了 OSPF 邻居发出的多播 OSPF（MOSPF）数据包时，Cisco 路由器就会生成此类消息。更多与 MOSPF 有关的信息，详见 RFC1584。Cisco 路由器不支持 MOSPF，会对相关协议数据包视而不见。要是不想让 Cisco 路由器生成此类消息，请执行以下命令：

```
router ospf 1
 ignore lsa mospf
```

若路由器生成此类错误消息，而又未收到类型 6 LSA，则可能是路由器的软硬件 bug 或内存崩溃等原因所导致。请参考第本章"OSPF 邻居逗留于 Loading 状态"一节，来了解如何解决"BAD LSA"故障。

7.9.8 错误消息 "OSPF-4-ERRRCV"

此类消息的意思是，OSPF 路由器收到了无效的 OSPF 协议数据包。

导致路由器生成此类消息的常见原因如下所列：

- 区域 ID 不匹配；
- OSPF 数据包的校验和有误；
- 接收 OSPF 协议数据包的路由器接口未参与 OSPF 进程。

1. 区域 ID 不匹配

当 OSPF 邻居双方的互连接口 IP 地址不隶属同一 OSPF 区域时，路由器生成的 OSPF 错误消息看上去会像下面这个样子：

```
%OSPF-4-ERRRCV: Received invalid packet: mismatch area ID, from backbone area must be
virtual-link but not found from 170.170.3.3, Ethernet0
```

这条错误消息的意思是，本路由器用来连接 OSPF 邻居路由器的接口不隶属区域 0，而邻居路由器的接口却隶属区域 0。在此情形，OSPF 邻居双方将建立不了 OSPF 邻接关系。虚链路的一端配置有误，也会生成上述错误消息。

要让路由器停止生成此类消息，需检查两端路由器的 OSPF network 命令，确保两者互连接口的 IP 地址归属相同的 OSPF 区域。试举一例，若两台路由器间的互连链路 IP 地址隶属于 10.10.10.0/24，且"位于" OSPF 区域 1，则需要在两台路由器上的 OSPF network 命令中，将两者互连接口的 IP 地址"纳入"区域 1。

两台路由器上的 OSPF network 命令看起来应该像下面这个样子：

```
router ospf 1
 network 10.10.10.0 0.0.0.255 area 1
```

要是开通了 OSPF 虚链路，请反复检查虚链路的配置。

2. OSPF 数据包的校验和有误

此类消息看起来应该像下面这个样子：

```
%OSPF-4-ERRRCV: Received invalid packet: Bad Checksum from 144.100.21.141, TokenRing0/0
```

上面这条消息的意思是，本路由器收到的 OSPF 数据包校验和有误。其原因是 OSPF 数据包的校验和与本路由器计算出的校验不匹配。

导致路由器生成此类消息的原因有以下三个。

- OSPF 邻居路由器之间有（出故障的）二层设备（如交换机）"加塞"，使得 OSPF 协议数据包惨遭破坏。
- 发包方路由器生成了无效的 OSPF 协议数据包，其主要原因是发包方路由器的接口硬件损坏，或 IOS 软件 Bug。

- 收包方路由器计算出的校验和有误，其主要原因是收包方路由器的接口硬件损坏，或IOS Bug，但出现的概率极低。

此类故障极难排查，但只要按照以下排障步骤行事，就可以搞定90%的故障。

步骤1　更换OSPF邻居路由器间的互连电缆。以上面这条错误消息为例，OSPF邻居双方分别为发包路由器（144.100.21.141）和收包报错路由器。

步骤2　若执行步骤1，故障得不到解决，请更换互连OSPF邻居路由器的交换机端口。

步骤3　若执行步骤2，仍不能解决故障，请用交叉电缆（cross-over cable）直连两台路由器。要是路由器不再生成上述错误消息，多半是因为交换机破坏了OSPF协议数据包。

若执行上述三个步骤，故障还得不到解决，请致电Cisco技术支援中心（TAC），要求TAC工程师帮助查找IOS中的Bug，或执行整机或部件的RMA。

3. 接收OSPF协议数据包的路由器接口未参与OSPF进程

此类错误消息看起来应该像下面这个样子：

```
%OSPF-4-ERRRCV: Received invalid packet: OSPF not enabled on interface from
141.108.16.4, Serial0.100
```

上面这条错误消息的意思是，本路由器通过Serial0.100接口，收到了IP地址为141.108.16.4的邻居路由器发出的OSPF协议数据包，但Serial0.100接口未参与OSPF进程。路由器只会在未参与OSPF进程的接口第一次收到OSPF数据包时，生成上述消息。

本章讨论了 IS-IS 路由协议及其基本配置。
- IS-IS 路由协议入门；
- IS-IS 协议的相关概念；
- IS-IS 链路状态数据库；
- 配置 IS-IS 路由协议，使其能在 IP 数据包本章涵盖以下 IS-IS 路由协议关键主题：
- IS-IS 路由协议入门；
- IS-IS 路由协议概念；
- IS-IS 链路状态数据库；
- 配置 IS-IS 路由协议，使其路由 IP 数据包。

第 8 章

理解 IS-IS 路由协议

本章介绍的是中间系统到中间系统（IS-IS）路由协议的基本概念，将重点关注集成 IS-IS 路由协议及其在 IP 网络环境中应用。

IS-IS 协议是 Internet 上普遍使用的一种内部网关路由协议（Interior Gateway Protoool，IGP）。前边刚刚介绍过的 OSPF 则是另外一种常用的 IGP。IS-IS 协议的架构使其易于满足各种不同的网络应用需求。IS-IS 也是用来构建基于多协议标签交换（MPLS）的流量工程技术的底层协议之一。最近，Internet 工程任务组（IETF）已开始为在 IPv6 网络环境中利用 IS-IS 实现 IPv6 路由选择制定标准。本章内容只涉及 IS-IS 协议的核心概念、体系架构，以及该协议与 IPv4 单播路由选择有关的功能。希望这些内容能帮助读者快速重温 IS-IS 的基础知识，笔者鼓励读者进一步阅读本章篇末所列参考资料。

8.1 IS-IS 路由协议入门

IS-IS 路由协议是国际标准化组织（ISO）为支持无连接网络服务（Comectionless Network Service，CLNS）所开发的三种协议之一，这三种协议如下所列：

- 无连接网络协议（CLNP）——ISO 8438。详见 IETF RFC 994。
- 端系统到中间系统路由交换协议（ES-IS）——ISO 9542。详见 IETF RFC 995。

- **中间系统到中间系统路由交换协议（IS-IS）**——ISO 10589。详见 IETF RFC 1142。

ISO 开发 CLNS 的意图，是要为数据传输提供无连接的数据报服务，而非传统的面向连接的服务。面向连接的服务是指，网络设备之间进行任何通信之前，都必须建立起端到端的呼叫；数据报服务则截然不同——数据能够以独立成块（chunk）的方式（以数据包为单位）进行传输，数据被传输之前，无需在源端与目标端之间的网络中预先指定一条传输路径。

CLNP 是 ISO CLNS 的核心协议，其作用类似于 Internet 协议簇中的 IP 协议。ES-IS 和 IS-IS 则都是 ISO CLNS 的辅助协议，用途是：让网络节点（端系统和路由器）彼此发现；搜集网络节点用来转发数据包的路由信息。以动态的方式，让路由器搜集到网络内各个可达目的子网的信息，就是 IS-IS 路由协议的用途之一。此那以后，路由器会对搜集而来的信息做进一步处理，以确定将数据从网络的一个子网传送到另一子网的最优路径。

ISO 10589 明文规定了如何使用 IS-IS 协议来路由 CLNP 数据包。RFC 1195 则是对 ISO 10589 的扩充，可让 IS-IS 协议除支持 CLNP 数据包的路由选择之外，还支持 IP 数据包的路由选择。说准确点，RFC 1195 是定义集成（双）IS-IS（Integrated[Dual]IS-IS），让其同时获取并交换 CLNP 和 IP 路由信息的标准。尽管具备双重（路由选择）功能，但集成 IS-IS 同样适用于纯 CLNS（CLNS-only）或纯 IP（IP-only）网络环境。本章及下一章将重点介绍集成 IS-IS 在纯 IP 网络环境中的应用。

不同于大多数路由协议（这些路由协议的协议数据包一般都由网络层协议封装），IS-IS 本身就是网络层协议，与 CLNP 和 IP 一样，都运行于数据链路层之上。其实，支持无连接网络服务的三种 ISO 协议（CLNP、ES-IS 和 IS-IS）都属于网络层协议，这与 OSPF 和 BGP 等基于 IP 的路由协议形成了鲜明对照。那些基于 IP 的路由协议的协议数据包都封装在 IP 包头之内，而路由协议本身则在开放式系统互连（OSI）参考模型的高层运行。将某种协议或应用与一个协议标识符"挂钩"，以对应于 OSI 模型中的运行层次，可谓是协议设计的硬性规定。以下列出了截止目前本节提及的四种网络层协议的协议标识符（用二进制表示），括号里给出了相应的十六进制值：

- CLNP：10000001(0x81)。
- ES-IS：10000010(0x82)。
- IS-IS：10000011(0x83)。
- IP：11001100(0xCC)。

在数据链路层，ISO 网络层协议簇（IS-IS 协议数据包）用 0xFEFE 来标识，而 0x0800 则用来标识 Internet 协议簇（IP 数据包）。CLNP 本身与纯 IP 网络环境无关，在纯 IP 网络环境中，只需使用 IS-IS 来支持 IP 路由选择。但 IS-IS 的运行却要立足于 ISO CLNS 网络环境中的某些基本要素，如 ISO 编址、网络服务访问点（NSAP），以及 ES-IS 协议等。ES-IS 协议的设计意图是要满足 CLNS 端系统与路由器（中间系统）之间的通信需求，不涉及 IP 主机与 IP 路由器之间的通信。在 IP 网络环境中，网络设备间的通信使用的是 IP 相关机制，比如，默认网关、地址解析协议（ARP）（在 IP 地址与数据链路层地址之间行使解析功能），以及 Internet 控制信息协议（ICMP）（行使网络发现和网络控制功能）等。事关 CLNP 和 ES-IS 协议细节方面的讨论已超出了本章范围，本章内容只涉及 IS-IS 路由协议的运作方式。

IS-IS 路由协议

IS-IS 属于链路状态路由协议，其设计目的是为了完成单路由进程域之内的路由选择功能。该路由协议支持两层路由选择：

- 区域内路由选择（Level 1[层 1]）；
- 区域间路由选择（Level 2[层 2]）。

IS-IS 路由器（运行 IS-IS 路由协议的路由器）需与其直连的邻居路由器建立邻接关系，通过互发链路状态数据包（LSP），来彼此交换路由信息。每台 IS-IS 路由器都会根据自己的运行模式（Level 1 only、Level 2 only 或 Level 1–2），将收集到的 LSP 存储进相互隔离的 Level 1 和 Level 2 链路状态数据库。IS-IS 路由器可分别通过 Level 1 和 Level 2 链路状态数据库，通览本区域拓扑和区域间互连的全局拓扑。为了计算出通往路由进程域内各目的网络的最优路由，IS-IS 路由器会分别针对 Level 1 和 Level 2 数据库执行最短路径优先（SPF）计算（该算法由 Dijkstra 命名）。

IS-IS 是构成全球 Internet 的大多数大型 ISP 网络内常用的两种内部网关协议（IGP）之一。另一种常用的 IGP 为开放式最短路径优先（OSPF）协议。边界网关协议（BGP）则用在路由进程域（自治系统）之间执行域间路由选择。

除了定义让 IS-IS 携带 IP 路由信息的标准 RFC 1195 之外，IETF 正准备为 IS-IS 的几项增强功能制定标准。最著名的就是与多协议标记交换流量工程（MPLS TE）相关的 IS-IS 增强功能。最近，人们对 IS-IS 协议的兴趣大大增加，而 IETF 也重新成立了 IS-IS 工作组。各设备厂商也早已把 IETF 提出的几项与 IS-IS 有关的最新功能，作为自己的专有技术发布，IETF 正努力制定标准，来满足不同厂商路由器产品之间的互操作性需求。

用来完成 IP 路由选择的 IS-IS 路由协议之所以能大获成功，并被人们广泛接受，不但因其配置简单，兼之具备极高的可扩展性，而且还得归功于其排障的"门槛"较低。下一章会介绍如何排除 IS-IS 路由协议故障。本章只涉及 IS-IS 路由协议的基本概念，为下一章"排除 IS-IS 路由协议故障"奠定基础。

8.2　IS-IS 路由协议概念

本节的目的是要帮助读者理解 IS-IS 路由协议的运作方式、特性以及优缺点，本节内容涵盖以下要点。

- IS-IS 节点、链路和区域。
- IS-IS 邻接关系。

- Level 1 和 Level 2 路由选择。
- IS-IS 数据包。
- S-IS 路由度量值。
- IS-IS 认证。
- CLNP 协议编址。

8.2.1 IS-IS 节点、链路和区域

IS-IS 继承了 ISO 对网络节点的两种分类和定义方法：

- 端系统；
- 中间系统。

端系统通常是指网络中不具备路由选择功能的主机。中间系统则是指路由器，转发数据包是其主要功能。

网络节点之间通过链路互相连接。实际上，对 IS-IS 而言，只有两种基本的链路类型：

- 点到点链路；
- 广播链路。

点到点链路连接一对节点，而广播链路则涉及多个节点，可利用其同时连接两个以上的节点。包括串行链路（T1、DS-3 链路等）和 Packet-over-SONET（PoS）链路等介质在内的传输技术，实际上都属于点到点链路类型，而局域网（LAN）介质（如以太网）则属于典型的广播链路类型。可配置路由器，令其将 NBMA（非广播多路访问）传输介质（如异步传输模式[ATM]和帧中继等）"视为"广播或点到点传输介质。由于连接到广播链路的节点在拓扑上为完全互连，因此在 NBMA 网络环境中，只有当路由器之间通过底层永久虚电路（PVC）完全互连时，才应该将连接到 NBMA 介质的接口类型配置为广播链路类型。

当 NBMA 网络环境中的路由器之间为部分互连时，则应将 NBMA 介质"视为"点到点链路，使得路由器之间的底层 PVC 互连拓扑与 NBMA 介质的物理拓扑相吻合，这样一来，就降低了网络管理和故障排除的难度。人们常把开启了 IS-IS 路由协议的网络称为 IS-IS 路由进程域。为了让整个 IS-IS 路由进程域内的路由选择更具可扩展性，可将其进一步划分为多个路由选择区域。路由选择区域的规模可大可小，所包含的路由节点数可由网络设计者来决定。创建路由选择区域时，所要考虑的关键因素包括：路由器的内存容量及处理能力。路由选择区域越大，每台路由器所要消耗的资源（内存及处理能力）也就越多，这包括：路由器要消耗资源保存 IS-IS 数据库；当网络发生变化时，路由器需消耗资源力争尽快完成路由计算，将收敛时间维持在合理范围之内。

路由进程域内的所有 IS-IS 路由器至少都会被"划入"一个 IS-IS 区域。每个 IS-IS 节点（路由器）都有一个独一无二的基于节点的地址，该地址也称为网络服务访问点（NSAP）。NSAP 将在本章后文介绍，现在，读者只需知道 NSAP 中包含了区域标识符，用来标识每个 IS-IS 节点的所属区域。

图 8-1 所示为一个由三个区域组成的 IS-IS 路由进程域的布局图,那三个区域的区域标识符分别为:49.001、49.002、49.003。由图 8-1 可知,这三个区域通过骨干区域互连。

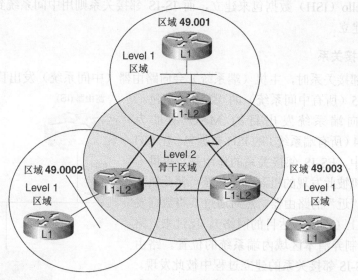

图 8-1　IS-IS 区域

通过图 8-1 能够很明显地看出,每个节点(每台路由器)都完全"委身"于某一个特定区域,区域之间以节点间的互连链路为界。根据 ISO 10589 中的定义,每个 IS-IS 区域都是 stub 区域,也就是讲,只有骨干区域(内的路由器)才能拥有区域间路由信息。最近,IETF 对 IS-IS 进行了改良,取消了这一限制,这一改良过的 IS-IS 特性称为 IS-IS 路由泄漏(IS-IS route leaking),Cisco IOS 支持 IS-IS 路由泄露特性。

8.2.2　邻接关系

作为链路状态协议,IS-IS 只有在掌握了最新且最完整的网络拓扑信息之后,才能准确计算出(通往特定目的网络的)最优路由。参与 IS-IS 路由选择的路由器需能具备某些重要功能,包括:发现邻居路由器、与其建立路由选择邻接关系,以及维护邻接关系等。两台路由器间能建立起什么样的邻接关系,以及如何建立邻接关系,则取决于两者间的互连链路类型。本节将讨论 IS-IS 邻接关系的两种类型,它们与之前介绍过的两种链路类型密不可分。以下所列为 ISIS 邻接关系的两种类型。

- 通过点到点链路建立起的邻接关系。
- 通过广播链路建立起的邻接关系。

IS-IS 路由器之间会以互发特殊数据包(Hello 数据包)的方式,来建立和维系邻接关系。路由器之间需要通过点到点链路和广播链路同时建立 ES-IS 和 IS-IS 邻接关系。用 IS-IS 执行 IP 路由选择时,虽然 ES-IS 邻接关系看似没有必要建立,但路由器之间通过点到点链路建立 IS-IS

邻接关系时，还得依赖于链路上的 ES-IS 邻接关系检测。因此，即便用 IS-IS 执行纯 IP 路由选择，Cisco 路由器还是会自动激活 ES-IS 协议。ES-IS 邻接关系要用端系统 Hello（ESH）数据包和中间系统 Hello（ISH）数据包来建立，而 IS-IS 邻接关系则用中间系统到中间系统 Hello（IIH）数据包来建立。

1. ES-IS 邻接关系

建立 ES-IS 邻接关系时，主机（端系统）会向路由器（中间系统）发出目的 MAC 地址为 09-00-2B-00-00-05（所有中间系统）的 ESH 数据包。而路由器则会向端系统发出目的 MAC 地址为 09-00-2B-00-00-04（所有端系统）的 ISH 数据包。在 ISO CLNS 网络环境中，ES-IS 邻接关系的作用是，提供一种让路由器和主机彼此发现的机制。端系统可藉此机制来定位离自己最"近"的路由器，然后通过其将数据发送到非直连介质上（直至送达目的网络）。反过来，路由器也能借此机制弄清本区域内端系统的位置。路由器之间还能在 ES-IS 邻接关系的建立过程中彼此发现。图 8-2 所示为 LAN 内的路由器和主机发出的 ISH 和 ESH 数据包的走向图。

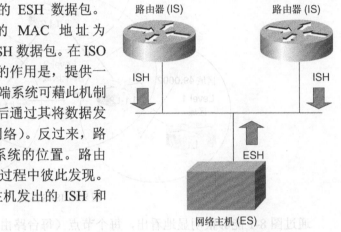

图 8-2 ES-IS 邻接关系

2. IS-IS 邻接关系

为交换路由信息，路由器之间不仅要建立 ES-IS 邻接关系，还得建立 IS-IS 邻接关系。有趣的是，在点到点链路上，要先建立 ES-IS 邻接关系，才能触发 IIH 数据包的通告，只有如此，路由器之间才能最终建立起 IS-IS 邻接关系。

IS-IS 邻接关系在点到点链路上的建立及维系跟广播链路稍有不同。同理，路由器通过点到点链路发送的 IIH 数据包的格式也和广播链路稍有不同。下面给出了 IIH 数据包的三种类型。

- **点到点 IIH 数据包**——用在点到点链路上建立 IS-IS 邻接关系。
- **Level 1 LAN IIH 数据包**——用在广播链路上建立 Level 1 邻接关系，其目的 MAC 地址为 01-80-C2-00-00-14（所有 L1 IS）。
- **Level 2 LAN IIH 数据包**——用在广播链路上建立 Level 2 邻接关系，其目的 MAC 为地址 01-80-C2-00-00-15（所有 L2 IS）。

点到点 IIH 数据包和 LAN IIH 数据包公共包头中的 PDU 专有字段同样略有不同。比方说，点到点 IIH 数据包公共包头中的 PDU 专有字段包含了一个本地电路 ID（local circuit ID）字段，而 LAN IIH 数据包包含的则是 LAN ID 字段。此外，点到点 IIH 数据包公共包头中的 PDU 专有字段未包含 LAN IIH 数据包所包含的优先级字段。IS-IS 数据包的格式会放到本章后面的"IS-IS 数据包"一节中介绍。IS-IS 各类 Hello 数据包的完整格式将在本章"IS-IS 数据包的附加信息"一节中给出。IS-IS 路由选择分为两层，如前所述，IS-IS 路由器之间所建立起的邻接关系类型,决定了两者之间的路由选择关系类型,即 Level 1、Level 2 或 Level 1-2。

IS-IS 路由器之间用链路状态数据包(LSP)交换路由信息,通过序列号数据包(SNP)来进行控制。LSP 和 SNP 会放到"IS-IS 链路状态数据库"一节做详细介绍。

在 2 个以上的节点连接到同一条链路的多路访问网络环境(比如,广播 LAN 或 ATM/帧中继多点网络)中,所有节点之间所建立的邻接关系的数量将等于 n×(n-1)/2,其中 n 为网络中所连节点的数量。多路访问网络环境中的 IS-IS 路由器会互发 Hello 多播数据包来彼此发现。因此,连接到多路访问介质上的每台 IS-IS 路由器,都会与其他所有路由器建立 n-1 个邻接关系。IS-IS 路由器会把自己检测到的邻居路由器视为邻接路由器,并宣布与之建立起了邻接关系。IS-IS 路由器还会与每台建立起邻接关系的邻居路由器同步路由数据库,并通过可靠的方式互相更新路由信息,为此,需消耗大量资源。因此,为降低资源耗费,IS-IS 路由器会把多路访问链路视为虚拟节点,也称伪节点(PSN)(如图 8-3 所示)。

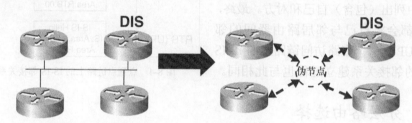

图 8-3 广播链路伪节点

连接到多路访问链路上的某台路由器将被选举为指定路由器,以行使伪节点之职。用 ISO 的"行话"来说,指定路由器被称为指定中间系统(DIS)。DIS 会根据连接到多路访问链路上的路由器接口的优先级来选举,若多路访问链路为 LAN 介质,且优先级相同,则 LAN 接口 MAC 地址最高的路由器将成为 DIS。Cisco 路由器 LAN 接口的默认优先级值为 64,也可执行接口配置模式命令 **isis priority** *value*,来调整该值。如前所述,只有 LAN IIH 数据包包头中的 PDU 专有字段才会包含优先级字段。DIS 的用途是,帮助连接到多路访问介质上的路由器完成 IS-IS 链路状态数据库的同步。为此,DIS 会定期在介质上以多播方式发送自己已知的 LSP 的摘要信息。DIS 还会生成 PSN LSP,把多路访问链路上所有已知邻居路由器一一列出。连接到多路访问介质上的所有节点会同时跟 PSN 和担当 DIS 的真实路由器,建立邻接关系。LAN 内的所有节点必须对担当 DIS 的路由器达成共识,只有如此,IS-IS 才能在 LAN 内正常运作。DIS 的选举为抢占式,任何一台路由器只要"够格",会立刻成为 DIS。

ISO 10589 规定了建立可靠邻接关系的三个步骤(三次握手),但这只适用于广播链路,不适用于点到点链路。因此,与点到点 IIH 数据包不同,LAN IIH 数据包会"携带"中间系统 TLV,即 LAN 内的 IS 邻居路由器"清单"。生成 LAN IIH 数据包的路由器会把向自己发送过 LAN IIH 数据包的路由器,"记录"在这份清单之内。只要 IS-IS 路由器收到清单中的某台邻居路由器发出的 LAN IIH 数据包,就会将自己与该邻居路由器的邻接关系设置为 UP 状态。ISO 10589 和

RFC 1195 都未对让点到点 IIH 数据包携带中间系统 TLV，做明文规定。最新的 IETF 草案已提议把点到点链路上的 IS-IS 路由器间邻接关系建立的三次握手机制纳入标准。版本不低 12.0S 的 Cisco IOS 支持这一 IETF 的新提议。图 8-4 所示为点到点链路上的 IS-IS 路由器间邻接关系建立过程。

如图 8-4 所示，邻接关系建立之初，RTA 和 RTB 会互发点到点 IIH 数据包，其中所包含的已知邻居路由器列表（中间系统 TLV）只列有本机，这表明两者还不知道对方的存在。一旦收到对方发出的点到点 IIH 数据包，RTA 和 RTB 就会在之后发出的 IIH 数据包的已知邻居路由器列表中列出（包含）自己和对方。最终，两台路由器都会将自己与邻居路由器间的邻接关系置为 UP 状态。多路访问链路上的 IS-IS 路由器之间的邻接关系建立过程也与此相同。

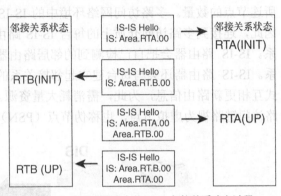

图 8-4 点到点链路上的 IS-IS 邻接关系建立过程

8.2.3 分层路由选择

如前所述，可通过对 IS-IS 路由进程域进行区域划分的方法，来提高路由选择的可扩展性。IS-IS 区域由常规区域，以及用来互连常规区域的骨干区域组成，最终会形成两层路由选择架构。常规区域内部的路由选择称为 Level 1 路由选择。在 IS-IS 路由进程域内，每个相互独立的常规区域之间的路由选择称为 Level 2 路由选择。图 8-5 所示为一个划分为两个区域（49.001 和 49.002）的 IS-IS 路由进程域。有一点值得读者关注，那就是：Level 1 路由选择只能在每个常规区域内部运行；Level 2 路由选择却可以在骨干区域内无限扩展，可视 IS-IS 路由器的配置，让骨干区域与任何常规区域交叠。

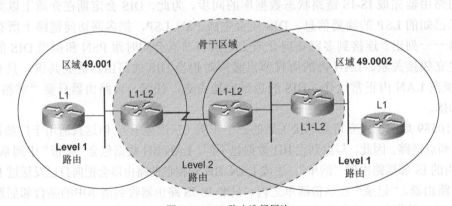

图 8-5 IS-IS 路由选择层次

可把 IS-IS 路由器配置为 Level 1（L1）路由器、Level 2（L2）路由器或 Level 1-2 路由器。IS-IS 邻居路由器双方所建立的邻接关系类型，与链路类型无关，只与本机配置有关。邻接关系类型反过来则会决定路由器所参与的路由选择层级（Level 1 或 Level 2)）。

默认情况下，Cisco 路由器都操作于 IS-IS Level 1-2 模式，可与所有邻居路由器建立各种类型的邻接关系。不同区域内的两台路由器之间只能建立起 Level 2 邻接关系，因此两者之间只能运行 Level 2 路由选择。然而，同一区域内的两台路由器可根据本机配置，彼此建立 Level 1 邻接关系或 Level 1-2 邻接关系。

一般而言，由于 Level 2 路由器既与骨干区域相连，也在本区域内参与 Level 1 路由选择，因此也就"化身"为了 Level 1-2 路由器。Level 1-2 路由器可"帮忙"把本区域内 Level 1 路由器的数据包转发至其他区域。Level 1-2 路由器会在其发出的 Level 1 路由通告消息中"标明"本机拥有通往骨干区域的连接。

根据 ISO 10589 的规定，IS-IS Level 1 区域为 stub 区域，Level 1 路由器对本路由进程域内其他区域的路由不得而知。转发目的网络为本区域以外的数据包时，Level 1 路由器只能依赖离自己最近的 Level 2 路由器通告的默认路由。如此一来，就有可能会引发次优路由选择问题。RFC 2966 对 IS-IS 路由进程域范围内的前缀通告方式（IS-IS 路由泄漏）进行了标准化，允许路由自上而下通告（区域间路由可以从 Level 2 骨干区域向 Level 1 区域通告）。只要遵循这一标准，Level 1 路由器在转发目的网络为本区域以外的流量时，便能够选择最优路径。

8.2.4 IS-IS 数据包

本书的写作目标是要教会读者如何排除 IP 路由协议故障，笔者可以毫不夸张的说，要想全面掌握路由协议的细节，圆满完成排障任务，就必须对路由协议数据包的种类和格式谙熟于胸。本节会介绍 IS-IS 数据包的各种类型，还会深入剖析常规 IS-IS 数据包的格式。按 ISO 的说法，数据包应称为协议数据单元（PDU）。本章最后一节"IS-IS 数据包附加信息"将给出每种 IS-IS 数据包的完整格式。IS-IS 数据包分为三大类。

- **Hello 数据包（IIH）**——IS-IS 邻居路由器之间会使用此类数据包建立并维护邻接关系。
- **链路状态数据包（LSP）**——IS-IS 路由器之间会使用此类数据包发布路由信息。
- **序列号数据包（SNP）**——用来控制 LSP 的发布。SNP 提供了一种机制，同一区域或骨干区域内的路由器可藉此机制来同步链路状态数据库。

以上每一类 IS-IS 数据包又细分为若干子类。每大类下的每个子类都分配有一个 PDU 类型号，如表 8-1 所示。在 LAN 介质上，所有 IS-IS 数据包都以多播方式（第二层多播数据包）发送，目的 MAC 地址随路由选择的层级而定，如下所列。

- **01-80-C2-00-00-14**（所有 Level1 IS）——Level 1 系统。
- **01-80-C2-00-00-15**（所有 Level 2 IS）——Level 2 系统。

表 8-1　IS-IS 数据包的分类

IS-IS 数据包的分类	子　　类	PDU 类型
Hello	LAN Level 1 hello	15
	LAN Level 2 hello	16
	点对点 hello	17
LSP	Level 1 LSP	18
	Level 2 LSP	20
SNP	Level 1 完整 SNP	24
	Level 2 完整 SNP	25
	Level 1 部分 SNP	26
	Level 2 部分 SNP	27

常规 IS-IS 数据包的格式

每种 IS-IS 数据包都由一个包头外加若干可变长度字段（类型—长度—值[TLV]字段）组成。虽然每种 IS-IS 数据包在具体的字段设置上略有不同，但都是由公共包头、PDU 专有字段，以及 TLV 字段三大块构成，如图 8-6 所示。

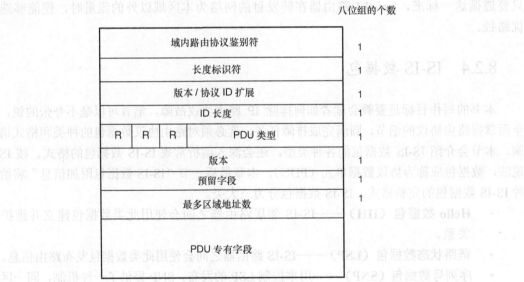

图 8-6　IS-IS 数据包头

下面是对 IS-IS 数据包公共包头所含各字段的解释。

- 域内路由协议鉴别符——据 ISO 9577 记载，其值为 0x83（十六进制），是分配给 IS-IS（协议数据包）的网络层协议标识符。
- 长度长度标识符——指明了 IS-IS 包头的长度，单位为字节。

- **版本/协议 ID 扩展**——本字段值当前为 1。
- **版本**——本字段值为 1。
- **预留字段**——本字段值为 0。
- **最多区域地址数**——当本字段值为 1~254 之间的整数时，表示本区域实际所允许的最多区域地址数。若本字段值为 0，则表示本区域最多只允许三个区域地址。

TLV 字段得名于构成它的三个参数名。

- **类型（Type）**——一字节长，其值为一数字。在 ISO 10589 中，用单词"Code（代码）"来指代这里的"Type"。IETF 和 Cisco 在描述构成 IS-IS 数据包的 TLV 字段时，则倾向于用单词"Type"。
- **长度（Length）**——一字节长，用来指明 IS-IS 数据包中所包含的本 TLV 字段的总长度。
- **值（Value）**——TLV 字段的实际内容。通常，由若干重复的信息块构成。

根据规范，IS-IS 数据包的类型不同，其所包含的 TLV 的种类也不尽相同。实际包含在 IS-IS 数据包中的 TLV 的数量，由生成此包的路由器的配置和网络环境决定。绝大多数最新定义的 TLV 都能包含在 Level 1 和 Level 2 IS-IS 数据包内。然而，有极少数 TLV 只能包含在 Level 1 或 Level 2 IS-IS 数据包内。RFC 1195 在 ISO 10589 的基础上又另行定义了 TLV。表 8-2 和表 8-3 分别列出了由 ISO 10589 和 RFC 1195 定义的 TLV。

表 8-2　　　　　　　　　　　　由 ISO 10589 定义的 TLV

TLV 名称	Type
区域地址	1
中间系统邻居节点（用于 LSP 数据包）	2
端系统邻居节点	3
区域分割指定中间系统	4
前缀邻居节点	5
中间系统邻居节点（用于 Hello 数据包）	6
未用	7
填充	8
LSP 条目	9
认证信息	10

表 8-3　　　　　　　　　　　　由 RFC 1195 定义的 TLV

TLV 名称	类　型
IP 内部可达性信息	128
支持的协议	129
IP 外部可达性信息	130
域间路由协议信息	131
IP 接口地址	132
认证信息	133

IETF 通过定义新的 TLV 而非新数据包类型，来实现对原始的 IS-IS 路由协议（ISO 10589）的"精加工"。由此可见，IS-IS 路由协议具备超强的灵活性和可扩展性。譬如，由 RFC 1195 定义的 TLV，可使得 IS-IS 同时支持 CLNP 和 IP 的路由选择。表 8-4 所列为 IETF 最新定义的 TLV，这些 TLV 一经定义，IS-IS 路由协议便具备了新的扩展功能。TLV 22、134、135 都是在基于 MPLS 的流量工程中使用的 IS-IS 路由协议扩展功能。

表 8-4 由 IETF 定义的用来行使 IS-IS 扩展功能的 TLV

TLV 名称	类 型	说 明
扩展的 IS 可达性信息	22	用于 TE，取代类型 2 TLV
路由器 ID	134	用于 TE
扩展的 IP 可达性信息	135	用于 TE，取代类型 128 或 130 TLV
动态主机名称信息	137	通过 LSP 泛洪，来动态发布主机名称与 NET 之间的映射
点对点邻接状态	240	可靠的点对点邻接关系

8.2.5 IS-IS 度量

以下所列为由 ISO 10589 和 RFC 1195 定义的 TLV，这些 TLV 除了会包含主要对象之外，还会携带路由的度量信息。

- ES 邻居节点 TLV（类型 2）。
- IS 邻居节点 TLV（类型 3）。
- 前缀邻居节点 TLV（类型 5）。
- IP 内部可达性 TLV（类型 128）。
- IP 外部可达性 TLV（类型 130）。

显而易见，以上每种 TLV 的格式虽然千差万别，但却都包含了（IS-IS 路由的）度量字段。图 8-7 所示为 IP 内部可达性 TLV 的 V（值）字段的格式。TLV 的其他 2 个字段分别为 T（类型）和 L（长度）字段，长度各为一字节。

以下 4 种度量（方法）由 ISO 10589 定义，RFC 1195 也随之采用。

- **默认度量**——也称作开销（cost）。IS-IS 路由进程域内的所有路由器都必须支持这一度量方法（路由优劣的手段），其值用来表示链路速度，值越低意味着链路的速度越快，带宽越高。
- **延迟度量**——（可选）用来衡量链路的传输延迟。
- **费用度量**——（可选）从计费的角度来衡量链路的使用成本。
- **错误度量**——（可选）衡量链路产生故障的概率。

路由域进程域内的所有节点（IS-IS 路由器）都必须支持默认度量，至于其他类型的度量（延迟度量、费用度量及错误度量）则不一定非要支持。那三种度量用来执行 CLNP 数据包的区分服务（QoS）。IS-IS 的这三种 QoS 度量不适用于 IP 流量的区分服务，IP 流量的区分服务

（QoS）依赖于 IP 包头中的优先级位。在任何情况下，Cisco IOS 中的 IS-IS 实现只支持必不可缺的默认度量。

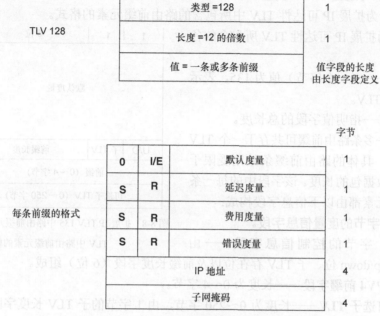

图 8-7　IP 内部可达性 TLV

由图 8-7 可知，每种度量字段的长度都只有一个字节。默认度量的第 8 位（最高位）用来表示 TLV 中存在默认度量字段（该位现已被重新定义为 up/down 位），第 7 位则用来指明相关路由的度量值为内部还外部。内部路由是指生成自 IS-IS 路由进程域内的路由，外部路由则是指生成自 IS-IS 路由进程域之外的路由，或源于另一种路由协议（比如 OSPF）的路由[①]。也就是说，用来度量路由优劣的默认度量字段的位数只有 6 位。若只考虑使用默认度量的话，则分配给每条链路（路由器外发数据包的接口）的最高开销值为 63。在 Cisco 路由器上，链路开销由分配给路由器发包（流量出站）接口的开销值来决定。默认情况下，分配给所有路由器接口的开销值都是 10。与 OSPF 不同，IS-IS 路由器的接口开销值并非根据相关接口的带宽自动计算得出。在 IS-IS 路由进程域内，数据包的转发成本等于：从源网络到目的网络之间，设在所有路由器发包（流量出站）接口上的开销值之和。ISO 10589 规定，IS-IS 路由的最高度量值不能高于 1023。IETF 最新提出了一项有关 IS-IS 的改进建议，那就是将未被广泛使用的 QoS 度量字段并入默认度量字段，来"扩充"默认度量字段的长度，"提高" IS-IS 路由的度量值。

下面给出了最新定义的支持 MPLS TE 的 LSP TLV，这两种 TLV 都包含了 4 字节长的默认

---

① 原文是 "Internal metrics refers to routes generated within the IS-IS domain, while external metrics refers to routes originating outside the IS-IS domain or from another routing protocol source, such as OSPF" 直译为"内部度量是指生成自 IS-IS 路由进程域内的路由，外部度量则是指生成自 IS-IS 路由进程域之外的路由，或源于另一种路由协议（比如 OSPF）的路由"。——译者注

度量字段，亦称为支持宽默认路由度量类型的 TLV。

- 扩展 IS 可达性 TLV（类型 22）。
- 扩展 IP 可达性 TLV（类型 135）。

图 8-8 所示为扩展 IP 可达性 TLV 中所包含的路由前缀元素的格式。

以下所列为扩展 IP 可达性 TLV 所包含的各个字段。

- **类型**——（一个字节）值为 135，表示扩展 IP 可达性 TLV。
- **长度**——指明值字段的总长度。
- **值**——多条路由前缀可共存于一个 TLV 之内，具体的路由前缀条数则受限于 LSP 数据包的长度。该字段中的每一条前缀元素都由以下信息字段构成：

　　——4 字节的度量信息字段。

　　——1 字节的**控制信息字段**——由 up/down 位、子 TLV 存在位以及前缀长度字段（6 位）组成。

　　——**IPV4 前缀字段**——长度为 0～4 字节。

　　——**可选子 TLV**——长度为 0～250 字节，由 1 字节的子 TLV 长度字段和 0～249 字节的子 TLV 字段组成。

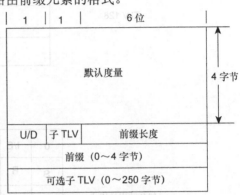

图 8-8　扩展 IP TLV 135 中路由前缀元素的格式可达性 TLV 中路由前缀元素的格式

根据规定，4 字节（32 位）的度量字段所允许的最大值不应超过 0xFE000000（MAX_PATH_METRIC）。执行 SPF 计算时，IS-IS 路由器会忽略度量值高于 MAX_PATH_METRIC 的路由前缀。与此有关的更多信息，请参阅 RFC 草案。

IOS 软件自 12.0S 和 12.0T 系列开始，默认支持的 IS-IS 路由度量类型就是扩展度量类型，也称为宽度量类型。在 router IS-IS 配置模式下，可通过 **metric-style[narrow|wide]** 命令，来启用和禁用 IS-IS 路由的宽度量类型。metric-style 命令还包含了一个"隐藏"的选项 **transition**，适合在网络"过渡"阶段（即网络"割接"期间，在此期间内，对只支持"窄"度量类型的 IS-IS 路由器进行软件升级，令其支持"宽"度量类型）使用。带 **transition** 选项执行 **metric-style** 命令之后，IS-IS 路由器便能够同时收、发"窄"度量类型和"宽"度量类型的 IS-IS 路由了。

8.2.6　IS-IS 认证

为保障 IS-IS 路由协议的安全性，ISO 10589 和 RFC 1195 都定义了 IS-IS 的认证机制（分别通过 TLV 10 和 TLV133 来执行认证）。以上两种 TLV 的格式之间稍有差异；两者的最大共同点是只支持明文认证方案。ISO 和 IETF 分别为两种 TLV 预留了字段，意在为将来支持更高级的认证方案留有后手。令人欣慰的是，高级认证方案业已实现。一份 IETF 新草案对现有的认证方案进行了扩展，在明文认证的基础上，制定了 HMAC-MD5 认证方案。即便在纯 IP 网络环境中，绝大多数 IS-IS 实现都只支持 ISO 的 TLV 10，并非 IETF 的 TLV 133。因此，为实现 IS-IS 高级认证功能，IS-IS HMAC-MD5 扩展认证方案在 TLV 10 中定义一种新的认证类型 54（其 16 进制值为 0x36），认证类型 1 为明文密码认证。

8.2.7 ISO CLNP 编址

作为路由协议，IS-IS 在很大程度上依赖于 CLNP。也就是讲，哪怕只用 IS-IS 来执行 IP 路由选择，IP 路由器仍需配置 CLNP 地址。因此要想在纯 IP 环境中玩转 IS-IS，还得弄懂 CLNP 编址架构。CLNP 地址也称为"网络服务访问点（NSAP）"。下面给出了 IP 地址与 CLNP 地址间最主要的差别。

- IP 地址会设在路由器的接口之上，隶属于该接口所连接的链路子网。CLNP 地址会基于整个节点（整台路由器）来设置，而不是设在某个接口之上。同理，在 NSAP 的配置中不包含子网掩码，这与配置 IP 地址不同，当然，在配置 CLNP 静态路由时，可以使用掩码。
- CLNP 地址长度可变，介于 8～20 字节之间，但其所包含的系统 ID 和 N 选择符（N-selector）的长度固定不变，配置于 Cisco 路由器时，两者分别为 6 字节和 1 字节。相比较而言，设在路由器接口上的 IPv4 地址的长度一定是 4 字节（32 位）。

1. NSAP 格式

为能让 IS-IS 执行 IP 路由选择功能，制定 RFC 1195 时，IETF 采用了定义于 ISO 10589 和相关规范中的 CLNS NSAP 格式的精简版本。这种 NSAP 地址格式只包括了常规 NSAP 地址中的三个主要字段，如图 8-9 所示。

- **区域标识符（AreaID）**——指明了路由器所隶属的 IS-IS 区域。
- **系统标识符（SysID）**——IS-IS 路由器在常规区域或 Level 2 骨干区域内的惟一标识符。
- **N 选择符（NSEL）**——类似于应用标识符，用来标识"终结"IS-IS 数据包的位于网络层之上的特定服务。路由器的路由选择层会"终结"IS-IS 数据包，这一路由选择层由全零（0x00）的 N 选择符来标识。

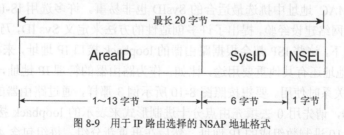

图 8-9 用于 IP 路由选择的 NSAP 地址格式

NSAP 地址最长可达 160 位（20 字节），而 IP 地址只有 32 位。NSEL 的长度为 1 字节。ISO 10598 规定，SysID 的长度可变，介于 1～8 字节之间。Cisco 遵循 US GOSIP 标准，把 SysID

定义为长度固定的 6 个字节。AreaID 字段的长度可变，介于 1~13 字节之间。RFC 1195 似乎有意对 AreaID 中的一个关键字段——授权及格式标识符（Authority and Format Identifier，AFI）——避开不谈。AFI 位于 AreaID 的第一个字节，用来标识顶级 ISO 地址权威以及 NSAP 的编码。

表 8-5 所列为 7 个 ISO 顶级地址域的 AFI 值。每个顶级地址域都与一个二进制和一个十进制 AFI 值对应，分别取自位列 AFI 字段之后的 NSAP 地址其余部分的二进制和十进制编码。

表 8-5　　　　　　　　　　　　　　　　AFI 值

地 址 域	含　　义	10 进制编码	二进制编码
X.121	公共数据网络的国际编码规划	36	37
ISO DOC	数据国家代码	38	39
F.69	电报	40	41
E.163	公共交换电话网络	42	43
E.164	ISDN	44	45
ISO 6523 ICD	用于组织的国际代码标识	46	47
Local	仅供网域内的本地用户使用	48	49

各地址注册权威机构会负责每一个顶级域的地址分配。比如，要通过国家级地址注册机构（美国国家标准协会[NIST]或英国标准协会[BSI]）才能分配到 ICD DSO 6523 地址。U.S.NIST 负责把 ISO 6523 ICD(AFI 47)地址分配给美国的各个组织，包括美国联邦政府下辖各机构。而美国国家标准局（ANSI）则是美国 ISO DCC(AFI 39)地址的国家注册机构。AFI 49 指明了 NSAP 私有地址空间，类似于由 RFC 1918 指定的 IP 私有地址空间。

2．NSAP 地址示例

先举几个 NSAP 地址的例子，如图 8-10 所示。例 1 是一个具有全长 20 字节的 NSAP 地址，而例 2 为私有 NSAP 地址，长度较短。

如前所述，NSAP 地址中的系统 ID（SysID）字段的长度为 6 字节，用来标识 IS-IS 路由进程域内节点的唯一性。一般而言，网管人员都把（路由器 LAN 接口的）MAC 地址设为路由器的 NSAP 地址的 SysID，但并不一定非得如此行事。由于一台路由器可能会有多个 LAN 接口，因此在诸多 MAC 地址中挑选最适合的 SysID 也非易事。许多选用 IS-IS 作为 IGP 的大型 ISP 都根据自己的网络建设经验，提出了许多创造性的方法来定义 Sys ID，乃至路由器的 NSAP 地址。在许多情况下，这些 ISP 都会根据路由器的 loopback 接口 IP 地址，来构造 SysID，当然，loopback 接口 IP 地址还有其他重要用途，比如，作为路由器的管理 IP 地址，或作为 router-ID，在建立 BGP 对等关系时使用。要想按照图 8-10 所示例 3 那样，通过路由器的 loopback 接口 IP 地址构造出 SysID，请先用 0 去填充由点分十进制形式来表示的 loopback 接口 IP 地址，然后得到一个由 12 个 10 进制数组成的 IP 地址。然后在再重新分组，每组包含 4 个 10 进制数，最终便构造出了一个 SysID。而根据上述方法创建出的路由器 NSAP 地址，可在 IS-IS 路由进程域内保持唯一性。读者需要注意的是，此时，SysID 变成了由 6 个字节组成的十六进制数。

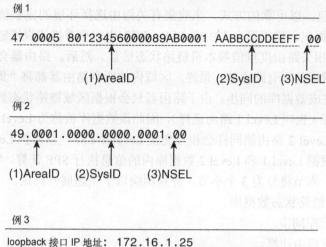

图 8-10 NSAP 地址示例

3. 定义 NSAP 地址的指导方针

以下所列为在 IS-IS 路由进程域内，选择及定义路由器 NSAP 地址的指导方针。

- 路由进程域内的每台路由器都必须用自己的区域 ID，作为 NSAP 地址的区域 ID。这意味着只要路由器隶属于同一区域，其 NSAP 地址中的区域前缀必定相同。
- 区域内的每台路由器都必须都拥有一个唯一的 SysID。骨干区域中的路由器也应如此。
- IS-IS 路由进程域内的所有路由器都必须设有长度相同的 SysID。Cisco 路由器的 SysID 长度固定，为 6 字节。
- 必须至少为每台路由器配置 1 个 NSAP 地址。默认情况下，可为 Cisco 路由器分配最多 3 个 NSAP 地址，每一个 NSAP 地址都包含有相同的 SysID，但区域 ID 不同。可执行 router 配置模式命令 **max-area-area**{0-254}，为 Cisco 路由器配置多达 254 个 NSAP 地址。

在每台路由器上，针对单一 IS-IS 路由选择实例配置多个 NSAP 地址，便能让一台路由器连接多个 Level 1 区域，这在技术上称为多宿主（multihoming）连接。多宿主连接的作用是，把所有区域合并为单一区域，让 Level 1 LSP 可跨原先划定的区域边界进行传播。实战中，多宿主连接主要用来对现有网络的重新改造，比如，对网络重新编址，以及合并或分割 IS-IS 路由进程域内的区域。借助于多宿主技术，可使得网络在割接（改造）期间照常运行。

8.3　IS-IS 链路状态数据库

IS-IS 属于链路状态路由协议，其运作方式是，借助于一种名为链路状态协议数据单元

（LSP）的特殊数据包，以可靠的方式，来收集有关路由选择环境的完整信息。协议数据单元（PDU）其实就是数据包。路由器会先生成 LSP，LSP 中保存着描述直连链路、邻居路由器、IP 目的子网，以及相关路由度量值等本机链路状态信息。然后，路由器会以泛洪的方式，将 LSP 通告给特定区域内的所有路由器。最终，区域内的所有路由器都将"集齐"来自任一其他路由器的 LSP，并完成数据库的同步。由于路由器只会根据区域链路状态数据库中的内容，来执行区域内路由选择（也叫 Level 1 路由选择），因此该数据库被称为 Level 1 链路状态数据库。部署在骨干区域的 Level 2 路由器同样会相互交换 Level 2 LSP，以维护 Level 2 链路状态数据库。路由器会分别根据 Level 1 和 Level 2 数据库内的信息执行 SPF 计算，"求得"通往各个目的网络的最优路径。本节将分为 3 个小节，分别围绕以下主题展开讨论。

- 简述 IS-IS 链路状态数据库。
- 泛洪及数据库同步。
- SPF 算法及路由计算。

第 1 小节会简要介绍 IS-IS 链路状态数据库。第 2 小节将描述路由器如何以泛洪的方式来完成步数据库的同步；第 3 小节会概述 SPF 算法（也叫 Dijkstra 算法）。

8.3.1 简述 IS-IS 链路状态数据库

运行链路状态协议的每台路由器都需要对区域内的拓扑信息了如指掌，并能够根据这些信息，计算出本机通往本区域内各目的网络的最佳路径。如前所述，网络中的每台路由器会生成 LSP，以反应出本机对周围网络环境的认知，因此，人们通常把路由器"拼装" LSP 窥网络之全豹的过程形容为拼图游戏。路由器正是通过这样的拼图游戏，来掌握网络的整幅"画面"或完整的路由拓扑。每个区域的 Level 1 数据库所展现出的是，该区域内路由器间的邻接关系状态；而 Level 2 数据库则反映出了路由进程域内不同区域间的互连情况。可在 Cisco 路由器上，执行 **show isis database[detail|level-1|level-2][*lspid*]** 命令，来查看 Level 1 或 Level 2 数据库所保存的 LSP。带 detail 选项执行该命令时，可显示出所有本机已知或某条特定 LSP 的详细信息。图 8-11 所示为 LSP 的格式。

LSP 包头由前文介绍过的 IS-IS 数据包公共包头和 PDU 专有字段组成，下面是对 LSP 包头中 PDU 专有字段的解释。

图 8-11 链路状态 PDU 的格式

- **剩余生存时间**——是在 LSP "寿终正寝"之前对其的"倒计时"。LSP 的寿命从其"诞生"时开始计算。若生成 LSP 的路由器未在其"寿终正寝"（LSP 的存活时间达到 Maxage 值）之前，进行刷新，网络中的其他路由器就会宣布其"死亡"，然后从 LSP 数据库中删除。默认情况下，Maxage 值为 20 分钟。
- **LSP 标识符**——很明显，LSP 标识符（LSP ID）用来起标识 LSP 的作用，此外还能据此得知 LSP 的持有者。图 8-12 所示为 LSP ID 的格式，LSP ID 由三个字段组成。

    00c0.0040.abcd.02-01

    |← SysID →| PSN ID | LSP 编号 |

    图 8-12 LSP 标识符的格式

    ——**系统标识符（SysID）**——对于伪节点 LSP 来说，是指生成路由器（生成本 LSP 的路由器）或指定路由器（DIS）的 SysID。

    ——**伪节点标识符**——值为 0 表示非 PSN LSP；值不为 0 则表示 PSN LSP。

    ——**LSP 编号**——用来表示经过分片的 LSP。

- **序列号**——路由器会给自生成的 LSP "烙上"序列号，意在区分 LSP 拷贝的新旧。只要路由器生成一新 LSP 来替换其过时版本，LSP 的序列号就会加一。只有当本机所处网络环境发生变化，需要向网络内的其他路由器"通报"时，路由器才会发布新的 LSP。IS-IS 路由器还会定期生成与已发布 LSP 所含信息相同的 LSP 的新拷贝，这只是为了在"旧"LSP "寿终正寝"之前，对其进行刷新。默认情况下，LSP 的刷新时间间隔为 15 分钟。
- **校验和**——为保证 LSP 在存储或泛洪过程的完整性，路由器会计算 LSP 的校验和。校验和字段值由生成路由器填入 LSP，接收该 LSP 拷贝的任一路由器都会进行验证。若 LSP 未能通过校验和计算的验证，路由器会视其为损坏，不会用其执行路由计算，或将其泛洪给网络内的其他路由器。为防患于未然，只要路由器认为 LSP 损坏，就会试图将其驱逐出网络，具体做法是：先将受损 LSP 的剩余生存时间字段值置 0，再将其拷贝泛洪给自己的所有邻居路由器。

图 8-11 还示出了 LSP 另外几个有意思的字段，如下所列。

- **分区位**——其所在字节的最高位。用来表示生成本 LSP 的路由器是否支持分区修复功能。目前，Cisco 路由器不支持该功能。
- **附接位（ATT）**——其所在字节的第 4～7 位。4 位中的任何一位置位，都表示路由器连接到了另一区域或 Level 2 骨干区域。在 Level 1-2 路由器生成的 Level 1 LSP 中，上述 4 位中将会有 1 位或多位置位。一个特殊位置位则表示在骨干区域中使用的路由度量类型[①]。下面给出了对 4 个 ATT 位的解释。

    ——第 4 位：默认度量。

    ——第 5 位：延迟度量。

    ——第 6 位：费用度量。

---

① 原文是"The one specific bit set indicates the type of metric used in the backbone."不明其意，直译。——译者注

——第 7 位：错误度量。

Cisco 路由器只会把第 4 位默认度量位置位，因为默认度量是 Cisco 路由器唯一支持的路由度量类型。

- **LSP 数据库过载位（O）**——其所在字节的第 3 位。该位置位，就表示生成此 LSP 的路由器过载，路由器过载是指路由器的（CPU 或内存）资源不足。网络中的其他 IS-IS 路由器在计算流量转发路径时，会把生成了 O 位置位的 LSP 的路由器排除在外。出于网络管理和资源管理的用途，可在 Cisco 路由器上执行 **set-overload-bit** 命令，手动让其生成 O 位置位的 LSP。O 位也称 hippity 位。

- **IS 类型**——其所在字节的第 1、2 位。该字段用来表示发布本 LSP 的 IS-IS 路由器的类型。第 1 位置位表示生成本 LSP 的路由器为 Level 1 路由器，两位同时置位则表示生成本 LSP 的路由器为 Level 2 路由器。该字段尚无其他置位方式。在 Level 1 LSP 内，若出现 IS 类型字段的两位同时置位的情况，则表示生成此 LSP 的路由器为 Level 1-2 路由器。

例子 8-1 所示为在 Cisco 路由器上执行 **show isis database detail** 命令的输出。如前所述，该命令的输出会显示出 LSP 的关键内容。这条命令对排除 IS-IS 路由丢失故障非常有用。

例 8-1　在 Cisco 路由器上显示某条 LSP 的详细内容

```
GSR2#show isis database level-2 detail RTA.00-00

IS-IS Level-2 LSP RTA.00-00
LSPID              LSP Seq Num    LSP Checksum    LSP Holdtime    ATT/P/OL
GSR2.00-00       * 0x0000000E     0x08B5          986             0/0/0
  Area Address: 49.0001
  NLPID:        0xCC
  Hostname: RTA
  IP Address:   13.1.1.2
  Metric: 10         IS RTA.02
  Metric: 10         IS RTB.01
  Metric: 10         IS RTC.00
  Metric: 10         IP 10.1.1.0 255.255.255.252
  Metric: 10         IP 12.1.1.0 255.255.255.0
  Metric: 10         IP 13.1.1.2 255.255.255.255
```

8.3.2　泛洪及数据库同步

在 IS-IS 路由器上，链路状态数据库由名为更新进程（update process）的 IS-IS 功能进程负责管理并维护（即生成本机 LSP、从邻居路由器接收 LSP，以及将 LSP 通告给邻居路由器）。当路由器执行 IS-IS 路由选择时，更新进程同样发挥着极其重要的作用，可确保路由进程域内的路由器及时、可靠而又完整地接收到路由信息。有了这些路由信息，路由器才能够确定将数据包转发至路由进程域内各目的网络的最优路径。路由进程域内的路由器之间相互通告及发布 LSP 的操作称为 LSP 泛洪。收到 IS-IS 邻居通告的 LSP 时，路由器会先将 LSP 的拷贝存储在本机数据库内，然后再转发给通过其他链路与本机相连的 IS-IS 邻居。最终，隶属于同一区域的所有 Level 1 路由器会在本机的 Level 1 数据库中存储进同样的内容。连接至骨干区域的 Level 2

路由器也是如此。只要网络状态稳定，路由进程域内的 Level 1 或 Level 2 路由器在本机的 Level 1 或 Level 2 链路状态数据库中所保存的 LSP 全都相同。确保每台路由器都在本机的 Level 1 或 Level 2 数据库中接收到了所有已知 ISP 的操作称为"数据库同步"。路由进程域内各路由器间的数据库同步操作，由更新进程所包含的其他辅助功能来确保[①]。

执行泛洪和数据库同步操作时，可采用各种计时器和控制机制，来保证更新进程的高效执行。IS-IS 路由器会发出序列号 PDU（SNP），来对数据库同步操作进行控制。SNP 分为以下两种。

- **完整序列号 PDU（CSNP）**——包含为发布路由器（发出 CSNP 的路由器）所知的所有 LSP 的汇总信息。
- **局部序列号 PDU（PSNP）**——包含为发布路由器（发出 PSNP 的路由器）所知的部分 LSP 的汇总信息，意在请求某条完整 LSP 的较新版本，或对收到的 LSP 进行确认。

封装进 CSNP 或 PSNP 的每条 LSP 的汇总信息都由原始 LSP 包头中的下列属性（字段）构成：

- 剩余生存时间；
- LSP ID；
- LSP 序列号；
- LSP 校验和。

图 8-13 详述了 IS-IS 路由器之间是如何通过 CSNP 和 PSNP 来完成 LS 数据库同步的。CSNP 和 PSNP 的完整格式将在本章的最后一节"IS-IS 数据包附加信息"中给出。

如前所述，在泛洪和数据库同步的操作过程中，各种计时器发挥着相当重要的作用。表 8-6 列出了运行于 IS-IS 路由器上的更新进程所使用的若干重要计时器。表中还列出了这些计时器在 Cisco 路由器上的默认值，其中的绝大多数都遵从 ISO 10589 中的定义。表 8-6 最右边的一列给出了在 Cisco 路由器上修改这些默认计时器值的 IOS 命令。

表 8-6　　　　　　　　　　链路状态数据库更新计时器

计时器	描　述	默认值	设置计时器的 Cisco IOS 命令
Maxage	该值所指为 LSP 的最长生存时间。只要 LSP 的路由器生成了（LSP）的新实例，就会把该 LSP 的剩余生存时间或 LSP holdtime 设为该值。Maxage 的默认值为 1200 秒（20 分钟）。路由器会在 LSP 的 Maxage 值到期后，将其"驱逐"出数据库。IS-IS 路由器正是利用 LSP 的 Maxage 到期，来清除 LSP 数据库中的陈旧信息	1200 秒（20 分钟）	**isis max-lsp-interval** *seconds*
LSP 刷新时间间隔	通常，只要生成 LSP 的路由器感知到了拓扑变更，就会"更换"自己发出的 LSP。为了清除过时 LSP，"净化" LS 数据库中的信息，每台 IS-IS 路由器都会在 LSP "寿终正寝"之前，定期执行刷新操作	900 秒	**isis refresh-interval** *seconds*
LSP 发送时间间隔	该计时器值指明了同一台路由器连发两个 LSP 之间，所要等待的最短时间间隔	33 毫秒	**isis lsp-interval** *milliseconds*

---

① 原文是"Other auxiliary functions carried out by the update process ensure database synchronization."——译者注

计时器	描述	默认值	设置计时器的 Cisco IOS 命令
LSP 重传时间间隔	该计时器值指明了 IS-IS 在点对点链路上重传 LSP 的时间间隔。在点对点链路上，只要未收到由邻居路由器发出的确认 LSP 已经接收的 PSNP，IS-IS 路由器就会重传已发出的 LSP	5 秒	**isis retransmit-interval** *seconds*
CSNP 时间间隔	该计时器值指明了广播链路上的 DIS 连发两个 CSNP 之间，所要定期等待的固定时间间隔	10 秒	**isis csnp-interval** *seconds* {level-1 | level-2}

在图 8-13 所示网络中，RT1 和 RT2 之间通过点到点链路互连，RT2 还通过广播 LAN 与 RT3 和 RT4 相连。笔者现以该图为例，来详细说明在点到点及 LAN 链路上，IS-IS 路由器的 LSP 泛洪过程。在点到点链路上，IS-IS 路由器使用的泛洪机制非常可靠：从路由器接口泛洪出去的 LSP 必须得到链路对端路由器的确认（对端路由器会发出 PSNP 数据包来确认）。反之，连接到广播链路上的 IS-IS 路由器泛洪出去的 LSP，则无需接收端路由器的确认。广播链路上的 IS-IS 路由器间的数据库同步要在指定中间系统（DIS）的帮助下来完成，DIS 会定期以多播方式发出 CSNP 数据包，其中包含了所有已知 LSP 的汇总信息。LAN 内的其他路由器会"解析"收到的 CSNP 数据包，"查阅"包含于其中的 LSP "目录"，然后，会发出 PSNP 数据包来请求自己所需要的 LSP 的完整拷贝。IS-IS Level 1 和 Level 2 协议数据包的目的 IP 地址分别为 ALLL1ISs 和 ALLL2IS 多播地址。

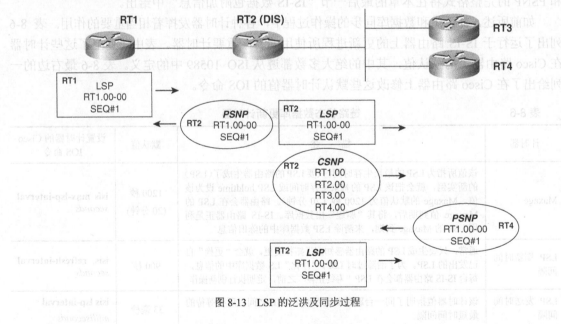

图 8-13 LSP 的泛洪及同步过程

如图 8-13 所示，RT1 通过点到点链路，向 R2 通告了一条 LSP（RT1.00-00），RT2 自然会用 PSNP 数据包进行确认。此后，RT2 会在其数据库内保存一份该 LSP 的拷贝，再通过 LAN，将另一份拷贝泛洪给 RT3 和 RT4。收到 RT1.00-00 的拷贝之后，RT3 和 RT4 不会进行确认。只要 CSNP 数据包的计时器超时，RT2（亦担当 LAN 内的 DIS）就会（以多播方式）发出 CSNP 数据包，其中包含了自己已知的所有 LSP 的汇总信息。若 RT4 未收到之前由 RT2 发出的 RT1.00-00 的拷贝，则可以根据 CSNP 数据包所含 LSP 的汇总信息，来判断出自己对此 LSP 不得而知，于是会发出 PSNP 数据包，向 R2 请求 RT1.00-00 的完整拷贝。R2 会在 LAN 内再次以多播方式发出 RT1.00-00 的完整拷贝。

8.3.3 最短路径优先（SPF）算法及 IS-IS 路由计算

上一小节讨论了什么是链路状态数据库，并分析了将 LSP 填充进链路状态数据库的各种可靠机制。IS-IS 路由器执行路由选择（转发数据包）所需要的信息固然离不开 LSP，但 LSP 本身并不是 IP 路由表中的路由表项，路由器需要对 LSP 做进一步地处理（计算），才能得到实际的路由信息。在路由器内，负责把原始的链路状态信息转换成路由信息的 IS-IS 进程称为决策进程（decision process）。决策进程会基于最短路径优先（SPF）算法，来计算通往区域（含骨干区域）内每一条已知目的地网络的路径。IS-IS 路由器会把 Level1 和 Level2 路由选择分而治之，单独为两者运行决策进程，并把计算结果分别存入链路状态数据库。

通过 SPF 算法，IS-IS 路由器就能以自己为根，计算出通往各区域及骨干区域内所有路由器的最短路径树。IS-IS 路由器会使用以下三种集合，通过迭代的方式，来完成 SPF 计算：

- 未知（Unknown）；
- 试探（Tentative [TENT]）；
- 路径（Path [PATH]）。

SPF 计算之初，除根路由器以外的所有节点都将置入未知集合，然后再依次（直连根路由器的节点优先）置入 TENT 集合。在每一次迭代过程中，TENT 集合内距根路由器最近的节点将会置入 PATH 集合列表。若刚从 TENT 集合内"转出"的节点还直连了其他节点，且这些节点尚未在 TENT 集合内现身，则随之将这些节点转移进 TENT 集合。此后，为执行下一次迭代过程，TENT 集合内节点的开销会做相应调整[①]。上述过程将持续进行，直到所有节点都转移进了 PATH 集合，并构造完最短路径树。IS-IS 路由器会根据最短路径树计算路由信息。

8.4 配置 IS-IS，完成 IP 路由选择

本节会介绍在 Cisco 路由器上启用 IS-IS 路由选择所涉及的基本配置命令。除此之外，还有很多 IOS 命令可用来优化及管理 IS-IS 路由协议的各项功能，可用那些命令去修改 IS-IS Hello 数据包的计时器、记录 IS-IS 邻接关系的变化情况、执行 IS-IS 邻居路由器间的认证等。下一章

---

① 原文是 "The costs of nodes in the TENT set are then adjusted for the next iteration." 直译。——译者注

会对其中的部分命令做深入探讨。读者可浏览 Cisco 官网"IOS Network Protocols Configuration Guide"（IOS 网络协议配置指南）页面，来获取完整信息。

路由器不论接入的是点到点网络还是 LAN 广播网络，启用 IS-IS 路由选择功能都非常简单，方法也非常相似。此外，LAN 环境中，可通过接口配置模式命令 **isis priority** *value*，来控制 DIS 的选举。默认情况下，路由器接口的 IS-IS 优先级值为 64，值越高，成为 DIS 的可能性就越大。

以下内容提供了在 Cisco 路由器上配置 IS-IS 的详细示例：

- 点到点网络环境中的 IS-IS 配置。
- 广播网络（LAN）环境中的 IS-IS 配置。
- NBMA 网络环境中的 IS-IS 配置，包括：
  ——ATM 点到点链路；
  ——ATM 点到多点链路。
- 通告 IP 默认路由。
- 路由重分发。
- IP 路由汇总。

8.4.1 点到点网络环境中的 IS-IS 配置

图 8-14 所示为两台路由器（RT1 和 RT2）通过一条串行链路背靠背直接。两台路由器都隶属同一 IS-IS 区域。图 8-15 所示拓扑与图 8-14 类似，只是 RT1 和 RT2 分属不同区域。RT1 和 RT2 分属不同区域的原因是，两者的区域 ID 不同。

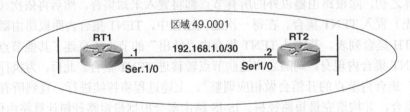

```
hostname RT1                              hostname RT2
clns routing                              clns routing
!                                         !
interface Loopback0                       interface Loopback0
 ip address 10.1.1.1 255.255.255.255       ip address 10.1.1.2 255.255.255.255
 ip router isis                            ip router isis
!                                         !
interface Serial0/0                       interface Serial0/0
 ip address 192.168.1.1 255.255.255.252    ip address 192.168.1.2 255.255.255.252
 ip router isis                            ip router isis
!                                         !
router isis                               router isis
 net 49.0001.0000.0000.0001.00             net 49.0001.0000.0000.0002.00
```

图 8-14　IS-IS 配置：配置代码请见例 8-2

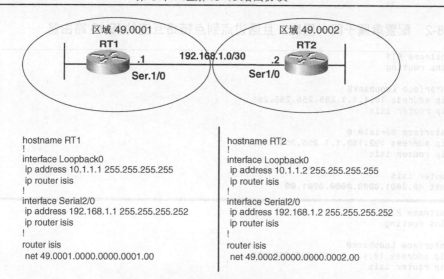

图 8-15　IS-IS 配置：配置示例请见例 8-3

以下给出了在 Cisco 路由器上启用 IS-IS 路由选择功能必不可缺的两个配置步骤。

步骤 1　配置 IS-IS 路由进程。

步骤 2　让相关路由器接口参与 IS-IS 路由进程。

在 Cisco 路由器上激活 IS-IS 路由进程的配置模式命令是 **router isis**[*tag*]。"tag" 为标识路由进程的可选关键字，只对路由器本机有意义。某些服务提供商会为 IS-IS 路由进程域内的所有路由器配置相同的 ISIS tag，但并不一定非得如此行事。有一点需要指出是，某些老版 Cisco IOS 软件要求相邻路由器间的 ISIS tag 匹配。默认情况下，IS-IS 路由进程一经激活，Cisco 路由器就会按 Level 1-2 模式运作。在激活 IS-IS 路由进程的同时，命令 **clns routing** 也将自动"进驻"路由器的运行配置。即便启用 IS-IS 只是为了路由 IP 数据包，也必须在路由器上配置 NSAP 地址。可执行 router 配置模式命令 **net {nsap}**，来配置 NSAP 地址。当 NSAP 地址所包含的 NSEL 字段值为 0 时，该 NSAP 地址也称为 NET。

在路由器上激活了 IS-IS 路由进程之后，还需要让相关路由器接口参与 IS-IS 路由进程。若只想让 IS-IS 路由纯 IP 数据包，只需在接口上配置 **ip router isis** [*tag*]命令。关键字 tag 必须与 IS-IS 路由进程的 tag 相同。要是还想让 IS-IS 行使 ISO CLNP 路由选择功能，则可在接口下配置 **clns router isis**[*tag*]命令。

可用接口配置模式命令 **isis circuit type{level-1|level-2|level-1-2}**，让路由器各接口分别参与 Level 1 或 Level 2 路由选择。关键字 **level-1-2** 为该命令的默认选项。还可执行 router 配置模式命令 **is-type{level-1|level-2|level-1-2}**，同时指明所有参与 IS-IS 路由进程的路由器接口的首选运行模式。

在图 8-14 所示网络中，两台路由器都隶属同一区域，即两者 NSAP 地址（NET）中的区域前缀字段值相同（同为 49.0001）。因此，两者能同时建立起 Level 1 和 Level 2 邻接关系，这也是 Cisco 路由器的默认行为。

例 8-2 所示为图 8-14 中 RT1 和 RT2 的配置。

例 8-2 配置隶属于同一区域，且通过点到点链路互连的 IS-IS 路由器

```
hostname RT1
clns routing
!
interface Loopback0
 ip address 10.1.1.1 255.255.255.255
 ip router isis
!
interface Serial0/0
 ip address 192.168.1.1 255.255.255.252
 ip router isis
!
router isis
 net 49.0001.0000.0000.0001.00
```

```
hostname RT2
clns routing
!
interface Loopback0
 ip address 10.1.1.2 255.255.255.255
 ip router isis
!
interface Serial0/0
 ip address 192.168.1.2 255.255.255.252
 ip router isis
!
router isis
 net 49.0001.0000.0000.0002.00
```

有别于图 8-14，图 8-15 中的 RT1 和 RT2 分属不同的区域，因此那两台路由器只能建立 Level 2 邻接关系。

例 8-3 所示为图 8-15 中 RT1 和 RT2 的配置。

例 8-3 配置分属不同区域，且通过点到点链路互连的 IS-IS 路由器

```
hostname RT1
!
interface Loopback0
 ip address 10.1.1.1 255.255.255.255
 ip router isis
!
interface Serial2/0
 ip address 192.168.1.1 255.255.255.252
 ip router isis
!
router isis
 net 49.0001.0000.0000.0001.00
```

```
hostname RT2
!
interface Loopback0
 ip address 10.1.1.2 255.255.255.255
 ip router isis
!
interface Serial2/0
 ip address 192.168.1.2 255.255.255.252
 ip router isis
!
router isis
 net 49.0002.0000.0000.0002.00
```

下列命令是在 Cisco 路由器上验证 IS-IS 的配置及运行情况的有用工具：

- **show clns protocol**。
- **show clns neighbors[detail]**。
- **show clns interface**。
- **show isis topology**。
- **show isis database**。

随后几节会按图 8-15 所示网络拓扑，给出执行上述 **show** 命令得到的输出示例。为显示链路两端 IS-IS 的运行状态，每份示例都会包含 RT1 和 RT2 的输出。由于只涉及 IS-IS 的基本配置，大多数输出无需解释。cisco.com 上的文档"Integrated IS-IS Configuration Guide"详细解释了出现在以下几节中的 **show** 命令的输出内容。

1. show clns protocol 命令

show clns protocol 命令的作用是，列出路由器所运行的 IS-IS 或 ISO IGRP 路由进程的协议专有信息。例 8-4 所示为在图 8-15 中的那两台路由器上执行 **show clns protocol** 命令的输出。

例 8-4　show clns protocol 命令的输出

```
RT1#show clns protocol
IS-IS Router: <Null Tag>
  System Id: 0000.0000.0001.00   IS-Type: level-1-2
  Manual area address(es):
        49.0001
  Routing for area address(es):
        49.0001
  Interfaces supported by IS-IS:
        Loopback0 - IP
        Serial0/0 - IP
  Redistributing:
    static
  Distance: 110
  RRR level: none
  Generate narrow metrics:  level-1-2
  Accept narrow metrics:    level-1-2
  Generate wide metrics:    none
  Accept wide metrics:      none
```

```
RT2#show clns protocol
IS-IS Router: <Null Tag>
  System Id: 0000.0000.0002.00   IS-Type: level-1-2
  Manual area address(es):
        49.0002
  Routing for area address(es):
        49.0002
  Interfaces supported by IS-IS:
        Loopback0 - IP
        Serial0/0 - IP
  Redistributing:
    static
  Distance: 110
  RRR level: none
  Generate narrow metrics:  level-1-2
  Accept narrow metrics:    level-1-2
  Generate wide metrics:    none
  Accept wide metrics:      none
```

2. show clns neighbors detail 命令

show clns neighbors detail 命令用来显示端系统及中间系统邻居路由器。例 8-5 所示为在图 8-15 中两台路由器上执行 show clns neighbors detail 命令的输出。

例 8-5　show clns neighbors detail 命令的输出

```
RT1#show clns neighbors detail

System Id      Interface    SNPA     State   Holdtime   Type   Protocol
RT2            Se0/0        *HDLC*   Up      27         L2     IS-IS
  Area Address(es): 49.0002
  IP Address(es):  192.168.1.2*
  Uptime: 00:48:46

RT2#show clns neighbors detail

System Id      Interface    SNPA     State   Holdtime   Type   Protocol
RT1            Se0/0        *HDLC*   Up      26         L2     IS-IS
  Area Address(es): 49.0001
  IP Address(es):  192.168.1.1*
  Uptime: 00:52:14
```

3. show clns interface 命令

show clns interface 命令用来显示与路由器接口有关的 ES-IS 或 CLNS 专有信息。例 8-6 所示为在图 8-15 中两台路由器上执行 show clns interface 命令的输出。

例子 8-6　show clns interface 命令的输出

```
RT1#show clns interface ser 0/0
Serial0/0 is up, line protocol is up
  Checksums enabled, MTU 1500, Encapsulation HDLC
  ERPDUs enabled, min. interval 10 msec.
  RDPDUs enabled, min. interval 100 msec., Addr Mask enabled
  Congestion Experienced bit set at 4 packets
  CLNS fast switching enabled
  CLNS SSE switching disabled
  DEC compatibility mode OFF for this interface
  Next ESH/ISH in 3 seconds
  Routing Protocol: IS-IS
    Circuit Type: level-1-2
    Interface number 0x0, local circuit ID 0x100
    Level-1 Metric: 10, Priority: 64, Circuit ID: RT1.00
    Number of active level-1 adjacencies: 0
    Level-2 Metric: 10, Priority: 64, Circuit ID: RT1.00
    Number of active level-2 adjacencies: 1
    Next IS-IS Hello in 8 seconds

RT2#show clns interface serial0/0
Serial0/0 is up, line protocol is up
  Checksums enabled, MTU 1500, Encapsulation HDLC
  ERPDUs enabled, min. interval 10 msec.
  RDPDUs enabled, min. interval 100 msec., Addr Mask enabled
  Congestion Experienced bit set at 4 packets
  CLNS fast switching enabled
  CLNS SSE switching disabled
  DEC compatibility mode OFF for this interface
  Next ESH/ISH in 8 seconds
  Routing Protocol: IS-IS
    Circuit Type: level-1-2
```

（待续）

```
       Interface number 0x0, local circuit ID 0x100
       Level-1 Metric: 10, Priority: 64, Circuit ID: RT2.00
       Number of active level-1 adjacencies: 0
       Level-2 Metric: 10, Priority: 64, Circuit ID: RT2.00
       Number of active level-2 adjacencies: 1
       Next IS-IS Hello in 2 seconds
```

4. show isis topology 命令

show isis topology 命令用来列出各区域内所有（与本机）直连的邻居路由器。例 8-7 所示为在图 8-15 中的那两台路由器上执行 **show isis topology** 命令的输出。

例 8-7 show isis topology 命令的输出

```
RT1#show isis top
IS-IS paths to level-1 routers
System Id       Metric   Next-Hop    Interface     SNPA
RT1             --

IS-IS paths to level-2 routers
System Id       Metric   Next-Hop    Interface     SNPA
RT1             --
RT2             10       RT2         Se0/0         *HDLC*

RT2#show isis topology
IS-IS paths to level-1 routers
System Id       Metric   Next-Hop    Interface     SNPA
RT2             --

IS-IS paths to level-2 routers
System Id       Metric   Next-Hop    Interface     SNPA
RT1             10       RT1         Se0/0         *HDLC*
RT2             --
```

5. show isis database 命令

show isis database 命令用来显示 IS-IS 链路状态数据库。例 8-8 所示为在图 8-15 中的两台路由器上执行 **show isis database** 命令的输出。

例 8-8 show isis database 命令的输出

```
RT1#show isis database
IS-IS Level-1 Link State Database
LSPID              LSP Seq Num    LSP Checksum   LSP Holdtime    ATT/P/OL
RT1.00-00        * 0x00000008     0x8B75         1126            1/0/0
RT1.01-00        * 0x00000001     0x459B         1131            0/0/0

IS-IS Level-2 Link State Database
LSPID              LSP Seq Num    LSP Checksum   LSP Holdtime    ATT/P/OL
RT1.00-00        * 0x0000008A     0x8FED         1126            0/0/0
RT2.00-00          0x0000001E     0xB82C         998             0/0/0

RT2#show isis database
IS-IS Level-1 Link State Database
LSPID              LSP Seq Num    LSP Checksum   LSP Holdtime    ATT/P/OL
RT2.00-00        * 0x00000019     0x3DAB         883             1/0/0
RT2.01-00        * 0x0000000D     0x339F         980             0/0/0

IS-IS Level-2 Link State Database
LSPID              LSP Seq Num    LSP Checksum   LSP Holdtime    ATT/P/OL
RT1.00-00          0x0000008A     0x8FED         931             0/0/0
RT2.00-00        * 0x0000001E     0xB82C         808             0/0/0
```

表 8-7 所列为对上述命令输出中关键内容的解释。

表 8-7　解释 show isis database 命令输出中的关键内容

属　性	解　释
*	标明由本机生成的 LSP
LSPID	LSP 标识符，列出了路由器已知的所有 Level 1 及 Leve2 LSP
LSP Seq Number	LSP 序列号，路由器会用其来了解 LSP 的最新版本
LSP Checksum	LSP 的校验和由生成路由器计算而出，（其值作为 LSP 的一个字段，随 LSP 一起传播）。若在存储和泛洪过程中，LSP 的校验和发生了改变，则认为 LSP 损坏，应从网络中清除
LSP Holdtime	LSP 的过期过期时间，单位为秒
ATT	附接位。Level2 路由器会在（由其通告的）Level 1LSP 中将该位置 1，以表明自身连接到了骨干区域
P	分区位。表明路由器支持分区修复功能
OL	过载位。该位置 1 时，表明路由器的资源面临匮乏，不应作为流量转发路由器。可出于管理目的，通过 IOS 软件命令 Set-orerlood-bit，手动将该位置 1

8.4.2　ATM 配置示例

使用 ATM 链路搭建 WAN 时，可将路由器的 ATM 主接口和子接口配置为多点（multipoint）模式，来建立 PVC。此时，应将 ATM 云视为 NBMA 介质。另一种配置方法是，将路由器的 ATM 子接口配置为点到点模式。让 ATM 接口参与 IS-IS 路由进程所要遵循的配置步骤，与让点到点串行接口参与 IS-IS 路由进程相同。

步骤 1　配置 IS-IS 路由进程。

步骤 2　让相关接口参与 IS-IS 路由进程。

就 IS-IS 的配置方法而言，ATM 多点网络环境与 LAN 环境完全相同。同理，IS-IS 在 ATM 点到点链路上的配置方法与普通的串行点到点链路也大致相同。在帧中继网络环境中，IS-IS 的配法也几乎等同于本节将要讲述的 ATM 网络环境。

通过 ATM 或帧中继链路组建 WAN 时，只要网络规模一大，WAN 路由器之间的点到点虚链路就会形成密密麻麻的网状连接。由于网络中的所有 IS-IS WAN 路由器都需要泛洪并处理巨量 LSP（LSP 的条数为 N 的三次方，N 为 WAN 路由器的数量），因此势必导致资源（路由器的内存及 CPU 资源）匮乏问题。在上述网络环境中，强烈建议开启 IS-IS mesh group 特性，以减少 WAN 路由器间不必要的 LSP 泛洪。

在图 8-16 所示网络中，两台路由器通过 ATM 点到点子接口互连。

例 8-9 所示为图 8-16 中 RT5 和 RT6 的配置。

第 8 章 理解 IS-IS 路由协议

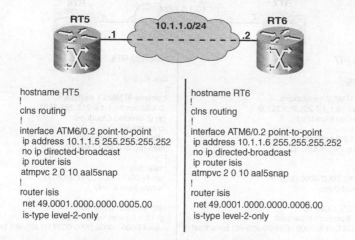

```
hostname RT5
!
clns routing
!
interface ATM6/0.2 point-to-point
 ip address 10.1.1.5 255.255.255.252
 no ip directed-broadcast
 ip router isis
 atmpvc 2 0 10 aal5snap
!
router isis
 net 49.0001.0000.0000.0005.00
 is-type level-2-only
```
```
hostname RT6
!
clns routing
!
interface ATM6/0.2 point-to-point
 ip address 10.1.1.6 255.255.255.252
 no ip directed-broadcast
 ip router isis
 atmpvc 2 0 10 aal5snap
!
router isis
 net 49.0001.0000.0000.0006.00
 is-type level-2-only
```

图 8-16 通过 ATM 点到点子接口互连的网络

例 8-9 IS-IS 在 ATM 点到点网络环境中的配置

```
hostname RT5
!
clns routing
!
interface ATM6/0.2 point-to-point
 ip address 10.1.1.5 255.255.255.252
 no ip directed-broadcast
 ip router isis
 atm pvc 2 0 10 aal5snap
!
router isis
 net 49.0001.0000.0000.0005.00
 is-type level-2-only
hostname RT6
!
clns routing
!
interface ATM6/0.2 point-to-point
ip address 10.1.1.6 255.255.255.252
 no ip directed-broadcast
 ip router isis
 atm pvc 2 0 10 aal5snap
!
router isis
 net 49.0001.0000.0000.0006.00
 is-type level-2-only
int atm 6/0.2 point
ip address . . .
ip router isis
pvc 0/10
 encapsulation aal5snap
```

在图 8-17 所示网络中，两台路由器通过 ATM 多点子接口互连，IS-IS 配置示例请见例 8-10。在多点网络环境中，需配置相关 **clns map**，如例 8-10 所示。若多点网络环境通过 ATM 链路来组件，则要将 **clns map** 相关命令置于 ATM map list 之下。

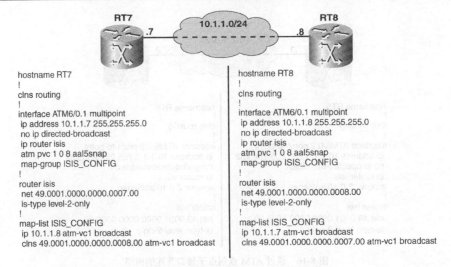

图 8-17 通过 ATM 多点子接口互连的网络

例 8-10 IS-IS 在 ATM 多点网络环境中的配置

```
hostname RT7
!
clns routing
!
interface ATM6/0.1 multipoint
 ip address 10.1.1.7 255.255.255.0
 no ip directed-broadcast
 ip router isis
 atm pvc 1 0 8 aal5snap
 map-group ISIS_CONFIG
!
router isis
 net 49.0001.0000.0000.0007.00
 is-type level-2-only
!
map-list ISIS_CONFIG
 ip 10.1.1.8 atm-vc 1 broadcast
 clns 49.0001.0000.0000.0008.00 atm-vc 1 broadcast
```

```
hostname RT8
!
clns routing
!
interface ATM6/0.1 multipoint
 ip address 10.1.1.8 255.255.255.0
 no ip directed-broadcast
 ip router isis
 atm pvc 1 0 8 aal5snap
 map-group ISIS_CONFIG
!
router isis
 net 49.0001.0000.0000.0008.00
 is-type level-2-only
!
map-list ISIS_CONFIG
 ip 10.1.1.7 atm-vc 1 broadcast
 clns 49.0001.0000.0000.0007.00 atm-vc 1 broadcast
Int atm 6/0
Pvc 0/5
 Encapsulation qsaal
```

8.4.3 通告 IP 默认路由

IS-IS 路由进程域内的 Level 1 路由器会自动安装一条 IP 默认路由，其下一跳 IP 地址为本区域内离本机最"近"的 Level 1-2 路由器的 IP 地址。Level 1-2 路由器会将本机所通告的 Level 1 LSP 中的附接（ATT）位置 1，好让 Level 1 路由器"定位"到自己。Level 1-2 路由器会在本区域内生成 Level 1 LSP，并将其中的 ATT 位置 1，来标识自己与骨干区域相连。

此外，要想在骨干区域内生成默认路由，则需要手工配置。router 配置模式命令 **default-information originate** 的作用是：令设有该命令的 Level 2 路由器在骨干区域内通告默认路由，这条默认路由可为其他 Level 2 路由器所知。上述命令一配，Level 2 路由器就会以 Level 2 LSP 的形式通告默认路由。与别的 IP 路由协议不同，设于 IS-IS 进程配置模式下的 **default-information originate** 命令不依赖于静态默认路由。下面将以图 8-18 所示网络来说明 IS-IS 默认路由的通告方式，配置示例请见例 8-11。

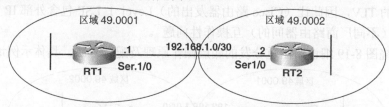

图 8-18　IS-IS 默认路由的通告方式，配置示例请见例 8-11

如例 8-11 所示，**default-information originate** 命令应设于 IS-IS 路由进程配置模式之下。本例还示出了一条"承载"默认路由的 Level 2 LSP，该默认路由的度量值为 0。

例 8-11　default-information originate 命令的配置方法

```
RT1#show running-config
[snip]
Hostname RT1
!
router isis
default-information originate
net 49.0001.0000.0000.0001.00
[snip]

RT2#show isis database detail RT1.00-00 level-2

IS-IS Level-2 LSP RT1.00-00
LSPID                 LSP Seq Num   LSP Checksum   LSP Holdtime   ATT/P/OL
RT1.00-00             0x000000E1    0x7A1E         651            0/0/0
  Area Address: 49.0001
  NLPID:        0xCC
  Hostname: RT1
  IP Address:   10.1.1.1
  Metric: 10         IS RT1.01
  Metric: 10         IS RT2.00
  Metric: 0          IP 0.0.0.0 0.0.0.0
  Metric: 10         IP 10.1.1.1 255.255.255.255
  Metric: 10         IP 192.168.1.0 255.255.255.252
```

8.4.4 路由重分发

对 IS-IS 路由协议进程来说，路由器从其他路由来源（比如，静态、RIP 以及 OSPF 路由协议等）学得的所有路由，都算是外部路由。可利用路由重分发技术将外部路由引入 IS-IS 路由进程域。当然，也可以利用该技术将 IS-IS 路由通告进另一路由进程域，比如 OSPF 路由进程域。本节会细谈如何将路由重分发进 IS-IS。

RFC 1195 明文规定，只能将路由重分发进 IS-IS Level 2 路由选择环境。出于特殊需求，Cisco 路由器支持将路由重分发进 Level 1 路由选择环境。Cisco 公司开发这一私有特性主要是为了满足某些服务提供商的需求。这些服务提供商为了规避次优路由选择问题，而决定在自己的 IGP 网络基础设施上，运行 IS-IS 路由协议，并构建单层 Level 1 IS-IS 区域（在 IS-IS 的分层式网络架构中，要是 Level 1 路由器只持有默认路由，则非常容易造成次优路由选择问题）。由于（其他厂商的）路由器在解析 IS-IS 数据包时，若碰到不能识别的 TLV，会将其忽略，并继续解析自己所能识别的 TLV，因此让（Cisco 路由器发出的）Level 1 LSP 包含外部 IP 可达性信息，不应该会造成（不同厂商路由器间的）互操作性问题[①]。

下面将围绕图 8-19 细谈路由重分发的底层操作原理及配置方法，具体示例请见例 8-12。

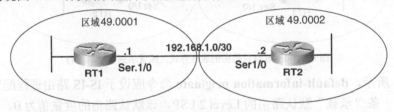

图 8-19　用来演示 IS-IS 路由重分发的网络拓扑

与其他 IP 路由协议一样，将 IP 静态路由重分发进 IS-IS，也需要手动执行 router 配置模式命令 **redistribute**。将路由重分发进 IS-IS 的完整命令为 **redistribute** *source ip options*。请注意，命令中的关键字 **ip** 不可或缺，其作用是将 IP 路由重分发进 IS-IS，因为集成 IS-IS 同时支持 IP 和 CLNP 路由选择。

还可以通过 **redistribute** 命令的其他选项来设置（有待重分发的路由）的度量值及度量类型，并"挂接"路由映射。在 **redistribute** 命令后"挂接"路由映射的作用是：把路由引入 IS-IS 路由进程域时，执行路由过滤。

默认情况下，为外部路由分配的度量类型为"internal"，若未指明路由选择级别，外部路由只会被注入 Level 2 路由选择环境。例 8-12 对此作了详细说明。**show running-config** 命令的输出中做高亮显示的那条命令正是将路由重分发进 IS-IS 的命令。由 **show isis database** 命令的输出中做高亮显示内容可知，该 LSP "携带"了一条外部路由。由 **show ip route** 命令的输出中

[①] 原文是 "Having external IP reachability information in Level 1 LSPs should not pose any interoperability problems because IS-IS routers are not expected to parse any unknown TLVs in an IS-IS packet. They should just skip them to the next supported TLV." ——译者注

做高亮显示的内容可知,路由器 RT2 学到了由 RT1 生成的外部路由。

例 8-12 IS-IS 路由重分发的基本配置

```
RT1#show running-config
[snip]
router isis
 redistribute static ip metric 0 metric-type internal level-2
 default-information originate
 net 49.0001.0000.0000.0001.00

RT2#show isis database level-2 detail RT1.00-00

IS-IS Level-2 LSP RT1.00-00
LSPID             LSP Seq Num   LSP Checksum  LSP Holdtime    ATT/P/OL
RT1.00-00         0x000000F3    0x04DF        956             0/0/0
  Area Address: 49.0001
  NLPID:        0xCC
  Hostname: RT1
  IP Address:   10.1.1.1
  Metric: 10         IS RT1.01
  Metric: 10         IS RT2.00
  Metric: 0          IP 0.0.0.0 0.0.0.0
  Metric: 0          IP-External 10.4.4.0 255.255.255.0
  Metric: 10         IP 10.1.1.1 255.255.255.255
  Metric: 10         IP 192.168.1.0 255.255.255.252

RT2#show ip route
[snip]
Gateway of last resort is 192.168.1.1 to network 0.0.0.0

     10.0.0.0/8 is variably subnetted, 4 subnets, 2 masks
C       10.1.1.2/32 is directly connected, Loopback0
i L2    10.4.4.0/24 [115/10] via 192.168.1.1, Serial0/0
i L2    10.1.1.1/32 [115/20] via 192.168.1.1, Serial0/0
     192.168.1.0/30 is subnetted, 1 subnets
C       192.168.1.0 is directly connected, Serial0/0
i*L2 0.0.0.0/0 [115/10] via 192.168.1.1, Serial0/0
```

显而易见,在例 8-13 中,将重分发进 IS-IS 的路由的度量类型配置为了"external"。将外部路由的度量类型设置为"internal",其效果堪比 IS-IS 内部路由的度量值。把外部路由的度量类型设置为"external",则需要让路由器将 LSP 中所含相关 TLV 的度量字段的 I/E 位至 1,这也顺便提高了应用于外部路由的度量值。

警告:启用"窄(narrow)"度量类型时,Cisco 路由器会把(LSP 所含相关 TLV 的)度量字段的第 8 位而不是第 7 位作为 I/E 位,这会使得(外部路由)的度量值增加 128 而非 64。

例 8-13 把路由重分发进 IS-IS 时,将(有待重分发的路由)的度量类型指明为"external"

```
RT1#show running-config
[snip]
router isis
 redistribute static ip metric 0 metric-type external level-2
 default-information originate
 net 49.0001.0000.0000.0001.00
!
ip route 10.4.4.0 255.255.255.0 Null0
```

(待续)

```
RT2#show isis data level-2 detail RT1.00-00
IS-IS Level-2 LSP RT1.00-00
LSPID                 LSP Seq Num      LSP Checksum    LSP Holdtime    ATT/P/OL
RT1.00-00             0x000000F1       0xA7BD          727             0/0/0
  Area Address: 49.0001
  NLPID:        0xCC
  Hostname: RT1
  IP Address:   10.1.1.1
  Metric: 10           IS RT1.01
  Metric: 10           IS RT2.00
  Metric: 0            IP 0.0.0.0 0.0.0.0
  Metric: 128          IP-External 10.4.4.0 255.255.255.0
  Metric: 10           IP 10.1.1.1 255.255.255.255
  Metric: 10           IP 192.168.1.0 255.255.255.252

RT2#show ip route
[snip]
Gateway of last resort is 192.168.1.1 to network 0.0.0.0
     10.0.0.0/8 is variably subnetted, 4 subnets, 2 masks
C       10.1.1.2/32 is directly connected, Loopback0
i L2    10.4.4.0/24 [115/138] via 192.168.1.1, Serial0/0
i L2    10.1.1.1/32 [115/20] via 192.168.1.1, Serial0/0
     192.168.1.0/30 is subnetted, 1 subnets
C       192.168.1.0 is directly connected, Serial0/0
i*L2 0.0.0.0/0 [115/10] via 192.168.1.1, Serial0/0
```

show running-config 命令的输出中做高亮显示的那条命令正是将路由重分发进 IS-IS 的命令。由 **show isis datase** 命令的输出中做高亮显示的内容可知，该 LSP "携带" 的外部路由的度量值为 128 而不是前例中的 0。由 **show ip route** 命令的输出中做高亮显的内容可知，RT2 学到了由 RT1 通告的外部路由。

8.4.5 IP 路由汇总

可用下面这条 router 配置模式命令，让 IS-IS 路由器以汇总的方式将 IP 路由通告进 Level 1、Level 2 或同时通告进 Level1 及 Level2：

  Summary-address *prefix* [**level-1**|**level 2**|**level-1-2**]

若不带任何选项执行上面这条命令，汇总路由只会通告进 Level 2。例 8-14 所示为汇总 IS-IS 路由的基本配置，及相关 **show** 命令的输出，网络拓扑请见图 8-20。本例，需要把对应于 RT1 Ethernet0/0 接口的 IP 子网路由 11.1.1.0/24，汇总为 11.0.0.0/8，且要让 RT2 学得汇总路由 11.0.0.0/8。

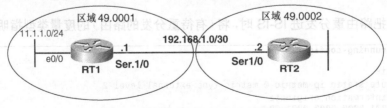

图 8-20 用来演示 IS-IS IP 路由汇总的网络

在例 8-14 所示 **show running-config** 命令的输出中，做高亮显示的那条命令，正是让 RT1

执行 IP 路由汇总的命令。由 **show isis database** 命令的输出中做高亮显示的内容可知，RT1 所通告的 LSP 携带了相关汇总路由。由 **show ip route** 命令的输出中做高亮显示的内容可知，那条汇总路由已经传播给了其他 Level 2 路由器（RT2）。

例 8-14　路由汇总配置示例

```
RT1# show running-config
interface Ethernet0/0
 ip address 11.1.1.1 255.255.255.0
 ip router isis
!
interface Serial0/0
 ip address 192.168.1.1 255.255.255.252
 ip router isis
!
router isis
 summary-address 11.0.0.0 255.0.0.0
 redistribute static ip metric 0 metric-type internal level-2
 default-information originate
 net 49.0001.0000.0000.0001.00

RT2#show isis data level-2 detail RT1.00-00
IS-IS Level-2 LSP RT1.00-00
LSPID                 LSP Seq Num   LSP Checksum  LSP Holdtime      ATT/P/OL
RT1.00-00             0x000000F7    0xF8AA        518               0/0/0
  Area Address: 49.0001
  NLPID:        0xCC
  Hostname: RT1
  IP Address:   10.1.1.1
  Metric: 10        IS RT1.02
  Metric: 10        IS RT1.01
  Metric: 10        IS RT2.00
  Metric: 0         IP 0.0.0.0 0.0.0.0
  Metric: 0         IP-External 10.4.4.0 255.255.255.0
  Metric: 10        IP 10.1.1.1 255.255.255.255
  Metric: 10        IP 192.168.1.0 255.255.255.252
  Metric: 10        IP 11.0.0.0 255.0.0.0
RT2#show ip route
[snip]
Gateway of last resort is 192.168.1.1 to network 0.0.0.0

     10.0.0.0/8 is variably subnetted, 4 subnets, 2 masks
C       10.1.1.2/32 is directly connected, Loopback0
i L2    10.4.4.0/24 [115/10] via 192.168.1.1, Serial0/0
i L2    10.1.1.1/32 [115/20] via 192.168.1.1, Serial0/0
i L2 11.0.0.0/8 [115/20] via 192.168.1.1, Serial0/0
     192.168.1.0/30 is subnetted, 1 subnets
C       192.168.1.0 is directly connected, Serial0/0
i*L2 0.0.0.0/0 [115/10] via 192.168.1.1, Serial0/0
```

8.5　小　　结

本章细述了 IS-IS 路由协议的架构，讨论了与链路状态数据库有关的基本概念及机制。本章还讲述了在 Cisco 路由器上启用 IS-IS 路由选择功能所需的配置步骤。本书虽重点讲述利用 IS-IS 路由协议执行 IP 路由选择，但也简单介绍了相关背景知识，该协议最初只用来执行 ISO

CLNP 路由选择。定义 IS-IS 路由协议的标准文献是 ISO 10589，而 RFC 1142 又重新对其进行了改良，通过引入新的扩展字段（TLV 字段），让 IS-IS 协议数据包不仅能够携带 CLNP 信息，还能承载 IP 路由信息。这样一来，就能够利用 IS-IS 路由协议，执行 IP 路由选择。

CLNP 地址（也叫 NASP）与 IP 地址截然不同：后者的长度为 4 字节，而前者的长度则介于 8 字节（Cisco 路由器）～20 字节之间。就分配方式而言，NASP 地址基于节点（路由器整机）来分配，而 IP 地址则基于（路由器的）接口来分配。说白一点，IP 地址是基于路由器所连接的链路来分配。通过本章，读者还可以了解到 IS-IS 的实现支持两种链路类型：点到点链路和广播链路。这两种链路类型与 IS-IS 所支持的两种邻接关系密不可分。这两种邻接关系是指，IS-IS 路由器通过点到点链路和广播链路建立起的邻接关系。IS-IS 路由器之间建立起邻接关系之后，才会共享链路状态信息，构建链路状态数据库。IS-IS Hello 数据包则用来建立及维护邻接关系。

IS-IS 支持两层路由选择，在每个 IS-IS 区域的内部只运行 Level 1 路由选择。隶属于同一 IS-IS 区域内的所有路由器的 NSAP 地址都包含相同的区域标识符。互连各区域的路由器构成了一个特殊区域，称为 IS-IS 骨干区域。Level 2 路由选择运行于骨干区域内。相邻 IS-IS 路由器之间会互发一种特殊的数据包，以彼此通告路由信息，这种数据包名为链路状态数据包（LSP）。路由器间互发 LSP 的过程称为泛洪。隶属于同一区域的路由器所持 Level 1 链路状态数据库必须相同，同理，隶属于骨干区域的路由器必须持有相同的 Level 2 链路状态数据库。路由器之间会执行数据库同步操作，来确保链路状态数据库的一致性。路由器会利用两种名为序列号数据包（CSNP 和 PSNP）的特殊数据包，来完成数据库同步操作。本章也介绍了路由器是如何利用序列号数据包来完成数据库同步操作。

本章还介绍了在 Cisco 路由器上配置 IS-IS 路由协议的步骤，展示了与点到点链路及 ATM PVC 有关的 IS-IS 配置示例。此外，还给出了适用于在其他介质（如帧中继）上启用 IS-IS 路由协议的基本配置示例。在 Cisco 路由器上启用 IS-IS 路由选择功能包括两个基本步骤：配置 IS-IS 路由进程；让相关接口参与 IS-IS 路由进程，与邻居路由器建立 IS-IS 邻接关系。

本章回顾 IS-IS 路由协议基本原理的意图是要为理解下一章的内容打下基础。下一章会介绍如何排除与 IS-IS 路由协议有关的故障。欲知在 Cisco 路由器上配置 IS-IS 路由协议的完整信息，请参阅本章篇末的参考资料。

8.6　IS-IS 数据包的附加信息

本节会给出与 IS-IS 协议数据包有关的附加信息。

- IS-IS 数据包。
- Hello 数据包。
- 链路状态数据包。

- 序列号数据包。

8.6.1 IS-IS 数据包字段（按首字母排序）

- **ATT**——定义了附接位（表示附接到了其他区域）。
- **校验和**——给出了针对 LSP 的内容（从 LSP ID 字段直至 LSP 末尾最后一个字段）计算得出的校验和[①]。
- **电路类型**——用来确定链路是否为 Level 1 和/或 Level 2。
- **结束（end）LSP ID**——CSNP 所含最后一个 LSP 的 LSP ID。
- **保持时间**——包含在 Hello 数据包中，指明了在拆除邻接关系之前，本路由器所等待的时间。
- **ID 长度**——给出 NSAP（NET）地址中所包含的系统 ID 字段的长度。
- **域内路由协议鉴别符**——即网络层协议标识符。
- **IS 类型**——用来指明路由器的类型：Level 1 或 Level 2。
- **LAN ID**——由指定中间系统的系统 ID，以及一个用数字来表示的独一无二的 LAN 标识符组成。
- **长度标识符**——指明了 IS-IS 包头的长度，单位为字节。
- **本地电路 ID**——用来标识一条链路的唯一标识符。
- **LSP ID**——用来标识由路由器（生成）的 LSP 的标识符，对一个伪节点 LSP 而言，其 ID 由路由器的系统 ID、一个分段号，以及一个字节的非零伪节点编号组成。
- **最多区域地址数**——指定了所允许的区域地址数。
- **OL**——LSP 过载位（还可用 LSPDBOL 来表示）。
- **P**——分区修复位。
- **PDU 长度**——IS-IS 数据包（PDU）的长度。
- **PDU 类型**——用来指明 IS-IS 数据包的类型。
- **优先级**——指明了路由器（接口）参与 DIS 选举的优先级。
- **R**——预留字段。
- **剩余生存时间**——LSP "寿终正寝" 之前的 "倒计时"。
- **预留**——由未指定字段组成。发包方会将该字段置零，接收方则 "视而不见"。
- **序列号**——LSP 的序列号。
- **源 ID**——等同于系统标识符（SysID）[②]。
- **TLV 字段**——由类型（或代码）、长度和值字段组成，也称为可变长字段。
- **版本/协议 ID 扩展**——只适用于 IS-IS 协议数据包（其值当前为 1）。

---

① 原文是 "Gives the checksum of the contents of the LSP from the source ID to the end." LSP 数据包不含 "source ID" 字段，译文酌改。——译者注

② 原文是 "Is the same as the system identifier (SysID)." 该字段的作用是，标识生成 IS-IS 数据包的 IS-IS 路由器。——译者注

8.6.2 Hello 数据包

图 8-21 LAN Level 1 Hello 数据包格式（PDU 类型 15）

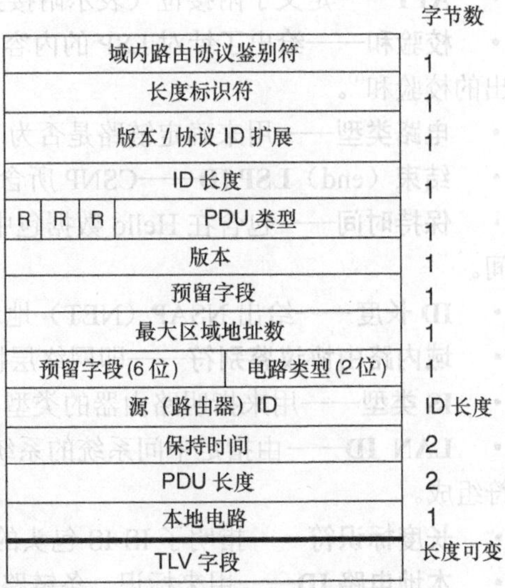

图 8-22 LAN Level 2 Hello 数据包格式（PDU 类型 16）

图 8-23 点到点 Hello 数据包格式（PDU 类型 17）

8.6.3 链路状态数据包

字段	字节数
域内路由协议鉴别符	1
长度标识符	1
版本/协议 ID 扩展	1
ID 长度	1
R R R PDU 类型	1
版本	1
预留字段	1
最大区域地址数	1
PDU 长度	2
剩余生存时间	2
LSP ID	ID 长度 +2
序列号	4
校验和	2
P ATT OL IS 类型	1
TLV 字段	

图 8-24 Level 1 链路状态数据包（PDU 类型 18）

字段	字节数
域内路由协议鉴别符	1
长度标识符	1
版本/协议 ID 扩展	1
ID 长度	1
R R R PDU 类型	1
版本	1
预留字段	1
最大区域地址数	1
PDU 长度	2
剩余生存时间	2
LSP ID	ID 长度 +2
序列号	4
校验和	2
P ATT OL IS 类型	1
TLV 字段	

图 8-25 Level 2 链路状态数据包（PDU 类型 20）

8.6.4 序列号数据包

字段	字节数
域内路由协议鉴别符	1
长度标识符	1
版本/协议 ID 扩展	1
ID 长度	1
R R R PDU 类型	1
版本	1
预留字段	1
最大区域地址数	1
PDU 长度	2
源（路由器）ID	ID 长度 +1
起始 LSP ID	ID 长度 +2
结束 LSP ID	ID 长度 +2
TLV 字段	

图 8-26 完整序列号数据包（PDU 类型 24）

字段	字节数
域内路由协议鉴别符	1
长度标识符	1
版本/协议 ID 扩展	1
ID 长度	1
R R R PDU 类型	1
版本	1
预留字段	1
最多区域地址数	1
PDU 长度	2
源（路由器）ID	ID 长度 +1
起始 LSP ID	ID 长度 +2
结束 LSP ID	ID 长度 +2
TLV 字段	

图 8-27 Level 2 完整序列号数据包（PDU 类型 25）

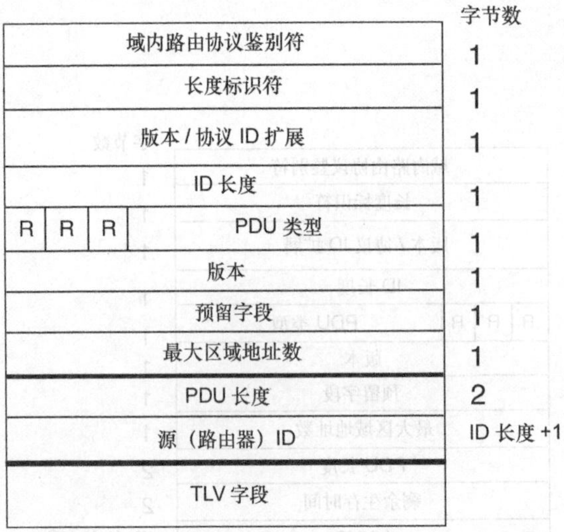

字节数		字节数
域内路由协议鉴别符 1		域内路由协议鉴别符 1
长度标识符 1		长度标识符 1
版本/协议 ID 扩展 1		版本/协议 ID 扩展 1
ID 长度 1		ID 长度 1
R R R PDU 类型 1		R R R PDU 类型 1
版本 1		版本 1
预留字段 1		预留字段 1
最大区域地址数 1		最大区域地址数 1
PDU 长度 2		PDU 长度 2
源（路由器）ID ID 长度+1		源（路由器）ID ID 长度+1
TLV 字段		TLV 字段

图 8-28 Level 1 部分序列号数据包（PDU 类型 26） 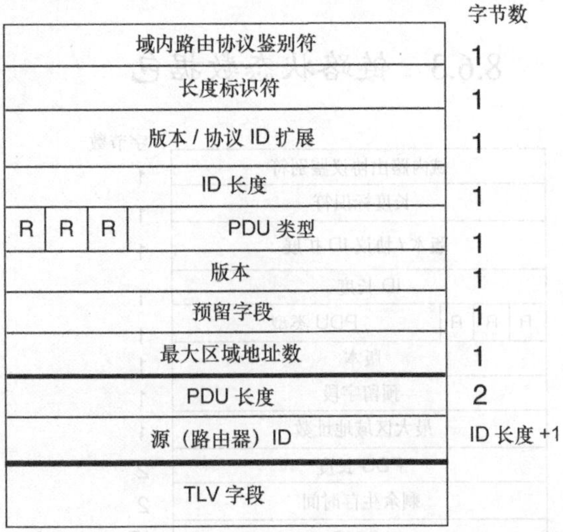   图 8-29 Level 2 部分序列号数据包（PDU 类型 27）

8.7 复习题

1. 请说出构成 ISO 无连接网络服务基础的三种网络层协议的名称。
2. IS-IS 路由协议所支持的路由选择层级有几级？
3. 请说出 IS-IS 数据包的一般格式？
4. 缩写字母 NSAP 表示什么？有何用途？
5. NSAP 主要由哪三个字段构成？请描述一下各个字段的重要性。
6. NSAP 最长多少字节？可配置于 Cisco 路由器上的 NSAP 的最小字节数为多少？
7. IS-IS 链路状态数据库主要起什么作用？
8. Level 1 和 Level 2 链路状态数据库的根本区别是什么？
9. IS-IS 路由器所执行的泛洪和数据库同步操作，在点到点链路和广播链路上有什么不同？
10. 在 Cisco 路由器上激活 IS-IS 路由选择功能，包括哪两个基本步骤？
11. 请例举几条可用来验证 IS-IS 的配置及运行情况的 **show** 命令。

本章涵盖下列关键主题：
- 排除 IS-IS 邻接关系建立故障；
- 排除 IS-IS 路由更新故障；
- 路由器生成的与 IS-IS 路由协议有关的错误消息；
- **CLNS ping** 及 **traceroute** 命令；
- 案例分析：ISDN 配置故障。

第 9 章

排除 IS-IS 故障

上一章对 IS-IS 路由协议做了简要介绍，涵盖 IS-IS 路由协议的基本概念，以及在 Cisco 路由器上启用该协议的基本配置步骤。本章将言归正传，重点讲述如何排除 IS-IS 路由协议故障。在后继的讨论中，将以 Cisco 路由器和 IOS 软件为例，侧重于纯 IP 环境中的 IS-IS 路由协议故障排除。IS-IS 路由协议故障的起因主要分两类：

- 由配置错误及互操作而导致；
- 由软、硬件故障而导致。

IS-IS 路由协议发生故障时，若无明显征兆表明存在配置或互操作性方面的问题，那就极有可能是由硬件故障或软件 Bug 所引发。大多数情况下，在确认配置无误或故障似乎总与某特定路由器接口"挂钩"之后，则应该能够判断出故障是由软、硬件 Bug 所致。与此有关的内容超出了本书的范围，本章不会做过多纠缠。碰到此类故障时，应致电 Cisco TAC，以寻求进一步的帮助。本章将重点讨论如何排除因配置有误、互操作性问题或网络资源不足所导致的 ISIS 路由协议故障。当网络中的部分或所有路由器因 CPU 或内存资源不足，而不能满足 IS-IS 路由计算及路由存储需求时，就会导致与 IS-IS 路由协议有关的网络故障。然而，与其他复杂的等价路由协议（比如，OSPF）相比，IS-IS 路由协议故障排除起来似乎要相对简单一点。说它简单，主要原因之一是：IS-IS 路由器通常都会把路由信息填入单条 LSP，然后向外通告。这意味着在全网范围内，很容易对 LSP 进行跟踪。必要时，路由器也会对 LSP 进行分片，但这种情况对于当今连接到 Internet 的大型 IS-IS 网络（路由进程域）并不多见。而 OSPF 则恰恰相反，比方说，在 OSPF 网络中，每一种 LSA 都会用来"传递"不同类型的链路状态信息。每台 OSPF 路由器都有可能会单独通告多种 LSA，最终，将造就极为复杂的网络环境，既不利于跟踪路由协议（数据包），也不利于排除网络故障。

另一个主要原因是：IS-IS 已在某些超大型服务提供商网络内"服役"了相当长的时间，即便以单 IS-IS 区域的拓扑结构对其进行部署，也足以让 Cisco IOS 的 IS-IS 实现变得成熟而又稳定。此外，IS-IS 路由协议那许许多多与生俱来的属性，也使得该协议能够坚如磐石般的在超大型单层架构的网络环境中运行。相形之下，要想在超大型网络中运行 OSPF，就必须分层部署，将整个网络划分为一个个规模适中的 OSPF 区域。一般而言，要想使网络更具可扩展性，就必须采用分层设计，但分层设计也会使得网络更为复杂，反过来也会增加故障排除的难度。

一言以蔽之，就排障难度而言，在大型单层 IS-IS 网络中跟踪每台路由器生成的单 LSP，要比在分层式网络中跟踪多台 OSPF 路由器生成的形形色色的 LSA 容易的多。前述观点并不能论证两种路由协议孰优孰劣。只要在设计网络时精心规划，IS-IS 和 OSPF 都可以发挥相同的效力。

关于重新启用 IS-IS，最具挑战性的事情或许就是必须面对两种毫不相干的编址方案——IP 编址方案和 ISO CLNP 编址方案。一般的网络工程师对 CLNP 地址（也称 NSAP）都了解不深。冗长的 NSAP 地址（最长为 160 位）就会让不熟悉它的人望而生畏。而 IP 地址最长只有 32 位，加上 32 位子网掩码，也才 64 位。在上一章介绍 IS-IS 的内容中，已经涵盖了 CLNP 地址的概念。如上一章所述，即便只用 IS-IS 路由协议执行 IP 路由选择，但此协议仍需在 ISO 无连接网络协议的框架内运行，因此必须在路由器上配置 NSAP 地址，以做设备标识符之用。集成 IS-IS 能同时用来执行 CLNP 和 IP 路由选择。其实，CLNP 地址并不像看起来那么复杂。只要理解了 NSAP 地址的结构，就能够减轻与其打交道时可能产生的不快。此外，对 NSAP 地址的格式谙熟于心，也会对排除某些 IS-IS 路由协议故障有所帮助——特别是排除邻接关系建立故障。

由于 IS-IS 与 CLNP 密不可分，因此排除 IS-IS 故障时，除了要熟悉常规 IP 命令之外，还必须掌握为 CLNP 所独有的 **show** 命令及 IS-IS 专有命令。Cisco IOS 同样内置有与 CLNP 及 IS-IS 有关的 **debug** 命令，读者也应当知道如何使用。如读者所知，CLNP 属于第三层协议，隶属于 ISO 无连接网络服务(CLNS)框架。因历史原因，在与 CLNP 挂钩的 IOS 命令中，Cisco 用关键字 **clns** 取代了更为合适的 **clnp**。这一不当作法在 Cisco IOS 软件命令行接口（CLI）中传承了下来，并一直延续。

下面给出了排除 IS-IS 路由协议故障时，经常会用到的重要 **show** 命令。

- **show clns neighbors**——验证 IS-IS 邻接关系的状态。
- **show clns interface**——检验有效 CLNS 端口的配置。
- **show isis database**——列出链路状态数据库中的 LSP。
- **show isis topology**——列出本路由器已知的 IS-IS 路由器的系统 ID。
- **show isis spf-log**——显示本路由器记录的与 SPF 有关的事件日志。

以下 IS-IS debug 命令会生成有用的信息，通常可与 **show** 命令配搭使用，排除"疑难杂症"。
- **debug isis adj-packets**。
- **debug isis update-packets**。
- **debug isis spf-events**。

与排除故障时，被动使用的 **show** 命令与 **debug** 命令不同，可预先启用 router 配置模式命令 **log-adjacency-changes**，让路由器主动记录与 IS-IS 邻接关系变化有关的日志。此类日志信息能够反映出（导致 IS-IS 邻接关系发生变化的）链路翻动以及其他潜在的链路连通性故障。

有时，只需执行 **clear isis** 命令，重置与 IS-IS 有关的数据结构，就能将故障化解于无形。显然，此类故障多半要归咎于 IOS 软件 Bug。在极少数情况下，网管人员"病急乱投医"——先清除事关 IS-IS 的 router 配置模式命令，然后重新输入相同的配置代码——也能暂时解决故障。用上述方法所能解决的故障，其原因绝大多数都是拜 IOS Bug 所赐，即便故障暂时得到了解决，也总会再次发生。

读者所能碰到的故障，其原因几乎都是由配置错误或软、硬件故障所致。本章其余内容将详细讨论以下几类 IS-IS 路由协议常见故障的排障方法及步骤。
- IS-IS 邻接关系建立故障。
- 路由通告故障。
- 路由安装故障。
- 路由重分发及路由汇总故障。
- 路由翻动故障。
- （路由器生成的）与 IS-IS 路由协议有关的错误消息。
- 互操作性故障。

9.1 排除 IS-IS 邻接关系建立故障

与 IS-IS 邻接关系建立有关的故障一般都要归咎于链路故障或配置错误。在 Cisco 路由器上，执行 **show interface** 命令，观察其输出，可以很容易地定位链路故障。此外，由于 IS-IS 路由选择不要求在一对直连的路由器之间要先建立起 IP 连通性，因此可以很容易地判断出到底是链路介质，还是与 IS-IS 有关的配置命令导致了故障。

执行 **show clns neighbors** 命令，观察其输出，应该是排除 IS-IS 邻接关系故障的最佳着手点。在上一章讲述 IS-IS 的基本配置及其运行情况时，已经介绍过了这条命令。该命令的输出会列出应与排障路由器建立邻接关系的所有邻居设备。执行 **show clns is-neighbors** 命令，路由器也会生成类似的输出，但只包含邻居路由器或已经建立的 IS-IS 邻接关系。前一条命令的输出会列出各类邻接关系，包括 IS-IS 以及 ES-IS 邻接关系。

讲述深层次的故障排除方法之前，再带读者过一遍 **show clns neighbors** 命令。例 9-1 所示该命令的输出来自图 9-1 中的 RT1。例 9-1 还显示了包含关键字 **detail** 时，执行 **show clns neighbors** 命令的输出。

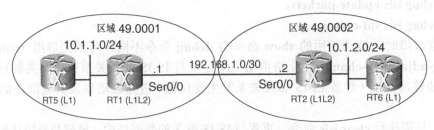

图 9-1　用来演示例 9-1 的网络

例 9-1　show clns neighbors 命令的输出

```
RT1#show clns neighbors

System Id      Interface    SNPA              State  Holdtime  Type Protocol
RT2            Se0/0        *HDLC*            Up     27        L2   IS-IS
RT5            Et0/0        00d0.58eb.ff01    Up     25        L1   IS-IS


RT1#show clns neighbors detail

System Id      Interface    SNPA              State  Holdtime  Type Protocol
RT2            Se0/0        *HDLC*            Up     24        L2   IS-IS
  Area Address(es): 49.0002
  IP Address(es):   192.168.1.2*
  Uptime: 02:15:11
RT5            Et0/0        00d0.58eb.ff01    Up     23        L1   IS-IS
  Area Address(es): 49.0001
  IP Address(es):   10.1.1.5*
  Uptime: 02:15:11
```

show clns neighbors 命令的输出会显示出已知邻居设备、连接邻居设备的接口，以及邻接关系状态的汇总信息。show clns neighbors detail 命令的输出则会逐一显示出每一台邻居设备的详细信息，包括其所属区域及"存活"时间（uptime）等。以下是对该命令输出内容的解释。

- **System ID（系统 ID）**——邻居设备的系统标识符。
- **Interface 接口**——直连邻居设备的物理接口。
- **SNPA**——子网附接点，是指数据链路类型或地址（串行接口的数据链路类型：HDLD 或 PPP；LAN 的 MAC 地址）。
- **State（状态）**——邻接关系的状态，包括 up、down 以及 init。
- **Holdtime（保持时间）**——邻接关系到期之前的计时器值。只要收到邻居设备发出的 Hello 数据包，路由器就会把相应邻居的保持时间值，重置为 Hello 时间间隔 × Hello 乘数（hello multiplier）。Hello 时间间隔和 Hello 乘数的默认值分别为 10 秒和 3。因此，默认情况下，收到 Hello 数据包之后，路由器会把保持时间值重置为 30 秒。
- **Type（类型）**——邻接关系类型，包括 L1、L2 或 L1/L2。

- **Protocol（协议）**——协议类型，包括 IS-IS、ISO IGRP 或 ES-IS。

若透过该命令输出，发现邻居设备的数量低于期望值，或预期的邻接关系未处于 up 状态，则可认为发生了 IS-IS 邻接关系建立故障。此类故障的另一种征兆是，邻接设备是通过 ES-IS 协议而非 IS-IS 协议获悉。

上一章曾经说过，ES-IS 协议是支撑 ISO CLNS 网络环境的三种协议之一。在 CLNS 网络环境中，所有 ISO 设备都要运行 ES-IS 协议，只有如此，端系统和路由器之间才能互相发现，彼此通信。根据 ES-IS 框架的定义，端系统和路由器之间会交换端系统 Hello（ESH）数据包和中间系统 Hello（ISH）数据包。直连的路由器之间也会彼此接收对方发出的 ISH 数据包，并建立 ES-IS 邻接关系。因此，路由器之间哪怕建立不了 IS-IS 邻接关系，也仍有可能建立起 ES-IS 邻接关系。

由例 9-1 所示 **show clns neighbors** 命令的输出可知，RT1 与直连设备 RT2（通过 Serial0/0 接口直连）和 RT5（通过 Ethernet0/0 接口直连）正确建立了邻接关系。用三次握手机制完成邻接关系的建立之后，RT1 同样确信，在 RT2 和 RT5 那边，也同时与自己正常建立了相应的邻接关系。

例 9-2 所示为在 RT1 上再次执行同一条命令的输出。由输出可知，这回 RT1 与 RT2 和 RT5 之间存在 IS-IS 邻接关系建立故障。

例 9-2   show clns neighbors 命令的输出

```
RT1#show clns neighbors

System Id       Interface      SNPA              State   Holdtime   Type   Protocol
RT2             Se0/0          *HDLC*            Init    27         L2     IS-IS
RT5             Et0/0          00d0.58eb.ff01    Up      25         L1     ES-IS
```

现在，RT1 与 RT2 间的 IS-IS 邻接关系处于 init 状态，而非 up 状态，其协议类型（protocol）则正确显示为 IS-IS。然而，RT1 与 RT5 间的邻接关系虽处于 up 状态，但协议类型却为 ES-IS 而非 IS-IS。如前所述，ES-IS 协议独立于 IS-IS 协议，两者可并肩运行；因此，RT1 与 RT5 之间所建立起的 ES-IS 邻接关系与 IS-IS 无关。显而易见，上述 IS-IS 邻接关系不能建立，是因为配置有误或 IS-IS 网络环境存在故障。在判断 IS-IS 邻接关系建立故障是否因链路故障所致时，可执行 **show clns** interface 命令，来观察其输出有未包含异常信息，比如，网络中是否有多台路由器同时"争当"指定中间系统（DIS）。执行 **debug isis adj-packets** 命令，观察其输出，可查明大多数与 IS-IS 网络环境有关的邻接关系建立故障的原因。若有待检查的路由器直连了多台邻居路由器，该命令的输出可能会包含很多无用的信息，原因是输出中会显示出本路由器收、发的所有 Hello 数据包。默认情况下，IS-IS 邻居路由器之间大约每隔 10 秒就会互发 Hello 数据包，因此该命令的输出很快会填满整个屏幕。

本节后面的内容会帮助读者了解 IS-IS 邻接关系建立故障的现象，揭示其原因，并介绍排障方法。网络对于企业的业务开展可谓至关重要，排障时间越短，越能为企业降低由网络停运所带来的高额损失。掌握快速排障能力的网管人员也将赢得雇主的青睐，并巩固自己在企业中的地位。

下面将讨论 IS-IS 邻接关系建立故障，并指出导致故障的可能原因。

表 9-1 总结了本节将要介绍的 IS-IS 邻接关系建立故障，以及导致故障的可能原因。为便于参考，表中内容尽量简化。表中内容包括：对每一种 IS-IS 邻接关系建立故障的描述；笔者在判断故障原因，以及为排除具体故障而采取的必要措施等方面的见解。

表 9-1　　　　　　　　　　　　IS-IS 邻接关系建立故障/原因

故障	可能的故障原因
故障 1：IS-IS 进程已激活，但有部分或全部预期的 IS-IS 邻接关系未能建立，即在 show clns neighbors 命令的输出中，看不见部分或全部预期的 IS-IS 邻接关系	链路故障，或路由器接口被手工 shutdown。 还有可能是因为 IS-IS 相关配置不完整。请确保让所有相关接口参与了 IS-IS 进程。 检查 router IS-IS 配置模式命令，弄清是否将某些接口设成了 passive 模式。 以下给出了其他可能的故障原因。 • 接口模式（L1 或 L2）或区域地址不匹配。 • IP 子网（地址）配置有误。 • IS-IS 区域或骨干网中系统 ID 冲突
故障 2：通过 show clns neighbors 命令的输出，了解到部分或全部邻居路由器都处于 INIT 状态	（互连接口之间）可能存在最大传输单元（MTU）值不匹配。 检查故障是否因开启了认证功能所致 Hello 数据包在发送过程中损坏。检查路由器日志中与 IS-IS 数据包有关的错误信息
故障 3：通过某接口建立起来的部分或全部邻居关系都处于 UP 状态，但协议类型为 ES-IS 而非 IS-IS	（互连接口之间）可能存在最大传输单元（MTU）值不匹配 检查故障是否因开启了认证功能所致 未收到邻居路由器发出的 IS-IS Hello 数据包，或 IS-IS Hello 数据包损坏

9.1.1 故障 1：部分或全部 IS-IS 邻接关系未处于 UP 状态

若某些原本应该建立起的 IS-IS 邻接关系未能建立，则意味着受影响的路由器之间不能交换路由信息，以至于影响网络中某些目的网络的可达性。

图 9-2 所示为一个简单的网络，其中，4 台路由器呈一字连接，两两一组，分成了两个区域。

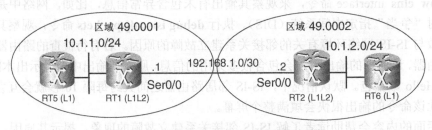

图 9-2　用来演示邻接关系建立故障的简单网络

例 9-3 所示为在 RT1 上执行 **show clns neighbors** 命令的输出。由输出可知，RT1 只获悉了一台邻居路由器，而不是期待中的两台。RT1 只与 RT2 建立起了 IS-IS 邻接关系，对 RT5 一无所知。RT5 与 RT1 相邻，按理说在 RT1 上应该能够"看见"RT5，但出现上述异常情况，则说明需进一步查明 RT1 未能与 RT5 建立起 IS-IS 邻接关系的原因。

例 9-3 show clnsneighbors 命令的输出表明，有邻居路由器"失踪"

```
RT1#show clns neighbors

System Id      Interface    SNPA      State   Holdtime   Type  Protocol
RT2            Se0/0        *HDLC*    UP      27         L2    IS-IS
```

图 9-3 所示排障流程所示为排除本故障的排障步骤。对此，后文会详细说明。

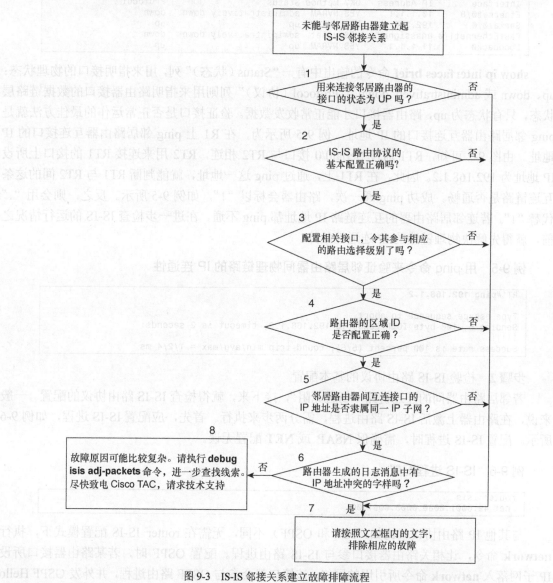

图 9-3 IS-IS 邻接关系建立故障排障流程

步骤 1 检查路由器接口的状态

排除本故障的第一步应看一下路由器的所有相关接口（用来建立 IS-IS 邻接关系的接口）是否处于 up/up 状态。对于 Cisco 路由器，可执行命令 **show ip interfaces brief** 命令，进行快速检查。该命令的输出会显示出路由器上所有接口状态的汇总信息。例 9-4 所示为在 R1 上执行 **show ip interfaces brief** 命令的输出。

例 9-4　通过 show ip interfaces brief 命令的输出，来查明路由器接口的状态

```
RT1#show ip interface brief
Interface          IP-Address      OK? Method Status                 Protocol
Ethernet0/0        10.1.1.1        YES NVRAM  administratively down  down
Serial0/0          192.168.1.1     YES NVRAM  up                     up
FastEthernet1/0    unassigned      YES unset  administratively down  down
Loopback0          11.1.1.1        YES NVRAM  up                     up
```

show ip interfaces brief 命令的输出中有一 "Status（状态）" 列，用来指明接口的物理状态：up、down 或 administratively down。"Protocol（协议）" 列则用来指明路由器接口的数据链路层状态，只有状态为 up，路由器接口才能正常收发数据。验证接口是否正常运作的最佳方法就是 ping 邻居路由器互连接口的 IP 地址，例 9-5 所示为，在 R1 上 ping 邻居路由器互连接口的 IP 地址。由图 9-2 可知，RT1 通过 Serial0/0 接口与 RT2 相连，RT2 用来连接 RT1 的接口上所设 IP 地址为 192.168.1.2。因此，在 RT1 上，通过 ping 这一地址，就能判断 RT1 与 RT2 间的这条互连链路是否通畅。成功 ping 通一次，路由器会标以 "!"，如例 9-5 所示。反之，则会用 "." 代替 "!"。若连邻居路由器的互连链路 IP 地址都 ping 不通，在进一步检查 IS-IS 的运行情况之前，就得先解决物理链路的 IP 连通性故障。

例 9-5　用 ping 命令来验证邻居路由器间物理链路的 IP 连通性

```
RT1#ping 192.168.1.2

Type escape sequence to abort.
Sending 5, 100-byte ICMP Echos to 192.168.1.2, timeout is 2 seconds:
!!!!!
Success rate is 100 percent (5/5), round-trip min/avg/max = 1/2/4 ms
```

步骤 2 检验 IS-IS 路由协议的基本配置

若邻居路由器间的互连链路 "畅通无阻"，接下来，就得检查 IS-IS 路由协议的配置。一般来说，在路由器上激活 IS-IS 路由进程，需分两步来执行。首先，应配置 IS-IS 进程，如例 9-6 所示。配置 IS-IS 进程时，需确保 **NSAP** 或 **NET** 配置无误。

例 9-6　IS-IS 进程配置

```
router isis
 net 49.0001.0000.0000.0001.00
```

与其他 IP 路由协议（比如，RIP 和 OSPF）不同，无需在 router IS-IS 配置模式下，执行 **network** 命令，让相关路由器接口参与 IS-IS 路由进程。配置 OSPF 时，若某路由器接口所设 IP 子网落入 network 命令所引用的网络，该接口就会参与 OSPF 路由进程，并外发 OSPF Hello

数据包以期建立 OSPF 邻接关系。邻接关系建立之后，OSPF 路由器还会用此接口与邻居路由器交换 IP 路由信息。

要想让 Cisco 路由器上的接口参与 IS-IS 路由进程，实现 IP 路由选择，须在相应接口上配置 **ip router isis** 命令。只有如此，路由器才会在自生成的 LSP 内填入相关接口的 IP 子网信息，以完成 IP 路由选择。在 router IS-IS 配置模式下，要用 **network** 命令来配置的只有 ISO NSAP，俗称网络实体名称（NET）。读者需要注意的是，NET 配置错误是导致 IS-IS 邻接关系建立故障的一个非常常见的原因，这将在步骤 4 中展开深入讨论。

若发现设在接口上的 **ip router isis** 命令"失踪"，则应检查 router 配置模式命令，以确保并非因配置了 **passive-interface** 命令，而将相关接口排除在 IS-IS 路由进程之外。只要将接口配置为 passive 模式，**ip router isis** 命令就会从该接口上自动消失。一般而言，若想让路由器通告某接口的 IP 子网信息，而又不想通过其建立任何 IS-IS 邻接关系时，就应该将此接口配置为 passive 模式。loopback 接口一般都应如此配置。

步骤 3 检查路由器接口所参与的路由选择层次

IS-IS 支持两层路由选择，区域内路由选择称为 Level 1 路由选择，区域间路由选择称为 Level 2 路由选择。可配置 IS-IS 路由器，令其只参与 Level 1 路由选择（充当 L1 路由器）、只参与 Level 2 路由选择（充当 L2 路由器）或者同时参与 Level 1 和 Level 2 路由选择（充当 L1/L2 路由器）。L1/L2 路由器在 IS-IS 区域之间起边界路由器的作用，用来传递区域间的流量。

默认情况下，Cisco 路由器同时具备 Level 1/2 路由选择功能，两台直接相连且区域 ID 相同的 Cisco 路由器可建立起 L1/L2 邻接关系，即便两者只需建立 L1 邻接关系就能够传递流量。可执行 router 配置模式命令 **is-type**，来改变 Cisco 路由器的这一默认行为。

还是以图 9-2 为例，现将 RT5 配置为 L1 路由器，但让 RT1 继续充当 L1/L2 路由器。为此，需执行 **is-type level-1** 命令来配置 RT5，RT1 的配置无需更改。但若用 **is-type level-2-only** 命令，将 RT1 配置为纯 L2 路由器，则 RT1 和 RT5 之间将建立不了 L1 邻接关系。假设图 9-2 中的 RT5 因资源（内存和 CPU 资源）有限，只适合充当 L1 路由器。此时，RT1 则应挑起 L1/L2 路由器的"重担"，与 RT5 建立 Level 1 邻接关系，与 RT2 建立 Level 2 邻接关系（RT2 隶属另一区域）。必要时，也可与 RT5 一样，把 RT6 配置为纯 L1 路由器。

步骤 4 验证区域配置

学过上一章"CLNP 编址"一节的读者应该知道，一个 NSAP 地址主要有三大块组成：1 字节的 NSEL，位于 NSAP 地址的最右端；6 字节的系统 ID；区域 ID（见上一章中的图 8-8）。

在步骤 3 中已经提到，设有不同区域 ID 的两台路由器分属不同的区域，因此只能建立起 Level 2 邻接关系。若把图 9-2 中的 RT5 配置为纯 Level 1 路由器，但却将其区域 ID 误配置成跟 RT1 的区域 ID 不同，这两台路由器将建立不了任何邻接关系。由例 9-7 所示配置可知，R5 的区域 ID 为 49.0005，而 RT1 的区域 ID 为 49.0001 中，故两者分属不同的区域。这就是说，RT5 要想与 RT1 建立起邻接关系，就必须具备 L2 路由器的能力。然而，拜 router 配置模式命令 **is-type level-1** 所赐，R5 被配置成了 L1 路由器。这导致 RT1 和 RT5 之间建立不了任何邻接关系。

例 9-7 根据 RT1 和 RT5 的配置，来了解两者的区域 ID 及邻接关系建立能力

```
hostname RT1
!
interface Ethernet 0/0
 ip address 10.1.1.1 255.255.255.0
 ip router isis
!
router isis
 net 49.0001.0000.0000.0001.00
hostname RT5
!
interface Ethernet0/0
 ip address 10.1.1.5 255.255.255.0
 ip router isis
!
router isis
 net 49.0005.0000.0000.0005.00
 is-type level-1
```

步骤 5　检查（IS-IS 邻居路由器间互连）接口的 IP 地址的配置

对于灌有最新 IOS 版本（特别是 12.0S、12.0ST 以及 12.0T 系列版本）的 Cisco 路由器，若互连接口的 IP 地址不隶属同一 IP 子网，邻居路由器之间将建立不了邻接关系。由例 9-8 可知，已将 RT1 E0 接口的 IP 地址"划入"另一 IP 子网。还是以图 9-2 为例，由例 9-9 所示 debug 输出可知，RT1 拒不接收 RT5 发出的 IS-IS Hello 数据包，因为后者所通告的互连接口 IP 地址 10.1.1.5，与 10.1.8.0/24 不属于同一 IP 子网。

例 9-8　验证邻居路由器间互连接口的 IP 地址不隶属同一子网，对 IS-IS 邻接关系建立的影响

```
RT1#show interface Ethernet 0/0
Ethernet0/0 is up, line protocol is up
  Hardware is AmdP2, address is 00d0.58f7.8941 (bia 00d0.58f7.8941)
  Internet address is 10.1.1.1/24

RT1#conf t
Enter configuration commands, one per line. End with CNTL/Z.
RT1(config)#int e 0/0
RT1(config-if)#ip address 10.1.8.1 255.255.255.0
RT1(config-if)#^Z
```

例 9-9　debug 因（邻居路由器间互连接口的）IP 地址不隶属同一子网所导致的 IS-IS 邻接关系建立故障

```
RT1#debug isis adj-packet
IS-IS Adjacency related packets debugging is on

Apr 21 21:55:39: ISIS-Adj: Rec L1 IIH from 00d0.58eb.ff01 (Ethernet0/0), cir ty7
Apr 21 21:55:39: ISIS-Adj: No usable IP interface addresses in LAN IIH from Eth0
Apr 21 21:55:40: ISIS-Adj: Sending L1 IIH on Ethernet0/0, length 1497
Apr 21 21:55:41: ISIS-Adj: Sending serial IIH on Serial0/0, length 1499
Apr 21 21:55:42: ISIS-Adj: Rec L1 IIH from 00d0.58eb.ff01 (Ethernet0/0), cir ty1
Apr 21 21:55:42: ISIS-Adj: No usable IP interface addresses in LAN IIH from Eth0
Apr 21 21:55:43: %CLNS-5-ADJCHANGE: ISIS: Adjacency to RT5 (Ethernet0/0) Down,
Apr 21 21:55:43: ISIS-Adj: L1 adj count 0
```

若 Cisco 路由器运行的是老版本的 IOS 软件，邻居路由器间互连接口的 IP 地址隶不隶属同一子网则无关紧要，因为 IS-IS 邻接关系的建立依赖于 CLNP 框架，与 IP 无关。然而，在 IP 网络中，除非将路由器接口配置为 IP 无编号（IP unnumbered），否则邻居路由器间直连接口的 IP 地址必须隶属同一子网。因此，运行新版本 IOS 的 Cisco 路由器会对 IP 配置进行额外的检查，这就是说新版本的 IOS 为了让 IS-IS 跟踪到 IP 信息，而在其数据结构中引入了新特性。

总而言之，读者需要牢记的是，应确保让需要建立 IS-IS 邻接关系的路由器间互连接口的 IP 地隶属同一 IP 子网。

步骤 6　检查网络中是否发生了路由器系统 ID 冲突

若经过上述若干步检查，某特定邻居路由器仍不能在 **show clns neighbor** 命令的输出中"露面"，则邻接关系无法建立，很有可能是因为该邻居路由器的系统 ID 与本路由器冲突。IS-IS 路由器不会跟本区域内系统 ID 相同的另一台路由器建立邻接关系。若路由器检测到其邻居路由器的系统 ID 跟自己相同，就会在日志消息中记录相关错误信息，如例 9-10 所示。可执行 **show logging** 命令，查看日志内容。若在日志中看见了与系统 ID 冲突有关的字样，则应执行 **debug adj-packets** 命令，并仔细观察命令输出，定可查明引发系统 ID 冲突的源头。该命令的输出会指出哪个接口收到了包含冲突系统 ID 的 Hello 数据包，如例 9-11 所示。

例 9-10　记录系统 ID 冲突的路由器日志消息

```
RT1#show logging
Apr 21 16:30:59: %CLNS-3-BADPACKET: ISIS: LAN L1 hello, Duplicate system ID det)
Apr 21 16:31:59: %CLNS-3-BADPACKET: ISIS: LAN L1 hello, Duplicate system ID det)
Apr 21 16:33:00: %CLNS-3-BADPACKET: ISIS: LAN L1 hello, Duplicate system ID det)
```

例 9-11　用 debug isis adj-packet 命令查明系统 ID 冲突的源头

```
RT1#debug isis adj-packet
IS-IS Adjacency related packets debugging is on
RT1#
Apr 21 21:43:08: ISIS-Adj: Sending L2 IIH on Ethernet0/0, length 1497
Apr 21 21:43:09: ISIS-Adj: Sending L1 IIH on Ethernet0/0, length 1497
Apr 21 21:43:09: ISIS-Adj: Rec L1 IIH from 00d0.58eb.ff01 (Ethernet0/0), cir ty7
Apr 21 21:43:09: ISIS-Adj: Duplicate system id
Apr 21 21:43:12: ISIS-Adj: Sending L1 IIH on Ethernet0/0, length 1497
Apr 21 21:43:12: ISIS-Adj: Sending L2 IIH on Ethernet0/0, length 1497
Apr 21 21:43:12: ISIS-Adj: Rec L1 IIH from 00d0.58eb.ff01 (Ethernet0/0), cir ty7
Apr 21 21:43:12: ISIS-Adj: Duplicate system id
```

9.1.2　故障 2：邻接关系"卡"在 Init 状态

导致 IS-IS 路由器间的邻接关系"卡"在 INIT 状态的最常见原因主要有二：其一、邻居路由器间互连接口的 MTU 值不匹配；其二、IS-IS 认证参数配置有误。例 9-12 所示为一对 IS-IS 路由器间邻接关系"卡"在 INIT 状态时，在其中一台路由器上执行 **show clns neighbors** 命令的输出。

例 9-12 IS-IS 邻接关系"卡"在 Init 状态

```
RT2#show clns neighbors

System Id       Interface    SNPA      State  Holdtime  Type Protocol
RT1             Se0/0        *HDLC*    Init   29        L2   IS-IS
```

为确保直连的 IS-IS 路由器之间能接收并处理由对方发出的大小适宜的 LSP，ISO 10589 规定：应把用来建立及维护邻接关系的 Hello 数据包的长度填充至 maxsize 值-1，maxsize 值是指生成 Hello 数据包或 LSP 的 IS-IS 路由器的发包接口 MTU 值，或发包接口所能缓存的 LSP 的最大长度值。ISO 之所以会有这一硬性规定，其目的是要确保：只有当两台路由器都能处理对方发出的所有类型的 IS-IS 协议数据包时，才能建立起 IS-IS 邻接关系。根据规定，（生成 LSP 的）IS-IS 路由器的发包接口所能缓存的 LSP 的最大长度值为 1492 字节。但默认情况下，运行 IOS 软件的 Cisco 路由器把发包接口的 MTU 值视为 maxsize 值，这意味着（由 Cisco 路由器发出的）IS-IS Hello 数据包的长度将被填充至 MTU-1 个字节。因此，要想让两台直接相连的 Cisco 路由器之间建立起 IS-IS 邻接关系，那么两者互连接口的 MTU 值必须匹配。

图 9-4 所示为 IS-IS 邻接关系正常建立时的情形。

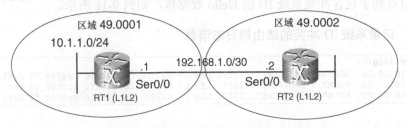

图 9-4 通过一个简单网络来探究 IS-IS 邻接关系的建立情况

例 9-13 所示为在 RT1 上执行 **show clns neighbors** 命令的输出，由输出可知，RT1 与 RT2 间的邻接关系状态为 up，协议类型为 IS-IS。例 9-13 所示 **show clns interface** 命令的输出片段分别由 RT1 和 RT2 生成。由输出可知，RT1 和 RT2 互连接口（同为 s0 接口）的 MTU 值都是 1500 字节。

例 9-13 IS-IS 邻接关系正常建立时的情况

```
RT1#show clns neighbors

System Id       Interface    SNPA      State  Holdtime  Type Protocol
RT2             Se0/0        *HDLC*    Up     250       IS   IS-IS

RT1#show clns interface s 0/0
Serial0/0 is up, line protocol is up
  Checksums enabled, MTU 1500, Encapsulation HDLC

RT2#show clns int s 0/0
Serial0/0 is up, line protocol is up
  Checksums enabled, MTU 1500, Encapsulation HDLC
```

有时，一对 IS-IS 路由器间的邻接关系"卡"在 Init 状态，是由于只在其中一台路由器上启用了认证功能。比如，一旦在路由器上启用了 IS-IS 基本认证功能，由其发出的 Hello 数据包就会多包含一个类型值为 10 的类型长度值（TLV）字段，其内会填入一个简单的明文密码。在此情形，若 IS-IS 路由器收到的 Hello 数据包中未包含认证 TLV 字段（类型值为 10 的 TLV 字段）或认证 TLV 字段中的密码不匹配，便会对该 Hello 数据包视而不见。反过来，若未在 IS-IS 路由器上启用认证功能，则其便不关心邻居路由器所发 Hello 数据包中是否包含了认证 TLV 字段。对于后面这种情况，路由器 A（未启用认证功能的 IS-IS 路由器）会处理邻居路由器 B（已启用认证功能的 IS-IS 路由器）发出的 Hello 数据包，将其"记录在案"，把自己与路由器 B 之间的邻接关系状态置为 Init，然后便"戛然而止"。这是由于路由器 B 不会处理路由器 A 发出的任一 Hello 数据包，自然也不会把路由器 A 作为 IS 邻居"记录在案"。这就是说，路由器 A、B 之间不能完成建立 IS-IS 邻接关系所需的三次握手过程。对此，将在本章稍后的"认证配置错误"一节中细谈。

还有一种情况会导致 IS-IS 邻居路由器间的邻接关系"卡"在 Init 状态，那就是一路由器发出的 Hello 数据包在对端路由器接收之前就已经"损坏"。

图 9-5 所示为 IS-IS 路由器间的邻接关系状态卡在 Init 的排障流程。

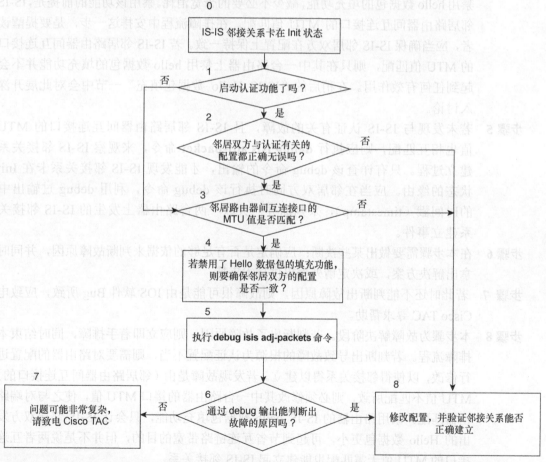

图 9-5　IS-IS 邻接关系卡在 INIT 状态排障流程

步骤 1 若启用了 IS-IS 认证功能，则解决故障的首要步骤就是要先在本区域内找找原因。若未启用认证功能，则故障多半是由（邻居路由器间互连接口的）MTU 值不匹配所导致。

步骤 2 本步骤的工作主要是验证与 IS-IS 认证有关的配置。IS-IS 认证的 IOS 实现允许通过三种方式来配置认证功能：路由进程域级、IS-IS 区域级或路由器接口级。请确保所使用的认证方式及密码的一致性。与 IS-IS 认证有关的内容将在下一节"认证配置错误"中讲解。

步骤 3 本步骤的前提是 IS-IS 认证方面不存在任何问题。这就是说，故障可能是由（邻居路由器间互连接口的）MTU 值不匹配所导致。可分别在每一台路由器上执行 **show clns interface** 命令，查看路由器互连接口的 MTU 值。在"MTU 值不匹配"一节中，会详述与此有关的 debug 及验证过程。

步骤 4 在某些网络环境中，可在运行最新版本（12.0S 和 12.0ST）IOS 的 Cisco 路由器上，禁用 hello 数据包的填充功能，减少不必要的带宽消耗。禁用该功能的前提是，IS-IS 邻居路由器间互连接口的 MTU 值匹配。在排障流程中安排这一步，是要提醒读者，应当确保 IS-IS 邻居双方在配置上保持一致。若 IS-IS 邻居路由器间互连接口的 MTU 值匹配，则只在其中一台路由器上禁用 hello 数据包的填充功能并不会起到任何有效作用。在稍后的"IS-IS Hello 数据包填充"一节中会对此展开深入讨论。

步骤 5 若未发现与 IS-IS 认证有关的故障，且 IS-IS 邻居路由器间互连接口的 MTU 值也相互匹配，则应执行 **debug isis adj-packet** 命令，来观察 IS-IS 邻接关系建立过程。只有详查该 debug 命令的输出，才能发现 IS-IS 邻接关系卡在 Init 状态的缘由。应当在邻居双方同时执行该 debug 命令，利用 debug 过输出中的时间戳（timestamp），来判断并"关联"两台路由器上发生的 IS-IS 邻接关系建立事件。

步骤 6 在本步骤需要做出某些决断：应确定是否有足够的依据来判断故障原因，并同时拿出解决方案，或决定请外援提供技术支持。

步骤 7 若此时还不能判断出故障原因，则故障很可能是由 IOS 软件 Bug 所致，应致电 Cisco TAC 寻求帮助。

步骤 8 本步骤为故障解决阶段。若判断出了故障原因，则应立即着手排障，同时结束本排障流程。若判断出导致故障的根源为认证配置不当，则需要对路由器的配置进行修改，以使得邻接关系得以建立。若发现故障是由（邻居路由器间互连接口的）MTU 值不匹配所致，则必须修改其中一台路由器的接口 MTU 值，使之与对端路由器匹配。禁用路由器的 IS-IS hello 数据包填充功能，只会让 IS-IS 邻居双方发出的 Hello 数据包更小，可起到节省互连链路带宽的目的，但并不是说两者互连接口的 MTU 值无需匹配也能建立起 IS-IS 邻接关系。

如前所述，IS-IS 邻接关系卡在 Init 状态的另一种可能原因是，Hello 数据包在发送途中损坏。这种情况与 IS-IS 邻接关系配置有误的场景类似。要确定 IS-IS Hello 数据包是否在发送途中损坏，则需登录收包路由器，检查其生成的日志消息中是否包含与 Hello 数据包损坏有关的错误信息。

（IS-IS 邻居路由器间互连接口的）MTU 值不匹配

例 9-14 和例 9-15 以图 9-4 为基础，演示了（IS-IS 邻居路由器间互连接口的）MTU 值不匹配，对邻接关系建立的影响。

例 9-14 在 RT2 上执行 debug 命令，以确定其与 RT1 间互连接口的 MTU 值是否相同

```
RT2(config)#interface s 0/0
RT2(config-if)#mtu 2000

RT2#debug isis adj-packets
IS-IS Adjacency related packets debugging is on
RT2#

Apr 20 19:56:23: ISIS-Adj: Sending serial IIH on Serial0/0, length 1999
Apr 20 19:56:23: ISIS-Adj: Rec serial IIH from *HDLC* (Serial0/0), cir type L1L2
Apr 20 19:56:23: ISIS-Adj: rcvd state UP, old state UP, new state UP
Apr 20 19:56:23: ISIS-Adj: Action = ACCEPT
Apr 20 19:56:31: ISIS-Adj: Sending serial IIH on Serial0/0, length 1999
Apr 20 19:56:33: ISIS-Adj: Rec serial IIH from *HDLC* (Serial0/0), cir type L1L2
Apr 20 19:56:33: ISIS-Adj: rcvd state UP, old state UP, new state UP
Apr 20 19:56:33: ISIS-Adj: Action = ACCEPT
Apr 20 19:56:39: ISIS-Adj: Rec serial IIH from *HDLC* (Serial0/0), cir type L1L2
Apr 20 19:56:39: ISIS-Adj: rcvd state DOWN, old state UP, new state INIT
Apr 20 19:56:39: ISIS-Adj: Action = GOING DOWN
Apr 20 19:56:39: %CLNS-5-ADJCHANGE: ISIS: Adjacency to RT1 (Serial0/0) Down, nes
Apr 20 19:56:39: ISIS-Adj: L2 adj count 0
Apr 20 19:56:39: ISIS-Adj: Sending serial IIH on Serial0/0, length 1999
Apr 20 19:56:40: ISIS-Adj: Sending serial IIH on Serial0/0, length 1999
Apr 20 19:56:42: ISIS-Adj: Rec serial IIH from *HDLC* (Serial0/0), cir type L1L2
Apr 20 19:56:42: ISIS-Adj: rcvd state DOWN, old state DOWN, new state INIT
Apr 20 19:56:42: ISIS-Adj: Action = GOING UP, new type = L2
Apr 20 19:56:42: ISIS-Adj: New serial adjacency
Apr 20 19:56:42: ISIS-Adj: Sending serial IIH on Serial0/0, length 1999
Apr 20 19:56:50: ISIS-Adj: Rec serial IIH from *HDLC* (Serial0/0), cir type L1L2
Apr 20 19:56:50: ISIS-Adj: rcvd state DOWN, old state INIT, new state INIT
Apr 20 19:56:50: ISIS-Adj: Action = GOING UP, new type = L2
Apr 20 19:56:51: ISIS-Adj: Sending serial IIH on Serial0/0, length 1999
```

如例 9-14 所示，有人对 RT2 s0/0 接口的 MTU 值做了"手脚"，将该值改成了 2000 字节。在 RT2 上执行 **debug isis adj-packet** 命令，观察其输出，可以了解到本机互连接口的 MTU 值。不难发现，由于本机 S0/0 接口的 MTU 值现为 2000 字节，其所发 Hello 数据包的长度也被填充至了 1999 字节。这条 debug 命令的输出清楚地表明，RT2 正通过 S0/0 接口，发送 1999 字节的 IIH 数据包。

通过该命令的输出，还可以看出 RT2 持续接收并处理 RT1 发出的 IIH 数据包。但与此同时，RT1 却无法接收并处理由 RT2 发出的长度为 1999 字节的 IIH 数据包，因此，RT1 不会与 RT2 建立邻接关系。RT1 在发出 Hello 数据包，通告自己已知的 IS 邻居时，也不会将 RT2 包括在内。最后，RT2 把自己跟 RT1 之间的 IS-IS 邻接关系置为 Init 状态，并同时在日志消息中记录一条与 IS-IS 邻接关系改变有关的错误信息。从那时起，RT2 所记录的与 R1 之间的 IS-IS 邻接关系就会逗留在 Init 状态。RT2 能够接收并处理 RT1 发出的长度为 1499 字节的 Hello 数据包，理由是 RT2 S0/0 接口的 MTU 值为 1999 字节。然而，IS-IS 邻接关系之所以会死死卡在 Init 状态，是因为 RT1 不能完成建立邻接关系的三次握手过程。

例 9-15 所示为在 RT2 上执行 **show clns neighbors** 命令的输出，这也印证了之前通过 debug 命令的输出得出的结论。

例 9-15 在 RT2 上确认其与 RT1 间的 IS-IS 邻接关系卡在了 init 状态

```
RT2#show clns neighbors

System Id       Interface    SNPA      State  Holdtime  Type Protocol
RT1             Se0/0        *HDLC*    Init   29        L2   IS-IS
```

例 9-16 所示为在 RT1 上执行同一条 debug 命令的输出。

例 9-16 在 RT1 上执行 debug 命令，以确定其与 RT2 间互连接口的 MTU 值是否相同

```
RT1#debug isis adj-packets
IS-IS Adjacency related packets debugging is on

Apr 20 19:55:52: ISIS-Adj: Rec serial IIH from *HDLC* (Serial0/0), cir type L1L2
Apr 20 19:55:52: ISIS-Adj: rcvd state UP, old state UP, new state UP
Apr 20 19:55:52: ISIS-Adj: Action = ACCEPT
Apr 20 19:55:52: ISIS-Adj: Sending serial IIH on Serial0/0, length 1499
Apr 20 19:56:00: ISIS-Adj: Rec serial IIH from *HDLC* (Serial0/0), cir type L1L2
Apr 20 19:56:00: ISIS-Adj: rcvd state UP, old state UP, new state UP
Apr 20 19:56:00: ISIS-Adj: Action = ACCEPT
Apr 20 19:56:01: ISIS-Adj: Sending serial IIH on Serial0/0, length 1499
Apr 20 19:56:10: ISIS-Adj: Sending serial IIH on Serial0/0, length 1499
Apr 20 19:56:18: ISIS-Adj: Sending serial IIH on Serial0/0, length 1499
Apr 20 19:56:28: ISIS-Adj: Sending serial IIH on Serial0/0, length 1499
Apr 20 19:56:30: %CLNS-5-ADJCHANGE: ISIS: Adjacency to RT2 (Serial0/0) Down, hod
Apr 20 19:56:30: ISIS-Adj: L2 adj count 0
Apr 20 19:56:34: ISIS-Adj: Sending serial IIH on Serial0/0, length 1499
Apr 20 19:56:37: ISIS-Adj: Sending serial IIH on Serial0/0, length 1499
Apr 20 19:56:45: ISIS-Adj: Sending serial IIH on Serial0/0, length 1499
```

仔细观察例 9-14 和例 9-16 所示 debug 命令的输出，可以发现分别发生在 RT1 和 RT2 上的相关事件的时间戳也刚好"步调一致"。通过这条 debug 命令的输出，还可以清楚地看见两台路由器在建立 IS-IS 邻接关系时，"相互交流"的过程。在例 9-16 的 debug 输出中，只能看到 RT1 通过 s0 接口连发数个 Hello 数据包（做高亮显示的前三行）之后，未能看见 RT2 回应的 Hello 数据包；随后，还可以看到 RT1 中断了自己之前与 RT2 建立起的邻接关系（做高亮显示的第四行），并同时在日志中记录一条与 IS-IS 邻接关系改变有关的错误信息。中断与 RT2 建立起的邻接关系之前，RT1 已经"悄无声息"地丢弃了 RT2 通告的 Hello 数据包，且不会在日志中记录相关错误信息，相关错误信息是指与丢弃 Hello 数据包有关的错误信息。RT1 根本不会处理（解析）由 RT2 通告的 IIH 数据包，因为这些数据包过长，最终，R1 会在邻居列表里删除与 R2 建立起的 IS-IS 邻接关系，但会保留与其所建的 ES-IS 邻接关系。ES-IS 邻接关系由 ES-IS 协议数据包单独维系。

例 9-17 所示为 RT1 与 RT2 丧失 IS-IS 邻接关系之后，在 RT1 上执行 **show clns neighbors**

命令的输出。

例 9-17　RT1 与 RT2 之间只保留了 ES-IS 邻接关系，中断了 IS-IS 邻接关系

```
RT1#show clns neighbors

System Id       Interface       SNPA            State   Holdtime    Type    Protocol
RT2             Se0/0            *HDLC*          Up      250         IS      ES-IS
```

例 9-18 所示为修改 RT2 s0/0 接口的 MTU 值之后，RT2 与 RT1 间 IS-IS 邻接关系恢复建立的情况。由例 9-8 中做高亮显示的内容可知，RT2 首先向 RT1 发出了 1499 字节的 IIH 数据包。显而易见，接收并处理了这些数据包之后，RT1 将回复 IIH 数据包，表明自己把 RT2 视为 IS 邻居路由器，从而完成了 IS-IS 邻接关系建立的三次握手过程，恢复了之前所建立的 IS-IS 邻接关系。

例 9-18　解决了互连接口 MTU 值不匹配问题之后，RT1 与 RT2 之间重新建立起了 IS-IS 邻接关系

```
RT2(config-if)#mtu 1500
RT2(config-if)#^Z
RT2#
RT2#debug isis adj-packets
Apr 20 20:09:15: ISIS-Adj: Sending serial IIH on Serial0/0, length 1499
Apr 20 20:09:15: ISIS-Adj: Rec serial IIH from *HDLC* (Serial0/0), cir type L1L2
Apr 20 20:09:15: ISIS-Adj: rcvd state DOWN, old state INIT, new state INIT
Apr 20 20:09:15: ISIS-Adj: Action = GOING UP, new type = L2
Apr 20 20:09:18: ISIS-Adj: Sending serial IIH on Serial0/0, length 1499
Apr 20 20:09:18: ISIS-Adj: Rec serial IIH from *HDLC* (Serial0/0), cir type L1L2
Apr 20 20:09:18: ISIS-Adj: rcvd state INIT, old state INIT, new state UP
Apr 20 20:09:18: ISIS-Adj: Action = GOING UP, new type = L2
Apr 20 20:09:18: %CLNS-5-ADJCHANGE: ISIS: Adjacency to RT1 (Serial0/0) Up, new y
Apr 20 20:09:18: ISIS-Adj: L2 adj count 1
Apr 20 20:09:19: ISIS-Adj: Sending serial IIH on Serial0/0, length 1499
Apr 20 20:09:19: ISIS-Adj: Rec serial IIH from *HDLC* (Serial0/0), cir type L1L2
Apr 20 20:09:19: ISIS-Adj: rcvd state UP, old state UP, new state UP
Apr 20 20:09:19: ISIS-Adj: Action = ACCEPT
Apr 20 20:09:27: ISIS-Adj: Sending serial IIH on Serial0/0, length 1499
```

IS-IS Hello 数据包填充

在运行最新版本（12.0S 及 12.0ST 系列版本）IOS 的 Cisco 路由器上，可禁用 Hello 数据包填充功能。如前所述，老版本 IOS 则遵守 ISO 10589 的规定，要求路由器自动填充 Hello 数据包。之所以有禁用 Hello 数据包填充的想法，是因为该过程并不能起到 MTU 发现的功能，只能用其来检查邻居路由器间互连接口的 MTU 值是否一致。由于大多数介质都有默认的 MTU 值，因此执行上述检查不但多余，而且代价不菲。此外，在网管人员对其所维护的网络环境心知肚明的情况下，将 Hello 数据包的长度填充至路由器发包接口的 MTU 值，将会毫无必要的浪费网络带宽。

禁用及激活 IS-IS Hello 数据包填充功能的命令有若干条。默认情况下，Cisco 路由器会自动填充 Hello 数据包。

下面这条 router 配置模式命令作用于参与 IS-IS 进程的所有接口。关键字 **multipoint** 和 **point-to-point** 的作用是让这条命令分别对多点或点对点接口生效：

```
[no] hello padding [multipoint | point-to-point]
```

下面这条接口配置模式命令可用来禁用或激活特定路由器接口的 hello 数据包填充功能：

```
[no] isis hello padding
```

可执行 **show clns interface** 命令，来验证路由器接口是否启用了 hello 数据包填充功能，如例 9-19 所示。例 9-20 和例 9-21 所示为在 RT1 和 RT2 上执行 **debug isis adj-packet** 命令的输出。由例 9-20 可知，因禁用了 Hello 数据包填充，RT1 发出的 Hello 数据包只有 38 字节。由例 9-21 可知，RT2 通过 Serial 0/0 接口发出的 Hello 数据包为 1499 字节，该值之比 Serial 0/0 的 MTU 值少一个字节。因此，可以判断出 RT 2 Serial 0/0 接口启用了 Hello 数据包填充功能。由于 RT2 S0/0 接口的 MTU 值并未改变，因此 R2 "期望" RT1 发出的 Hello 数据包的长度仍为 1499 字节。这就是说，只要把 RT1 S0/0 接口的 MTU 值设为 2000 字节，RT1 便会发出长度为 1999 字节的 Hello 数据包，RT1 与 RT2 间的 IS-IS 邻接关系将无法建立。

一般情况下，禁用路由器的 Hello 数据包填充功能，并不会影响 IS-IS 邻接关系的建立，但前提是路由器收到的 Hello 数据包的长度要小于收包接口的 MTU 值。此外，禁用 Hello 数据包填充功能，也不会影响路由器对自己所能接收的最长 Hello 数据包的检查。

例 9-19　验证是否禁用了路由器接口的 Hello 数据包填充功能

```
RT1#show clns interface Serial0/0
Serial0/0 is up, line protocol is up
  Checksums enabled, MTU 1500, Encapsulation HDLC
  ERPDUs enabled, min. interval 10 msec.
  RDPDUs enabled, min. interval 100 msec., Addr Mask enabled
  Congestion Experienced bit set at 4 packets
  CLNS fast switching enabled
  CLNS SSE switching disabled
  DEC compatibility mode OFF for this interface
  Next ESH/ISH in 40 seconds
  Routing Protocol: IS-IS
    Circuit Type: level-1-2
    Interface number 0x1, local circuit ID 0x100
    Level-1 Metric: 10, Priority: 64, Circuit ID: RT2.00
    Number of active level-1 adjacencies: 0
    Level-2 Metric: 10, Priority: 64, Circuit ID: 0000.0000.0000.00
    Number of active level-2 adjacencies: 1
    Next IS-IS Hello in 3 seconds
    No hello padding
```

例 9-20　在 RT1 上执行相关 debug 命令，观察 IS-IS Hello 数据包的收发情况

```
RT1#debug isis adj-packets
Apr 29 14:34:22: ISIS-Adj: Rec serial IIH from *HDLC* (Serial0/0), cir type L1L2
Apr 29 14:34:22: ISIS-Adj: rcvd state UP, old state UP, new state UP
Apr 29 14:34:22: ISIS-Adj: Action = ACCEPT
Apr 29 14:34:25: ISIS-Adj: Sending serial IIH on Serial0/0, length 38
Apr 29 14:34:32: ISIS-Adj: Rec serial IIH from *HDLC* (Serial0/0), cir type L1L2
Apr 29 14:34:32: ISIS-Adj: rcvd state UP, old state UP, new state UP
Apr 29 14:34:32: ISIS-Adj: Action = ACCEPT
Apr 29 14:34:38: ISIS-Adj: Sending serial IIH on Serial0/0, length 38
```

例 9-21　在 RT2 上执行相关 debug 命令，观察 IS-IS Hello 数据包的收发情况

```
RT2#debug isis adj-packets

Apr 29 14:34:15: ISIS-Adj: Sending serial IIH on Serial0/0, length 1499
Apr 29 14:34:17: ISIS-Adj: Rec serial IIH from *HDLC* (Serial0/0), cir type L1L2
Apr 29 14:34:17: ISIS-Adj: rcvd state UP, old state UP, new state UP
Apr 29 14:34:17: ISIS-Adj: Action = ACCEPT
Apr 29 14:34:23: ISIS-Adj: Sending serial IIH on Serial0/0, length 1499
Apr 29 14:34:26: ISIS-Adj: Rec serial IIH from *HDLC* (Serial0/0), cir type L1L2
Apr 29 14:34:26: ISIS-Adj: rcvd state UP, old state UP, new state UP
Apr 29 14:34:26: ISIS-Adj: Action = ACCEPT
```

只有成功建立了 IS-IS 邻接关系之后，**no hello padding** 命令才会生效（见例 9-12）。这意味着，IS-IS 邻接关系成功建立之前，发送于 IS-IS 路由器之间，用来"请求建立"邻接关系的 Hello 数据包的长度仍为 MTU-1 字节。换句话说，在 IS-IS 路由器上禁用 Hello 填充功能之后，再把互连接口的 MTU 值调高，（此前建立起的）IS-IS 邻接关系也依然能够得以维系——因为此前配置的 **no hello padding** 命令仍对 IS-IS 路由器生效，Hello 数据包不会得到填充，会以小包的形式传送；然而，若 IS-IS 路由器收包接口收到的 Hello 数据包的长度大于其 MTU 值，Hello 数据包便会被丢弃。在此情形，一旦发生链路翻动，原先建立起的 IS-IS 邻接关系就会遭到破坏，因为链路翻动之后，IS-IS 路由器之间会"从头开始"交换 Hello 数据包，如此一来，就会检测到互连接口的 MTU 值不匹配。

由例 9-22 可知，shutdown RT1 S0/0 接口拆除 RT1 和 RT2 建立起的 IS-IS 邻接关系之后，RT1 便停止发送长度为 38 字节且未经填充的 Hello 数据包，重新开始发送长度为 1499 字节的 Hello 数据包了。

例 9-22　shutdown RT1 接口之后，在其上执行 debug 命令，观察其 IS-IS Hello 数据包的发送情况

```
RT1(config-if)#interface serial0/0
RT1(config-if)#shutdown
RT1(config-if)#^Z
RT1#

RT1#debug isis adj-packets

Apr 29 15:18:43: ISIS-Adj: Sending serial IIH on Serial0/0, length 38
Apr 29 15:18:46: %CLNS-5-ADJCHANGE: ISIS: Adjacency to RT1 (Serial0/0) Down, hod
Apr 29 15:18:46: ISIS-Adj: L2 adj count 0
Apr 29 15:18:49: ISIS-Adj: Sending serial IIH on Serial0/0, length 1499
Apr 29 15:18:52: ISIS-Adj: Sending serial IIH on Serial0/0, length 1499
Apr 29 15:19:02: ISIS-Adj: Sending serial IIH on Serial0/0, length 1499
Apr 29 15:19:11: ISIS-Adj: Sending serial IIH on Serial0/0, length 1499
```

认证配置错误

只要 IS-IS 认证配置有误，就会导致 IS-IS 路由器之间建立不了邻接关系，下面给出了两种网管人员常犯的错误：

- IS-IS 邻居路由器两端的认证密码不匹配；
- IS-IS 邻居路由器之一未启用认证功能。

当前（写作本书之际），Cisco 路由器只支持 IS-IS 明文认证，这在上一章已经提过。在 Cisco 路由器上，启用 IS-IS 认证功能的三种方法如下所示。

- 在路由器接口上配置 **isis password** 命令。适用于 Level 1、Level 2 或 Level1-2 路由选择。
- 在 router 配置模式下，配置 **area-password** 命令。只对路由器上所有有效 IS-IS 接口（路由器上参与 IS-IS 路由进程，且状态为 up/up 的接口）的 Level 1 路由选择生效。
- 在 router 配置模式下，执行 **domain-password** 命令。只对 Level 2 路由选择生效。

若相互毗邻的 IS-IS 路由器之间认证密码不匹配，则两者在相应的路由选择层级（Level 1、Level 2 或 Level1-2）建立不了任何 IS-IS 邻接关系，在任何一台路由器上执行 **show clns neighbors** 命令，其输出只会显示两者间建立起来的 ES-IS 邻接关系，如例 9-17 所示。

对于相互毗邻的 IS-IS 路由器而言，只在一端启用认证功能时，该路由器不会处理对端路由器发出的 Hello 数据包，因为其中未包含正确的密码。而未启用认证功能的路由器则不检查 Hello 数据包中的密码，因此将会和往常一样接收并处理包含密码的 Hello 数据包。但两台路由器间的 IS-IS 邻接关系会死死卡在 INIT 状态，因为已启用认证功能的 IS-IS 路由器不会在其发出的 Hello 数据包的 IS 邻居节点 TLV 中将对端路由器列出。此时，在已启用认证功能的 IS-IS 路由器上执行 **show clns neighbor** 命令，其输出结果看起来应该和例 9-15 差不多。已启用认证功能的 IS-IS 路由器不会处理对端路由器发出的 IS-IS Hello 数据包，因此即便如 9-17 所示那样建立起了 ES-IS 邻接关系，也建立不了 IS-IS 邻接关系。

例 9-23 所示为在 RT1 上执行 **debug isis adj-packets** 命令的输出。由输出可知，IS-IS 认证存在问题。输出中已对与 IS-IS 认证有关的错误信息做高亮显示。

例 9-23　通过 debug 命令，来查明与 IS-IS 认证有关的故障

```
RT1#debug isis adj-packets
Apr 29 17:09:46: ISIS-Adj: Rec serial IIH from *HDLC* (Serial0/0), cir type L1L9
Apr 29 17:09:46: ISIS-Adj: Authentication failed
Apr 29 17:09:48: ISIS-Adj: Sending serial IIH on Serial0/0, length 1499
Apr 29 17:09:54: ISIS-Adj: Rec serial IIH from *HDLC* (Serial0/0), cir type L1L9
Apr 29 17:09:54: ISIS-Adj: Authentication failed
Apr 29 17:09:56: ISIS-Adj: Sending serial IIH on Serial0/0, length 1499
Apr 29 17:10:03: ISIS-Adj: Rec serial IIH from *HDLC* (Serial0/0), cir type L1L9
Apr 29 17:10:03: ISIS-Adj: Authentication failed
Apr 29 17:10:05: ISIS-Adj: Sending serial IIH on Serial0/0, length 1499
```

9.1.3　故障 3：IS-IS 邻接关系未能建立，只建立起了 ES-IS 邻接关系

为了遵守 ISO 10589 的规定，在 IP 网络环境中运行 IS-IS 的 Cisco 路由器依旧会监听 ES-IS 协议生成的 ISH 数据包。因此，只要（IS-IS 邻居路由器间的）物理层和数据链路层正常，哪怕在不适合建立 IS-IS 邻接关系的情况下，ES-IS 邻接关系也依然能够建立。例 9-24 所示为当建立不了 IS-IS 邻接关系，只能建立 ES-IS 邻接关系时，在 RT1 上执行 **show clns neighbors** 命令的输出。上述情形极有可能发生，比方说，在（IS-IS 邻居路由器间互连）接口的 MTU 值不匹配，或 IS-IS 认证配置有误时便会如此，其结果会导致一方发出的 IS-IS Hello 数据包不会被

另一方处理。以上两种情况在前一节已做过讨论。

例 9-24　只建立起了 ES-IS 邻接关系

```
RT1#show clns neighbors

System Id    Interface   SNPA      State  Holdtime  Type Protocol
RT2          Se0/0       *HDLC*    Up     250       IS   ES-IS
```

9.2　排除 IS-IS 路由通告故障

配在 Cisco 路由器上，与 IS-IS 路由协议有关的命令都比较简单、易懂。再来回顾一下上一章介绍过的在 Cisco 路由器上配置 IS-IS 路由协议的两个步骤：先全局开启 IS-IS 路由进程；然后执行接口配置模式命令 **ip router isis**，让相关接口参与 IS-IS 进程，进而与邻居路由器建立 IS-IS 邻接关系，执行 LSP 泛洪操作。**ip router isis** 命令的作用还包括：让 IS-IS 路由器把特定接口的 IP 子网信息填入自生成的 LSP，并泛洪给邻居路由器。本节会细述如何排除与 IS-IS 路由通告有关的故障，其前提是 IS-IS 邻接关系正常建立。换句话说，在着手排除与路由通告有关的故障之前，应先确保邻接关系正常建立。上一接已经深入探讨了如何排除与 IS-IS 邻接关系建立有关的故障。

本节会介绍如何排除以下几类与 IS-IS 路由通告有关的故障。
- 路由通告故障。
- 路由翻动故障。
- 路由重分发故障。

检查链路状态数据包（LSP）的内容，是排除 IS-IS 路由选择相关故障最直接也是管用的方法。IS-IS 路由器会根据自身的配置，为自己所参与的路由选择层级生成 Level 1 LSP、Level 2 LSP 或 Level 1/Level 2 LSP。在 IS-IS 邻接关系正常建立的情况下，检查由预期的路由来源所生成的 LSP 的内容，将有助于排除 IS-IS 路由通告故障。可执行 **show isis database detail** 命令来显示某条特定 LSP 的内容。例 9-25 所示为该命令的输出示例。

例 9-25　显示某条 LSP 所包含的路由信息

```
RT1#show isis database level-1 RT2.00-00 detail

IS-IS Level-2 LSP RT2.00-00
LSPID              LSP Seq Num   LSP Checksum   LSP Holdtime     ATT/P/OL
RT2.00-00          0x00001C9C    0x5F3E         1015             0/0/0
  Area Address: 49.0002
  NLPID:        0xCC
  Hostname: RT2
  IP Address:   11.1.1.2
  Metric: 10         IS-Extended RT1.00
  Metric: 10         IP 10.1.2.0/24
  Metric: 0          IP 11.1.1.2/32
  Metric: 10         IP 11.1.1.6/32
  Metric: 10         IP 192.168.1.0/30
```

该命令所含参数"RT2.00-00"为路由器 RT2 的 LSP ID。例 9-25 所示命令输出列出了 ID 为 RT2.00-00 的 LSP 所包含的具体内容，其中包括：路由器 RT2 各直连链路的 IP 子网信息，以及相关度量值信息。

show isis topology 也是一条比较有用的命令，能显示出（本机）已知的所有路由器。试举一例，例 9-26 所示为在图 9-6 中 RT1 上执行 **show isis topology** 命令的输出，根据输出内容可以了解图 9-6 所示网络的拓扑。

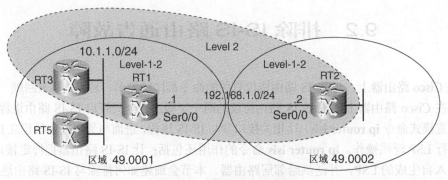

图 9-6　一个简单的 IS-IS 网络

图中阴影部分所示为骨干（Level 2）区域。例 9-26 所示为 RT1 所持 Level 1 及 Level 2 数据库。Level 1 数据库中包含了 RT3 和 RT5，这就是说这两台路由器跟 RT1 隶属同一区域。Level 2 数据库描述的是骨干区域，其中包括了 RT2 与 RT3。RT2 与 RT1 不隶属同一区域，但两者都连接到了骨干区域，而 RT3 则是与 RT1 隶属同一区域的 Level 1-2 路由器。

由于例 9-26 所反映出来的所有信息，与图 9-6 所示网络的拓扑完全吻合，因此 **show isis topology** 命令是一条排除事关 IS-IS 路由选择故障重要命令。

例 9-26　获悉 IS-IS 拓扑信息

```
RT1#show isis topology

IS-IS paths to level-1 routers
System Id       Metric  Next-Hop    Interface   SNPA
RT1              --
RT3              10     RT3          Et0/0       00d0.58eb.f841
RT5              10     RT5          Et0/0       00d0.58eb.ff01

IS-IS paths to level-2 routers
System Id       Metric  Next-Hop    Interface   SNPA
RT1              --
RT2              10     RT2          Se0/0       *HDLC*
RT3              10     RT3          Et0/0       00d0.58eb.f841
```

9.2.1　路由通告故障

大多数 IS-IS 路由通告故障都是由路由来源（通告 IS-IS 路由的路由器）的配置问题或 LSP

的传播问题所导致。

现假设图 9-6 中的 RT5 少学了一条 IS-IS 明细路由。排除故障之前，应对网络拓扑了若指掌。只有如此，才能弄清哪条路由是由哪台路由器生成。假定，RT5 少学的那条路由为 11.1.1.2/32，其所对应的目的网络为 RT2 上的 loopback 接口地址；可按照图 9-7 所示排障流程，来逐步定位故障。

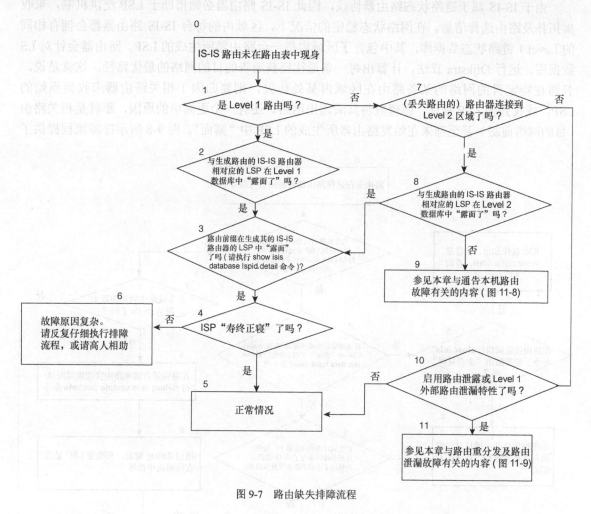

图 9-7　路由缺失排障流程

由网络拓扑可知，RT2 与 RT5 不隶属同一区域。在此情形，若未在网络中启用路由泄漏特性，只充当纯 Level 1 路由器的 RT5 本就不应学得 RT2 的路由。因此，只要按图 9-7 中的流程框 0-1-7-10-5 来逐步缩小本故障的范围，最终可以得出 RT5 学不到路由 11.1.1.2/32，纯属正常。身为一台纯 Level 1 路由器，RT5 要正常转发目的网络为 11.1.1.2/32 的数据包，需先遵循默认路由，将包发送至离自己最近的通向远程区域的 Level 1 路由器。

排除故障时，若到了图 9-7 所示流程框 9 或 11 便开展不下去的话，则接下来的案例研究及排障流程或许能给读者在如何缩小故障范围方面以启发。

图9-7所示排障流程是排除路由缺失故障的通用指南。下面几节会针对具体场景，分别给出相应的排障流程。

本机路由未能通告

由于IS-IS属于链路状态路由器协议，因此IS-IS路由器必须借助于LSP泛洪机制，来收集拓扑及路由选择信息。在网络状态稳定的情况下，区域内的每台IS-IS路由器都会拥有相同的Level 1链路状态数据库，其中包含了区域内每一台路由器所生成的LSP。路由器会针对LS数据库，运行Dijkstra算法，计算出每一条通往已获通告的目的网络的最优路径。这就是说，若通往特定目的网络的某条路由在区域内某处传丢，则要归因于相关路由器未收到原始的LSP，或收到的LSP损坏，而理应将其清理出网络。还有一个更简单的原因，那就是相关路由（目的网络前缀）甚至都未在始发路由器所生成的LSP中"露面"。图9-8所示排障流程提供了

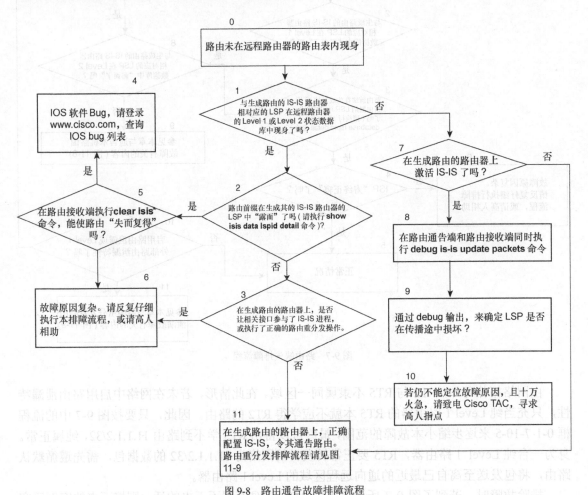

图9-8 路由通告故障排障流程

解决这一故障的排障思路。若故障与 LSP 泛洪或链路状态数据库同步有关，则执行 **debug isis update-packets** 和 **debug isis snp-packets** 命令，仔细观察命令的输出（如例 9-27 所示），将会有助于判断故障的原因。

由图 9-8 所示排障流程的步骤 8 可知，若某特定 LSP 不能传播至 IS-IS 进程域内的其他远程路由器，就得执行相关 debug 命令，观察 LSP 的更新过程。例 9-27 所示为在 R1 上执行 **debug isis update-packets** 命令的输出。由输出中做高亮显示的内容可知，RT1 正在泛洪自生成的 LSP，并收到了由 RT2 通告的 LSP。因邻接关系刚刚建立，故上述 debug 命令的输出还显示了 RT1 和 RT2 之间通过点到点串行链路一次性交换 CNSP 的行为。

例 9-27 通过 debug 命令的输出，来定位 IS-IS 路由更新故障

```
RT1#debug isis update-packets
Mar  2 23:25:02: %LINEPROTO-5-UPDOWN: Line protocol on Interface Serial0/0, chp
Mar  2 23:25:02: ISIS-Update: Building L2 LSP
Mar  2 23:25:02: ISIS-Update: No change, suppress L2 LSP 0000.0000.0001.00-00,0
Mar  2 23:25:03: %CLNS-5-ADJCHANGE: ISIS: Adjacency to RT2 (Serial0/0) Up, newy
Mar  2 23:25:07: ISIS-Update: Building L2 LSP
Mar  2 23:25:07: ISIS-Update: TLV contents different, code 16
Mar  2 23:25:07: ISIS-Update: Full SPF required
Mar  2 23:25:07: ISIS-Update: Sending L2 LSP 0000.0000.0001.00-00, seq 160, ht0
Mar  2 23:25:07: ISIS-Update: Rec L2 LSP 0000.0000.0002.00-00, seq 1D16, ht 11,
Mar  2 23:25:07: ISIS-Update: from SNPA *HDLC* (Serial0/0)
Mar  2 23:25:07: ISIS-Update: LSP newer than database copy
Mar  2 23:25:07: ISIS-Update: No change
Mar  2 23:25:08: ISIS-SNP: Rec L2 CSNP from 0000.0000.0002 (Serial0/0)
Mar  2 23:25:08: ISIS-SNP: Rec L2 PSNP from 0000.0000.0002 (Serial0/0)
Mar  2 23:25:08: ISIS-SNP: PSNP entry 0000.0000.0001.00-00, seq 160, ht 1197
Mar  2 23:25:08: ISIS-Update: Sending L2 CSNP on Serial0/0
Mar  2 23:25:08: ISIS-Update: Build L2 PSNP entry for 0000.0000.0002.00-00, se6
Mar  2 23:25:08: ISIS-Update: Build L2 PSNP entry for 0000.0000.0006.00-00, se2
Mar  2 23:25:08: ISIS-Update: Sending L2 PSNP on Serial0/0
Mar  2 23:25:09: ISIS-Update: Building L1 LSP
Mar  2 23:25:09: ISIS-Update: Important fields changed
Mar  2 23:25:09: ISIS-Update: Important fields changed
Mar  2 23:25:09: ISIS-Update: Full SPF required
Mar  2 23:25:09: ISIS-Update: Sending L1 LSP 0000.0000.0001.00-00, seq 15A, ht0
Mar  2 23:25:09: ISIS-Update: Sending L1 CSNP on Ethernet0/0

RT5#debug isis snp-packets
IS-IS CSNP/PSNP packets debugging is on
RT5#
Mar  6 20:02:28: ISIS-SNP: Rec L1 CSNP from 0000.0000.0001 (Ethernet0/0)
Mar  6 20:02:28: ISIS-SNP: CSNP range 0000.0000.0000.00-00 to FFFF.FFFF.FFFF.FFF
Mar  6 20:02:28: ISIS-SNP: Same entry 0000.0000.0001.00-00, seq 15D
Mar  6 20:02:28: ISIS-SNP: Same entry 0000.0000.0001.01-00, seq 104
Mar  6 20:02:28: ISIS-SNP: Same entry 0000.0000.0005.00-00, seq FEA
```

通过 **debug isis snp-packets** 命令的输出，可以观察到路由器通过广播类型的接口完成数据库同步的过程，可利用该命令来排除 LAN 等介质上的 IS-IS 路由更新故障。

例 9-27 所示为在 R5 上执行 **debug isis snp-packets** 命令的输出。由高亮显示的内容可知，RT5 先是收到了 DIS（RT1）通告的 CSNP；然后，再将 CSNP 所含信息，与本机 Level 1 数据库做了一番比较；最后，RT5 确定自己已知的所有 LSP 未发生任何变化。

排障方法汇总

由图 9-8 所示排障流程可知，IS-IS 路由无法传播至远端路由器的潜在原因有很多。在极端情况下，一个与 IS-IS 数据结构有关的 IOS 软件 Bug（步骤 4 和步骤 5），就很有可能会导致 IS-IS 路由进驻不了（本机）路由器的路由表（连本机路由表都进驻不了的 IS-IS 路由，自然也无法传播至远端路由器了）。对于这种情况，则需要致电 Cisco TAC，以寻求进一步的帮助。

在有些情况下，LSP 不能传播至网络中的所有路由器，是因其在传播过程中损坏（步骤 9）。此类故障可以结合一系列的排障方法来判定，比如，通过 debug 命令的输出来了解路由器的路由更新计算过程，以及观察路由器是否生成了与 LSP 错误有关的日志消息。若确定了导致故障的路由器，则可通过设备隔离或硬件更换等手段，来解决故障。

然而，在大多数情况下，故障可能是由不太引入注意的配置错误所导致，比如，未让相关路由器接口参与 IS-IS 进程（步骤 11）。只要在相关接口上执行正确的命令（如 **ip route isis**），就应该能够解决故障。

与路由重分发以及路由泄露有关的故障解决方法将在下一小节讨论。

9.2.2 路由重分发以及 Level 2 到 Level 1 的路由泄漏故障

Cisco IOS 软件支持将其他路由来源（如静态、直连以及其他动态路由协议）的路由，以外部路由的形式，重分发进 IS-IS Level-1、Level-2 或 Level1/2。从技术上来讲，外部路由只应存在于 Level 2，但 Cisco IOS 提供了一个配置选项，在实战中，可利用其将外部路由重分发进 Level 1。对某些把 IS-IS 用作为 IGP 的服务提供商来说，其网络结构可能是由纯 Level 1 路由器组成的平面型网络，在此情形，就需要把外部路由引入 IS-IS Level 1。当网络中部署了不同厂商的 IS-IS 路由器时，让 Cisco 路由器发出的 Level 1 LSP 携带 "IP 外部可达性 TLV"，应该不会引起任何互操作性问题，因为根据规定，在解析 IS-IS 数据包，且其中包含自己所不能识别的 TLV 时，其他厂商的 IS-IS 路由器会 "视而不见"，并继续解析下一个 TLV。

将路由重分发进 IS-IS 时，只要不是 "点太背"，则不应该会发生任何问题，但 "百年一遇" 的 IOS Bug 除外。不过，为经过重分发的路由指定度量值却并非易事。配置路由重分发时，网管人员需指明路由的度量类型为内部还是外部。对 Cisco 路由器而言，在默认情况下，经过重分发的路由的度量类型为外部，这会致使其度量值 "突增" 128。经过重分发的路由的度量值突增 128 而非 64，则与使用窄度量值时，默认度量字段中置位错误有关。该问题与 Cisco IOS 的 IS-IS 实现有关，对此，将在本章与配置有关的内容中再做讨论，为保持向后兼容性，Cisco IOS 未对这一错误的置位方式做任何改动。

图 9-9 所示为 IS-IS 路由重分发故障排障流程，该流程相当简单。

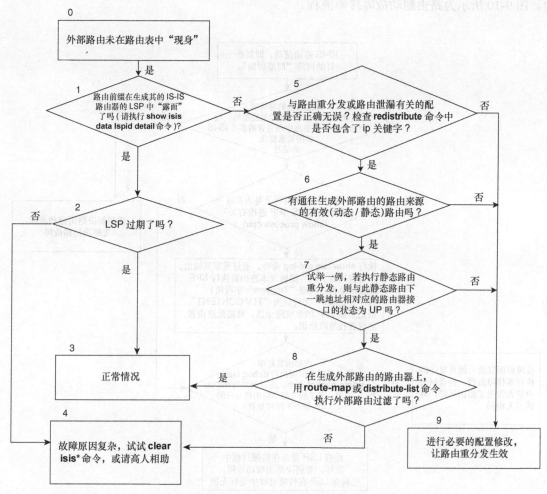

图 9-9 IS-IS 路由重分发故障排障流

9.2.3 路由翻动故障

路由翻动一般都是因路由来源（生成路由的路由器）和路由翻动处（发生路由发动的路由器）之间的链路不稳定所致。通常，只要链路"时起时伏"，就会让 IS-IS 路由器间的邻接关系发生变化，这会影响到多条 LSP 的传播，而每条 LSP 可能又承载了多条路由（目的网络前缀），最终，会导致那些路由在路由表内"时隐时现"。此外，路由翻动还会促使 IS-IS 路由器连续执行 SPF 运算，导致其 CPU 利用率居高不下，进而发生系统崩溃（crash）。在已经通告的 LSP 发生改变时，若只是目的 IP 前缀有所变动，则 IS-IS 路由器将执行部分路由计算（PRC）而不会执行完整的 SPF 计算。比之完整的 SPF 计算，路由器在执行 PRC 时，所占用的 CPU 周期较短。图 9-10 所示为路由翻动故障排障流程。

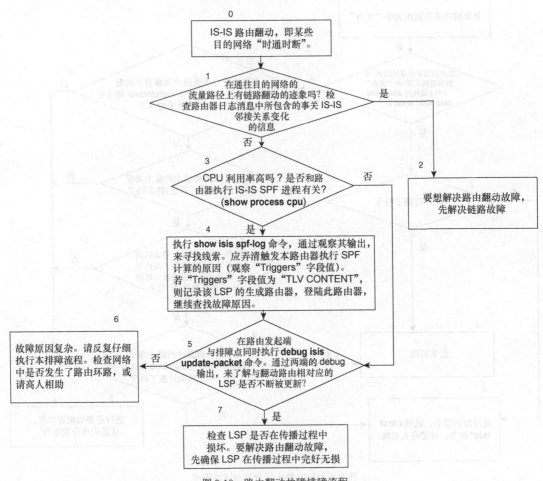

图 9-10　路由翻动故障排障流程

因"连绵不断"的 SPF 计算，而使得路由器的 CPU 利用率居高不下时，除了某些目的 IP 网络访问不到之外（显而易见，这属于路由选择问题），还明确标志着网络不稳定。可使用 IOS 命令行接口（CLI）、网络管理软件或特殊的网络性能分析工具（如 CiscoWorks 2000、HP Openview 等）来观察或监控路由器的 CPU 利用率。

通过 IOS CLI，执行 **show process cpu** 命令，可获知路由器的 CPU 使用情况。若能明确判断路由器的 CPU 利用率长期居高不下，是运行 SPF 计算所致，则执行 **show isis spf-log** 命令，并仔细观察输出，即可得知是哪些与 SPF 计算有关的事件导致了路由器高 CPU 利用率。例 9-28 所示为这条命令的输出示例。

例 9-28　跟踪与路由器执行 SPF 计算有关的事件

```
RT1#show isis spf-log
     Level 1 SPF log
     When     Duration  Nodes  Count   Last trigger LSP   Triggers
     03:40:08    0        3      1                        PERIODIC
     03:25:08    0        3      1                        PERIODIC
     03:10:07    0        3      1                        PERIODIC
     02:55:07    0        3      1                        PERIODIC
     02:40:07    0        3      1                        PERIODIC
     02:25:06    0        3      1                        PERIODIC
     02:10:06    0        3      1                        PERIODIC
     01:56:08    0        2      1     RT1.01-00          TLVCONTENT
     01:55:06    0        2      1                        PERIODIC
     01:40:06    0        2      1                        PERIODIC
     01:36:31    0        2      1     RT5.00-00          LSPEXPIRED
     01:28:31    0        2      2     RT1.01-00          NEWADJ TLVCONTENT
     01:28:25    0        3      1     RT5.00-00          NEWLSP
     01:25:06    0        3      1                        PERIODIC
     01:10:06    0        3      1                        PERIODIC
```

在例 9-28 所示输出中，可通过时间（when）、触发原因（triggers）及持续时间（duration）这三项指标，来了解 IS-IS 路由器运行 SPF 计算的情况。读者应该记得，IS-IS 路由器会定期（每隔 15 分钟）刷新一次 LSP，触发 SPF 计算。在 **show isis spf-log** 命令的输出中，这一事件会在"Triggers"栏中标以"PERIODIC"。通过例 9-28 所示输出，还可获悉：RT1 因在 01:25:25 收到了 RT5 通告的一条新 LSP，而花了一小段时间（可以忽略不计）（"Duration"为 0），执行了一次 SPF 计算。表 9-2 所列为触发路由器执行 SPF 计算的常见原因（即在 **show isis spf-log** 命令输出中最右边一列 ["triggers"栏] 里出现的 triggers 代码），及各自的含义。

表 9-2　　　　　　　　　　　　触发路由器执行 SPF 计算的原因

triggers 代码	含　　义
AREASET	区域变化
ATTACHFLAG	附接位置位情况有变
CLEAR	手动清除（IS-IS 进程）
CONFIG	配置变化
DELADJ	邻接关系删除
DIS	DIS 选举
ES	端系统信息有变
HIPPITY LSPDB	过载位状态改变
IP_DEF_ORIG	默认（路由）信息有变
IPDOWN	（与直连子网相对应）的 IP 前缀失效
IP_EXTERNAL	路由重分发有变
IPIA	区域间路由变化
IPUP	（与直连子网相对应）的 IP 前缀生效
NEWADJ	新近建立的邻近关系状态变 up

triggers 代码	含义
NEWLEVEL	IS-IS 路由进程层面有变
NEWMETRIC	在接口上设置了新的 IS-IS 路由度量值
NEWSYSID	（为 IS-IS 路由器）新分配了系统 ID
PERIODIC	（IS-IS 路由器）定性执行的 SPF 计算（时间间隔为 LSPDB 刷新时间）
TLVCODE	收到的 LSP 所含 TLV 的代码字段值此前未见
TLVCONTENT	收到的 LSP 所含 TLV 的内容有变

下列 IS-IS debug 命令也有助于定位与 SPF 计算有关的故障原因。

- **debug isis spf-events**
- **debug isis spf-triggers**
- **debug isis spf-statistics**
- **debug isis update-packets**
- **debug isis adj-packets**

启用 debug 命令时需慎之又慎，这样的操作会使得 IS-IS 路由器的 CPU 利用率居高不下。例 9-29 所示为 **debug isis spf-events** 命令的输出，可通过其来了解链路发生翻动（本例为手工 shutdown 路由器接口，模拟链路翻动）时，所发生的与路由器 RT1 执行 SPF 计算有关的事件。由输出中做高亮显示的内容可知，RT1 对某些需要重新计算的 LSP 作了标记（"flagged for recalculC"）。此外，对 RT1 执行 Level 1 和 Level 2 SPF 计算的事件也做了高亮显示。

例 9-29　debug isis spf-events 命令的输出表明，shutdown 路由器的某个接口之后，发生的与该路由器执行 SPF 计算有关的事件

```
RT1(config-if)#debug isis spf-events
Mar  6 20:17:26: ISIS-SPF: L1 LSP 1 (0000.0000.0001.00-00) flagged for recalculC
Mar  6 20:17:26: ISIS-SPF: L1 LSP 5 (0000.0000.0005.00-00) flagged for recalculC
Mar  6 20:17:26: %LINK-5-CHANGED: Interface Ethernet0/0, changed state to admin down
Mar  6 20:17:28: ISIS-SPF: Compute L1 SPT
Mar  6 20:17:28: ISIS-SPF: 3 nodes for level-1
Mar  6 20:17:28: ISIS-SPF: Move 0000.0000.0001.00-00 to PATHS, metric 0
Mar  6 20:17:28: ISIS-SPF: Add 0000.0000.0001.01-00 to TENT, metric 10
Mar  6 20:17:28: ISIS-SPF: Add 0000.0000.0001 to L1 route table, metric 0
Mar  6 20:17:28: ISIS-SPF: Move 0000.0000.0001.01-00 to PATHS, metric 10
Mar  6 20:17:28: ISIS-SPF: Aging L1 LSP 1 (0000.0000.0001.00-00), version 214
Mar  6 20:17:28: ISIS-SPF: Aging L2 LSP 2 (0000.0000.0001.00-00), version 208
Mar  6 20:17:28: ISIS-SPF: Aging L1 LSP 3 (0000.0000.0001.01-00), version 207
Mar  6 20:17:28: ISIS-SPF: Aging L2 LSP 4 (0000.0000.0002.00-00), version 209
Mar  6 20:17:28: ISIS-SPF: Aging L1 LSP 5 (0000.0000.0005.00-00), version 207
Mar  6 20:17:28: ISIS-SPF: Aging L2 LSP 6 (0000.0000.0006.01-00), version 112
Mar  6 20:17:28: ISIS-SPF: Aging L1 LSP 7 (0000.0000.0006.00-00), version 114
Mar  6 20:17:28: ISIS-SPF: Aging L2 LSP 8 (0000.0000.0001.01-00), version 1
Mar  6 20:17:29: %LINEPROTO-5-UPDOWN: Line protocol on Interface Ethernet0/0
Mar  6 20:17:33: ISIS-SPF: Compute L2 SPT
Mar  6 20:17:33: ISIS-SPF: 5 nodes for level-2
```

（待续）

```
Mar  6 20:17:33: ISIS-SPF: Move 0000.0000.0001.00-00 to PATHS, metric 0
Mar  6 20:17:33: ISIS-SPF: Add 49.0001 to L2 route table, metric 0
Mar  6 20:17:33: ISIS-SPF: Add 0000.0000.0001.01-00 to TENT, metric 10
Mar  6 20:17:33: ISIS-SPF: considering adj to 0000.0000.0002 (Serial0/0) metric
Mar  6 20:17:33: ISIS-SPF:     (accepted)
Mar  6 20:17:33: ISIS-SPF: Add 0000.0000.0002.00-00 to TENT, metric 10
Mar  6 20:17:33: ISIS-SPF:     Next hop 0000.0000.0002 (Serial0/0)
Mar  6 20:17:33: ISIS-SPF: Move 0000.0000.0001.01-00 to PATHS, metric 10
Mar  6 20:17:33: ISIS-SPF: Move 0000.0000.0002.00-00 to PATHS, metric 10
Mar  6 20:17:33: ISIS-SPF: Add 49.0002 to L2 route table, metric 10
Mar  6 20:17:33: ISIS-SPF: Redundant IP route 10.1.2.0/255.255.255.0, metric 20d
Mar  6 20:17:33: ISIS-SPF: Redundant IP route 11.1.1.2/255.255.255.255, metric d
Mar  6 20:17:33: ISIS-SPF: Redundant IP route 11.1.1.6/255.255.255.255, metric d
Mar  6 20:17:33: ISIS-SPF: Add 192.168.1.0/255.255.255.252 to IP route table, m0
Mar  6 20:17:33: ISIS-SPF: Next hop 0000.0000.0002/192.168.1.2 (Serial0/0) (rej)
```

排障方法汇总

如路由翻动故障排障流程所示（见图 9-10），大多数路由翻动故障都与网络中的链路故障紧密关联（见排障流程 2）。可通过排查物理层及数据链路层故障来解决链路故障。

路由翻动还有可能是因为 LSP 在传播过程中损坏，甚至是由路由环路所引发，排除此类故障时，将会更为棘手。可能的情况还有，当路由表中的路由"时隐时现"时，网络中虽没有"时起时伏"的链路，但 IS-IS 路由器的 CPU 利用率却总是居高不下，这就说明路由器在持续执行 SPF 计算（见排障流程 4）。通过观察 **show isis spf-log** 命令的输出，可以很清楚地得知哪条 LSP 频繁发生变化，并触发路由器执行 SPF 计算。还可从 **debug isis update-packets** 命令的输出了解到 IS-IS 路由器执行路由更新的过程。执行 debug 命令时，应慎之又慎，确保路由器的 CPU 不会因执行 debug 操作而"应接不暇"。路由器还会生成与 LSP 错误有关的日志信息，会在日志中记录 LSP 数据包是否在传播过程中发生了损坏，以及发出损坏 LSP 数据包的路由器（见排障流程 7）。把注意力集中在频繁发生改变的 LSP 上，是定位故障原因，乃至解决故障的关键。

9.3　IS-IS 错误消息

本节只会关注在 IS-IS 路由选择环境中，路由器经常"报告"的错误。由例 9-30 所示错误消息可知，IS-IS 进程收到了只有 51 字节的 Hello 数据包，而非预期的 53 字节的 ATM 信元。这极有可能是因为路由器接口模块硬件故障，"损毁"了数据包所致。若 IS-IS 进程连续不断地收到这种损毁的 Hello 数据包，就会导致 IS-IS 邻接关系建立故障。

例 9-30　收到的 Hello 数据包长度异常

```
Nov 16 02:18:04.848 EDT: %CLNS-4-BADPACKET: ISIS: P2P hello, option 8 length 53
    remaining bytes (51) from VC 2 (ATM4/0.2)
```

例 9-31 所示错误消息表明，IS-IS 进程收到了格式错误的链路状态数据包，其 NSAP 字段值的长度长于期望值。其原因可能是路由器所运行的 IOS 在 IS-IS 实现方面存在 Bug，该 Bug 会对 IS-IS 路由信息的发布造成影响。

例 9-31 收到了格式错误的 LSP，其所含 NSAP 地址长度异常

```
Mar 10 11:59:46.171: %CLNS-3-BADPACKET: ISIS: L1 LSP, option 1 address prefix length
        135 > max NSAP length (21), ID 0000.0000.04B7.00-00, seq 25948, ht 1115 from
        *PPP* (POS6/0).
```

可执行 router 配置模式命令 **log-adjacency-change**，让路由器在其日志消息中记录 IS-IS 邻接关系的变化情况。然后，当执行 **show logging** 命令时，就能观察到与 IS-IS 邻接关系改变有关的日志消息了，如例 9-32 所示。

例 9-32 跟踪 IS-IS 邻接关系的变化情况

```
RT1#show logging
%CLNS-5-ADJCHANGE: ISIS: Adjacency to 0000.0000.0001 (ethernet 0)
%CLNS-5-ADJCHANGE: ISIS: Adjacency to 0000.0000.0002 (ethernet 0)
```

例 9-33 所示为某路由器侦测到本区域（包括骨干区域）内另一台路由器的系统 ID 与其发生冲突时，在日志消息中记录下来的相关信息。

例 9-33 与系统 ID 冲突有关的日志信息

```
RT1#show logging
%CLNS-4-DUPSYSTEM: ISIS: possible duplicate system  ID 0000.0000.0002 detected
```

9.4 CLNS ping 及 traceroute

Cisco IOS 同样支持可在 ISO CLNP 网络环境里使用的 ping 及 traceroute 命令，这两条命令的用法与人们熟悉的 IP 版本的等价命令相同。显而易见，**ping clns** 和 **traceroute clns** 命令只适用于 ISO CLNP 网络环境，但在 IP 网络环境中，这两条命令也有助于排除 IS-IS 路由协议运行故障。要想让 **ping clns** 和 **traceroute clns** 命令正常运作，无需在网络内的所有路由器上提前启用 **clns router isis** 命令。而在 IP 网络环境中，若要让只设有 IP 地址的路由器接口参与 IS-IS 路由进程，除了要在路由器上激活 IS-IS 路由进程之外，还得在接口上配置 **ip router isis** 命令。例 9-34 到 9-38 演示了如何在 Cisco 路由器上使用基于 CLNS 的 **ping clns** 及 **traceroute clns** 命令。这些示例基于图 9-11。用于 CLNS 网络环境的 **ping clns** 及 **traceroute clns** 命令也各自包含扩展选项，这与 IP 版本的等价命令相同。

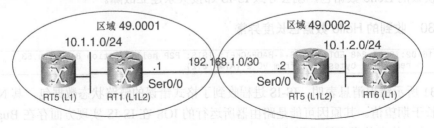

图 9-11　用来演示 ping clns 命令和 traceroute clns 命令的网络

例 9-34　ping clns 命令的用法

```
RT5#ping clns 49.0002.0000.0000.0006.00

Type escape sequence to abort.
Sending 5, 100-byte CLNS Echos with timeout 2 seconds
!!!!!
Success rate is 100 percent (5/5), round-trip min/avg/max = 4/4/4 ms
```

例 9-35　扩展 ping clns 命令的用法

```
RT5#ping
Protocol [ip]: clns
Target CLNS address: 49.0002.0000.0000.0006.00
Repeat count [5]: 2
Datagram size [100]:
Timeout in seconds [2]:
Extended commands [n]: y
Source CLNS address [49.0001.0000.0000.0005.00]:
Include global QOS option? [yes]:
Pad packet? [no]:
Validate reply data? [no]:
Data pattern [0xABCD]:
Sweep range of sizes [n]:
Verbose reply? [no]:
Type escape sequence to abort.
Sending 2, 100-byte CLNS Echos with timeout 2 seconds
!!
Success rate is 100 percent (2/2), round-trip min/avg/max = 4/4/4 ms
```

例 9-36 所示为在 RT5 上针对 **ping clns** 命令（见例 9-34 和例 9-35）生成的事关 clns 数据包的 debug 输出。**debug clns packets** 命令的输出会显示出相关数据包的源和目地 NSAP 地址、路由器的发包接口，以及接收回馈数据包的接口。

例 9-36　执行 CLNS ping 命令的同时，"debug" CLNS 数据包

```
RT5#debug clns packets
Mar 10 07:50:43: CLNS: Originating packet, size 100
Mar 10 07:50:43:         from 49.0001.0000.0000.0005.00
    to 49.0002.0000.0000.0006.00
      via 0000.0000.0001 (Ethernet0/0 00d0.58f7.8941)

Mar 10 07:50:43: CLNS: Echo Reply PDU received on Ethernet0/0!

Mar 10 07:50:43: CLNS: Originating packet, size 100
Mar 10 07:50:43:         from 49.0001.0000.0000.0005.00
    to 49.0002.0000.0000.0006.00
      via 0000.0000.0001 (Ethernet0/0 00d0.58f7.8941)

Mar 10 07:50:43: CLNS: Echo Reply PDU received on Ethernet0/0!
```

例 9-37 和例 9-38 所示为在 RT5 上针对 RT6（的 NSAP 地址），执行标准及扩展 **traceroute clns** 命令的输出。与扩展 **ping clns** 命令相同，扩展 **traceroute clns** 命令也支持命令参数的自定义，包括指明路由器发包接口的 NSAP 地址。

例 9-37 traceroute clns 命令的用法

```
RT5#traceroute clns 49.0002.0000.0000.0006.00

Type escape sequence to abort.
Tracing the route to 49.0002.0000.0000.0006.00

  1 49.0001.0000.0000.0001.00 0 msec ! 0 msec ! 0 msec !
  2 49.0002.0000.0000.0002.00 0 msec ! 0 msec ! 0 msec !
  3 49.0002.0000.0000.0006.00 0 msec ! 0 msec ! 0 msec !
```

例 9-38 扩展 traceroute clns 命令的用法

```
RT5#traceroute
Protocol [ip]: clns
Target CLNS address: 49.0002.0000.0000.0006.00
Timeout in seconds [3]:
Probe count [3]:
Minimum Time to Live [1]:
Maximum Time to Live [30]:
Extended commands [n]: y
Source CLNS address [49.0001.0000.0000.0005.00]:
Include global QOS option? [yes]:
Pad packet? [no]:
Validate reply data? [no]:
Data pattern [0x60CD]:
Sweep range of sizes [n]:
Verbose reply? [no]:
Type escape sequence to abort.
Tracing the route to 49.0002.0000.0000.0006.00

  1 49.0001.0000.0000.0001.00 4 msec ! 0 msec ! 0 msec !
  2 49.0002.0000.0000.0002.00 0 msec ! 0 msec ! 0 msec !
  3 49.0002.0000.0000.0006.00 0 msec ! 0 msec ! 0 msec !
```

9.5 案例分析：ISDN 配置故障

本节会研究一个发生在 ISDN 拨号场景中的 IS-IS 故障，其目的是要带读者过一遍在该场景中可能会引发 IS-IS 故障的所有潜在原因，以巩固本章所传授的排障知识。

如图 9-12 所示，RTA 和 RTB 通过一条 ISDN 拨号链路互连。两台路由器的配置都是"标准"配置，如例 9-39 所示。

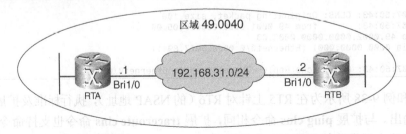

图 9-12 用来演示在 ISDN 拨号场景中排除 IS-IS 故障的网络拓扑

例 9-39　图 9-12 中 RTA 和 RTB 的配置

```
RTA#
 interface BRI1/0
  ip address 192.168.31.1 255.255.255.0
  ip router isis
  encapsulation ppp
  bandwidth 56000
  isdn spid1 91947209980101 4720998
  isdn spid2 91947209990101 4720999
  dialer idle-timeout 1200
  dialer map clns 49.0040.0000.0000.3200.00 name RTB broadcast 4723074
  dialer map ip 192.168.31.3 name RTB broadcast 4723074
  dialer hold-queue 10
  dialer load-threshold 100
  dialer-group 1
  ppp authentication chap
  clns router isis
 !
 router isis
  passive-interface Loopback0
  net 49.0040.0000.0000.3100.00
  is-type level-1
 !
 clns route 49.0040.0000.0000.3200.00 BRI1/0
 dialer-list 1 protocol ip permit
 dialer-list 1 protocol clns permit

RTB#
 interface BRI1/0
  ip address 192.168.31.3 255.255.255.0
  ip router isis
  encapsulation ppp
  bandwidth 56000
  isdn spid1 91947230740101 4723074
  isdn spid2 91947230750101 4723075
 dialer idle-timeout 1200
  dialer map clns 49.0040.0000.0000.3100.00 name RTA broadcast 4720998
  dialer map ip 192.168.31.1 name RTA broadcast 4720998
  dialer hold-queue 20
  dialer load-threshold 200
  dialer-group 1
  ppp authentication chap
  clns router isis
 !
 router isis
  passive-interface Loopback0
  net 49.0040.0000.0000.3200.00
  is-type level-1
 !
 clns route 49.0040.0000.0000.3100.00 BRI1/0
 dialer-list 1 protocol ip permit
 dialer-list 1 protocol clns permit
```

在例 9-39 所示配置中，**dialer-list** 命令的作用是，"划定"感兴趣流量，此类流量会迫使路由器激活并建立 ISDN 链路。RT1 和 RT2 所设 **dialer-list** 命令同时包含有关键字 **ip** 和 **clns**。然而，由例 9-41 所示 debug 命令的输出可知，在 RTB 上执行 CLNS ping 操作（如例 9-40 所示），根本激活不了 ISDN 链路。

例 9-40 在 RTB 上试图通过 CLNS ping 操作，激活 ISDN 链路

```
RTB#ping clns 49.0040.0000.0000.3100.00

Type escape sequence to abort.
Sending 5, 100-byte CLNS Echos with timeout 2 seconds

CLNS: cannot send ECHO.
CLNS: cannot send ECHO.
CLNS: cannot send ECHO.
CLNS: cannot send ECHO.
CLNS: cannot send ECHO.
Success rate is 0 percent (0/5)
```

例 9-41 所示为如何通过观察 **debug clns packets** 命令的输出，来定位故障（执行 CLNS ping 操作，激活不了 ISDN 电路）的根源。由例 9-41 中做高亮显示的内容表可知，在 BRI1/0 接口上发生了 CLNS 封装故障，因为该接口"识别"不了 CLNS 数据包的 SNPA 类型。

例 9-41 根据 debugs clns packets 命令的输出，来定位故障的起因

```
RTB#debug clns packets
CLNS packets debugging is on

Aug  9 09:35:17: CLNS: Originating packet, size 100
Aug  9 09:35:17:          from 49.0040.0000.0000.3200.00
               to 49.0040.0000.0000.3100.00
               via 49.0040.0000.0000.3100.00 (BRI1/0 **Unknown SNPA type**)
Aug  9 09:35:17: CLNS encaps failed on BRI1/0 for dst= 49.0040.0000.0000.3100.00
Aug  9 09:35:17: CLNS: Originating packet, size 100
Aug  9 09:35:17:          from 49.0040.0000.0000.3200.00
               to 49.0040.0000.0000.3100.00
               via 49.0040.0000.0000.3100.00 (BRI1/0 **Unknown SNPA type**)
Aug  9 09:35:17: CLNS encaps failed on BRI1/0 for dst= 49.0040.0000.0000.3100.00
Aug  9 09:35:17: CLNS: Originating packet, size 100
Aug  9 09:35:17:          from 49.0040.0000.0000.3200.00
               to 49.0040.0000.0000.3100.00
               via 49.0040.0000.0000.3100.00 (BRI1/0 **Unknown SNPA type**)
Aug  9 09:35:17: CLNS encaps failed on BRI1/0 for dst= 49.0040.0000.0000.3100.00
Aug  9 09:35:17: CLNS: Originating packet, size 100
Aug  9 09:35:17:          from 49.0040.0000.0000.3200.00
               to 49.0040.0000.0000.3100.00
               via 49.0040.0000.0000.3100.00 (BRI1/0 **Unknown SNPA type**)
Aug  9 09:35:17: CLNS encaps failed on BRI1/0 for dst= 49.0040.0000.0000.3100.00
Aug  9 09:35:17: CLNS: Originating packet, size 100
Aug  9 09:35:17:          from 49.0040.0000.0000.3200.00
               to 49.0040.0000.0000.3100.00
               via 49.0040.0000.0000.3100.00 (BRI1/0 **Unknown SNPA type**)
Aug  9 09:35:17: CLNS encaps failed on BRI1/0 for dst= 49.0040.0000.0000.3100.00
```

在 **dialer-list** 命令后敲个"？"，看看还包含有哪些选项，如例 9-42 所示。由例 9-42 可知，配置 **dialer-list** 命令时，应该包含的关键字为 **clns_is** 而非 **clns**。

例 9-42 dialer-list 命令与 CLNS 有关的可选关键字

```
RTB(config)#dialer-list 1 protocol?
  clns             OSI Connectionless Network Service
  clns_es          CLNS End System
  clns_is          CLNS Intermediate System

RTB(config)#dialer-list 1 protocol clns_is permit
```

正确修改了与 **dialer list** 有关的配置之后，在 RTB 上执行 **ping clns** 命令，就能够激活 ISDN 链路了，如例 9-43 所示。

例 9-43 执行了带 clns is 选项的 dialer-list 命令之后，再次执行 ping clns 命令进行连通性测试

```
RTB#ping clns 49.0040.0000.0000.3100.00
Type escape sequence to abort.
Sending 5, 100-byte CLNS Echos with timeout 2 seconds
!!!!!
Success rate is 100 percent (5/5), round-trip min/avg/max = 40/42/44 ms
```

本例详细说明了如何将 **ping clns** 命令与 **debug clns packets** 命令结合使用，来解决与 IS-IS 有关的基本连通性故障。

9.6 IS-IS 排障命令汇总

表 9-3　　　　　　　　　　　　　　　IS-IS 排障命令

命令类型	命令
系统 show 命令	show version show run
CLNS show 命令	show clns route show clns cache show clns traffic
CLNS clear 命令	clear clns cache clear clns es-neighbors clear clns is-neighbors clear clns neighbors clear clns route
CLNS debug 命令	debug clns events debug clns packets debug clns routing
IP show 命令	show ip protocol show ip route summary show ip traffic
IS-IS show 命令	show isis route
IS-IS clear 命令	clear isis *
IS-IS debug 命令	debug isis adj-packets debug isis snp-packets debug isis spf-events debug isis spf-triggers debug isis spf-statistics debug isis update-packets

9.7 总　结

本章细述了 IS-IS 路由协议常见故障的排障方法。在本章的开篇,将导致 IS-IS 路由协议故障的原因分为两类:

- 配置错误及互操作故障;
- 软、硬件故障。

要想施展本章所讨论的排障技术,就得首先识别故障是由那种原因所引起。然而,要想排除由第二类原因所导致的 IS-IS 故障,不但要借助于特殊的工具,还需要对 Cisco IOS 的 IS-IS 实现有着深入的理解。因此,对于此类故障,应向 Cisco TAC 寻求帮助。

可进一步将由配置错误及互操作性所引起的 IS-IS 路由故障,细分为邻接关系建立故障和路由通告故障。

表 9-1 是对 IS-IS 邻接关系建立故障的总结,并列出了导致此类故障的潜在原因。其后的内容涵盖了有关 IS-IS 邻接关系建立故障的描述,给出了详细的排障方法以及排障流程,还向读者提供了具体的 **show** 命令及相应的 **debug** 命令的示例。

紧随其后的一节侧重于路由通告故障的讲解,给出了详细的排障流程,以及用来定位故障起因的相关 debug 命令。

本章第三节解释了 IS-IS 网络环境中路由器生成的 IS-IS 常见错误消息,路由器之所以会在日志中记录此类错误消息,是因为网络中有故障"潜伏"。

本章第四节则介绍了 **ping clns** 和 **traceroute clns** 命令的用法。

本章最后一节讨论了如何在 ISDN 网络环境中,排除与 IS-IS 路由有关的基本连通性故障。

本章涵盖以下与 PIM 协议有关的关键主题：
- IGMPv1/v2 及逆向路径转发（RPF）的基本原理；
- PIM 密集模式；
- PIM 稀疏模式；
- IGMP 和 PIM 数据包的格式。

第 10 章

理解 PIM 协议

主机间的流量传输问题早已成为学术界的热议。随着技术的进步，各种主机间的流量传输技术也层出不穷。两特定主机间的流量传输称为单播（unicast）。

一对一的流量传输实现起来非常简单。当前，在不中断业务流量的情况下，要实现主机间一对多的流量传输问题，还是一个重大挑战。本书截稿之际，要想实现主机间一对多的通信，还得求助于广播。最近几年，多播作为一种主机间一对多通信的有效替代方案，逐步得到了广泛应用。

多播、广播和单播的不同之处在于：单播数据包只会发往一台主机；广播数据包则发往同一网段内的所有主机，无论主机愿不愿意接收；多播是一种向多台主机同时交付感兴趣数据包的有效方法。多播数据包的 IP 地址属于 D 类地址，范围为 224.0.0.0～239.255.255.255。多播发送者只会发出数据包的一份拷贝，对其感兴趣的主机才能接收得到。

在抵达既定目的网络之前，多播数据包可能会途经多台路由器，因此那些路由器需启用某种路由协议，来确保多播数据包的有效传递，并避免转发环路。

为此，人们开发出了多种多播路由协议。首当其冲的就是距离矢量多播路由协议（Distance Vector Multicast Routing Protocol，DVMRP），但其收敛速度非常缓慢，而且不具备可扩展性。于是，Cisco 公司开发出了一种多播路由协议，名为协议无关多播（Protocol Independent Multicast，PIM）路由协议。PIM 路由器会根据单播路由表，来作出多播流量的转发决策。因此，为执行多播路由选择，可选择让路由器运行本书提及的任何一种单播路由协议——RIP、IGRP、EIGRP、OSPF、BGP 或 IS-IS。

按运作模式来分,PIM 分为两种——PIM 密集模式和 PIM 稀疏模式。每一种模式都有其优缺点,及不同的实施方法。

转发多播流量时,运行 PIM 密集模式的路由器采用的是泛洪和剪枝(flood-and-prune)机制。PIM 密集模式实施起来非常简单,实施难度比 PIM 稀疏模式小很多;但在大型网络中,PIM 密集模式不具备任何可扩展性。因此,PIM 密集模式只适用于小型多播网络环境。

运行 PIM 稀疏模式的路由器则使用明确的组加入(group-join)机制,来转发多播流量。与 PIM 密集模式不同,PIM 稀疏模式的可扩展性极高,适用于大型多播网络环境。由于可扩展性卓越,因此实施起来要比 PIM 密集模式复杂的多,一旦出了故障,排障难度可想而知。

10.1 IGMP 版本 1、2 及逆向路径转发的基本原理

探究复杂的 PIM 协议之前,首先需要掌握因特网组管理协议(Internet Group Management Protocol,IGMP)和逆向路径转发(Reverse Path Forwarding,RPF)的基本原理。

IGMP 是一种用在主机(也称为多播接收主机)和多播路由器之间,让两种设备"互通有无"的协议。说简单点,借助于 IGMP,多播路由器就能感知到主机欲接收那个多播组地址的流量。只要在路由器上启用了 PIM,IGMP 也会随之启用。IGMP 数据包包头的 TTL 字段值总是为 1,故其只能在本地网络内"溜达",不能被路由器转发。

10.1.1 IGMP 版本 1

运行 IGMP 版本 1(定义于 RFC 1112)的路由器会发出目的地址为 224.0.0.1(此地址为所有主机多播地址)的 IGMP 查询消息,去查询拥有活跃多播接收主机的多播组地址。多播接收主机也可以发出 IGMP 报告消息,告知路由器,自己对某特定多播地址的多播流量感兴趣。主机可通过异步的方式发送 IGMP 报告消息,或以此来响应由路由器发出的 IGMP 查询消息。若有多台多播接收主机希望接收同一多播组地址的流量,则只有其中的一台主机会发出 IGMP 报告消息,其他主机则"一声不吭"。

试举一例,如图 10-1 所示,图中的路由器 R1 将定期发送目的地址为 224.0.0.1 的 IGMP 查询消息。每个子网内希望接收同一多播组地址流量的多台主机中,只有一台主机(本例为 H2)会向路由器发送 IGMP 报告消息,而子网内的其他主机 H1 和 H3 都"一声不吭"。

IGMP 版本 1 不支持 IGMP 查询路由器的选举。若网段中部署了多台多播路由器,则所有路由器都会定期发送 IGMP 查询消息。IGMP 版本 1 也不支持主机脱离多播组(不想接收某特

定多播组地址的流量）的特殊通报机制。当某些主机不再对目的地址为特定多播组地址的流量感兴趣时，这些主机只是不再响应路由器发出的 IGMP 查询消息。但路由器仍将继续发送 IGMP 查询消息，连发三次之后，若仍无主机回应，与相关多播组地址挂钩的计时器将会超时，路由器便会停止在网段内发送目的地址为该多播组地址的流量。若在计时器超时之后，主机又希望接收目的地址为该多播组地址的流量，则只需向路由器重新发送一条 IGMP 加入消息，路由器就会再次转发相关多播流量。

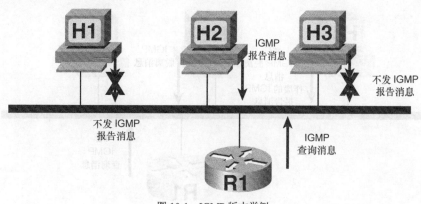

图 10-1　IGMP 版本举例

10.1.2　IGMP 版本 2

IGMP 版本 2（定义于 RFC 2236）对版本 1 做出了几处改进，让路由器在判断主机加入和脱离多播组时，更加高效。下面列出了对 IGMP 版本 1 做出的几项重要改进。

- 查询路由器推举机制——在多路访问网络中，若部署了多台多播路由器，则会根据路由器连接该网络的接口的 IP 地址，来推举 IGMP 查询路由器。这就是说，每个网段内同时只会有一台路由器在发送 IGMP 查询消息。
- 脱离组消息——若某主机不想接收目的地址为特定多播组地址的流量，则会发出一条脱离消息，脱离该组。与版本 1 相比，这节省了脱离等待时间。
- 特定组查询消息——在停止转发目的地址为特定多播组地址的流量之前，路由器会针对此多播地址，发出特定组查询消息。这可确保网段内不再有相应多播组的感兴趣接收主机。

IGMP 版本 2 和版本 1 的主机加入多播组的机制都完全相同，但脱离机制略有不同。运行 IGMP 版本 2 的情况下，当主机欲脱离多播组时，会发出一条 IGMP 脱离消息。收到该脱离消息时，路由器会发出 IGMP 查询消息，以了解网段内是否还有其他主机对该多播组的流量感兴趣。若仍有主机对该多播组的流量感兴趣，这些主机就会发出 IGMP 加入消息，让先前那条 IGMP 脱离消息"作废"；若收不到 IGMP 加入消息，路由器便认为再无其他主机对发往该多播组地址的流量感兴趣，于是会暂停流量的转发。

由图 10-2 可知，主机 H2 欲脱离多播组，因为其发出了一条 IGMP 脱离消息。收到此脱离消息之后，路由器 R1 会立即发出 IGMP 查询消息，看看网络中有无其他主机对该多播组的流量感兴趣。本例，主机 H1 仍希望接收发往该多播组地址的流量，因此会发出一条 IGMP 报告消息，让之前的 IGMP 脱离消息作废。在此情形，该多播组维持活跃状态，路由器仍将在 LAN 网段内转发目的地址为该多播组地址的流量。

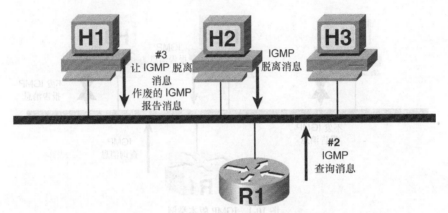

图 10-2　IGMP 版本 2 主机脱离多播组的机制——多播组仍维持活跃状态

图 10-3 所示网络场景与图 10-2 完全一样。收到主机 H2 发出的 IGMP 脱离消息之后，路由器 R1 会立刻发出 IGMP 查询消息。由于主机 H1 和 H3 都不再对该多播组的流量感兴趣，因此会对路由器发出的 IGMP 查询消息"视而不见"，不做任何回应。只要 R1 未侦听到自己所发 IGMP 查询消息的任何回应，等待一段时间之后，就会停止在 LAN 网段内转发该多播地址的流量。

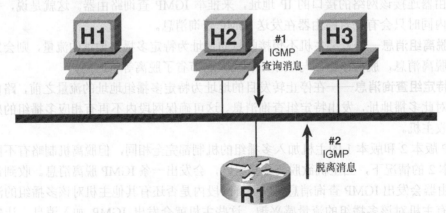

图 10-3　IGMP 版本 2 主机脱离多播组的机制——路由器停止在 LAN 内转发多播流量

10.1.3 多播转发（逆向路径转发）

"摆弄"PIM 之前，需理解多播转发机制的运作原理。单、多播流量转发（单、多播路由选择）的原理可谓是背道而驰。路由器在执行单播流量转发时，关心的是数据包的去处；转发多播流量时，则关心的是数据包从何而来。执行多播路由选择（多播流量转发）时，路由器必须得仰仗 RPF 机制，来确定是否存在转发环路。简而言之，在受 RPF 检查约束的情况下，多播路由器只有从通向多播源的上游接口收到多播数据包时，才会执行转发操作。说透一点，就是路由器从某接口收到多播数据包时，会动用单播路由表，针对该多播数据包包头中的单播源 IP 地址，执行 RPF 检查。若多播数据包的接收接口，是本机单播路由表内指向多播源 IP 地址的流量出站接口，则 RPF 检查成功；否则，RPF 检查失败，路由器会丢弃多播数据包。

如图 10-4 所示，路由器 S1 接口收到一多播数据包，其源 IP 地址为 192.168.3.1。路由器会检查单播路由表，查找匹配 192.168.3.1 的路由条目。查过路由表之后，路由器发现路由 192.168.3.0/24 学自 S1 接口。这意味着多播流量的接收接口与单播路由表中的信息吻合，RPF 检查成功。只要通过了 RPF 检查，路由器就会从多播流量的出站接口（outgoing interface）外发多播流量——本例中，多播流量的出站接口为 E0 和 S2 接口。多播流量的出站接口是指符合下列条件之一的路由器接口。

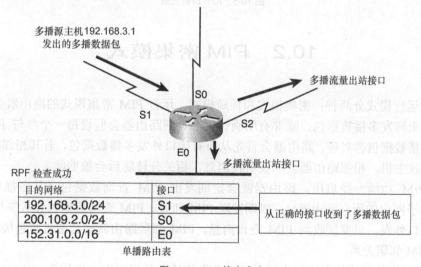

图 10-4 RPF 检查成功

- 获悉 PIM 邻居路由器的接口。
- 连接了想要接收相关多播组地址流量的主机的接口。
- 以手动配置的方式，加入了相关多播组的接口。

图 10-5 中的路由器通过接口 S0 收到源地址为 192.168.3.1 的多播数据包。如前所述，路由

器会先查单播路由表，验证路由 192.168.3.0/24 是否从其 S1 接口学得。本例中，由对应于多播源主机的 IP 地址（192.168.3.1，该地址同样是多播数据包的源 IP 地址）的单播路由表表项可知，路由器接收多播数据包的接口，跟此单播路由表表项中所保存的下一跳接口不匹配。因此，RPF 检查失败，路由器丢弃多播数据包。

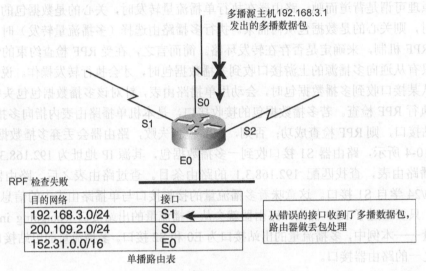

图 10-5 RPF 检查失败

10.2 PIM 密集模式

　　PIM 的运行模式分两种：密集模式和稀疏模式。运行 PIM 密集模式的路由器会利用泛洪/剪枝机制，来转发多播数据包。除非有明确设置，否则路由器会假设每一个参与 PIM 进程的接口都对多播数据包感兴趣。路由器会首先从所有接口外发多播数据包，若其相邻的路由器未连接多播接收主机，相邻路由器会回发剪枝消息，相关分枝随后会被剪除。

　　只要 PIM 功能一经启用，路由器就会定期发出 PIM 查询数据包（其多播目的地址为 224.0.0.2[本子网内的所有路由器]），以期发现 PIM 邻居。PIM 查询数据包会从参与 PIM 进程的路由器接口外发。只要接收到 PIM 查询消息，PIM 邻居路由器就会通过收包接口，跨链路与其建立 PIM 邻居关系。

　　运行 PIM 密集模式的路由器会通过"录入"进输出接口列表（也称为 oilist）中的接口，向外泛洪多播数据包。只要接口满足以下条件，运行 PIM 密集模式的路由器就会将其录入 oilist：

- 已建立起 PIM 邻居关系的接口；
- 接口所连主机通过 IGMP 加入了多播组；
- 接口上设有 ip igmp join-group 命令，被强行加入了多播组。

　　收到多播数据包时，运行 PIM 密集模式的路由器会通过"录入"进 oilist 的所有接口向外泛洪。若其从邻居路由器收到 PIM 剪枝数据包，就会停止在收包接口上外发多播流量。

如图 10-6 所示，路由器 R1 通过 S0 接口收到入站多播流量。因 R1 所运行的 PIM 模式为密集模式，故其会通过 oilist 所包含的所有接口（E0 和 S1）外发多播数据包。路由器 R2 未连接任何对多播流量感兴趣的主机，因此会向 R1 发送 PIM 剪枝消息。一旦收到 PIM 剪枝消息，R1 会先等待 3 秒钟，然后才会停止在接口 E0 上外发特定多播组地址的流量。R1 等这 3 秒钟，是要给其 E0 接口所连 LAN 内的其他路由器留有"余地"，让那些路由器有充足的时间发出 PIM 加入消息，撤销之前收到的 PIM 剪枝消息。

完成对接口的剪枝操作之后，路由器将停止从该接口外发相关多播组地址的流量。回到图 10-6，假定路由器 R2 E1 接口所连主机希望接收多播流量，R2 将会向 R1 发出 PIM 加入消息。收到 PIM 加入消息之后，R1 会把接口 E0 置为多播转发状态，多播流量将会流向路由器 R2。

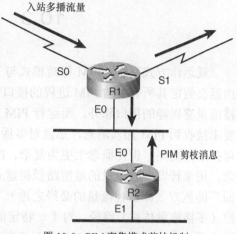

图 10-6 PIM 密集模式剪枝机制

若 R1 E0 接口所在 LAN 内连接有另外两台路由器，且两者都连接有想要接收来自同一多播源的多播流量的主机，则这两台路由器都会转发（来自同一多播源）的多播流量，这就会导致 R1 在 E0 接口上复制转发同一份多播数据流量。PIM 密集模式支持断言机制（assert mechanism）可避免这种情况的发生。图 10-7 演示了 PIM 断言机制。

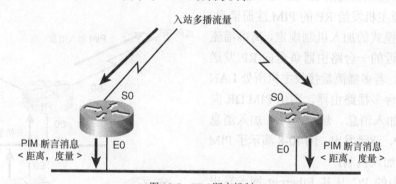

图 10-7 PIM 断言机制

若无 PIM 断言机制，两台路由器都会通过 E0 接口将多播流量转发进 LAN。这将导致 LAN 内涌入重复的多播数据包。有了断言机制，那两台路由器会互发 PIM 断言消息，消息中包含了路由器自身通向多播源 IP 地址的单播路由的距离或度量信息。距多播源最近（握有通向多播源最优单播路由的）的路由器将赢得断言选举，然后开始在 LAN 内转发多播数据包。在断言选举过程中落败的路由器会对其多播流量外发接口（E0 接口）做剪枝处理。若两台路由器握有度量值相同的通向多播源的单播 IP 路由，则拥有最高接口 IP 地址的那台路由器将赢得断言选举。PIM 断言机制就是以上述方式，将 LAN 内多播流量的转发路由器限制为一台。

10.3 PIM 稀疏模式

就运作方式而言，PIM 稀疏模式与 PIM 密集模式可谓背道而驰。运行 PIM 密集模式的路由器会假定其所有参与 PIM 进程的接口都对多播流量感兴趣，当然被"明令禁止"，不得对多播流量感兴趣的接口除外。而运行 PIM 稀疏模式的路由器会假设其参与 PIM 进程的接口，只要未接收到 PIM 加入消息，那就对多播流量不感兴趣。比之 PIM 密集模式，PIM 稀疏模式的可扩展性更高，但在概念上更为复杂。PIM 稀疏模式有集合点（Rendezvous Point，RP）的概念。用来转发多播流量的最短路径树建立之前，RP 是多播发送主机和多播接收主机首先"碰面"的地方（即多播流量的必经之地）。最短路径树是指多播发送主机和多播接收主机间的最短（多播流量传播）路径。对于一特定的多播组（地址）而言，只会在网络内选举出一台多播路由器，充当 RP 之职。RP 的选举机制有两种：静态配置；通过 Auto-RP 机制动态选举。

就邻居发现方法而言，PIM 稀疏模式与 PIM 密集模大体相同。PIM 路由器会发出 PIM 查询数据包来发现连接到本机链路上的 PIM 邻居路由器。在运行 PIM 稀疏模式的 LAN 段内，具有最高接口 IP 地址的路由器将被选举为指定路由器（DR）。该指定路由器会代表 LAN 段内的其他路由器，向 RP 发送 PIM 加入消息。

在运行 PIM 稀疏模式的网络中，要把多播流量一分为二来看待。
1. 多播接收主机发给 RP 的 PIM 加入消息。
2. 多播源主机发给 RP 的 PIM 注册消息。

PIM 稀疏模式的加入机制规定，离多播流量接收主机最近的一台路由器负责向 RP 发送 PIM 加入消息。若多播流量接收主机所处 LAN 网段内不止一台多播路由器，则由 PIM DR 向 RP 发出 PIM 加入消息。然后，PIM 加入消息会一直朝着 RP，逐跳发出。图 10-8 演示了 PIM 稀疏密模式的加入机制。

图 10-8 中的 PC 从其 Ethernet 网卡发出 IGMP 加入消息。由于路由器 R2 E1 接口的 IP 地址高于路由器 R3 E1 接口，因此 R2 为（该 LAN 内的）DR。路由器 R2 会朝着 RP 的方向，发送 PIM 加入消息，于是路由器 R1 将会收到 PIM 加入消息。而路由器 R1 也会朝着 RP 的方向，发送 PIM 加入消息。最终，PIM 加入消息会一跳一跳地从离多播接收主机最近的叶

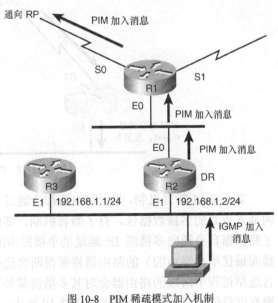

图 10-8 PIM 稀疏模式加入机制

路由器送达 RP。叶路由器是指外围多播路由器，只用来接入多播接收主机。

注册过程是 PIM 稀疏模式操作的第二步，可把该过程分解为如下事件序列。

1．离多播发送主机最近的路由器发出 PIM 稀疏模式注册消息。若多播发送主机所处 LAN 网段内有多台路由器，则由 PIM DR 负责将 PIM 注册消息发送给 RP。

2．当多播发送主机开始发送多播流量时，第一跳路由器会把多播数据包封装进 PIM 注册消息内，以单播方式发送给 RP。

3．收到 PIM 注册消息后，RP 执行解封装操作，"取出"多播数据包。

4．此后，RP 会先朝着所有现存的多播接收主机转发多播数据包，再朝着多播源主机的方向发出 PIM 加入消息。

5．一旦 PIM 加入消息传播至连接了多播发送主机的第一跳路由器，该第一跳路由器就会开始朝 RP 方向发送"原汁原味"的多播流量，同时仍以单播方式向 RP 发送 PIM 注册消息。

6．收到同一多播数据包的两份副本（一份来自 PIM 注册消息，另一份则来自多播转发路径）时，RP 将会朝着连接了多播发送主机的第一跳路由器发出 PIM 注册停止消息。

7．只要收到了 PIM 注册停止消息，第一跳路由器就不再会把多播流量封装进 PIM 注册消息，而是会朝 RP 方向发送原汁原味的多播流量。

图 10-9 所示为 PIM 稀疏模式注册过程的第一步，对应于之前所讨论的事件 1 至 4（PC 生成多播流量，路由器 R1 将多播包封装进 PIM 注册消息，以单播的方式发送给 RP）。收到 PIM 注册消息时，RP 将执行解封装操作，提取其中"原汁原味"的多播数据包，再转发给下游的多播接收主机，同时向多播源主机发出 PIM 加入消息。对于本场景，RP 将会向路由器 R2 发出 PIM 加入消息，而 R2 则向 R1 发出 PIM 加入消息。

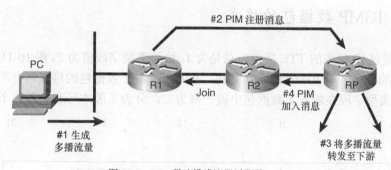

图 10-9　PIM 稀疏模式注册过程第一步

图 10-10 所示为 PIM 稀疏模式注册过程的第二步。只要路由器 R1 收到 RP 发出的 PIM 加入消息，就会开始朝 RP 方向发送"纯"多播流量，而 PIM 注册消息仍将继续发送。RP 会收到同一多播数据包的两份副本，一份提取自 PIM 注册消息，另一份则为"原汁原味"的多播数据包。只要收到同一多播数据包的两个副本，RP 就会向（连接多播源的）路由器（本场景为路由器 R1）发出 PIM 注册停止消息。一旦收到此消息，R1 将不再把这些多播数据包封装进 PIM 注册消息，"纯"多播流量将从 R1 流向 R2，再被 RP 接收。最终，RP 会把多播流量转发

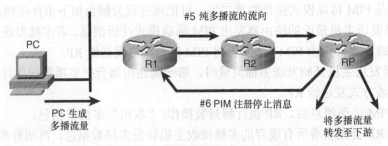

图 10-10　PIM 稀疏模式注册过程第二步

稀疏模式的剪枝机制与密集模式完全一样。若路由器对多播流量不感兴趣，则会朝多播源方向的上游邻居发出 PIM 剪枝消息。欲知与 PIM 运作方式有关的详细信息，请参考 *Developing IP Multicast Networks* Volume 1，作者为 Beau Williamson。

10.4　IGMP 数据包和 PIM 数据包的格式

要想掌握 PIM 的运作方式，则有必要了解 IGMP 数据包和 PIM 数据包的格式。对这几种数据包的格式了如指掌之后，就能借助于 sniffer 之类的抓包工具，来排除与 PIM 有关的网络故障了。本节会着重介绍几种重要的 IGMP 和 PIM 数据包的格式。

10.4.1　IGMP 数据包的格式

IGMP 数据包 IP 包头的 TTL 字段值总是为 1，协议类型字段值为 2。图 10-11 所示为 IGMP 版本 2 数据包的格式。与 IGMP 版本 1 相比，IGMP 版本 2 数据包的格式略有不同。IGMP 版本 2 数据包的类型字段在版本 1 数据包中被一剖为二，分为了版本号和类型两个字段。

0	8	16	24	31
类型	最长响应时间	校验和		
多播组地址				

图 10-11　IGMP 数据包的格式

类型字段用来指明 IGMP 数据包的各种类型。

- 类型字段值为 11，表示 IGMP 成员关系查询消息。
- 类型字段值为 12，表示 IGMP 版本 1 成员关系报告消息。
- 类型字段值为 16，表示 IGMP 版本 2 成员关系报告消息。
- 类型字段值为 17，表示 IGMP 版本 2 脱离组消息。

以上所列为最重要的几种 IGMP 消息，可在 RFC 2236 中查到其他几种 IGMP 消息的信息。

最长响应时间字段只有在成员关系查询消息中才有意义。该字段值表示多播接收主机响应成员关系查询消息的最长等待时间，单位为 1/10 秒。

校验和字段包含的是验证 IGMP 消息完整性的校验和值。

多播组地址字段包含了多播接收主机所要接收多播流量的多播目的地址。路由器发出常规 IGMP 查询消息时，会把该字段值置 0。

10.4.2 PIM 数据包及包格式

PIM 版本 1 数据包以类型字段值为 14 的 IGMP 数据包的面目示人。PIM 版本 2 数据包拥有自己的协议类型号 103，不以 IGMP 数据包的面目示人。PIM 版本 2 数据包的多播目的地址为 224.0.0.13。图 10-12 所示为 PIM Hello 消息的格式。

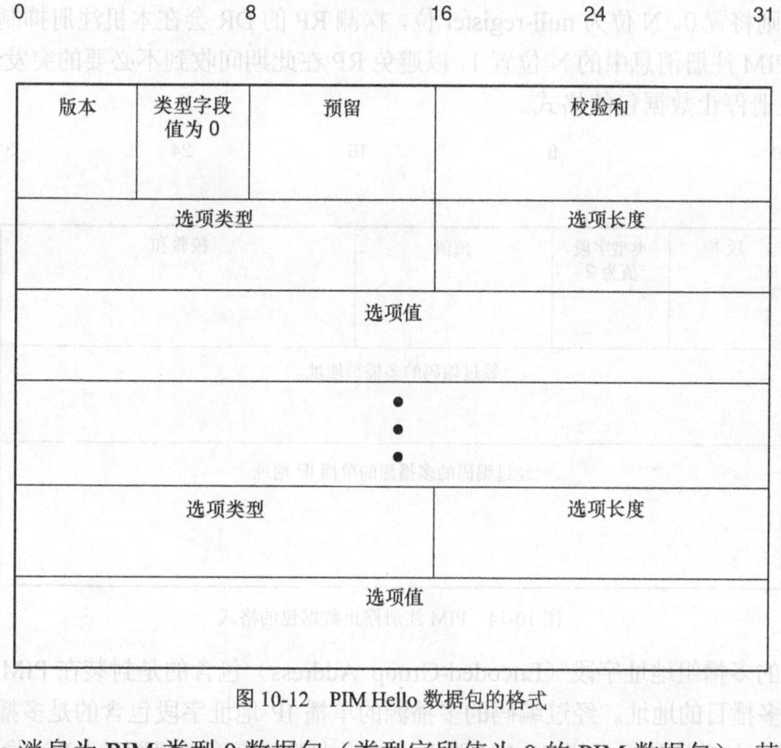

版本	类型字段值为 0	预留	校验和
选项类型		选项长度	
选项值			
⋮			
选项类型		选项长度	
选项值			

图 10-12 PIM Hello 数据包的格式

PIM Hello 消息为 PIM 类型 0 数据包（类型字段值为 0 的 PIM 数据包），其选项类型字段值始终为 1。PIM hello 数据包主要用来建立 PIM 邻居关系。

图 10-13 所示为 PIM 稀疏模式 PIM 注册消息的格式。

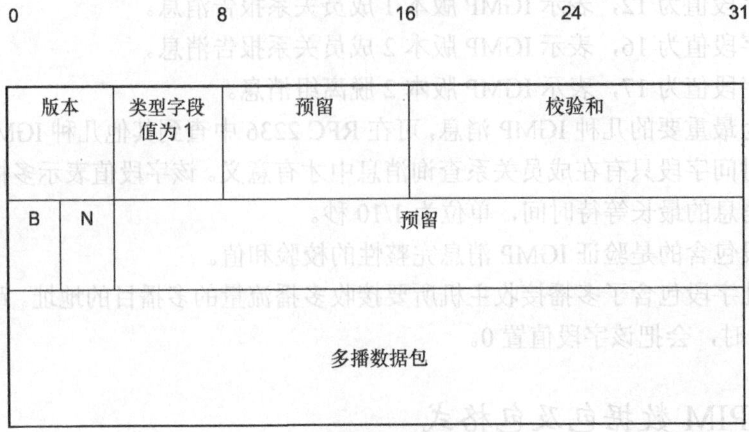

0		8	16	24	31
版本	类型字段值为1		预留		校验和
B	N		预留		
多播数据包					

图 10-13　PIM 注册数据包的格式

　　PIM 注册消息为 PIM 类型 1 数据包（类型字段值为 1 的 PIM 数据包）。DR 会把多播数据包封装进 PIM 注册消息，然后发送给 RP。连接多播源主机的 PIM 多播边界路由器（PMBR）在发出 PIM 注册消息时会把 B 位置 1。若多播路由器为直连多播源的 DR，其所生成的 PIM 注册消息的 B 位则将置 0。N 位为 null-register 位，探测 RP 的 DR 会在本机注册抑制计时器到期之前，将其所发 PIM 注册消息中的 N 位置 1，以避免 RP 在此期间收到不必要的突发流量。图 10-14 所示为 PIM 注册停止数据包的格式。

0	8	16	24	31
版本	类型字段值为2	预留		校验和
经过编码的多播组地址				
经过编码的多播源的单播 IP 地址				

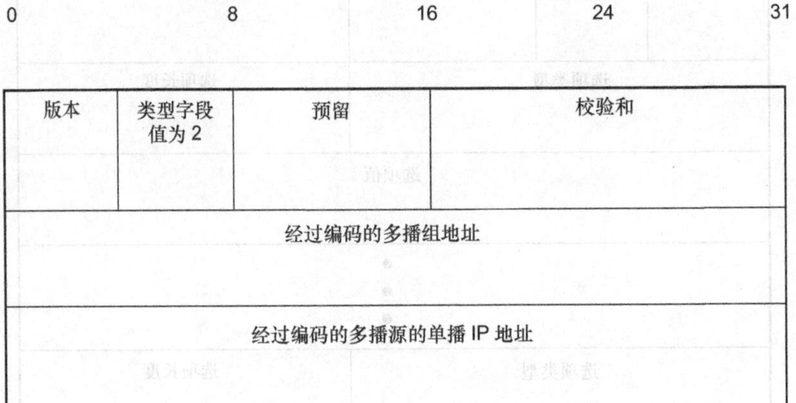

图 10-14　PIM 注册停止数据包的格式

　　经过编码的多播组地址字段（Encoded-Group Address）包含的是封装在 PIM 注册消息内的多播数据包的多播目的地址。经过编码的多播源的单播 IP 地址字段包含的是多播流量发送主机的单播 IP 地址。如前所述，发送 PIM 注册消息的路由器（直连多播源的 DR）收到 PIM 注册停止消息时，就表明 RP 已接收到"原汁原味"的多播流流量，DR 可以停发 PIM 注册数据包了。

图 10-15 所示为 PIM 密集和稀释模式同时使用的 PIM 加入/剪枝数据包的格式。

0	8	16	24	31
版本	类型字段值为 3	预留	校验和	
经过编码的单播上游邻居路由器地址			
预留	多播组地址数	保持时间		
经过编码的多播组地址 -1			
已加入的多播源的数量	被剪枝的多播源的数量			
经过编码的已加入的源地址 -1			
⋮			
经过编码的已加入的源地址 -n			
经过编码的被剪枝的源地址 -1			
⋮			
经过编码的被剪枝的源地址 -n			
经过编码的多播组地址 -n			
已加入的多播源的数量	被剪枝的多播源的数量			
经过编码的已加入的源地址 -n			
经过编码的被剪枝的源地址 -1			
⋮			
经过编码的被剪枝的源地址 -n			

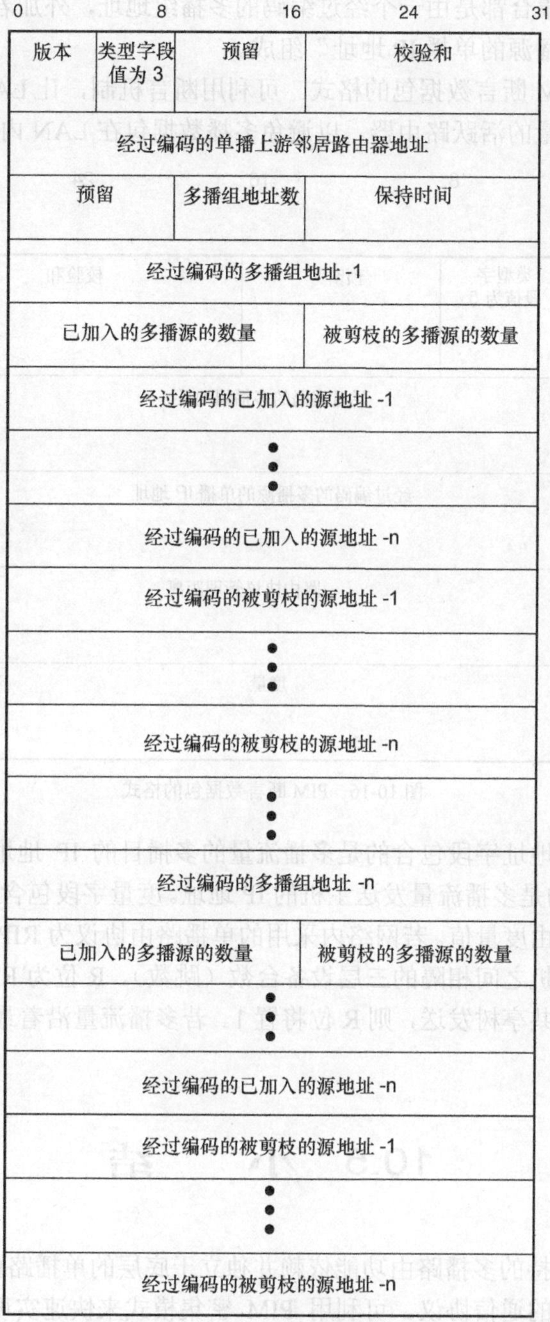

图 10-15 PIM 加入/剪枝数据包的格式

在 PIM 加入/剪枝数据包内，经过编码的单播上游邻居路由器地址字段包含的是执行加入或剪枝操作的 RPF 邻居路由器的 IP 地址。多播组地址数字段包含的是本消息中所含多播组地址集合的个数。每一个集合都是由一个经过编码的多播组地址，外加若干个待"加入"或"修剪"的"经过编码的多播源的单播 IP 地址"组成。

图 10-16 所示为 PIM 断言数据包的格式。可利用断言机制，让 LAN 内的多台多播路由器推举出一台转发多播流量的活跃路由器，以避免多播数据包在 LAN 内的重复转发。

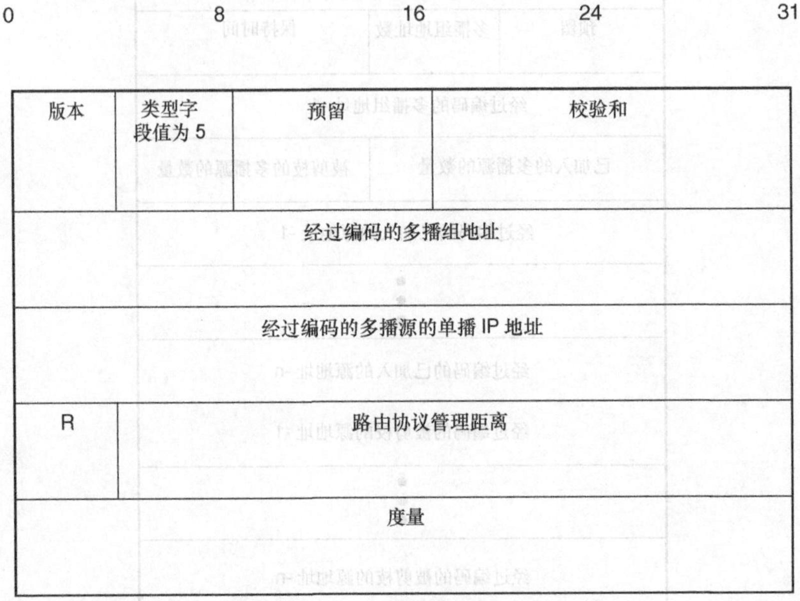

0	8	16	24	31
版本	类型字段值为 5	预留	校验和	
经过编码的多播组地址				
经过编码的多播源的单播 IP 地址				
R	路由协议管理距离			
度量				

图 10-16　PIM 断言数据包的格式

经过编码的多播组地址字段包含的是多播流量的多播目的 IP 地址。经过编码的多播源的单播 IP 地址字段包含的是多播流量发送主机的 IP 地址。度量字段包含是通往多播源主机 IP 地址的单播路由协议的路由度量值。若网络内采用的单播路由协议为 RIP，则该度量字段值为（发包路由器）与多播源主机之间相隔的三层设备台数（跳数）。R 位为 RPT 位，若触发断言数据包的多播流量被路由至共享树发送，则 R 位将置 1。若多播流量沿着最短路径树发送，则 R 位将置 0。

10.5　小　　结

PIM 路由协议所支持的多播路由功能依赖并独立于底层的单播路由协议。IGMP 是一种多播路由器跟多播主机间的通信协议。可利用 PIM 密集模式来快速实现多播路由选择功能，但因其与生俱来的短板——泛洪剪枝机制，故不具备良好的可扩展性。但 PIM 稀疏模式在大型网络中极具可扩展性，比之 PIM 密集模式，其运作方式要更加复杂。下一章将以本章所述理论知识为基础,来深入探讨如何排除与 PIM 有关的网络故障。

10.6 复习题

1. 单播、广播和多播之间的区别是什么?
2. PIM 有哪几种不同的模式?
3. 请概述 PIM 密集模式的运作机制。
4. 请概述 PIM 稀疏模式的运作机制。
5. 就多播组脱离机制而言,IGMP 版本 1 和版本 2 有何区别?
6. 多播路由器会用那个多播地址作为 IGMP 查询消息的目的地址?
7. 请概述 RPF 检查的运作方式?
8. 什么是集合点(RP)?

本章将探讨 PIM 协议的排障方法，共分三节：
- 排除 IGMP 加入故障；
- 排除 PIM 密集模式故障；
- 排除 PIM 稀疏模式故障。

每一节都包括排障流程并举例加以说明，以更好地帮助读者分析常见的 PIM 故障。上一章论述了 PIM 协议的常规运作方式，读者可用来复习相关基本概念。欲深入了解多播技术和 PIM 协议的原理，请参阅 Developing IP Multicast Networks, Volume 1，作者为 Beau Williamson。

第 11 章

排除 PIM 协议故障

11.1 排除 IGMP 加入故障

如上一章所述，IGMP 加入机制是指多播接收主机和多播路由器之间一系列的通信行为。多播接收主机会利用这一机制，"告知"多播路由器：本（以太）网段内有主机对某多播组感兴趣（需要接收目的网络为该多播组地址的流量），这将使得路由器向主机所在网段转发相应目的地址（多播组地址）的多播流量。本节会讨论与如何排除 IGMP 加入故障，具体的排障流程如图 11-1 所示。

图 11-2 所示为用来演示排除 IGMP 加入故障的示例网络。

如图 11-2 所示，图中那台主机"有意"加入多播组 225.1.1.1（希望接收目的地址为 225.1.1.1 的多播流量）。为此，主机会发出目的多播地址为 224.0.0.2（这一 IP 地址为"所有路由器"多播地址）的 IGMP Join 消息，向路由器"汇报"，自己希望接收目的地址为 225.1.1.1 的多播流量。故障现象是路由器 A 未收到主机发出的 IGMP Join 消息（因此，不会将相关多播流量转发给主机）。可执行 show ip igmp group 命令，来了解路由器接收 IGMP Join 消息的情况。例 11-1 所示为在路由器 A 上执行 show ip igmp group 命令的输出。

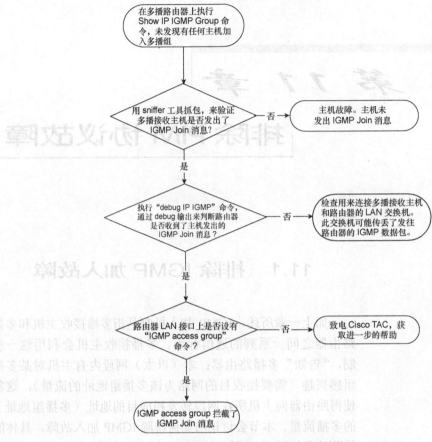

图 11-1　IGMP 加入故障排障流程

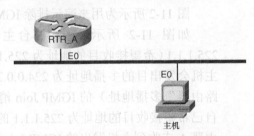

图 11-2　用来演示如何排除 IGMP 加入故障的网络

例 11-1　路由器 A 生成的 show ip igmp group 命令的输出

```
RTR_A# show ip igmp group
IGMP Connected Group MembershipGroup Address     Interface     Uptime     Expires     Last Reporter
RTR_A#
```

由例 11-1 可知，路由器 A 未收到任何多播接收主机发出的 IGMP Join 消息。果真如此的话，在排障时，就应该先想一想到底是多播接收主机未发出 IGMP Join 消息，还是路由器收到了 IGMP Join 消息，但做了"特殊"处理。可执行 **debug ip igmp** 命令，来了解路由器处理 IGMP 数据包时的"一举一动"。例 11-2 所示为在路由器 A 上执行这条 debug 命令的输出。

例 11-2　路由器 A 生成的 debug ip igmp 命令的输出

```
RTR_A# debug ip igmp

IGMP: Received v2 Report from 150.150.2.2 (Ethernet0) for 225.1.1.1
IGMP: Group 225.1.1.1 access denied on Ethernet0
```

由 **debug** 命令的输出可知，路由器 A 收到了多播接收主机发出的 IGMP Join 消息，但其 E0 接口却"视而不见"。例 11-3 所示为路由器 A 的配置。

例 11-3　路由器 A 的配置

```
RTR_A# show run
ip multicast-routing
interface ethernet 0
    ip address 150.150.2.1 255.255.255.0
    ip pim dense-mode
    ip igmp access-group 1
access-list 1 deny 224.0.0.0 3.255.255.255
    access-list 1 permit any
```

由例 11-3 可知，路由器 A 之所以会丢弃多播接收主机发出的 IGMP Join 消息，是因为其 Ethernet 0 接口上设有一条作用于 IGMP 数据包的 **ip igmp access-group** 命令。该命令调用了 access-list 1，而 access-list 1 的作用是：拒绝多播接收主机发出的多播组地址范围为 224.0.0.0～227.255.255.255 的 IGMP Join 消息（即路由器 A 不通过 E0 接口，为多播接收主机转发目的 IP 地址范围为 224.0.0.0～227.255.255.255 的多播流量）。网络人员原本只是想让路由器 A 拒收主机发出的多播组地址范围为 224.0.0.0～224.255.255.255 的 IGMP Join 消息，但却配错了 access-list 1。

排除 IGMP 加入故障的方法

可修改 access-list 1 来排除这一 IGMP 加入故障，如例 11-4 所示。

例 11-4　修改路由器 A 的访问列表，令其能够转发目的地址为 225.1.1.1 的多播流量

```
RTR_A# access-list 1 deny 224.0.0.0 0.255.255.255
    access-list 1 permit any
```

配置修改之后，路由器 A 就不再会拒收多播接收主机发出的加入多播组 225.1.1.1 的 IGMP Join 消息了。例 11-5 所示为再次在路由器 A 上执行 debug 命令，以及 **show ip igmp group** 命令的输出。

例 11-5　路由器 A 生成的 debug ip igmp 命令和 show ip igmp group 命令的输出

```
RTR_A# debug ip igmp

IGMP: Received v2 Report from 150.150.2.2 (Ethernet0) for 225.1.1.1

RTR_A# show ip igmp group

Group Address    Interface     Uptime       Expires      Last Reporter
225.1.1.1        Ethernet0     00:00:40     00:02:18     150.150.2.2
```

由例 11-5 可知，路由器 A Ethernet 0 接口已经收到了多播主机"有意"接收目的地址为

225.1.1.1 的多播流量的 IGMP Join 消息，发出该消息的多播接收主机的 IP 地址为 150.150.2.2。

11.2 排除 PIM 密集模式故障

多播密集模式的运作方式非常简单，即多播路由器借助于泛洪/剪枝机制来构造多播流量转发树。因为操作简单，与 PIM 密集模式有关的故障排除起来并不困难。大多数 PIM 密集模式故障都与（多播流量）通不过 RPF 检查或（多播数据包包头的）TTL（字段）值设置有关。图 11-3 所示为多播密集模式常见故障排障流程。

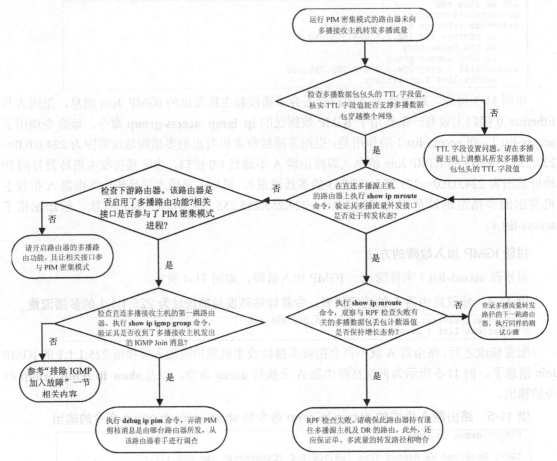

图 11-3　PIM 密集模式常见故障排障流程

接下来会用一个典型案例，来说明如何排除因（多播流量）通不过 RFP 检查而导致的 PIM 密集模式故障。图 11-4 所示为相关网络拓。

例 11-6 所示为图 11-4 中各台路由器的相关配置。

第 11 章 排除 PIM 协议故障 527

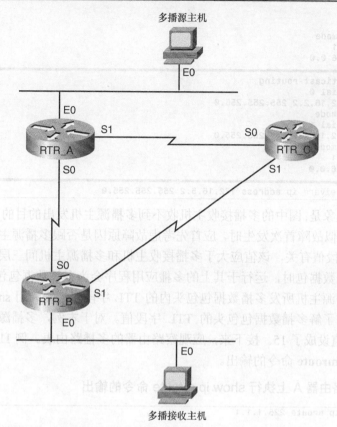

图 11-4 案例研究：因通不过 RPF 检查而导致的 PIM 密集模式故障

例 11-6 多播路由器的配置

```
Multicast Source# interface ethernet 0
 ip address 172.16.1.1 255.255.255.0

RTR_A# ip multicast-routing
 interface ethernet 0
 ip address 172.16.1.2 255.255.255.0
 ip pim dense mode
 interface serial 0
 ip address 172.16.3.1 255.255.255.0
 interface serial 1
 ip address 172.16.2.1 255.255.255.0
 ip pim dense mode
 router eigrp 1
 network 172.16.0.0

RTR_B# ip multicast-routing
 ip multicast-routing
 interface ethernet 0
 ip address 172.16.5.1 255.255.255.0
 ip pim dense mode
 interface serial 0
 ip address 172.16.3.2 255.255.255.0
 interface serial 1
 ip address 172.16.4.1 255.255.255.0
```

（待续）

```
ip pim dense mode
router eigrp 1
network 172.16.0.0
```

```
RTR_C# ip multicast-routing
interface serial 0
ip address 172.16.2.2 255.255.255.0
ip pim dense mode
interface serial 1
ip address 172.16.4.2 255.255.255.0
ip pim dense mode
router eigrp 1
network 172.16.0.0
```

```
Multicast Receiver# ip address 172.16.5.2 255.255.255.0
```

本例的故障现象是：图中的多播接收主机收不到多播源主机发出的目的 IP 地址为 225.1.1.1 的多播流量。当类似故障首次发生时，应首先考虑故障原因是否跟多播源主机发出的多播数据包包头的 TTL 字段值有关，该值应大于多播接收主机和多播源主机间三层设备的总台数。多播源主机发出多播数据包时，运行于其上的多播应用程序会为多播数据包包头的 TTL 字段赋值。要想弄清多播源主机所发多播数据包包头内的 TTL 字段值，需利用 sniffer 工具来进行抓包，通过解码器来了解多播数据包包头的 TTL 字段值。对于本例，多播源主机将多播数据包包头的 TTL 字段值设成了 15。接下来，应观察路由器的多播路由表。例 11-7 所示为在路由器 A 上执行 **show ip mroute** 命令的输出。

例 11-7 在路由器 A 上执行 show ip mroute 命令的输出

```
RTR_A# show ip mroute 225.1.1.1

IP Multicast Routing Table
(*,225.1.1.1),
Incoming interface: Null, RPF nbr 0.0.0.0
Outgoing interface list:
Ethernet 0, Forward/Dense,
Serial 1, Forward/Dense

(172.16.1.1/32, 225.1.1.1),
Incoming interface: Ethernet 0, RPF nbr 0.0.0.0
Outgoing interface list:
Serial 1, Forward/Dense
```

由例 11-7 所示多播路由表输出可知，路由器 A 从 Ethernet 0 接口收到了多播数据包，并会通过 Serial 1 接口外发。在路由器 A 上执行 **show ip mroute count** 命令，通过其输出也可以清楚地了解到，路由器 A 确实正在转发相关多播流量，如例 11-8 所示。

例 11-8 show ip mroute 命令的输出

```
RTR_A# show ip mroute 225.1.1.1 count

Forwarding Counts: Pkt Count/Pkts per seconds/Avg Pkt Size/Kilobits per second
Other Counts: Total/RPF failed/Other drops(OIF-null, rate-limit, etc)

Group: 225.1.1.1, Source count: 1, Group pkt count: 29543
Source: 172.16.1.1/32, forwarding: 29543/195/1043/203, other: 0/0/0
```

由例 11-8 可知，路由器 A 转发的多播数据包（源地址为 172.16.1.1，目的地址为 25.1.1.1）的总数为 29 543 个，速度为 195 个/秒。**show ip mroute count** 是一条很重要的 **show** 命令，通过其输出不但可以判断出路由器是否正在转发相关多播数据包，而且还能了解到是否因多播数据包通不过 RPF 检查，而导致路由器丢弃了多播数据包。根据例 11-7 和例 11-8 所示 **show** 命令的输出，可判断出路由器 A 的多播转发功能正常。现在，需"移师"到多播流量转发路径的下一跳路由器，即路由器 B 上，做"例行"检查。例 11-9 所示为在路由器 B 上执行 **show ip mroute 225.1.1.1** 命令的输出。

例 11-9 在路由器 B 上执行 show ip mroute 225.1.1.1 命令的输出

```
RTR_B# show ip mroute 225.1.1.1
IP Multicast Routing Table
(*,225.1.1.1),
Incoming interface: Null, RPF nbr 0.0.0.0
Outgoing interface list:
Ethernet 0, Forward/Dense, Serial 0, Forward/Dense,
Serial 1, Forward/Dense

(172.16.1.1/32, 225.1.1.1),
Incoming interface: Serial 1, RPF nbr 172.16.3.1
Outgoing interface list:
Ethernet 0, Forward/Dense
```

由例 11-9 可知，路由器 B 的多播流量外发接口（outgoing interface）为 Ethernet 0，该接口正处于转发状态；但是，多播接收主机收不到任何多播数据包。该主机已向路由器 B 发出了 IGMP Join 消息，而路由器 B 也已收到了 IGMP Join 消息，如例 11-10 所示。

例 11-10 路由器 B 收到了 IGMP Join 消息

```
RTR_B# show ip igmp group
Group Address    Interface    Uptime     Expires    Last Reporter
225.1.1.1        Ethernet0    00:00:40   00:02:18   172.16.5.2
```

接下来，应执行 **show ip mroute 225.1.1.1** 命令，看看路由器 B 有没有转发多播流量，如例 11-11 所示。

例 11-11 在路由器 B 上执行 show ip mroute 225.1.1.1 命令的输出

```
RTR_B# show ip mroute 225.1.1.1 count
Forwarding Counts: Pkt Count/Pkts per seconds/Avg Pkt Size/Kilobits per second
Other Counts: Total/RPF failed/Other drops(OIF-null, rate-limit, etc)
Group: 225.1.1.1, Source count: 1, Group pkt count: 29543
Source: 172.16.1.1/32, forwarding: 29543/0/0/0, other: 29543/29543/0
```

由例 11-11 可知，路由器 B 未通过 Ethernet 0 接口转发任何多播数据包。可是，路由器 B 之所以把 Ethernet 0 接口置为转发状态（如例 11-9 所示），是因为该接口连接了一个活跃的多播接收者。由例 11-11 中做高亮显示的内容可知，RPF 检查失败计数器值一直都在不停地增加（请读者注意观察 Other Counts: Total/RPF failed/Other drops 中的"RPF failed"字段，其值为"other: 29543/29543/0"中的第二栏"29453"）。乍一看，是因为多播流量通不过路由器 B 的 RPF 检查，路由器 B 才未用 Ethernet 0 接口转发多播流量的。多播流量通不过 RPF 检查意味着：接收多播流量的路由器接口，与单播路由表中通向多播源主机的路由器接口不一致。为此，需要在路由器 B 上观察通向多播源主机所在网络 172.16.1.0/24 的单播路由表表项，如例 11-12 所示。

例 11-12　在路由器 B 上执行 show ip route 命令的输出

```
RTR_B# show ip route 172.16.1.0 255.255.255.0
Routing entry for 172.16.1.0/24
Known via "EIGRP 1", distance 90, metric 2195456, type internal
  Redistributing via eigrp 1
  Last update from 172.16.3.1 on Serial 0, 00:10:30 ago
  Routing Descriptor Blocks:
  * 172.16.3.1, from 172.16.3.1, 00:10:30 ago, via Serial 0
      Route metric is 2195456, traffic share count is 1
      Total delay is 21000 microseconds, minimum bandwidth is 1544 Kbit
      Reliability 255/255, minimum MTU 1500 bytes
      Loading 1/255, Hops 1
```

由路由器 B 所掌握的与目的网络 172.16.1.0/24（多播源主机所在网络）相对应的单播路由表表项可知，通往多播源主机的下一跳接口为 Serial 0；但是，根据例 11-9 所示输出，路由器 B 的多播流量接收接口（incoming interface）却为 Serial 1。请注意，例 11-9 所示多播路由表表项将 R2 的 RPF 邻居显示为 172.16.3.1（通向多播源主机单播 IP 地址的下一跳路由器）。总而言之，多播流量（源 IP 地址为 172.16.3.1，目的 IP 地址为 225.1.1.1 的流量）的接收接口，与单播路由表中通向多播源 IP 地址的接口不一致，导致了 RPF 检查失败，路由器 B 只能做丢包处理。

PIM 密集模式故障排障方法

检查路由器 A、B 的配置，发现在两台路由器的 Serial 0 接口上，未激活 PIM 密集模式功能；但这却是客户提出的要求。客户不希望多播流量"充斥"路由器 A 和 B 之间的 WAN 链路，只希望多播流量从路由器 A，流至路由器 C，最后抵达路由器 B。为解决上述 RPF 检查问题，并满足客户需求，需要在路由器 B 上配置一条静态多播路由，让其在执行 RPF 检查时，仰仗这条静态多播路由而非单播路由表。例 11-13 所示为设于路由器 B 的静态多播路由。

例 11-13　设于路由器 B 的静态多播路由

```
RTR_B# ip mroute 172.16.1.0 255.255.255.0 172.16.4.2
```

例 11-13 所示静态多播路由一经配置，多播流量就会顺利通过路由器 B 的 RPF 检查。自此，路由器 B 会即刻通过 E0 接口将多播流量转发给多播接收主机，而不再做丢弃处理了。例 11-14 所示为静态多播路由添加之后，在路由器 B 上执行 **show ip mroute 225.1.1.1** 和 **show ip mroute 225.1.1.1 count** 命令的输出。

例 11-14　在路由器 B 上执行 show ip mroute 命令的输出

```
RTR_B# show ip mroute 225.1.1.1
IP Multicast Routing Table
(*,225.1.1.1),
  Incoming interface: Null, RPF nbr 0.0.0.0
    Outgoing interface list:
Ethernet 0, Forward/Dense,
Serial 0, Forward/Dense,
Serial 1, Forward/Dense

(172.16.1.1/32, 225.1.1.1),
  Incoming interface: Serial 1, RPF nbr 172.16.4.2
    Outgoing interface list:
Ethernet 0, Forward/Dense

RTR_B# show ip mroute 225.1.1.1 count

Forwarding Counts: Pkt Count/Pkts per seconds/Avg Pkt Size/Kilobits per second
Other Counts: Total/RPF failed/Other drops(OIF-null, rate-limit, etc)

Group: 225.1.1.1, Source count: 1, Group pkt count: 26721
Source: 172.16.1.1/32, forwarding: 26721/254/1253/318, other: 0/0/0
```

由例 11-14 可知，路由器 B 已开始通过 Ethernet 0 接口转发多播数据包了，而多播接收主机也开始接收多播流量了。

11.3　排除 PIM 稀疏模式故障

就运作方式而言，PIM 稀疏模式与密集模式有所不同，稀疏模式要比密集模式复杂得多，但排障步骤并不比密集模式复杂。图 11-5 所示为 PIM 稀疏模式故障排障流程。

下面将举一个如何排除 PIM 稀疏模式故障的例子，本例所涉及的故障与叶路由器加入 RP 有关。图 11-6 所示为本例使用的网络拓扑。

由图 11-6 可知，多播源主机与多播接收主机间的 IP 连通性由要仰仗路由器 A 和 B。路由器 C 则用来连接网络 X，该网络并未与多播源主机所在网络直接相连。多播源主机会发出目的 IP 地址为 225.0.0.1 的多播流量。例 11-15 所示为图 11-6 中各台路由器的配置。在这几台路由器上启用的是 PIM 稀疏/密集模式，也就是说，若网络中存在 RP，路由器就会以 PIM 稀疏模式运行。在 RP 失效的情况下，则以密集模式运行。

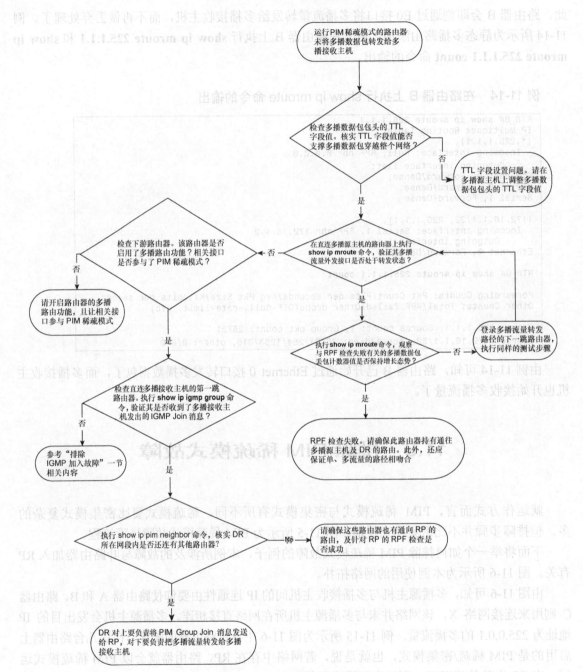

图 11-5 PIM 稀疏模故障排障流程

例 11-15　路由器的多播相关配置

```
Multicast Source# interface ethernet 0
ip address 172.16.1.1 255.255.255.0

RTR_A# ip multicast-routing
interface ethernet 0
ip address 172.16.1.2 255.255.255.0
ip pim sparse-dense mode
interface serial 0
ip address 172.16.2.1 255.255.255.0
ip pim sparse-dense mode
router eigrp 1
network 172.16.0.0
ip pim send-rp-announce ethernet 0 scope 16
ip pim send-rp-discovery scope 16

RTR_B# ip multicast-routing
interface ethernet 0
ip address 172.16.3.1 255.255.255.0
ip pim sparse-dense mode
interface serial 0
ip address 172.16.2.2 255.255.255.0
ip pim sparse-dense mode
router eigrp 1
network 172.16.0.0

RTR_C# ip multicast-routing
interface ethernet 0
ip address 172.16.3.3 255.255.255.0
ip pim sparse-dense mode
interface serial 1
ip address 172.16.4.1 255.255.255.0
ip pim sparse-dense mode
router eigrp 1
network 172.16.0.0

Multicast Receiver# interface ethernet 0
ip address 172.16.3.2 255.255.255.0
```

由例 11-15 所示配置可知，路由器 A 是所有多播组（地址）的 RP，其 Ethernet 0 接口 IP 地址即为 RP 的 IP 地址。网络内的其他 PIM 路由器通过自动 RP（auto-rp）机制，来发现 RP。自动 RP 机制一经启用，便消除了在网络内的每一台 PIM 路由器上手动配置 RP 信息的需求。自动 RP 机制同样要借助于 IP 多播，向网络内的所有 PIM 路由器发布 RP 信息。PIM 路由器通过发出目的地址为 224.0.1.40 的多播数据包，来发现 RP。本例，当多播接收主机尝试向 PIM 路由器，发出目的 IP 地址为 224.0.0.2 的 IGMP Join 消息时，便发生了故障。路由器 B 和 C 都能收多播接收主机发出的 IGMP Join 消息，但是路由器 B 并未向 RP 发送 PIM 稀疏模式 Join 消息。因此，多播转发树便构建不起来，多播流量也不可能从多播源主机流向多播接收主机。检查多播源主机的配置，由配置可知，经其发送的多播数据包的 TTL 字段值为 15（TTL 值正常）。在路由器 B 未向 RP 发送 PIM 稀疏模式 Join 消息的情况下，还应验证其是否能收到路由器 A 转发的多播流量。为此，需观察路由器 A 的多播路由表，如例 11-16 所示。

534　　　　　　　　　　　　　　　IP 路由协议疑难解析

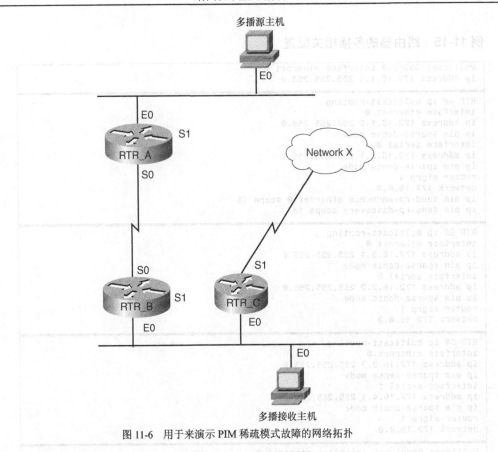

图 11-6　用于来演示 PIM 稀疏模式故障的网络拓扑

例 11-16　在路由器 A 上执行 show ip mroute 命令的输出

```
RTR_A# show ip mroute 225.1.1.1
IP Multicast Routing Table
 (*,225.1.1.1),
   Incoming interface: Null, RPF nbr 0.0.0.0
     Outgoing interface list:
 Ethernet 0, Forward/Sparse-Dense,
 Serial 0, Forward/Sparse-Dense,

 (172.16.1.1/32, 225.1.1.1),
   Incoming interface: Ethernet 0, RPF nbr 0.0.0.0

     Outgoing interface list:
 Null
```

　　由（S，G）表项可知，对于多播组（地址）225.1.1.1 而言，路由器 A 的流量外发接口列表（olist）为空，这就表示下游路由器对目的地址为 225.1.1.1 的多播流量都"不感兴趣"。不过，在路由器 B 上执行 **show ip igmp group** 命令（如例 11-17 所示），由输出可知，至少有一台多播接收主机（172.16.3.2）已发出了 IGMP Join 消息，表明自己希望接收目的地址为 225.1.1.1 的多播流量。

例 11-17　在路由器 B 上执行 show ip igmp group 命令的输出

```
RTR_B# show ip igmp group
Group Address    Interface    Uptime      Expires     Last Reporter
225.1.1.1        Ethernet0    00:00:40    00:02:18    172.16.3.2
```

接下来，应核实路由器 B Ethernet0 接口所在网段内是否还有其他 PIM 邻居路由器，并确定哪台路由器为此网段内的 DR。确定 DR 非常重要，因为正是 DR 负责向 RP 发送 PIM Join 路由器。要想知道哪台路由器为 DR，需通过 **show ip pim neighbor** 命令的输出来判断，例 11-18 所示为在路由器 B 上执行该命令的输出。

例 11-18　在路由器 B 上执行 show ip pim neighbor 命令的输出

```
RTR_B# show ip pim neighbor
PIM Neighbor Table
Neighbor Address      Interface      Uptime       Expires
    172.16.3.3        Ethernet 0     00:50:23     00:01:30    (DR)
```

由例 11-18 可知，路由器 B Ethernet0 接口所在以太网段内还连有另一台 PIM 路由器，其 IP 地址为 172.16.3.3（路由器 C）。凑巧的是，该 PIM 路由器还在此以太网段内担当 DR 之职。再往下，应检查路由器 C 是否知道 RP 何在，13-19 所示为在其上执行 **show ip pim rp** 命令的输出。

例 11-19　路由器 C 上执行 show ip pim rp 命令的输出

```
RTR_C# show ip pim rp
Group: 225.1.1.1, RP:172.16.1.2, uptime 01:34:12, expires never
```

由例 11-19 可知，路由器 C 知道多播组 225.1.1.1 的 RP 的信息。下一步，应该确定路由器 C 是否持有通往 RP IP 地址的路由。例 11-20 所示为在路由器 C 上执行 **show IP route 172.16.1.2** 命令的输出，172.16.1.2 为 RP 的 IP 地址。

例 11-20　在路由器 C 上执行 show ip route 命令的输出

```
RTR_C# show IP route 172.16.1.2

Routing entry for 172.16.1.0/24
Known via "EIGRP 1", distance 90, metric 2221056, type internal
  Redistributing via eigrp 1
  Last update from 172.16.3.1 on Ethernet 0, 00:17:30 ago
  Routing Descriptor Blocks:
  *172.16.3.1,from 172.16.3.1, 00:17:30 ago, via Ethernet 0
    Route metric is 2221056, traffic share count is 1
Total delay is 22000 microseconds, minimum bandwidth is 1544 Kbit
Reliability 255/255, minimum MTU 1500 bytes
Loading 1/255, Hops 2
```

由例 11-20 中做高亮显示的内容可知，路由器 C 所掌握的通向 RP IP 地址的接口为 Ethernet 0，而此接口与监听 IGMP Join 消息的接口相同。因此，路由器 C 不会向 RP 发送 PIM 稀疏模式 Join 消息。

PIM 稀疏模式故障排障方法

对于本例,导致故障的原因是,路由器 C 用来与 RP 建立单播 IP 联通性的接口 Ethernet 0,"恰巧"是 IGMP Join 消息的接收接口。除 Ethernet 0 接口以外,路由器 C 再无任何接口能与 RP 建立起单播 IP 连通性。解决故障的方法之一是,让路由器 B 担当该以太网段内的 DR。为此,路由器 B Ethernet 0 接口的 IP 地址必须高于其所在以太网段内的其他 PIM 路由器。把路由器 B Ethernet0 接口的 IP 地址改为 172.16.3.254,便可确保路由器 B 成为该以太网段内的 DR,并负责向 RP 发送 PIM 稀疏模式 Join 消息。

11.4 小　　结

本章介绍了常见 PIM 故障的排障方法。本章第二节以 RPF 检查失败为例,讲述了如何排除 PIM 密集模式网络故障。涉及 PIM 的大多数故障都与多播流量通不过 RPF 检查有关。要想解决 RPF 检查失败问题,不但需要弄清网络的结构,还得仔细查看 PIM 路由器的单、多播路由表。如有必要,还应在 PIM 路由器上执行相关 debug 操作。排除多播相关网络故障时,**show ip mroute** 命令能帮到网管人员。在大多数情况下,网管人员需在多播流量转发路径沿途的每一台路由器上执行该命令,仔细观察多播路由表,并检查多播转发树的状态。只有如此,才能正确定位导致多播相关故障的原因。

本章涵盖以下有关 BGP-4 路由协议的关键主题：
- BGP-4 路由协议的规范及功能；
- 邻居关系；
- 通告路由；
- 同步；
- 接收路由；
- 策略控制；
- 组建高可扩展性的 IBGP 网络（利用 BGP 路由反射器或 BGP 联盟）；
- 最优路径计算。

第 12 章

理解 BGP-4 路由协议

自治系统（Autonomous System，AS）是指由同一组织机构管理的一组网络设备。边界网关协议（Border Gateway Protocol，BGP）用在两个或者多个自治系统之间通告网络可达性信息。Internet 骨干网设备只依赖 BGP 宣告并接收 IP 前缀，BGP 也是运行在两个自治系统之间的唯一一种 IP 路由协议。

BGP 诞生之前，外部网关协议（External Gateway Protocol，EGP）是用在自治系统之间的路由协议。如今，BGP 已经淘汰了 EGP。为什么要开发这一新型路由协议呢？上世纪 90 年代初，随着 Internet 使用量不断增长，需要一种路由协议，能兼具无类路由选择，及无网络类别之分的 IP 前缀通告功能。此外，为了压缩 Internet 路由表的规模，且能以健壮的方式在自制系统间通告大量路由，该路由协议还要具备以聚合的方式通告 IP 路由前缀的功能。BGP 不仅集上述所有功能于一身，而且还提供了多种机制，以方便人们在运行其的网络中控制进进出出的流量。大型 ISP（Internet Service Provider，服务提供商）的主要业务收入，都是靠向小型 ISP 或企业客户提供 Ineternet 接入业务来获取。对于大型 ISP 的网络而言，能否以正确的方式管理并控制进出网络的流量可谓是至关重要。ISP 可在路由器上配置 BGP 路由策略，来满足自己对流量管理的需求。

ISP 可充分利用 BGP，来操纵流量的收、发路径，无论是客户发往 Internet 的流量，还是 Internet 发往客户的 IP，通过

BGP 都能全面掌控。

在探讨 BGP 的细节之前，先来给下面几个术语下个定义。

- **IP 前缀**——是指由管理 IP 地址的官方机构为网络分配的 IP 子网网段。
- **BGP feed**（BGP 路由的"供给"类型）——Internet 常用技术术语，用来描述提供 IP 前缀可达信息的 BGP 会话，有"full feed"（饱以完整的 Internet 路由）和"partial feed"（饱以部分 Internet 路由）之分。"full feed"和"partial feed"分别是指，根据（出、入站）流量需求，让 BGP 会话传播所有 Internet IP 前缀和部分 Internet IP 前缀。
- **BGP 对等体**——也称为 BGP 邻居，是指在同一网络中运行 BGP 的网络设备。
- **Router ID (RID)**——路由器的 32 位标识符，用在网络中唯一标识一台 BGP 路由器（BGP speaker）。在 Cisco 路由器上，RID 取自 IP 地址最高的 loopback 接口，若未创建 loopback 接口，RID 则取自 IP 地址最高的有效接口。还可以在 Cisco 路由器上通过命令行，手工配置 RID。
- **流量进出口路由器**（Exit point）——是指位于两个自治系统（AS）之间的 BGP 边界路由器，负责转发进、出 AS 的 Internet 流量。在大多数情况下，出于冗余或其他考虑，ISP（或连接到 Internet 的大企业）都会部署多台运行 EBGP 的路由器作为流量进出口路由器。
- **小型和大型 BGP 网络**——BGP 网络规模的大、小不可一概而论。在 BGP 网络中，运行 IP 路由协议的路由器可能只有一台，也可能数量过百。
- **外部 BGP（EBGP）**——在两个 AS 之间所建立起的 BGP 会话称为 EBGP 会话，主要用在以下两种场合：
- **ISP 和客户之间**：客户通过 EBGP 会话，将自己的 IP 前缀通告给 ISP，再由 ISP 通告给 Internet；ISP 则可能通过 EBGP 会话，向客户通告完整的 Internet 路由前缀或部分 Internet 路由前缀。
- **不同的 ISP 之间**：ISP 之间利用 EBGP 会话互相通告 IP 前缀，Internet 正是以这种方式被有机地结合在了一起。
- **内部 BGP（IBGP）**——在同一 AS 之内的两台路由器之间所建立的 BGP 会话称为 IBGP 会话。通常，IBGP 会话会在两台或多台路由器之间互相建立。

对一个部署了多台流量进出口路由器的 IP 网络而言，若其每一台流量进出口路由器都与同一或不同相邻 AS 建立了多条 EBGP 对等会话，则有效管理进、出相邻 AS 的 IP 流量将变得异常重要。IBGP 可通过在流量进出口路由器之间共享 EBGP feed，来解决上述流量管理问题。利用 IBGP 会话（所通告的路由），就能够对进、出本 AS 的流量加以引导。试举一例，可调整某台流量进出口路由器的 BGP 配置，让其将部分出站流量（出本 AS 的流量）通过直连 EBGP 对等路由器的链路发送，将其他出站流量交由其远程 IBGP 邻居路由发送（至本 AS 之外）。如此一来，在发送出站流量时，就可以实现对 EBGP 链路和本 AS 内骨干网链路带宽资源的严格控制。说穿了，在大型网络中，IBGP 所能起到最重要的作用就是，让多条链路合理分担进、出本 AS 的流量。

- **Internet 交换点（IXP）**——（几乎 100% 的）大型 ISP 之间都会利用 IXP，来交换各自的 BGP 路由。
- **BGP 对等协定**——对于需要通过 EBGP 互连的两个 AS 而言，必须就所要建立的 BGP 对等类型达成一致。以下给出了当今 Internet 上最为常见的几种 BGP 对等类型：
  —穿越流量对等——假设 AS A 与 AS B 之间通过 EBGP 互连，若将 B（的 BGP 边界路由器）配置为转发源于 A 的所有 Internet 流量，则 B 就成为了 A 的穿越流量提供商（即源 IP 地址为 A 的 Internet 流量，要穿 AS B 而过）。通常，B 会向 A 通告完整的 Internet 路由。
  —公共对等——是指（大型 ISP）在 IXP 所建立的 EBGP 会话。
  —私有对等——是指两个自治系统之间通过专线建立起的 EBGP 会话，当建立公共对等所使用的链路拥塞时，可利用此类 BGP 会话来分担流量。
- **双宿主或多宿主**——若某 AS 跟同一或不同 AS 之间用多于一条以上的 EBGP 会话互连，则称该 AS 以双宿主或多宿主的方式连接到了其他 AS。在多宿主 AS 网络中，可能会部署单台或多台 BGP 边界路由器，通过多条链路，与其他 AS 互连[①]。对于接入 Internet 的 ISP 来说，单宿主或多宿主的机制既能增强连接的冗余性，也能提供流量的负载分担功能。
- **BGP 路由策略**——是指预先设置的 BGP 路由规则，用来控制进、出网络（AS）的流量。控制流量时，既可以手工配置 BGP 策略，也可以遵从 BGP 协议的默认行为。
- **管理距离（AD）**——Cisco 路由器会为学自每种路由协议（的路由）预设一个 AD 值，该值只对本机生效，路由器之间不能相互交换。EBGP 和 IBGP（路由）的 AD 值分别为 20 和 200。当一台路由器通过两种路由协议学得通往同一目的网络的路由时，管理距离将发挥重要作用，管理距离值较低的路由会"进驻"IP 路由表。在 Cisco 路由器上，还可以在 router 配置模式下，用 **distance** 命令来配置路由协议（所学路由）的管理距离值。
- **BGP 最优路径**——RFC1771 规定，若路由器通过 BGP 学得通往同一目的网络的多条路由，则一定会把将最优路由安装进 IP 路由表[②]。这就是说，只要从多台邻居路由器收到多条目的网络相同的路由前缀，BGP 路由器就会执行最优路径决策进程，从中选出一条最优路由（安装进 IP 路由表）（BGP 最优路由的选择方法，将在稍后讨论）。路由器只会把最优 BGP 路由安装进 IP 路由表，通告给其他 BGP 邻居。

---

① 以上两句原文是 "When an AS runs more than one EBGP session with the same or different AS, it is considered dual or mutlihomed to that AS. Dual-homed networks might have single or multiple routers in the AS."纵观全书，作者的文字掌控能力和写作态度虽然让译者随时受不了。译文酌改，如有不妥，请指正。——译者注

② 原文是 "By definition of RFC 1771, BGP must decide on a single best route out of many to install in the routing table."作者的文字不合逻辑，译文酌改，如有不妥，请指正。——译者注

- **Hot potato（热土豆）**——BGP 路由策略常用术语之一，此策略一经设置，发往 AS 之外的流量就会通过（离流量出发点）最近的出口路由器流出。
- **Cold potato（冷土豆）**——也是 BGP 路由策略常用术语之一，此策略一经设置，发往 AS 之外的流量就会通过离最终目的网络最近的路径流出。可把 Cold potato 路由视为最优路由。

在图 12-1 所示网络中，AS A、C、D 通过与 AS B 所建立的 EBGP 会话连接在了一起；由图可知，AS B 由路由器 R1、R2、R3、R4 和 R5 构成，5 台路由器之间建立起了完全互连的 IBGP 会话；出于冗余和负载均衡的考虑，AS A 以双宿主的方式连接到 AS B，AS A 和 AS B 之间的两条链路带宽一高一低。此外，AS B 为 AS C 提供穿越流量的转发服务；而 AS C 跟 AS D 之间通过一条专线，"私自"建有 EBGP 对等会话。

图 12-1 所示为一 ISP 网络（AS B）的简图。类似于 AS B 这样的 ISP 彼此互联，便形成了 Internet。ISP 之间可能会在 IXP 建立 EBGP 对等会话，也有可能会跟图中的 AS C 和 AS D 一样，彼此间通过专线，自行建立 EBGP 对等会话。

由图 12-1 可知，除了 AS C 和 D 之外的所有 AS 都要通过 AS B 才能彼此互访。AS C 和 AS D 可根据双方交换的路由类型（完整或部分 Internet 路由），通过专线来互发部分或所有 Internet 流量。AS D 向 AS C 通告 BGP 路由的方式（即 BGP 路由的"供给"方式[kind of BGP feed]）外加 AS C 的本地 BGP 路由策略，共同决定源自 AS C 的流量如何外发。这只不过是 BGP 路由策略的一例。基于图 12-1，再举一例，AS A 以双宿主的方式连接到 AS B，但双链路带宽一高一低。AS A 既可以选择让那条高带宽链路承担所有进出 AS 的流量，而对低带宽链路弃之不用；也可以选则让低带宽链路承担部分流量，将其余所有流量由高带宽链路承载。利用 BGP 即可满足上述所路由策略及需求，由此可见 BGP 的强大功能，及其在所有 Internet 技术中的重要地位。

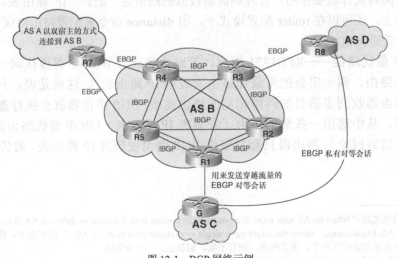

图 12-1 BGP 网络示例

12.1 BGP-4 协议规范及功能

最新的 BGP-4 实现定义于 RFC 1771。BGP 对等路由器之间要依靠可靠传输机制,来建立 BGP 连接,交换路由信息。为此,人们选择 TCP 协议,使用其 179 端口在 BGP 路由器之间建立可靠的路由信息交换的信道。RFC 1771 细述了 BGP 邻居关系建立的需求、BGP update 消息和 notification 错误消息的格式,以及对特殊情况的处理等。

要想让 BGP 正常运作,不但需要合理配置路由器,还得遵循 RFC 1771,(在路由器的操作系统内)实现 BGP 协议。

以下各节将分别介绍 BGP 以下各个方面。

- 邻居(对等)关系。
- 路由通告及同步的概念。
- 接收路由。
- 最优路径计算。
- 实施 BGP 路由策略的几种手段。
  —用 BGP 属性(LOCAL_PREF、AS_PATH、MULTI_EXIT_DISC[MED]、ORIGIN、NEXT_HOP)。
  —用 route-map。
  —用 filter-list。
  —用 distribute-list。
  —用团体属性。
  —用 prefix-list。
  —用 BGP 的出站路由过滤(Outbound Route-Filtering,ORF)能力。
  —BGP 路由聚合。
- 在大型网络中实现 IBGP 会话的高可扩展性。
- BGP 路由反射器。
- BGP 联盟。

12.2 邻居关系

BGP 路由器之间在交换路由信息之前,需先建立起 BGP 邻居关系。BGP 路由器不能自动发现邻居,需要对其配置,指明邻居路由器的 IP 地址。

与运行其他动态协议的路由器一样，BGP 路由器也会定期发送 keepalive 数据包，来检测其邻居是否"健在"。

keepalive 计时器值是 holddown 计时器值的 1/3。若在 holdtime 计时器到期时，BGP 路由器仍未能收到某特定邻居路由器发出的 keepalive 数据包（即连续三次未能收到邻居路由器发出的 keepalive 数据包），便会认为该邻居路由器不可达。RFC 1771 建议的 holddown 计时器值为 90 秒，keepalive 计时器值为 30 秒。一对 BGP 路由器在第一次建立邻居关系时，会"协商"上述两个计时器值。RFC 1771 同样规定"对于任何 BGP 实现，都要允许手工配置以上两值。"

在路由器 A、B 上分别指明（配置）的 BGP 邻居 IP 地址之后，两者必须经历一系列的邻居关系状态"变迁"，才能过渡到既定的 Established 状态。路由器 A、B 一旦处于 Established 状态，则表明两者协商好了所有必要的 BGP 参数，可以开始交换 BGP 路由了。RFC 1771 规定，建立 BGP 邻居关系时，一对 BGP 路由器要经历如下阶段。

1. **Idle**：处于 Idle 状态下的 BGP 路由器既不会为 BGP 分配资源，也不接受（其他路由器发起的）BGP 连接。

2. **Connect**：处于 Connect 状态下的 BGP 路由器会等待 TCP 连接的成功建立。若 TCP 连接建立成功，则向其 BGP 邻居发出 OPEN 数据包之后，状态机也将转变为 OpenSent 状态。若 TCP 连接建立失败，取决于失败的原因，状态机将转变为 Active 状态、逗留于 Connect 状态，或回退至 Idle 状态。

3. **Active**：处于 Active 状态下的 BGP 路由器会发起 TCP 连接，以期建立 BGP 邻居关系。若 TCP 连接建立成功，BGP 路由器会向其邻居发送 OPEN 数据包给，状态机也将转变为 OpenSent 状态。若 TCP 连接建立失败，状态机将保持在 Active 状态，或回退至 Idle 状态。

4. **OpenSent**：（向 BGP 邻居）发出 BGP OPEN 数据包之后，BGP 路由器会在此状态下等候其 BGP 邻居对 BGP OPEN 数据包的回应。

若成功收到回应数据包，BGP 状态机将转变为 OpenConfirm 状态，BGP 路由器会继续向其 BGP 邻居发出 KeepAlive 数据包。若未收到回应数据包，BGP 状态机将回退至 Idle 或 Active 状态。

5. **OpenConfirm**：此状态离最终的 Established 状态只差一步。

处于 OpenConfirm 状态下的 BGP 路由器会等待 BGP 邻居发出的 KeepAlive 数据包。若成功收到 KeepAlive 数据包，状态机将转变为 Established；否则，状态机将会因出错而回退至 Idle 状态。

6. **Established**：BGP 对等体之间，只有处于 Established 状态下，才能交换各类 BGP 消息。可供交换 BGP 消息类型包括：update 消息、keepalive 消息和 notification 消息等。

图 12-2 所示为路由器执行 BGP 相关操作时的简单 BGP 状态机。出于简化，本图省略了某些细节。欲了解更多与 BGP 状态机有关的信息，请参阅 RFC 1771。

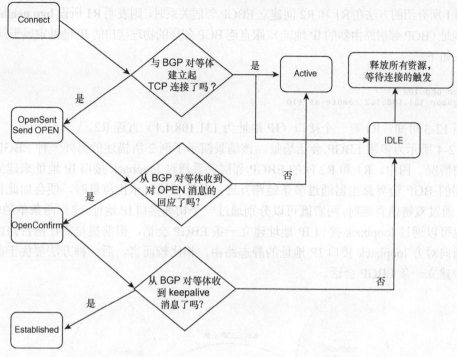

图 12-2　BGP 状态机

14.2.1　EBGP 邻居关系

本节会举几个建立 EBGP 会话的配置示例。如图 12-3 所示，R1 和 R2 分属 AS 109 和 110。

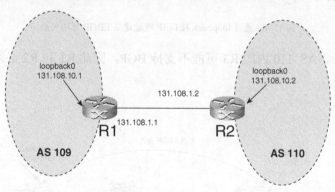

图 12-3　EBGP 邻居关系配置示例

先来举两个 EBGP 邻居关系建立的例子。

- **例 1**：R1 和 R2 相互直连，可直接用两者间互连接口的 IP 地址，来建立 EBGP 邻居关系。
- **例 2**：R1 和 R2 为非直连（或两者尽管直连，但都）使用各自的 loopback 接口 IP 地址来建立 EBGP 邻居关系。

用例 1 所介绍的方法在 R1 和 R2 间建立 EBGP 邻居关系时，则表明 R1 所设 **bgp neighbor** 命令中的 IP 地址（BGP 邻居路由器的 IP 地址），跟直连 BGP 邻居的物理接口的 IP 地址隶属于同一子网。

配法如下：

```
R1#:
router bgp 109
 neighbor 131.108.1.2 remote-as 110
```

由图 12-3 可知，R1 有一个接口（IP 地址为 131.108.1.1）直连 R2。

图 12-4 所示为多跳 EBGP 会话场景，该场景演示了例 2 所描述的另外一种 EBGP 邻居关系建立的情况。图中，R1 和 R2 间的 EBGP 邻居关系通过 loopback 接口 IP 地址来建立。当两个 AS 间的 BGP 边界路由器通过多条链路互连，且需要同时承担流量时，便会如此行事。当 R1 和 R2 通过双链路直连时，两者既可以分别通过一个物理接口 IP 地址，建立两条单独的 EBGP 会话；也可以通过 loopback 接口 IP 地址建立一条 EBGP 会话，但前提是需在两台路由器上分别配置通向对方 loopback 接口 IP 地址的静态路由。相比较而言，后一种方法要优于前者，因为可以少建立一条 EBGP 会话。

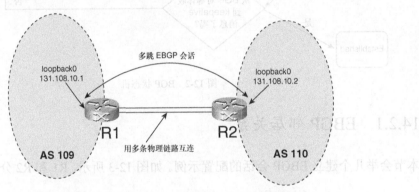

图 12-4　通过 loopback 接口 IP 地址建立 EBGP 邻居关系

如图 12-5 所示，AS 110 内的 R3 可能不支持 BGP，因此 R1 和 R2 必须"隔着"R3 建立 EBGP 邻居关系。

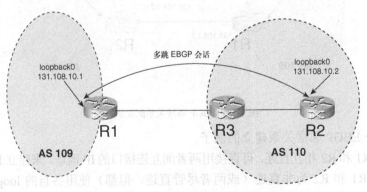

图 12-5　隔着第三台路由器建立 EBGP 邻居关系

在图 12-4 和图 12-5 所示场景中，要想建立起 EBGP 邻居关系，还得满足一个前提条件，那就是 R1 和 R2 的 loopback 接口之间必须具备 IP 连通性[①]。

loopback 接口属于虚拟接口，不像物理接口那样会时常 shutdown，这也正是人们经常使用路由器的 loopback 接口 IP 地址建立 EBGP 邻居关系的原因所在[②]。对于图 12-4 所示场景，若 R1 和 R2 间任一链路故障（任一物理接口故障），只要两者的 loopback 接口之间仍能保持 IP 连通性，EBGP 邻居关系就不会受到故障的影响。

例 12-1 所示为在 R1 上配置多跳 EBGP 会话的简单示例。

例 12-1　在 R1 上配置多跳 EBGP 会话的简单示例

```
R1#:
router bgp 109
  neighbor 131.108.10.2 remote-as 110
  neighbor 131.108.10.2 ebgp-multihop 5
  neighbor 131.108.10.2 update-source Loopback0
```

neighbor 命令所含参数 **ebgp-multihop** 5 的作用是：指明 R1 与其 EBGP 邻居 131.108.1.2 之间相隔 5 台路由器，亦即"告知"R1，令其在发出（用来与 EBGP 邻居 131.108.1.2 建立 EBGP 邻居关系的）BGP 消息时，将 IP 包头中的 TTL 字段值设为 5。

neighbor 命令所含另一参数 **update-source loopback0** 的作用是，"告知"R1，令其在发往 EBGP 邻居 131.108.1.2 的所有 BGP update 消息中，将 IP 包头的源 IP 地址字段值设置为自身的 loopback 0 接口 IP 地址。这样一来，R2（131.108.1.2）就会把 131.108.10.1 作为从 R1 学来的所有路由的下一跳 IP 地址。

12.2.2　IBGP 邻居关系

现假设 R1 和 R2 都隶属于 AS 109，如图 12-6 所示。

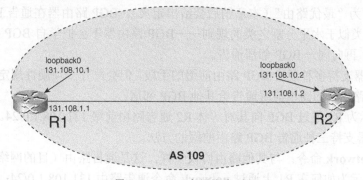

图 12-6　IBGP 邻居关系示例

---

① 原文是"In both cases of Figure 12-4 and Figure 12-5, it is assumed that all routers have reachability to R1 and R2's loopback addresses."译文酌改，如有不妥，请指正。——译者注

② 原文是"Loopback addresses are used because they are virtual interfaces and they never go down like physical interfaces do."此等文字怎堪入目，译文酌改。——译者注

若 R1 和 R2 为 IBGP 邻居，即两者为同一 AS 内的 BGP 邻居，可按以下两种配法中的任何一种来配置 IBGP 邻居关系。

- **例 1**：R1 和 R2 通过物理接口直连，两者物理接口的 IP 地址隶属同一 IP 子网，可用物理接口的 IP 地址直接建立 IBGP 邻居关系。此时，R1 的配置如下所示：

```
router bgp 109
 neighbor 131.108.1.2 remote-as 109
```

- **例 2**：R1 和 R2 为非直连，或用 loopback 接口建立 IBGP 邻居关系。此时，R1 的配置如下所示：

```
router bgp 109
 neighbor 131.108.10.2 remote-as 109
 neighbor 131.108.10.2 update-source Loopback0
```

注意：命令 **neighbor 131.108.10.2 ebgp-multihop** 不是非配不可[①]。建立 IBGP 邻居关系时，运行 IOS 的 Cisco 路由器会把 BGP 消息的 IP 包头所包含的 TTL 字段值设置为 255，因为 IBGP 邻居之间一般不太可能通过物理链路直连。此外，用 loopback 接口 IP 地址建立 IBGP 邻居关系时，IBGP 邻居的 loopback 接口之间也被认为是相隔多跳。这就是说，一旦网络中发生物理链路故障，只要还有冗余路径，IBGP 邻居的 loopback 接口之间仍能保持 IP 连通性，从而避免了单点（链路）故障对 IBGP 邻居关系的影响。

12.3 通告路由

BGP 路由器之间只有建立起了状态为 Established 的邻居关系之后，才能相互通告 BGP 路由更新消息。BGP 路由器只会把"进驻" IP 路由表的 BGP 路由前缀通告给邻居路由器。此类 BGP 路由前缀称为"最优路由"（本章稍后会给出定义）。BGP 路由器在通告 BGP 路由更新消息时，也得遵循类似于水平分割之类的规则——BGP 路由器不会把学自 BGP 邻居的路由（若为最佳路由器），再向同一 BGP 邻居通告。

Cisco 路由器支持多种通告 BGP 路由前缀的手段，但会严守一项硬性规定，那就是只会把"进驻"本机 IP 路由表的路由前缀通告给其他 BGP 邻居。

图 12-7 所示为 R1 通过 BGP 向其对等体 R2 通告路由前缀 131.108.1.0/24。

Cisco 路由器支持三种通告 BGP 路由前缀的方法。

- 通过 **network** 命令：与其他路由协议一样，这是通告路由（目的网络）的首选方法。以下所示为如何在 R1 上通过 **network** 命令通告路由 131.108.1.0/24：

```
router bgp 109
 network 131.108.1.0 mask 255.255.255.0
```

---

① 原文是 "The neighbor 131.108.10.2 ebgp-multihop command is not needed."原文如此，按字面意思直译。——译者注

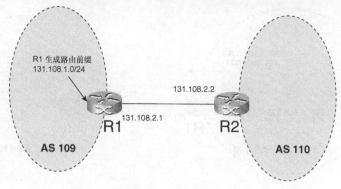

图 12-7 通告路由

若路由前缀 131.108.1.0/24 未在 R1 的 IP 路由表中"露面",哪怕配置了上述命令,R1 也无法通过 BGP 将其通告。通过 network 命令通告子网路由时,其关键字 **mask** 之后必须包含有待通告的 IP 前缀的真实掩码。

- 通过 **redlistribute** 命令:若目的网络 131.108.1.0/24 已在 R1 的 IP 路由表内以直连路由的面目示人,则可通过以下配置,让 R1 通过 BGP 通告路由前缀 131.108.1.0/24:

```
router bgp 109
redistribute connected
no auto-summary
```

按上述配置,R1 会通告包括 131.108.1.0/24 在内的所有本机直连路由。若只欲通告路由前缀 131.108.1.0/24,就得使用 BGP 路由过滤机制,本章稍后会对此展开讨论。由于在默认情况下,BGP 路由器会以"原生态"掩码的形式通告经过重分发的路由,因此上例执行了 **no auto-summary** 命令,关闭了 R1 的 BGP 自动路由汇总特性。比方说,本例所要通告的路由前缀 131.108.1.0/24 属于 B 类网络,若不执行 **no auto-summary** 命令,R1 将会以 131.108.0.0/16 的形式向外通告。

- 通过 **aggregate** 命令:前缀经过聚合或汇总之后,不但可减少所要通告的前缀数量,而且还能降低路由表的规模。Cisco 路由器支持 BGP 路由的聚合功能,可通告经过汇总的 BGP 路由。

只要 R1 的 BGP 表中包含一条隶属于 131.108.1.0/24 的明细路由(比如,131.108.1.128/26),就能通过以下配置让 R1 通过 BGP 通告聚合路由 131.108.1.0/24:

```
R1#:
router bgp 109
aggregate-address 131.108.1.0 255.255.255.0
```

配置 BGP 路由器,令其通告聚合路由时,需对以下两条规则有着透彻的理解,如图 12-8 所示。

- 规则 1:BGP 路由器通告聚合路由的前提是,本机 BGP 表中至少应包含一条此聚合路由的明细路由[①]。

---

① 原文是 "Aggregation or summarization of subnets can happen only if those subnet exist in BGP table." ——译者注

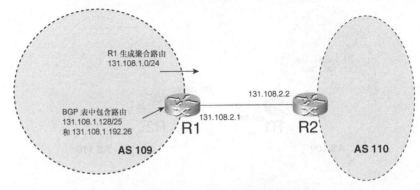

图 12-8 演示聚合（汇总）BGP 路由的规则

- 规则 2：只要通过 BGP 通告了聚合路由，Cisco 路由器就会在 IP 路由表内安装一条目的网络相同且指向 NULL0 的静态路由。如此行事是为了确保路由表内存在有效路由，好将此路由（以聚合路由的形式）通告给其他 BGP 邻居。

如图 12-8 所示，根据规则 1，R1 的 BGP 表包含路由 131.108.1.128/25 和 131.108.1.192/26，只有如此，R1 才能向 R2 通告聚合路由 131.108.1.0/24。

根据规则 2，**aggregate-address** 命令一配，R1 就会自动在 IP 路由表内安装一条下一跳为 NULL0 的静态路由 131.108.1.0/24。由例 14-2 所示 R1 的配置可知，R1 已通过 **network** 命令，通告了路由 131.108.1.128/25 和 131.108.1.192/26，并同时生成了聚合路由 131.108.1.0/24。由 **show ip bgp** 命令的输出可知，R1 的 BGP 表中包含了包括聚合路由在内的三条路由。例 14-2 所示第二部分内容则显示了 R1 所生成的聚合路由的详细信息。由例 12-2 所示第三部分内容可知，R1 针对 **aggregate-address** 命令，自动在 IP 路由表内安装了一条指向 NULL0 的静态路由。

例 12-2 与图 12-8 中有关的配置和输出

```
R1#:
router bgp 1
 network 131.108.1.192 mask 255.255.255.192
 network 131.108.1.128 mask 255.255.255.128
 aggregate-address 131.108.1.0 255.255.255.0

R1#show ip bgp
BGP table version is 5, local router ID is 1.1.1.1
Status codes: s suppressed, d damped, h history, * valid, > best, i - internal
Origin codes: i - IGP, e - EGP, ? - incomplete

   Network          Next Hop         Metric LocPrf Weight Path
*> 131.108.1.0/24   0.0.0.0                         32768 i
*> 131.108.1.128/25 0.0.0.0               0         32768 i
*> 131.108.1.192/26 0.0.0.0               0         32768 i

R1#show ip bgp 131.108.1.0 255.255.255.0
BGP routing table entry for 131.108.1.0/24, version 3
Paths: (1 available, best #1, table Default-IP-Routing-Table)
```

（待续）

```
Local, (aggregated by 1 1.1.1.1)
0.0.0.0 from 0.0.0.0 (1.1.1.1)
  Origin IGP, localpref 100, weight 32768, valid, aggregated, local, atomic-aggregate,
      best

R1#show ip route 131.108.1.0
Routing entry for 131.108.1.0/25
  Known via "static", distance 1, metric 0 (connected)
  Routing Descriptor Blocks:
  * directly connected, via Null0
      Route metric is 0, traffic share count is 1
```

NULL0 称为位桶（bit bucket），R1 自动生成的那条下一跳指向位桶的静态路由，不会对流量转发造成任何影响，因为 R1 会根据/25 和/26 的明细路由，而非/24 的 NULL0 路由，来转发相关流量。

在 Cisco 路由器上配置 **aggregate-address** 命令，会使其通过 BGP，同时通告聚合路由加明细路由。可在执行 **aggregate-address** 命令时包含 summary-only 选项，让 Cisco 路由器只通告聚合路由。

```
R1#router bgp 1
 aggregate-address 131.108.1.0 255.255.255.0 summary-only
```

同步规则

RFC 1771 所记载的同步规则规定：路由器的 IGP 路由表必须与 IBGP 表同步[①]。要想满足这一规定，那就只有把 EBGP 学得的路由在 ASBR 上重分发进 IGP（OSPF）。如果 IGP 路由与 IBGP 路由不能同步，就会导致潜在的流量黑洞。

图 12-9 所示为同步规则与流量黑洞之间的关系。AS 110 内的 R2、R3、R4 同时运行 IBGP 和 OSPF，AS 109 内的 R1 通过 EBGP 向 R2 通告路由 131.108.1.0/24，R2 再（通过 IBGP）将该路由通告给 R3 和 R4，R4 最后将那条路由又通告给了自己的 EBGP 邻居 R5。

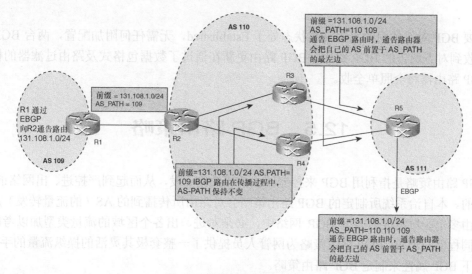

图 12-9　网络流量遭遇 "黑洞"

---

① 原文是 "This rule in RFC 1771 states that the IGP routing table must be synchronized with the IBGP routing table."——译者注

假设除 R3 外的所有路由器都处理了这条 BGP 路由更新，并安装在了各自的路由表内。若 R5 连接的一台主机发送目的网络为 131.108.1.0/24 的流量，流量（数据包）抵达 R4 之后，路由表给出的流量转发的下一跳路由器可能为 R3。于是，R4 会把流量送达 R3，因 R3 仍在处理路由更新，还未"来得及"在 IP 路由表内安装路由 131.108.1.0/24，那么目的网络为 131.108.1.0/24 的流量就会惨遭丢弃。上述现象称为瞬时性流量黑洞。片刻之后，等通往 131.108.1.0/24 的路由进驻了 R3 的路由表，目的网络为 131.108.1.0/24 的流量才能够送达 AS109。根据 RFC 1771 中所记载的同步规则，R4 把 EBGP 路由 131.108.1.0/24 通告给 EBGP 邻居 R5，以"吸引"相关流量之前，其 IGP（OSPF）也应学到目的网络相同的路由。

对于本例，需要在 R1 上手动执行从 BGP 到 IGP 的重分发操作，将所有 EBGP 路由重分发进 IGP[①]。R1 必须将路由 131.108.1.0/24 重分发进 IGP，以确保 AS 110 内的所有路由器都能（通过 IGP）收到该路由。然而，就如今的 Internet 路由表的规模而言，把完整的 Internet 路由重发进 IGP 则太过扯淡。因此，在 Cisco 路由器上可执行以下命令来禁用其同步（检查）功能。

```
R2#
router bgp 110
no Sysnchronization
```

即便禁用了路由器的同步（检查）功能，瞬时性流量黑洞依就会发生，但无需在 IGP 路由表内注入所有 BGP 路由了。若网络中尚存未运行 BGP 的路由器，且这些路由器还参与 IBGP 邻居间的流量转发时，则不能在 BGP 路由器上禁用同步功能，仍需将 BGP 路由重分发进 IGP。

12.4 接 收 路 由

只要 BGP 对等体间的邻居关系状态处于 Established，无需任何附加配置，两台 BGP 路由器都能收到对方通告的 BGP 路由。BGP 路由更新在通过了数据包格式及路由过滤器的检查之后，BGP 路由器将会照单全收。

12.5 BGP 路由策略

BGP 路由策略是指利用 BGP 来控制路由前缀的收、发，从而起到严控进、出网络的 IP 流量的目的。本自治系统所制定的 BGP 路由策略会对路由所传播到的 AS（的流量转发）产生影响。在由多个区域组成的大型 BGP 网络中，必须对进、出各个区域的流量类型加以考虑，以满足不同程度的需求。BGP 路由策略为网管人员提供了一整套极其灵活的操纵流量的手段。可利用以下 BGP 属性来制定 BGP 路由策略。

- LOCAL_PREF。

---

① 译者认为应在 R2 上执行重分发操作。——译者注

- AS_PATH。
- MULTI_EXIT_DISC(MED)。
- ORIGIN。
- NEXT_HOP。
- ATOMIC_AGGREGATE。
- AGGREGATOR。

在路由器上，一般不使用 ATOMIC_AGGREGATE 和 AGGREGATOR 这两个 BGP 属性来制定并配置 BGP 路由策略，因此本章不再做详细讨论，但会逐一介绍其他 BGP 属性。

路由器会依靠路由表，来判断如何转发特定目的网络的流量。若把流量转发的视角放宽到由许许多多路由器构成的网域，那么由每台路由器的路由表所形成的路由策略，将决定流量如何进、出本区域。同理，一个个区域组合在一起，就形成了一个完整的 IP 网络。在该 IP 网络中，由所有路由器的路由表形成的路由策略，会对如何控制进出本网络的流量起到至关重要的作用。图 12-10 所示为如何根据事先制定的 BGP 策略，让流量跨多个网域，穿多台路由器，走不同的路径。定义 BGP 策略的目的是要对流量从源端到目的地端的传输路径施加影响。

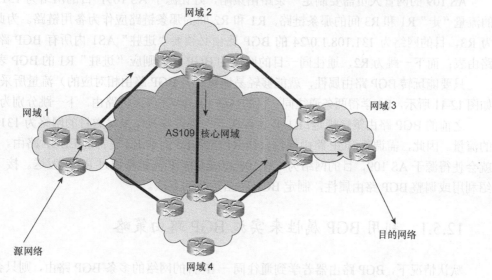

图 12-10　利用 BGP 路由策略设计而成的网络

可把一个 BGP AS 划分为多个网域，然后，根据事先制定的 BGP 路由策略，在多个网域之间操纵流量（的行进路线）。

如图 12-10 所示，流量的合理流动路线应为网域 1-网域 2-网域 3，因为这是一条最短路径。然而，网域 2（内的 BGP 路由器上）却设有一条把流量发往网域 4 的 BGP 路由策略。一旦有流量通过非最优路径发送，网络架构师就得对 BGP 路由策略仔细斟酌了。制定 BGP 路由策略时，需重点考虑链路的可用带宽、网络的拥塞程度、路由器的性能等其他诸多因素。

讲白了，制定 BGP 路由策略就等同于操纵 BGP 路由属性。路由器依仗 IP 路由表转发数据包,而 BGP 路由策略则决定什么样的 BGP 路由可以"进驻"IP 路由表。

图 12-11 所示为一个简单的 EBGP 路由策略示例。

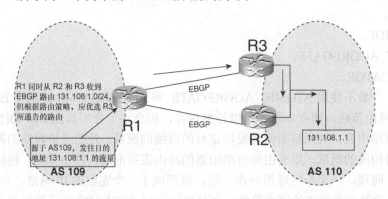

图 12-11 BGP 路由策略示例

AS 109 的网管人员需要制定一条路由策略,好让源于 AS 109,目的网络为 131.108.1.0/24 的流量"走"R1 和 R3 间的那条链路。R1 和 R2 间的那条链路应作为备用链路。为此,下一跳为 R3,目的网络为 131.108.1.0/24 的 BGP 路由必须要"进驻"AS1 内所有 BGP 路由器的 IP 路由表;而下一跳为 R2,通往同一目的网络的 BGP 路由则应"进驻"R1 的 BGP 表[①]。

只要能玩转 BGP 路由属性,就能够轻易调整(与 BGP 路由相对应的)流量所采用的路径。如图 12-11 所示,R1 学得两条通往同一目的网络 131.108.1.0/24 的路由,下一跳分别为 R2 和 R3。

之前的 BGP 路由策略规定:R1 必须首选下一跳设备 R3,来发送目的网络为 131.108.1.0/24 的流量。因此,需调整 BGP 路由属性,让 R1 优选 R3 而非 R2 通告的 EBGP 路由。这样一来,就会使得源于 AS 109,目的网络为 131.108.1.0/24 的 IP 流量都通过 R3 来发送。接下来将会介绍利用或调整 BGP 路由属性,制定 BGP 路由策略的方法。

12.5.1 利用 BGP 属性来实施 BGP 路由策略

默认情况下,BGP 路由器若学到通往同一 IP 目的网络的多条 BGP 路由,则只会把一条最优路由安装进 IP 路由表。BGP 路由器将仰仗这条最优路由转发相关 IP 流量。有时,路由器依赖 BGP 的这一默认行为,也能将流量转发安排的头头是道。然而,只要网络中的 BGP 路由器台数一多,要想达成最优路由选择,网管人员就必须要合理制定 BGP 路由策略,干预 BGP 路由器的路径决策。于是,BGP 路由属性就成为了网管最得力的"助手",以下所列为常用的 BGP 路由属性。

- LOCAL_PREF。

---

① 原文是 "This can happen only if routing tables in all the devices of AS 109 show R1–R3 as the exit point and if the path through R2 is present in the BGP table and not in routing table of R1." 译文酌改。——译者注

- AS_PATH。
- MULTI_EXIT_DISC(MED)。
- ORIGIN。
- NEXT_HOP。
- WEIGHT(Cisco 私有 BGP 路由属性)。

下文将对上述 BGP 路由属性展开深入讨论，在必要之处会给出如何操纵 BGP 路由属性，实施 BGP 路由策略。

1. LOCAL_PREF 属性

附着于 BGP update 消息的 LOCAL_PREF（本地优先）值是一个 32 位的非负整数，用在自治系统内比较通往同一目的网络的多条路由的优劣程度。只要（BGP update 消息）一出自治系统，LOCAL_PREF 值便再无任何意义，故其只能影响 AS 内的出站流量。LOCAL_PREF 值不会被传播给 EBGP 邻居，只会随 BGP update 消息传播给 IBGP 邻居。

图 12-12 说明了 LOCAL_PREF 在 BGP 网络中的用途。

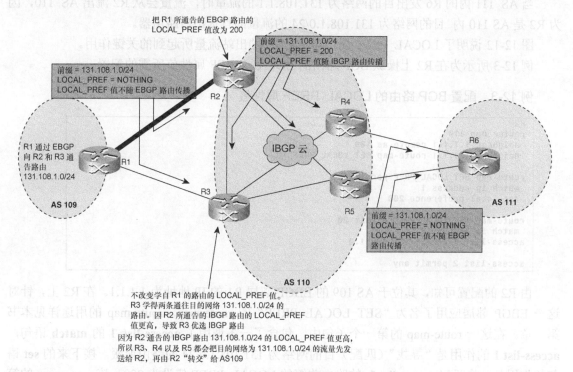

图 12-12 LOCAL_PREF 属性在 BGP 网络中的应用

AS 109 内的 R1 向其 AS 110 内的 EBGP 邻居 R2 和 R3，通告 EBGP 路由 131.108.1.0/24，在这条路由中未包含 LOCAL_PREF 值。默认情况下，Cisco 路由器会把学到的 EBGP 路由的 LOCAL_PREF 值设为 100。网管人员也可根据实际情况，配置 BGP 路由的 LOCAL_PREF 值，至于如何配置，稍后即知。如图 12-12 所示，由于 R1 和 R2 间的链路"宽"于 R1 和 R3 间的那条，因此网管人员希望通过前者而非后者来发送从 AS 110 到 AS 109 的流量。于是，修改了 R2 的配置，将所有学自 R1 的路由的 LOCAL_PREF 值调整为了 200。

由于 LOCAL_PREF 值会随路由传播给所有 IBGP 邻居，因此 R3、R4 以及 R5 会收到 R2 通告的 LOCAL_PREF 值为 200 的 IBGP 路由 131.108.1.0/24。此前，R3 还从 R1 学到了一条通往目的网络 131.108.1.0/24 的 EBGP 路由，其 LOCAL_PREF 值为默认设置，仍为 100。这就是说，R3 在转发目的网络为 131.108.1.0/24 的流量时，必须在两条路由中做出选择，一条是由 R1 通告的 EBGP 路由，另一条是 R2 通告的 IBGP 路由。如后文对 BGP 最优路径计算的论述中所言，路由器会优先选择 LOCAL_PREF 值较高的 BGP 路由；因而，R3 会把 R2 通告的那条 IBGP 路由安装进 IP 路由表。同理，R4 和 R5 在转发目的网络为 131.108.1.0/24 的流量，也会先发送给 R2。图 12-12 中的 R4 和 R5 只能收到一条通往目的网络 131.108.1.0/24 的路由，由 R2 所通告。若这两台路由器收到由多个 IBGP 邻居通告的（通往同一目的网络）的多条路由，也会像路由器 R3 那样，根据 LOCAL_PREF 值的高低，来选择最优路由。

当 AS 111 内的 R6 发出目的网络为 131.108.1.1 的流量时，流量会从 R2 流出 AS 110，因为 R2 是 AS 110 内目的网络为 131.108.1.0/24 的流量的首选出口路由器。

图 12-12 说明了 LOCAL_PREF 属性对 AS 109 的出站流量所起到的关键作用。

例 12-3 所示为在 R2 上操纵 BGP 路由的 LOCAL_PREF 属性值所需的配置。

例 12-3 配置 BGP 路由的 LOCAL_PREF 属性值

```
R2#
router bgp 110
 neighbor 1.1.1.1 remote-as 109
 neighbor 1.1.1.1 route-map SET_LOCAL_PREF in

route-map SET_LOCAL_PREF permit 10
 match ip address 1
 set local-preference 200

route-map SET_LOCAL_PREF permit 20
 match ip address 2
access-list 1 permit 131.108.1.0

access-list 2 permit any
```

由 R2 的配置可知，其位于 AS 109 的 EBGP 邻居 R1 的 IP 地址为 1.1.1.1。在 R2 上，针对这一 EBGP 邻居应用了名为"SET_LOCAL_PREF"的 route-map。route-map 的用途详见本书第一章。在这一 route-map 的第一个子句中，包含了一条调用了 **access-list 1** 的 **match** 语句，**access-list 1** 的作用是"寻找"（匹配）目的网络为 131.108.1.0/24 的路由前缀。接下来的 **set** 语句的作用是：将匹配 **access-list 1** 的路由前缀的 LOCAL_PREF 值设为 200。该 route-map 的第二个子句同样必不可缺，其作用是"接纳"（允许）（由 EBGP 邻居 1.1.1.1 通告的）所有其他 BGP 路由前缀，但不改变其 LOCAL-PREF 属性值。

配妥了 R2 之后，再分别登录 R2 和 R3，观察两者 BGP 表中路由前缀 131.108.1.0/24 的情况，其输出如例 12-4 所示。

例 12-4　更改 LOCAL_PREF 值之后，BGP 表中路由前缀 131.108.1.0/24 的输出

```
R2#show ip bgp 131.108.1.0
BGP routing table entry for 131.108.1.0/24, version 8
Paths: (1 available, best #1)
  Advertised to non peer-group peers:
    1.1.8.3
  109
    1.1.7.1 from 1.1.7.1 (10.1.1.1)
      Origin IGP, metric 0, localpref 200, valid, external, best
```

```
R3#show ip bgp 131.108.1.0
BGP routing table entry for 131.108.1.0/24, version 8
Paths: (2 available, best #1)
  Not advertised to any peer
  109
    1.1.7.1 (metric 307200) from 1.1.8.2 (10.0.0.5)
      Origin IGP, metric 0, localpref 200, valid, internal, best
  109
    1.1.2.1 from 1.1.2.1 (10.1.1.1)
      Origin IGP, metric 0, localpref 100, valid, external
```

由例 12-4 可知，R3 收到了两条路由更新，一条来自 R1，另一条来自 R2。由于后者所通告路由的 LOCAL-PREF 值较高，因此 R2 将其选为最优路由。

2. MULTI_EXIT_DISC(MED)属性

随 BGP update 消息一起传播的 MED（多出口鉴别器）属性值是一个 32 位的非负整数，用来"提醒"EBGP 邻居：本 AS 拥有多个入口，（向本 AS 转发流量时，）你可以根据我所通告的相应路由的 MED 值，择优而入。MED 属性为 BGP 非传递属性，也就是说，从 EBGP 邻居接收的路由的 MED 值，只会传播给 IBGP 邻居，而不会再向其他 EBGP 邻居通告。

图 12-13 所示为 BGP MED 属性的用法。AS 109 内的 R1 通过两条链路分别与 AS 110 内的 R2 和 R3 互连。R1 和 R2 间的那条链路的带宽要高于 R1 和 R3 间的那条。因此，网管人员可能想让所有目的网络为 131.108.1.0/24 的流量由 R1 和 R2 间的链路流出 AS 110，而不使用 R1 和 R3 间的那条链路。

路由器在比较两条目的网络相同的 BGP 路由更新时，若位列 MED 之前的属性全都相同，则会优选 MED 值较低的那条。默认情况下，Cisco 路由器只会对接收自同一 AS 的 BGP 更新的 MED 值进行比较。如欲对接收自不同 AS 的 BGP 路由更新的 MED 值加以比较，必须在路由器上执行 router 配置模式命令 **bgp always-compare-med**。

AS 109 的网管人员制定的路由策略是：所有目的网络为 131.108.1.0/24 的流量应通过 R1 和 R2 间的链路流入 AS，一旦此链路失效，R1-R3 间的链路将作为备用链路，来承担流量的转发任务。

要想满足上述需求，R1 就得分别向 R2 和 R3 通告 MED 值不等的 BGP 路由前缀 131.108.1.0/24，让前者收到的 BGP 路由的 MED 值低于后者。

例 12-5 所示为满足上述需求，在 R1 上操纵 BGP 路由的 MED 属性的配置示例。

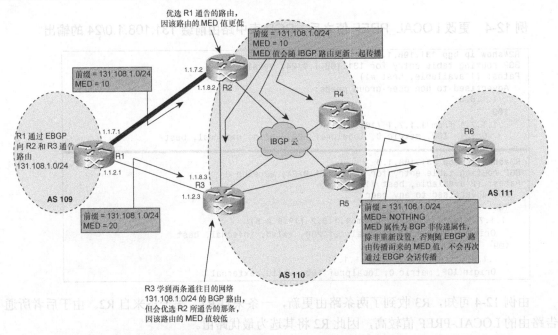

图 12-13 MULTI_EXIT_DISC（MED）属性在 BGP 网络中的应用

例 12-5 BGP MED 属性的配置方法

```
R1#
router bgp 109
  neighbor 1.1.7.2 remote-as 110
  neighbor 1.1.7.2 route-map SEND_LOWER_MED out
  neighbor 1.1.2.3 remote-as 110
  neighbor 1.1.2.3 route-map SEND_HIGHER_MED out
!
route-map SEND_LOWER_MED permit 10
  match ip address 1
  set metric 10
!
route-map SEND_LOWER_MED permit 20
  match ip address 2
!
route-map SEND_HIGHER_MED permit 10
  match ip address 1
  set metric 20
!
route-map SEND_HIGHER_MED permit 20
  match ip address 2
access-list 1 permit 131.108.1.0
access-list 2 permit any
```

由例 12-5 可知，R1 与两个 BGP 邻居 1.1.7.2（R2）和 1.1.2.3（R3）建立了 EBGP 会话。在 R1 上，分别针对那两条 EBGP 会话，配置了名为 "SEND_LOWER_MED" 和 "SEND_HIGHER_

MED"路由映射。这两个路由映射子句 10 的作用是，向 R2 和 R3 分别通告 MED 值为 10 和 20 的 BGP 路由前缀 131.108.1.0/24；子句 20 的作用则是让 R1 向 R2 和 R3 通告所有其他路由时，不改变 MED 值。

例 12-6 所示为 R1 的配置生效之后，在 R3 和 R2 上执行 **show ip bgp 131.108.1.0** 命令的输出。

例 12-6　R1 的配置生效之后，在 R2 和 R3 上执行 show ip bgp 131.108.1.0 命令的输出

```
R3#show ip bgp 131.108.1.0
BGP routing table entry for 131.108.1.0/24, version 10
Paths: (2 available, best #2)
  Not advertised to any peer
  109
    1.1.2.1 from 1.1.2.1 (10.1.1.1)
      Origin IGP, metric 20, localpref 100, valid, external
  109
    1.1.7.1 from 1.1.8.2 (10.0.0.5)
      Origin IGP, metric 10, localpref 100, valid, internal, best

R2#show ip bgp 131.108.1.0
BGP routing table entry for 131.108.1.0/24, version 10
Paths: (1 available, best #1)
  Advertised to non peer-group peers:
  1.1.8.2
  109
    1.1.7.1 from 1.1.7.1 (10.1.1.1)
      Origin IGP, metric 10, localpref 100, valid, external, best
```

若 R1 如此配置，R2 和 R3 学到的 BGP 路由前缀 131.108.1.0/24 的 MED 值应如下所示。

R2：从 R1 学到了一条 MED 为 10 的 BGP 路由前缀 131.108.1.0/24。

R3：从 R2 学到了一条 MED 为 10 的 BGP 路由前缀 131.108.1.0/24；从 R1 学到了一条 MED 为 20 的 BGP 路由前缀 131.108.1.0/24。

R2 只学到了一条通往目的网络 131.108.1.0/24 的路由，而 R3 却学到了两条。之所以会发生这种情况，是因为 R2 已向其所有 IBGP 邻居（包括 R3、R4 以及 R5 等）通告了最优路由。R3 学到的通往 131.108.1.0/24 的最优路由正是由 R2 所通告，因此也就不会反过来向 R2 通告了。

路由器在执行 BGP 最优路由计算时，若优先程度更高的属性值全都相等，会优选 MED 值较低的路由，因此 R3 会优选 R2 而非 R1 所通告的路由 131.108.1.0/24。换句话说，源于 AS 110，发往目的网络 131.108.1.0/24 的所流量都会从 R2 流过。

MED 属性为非传递 BGP 属性，AS 110 的 R4 和 R5 不会（将接收自 AS 109 的 EBGP 路由的 MED 值）通过 EBGP 会话"传递"给 AS 111。可配置 R4 和 R5，令两者向 AS 111 内的 R6 通告具有相同或不同 MED 值的路由，但最初在 AS 109 内的 R1 上设置的路由的 MED 值不会被转播给 R6。

拜 R1 上配置的 BGP MED 路由策略所赐，由 AS 111 内的 R6 发出的目的网络为 131.108.1.1 的流量，将会从 AS 110 内的 R2 而非 R3 流入 AS 109。

若 AS A、B 间通过多条链路互连，通告 BGP 路由时，设置 MED 属性，将会对本 AS 的入站流量"走"什么样的链路起到至关重要的作用。图 12-13 所示网络就是一个运行 BGP 的企业网络通过双宿主的方式连接到同一 ISP 的场景，在实战中，该场景非常常见。其中 AS 109 为企业网络，AS 110 为 ISP。

Cisco IOS 只会对接收自同一 AS 的 BGP 路由更新的 MED 值加以比较。按例 14-5 所示 R1 的配置，（收到目的网络同为 131.108.1.0/24 的 EBGP 和 IBGP 路由之后，）R3 会对路由的 MED 值加以比较，因为这两条路由都是由 AS 109 直接通告。要想让 Cisco 路由器比较由不同 AS 通告的 BGP 路由更新的 MED 值，需在其上执行 router 配置模式命令 **bgp always-compare-med**。

图 12-14 所示网络更为复杂，其中的一家 ISP（AS 109）正向另一家 ISP（AS 110）通告路由的 MED 值。

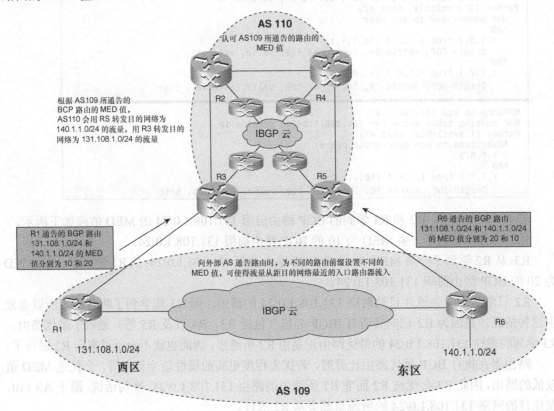

图 12-14 MULTI_EXIT_DISC（MED）属性在 ISP 网络间的使用

AS 109 有东、西区之分，东区路由器 R1 和西区路由器 R2 分别与 AS 110 内的 R3 和 R5 相连。AS 109 需确保流入本 AS，目的网络为东、西区的流量，分别从东、西区路由器 R1 和 R2 流入。为满足上述需求，需按以下 BGP 路由策略行事。

- AS 109 向 AS 110 通告 BGP 路由时，必须分别为隶属于东、西区的路由前缀（目的网络）设置不同的 MED 值，如图 12-14 所示。
- AS 110 必须"认可"AS 109 所通告 BGP 路由的 MED 值。

本章稍后会讲述如何通过配置来实现第一项 BGP 路由策略。第二项路由策略需要 AS 109 和 AS 110 之间通过协商来实现。AS 110 "认可" AS109 所通告 BGP 路由的 MED 值是指：AS 110

在收到 AS109 通告的带 MED 值的路由时，不能对 MED 值进行改写。一般而言，AS 之间互相认可（对方所通告的）BGP 路由的 MED 值，是一种平等的关系：只有当 AS 109 认可了 AS 110 所通告路由的 MED 值时，AS 110 才会"投桃报李"，认可 AS 109 所通告路由的 MED 值。认可了 AS 109 所通告路由的 MED 值之后，AS 110 就必须让自己的骨干网承载目的网络为 AS 109 的流量，只有如此，那些流量才能分别从离 AS 109 内相关目的网络最近的出口路由器流出。若 AS 110 不认可 AS 109 所通告 BGP 路由的 MED 值，则会针对发往 AS 109 的流量，制定自己的 BGP 路由策略。此时，AS 110 可能会选用（离源网络）最近而非离目的网络最近出口路由器转发目的网络为 AS 109 的流量。图 12-15 所示为 AS 110 认可 AS 109 所通告的 BGP 路由的 MED 值时，发往 AS 109 的流量在 AS 110 内的流动路线。

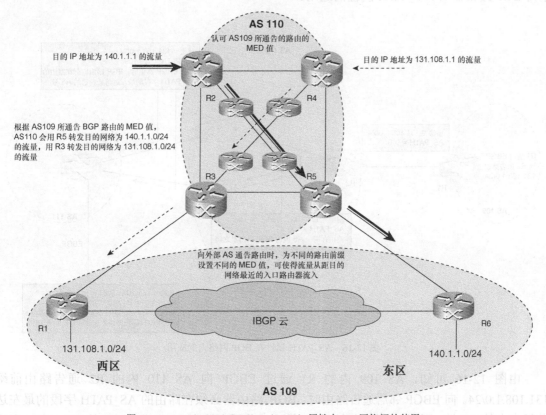

图 12-15　MULTI_EXIT_DISC（MED）属性在 ISP 网络间的使用

只要由 AS 109 所通告的 BGP 路由的 MED 值被 AS 110 内的 IBGP 路由器"认可"，那么源于 R2，目的 IP 地址为 140.1.1.1 的流量将会穿 AS 110 内的骨干路由器，从距离 AS109 内的目的网络最近的出口路由器 R5 流出 AS 110。同理，源于 R4 目的 IP 地址为 131.108.1.1 的流量，将从 R3 流出 AS 110。

在某些情况下，ISP 之间也有可能不认可对方所通告的 BGP 路由的 MED 值。在此情形，

AS 110 内的网管人员应该会让目的网络为 AS 109 的流量从离源网络最近的出口路由器流出，而不让自己的骨干网路由器承载此类流量。此时，源于 R2，目的 IP 地址为 141.1.1.1 的流量将会被直接转发给 R3，然后从 R1 流出 AS 100。如此一来，在 AS 109 内，此类流量必须穿越东、西区之间的 IBGP 云，才能抵达东区路由器 R6。通过 MED 属性来操纵流量的做法也称为热土豆路由（具体定义请见本章前文）。

3. AS_PATH 属性

AS_PATH 属性包含了 BGP 路由更新在传播过程中所"途经"的自治系统的编号，这是一个 BGP 强制属性，只有通过 EBGP 会话通告 BGP 路由更新时，该属性才会改变。图 12-16 所示为 BGP 路由器对 AS_PATH 属性的运用。

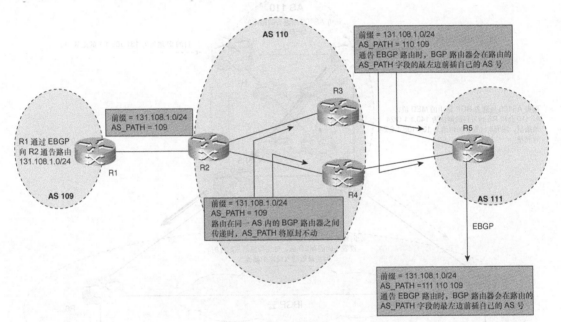

图 12-16 AS_PATH 属性在 BGP 网络内的应用

由图 12-16 可知，AS 109 内的 R1 通过 EBGP 向 AS 110 内的 R2 通告路由前缀 131.108.1.0/24。向 EBGP 邻居通告路由时，BGP 路由器必须在路由的 AS_PATH 字段的最左边前插自身的 AS 号。因此，R1 会将本机 AS 号 109 前插在路由 131.108.1.0/24 的 AS_PATH 字段内。R2 向 IBGP 邻居 R3 和 R4 通告该路由前缀时，不会改变其 AS_PATH 字段值。而 R3 和 R4 向 AS 111 内的 R5 通告该路由前缀时，会在其 AS_PATH 字段内前插自身的 AS 号 110。若 BGP 路由器所收 BGP 路由更新的 AS_PATH 字段中包含了本机 AS 号，便认为发生了路由环路，将对此路由更新"视而不见"。BGP 也正是使用 AS_PATH 属性来检测路由环路。

若 BGP 路由器收到了目的网络相同的多条 BGP 路由更新，则会优选 AS_PATH 长度最短的那条。

以图 12-13 所示网络为例，AS 109 制定了一条 BGP 策略，想让源于 AS 110，发往目的网络 131.108.1.0/24 的流量"主走"R2 和 R1 间的链路，让 R3 和 R1 间的链路作为备用链路。

不难看出，R2、R3 以及 R4 都隶属于 AS 110，三者所持 BGP 路由 131.108.1.0/24 的 AS_PATH 字段值都为 109。R3 学到了两条通往目的网络 131.108.1.0/24 的 BGP 路由，一条由 R1 通告，另一条由 R2 通告。由于这两条路由的 AS_PATH 长度同为 1，因此单凭 AS_PATH 属性，无法确定最优路由。R3 会使用 BGP 最优路由计算的下一项指标来继续评判最优路由，BGP 最优路由计算规则将会在后文细述。按例 14-7 所示代码配置 R1，就能让源于 AS 110 目的地址为 131.108.1.0/24 的流量"主走"R1 和 R2 间的链路，不走 R1 和 R3 间的链路。

当然，要想满足上述需求，也可以利用 MED 属性，让 R1 向 R2 和 R3 分别通告 MED 值一高一低的路由前缀 131.108.1.0/24。例 14-7 所采用的方法是，让 R1 向 R3 和 R2 通告 AS_PATH 长度一长一短的路由前缀 131.108.1.0/24。在 BGP 路由器学得通往同一目的网络的多条路由的情况下，AS_PATH 长度稍低的路由将会被选为最优路由。于是，便满足了让源于 AS 110，目的地址为 131.108.1.0/24 的流量"主走"R1 和 R2 间的链路，不走 R1 和 R3 间的链路的需求。

例 12-7 所示为为实现上述路由策略，R1 所需的配置。

例 12-7　在 R1 上配置 AS_PATH 属性，来确定流量转发的最优路径

```
R1#
router bgp 109
 network 131.108.1.0 mask 255.255.255.0
 neighbor 1.1.2.3 remote-as 110
 neighbor 1.1.2.3 route-map AS_PREPEND out
 neighbor 1.1.7.2 remote-as 110
!
route-map AS_PREPEND permit 10
 match ip address 1
 set as-path prepend 109 109
!
route-map AS_PREPEND permit 20
 match ip address 2
access-list 1 permit 131.108.1.0
access-list 2 permit any
```

由配置可知，1.1.2.3 是 R1 的 EBGP 邻居 R3 的 IP 地址。在 R1 上，针对与 R3 所建立的 EBGP 会话配置了名为"AS_PREPEND"的 route-map。该 route-map 的作用是：让 R1 向 R3 通告路由前缀 131.108.1.0/24 时，在其 AS_PATH 字段中前插 AS 号"109"两次，以达到增加 BGP 路由的 AS_PATH 属性长度的目的。在 route-map AS_PREPEND 的第一个子句中，调用了 access-list 1，其目的是发现（匹配）路由前缀 131.108.1.0/24，好让 R1 在通告这一路由前缀时"前插"AS 号。而 route-map AS_PREPEND 的第二个子句的作用是：不让 R1 修改通告给 R3 的其他所有路由前缀的 AS_PATH 属性。显而易见，access-list 1 和 2 的作用就是用来发现（匹配）路由前缀。

配妥了 R1 之后，R3 会学到两条通往目的网络 131.108.1.0/24 的路由，一条由 R2 通告，另一条由 R1 通告，后者的 AS_PATH 字段中前插了 AS 号"109"两次。而 R2 只能学到由 R1 通告的那条 BGP 路由。例 12-8 所示为在 R3 和 R2 上执行 **show ip bgp 131.108.1.0** 命令的输出。

例 12-8 修改了 R1 所通告路由的 AS_PATH 属性之后，在 R3 和 R2 上执行 show ip bgp 命令的输出

```
R3#show ip bgp 131.108.1.0
BGP routing table entry for 131.108.1.0/24, version 5
Paths: (2 available, best #2)
  Not advertised to any peer
  109 109 109
    1.1.2.1 from 1.1.2.1 (10.1.1.1)
      Origin IGP, metric 0, localpref 100, valid, external
  109
    1.1.7.1 from 1.1.8.2 (10.0.0.5)
      Origin IGP, metric 0, localpref 100, valid, internal, best

R2#show ip bgp 131.108.1.0
BGP routing table entry for 131.108.1.0/24, version 6
Paths: (1 available, best #1)
  Advertised to non peer-group peers:
  1.1.8.3
  109
    1.1.7.1 from 1.1.7.1 (10.1.1.1)
      Origin IGP, metric 0, localpref 100, valid, external, best
```

由例 12-8 可知，R2 和 R3 所学路由前缀 131.108.1.0/24 的 AS_PATH 字段值如下所示：

R2 从 R1 学到了一条 AS_PATH=109 的路由前缀 131.108.1.0/24

R3 从 R1 和 R2 各学到了一条路由前缀 131.108.1.0/24，但前者的 AS_PATH=109 109 109，后者的 AS_PATH=109

由于 R3 从 R1 和 R2 学到的路由前缀 131.108.1.0/24 的 AS_PATH 长度分别为 3 和 1，因此会在 IP 路由表中安装由 R2 通告的 IBGP 路由。这样一来，源于 AS 110，发往 131.108.1.0/24 的所有流量都会从 R2 流入 AS109。

R2 只学到了一条通往目的网络 131.108.1.0/24 的路由，而 R3 则学到了两条。这是因为 R2 会向其所有 IBGP 邻居（即 R3、R4 和 R5）通告最优路由。R3 学到的通往同一目的网络的最优路由正是由 R2 通告，即最优路由由 R2 生成，因此 R3 不会再将其反向通告给 R2。在 AS 110 不认可 AS 109 所通告路由的 MED 值，或 AS 109 以双宿主的方式连接到两家 ISP 的情况下，通告路由时，在 AS_PATH 中前插本方 AS 号 109，就能够起到影响流入 AS109 的流量的作用了。

通常，对于那些运行 BGP 的企业网络，由于它们所通告的路由前缀数量不会太多，因此在向 ISP 通告路由时，都会在 AS_PATH 中前插本方 AS 号，其 BGP 边界路由器的配置如例 14-7 所示。而对于拥有大量路由前缀的 ISP 网络，通告路由时，就不能如此行事了，因为根据路由前缀来操纵 AS_PATH 属性，不具备良好的可扩展性，所以 ISP 一般都会操纵路由的 LOCAL_PREFERENCE、MED 以及 WEIGHT 属性，进而达到管理流量走向的目的。有些 ISP 可能会把 AS_PATH 前置技术作为权宜之计，用来引导特定目的网络的流量，但一般都不会将其应用于常规的标准路由策略的制定[①]。

---

① 原文是"AS_PATH prepend in packets to solve temporary problems but typically does not deploy this as a standard, widely used policy."——译者注

通过"观察"附着于路由前缀的 AS_PATH 属性，BGP 路由器就能弄清生成路由前缀的 AS，以及该前缀在传播过程中途经了多少个 AS。在 AS_PATH 属性中，最右边的 AS 号表示生成前缀的 AS，最左边的 AS 号表示通告前缀的邻居 AS，居中的 AS 号则表示前缀在传播过程中途经的 AS。组成 AS_PATH 属性的一系列 AS 号被称为 AS_SEQUENCE（AS 序列），在 AS_SEQUENCE 中，AS 号会按序存放。

下面来解释一下 AS_PATH 属性的另一种表现形式 AS_SET。若 AS 110 对学自 AS 109 以及其他 AS 的路由进行了聚合，且宣告了一条由各 AS 内的明细路由所构成的聚合路由前缀，此时，就要使用 AS_SET 属性来保存各条明细路由所携带的 AS 路径信息，但 AS_SET 属性所保存的 AS 号不会按序存放。比方说，AS 110 将明细路由 131.108.1.0/24 和 131.108.2.0/24 聚合为 131.108.0.0/22[①]，并通告给了 AS 111。那两条/24 的路由分别学自 AS 109 和 AS 108。AS 110 的网管人员可能会选择将聚合路由的 AS_PATH 配置为 AS_SET，此时该聚合路由的 AS_PATH 看上去应该像下面这个样子：

```
AS_PATH=110{108 109}
```

"{}"内 AS 108 和 AS 109 排名不分先后。让 BGP 路由更新附着一系列按序排列的 AS 号（AS_SEQUENCE）是 BGP 路由器的标准行为，而 AS_SET 只是 Cisco 路由器的配置选项。

4. NEXT_HOP 属性

应使用边界路由器的 IP 地址作为由其所通告的路由前缀的下一跳地址。这一 IP 地址既有可能（与发包主机）隶属于同一 AS，也有可能为外部 IP 地址（本 AS 之外的 IP 地址），但与本 AS 的边界路由器的外连接口隶属于同一 IP 子网[②]。（BGP 路由的）NEXT_HOP（下一跳地址）通常都通过 IGP（如 OSPF 和 IS-IS 等）学得，将数据包转发到这一 NEXT_HOP（BGP 路由的下一跳地址）的成本，将会对路由器执行 BGP 最优路由计算产生重要影响[③]。

如前图 12-16 所示，在 AS 110 内，BGP 路由 131.108.1.0/24 的 NEXT_HOP 是 R1 与 R2 互连接口的 IP 地址。在整个 AS110 内，该路由的 NEXT_HOP 属性保持不变。Cisco 路由器支持将 BGP 路由的 NEXT_HOP 从 AS 之外的 IP 地址，改为 AS 内边界路由器的 IP 地址，比如，R2 的 loopback 接口 IP 地址。可在 R2 上执行 router 配置模式命令 **neighbor IBGP-neighbor-ip-address next-hop-self** 来完成配置。将 BGP 路由的 NEXT_HOP 从 AS 之外的 IP 地址改为 AS 内边界路由器的 loopback 接口 IP 地址，则可以避免让本 AS 路由器的 IGP 路由表保存外部路由信息。由于 BGP 路由器的 loopback 接口地址本来就要"进驻"IGP 路由表，因此将其作为

[①] 原文是"For example, AS 110 is aggregating 131.108.1.0/24 and 131.108.2.0/24 to 131.108.8.0/26"作者不是在聚合路由，是在切分路由。译文酌改。——译者注

[②] 原文是"The IP address of the border router should be used as a next hop to reach prefixes propagated by that border router. This could be an IP address that belongs in the same AS or it could be an external IP address that shares the same subnet as that on a border router."原文完全不知所云，译者按自己的理解译出。——译者注

[③] 原文是"NEXT_HOP is typically learned through an Interior Gateway Protocol (IGP), such as OSPF or IS-IS, and the cost to reach the NEXT_HOP often plays an important rule in calculating the best path."——译者注

BGP 路由的 NEXT_HOP 不会扩大 IGP 路由表的规模。

5. ORIGIN（起源）属性

生成 BGP 路由更新的路由器会在路由更新中附着 ORIGIN 属性，用来指明路由更新之"由来"。每条 BGP 路由前缀都附着有 ORIGIN 属性。向 BGP 邻居通告路由更新时，应确保其 ORIGIN 属性"原封未动"。表 12-1 说明了各种 ORIGIN 属性代码的含义，并解释了附着有相应 ORIGIN 属性代码的前缀之"由来"。

表 12-1　　　　　　　　　　　　　ORIGIN 属性代码

ORIGIN 属性代码	Cisco IOS 的表示方法	UPDATE 消息中所包含的前缀
0	I	前缀自 AS 内部生成
1	E	前缀通过外部网关协议（EGP）学得
2	?	前缀通过其他途径学得。在大多数情况下，前缀都是从其他路由协议重分发而来

6. WEIGHT（权重）：Cisco 专有属性

WEIGHT 为一 4 字节整数值，因其未在 RFC 1771 中定义，故并非标准 BGP 属性。WEIGHT 为 Cisco 公司专有属性，Cisco 路由器执行 BGP 最优路由计算时，会优先考虑 WEIGHT 属性。作为 Cisco 专有属性，WEIGHT 属性不可能被其它厂商的路由器识别，因此不会随 BGP 路由传播，只对 Cisco 路由器本机有效。这就是说，WEIGHT 属性不会对邻居路由器的 BGP 路由策略产生影响，而 LOCAL_PREF 和 MED 属性由于会随 BGP 路由在 AS 内传播，因此会对 AS 内所有 BGP 路由器的路由策略产生影响。

图 12-17 说明了 WEIGHT 属性的用法。AS 109 部署了三台流量进出口路由器，分别连接着三家不同的 ISP。因 AS 109 的骨干路由器之间都以低带宽链路互连，故其 BGP 路由策略规定：应尽量避免 Internet 流量在骨干路由器之间穿梭往来。要想实现这一需求，三台流量进出口路由器就得分别将与本机直连的 ISP 所通告的 Internet 路由作为最优路由，并据其转发相应的（外出 AS 的）Internet 流量。在 R1、R2 和 R3 都是 Cisco 路由器的情况下，则可在三台路由器上，分别为学自 ISP1、ISP2 和 ISP3 的 Internet 路由前缀分配 WEIGHT 值，如此一来，三台路由器将会各自遵循 ISP1、ISP2 和 ISP3 所通告的 Internet 路由，转发相应的流量。这就是说，由直连 R1 的主机生成的目的网络为 ISP1 的流量总会从 R1 流出 AS109，如图 12-17 所示。WEIGHT 属性一经应用，只要 AS 109 内的三台流量进出口路由器与各 ISP 之间所建立起的 BGP 会话不失效，其核心路由器将绝不会承载任何 Internet 流量。

上述 BGP 路由策略也叫 hot potato 路由，本章开篇已对其下过定义。

请参考前图 12-13 所示网络拓扑，假如 AS 110 的 BGP 路由策略规定：R3 应使用本机与 R1 间的互连链路来转发目的网络为 131.108.1.0/24 的流量（与其相对应的 EBGP 路由由 R1 通告），且 R3 的这一流量转发行为不能受 R2 所通告的任何 BGP 路由属性（LOCAL_PREFERENCE 等）的影响。要想实现上述需求，最简单的方法就是，在 R3 上为接收自 R1 的 BGP 路由前缀

131.108.1.0/24 分配 WEIGHT 值。

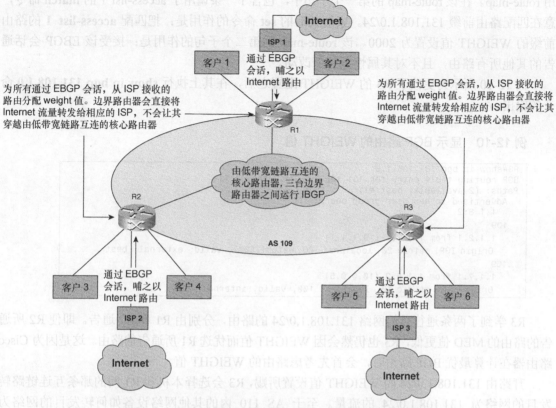

图 12-17 为 Internet 路由设置 WEIGHT 值，以避免其穿越核心路由器

例 12-9 所示为在 R3 上为 BGP 路由分配 WEIGHT 值所需的配置。

例 12-9　在 R3 上为 BGP 路由分配 WEIGHT 值的配置示例

```
R3#
router bgp 110
 no synchronization
 neighbor 1.1.2.1 remote-as 109
 neighbor 1.1.2.1 route-map SET_WEIGHT in
 neighbor 1.1.8.2 remote-as 110
!
route-map SET_WEIGHT permit 10
 match ip address 1
 set weight 2000
!
route-map SET_WEIGHT permit 20
 match ip address 2
!
access-list 1 permit 131.108.1.0
access-list 2 permit any
```

由例 12-9 可知，1.1.2.1 是 AS 109 内 R1 的 IP 地址，网管人员已针对与这一 IP 地址所建立的 EBGP 会话应用了名为 SET_WEIGHT 的 route-map。本书第一章详细介绍了如何配置及使用 route-map。在该 route-map 的第一个子句中，包含了一条调用了 access-list 1 的 **match** 命令，意在匹配路由前缀 131.108.1.0/24。紧随其后的 **set** 命令的作用是：把匹配 **access-list 1** 的路由前缀的 WEIGHT 值设置为 2000。该 route-map 的第二个子句的作用是：接受该 EBGP 会话通告的其他所有路由，且不对其属性做任何改动。

例 12-10 所示为更改了 R3 的 WEIGHT 配置之后，在其上执行 **show ip bgp 131.108.1.0** 命令的输出。

例 12-10　显示 BGP 路由的 WEIGHT 值

```
R3#show ip bgp 131.108.1.0
BGP routing table entry for 131.108.1.0/24, version 11
Paths: (2 available, best #1)
  Advertised to non peer-group peers:
    1.1.8.2
  109
    1.1.2.1 from 1.1.2.1 (10.1.1.1)
      Origin IGP, metric 20, localpref 100, weight 2000, valid, external, best
  109
    1.1.7.1 from 1.1.8.2 (10.0.0.5)
      Origin IGP, metric 10, localpref 100, valid, internal
```

R3 学到了两条通往目的网络 131.108.1.0/24 的路由，分别由 R1 和 R2 通告。即便 R2 所通告的路由的 MED 值更低，R3 也仍然会因 WEIGHT 值而优选 R1 所通告的路由。这是因为 Cisco 路由器在计算最优 BGP 路由时，会首先考虑路由的 WEIGHT 值。

拜路由 131.108.1.0/24 的 WEIGHT 值设置所赐，R3 会选择本机和 R1 间的那条互连链路转发目的网络为 131.108.1.0/24 的流量。至于 AS 110 内的其他网络设备如何转发目的网络为 131.108.1.0/24 的流量，则要视网络中别的 BGP 路由器的配置而定[①]。

7. 根据 Cisco IOS show 命令的输出，了解 BGP 路由的属性

本节介绍如何根据 Cisco IOS show 命令的输出，了解 BGP 路由的属性。

例 12-11 所示为一台 BGP 路由器从其 EBGP 对等体收到的一条 BGP 路由前缀的输出示例。该输出示例摘自 route-server.cerf.net。

例 12-11　接收自 EBGP 对等体的 BGP 路由更新

```
show ip bgp 3.0.0.0
1740 701 80
    192.41.177.69 from 192.41.177.69 (134.24.127.131)
      Origin IGP, metric 20, localpref 100, valid, external, best
```

表 12-2 所列为例 12-11 中路由前缀 3.0.0.0 的 BGP 属性。

---

① 原文是 "With WEIGHT, R3 uses the R1–R3 link for traffic destined to 131.108.1.0/24 from R3. The rest of AS 110 follows BGP policy defined in other routers to determine the path to reach 131.108.1.0/24." ——译者注

表 12-2　解读例 12-11 所示路由前缀 3.0.0.0 的 BGP 属性

属性及其他信息	例 12-11 所示路由 3.0.0.0 的属性值
AS_PATH	1740 701 80
LOCAL_PREF	100
MED	20
NEXT_HOP	192.41.177.69
Origin Code（起源代码值）	IGP
"external"	Neighbor 192.41.177.69 is an EBGP neighbor（邻居路由器 192.41.177.69 为 EBGP 邻居）
BGP peer address（BGP 对等体 IP 地址）	192.41.177.69
BGP peer identifier（BGP 对等体标识符）	134.24.127.131

AS_PATH=[1740 701 80]的意思是：路由前缀 3.0.0.0 最先由 AS 80 通告，然后传播到了 AS 701，又从 AS 701 传播至本路由器所隶属的 AS 1740。AS_PATH 属性保存了路由前缀在传播过程中所途经的每一个 AS 的编号。

"localpref 100"表示 LOCAL_PREFERENCE 属性值并未随此路由前缀一起传播，或在这台路由器上将此路由的 LOCAL_PREFERENCE 值设成了 100。若收到的路由前缀未设置 PREFERENCE 属性值，Cisco 路由器会把其值预设为 100。

"metric 20"表示邻居路由器 192.41.177.69 没有 BGP 路由策略，在通告此路由前缀时，将 MED 值设成了 20。

例 12-12 所示为一台 BGP 路由器从其 IBGP 对等体收到的一条 BGP 路由前缀的输出示例。该输出示摘自 MAE-West Looking Glass of InterMedia。

例 12-12　接收自 IBGP 对等体的 BGP 路由更新

```
show ip bgp 198.133.219.0
1 109
  4.24.7.77 (metric 90200) from 165.117.1.127 (165.117.1.127)
    Origin IGP, metric 40, localpref 100, valid, internal, best
    Community: 1:1000 2548:183 2548:234 2548:666 3706:153
```

表 12-3 所列为例 12-12 中路由前缀 198.133.219.0 的 BGP 属性。

表 12-3　解读例 12-12 所示路由前缀 198.133.219.0 的 BGP 属性

属性和其他信息	例 12-3 所示路由 198.133.219.0 的 BGP 属性值
AS_PATH	1 109
LOCAL_PREF	100
MED	40
NEXT_HOP	4.24.7.77

属性和其他信息	例 12-3 所示路由 198.133.219.0 的 BGP 属性值
NEXT_HOP cost	90200
Origin Code	IGP
"internal"	Neighbor 165.117.1.127 is an IBGP neighbor（邻居路由器 165.117.1.127 为 IBGP 邻居）
BGP peer identifier	165.117.1.127
BGP peer address	165.117.1.127
Community	1:1000 2548:183 2548:234 2548:666 3706:153 在该 BGP 路由更新中出现的团体属性。

AS_PATH= [1 109]的意思是：前缀 198.133.219.0 最先由 AS 109 通告，然后传播到了 AS 1，这也是本路由器所隶属的 AS。AS_PATH 属性保存了路由前缀在传播过程中所途经的每一个 AS 的编号。

"localpref 100" 表示 LOCAL_PREFERENCE 属性值并未随此路由前缀一起传播，或在这台路由器上将此路由的 LOCAL_PREFERENCE 值设成了 100。若收到的路由前缀未设置 PREFERENCE 属性值，Cisco 路由器会把其值预设为 100。

"metric 40" 表示本路由器的 IBGP 邻居 165.117.1.127，或该路由器的 EBGP 邻居 4.24.7.77 设有 BGP 路由策略，在通告此路由前缀时将 MED 值设成了 40。团体属性将会放到本章后文讨论。

12.5.2 通过 route-map 配置路由策略

配置 BGP 路由策略时，使用 route-map 可谓 "家常便饭"。

route-map 可包含 **match** 和 **set** 命令。**match** 命令用来匹配一个明确的值，如 IP 目的网络。**set** 语句则用来设置 BGP 属性。配置 BGP 时，route-map 可 "挂接" 在 **aggregate**、**neighbor**、**network** 或 **redistribute** 命令之后。例 12-13 给出了一个 route-map 的配置示例。

例 12-13 用来执行路由策略的 route-map 配置示例

```
router bgp 2
 neighbor A remote-as 1
 neighbor A route-map test out
route-map test permit 10
 match ip address 1
 set metric 20
!
route-map test permit 20
 match ip address 2
!
access-list 1 permit 131.108.1.0
access-list 2 permit any
```

在这一名为 test 的 route-map 的第一个子句中，**match ip address 1** 语句的作用是：让路由器根据 access-list 1 的配置，比对邻居路由器 A 所通告的 BGP 路由，以发现相匹配的路由前缀。只有匹配 access-list 1 所含 permit 语句的路由前缀（131.108.1.0/24），才能被 **set metric 20** 语句处理。

第二个子句（**route-map test permit 20**）的作用是，让路由器根据 **access-list 2** 的配置，比对邻居路由器 A 所通告的 BGP 路由，以发现相匹配的路由前缀，且不改变这些路由前缀的任何属性。由于 **access-list 2** 允许所有路由前缀（目的网络不限），因此除 131.108.1.0/24 以外的所有路由前缀的 BGP 属性都将原封不动。

下面来谈一谈配置 BGP 时，包含在 route-map 中的 **match** 和 **set** 命令的用法。

1. route-map 中 match ip address 命令的用法

（进入 route-map 配置模式），在 **match ip address** 命令后敲个 "?"，路由器会给出若干选项。

```
match ip address ?
  1-199        IP access-list number
  1300-2699    IP access-list number (expanded range)
  WORD         IP access-list name
  prefix-list  Match entries of prefix-lists
```

例 12-14 演示了如何在 route-map 中配置 **match ip address** 命令。

例 12-14　在 route-map 中配置 match ip address 命令

```
route-map test permit 10
match ip address 1

access-list 1 permit 131.108.1.0
```

2. route-map 中 match community 命令的用法

当 BGP 路由前缀附着有团体属性时，应配置含 **match community** 语句的 route-map，让路由器对 BGP 路由的团体属性进行检查。

在 **match community** 命令后敲个 "?"，会看见以下几个选项。

```
match community ?
  1-99         Community-list number (standard)
  100-199      Community-list number (extended)
  exact-match  Do exact matching of communities
```

例 12-15 演示了如何在 route-map 中配置 **match community** 命令。

例 12-15　在 route-map 中配置 match community 命令

```
route-map test permit 10
match community 1

ip community-list 1 permit 1:1
```

match community 1 的作用是，让这一名为 test 的 route-map 拿路由器接收到的路由前缀所附着的团体属性值，与 **community-list 1** 的配置进行比对，以发现团体属性值相匹配的路由前缀。community-list 1 的意思是：允许团体属性值为 1:1 的路由前缀[①]。BGP 团体属性将在本

---

① 原文是 "match community 1 means that it will examine community-list filter 1, which permits prefixes that have community 1:1 configured."——译者注

章后文做详细介绍。

3. route-map 中 match as-path 命令的用法

AS_PATH 属性在路由器的 BGP 表中以文本字符串的形式"露面",故而可用 UNIX 正则表达式对其首、尾字符或中间内容进行检查。在运行 BGP 的 Internet 路由器上,经常会设有包含正则表达式的 AS_PATH 过滤器(来执行路由过滤)。要想过滤由 AS 109 所通告的所有路由前缀,只需借助于 AS_PATH 过滤器,无需通过访问列表逐一列出隶属于该 AS 的所有路由前缀。同理,还可以利用 AS_PATH 过滤器,让本 AS 只(向其他 AS)通告 AS_PATH 为 109 的路由前缀。

在 **match as-path** 后敲个"?",将会看见以下选项。

```
match as-path ?
  1-199  AS path access-list
```

例 12-16 演示了如何在 route-map 中配置 **match as-path** 命令。

例 12-16 在 route-map 中配置 match as-path 命令

```
route-map test permit 10
match as-path 1

ip as-path access-list 1 permit ^109$
```

as-path access-list 1 的作用是,让这一名为 test 的 route-map 只匹配 AS_PATH 为 109 的所有路由前缀,"放弃"其他所有路由前缀。

正则表达式的功能强大,但极为复杂。在 as-path access-list 中使用正则表达过滤 BGP 路由之前,请先行阅读 Cisco IOS 文档。表 12-4 所列为在过滤 BGP 路由时经常用到的正则表达式,并对每一个正则表达式的含义进行了解释。

表 12-4　　　　　　　　as-path access-list 中常用的正则表达式

正则表达式	含　义
^	表示 AS_PATH 字符串的开头
$	表示 AS_PATH 字符串的结尾
.	匹配任意单字符,包括空格
*	匹配 0 次或多次前一模式(字符)
+	匹配 1 次或多次前一模式(字符)
[]	指定一个单字符模式的范围
^$	一个空字符串,表示本 AS 生成的路由
^109$	AS_PATH 字符串中只包含字符"109"
_109$	AS_PATH 字符串中最右边的字符为"109"(该路由前缀生成自 AS109)
^109_	AS109 为通告路由前缀的邻居 AS
^109 [0-9]+$	AS_PATH 字符串中只包含了 2 个 AS,AS109 一定是通告路由前缀的邻居 AS,另一 AS 号可为任意

route-map 中的 set 命令最初的用途就是操纵 BGP 属性。本节会用示例来展示 route-map 中 set 命令的用法。在 route-map 中，set 命令既可以跟 match 命令配搭使用，也可以单独使用。配搭使用时，route-map 只会对通过 match 命令检查的路由前缀，施以 set 命令。单独使用时，route-map 会无条件针对所有路由前缀施以 set 命令。

4. route-map 中 set as-path prepend 命令的用法

可使用 set as-path prepend 命令，来更改（路由前缀的）AS_PATH 属性。该命令的效果是：会把其参数中所包含的 AS 号前插进路由前缀的 AS_PATH 属性内。对此，前文已做过讨论。

在 set as-path prepend 后敲个"?"，会看见以下选项。

```
set as-path prepend ?
  1-65535  AS number
```

5. route-map 中 set community 命令的用法

可通过 route-map 所包含的 set community 命令，为路由前缀赋予团体属性值。若 set community 命令之前还设有 match 命令，则 route-map 只会为通过 match 命令检查的路由前缀赋予团体属性值；若未设 match 命令，则 route-map 会让路由器接收的所有路由前缀附着团体属性值。

在 set community 命令后敲个"?"，会看见以下选项。

```
set community ?
  1-4294967295  community number
  aa:nn         community number in aa:nn format
  additive      Add to the existing community
  local-AS      Do not send outside local AS (well-known community)
  no-advertise  Do not advertise to any peer (well-known community)
  no-export     Do not export to next AS (well-known community)
  none          No community attribute
```

6. route-map 中 set local-preference 命令的用法

在 set local-preference 命令后敲个"?"，会看见以下选项。

```
set local-preference ?
  0-4294967295  Preference value
```

7. route-map 中 set metric 命令的用法

在 set metric 命令后敲个"?"，会看见以下选项。

```
set metric ?
  +/-metric     Add or subtract metric
  0-4294967295  Metric value or Bandwidth in Kbits per second
```

8. route-map 中 set weight 命令的用法

在 set weight 命令后敲个"?"，会看见以下选项。

```
set weight ?
  0-4294967295  Weight value
```

12.5.3 用 filter-list、distribute-list、prefix-list、团体属性以及出站路由过滤（ORF）特性来执行 BGP 路由策略

Cisco IOS 内置有形形色色的配置工具，可对 BGP 路由前缀的接收和通告形成强有力的控制。网管人员可利用这些工具来过滤进、出自己网络的 BGP 路由更新。下面将讨论如何利用内置于 Cisco IOS 中的 filter-list、distribute-list、prefix-list、团体属性以及出站路由过滤（ORF）等特性，来灵活控制 BGP 路由前缀的通告及接收。

1. 用 filter-list 执行 BGP 路由策略

可利用 filter-list，并结合 AS_PATH 属性，让 BGP 路由器"允许"或"拒绝"BGP 路由更新。可在 Cisco 路由器 router 配置模式下的 **neighbor** 命令后"挂接"filter-list，在路由更新的出、入站方向执行路由过滤。例 12-17 演示了 filter-list 的用法。

例 12-17 配置 filter-list

```
router bgp 110
 neighbor 131.108.10.1 remote-as 109
 neighbor 131.108.10.1 filter-list 1 in
ip as-path access-list 1 permit ^109$
```

ip as-path 命令包含的是 UNIX 类型的正则表达式，可用来匹配附着于 BGP 路由更新的 AS_PATH 属性值。

本例，BGP 路由器会根据 as-path access-list 1 的配置，对邻居路由器 131.108.10.1 所通告的 BGP 路由更新中携带的 AS_PATH 属性信息进行检查。由 as-path access-list 1 的配置可知，该 BGP 路由器只会接受（允许）131.108.10.1 通告的 AS_PATH 属性值为"109"的 BGP 路由更新。

用 AS_PATH access-list 来执行 BGP 路由过滤，可谓灵活异常。比方说，上例中 as-path access-list 1 所引用的正则表达式"**^109$**"涵盖了由 AS109 所通告的其所有拥有的所有 BGP 路由前缀。若用 access-list 来执行路由过滤，则可能要在路由器配置中写一大堆 ACE 才能完成相同的任务[①]。

2. 用 distribute-list 执行 BGP 路由策略

与 filter-list 一样，distribute-list 也可以"挂接"在 Cisco 路由器 router 配置模式下的 **neighbor** 命令之后。在 distribute-list 中，同样能够调用 access-list。distribute-list 会根据 access-list 所含各 ACE 来"筛选"（允许或拒绝）BGP 路由前缀。

例 12-18 展示了用 distribute-list 配搭标准访问列表（**access-list 1**）过滤 BGP 路由前缀的方法。路由器只会根据标准访问列表所含 ACE 中的目的网络号，来"筛选"BGP 路由前缀；但

---

① 原文是"AS_PATH filters are scalable because, for example, ^109$ covers all the prefixes and avoids an otherwise lengthy access list, which would involve listing all the prefixes."译文酌改。——译者注

对扩展访问列表，则会根据其所含 ACE 中的目的网络号及网络掩码两个部分，来做出"筛选" BGP 路由前缀的决定。

例 12-18　在 distribute-list 中调用 IP 标准访问列表[①]

```
R2#
router bgp 110
neighbor 131.108.10.1 remote-as 109
neighbor 131.108.10.1 distribute-list 1 in

access-list 1 permit 131.108.1.0 0.0.0.255
```

在例 12-18 中，针对与 BGP 邻居 131.108.10.1 所建立的 EBGP 会话，配置了入站方向的 distribute-list，在该 distribute-list 中调用了 IP 标准访问列表 access-list 1。如此配置，会让 R2 根据 access-list 1 的配置，对 131.108.10.1 所通告的所有路由前缀进行检查，而 access-list 1 只允许目的网络为 131.108.1.0 的路由前缀。单就 IP 目的网络 131.108.1.0 而论，可"配搭"/24、/25 等若干网络掩码，但由于用标准访问列表执行路由过滤时，路由器不会检查路由的网络掩码，因此 R2 可接受 BGP 邻居 131.108.10.1 所通告的目的网络号匹配 131.108.1.0，但网络掩码长度不等的路由前缀。

例 12-19 在 distribute-list 中调用扩展 IP 访问列表。

例 12-19　在扩展的 IP 访问列表中使用 distribute-list

```
router bgp 110
neighbor 131.108.10.1 remote-as 109
neighbor 131.108.10.1 distribute-list 101 in

access-list 101 permit ip 131.108.1.0 0.0.0.0 255.255.255.0 0.0.0.0
```

用标准访问列表（编号为 1~99）执行 BGP 路由过滤时，ACE 中所包含的通配符掩码只能起到限定 BGP 路由前缀目的网络地址的作用，并不能限定路由前缀的长度。而使用扩展访问列表，则可以对 BGP 路由更新所包含的目的网络地址及子网掩码（路由前缀长度）加以限定。如例 12-19 所示，在 distribute-list 中调用扩展访问列表过滤 BGP 路由前缀时，所起到的效果与例 12-18 完全不同。在路由器接口上，应用扩展访问列表过滤数据包时，其所包含的 ACE 会分为两个部分，分别用来匹配待过滤数据包的源和目的 IP 地址。而当扩展访问列表跟 distribute-list 配搭使用，执行 BGP 路由过滤时，其源 IP 地址部分用来匹配路由前缀的目的网络号，而目的 IP 地址部分则用来匹配路由前缀的网络掩码（前缀长度）。

因此，在 distribute-list 中调用扩展访问列表匹配 BGP 路由前缀时，其所含 ACE 的意思是：

permit（或 deny） BGP 路由前缀的网络号　通配符掩码；BGP 路由前缀的子网掩码　通配符掩码

例 12-19 中 distribute-list 所调用的 **access-list 101**，只允许路由器接受 BGP 邻居 131.108.10.1

[①] 原文是"Using Distribute Lists in a Standard IP Access List"——译者注

所通告的路由前缀 131.108.10.0/24（131.108.10.0 255.255.255.0）。欲深入了解标准和扩展访问列表，请参考本书第 1 章或 Cisco IOS 文档。

3. 用 prefix-list 执行路由过滤

若只是根据 IP 前缀来执行 BGP 路由过滤，则可用 prefix-list 来替代 distribute-list，因为前者的灵活性更高。prefix-list 的配置代码易读、好懂，而在 distribute-list 的配置中，还需要调用扩展访问列表，扩展访问列表则又包含了很难理解的前缀通配符和掩码通配符。例 12-20 所示为如何用 prefix-list 来替代例 12-19 中的 distribute-lis，来执行相同效果的 BGP 路由过滤。

在例 12-19 中，匹配前缀长度为/24 的路由前缀 131.108.10.0 费了老大劲，而在例 12-20 中，只需一条简单的 prefix-list 就能轻松搞定。

例 12-20　用 prefix-list 执行 BGP 路由过滤

```
R2#:
router bgp 110
neighbor 131.108.10.1 remote-as 109
neighbor 131.108.10.1 prefix-list FILTER1 in

ip prefix-list FILTER1 seq 1 permit 131.108.1.0/24
```

注意：prefix-list 的末尾也暗伏 deny 语句，这跟 access-list 和 as-path access-list 相同。

在例 12-20 中，入站方向的 **prefix-list FILTER1** 对 BGP 邻居 131.108.10.1 所通告的所有 BGP 路由更新生效。匹配 BGP 路由时，路由器会根据 prefix-list 的序号逐一进行比对。序号为 1 的 **prefix-list FILTER1** 的作用是，允许目的网络为 131.108.1.0/24 的 BGP 路由。由例 12-20 可知，过滤 BGP 路由时，与 distribute-list 相比，prefix-list 不但功能更为强大，其配置代码也更加简洁。

4. 根据 BGP 路由的团体属性值来执行 BGP 路由策略

在 RFC 1997 中，可找到对 BGP 团体属性的定义。这份文档把团体属性定义为"具有共同属性的一组目的网络地址"。可通过配置，为每条 BGP 路由前缀分配 32 位的团体属性值，团体属性值会附着于 BGP 路由更新，传播给所有邻居 AS。可为每条 BGP 路由前缀分配多个团体属性值，最多可达 255 个。网管人员可根据团体属性值对路由前缀进行编组。譬如，可按地理位置，把整个 AS 分为东、西两区，为隶属于东区的路由前缀（目的网络）分配一个团体属性值，为隶属于西区的路由前缀（目的网络）分配另一团体属性值。可以把这种做法视为用团体属性值来"标记" BGP 路由前缀。如此一来，只要瞥一眼 BGP 路由的团体属性值，就能很容易地识别路由前缀的"出处"（是起源于东区还是西区）。

Cisco IOS 支持两种表示团体属性值的方法。老方法的格式为一个普通的 32 位数字；而新方法的格式为"AS：nn"，其中，"AS"为自治系统编号，"nn"为一个 2 字节的数字。可在 Cisco 路由器上执行 bgp 专有命令 **ip bgp new-format**，启用新的 BGP 团体属性表示方法。

图 12-18 说明了如何利用团体属性对路由前缀进行编组。通常，网管人员都会通过团体属性值，来操纵 BGP 路由前缀的其他属性。

如图 12-18 所示，AS 109 和 110 之间通过 EBGP 互连。在 AS 109 内，为路由前缀

131.108.1.0/24 和 131.108.2.0/24 分配了团体属性值 109:1，为路由前缀 131.108.3.0/24 和 131.108.4.0/24 分配了团体属性值 109:2。

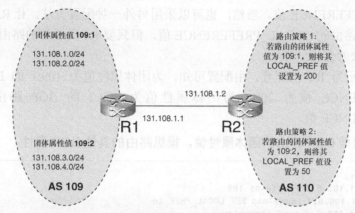

图 12-18 接收路由的 AS 可根据团体属性值，轻而易举地操纵 BGP 路由的其他属性

例 12-21 所示为在 R1 上为其所要通告的 BGP 路由分配团体属性值的配置示例。假定 R1 能够顺利生成 BGP 路由前缀 131.108.1.0/24、131.108.2.0/24、131.108.3.0/24 以及 131.108.4.0/24。

例 12-21　为 BGP 路由前缀赋团体属性值的配置示例

```
R1#
router bgp 109
 network 131.108.1.0 mask 255.255.255.0
 network 131.108.2.0 mask 255.255.255.0
 network 131.108.3.0 mask 255.255.255.0
 network 131.108.4.0 mask 255.255.255.0
 neighbor 131.108.6.2 remote-as 110
 neighbor 131.108.6.2 send-community
 neighbor 131.108.6.2 route-map SET_COMMUNITY out
!
ip bgp-community new-format
!
access-list 1 permit 131.108.2.0
access-list 1 permit 131.108.1.0
access-list 2 permit 131.108.4.0
access-list 2 permit 131.108.3.0
!
route-map SET_COMMUNITY permit 10
 match ip address 1
 set community 109:1
!
route-map SET_COMMUNITY permit 20
 match ip address 2
 set community 109:2
```

在 R1 上配置了一个名为 SET_COMMUNITY 的 route-map，该 route-map 作用于 R1 向 BGP 邻居 R2（131.108.6.2）通告的所有 BGP 路由更新。在构成该 route-map 的每一个子句中，都包含了一条 match 命令，作用是检查 R1 所通告的路由前缀是否匹配经其调用的访问列表，若匹配，set 命令将会为路由前缀分配相应的团体属性值。在例 14-21 中，access-list 1 允许目的网络 131.108.2.0/24，因此通往这一目的网络的 BGP 路由的团体属性值被设成了 109:1，同理，

BGP 路由前缀 131.108.4.0/24 的团体属性值被设成了 109:2。

可配置 R2，令其在收到那些附着了团体属性值的 BGP 路由更新之后，根据团体属性值来设置 LOCAL_PREFERENCE 值。当然，也可以采用另外一种配置方法，让 R2 根据 IP 网络号来设置相关 BGP 路由的 LOCAL_PREFERENCE 值，但只要 R1 所通告的路由前缀条数一多，网管人员配置起来就会相当麻烦。

例 12-22 所示为 R2 的配置。由配置可知，为团体属性值为 109:1 的 BGP 路由分配的 LOCAL_PREFERENCE 值为 200，为团体属性值为 109:2 的 BGP 路由分配了 50 的 LOCAL_PREFERENCE 值。

例 12-22 根据 BGP 路由的团体属性值，操纵路由的其他 BGP 属性

```
R2#
router bgp 110
 neighbor 131.108.6.1 remote-as 109
 neighbor 131.108.6.1 route-map SET_LOCAL_PREF in
 neighbor 131.108.6.1 send-community
!
ip bgp-community new-format
!
ip community-list 1 permit 109:1
!
ip community-list 2 permit 109:2
!
!
route-map SET_LOCAL_PREF permit 10
 match community 1
 set local-preference 200
!
route-map SET_LOCAL_PREF permit 20
 match community 2
 set local-preference 50
```

在 R2 的配置中有一个名为"SET_LOCAL_PREF"的 route-map，其作用是，让 R2 根据 community-list 1 和 2 的配置，对接收自 BGP 邻居 131.108.6.1 的 BGP 路由更新所携带的团体属性值进行比对。一旦发现匹配，就会针对匹配成功的 BGP 路由更新应用相关 **set** 命令，即为匹配团体属性值的 BGP 路由更新设置相应的 LOCAL-PREFERENCE 值。

例 12-23 所示为在 R2 上执行 **show ip bgp** *ip address* 命令的输出。由输出可知，已为团体属性值为 109:1 和 109:2 的 BGP 路由分别设置了 LOCAL_PREFERENCE 值 200 和 50。

例 12-23 路由器 R2 的 BGP 表表明，已为附着了不同团体属性值的路由分配了相应的 LOCAL_PREFERENCE 值

```
R2# show ip bgp 131.108.1.0
BGP routing table entry for 131.108.1.0/24, version 4
Paths: (1 available, best #1, table Default-IP-Routing-Table)
  Not advertised to any peer
  109
    131.108.6.1 from 131.108.6.1 (131.108.10.1)
      Origin IGP, metric 0, localpref 200, valid, external, best
      Community: 109:1
```

（待续）

```
R2# show ip bgp 131.108.3.0
BGP routing table entry for 131.108.3.0/24, version 2
Paths: (1 available, best #1, table Default-IP-Routing-Table)
  Not advertised to any peer
  109
    131.108.6.1 from 131.108.6.1 (131.108.10.1)
      Origin IGP, metric 0, localpref 50, valid, external, best
      Community: 109:2
```

在路由器的 BGP 表中，可逐一查看每条路由前缀的 LOCAL_PREFERENCE 和团体属性值。对于大型 BGP 网络，通过团体属性来控制 BGP 前缀可谓既灵活又方便。

可针对某一团体属性值来制定 BGP 路由策略，而这一团体属性值可能代表着成千上万条 BGP 路由前缀。譬如，在某个以东、西为界的大型网络中，网管人员想在东区路由器 R1 上为接收自西区的所有路由前缀设置 LOCAL_PREFERENCE 值 200。此时，只要设置西区路由器，令其向东区通告路由前缀时，为本区的所有路由前缀设置团体属性值，那么在路由器 R1 上只需根据这一团体属性值，配置 route-map，为相关路由前缀设置 LOCAL_PREFERENCE 值即可。否则，要实现上述需求，在路由器 R1 上需先配置一个包含一大堆 ACE 的访问列表，然后再根据西区通告的 IP 目的网络前缀，来设置 LOCAL_PREFERENCE 值。相形之下，使用团体属性值来匹配 BGP 路由前缀，既灵活，又简单。

BGP 团体属性不但在制定 BGP 路由策略时非常管用，甚至还能帮助排除 BGP 网络故障。比方说，对某 ISP 而言，可分别为接收自客户以及其他 ISP 的 BGP 路由前缀分配不同的团体属性值[①]。若与客户所通告的路由前缀相对应的网络出现故障，只需通过团体属性值就能判断出故障所涉及的路由前缀，因此会加快排障速度。正是基于上述优点，才使得团体属性在 BGP 网络中得到广泛使用。

5. 利用 ORF（出站路由过滤）执行 BGP 路由策略

RFC5291 定义了 BGP-4 的 ORF 功能，其主旨为：支持该功能的 BGP 路由器会把本机配置的 BGP 路由入站过滤器"推送"给 BGP 远程对等体，以便远程对等体将收到的过滤器应用为自身的 BGP 路由出站过滤器。

一般而言，要想让 BGP 路由器拒收 BGP 邻居所通告的某些路由前缀，需配置入站路由过滤器，要借助于 filter-list、distribute-list、prefix-list 等工具。也就是说，路由接收端只能等路由通告端通告过路由之后，才能执行拒收路由前缀的动作。ORF 功能推出之后，支持该功能的路由接收端就能把设于本机的入站路由过滤器，"推送"给路由通告端。路由通告端收到过滤器之后，会对其进行"改造"，并将改造之后的过滤器"并入"本机与路由接收端之间所建立的 BGP 会话的路由出站过滤器。建立 BGP 邻居关系时，邻居双方会彼此验证对方是否支持 ORF 功能。只有邻居双方都支持该功能，才能执行出站路由过滤功能。

图 12-19 所示为 ORF 功能的用法。图中的数字表示下列 ORF 事件发生的先后顺序。
1 AS 110 内的 R2 向 AS 109 内的 R1 通告 BGP 路由 131.108.2.0/24 和 131.108.3.0/24。

---

① 原文是 "Customer BGP prefixes can be assigned with distinct and different communities from peering ISP prefixes." 由此可以看出，作者是一典型技术宅男，没有考虑读者的感受，译文酌改。——译者注

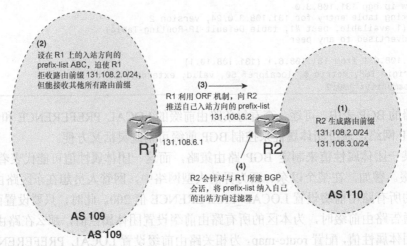

图 12-19 ORF 的运作机制

2 设于 R1 的 BGP 路由策略为：拒收路由前缀 131.108.2.0/24，接收 R2 通告的其他所有路由前缀。为此，在 R1 上配置了一个名为 ABC 的 prefix-list，配置代码请见例 14-24。

3 R1 通过 ORF 机制，将本机用来过滤入站路由的过滤器 prefix-list ABC，推送给了 R2。

4 R2 安装了 BGP 邻居 R1 推送的 prefix-list ABC，并将其作为自己的出站路由过滤器。

如图 12-19 所示，R2 生成了 BGP 路由 131.108.2.0/24 和 131.108.3.0/24。

设在 R1 上的路由策略是：拒收路由前缀 131.108.2.0/24，接收其他所有路由前缀。在未激活 ORF 功能的情况下，需在 R1 上配置一个入站方向的 prefix-list，令其拒收路由前缀 131.108.2.0/24。这就是说，R1 要先接收所有 BGP 路由更新，再剔除无用的路由前缀，这就造成了严重的资源浪费：一、R2（向 R1）通告无用的路由前缀，会浪费自己的 CPU 资源；二、传送无用的路由更新会浪费链路的带宽资源；三、R1 过滤无用的路由更新，也浪费了自己的 CPU 资源。激活了 ORF 功能的 BGP 路由器会把本机设置的入站 prefix-list，推送给 BGP 邻居[①]。收到该 prefix-list 之后，BGP 邻居会将其纳入用来过滤出站路由的过滤器。自那以后，BGP 邻居在通告路由时，必须经过该出站方向的 prefix-list 的过滤，这就避免了上述不必要的资源浪费。

例 12-24 所示为 R1 如何向 R2 推送其入站方向的 prefix-list。

例 12-24 ORF 配置示例

```
R1:
router bgp 109
 bgp log-neighbor-changes
 neighbor 131.108.6.2 remote-as 110
 neighbor 131.108.6.2 ebgp-multihop 2
 neighbor 131.108.6.2 capability orf prefix-list both
 neighbor 131.108.6.2 prefix-list ABC in
!
```

(待续)

---

① 原文是 "ORF sends an inbound prefix list filter to the neighbor." 译文酌改。——译者注

第 12 章　理解 BGP-4 路由协议

```
  ip prefix-list ABC seq 5 deny 131.108.2.0/24
  ip prefix-list ABC seq 10 permit 0.0.0.0/0 le 32

R1#clear ip bgp 131.108.6.2 in prefix-filter

R1#show ip bgp
BGP table version is 2, local router ID is 1.1.1.1
Status codes: s suppressed, d damped, h history, * valid, > best, i - internal
Origin codes: i - IGP, e - EGP, ? - incomplete

   Network          Next Hop         Metric LocPrf Weight Path
*> 131.108.3.0/24   131.108.6.2           0            0 110 I
```

命令 **neighbor 131.108.6.2 capability orf prefix-filter both** 的作用是，激活 R1 与其 BGP 邻居 R2（131.108.6.2）间的 ORF 功能，这表明 R1 欲与 R2 "交换" prefix-list。

命令 **neighbor 131.108.6.2 prefix-list ABC in** 的作用是：让 R1 拒收路由前缀 131.108.2.0/24，允许其他所有路由前缀，此 prefix-list 作用于路由的入站方向。

在 R1 上执行 **clear ip bgp 131.108.6.2 in prefix-filter** 命令，会迫使 R1 把本机设置的入站方向的 prefix-list，推送给 R2。

由命令 **show ip bgp** 的输出可知，R2 接受了 R1 推送的 prefix-list ABC，因此不再通告路由前缀 131.108.2.0/24，于是 R1 的 BGP 表内只有路由前缀 131.108.3.0/24 "现身"。

例 12-25 所示为根据例 12-24 中 R1 的配置，如何配置 R2，令其 "配合" 在 R1 上启用的 ORF 功能。

例 12-25　为 "配合" 在 R1 上启用的 ORF 功能，R2 所需的配置

```
R2:
router bgp 110
  network 131.108.2.0 mask 255.255.255.0
  network 131.108.3.0 mask 255.255.255.0
  neighbor 131.108.6.1 remote-as 109
  neighbor 131.108.6.1 ebgp-multihop 2
  neighbor 131.108.6.1 capability orf prefix-list both

R2#show ip bgp
BGP table version is 3, local router ID is 2.2.2.2
Status codes: s suppressed, d damped, h history, * valid, > best, i - internal
Origin codes: i - IGP, e - EGP, ? - incomplete

   Network          Next Hop         Metric LocPrf Weight Path
*> 131.108.2.0/24   0.0.0.0               0         32768 i
*> 131.108.3.0/24   0.0.0.0               0         32768 I

R2#show ip bgp neighbors 131.108.6.1 received prefix-filter
Address family: IPv4 Unicast
ip prefix-list 131.108.6.1: 2 entries
   seq 5 deny 131.108.2.0/24
   seq 10 permit 0.0.0.0/0 le 32
```

挂接在 **neighbor** 131.108.6.1 命令下的 **capacity orf prefix-list both** 参数的作用是：激活 R2 与 BGP 邻居 R1 之间的 ORF "互动" 功能，也就是讲，R2 希望跟 R1 "交换" prefix-list。

由在 R2 上执行的那两条 show 命令的输出可知，R2 生成了两条路由前缀，但因 R2 接受了 R1 推送的 prefix-list，导致 R2 不再通告路由前缀 131.108.2.0/24。接受了 R1 推送的 prefix-list ABC 之后，R2 会将其纳入与 R1 所建 BGP 会话的出站方向的路由过滤器。于是，向 R1 通告 BGP 路由前缀时，R2 只会通告路由前缀 131.108.3.0/24，不再通告路由前缀 131.108.2.0/24。

要是不想接纳由 R1 推送的 prefix-list，则可以配置 R2，令其用本机配置的出站方向的 prefix-list 进行"覆盖"。

借助于 ORF 功能，就能让路由通告方以出站路由过滤器的形式，安装路由接收方推送的入站路由过滤器，其好处有：一、可节省路由通告方的 CPU 资源；二、可避免因传送无用路由更新而消耗的链路带宽资源；三、可节省路由接收方的 CPU 资源。

12.5.4 路由抑制

路由抑制是一种减少非健康（翻动）路由在 Internet 上传播的特性。路由翻动是指路由在 IP 路由表内"时隐时现"。其原因可能由物理链路、路由协议或路由器故障所导致。通过 BGP 向 Internet 通告非健康（翻动）路由时，Internet 上所有运行 BGP 的路由器都会受到影响——翻动路由同样会在这些路由器的路由表内"时隐时现"。若某 AS 的内部网络不稳定，出现了 IP 路由持续翻动的现象，其不稳定因素将会通过 BGP，影响整个 Internet。路由抑制是一种对翻动路由施以"惩戒"，以使路由的不稳定因素降至最低的特性。具体的"惩戒"措施是：为发生翻动的路由分配一个惩罚值，路由每翻动一次，都会受到"记过"处理（增加其惩罚值）。只要"记过"次数达限（预设阈值），BGP 便会抑制相应的路由。路由在受到抑制之后，若再次发生发动，BGP 仍将继续对其"记过"。路由翻动的频率越高，BGP 对其抑制得也就越快。当翻动路由的罚值值达到预设值（抑制值）之后，路由器会令其退出路由表，不再向 Internet 通告。当路由不再翻动时，为其分配的惩罚值会（随时间的流逝）呈指数级递减。当翻动路由的惩罚值降到另一预设值（路由重用值）之后，路由器会让其再次"进驻"路由表，并同时通过 BGP 向 Internet 通告。以下所列为与 BGP 路由抑制特性有关的规则和定义。

- **Cisco IOS 的 BGP 实现**——路由抑制特性只对 EBGP 邻居生效。
- **翻动惩罚**——路由每翻动一次，其惩罚值将增加 1000。BGP 路由器会在路由回撤而非通告时为其分配惩罚值。
- **路由的抑制限制值**——用来与惩罚值相比较的数值。若惩罚值高于抑制限制值，路由将被抑制，默认值为 2000。
- **半衰期**——是指路由的惩罚值减半，所经历的时间。每隔 5 秒，路由的惩罚值都会呈指数级递减，半衰期的默认值为 15 分钟。
- **路由的重用限制值**——随着路由的惩罚值呈指数级递减，最终会到达重用限制值，此时，路由将不再遭到抑制，而会重新进驻 IP 路由表，并将传播给其他 BGP 路由器。重用限制值默认为 750。当惩罚值为重用限制值的一半时，BGP 就会解除对相关路由的抑制。

- **历史记录**——路由只要发生翻动，就会被赋予惩罚值1000。对于已遭回撤，且被排除在路由表之外的翻动路由，路由器仍将会通过 BGP 进程来维护其历史状态信息，并对其进行跟踪。当路由稳定下来以后，相应的历史记录也失去了存在的意义，必须从路由器的内存中删除。
- **路由的抑制状态**——路由在多次翻动之后，其惩罚值将超越抑制限制值，BGP 路由器会将其从路由表中删除，且不向任何 BGP 路由器通告。
- **路由遭抑制的最长周期**——默认周期为半衰期（15 分钟）的 4 倍。默认情况下，一条（翻动过的）路由最长只能被抑制一个小时。

请按 12-26 所示命令，来激活 Cisco 路由器的 BGP 路由抑制特性。

例 12-26　在 Cisco 路由器上配置的路由抑制特性

```
R3#
router bgp 110
bgp dampening
```

按例 12-26 所示配置，翻动路由的半衰期、重用限制值、抑制限制值，以及最长抑制周期分别为 15 分钟、750、2000、1 小时。上述值均为默认值，可按例 12-27 所示配置来进行更改。

例 12-27　更改路由抑制特性的各个参数

```
router bgp 110
bgp dampening 1 400 2000 4
```

由例 12-27 所示配置可知，翻动路由的半衰期为 1 分钟，重用限制值为 400，抑制限制值为 2000，最长抑制周期为是半衰期的 4 倍（按此配置，翻动路由最长会被抑制 4 分钟）。

下例演示了路由抑制特性的运作方式，以及路由发生翻动时，Cisco 路由器所采取的一系列动作。

网络很简单，R1 和 R3 之间建立的是 EBGP 会话。R1 向 R3 通告路由前缀 131.108.1.0/24。例 14-28 所示为当 R1 所通告的路由 131.108.1.0/24 发生翻动时，R3（已在其上激活了 BGP 路由抑制特性）的一系列"举动"。要想观察到 R3 的"所作所为"，必须在其上执行以下 debug 命令。

注意：执行 debug 命令时，应小心谨慎，因为这样的操作会对路由器的性能产生严重影响。

例 12-28　开启了 BGP 路由抑制特性的 Cisco 路由器的行为

```
R3#
debug ip bgp updates 1
debug ip bgp dampening 1

access-list 1 permit 131.108.1.0 0.0.0.0

! 第一步：R1 回撤路由 131.108.1./24
R3#
```

（待续）

```
Jul    7:20:33.151 MDT: BGP: 1.1.2.1 rcv UPDATE about 131.108.1.0/24 withdrawn
24     1
.Jul 4 17:20:33.151 MDT: BGP: charge penalty for 131.108.1.0/24 path 109
2
with halflife-time 15 reuse/suppress 750/2000
.Jul 24 17:20:33.151 MDT: flapped 1 times since 00:00:00. New penalty is 1000

R3#show ip bgp 131.108.1.0
BGP routing table entry for 131.108.1.0/24, version 3
Paths: (1 available, no best path)
Flag: 0x88
  Not advertised to any peer
  109 (history entry)
      1.1.2.1 from 1.1.2.1 (10.1.1.1)
        Origin IGP, metric 20, localpref 100, external
        Dampinfo: penalty 1000, flapped 1 times in 00:00:04
```

! 第二步：R1重新向R3宣告路由131.108.1.0/24
```
R3#
Jul 24 17:21:01.214 MDT: BGP: 1.1.2.1 rcv UPDATE about 131.108.1.0/24

R3#show ip bgp 131.108.1.0
BGP routing table entry for 131.108.1.0/24, version 4
Paths: (1 available, best #1)
Flag: 0x88
  Not advertised to any peer
  109
      1.1.2.1 from 1.1.2.1 (10.1.1.1)
        Origin IGP, metric 20, localpref 100, valid, external, best
        Dampinfo: penalty 972, flapped 1 times in 00:00:39
```

! 第三步：R1再次回撤131.108.1./24
```
R3#
Jul 24 17:21:31.882 MDT: BGP: 1.1.2.1 rcv UPDATE about 131.108.1.0/24 -- withdrawn
.Jul 24 17:21:31.882 MDT: BGP: charge penalty for 131.108.1.0/24 path 109 with
         halflife-time 15 reuse/suppress 750/2000
.Jul 24 17:21:31.882 MDT: flapped 2 times since 00:00:58. New penalty is 1960

R3#show ip bgp 131.108.1.0
BGP routing table entry for 131.108.1.0/24, version 5
Paths: (1 available, no best path)
Flag: 0x88
  Not advertised to any peer
  109 (history entry)
      1.1.2.1 from 1.1.2.1 (10.1.1.1)
        Origin IGP, metric 20, localpref 100, external
        Dampinfo: penalty 1937, flapped 2 times in 00:01:17
```

! 第四步：R1再次向R3宣告路由131.108.1.0/24
```
.Jul 24 17:22:13.706 MDT: BGP: 1.1.2.1 rcv UPDATE about 131.108.1.0/24

R3#show ip bgp 131.108.1.0
BGP routing table entry for 131.108.1.0/24, version 6
Paths: (1 available, best #1)
Flag: 0x88
  Not advertised to any peer
  109
      1.1.2.1 from 1.1.2.1 (10.1.1.1)
        Origin IGP, metric 20, localpref 100, valid, external, best
```

```
                  Dampinfo: penalty 1891, flapped 2 times in 00:01:52
R3#show ip route 131.108.1.0
Routing entry for 131.108.1.0/24
  Known via "bgp 110", distance 20, metric 20
  Tag 109, type external
  Last update from 1.1.2.1 00:00:13 ago
  Routing Descriptor Blocks:
  * 1.1.2.1, from 1.1.2.1, 00:00:13 ago
      Route metric is 20, traffic share count is 1
      AS Hops 1, BGP network version 0
```

第五步：R1 再次回撤路由 131.108.1./24
```
R3#
Jul 24 17:22:40.781 MDT: BGP: 1.1.2.1 rcv UPDATE about 131.108.1.0/24 withdrawn
Jul 24 17:22:40.781 MDT: BGP: charge penalty for 131.108.1.0/24 path 109 with
                halflife-time 15 reuse/suppress 750/2000
.Jul 24 17:22:40.781 MDT: flapped 3 times since 00:02:07. New penalty is 2869

R3#show ip bgp 131.108.1.0
BGP routing table entry for 131.108.1.0/24, version 7
Paths: (1 available, no best path)
  Not advertised to any peer
  109, (suppressed due to dampening)
    1.1.2.1 from 1.1.2.1 (10.1.1.1)
      Origin IGP, metric 20, localpref 100, valid, external
      Dampinfo: penalty 2802, flapped 3 times in 00:02:44, reuse in 00:28:30

R3#show ip route 131.108.1.0
% Network not in table
```

以下所列为 R3 针对例 12-28 所列 5 个重要事件做出的回应。

- R1 回撤路由前缀 131.108.1./24 时，R3 为其分配了惩罚值 1000。与路由前缀 131.108.1./24 相对应的 BGP 表项也反映出了这条翻动路由的惩罚值，以及其他相关统计信息。

- 当 R1 重新向 R3 宣告路由 131.108.1.0/24 时，请仔细观察与路由前缀 131.108.1./24 相对应的 BGP 表项。不难发现，随着时间的流逝，翻动路由的惩罚值会逐渐降低（每隔 5 秒，呈指数级递减）。

- R1 再次回撤路由 131.108.1./24 时，针对本次路由翻动，R3 会为此路由新增惩罚值 1000，此时，其惩罚值累积成了 1937。show ip bgp 131.108.1.0 命令的输出，可以证明这一点。

- R1 再次向 R3 宣告路由 131.108.1.0/24，请继续观察 BGP 表和 IP 路由表的输出。可以看出，由于此路由的惩罚值为 1891，低于抑制限制值 2000，因此 R3 仍会将 BGP 路由 131.108.1.0/24 安装进 IP 路由表。

- R1 再次回撤路由 131.108.1./24。当这条路由第三次发生翻动时，其累积惩罚值便超出了抑制限制值 2000，R3 将在 BGP 表中将其抑制。既如此，R3 便不再会将其安装进 IP 路由表，也不会向其他 BGP 路由器通告了。观察 BGP 表的输出，可以看见，这条路由只有在 28 分 30 秒内不再次发生翻动，才会被解除抑制。

由于路由抑制特性能让路由器自动抑制发生翻动或不稳定的 BGP 路由，因此得到了广泛使用。

12.6 大型网络中高可扩展性的IBGP会话的建立——BGP路由反射器及BGP联盟

在隶属于同一AS的BGP路由器之间，一定要建立全互连的IBGP会话，这已然成为构建BGP网络的一条铁律。本节会解释这一铁律的由来，同时会介绍如何利用新型BGP对等技术，以避免建立全互连的IBGP对等关系。

切入正题之前，先来回顾一下两条重要的BGP路由通告规则。

1. 对于接收自EBGP邻居的路由前缀，BGP路由器必须将其通告给其他所有EBGP和IBGP邻居。
2. 对于接收自IBGP邻居的路由前缀，BGP路由器只能向EBGP邻居通告，不能通告给任何IBGP邻居。

拜第2条路由通告规则所赐，隶属于同一AS的BGP路由器之间就必须建立起全互连的IBGP会话；否则，路由前缀将极有可能不能传遍本AS内的所有BGP路由器。

若AS内运行IBGP的路由器为数不多，在这些路由器之间建立全互连的IBGP对等关系似乎难度不大。然而，对于大型网络（如IBGP路由器的台数过百的ISP网络），在所有路由器之间建立n（n-1）（n为AS内路由器的台数）条IBGP会话，并通过这些会话来交换路由，则难于登天。图12-20所示为由12台IBGP路由器建立起的全互连IBGP会话。

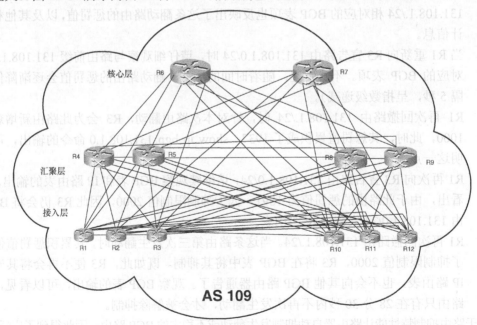

图12-20　由12台IBGP路由器建立起的全互连IBGP会话

由 12 台 IBGP 路由器建立起的全互连 IBGP 会话网都形同乱麻，请设想一下 500 台 IBGP 路由器时的可怕情形吧。这一建立 IBGP 对等关系的局限性使得以下两种新型 BGP 对等技术应运而生。

- 路由反射技术，定义于 RFC 1966。
- AS 联盟技术，定义于 RFC 3065。

后文会简要介绍以上两种新型 BGP 对等技术，欲知更多细节，请阅读相关 RFC。

12.6.1 路由反射

可利用 BGP 路由反射机制，以分层的方式部署 IBGP 路由器，（在同层或相邻层之间建立 IBGP 会话，）以取代建立在所有 IBGP 路由器之间的全互连 IBGP 会话[①]。一般而言，大型网络都会被划分为一个个区域，可按三层网络设计模型来构建每个区域，也就是说，在每个区域内都会有三种 IBGP 路由器：核心层路由器、汇聚层路由器以及接入层路由器。只要在网络内启用了 BGP 路由反射机制，IBGP 路由更新就能够在相邻层或同层路由器之间双向传播。

现在，在图 12-20 所示网络内启用了 BGP 路由反射机制，该网络内 IBGP 路由器间的 IBGP 会话建立情况请见图 12-21。由图 12-21 可知，每台接入层路由器只与本区域内的汇聚层路由器建立 IBGP 会话，汇聚层路由器再跟核心层路由器建立 IBGP 会话，核心路由器之间则需要建立全互连的 IBGP 对等会话。为确保冗余，每台路由器都会与不止一台路由器建立 IBGP 会话，且只跟高层路由器建立。比方说，R1 要跟 R4 和 R5 建立 IBGP 对等关系，而 R4 和 R5 则跟 R6 和 R7 建立 IBGP 对等关系。核心层路由器之间除了会建立全互连的 IBGP 会话之外，还会与紧邻的下层路由器建立 IBGP 对等关系。这样一来，区域间的 BGP 路由传播就得依仗核心层路由器来完成。

按上述设计，上、下层 IBGP 路由器之间的关系，也演变为路由反射器（RR）和路由反射客户端（RRC）之间的关系了。由图 12-21 可知，核心层路由器 R6、R7 是汇聚层路由器 R4、R5、R8、R9 的路由反射器，换句话说，汇聚层路由器 R4、R5、R8、R9 是核心层路由器 R6、R7 的路由反射客户端。一台路由器既可以作为上级路由器的 RRC，也可以担当下级路由器的 RR。汇聚层路由器 R4 就是核心层路由器 R6、R7 的 RRC，且同时担当接入层路由器 R1、R2 和 R3 的 RR，而 R1、R2 和 R3 则是汇聚层路由器 R4、R5 的 RRC。

图 12-21 所示为一个以分层的方式反射 BGP 路由的示例。对于只分两层（核心层和接入层）的网络而言，BGP 路由只会经过一次反射。与 BGP 路由反射的有关配置只需在 RR 上完成，而 RRC 根本感知不到自己参与了路由反射，因此无需额外配置。

[①] 原文是 "Instead of doing full-mesh IBGP between all routers, Route-Reflection design allows router networks to have a hierarchy."译文酌改。译者只想声明，路由反射机制的基本思想是，将一台中心路由器明确指定为 IBGP 会话的焦点路由器。多台 BGP 路由器（路由反射客户端）可以与这台中心路由器（路由反射服务器）建立对等关系，然后，路由反射器之间再彼此对等。虽然 BGP 路由通告规则规定，从一台 IBGP 路由器学到的路由，不能被通告给另一台 IBGP 路由器，但 BGP 路由反射规则却允许路由反射服务器（在 IBGP 邻居之间）"反射"路由，这也就放宽了全互连 IBGP 会话的限制。"——译者注

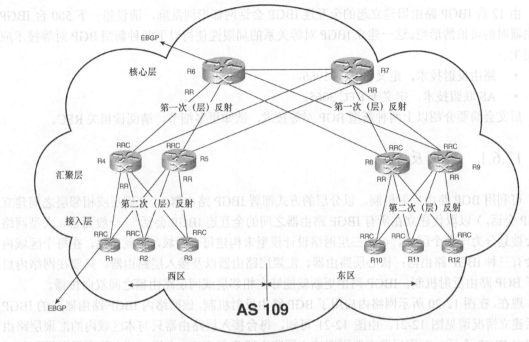

图 12-21 部署了 BGP 路由反射机制的网络

以下所列为在部署了 BGP 路由反射机制的网络中，BGP RR 在路由通告时应遵守的规则。

1. 对于接收自 EBGP 邻居的路由更新，BGP RR 会通告给所有 BGP 邻居（IBGP、EBGP、RRC）。
2. 对于接收自 IBGP 邻居的路由更新，BGP RR 会通告给 EBGP 邻居和 RRC。
3. 对于接收自某台 RRC 的路由更新，BGP RR 会通告给所有其他 RRC（通告路由的 RRC 除外）、IBGP 以及 EBGP 邻居。

还是以图 12-21 为例，假定核心层路由器 R6 直连了一台 EBGP 邻居，这台 BGP 路由器通告了一条路由更新 131.108.1.0/24。根据规则 1，R6 会把这条 BGP 路由传递给所有 BGP 邻居；根据规则 2，汇聚层路由器（R4、R5）会将此路由继续传递给接入层路由器（R1、R2、R3）。同理，路由更新 131.108.1.0/24 也将被传播至网络的"东区"。这样一来，在不建立 IBGP 全互连对等关系的情况下，这条路由前缀也能传遍网络内的所有 BGP 路由器。

现假定有接入层路由器 R1 直连了一台 EBGP 邻居，该 BGP 路由器向 R1 通告了路由前缀 140.1.1.0/24。根据规则 1，R1 会把这条路由前缀通告给汇聚层路由器（R4、R5）；根据规则 3，R4、R5 会将其反射给接入层路由器（R2、R3），以及核心层路由器（R6、R7）。同样是根据规则 3，核心层路由器（R6、R7）会继续将这条路由反射给网络东区的汇聚层路由器 R8、R9。

路由前缀 140.1.1.0/24 就是以上述自下而上的方式传遍整个网络的。

在 AS 内部署多台 BGP 路由反射器，并按组划分，且让每台路由反射器组都拥有自己的路由反射客户端时，就应该以层次化的方式来实现 BGP 路由反射机制[①]。下面给出了实现层次化

---

① 原文是 "Hierarchical Route-Reflection networks make more sense when they are viewed as a group of RRs and their clients."——译者注

BGP路由反射机制时,应理解的几个重要概念。

- **路由反射集群(cluster)**——由一或多台RR以及RRC构成的一组BGP路由器。
- **Originator_ID 属性**——本AS内最先通告EBGP路由(接收自EBGP邻居的路由)或本机路由的BGP路由器的Router-ID。该属性会由RR封装进BGP路由更新消息,随路由前缀一起传播。
- **Cluster-ID**——4字节整数值,用来标识路由反射集群。若未明确指定Cluster-ID,RR的Router-ID将充当Cluster-ID。可执行以下Cisco IOS命令来明确指定Cluster-ID。

    ```
    router bgp 109
     bgp cluster-id x.x.x.x
    ```

    若两台RR都设有相同的Cluster-ID,则两者隶属于同一路由反射集群。
- **Cluster_list 属性**——一份由若干Cluster-ID构成的清单,"记录"了BGP路由更新在传播过程中所途经的路由反射集群。当路由反射客户端收到BGP路由更新时,RR会将其本机配置的Cluster-ID值封装进这条路由更新,然后向非路由反射客户端(即高层RR或常规的IBGP邻居)通告。

若RR在所收BGP路由更新的Cluster_list中发现了设于本机的Cluster-ID,便认为发生了路由环路,会对此路由更新视而不见。

图12-22所示为一个部署了BGP路由反射集群的网络。

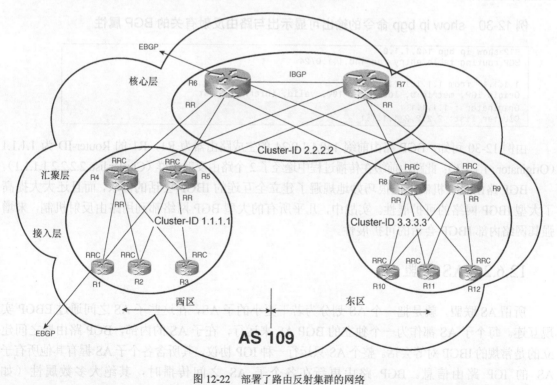

图12-22 部署了路由反射集群的网络

例 12-29 所示为如何在 Cisco 路由器上配置 RR 及定义路由反射集群。例中的配置代码摘自图 12-22 所示汇聚层路由反射器 R4。

例 12-29　设在 R4 上的有关 BGP RR 以及路由反射集群的配置示例

```
router bgp 109
 neighbor 1.1.1.1 remote-as 109
 neighbor 1.1.1.1 route-reflector-client
 neighbor 2.2.2.2 remote-as 109
 neighbor 2.2.2.2 route-reflector-client
 neighbor 3.3.3.3 remote-as 109
 neighbor 3.3.3.3 route-reflector-client
 neighbor 6.6.6.6 remote-as 109
 neighbor 7.7.7.7 remote-as 109
 bgp cluster-id 1.1.1.1
```

由配置可知，R4 拥有 3 个路由反射客户端 R1（1.1.1.1）、R2（2.2.2.2）和 R3（3.3.3.3）。此外，还与 R6（6.6.6.6）和 R7（7.7.7.7）建立了常规的 IBGP 对等会话。这就是说，虽然 R4 为 R6 和 R7 的 RRC，但在配置中却看不出它就是 R6 和 R7 的 RRC。

现假定网络西区的接入层路由器 R1 通告了 BGP 路由前缀 140.1.1.0/24。例 12-30 所示为在网络东区的接入层路由器上执行 **show ip bgp** 命令的输出，请读者注意观察此路由前缀的 BGP 路由属性的变化。

例 12-30　show ip bgp 命令的输出可显示出与路由反射有关的 BGP 属性

```
R12>show ip bgp 140.1.1.0
BGP routing table entry for 140.1.1.0/24

1.1.1.1   from 1.1.1.1 (1.1.1.1)
  Origin IGP, metric 0, localpref 100, valid, internal, best
  Originator: 1.1.1.1
  Cluster list: 2.2.2.2 1.1.1.1
```

由例 12-30 可知，BGP 路由前缀 140.1.1.0/24 的生成路由器为 R1，R1 的 Router-ID 为 1.1.1.1（Originator：1.1.1.1）；此路由前缀在传播过程中途经了 2 个路由反射集群（Cluster list: 2.2.2.2 1.1.1.1）。

BGP 路由反射机制不但很巧妙地规避了建立全互连的 IBGP 会话的需求，而且还大大提高了大型 IBGP 网络的可扩展性。实战中，几乎所有的大型 BGP 网络都利用路由反射机制，来增强其网络内部 IBGP 会话的可扩展性。

12.6.2　AS 联盟

所谓 AS 联盟，就是把一个 AS 划分为若干更小的子 AS，在这些子 AS 之间通过 EBGP 实现互连。每个子 AS 都作为一个独立的 BGP AS 来运行，在子 AS 的内部，BGP 路由器之间建立的是常规的 IBGP 对等会话。整个 AS 只运行一种 IGP 协议，其所含各个子 AS 握有其他所有子 AS 的 IGP 路由信息。BGP 路由更新在各个子 AS 之间传播时，其绝大多数属性（如 LOCAL_PREFERENCE、MED 和 NEXT_HOP）都将"原封不动"，但在 AS_PATH 属性中会加入路由更新所途经的子 AS 的编号。对于外部 AS 而言，运行 AS 联盟的 AS 将以单个 AS 的面目示人。

要想更加全面的理解 AS 联盟，需了解（附着于路由更新的）AS_PATH 属性在（AS 联盟内）各子 AS 之间传播过程中的变化方式。与 AS_PATH 属性用来"记录"路由更新在传播过程中所途经的所有 AS 的信息相同，在联盟内部，BGP 路由的 AS_PATH 属性记录的是相应的子 AS 的信息。联盟内的 BGP 路由器可籍 AS_PATH 属性，来检测路由环路，具体做法是：若在收到的 BGP 路由更新的 AS_PATH 属性中发现了本机配置的子 AS 编号，就将之丢弃。下面介绍两个与 AS 联盟密切相关的 BGP 属性。

- **AS_CONFED_SEQUENCE**——表示路由更新的 AS_PATH 属性所包含的子 AS 编号列表，该列表按序记录了路由更新在联盟内部传播过程中所途经的子 AS 编号。这类似于介绍 AS_PATH 属性时所提及的 AS_SEQUENCE。
- **AS_CONFED_SET**——表示路由更新的 AS_PATH 属性中所包含的子 AS 编号列表，其表现形式为无序存放的一组子 AS 编号。AS_CONFED_SET 属性适用于联盟内对多个子 AS 的路由进行聚合的场景。在此情形，可让聚合路由的 AS_PATH 属性以 AS_CONFED_SET 的形式露面。在 AS_CONFED_SET 中，会包含一份无序的子 AS 编号清单。清单中所列各子 AS 都"贡献"了构成该聚合路由的明细路由。这类似于介绍 AS_PATH 属性时所提及的 AS_SET。

图 12-23 所示为一个被划分为 3 个子 AS（65001、65002、65003）的 AS 联盟，其 AS 编

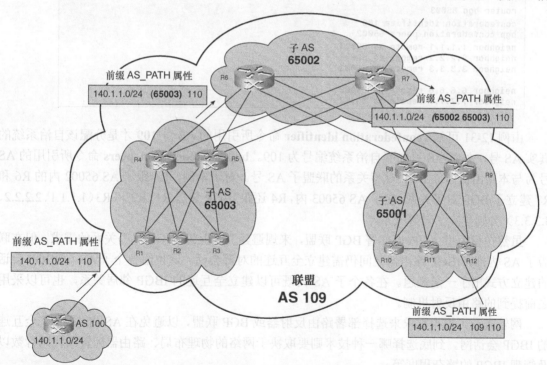

图 12-23　包含多个子 AS 的 AS 联盟

号为 109。在 AS109 内，各个子 AS 之间建立 EBGP 对等关系。请注意，各个子 AS 之间并未建立全互连的 EBGP 对等关系，因为实战中不要求（也不可能要求）所有 EBGP 路由器之间建立全互连的对等关系。由于联盟内的每个子 AS 都将其他子 AS 视为 EBGP 邻居，因此会把接收自一个子 AS 的所有路由更新通告给另一子 AS。

如图 12-23 所示，子 AS 65003 内的 R1 与 AS 110 建立起了 EBGP 对等关系，AS 110 向其通告路由前缀 140.1.1.0/24。当 R1 收到 AS 110 通告的路由前缀 140.1.1.0/24 时，其所包含的 AS_PATH 属性值为 "110"。向 AS 65002 传播这条路由前缀时，子 AS 65003 会将其 AS_PATH 属性值修改为 "(65003) 110"。在与此路由前缀相对应的 BGP 路由表项中，"(65003)" 所指为本 AS 联盟内的一个子 AS 编号。当此路由更新被子 AS 65002 通告给子 AS65001 时，其 AS_PATH 属性值将会变成 "(65002 65003) 110"。

子 AS 65001 内的 R12 将路由前缀 140.1.1.0/24 通告给联盟外的 BGP 对等体时，会剥离其 AS_PATH 字段中的联盟子自治系统编号，并用 109 进行替换。在外部 AS 看来，此路由前缀的 AS_PATH 属性值为 "109 110"，就像 AS 109 内不存在子 AS 一样。

例 12-31 所示为子 AS 65003 内路由器 R4 的 BGP 相关配置示例。

例 12-31 联盟子 AS 配置示例

```
R4#
router bgp 65003
confederation identifier 109
bgp confederation peers 65002
neighbor 1.1.1.1 remote-as 65003
neighbor 2.2.2.2 remote-as 65003
neighbor 3.3.3.3 remote-as 65003
neighbor 6.6.6.6 remote-as 65002
neighbor 7.7.7.7 remote-as 65002
```

由例 12-31 可知，**confederation identifier** 命令所引用的 AS 号 **109** 才是分配该自治系统的真实 AS 号，外部 AS 只知其自治系统编号为 109。**bgp confederation peers** 命令所引用的 AS 号为与本路由器建立 BGP 对等关系的联盟子 AS 号。对于本例，R4 跟子 AS 65002 内的 R6 和 R7 建立了 BGP 对等关系。在子 AS 65003 内，R4 还跟 IBGP 邻居 R1、R2 和 R3（1.1.1.1、2.2.2.2、3.3.3.3）分别建立了对等关系。

虽然在超大型 AS 内可部署 BGP 联盟，来规避建立全互连 IBGP 对等关系的需求，但在联盟子 AS 内部，IBGP 路由器之间仍需建立全互连的对等会话。这也给各个子 AS 内 IBGP 会话的建立方式出了一道难题。在各个子 AS 内既可以建立全互连的 IBGP 邻居关系，也可以采用之前提到的路由反射机制。

网管人员可根据需求来选择部署路由反射器或 BGP 联盟，以避免在 AS 内 "编织" 全互连的 IBGP 会话网。到底选择哪一种技术则要取决于网络的物理布局、路由器配置的代码行数以及管理 IBGP 的繁杂程度等。

12.7 最优路由计算

本节内容基于名为 BGP Best Path Selection Algorithm 的 Cisco 文档,下载该文档的链接为 www.cisco.com/warp/public/459/25.html。

BGP 协议的设计规范规定,收到通往同一目的网络的多条路由时,BGP 路由器只能从中挑选一条作为最佳路由,并将其安装进路由表。在选择最佳路由的过程中,BGP 路由器会在通往同一目的网络的多条路由之间进行一系列的比较。BGP 路由器比较路由时,所依据的标准,就是附着于 BGP 路由的各个属性。在经历了一系列的比较,"优胜劣汰"之后,最优路由将"进驻"路由表。

执行最优路由选择算法时,BGP 路由器会把本机收到的第一条(通往特定目的网络的)有效路由置为当前最优路由。此后,BGP 路由器会用此最优路由跟列表中其余路由再做比较,直到比完列表中包含的所有有效路由。

BGP 路由器会根据下列步骤决定(通往同一目的网络的)最优路由。

1. 优选 WEIGHT 值最高的路由。WEIGHT 属性为 Cisco 路由器独有,只对设有该属性的 Cisco 路由器本机有效。
2. 优选 LOCAL_PREFERENCE 值最高的路由。
3. 优选本机始发的路由,即通过 router 配置模式命令 **network** 或 **aggregate**,让路由器本机生成,或从 IGP 引入的路由。就优先级而言,通过 **network/redistribute** 命令生成的路由要高于 **aggregate-address** 命令生成的路由。
4. 优选 AS_PATH 长度最短的路由。AS_PATH 属性记录了传播至本 AS 的特定路由更新所途经的自治系统的编号。路由更新途经的 AS 数量越少,优选的可能性也越大。请注意:
   - 若 BGP 路由器上设有 **bgp bestpath as-path ignore** 命令,则忽略本步骤。
   - 一个 AS_SET 算一个 AS,无论其集合中包含了多少个 AS。
   - AS_PATH 长度不包括 AS_CONFED_SEQUENCE。
5. 优选最低起源代码值的路由:IGP 优于 EGP,EGP 优于 INCOMPLETE。
6. 优选 MED 值最低的路由。请注意:
   - 当两条(通往同一目的网络的)路由所含 AS_PATH 属性的第一个 AS 号相同时(即这两条 BGP 路由都接收自同一相邻 AS),BGP 路由器才会对 MED 值加以比较;随路由一起传播的联盟子 AS 都将被忽略。换句话说,只有当(通往同一目的网络的)多条路由的 AS_SEQUENCE 中的第一个 AS 号相同时,才会比较 MED 值。任何出现在路由的 AS_PATH 属性之前的 AS_CONFED_SEQUENCE 都将被忽略。
   - 若 BGP 路由器上设有 **bgp always-compare-med** 命令,则会对所有(通往同一目的网络的)路由的 MED 值加以比较。该命令需要在 AS 内的所有 BGP 路由器上配置,否则将有可能导致路由环路。

- 若 BGP 路由器设有 **bgp bestpath med-confed** 命令，则只会对附着了 AS_CONFED_SEQUENCE 属性的（通往同一目的网络的）所有路由的 MED 值加以比较。说穿了，就是设有此命令的 BGP 路由器只会比较生成自本联盟的路由的 MED 值。
- 对于接收自 BGP 邻居的 MED 值为 4294967295 的路由，将其安装进 BGP 表之前，其 MED 值将会被更改为 4294967294。
- 若收到未设 MED 值的路由，除非 BGP 路由器上设有 **bgp bestpath missing-as-worst** 命令，否则就得将路由的 MED 值置 0。若 BGP 路由器上设有 **bgp bestpath missing-as-worst** 命令，路由的 MED 值将被设为 4294967294。
- **bgp deterministic med** 命令也会影响到本步骤。

7. 若同时学到了通往同一目的网络的 EBGP 路由和 IBGP 路由，则优选前者。附着 AS_CONFED_SEQUENCE 属性的路由属于联盟内本地路由，应按 IBGP 路由对待。联盟内和联盟外路由分别对应于 IBGP 和 EBGP 路由。

8. 比较通往同一目的网络的 BGP 路由的下一跳 IP 地址，优选具有较低 IGP 度量值的下一跳 IP 地址的路由。

9. 若 BGP 路由器设有 **maximum-paths** *n* 命令，且从同一相邻 AS 或子 AS 学得（通往同一目的网络的）多条 AS 外部或联盟外部路由时，会按"先接收，先安装"的原则，最多将 n 条安装进路由表。此时，发往该特定目的网络的流量将会由多条 eBGP 路径共同承担。当前，n 的最大取值为 6，其默认值为 1（即未设 **maximum-paths** 命令）。

   maximum-paths *n* 命令一经设置，在 Cisco 路由器的 **show ip bgp** *longer-prefixes* 命令的输出中，会把最先接收的路由显示为最优路由，将这条最优路由通告给 IBGP 对等体之前，需要执行与之"配套"的 **next-hop-self** 命令。

10. 若收到两条（通往同一目的网络的）EBGP 路由，BGP 路由器将优选最先接收到的那一条。此举是为了把路由翻动的可能性降至最低。也就是讲，BGP 路由器即便新近收到了一条由 router-ID 更低的外部邻居通告的（通往同一目的网络的）EBGP 路由，但该路由仍不能取代最先收到的那条路由[①]。为了让网络内的 BGP 路由器在选择最优路由时保持一致性，并尽可能地降低路由环路的发生概率，11～13 步所列 BGP 最优路由附加决策只对 IBGP 路由生效，可视之为最佳做法。若满足以下任何一项条件，则忽略本步骤。

- BGP 路由器上设有 **bgp best path compare-routerid** 命令。
- 通告（通往同一目的网络的）多条路由的 BGP 路由器的 router-ID 相同，即那些路由接收自同一台路由器。
- 当前无（通往特定目的网络的）最优路由。若通告最优路由的 BGP 邻居失效，就有可能发生无（通往特定目的网络的）最优路由的情况。

11. 优选由 router-ID 最低的 BGP 路由器通告的路由。router-ID 取自路由器上设有最高 IP

---

① 原文是 "This step minimizes route flapping because a newer path won't displace an older one, even if it was the preferred route based on the RID."——译者注

地址的接口，loopback 接口的 IP 地址会得到"优先考虑"。还可以执行 **bgp router-id** 命令，手工设置 BGP 路由器的 router-ID。若 BGP 路由还附着了与 RR 有关的属性，则计算最优路由时，Originator_ID 将取代 router-ID。

12. 若通告（通往同一目的网络的）多条路由的路由器的 router-ID 或 Originator_ID 相同，则优选 Cluster_list 长度最短的路由。这种情况只存在于部署了 BGP 路由反射器的网络环境。在此类网络环境中，路由反射客户端会与 RR，或归属其他路由反射集群的路由反射客户端建立 IBGP 对等关系。在此情形，路由反射客户端必须"掌握"IBGP 路由的与 RR 有关的 BGP 属性。

13. 优选 IP 地址最低的 BGP 邻居路由器通告的路由。此处所言 IP 地址是指在 BGP **neighbor** 命令中所引用的 IP 地址，也就是远程 BGP 邻居用来与本路由器建立 TCP 连接的 IP 地址。

例 12-32 所示为最优路径的计算方法。例 12-32 所示输出摘自 route-server.cerf.net，为加深读者的映象，笔者稍作改动。route-server.cerf.net 是 Internet 上的一台路由服务器。

例 12-32 用来演示 BGP 最优路由计算的输出

```
show ip bgp 3.0.0.0
BGP routing table entry for 3.0.0.0/8, version 16396661
Paths: (4 available, best #4)
  Not advertised to any peer
!Path 1
  1740 701 80
    192.157.69.5 from 192.157.69.5 (134.24.127.201)
      Origin IGP, metric 20, localpref 100, valid, external,
!Path 2
  1740 701 80
    198.32.176.25 from 198.32.176.25 (134.24.127.35)
      Origin IGP, metric 20, localpref 110, valid, external,
!Path 3
  1740 701 80
    134.24.88.55 from 134.24.88.55 (134.24.127.27)
      Origin IGP, metric 20, localpref 100, valid, external,
!Path 4
  1740 701 80
    192.41.177.69 from 192.41.177.69 (134.24.127.131)
      Origin IGP, metric 10, localpref 110, valid, external, best,
```

route-server.cerf.net 按上述步骤对通往 3.0.0.0/8 的多条路由逐一比较之后，将第 4 条（path 4）选为最优路由，原因如下。

- 第 2 条路由（path 2）优于第 1 条（path 1），因前者的 LOCAL_PREFERENCE 值更高。
- 第 2 条路由优于第 3 条（path 3），仍因前者的 LOCAL_PREFERENCE 值较高。
- 第 4 条路由优于第 2 条，因前者的 MED 值更低。

12.8 小　　结

BGP-4 是一种在 BGP 对等体之间交换网络可达性信息的动态路由协议。BGP 常部署于 ISP

以及大型企业网络，主要用其来管控 IP 流量。网管人员可根据各种 BGP 属性（LOCAL_PREFERENCE、AS_PATH、MED、ORIGIN、NEXT_HOP 等），来制定 BGP 路由策略，形成对 IP 流量的有效管理。

除了支持 IPv4 路由选择以外，人们还对 BGP 的功能进行了扩展，以支持多播及 VPN-IPv4 路由选择。

Cisco IOS 对 BGP 支持良好，本章内容只涉及 Cisco IOS 的 BGP 实现的一小部分。强烈建立读者阅读 Cisco IOS 文档，以了解本章所述配置的细枝末节。

12.9 复 习 题

1. BGP 有自己的传输机制来确保路由更新消息的可靠交付吗？
    A．BGP 拥有自己的在邻居间交换 BGP 数据包的传输机制。
    B．UDP 是首选传输机制，因为 BGP 邻居双方大都通过物理链路直连，不太可能出现丢包的情况。
    C．BGP 使用 TCP 作为路由更新消息的传输机制。
2. 在未部署路由反射器或 BGP 联盟的情况下，若 IBGP 邻居之间未建立全互连的对等关系，会发生什么问题？
    A．由于 BGP 路由器不会将 IBGP 路由通告给另一 IBGP 邻居，因此 IBGP 路由更新将有可能不会传遍自治系统内的所有 BGP 路由器。
    B．一切正常。
    C．只有 EBGP 邻居接收不到 BGP 路由更新。
3. 以下哪一种技术可用来抑制自治系统内发生的 BGP 路由翻动现象？
    A．路由反射（Route-Reflection）。
    B．路由抑制（Dampening）。
    C．对等体组（Peer group）。
4. 在经历了哪一种邻居状态之后，BGP 路由器之间才能交换路由更新？
    A．Established。
    B．OpenSent。
    C．Active。
5. 以下哪一种技术可用来规避 IBGP 路由器之间建立全互连对等会话的要求？
    A．路由抑制（Dampening）。
    B．路由聚合。
    C．路由反射及 BGP 联盟。

本章涵盖以下关键主题：
- 排除 BGP 邻居关系建立故障；
- 排除 BGP 路由通告、生成及接收故障；
- 排除 BGP 路由未"进驻" IP 路由表故障；
- 排除与 BGP 路由反射器部署有关的故障；
- 排除因 BGP 路由策略（设置不当）所导致的流量出站故障；
- 排除小型 BGP 网络中的流量负载均衡故障；
- 排除因 BGP 路由策略（设置不当）所导致的流量入站故障；
- 排除 BGP 最优路由计算故障；
- 排除 BGP 路由过滤故障。

第 13 章

排除 BGP 故障

本章将讨论如何有效排除常见的 BGP 故障。通过 Cisco IOS 的 CLI 配置 BGP 并不太难，网管人员可利用 IOS 的健壮性，以极其灵活的方式来配置各种 BGP 特性。不过，在现实生活中，网络故障天天都会发生。本章会介绍排除 BGP 故障的基本方法。

要想圆满完成排除 BGP 网络故障的任务，排障人员首先需要掌握 BGP 的基本概念。类似于排除其他类型的网络故障，BGP 故障的排障思路也多半基于 OSI 参考模型[①]。譬如，要想解决 BGP 邻居关系建立故障，就应该顺着 OSI 参考模型的层次，自下而上，层层推进。首先，应弄清 BGP 邻居双方要建立的是哪一种邻居关系，是 EBGP 还是 IBGP 邻居关系；其次，需检查 BGP 邻居之间的物理连接（OSI 第 1 层）；第三，要弄清（BGP 邻居之间）物理连接的封装方式（OSI 第 2 层）；第四，应检查 BGP 邻居间的 IP 连通性（OSI 第 3 层）；最后，请验证 BGP 邻居之间能否建立起 TCP 连接（OSI 第 4 层）。在实战中，上述排障思路可谓是非常之奏效，且得到了广泛运用。

排除网络故障时，最好不要一上来就在路由器上执行 debug 操作。如此行事不但会消耗路由器的大量 CPU 资源，而且还会让其控制台生成巨量输出信息，有时非但不会对故障排除有半点帮助，甚至还会影响路由器的正常运行。

以一章之篇幅，不可能涵盖所有与 BGP 有关的网络故障的排障方法，但本章介绍的排障方法能解决掉实战中常见的

[①] 原文是 "Most of BGP problems are similar to Open System Interconnection (OSI) model problems." 直译为 "大多数 BGP 故障都类似于 OSI 参考模型故障"。——译者注

BGP 故障，这些排障经验基于 Cisco IOS 路由器，来源于笔者的亲身经历。

下文所列排障流程，适用于排除本章例举的常见 BGP 故障。

13.1 BGP 常见故障排障流程

排除 BGP 邻居关系建立故障

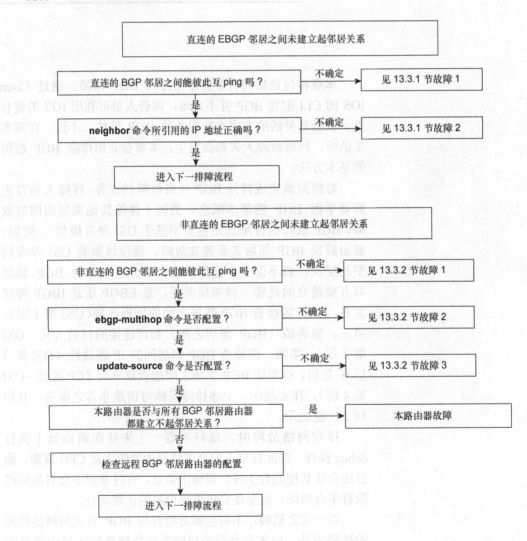

第 13 章 排除 BGP 故障

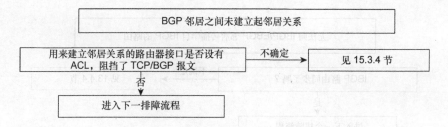

排除 BGP 路由通告/生成及接收故障

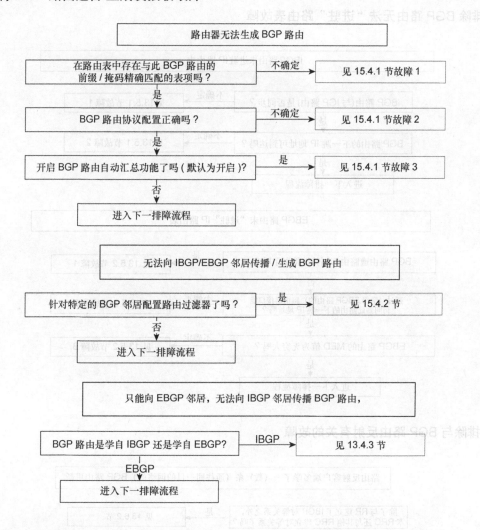

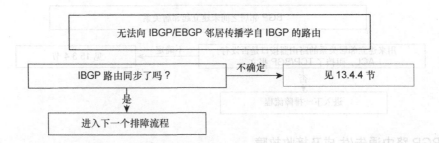

排除 BGP 路由无法"进驻"路由表故障

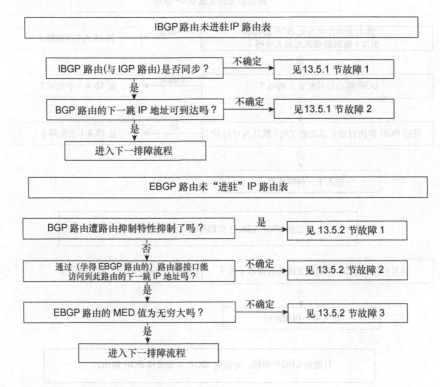

排除与 BGP 路由反射有关的故障

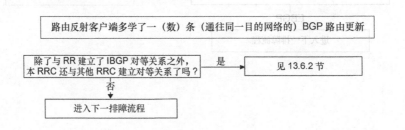

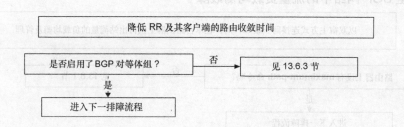

排除因 BGP 路由策略（设置不当）所导致的 IP 流量出站故障

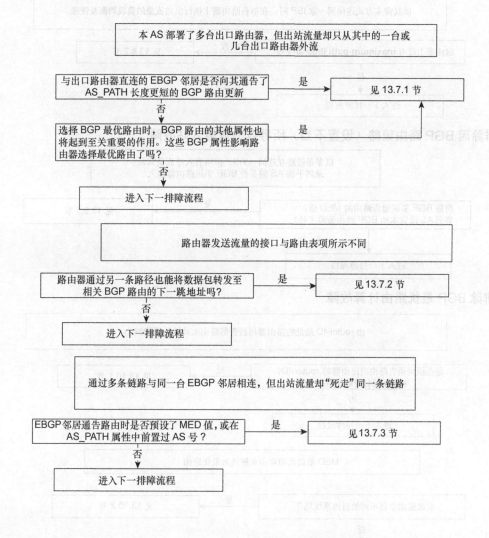

排除小型 BGP 网络中的流量负载均衡故障

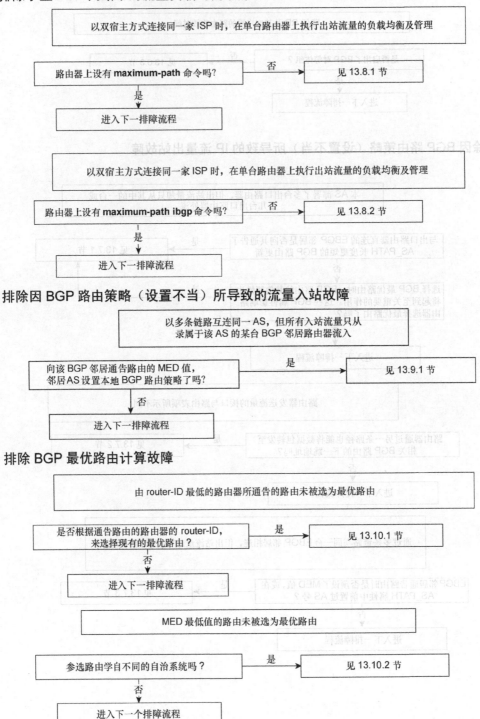

排除因 BGP 路由策略（设置不当）所导致的流量入站故障

排除 BGP 最优路由计算故障

排除 BGP 路由过滤故障

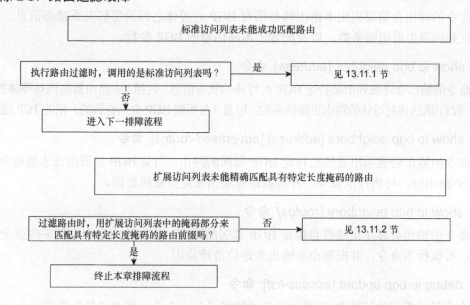

13.2 排除 BGP 相关故障时常用的 show 命令和 debug 命令

Cisco IOS 支持一大票描述性的 show 命令和 debug 命令，来帮助网管人员诊断 BGP 相关故障。此外，绝大多数 debug 命令都能通过"挂接"访问列表的方式，来限制路由器生成的 debug 消息的输出量。路由器在生成过量 debug 输出的同时，其性能也会大打折扣。以下所列为在 Cisco 路由器上排除 BGP 相关故障时，常用的 show 命令及 debug 命令：

- **show ip bgp** *prefix*
- **show ip bgp summary**
- **show ip bgp neighbor** [*address*]
- **show ip bgp neighbors** [*address*] [**advertised-routes**]
- **show ip bgp neighbors** [*routes*]
- **debug ip bgp update** [*access-list*]
- **debug ip bgp** *neighbor-ip-address* **update** [*access-list*]

1. show ip bgp *prefix* 命令

本命令应算最常用的一条 BGP show 命令了，其用途是：根据特定路由前缀，查找 BGP 表中与之相对应的具体表项。本命令的输出不但会列出与路由前缀"挂钩"的所有 BGP 属性，而且还会显示出学自多台 BGP 邻居，通向与此路由前缀相对应的目的网络的所有 BGP 路由。

2. show ip bgp summary 命令

本命令的输出会简要列出本路由器与所有 BGP 对等体之间的邻居关系状态信息、从 BGP 对等体收到的路由前缀的条数,以及配置于本路由器的 BGP 参数。

3. show ip bgp neighbor [address] 命令

本命令的输出会详细列出某特定 BGP 对等体的状态信息,包括:本路由器与该对等体的邻居关系状态、收自/送达该对等体的路由更新的条数,以及(与所建 BGP 会话挂钩的)相关 TCP 统计信息。

4. show ip bgp neighbors [address] [advertised-routes] 命令

本命令的输出会显示出通告给特定 BGP 邻居的路由。当某 BGP 邻居因故未能收到某些或全部 BGP 路由时,可执行本命令,并根据命令输出来定位故障原因。

5. show ip bgp neighbors [routes] 命令

本命令的输出会显示出接收自特定 BGP 邻居的路由。当本路由器未收到某些或全部 BGP 路由时,可执行本命令,并根据命令输出来定位故障原因。

6. debug ip bgp update [access-list] 命令

本命令是最常用的排除 BGP 路由通告故障的 debug 命令,可"挂接"选项 access-list,来降低 debug 输出的规模;若执行命令时未"挂接"access-list,只要路由器所要处理的路由前缀条数一多,势必会生成过量的 debug 输出,其结果是严重影响路由器的性能,甚至可能会导致路由器重启。可在 access-list 选项中引用标准或扩展访问列表。

标准访问列表的"挂接"方法

```
debug ip bgp update 1
access-list 1 permit host 100.100.100.0
```

"挂接"上述标准访问列表时,access-list 1 中的"host 100.100.100.0"所起的作用是:让路由器生成的 debug 输出中只涉及与目的网络号 100.100.100.0 相对应的 BGP 路由更新。与扩展访问列表不同,用标准访问列表匹配 BGP 路由前缀时,只能匹配路由前缀的网络号,不能匹配前缀的长度。

扩展访问列表的"挂接"方法

```
debug ip bgp update 101
access-list 101 permit ip host 100.100.100.0 host 255.255.255.0
```

"挂接"上述扩展访问列表时,该 debug 命令只会让路由器生成与 IP 前缀 100.100.100.0/24 有关的 BGP 路由更新的 debug 消息。要把 access-list 101 所含内容一分为二来看待,其第一部分"**host 100.100.100.0**"的作用是:匹配 BGP 路由前缀中的 IP 网络号 100.100.100.0;第二部分"**host 255.255.255.0**"指明了 IP 网络 100.100.100.0 的子网掩码为 C 类,即 255.255.255.0(/24)。

7. debug ip bgp neighbor-ip-address updates [access-list] 命令

本命令的作用与上一条命令相同,只是提供了一个额外的选项"*neighbor-ip-addres*",可用来"debug"与特定 BGP 邻居有关的路由更新消息。

13.3　排除 BGP 邻居关系建立故障

本节将讨论两台 BGP 路由器之间建立邻居关系时发生的常见故障。BGP 路由器之间只有成功建立起邻居关系之后，才能彼此交换路由信息。排除 BGP 邻居关系建立故障的思路也应该遵循 OSI 参考模型的层级：首先，应检查 BGP 邻居间的第 2 层连通性；然后，检查 IP 连通性（第 3 层）及 TCP 连接的状况（第 4 层）；最后，检查路由器的 BGP 相关配置代码。

本节先讨论 EBGP 邻居关系建立故障，然后是 IBGP 邻居关系建立故障，最后将指出建立 EBGP 和 IBGP 邻居关系时都有可能发生的故障。

以下所列为建立 BGP 邻居关系时经常发生的几种故障。

- 直连的 EBGP 邻居之间未建立起邻居关系。
- 非直连的 EBGP 邻居之间未建立起邻居关系。
- IBGP 邻居之间未建立起邻居关系。
- EBGP 和 IBGP 邻居之间未建立起邻居关系。

13.3.1　故障：直连的 EBGP 邻居之间未建立起邻居关系

本节会介绍直连的 EBGP 邻居之间邻居关系建立失败的故障起因。如上一章所述，除非 EBGP 邻居之间建立起了状态为 Established 的邻居关系（此状态为 BGP 邻居关系建立过程中的最终状态），否则两者所隶属的 AS 之间将不能交换任何 IP 路由前缀。在 AS 之间只建立了单条 EBGP 对等会话的情况下，只有坐等两边的 EBGP 路由器彼此交换完 IP 路由前缀之后，才能建立起 IP 连通性。

图 13-1 所示为建立于 AS 109 的 R1 和 AS 110 的 R2 之间的单条 EBGP 对等会话。

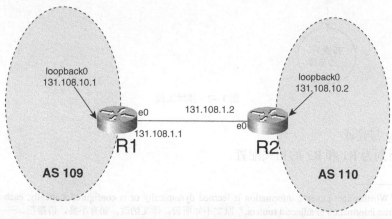

图 13-1　EBGP 邻居关系

以下所列为导致本故障的最常见原因：
- EBGP 邻居间未能建立起第二层连通性，妨碍了两者之间的通信；
- EBGP 邻居的 IP 地址配置有误。

1. 直连的 EBGP 邻居之间未建立起邻居关系——原因：EBGP 邻居间未能建立起第二层连通性，妨碍了两者之间的通信

两台网络设备之间，要想建立起 IP 连通，必须在 OSI 参考模型的第 2 层（数据链路层）先建立起连通性。无论（邻居路由器所发数据的）第 2 层信息是动态学得，还是静态配置，BGP 路由器都必须能对其正确改写[①]。我们经常见到的用来互连 EBGP 邻居路由器的第二层（数据链路层）技术包括：以太网、帧中继以及 ATM 等。虽然大多数网管人员都不会把 BGP 路由器（用来建立对等关系的接口）的第 2 层参数配错；但物理层电缆故障也会引发第 2 层故障[②]。除了物理层电缆故障之外，路由器配置有误也可能会导致常见的第 2 层故障，包括：ARP、DLCI 映射以及 VPI/VIC 封装故障等。本节不含事关排除第 2 层网络故障的任何内容，只会介绍当 EBGP 邻居关系建立失败时，如何判定故障的起因为第 2 层网络故障。

图 13-2 所示为本故障排障流程。

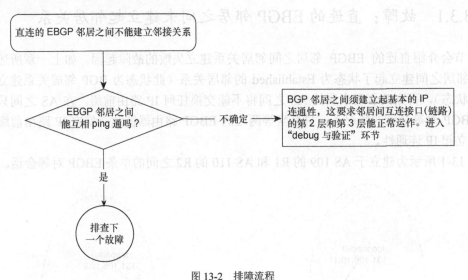

图 13-2　排障流程

（1）debug 与验证

例 13-1 所列为 R1 和 R2 的相关配置。

---

① 原文是"Whether this Layer 2 information is learned dynamically or is configured statically, each router must have a correct Layer 2 rewrite information of adjacent routers."原文不知所云，译文酌改，如有不妥，请指正。——译者注

② 原文是"Most network administrators configure Layer 2 parameters in router configurations correctly; sometimes, basic cabling issues also can cause Layer 2 issues."——译者注

例 13-1 R1 和 R2 的配置

```
R1#router bgp 109
 neighbor 131.108.1.2 remote-as 110

 interface Ethernet0
 ip address 131.108.1.1 255.255.255.0
```

```
R2#router bgp 110
 neighbor 131.108.1.1 remote-as 109

 interface Ethernet0
 ip address 131.108.1.2 255.255.255.0
```

可在 Cisco 路由器上执行例 13-2 所示命令，来验证 BGP 邻居关系。

例 13-2 验证 BGP 邻居关系

```
R1#show ip bgp summary
BGP router identifier 206.56.89.6, local AS number 109
BGP table version is 1, main routing table version 1

Neighbor        V    AS MsgRcvd MsgSent   TblVer  InQ OutQ Up/Down  State/PfxRcd
131.108.1.2     4   110       3       7        0    0    0 00:03:14 Active

R1#show ip bgp neighbors 131.108.1.2
BGP neighbor is 131.108.1.2,  remote AS 110, external link
  BGP version 4, remote router ID 0.0.0.0
  BGP state = Active
  Last read 00:04:23, hold time is 180, keepalive interval is 60
seconds
    Received 3 messages, 0 notifications, 0 in queue
    Sent 7 messages, 1 notifications, 0 in queue
    Route refresh request: received 0, sent 0
    Minimum time between advertisement runs is 30 seconds

 For address family: IPv4 Unicast
  BGP table version 1, neighbor version 0
  Index 1, Offset 0, Mask 0x2
  0 accepted prefixes consume 0 bytes
  Prefix advertised 0, suppressed 0, withdrawn 0

  Connections established 1; dropped 1
  Last reset 00:04:44, due to BGP Notification sent, hold time expired
No active TCP connection
```

由例 13-2 可知，R1 与 R2 间的 BGP 邻居关系处于 Active 状态，此状态表明这两台 EBGP 邻居之间未能正常通信，因此建立不了 BGP 邻居关系。

可用 **ping** 命令，来验证 R1 和 R2 间的 IP 连通性。由例 13-3 可知，在 R1 上 ping 不通 R2 的互连接口 IP 地址。

例 13-3 在 R1 上 ping 不通 R2 的互连接口 IP 地址

```
R1#ping 131.108.1.2

Type escape sequence to abort.
Sending 5, 100-byte ICMP Echos to 131.108.1.2, timeout is 2 seconds:
.....
Success rate is 0 percent (0/5)
```

（2）解决方法

本例，在 R1 上 ping 不通 R2，是因为 R2 的互连接口的第二层状态为 down。例 13-4 所示输出印证了上述说法。

例 13-4   show interface 命令的输出表明，R2 的互连接口 E0 状态为 down

```
R2# show interface ethernet 0
Ethernet0 is down, line protocol is down
```

导致路由器接口状态为"down"的潜在原因包括：电缆故障、路由器硬件故障等。

除了因电缆未接或硬件故障等原因所导致的路由器接口状态为 down（例 13-4 所示）之外，（路由器接口的）第二层封装故障也有可能会破坏 EBGP 邻居间的 IP 连通性。从以太网接口获悉的 ARP 表遭到破坏，或帧中继、ATM 接口上的 DLCI、VPI/VCI 映射有误，都有可能会造成路由器接口的第二层封装故障。只要上述故障得到解决，就应该能够恢复 EBGP 路由器间的 IP 连通性，从而使得 BGP 邻居关系得以建立。

2. 直连的 EBGP 邻居之间未建立起邻居关系——原因：EBGP 邻居的 IP 地址配置有误

图 13-3 所示为本故障排障流程。

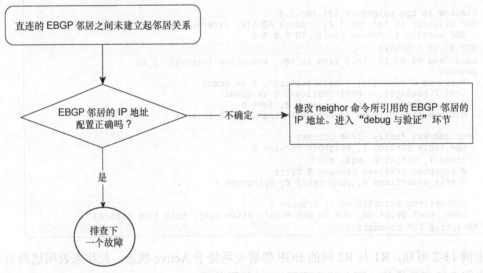

图 13-3　排障流程

由图 13-2 可知，R1 与 R2 间的 BGP 邻居关系处于 Active 状态，也就是表明这两台 EBGP 邻居之间不能正常通信，因此建立不了邻居关系。根据例 13-3 可知，在 R1 上用 ping 命令，未能证实 R1 和 R2 间的 IP 连通性。由图 13-5 可知，原因出在 R1 上所配 R2 的互连接口的 IP 地址。

（1）debug 与验证

例 13-5 所示为 R1 和 R2 的相关配置。

例 13-5   R1 和 R2 的配置

```
R1# router bgp 109
   neighbor 131.108.1.2 remote-as 110

   interface Ethernet0
   ip address 131.108.1.1 255.255.255.0
```

(待续)

```
R2# router bgp 110
 neighbor 131.108.1.11 remote-as 109
!
 interface Ethernet0
 ip address 131.108.1.2 255.255.255.0
```

配错 BGP 邻居路由器 IP 地址的情况也屡见不鲜，只要仔细检查路由器的配置就应该能够发现错误。然而，网络规模一旦变大，此类错误可能就不太容易发现了。例 13-6 所示为如何在 Cisco 路由器上用 debug 命令来定位这样的"人为失误"。

例 13-6 debug ip bgp 命令的输出可明确显示出 EBGP 邻居的 IP 地址配置有误

```
R2#debug ip bgp
BGP debugging is on
R2#
Nov 28 13:25:12: BGP: 131.108.1.11 open active, local address 131.108.1.2
Nov 28 13:25:42: BGP: 131.108.1.11 open failed: Connection timed out; remote host
       not responding
```

由例 13-6 所示输出可知，R2 与其 BGP 邻居 131.108.1.11 之间存在"沟通障碍"。

（2）解决方法

要想正确建立 BGP 邻居关系，就不能配错 BGP 邻居路由器的 IP 地址。因此，R2 的 BGP 相关配置必须改成例 13-7 所示。

例 13-7 修改 R2 的 BGP 相关配置

```
R2# router bgp 110
 neighbor 131.108.1.1 remote-as 109
```

EBGP 邻居所隶属的 AS 的编号配置有误，也会导致类似故障。

13.3.2 故障：非直连的 EBGP 邻居之间未建立起邻居关系

如上一章所述，在某些情况下，EBGP 邻居之间无法直接相连。EBGP 邻居关系也能建立于以下非直连场景。

- 建立于两台 BGP 路由器的 loopback 接口之间。
- 建立于当中有一台或多台路由器"加塞"的一对 BGP 路由器之间。用 Cisco 的"行话"来说，这一建立 EBGP 邻居关系的方式叫做"EBGP 多跳（Multihop）"。

用 EBGP 多跳来建立 EBGP 邻居关系的原因很多。通常，当 EBGP 邻居之间通过多条链路互连时，为了让 AS 间的 IP 流量在多条链路上负载分担，就需要让 EBGP 对等关系建立于路由器的 loopback 接口 IP 地址之间。还有一种情况也需如此行事，那就是 AS 边界路由器不支持 BGP 路由协议，因此必须利用 EBGP 多跳，让 EBGP 会话建立于一个 AS 的"内部"路由器和另一个 AS 的边界路由器之间。

AS 之间交换 BGP 路由更新，互发 IP 流量之前，必须先建立起 EBGP 邻居关系。本节会点出非直连的 EBGP 邻居之间不能建立邻居关系的几种常见原因。

图 13-4 所示为 AS 109 和 110 之间通过 BGP 路由器的 loopback 接口建立 EBGP 邻居关系。可把由此建立起来的 EBGP 连接视为非直连的 EBGP 连接。

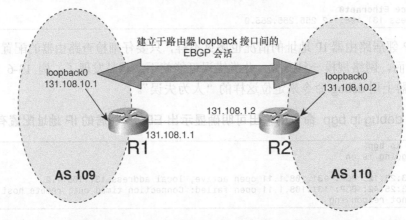

图 13-4 建立于路由器 loopback 接口间的非直连 EBGP 会话

按此方式建立 EBGP 邻居关系时，可能会导致故障的常见原因如下所列。

- 通往非直连 EBGP 对等体 IP 地址的路由未"进驻"路由表。
- BGP 相关配置中未包含 **ebgp-multihop** 命令。
- 忘记配 **update-source interface** 命令。

1. 非直连的 EBGP 邻居之间未建立起邻居关系——原因：通往非直连 EBGP 对等体 IP 地址的路由未"进驻"路由表

图 13-5 所示为本故障排障流程。

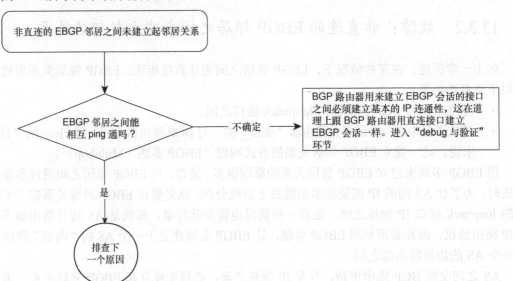

图 13-5 排障流程

让两台 BGP 路由器用非直连接口的 IP 地址建立 EBGP 邻居关系时，如图 13-4 所示，在这两台 BGP 路由器的 IP 路由表中必须包含通往对方相关接口的 IP 地址的路由。由图 13-4 可知，已配置 R1 和 R2，令两台路由器用 loopback 0 接口 IP 地址建立 EBGP 会话。当 R1 和 R2 之间以多条链路互连，且需要执行 IP 流量的多链路负载均衡时，EBGP 会话就必须这么建立。

（1）debug 与验证

例 13-8 所示为路由器 R1 和 R2 的相关配置。

例 13-8　图 13-4 中 R1 和 R2 的配置

```
R1# router bgp 109
 neighbor 131.108.10.2 remote-as 110
 neighbor 131.108.10.2 ebgp-multihop 2
 neighbor 131.108.10.2 update-source Loopback0

R2# router bgp 110
 neighbor 131.108.10.1 remote-as 109
 neighbor 131.108.10.1 ebgp-multihop 2
 neighbor 131.108.10.1 update-source Loopback0
```

由例 13-8 可知，已配置路由器 R1 和 R2，令两者用 loopback 接口 IP 地址，来建立 EBGP 对等关系。命令 **neighbor 131.108.10.2 ebgp-multihop 2** 中的选项 **ebgp_multihop 2** 表示：R1 和 R2 用来建立 EBGP 对等会话的接口（IP 地址）最多只能相距两跳。命令 **neighbor 131.108.10.2 update-source Loopback0** 中的选项 update-source Loopback0"表示：R1 和 R2 都用 loopback0 接口 IP 地址作为 BGP 协议数据包的源 IP 地址，也就是说，两台路由器只接受对方 loopback0 接口发出的 BGP 路由协议数据包（即 BGP 路由协议数据包的源 IP 地址为 loopback0 接口的 IP 地址）。

例 13-9 所示为 R1 和 R2 间的 BGP 邻居关系状态。

例 13-9　在 R1 上执行 show ip bgp 命令，根据其输出来了解 R1 和 R2 之间的 BGP 邻居关系状态

```
R1#show ip bgp summary
BGP router identifier 131.108.10.1, local AS number 109
BGP table version is 1, main routing table version 1

Neighbor        V    AS MsgRcvd MsgSent   TblVer  InQ OutQ Up/Down  State/PfxRcd
131.108.10.2    4   110       3       3        0    0    0 00:03:21 Active

R1#show ip bgp neighbors 131.108.10.2
BGP neighbor is 131.108.10.2, remote AS 110, external link
  BGP version 4, remote router ID 0.0.0.0
  BGP state = Active
  Last read 00:04:20, hold time is 180, keepalive interval is 60 seconds
  Received 3 messages, 0 notifications, 0 in queue
  Sent 3 messages, 0 notifications, 0 in queue
  Route refresh request: received 0, sent 0
  Minimum time between advertisement runs is 30 seconds

 For address family: IPv4 Unicast
  BGP table version 1, neighbor version 0
```

（待续）

```
       Index 2, Offset 0, Mask 0x4
     0 accepted prefixes consume 0 bytes
     Prefix advertised 0, suppressed 0, withdrawn 0

     Connections established 1; dropped 1
     Last reset 00:04:21, due to User reset
     External BGP neighbor may be up to 2 hops away.
     No active TCP connection
```

由例 13-9 中做高亮显示的内容可知，R1 与 R2 之间的邻居关系状态为 Active，两者并未建立起 BGP 邻居关系。

例 13-8 所示的配置为非直连 EBGP 对等体建立 BGP 会话的标准配置；但由于 BGP 对等体用来建立 EBGP 会话的接口 IP 地址之间必须具备 IP 连通性，因此在 R1 和 R2 上还需额外配置（非 BGP 相关配置）。

由例 13-10 可知，在 R1 上 ping 不通 R2 loopback 0 接口的 IP 地址，原因是未在 R1 上设置通往 R2 loopback 0 接口 IP 地址的路由。

例 13-10 在 R1 上 ping 不通 R2 的 loopback 0 接口 IP 地址，R1 没有通往 R2 loopback0 接口 IP 地址的路由

```
R1#ping 131.108.10.2

Type escape sequence to abort.
Sending 5, 100-byte ICMP Echos to 131.108.10.2, timeout is 2 seconds:
.....
Success rate is 0 percent (0/5)

R1#show ip route 131.108.10.2
% Subnet not in table
```

运行于 R1 的 BGP 进程会令 R1 向 R2（131.108.10.2）发送 BGP 路由协议数据包，但 R1 对此"无能为力"，因为 R1 无通往 131.108.10.2 的路由。

（2）解决方法

BGP 路由器之间要想建立起邻居关系，需仰仗 IP 路由表，在 **neighbor** 命令所引用的 IP 地址之间建立 IP 连通性[①]。在图 13-4 所示网络中，R1 和 R2 必须持有一条通向对方 loopback 0 接口 IP 地址的路由。至于通过何种路由协议来获此路由，则不在本章探讨范围之内，读者只要知道，R1 和 R2 的路由表中有这样一条路由就可以了。网管人员既可以在 R1 和 R2 之间运行某种动态路由协议（IGP 路由协议，如 OSPF 等），也可以互指静态路由。实战中，互指静态路由的情况则更为常见。读者需要牢记，必须让 R1 和 R2 通过除 BGP 以外的其他路由协议，学得通往对方 loopback 0 接口 IP 地址的明细路由。

以下所列为如何在 R1 上配置通往 R2 loopback 0 接口 IP 地址的静态路由：

```
ip route 131.108.10.2 255.255.255.255 131.108.1.2
```

在 R1 上，为目的网络为 R2 loopback 0 接口的 IP 地址，配置了一条下一跳为 131.108.1.2

---

① 原文是"BGP relies on an IP routing table to reach a peer address."——译者注

的主机静态路由，131.108.1.2 为 R2 与 R1 直连以太网接口的 IP 地址。同理，在 R2 上，也应反指一条通往 R1 loopback 接口 IP 地址的静态主机路由。静态主机路由一经互指，就确保了这对多跳 EBGP 邻居用来建立 BGP 对等关系的 loopback 接口之间的 IP 连通性。

2．非直连的 EBGP 邻居之间未建立起邻居关系——原因：BGP 相关配置中未包含 ebgp-multihop 命令

图 13-6 所示为本故障排障流程。

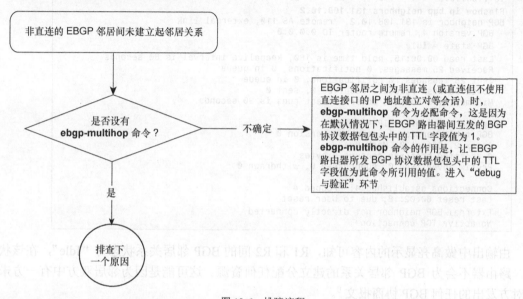

图 13-6 排障流程

默认情况下，Cisco 路由器在建立 EBGP 会话时，其所发 BGP 协议数据包包头中的 TTL 字段值总为 1。若 EBGP 邻居之间为非直连（或两台路由器直连，但不用直连接口的 IP 地址建立对等会话）时，BGP 协议数据包发送路径中的第一跳三层设备会将 TTL 字段值为 1 的 BGP 协议数据包丢弃。

（1）debug 与验证

还是以图 13-4 所示网络为例，现网管人员企图用 R1 和 R2 的 loopback 0 接口 IP 地址，在两者间建立 EBGP 对等会话，这两个 IP 地址之间超过了一跳（不在同一网段）。例 13-11 所示为 R1 的配置。

例 13-11　R1 用来建立 EBGP 多跳邻居关系的配置

```
R1# router bgp 109
 neighbor 131.108.10.2 remote-as 110
 neighbor 131.108.10.2 update-source Loopback0
```

例 13-12 所示为用来验证非直连的 EBGP 邻居之间能否建立对等会话的 **show ip bgp** 命令

的输出。

例 13-12 可利用 show ip bgp 命令的输出，来验证是否建立起了 EBGP 邻居关系

```
R1#show ip bgp summary
BGP router identifier 131.108.10.1, local AS number 109
BGP table version is 1, main routing table version 1

Neighbor        V    AS MsgRcvd MsgSent   TblVer  InQ OutQ Up/Down  State/PfxRcd
131.108.10.2    4   110      25      25        0    0    0 00:00:51 Idle
R1#show ip bgp neighbors 131.108.10.2
BGP neighbor is 131.108.10.2, remote AS 110, external link
  BGP version 4, remote router ID 0.0.0.0
  BGP state = Idle
  Last read 00:00:15, hold time is 180, keepalive interval is 60 seconds
  Received 25 messages, 0 notifications, 0 in queue
  Sent 25 messages, 0 notifications, 0 in queue
  Route refresh request: received 0, sent 0
  Minimum time between advertisement runs is 30 seconds

 For address family: IPv4 Unicast
  BGP table version 1, neighbor version 0
  Index 2, Offset 0, Mask 0x4
  0 accepted prefixes consume 0 bytes
  Prefix advertised 0, suppressed 0, withdrawn 0

  Connections established 4; dropped 4
  Last reset 00:02:18, due to User reset
  External BGP neighbor not directly connected.
  No active TCP connection
```

由输出中做高亮显示的内容可知，R1 和 R2 间的 BGP 邻居关系状态为"Idle"，在该状态下，路由器不会为 BGP 邻居关系的建立分配任何资源。这可能是因为邻居双方中有一方未收到对方发出的任何 BGP 协商报文[①]。

（2）解决方法

可在 R1 上配置 **ebgp-multihop** 命令，将其所发 BGP 协议数据包包头中的 TTL 字段值增加为期望值。例 13-13 所示为 R1 为与 R2 建立起 EBGP 邻居关系所需的配置。

例 13-13 添加 neighbor 131.108.10.2 ebgp-multihop 2 命令，增加 R1 所发 BGP 路由协议数据包包头的 TTL 字段值

```
R1# router bgp 109
 neighbor 131.108.10.2 remote-as 110
 neighbor 131.108.10.2 ebgp-multihop 2
 neighbor 131.108.10.2 update-source Loopback0
```

命令 **neighbor 131.108.10.2 ebgp-multihop 2** 中的选项 **ebgp-multihop 2** 的作用是，让 R1 向 R2 发送 TTL 字段值为 2（而非默认值 1）的 BGP 协议数据包。这样一来，即便 R1 和 R2（用来建立 EBGP 会话的三层接口）之间相距两跳，R1 发出的 BGP 协议数据包也仍然能够被

---

① 原文是 "This might be because the other side has not received any BGP negotiation from R1 or because R1 has not received anything from R2."——译者注

R2 接收；若不按此配置，R1 发出的 BGP 路由协议数据包将因其包头中的 TTL 字段值到期，而被中间设备丢弃。

例 13-15 所示为在 R2 上执行 **debug ip packet** 命令的输出，以及对 R1 发往 R2 的 BGP 协议数据包的抓包解码。如例 13-14 所示，先在 R1 上配置 **neighbor 131.108.10.2 ebgp-multihop 5** 命令。

例 13-14 在 R1 上添加 neighbor 131.108.10.2 ebgp-multihop 5 命令

```
R1# router bgp 109
 neighbor 131.108.10.2 remote-as 110
 neighbor 131.108.10.2 ebgp-multihop 5
 neighbor 131.108.10.2 update-source Loopback0
```

例 13-15 在 R2 上执行 debug ip packet 命令的输出，以及对 R2 接收自 R1 的 BGP 协议数据包的抓包解码

```
IP: s=131.108.10.1 (Ethernet0), d=131.108.10.2, len 59, rcvd 4
TCP src=179, dst=13589, seq=1287164041, ack=1254239588, win =16305 ACK

04009210:               0000 0C47B947 00000C09         ...G9G....
04009220: 9FEA0800 45C00028 00060000 04 069B2F         .j..E@.(......./
04009230: 836C0A01 836C0A02 00B33515 4CB89089         .l...l...35.L8..
04009240: 4AC22D64 50103FB1 CA170000 00000000         JB-dP.?1J.......
04009250: 0000C8                                      ..H
```

由 **debug ip packet** 命令的输出可知，R2 通过其 TCP 179 端口收到了一个源 IP 地址为 131.108.10.1（R1）的 BGP 数据包。由抓包解码输出中做高亮显示的十六进制数 "04" 可知，R2 收到的这一 BGP 协议数据包包头中的 TTL 字段值为 4。TTL 字段值之所以为 4，是由于 R2（在收到了 R1 发出的 BGP 数据包之后，）将其 TTL 字段值减 1。本例通过 sniffer 抓包，并观察数据包的解码信息，说明了如何在 **neighbor** 命令中包含 **ebgp-multihop** 选项，来增加 BGP 路由器所发 BGP 数据包包头中的 TTL 字段值。

3. 非直连的 EBGP 邻居之间未建立起邻居关系——原因：忘配了 update-source interface 命令

默认情况下，Cisco 路由器所发 BGP 协议数据包的源 IP 地址为发包接口所设 IP 地址，路由器会根据 BGP 协议数据包的目的 IP 地址，并查询本机路由表，来确定发包接口[①]。

配置 BGP 时，BGP 邻居的 IP 地址必须在配置命令中手工指明。若 EBGP 路由器收到的 BGP 协议数据包的源 IP 地址，与其在配置命令中手工指明的 EBGP 邻居的 IP 地址不同，便会将其丢弃。可在 BGP **neighbor** 命令中包含 **update-source** 选项，来改变 Cisco 路由器所发 BGP 协议数据包包头的源 IP 地址。这就是说，BGP 协议数据包包头的源 IP 地址，将会被更改为 **update-source** 选项所引用的路由器接口的 IP 地址，而不是外发 BGP 协议数据包的路由器接口的 IP 地址。

图 13-7 所示为本故障排障流程。

---

① 原文是 "By default in Cisco IOS Software, the source of the BGP packet is the outgoing interface IP address as taken from the routing table." ——译者注

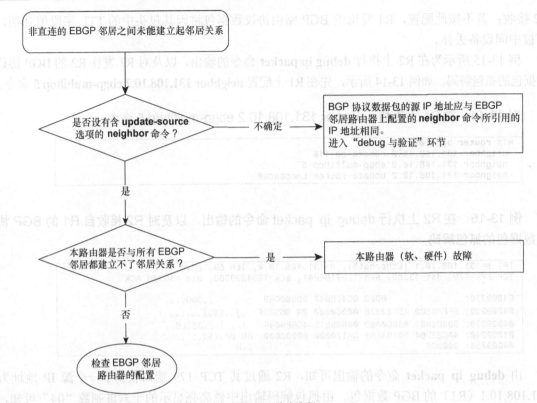

图 13-7 排障流程

（1）debug 与验证

例 13-16 所示为在 R1 上执行相关 show 命令的输出。由 show ip route 131.108.10.2 命令的输出可知，R1 只有通过其 E0 接口，才能成功将数据包送达 R2 loopback 0 接口的 IP 地址 131.108.10.2，而 R1 E0 接口的 IP 地址为 131.108.1.1。

例 13-16　R1 所持与 R2 loopback 0 接口 IP 地址相对应的路由表项

```
R1#show ip route 131.108.10.2
Routing entry for 131.108.10.2/32
  Known via "static", distance 1, metric 0
  Routing Descriptor Blocks:
  * 131.108.1.2
      Route metric is 0, traffic share count is 1

R1#show ip route 131.108.1.2
Routing entry for 131.108.1.0/24
  Known via "connected", distance 0, metric 0 (connected, via interface)
  Routing Descriptor Blocks:
  * directly connected, via Ethernet0
      Route metric is 0, traffic share count is 1

R1#show interfaces ethernet 0
Ethernet0 is up, line protocol is up
  Hardware is Lance, address is 0000.0c09.9fea (bia 0000.0c09.9fea)
  Internet address is 131.108.1.1/24
```

由例 13-16 可知，默认情况下，R1 在发送自生成的目的地址为 131.108.10.2 的 IP 数据包时，会把 IP 包头的源 IP 地址字段置为 131.108.1.1，此乃 R1 发包接口 E0 的 IP 地址。

例 13-17 所示为 R1 和 R2 的基本 BGP 配置（基于图 13-4 所示网络），由配置可知，R1 和 R2 都使用各自的 loopback 接口 IP 地址，来建立 EBGP 对等关系。按例 13-17 所示配置，R1 和 R2 根本建立不起来 EBGP 邻居关系，因为两者所发 BGP 协议数据包的源 IP 地址都并非对方所期。正确配置稍后奉上。

例 13-17 R1 和 R2 用各自的 loopback 接口 IP 地址，来建立 EBGP 对等关系的配置

```
R1# router bgp 109
 neighbor 131.108.10.2 remote-as 110
 neighbor 131.108.10.2 ebgp-multihop 2

R2# router bgp 110
 neighbor 131.108.10.1 remote-as 109
 neighbor 131.108.10.1 ebgp-multihop 2
```

问题出在 R1 向 **neighbor** 命令所引用的 EBGP 邻居路由器的 IP 地址 131.108.10.2，发送 BGP 路由协议数据包之时。由于 R1 所发 BGP 协议数据包的源 IP 地址为 130.108.1.1（即发包接口 E0 的 IP 地址），而 R2 所期待的 BGP 协议数据包的源 IP 地址却是 R1 loopback 0 接口的 IP 地址 131.108.10.1，因此后者会丢弃前者发出的 BGP 协议数据包。

例 18-10 所示为在 R1 上执行 **debug ip bgp** 命令的输出。由输出可知，R2 丢弃了 R1 发出的 BGP 协议数据包。

例 13-18 debug ip bgp 命令的输出表明，R2 丢弃了 R1 发出的 BGP 协议数据包

```
R1#debug ip bgp
04:42:10: BGP: 131.108.10.2 open active, local address 131.108.1.1
04:42:10: BGP: 131.108.10.2 open failed: Connection refused by remote host
```

（2）解决方法

在 R1 上应添加一条含 **update-source** 选项的 **neighbor** 命令，该命令所引用的 IP 地址应为 R2 loopback 0 接口的 IP 地址 131.108.10.2。如此一来，就会让 R2 不再拒收 R1 发出的任何 BGP 协议数据包（同理，在 R2 上也应如法炮制）。**update-source** 选项所引用的参数"Loopback0"可确保 R1 向 R2 所发 BGP 协议数据包的源 IP 地址为其 loopback 0 接口 IP 地址，这也正合 R2 的"心意"。例 13-19 给所示为 R1 和 R2 为建立 EBGP 多跳邻居关系，所添加的额外配置。

例 13-19 R1 和 R2 建立 EBGP 多跳邻居关系的正确配置

```
R1# router bgp 109
 neighbor 131.108.10.2 remote-as 110
 neighbor 131.108.10.2 ebgp-multihop 2
 neighbor 131.108.10.2 update-source Loopback0

R2# router bgp 110
 neighbor 131.108.10.1 remote-as 109
 neighbor 131.108.10.1 ebgp-multihop 2
 neighbor 131.108.10.1 update-source Loopback0
```

13.3.3 故障：IBGP 邻居之间未建立起邻居关系

与建立 EBGP 邻居关系相同，IBGP 邻居之间建立邻居关系时，可能也会碰到种种故障。IBGP（路由器/邻居关系）同样是整个 BGP 网络的重要组成部分。上一章讨论了 IBGP 的重要性及用法。本节将介绍如何解决常见的 IBGP 邻居关系建立故障。故障的原因跟之前所述非直连 EBGP 邻居之间未建立起邻居关系相同。

- 通往非直连 IBGP 对等体的 IP 地址的路由未"进驻"路由表。
- 忘记配 **update-source interface** 命令。

排障方法可套用之前介绍过的 EBGP 邻居关系建立故障排障方法。

13.3.4 故障：IBGP/EBGP 邻居之间未建立起邻居关系——原因：应用于路由器接口的访问列表拦截了 BGP 协议数据包

应用于路由器接口的访问列表/过滤器，时常会在 BGP 邻居关系建立过程中"作祟"。若其暗地里拦截了承载 BGP 协议数据包的 TCP 报文，BGP 邻居关系将无从建立。

图 13-8 所示为本故障排障流程。

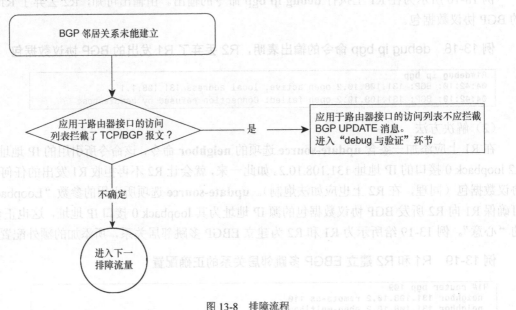

图 13-8 排障流程

（1）debug 与验证

例 13-20 的上半部分给出的 access-list 101 在"明处"拒绝了所有 TCP 流量；下半部分给出的 access-list 102 则在"暗处"拦截了所有 BGP 协议流量，之所以说"暗处拦截"，是因为设在 Cisco 路由器上的访问列表的末尾都"潜伏"了一条 **deny any any** 的 ACE。

例 13-20 所示 access-list 101 和 102 都会在 R1 建立 BGP 邻居关系时"搅局"。

例 13-20 可能在建立 BGP 邻居关系时"搅局"的访问列表配置

```
R1#access-list 101 deny tcp any any
access-list 101 deny udp any any
access-list 101 permit ip any any

interface ethernet 0
ip access-group 101 in

access-list 102 permit udp any any
access-list 102 permit ospf any any

interface ethernet 0
ip access-group 102 in
```

（2）解决方法

要想正常建立 BGP 邻居关系，通向 BGP 对等体的路由器接口所设访问列表必须"明确"或"暗地"放行目的端口号为 179 的相关 TCP 流量[①]。

例 13-21 所示为经过修改的放行 BGP 流量的访问列表配置。

例 13-21 放行 BGP 相关流量的访问列表配置

```
R1#no access-list 101

access-list 101 deny udp any any
access-list 101 permit tcp any any eq bgp
access-list 101 permit ip any any
```

拜 access-list 101 所含第二条 ACE 所赐，所有 BGP 协议数据包都将获准通过。

13.4 排除 BGP 路由通告、生成及接收故障

继 BGP 邻居关系建立故障之后，网管人员所要面临的另一种比较常见的 BGP 故障，要数 BGP 路由通告/生成及接收故障了。要想让路由器生成 BGP 路由，只有通过配置，除此别无它法；但路由器在接收 BGP 路由时，却无需配置。

大型 ISP 每天都会为新增用户的 IP 网段生成新的 BGP 路由，而某些运行 BGP 的企业网则多半会在网络建成之日执行配置，一次性生成 BGP 路由。

路由器配置有误，以及网管人员对 BGP 的理解不充分，都有可能会引起 BGP 路由通告及生成故障。本节将探讨形形色色与 BGP 路由通告、生成及接收有关的常见故障。

以下所列为本节将要探讨的与 BGP 路由生成和通告有关的故障。

- 路由器未生成 BGP 路由。

---

① 原文是 "An interface access list must permit the BGP port (TCP port 179) explicitly or implicitly to allow neighbor relationships." ——译者注

- 无法向 IBGP/EBGP 邻居传播/生成 BGP 路由。
- 只能把路由通告给 EBGP 邻居，但无法传播给 IBGP 邻居。
- 无法向 IBGP/EBGP 邻居传播学自 IBGP 的路由。

13.4.1 故障：路由器无法生成 BGP 路由

BGP 路由器只有先生成通往 IP 目的网络的 BGP 路由，再宣告给其邻居路由器，用户才能从 Internet 上访问到那些 IP 目的网络。比方说，若与 Cisco 官网域名 www.cisco.com 相关联的 IP 地址，因 BGP 配置有误，或不满足 BGP 协议的需求，而导致相关路由器未生成相应的 BGP 路由，则 Internet 上的用户就无法访问到那些 IP 地址，即无法访问 Cisco 官网。这就是本节要细述 BGP 路由生成故障的原因所在。导致路由器无法生成 BGP 路由的原因有很多，最常见的原因如下所列。

- IP 路由表中无匹配的路由表项。
- 配置有误。
- BGP 在有类网络边界自动执行了路由汇总。

1. 路由器未生成 BGP 路由——原因：IP 路由表中无匹配的路由表项

BGP 路由通告规则规定，要想通过 **network** 和 **redistribute** 命令通告路由前缀，路由器的 IP 路由表内必须包含与之精确匹配的路由表项。也就是说，有待通告的 BGP 路由前缀必须与 **network/redistribute** 命令所引用的网络号/子网掩码，以及路由器的 IP 路由表表项的网络号/子网掩码完全一致。只要存在任何偏差，路由器就不会生成预期的 BGP 路由前缀。

图 13-9 所示为本故障排障流程。

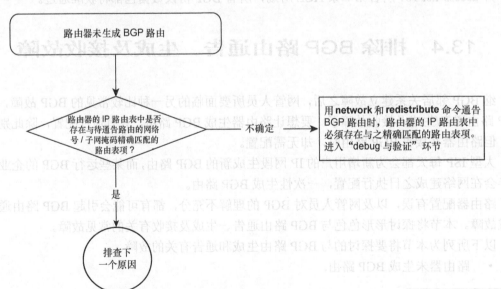

图 13-9 排障流程

(1) debug 与验证

本节假设路由器上与 BGP 有关的配置不存在任何问题。

情形 1：路由器的 IP 路由表中无匹配的路由表项

例 13-22 所示为试着让 R1 通告 BGP 路由 100.100.100.0/24 的配置。由于 R1 的路由表中并不包含与目的网络 100.100.100.0/24 精确匹配的路由表项，因此那条 BGP 路由未能通告成功。

例 13-22　路由器的 IP 路由表中不存在与待通告的 BGP 路由精确匹配的路由表项

```
router bgp 109
 no synchronization
 network 100.100.100.0 mask 255.255.255.0
 neighbor 131.108.1.2 remote-as 109

R1#show ip route 100.100.100.0
% Network not in table

R1#show ip bgp 100.100.100.0
% Network not in table
```

由例 13-22 中做高亮显示的内容可知，由于 R1 的路由表中并无精确匹配 100.100.100.0/24 表项，因此 R1 不会通过 BGP 通告路由前缀 100.100.100.0/24。换句话说，即便 BGP 相关配置准确无误，R1 还是无法通告 BGP 路由 100.100.100.0/24。

情形 2：IP 路由表项中的子网掩码，与 BGP network 命令所引用的子网掩码不匹配

这是 BGP 相关配置虽然正确无误，但路由器却无法生成 BGP 路由的另外一种情况。继续沿用例 13-22 所示 R1 的配置。由例 13-23 可知，R1 的 IP 路由表表项 100.100.100.0 的子网掩码与 BGP network 命令所引用的子网掩码不匹配。

例 13-23　IP 路由表表项的子网掩码，与 BGP network 命令所引用的子网掩码不匹配

```
R1#show ip route 100.100.100.0
Routing entry for 100.100.100.0/23
Known via "static", distance 1, metric 0 (connected) Routing Descriptor Blocks:
  * directly connected, via Null0
      Route metric is 0, traffic share count is 1

R1#show ip bgp 100.100.100.0
% Network not in table
```

由例 13-23 下半部分可知，R1 仍不会通过 BGP 通告路由前缀 100.100.100.0/24。虽然 R1 所持 IP 路由表表项的网络号与有待通告的 BGP 路由器相匹配，但子网掩码不匹配。在 R1 的 IP 路由表中，路由表项 100.100.100.0 的子网掩码为/23，而 BGP **network** 命令所引用的子网掩码却是/24。

要想把 BGP 路由通告给 BGP 邻居，有待通告的 BGP 路由必须先在路由器本机 BGP 表中"露面"。

(2) 解决方法

要想通过 **network** 和 **redistribute** 命令通告 BGP 路由，路由器的 IP 路由表中必须包含与有待通告的路由精确匹配的路由表项。可通过手工配置静态路由，或依仗动态 IGP 路由协议，

让通往相关 BGP 路由的目的网络先"进驻"路由器本机 IP 路由表,这里的相关 BGP 路由是指有待通告的 BGP 路由。

一般而言,网管人员都会针对有待通告的 BGP 路由前缀,配置一条静态路由。这样一来,就能确保让路由器的 IP 路由表中包含精确匹配待通告 BGP 路由的 IP 路由表项。

试举一例,要想通过 BGP 通告路由 100.100.100.0/24,可先在路由器上配置一条与之相对应的静态路由,如例 13-24 所示。

例 13-24 配置与有待通告的 BGP 路由精确匹配的静态路由

```
ip route 100.100.100.0 255.255.255.0 null 0
router bgp 109
 network 100.100.100.0 mask 255.255.255.0
```

由例 13-24 可知,该静态路由的下一跳为 null 0。这表明当路由器收到目的 IP 地址匹配 100.100.100.0/24 的流量后,会遵循此静态路由,将其丢弃(送入位桶[bit bucket])。但由于路由器的 IP 路由表中还存在(一条或多条)比 100.100.100.0/24 更为精确的路由,因此相应的流量转发理应不成问题。

2. 路由器未生成 BGP 路由——原因:配置有误

路由器配置有误,也常导致其无法通告 BGP 路由前缀。让 Cisco 路由器生成 BGP 路由前缀的方法很多,但在配置时,每一种方法都有严格的命令语法要求。因此,网管人员必须熟知 Cisco IOS 配置命令的语法。

图 13-10 所示为本故障排障流程。

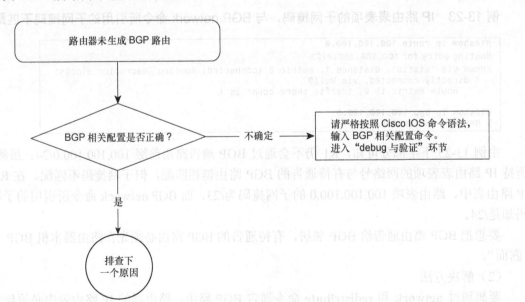

图 13-10 排障流程

(1) debug 与验证

有三种方法可让 Cisco 路由器生成并通告 BGP 路由前缀。

- 用 **network** 命令。
- 用 **aggregate** 命令。
- 将学自其他协议的路由或静态路由重分发进 BGP。

配置 Cisco 路由器，令其向 IBGP/EBGP 邻居通告任一路由前缀时，都必须严格遵循 IOS 命令的语法。

在接下来的示例 1、2、3 中，会逐一例举用以上三种方法通告路由前缀 100.100.100.0/24 时，错误的 BGP 配置。

示例 1：用 network 命令生成 BGP 路由前缀

例 13-25 所示为通过 **network** 命令通告路由前缀 100.100.100.0/24 时，错误的 BGP 配置。

例 13-25 通过 network 命令，通告路由前缀 100.100.100.0/24 时，错误的 BGP 配置

```
router bgp 109
 no synchronization
 network 100.100.100.0 mask 255.255.255.0
 neighbor 131.108.1.2 remote-as 109

ip route 100.100.100.0 255.255.254.0 null 0
```

由上例可知，与目的网络 100.100.100.0 相对应的静态路由的子网掩码为 /23，而 BGP **network** 命令所引用的相关目的网络的子网掩码却为 /24。因此，路由器不会将路由前缀 100.100.100.0/24 视为有效 BGP 路由，自然也不会向外通告，因为在 IP 路由表中，不存在与其精确匹配的路由表项。

示例 2：用 aggregate-address 命令生成 BGP 路由前缀

例 13-26 所示为让路由器通告路由前缀 100.100.100.0/24 的 BGP 相关配置，该配置虽正确无误，但路由器却未通告与之相对应的 BGP 路由。路由器未通告此路由的原因是，只有 BGP 表中存在一条隶属于聚合路由的明细路由，才能通过 **aggregate-address** 命令生成相关聚合路由。

例 13-26 用 aggregate-address 命令，通告路由前缀 100.100.100.0/24 的 BGP 相关配置

```
router bgp 109
  no synchronization
 aggregate-address 100.100.100.0 255.255.255.0
 neighbor 131.108.1.2 remote-as 109
```

例 13-26 所示配置生效的前提条件是：路由器的 BGP 表中已存在隶属于 100.100.100.0/24 的明细路由。若此条件不成立，**aggregate-address** 命令将不会生效，查看待聚合路由的 BGP 表项时，路由器会生成以下输出：

```
R1#show ip bgp 100.100.100.0
% Network not in table
```

由例 13-27 可知，R1 的 BGP 表中包含了一条隶属于 100.100.100.0/24 的明细路由，这条明细路由是 100.100.100.128/25。

例 13-27　存在比待聚合路由更为精确的 BGP 表项

```
R1#show ip bgp 100.100.100.128 255.255.255.128
BGP routing table entry for 100.100.100.128/25, version 4
Paths: (1 available, best #1)
  Advertised to non peer-group peers:
  172.16.126.2
  Local
    0.0.0.0 from 0.0.0.0 (172.21.53.142)
      Origin IGP, metric 0, localpref 100, weight 32768, valid,sourced, local,  best
```

命令 **aggregate-address 100.100.100.0 255.255.255.0** 的作用是：让路由器将"零散"的 BGP 路由 100.100.100.x，聚合为 100.100.100.0/24，且只把这条经过聚合的路由，通告给 BGP 邻居[①]。

例 13-28 所示配置展示了如何使用 **aggregate-address** 命令来生成汇总（聚合）路由 100.100.100.0/24[②]。

例 13-28　用 aggregate-address 命令让路由器通告 BGP 汇总（聚合）路由

```
R1# router bgp 109
 network 100.100.100.128 mask 255.255.255.128
 aggregate-address 100.100.100.0 255.255.255.0 summary-only

R1# show ip bgp 100.100.100.0
BGP routing table entry for 100.100.100.0/24, version 3
Paths: (1 available, best #1)
  Advertised to non peer-group peers:
  172.16.126.2
  Local, (aggregated by 109 172.21.53.142)
    0.0.0.0 from 0.0.0.0 (172.21.53.142)
      Origin IGP, localpref 100, weight 32768, valid, aggregated, local,
        atomic-aggregate,best
```

由例 13-28 做高亮显示的内容可知，BGP 聚合路由 100.100.100.0/24 由 AS 109 生成。

示例 3：将学自其他路由协议的路由或静态路由重分发进 BGP

可配置 Cisco 路由器，令其将学自任一动态路由协议（如 OSPF）的路由或静态路由，重分发进 BGP，进而生成 BGP 路由。Cisco 路由器所运行的 IOS 会对与重分发有关的配置执行严格检查，因此将路由重分发进 BGP 时，应恪守 IOS 命令语法。

例 13-29 所示为把 OSPF 路由重分发进 BGP 的简单配置示例。

---

① 原文为"The goal is to summarize all 100.100.100.x BGP advertisements into 100.100.100.0/24 and to advertise only this summarized route to BGP neighbors."——译者注

② 原文是"The configuration in Example 13-28 demonstrates how an aggregate address can be used to generate a summarized route of 100.100.100.0/24."——译者注

例 13-29　配置示例：将 OSPF 路由重分发进 BGP

```
router bgp 109
 no synchronization
 redistribute ospf 100 metric 2 match internal external 1 external 2
```

例 13-29 所示 **redistribute** 命令的作用是：将 IP 路由表中的所有 OSPF 路由——包括内部路由（OSPF 区域内和区域间路由）和外部路由（外部类型 1 和外部类型 2 路由）——重分发进 BGP，并把这些经过重分发的 OSPF 路由的 MED 值设置为 2。

（2）解决方法

上述三种通告 BGP 路由的方法都经常使用，但通过前两种方法通告的 BGP 路由稳定性更高。第三种方法需要在路由器上把 IP 路由表中学自其他 IGP 协议的路由或静态路由，重分发进 BGP。因此，只要那些 IGP 路由或静态路由发生翻动，就会影响 BGP 路由的稳定性。

通常，网管人员都会创建目的网络与待通告路由前缀相对应的静态路由，然后用第一或第二种方法来生成相关 BGP 路由。

3. 路由器未生成 BGP 路由——原因：在有类网络边界自动执行了路由汇总

有时，将其他路由协议的路由重分发进 BGP 时，可能会导致有类网络前缀通过 BGP 传播。比方说，网管人员只是把路由 100.100.100.0/24 和 131.108.5.0/24 重分发进了 BGP，但路由器通告的 BGP 路由却是 100.0.0.0/8 和 131.108.0.0/16。

将任何路由协议的路由重分发进 BGP 时，路由器都会按主网边界，自动汇总经过重分发的子网路由。譬如，在执行从其他路由协议向 BGP 的重分发操作时，任何隶属 A 类网络的子网路由都将按 A 类网络边界，被自动汇总为 /8 的路由。

图 13-11 所示为本故障排障流程。

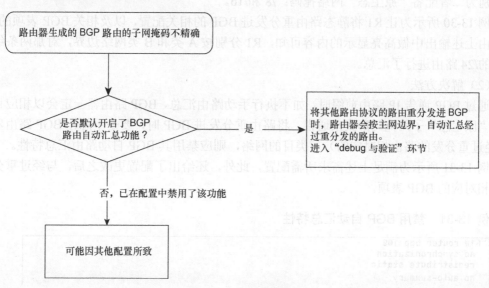

图 13-11　排障流程

(1) debug 与验证

如例 13-30 所示，R1 设有目的网络为 100.100.100.0/24 和 131.108.5.0/24 的静态路由各一。请注意，这两条静态路由的目的网络分别为 A 类子网和 B 类子网。

例 13-30 将静态路由重分发进 BGP 的配置

```
R1# router bgp 109
 no synchronization
 redistribute static
 neighbor 131.108.1.2 remote-as 109

ip route 100.100.100.0 255.255.255.0 Null0
ip route 131.108.5.0 255.255.255.0 Null0

R1#show ip bgp 100.100.100.0
BGP routing table entry for 100.0.0.0/8, version 2
Paths: (1 available, best #1, table Default-IP-Routing-Table)
  Advertised to non peer-group peers:
  131.108.1.2
  Local
    0.0.0.0 from 0.0.0.0 (1.1.1.1)
      Origin incomplete, metric 0, localpref
100, weight 32768, valid, sourced, best

R1-2503#show ip bgp 131.108.5.0
BGP routing table entry for 131.108.0.0/16, version 3
Paths: (1 available, best #1, table Default-IP-Routing-Table)
  Advertised to non peer-group peers:
  131.108.1.2
  Local
    0.0.0.0 from 0.0.0.0 (1.1.1.1)
      Origin incomplete, metric 0, localpref 100, weight 32768, valid, sourced, best
```

在 R1 上，将上述两条静态路由重分发进 BGP 时，R1 会按主网边界，自动执行路由汇总，并分别为二者配备"原生态"网络掩码：/8 和/16。

例 13-30 所示为让 R1 将静态路由重分发进 BGP 的相关配置，以及相关 BGP 表项的输出。由上述输出中做高亮显示的内容可知，R1 分别按 A 类和 B 类网络边界，对那两条经过重分发的/24 路由进行了汇总。

(2) 解决方法

通过 BGP 通告 IP 路由前缀时，如不执行手动路由汇总，BGP 路由器一定会以相应目的网络的"原生态"子网掩码形式来通告。将路由重分发进 BGP 时，要是不想让 BGP 路由器通告（与经过重分发的路由相对应）有类目的网络，则应禁用其 BGP 自动路由汇总特性。

例 13-31 所示为满足上述需求所需配置，此外，还给出了配置更改之后，与经过重分发的路由相对应的 BGP 表项。

例 13-31 禁用 BGP 自动汇总特性

```
R1# router bgp 109
 no synchronization
 redistribute static
 no auto-summary
```

（待续）

```
R1# show ip bgp 100.100.100.0
BGP routing table entry for 100.100.100.0/24, version 4
Paths: (1 available, best #1, table Default-IP-Routing-Table)
Flag: 0x208
  Advertised to non peer-group peers:
  131.108.1.2
  Local
    0.0.0.0 from 0.0.0.0 (1.1.1.1)
    Origin incomplete, metric 0, localpref 100, weight 32768, valid, sourced, best
R1# show ip bgp 131.108.5.0
BGP routing table entry for 131.108.5.0/24, version 6
Paths: (1 available, best #1, table Default-IP-Routing-Table)
Flag: 0x208
  Advertised to non peer-group peers:
  131.108.1.2
  Local
    0.0.0.0 from 0.0.0.0 (1.1.1.1)
    Origin incomplete, metric 0, localpref 100, weight 32768, valid, sourced, best
```

由上述输出中做高亮显示的内容可知，那两条被重分发的路由的子网掩码与 BGP 表中相应路由的子网掩码完全相同。

一般而言，应禁用路由器的 BGP 自动汇总特性，以使其能向 BGP 邻居通告子网掩码正确的 BGP 路由。BGP 自动路由汇总特性只能在将其他路由协议的路由重分发进 BGP 时发挥作用。在实战中，一般都不会把其他路由协议的路由重分发进 BGP，因此开启 BGP 自动路由汇总特性的情况并不多见。

13.4.2 无法向 IBGP/EBGP 邻居传播/生成 BGP 路由——原因：路由过滤器配置有误

有这样一种故障我们经常会碰到，那就是本路由器上用来生成及传播 BGP 路由的相关配置看起来没有配错，但其 BGP 邻居却收不到路由。当所有有待通告的路由都在始发路由器的 BGP 表中"露面"时，若出现上述情形，多半是因为路由过滤器"从中作祟"。

用 Cisco 路由器搭建 BGP 网络时，网管人员可以有很多选择（配置选项）来配置路由过滤器，以精确控制什么样的 BGP 邻居能接收什么样的路由前缀。路由过滤器的配置可烦可简。只要配置时稍有疏忽，就极有可能会把不必要的路由通告给 BGP 邻居，或让 BGP 邻居收不到必要的路由。

图 13-12 所示为本故障排障流程。

（1）debug 与验证

如何使用路由过滤器，过滤 BGP 路由的相关内容请见上一章。对每一种路由过滤器用法方面的讨论，超出了本书的范围，但本节会指出人们在实战中常犯的与 BGP 路由过滤有关的错误。

借助于 distribute-list，过滤 BGP 路由时，需重点关注其所调用的标准及扩展访问列表，这两种访问列表的编号范围分别为 1~99 和 100~199。例 13-32 分别给出了调用标准及扩展访问列表的 distribute-list 的配置。

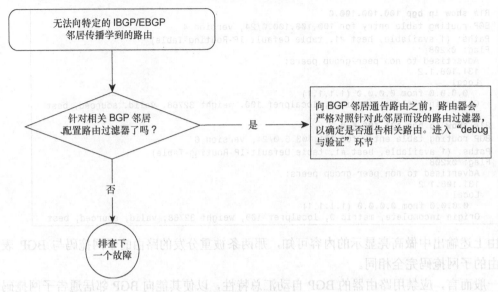

图 13-12 排障流程

例 13-32 调用标准及扩展访问列表的 distribute-list 的配置

```
R1# access-list 1 permit 100.100.100.0
router bgp 109
 no synchronization
 neighbor 131.108.1.2 remote-as 109
 neighbor 131.108.1.2 distribute-list 1 out
R1# access-list 101 permit ip host 100.100.100.0 host 255.255.255.0
router bgp 109
 no synchronization
 neighbor 131.108.1.2 remote-as 109
 neighbor 131.108.1.2 distribute-list 101 out
```

在每个访问列表的末尾，都会暗伏一条 deny any any 的 ACE，许多网管人员都常常疏忽了这一点。请读者牢记，只有与访问列表（所含 ACE）中"明文列出"的目的网络相对应的 BGP 路由，才不会被 BGP 路由过滤器过滤。此外，BGP 路由过滤器对其所调用的标准和扩展访问列表并不"一视同仁"。调用标准访问列表时，BGP 路由过滤器不会检查待过滤路由的子网掩码部分，只会检查其目的网络部分。譬如，下面这条访问列表允许目的网络号与 100.100.100.0 匹配的 BGP 路由，但对其前缀长度（子网掩码）未做限制，这就是说，其所匹配的 IP 路由前缀长度可为/24～/32 不等：

```
access-list 1 permit 100.100.100.0
```

而下面这条访问列表允许目的网络号匹配 100.100.100.0，且前缀长度只能为/24 的 BGP 路由：

```
access-list 101 permit ip host 100.100.100.0 host 255.255.255.0
```

同理，若要借助其他工具（比如，filter-list、prefix-list、route-map、distribute-list 等）来过滤 BGP 路由，也得充分理解每一种工具在执行路由过滤时的行为。

对 Cisco 路由器所支持的每一种路由过滤工具的介绍已超出本书范围，但本章会辟出一节，专门介绍如何排除与 BGP 路由过滤有关的故障。

（2）解决方法

如上一章所述，过滤 BGP 路由更新的方法多种多样，但无论使用哪一种都得小心谨慎。Cisco 路由器所支持的每一种路由过滤器都具备"筛选"BGP 路由更新的强大功能，可一旦使用不当，就极有可能让路由器错误地通告 BGP 路由更新，或使得某些 BGP 路由得不到通告。

13.4.3 路由只能通告给 EBGP 邻居，但却无法传播给 IBGP 邻居——原因：路由学自另一 IBGP 邻居

有时，会碰到某些路由只能传播给 EBGP 邻居，但不能通告给 IBGP 邻居的情况。

当 AS 内的 BGP 路由器之间既未建立起全互连 IBGP 会话，也未部署路由反射器或"组建"BGP 联盟时，BGP 路由器就不会把任何学自某 IBGP 邻居的路由，传播给其他任一 IBGP 邻居[①]。BGP 路由器只会把学自 IBGP 邻居的路由通告给 EBGP 邻居，如图 13-13 所示。上一章介绍了路由反射器及 BGP 联盟的用法。在本章"排除与部署 BGP 路由反射器有关的故障"一节中，也会介绍这方面的内容。

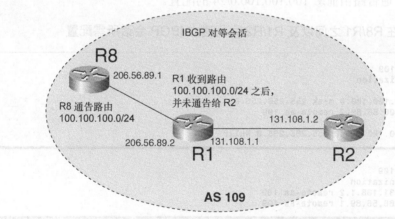

图 13-13　BGP 路由器不会把学自某 IBGP 邻居的路由，通告给其他任一 IBGP 邻居[②]

[①] 原文是"When IBGP speakers in an AS are not fully meshed and have no route reflector or confederation configuration, any route that is learned from an IBGP neighbor will not be given to any other IBGP neighbor."原文按字面意思翻译。译者想说的是，即便 AS 内的 BGP 路由器之间建立起了全互连 IBGP 会话，BGP 路由器也不会把任何学自某 IBGP 邻居的路由，传播给其他任一 IBGP 邻居。——译者注

[②] 原文是"IBGP Network in Which IBGP Routes Are Not Propagated to Other IBGP Speakers."——译者注

图 13-14 所示为本故障排障流程。

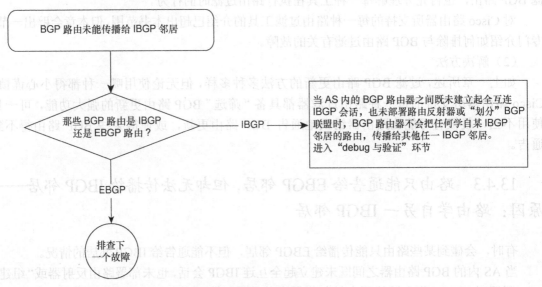

图 13-14 排障流程

（1）debug 与验证

例 13-33 所示为图 13-13 中 R8/R1 之间以及 R1/R2 之间建立 IBGP 会话所需配置。本例还给出了 R8 向 R1 通告路由前缀 100.100.100.0/24 的配置。

例 13-33　在 R8/R1 之间以及 R1/R2 之间建立 IBGP 会话所需配置

```
R8#
router bgp 109
 no synchronization
 network 100.100.100.0 mask 255.255.255.0
 neighbor 206.56.89.2 remote-as 109

ip route 100.100.100.0 255.255.255.0 Null0
```

```
R1#
router bgp 109
 no synchronization
 neighbor 131.108.1.2 remote-as 109
 neighbor 206.56.89.1 remote-as 109
```

```
R2#
router bgp 109
 no synchronization
 neighbor 131.108.1.1 remote-as 109
```

由例 13-33 所示配置可知，AS109 内的这 3 台 BGP 路由器之间并未建立起全互连的 IBGP 会话，而三者都不会把通过 IBGP 学到的路由，传播给其他任一 IBGP 邻居。

例 13-3 分别显示了 R8、R1 和 R2 的相关 BGP 表表项。不难发现，R8 已经通告了路由前缀

100.100.100.0/24，与其对应的 BGP 表项也在 R1 的 BGP 表中"露面"。请注意 R1 的 BGP 表项中做高亮显示的内容"Not advertised to any peer（本路由不会通告给任何对等体）"。根据其字面意思，可判断出 R1 和 R2 虽互为 IBGP 邻居，但 R1 不会向 R2 通告路由前缀 100.100.100.0/24，因为这条路由是从另一 IBGP 邻居 R8 学得。

例 13-34　R8、R1 以及 R2 的 BGP 表表项表明，R1 不会把学自 IBGP 邻居 R8 的路由通告给另一 IBGP 邻居 R2

```
R8#show ip bgp 100.100.100.0
BGP routing table entry for 100.100.100.0/24, version 3
Paths: (1 available, best #1, table Default-IP-Routing-Table)
  Advertised to non peer-group peers:
  206.56.89.2
  Local
    0.0.0.0 from 0.0.0.0 (8.8.8.8)
      Origin IGP,metric 0,localpref 100,weight 32768,valid,sourced,local,best

R1#show ip bgp 100.100.100.0
BGP routing table entry for 100.100.100.0/24, version 9
Paths: (1 available, best #1, table Default-IP-Routing-Table)
  Not advertised to any peer
  Local
    206.56.89.1 from 206.56.89.1 (8.8.8.8)
      Origin IGP, metric 0, localpref 100, valid, internal, best

R1#show ip bgp summary
BGP router identifier 1.1.1.1, local AS number 109
BGP table version is 11, main routing table version 11
1 network entries and 1 paths using 133 bytes of memory
1 BGP path attribute entries using 52 bytes of memory
0 BGP route-map cache entries using 0 bytes of memory
0 BGP filter-list cache entries using 0 bytes of memory
BGP activity 24/237 prefixes, 35/34 paths, scan interval 15 secs

Neighbor        V    AS MsgRcvd MsgSent   TblVer  InQ OutQ Up/Down  State/PfxRcd
131.108.1.2     4   109    4304    4319       11    0    0 1d20h            0
206.56.89.1     4   109     108     110       11    0    0 01:44:16         1

R2#show ip bgp 100.100.100.0
% Network not in table
```

再来解读一下在 R1 的 BGP 表项输出中出现的文字"Not advertised to any peer"，其意指 R2 虽为 BGP 邻居，但由于是 IBGP 邻居，因此 R1 不会向 R2 通告路由前缀 100.100.100.0/2。这符合 BGP IBGP 路由通告规则，该规则刊载于 RFC 1771 中的 9.2.1 节，此节的标题为"Internal Updates"：

"BGP 路由器在收到本 AS 内的另一台 BGP 路由器所通告的 BGP UPDATE 消息时，不得将 UPDATE 消息中所包含的路由信息重新通告给本 AS 内的任何其他 BGP 路由器。"

（2）解决方法

当 AS 内的 BGP 路由器之间未建立起全互连的 IBGP 会话时，让某些 BGP 路由器把 IBGP 路由通告给其他 IBGP 邻居也属必要之举。网管人员可用以下两种方法来满足这一需求。

- 部署 BGP 路由反射器。

- 部署BGP联盟[1]

即便对于小型ISP网络，在BGP路由器之间建立全互连的IBGP会话也属于"天方夜谭"。

对于部署了几百台BGP路由器的大型ISP来说，在BGP路由之间建立全互连的IBGP会话，则更是不可能完成的任务。因此，头脑正常的网管人员一般都不会在BGP路由之间建立全互连的IBGP会话。对此，上一章已作充分说明。

1. 部署路由反射器

RFC 1966定义了一种机制，以避免在BGP路由器之间建立全互连的IBGP会话，具体做法是：在IBGP会话网内部署路由反射服务器和路由反射客户端。

路由反射（服务）器与路由反射集群内的所有路由反射客户端建立IBGP对等关系[2]。一个路由反射集群由若干台路由反射器和路由反射客户端组成。路由反射客户端只与路由反射器建立IBGP对等关系。收到路由反射客户端通告的BGP路由更新之后，路由反射器会将其反射给（本集群内的）其他路由反射客户端。在图13-15所示网络中，R1担当路由反射器，R2和R8作为其路由反射客户端。R1、R2以及R8构成了一个路由反射集群。欲深入了解BGP路由反射机制，请参阅上一章内容。

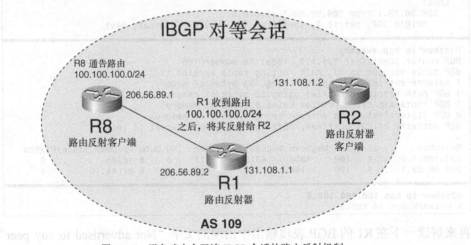

图13-15 避免建立全互连IBGP会话的路由反射机制

例13-35所示为让R1充当路由反射器的有关配置。除了例13-35所示路由反射器的配置之外，在路由反射客户端上无需额外配置。

---

[1] 原文是：
It is essential that IBGP-learned routes are propagated to other BGP speakers. BGP operators can use three methods to address this problem:
- Use IBGP full mesh.
- Design a route-reflector model.
- Design a confederation model. 译者认为作者是在误导读者，遂部分改写了原文，如有不妥，请指正。——译者注

[2] 原文是"Servers peer BGP with all clients in the cluster."——译者注

例 13-35　将 R1 配置为路由反射器，并在其上将 R8 和 R2 配置为路由反射客户端

```
R1# router bgp 109
 no synchronization
 neighbor 131.108.1.2 remote-as 109
 neighbor 131.108.1.2 route-reflector-client
 neighbor 206.56.89.1 remote-as 109
 neighbor 206.56.89.1 route-reflector-client
```

由例 13-36 所示输出可知，R1 收到了 R8 通告的路由前缀 100.100.100.0/24，并将其传播给了 R2（131.108.1.2）。请留意 R1 的 BGP 表表项中做高亮显示的文字（"Advertised to non peer-group peers: 131.108.1.2"），这与例 13-34 所示全然不同。此外，由 R2 的 BGP 表表项可知，R2 收到了 R1 通告的路由前缀 100.100.100.0/24。

例 13-36　通过 BGP 表的输出，来了解路由反射器在处理 IBGP 路由更新时的运作方式

```
R1#show ip bgp 100.100.100.0
BGP routing table entry for 100.100.100.0/24, version 13
Paths: (1 available, best #1, table Default-IP-Routing-Table)
Flag: 0x208
  Advertised to non peer-group peers:
  131.108.1.2
  Local, (Received from a RR-client)
    206.56.89.1 from 206.56.89.1 (8.8.8.8)
      Origin IGP, metric 0, localpref 100, valid, internal, best

R2#show ip bgp 100.100.100.0
BGP routing table entry for 100.100.100.0/24, version 35
Paths: (1 available, best #1, table Default-IP-Routing-Table)
Flag: 0x208
  Not advertised to any peer
  Local
    206.56.89.1 from 131.108.1.1 (8.8.8.8)
      Origin IGP, metric 0, localpref 100, valid, internal, best
      Originator: 8.8.8.8, Cluster list: 1.1.1.1
```

现在来解读一下 R1 的 BGP 表输出中做高亮显示的文字"Advertised to non peer-group peers: 131.108.1.2（通告给非对等体组对等体：131.108.1.2）"，由其字面意思可知，R1 会把路由前缀 100.100.100.0/24 通告给 IBGP 邻居 R2。

2. 部署 BGP 联盟

RFC 1965 定义了如何用 BGP AS 联盟来避免建立全互连的 IBGP 对等关系。部署 BGP 联盟时，会把整个网络（整个 AS）划分为一个个子 AS，子 AS 之间会相互连接，但无需完全互连。隶属于同一子 AS 的 BGP 路由器之间需建立全互连的 IBGP 会话。若子 AS 内 IBGP 路由器的台数过多，则应考虑在子 AS 内部署路由反射器[①]。在 AS 之内，将 BGP 路由器之间的常规 IBGP 对等会话，"割接"为 BGP 联盟时，所有路由器的配置都要发生改变。欲深入了解 BGP 联盟机制，请阅读上一章内容。

---

① 原文是 "If the number of sub-autonomous systems grows to a large number of IBGP speakers, sub-autonomous system IBGP speakers use route reflectors" 译文未按原文字面意思翻译，如有不妥，请指正。——译者注

由图 13-16 所示网络拓扑可知，R1 和 R2 隶属于一个子 AS，R8"自行组建"了另一个子 AS。

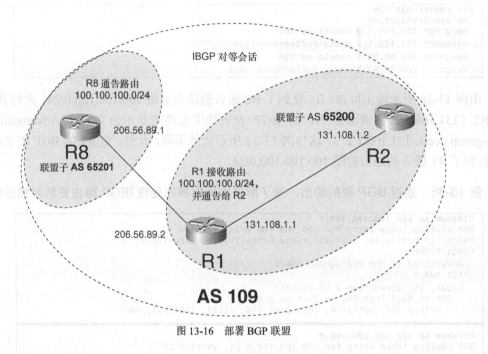

图 13-16 部署 BGP 联盟

例 13-37 中以黑体字显示了路由器 R1、R2 以及 R8 的配置变更。

例 13-37 在由 R1、R2 以及 R8 组成的 AS 内部署 BGP 联盟

```
R8#
router bgp 65201
 bgp confederation identifier 109
 bgp confederation peers 65200 65201
 network 100.100.100.0 mask 255.255.255.0
 neighbor 206.56.89.2 remote-as 65200

 ip route 100.100.100.0 255.255.255.0 Null0
```

```
R1# router bgp 65200

 bgp confederation identifier 109
 bgp confederation peers 65201 65200
 neighbor 131.108.1.2 remote-as 65200
 neighbor 206.56.89.1 remote-as 65201
```

```
R2# router bgp 65200
 no synchronization
 bgp confederation identifier 109
 bgp confederation peers 65200 65201
 neighbor 131.108.1.1 remote-as 65200
```

由例 13-37 可知，路由器 R1、R2 以及 R8 的 BGP 相关配置发生了重大改变。将一个常规的 IBGP 会话网"分割"为 BGP 联盟时，AS 内部的所有路由器的配置都要发生改变。例 13-37

中，命令 **BGP confederation identifier** 所引用的数字表示本机真实的 AS 号；**BGP confederation peers** 命令所引用的数字则为与本机建立 IBGP 对等关系的联盟子 AS 号。本机的联盟子 AS 号用 **router bgp** 命令来配置。所有通告给其他联盟子 AS 的 BGP 路由更新都会附着一份类似于 AS_PATH 列表的联盟子 AS 列表，而通告给 EBGP 邻居的路由更新则会附着真实的 AS 号。接收自联盟子 AS 之外的路由前缀会传遍联盟内外的所有 BGP 邻居，这一路由传播方式在部分互连的 IBGP 会话网络中是不可能实现的。BGP 联盟对于其外部网络来说，无任何意义，因为该技术只在 AS 内使用，以防止 IBGP 会话网的滋蔓。

例 13-38 所示为图 13-16 中各台路由器的相关 BGP 表表项的输出。

例 13-38 隶属于同一 BGP 联盟的各台路由器的 BGP 表表项

```
R8#show ip bgp 100.100.100.0
BGP routing table entry for 100.100.100.0/24, version 2
Paths: (1 available, best #1, table Default-IP-Routing-Table)
  Advertised to non peer-group peers:
  206.56.89.2
  Local
    0.0.0.0 from 0.0.0.0 (8.8.8.8)
      Origin IGP, metric 0, localpref 100, weight 32768, valid, sourced, local,best

R1#show ip bgp 100.100.100.0
BGP routing table entry for 100.100.100.0/24, version 2
Paths: (1 available, best #1, table Default-IP-Routing-Table)
  Advertised to non peer-group peers:
  131.108.1.2
  (65201)
    206.56.89.1 from 206.56.89.1 (8.8.8.8)
      Origin IGP, metric 0, localpref 100, valid, confed-external, best

R2#show ip bgp 100.100.100.0
BGP routing table entry for 100.100.100.0/24, version 2
Paths: (1 available, best #1, table Default-IP-Routing-Table)
Flag: 0x208
  Not advertised to any peer
  (65201)
    206.56.89.1 from 131.108.1.1 (1.1.1.1)
      Origin IGP, metric 0, localpref 100, valid, internal, best
```

由例 13-38 可知，R8 已经向 R1 通告了路由前缀 100.100.100.0/24。由 R1 的 BGP 表表项中做高亮显示的内容可知，这条包含路由前缀 100.100.100.0/24 的 BGP 路由更新途经了联盟子 AS 65201，R8 就隶属于这一子 AS。由于这条 BGP 路由更新由另一联盟子 AS 通告，因此 R1 将其通告给了 R2。这样一来，就规避了在 R1、R2 和 R8 之间建立全互连 IBGP 会话的需求，否则，要想让 R2 收到源于 R8 的路由前缀 100.100.100.0/24，AS 内的三台路由器必需建立全互连的 IBGP 对等关系。

13.4.4 无法向 IBGP/EBGP 邻居传播学自 IBGP 的路由——原因：IBGP 路由未同步

路由器不把学自 IBGP 邻居的路由传播给其他任何 BGP 邻居（无论是 IBGP 邻居，还是

EBGP 邻居）的情况也非常常见。原因之一是，当学自 IBGP 的路由未同步时，路由器就不会视其为候选路由，自然也不可能向其他 BGP 邻居通告。如上一章所述，路由器只有先学到了与 BGP 路由的目的网络相对应的 IGP 路由（或设有相应的静态路由），才会认为该 BGP 路由（与 IGP）同步。

运行 BGP 的 Cisco 路由器只会把自认为最优的 BGP 路由通告给邻居路由器。若学自 IBGP 邻居的路由未同步，路由器在计算最优路由时，会将其排除在外。

图 13-17 所示为本故障排障流程。

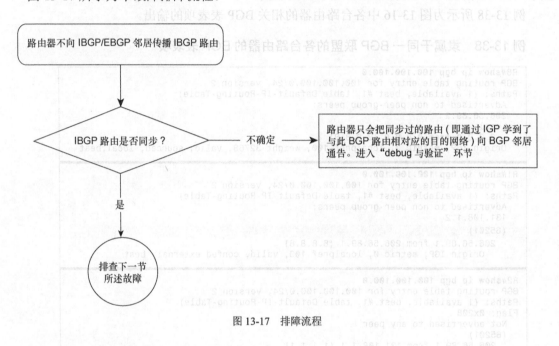

图 13-17 排障流程

（1）debug 与验证

详细的 BGP 同步规则请参考上一章。

例 13-39 所示为一条未同步的路由在 BGP 表中的样子。

例 13-39 BGP 表中未同步的路由

```
R2#show ip bgp 100.100.100.0
BGP routing table entry for 100.100.100.0/24, version 3
Paths: (1 available, no best path)
  Flag: 0x208
  Not advertised to any peer
  (65201)
  206.56.89.1 from 131.108.1.1 (1.1.1.1)
    Origin IGP, metric 0, localpref 100, valid, internal, not synchronized
```

由例 13-39 中做高亮显示的内容可知，在 R2 看来，BGP 路由 100.100.100.0/24 未同步（"not synchronized"），故拒绝将其安装进路由表（"no best path"）；这条路由自然也不可能被通告给任何 BGP 对等体。

(2) 解决方法

如上一章所述，要想解决本故障，要么禁用（网络中所有路由器的）BGP 路由同步检查特性；要么就得使得相关 IBGP 路由同步，其具体做法是：在 IBGP 路由的始发路由器上执行路由重分发操作，将 IBGP 路由引入 IGP。相关示例请见后文。

13.5 排除 BGP 路由无法"进驻"路由表故障

本节讨论如何排除 BGP 路由无法"进驻" IP 路由表故障。一般而言，路由器会根据 IP 包头中的目的 IP 地址字段来转发 IP 数据包。要想圆满完成转发任务，路由器必须"持有"与 IP 数据包的目的 IP 地址相对应的 IP 路由表表项。

若 BGP 进程未能使路由器将其所学 BGP 路由安装进 IP 路由表，则发往相关目的网络的流量将会被路由器丢弃，这里的相关目的网络是指与路由器所学 BGP 路由相对应的目的网络。以上所述为 IP 路由器转发 IP 数据包时的"标准"行为，也称为 IP 数据包的逐跳转发。

本节所要排除的故障是：路由器的 BGP 表包含了相关 IP 路由前缀，但路由器未生成相应的 IP 路由表项。

本节所讨论的故障分为以下两类：
- 路由器未把 IBGP 路由安装进 IP 路由表；
- 路由器未把 EBGP 路由安装进 IP 路由表。

13.5.1 故障：路由器未把 IBGP 路由安装进 IP 路由表

导致本故障的常见原因如下所列：
- IBGP 路由未同步。
- BGP 路由的下一跳地址不可达。

以下内容会讨论导致本故障的原因，并介绍相应的排障方法。

1. IBGP 路由未"进驻" IP 路由表——原因：IBGP 路由未同步

在 IBGP 路由未同步的情况下，路由器是不会将其安装进 IP 路由表，并传播给其他 BGP 路由器的。对于 BGP 路由器而言，其所学 IBGP 路由的目的网络，若也能经由 IGP（OSPF、IS-IS 等）学得，便称为 IBGP 路由同步。

也就是说，在 AS 内，路由器的 IGP 路由表必须"握"有所有外部 BGP 路由的目的网络信息。为此，需在 AS 边界路由器上将 EBGP 路由重分发进 IGP。

如图 13-18 所示，R1 生成并向其 IBGP 邻居 R2（13.108.10.2）通告路由前缀 100.100.100.0/24。

R2 与 R1 之间建立的是 IBGP 邻居关系，R2 未生成任何路由前缀[①]。

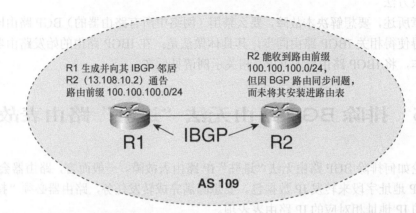

图 13-18 R2 收到 IBGP 邻居 R1 通告的路由前缀 100.100.100.0/24 之后，会验证 IBGP 路由是否同步

图 13-19 所示为本故障排障流程。

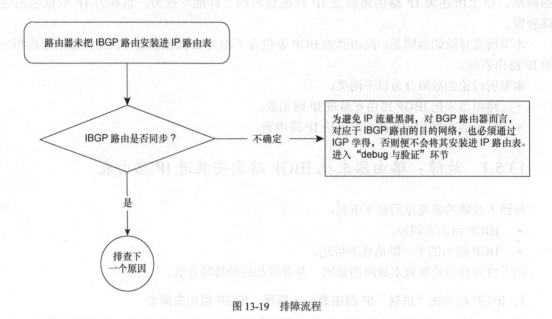

图 13-19 排障流程

（1）debug 与验证

例 13-40 所示为让 R1 和 R2 分别通过 IBGP 会话，生成和接收路由前缀 100.100.100.0/24 所需的 BGP 相关配置。

---

① 原文是 "R2 is configured to form IBGP neighbors with R1 and is originating nothing." 本句的前半句是废话。——译者注

例 13-40　配置 R1 和 R2，令两者分别通过 IBGP 会话生成和接收路由前缀 100.100.100.0/24

```
R1# router bgp 109
 network 100.100.100.0 mask 255.255.255.0
 neighbor 131.108.10.2 remote-as 109
 neighbor 131.108.10.2 update-source Loopback0

ip route 100.100.100.0 255.255.255.0 Null0
```

```
R2# router bgp 109
 neighbor 131.108.10.1 remote-as 109
 neighbor 131.108.10.1 update-source Loopback0
```

由例 13-41 可知，R2 收到了包含 IP 前缀 100.100.100.0/24 的 IBGP 路由。

例 13-41　R2 所持与目的网络 100.100.100.0/24 相对应的 BGP 路由表表项表明，其已收到了一条包含 IP 前缀 100.100.100.0/24 的 IBGP 路由

```
R2#show ip bgp 100.100.100.0
BGP routing table entry for 100.100.100.0/24, version 3
Paths: (1 available, no best path)
Flag: 0x208
  Not advertised to any peer
  Local
    131.108.10.1 from 131.108.10.1 (131.108.10.1)
      Origin IGP, metric 0, localpref 100, valid, internal, not synchronized
R2#show ip route 100.100.100.0
% Network not in table
```

此外，由例 13-41 所示输出中做高亮显示的内容可知，R2 并未将这条 IBGP 路由器视为最优路由（no best path），并安装进 IP 路由表，因为该 BGP 路由未同步（not synchronized）。

(2) 解决方法

可通过以下两种方法来解决本故障：

- 使所有 BGP 路由同步；
- 在路由器上禁用 BGP 路由同步特性。

使所有 IBGP 路由同步

在路由器上禁用 BGP 路由同步特性的方法无需赘述，但如何让所有 BGP 路由同步，则需做进一步说明。

要想让 IP 路由前缀 100.100.100.0/24（在 BGP 和 IGP 间保持）同步，需配置 R1，令其也通过 IGP 通告这一 IP 路由前缀，好让 R2 能同时通过 IBGP 和 IGP 接收得到。由例 13-42 可知，已配置 R1，令其将目的网络为 100.100.100.0/24 的静态路由器重分发进了 OSPF。这样一来，R2 便可同时通过 OSPF（类型 5 外部路由）和常规的 IBGP 对等会话接收到这条 IP 路由前缀。

例 13-42　同时通过 IBGP 和 IGP（OSPF）通告路由所需的配置

```
R1# router ospf 1
 redistribute static subnets
 network 131.108.1.0 0.0.0.255 area 0
```

（待续）

```
R1# router bgp 109
   network 100.100.100.0 mask 255.255.255.0
   neighbor 131.108.10.2 remote-as 109
   neighbor 131.108.10.2 update-source Loopback0
ip route 100.100.100.0 255.255.255.0 Null0
```

由例 13-42 所示配置可知，在 R1 上执行了静态路由到 OSPF 的重分发操作，此外，在其上还设有一条目的网络为 100.100.100.0/24 的静态路由。由例 13-43 可知，R1 通过 IBGP 会话，向 R2 通告了目的网络为 100.100.100.0/24 的 BGP 路由。

例 13-43　R2 收到了 R1 通告的已经同步的 IBGP 路由

```
R2#show ip route 100.100.100.0
Routing entry for 100.100.100.0/24
  Known via "ospf 1", distance 110, metric 20, type extern 2, forward metric 10
  Redistributing via ospf 1
  Last update from 131.108.1.1 on Ethernet0, 00:07:21 ago
  Routing Descriptor Blocks:
  * 131.108.1.1, from 131.108.10.1, 00:07:21 ago, via Ethernet0
      Route metric is 20, traffic share count is 1
R2#show ip bgp 100.100.100.0
BGP routing table entry for 100.100.100.0/24, version 4
Paths: (1 available, best #1, table Default-IP-Routing-Table)
Flag: 0x208
  Not advertised to any peer
  Local
    131.108.10.1 from 131.108.10.1 (131.108.10.1)
      Origin IGP, metric 0, localpref 100, valid, internal, synchronized, best
```

由例 13-43 中做高亮显示的内容（"synchronized"）可知，R2 认为此 BGP 路由已（与 IGP）同步，并将其安装进了 IP 路由表。当然，R1 也会将这条 BGP 路由传播给其他 BGP 路由器。由例 13-43 中另一处做高亮显示的内容（"ospf 1"）可知，因 OSPF 协议的管理距离值为 110，低于 IBGP 协议的 200，故 R1 在路由表中安装的是 OSPF 路由，未安装 IBGP 路由。

注意：在 IGP 协议选用 OSPF 的情况下，为使 BGP 同步机制正常运作，在通告 BGP 路由的 Cisco 路由器上，应为 OSPF 和 BGP 配置相同的 Router-ID。而其他 IGP 协议则没有这方面的限制。

禁用 BGP 同步特性

在实战中，此法几乎广泛应用于所有 BGP 网络。

例 13-44 所示为在 Cisco 路由器上禁用该特性的相关配置。

例 13-44　禁用 BGP 同步特性

```
R2#
router bgp 109
 no synchronization
```

如前所述，要想达成 IBGP 路由的同步，就必须将所有 BGP 路由重分发进 IGP。考虑到当今 Internet BGP 路由表的规模（路由条数过 11 万），只有傻帽才会把所有 Internet

BGP 路由重分发进 IGP。因此，一般的做法是关闭路由器的 BGP 同步（检查）特性。

2．IBGP 路由未"进驻"IP 路由表——原因：IBGP 路由的下一跳 IP 地址不可达

本故障也属于常见故障，特别是对于通过 IBGP 路由学到的目的网络。让 IBGP 路由"进驻"IP 路由表之前，路由器会先检查 IGP 路由表，以了解是否学到了该 IBGP 路由的下一跳 IP 地址。话又说回来，路由器无法访问到 BGP 路由的下一跳 IP 地址，并不算是 BGP 故障，而是属于 IGP 故障，只是 IGP 故障对 BGP 产生了影响。BGP 路由前缀通过 IBGP 会话传播时，其 NEXT-HOP 属性不会发生改变。因此，IBGP 路由接收端必须能够访问到其所接收的 IBGP 路由的下一跳 IP 地址（即能够与 IBGP 路由的下一跳 IP 地址建立起 IP 连通性）。

图 13-20 所示为本故障排障流程。

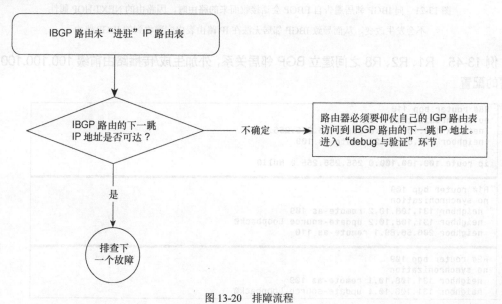

图 13-20 排障流程

图 13-21 所示为向 IBGP 邻居通告自 EBGP 会话接收而来的路由前缀时，因路由前缀的 NEXT-HOP 属性不会发生改变，从而导致 IBGP 邻居无法在 IP 路由表内安装收到的 IBGP 路由前缀[①]。

（1）debug 与验证

由图 13-21 可知，R8 向其 EBGP 对等体 R1 通告了路由前缀 100.100.100.0/24，R1 再将这条路由传递给了 R2。R2 收到路由之后，会因访问不到其下一跳 IP 地址，而无法让其"进驻"IP 路由表。

例 13-45 所示为 R1、R2 及 R8 的相关配置。

---

① 原文是 "Figure 13-21 shows that NEXT-HOP of BGP routes advertised to IBGP neighbors are not changed and might result in route installation failure."译文酌改，如有不妥，请指正。——译者注

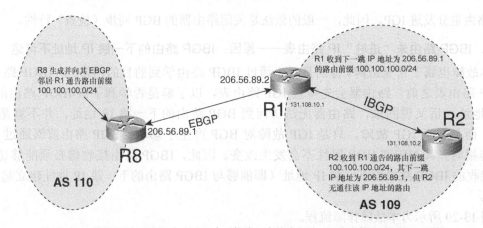

图 13-21 向 IBGP 邻居通告自 EBGP 会话接收而来的路由时，因路由的 NEXT-HOP 属性
不会发生改变，从而导致 IBGP 邻居无法在 IP 路由表内安装收到的 IBGP 路由

例 13-45 R1、R2、R8 之间建立 BGP 邻居关系，外加生成/传播路由前缀 100.100.100.0/24 所需的配置

```
R8# router bgp 110
 no synchronization
 network 100.100.100.0 mask 255.255.255.0
 neighbor 206.56.89.2 remote-as 109

ip route 100.100.100.0 255.255.255.0 Null0

R1# router bgp 109
 no synchronization
 neighbor 131.108.10.2 remote-as 109
 neighbor 131.108.10.2 update-source Loopback0
 neighbor 206.56.89.1 remote-as 110

R2# router bgp 109
 no synchronization
 neighbor 131.108.10.1 remote-as 109
 neighbor 131.108.10.1 update-source Loopback0
```

由例 13-45 可知，R8 有一 EBGP 邻居 R1；R1 有 EBGP 和 IBGP 邻居各一，分别为 R8 和 R2；R2 有一 IBGP 邻居 R1。

R8 向 R1 通告了路由前缀 100.100.100.0/24，收到之后，R1 会通过 IBGP 会话通告给 R2。

由例 13-46 相关 BGP 路由表项可知，R1 收到路由前缀 100.100.100.0/24 之后，将其安装进了 IP 路由表，并传播给了 R2（131.108.10.2）。

例 13-46 R1 接收路由并把它传播给 R2

```
R1#show ip bgp 100.100.100.0
BGP routing table entry for 100.100.100.0/24, version 2
Paths: (1 available, best #1, table Default-IP-Routing-Table)
  Advertised to non peer-group peers:
  131.108.10.2
```

（待续）

```
       110
         206.56.89.1 from 206.56.89.1 (100.100.100.8)
           Origin IGP, metric 0, localpref 100, valid, external, best
R1#show ip route 100.100.100.0
Routing entry for 100.100.100.0/24
  Known via "bgp 109", distance 20, metric 0
  Tag 110, type external
  Last update from 206.56.89.1 00:04:50 ago
  Routing Descriptor Blocks:
  * 206.56.89.1, from 206.56.89.1, 00:04:50 ago
      Route metric is 0, traffic share count is 1
      AS Hops 1
```

由以上输出中做高亮显示的内容（"Advertised to non peer-group peers: 131.108.10.2"）可知，R1 已向 R2（131.108.10.2）通告了路由前缀 100.100.100.0/24。

在图 13-21 所示网络中，R1 与 R2 之间建立的是 IBGP 对等关系，前者向后者通告了路由前缀 100.100.100.0/24，R2 也收到了这条下一跳 IP 地址为 206.56.89.1 的 IBGP 路由，但 R2 却未将其安装进 IP 路由表，如例 13-47 中所示。

例 13-47　R2 未将路由器前缀 100.100.100.0/24 安装进 IP 路由表

```
R2#show ip bgp 100.100.100.0
BGP routing table entry for 100.100.100.0/24, version 0
Paths: (1 available, no best path)
  Not advertised to any peer
  110
    206.56.89.1 (inaccessible) from 131.108.10.1 (131.108.10.1)
      Origin IGP, metric 0, localpref 100, valid, internal

R2#show ip route 100.100.100.0
% Network not in table
```

如例 13-48 所示，因 R2 的 IP 路由表中未包含通往 IP 地址 206.56.89.1 的路由，故 R2 认为自己访问不到 BGP 路由 100.100.100.0 的下一跳 IP 地址（"206.56.89.1 (inaccessible)"）。

例 13-48　R2 的 IP 路由表不含通往 BGP 路由的下一跳 IP 地址的路由

```
R2#show ip route 206.56.89.1
% Network not in table
```

究其原因，既有可能是因为未让 R1 通过 IGP（OSPF）向 R2 通告通往 IP 地址 206.56.89.1 的路由，也有可能要归咎于 R2 因故未在 IGP 路由表中安装这条路由。

（2）解决方法

对于所学任一 BGP 路由，路由器都会在 IP 路由表中查询其下一跳 IP 地址，以期解析出将数据包外发至这一 IP 地址的物理接口。若解析成功，路由器会将相应的 BGP 路由视为有效路由，否则视其为无效[①]。这样的解析操作可能需要，也可能不需要在 IP 路由表中执行递归查询。可使用以下两种常规作法来解决本故障。

- 设置静态路由，或在 IGP 中执行重分发操作，来宣告 EBGP 路由的下一跳 IP 地址。

[①] 原文是 "BGP requires the next hop of any BGP route to resolve to a physical interface." 原文只有一句，译者变为两句。如有不妥，请指正。——译者注

- 将 EBGP 路由的下一跳 IP 地址更改为内部对等地址。

设置静态路由，或在 IGP 中执行重分发操作，来宣告 EBGP 路由的下一跳 IP 地址

对于本例，只需让 R1 通过 IGP（OSPF）通告其与 R8 之间的互连链路子网路由 206.56.89.0/30。

例 13-49 所示为让 R1 宣告互连链路子网路由 206.56.89.0/30 所需的配置，例 13-50 所示为 R2 通过 IGP 收到该路由的情形。

例 13-49 配置 R1，令其通过 OSPF 通告 EBGP 路由的下一跳 IP 地址

```
R1# router ospf 1
 network 206.56.89.0 0.0.0.7 area 0
```

由例 13-50 可知，R2 通过 OSPF 收到了 R1 与 R8 之间互连链路子网路由 206.56.89.0/30。

例 13-50 R2 通过 OSPF 收到了与 EBGP 路由的下一跳 IP 地址相对应的路由

```
R2# show ip route 206.56.89.0 255.255.255.252
Routing entry for 206.56.89.0/30
  Known via "ospf 1", distance 110, metric 74, type intra area
  Redistributing via ospf 1
  Last update from 131.108.1.1 on Ethernet0, 00:03:17 ago
  Routing Descriptor Blocks:
  * 131.108.1.1, from 1.1.1.1, 00:03:17 ago, via Ethernet0
      Route metric is 74, traffic share count is 1
```

请注意，R2 学到了下一跳为 131.108.1.1 的 OSPF 路由 206.56.89.1，其解析出的相应的物理接口为 Ethernet0。

将 EBGP 路由的下一跳 IP 地址更改为内部对等地址

推荐的做法是，配置 R1，令其向 R2 通告 IBGP 路由时，将 IBGP 路由的下一跳 IP 地址更改为自身的 loopback 接口 IP 地址。

例 13-51 所示为 R1 的配置，此配置会令其向 R2 通告 BGP 路由时，将路由的下一跳 IP 地址变为自身的 loopback0 接口地址。

例 13-51 配置 R1，令其向 R2 通告 BGP 路由时，将路由的下一跳 IP 地址更改为自身的 loopback0 接口 IP 地址

```
R1# router bgp 109
 neighbor 131.108.10.2 remote-as 109
 neighbor 131.108.10.2 update-source Loopback0
 neighbor 131.108.10.2 next-hop-self
 neighbor 206.56.89.1 remote-as 110
```

例 13-51 中命令 **neighbor 131.108.10.2 next-hop-self** 的作用是，让 R1 向 R2 通告 BGP 路由时，将路由的下一跳 IP 地址更改为自身的 loopback0 接口 IP 地址 131.108.10.1；而 **neighbor-131.108.10.2 update-source loopback 0** 命令的作用是，让 R1 向 R2 发送 BGP 路由协议数据包时，用 loopback 0 接口 IP 地址作为数据包的源 IP 地址。

例 13-52 所示为 R2 所收 IBGP 路由的下一跳 IP 地址发生了改变。

例 13-52 R2 的 BGP 路由表表项表明，R1 将自身的 loopback 0 接口 IP 地址作为通告给 R2 的 BGP 路由的下一跳 IP 地址

```
R2#show ip bgp 100.100.100.0
BGP routing table entry for 100.100.100.0/24, version 2
Paths: (1 available, best #1, table Default-IP-Routing-Table)
  Not advertised to any peer
  110
    131.108.10.1 from 131.108.10.1 (131.108.10.1)
      Origin IGP, metric 0, localpref 100, valid, internal, best
R2#show ip route 100.100.100.0
Routing entry for 100.100.100.0/24
  Known via "bgp 109", distance 200, metric 0
  Tag 110, type internal
  Last update from 131.108.10.1 00:00:25 ago
  Routing Descriptor Blocks:
  * 131.108.10.1, from 131.108.10.1, 00:00:25 ago
      Route metric is 0, traffic share count is 1
      AS Hops 1
```

由以上输出可知，IBGP 路由的外部下一跳 IP 地址已经变成了 R1 的 loopback 0 接口 IP 地址 131.108.10.1。

与第一种方法相比，第二种方法使用的更为广泛，这也是向 IBGP 对等体宣告 BGP 路由的下一跳 IP 地址的首选方法。对于图 13-21 所示简单示例而言，将 BGP 路由的外部下一跳 IP 地址更改为内部对等 IP 地址，将有助于控制 IGP 路由表的规模。此外，还能方便故障排除，因为比之用来建立 EBGP 对等关系的互连链路 IP 子网地址，网络人员无疑对本 AS 内的 BGP 路由器 loopback 接口 IP 地址更为熟悉。

13.5.2 故障：EBGP 路由未"进驻"IP 路由表

有时，与 IBGP 路由一样，EBGP 路由也可能"进驻"不了 IP 路由表，从而使得路由器不能转发目的网络与那些路由相对应的流量。导致此类故障的原因很多，随具体场景而异。

以下所列为导致 EBGP 路由不能进驻 IP 路由表的三种常见原因：

- BGP 路由遭到抑制（dampened）；
- 建立多跳 EBGP 会话时，BGP 路由的下一跳 IP 地址不可达；
- BGP 路由的 MED 值无穷大。

下面将根据以上三种原因，来探讨解决本故障的方法。

1. EBGP 路由未"进驻"IP 路由表——原因：BGP 路由遭到抑制

BGP 路由抑制特性是一种可用来显著提高本 AS 网络的路由稳定性的手段，能最大限度地降低本 AS 遭受的由 EBGP 邻居所通告的不稳定 BGP 路由的影响。RFC 2439（"BGP Route Flap Damping"）详述了 BGP 路由抑制特性的运作方式。简而言之，路由抑制特性就是（让 BGP 路由器）为发生翻动的 BGP 路由"记过"（每记过一次，就分配一个固定的惩罚值），当"记过"（惩罚值累积到）到一定程度，就对相关 BGP 路由施以"惩戒"（抑制）[①]。发生翻动的 BGP

[①] 原文是 "In short, dampening is the way to assign a penalty for a flapping BGP route." ——译者注

路由是指被（EBGP 邻居）回撤的路由。BGP 路由每翻动一次，就会被"记过"一次（为其分配惩罚值 1000）；因连续翻动，而被"记过"到了一定的次数（惩罚值达到了抑制上限值，其默认值为 2000），路由器就会抑制该 BGP 路由，并从路由表中清除。路由的惩罚值会根据半衰期（默认值为 15 分钟）的配置，呈指数级递减。当惩罚值回落至重用限制值（默认值为 750）时，路由器会解除对 BGP 路由的抑制，重新安装进路由表，然后向其他 BGP 邻居通告。任何 BGP 路由的抑制时间都受最长抑制时间的约束，默认情况下，最长抑制时间为 60 分钟。BGP 路由抑制特性只能施于 EBGP 邻居，不能针对 IBGP 邻居。

Cisco 路由器的 BGP 路由抑制特性默认为禁用；可用以下 BGP 专有命令来启用该特性：

```
router bgp 109
bgp dampening
```

在 Cisco 路由器上，可用下面这条命令来调整 BGP 路由抑制特性的各项参数：

```
router bgp 1009
bgp dampening half-life-time reuse suppress maximum-suppress-time
```

以下所列为该命令各项参数的取值范围。

- *half-life-time*（半衰期）——取值范围为 1～45 分钟，默认值为 15 分钟。
- *reuse*（路由重用限制值）——取值范围是 1～20 000，默认值为 750。
- *suppress*（路由抑制值）——取值范围为 1～20 000，默认值为 2000。
- *maximum-suppress-time*（最短抑制时间）——一条路由可被抑制的最长时间。取值范围是 1～255 分钟，默认值为 4 × *half-life-time*。

图 13-22 所示为本故障排障流程。

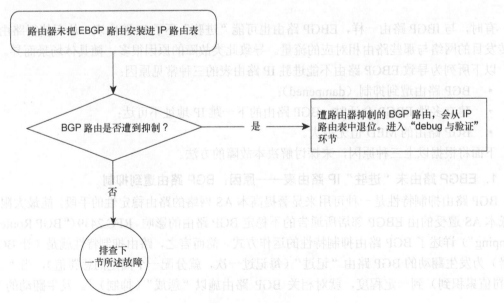

图 13-22　排障流程

第 13 章 排除 BGP 故障

（1）debug 与验证

图 13-23 所示为一简单的网络拓扑图。图中，隶属于 AS 109 的 R1 和隶属于 AS 110 的 R2 之间建立了一条 EBGP 对等会话。R2 已通过该会话向 R1 通告了 IP 路由前缀 100.100.100.0/24。为说清路由抑制特性的运作方式，笔者在 R2 上"模拟"了路由翻动现象。具体做法是，让路由 100.100.100.0/24 在 R2 的路由表内"时隐时现"。只要 R1 的 BGP 路由抑制特性一经启用，便会在路由 100.100.100.0/24 每一次翻动时，对其"记过"一次（分配惩罚值）。

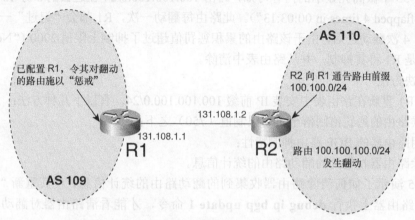

图 13-23 用来演示 BGP 路由抑制特性的运作方式的网络拓扑

例 13-53 所示为设于 R1（这是一台运行 IOS 的 Cisco 路由器），用来观察其对翻动路由施以"惩戒"时"所作所为"的 debug 命令。

例 13-53 用来观察 BGP 路由抑制特性的运作方式的 debug 命令

```
R1#debug ip bgp dampening 1
R1#debug ip bgp updates 1
access-list 1 permit 100.100.100.0 0.0.0.0
```

大多数与 BGP 有关的 debug 都能挂接访问列表，以限制 debug 输出的规模。在例 13-53 所示 debug 命令后挂接 access-list 1，可让 R1 只生成与路由 100.100.100.0 有关的 debug 输出信息。

例 13-54 所示为 R1 生成的相关 debug 输出，以及 BGP 路由表项中与路由翻动有关的统计信息。

例 13-54 通过 debug 命令来确认路由 100.100.100.0/24 是否发生了翻动

```
Dec 13 03:33:57.966 MST: BGP(0): 131.108.1.2 rcv UPDATE about 100.100.100.0/24 --
        withdrawn
Dec 13 03:33:57.966 MST: BGP(0): charge penalty for 100.100.100.0/24 path 110 with
        halflife-time 15 reuse/suppress 750/2000
Dec 13 03:33:57.966 MST: BGP(0): flapped 4 times since 00:02:58. New penalty is 3838
R1#show ip bgp 100.100.100.0
```

（待续）

```
 BGP routing table entry for 100.100.100.0/24, version 17
 Paths: (1 available, no best path)
 Flag: 0x208
   Not advertised to any peer
   110, (suppressed due to dampening)
     131.108.1.2 from 131.108.1.2 (10.0.0.3)
       Origin IGP, metric 0, localpref 100, valid, external
       Dampinfo: penalty 3793, flapped 4 times in 00:03:13, reuse in 00:35:00
```

由例 13-53 中做高亮显示的内容可知，路由 100.100.100.0/24 在过去的 3 分 13 秒内发生了 4 次翻动（"flapped 4 times in 00:03:13"）。此路由每翻动一次，R1 都会"记过"一次（分配惩罚值 1000）；4 次翻动之后，由于该路由的累积惩罚值超过了抑制上限值 2000（"New penalty is 3838"），于是 R1 将其抑制，并从路由表中清除。

（2）解决方法

要想让 R1 重新在路由表中安装 IP 前缀 100.100.100.0/24，有以下几种方法：

① 静候路由的惩罚值回落至重用限制值（750）之下；

② 禁用路由器的 BGP 路由抑制特性；

③ 清除路由器收集到的翻动路由的统计信息。

例 13-55 演示了如何清除路由器收集到的翻动路由的统计信息，使其重新"进驻"路由表。要先在路由器上执行 **debug ip bgp update 1** 命令，才能看清路由器对翻动路由的"所作所为"。

例 13-55 在开启相关 debug 操作的情况下，执行 clear ip bgp dampening 命令

```
R1#clear ip bgp dampening 100.100.100.0
Dec 13 03:36:56.205 MST: BGP(0): Revise route installing 100.100.100.0/24 ->
     131.108.1.2 to main IP table
```

例 13-55 所示为在 R1 上执行 **clear ip bgp dampening 100.100.100.0** 命令的输出。由输出可知，路由 100.100.100.0/24 "进驻"了 IP 路由表。例 13-56 所示为 R1 在路由表中安装了 IP 路由前缀 100.100.100.0 之后，与此前缀对应的 BGP 路由表表项和 IP 路由表表项。

例 13-56 BGP 路由表表项

```
R1#show ip bgp 100.100.100.0
BGP routing table entry for 100.100.100.0/24, version 18
Paths: (1 available, best #1, table Default-IP-Routing-Table)
 Flag: 0x208
   Not advertised to any peer
   110
     131.108.1.2 from 131.108.1.2 (10.0.0.3)
       Origin IGP, metric 0, localpref 100, valid, external, best
R1#show ip route 100.100.100.0
Routing entry for 100.100.100.0/24
 Known via "bgp 109", distance 20, metric 0
 Tag 110, type external
 Last update from 131.108.1.2 00:02:45 ago
 Routing Descriptor Blocks:
 * 131.108.1.2, from 131.108.1.2, 00:02:45 ago
     Route metric is 0, traffic share count is 1
     AS Hops 1, BGP network version 0
```

2. EBGP 路由未"进驻"IP 路由表——原因：在使用多跳 EBGP 的情况下，BGP 路由的下一跳 IP 地址不可达

用多跳 EBGP 会话建立对等关系时，EBGP 路由之间可能并非直接相连。此外，在直接相连的 EBGP 路由器之间，用 loopback 接口 IP 地址建立起的对等对话，也被视为多跳 EBGP 会话。

本故障与前面提及的 IBGP 路由下一跳（不可达）故障的原因大致相同，多半都是因为路由器未能在 IP 路由表中查询（解析）出可把数据包转发至相关 BGP 路由的下一跳 IP 地址的物理接口。

此处要研究的故障现象是，路由器想要将数据包转发至接收自多跳 EBGP 会话的 BGP 路由的下一跳 IP 地址，就得仰仗另外一条 BGP 路由，而这条 BGP 路由的下一跳 IP 地址恰好与之前的那条 BGP 路由相同。举个例子，路由器要把数据包转发到目的网络 A，必须先转发至 IP 地址 B；而在其 IP 路由表中，与 IP 地址 B 相对应的路由的下一跳 IP 地址却仍为 B。这是一个经典的递归路由问题：路由器不能从 IP 路由表中查询（解析）出通往下一跳 IP 地址 B 的物理接口。

图 13-24 所示为 R2 收到 R1 通告的 BGP 路由之后，因前者不能从 IP 路由表中查询（解析）出 BGP 路由的下一跳 IP 地址，而未让这条 BGP 路由"进驻"IP 路由表。

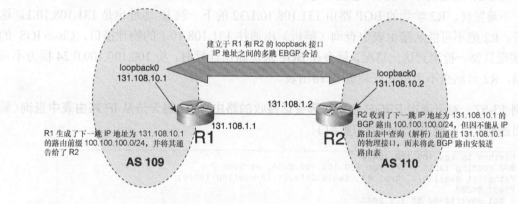

图 13-24　因路由的下一跳 IP 地址/物理接口的解析故障，R2 未将 R1 通告的 BGP 路由安装进 IP 路由表

图 13-25 所示为本故障排障流程。

（1）debug 与验证

R1 和 R2 通过各自的 loopback 接口 IP 地址建立 EBGP 对等关系。向多跳 EBGP 邻居 R2 通告 IP 路由前缀 100.100.100.0/24 时，R1 将此路由的下一跳 IP 地址置为 131.108.10.1（R1 loopback0 接口 IP 地址）。

在 R2 上，设有一条默认路由，R2 正是仰仗这条默认路由与 R1 建立 EBGP 邻居关系，但由于 R2 未能在路由表中查询（解析）出通往前述 BGP 路由的下一跳 IP 地址 131.108.10.1 的物理接口，因此未让其"进驻"IP 路由表。

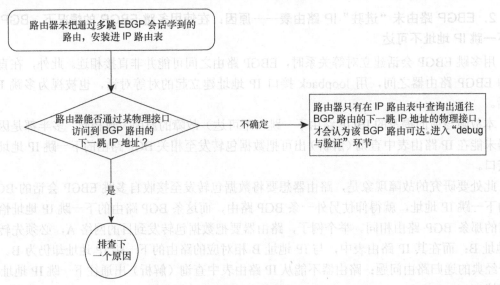

图 13-25 排障流程

由例 13-57 可知，R2 收到了 R1 通告的下一跳 IP 地址为 131.108.10.1 的路由 100.100.100.0/24。然而，此 BGP 路由的下一跳 IP 地址却是 R1 通过 BGP 通告给 R2 的。仔细观察例 13-57 所示输出，不难发现，R2 学到的 BGP 路由 131.108.10.1/32 的下一跳 IP 地址也是 131.108.10.1。这意味着，R2 绝不可能从路由表中查询（解析）出通往 131.108.10.1 的物理接口。Cisco IOS 的 BGP 实现只要一检测到这一情况，就会在 BGP 最优路由计算时，将 100.100.100.0/24 标为不可达路由，R2 自然也不会将其安装进 IP 路由表。

例 13-57 对于通过 EBGP 多跳对等会话接收的路由，路由器无法从 IP 路由表中查询（解析）出通向其下一跳 IP 地址的物理接口[①]

```
R2#show ip bgp 100.100.100.0
BGP routing table entry for 100.100.100.0/24, version 2
Paths: (1 available, best #1, table Default-IP-Routing-Table)
Flag: 0x208
  Not advertised to any peer
  109
    131.108.10.1 from 131.108.10.1 (131.108.10.1)
      Origin IGP, metric 0, localpref 100, valid, external, best
R2#show ip bgp 131.108.10.1
BGP routing table entry for 131.108.10.1/32, version 5
Paths: (1 available, no best path)
Flag: 0x208
  Not advertised to any peer
  109
    131.108.10.1 (inaccessible) from 131.108.10.1 (131.108.10.1)
      Origin IGP, metric 0, localpref 100, valid, external
```

（待续）

---

① 原文是 "EBGP Multihop Will Not Be Capable of Resolving the Next Hop"，直译为 "EBGP 多跳不能解析下一跳"。——译者注

```
R2#show ip route 131.108.10.1
Routing entry for 131.108.10.1/32
  Known via "bgp 110", distance 20, metric 0
  Tag 109, type external
  Last update from 131.108.10.1 00:00:38 ago
  Routing Descriptor Blocks:
  * 131.108.10.1, from 131.108.10.1, 00:00:38 ago
      Route metric is 0, traffic share count is 1
      AS Hops 1

R2#show ip route 131.108.10.1
Routing entry for 131.108.10.1/32
  Known via "bgp 110", distance 20, metric 0
  Tag 109, type external
  Last update from 131.108.10.1 00:00:38 ago
  Routing Descriptor Blocks:
  * 131.108.10.1, from 131.108.10.1, 00:00:04 ago
      Route metric is 0, traffic share count is 1
      AS Hops 1
```

请注意例 13-57 所示输出中的 IP 路由表项 131.108.10.1 的时间戳，R2 每分钟都要将其重置一次。

由例 13-57 可知，路由 131.108.10.1 会每隔一分钟在 R2 的 IP 路由表内 "进出" 一次，因为只要运行于 R2 的 BGP 扫描进程检测到 BGP 路由的下一跳 IP 地址存在不一致性，就会让此路由从 IP 路由表中 "退位"。

（2）解决方法

解决本故障的方法十分简单，只需让 R2 持有一条通往 BGP 路由的下一跳 IP 地址的明细路由。当 BGP 路由通过 EBGP 会话学得时，习惯做法是，为此 BGP 路由的下一跳 IP 地址设置一条静态路由。

对于多跳 EBGP 会话场景——当 BGP 邻居之间非直接相连时（双方用来建立 EBGP 会话的 IP 地址不隶属同一 IP 子网）——BGP 路由器的 IP 路由表必须包含一条通往 BGP 路由的下一跳 IP 地址的明细路由。

对于本故障，最简单的解决方法是，在 R2 上创建一条通往 R1 loopback0 接口 IP 地址的静态路由，这条静态路由的下一跳地址为 R1 的互连接口 IP 地址 131.108.1.1。R2 将仰仗这条静态路由，来访问（抵达）R1 所通告的 BGP 路由前缀的下一跳 IP 地址。为此，需在 R2 上配置下面这条命令：

```
ip route 131.108.10.1 255.255.255.255 131.108.1.1
```

上面这条静态主机路由的 "目的网络" 131.108.10.1 为 R1 loopback0 接口的 IP 地址，其下一跳 IP 地址 131.108.1.1 为 R1 用来直连 R2 的物理接口的 IP 地址[①]。

3. EBGP 路由未 "进驻" IP 路由表——原因：路由的 MED 值无穷大

运行 IOS 的 Cisco 路由器不会将 MED 值为 4294967295（无穷大）的 BGP 路由安装进

---

① 原文是 "The static route 131.108.10.1 is the loopback address of R1, and 131.108.1.1 is the physical interface address of R1."网络从业人员的文字表达能力真就这么差？——译者注

路由表。

图13-26所示为本故障排障流程。

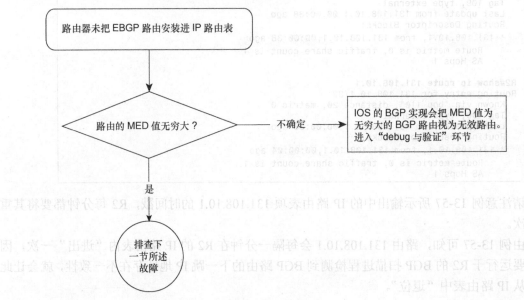

图 13-26 排障流程

debug 与验证

运行 IOS 的 Cisco 路由器不会让 MED 值为无穷大的 BGP 路由"进驻"IP 路由表。BGP 路由的 MED 值无穷大的情况比较罕见，一般都因配置有误所致。

例 13-58 所示为在 R2 上执行 **show ip bgp 100.100.100.0** 命令的输出。由输出可知，这条 BGP 路由的 MED 值为 4294967295，Cisco 路由器会将该值视为无穷大。例 13-58 还示出了如何在 R2 上将这条路由的 MED 值设为无穷大（4294967295）的。有时，在提供 Internet BGP 表镜像视图的路由服务器上，会把 BGP 路由的 MED 值设为无穷大。MED 值为无穷大的 BGP 路由不会被路由器安装进路由表，路由器自然也不会仰仗这些路由来转发 IP 流量。例 13-58 所示 route-map SET_MED 的输出只是阻止 BGP 路由"进驻"IP 路由表的一种极端配置，在实际的 BGP 网络中一般不可能出现。

例 13-58 BGP 路由 100.100.100.0/24 的 MED 值被设置成了无穷大

```
R2#show ip bgp 100.100.100.0
BGP routing table entry for 100.100.100.0/24, version 0
Paths: (1 available, no best path)
  Not advertised to any peer
  1
    172.16.126.1 from 172.16.126.1 (172.16.1.1)
      Origin IGP, metric 4294967295, localpref 100, valid, external

R2#show ip route 100.100.100.0
% Network not in table
```

（待续）

```
R2# router bgp 2
 no synchronization
 neighbor 172.16.126.1 remote-as 1
 neighbor 172.16.126.1 route-map SET_MED in

R2#show route-map SET_MED
route-map SET_MED, permit, sequence 10
  Match clauses:
  Set clauses:
    metric 4294967295
 Policy routing matches: 0 packets, 0 bytes
```

13.6 排除与 BGP 路由反射器部署有关的故障

根据 RFC 1771 的规定，可借助于路由反射机制（定义于 RFC 1996 和 RFC 2796），来避免在 AS 内的所有 BGP 路由器之间建立全互连的 IBGP 会话。有了路由反射机制，即可确保 AS 内的所有 IBGP 路由器在无需建立全互连 IBGP 对等会话的情况下，就能够收全来自网络中"各个角落"的 BGP 路由更新。路由反射机制不但可显著降低所要建立的 IBGP 会话的数量，而且与全互连的 IBGP 会话网络相比，在收敛速度方面也更胜一筹。

一般而言，路由反射机制的部署方式是，让每台路由反射客户端（RRC）与一台或多台路由反射器（RR）建立 IBGP 对等会话，在 EBGP 对等会话的建立方面则没有任何限制。建立于 RR 和 RRC 之间的 IBGP 逻辑连接通常都应遵循物理连接的拓扑。熟记以上通则，能有助于排障与 BGP 路由反射器部署有关的故障。

本节将讨论 BGP 网络中常见的与部署路由反射机制有关的各种故障，以下所列为导致这些故障的常见原因。

- 配置有误。
- 路由反射客户端存储了多余的 BGP 路由更新。
- 路由反射器和路由反射客户端路由收敛时长有待改进。
- 路由反射器和路由反射客户端之间丧失了冗余性。

13.6.1 故障：配置有误——原因：未把 IBGP 邻居配置为路由反射客户端

与 BGP 路由反射器有关的配置颇为简单，只需在路由反射器上，将各 IBGP 邻居的对等 IP 地址明确设置为路由反射客户端；不过，网管人员可能会因一时疏忽，将一错误的 IBGP 对等地址配成了路由反射客户端。

在图 13-27 所示网络中，R1 为 RR，R2 和 R8 都是其 RRC。

（1）debug 与验证

例 13-59 所示为让 R1 成为 R2 和 R8 的 RR 所需的配置。R8 和 R2 作为 RRC，无需额外的配置，只需配置 R8 和 R2，令两者与 R1 建立常规的 IBGP 对等关系。

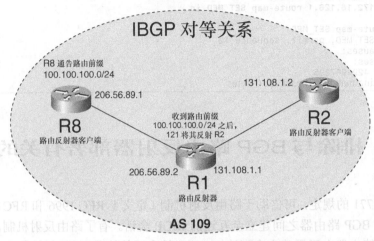

图 13-27 简单的 BGP 路由反射网络环境

例 13-59 将 R1 配置为路由反射器，令其拥有两台路由反射客户端 R2 和 R8

```
R1#router bgp 109
 no synchronization
 neighbor 131.108.1.2 remote-as 109
 neighbor 131.108.1.2 route-reflector-client
 neighbor 206.56.89.1 remote-as 109
 neighbor 206.56.89.1 route-reflector-client
```

如例 13-59 所示，含 **route-reflector-client** 参数的 **neighbor** 命令所引用的 IP 地址，必须与含 **remote-as** 参数的 **neighbor** 命令相同。若含 **route-reflector-client** 参数的 **neighbor** 命令所引用的 IP 地址，未在含 **remote-as** 选项的 **neighbor** 命令中"露面"，那么 IOS BGP 解析器就会检测出 RRC 的 IP 地址配置有误。

试举一例，若网管人员输入下面这组命令：

```
R1#
router bgp 109
neighbor 131.108.1.8 route-reflector-client
```

Cisco 路由器将立刻生成以下错误信息：

```
% Specify remote-as or peer-group commands first
```

这是因为路由器上运行的 BGP 进程检测到了未把 IP 地址 131.108.1.8 配置为 IBGP 邻居，所以不会将含 **route-reflector-client** 参数的 **neighbor** 命令所引用的 IP 地址视为 RRC。

可执行 **show ip bgp neighbor** 命令，来验证是否将某 BGP 邻居配成了 RRC，如例 13-60 所示。

例 13-60　验证是否将 BGP 邻居配成了 RRC

```
R1# show ip bgp neighbor 131.108.1.2

BGP neighbor is 131.108.1.2, remote AS 1, internal link
 Index 1, Offset 0, Mask 0x2
  Route-Reflector Client
```

（2）解决方法

网管人员可能会因一时疏忽，在执行 BGP RRC 的配置时，配错了 BGP 邻居的 IP 地址。若在配置时，路由器生成了上述错误信息，就应该仔细检查 BGP 邻居的 IP 地址是否配置有误。

13.6.2　故障：路由反射器客户存储了多余的 BGP 路由更新——原因：路由反射客户端之间的路由反射

本故障是指 RRC 因接收了多余的 BGP 路由更新，而导致其内存和 CPU 资源不必要的消耗。

在图 13-28 所示网络中，RRC R8 除了与 RR R1 建立了 IBGP 对等关系以外，还跟（R1 的）另一台 RRC R2 建立了 IBGP 对等关系。拜赐于这一 IBGP 对等关系的建立方式，R2 会收到由 R8 生成或传播的多余的 BGP 更新路由。当 RRC 之间通过物理链路直连，且网管人员意欲在两者间直接建立 IBGP 会话时，就会出现上述情形。而对于标准的 BGP 网络设计，则不应该在 RRC 之间建立 IBGP 对等关系，所有 RRC 只应与各自的路由反射器建立 IBGP 对等关系。

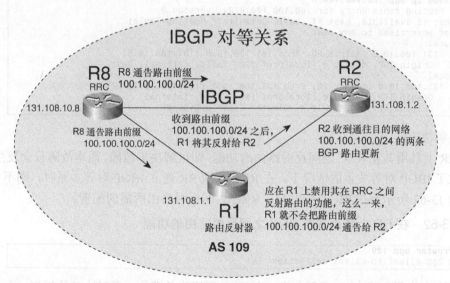

图 13-28　在路由反射器和路由反射客户端之间建立了对等会话之外，还另行建立了路由反射客户端之间的对等会话

图 13-29 所示为本故障排障流程。

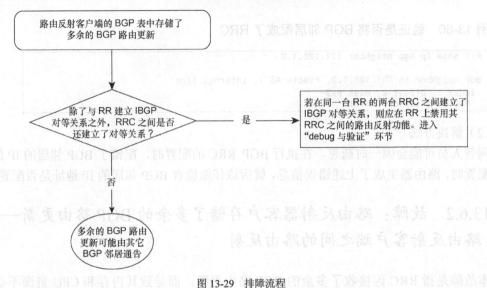

图 13-29 排障流程

（1）debug 与验证

例 13-61 的输出表明，R2 收到了通往目的网络 100.100.100.0 的两条 BGP 路由，一条由 R8 通告，另一条为 R1 反射。

例 13-61 R2 的 BGP 表表明，自己从 RR 和 RRC 收到了通往同一目的网络的两条 BGP 路由更新

```
R2#show ip bgp 100.100.100.0
BGP routing table entry for 100.100.100.0/24, version 3
Paths: (2 available, best #1, table Default-IP-Routing-Table)
  Not advertised to any peer
  Local
    131.108.10.8 (metric 20) from 131.108.10.8 (131.108.10.8)
      Origin IGP, metric 0, localpref 100, valid, internal, best
  Local
    131.108.10.8 (metric 20) from 131.108.10.1 (131.108.10.1)
      Origin IGP, metric 0, localpref 100, valid, internal
      Originator: 131.108.10.1, Cluster list: 0.0.0.109
```

（2）解决方法

在 RR 上禁用其在 RRC 之间反射路由的功能，即可解决本故障，而本故障只会发生在 RRC 之间建立了 IBGP 对等关系的情况下。在 RRC 只跟 RR 建立 IBGP 对等关系时，则不会发生本故障。例 13-62 所示为在 RR 上禁用其在 RRC 之间反射路由所需的配置。

例 13-62 在 RR 上禁用其在 RRC 之间反射路由的功能

```
R1#router bgp 109
 no bgp client-to-client reflection
```

上述命令执行之后，RR 就不会将一台 RRC 所通告的路由，反射给其他任何一台 RRC 了，但会反射给常规的 IBGP 邻居及 EBGP 邻居。网管人员只有在核实过 RRC 之间建立了 BGP 对等关系之后，才能在 RR 上执行上述命令。

在 R1 上如此配置之后，R1 就不会把路由前缀 100.100.100.0/24 反射给另一台路由反射客户端 R8，但却会通告给常规的 IBGP 和 EBGP 邻居。由例 13-63 可知，R1 收到了 R8 通告的 IP 路由前缀 100.100.100.0/24，但却不会传递给其他的 RRC。

例 13-63 R1 的 BGP 表的输出表明，已禁用其在 RRC 之间的路由反射功能

```
R1#show ip bgp 100.100.100.0
BGP routing table entry for 100.100.100.0/24, version 2
Paths: (1 available, best #1, table Default-IP-Routing-Table)
Flag: 0x208
  Not advertised to any peer
  Local, (Received from a RR-client)
    131.108.10.8 from 131.108.10.8 (131.108.10.8)
      Origin IGP, metric 0, localpref 100, valid, internal, best
```

13.6.3 故障：路由反射器和路由反射客户端之间路由收敛时间过长——解决方法：启用对等体组

在一台 RR 为多台 RRC 提供路由反射服务的情况下，RR 会为每一台 RRC 单独生成 IBGP/EBGP 路由，并分别通告。若 BGP 路由更新和 RRC 的数量较多，RR 在生成并通告路由的过程中将会耗费大量 CPU 资源。最终，会导致 BGP 路由更新的传播速度变慢，以至于影响全网 BGP 路由器的路由收敛速度。可利用对等体组特性，将多台 BGP 邻居编为一组。RR 只需要对为全体组成员所"共享"的所有 BGP 路由更新，进行一次性处理并通告。于是，所有组成员都会收到经过一次性处理的路由更新的一份拷贝。也就是说，启用了对等体组特性的 BGP 路由器不再会分别为每个组成员，单独处理 BGP 路由更新，这便大大节省了 CPU 资源，显著提高了路由收敛速度。

图 13-30 所示为在 BGP 路由反射环境中对 BGP 对等体组的使用。

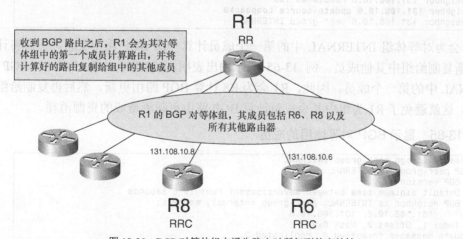

图 13-30 BGP 对等体组在通告路由时所起到的高效性

图 13-31 所示为本故障排障流程。

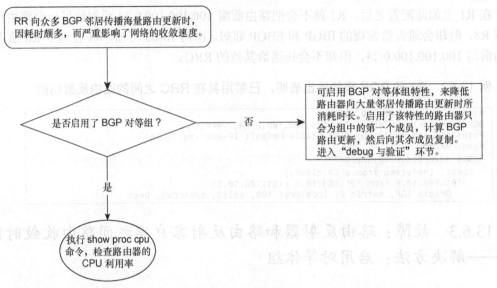

图 13-31 排障流程

（1）debug 与验证

通常，对等体组会包含若干（路由反射？）客户端，以说明对等体组的用途[①]。例 13-64 所示为 R1 将 R6 和 R8 列入名为 "INTERNAL" 的 BGP 对等体组的成员所需的配置。

例 13-64 配置 R1，令其将 R6 和 R8 列为 BGP 对等体组的成员

```
R1#router bgp 109
 no synchronization
 neighbor INTERNAL peer-group
 neighbor 131.108.10.8 remote-as 109
 neighbor 131.108.10.8 update-source Loopback0
 neighbor 131.108.10.8 peer-group INTERNAL
 neighbor 131.108.10.6 remote-as 109
 neighbor 131.108.10.6 update-source Loopback0
 neighbor 131.108.10.6 peer-group INTERNAL
```

R1 会为对等体组 INTERNAL 中的第一个成员计算一次 BGP 路由更新，然后将计算好的路由更新复制给组中其他成员。例 13-65 所示输出表明，131.108.10.8（R8）为 BGP 等体组 INTERNAL 中的第一个成员。因此，R1 会为 R8 计算 BGP 路由更新，然后再复制给组中的其他成员。这就避免了 R1 为组中其余成员计算 BGP 路由更新所造成的资源消耗。

例 13-65 显示 BGP 对等体组的成员

```
R1#show ip bgp peer-group INTERNAL
BGP peer-group is INTERNAL
  BGP version 4
  Default minimum time between advertisement runs is 5 seconds
  BGP neighbor is INTERNAL, peer-group internal, members:
      131.108.10.8  131.108.10.6
  Index 1, Offset 0, Mask 0x2
Update messages formatted 4, replicated 2
```

---

① 原文是 "Typically, peer groups contain several clients to explain the peer group usage." 不明其意，直译。——译者注

由例 13-65 可知，R6 是 BGP 对等体组 INTERNAL 中的另一成员。

（2）解决方法

与若干 BGP 邻居建立对等关系时，在 Cisco 路由器上开启 BGP 对等体组特性，可规避分别为每一个 BGP 邻居，生成相同路由更新所造成的资源消耗。对于构成 BGP 对等体组的所有成员（对于本例，这些成员都应该为 RRC）来说，应共享相同的出站路由策略。RR 会为对等体组中的第一个成员计算一次路由更新，然后再复制给组中的其他成员。相较于 RR 单独为每台 RRC 计算路由更新，启用 BGP 对等体组特性时，可大大减少 RR 对 CPU 资源的消耗。此外，启用该特性，还可以加快 RRC 的路由接收速度。因此，发生路由翻动时，RRC 的路由收敛速度也会显著加快。上文提到的在 RR 与 RRC 之间的对等会话上，应用 BGP 对等体组所体现出的所有优点，对常规 IBGP/EBGP 会话同样适用。启用 BGP 对等体组特性时，应为组中所有成员配置相同的出站路由策略。

13.6.4 故障：路由反射器和路由反射客户端之间丧失了冗余性——原因：因 RR 对（附着于 BGP 路由的）Cluster-List 属性的检查，而导致另一 RR 所通告的冗余路由惨遭丢弃

路由反射集群由 RR（路由反射器）及 RRC（路由反射客户端）组成。一个路由反射集群可包含一台或多台 RR，Cluster-ID（即 RR 的 router-ID）则作为路由反射集群的标识符。由于任何一台 RR 的 router-ID 都必须具备全网唯一性，因此在默认情况下，每个路由反射集群内只有一台 RR。要想在同一集群内部署多台 RR，网管人员必须手动为多台 RR 配置相同的 Cluster-ID。将 BGP 路由传播给 BGP 邻居时，RR 会在路由的 Cluster-list 属性中添加本路由反射集群的 Cluster-ID。BGP 路由的 cluster-list 属性保存着该 BGP 路由更新在传播过程中，途经的所有路由反射集群的 Cluster-ID。cluster-list 属性的作用与 AS_PATH 属性大致相同，AS_PATH 属性保存的是 BGP 路由更新在传播过程中，途经的所有 AS 的 AS 编号。执行 BGP 路由的环路检查时，若路由器在路由更新的 AS_PATH 属性中发现了本机 AS 号，便会将其丢弃。同理，若路由器在 BGP 路由更新的 cluster-list 属性中发现了本路由反射集群的 Cluster-ID，则表明同样发生了路由环路。

当一台 RRC 分别与同一路由反射集群的两台 RR 相连时，RR 将不会保存通往该 RRC（或由其通告）的冗余路由。

由图 13-32 所示网络拓扑可知，两台 RR 部署于同一路由反射集群。这两台 RR 会把接收自对方，且 cluster-list 属性中包含本集群 Cluster-ID 的 BGP 路由更新，直接丢弃。

图 13-32 所示为 RR 和 RRC 在一个路由反射集群内的连接方式。如本节"debug 与验证"环节中的内容所述，必须为图中的两台 RR 配置相同的 Cluster-ID。R8 向其 IBGP 邻居 R2 和 R1 通告 IP 路由前缀 100.100.100.0/24，R2 和 R1 都在本集群内担当 R6 和 R8 的路由反射器，两者都会以"IBGP 路由反射"的方式通告这条路由前缀。R1 会把 IP 路由前缀 100.100.100.0/24，反射给 R2 和 R6，而 R2 则反射给 R1 和 R6。由于 R1 和 R2 设有相同的 Cluster-ID 109（在 cisco

路由上，以 0.0.0.109 来表示)，因此这两台 RR 所通告的 BGP 路由的 cluster list 属性值都为 109（路由反射集群的 Cluster-ID)。

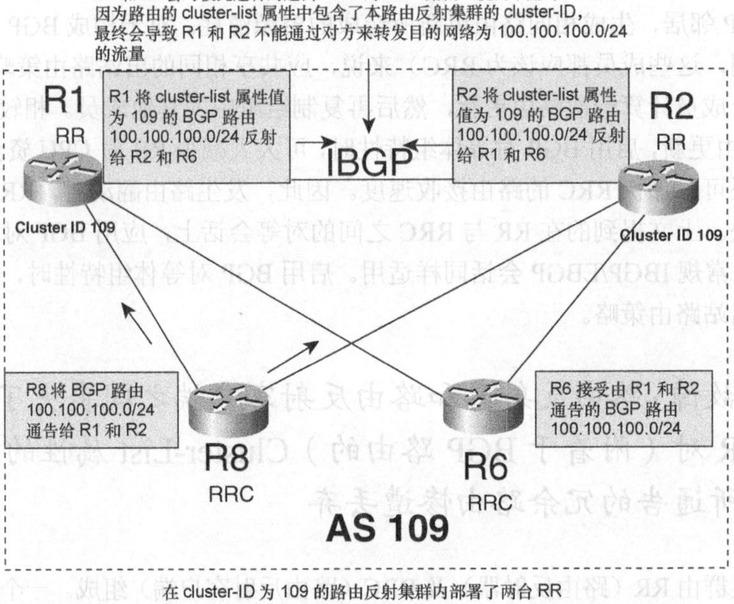

图 13-32 在同一路由反射集群内部署两台 RR 的情况下，所导致的冗余路由的丢弃

图 13-33 说明了 RR 为什么会丢弃通向 RRC（以及由其所通告）的冗余路由。

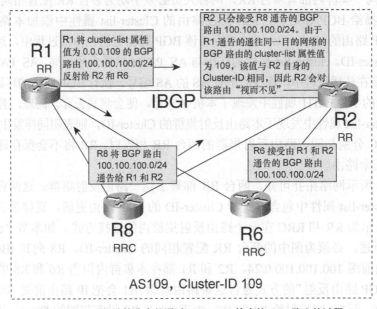

图 13-33 RR 拒绝接收未能通过 Cluster-ID 检查的 BGP 路由的过程

(1) debug 与验证

例 13-66 所示为上图 R1 和 R2 的配置，这两台路由器都是 Cluster-ID 为 109 的路由反射集群内的 RR。

例 13-66 在同一路由反射集群内部署两台 RR 的配置（为两台 RR 配置相同的 Cluster-ID）

```
R1# router bgp 109
 no synchronization
 bgp cluster-id 109
 neighbor 172.16.18.8 remote-as 109
 neighbor 172.16.18.8 route-reflector-client
 neighbor 172.16.126.2 remote-as 109
 neighbor 172.16.126.6 remote-as 109
 neighbor 172.16.126.6 route-reflector-client

R2# router bgp 109
 no synchronization
 bgp cluster-id 109
 neighbor 172.10.28.8 remote-as 109
 neighbor 172.10.28.8 route-reflector-client
 neighbor 172.16.126.1 remote-as 109
 neighbor 172.16.126.6 remote-as 109
 neighbor 172.16.126.6 route-reflector-client
```

如图 13-33 所示，RRC R8 会同时向两台 RR——R1 和 R2，通告 BGP 路由 100.100.100.0/24。当 R1 和 R2 所设 Cluster-ID 相同时，在两者的 BGP 表内只会有一条学自 R8 的目的网络为 100.100.100.0/24 的 BGP 路由。

例 13-67 所示为在两台 RR 的 BGP 表内只有一条通向目的网络 100.100.100.0/24 的 BGP 路由，该路由由 RRC R8 通告。

例 13-67 路由反射器 R1 和 R2 只接受了一条通往目的网络 100.100.100.0/24 的 BGP 路由，出现了冗余路由丢失的情况

```
R1#show ip bgp 100.100.100.0
BGP routing table entry for 100.100.100.0/24, version 2
Paths: (1 available, best #1, table Default-IP-Routing-Table)
Flag: 0x208
  Advertised to non peer-group peers:
  131.108.10.2 131.108.10.6
  Local, (Received from a RR-client)
    131.108.10.8 from 131.108.10.8 (131.108.10.8)
      Origin IGP, metric 0, localpref 100, valid, internal, best
R1#

R2#show ip bgp  100.100.100.0
BGP routing table entry for 100.100.100.0/24, version 2
Paths: (1 available, best #1, table Default-IP-Routing-Table)
  Advertised to non peer-group peers:
  131.108.10.1 131.108.10.6
  Local, (Received from a RR-client)
    131.108.10.8 from 131.108.10.8 (131.108.10.8)
      Origin IGP, metric 0, localpref 100, valid, internal, best\
```

由例 13-67 可知，两台 RR 都只把一条学自 R8，通向目的网络 100.100.100.0/24 的 BGP 路由置入了 BGP 表，"拒绝接纳"彼此通告的通往同一目的网络的 BGP 路由。

例 13-68 所示为在 R2 上执行 **debug ip bgp update** 命令的输出。由 debug 输出可知，R2 丢弃了 R1 通告的通往目的网络 100.100.100.0/24 的 BGP 路由更新，原因是 R2 在路由的 cluster-list 属性中发现了设于自身的 Cluster-ID 编号 109（该路由的 cluster-list 属性值以 0.0.0.109 来表示）。

例 13-68 在 R2 上执行 debug ip bgp update 命令的输出

```
R2# debug ip bgp update
*Mar  3 11:29:11: BGP(0): 172.16.10.8 rcvd UPDATE w/ attr: nexthop 172.16.10.8,
origin i, localpref 100, metric 0
*Mar  3 11:29:11: BGP(0): 172.16.10.8 rcvd 100.100.100.0/24
*Mar  3 11:29:11: BGP(0): Revise route installing 100.100.100.0/24 -> 172.16.10.
8 to main IP table
*Mar  3 11:29:11: BGP: 172.16.126.1 RR in same cluster. Reflected update dropped
*Mar  3 11:29:11: BGP(0): 172.16.126.1 rcv UPDATE w/ attr: nexthop 172.16.10.8,
origin i, localpref 100, metric 0, originator 172.16.8.8, clusterlist 0.0.0.109,
         path , community , extended community
*Mar  3 11:29:11: BGP(0): 172.16.126.2 rcv UPDATE about 100.100.100.0/24-- DENIED
            due to: reflected from the same cluster;
```

（2）解决方法

对于本场景，就 R2 而言，只要自己与 R8 之间的互连链路中断或 IBGP 会话失效，便无法转发目的网络为 100.100.100.0/24 流量。这自然要归咎于 R2 未"掌握"通往目的网络 100.100.100.0/24 的冗余路由，因为 R1 所通告的通往该目的网络的 BGP 路由更新，未能通过 R2 的 cluster-list 检查，遭 R2 丢弃。

在实战中，若网络布局类似于图 13-33，则应竭力避免在同一路由反射集群内部署多台 RR。这样一来，每台 RR 的 RID 将"自动"成为其所在路由反射集群的 Cluster-ID，且能确保全网唯一，这当然要归功于每台 BGP 路由器的 RID 为全网唯一。

例 13-69 所示为让 R1 和 R2 分别充当不同路由反射集群的 RR 时，R1、R2、R6 以及 R8 的配置。本例还给出了 R8 向 R1 和 R2 通告 BGP 路由 100.100.100.0/24 的配置，以及相关路由器的 BGP 表的输出。由 R1 和 R2 的 BGP 表输出可知，两者都持有通往目的网络 100.100.100.0/24 的两条路由，一条直通 R8，另一条则直通对方。此时，若 R1 和 R8 之间的互连链路中断或 BGP 会话失效，R1 还能通过 R2 将目的网络为 100.100.100.0/24 的流量转发至 R8。

例 13-69 每台 RR 的 router-ID 全网唯一，确保了每台 RR 所属路由反射集群的 cluster-ID 全网唯一

```
R1# router bgp 109
 no synchronization
 neighbor 131.108.10.8 remote-as 109
 neighbor 131.108.10.8 route-reflector-client
 neighbor 131.108.10.6 remote-as 109
 neighbor 131.108.10.6 route-reflector-client
 neighbor 131.108.10.2 remote-as 109

R2# router bgp 109
 no synchronization
 neighbor 131.108.10.8 remote-as 109
 neighbor 131.108.10.8 route-reflector-client
```

（待续）

```
  neighbor 131.108.10.6remote-as 109
  neighbor 131.108.10.6route-reflector-client
  neighbor 131.108.10.1remote-as 109

R8# router bgp 109
  no synchronization
  neighbor 131.108.10.1remote-as 109
  neighbor 131.108.10.2remote-as 109

R6# router bgp 109
  no synchronization
  neighbor 131.108.10.1remote-as 109
  neighbor 131.108.10.2remote-as 109

R8# router bgp 109
  no synchronization
  network 100.100.100.0 mask 255.255.255.0
  neighbor 131.108.10.1 remote-as 109
  neighbor 131.108.10.2remote-as 109
  !
ip route 100.100.100.0 255.255.255.0 Null0
R8#show ip bgp 100.100.100.0
BGP routing table entry for 100.100.100.0/24, version 6
Paths: (1 available, best #1, table Default-IP-Routing-Table)
Flag: 0x208
  Advertised to non peer-group peers:
  131.108.10.1 131.108.10.2
  Local
    0.0.0.0 from 0.0.0.0 (131.108.10.8)
      Origin IGP, metric 0, localpref 100, weight 32768, valid, sourced, local,Best

R1#show ip bgp 100.100.100.0
BGP routing table entry for 100.100.100.0/24, version 2
Paths: (2 available, best #2, table Default-IP-Routing-Table)
  Advertised to non peer-group peers:
  131.108.10.2 131.108.10.6  Local
    131.108.10.8 (metric 20) from 131.108.10.2 (131.108.10.8)
      Origin IGP, metric 0, localpref 100, valid, internal
      Originator: 131.108.10.8, Cluster list: 131.108.10.2
      Local, (Received from a RR-client)
    131.108.10.8 from 131.108.10.8 (131.108.10.8)
      Origin IGP, metric 0, localpref 100, valid, internal, best

R2#show ip bgp 100.100.100.0
BGP routing table entry for 100.100.100.0/24, version 2
Paths: (2 available, best #2, table Default-IP-Routing-Table)
  Advertised to non peer-group peers:
  172.16.126.1 172.16.126.6
  Local
    131.108.10.8 (metric 20) from 131.108.10.1 (131.108.10.8)
Origin IGP, metric 0, localpref 100, valid, internal
      Originator: 131.108.10.8, Cluster list: 131.108.10.1  Local, (Received from a
        RR-client)
    131.108.10.8 from 131.108.10.8 (131.108.10.8)
      Origin IGP, metric 0, localpref 100, valid, internal, best
```

由例 13-69 可知，只是让充当 RR 的 R1 和 R2 分属不同的路由反射集群（让设于 R1 和 R2 的 Cluster-ID 全网唯一），就使得两者各多"掌握"了一条通往目的网络 100.100.100.0/24 的流量转发路径。本例也论证了，在默认情况下，设在 RR 上的 router-ID 的全网唯一性，可确保其所属路由反射集群的 Cluster-ID 的全网唯一性。还有一种确保路由反射集群的 Cluster-ID 全网唯一性的办法，那就是在隶属于其的 RR 上手工配置一个全网唯一的 Cluster-ID。

13.7　排除因 BGP 路由策略而导致的 IP 流量出站故障

强有力的管控进、出 AS 的 IP 流量才是 BGP 的核心功能。即便是标准的 BGP 实现，都能让网管人员以非常灵活的方式，来操纵 BGP 路由的各种属性（LOCAL_PREFERENCE 和 MED 等），影响路由器对 BGP 最优路由的决策，进而控制进、出 AS 的 IP 流量。而 Cisco IOS 的 BGP 实现，在操纵 BGP 路由属性的灵活性方面，则要更胜一筹。路由器对 BGP 最优路由的决策行为将决定 IP 流量以何种方式流入、流出 AS。如今，对于维护大型 BGP 网络的网管人员来说，充分理解如何有效操纵 BGP 路由的各种属性，可谓是至关重要。

本节会讨论在管理 AS 出站流量时，可能会面临的故障。

以下所列为网管人员在管理 AS 出站流量时，经常会碰到的故障。

- AS 内部署了多台边界（流量进、出口）路由器，但流量却总是从一两台边界路由器外流。
- 路由器外发流量的接口与 IP 路由表的显示不符。
- 通过多条链路与同一 BGP 邻居互连，但流量却只从一条链路外流。
- 当网络中部署了 NAT 设备或运行了延迟敏感型应用程序时，因非对称路由问题所导致的应用程序交付故障。

13.7.1　故障：AS 内部署了多台边界（流量进、出口）路由器，但流量却总是从一两台边界路由器外流——原因：BGP 路由策略配置不当

当某 AS 从多条 EBGP 连接收到通往同一目的网络的 BGP 路由时，经常会碰到发往该目的网络的流量总是固定地从一两台边界路由器外流的情况。

如图 13-34 所示，AS 109 与另外几个 AS 建立了多条 EBGP 连接。AS 109 与 AS 110 建立了 3 条 EBGP 连接，与 AS 111 建立了 2 条 EBGP 连接，与 AS 112 建立了 1 条 EBGP 连接。AS 111 也分别与 AS 110 和 112 建立了 EBGP 对等关系。

AS 110 生成了路由前缀 P1、P2 和 P3，并向其邻居自治系统 109、111 和 112 通告[①]。AS 109 可从好几个 AS 收到多条与上述路由前缀相对应的 BGP 路由：2 条由 AS 110 通告，2 条由 AS 111 通告，1 条由 AS 112 通告。在 AS 109 内，即便其多台边界路由器收到了多条通往目的网络 P1、P2 和 P3 的 BGP 路由，但发往这些目的网络的出站流量可能只会固定地从一两台 AS 边界路由

---

① AS 110 和 AS 112 并未建立 EBGP 对等关系。——译者注

器外流。而其余的边界路由器都只是"摆设"。这种情况通常要拜 AS109 所制定的 BGP 路由策略所赐。由于发往特定目的网络的流量总会从一两台边界路由器上的个别链路流出，因此多半会导致某些边界路由器上的某条链路过载。

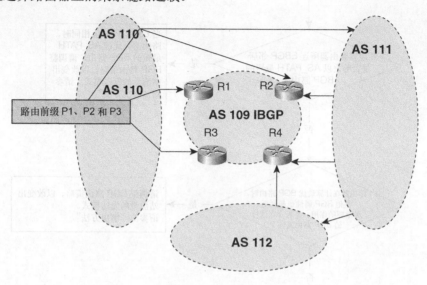

图 13-34　在 AS 109 内，部署了多台边界路由器，且与另外几个 AS 建立了多条 EBGP 连接

图 13-35 所示为本故障排障流程。

AS 109 内的路由器会将其通向目的网络 P1、P2 和 P3 的最优 BGP 路由，安装进 IP 路由表；在转发上述目的网络的流量时，那些路由器会查询本机 IP 路由表[①]。理解 BGP 路由器如何挑选 BGP 最优路由是其中的关键。因此，必须弄清路由器执行最优 BGP 路由计算时，BGP 路由属性所起的作用。BGP 路由属性包括 AS_PATH、LOCAL_PREFERENCE、MED、ORIGIN 等，在上一章已做详细介绍。

下面将讨论 BGP 路由 P1、P2 和 P3 的 AS_PATH 属性对 AS109 内相关目的网络出站流量（即目的网络为 P1、P2 和 P3 的出站流量）的影响。现假定 AS 109 未启用任何额外的 BGP 路由策略。

读者应能记得，AS_PATH 属性包含的是一份 AS 编号列表，记录了 BGP 路由在传播过程中，途经的所有 AS 的编号。

本节会列出 R1 和 R4 所学通往目的网络 P1、P2 和 P3 的 BGP 路由的 AS_PATH 属性，读者可以权当练习，试着自己列出 R2 和 R3 所学通往相同目的网络的 BGP 路由的 AS_PATH 属性。

---

① 原文是 "AS 109 BGP installs its best path for Prefixes P1, P2, and P3 in the IP routing table, and traffic destined for these prefixes will look in the routing tables for routers in AS 109."——译者注

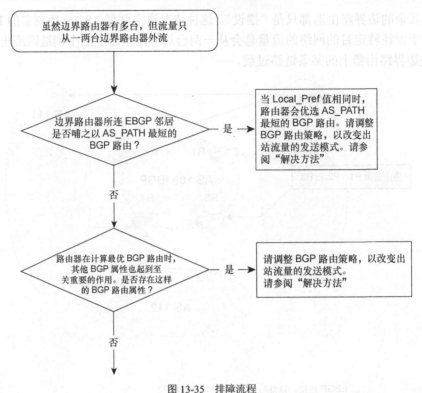

图 13-35 排障流程

R1 学到了两条通往目的网络 P1、P2 和 P3 的 BGP 路由，各条路由的 AS_PATH 属性值看上去应该向下面这个样子。

- **路由 1：110**——此路由为 R1 通过与 AS 110 直接建立的 EBGP 会话学得。这条 EBGP 路由的 AS_PATH 长度为 1。
- **路由 2：110**——此路由为 R2 通过 IBGP 会话通告。这条 IBGP 路由的 AS_PATH 长度为 1。

在以上两条路由中，R1 会优选第一条，因为当 AS_PATH 长度相同时，EBGP 路由优于 IBGP 路由。

以下所列为 R4 所学通往目的网络 P1、P2 和 P3 的各条 BGP 路由的 AS_PATH 属性。

- **112 111 110**——此路由为 R4 通过与 AS 112 所建 EBGP 会话学得。这是一条 AS_PATH 长度为 3 的 EBGP 路由。
- **111 110**——此路由为 R4 通过与 AS 111 所建 EBGP 会话学得。这是一条 AS_PATH 长度为 2 的 EBGP 路由。
- **110**——此路由为 R1 通告的 IBGP 路由。这是一条 AS_PATH 长度为 1 的 IBGP 路由。
- **110**——此路由为 R2 通告的 IBGP 路由。这是一条 AS_PATH 长度为 1 的 IBGP 路由。
- **110**——此路由为 R3 通告的 IBGP 路由。这是一条 AS_PATH 长度为 1 的 IBGP 路由。

以上第 3、4、5 条 BGP 路由的 AS_PATH 长度为 1，R4 会根据 IBGP 路由的下一跳地址的

IGP 转发成本，来选择最优路由。假设 R4 优选了 R1 所通告的第 3 条路由，那么由 R4 转发的所有目的网络为 P1、P2 和 P3 的流量，都会从 R1 与 AS 110 之间的那条链路流出，其余的第 1、2、4、5 条路由都将弃而不用。

欲深入了解 BGP 最优路由的决策方法，请查阅上一章相关内容。

本例非常接近于实战，可把 AS 110 视为一大型顶级 ISP，该 ISP 与其他所有大大小小的 ISP 建立了 EBGP 对等关系。对于 AS 109 收到的通往同一目的网络（比如，P1, P2 和 P3）的多条 BGP 路由，AS_PATH 长度最短的那条可能大都是由 AS 110 通告。如此一来，将会影响到 AS 109 内的路由器对最优 BGP 路由的选择，而选择结果将进一步导致目的网络为 P1、P2 和 P3 的流量直接从 AS109 流入 AS110，最终会使得 AS 109 和 AS 110 之间的直连链路拥塞。由于 AS 109 并未专门针对目的网络为 P1、P2 和 P3 的流量制定相应的 BGP 路由策略，因此此类流量的流动路线受其 EBGP 邻居的控制。说透一点，从 AS 109 发往目的网络 P1, P2 和 P3 的流量不受 AS109 自身的控制。于是，AS 109 与 AS 111、AS112 之间的链路根本就是"摆设"，从而造成了带宽资源的高度浪费。

解决方法

若出现了本 AS 的出站流量受 EBGP 邻居所"勾引"的情况（对于本例，即为 AS 110 吸引了 AS 109 发往目的网络 P1、P2 和 P3 的流量），网管人员应在 AS 内，针对此类流量制定 BGP 路由策略，来规避这种情况。

通常，都会使用 LOCAL_PREFERENCE 属性，来预控本 AS（本例为 AS 109）的出站流量。AS 109 的网管人员可利用这一 BGP 属性，让 AS 111 和 AS 112 作为"下一跳"AS，分别承载目的网络为 P2 和 P3 的流量；让 AS 110 作为"下一跳"AS，承载目的网络为本 AS 之外的其他所有出站流量（包括目的网络为 P1 的流量）。

例 13-70 所示为 AS 109 内边界路由器 R2 的 BGP 相关配置，在配置中调整了由 AS111 内的 EBGP 邻居 172.16.1.1 通告的 BGP 路由 P2 的 OCAL_PREFERENCE 值，好让 AS 111 "吸引" AS109 发往目的网络为 P2 的所有出站流量。

例 13-70　用 LOCAL_PREFERENCE 属性来控制相关目的网络的出站流量

```
R2#
router bgp 109
 neighbor 172.16.1.1 remote-as 111
 neighbor 172.16.1.1 route-map influencing_traffic in

access-list 1 permit P2 wild_card

access-list 2 permit any

route-map influencing_traffic permit 10
 match ip address 1
 set local-preference 200
!
route-map influencing_traffic permit 20
 match ip address 2
 set local-preference 90
```

在例 13-70 中，aceess-list 1 用来匹配目的网络为 P2 的 BGP 路由。实战中，该访问列表应引用真正的 IP 网络号，P2 只起演示的效果。**route-map influencing_traffic** 的第一个子句（序号为 10）的作用是，将与目的网络 P2 相对应的 BGP 路由的 LOCAL_PREFERENCE 值设为 200；第二个子句（序号 20）的作用是，将与所有其他目的网络（包括 P1 和 P3）相对应的 BGP 路由的 LOCAL_PREFERENCE 值设为 90。最终，BGP 路由 P2 的 LOCAL_PREF 值将变成 200，这也就使得 AS109 与 AS 111 之间的互连链路成为目的网络为 P2 的流量的首选转发路径。将 BGP 路由 P1 和 P3 的 LOCAL_PREF 值设为 90，则不会改变目的网络为 P1 和 P3 的流量的转发路径，因为对 Cisco 路由器而言，BGP 路由的 LOCAL_PREFERENCE 默认值为 100，也就是说，AS 110 仍将作为"下一跳"AS，承载由 AS109 发送至目的网络 P1 和 P3 的出站流量。

由于当今 Internet BGP 路由表的规模十分之巨，因此根据每台 IP 路由前缀来制定 BGP 路由策略，进而控制相关流量的做法，并不可行。一般而言，网管人员都会配置 BGP 路由器，令其根据 BGP 路由的 AS_PATH 属性值，来设置 LOCAL_PREFERENCE 值。AS 109 的网管人员可能会为 AS 111 所通告的所有 BGP 路由（即路由的 AS_PATH 属性值为 "111" 或 "以 111 打头，其后紧随及一个或多个 AS 号"）设置最高 LOCAL_PREFERENCE 值，让 AS 111 作为相应出站流量的"下一跳"AS。亦即，对于由 AS 111 或与其直接对等的 AS 生成的 BGP 路由，在转发目的网络对应于上述路由的 IP 流量时，AS109 不应把 AS 110 和 AS 112 作为首选"下一跳"AS。

根据 BGP 路由的 AS_PATH 属性值，操纵相应路由的其他 BGP 属性（如 LOCAL_PREFERENCE 属性）值时，应使用 **as-path access-list** 命令。在该命令中，需引用 UNIX 类型的正则表达式。

例 13-71 所示为 AS 109 内的路由器 R2 的配置，此配置会让 R2 改变接收自 AS 111 的所有 BGP 路由（即 AS_PATH 属性值为 "111" 或 "以 111 打头，其后紧跟一个或多个 AS 号" 的 BGP 路由）的 LOCAL_PREFERENCE 值。

例 13-71 根据 BGP 路由的 AS_PATH 属性值调整其 LOCAL_PREFERENCE 值

```
R2#
router bgp 109
 neighbor 172.16.1.1 remote-as 111
 neighbor 172.16.1.1 route-map influencing_traffic in
!
ip as-path access-list 1 permit ^111$
ip as-path access-list 1 permit ^111 [0-9]+$
ip as-path access-list 2 permit .*
!
route-map influencing_traffic permit 10
 match as-path 1
 set local-preference 200
!
route-map influencing_traffic permit 20
 match as-path 2
 set local-preference 90
```

在例 13-71 中，**route-map influencing_traffic** 的第一个子句（序号为 10）的作用是，为匹配 as-path access-list 1 的 BGP 路由（即 AS_PATH 属性值为 "111" 或 "以 111 打头，其后紧跟一个或多个 AS 号" 的 BGP 路由）设置 local-preference 值 200，这就使得 AS 109 与 AS 111

之间的互连链路成为相应出站流量的首选路径。as-path access-list 1 所引用的正则表达式 "^111$" 的作用是：匹配 AS_PATH 属性值为 111 的 BGP 路由，即由 AS 111 生成的 BGP 路由；正则表达式^111[0-9]+$的作用是：匹配 AS_PATH 属性值包含两个 AS 号，且第一个 AS 号必须为 111，第二个 AS 号可为任意值的 BGP 路由——即由直连 AS111 的 AS 生成的 BGP 路由。正则表达式.符号 "*" 用来匹配任一 AS 编号。

　　route-map influencing_traffic 的第二个子句（序号为 20）的作用是，为匹配 as-path access-list 2 的 BGP 路由（除匹配 as-path access-list 1 以外的所有 BGP 路由），设置 LOCAL_PREFERENCE 值 90，该值低于默认值 100。其目的在于，让其他的 AS 成为其余所有出站流量的 "下一跳" AS。

　　一般而言，只要网管人员无 "智力障碍"，都会根据 BGP 路由的 AS_PATH 属性，来操纵相应路由的其他属性，因为利用正则表达式通配符，只需寥寥几条命令，就能完成匹配海量 BGP 路由前缀的任务。

　　要想做好本 AS 出站流量的管理工作，网管人员必须能够以调整 BGP 路由属性的方式，影响路由器对 BGP 最优路由的选择。只有如此，才能预先确立本 AS 出站流量的流动模式，可为日后判断 AS 间的链路带宽是否需要扩容，打下良好的基础。

13.7.2　故障：路由器外发流量的接口与路由表的显示不符——原因：通过另一条路径才能将流量转发至相关 BGP 路由的下一跳 IP 地址

　　有时，根据路由器的 BGP 表和 IP 路由表的显示，发往某些目的网络的流量应该从边界路由器 A 流出本 AS，但实际的流量流出点却是边界路由器 B。路由器遵从路由表的指示，转发相关目的网络的流量，为网管人员意料之事。然而，在大多数情况下，IP 路由表中某些 BGP 路由前缀的下一跳 IP 地址为非本路由器直连 IP 地址，路由器在转发与这些（BGP）路由前缀相对应的流量时，会在 IP 路由表中针对这些路由的下一跳 IP 地址执行递归查询，并根据递归查询的结果，执行流量转发任务[①]。对此，笔者将通过一个简单的示例来加以说明，如图 13-36 所示。

　　在图 13-36 所示网络中，R1 和 R2 为路由反射器，R6 和 R8 分别为两者的路由反射客户端。R6 同时向 R1 和 R2 通告路由前缀 100.100.100.0/24，而 R1 和 R2 也一齐向 R8 反射此下一跳 IP 地址为 172.16.126.6 的路由前缀。现假设网管人员制定了一 BGP 路由策略，让 R8 通过上面那条路径（R8-R2-R6），转发目的网络为 100.100.100.0/24 的流量，意即让与之相对应的 BGP 路由 "进驻" R8 的 IP 路由表。然而，对路由器 R8 来说，将流量转发至 172.16.126.6（BGP 路由 100.100.100.0/24 的下一跳 IP 地址）的最优 IGP 路径却是下面那条路径（R8-R1-R6）。

　　也就是说，由 R8 生成或经其转发的目的网络为 100.100.100.0/24 的所有流量，都会走下面那条路径，哪怕 R8 的 IP 路由表所保存的通往这一目的网络的最优路由是由 R2（上面那台 RR）通告。

　　总而言之，路由器转发 IP 数据包所选择的实际路径，取决于其自身如何 "访问" 相应路

---

　　① 原文是 "However, in most cases, the next hops of prefixes in the routing table are not directly connected and packet forwarding eventually takes place based on the next-hop path."——译者注

由（100.100.100.0/24）的下一跳 IP 地址（172.16.126.6）。递归路由查询（recursive lookup）是 Cisco IOS 术语，意指路由器在其 IP 路由表中根据某条路由的下一跳 IP 地址，查询目的网络与此路由相对应的流量的物理转发路径。在某些情况下，路由器为了查询出将流量转发至最终目的网络的的实际物理路径，必须在 IP 路由表中执行一次以上的递归路由查询。

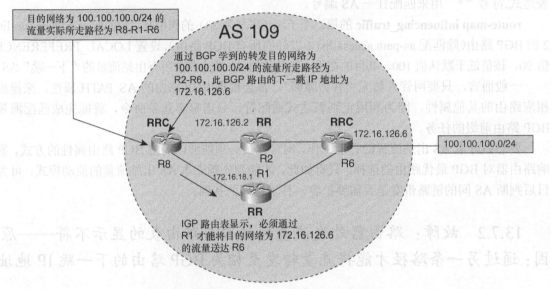

图 13-36　数据包实际所走物理链路与 IP 路由表所示不符

图 13-37 所示为本故障排障流程。

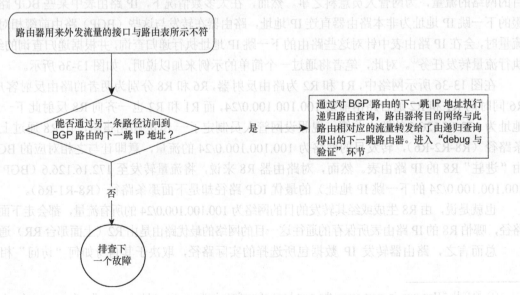

图 13-37　排障流程

（1）debug 与验证

例 13-72 所示为在 R8 上执行 **show ip bgp 100.100.100.0** 命令的输出。由输出可知，此 BGP 路由的下一跳 IP 地址为 172.16.126.6。在转发目的网络为 100.100.100.0/24 的流量时，R8 会在其 IP 路由表中执行递归路由查询，以解析出能访问到 IP 地址 172.16.126.6，且 IGP 转发成本更低的流量外发接口。

例 13-72　IP 路由表表明，R8 优选的通往目的网络 100.100.100.0/24 的 BGP 路由从 R2 学得

```
R8#show ip bgp 100.100.100.0
BGP routing table entry for 100.100.100.0/24, version 5870
Paths: (1 available, best #1, table Default-IP-Routing-Table)
  Not advertised to any peer
  Local
    172.16.126.6 (metric 20) from 172.16.126.2 (172.16.126.2)
      Origin IGP, metric 0, localpref 100, valid, internal, best
```

由例 13-72 可知，R8 将学自 R2 的 BGP 路由 100.100.100.0/24 视为最优路由，其下一跳 IP 地址为 172.16.126.6。R8 自然会将此 BGP 路由安装进 IP 路由表。

由例 13-73 所示 R8 的 IP 路由表输出可知，为了将数据包转发至 172.16.126.6（BGP 路由 100.100.100.0/24 的下一跳 IP 地址），R8 所选择的下一跳路由器实为 R1，而非 R2。

例 13-73　show ip route 命令的输出，显示出了 R8 通往 172.16.126.6 的最优路径

```
R8#show ip route 172.16.126.6
Routing entry for 172.16.126.0/24
  Known via "static", distance 1, metric 0
  Routing Descriptor Blocks:
  * 172.16.18.1
      Route metric is 0, traffic share count is 1
```

例中做高亮显示的内容"172.16.18.1"，是 R8 将流量送达 172.16.126.6（BGP 路由 100.100.100.0/24 的下一跳 IP 地址）所选择的下一跳路由器的 IP 地址。因此，可以得出结论，由 R8 生成或经其转发的目的网络为 100.100.100.0/24 的所有流量一定会流过路由器 R1（172.16.18.1）。

例 13-74 所示为在 R8 上执行 **traceroute 100.100.100.1** 命令的输出。由输出可知，目的网络为 100.100.100.1 的流量流过了 R1（172.16.18.1）。

例 13-74　traceroute 命令的输出表明，目的网络为 100.100.100.1 的流量"穿越"的是 R1 而非 R2

```
R8#traceroute 100.100.100.1

Type escape sequence to abort.
Tracing the route to 100.100.100.1

  1 172.16.18.1 4 msec 4 msec 4 msec
  2 172.16.126.6 4 msec 8 msec 8 msec
  3 172.16.126.6 4 msec 8 msec 8 msec
```

（2）解决方法

通过本故障，可以归纳出 BGP 所独有的一项"特质"，那就是通告 BGP 路由的路由器，其自身未必承担相应流量的转发任务。这是因为在某些情况下,当路由器遵循 BGP 路由转发流量时,会先在 IP 路由表内针对 BGP 路由的下一跳 IP 地址执行递归查询,然后将流量转发至递归查询所解析出的下一跳路由器,而该路由器并不一定就是通告 BGP 路由的路由器。

要想让通告 BGP 路由的路由器和承载相应流量的路由器保持一致,就有必要关注 BGP 路由的下一跳 IP 地址如何通过 IGP 学得。要想解决图 13-36 所反应出的问题,则需让 R2 向 R8 通告一条开销值更低的通往目的地址 172.16.126.6(BGP 路由 100.100.100.0/24 的下一跳 IP 地址)的 IGP 路由。

13.7.3 故障:通过多条链路与同一邻居 AS 互连,但流量却只从一条链路外流——原因:邻居 AS 在通告路由时以设置 MED 属性值或在 AS_PATH 属性中前置 AS 号的方式,影响了本 AS 的出站流量

一般而言,为了实现网络的冗余性及流量的负载分担,运行 BGP 的企业网络都会以多宿主的方式与多家 ISP 互连。在某些情况下,运行 BGP 的企业网络也会以双链路(双宿主)的方式连接到同一家 ISP,并与该 ISP 建立 BGP 对等关系。对于以上两种情形,都有可能会碰到本 AS 的出站流量只能从多条链路之一外流,而非在多链路之间负载均衡。

BGP 企业网以多链路与 ISP 互连时,各条链路的带宽可能相同,也可能不同。若用来建立 EBGP 对等关系的各条链路带宽相同,且流量只能从其中的一条链路外流,这就并非人们所期。在流量只从一条链路外流的情况下,有可能会导致数据包的往返延迟时间过长,甚至会发生丢包现象,从而使得网络性能严重下降。若用来建立 EBGP 对等连接的各条链路带宽不同,假设一条为 T3(45Mbit/s)链路,另一条为 T1(1.5Mbit/s)链路,则网管人员可能会让所有流量从 T3 链路外流。本节所讨论的故障现象为,以多条等带宽链路与同一 ISP 互连,并建立 EBGP 对等关系时,出站流量只从其中一条链路外流。

在图 13-38 所示的网络中,AS 109 与 AS 110 建立了 3 条 EBGP 对等会话,AS 110 在其所有 EBGP 会话对等点(即通过各条互连 AS 109 的链路)同时通告其所有路由前缀 P1、P2 和 P3 等。然而,来自 AS 109,目的网络为 P1、P2 和 P3 的流量却只从出口点(链路)X 外流。这不但会造成 AS109 的出口链路 X 流量拥塞,而且还会导致某些出站流量不必要的横穿 AS 109 内骨干网络。

图 13-39 所示为本故障排障流程。

通常,AS 之间会彼此"尊重"对方所通告的 EBGP 路由的 MED 属性值[①]。然而,AS 110 通过多条链路向 AS 109 通告 EBGP 路由时,可能会把由链路 X 通告的 EBGP 路由的 MED 值调成最低。这将导致 AS 109 只能使用链路 X 来转发目的网络为 P1、P2 和 P3 流量。也就是说,在隶属于 AS 109 的整个 BGP 路由进程域内,所有 BGP 路由器在路由表内安装通向目的网络 P1、P2 和 P3 的路由时,会把 R1 列为下一跳路由器。于是,所有由 AS 109 生成,或经其转发的目的网络为 P1、P2 和 P3 的流量,都会从 R1 所连链路 X 流入 AS 110。那么,AS 109 的出口链路 X 拥塞,外加出站流量横穿 AS 109 骨干网络,并占用骨干网链路可用带宽也就见怪不怪了。请

---

① 原文是 "Typically, EBGP speakers agree on sending and accepting MEDs from each other." ——译者注

注意，发往目的网络 P1、P2 和 P3 的流量根本不会从 AS 109 的另外两条链路 Y 和 Z 流出。

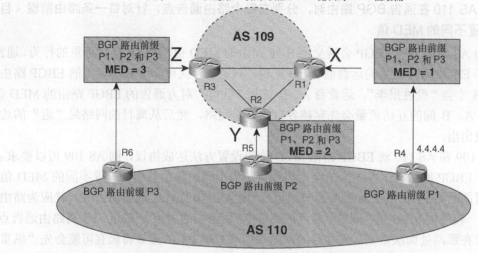

图 13-38 出口链路带宽未被充分利用的 BGP 网络

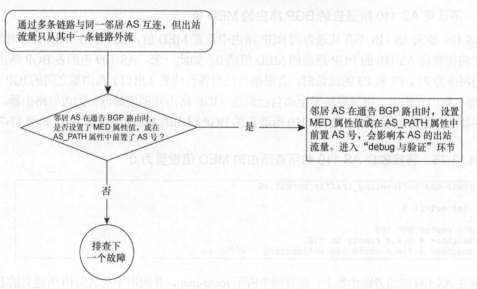

图 13-39 排障流程

解决方法

解决本故障的方法如下所列。

- 让 AS 110 在通告 BGP 路由时，分别在每个路由通告点，针对每一条路由前缀（目的网络），设置不同的 MED 值。
- 不认可 AS 110 所通告的 BGP 路由的 MED 值。

- 在所有路由接收点 X，Y 和 Z，手工修改与目的网络 P1，P2 和 P3 相对应的 BGP 路由的 LOCAL_PREFERENCE 值。

1. 让 AS 110 在通告 BGP 路由时，分别在每个路由通告点，针对每一条路由前缀（目的网络），设置不同的 MED 值

不同的 AS 之间通过 EBGP 会话交换 BGP 路由的 MED 值，是一种互相尊重的行为。通常，对于建立了 EBGP 对等关系的运营商 A、B 来说，只有 A "认可"了 B 所通告的 EBGP 路由的 MED 值，B 才会"投桃报李"。运营商 A、B 彼此"认可"对方通告的 EBGP 路由的 MED 值，则意味着：A、B 间的互访流量会先穿越各自的骨干网络，然后从离目的网络最"近"的边界路由器进进出出。

若 AS 109 和 AS 110 就 EBGP 路由 MED 值的设置方法达成协议，则 AS 109 可以要求 AS 110 在通告 EBGP 路由时，在不同的路由通告点，为不同的路由前缀，设置不同的 MED 值。譬如，若目的网络 P1 离路由通告点 X 较"近"，则 AS 110 在此处通告路由时，就应为路由前缀 P1 设置一较低的 MED 值。同理，若目的网络 P2 离路由通告点 Y 较近，P3 离路由通告点 Z 较近，也应在那两处如法炮制。发往目的网络 P1、P2 和 P3 的流量将极有可能会先"纵贯"AS 109 的骨干网络，然后从离各个目的网络最"近"的边界路由器流入 AS 110。

2. 不认可 AS 110 所通告的 BGP 路由的 MED 值

AS 109 要求 AS 110 不在其通告的 BGP 路由中设置 MED 值，或干脆在 BGP 会话对等点 X、Y 和 Z 将接收自 AS 110 的 BGP 路由的 MED 值清 0。如此一来，AS 109 内的各 BGP 路由器在转发目的网络为 P1、P2 和 P3 的流量时，会根据自己与各台边界（出口）路由器之间的 IGP（OSPF，IS-IS 等）路由开销值，将流量转发至离自己最近（IGP 路由开销值最低）的边界路由器。可在边界路由器上，利用 route-map，将 AS,110 所通告的 BGP 路由的 MED 值设置为 0，如例 17-75 所示。

例 13-75　将接收自 AS 110 的所有路由的 MED 值设置为 0

```
route-map influencing_traffic permit 10
 set metric 0
!
R1# router BGP 109
neighbor 4.4.4.4 remote-as 110
neighbor 4.4.4.4 route-map influencing_traffic in
```

应在 AS 109 的边界路由器上，配置例中所示 route-map，并应用于与 AS110 所建立的 EBGP 会话。由例 17-75 所示下半部分内容可知，在 R1 和 R4 所建立的 EBGP 会话上应用了这一 route-map。

例 17-75 所示 route-map 一经应用，R1 就会把接收自 AS 110 的所有 BGP 路由的 MED 设置为 0。如此一来，AS 109 内的 BGP 路由器计算在通往目的网络 P1、P2 和 P3 的最优 BGP 时，只会考虑自己距边界路由器的 IGP 路由开销值。也就是说，AS 109 内的 BGP 路由器在转发目的网络为 P1、P2 和 P3 的流量时，会先将流量发送至离自己最近（IGP 路由开销最低）的边界路由器，这台边界路由器会把流量转发进 AS 110。

3. 在 BGP 对等点 X、Y 和 Z（在 AS109 的各台边界路由器上），分别为 BGP 路由 P1、P2 和 P3 手工分配 LOCAL_PREFERENCE 值

要用此法，AS 109 的网管人员必须知道哪台边界路由器离目的网络 P1、P2 和 P3 更"近"。

试举一例，对等点 X（边界路由器 R1）里目的网络 P1 最近，网管人员就应该在 R1 上将通往目的网络 P1 的 BGP 路由的 LOCAL_PREFERENCE 值设为最高。若对等点 Y（边界路由器 R2）和 Z（边界路由器 R3）离目的网络 P2 和 P3 最近，则也应"如法炮制"。

例 13-76 所示为在对等点 X（边界路由器 R1 上）接接收自 AS 110 的 BGP 路由 P1 的 LOCAL_PREFERENCE 值设为 200，令其高于默认值 100。

例 13-76 将某些 BGP 路由的 LOCAL_PREFERENCE 值调高，让相应的流量从离目的网络最近的边界路由器流出

```
R1# router BGP 109
neighbor 4.4.4.4 remote-as 110
neighbor 4.4.4.4 route-map influencing_traffic in

route-map influencing_traffic permit 10
 match ip address 1
 set local-preference 200
!
route-map influencing_traffic permit 20
 set local-preference 100
```

由例 13-76 可知，在 R1 与 R4 所建 EBGP 会话上，应用了 route-map influencing_traffic。在该 route-map 中调用了 access-list 1（配置中未予显示），这一访问列表的作用是匹配路由前缀 P1。route-map influencing_traffic 一经应用，R1 就会把通往目的网络 P1 的 BGP 路由的 LOCAL_PREFERENCE 值设成 200，而接收自 AS110 的其余所有 BGP 路由的 LOCAL_PREFERENCE 值仍为默认值 100，不做改动。当然，还得在 AS 109 的其他边界路由器 R2 和 R3 上，配置并应用用途相近的 route-map，只是所调用的 access-list 1 分别用来匹配路由前缀 P2 和 P3。

在 R1 上添加了例 13-76 所示配置之后，R1 就会在 AS109 内通过 IBGP 会话通告 LOCAL_PREFERENCE 值为 200 的 BGP 路由 P1。AS 109 内的其他所有 BGP 路由器自然会接收到 LOCAL_PREFERENCE 值为 200 的通向目的网络 P1 的 IBGP 路由。拜 LOCAL_PREFERENCE 值为 200 的 BGP 路由 P1 所赐，AS 109 内的所有 BGP 路由器（包括 R1 在内）在转发目的网络为 P1 的流量时，都会先发送给 R1，R1 再通过链路 X 发往 AS110。

对于部署了收、发上万条路由的 BGP 路由器的大型网络来说，本解决方法不具备任何可扩展性。逐一针对每一目的网络，调整相应 BGP 路由的 LOCAL_PREFERENCE 值，可谓相当麻烦。更有甚者，AS109 可能会同时从另一 AS（比如，AS111）收到隶属于 AS 110 的路由前缀 P1、P2 和 P3。一旦 AS 109 把接收自 AS 111 的 BGP 路由的 LOCAL_PREFERENCE 值，设置的高于 AS 110 所通告的 BGP 路由，就会出现次优路由选择问题：AS109 在转发目的网络为 P1、P2 和 P3 的流量时，会把 AS 111 视为"下一跳"AS。因此，AS 109 必须确保在对等点 X、Y 和 Z（在边界路由器 R1、R2 和 R3 上），将 AS 110 通告的 BGP 路由 P1、P2 和 P3 的 LOCAL_PREFERENCE 值设为最高。

13.7.4 故障：当网络中部署了 NAT 设备或运行了延迟敏感型应用程序时，因非对称路由问题所导致的应用程序交付故障——原因：本 AS 在接收及通告 BGP 路由更新时，"步调"不一致

非对称路由是指本 AS 的出站流量从边界路由器 A 流出，但相应的回馈流量却从边界路由器 B 流入[①]。对 IP 网络而言，出现非对称路由现象则纯属正常，但只要其中部署了网络地址转换（NAT）设备或运行了时间敏感型应用，就会导致网络连通性或应用程序交付故障。

要想保证流量对称（对称路由），实现起来非常困难。图 13-40 所示为一个存在非对称路由现象的网络。

图 13-40 所示网络由 AS 109 和 AS 110 构成，AS 110 使用的是私有 A 类地址 10.0.0.0。AS 110 有两台边界路由器，R1 和 R2；由 R1 负责对源于 AS 110 内的数据包执行网络地址转换（将数据包的源 IP 地址由私网地址转换为公网地址）。由图 13-40 可知，AS 110 内的主机 10.1.1.1 向 AS 109 目的网络 P 内的一台主机发送 IP 数据包时，R1 会将数据包的源 IP 地址 10.1.1.1 转换为 131.108.1.1。不难看出，源 IP 地址经过转换后的数据包将从路由器 R3 所连链路 X 流入 AS 109，直至抵达目的网络 P，但该网络内的主机所生成的响应（回馈）流量将从路由器 R4 所连链路 Y 流出 AS 109。

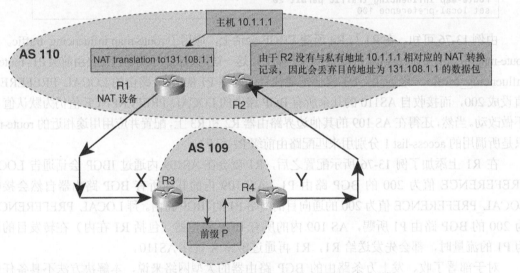

图 13-40 易发生非对称路由问题的网络

造成上述问题的原因很多，其后果也非常严重，最常见的原因和后果如下所列。

- AS 109 制定的 BGP 路由策略强行让发往 AS 110 的所有流量都从 Y 链路流出。
- AS 110 向 AS 109 通告 BGP 路由时，以设置 MED 值，或在 AS_PATH 属性中前置 AS 号的方式，将 AS 109 的流量"勾引"到了 Y 链路。

[①] 原文是 "Asymmetric routing means that packets flowing to a given destination don't use the same exit point as the packets coming back from that same destination."——译者注

- AS 109 对 AS 110 所奉行的流量出站策略是最近出口路由器策略：对 AS 109 内的路由器 R3 而言，在转发目的网络为 131.108.1.1 的流量时，距其最"近"的出口（边界）路由器为 R4（R4 为接收自 Y 链路的通向 131.108.1.1 的 BGP 路由，设置了较高的 LOCAL_PREFERENCE 值）。
- R2 收到目的地址为 131.108.1.1 的"回程"数据包时，因其为非 NAT 设备，未保存将 131.108.1.1 转换回 10.1.1.1 的 NAT 表项，只能做丢包处理。
- R1 和 R3 间的链路带宽较高，而 R2 和 R4 间的链路带宽较低。"回程"流量不按原路返回，而"走"的是 R4 到 R2 之间的低带宽链路，可能会显著增加从 AS 110 发往 AS 109 的数据包的往返延迟时间。

(1) debug 和验证

基于 AS 110 内出现的丢包现象，外加出站（AS）访问的流量往返时延过长，AS 110 的网管人员需要先弄清是否存在与出站流量有关的非对称路由问题。在 R1 上 ping AS 109 目的网络 P 内的某台主机，只会是"徒劳无功"，因为 R1 绝对收不到相应的 echo reply 数据包，echo reply 数据包将会从链路 Y 返回，然后被 R2 丢弃。网管人员可利用 sniffer 工具捕获 R1 发出的 echo request 数据包，或在 R1 上执行 **debug ip packet** 命令，观察 echo request 数据包是否由 R1 通过链路 X，成功地流入 AS 109，只是其收不到相应的 echo reply 数据包而已。在 Cisco 路由器上执行任何 debug 操作都需慎之又慎，因为过量的 debug 输出会严重影响路由器的性能。在 R1 上 ping AS 109 目的网络 P 内的一台主机的同时，还可以通过 Sniffer 工具捕获 R2 从链路 Y 收到的数据包，若网管人员捕获到了 echo reply 数据包，且其源 IP 地址就是 AS109 网络 P 内那台主机的 IP 地址，则可以断定这两个 AS 之间存在非对称路由现象。

还有另外一种方法，那就是利用 traceroute 命令；不过，根据 traceroute 命令的输出，只能分析出从源端到目的地端（从 AS 110 到 AS 109）流量的单向流动路径。而对于此处讨论的非对称路由问题，只有从 AS 109 向 AS 110 发起 traceroute，才会对定位问题有所帮助。因此，要解决本故障，就必须从 AS 109 向 AS 110 目的网络内的主机发起 traceroute，并且要让 AS 110 的网管人员能够观察到 traceroute 的输出。

(2) 解决方法

非对称路由问题极难解决，而且有时似乎不可避免。当网络中只部署了一台 NAT 设备，且经此 NAT 设备转发的数据包的"回程"数据包不能按原路返回时，非对称路由现象将会导致网络故障。此外，当 AS 的某一出口链路吞吐量较高，而另一出口链路吞吐量较低时，只要存在非对称路由现象，就会延长时间敏感型应用程序的交付时间。

在小型网络（如图 13-40 所示）中出现的非对称路由问题解决起来并不太难。当 AS 110 只与 AS 109 建立 EBGP 对等关系时，只要满足以下条件，就能避免非对称路由现象的发生：

若数据包从 R1 流出 AS 110，其回馈数据包也应从 R1 流入 AS 110。

为满足上述需求，就必须"干预" AS 109 发往 AS110 目的网络 131.108.1.0/24 的流量，让此类流量"走" R3-R1 间的互连链路 X。以下给出了几种可行的解决方法。

- 调整 AS 110 的 BGP 路由策略，只让 R1 向隶属于 AS 109 的 R3 通告路由前缀 131.108.1.0/24。这样一来，AS 109 将只能从 R3-R1 间的互连链路 X，学到一条通往目的网络 131.108.1.0/24 的 BGP 路由，于是，便解决了非对称路由问题。
- 由图 13-40 可知，AS 110 内的 R1 和 R2 分别与 AS 109 内的 R3 和 R4 建立了 EBGP 对等关系。可让 R1 向 R3 通告 BGP 路由 131.108.1.0/24 时，将 MED 值设置为 1；让 R2 向 R4 通告通往同一目的网络的 BGP 路由时，将 MED 值设置为 20。AS 109 将会学到两条通往目的网络 131.108.1.0/24 的 BGP 路由，并会优选 MED 值较低的路由（由 R1 通告）。若 R1-R3 间的互连链路中断，或 EBGP 会话失效，AS 109 则会启用由 R2 通告的 MED 值较高的 BGP 路由。BGP MED 属性的用法前文已做详细讨论。
- 用 Cisco 路由器支持的 AS 编号前置（as-path prepend）特性，让 R2 在通告 BGP 路由 131.108.1.0/24 时，在 AS_PATH 属性中前插几次本 AS 的编号 110。

例 13-77 所示为让 R2 在通告 BGP 路由 131.108.1.0/24 时，在 AS_PATH 属性中前插本 AS 号的配置。

例 13-77 通告路由时，在 AS_PATH 属性中前插本 AS 号，使得路由所"途经"的 AS 更多

```
R2# router bgp 109
 network 131.108.1.0 mask 255.255.255.0
 neighbor 4.4.4.4 remote-as 110
 neighbor 4.4.4.4 route-map SYMMETRICAL out
!
route-map SYMMETRICAL permit 10
 match ip address 1
 set as-path prepend 109 109 110
!
route-map SYMMETRICAL permit 20
!
access-list 1 permit 131.108.1.0
```

由例 13-77 可知，在 R2 上针对其 BGP 邻居 R4 配置了一个名为 SYMMETRICAL 的 route-map。该 route-map 所调用的 access-list 1 用来匹配 R2 所通告的路由前缀 131.108.1.0/24。**set as-path prepend 110 110 110** 命令的作用是，在 BGP 路由 131.108.1.0/24 的 AS_PATH 属性中前插三次 AS 号 110。例 13-78 所示为 R4 收到的通往目的网络 131.108.1.0/24 的两条 BGP 路由，请注意其中做高亮显示的内容。

例 13-78 R4 的 BGP 路由表

```
R4# show ip bgp 131.108.1.0
BGP routing table entry for 131.108.1.0/24, version 19
Paths: (2 available, best #1, table Default-IP-Routing-Table)
  109
    3.3.3.3 from 3.3.3.3 (3.3.3.3)
      Origin IGP, metric 0, localpref 100, valid, internal, best
  109 109 109 109
    2.2.2.2 from 2.2.2.2 (2.2.2.2)
      Origin IGP, metric 0, localpref 100, valid, external
```

由例 13-78 可知，R4 收到的第 2 条 BGP 路由的 AS_PATH 属性包含了 4 个 AS 编号，都是 109。其中，只有一个 AS 编号为 R2 通过 EBGP 会话"正常"传播，另外 3 个都是由 R2 所设配置额外追加的。

R4 会优选第一条路由，即由 R3 通告的那条路由，理由是该路由的 AS_PATH 长度较短。

R3 只能学到一条由 R1 通告的通往目的网络 131.108.1.0/24 的 EBGP 路由，如例 13-79 所示。

例 13-79　R1 通告给 R3 的 EBGP 路由 131.108.1.0/24

```
R3#show ip bgp 131.108.1.0
BGP routing table entry for 131.108.1.0/24, version 19
Paths: (1 available, best #1, table Default-IP-Routing-Table)
 Advertised to non peer-group peers:
   4.4.4.4
 109
   1.1.1.1 from 1.1.1.1 (1.1.1.1)
     Origin IGP, metric 0, localpref 100, valid, external,best
 This best path is advertise to R4(4.4.4.4) by R3.
```

一言以蔽之，要想让穿梭于 AS 之间的流量保持对称，边界路由器在通告和学习 BGP 路由时，"步调"需保持一致[①]。小型 BGP 企业网络可以很容易地实现流量对称，具体做法是，在通告路由时，利用 AS 前置技术，"干预"由外而内的流量。而大型 BGP 企业网络和 ISP 网络也想确保流量对称的话，可就没那么容易了。这是因为大型网络不仅有大量路由前缀需要通告，而且还会部署多台边界路由器，建立为数众多的 EBGP 对等关系。在都使用全局可路由 IP 地址的情况下（不使用 NAT），路由并不一定非得对称，大多数网络应用程序在路由不对称的情况下也能正常交付。

13.8　排除小型 BGP 网络中的流量负载均衡故障

13.8.1　故障：单路由器以双宿主方式连接到同一 ISP 时，出站流量无法在两条链路间负载均衡——原因：路由器只在路由表中安装了一条通往同一目的网络的最优路由

当运行 BGP 的企业网络以多宿主方式连接到 ISP 时，如何在互连 ISP 的多条链路之间合理分担流量，是网管人员应关注的首要问题。一般而言，企业客户都会以双宿主的方式连接到同一或不同 ISP，并同时让进、出企业网的流量在双链路之间负载均衡。

图 13-41 所示为 AS 109 中的 R1 以双宿主的方式连接到同一 ISP（AS 110）的 R3 和 R4。R3 和 R4 同时向 R1 通告路由前缀 100.100.100.0/24。按道理讲，R1 在转发目的网络为 100.100.100.0/24 的流量时，应在双链路之间负载均衡，但在默认情况下，R1 对此无能为力，

---

① 原文是 "In short, proper BGP announcements must be made at exit points and routes must be learned at the right place of the AS."——译者注

只能用其中的一条链路转发流量。

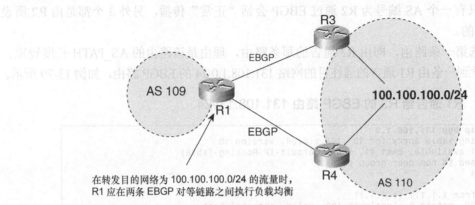

图 13-41 以双宿主方式连接到同一 ISP 的 AS

RFC1771 规定，若 BGP 路由器学得通往同一目的网络的多条 BGP 路由，在默认情况下，只能将其中的一条最优路由安装进 IP 路由表。也就是说，R1 虽然能够学到通往目的网络 100.100.100.0/24 的两条 BGP 路由（一条学自 R3，另一条学自 R4），但拜赐于 BGP 最优路径决策过程，R1 只能将其中的一条 BGP 路由安装进 IP 路由表。

图 13-42 所示为本故障排障流程。

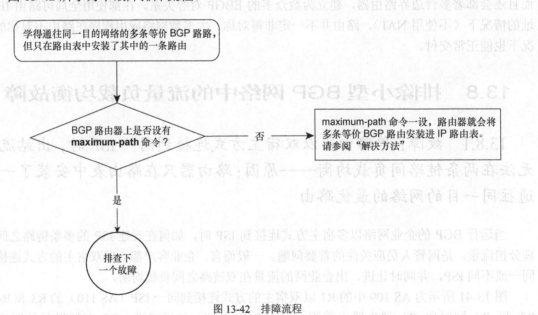

图 13-42 排障流程

（1）debug 与验证

由例 13-80 可知，R1 收到了通往目的网络 100.100.100.0/24 的两条 BGP 路由，但只在 IP 路由表中安装了其中的一条。

例 13-80 R1 学到通往目的网络 100.100.100.0/24 的 2 条 BGP 路由，但只把一条安装进了路由表

```
R1#show ip bgp 100.100.100.0
BGP routing table entry for 100.100.100.0/24, version 2
Paths: (2 available, best #2)
  Not advertised to any peer
  110
    141.108.1.3 from 141.108.1.3 (1.2.1.1)
      Origin IGP, metric 0, localpref 100, valid, external
  110
    141.108.1.1 from 141.108.1.1 (141.108.6.1)
      Origin IGP, metric 0, localpref 100, valid, external, best

R1#show ip route 100.100.100.0
Routing entry for 100.100.100.0/24
  Known via "bgp 109", distance 20, metric 0
  Tag 110, type external
  Last update from 141.108.1.1  00:32:25 ago
  Routing Descriptor Blocks:
  * 141.108.1.1, from 141.108.1.1, 00:32:25 ago
      Route metric is 0, traffic share count is 1
      AS Hops 1
```

（2）解决方法

可配置 Cisco 路由器，令其将通往同一目的网络的多条 BGP 路由安装进路由表，具体命令如例 13-81 所示。但在安装之前，路由器会执行严格的检查，会检查有待安装进路由表的（通往同一目的网络的）多条 BGP 路由是不是除（通告路由器的）RID 之外，其他所有 BGP 属性都完全相同。若有（通往同一目的网络的）两条或多条 BGP 路由满足检查条件，路由器会让多条（具体条数视配置而定）BGP 路由同时"进驻" IP 路由表，并会在转发相关目的网络流量时，根据路由表来执行多链路负载分担。

例 13-81 调整 R1 的配置，令其在路由表中安装通往目的网络 100.100.100.0/24 的多条 BGP 路由

```
R1# router bgp 109
  neighbor 141.108.1.1 remote-as 110
  neighbor 141.108.1.3 remote-as 110

maximum-paths 2

R1#show ip bgp 100.100.100.0
BGP routing table entry for 100.100.100.0/24, version 2
Paths: (2 available, best #2)
  Not advertised to any peer
  110
    141.108.1.3 from 141.108.1.3 (1.2.1.1)
  Origin IGP, metric 0, localpref 100, valid, external, multipath
  110
    141.108.1.1 from 141.108.1.1 (141.108.6.1)
  Origin IGP, metric 0, localpref 100, valid, external, best, multipath
```

如例 13-81 所示，命令 **maximum-path 2** 的作用是，让 R1 将通往同一目的网络的两条 BGP 等价路由安装进 IP 路由表。Cisco 路由器支持让多达 6 条（通往同一目的网络的）等价 BGP 路由同时"进驻" IP 路由表。请注意，尽管如此，在 R1 的 BGP 表的输出中，只有一条路由被

标记为"best(最优)",但是,两条路由都被标记为"multipath(多径)"。因此,那两条 BGP 路由都会"进驻" IP 路由表,如例 13-82 所示。

例 13-82 路由表包含两条通往目的网络 100.100.100.0/24 的路由

```
R1# show ip route 100.100.100.0
Routing entry for 100.100.100.0/24
  Known via "bgp 109", distance 20, metric 0
  Tag 110, type external
  Last update from 88.88.88.78 00:34:36 ago
  Routing Descriptor Blocks:
  * 141.108.1.1, from 141.108.1.1, 00:34:36 ago
      Route metric is 0, traffic share count is 1
      AS Hops 1
    141.108.1.3, from 141.108.1.3, 00:34:36 ago
      Route metric is 0, traffic share count is 1
      AS Hops 1
```

R1 在转发目的网络为 100.100.100.0/24 的流量时,会同时在两条 BGP 对等链路之间执行负载均衡。

13.8.2 故障:无法仰仗 IBGP 路由,实现流量的多链路负载均衡——原因:默认情况下,即便路由器学得多条通往同一目的网络的等价 IBGP 路由,也只会将其中的一条安装进 IP 路由表

若路由器从不同的 IBGP 邻居收到了通往同一目的网络的多条路由,则只会将其中的一条最优路由安装进 IP 路由表。也就是说,其他所有等价替代路由都将被弃之不用。

图 13-43 所示为一简单的 IBGP 网络,其中,R1 分别与 R2 和 R3 建立了 IBGP 对等关系。

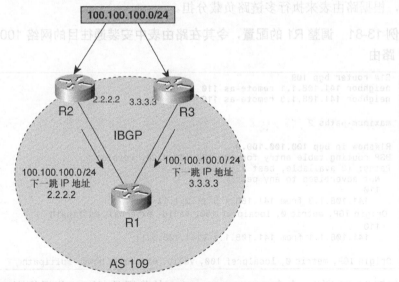

默认情况下,R1 会比较 R2 和 R3 通告的 IBGP 路由 100.100.100.0/24,并将其中的最优路由安装进 IP 路由表。在转发目的网络为 100.100.100.0/24 的流量时,R1 只会使用一条链路,不会在双链路之间执行负载均衡

图 13-43 同时与两台 BGP 邻居建立 IBGP 对等关系

R2 和 R3 同时向 R1 通告了通往目的网络 100.100.100.0/24 的 IBGP 路由，下一跳 IP 地址分别为 2.2.2.2 和 3.3.3.3。默认情况下，R1 执行过 BGP 最佳路由计算之后，只会在 IP 路由表中安装一条通往目的网络 100.100.100.0/24 的最优路由。因此，实际上虽有两条路径（链路）可用来转发目的网络为 100.100.100.0/24 的流量，但 R1 只会使用其中的一条。

图 13-44 所示为排障流程。

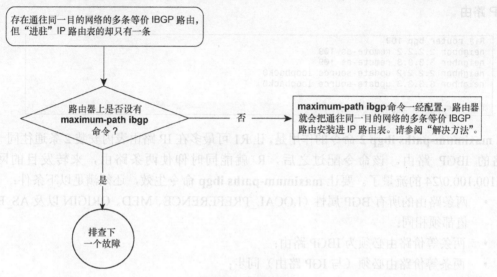

图 13-44　排障流程

（1）debug 与验证

由例 13-83 所示输出可知，R1 接收了两条通往目的网络 100.100.100.0/24 的 IBGP 路由，但只在 IP 路由表中安装了一条。

例 13-83　R1 学到了 2 条通往目的网络 100.100.100.0/24 的 IBGP 路由，但只在路由表中安装了一条

```
R1#show ip bgp 100.100.100.0
BGP routing table entry for 100.100.100.0/24, version 2
Paths: (2 available, best #1)
  Not advertised to any peer
  110
    2.2.2.2(metric 11) from 2.2.2.2 (2.2.2.2)
      Origin IGP, metric 0, localpref 100, valid, internal, best
  110
    3.3.3.3(metric 11) from 3.3.3.3 (3.3.3.3)
      Origin IGP, metric 0, localpref 100, valid, internal

R1#show ip route 100.100.100.0
Routing entry for 100.100.100.0/24
  Known via "bgp 109", distance 200, metric 0
  Tag 110, type internal
  Last update from 2.2.2.2  00:32:25 ago
  Routing Descriptor Blocks:
  2.2.2.2, from 2.2.2.2, 00:32:25 ago
      Route metric is 0, traffic share count is 1
      AS Hops 1
```

(2) 解决方法

可配置 Cisco 路由器，令其在 IP 路由表中安装通往同一目的网络的多条等价 IBGP 路由，具体命令如例 13-84 所示。

例 13-84 配置 R1，令其在 IP 路由表中安装通往目的网络 100.100.100.0/24 的多条等价 IBGP 路由

```
R1# router bgp 109
neighbor 2.2.2.2 remote-as 109
neighbor 3.3.3.3 remote-as 109
neighbor 2.2.2.2 update-source loopback0
neighbor 3.3.3.3 update-source loopback0
maximum-paths ibgp 2
```

maximum-paths ibgp 2 命令的作用是，让 R1 可最多在 IP 路由表内安装 2 条通往同一目的网络的 IBGP 路由。该命令配过之后，R 就能同时仰仗两条路由，来转发目的网络为 100.100.100.0/24 的流量了。要让 **maximum-paths ibgp** 命令生效，还须满足以下条件：

- 两条路由的所有 BGP 属性（LOCAL_PREFERENCE、MED、ORIGIN 以及 AS_PATH）值都须相同；
- 两条等价路由必须为 IBGP 路由；
- 两条等价路由必须（与 IGP 路由）同步；
- R1 必须能同时访问到两条等价路由的下一跳地址；
- 对 R1 而言，两条 BGP 路由的下一跳 IP 地址的 IGP 转发成本必须相同。

例 13-85 所示为配过 **maximum-paths ibgp** 命令之后，在 R1 上执行 **show ip bgp 100.100.100.0** 命令的输出。

例 13-85 执行过 maximum-paths ibgp 命令之后，R1 学到的通往目的网络 100.100.100.0/24 的 BGP 路由

```
R1#show ip bgp 100.100.100.0
BGP routing table entry for 100.100.100.0/24, version 2
Paths: (2 available, best #2)
  Not advertised to any peer
  110
    2.2.2.2 from 2.2.2.2 (2.2.2.2)
     Origin IGP, metric 0, localpref 100, valid, internal, best, multipath
  110
    3.3.3.3 from 3.3.3.3 (3.3.3.3)
     Origin IGP, metric 0, localpref 100, valid, internal, multipath
```

由例 13-85 中做高亮显示的内容可知，两条等价 BGP 都被标记为"multipath"。R1 会把这两条路由都安装进 IP 路由表，如例 13-86 所示。

例 13-86 R1 在路由表中安装了两条通往目的网络 100.100.100.0/24 的 IBGP 路由

```
R1# show ip route 100.100.100.0
Routing entry for 100.100.100.0/24
  Known via "bgp 109", distance 200, metric 0
  Tag 109, type internal
  Last update from 88.88.88.78 00:34:36 ago
  Routing Descriptor Blocks:
  * 2.2.2.2, from 2.2.2.2, 00:34:36 ago
      Route metric is 0, traffic share count is 1
      AS Hops 1
    3.3.3.3, from 3.3.3.3 00:34:36 ago
      Route metric is 0, traffic share count is 1
      AS Hops 1
```

R1 在转发目的网络为 100.100.100.0/24 的流量时，会仰仗那两条 IBGP 路由，即在自己与 R2 和 R3 的互连链路之间执行流量负载均衡。

13.9 排除因 BGP 路由策略所导致的 IP 流量入站故障

Cisco IOS 所支持的 BGP 配置选项不但能有效控制 AS 的出站 IP 流量，在控制 AS 的入站流量方面也毫不逊色。严控来自其他 AS 的入站流量同样非常重要。一旦控制不当，网络链路的带宽将得不到充分利用，势必会导致网络中的某些链路拥塞，而另一些链路却派不上用场，最终会使得 AS 间的应用程序的访问速度变慢。因此，能否正确配置作用于入站流量的 BGP 路由策略（简称 BGP 入站路由策略），将会对网络的性能产生极大的影响。

以下所列为用 BGP 路由策略管控流入 AS 的流量时，经常遇到的故障：

- 有多台边界路由器（通过多条链路）与某 AS 的多台 EBGP 邻居互连，但来自该 AS 的所有流量都固定从某台边界路由器流入。
- 与 AS A 内的 BGP 邻居建立了 EBGP 对等关系，且 AS A 为备用运营商，可依旧能通过此 AS 接收到某些 Internet 流量。
- 非对称路由故障。
- 发往某特定子网的流量，其回馈流量理应从链路 A 流入，但却从其他链路流入。

13.9.1 故障：有多台边界路由器（通过多条链路）与某 AS 的多台 EBGP 邻居互连，但来自该 AS 的所有流量都固定从某台边界路由器流入——原因：与该边界路由器对等的 EBGP 邻居设有 BGP 路由策略，这一 BGP 路由策略影响了该 EBGP 邻居的出站流量，或只将本 AS 的路由通告给了与该边界路由器对等的 EBGP 邻居

如图 13-45 所示，AS 109 通过两台边界路由器（R1 和 R2）与 AS 110 互连，R1 和 R2 都向

AS 110 通告 BGP 路由前缀 100.100.100.0/24。然而，由 AS 110 发送至目的网络 100.100.100.0/24 的所有流量都从链路 X（R2 与 R8 间的互连链路）流入，两 AS 间的另一条链路（R1 与 R6 间的互连链路）未被充分利用。

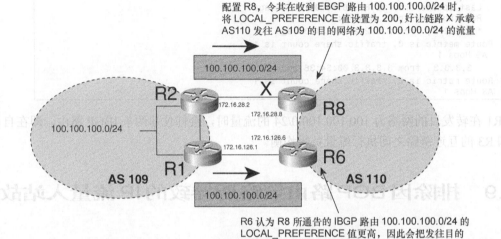

图 13-45　两个 AS 之间通过两台边界路由器上的两条链路建立了 EBGP 邻居关系，但只有一条链路用来转发流量

上述情形可能会由多种原因所致，但以下原因最为常见。

- AS 110 制定了 BGP 路由策略，让 R8 将接收自 AS 109 的 EBGP 路由的 LOCAL_PREFERENCE 值设为高于 R6 收到的 AS109 的 EBGP 路由。这样的路由策略会使得 AS110 使用链路 X 发送目的网络为 100.100.100.0/24 的流量。

　　由图 13-45 可知，AS110 的网管人员在 R8 上将从链路 X 收到的 EBGP 路由 100.100.100.0/24 的 LOCAL_PREFERENCE 值设置为 200。这么一设，R8 就成为了 AS 110 向 AS109 转发目的网络为 100.100.100.0/24 的流量的出口路由器。因此，AS110 将不会使用 R6 和 R1 之间的互连链路转发同一目的网络的流量，这些流量都会从链路 X 流入 AS109。"debug 与验证"环节会说明如何配置 R8，来实现上述流量流动模式。

- AS 109 的网管人员配置了 R1 和 R2，令两者在通告 BGP 路由 100.100.100.0/24 时，分别设置不同的 MED 值，从而影响了流入 AS 110 的流量。

　　如图 13-46 所示，R1 和 R2 同时通告 BGP 路由 100.100.100.0/24，但设置的 MED 值一高一低，分别为 20 和 1。AS 110 内的 BGP 路由器在选择通往目的网络 100.100.100.0/24 的最优 BGP 路由时，路由的 MED 值将起决定性的作用。如上一章所述，在通往同一目的网络的两条 BGP 路由中选择最优路由时，MED 值较低的路由胜出，因此，AS110 会使用链路 X 将目的网络为 100.100.100.0/24 的流量送入 AS109。"debug 与验证"环节将说明如何配置 R2，来实现上述流量流动模式。

图 13-47 所示为本故障的排障流程。

第 13 章 排除 BGP 故障

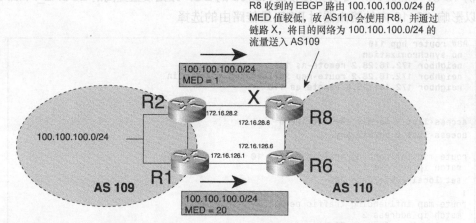

图 13-46 BGP 路由的 MED 值对相应入站流量的影响

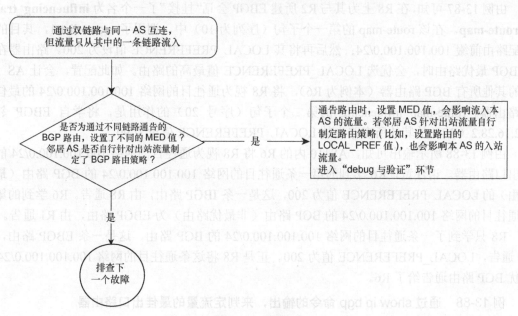

图 13-47 排障流程

（1）debug 与验证

本环节会讨论之前提及的影响 AS 入站流量的两种情形，为道明其中原委，会分别给出两种情形下的相关路由器配置及 **show** 命令的输出。

情形 1

如图 13-45 所示，已配置 R8，令其将接收自 R2 的 EBGP 路由 100.100.100.0/24 的 LOCAL_PREFERENCE 值设为 200。例 13-87 所示为 R8 的配置，由配置可知，R8 设有一名为 **influencing_traffic** 的 **route-map**。

例 13-87　配置 R8，令其为接收自 AS109 的 BGP 路由设置更高的 LOCAL_PREFERENCE 值，以影响 AS110 内的路由器对 BGP 最佳路由的选择

```
R8# router bgp 110
 no synchronization
 neighbor 172.16.28.2 remote-as 109
 neighbor 172.16.28.2 route-map influencing_traffic in
 neighbor 172.16.126.6 remote-as 110
!
access-list 1 permit 100.100.100.0
access-list 2 permit any
!
route-map influencing_traffic permit 10
 match ip address 1
 set local-preference 200
!
route-map influencing_traffic permit 20
 match ip address 2
 set local-preference 90
```

由例 13-87 可知，在 R8 上为其与 R2 所建 EBGP 会话"挂接"了一个名为 **influencing_traffic** 的 **route-map**。在该 route-map 的第一个子句（序列为 10）中，调用了 access-list 1，其目的是匹配路由前缀 100.100.100.0/24；然后再将其 LOCAL_PREFERENCE 值设为 200。路由器在选择 BGP 最优路由时，会优选 LOCAL_PREFERENCE 值最高的路由。如此配置，会让 AS 110 内的其他所有 BGP 路由器（本例为 R6），将 R8 视为通往目的网络 100.100.100.0/24 的最佳出口路由器。route-map influencing 的第二个子句（序号 20）的作用是，将学自 EBGP 邻居 172.16.28.2（R2）的其他所有路由的 LOCAL_PREFERENCE 值设为 90。

由例 13-88 所示输出可知，AS110 内的 R6 将 R8 视为通往目的网络 100.100.100.0/24 的最佳出口路由器。请注意，R6 学到的第一条通往目的网络 100.100.100.0/24 的 BGP 路由（最优路由）的 LOCAL_PREFERENCE 值为 200，这是一条 IBGP 路由，由 R8 通告。R6 学到的第二条通往目的网络 100.100.100.0/24 的 BGP 路由（非最优路由）为 EBGP 路由，由 R1 通告。

R8 只学到了一条通往目的网络 100.100.100.0/24 的 BGP 路由，这是一条 EBGP 路由，由 R2 通告，LOCAL_PREFERENCE 值为 200。正是 R8 将这条通往目的网络 100.100.100.0/24 的最优 BGP 路由通告给了 R6。

例 13-88　通过 show ip bgp 命令的输出，来判定流量的最佳出口路由器

```
R6# show ip bgp 100.100.100.0
BGP routing table entry for 100.100.100.0/24, version 6
Paths: (2 available, best #1, table Default-IP-Routing-Table)
  Advertised to non peer-group peers:
  172.16.126.1
  109
    172.16.28.2 (metric 20) from 172.16.28.8 (172.16.8.8)
      Origin IGP, metric 0, localpref 200, valid, internal, best
  109
    172.16.126.1 from 172.16.126.1 (172.16.1.1)
      Origin IGP, metric 0, localpref 100, valid, external

R8#show ip bgp 100.100.100.0
```

（待续）

```
BGP routing table entry for 100.100.100.0/24, version 2
Paths: (1 available, best #1, table Default-IP-Routing-Table)
  Not advertised to any peer
  109
    172.16.28.2 from 172.16.28.2 (172.16.2.2)
      Origin IGP, metric 0, localpref 200, valid, external, best
```

情形 2

如图 13-46 所示,已配置 R1 和 R2,令两者向 R6 和 R8 通告 BGP 路由前缀 100.100.100.0/24 时,分别设置不同的 MED 值。

例 13-89 示出了 R1 和 R2 的相关配置。R6 和 R8 的 BGP 相关配置都是标准配置,因此未予显示。由配置可知,在 R1 和 R2 上各配了一个名为 **MED_advertisement** 的 **route-map**,其作用是向各自的 EBGP 邻居 R6 和 R8 通告路由时,"顺手"设置 MED 值。

例 13-89 R1 和 R2 在通告 BGP 路由 100.100.100.0/24 时,设置了 MED 值,以影响相应的入站流量

```
R1# router bgp 109
 no synchronization
 bgp log-neighbor-changes
 network 100.100.100.0 mask 255.255.255.0
 network 200.100.100.0
 neighbor 172.16.126.2 remote-as 109
 neighbor 172.16.126.6 remote-as 110
 neighbor 172.16.126.6 route-map MED_advertisement out

access-list 1 permit 100.100.100.0
access-list 2 permit any

!
route-map MED_advertisement permit 10
 match ip address 1
 set metric 20
!
route-map MED_advertisement permit 20
 match ip address 2
 set metric 100
```

```
R2# router bgp 109
 no synchronization
 network 100.100.100.0 mask 255.255.255.0
 neighbor 172.16.28.8 remote-as 110
 neighbor 172.16.28.8 route-map MED_advertisement out
 neighbor 172.16.126.1 remote-as 109
!
!
access-list 1 permit 100.100.100.0
access-list 2 permit any

route-map MED_advertisement permit 10
 match ip address 1
 set metric 1
!
route-map MED_advertisement permit 20
 match ip address 2
 set metric 200
```

由例 13-89 可知,在 R1 和 R2 上分别针对 BGP 邻居 R6 和 R8,配置了名为 MED_advertisement 的 route-map。以 R1 为例,其 route-map MED_advertisement 的第一个子句(序号为 10)的作用是,先调用 access-list 1,匹配路由前缀 100.100.100.0/24,再将这条路由前缀的 MED 值设为 20;第二个子句(序号为 20)的作用是,将待通告的其余路由前缀的 MED 值设为 100。

R2 上 route-map MED_advertisement 的配法与 R1 类似,只是将通告给 R8 的路由前缀 100.100.100.0/24 的 MED 值设置为 1,其他路由前缀的 MED 值设置为 200。

例 13-90 所示为在 R8 和 R6 上执行 **show ip bgp 100.100.100.0** 命令的输出。由输出可知,R8 学到的 BGP 路由 100.100.100.0/24 的 MED 值为 1,由 R2 通告,这也是整个 AS 110 向目的网络 100.100.100.0/24 转发流量所要遵循的最优路由。

例 13-90 观察对应于路由前缀 100.100.100.0/24 的 BGP 路由表表项,来了解最优路由的选择

```
R8#show ip bgp 100.100.100.0
BGP routing table entry for 100.100.100.0/24, version 12
Paths: (1 available, best #1, table Default-IP-Routing-Table)
  Advertised to non peer-group peers:
  172.16.126.6
  109
    172.16.28.2 from 172.16.28.2 (172.16.2.2)
      Origin IGP, metric 1, localpref 100, valid, external, best

R6#show ip bgp 100.100.100.0
BGP routing table entry for 100.100.100.0/24, version 13
Paths: (2 available, best #2, table Default-IP-Routing-Table)
  Advertised to non peer-group peers:
  172.16.126.1
  109
    172.16.126.1 from 172.16.126.1 (172.16.1.1)
      Origin IGP, metric 20, localpref 100, valid, external
  109
    172.16.28.2 (metric 20) from 172.16.28.8 (172.16.8.8)
      Origin IGP, metric 1, localpref 100, valid, internal, best
```

所有来自 AS 110,发往目的网络 100.100.100.0/24 的流量都将从 R8 上的链路 X 流入 AS109。请注意,R6 虽学到了两条通往目的网络 100.100.100.0/24 的 BGP 路由,但优选的是 R8 通告的 IBGP 路由,因其 MED 值较低。

(2)解决方法

就目的网络为 100.100.100.0/24 的入站流量的流动模式而言,对于情形 2,应该符合 AS109 的网管人员的想法,而对于情形 1,则可能符合也可能不符合。AS 109 的网管人员必须弄清影响 AS 入站流量的各种因素。

对于情形 1,AS 110 的网管人员以设置 BGP 路由的 LOCAL_PREFERENCE 属性值的方法,确立了相应出站 IP 流量(对于 AS109 而言,即为入站 IP 流量)的流动模式,对此,AS 109 的网管人员再怎么调整自己的 BGP 路由策略,都"无力回天"。每个 AS 都可以自行控制自己的出站 IP 流量(对于邻居 AS 而言,即为入站流量),此行为不受外界技术手段的干预。要想

改变情形 1 的 IP 流量流动模式,AS 109 的网管人员必须致电 AS 110,请求其删除设在 R6 和 R8 上的针对 AS109 的相关 BGP 路由策略。

对于情形 2,AS 109 在通告路由时设置的 MED 值发挥了效力,AS 110 未按情形 1 那样以设置路由的 LOCAL_PREFERENCE 值的方式,执行自己的 BGP 路由策略。

若 AS 109 在通告 BGP 路由时设置 MED 值的做法未能产生预期的效果(未能按己愿影响入站 IP 流量),那就应该是 AS 110 针对自己的出站 IP 流量(AS 109 的入站 IP 流量),设置了相应的 BGP 路由策略。

对于部署了多台边界路由器,开通了多条 AS 间互连链路的大型 BGP 网络而言,实现流量的负载均衡将会是一项极其艰巨的挑战。因此,无论是配置 BGP 路由策略,还是制定 BGP 路由器之间的对等协定,都需慎之又慎。此外,还应仔细观察进、出 AS 的流量的流动模式。

13.9.2 故障:通过多条链路与若干邻居 AS 互连,但绝大多数从 Internet 发往本 AS 特定目的网络的流量总是从某个邻居 AS 流入——原因:本 AS 在通告相应的 BGP 路由时设置的 BGP 属性,导致了 Internet 流量总是从该邻居 AS 流入

纵观全球的 Internet,只有寥寥数种 BGP 路由属性(比如,AS_PATH、ORIGIN_CODE 和 AGGREGATOR 属性等)能在传播途中由始至终地附着于 BGP 路由更新。无论 BGP 路由更新途经了多少个自治系统,那些 BGP 属性都会紧紧跟随。而另外一些比较常用的 BGP 属性(如 LOCAL_PREFERENCE 和 MED 属性等)则不能随 BGP 路由跨自治系统边界传播[1]。因此,对于非直接相邻的 AS A、B 而言,无论 AS A 怎么去调整生成自 AS B 的 BGP 路由 C 的那两个 BGP 属性(LOCAL_PREFERENCE 和 MED 属性),都不会对来自AS B,发往目的网络 C 的入站流量产生影响。

如上一章所述,路由器在执行 BGP 最优路由计算时最为常用的 BGP 属性为 LOCAL_PREFERENCE,AS_PATH 和 MED 属性。在以上三种属性中,只有 AS_PATH 属性能在传播过程中牢牢跟随 BGP 路由更新。

图 13-48 所示为 AS 109 生成的 BGP 路由更新的传播过程,同时示出了该 BGP 路由更新所途经的每一个 AS "挑选" 相关 BGP 最优路由的过程。AS 109 生成并通告路由前缀 100.100.100.0/24,其目标是只想通过 AS 110 而非 AS 111 来接收由 Internet 发往目的网络 100.100.100.0/24 的流量。

解决方法

下面给出实现上述目标的两种常用方法。

---

[1] 原文是 "The most popular attributes, LOCAL_PREFERENCE and MED, do not cross an AS boundary." MED 属性值可以随 BGP 路由跨自治系统边界传播,只是不能被邻居自制系统传播给其他的自治系统。——译者注

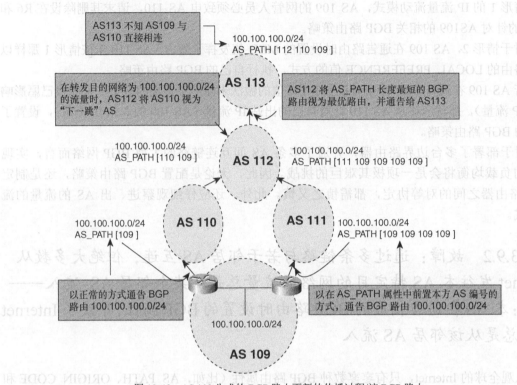

图 13-48 AS 109 生成的 BGP 路由更新的传播过程/该 BGP 路由更新所途经的每一个 AS 对相应 BGP 最优路由的决策过程

- AS 109 向除 AS 110 以外的所有其他邻居 AS 通告 BGP 路由 100.100.100.0/24 时，在 AS_PATH 属性中前置若干次本 AS 的编号。只要 AS 110、112 和 113 不针对 BGP 路由 100.100.100.0/24，制定相关 BGP 路由策略，目的网络为 100.100.100.0/24 的流量就一定会从 AS110 流入 AS109.，无论此类流量由哪个 AS 生成。

  如按此法行事，会使得发往目的网络 100.100.100.0/24 的流量都从 AS 110 流入 AS 109，而 AS 109 和 AS 111 之间的互连链路可作为备用链路。

- AS 109 只把 BGP 路由 100.100.100.0/24 通告给 AS 110，而不向其他邻居 AS（AS 111）通告。也就是说，由 Internet 发往目的网络 100.100.100.0/24 的流量只能从 AS 110 流入 AS 109。然而，此时，只要 AS 109 与 AS 110 之间的链路中断或 EBGP 会话失效，从 Internet 上将无法访问到目的网络 100.100.100.0/24。

13.10 排除 BGP 最优路由计算故障

上一章细述了路由器如何执行 BGP 最优路径计算，从多条通往同一目的网络的 BGP 路由中，选择一条最优路由安装进 IP 路由表，然后向其他 BGP 邻居通告。本节会介绍如何排除 BGP 最优路由计算故障，并会以实例的形式加以讨论。

下面就是本节所要讨论的实例。

- 路由器并不按 BGP 最佳路由算法所描述的那样，将由 router-ID（RID）最低的路由器所通告的 BGP 路由选为最优路由[①]。
- 收到同一 AS 的两台 BGP 邻居通告的通往同一目的网络，但 MED 值不同的两条 BGP 路由，但路由器并不按 BGP 最佳路由算法所描述的那样，将 MED 值较低的路由选为最优路径。

13.10.1 故障：由 RID 最低的路由器所通告的 BGP 路由未成为最优路由

从两台或两台以上的 EBGP 邻居学得通往同一目的网络的多条 BGP 路由的情况下，若路由的各种 BGP 属性完全相同，就得依靠通告路由的 EBGP 邻居的 RID 来"决出"最优路由。BGP 最佳路由选择规则规定，在所有 BGP 属性全都相同的情况下，由 RID 最低的 BGP 邻居通告的路由应成为最优路由。但本例，由 RID 最高的 BGP 邻居所通告的 BGP 路由却成为了最优路由。

在 Cisco 路由器已根据 RID 选择出了最优 BGP 路由（并安装进了路由表）的情况下，哪怕后来收到了由 RID 更低的 BGP 邻居通告的（通往同一目的网络的）BGP 路由，只要两条路由的所有属性全都相同，路由器就不会更改之前的选择（后来收到的那条路由无法"撼动"之前选出的最优路由）。此乃 Cisco IOS 的设计人员有意为之，意在保证 BGP 路由的稳定性，理由是在"诞生"了新的最优路由的情况下，路由器不但要向所有 BGP 邻居通告，而且还得回撤之前通告的最优路由。为避免路由翻动，只要根据（通告路由的 BGP 邻居的）RID 选出了最优 BGP 路由，Cisco 路由器将会对由 RID 较低的 BGP 邻居后来通告的，所有 BGP 属性全都相同，且通往同一目的网络的 BGP 路由"视而不见"。

图 13-49 所示为本故障排障流程。

（1）debug 与验证

图 13-50 所示为一个由 AS 109 内的 R1 以及 AS 110 内的 R3 和 R5 构成的网络。R3 和 R5 同时向 R1 通告 BGP 路由 100.100.100.0/24。R3 和 R5 的 RID 分别为 3.3.3.3 和 5.5.5.5。

例 13-91 所示为 R1、R3 和 R5 为建立 BGP 邻居关系，以及让 R3 和 R5 通告 BGP 路由 100.100.100.0/24 所需的配置。

---

① 原文是 "When the router ID (RID) selects the best path, BGP does not always select the lowest RID path as best, as described in the best-path algorithm." ——译者注

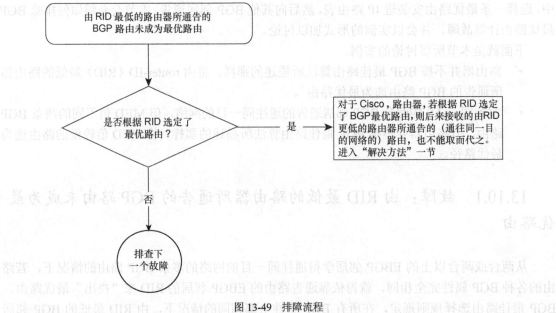

图 13-49 排障流程

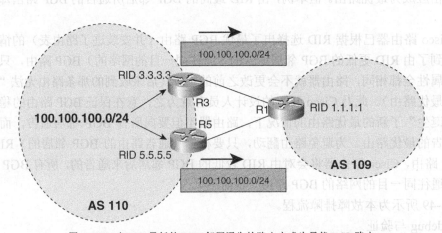

图 13-50 由 RID 最低的 BGP 邻居通告的路由未成为最优 BGP 路由

例 13-91 R1、R3 和 R5 之间为建立 BGP 邻居关系，以及让 R3 和 R5 通告 BGP 路由 100.100.100.0/24 所需的配置

```
R1# router bgp 109
 bgp router-id 1.1.1.1
 neighbor 1.1.2.3 remote-as 110
 neighbor 1.1.7.5 remote-as 110

R3# router bgp 110
 bgp router-id 3.3.3.3
```

（待续）

```
 network 100.100.100.0 mask 255.255.255.0
 neighbor 1.1.2.1 remote-as 109
 neighbor 1.1.8.5 remote-as 110

R5# router bgp 110
 bgp router-id 5.5.5.5
 network 100.100.100.0 mask 255.255.255.0
 neighbor 1.1.7.1 remote-as 109
 neighbor 1.1.8.3 remote-as 110
```

例 13-91 中做高亮显示的命令就是用来手工配置路由器的 BGP RID 的命令。由例 13-91 可知，作者在每一台 BGP 路由器上，都明确配置了一个可标识其自身的 RID。如此行事，可使读者更容易看清后文所列由三台路由器生成的相关 BGP 输出。

R1 收到了由 R3 和 R5 通告的 BGP 路由 100.100.100.0/24。由例 13-92 可知，R1 收到了这两条 BGP 路由，并将 R5 通告的视为最优路由。

例 13-92　在 R1 上执行 show ip bgp 100.100.100.0 命令的输出

```
R1#show ip bgp 100.100.100.0
BGP routing table entry for 100.100.100.0/24, version 2
Paths: (2 available, best #2, table Default-IP-Routing-Table)
 Advertised to non peer-group peers:
 1.1.2.3
 110
   1.1.2.3 from 1.1.2.3 (3.3.3.3)
     Origin IGP, metric 0, localpref 100, valid, external
 110
   1.1.7.5 from 1.1.7.5 (5.5.5.5)
     Origin IGP, metric 0, localpref 100, valid, external, best
```

由以上输出可知，那两条（通往同一目的网络的）BGP 路由的所有 BGP 属性（LOCAL_PREFERENCE、MED、ORIGIN_CODE 以及 EXTERNAL Vs.INTERNAL）全都相同。根据上一章介绍的 BGP 最佳路由计算规则，在所有 BGP 属性全都相同的情况下，由 RID 最低的 BGP 邻居通告的 BGP 路由将成为最优路由。按理说，R1 应把由 R3（RID 3.3.3.3）通告的路由选为最优路由，但例 13-92 表明，R1 选择的最优路由却是由 R5（RID 5.5.5.5）通告。

要想知道其中的原委，就得弄清 R1 接收那两条（通往同一目的网络的）路由的先后顺序。R1 一定是先收到了 R5 通告的那条（通往目的网络 100.100.100.0/24 的）BGP 路由。在 R1 已确定 R5 通告的 BGP 路由为最优路由的情况下，若收到了 R3 通告的通往同一目的网络的 BGP 路由，但两条路由之间只能以（通告路由器的）RID 来决定"孰优孰劣"时，R1 不会"放弃"之前选出的最优路由，哪怕通告路由器（R3）的 RID 更低。

（2）解决方法

若想让 R1 把通告路由器的 RID 作为最优路由计算的决定性因素，必须在其上添加一条 BGP 命令，如例 13-93 所示。

例 13-93　让 Cisco 路由器在执行最佳路由计算时比较通告路由器的 RID 的 BGP 命令

```
R1# router bgp 109
 bgp router-id 1.1.1.1
 bgp bestpath compare-routerid
 neighbor 1.1.2.3 remote-as 110
 neighbor 1.1.7.5 remote-as 110
```

例 13-93 中做高亮显示的命令一经配置后，R1 在执行最佳路由计算时，就会比较通告路由器的 RID，并将比较结果作为最佳由径的选择依据。该命令配置过后不会立即生效，需坐等路由器的 BGP 扫描器（BGP scanner）的再次运行（Cisco 路由器的 BGP 扫描器每分钟运行一次）。

由例 13-94 可知，R1 已把 R3 通告的通往目的网络 100.100.100.0/24 的 BGP 路由视为最优路由，因为 R3 的 RID 为 3.3.3.3，低于 R5 的 RID 5.5.5.5。

例 13-94　根据通告路由器的 RID 来选择 BGP 最优路由

```
R1#show ip bgp 100.100.100.0
BGP routing table entry for 100.100.100.0/24, version 3
Paths: (2 available, best #1, table Default-IP-Routing-Table)
Advertised to non peer-group peers:
 1.1.7.5
110
    1.1.2.3 from 1.1.2.3 (3.3.3.3)
      Origin IGP, metric 0, localpref 100, valid, external, best
110
    1.1.7.5 from 1.1.7.5 (5.5.5.5)
      Origin IGP, metric 0, localpref 100, valid, external
```

13.10.2　故障：MED 值最低的路由未成为最优路由

在某些情况下，当路由器在多条通往同一目的网络的 BGP 路由中挑选最优路由时，并不会选择 MED 值最低的路由。

如图 13-51 所示，AS 109 内的 R1 与 AS 11 内的 R3 和 R5 建立了 EBGP 对等关系。此外，

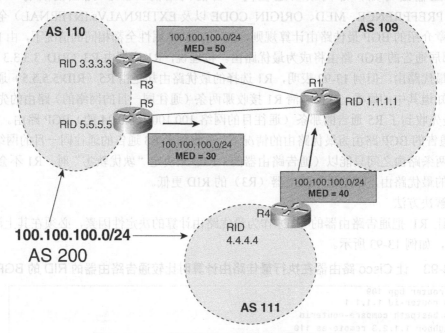

图 13-51　MED 值最低的 BGP 路由未成为最优路由的网络

R1 还与 AS 111 内的 R4 建立了 EBGP 对等关系。R1 可从上述三条 EBGP 会话收到 BGP 路由 100.100.100.0/24。为了"勾引" AS109 发往目的网络 100.100.100.0/24 的流量，R1 的这三个 EBGP 邻居在通告上述路由时，都分别设置了 MED 值。R3 和 R5 为此 BGP 路由设置的 MED 值分别为 50 和 30，而 R4 设置的 MED 值则为 40。

收到了以上三条通往目的网络 100.100.100.0/24 的 EBGP 路由之后，R1 并没有将 R5 通告的路由（其 MED 值最低）选为最优路由，而是将 R3 通告的路由（其 MED 值最高）视为最优。站在 AS 109 和 AS 110 之间流量转发的角度来看，这可能会导致 AS 间的流量拥塞，原因是 R1 和 R3 间的互连链路的带宽更低，而 R1 和 R5 间的互连链路的带宽更高，因此这两个 AS 都希望用带宽更高的 R1 和 R5 间的互连链路转发所有流量。

在图 13-51 所示网络中，AS 109 和 AS 110 都希望让 R1 将 R5 通告的 BGP 路由 100.100.100.0/24 作为最优路由。显而易见，R5 和 R3 在通告 BGP 路由 100.100.100.0/24 时，分别将 MED 值设成了 30 和 50。R1 在执行 BGP 最优路由计算时，理应优选 MED 值较低的路由。此外，R4 也向 R1 通告了 MED 值为 40 的通往同一目的网络 100.100.100.0/24 的 BGP 路由。

有一条 BGP 选路原则必须牢记，那就是 BGP 路由的 MED 值的比较规则。默认情况下，Cisco 路由器不会比较接收自不同 AS 的（通往同一目的网络的）BGP 路由的 MED 值。也就是说，R1 在比较 R5 和 R4 通告的通往同一目的网络的 BGP 路由时，会对路由的 MED 属性值"视而不见"。此时，R1 会根据除 MED 属性之外的其他 BGP 属性来判定路由的优劣。若仍不能分清"孰优孰劣"，则会根据通告路由器的 RID（即 R5 和 R4 的 RID）来"一决胜负"。"debug 与验证"环节会描述 R1 在以上三条（通往同一目的网络的）BGP 路由中挑选最优路由的过程，并示出相关 BGP 表表项的输出，以此来解释 R1 为何不把 MED 值最低的路由（由 R5 通告的路由）视为最优路由。

图 13-52 所示为本故障排障流程。

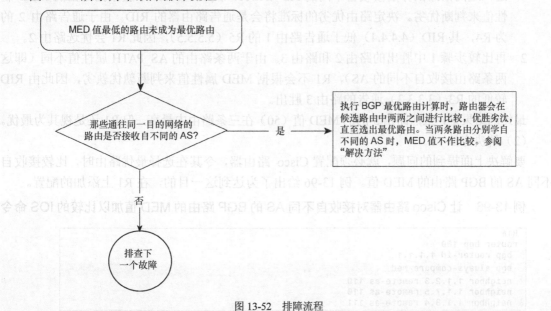

图 13-52 排障流程

（1）debug 与验证

例 13-95 所示为在 R1 上执行 **show ip bgp 100.100.100.0** 命令的输出。

例 13-95　路由器选择 BGP 最优路由时，"忽略"了 MED 值最低的路由

```
R1#show ip bgp 100.100.100.0
BGP routing table entry for 100.100.100.0/24, version 3
Paths: (3 available, best #1, table Default-IP-Routing-Table)
  Advertised to non peer-group peers:
  1.1.7.5 1.1.3.4
 110 200
    1.1.7.5 from 1.1.7.5 (5.5.5.5)
      Origin IGP, metric 30, localpref 100, valid, external
 111 200
    1.1.3.4 from 1.1.3.4 (4.4.4.4)
      Origin IGP, metric 40, localpref 100, valid, external
 110 200
    1.1.2.3 from 1.1.2.3 (3.3.3.3)
      Origin IGP, metric 50, localpref 100, valid, external, best
```

由图 13-95 可知，R1 收到了三条通往目的网络 100.100.100.0 的 BGP 路由，其（接收）顺序如下所列。

1. 路由 1：由 R5（RID 5.5.5.5）通告，MED 值为 30。
2. 路由 2：由 R4（RID 4.4.4.4）通告，MED 值为 40。
3. 路由 3：由 R3（RID 3.3.3.3）通告，MED 值为 50。

根据上一章介绍过的 BGP 最优路由选择算法中的规定，R1 会按以下步骤行事：

1. 先比较路由 1 与路由 2。除了 MED 值以外，两条路由的其他 BGP 属性完全相同。不过，这两条路由分别接收自不同的 AS（AS110 和 111），R1 不会根据路由的 MED 属性值来判断优劣。决定路由优劣的标准将会是通告路由器的 RID。由于通告路由 2 的为 R4，其 RID（4.4.4.4）低于通告路由 1 的 R5（5.5.5.5），因此 R1 会优选路由 2。
2. 再比较步骤 1 中胜出的路由 2 和路由 3。由于两条路由的 AS_PATH 属性值不同（即这两条路由接收自不同的 AS），R1 不会根据 MED 属性值来判断孰优孰劣，因此由 RID 较低的 R3（3.3.3.3）通告的路由 3 胜出。

最终的结果是，虽然路由 3 的的 MED 值（50）在三条路由中最高，但 R1 还是视其为最优。

（2）解决方法

要解决上面提到的问题，就必须配置 Cisco 路由器，令其在选择最优路由时，比较接收自不同 AS 的 BGP 路由的 MED 值。例 13-96 给出了为达到这一目的，在 R1 上添加的配置。

例 13-96　让 Cisco 路由器对接收自不同 AS 的 BGP 路由的 MED 值加以比较的 IOS 命令

```
R1#
router bgp 109
 bgp router-id 1.1.1.1
 bgp always-compare-med
 neighbor 1.1.2.3 remote-as 110
 neighbor 1.1.7.5 remote-as 110
 neighbor 1.1.3.4 remote-as 111
```

例中做高亮显示的命令一经配置，就能让 R1 在选择 BGP 最优路由时，比较 MED 值，哪怕路由接收自不同的 AS。

例 13-97 所示为配过上面那条命令之后，在 R1 上执行 **show ip bgp 100.100.100.0** 命令的输出。

例 13-97　让 R1 对接收自不同 AS 的 BGP 路由的 MED 值加以比较之后，得到了预期的 BGP 表

```
R1#show ip bgp 100.100.100.0
BGP routing table entry for 100.100.100.0/24, version 3
Paths: (3 available, best #1, table Default-IP-Routing-Table)
  Advertised to non peer-group peers:
  1.1.3.4 1.1.2.3

  110 200
    1.1.7.5 from 1.1.7.5 ( 5.5.5.5 )
      Origin IGP, metric 30, localpref 100, valid, external, best
  111 200
    1.1.3.4 from 1.1.3.4 ( 4.4.4.4 )
      Origin IGP, metric 40, localpref 100, valid, external
  110 200
    1.1.2.3 from 1.1.2.3 ( 3.3.3.3 )
      Origin IGP, metric 50, localpref 100, valid, external
```

由例 13-97 可知，R1 选择的通往目的网络 100.100.100.0 的最优 BGP 路由正是 MED 值最低的那一条。如前所述，当 AS 之间通过多条带宽不等的链路互连，且通过这些链路建立起了多条 EBGP 对等会话时，则必要在互相通告（通往同一目的网络的）BGP 路由时，根据互连链路的带宽来设置 MED 值，为通过高带宽链路通告的 BGP 路由设置较低的 MED 值，并以此让高带宽互连链路承载 AS 之间相应目的网络的流量。

另外，还有一个与网络设计有关的建议，那就是若决定开启 **bgp always-compare-med** 命令，则应在 AS 内的所有 BGP 路由器上同时启用。否则，将会发生路由环路。试举一例，假设 AS 内有 BGP 路由器 A、B，路由器 A 设有该命令，而路由器 B 则未设该命令。这就有可能会导致路由器 A 将下一跳为路由器 B 的 BGP 路由视为最优路由，而路由器 B 却将下一跳为 A 的通往同一目的网络的 BGP 路由视为最优路由。如此一来，路由器 A、B 在转发目的网络与此 BGP 路由相对应的流量时，就会发生环路。

13.11　排除 BGP 路由过滤故障

Cisco IOS 支持强大的 BGP 路由过滤功能，BGP 路由过滤是指让路由器在通告和接收 BGP 路由时执行必要的"筛选"操作。路由过滤规则需根据 BGP 对等关系的建立情况来制定。一个 ISP 可能希望与另一 ISP 交换完整的 Internet BGP 路由，但或许只准备把部分 Internet 路由通告给自己的企业客户。反过来，一个企业客户可能会把自己的 IP 地址块通告给其主用 ISP

（比如中国电信），并对接收自另一家 ISP（比如中国联通）的所有 Internet 路由进行过滤。Cisco IOS 的 BGP 实现所支持的 BGP 路由过滤工具可轻而易举的满足上述需求，这些路由过滤工具包括：（标准和扩展）访问列表过滤器、AS_PATH 过滤器、团体属性过滤器，以及前缀列表过滤器等。在 Cisco 路由器上，上述所有路由过滤器既可以直接应用于 BGP 邻居，也可以以每 BGP 邻居为基础，通过 route-map，以模块化的方式加以调用。团体属性过滤器则与众不同，只能与 route-map 配搭使用。本节会对利用访问列表、前缀列表以及根据 AS_PATH 属性过滤 BGP 路由时，发生的故障加以讨论。

13.11.1 故障：使用标准访问列表过滤 BGP 路由失败

通过 BGP 会话传播的 BGP 路由前缀实际上是由 IP 目的子网和子网掩码两部分组成，在路由表内，则使用子网掩码来区分 IP 目的子网号相同的路由。举个例子，在当今 Internet 路由器的 BGP 表内，BGP 路由前缀的目的网络号相同，但子网掩码不同的情况比比皆是。由例 13-98 可知，R4 设有三条目的网络都为 13.13.0.0，但子网掩码各不相同的静态路由。此外，网管人员还通过做高亮显示的 **redistribute static** 命令，将那三条静态路由重分发进了 BGP。

例 13-98 通告 BGP 通告三条目的网络相同但子网掩码不同的静态路由

```
R4#show ip route static
        13.0.0.0/8 is variably subnetted, 3 subnets, 3 masks
S       13.13.0.0/20 is directly connected, Serial 0
S       13.13.0.0/16 is directly connected, Serial 1
S       13.13.1.0/24 is directly connected, Serial 2

R4# router bgp 2
 redistribute static
 neighbor 131.108.1.1 remote-as 1
 no auto-summary
```

R1 为 R4 的 EBGP 邻居。现只准备让 R1 接收 BGP 路由 13.13.0.0/16，也就是说，需过滤掉隶属于 13.13.0.0/16 的明细路由。一般的做法是，在 R1 上通过某种路由过滤措施，来过滤那两条明细路由。distribute-list 则常用来"筛选"BGP 路由。此外，还应利用标准或者扩展访问列表来"配合"distribute-list。请注意，标准访问列表不支持根据子网掩码来匹配 BGP 路由，而有很多网管人员在使用 distribute-list 并调用标准访问列表，过滤 BGP 路由时，却经常忘了这茬。上一章细述了使用 distribute-list 和 route-map 过滤 BGP 路由时，调用标准访问列表和扩展访问列表的区别。

图 13-53 所示为本故障排障流程。

（1）debug 与验证

例 13-99 所示为 R1 的 BGP 相关配置，由配置可知，已针对 EBGP 邻居 131.108.1.2 应用了 distribute-list，该 distribute-list 调用的是 access-list 1。

第 13 章 排除 BGP 故障

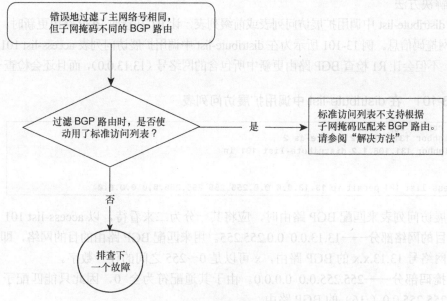

图 13-53 排障流程

例 13-99 在 distribute-list 命令中调用标准访问列表，过滤 BGP 路由的配置

```
R1# router bgp 1
 neighbor 131.108.1.2 remote-as 2
 neighbor 131.108.1.2 distribute-list 1 in

access-list 1 permit 13.13.0.0 0.0.255.255
```

neighbor 131.108.1.2 distribute-list 1 in 的作用是，让路由器 R1 调用 access-list 1，检查任何接收自 131.108.1.2 的 BGP 路由更新。

access-list 1 的作用是匹配包含目的网络号 13.13.0.0 的 BGP 路由更新，而不会"过问"路由更新所携带的目的网络的子网掩码信息（路由前缀长度信息）。

换句话讲，标准访问列表 access-list 1 未对目的网络 13.13.0.0 的子网掩码做任何限制；因此，R1 将接收子网掩码长度不等但目的网络号同为 13.13.0.0 的 BGP 路由。由例 13-100 可知，目的网络号为 13.13.0.0，但子网掩码不同的三条路由，都"进驻"了 R1 的 BGP 表。

例 13-100 distribute-list+标准访问列表的组合不能根据子网掩码，来过滤 BGP 路由

```
R1# show ip bgp
BGP table version is 5, local router ID is 141.108.13.1
Status codes: s suppressed, d damped, h history, * valid, > best, i - internal
Origin codes: i - IGP, e - EGP, ? - incomplete

   Network          Next Hop         Metric LocPrf Weight Path
*> 13.13.0.0/20     131.108.1.2           0             0 2 ?
*> 13.13.0.0/16     131.108.1.2           0             0 2 ?
*> 13.13.1.0/24     131.108.1.2           0             0 2 ?
```

（2）解决方法

可在 distribute-list 中调用扩展访问列表或前缀列表，让 R1 在接收 BGP 路由更新时，检查其所包含的子网掩码信息。例 13-101 所示为在 distribute-list 中调用扩展访问列表 access-list 101 的命令，如此配置，不但会让 R1 检查 BGP 路由更新中所包含的网络号（13.13.0.0），而且还会检查子网掩码。

例 13-101　在 distribute-list 中调用扩展访问列表

```
R1# router bgp 1
 neighbor 131.108.1.2 remote-as 2
 neighbor 131.108.1.2 distribute-list 101 in

access-list 101 permit ip 13.13.0.0 0.0.255.255 255.255.0.0 0.0.0.0
```

用扩展访问列表来匹配 BGP 路由时，应将其一分为二来看待，以 access-list 101 为例。

- **目的网络部分**——13.13.0.0 0.0.255.255。用来匹配 BGP 路由的目的网络，即匹配目的网络号 13.13.x.x 的 BGP 路由，x 可以是 0～255 之间的任一数字。
- **掩码部分**——255.255.0.0 0.0.0.0。由于其通配符为全 0，因此只能匹配子网掩码为 255.255.0.0（/16）的 BGP 路由。

由例 13-102 可知，修改了 R1 的配置之后，在其 BGP 表内，只能看见与目的网络 13.13.0.0/16 相对应的 BGP 表项。

例 13-102　验证在 distribute-list 中调用扩展访问列表执行 BGP 路由过滤的效果

```
R1 #show ip bgp
BGP table version is 5, local router ID is 141.108.13.1
Status codes: s suppressed, d damped, h history, * valid, > best, i - internal
Origin codes: i - IGP, e - EGP, ? - incomplete

   Network          Next Hop        Metric LocPrf Weight Path
*> 13.13.0.0/16     131.108.1.2          0             0 2 ?
```

13.11.2　故障：用扩展访问列表执行 BGP 路由过滤时，未能正确匹配路由的子网掩码

为降低 Internet BGP 表/IP 路由表的规模，通告 BGP 路由时，网管人员有义务通告经过聚合的路由前缀，并抑制子网路由的传播。也就是说，几乎所有的 ISP 都期望接收经过聚合的 BGP 路由，一般而言，ISP 会拒绝接收子网掩码长度长于/21（255.255.248.0）的 BGP 路由。因此，ISP 们会在边界路由器上执行 BGP 路由过滤，过滤掉子网掩码长度长于/21 的路由前缀，只接收子网掩码长度短于/21 的 BGP 路由。

有时，网管人员对扩展访问列表匹配 BGP 路由的机制认识不足，未让边界路由器过滤掉长于/21 的路由前缀。

图 13-54 所示为一个简单的 EBGP 网络——2 个 ISP 通过 EBGP 会话建立对等关系。假定

ISP AS 109 只准备向 ISP AS 110 通告 3 条路由前缀，分别为 100.100.100.0/21，99.99.99.0/21 和 89.89.89.0/21。当然，在 AS 109 之内，那三个 IP 地址块肯定会被划分为一个个子网，遍布网络中的各个角落。

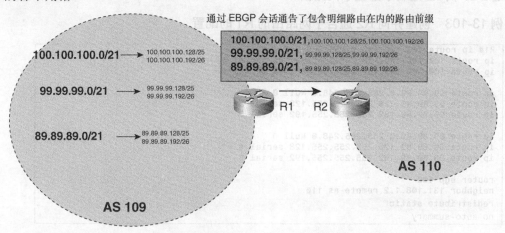

图 13-54　两家建立了 EBGP 对等会话的 ISP

不幸的是，AS 109 错误地向 AS 110 通告了隶属于那三个地址块的所有明细路由，从而不必要地增加了 Internet BGP 表和 IP 路由表的规模。解决该问题的方法有两种：

- AS 109 应过滤子网路由，只通告经过聚合的那三条路由前缀；
- AS 110 应过滤子网路由，只接收经过聚合的那三条路由前缀。

图 13-55 所示为本故障的排障流程。

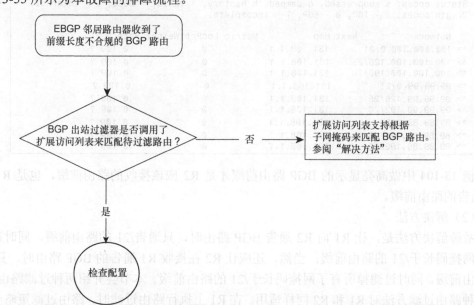

图 13-55　排障流程

（1）debug 与验证

例 13-103 所示为 R1 的配置。由配置可知，R1 设有多条目的网络为子网地址的静态路由，并通过 BGP 向 R2 通告了那些子网路由。

例 13-103　创建并向 R2 通告子网路由的 R1 的配置

```
R1# ip route 100.100.100.0 255.255.248.0 Null0
ip route 100.100.100.128 255.255.255.128 serial 0
ip route 100.100.100.192 255.255.255.192 serial 1

ip route 99.99.99.0 255.255.248.0 Null 0
ip route 99.99.99.128 255.255.255.128 serial 2
ip route 99.99.99.192 255.255.255.192 serial 3

ip route 89.89.89.0 255.255.248.0 Null 0
ip route 89.89.89.128 255.255.255.128 serial 4
ip route 89.89.89.192 255.255.255.192 serial 5

router bgp 109
neighbor 131.108.1.2 remote-as 110
redistribute static
no auto-summary
```

例 13-103 中的 **redistribute static** 命令的作用是，将子网静态路由重分发进 BGP，并通告给邻居 AS 110 内的 R2（131.1.8.1.2）。

例 13-104 所示为 R2 的 BGP 表的输出，由输出可知，R2 收到了所有子网路由。

例 13-104　BGP 表的输出表明，R2 收到了所有子网路由

```
R2# show ip bgp
BGP table version is 5, local router ID is 141.108.13.2
Status codes: s suppressed, d damped, h history, * valid, > best, i - internal
Origin codes: i - IGP, e - EGP, ? - incomplete

   Network              Next Hop        Metric LocPrf Weight Path
*> 100.100.100.0/21     131.108.1.1          0             0 109 ?
*> 100.100.100.128/25   131.108.1.1          0             0 109 ?
*> 100.100.100.192/26   131.108.1.1          0             0 109 ?
*> 99.99.99.0/21        131.108.1.1          0             0 109 ?
*> 99.99.99.128/25      131.108.1.1          0             0 109 ?
*> 99.99.99.192/26      131.108.1.1          0             0 109 ?
*> 89.89.89.0/21        131.108.1.1          0             0 109 ?
*> 89.89.89.128/25      131.108.1.1          0             0 109 ?
*> 89.89.89.192/26      131.108.1.1          0             0 109 ?
```

例 13-104 中做高亮显示的 BGP 路由前缀才是 R2 应该接收的路由前缀，也是 R1 应该向 R2 通告的路由前缀。

（2）解决方法

故障解决方法是，让 R1 向 R2 通告 BGP 路由时，只通告/21 的路由前缀，同时过滤掉所有子网掩码长于/21 的路由前缀；当然，还应让 R2 在接收 R1 通告的 BGP 路由时，只接收/21 的路由前缀，同时过滤掉所有子网掩码长于/21 的路由前缀。本节会介绍两种过滤路由的方法，这两种路由过滤方法对 R1 和 R2 同样适用。在 R1 上执行路由过滤时，路由过滤策略必须应用在其与 R2 所建 EBGP 会话的出站方向；而 R2 所设路由过滤策略，则须应用在其与 R1 所建

EBGP 会话的入站方向。

这两种路由过滤方法是：
- 使用扩展访问列表；
- 使用前缀列表。

用扩展访问列表执行路由过滤

使用扩展访问列表，不但可以匹配 BGP 路由更新消息中的任何 IP 目的网络号，而且还能对其所包含的子网掩码信息进行严格匹配。执行 BGP 路由过滤时，应按下列格式来解读扩展访问列表：

```
access-list 101 permit ip NETWORK WILD-CARD MASK WILD-CARD
```

WILD-CARD 中的 0 表示精确匹配，WILD-CARD 中的 1 则表示"不关心"。下面这条扩展访问列表匹配并"允许"任何子网掩码长度低于或等于/21（即/21、/20、/19 等）的 IP 路由前缀：

```
access-list 101 permit ip 0.0.0.0 255.255.255.255 255.255.248.0 255.255.248.0
```

access-list 101 中的"0.0.0.0 255.255.255.255"表示任意 IP 目的网络号；"255.255.248.0 255.255.248.0"表示 IP 目的网络的子网掩码长度只能是短于或等于/21（即/21、/20、/19 等）。设在 Cisco 路由器上的每一个访问列表的末尾都"潜伏"有一条 **deny any any** 的 ACE，因此，所有子网掩码长度长于/21 的路由前缀都会被"拒绝"。

例 13-105 针对 EBGP 邻居应用包含扩展访问列表的 distribute-list（应用于路由的发送方向）

```
R1#
router bgp 109
neighbor 131.108.1.2 remote-as 110
neighbor 131.108.1.2 distribute-list 101 out
```

例 13-106 针对 EBGP 邻居应用包含扩展访问列表的 route-map（应用于路由的发送方向）

```
router bgp 109
neighbor 131.108.1.2 remote-as 110
neighbor 131.108.1.2 route-map FILTERING out

route-map FILTERING permit 10
 match ip address 101
```

以上两例中做高亮显示的命令都可以让 R1 向 R2 通告 BGP 路由时，过滤掉子网掩码长度长于/21 的路由前缀。

例 13-107 和例 13-108 所示为如何在 R2 上利用扩展访问列表执行路由过滤。

例 13-107 针对 EBGP 邻居应用包含扩展访问列表的 distribute-list（应用于路由的接收方向）

```
R2#
router bgp 110
neighbor 131.108.1.1 remote-as 109
neighbor 131.108.1.1 distribute-list 101 in
```

例 13-108 针对 EBGP 邻居应用包含扩展访问列表的 route-map（应用于路由的接收方向）

```
R2#
router bgp 110
neighbor 131.108.1.1 remote-as 109
neighbor 131.108.1.1 route-map FILTERING in
route-map FILTERING permit 10
 match ip address 101
```

例 13-107 和例 13-108 中做高亮显示的命令都可以让 R2 在接收 R1 通告的路由时，过滤掉子网掩码长度长于/21 的路由前缀。

除了 distribute-list 和 route-map 之外，使用前缀列表也可以起到相同的路由过滤效果。

可在 R1 和 R2 上配置以下前缀列表，并加以应用，应用方式等同于 distribute-list 和 route-map：

```
ip prefix-list FILTERING seq 5 permit 0.0.0.0/0 le 21
```

在上面这条名为"FILTERING"的前缀列表中，"0.0.0.0"表示 IP 路由前缀的目的网络号不限，"/0 le 21"则表示路由前缀的子网掩码的长度为 0～21 之间，任何子网掩码长度长于/21（/22、/23、/24 等）的路由前缀都会被该前缀列表后"潜伏"的 **deny** 语句拒绝。

例 13-109 所示为在 R1 或 R2 上配置并应用了 distribute-list 或前缀列表之后，R2 的 BGP 表的输出。由输出可知，R2 只能收到子网掩码长度为/21 的那条 BGP 路由前缀了。

例 13-109 正确的路由过滤有助于降低 Internet BGP 表的规模

```
R2 #show ip bgp
BGP table version is 5, local router ID is 141.108.13.2
Status codes: s suppressed, d damped, h history, * valid, > best, i - internal
Origin codes: i - IGP, e - EGP, ? - incomplete

   Network          Next Hop         Metric LocPrf Weight Path
*> 100.100.100.0/21 131.108.1.1           0             0 109 ?
*> 99.99.99.0/21    131.108.1.1           0             0 109 ?
*> 89.89.89.0/21    131.108.1.1           0             0 109 ?
```

distribute-list 或前缀列表只会对新近接收自 BGP 邻居的 BGP 路由更新生效，不会对已经接收的 BGP 路由更新生效。要想让 distribute-list 或前缀列表生效，就得重置 BGP 会话，让 BGP 邻居重新通告 BGP 路由更新，重置 BGP 会话的命令是 **clear ip bgp** *neighbor*，若路由器支持软重配特性（soft reconfiguration），则可以执行 **clear ip bgp** *neighbor* **soft in** 命令。欲知 **clear ip bgp** *neighbor* **soft in** 命令的详细用法，请查阅 Cisco IOS 手册。一种名为路由重刷新（route refresh）的 Cisco IOS 新特性，可让路由器在应用过任何 BGP 路由策略（如 distribute-list 及前缀列表等）时，向 BGP 邻居自动请求"新鲜出炉"的 BGP 路由更新。有了该特性，就不需要在配置并应用过 BGP 路由策略之后，重置 BGP 会话了。

13.11.3 故障：用正则表达式，根据 BGP 路由的 AS_PATH 属性，执行路由过滤

所有用来通告 IP 前缀的 BGP 路由更新消息都包含了一个名为 AS_PATH 的字段，该字段"记录"下了 BGP 路由更新消息在传播过程中途经的所有 AS 的编号。网管人员可围绕这一

AS_PATH 字段，来过滤 BGP 路由（根据 BGP 路由的 AS_PATH 属性值，来允许或拒绝 IP 前缀）。此外，还可以基于 AS_PATH 过滤的结果，来应用 BGP 路由策略。这一路由过滤方法灵活性极高，只需要一两条命令就能起到路由过滤的效果，且不必像 distribute-list 或前缀列表那样去配置一大堆匹配 IP 路由前缀的命令。

根据 BGP 路由的 AS_PATH 属性，执行路由过滤时，需利用 UNIX 类型的正规表达式。而大多数网管人员都不精于此道，这也是导致故障的主要原因。上一章在介绍 AS_PATH 属性时，列出了在 Cisco 上执行 AS_PATH 路由过滤时，经常用到的正规表达式。

13.12 总　　结

排除 BGP 相关故障时，排障思路应遵从 OSI 参考模型。比方说，若发生了 BGP 邻居关系建立故障，则应先检查 BGP 邻居间的物理连通性，再验证用来传输 BGP 路由更新的 TCP 连接是否能够建立。

在 Cisco 路由器上开启 BGP，并令其正常运作，配置起来并不复杂，有固定套路可循。但隐藏在那些简单配置命令之后的原理却十分复杂，而设有那些命令的 BGP 路由器的行为更是千变万化。因此，若不能透彻理解定义于 RFC 的 BGP 标准，则根本无法承担大型 IP 网络的 BGP 运维工作。此外，网管人员还须熟知 IOS BGP 配置命令的正确用法。承担 BGP 的运维工作，不能有半点马虎，只要稍有闪失，则会害己（影响本 AS 的 BGP 网络）害人（影响邻居 AS），甚至可能会进一步酿成全球性的 BGP 故障。譬如，有人为了测试需要，在路由器上创建了一条目的网络不属于本 AS 的静态路由，但此路由器的 BGP 相关配置中却包含了 **redistribute static** 命令，且未进行相应的路由过滤。这就有可能会导致本 AS 不经意间向邻居 AS 通告那条"流氓"静态路由，而那些邻居 AS 则会继续传播给与其对等的 AS。最终将导致"流氓"静态路由在 Internet 上传播，引发巨大灾难。要想妥善解决 BGP 相关故障，就必须熟知每一条命令对 BGP 路由器的行为有什么样的影响。

一般而言，能管理好进、出 BGP 网络的流量，是 BGP 运维人员的终极目标。为了充分利用网络资源，网管人员必须懂得如何利用 BGP 中的各种属性，来控制相关流量的流动路线。通常，操纵 BGP 路由的各种属性（如 LOCAL_PREFERENCE、AS_PATH、MED 和 ORIGIN_CODE 属性等）即可实现这一目标。因此，网络人员必须熟练掌握这些 BGP 属性的操纵方法。

BGP 路由属性配置不当，或路由器从（通往同一目的地网络的）多条路由中，挑选最优路由，转发 IP 流量时，依据的是不合适的 BGP 路由属性，就会导致网络故障。若弄不清路由器在计算 BGP 最优路由时所依据的各种 BGP 路由属性的"排名"，网管人员就绝不可能"安排"好各类流量的发送路线。

虽然导致网络故障的原因很多，甚至可能是不止一种路由协议故障所导致，但排障思路必须要清晰、合理。为此，网管人员既要透彻地理解各种路由协议的运作方式，亦需熟知各项排障技能。本书简要介绍了每一种 IP 路由协议的运作原理，并提供了实战中常用的各项排障技能。

附录 习题答案

本附录提供第 1 章及偶数章后的习题答案，内容涵盖 RIP、EIGRP、OSPF、IS-IS、PIM 和 BGP 等路由协议。

第 1 章

1. 什么是无连接数据网络？

在无连接数据网络环境中，数据在传递时会被分割为独立的数据单元（也称为数据包），且无需提前建立数据流流动路径。相反的是，那些名为数据包的独立数据单元在源主机与目的主机之间采用逐跳（hop-by-hop）路由模式来转发。

2. 在无连接网络环境中，为什么离不开路由选择？例举路由器为将数据包路由至其目的网络，获取路由信息的两种方法。

数据包是无连接数据网络环境中用来转发数据的独立信息单元，在数据包的包头中包含了与其既定目的地有关的编址信息[①]。在数据包向既定目的地的行进过程中，有必要引入路由选择技术为沿途的路由器提供转发数据包的最优路径信息[②]。

Cisco 路由器所支持的数据包转发机制有多种多样。但路由器的最终转发决策则取决于路由表所包含的信息，路由器获取路由信息的方式有两种：手工添加的静态路由；通过路由协议动态学到的路由信息。

---

① 原文是 "The packets used in connectionless transfer of data have addressing information for their intended destination in packet headers." 译文酌改。——译者注

② 原文是 "Routing is needed to provide information for forwarding packets along optimal paths to their target destinations."——译者注

3．内部网关协议（IGP）和外部网关协议（EGP）在功能方面有哪些差异？

IGP 负责在隶属于同一网域的路由器之间交换路由信息，而 EGP 则负责在不同网域的路由器之间的交换路由信息。

4．根据运作方式及路由算法，例举两类主要的 IP 路由协议。每一类具体包含有哪几种路由协议，试举两例？

距离矢量路由协议和链路状态路由协议。

RIP 和 Cisco 专有的 IGRP 都属于距离矢量路由协议；OSPF 和集成 IS-IS 则属于链路状态路由协议。EIGRP 属于第三种路由协议，即高级距离矢量路由协议。

5．简述链路状态路由协议的运作方式。

（运行）链路状态路由协议（的路由器之间）通过（相互发送）链路状态通告（消息）来（彼此）共享并收集网络拓扑信息。链路状态（通告）信息都存储在（链路状态）数据库内，（路由器）在决定最优路由时，会执行最短路径算法，此时，会用到链路状态信息[①]。

6．无类路由协议和有类路由协议的最主要区别是什么？上述两类路由协议具体包含有哪几种路由协议，试各举一例。

有类路由协议在运作时有严格的有类编址的限制，而无类路由协议在编址方面的限制要灵活的多，故支持 VLSM 和 CIDR。

RIP 属于有类路由协议；OSPF 属于无类路由协议。

7．对 Cisco 路由器而言，路由协议的管理距离有何作用？

Cisco 用管理距离这一概念，为学自不同路由来源且通往同一目的网络的路由，排定"座次"（设置优先级）。

8．IS-IS 和 OSPF 的管理距离值分别为多少？

IS-IS 管理距离值为 115，OSPF 的管理距离值则为 110。

9．若路由器同时运行 OSPF 和 IS-IS 协议，且通过以上两种协议学到了通往相同目的网络的路由，那么哪种路由协议提供的路由信息会"进驻"IP 路由表？

只有管理距离值更低的路由才会"进驻"IP 路由表，因此路由器会优选 OSPF 路由。

第 2 章

1．RIP 路由的最大度量值是多少？

RIP 的最大度量值为 15，因为该路由协议专为小型网络而设计。

2．RIP 为什么不支持非连续网络？

由于 RIP 属于有类路由协议，因此会自动在主网边界对路由更新进行自动汇总。

[①] 原文是 "Link-state routing protocols share and collect network topology information by means of link-state advertisements."——译者注

3．RIP 为什么不支持 VLSM？

通告 RIP 路由更新消息时，路由器会检查有待通告的目的网络的子网掩码，是否与其发送 RIP 路由更新消息的接口所设子网掩码相同，若否，路由器将不会通告该相关目的网络[①]。

4．默认情况下，RIP 路由更新的发送时间间隔是多少？

RIP 路由器会每隔 30 秒通过 RIP 路由更新消息通告其整张路由表信息。

5．RIP 路由器发送路由更新时，使用哪一种传输层协议，端口号是多少？

使用 UDP 协议，端口号为 520。

6．水平分割技术的作用是什么？

水平分割技术用在 RIP 路由器上避免路由环路的发生。

7．默认情况下，RIPv2 能解决非连续网络问题吗？

不能，还须在 router rip 配置模式下添加 **no auto-summary** 命令。

8．RIPv2 路由器也使用广播发送路由更新消息吗？

不，使用多播发送路由更新消息，其目的 IP 地址为 224.0.0.9。

9．RIP 支持认证功能吗？

RIPv1 不支持，但 RIPv2 支持。

第 4 章

1．IGRP 路由与 EIGRP 路由的度量值计算方法有何不同？

EIGRP 路由度量值为 IGRP 路由度量值的 256 倍。

2．何为 EIGRP 查询？其用途何在？

当后继路由器失效，且可行后继路由器无法"替补"后继路由器的空缺时，路由器就会发出 EIGRP 查询消息。其作用是加快 EIGRP 的收敛过程。

3．术语"Active 路由（处于活动状态的路由）"所指为何？

EIGRP 路由器用来转发目的地址与此路由相对应的流量的后继路由器失效，且无任何有效可行后继路由器承担流量的转发任务。为使网络收敛，此路由器正积极搜寻替代路由。

4．什么是可行后继路由器？

是指满足可行性条件（FC），但未被选择为后继路由器的一台邻居路由器，可将其视为防止主用下一跳路由器故障的备用 EIGRP 路由。

5．EIGRP 多播地址为何？

EIGRP 多播地址为 224.0.0.10。

---

① 原文是 "When RIP sends the update, it checks to see whether the network being advertised has the same mask. If the advertised network has a different mask, RIP doesn't advertise that network." 译文酌改，如有不妥，请指正。——译者注

6. 何为可行性条件?

报告距离(RD)小于可行距离(FD)即表明满足可行性条件,可用其来确保无环的流量转发路径。

7. 何为"卡"在活跃(Stuck in Active)状态?

是指路由器针对失效路由发出了 EIGRP 查询消息,但在活跃计时器到期之前,未收到邻居路由器回复的被查路由信息。默认情况下,活动计时器的到期时间为 3 分钟。

第 6 章

1. OSPF 协议数据包分几类?
OSPF 协议数据包分 5 类。

2. 哪种 LSA 包含转发地址字段?
外部(五类)LSA 包含转发地址字段。

3. 哪种 LSA 不允许在 totally stubby 区域内"露面"?
外部 LSA 和汇总 LSA 不允许在 totally stubby 区域内"露面"。

4. AllSPFRouters 多播地址是什么?
224.0.0.5。

5. 哪种 OSPF 协议数据包用来选举主/从路由器?
OSPF DBD 数据包用来选举主/从路由器。

6. 路由器会用哪种 OSPF 协议数据包,来实施 LSA 泛洪?
OSPF 链路状态更新(LSU)数据包。

7. 当一条 LSA "寿终正寝"(即此 LSA 包头内的 LS 寿命字段值达到 MAXAGED 值)时,其"存活时长"为多少?
3600 秒。

8. LSA 公共包头的长度为多少字节?
20 字节。

第 8 章

1. 请说出构成 ISO 无连接网络服务基础的三种网络层协议的名称。
CLNP、ES-IS 和 IS-IS。

2. IS-IS 路由协议所支持的路由选择层级有几级?
ISO 10589 定义为两级:Level 1 和 Level 2。

3. 请说出 IS-IS 数据包的一般格式?

所有类型的 IS-IS 数据包都包含一个包头,外加若干特殊路由信息字段(也称为 TLV 字段)组成。

4. 缩写字母 NSAP 表示什么?有何用途?

NSAP 表示网络服务接入点(Network Service Access Point),即运行了 CLNP 协议的 OSI 节点的网络层地址。

5. NSAP 主要由哪三个字段构成?请描述一下各个字段的重要性。

NSAP 由区域 ID、系统 ID 和 N 选择符三个字段构成。区域 ID 指明了路由器所隶属的 IS-IS 区域;系统 ID 则是节点(IS-IS 路由器)在区域内的唯一地址;N 选择符指明了网络服务用户,其值为 0 指明的是路由选择层。

6. NSAP 最长多少字节?可配置于 Cisco 路由器上的 NSAP 的最小字节数为多少?

160 位,或 20 字节;在 Cisco 路由器上,可以配置的最短字节数为 8。这 8 字节的 NSAP 由一字节的 N 选择符、六字节的系统 ID 和一字节的区域 ID 构成。

7. IS-IS 链路状态数据库主要起什么作用?

链路状态路由协议(如 IS-IS)要求区域内的每台路由器对该区域的拓扑结构有相同的认知。每台路由器都会生成链路状态数据包,用来描述其当前所处网络环境,并与本区域内的其他路由器共享。所有的 LSP 都会被路由器"录入"链路状态数据库。一旦"录入"完毕,路由器就有了本区域的完整拓扑结构。

8. Level 1 和 Level 2 链路状态数据库的根本区别是什么?

Level 1 链路状态数据库描述的是单 IS-IS 区域,只包含由该区域内的路由器生成的 LSP。Level 2 数据库描述的是 IS-IS 路由进程域所属各区域之间的互连信息,包含了由 Level 2 路由器生成的 LSP。Level 2 LSP 意在提供区域间的路由信息。

9. IS-IS 路由器所执行的泛洪和数据库同步操作,在点到点链路和广播链路上有什么不同?

在点到点链路上,通过确认机制来保障 LSP 的可靠泛洪,而在广播链路上 LSP 泛洪的可靠性不通过确认机制来保障。在广播介质上,通过选举出的指定路由器来完成数据库的同步,CSNP 则用来帮助完成同步。

10. 在 Cisco 路由器上激活 IS-IS 路由选择功能,包括哪两个基本步骤?

首先,在 **router isis**[*tag*]配置模式下激活 IS-IS 路由进程。然后,执行接口配置模式命令 **ip router isis**[*tag*] ,让相关接口参与 IS-IS 路由进程。

11. 请例举几条可用来验证 IS-IS 的配置及运行情况的 **show** 命令。

show clns neighbors、**show clns interface**、**show isis topology** 以及 **show is-is database** 等。

第 10 章

1. 单播、广播和多播之间的区别是什么?

单播数据包只会发往一台主机。广播数据包会发往同一网段内的所有主机,而不管那些主机是否想接收数据包。多播数据包以副本的方式发送，只有那些希望接收多播数据包的主机才会对其进行处理。

2．PIM 有哪几种不同的模式？

PIM 密集模式和 PIM 稀疏模式。

3．请概述 PIM 密集模式的运作机制。

PIM 密集模式的运作机制是泛洪+剪枝。路由器先通过所有接口向外泛洪多播数据包，对多播数据包不感兴趣的邻居路由器随后会发起剪枝操作。

4．请概述 PIM 稀疏模式的运作机制。

PIM 稀疏模式的运作机制是剪枝+加入。路由器只有从某接口收到 PIM join 消息后，才会通过该接口外发多播数据包。

5．就多播组脱离机制而言，IGMP 版本 1 和版本 2 有何区别？

IGMP 版本 1 不支持特定的多播组（地址）脱离机制。IGMP 版本 1 组成员只是默默地脱离多播组。IGMP 版本 2 支持特定的多播组（地址）脱离机制，即主机会针对特定的多播组地址，向路由器发送 IGMP 脱离消息，表示自己不想接收相关多播组地址的流量。

6．多播路由器会用那个多播地址作为 IGMP 查询消息的目的地址？

224.0.0.1。

7．请概述 RPF 检查的运作方式。

当路由器通过某接口收得多播数据包时，会针对其源 IP 地址查询自己的单播 IP 路由表，以查明将单播数据包转发至这一 IP 地址的外发接口。若查到的接口与多播数据包的接收接口相同，则 RPF 检查成功，路由器会继续转发多播数据包；否则，路由器做丢包处理。

8．什么是集合点（RP）？

RP 是多播流量的最短路径树构建之前，多播发送主机和多播接收主机间流量转发点。

第 12 章

1．BGP 有自己的传输机制来确保路由更新消息的可靠交付吗？

A．BGP 拥有自己的在邻居间交换 BGP 数据包的传输机制。

B．UDP 是首选传输机制，因为 BGP 邻居双方大都通过物理链路直连，不太可能出现丢包的情况。

C．BGP 使用 TCP 作为路由更新消息的传输机制。

答案：C。

2．在未部署路由反射器或 BGP 联盟的情况下，若 IBGP 邻居之间未建立全互连的对等关系，会发生什么问题？

A．由于 BGP 路由器不会将 IBGP 路由通告给另一 IBGP 邻居，因此 IBGP 路由更新将有可能不会传遍自治系统内的所有 BGP 路由器。

B. 一切正常。

C. 只有 EBGP 邻居接收不到 BGP 路由更新。

答案：A。

3．以下哪一种技术可用来抑制自治系统内发生的 BGP 路由翻动现象？

A. 路由反射（Route-Reflection）。

B. 路由抑制（Dampening）。

C. 对等体组（Peer group）。

答案：B

4．只有经历过以下哪一种邻居关系状态之后，BGP 路由器之间才能交换路由更新消息？

A. Established。

B. OpenSent。

C. Active。

答案：A。

5．以下哪一种技术可用来规避 IBGP 路由器之间建立全互连对等会话的要求？

A. 路由抑制（Dampening）。

B. 路由聚合。

C. 路由反射及 BGP 联盟。

答案：C。